高等院校教材同步辅导
及考研复习用书

高等数学
习题超精解

同济·七版（上下册合订本）

张天德 ◎ 主编

高丽、王玮、叶宏 ◎ 副主编

北京理工大学出版社
BEIJING INSTITUTE OF TECHNOLOGY PRESS

版权专有 侵权必究

图书在版编目（CIP）数据

高等数学习题超精解：同济七版/张天德主编. —北京：北京理工大学出版社，2015.7（2018.7重印）
ISBN 978-7-5682-0907-6

Ⅰ. ①高… Ⅱ. ①张… Ⅲ. ①高等数学-高等学校-题解 Ⅳ. ①O13-44

中国版本图书馆 CIP 数据核字（2015）第 160866 号

出版发行 / 北京理工大学出版社有限责任公司	
社　　址 / 北京市海淀区中关村南大街5号	
邮　　编 / 100081	
电　　话 /（010）68914775（总编室）	
（010）82562903（教材售后服务热线）	
（010）68948351（其他图书服务热线）	
网　　址 / http：//www.bitpress.com.cn	
经　　销 / 全国各地新华书店	
印　　刷 / 保定市中画美凯印刷有限公司	
开　　本 / 710毫米×1000毫米　1/16	责任编辑 / 张慧峰
印　　张 / 26.75	文案编辑 / 多海鹏
字　　数 / 547千字	责任校对 / 周瑞红
版　　次 / 2015年7月第1版　2018年7月第3次印刷	责任印制 / 边心超
定　　价 / 43.80元	

图书出现印装质量问题，请拨打售后服务热线，本社负责调换

前　言

　　高等数学是理工类专业重要的基础课程,也是硕士研究生入学考试的重点科目。同济大学数学系主编的《高等数学》体系完整、层次清晰、讲解深入浅出,是一部深受读者欢迎并多次获奖的优秀教材,被全国许多院校采用。2014 年,同济大学数学系推出的《高等数学(第七版)》保持了该教材一贯的优点、特色,进一步强调了提高学生综合素质并激发学生创新能力的重要性。为了帮助读者学好高等数学,编者根据多年的教学经验编写了这本与同济大学数学系主编的《高等数学(第七版)》完全配套的《高等数学习题超精解(同济七版)》(上下册合订本)。本书旨在帮助、指导广大读者理解基本概念,掌握基本知识,学会基本解题方法与技巧,提高应试能力和数学思维水平。

　　本书章节划分和内容设置完全按照同济大学数学系编写的《高等数学(第七版)》教材顺序编写。首先,本书既能同步教材作为习题答案书使用,又能作为考研习题册使用。其次,对教材习题进行了超详讲解,思路清晰、条理分明,读者在做教材习题的时候,可以参照,从而校正自己的结果和思路。

本书结构四大部分

　　一、本章内容概览:对本章知识进行简要地概括。

　　二、本章知识图解:用网络结构图的形式揭示出本章知识点之间的有机联系,以便学生从总体上系统地掌握本章知识体系和核心内容。

　　三、习题超精解:对教材里每节的全部习题做了详细解答。在解题过程中,设置了"思路探索"以引导读者尽快找到解决问题的思路和方法;针对部分题目给出的"方法点击",用来帮助读者归纳解决问题的关键、技巧与规律。另外,对于技巧性强的习题还给出了一题多解,以培养读者的分析能力和发散思维能力。

　　四、本章小结:对本章所学的知识进行系统地回顾,帮助读者更好地复习与总结。

内容编写三大特色

　　一、重新修订、内容精练:本书在《高等数学辅导(同济七版)》的基础上进行重新修订,针对读者的不同需要,该书在原有的基础上删除"教材知识全解"的内容,使该书成为一本专门针对习题讲解的教材同步辅导书;同时,添加习题题干,使之成为一本脱离教材即可进行复习演练的习题册。

　　二、知识清晰、学习高效:在习题讲解过程中,作者通过引入"思路探索"和"方法点击"栏目,将所有的重、难点和常考点清晰地罗列出来,并附有简单扼要的解题思路和解题步骤,深入讲解,使读者扎实掌握每一个知识点,并能熟练运用到具体的解题中。

　　三、能力提升、经济实用:本书对考研学生来说,是一本强化知识点的习题书,适合在复习教材时同步使用;对于不考研的学生来说,这是一本习题讲解参考书,提高应试能力,帮助学生达到高分水平。

本书由张天德任主编,高丽、王玮、叶宏任副主编。衷心希望我们的这本《高等数学习题超精解(同济七版)》(上下册合订本)能对读者有所裨益。由于编者水平有限,书中疏漏之处在所难免,不足之处敬请读者批评指正,以便不断完善。

编 者

目　录

第一章　函数与极限 ………………… 1
第一节　映射与函数 ……………… 2
第二节　数列的极限 ……………… 7
第三节　函数的极限 ……………… 10
第四节　无穷小与无穷大 ………… 12
第五节　极限运算法则 …………… 15
第六节　极限存在准则　两个重要极限 ………………………… 17
第七节　无穷小的比较 …………… 20
第八节　函数的连续性与间断点 …… 21
第九节　连续函数的运算与初等函数的连续性 …………………… 24
第十节　闭区间上连续函数的性质 ………………………… 27

第二章　导数与微分 ………………… 35
第一节　导数概念 ………………… 36
第二节　函数的求导法则 ………… 40
第三节　高阶导数 ………………… 46
第四节　隐函数及由参数方程所确定的函数的导数　相关变化率 ………………………… 49
第五节　函数的微分 ……………… 54

第三章　微分中值定理与导数的应用 ………………………… 63
第一节　微分中值定理 …………… 64
第二节　洛必达法则 ……………… 67
第三节　泰勒公式 ………………… 70
第四节　函数的单调性与曲线的凹凸性 ………………………… 74

第五节　函数的极值与最大值最小值 ………………………… 82
第六节　函数图形的描绘 ………… 89
第七节　曲率 ……………………… 92
第八节　方程的近似解 …………… 95

第四章　不定积分 …………………… 105
第一节　不定积分的概念与性质 …… 106
第二节　换元积分法 ……………… 110
第三节　分部积分法 ……………… 116
第四节　有理函数的积分 ………… 119
第五节　积分表的使用 …………… 124

第五章　定积分 ……………………… 137
第一节　定积分的概念与性质 …… 138
第二节　微积分基本公式 ………… 144
第三节　定积分的换元法和分部积分法 ………………… 149
第四节　反常积分 ………………… 154
第五节　反常积分的审敛法　Γ 函数 …………………………… 156

第六章　定积分的应用 ……………… 168
第一节　定积分的元素法 ………… 169
第二节　定积分在几何学上的应用 ………………………… 169
第三节　定积分在物理学上的应用 ………………………… 178

第七章　微分方程 …………………… 187
第一节　微分方程的基本概念 …… 188
第二节　可分离变量的微分方程 …… 190

第三节	齐次方程 ……………………	193
第四节	一阶线性微分方程 ……………	197
第五节	可降阶的高阶微分方程 ………	202
第六节	高阶线性微分方程 ……………	206
第七节	常系数齐次线性 微分方程 ……………………	210
第八节	常系数非齐次线性 微分方程 ……………………	213
*第九节	欧拉方程 ……………………	218
*第十节	常系数线性微分方程组 解法举例 ……………………	221

第八章 空间解析几何与向量代数 …………………… 233

第一节	向量及其线性运算 ……………	234
第二节	数量积 向量积 *混合积 ………………………	236
第三节	平面及其方程 …………………	239
第四节	空间直线及其方程 ……………	242
第五节	曲面及其方程 …………………	245
第六节	空间曲线及其方程 ……………	248

第九章 多元函数微分法及其应用 …………………… 257

第一节	多元函数的基本概念 …………	258
第二节	偏导数 ………………………	260
第三节	全微分 ………………………	263
第四节	多元复合函数的 求导法则 ……………………	266
第五节	隐函数的求导公式 ……………	271
第六节	多元函数微分学的 几何应用 ……………………	274
第七节	方向导数与梯度 ………………	278
第八节	多元函数的极值及其求法 ……	281
*第九节	二元函数的泰勒 公式 …………………………	285

*第十节	最小二乘法 …………………	287

第十章 重积分 ………………… 297

第一节	二重积分的概念与性质 ……	298
第二节	二重积分的计算法 …………	300
第三节	三重积分 ……………………	317
第四节	重积分的应用 ………………	326
*第五节	含参变量的积分 ……………	333

第十一章 曲线积分与曲面积分 ……………………… 346

第一节	对弧长的曲线积分 …………	347
第二节	对坐标的曲线积分 …………	350
第三节	格林公式及其应用 …………	355
第四节	对面积的曲面积分 …………	363
第五节	对坐标的曲面积分 …………	367
第六节	高斯公式 *通量与 散度 …………………………	371
第七节	斯托克斯公式 *环流量与 旋度 …………………………	374

第十二章 无穷级数 …………… 388

第一节	常数项级数的概念和 性质 …………………………	389
第二节	常数项级数的审敛法 ………	392
第三节	幂级数 ………………………	395
第四节	函数展开成幂级数 …………	397
第五节	函数的幂级数展开式的 应用 …………………………	400
*第六节	函数项级数的一致收敛性 及一致收敛级数的 基本性质 ……………………	404
第七节	傅里叶级数 …………………	407
第八节	一般周期函数的 傅里叶级数 …………………	411

第一章　函数与极限

本章内容概览

函数是高等数学讨论的主要对象,它以极限理论为基础. 在研究函数时,我们总是通过函数值 $f(x)$ 的变化来看函数的性质,因此我们应用运动变化的观点来掌握函数. 极限与函数的连续性理论是高等数学的基础,如何用已知来逼近未知,用有限来逼近无限,在无限变化的过程中考查变量的变化趋势,从有限过渡到无限,这是本章需掌握的基本思想.

本章知识图解

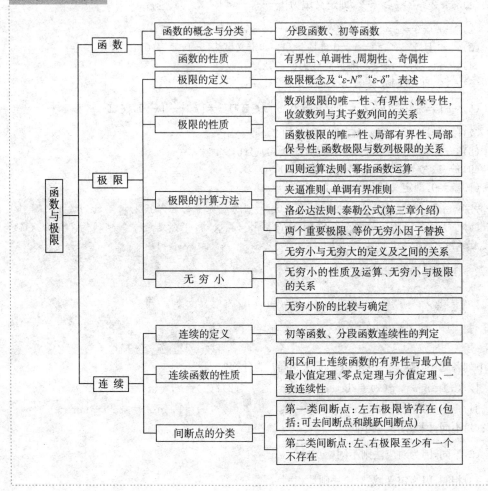

第一节 映射与函数

习题 1-1 超精解（教材 P16~P18）

1. 求下列函数的自然定义域：

   (1) $y=\sqrt{3x+2}$；　　　　　(2) $y=\dfrac{1}{1-x^2}$；　　　　　(3) $y=\dfrac{1}{x}-\sqrt{1-x^2}$；

   (4) $y=\dfrac{1}{\sqrt{4-x^2}}$；　　　　(5) $y=\sin\sqrt{x}$；　　　　　(6) $y=\tan(x+1)$；

   (7) $y=\arcsin(x-3)$；　　　(8) $y=\sqrt{3-x}+\arctan\dfrac{1}{x}$；

   (9) $y=\ln(x+1)$；　　　　　(10) $y=\mathrm{e}^{\frac{1}{x}}$.

解：(1) $3x+2\geqslant 0\Rightarrow x\geqslant -\dfrac{2}{3}$，即定义域为 $\left[-\dfrac{2}{3},+\infty\right)$.

(2) $1-x^2\neq 0\Rightarrow x\neq \pm 1$，即定义域为 $(-\infty,-1)\cup(-1,1)\cup(1,+\infty)$.

(3) $x\neq 0$ 且 $1-x^2\geqslant 0\Rightarrow x\neq 0$ 且 $|x|\leqslant 1$，即定义域为 $[-1,0)\cup(0,1]$.

(4) $4-x^2>0\Rightarrow |x|<2$，即定义域为 $(-2,2)$.

(5) $x\geqslant 0$，即定义域为 $[0,+\infty)$.

(6) $x+1\neq k\pi+\dfrac{\pi}{2}(k\in\mathbf{Z})$，即定义域为 $\left\{x\,\middle|\, x\in\mathbf{R}\text{ 且 }x\neq\left(k+\dfrac{1}{2}\right)\pi-1, k\in\mathbf{Z}\right\}$.

(7) $|x-3|\leqslant 1\Rightarrow 2\leqslant x\leqslant 4$，即定义域为 $[2,4]$.

(8) $3-x\geqslant 0$ 且 $x\neq 0$，即定义域为 $(-\infty,0)\cup(0,3]$.

(9) $x+1>0\Rightarrow x>-1$，即定义域为 $(-1,+\infty)$.

(10) $x\neq 0$，即定义域为 $(-\infty,0)\cup(0,+\infty)$.

【方法点击】 本题是求函数的自然定义域，一般方法是先写出构成所求函数的各个简单函数的定义域，再求出这些定义域的交集，即得所求定义域。下列是经常用到的简单函数及其定义域：

$y=\dfrac{Q(x)}{P(x)}$, $P(x)\neq 0$；　　　　　$y=\sqrt[2n]{x}$, $x\geqslant 0$；

$y=\log_a x$, $x>0$；　　　　　　　$y=\tan x$, $x\neq\left(k+\dfrac{1}{2}\right)\pi, k\in\mathbf{Z}$；

$y=\cot x$, $x\neq k\pi, k\in\mathbf{Z}$；　　　　$y=\arcsin x$, $|x|\leqslant 1$；

$y=\arccos x$, $|x|\leqslant 1$.

2. 下列各题中，函数 $f(x)$ 和 $g(x)$ 是否相同？为什么？

   (1) $f(x)=\lg x^2$, $g(x)=2\lg x$；　　　　(2) $f(x)=x$, $g(x)=\sqrt{x^2}$；

   (3) $f(x)=\sqrt[3]{x^4-x^3}$, $g(x)=x\sqrt[3]{x-1}$；　　(4) $f(x)=1$, $g(x)=\sec^2 x-\tan^2 x$.

解：(1) 不同，因为定义域不同.

(2) 不同，因为对应法则不同，$g(x)=\sqrt{x^2}=\begin{cases}x, & x\geqslant 0,\\ -x, & x<0.\end{cases}$

(3) 相同，因为定义域、对应法则均相同.

(4) 不同，因为定义域不同.

3. 设 $\varphi(x)=\begin{cases}|\sin x|, & |x|<\dfrac{\pi}{3},\\ 0, & |x|\geqslant\dfrac{\pi}{3},\end{cases}$ 求 $\varphi\left(\dfrac{\pi}{6}\right),\varphi\left(\dfrac{\pi}{4}\right),\varphi\left(-\dfrac{\pi}{4}\right),\varphi(-2)$, 并作出函数 $y=\varphi(x)$ 的图形.

解：$\varphi\left(\dfrac{\pi}{6}\right)=\left|\sin\dfrac{\pi}{6}\right|=\dfrac{1}{2}$, $\varphi\left(\dfrac{\pi}{4}\right)=\left|\sin\dfrac{\pi}{4}\right|=\dfrac{\sqrt{2}}{2}$,

$\varphi\left(-\dfrac{\pi}{4}\right)=\left|\sin\left(-\dfrac{\pi}{4}\right)\right|=\dfrac{\sqrt{2}}{2}$, $\varphi(-2)=0$.

$y=\varphi(x)$ 的图形如图 1-1 所示.

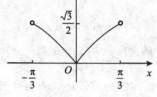

图 1-1

4. 试证下列函数在指定区间内的单调性：

(1) $y=\dfrac{x}{1-x},x\in(-\infty,1)$； (2) $y=x+\ln x,x\in(0,+\infty)$.

证：(1) $y=f(x)=\dfrac{x}{1-x}=-1+\dfrac{1}{1-x}$, $x\in(-\infty,1)$. 设 $x_1<x_2<1$. 因为

$$f(x_2)-f(x_1)=\dfrac{1}{1-x_2}-\dfrac{1}{1-x_1}=\dfrac{x_2-x_1}{(1-x_1)(1-x_2)}>0,$$

所以 $f(x_2)>f(x_1)$, 即 $f(x)$ 在 $(-\infty,1)$ 内单调增加.

(2) $y=f(x)=x+\ln x$, $x\in(0,+\infty)$. 设 $0<x_1<x_2$. 因为

$$f(x_2)-f(x_1)=x_2+\ln x_2-x_1-\ln x_1=x_2-x_1+\ln\dfrac{x_2}{x_1}>0,$$

所以，$f(x_2)>f(x_1)$, 即 $f(x)$ 在 $(0,+\infty)$ 内单调增加.

5. 设 $f(x)$ 为定义在 $(-l,l)$ 内的奇函数, 若 $f(x)$ 在 $(0,l)$ 内单调增加, 证明 $f(x)$ 在 $(-l,0)$ 内也单调增加.

证：设 $-l<x_1<x_2<0$, 则 $0<-x_2<-x_1<l$, 由 $f(x)$ 是奇函数, 得
$$f(x_2)-f(x_1)=-f(-x_2)+f(-x_1).$$

因为 $f(x)$ 在 $(0,l)$ 内单调增加, 所以 $f(-x_1)-f(-x_2)>0$, 从而 $f(x_2)>f(x_1)$, 即 $f(x)$ 在 $(-l,0)$ 内也单调增加.

6. 设下面所考虑的函数都是定义在区间 $(-l,l)$ 上的. 证明：

(1) 两个偶函数的和是偶函数, 两个奇函数的和是奇函数；

(2) 两个偶函数的乘积是偶函数, 两个奇函数的乘积是偶函数, 偶函数与奇函数的乘积是奇函数.

证：(1) 设 $f_1(x),f_2(x)$ 均为偶函数, 则 $f_1(-x)=f_1(x),f_2(-x)=f_2(x)$. 令 $F(x)=f_1(x)+f_2(x)$, 于是 $F(-x)=f_1(-x)+f_2(-x)=f_1(x)+f_2(x)=F(x)$, 故 $F(x)$ 为偶函数.

设 $g_1(x),g_2(x)$ 是奇函数, 则 $g_1(-x)=-g_1(x),g_2(-x)=-g_2(x)$. 令 $G(x)=g_1(x)+g_2(x)$, 于是 $G(-x)=g_1(-x)+g_2(-x)=-g_1(x)-g_2(x)=-G(x)$, 故 $G(x)$ 为奇函数.

(2) 设 $f_1(x),f_2(x)$ 均为偶函数, 则 $f_1(-x)=f_1(x),f_2(-x)=f_2(x)$. 令 $F(x)=f_1(x)\cdot f_2(x)$. 于是 $F(-x)=f_1(-x)\cdot f_2(-x)=f_1(x)f_2(x)=F(x)$, 故 $F(x)$ 为偶函数.

设 $g_1(x),g_2(x)$ 均为奇函数, 则 $g_1(-x)=-g_1(x),g_2(-x)=-g_2(x)$. 令 $G(x)=g_1(x)\cdot g_2(x)$. 于是 $G(-x)=g_1(-x)\cdot g_2(-x)=[-g_1(x)][-g_2(x)]=g_1(x)\cdot g_2(x)=G(x)$, 故 $G(x)$ 为偶函数.

设 $f(x)$ 为偶函数, $g(x)$ 为奇函数, 则 $f(-x)=f(x),g(-x)=-g(x)$.

令 $H(x)=f(x)\cdot g(x)$, 于是

$H(-x)=f(-x)\cdot g(-x)=f(x)[-g(x)]=-f(x)\cdot g(x)=-H(x)$，故 $H(x)$ 为奇函数.

7. 下列函数中哪些是偶函数，哪些是奇函数，哪些既非偶函数又非奇函数？

   (1) $y=x^2(1-x^2)$；   (2) $y=3x^2-x^3$；   (3) $y=\dfrac{1-x^2}{1+x^2}$；

   (4) $y=x(x-1)(x+1)$；   (5) $y=\sin x-\cos x+1$；   (6) $y=\dfrac{a^x+a^{-x}}{2}$.

解：(1) $y=f(x)=x^2(1-x^2)$，因为 $f(-x)=(-x)^2[1-(-x)^2]=x^2(1-x^2)=f(x)$，所以 $f(x)$ 为偶函数.

(2) $y=f(x)=3x^2-x^3$，因为 $f(-x)=3(-x)^2-(-x)^3=3x^2+x^3$，$f(-x)\neq f(x)$，且 $f(-x)\neq -f(x)$，所以 $f(x)$ 既非偶函数又非奇函数.

(3) $y=f(x)=\dfrac{1-x^2}{1+x^2}$，因为 $f(-x)=\dfrac{1-(-x)^2}{1+(-x)^2}=\dfrac{1-x^2}{1+x^2}=f(x)$，所以 $f(x)$ 为偶函数.

(4) $y=f(x)=x(x-1)(x+1)$，因为
$$f(-x)=(-x)[(-x)-1][(-x)+1]=-x(x+1)(x-1)=-f(x),$$
所以 $f(x)$ 为奇函数.

(5) $y=f(x)=\sin x-\cos x+1$，因为 $f(-x)=\sin(-x)-\cos(-x)+1=-\sin x-\cos x+1$，$f(-x)\neq f(x)$，且 $f(-x)\neq -f(x)$，所以 $f(x)$ 既非偶函数又非奇函数.

(6) $y=f(x)=\dfrac{a^x+a^{-x}}{2}$，因为 $f(-x)=\dfrac{a^{-x}+a^x}{2}=f(x)$，所以 $f(x)$ 为偶函数.

8. 下列各函数中哪些是周期函数？对于周期函数，指出其周期：

   (1) $y=\cos(x-2)$；   (2) $y=\cos 4x$；   (3) $y=1+\sin \pi x$；

   (4) $y=x\cos x$；   (5) $y=\sin^2 x$.

解：(1) 是周期函数，周期 $l=2\pi$.   (2) 是周期函数，周期 $l=\dfrac{\pi}{2}$.

(3) 是周期函数，周期 $l=2$.   (4) 不是周期函数.

(5) 是周期函数，周期 $l=\pi$.

9. 求下列函数的反函数：

   (1) $y=\sqrt[3]{x+1}$；   (2) $y=\dfrac{1-x}{1+x}$；   (3) $y=\dfrac{ax+b}{cx+d}\;(ad-bc\neq 0)$；

   (4) $y=2\sin 3x\left(-\dfrac{\pi}{6}\leqslant x\leqslant \dfrac{\pi}{6}\right)$； (5) $y=1+\ln(x+2)$；   (6) $y=\dfrac{2^x}{2^x+1}$.

【思路探索】 函数 f 存在反函数的前提条件为 $f:D\to f(D)$ 是单射. 本题中所给出的各函数易证均为单射，特别 (1)、(4)、(5)、(6) 中的函数均为单调函数，故都存在反函数.

解：(1) 由 $y=\sqrt[3]{x+1}$ 解得 $x=y^3-1$，即反函数为 $y=x^3-1$.

(2) 由 $y=\dfrac{1-x}{1+x}$ 解得 $x=\dfrac{1-y}{1+y}$，即反函数为 $y=\dfrac{1-x}{1+x}$.

(3) 由 $y=\dfrac{ax+b}{cx+d}$ 解得 $x=\dfrac{-dy+b}{cy-a}$，即反函数为 $y=\dfrac{-dx+b}{cx-a}\left(x\neq \dfrac{a}{c}\right)$.

(4) 由 $y=2\sin 3x\left(-\dfrac{\pi}{6}\leqslant x\leqslant \dfrac{\pi}{6}\right)$ 解得 $x=\dfrac{1}{3}\arcsin\dfrac{y}{2}$，即反函数为 $y=\dfrac{1}{3}\arcsin\dfrac{x}{2}$.

(5) 由 $y=1+\ln(x+2)$ 解得 $x=e^{y-1}-2$，即反函数为 $y=e^{x-1}-2$.

(6) 由 $y=\dfrac{2^x}{2^x+1}$ 解得 $x=\log_2\dfrac{y}{1-y}$，即反函数为 $y=\log_2\dfrac{x}{1-x}$.

10. 设函数 $f(x)$ 在数集 X 上有定义，试证：函数 $f(x)$ 在 X 上有界的充分必要条件是它在 X 上

既有上界又有下界.

解：设 $f(x)$ 在 X 有上界，即存在 $M>0$，使得 $|f(x)|\leqslant M, x\in X$，故 $-M\leqslant f(x)\leqslant M, x\in X$，即 $f(x)$ 在 X 上有上界 M，下界 $-M$. 反之，设 $f(x)$ 在 X 上有上界 K_1，下界 K_2，即 $K_2\leqslant f(x)\leqslant K_1, x\in X$. 取 $M=\max\{|K_1|,|K_2|\}$，则有 $|f(x)|\leqslant M, x\in X$，即 $f(x)$ 在 X 上有界.

11. 在下列各题中，求由所给函数构成的复合函数，并求这函数分别对应于给定自变量值 x_1 和 x_2 的函数值：

(1) $y=u^2, u=\sin x, x_1=\dfrac{\pi}{6}, x_2=\dfrac{\pi}{3}$； (2) $y=\sin u, u=2x, x_1=\dfrac{\pi}{8}, x_2=\dfrac{\pi}{4}$；

(3) $y=\sqrt{u}, u=1+x^2, x_1=1, x_2=2$； (4) $y=e^u, u=x^2, x_1=0, x_2=1$；

(5) $y=u^2, u=e^x, x_1=1, x_2=-1$.

解：(1) $y=\sin^2 x, y_1=\dfrac{1}{4}, y_2=\dfrac{3}{4}$. (2) $y=\sin 2x, y_1=\dfrac{\sqrt{2}}{2}, y_2=1$.

(3) $y=\sqrt{1+x^2}, y_1=\sqrt{2}, y_2=\sqrt{5}$. (4) $y=e^{x^2}, y_1=1, y_2=e$.

(5) $y=e^{2x}, y_1=e^2, y_2=e^{-2}$.

12. 设 $f(x)$ 的定义域为 $[0,1]$，求下列各函数的定义域：

(1) $f(x^2)$； (2) $f(\sin x)$； (3) $f(x+a)(a>0)$； (4) $f(x+a)+f(x-a)(a>0)$.

解：(1) $0\leqslant x^2\leqslant 1\Rightarrow x\in[-1,1]$.

(2) $0\leqslant \sin x\leqslant 1\Rightarrow x\in[2n\pi,(2n+1)\pi], n\in \mathbf{Z}$.

(3) $0\leqslant x+a\leqslant 1\Rightarrow x\in[-a,1-a]$.

(4) $\begin{cases}0\leqslant x+a\leqslant 1\\ 0\leqslant x-a\leqslant 1\end{cases}\Rightarrow$ 当 $0<a\leqslant\dfrac{1}{2}$ 时，$x\in[a,1-a]$；当 $a>\dfrac{1}{2}$ 时，定义域为 $\varnothing$（即空集）.

13. 设 $f(x)=\begin{cases}1, & |x|<1,\\ 0, & |x|=1,\\ -1, & |x|>1.\end{cases}$，$g(x)=e^x$，求 $f[g(x)]$ 和 $g[f(x)]$，并作出这两个函数的图形.

解：$f[g(x)]=f(e^x)=\begin{cases}1, & x<0,\\ 0, & x=0,\\ -1, & x>0.\end{cases}$ $g[f(x)]=e^{f(x)}=\begin{cases}e, & |x|<1,\\ 1, & |x|=1,\\ e^{-1}, & |x|>1.\end{cases}$

$f[g(x)]$ 与 $g[f(x)]$ 的图形依次如图 1-2、图 1-3 所示.

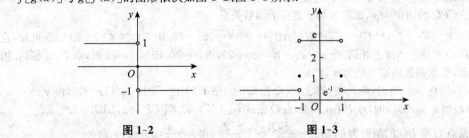

图 1-2   图 1-3

14. 已知水渠的横断面为等腰梯形，斜角 $\varphi=40°$（图 1-4）. 当过水断面 $ABCD$ 的面积为定值 S_0 时，求湿周 $L(L=AB+BC+CD)$ 与水深 h 之间的函数关系式，并指明其定义域.

解：$|AB|=|CD|=\dfrac{h}{\sin 40°}$，又 $S_0=\dfrac{1}{2}h[|BC|+(|BC|+2\cot 40°\cdot h)]$，得

$$|BC|=\dfrac{S_0}{h}-\cot 40°\cdot h,$$

所以 $L=\dfrac{S_0}{h}+\dfrac{2-\cos 40°}{\sin 40°}h$,而 $h>0$ 且 $\dfrac{S_0}{h}-\cot 40°\cdot h>0$,因此湿周函数 L 的定义域为 $(0,\sqrt{S_0\tan 40°})$.

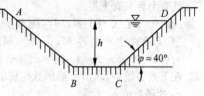

图 1-4

15. 设 xOy 平面上有正方形 $D=\{(x,y)\mid 0\leqslant x\leqslant 1, 0\leqslant y\leqslant 1\}$ 及直线 $l:x+y=t\ (t\geqslant 0)$. 若 $S(t)$ 表示正方形 D 位于直线 l 左下部分的面积,试求 $S(t)$ 与 t 之间的函数关系.

解:当 $0\leqslant t\leqslant 1$ 时,$S(t)=\dfrac{1}{2}t^2$;当 $1<t\leqslant 2$ 时,$S(t)=1-\dfrac{1}{2}(2-t)^2=-\dfrac{1}{2}t^2+2t-1$;当 $t>2$ 时,$S(t)=1$. 故

$$S(t)=\begin{cases}\dfrac{1}{2}t^2, & 0\leqslant t\leqslant 1,\\ -\dfrac{1}{2}t^2+2t-1, & 1<t\leqslant 2,\\ 1, & t>2.\end{cases}$$

16. 求联系华氏温度(用 F 表示)和摄氏温度(用 C 表示)的转换公式,并求
(1) 90°F 的等价摄氏温度和 −5°C 的等价华氏温度;
(2) 是否存在一个温度值,使华氏温度计和摄氏温度计的读数是一样的? 如果存在,那么该温度值是多少?

解:设 $F=mC+b$,其中 m,b 均为常数. 因为 $F=32°$ 相当于 $C=0°$,$F=212°$ 相当于 $C=100°$,所以 $b=32, m=\dfrac{212-32}{100}=1.8$. 故 $F=1.8C+32$ 或 $C=\dfrac{5}{9}(F-32)$.

(1) $F=90°$,$C=\dfrac{5}{9}(90-32)\approx 32.2°$. $C=-5°$,$F=1.8\times(-5)+32=23°$.

(2) 设温度值 t 符合题意,则有 $t=1.8t+32, t=-40$. 即华氏 −40° 恰好也是摄氏 −40°.

17. 已知 Rt△ABC 中,直角边 AC,BC 的长度分别为 20,15,动点 P 从 C 出发,沿三角形边界按 $C\to B\to A$ 方向移动;动点 Q 从 C 出发,沿三角形边界按 $C\to A\to B$ 方向移动,移动到两动点相遇时为止,且点 Q 移动的速度是点 P 移动的速度的 2 倍. 设动点 P 移动的距离为 x,△CPQ 的面积为 y,试求 y 与 x 之间的函数关系.

解:因为 $|AC|=20, |BC|=15$,所以 $|AB|=\sqrt{20^2+15^2}=25$. 由 $20<2\times 15<20+25$ 可知,点 P,Q 在斜边 AB 上相遇. 令 $x+2x=15+20+25$,得 $x=20$. 即当 $x=20$ 时,点 P,Q 相遇. 因此,所求函数的定义域为 $(0,20)$.

(1) 当 $0<x\leqslant 10$ 时,点 P 在 CB 上,点 Q 在 CA 上(图 1-5). 由 $|CP|=x, |CQ|=2x$,得 $y=x^2$.

(2) 当 $10\leqslant x\leqslant 15$ 时,点 P 在 CB 上,点 Q 在 AB 上(图 1-6). 则 $|CP|=x, |AQ|=2x-20$. 设点 Q 到 BC 的距离为 h,则 $\dfrac{h}{20}=\dfrac{|BQ|}{25}=\dfrac{45-2x}{25}$,得 $h=\dfrac{4}{5}(45-2x)$,故

$$y=\dfrac{1}{2}xh=\dfrac{2}{5}x(45-2x)=-\dfrac{4}{5}x^2+18x.$$

(3) 当 $15<x<20$ 时,点 P,Q 都在 AB 上(图 1-7). 则 $|BP|=x-15, |AQ|=2x-20$,$|PQ|=60-3x$. 设点 C 到 AB 的距离为 h',则 $h'=\dfrac{15\times 20}{25}=12$,得 $y=\dfrac{1}{2}|PQ|\cdot h'=-18x+360$.

综上可得

$$y = \begin{cases} x^2, & 0 < x < 10, \\ -\dfrac{4}{5}x^2 + 18x, & 10 \leqslant x \leqslant 15, \\ -18x + 360, & 15 < x < 20. \end{cases}$$

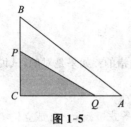

图 1-5

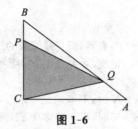

图 1-6

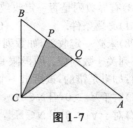

图 1-7

18. 利用以下联合国统计办公室提供的世界人口数据以及指数模型来推测 2010 年的世界人口.

年　份	人口数(百万)	当年人口数与上一年人口数的比值
1986	4 936	
1987	5 023	1.017 6
1988	5 111	1.017 5
1989	5 201	1.017 6
1990	5 329	1.024 6
1991	5 422	1.017 5

解：由表中第 3 列，猜想 1986 年后任一年的世界人口是前一年人口的 1.018 倍. 于是，在 1986 年后的第 t 年，世界人口将是 $P(t) = 4\,936 \times (1.018)^t$（百万）.

2010 年对应 $t = 24$，于是 $P(24) = 4\,936 \times (1.018)^{24} \approx 7\,573.9$（百万）$\approx 76$（亿），

即推测 2010 年的世界人口约为 76 亿.

第二节　数列的极限

习题 1－2 超精解（教材 P26～P27）

1. 下列各题中，哪些数列收敛，哪些数列发散？对收敛数列，通过观察数列 $\{x_n\}$ 的变化趋势，写出它们的极限：

(1) $\left\{\dfrac{1}{2^n}\right\}$；　　(2) $\left\{(-1)^n \dfrac{1}{n}\right\}$；　　(3) $\left\{2 + \dfrac{1}{n^2}\right\}$；　　(4) $\left\{\dfrac{n-1}{n+1}\right\}$；

(5) $\{n(-1)^n\}$；　(6) $\left\{\dfrac{2^n-1}{3^n}\right\}$；　　(7) $\left\{n - \dfrac{1}{n}\right\}$；　　(8) $\left\{[(-1)^n + 1]\dfrac{n+1}{n}\right\}$.

解：(1) 收敛，$\lim\limits_{n\to\infty}\dfrac{1}{2^n} = 0$.　(2) 收敛，$\lim\limits_{n\to\infty}(-1)^n \dfrac{1}{n} = 0$.　(3) 收敛，$\lim\limits_{n\to\infty}\left(2 + \dfrac{1}{n^2}\right) = 2$.

(4) 收敛，$\lim\limits_{n\to\infty}\dfrac{n-1}{n+1} = 1$.　(5) $\{n(-1)^n\}$ 发散.　(6) 收敛，$\lim\limits_{n\to\infty}\dfrac{2^n-1}{3^n} = 0$.

(7) $\left\{n-\dfrac{1}{n}\right\}$ 发散. (8) $\left\{[(-1)^n+1]\dfrac{n+1}{n}\right\}$ 发散.

2. (1) 数列的有界性是数列收敛的什么条件?
   (2) 无界数列是否一定发散?
   (3) 有界数列是否一定收敛?

解:(1) 必要条件. (2) 一定发散.
   (3) 未必一定收敛,如数列 $\{(-1)^n\}$ 有界,但它是发散的.

3. 下列关于数列 $\{x_n\}$ 的极限是 a 的定义,哪些是对的,哪些是错的? 如果是对的,试说明理由;如果是错的,试给出一个反例.
   (1) 对于 $\forall \varepsilon > 0$,$\exists N \in \mathbf{N}_+$,当 $n > N$ 时,不等式 $x_n - a < \varepsilon$ 成立;
   (2) 对于 $\forall \varepsilon > 0$,$\exists N \in \mathbf{N}_+$,当 $n > N$ 时,有无穷多项 x_n,使不等式 $|x_n - a| < \varepsilon$ 成立;
   (3) 对于 $\forall \varepsilon > 0$,$\exists N \in \mathbf{N}_+$,当 $n > N$ 时,不等式 $|x_n - a| < c\varepsilon$ 成立,其中 c 为某个常数;
   (4) 对于 $\forall m \in \mathbf{N}_+$,$\exists N \in \mathbf{N}_+$,当 $n > N$ 时,不等式 $|x_n - a| < \dfrac{1}{m}$ 成立.

解:(1) 错误. 如对数列 $\left\{(-1)^n + \dfrac{1}{n}\right\}$,$a=1$. 对任给的 $\varepsilon > 0$(设 $\varepsilon < 1$),存在 $N = \left[\dfrac{1}{\varepsilon}\right]$,当 $n > N$ 时,$(-1)^n + \dfrac{1}{n} - 1 \leqslant \dfrac{1}{n} < \dfrac{1}{\varepsilon}$,但 $\left\{(-1)^n + \dfrac{1}{n}\right\}$ 的极限不存在.

(2) 错误. 如对数列 $x_n = \begin{cases} n, & n=2k-1, \\ 1-\dfrac{1}{n}, & n=2k, \end{cases} k \in \mathbf{N}_+$,$a=1$. 对任给的 $\varepsilon > 0$(设 $\varepsilon < 1$),存在 $N = \left[\dfrac{1}{\varepsilon}\right]$,当 $n > N$ 且 n 为偶数时,$|x_n - a| = \dfrac{1}{n} < \varepsilon$ 成立,但 $\{x_n\}$ 的极限不存在.

(3) 正确. 对任给的 $\varepsilon > 0$,取 $\dfrac{1}{c}\varepsilon > 0$,按假使存在 $N \in \mathbf{N}_+$,当 $n > N$ 时,不等式 $|x_n - a| < c \cdot \dfrac{1}{c}\varepsilon = \varepsilon$ 成立.

(4) 正确. 对任给的 $\varepsilon > 0$,取 $m \in \mathbf{N}_+$,使 $\dfrac{1}{m} < \varepsilon$. 按假使,存在 $N \in \mathbf{N}_+$,当 $n > N$ 时,不等式 $|x_n - a| < \dfrac{1}{m} < \varepsilon$ 成立.

*4. 设数列 $\{x_n\}$ 的一般项 $x_n = \dfrac{1}{n}\cos\dfrac{n\pi}{2}$. 问 $\lim\limits_{n\to\infty} x_n = ?$ 求出 N,使当 $n > N$ 时,x_n 与其极限之差的绝对值小于正数 ε. 当 $\varepsilon = 0.001$ 时,求出数 N.

解:$\lim\limits_{n\to\infty} x_n = 0$. 证明如下:
因为 $|x_n - 0| = \left|\dfrac{1}{n}\cos\dfrac{n\pi}{2}\right| \leqslant \dfrac{1}{n}$,要使 $|x_n - 0| < \varepsilon$,只要 $\dfrac{1}{n} < \varepsilon$,即 $n > \dfrac{1}{\varepsilon}$. 所以 $\forall \varepsilon > 0$,取 $N = \left[\dfrac{1}{\varepsilon}\right]$,则当 $n > N$ 时,就有 $|x_n - 0| < \varepsilon$.
当 $\varepsilon = 0.001$ 时,取 $N = \left[\dfrac{1}{\varepsilon}\right] = 1\,000$. 即若 $\varepsilon = 0.001$,只要 $n > 1\,000$,就有 $|x_n - 0| < 0.001$.

*5. 根据数列极限的定义证明:
   (1) $\lim\limits_{n\to\infty} \dfrac{1}{n^2} = 0$;
   (2) $\lim\limits_{n\to\infty} \dfrac{3n+1}{2n+1} = \dfrac{3}{2}$;
   (3) $\lim\limits_{n\to\infty} \dfrac{\sqrt{n^2+a^2}}{n} = 1$;
   (4) $\lim\limits_{n\to\infty} 0.\underbrace{999\cdots 9}_{n\text{个}} = 1$.

证:(1)因为要使 $\left|\dfrac{1}{n^2}-0\right|=\dfrac{1}{n^2}<\varepsilon$,只要 $n>\dfrac{1}{\sqrt{\varepsilon}}$.所以 $\forall \varepsilon>0$,取 $N=\left[\dfrac{1}{\sqrt{\varepsilon}}\right]$,则当 $n>N$ 时,就有 $\left|\dfrac{1}{n^2}-0\right|<\varepsilon$,即 $\lim\limits_{n\to\infty}\dfrac{1}{n^2}=0$.

(2)因为 $\left|\dfrac{3n+1}{2n+1}-\dfrac{3}{2}\right|=\dfrac{1}{2(2n+1)}<\dfrac{1}{4n}$,要使 $\left|\dfrac{3n+1}{2n+1}-\dfrac{3}{2}\right|<\varepsilon$,只要 $\dfrac{1}{4n}<\varepsilon$,即 $n>\dfrac{1}{4\varepsilon}$.所以 $\forall \varepsilon>0$,取 $N=\left[\dfrac{1}{4\varepsilon}\right]$,则当 $n>N$ 时,就有 $\left|\dfrac{3n+1}{2n+1}-\dfrac{3}{2}\right|<\varepsilon$,即 $\lim\limits_{n\to\infty}\dfrac{3n+1}{2n+1}=\dfrac{3}{2}$.

【方法点击】 本题中所采用的证明方法是:先将 $|x_n-a|$ 等价变形,然后适当放大,使 N 容易由放大后的量小于 ε 的不等式求出.这在按定义证明极限的问题中是经常采用的.

(3)因为 $\left|\dfrac{\sqrt{n^2+a^2}}{n}-1\right|=\dfrac{\sqrt{n^2+a^2}-n}{n}=\dfrac{a^2}{n(\sqrt{n^2+a^2}+n)}<\dfrac{a^2}{2n^2}$,要使 $\left|\dfrac{\sqrt{n^2+a^2}}{n}-1\right|<\varepsilon$,只要 $\dfrac{a^2}{2n^2}<\varepsilon$,即 $n>\dfrac{|a|}{\sqrt{2\varepsilon}}$.所以 $\forall \varepsilon>0$,取 $N=\left[\dfrac{|a|}{\sqrt{2\varepsilon}}\right]$,则当 $n>N$ 时,就有 $\left|\dfrac{\sqrt{n^2+a^2}}{n}-1\right|<\varepsilon$,即 $\lim\limits_{n\to\infty}\dfrac{\sqrt{n^2+a^2}}{n}=1$.

(4)因为 $|0.\underbrace{999\cdots 9}_{n\uparrow}-1|=\dfrac{1}{10^n}$,要使 $|0.\underbrace{999\cdots 9}_{n\uparrow}-1|<\varepsilon$,只要 $\dfrac{1}{10^n}<\varepsilon$,即 $n>\lg\dfrac{1}{\varepsilon}$.所以 $\forall \varepsilon>0$(不妨设 $\varepsilon<1$),取 $N=\left[\lg\dfrac{1}{\varepsilon}\right]$,则当 $n>N$ 时,就有 $|0.\underbrace{999\cdots 9}_{n\uparrow}-1|<\varepsilon$,即 $\lim\limits_{n\to\infty}0.\underbrace{999\cdots 9}_{n\uparrow}=1$.

6. 若 $\lim\limits_{n\to\infty}u_n=a$,证明 $\lim\limits_{n\to\infty}|u_n|=|a|$.并举例说明:如果数列 $\{|x_n|\}$ 有极限,但数列 $\{x_n\}$ 未必有极限.

证:因为 $\lim\limits_{n\to\infty}u_n=a$,所以 $\forall \varepsilon>0$,$\exists N$,当 $n>N$ 时,有 $|u_n-a|<\varepsilon$,从而有
$$||u_n|-|a||\leqslant |u_n-a|<\varepsilon,$$
故 $\lim\limits_{n\to\infty}|u_n|=|a|$.但由 $\lim\limits_{n\to\infty}|u_n|=|a|$,并不能推得 $\lim\limits_{n\to\infty}u_n=a$.例如,考虑数列 $\{(-1)^n\}$,虽然 $\lim\limits_{n\to\infty}|(-1)^n|=1$,但 $\{(-1)^n\}$ 没有极限.

7. 设数列 $\{x_n\}$ 有界,又 $\lim\limits_{n\to\infty}y_n=0$,证明:$\lim\limits_{n\to\infty}x_n y_n=0$.

证:因数列 $\{x_n\}$ 有界,故 $\exists M>0$,使得对一切 n 有 $|x_n|\leqslant M$.$\forall \varepsilon>0$,由于 $\lim\limits_{n\to\infty}y_n=0$,故对 $\varepsilon_1=\dfrac{\varepsilon}{M}>0$,$\exists N$,当 $n>N$ 时,就有 $|y_n|<\varepsilon_1=\dfrac{\varepsilon}{M}$,从而有 $|x_n y_n-0|=|x_n|\cdot|y_n|<M\cdot\dfrac{\varepsilon}{M}=\varepsilon$,所以 $\lim\limits_{n\to\infty}x_n y_n=0$.

8. 对于数列 $\{x_n\}$,若 $x_{2k-1}\to a(k\to\infty)$,$x_{2k}\to a(k\to\infty)$,证明:$x_n\to a(n\to\infty)$.

证:因为 $x_{2k-1}\to a(k\to\infty)$,所以 $\forall \varepsilon>0$,$\exists k_1$,当 $k>k_1$ 时,有 $|x_{2k-1}-a|<\varepsilon$;又因为 $x_{2k}\to a(k\to\infty)$,所以对上述 $\varepsilon>0$,$\exists k_2$,当 $k>k_2$ 时,有 $|x_{2k}-a|<\varepsilon$.记 $K=\max\{k_1,k_2\}$,取 $N=2K$,则当 $n>N$ 时,若 $n=2k-1$,则 $k>K+\dfrac{1}{2}>k_1\Rightarrow |x_n-a|=|x_{2k-1}-a|<\varepsilon$,

若 $n=2k$,则 $k>K\geqslant k_2\Rightarrow |x_n-a|=|x_{2k}-a|<\varepsilon$.

从而只要 $n>N$,就有 $|x_n-a|<\varepsilon$,即 $\lim\limits_{n\to\infty}x_n=a$.

第三节　函数的极限

习题 1-3 超精解（教材 P33～P34）

1. 对图 1-8 所示的函数 $f(x)$，求下列极限，如极限不存在，说明理由.

   (1) $\lim\limits_{x\to -2} f(x)$；　　(2) $\lim\limits_{x\to -1} f(x)$；　　(3) $\lim\limits_{x\to 0} f(x)$.

   解：(1) $\lim\limits_{x\to -2} f(x)=0$.　　(2) $\lim\limits_{x\to -1} f(x)=-1$.　　(3) $\lim\limits_{x\to 0} f(x)$ 不存在，因为 $f(0^+)\neq f(0^-)$.

2. 对图 1-9 所示的函数 $f(x)$，下列陈述中哪些是对的，哪些是错的？

   (1) $\lim\limits_{x\to 0} f(x)$ 不存在；　　(2) $\lim\limits_{x\to 0} f(x)=0$；　　(3) $\lim\limits_{x\to 0} f(x)=1$；

   (4) $\lim\limits_{x\to 1} f(x)=0$；　　(5) $\lim\limits_{x\to 1} f(x)$ 不存在；　　(6) 对每个 $x_0 \in (-1,1)$，$\lim\limits_{x\to x_0} f(x)$ 存在.

   解：(1) 错，$\lim\limits_{x\to 0} f(x)$ 存在与否，与 $f(0)$ 的值无关.

   (2) 对，因为 $f(0^+)=f(0^-)=0$.

   (3) 错，$\lim\limits_{x\to 0} f(x)$ 的值与 $f(0)$ 的值无关.

   (4) 错，$f(1^+)=0$，但 $f(1^-)=-1$，故 $\lim\limits_{x\to 1} f(x)$ 不存在.

   (5) 对，因为 $f(1^-)\neq f(1^+)$.

   (6) 对.

3. 对图 1-10 所示的函数，下列陈述中哪些是对的，哪些是错的？

   (1) $\lim\limits_{x\to -1^+} f(x)=1$；　　(2) $\lim\limits_{x\to 0} f(x)$ 不存在；　　(3) $\lim\limits_{x\to 0} f(x)=0$；　　(4) $\lim\limits_{x\to 0} f(x)=1$；

   (5) $\lim\limits_{x\to 1} f(x)=1$；　　(6) $\lim\limits_{x\to 1^+} f(x)=0$；　　(7) $\lim\limits_{x\to 2} f(x)=0$；　　(8) $\lim\limits_{x\to 2} f(x)=0$.

   解：(1) 对.　　(2) 对，因为当 $x<-1$ 时，$f(x)$ 无定义.

   (3) 对，因为 $f(0^+)=f(0^-)=0$.

   (4) 错，$\lim\limits_{x\to 0} f(x)$ 的值与 $f(0)$ 的值无关.

   (5) 对.　(6) 对.　(7) 对.

   (8) 错，因为当 $x>2$ 时，$f(x)$ 无定义，$f(2^+)$ 不存在.

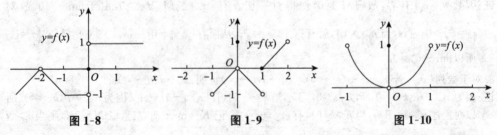

图 1-8　　　　　图 1-9　　　　　图 1-10

4. 求 $f(x)=\dfrac{x}{x}$，$\varphi(x)=\dfrac{|x|}{x}$，当 $x\to 0$ 时的左、右极限，并说明它们在 $x\to 0$ 时的极限是否存在.

   解：$\lim\limits_{x\to 0^+} f(x)=\lim\limits_{x\to 0^+}\dfrac{x}{x}=\lim\limits_{x\to 0^+} 1=1$，$\lim\limits_{x\to 0^-} f(x)=\lim\limits_{x\to 0^-}\dfrac{x}{x}=\lim\limits_{x\to 0^-} 1=1$.

   因为，$\lim\limits_{x\to 0^+} f(x)=1=\lim\limits_{x\to 0^-} f(x)$，所以 $\lim\limits_{x\to 0} f(x)=1$. 又

   $$\lim\limits_{x\to 0^+}\varphi(x)=\lim\limits_{x\to 0^+}\dfrac{|x|}{x}=\lim\limits_{x\to 0^+}\dfrac{x}{x}=1,\ \lim\limits_{x\to 0^-}\varphi(x)=\lim\limits_{x\to 0^-}\dfrac{|x|}{x}=\lim\limits_{x\to 0^-}\dfrac{-x}{x}=-1.$$

因为 $\lim\limits_{x\to 0^+}\varphi(x)\neq\lim\limits_{x\to 0^-}\varphi(x)$，所以 $\lim\limits_{x\to 0}\varphi(x)$ 不存在.

*5. 根据函数极限的定义证明：

(1) $\lim\limits_{x\to 3}(3x-1)=8$；　(2) $\lim\limits_{x\to 2}(5x+2)=12$；　(3) $\lim\limits_{x\to -2}\dfrac{x^2-4}{x+2}=-4$；　(4) $\lim\limits_{x\to -\frac{1}{2}}\dfrac{1-4x^2}{2x+1}=2$.

证：(1) 因为 $|(3x-1)-8|=|3x-9|=3|x-3|$，要使 $|(3x-1)-8|<\varepsilon$，只要 $|x-3|<\dfrac{\varepsilon}{3}$.

所以 $\forall\varepsilon>0$，取 $\delta=\dfrac{\varepsilon}{3}$，则当 $0<|x-3|<\delta$ 时，就有 $|(3x-1)-8|<\varepsilon$，即 $\lim\limits_{x\to 3}(3x-1)=8$.

(2) 因为 $|(5x+2)-12|=|5x-10|=5|x-2|$，要使 $|(5x+2)-12|<\varepsilon$，只要 $|x-2|<\dfrac{\varepsilon}{5}$.

所以 $\forall\varepsilon>0$，取 $\delta=\dfrac{\varepsilon}{5}$，则当 $0<|x-2|<\delta$ 时，就有 $|(5x+2)-12|<\varepsilon$，即 $\lim\limits_{x\to 2}(5x+2)=12$.

(3) 因为 $x\to -2$，$x\neq -2$，$\left|\dfrac{x^2-4}{x+2}-(-4)\right|=|x-2-(-4)|=|x+2|=|x-(-2)|$，要使 $\left|\dfrac{x^2-4}{x+2}-(-4)\right|<\varepsilon$，只要 $|x-(-2)|<\varepsilon$. 所以 $\forall\varepsilon>0$，取 $\delta=\varepsilon$，则当 $0<|x-(-2)|<\delta$ 时，就有 $\left|\dfrac{x^2-4}{x+2}-(-4)\right|<\varepsilon$，即 $\lim\limits_{x\to -2}\dfrac{x^2-4}{x+2}=-4$.

(4) 因为 $x\to -\dfrac{1}{2}$，$x\neq -\dfrac{1}{2}$，$\left|\dfrac{1-4x^2}{2x+1}-2\right|=|1-2x-2|=2\left|x-\left(-\dfrac{1}{2}\right)\right|$，要使 $\left|\dfrac{1-4x^2}{2x+1}-2\right|<\varepsilon$，只要 $\left|x-\left(-\dfrac{1}{2}\right)\right|<\dfrac{\varepsilon}{2}$. 所以 $\forall\varepsilon>0$，取 $\delta=\dfrac{\varepsilon}{2}$，则当 $0<\left|x-\left(-\dfrac{1}{2}\right)\right|<\delta$ 时，就有 $\left|\dfrac{1-4x^2}{2x+1}-2\right|<\varepsilon$，即 $\lim\limits_{x\to -\frac{1}{2}}\dfrac{1-4x^2}{2x+1}=2$.

*6. 根据函数极限的定义证明：

(1) $\lim\limits_{x\to\infty}\dfrac{1+x^3}{2x^3}=\dfrac{1}{2}$；　(2) $\lim\limits_{x\to +\infty}\dfrac{\sin x}{\sqrt{x}}=0$.

证：(1) 因为 $\left|\dfrac{1+x^3}{2x^3}-\dfrac{1}{2}\right|=\dfrac{1}{2|x|^3}$. 要使 $\left|\dfrac{1+x^3}{2x^3}-\dfrac{1}{2}\right|<\varepsilon$，只要 $\dfrac{1}{2|x|^3}<\varepsilon$，即 $|x|>\dfrac{1}{\sqrt[3]{2\varepsilon}}$. 所以 $\forall\varepsilon>0$，取 $X=\dfrac{1}{\sqrt[3]{2\varepsilon}}$，则当 $|x|>X$ 时，就有 $\left|\dfrac{1+x^3}{2x^3}-\dfrac{1}{2}\right|<\varepsilon$，即 $\lim\limits_{x\to\infty}\dfrac{1+x^3}{2x^3}=\dfrac{1}{2}$.

(2) 因为 $\left|\dfrac{\sin x}{\sqrt{x}}-0\right|\leqslant\dfrac{1}{\sqrt{x}}$，要使 $\left|\dfrac{\sin x}{\sqrt{x}}-0\right|<\varepsilon$，只要 $\dfrac{1}{\sqrt{x}}<\varepsilon$，即 $x>\dfrac{1}{\varepsilon^2}$. 所以 $\forall\varepsilon>0$，取 $X=\dfrac{1}{\varepsilon^2}$，则当 $x>X$ 时，就有 $\left|\dfrac{\sin x}{\sqrt{x}}-0\right|<\varepsilon$，即 $\lim\limits_{x\to +\infty}\dfrac{\sin x}{\sqrt{x}}=0$.

*7. 当 $x\to 2$ 时，$y=x^2\to 4$. 问 δ 等于多少，使当 $0<|x-2|<\delta$ 时，$|y-4|<0.001$？

解：由于 $x\to 2$，$|x-2|\to 0$，不妨设 $|x-2|<1$，即 $1<x<3$.

要使 $|x^2-4|=|x+2||x-2|<5|x-2|<0.001$，只要 $|x-2|<\dfrac{0.001}{5}=0.0002$，

取 $\delta=0.0002$，则当 $0<|x-2|<\delta$ 时，就有 $|x^2-4|<0.001$.

【方法点击】本题证明中，先限定 $|x-2|<1$，其目的是在 $|x^2-4|=|x+2|\cdot|x-2|$ 中，将 $|x+2|$ 放大为 5，从而去掉因子 $|x+2|$，再令 $5|x-2|<\varepsilon$，由此可以求出 $|x-2|<\dfrac{\varepsilon}{5}$，从而找到 δ. 这在按定义证明极限时，也是经常采用的一种方法.

*8. 当 $x \to \infty$ 时，$y = \dfrac{x^2-1}{x^2+3} \to 1$. 问 X 等于多少，使当 $|x| > X$ 时，$|y-1| < 0.01$？

解：因为 $\left|\dfrac{x^2-1}{x^2+3} - 1\right| = \dfrac{4}{x^2+3} < \dfrac{4}{x^2}$，要使 $\left|\dfrac{x^2-1}{x^2+3} - 1\right| < 0.01$，只要 $\dfrac{4}{x^2} < 0.01$，即 $|x| > 20$，取 $X = 20$，则当 $|x| > X$ 时，就有 $|y-1| < 0.01$.

*9. 证明函数 $f(x) = |x|$ 当 $x \to 0$ 时极限为零.

证：因为 $||x| - 0| = |x| = |x - 0|$，所以 $\forall \varepsilon > 0$，取 $\delta = \varepsilon$，则当 $0 < |x - 0| < \delta$ 时，就有 $||x| - 0| < \varepsilon$，即 $\lim\limits_{x \to 0} |x| = 0$.

*10. 证明：若 $x \to +\infty$ 及 $x \to -\infty$ 时，函数 $f(x)$ 的极限都存在且都等于 A，则 $\lim\limits_{x \to \infty} f(x) = A$.

证：因为 $\lim\limits_{x \to +\infty} f(x) = A$，所以 $\forall \varepsilon > 0$，$\exists X_1 > 0$，当 $x > X_1$ 时，就有 $|f(x) - A| < \varepsilon$.
又因为 $\lim\limits_{x \to -\infty} f(x) = A$，所以对上面的 $\varepsilon > 0$，$\exists X_2 > 0$，当 $x < -X_2$ 时，就有 $|f(x) - A| < \varepsilon$.
取 $X = \max\{X_1, X_2\}$，则当 $|x| > X$，即 $x > X$ 或 $x < -X$ 时，就有 $|f(x) - A| < \varepsilon$，即 $\lim\limits_{x \to \infty} f(x) = A$.

*11. 根据函数极限的定义证明：函数 $f(x)$ 当 $x \to x_0$ 时极限存在的充分必要条件是左极限、右极限各自存在并且相等.

证：必要性　若 $\lim\limits_{x \to x_0} f(x) = A$，则 $\forall \varepsilon > 0$，$\exists \delta > 0$，当 $0 < |x - x_0| < \delta$ 时，就有 $|f(x) - A| < \varepsilon$.
特别，当 $0 < x - x_0 < \delta$ 时，有 $|f(x) - A| < \varepsilon$，即 $\lim\limits_{x \to x_0^+} f(x) = A$；当 $0 < x_0 - x < \delta$ 时，有 $|f(x) - A| < \varepsilon$，即 $\lim\limits_{x \to x_0^-} f(x) = A$.

充分性　若 $\lim\limits_{x \to x_0^+} f(x) = A = \lim\limits_{x \to x_0^-} f(x)$，则 $\forall \varepsilon > 0$，$\exists \delta_1 > 0$，当 $0 < x - x_0 < \delta_1$ 时，就有 $|f(x) - A| < \varepsilon$；又 $\exists \delta_2 > 0$，当 $0 < x_0 - x < \delta_2$ 时，就有 $|f(x) - A| < \varepsilon$，取 $\delta = \min\{\delta_1, \delta_2\}$，则当 $0 < |x - x_0| < \delta$ 时，就有 $|f(x) - A| < \varepsilon$，即 $\lim\limits_{x \to x_0} f(x) = A$.

*12. 试给出 $x \to \infty$ 时函数极限的局部有界性的定理，并加以证明.

解：局部有界性定理　如果 $\lim\limits_{x \to \infty} f(x) = A$，那么存在常数 $M > 0$ 和 $X > 0$，使得当 $|x| > X$ 时，有 $|f(x)| \leqslant M$.
证明如下：因为 $\lim\limits_{x \to \infty} f(x) = A$，所以对 $\varepsilon = 1 > 0$，$\exists X > 0$，当 $|x| > X$ 时，就有 $|f(x) - A| < 1$，从而 $|f(x)| \leqslant |f(x) - A| + |A| < 1 + |A|$，取 $M = |A| + 1$，即当 $|x| > X$ 时，$|f(x)| \leqslant M$.

第四节　无穷小与无穷大

习题 1-4 超精解（教材 P37～P38）

1. 两个无穷小的商是否一定是无穷小？举例说明之.

解：不一定. 例如 $\alpha(x) = 2x$ 与 $\beta(x) = 3x$ 都是当 $x \to 0$ 时的无穷小，但 $\dfrac{\alpha(x)}{\beta(x)} = \dfrac{2}{3}$ 却不是当 $x \to 0$ 时的无穷小.

*2. 根据定义证明：

(1) $y = \dfrac{x^2 - 9}{x + 3}$ 为当 $x \to 3$ 时的无穷小.　(2) $y = x\sin\dfrac{1}{x}$ 为当 $x \to 0$ 时的无穷小.

证：(1) 因为 $\left|\dfrac{x^2 - 9}{x + 3}\right| = |x - 3|$，所以 $\forall \varepsilon > 0$，取 $\delta = \varepsilon$，则当 $0 < |x - 3| < \delta$ 时，就有 $\left|\dfrac{x^2 - 9}{x + 3}\right| < \varepsilon$，即 $\dfrac{x^2 - 9}{x + 3}$ 为当 $x \to 3$ 时的无穷小.

(2)因为 $\left|x\sin\dfrac{1}{x}\right|\leqslant|x|$，所以 $\forall \varepsilon>0$，取 $\delta=\varepsilon$，则当 $0<|x|<\delta$ 时，就有 $\left|x\sin\dfrac{1}{x}\right|<\varepsilon$，即 $x\sin\dfrac{1}{x}$ 为当 $x\to 0$ 时的无穷小.

*3. 根据定义证明：函数 $y=\dfrac{1+2x}{x}$ 为当 $x\to 0$ 时的无穷大. 问 x 应满足什么条件，能使 $|y|>10^4$?

证：因为 $\left|\dfrac{1+2x}{x}\right|=\left|\dfrac{1}{x}+2\right|\geqslant\left|\dfrac{1}{x}\right|-2$，要使 $\left|\dfrac{1+2x}{x}\right|>M$，只要 $\left|\dfrac{1}{x}\right|-2>M$，即 $|x|<\dfrac{1}{M+2}$. 所以 $\forall M>0$，取 $\delta=\dfrac{1}{M+2}$，则当 $0<|x-0|<\delta$ 时，就有 $\left|\dfrac{1+2x}{x}\right|>M$，即 $\dfrac{1+2x}{x}$ 为当 $x\to 0$ 时的无穷大. 令 $M=10^4$，取 $\delta=\dfrac{1}{10^4+2}$，当 $0<|x-0|<\dfrac{1}{10^4+2}$ 时，就能使 $\left|\dfrac{1+2x}{x}\right|>10^4$.

【方法点击】 在本题的证明中，采取先将 $|f(x)|=\left|\dfrac{1+2x}{x}\right|$ 等价变形，然后适当缩小，使缩小后的量大于 M，从而求出 δ. 这种方法在按定义证明函数在某个变化过程中为无穷大时，也是经常采用的.

4. 求下列极限并说明理由：

(1) $\lim\limits_{x\to\infty}\dfrac{2x+1}{x}$；　　(2) $\lim\limits_{x\to 0}\dfrac{1-x^2}{1-x}$.

解：(1) $\lim\limits_{x\to\infty}\dfrac{2x+1}{x}=\lim\limits_{x\to\infty}\left(2+\dfrac{1}{x}\right)=2$.

理由：由定理 2，$\dfrac{1}{x}$ 为当 $x\to\infty$ 时的无穷小；再由定理 1，可得 $\lim\limits_{x\to\infty}\left(2+\dfrac{1}{x}\right)=2$.

(2) $\lim\limits_{x\to 0}\dfrac{1-x^2}{1-x}=\lim\limits_{x\to 0}(1+x)=1$.

理由：由定理 1，得 $\lim\limits_{x\to 0}(1+x)=1$.

5. 根据函数极限或无穷大定义，填写下表：

	$f(x)\to A$	$f(x)\to\infty$	$f(x)\to+\infty$	$f(x)\to-\infty$
$x\to x_0$	$\forall \varepsilon>0, \exists \delta>0$，使当 $0<|x-x_0|<\delta$，即有 $|f(x)-A|<\varepsilon$.			
$x\to x_0^+$				
$x\to x_0^-$				
$x\to\infty$		$\forall M>0, \exists X>0$，使当 $|x|>X$ 时，即有 $|f(x)|>M$.		
$x\to+\infty$				
$x\to-\infty$				

解：

	$f(x)\to A$	$f(x)\to\infty$	$f(x)\to+\infty$	$f(x)\to-\infty$
$x\to x_0$	$\forall\varepsilon>0,\exists\delta>0$,使当$0<|x-x_0|<\delta$时,即有$|f(x)-A|<\varepsilon$.	$\forall M>0,\exists\delta>0$,使当$0<|x-x_0|<\delta$时,即有$|f(x)|>M$.	$\forall M>0,\exists\delta>0$,使当$0<|x-x_0|<\delta$时,即有$f(x)>M$.	$\forall M>0,\exists\delta>0$,使当$0<|x-x_0|<\delta$时,即有$f(x)<-M$.
$x\to x_0^+$	$\forall\varepsilon>0,\exists\delta>0$,使当$x-x_0<\delta$时,即有$|f(x)-A|<\varepsilon$.	$\forall M>0,\exists\delta>0$,使当$x-x_0<\delta$时,即有$|f(x)|>M$.	$\forall M>0,\exists\delta>0$,使当$x-x_0<\delta$时,即有$f(x)>M$.	$\forall M>0,\exists\delta>0$,使当$x-x_0<\delta$时,即有$f(x)<-M$.
$x\to x_0^-$	$\forall\varepsilon>0,\exists\delta>0$,使当$x-x_0>-\delta$时,即有$|f(x)-A|<\varepsilon$.	$\forall M>0,\exists\delta>0$,使当$x-x_0>-\delta$时,即有$|f(x)|>M$.	$\forall M>0,\exists\delta>0$,使当$x-x_0>-\delta$时,即有$f(x)>M$.	$\forall M>0,\exists\delta>0$,使当$0>x-x_0>-\delta$时,即有$f(x)<-M$.
$x\to\infty$	$\forall\varepsilon>0,\exists X>0$,使当$|x|>X$时,即有$|f(x)-A|<\varepsilon$.	$\forall M>0,\exists X>0$,使当$|x|>X$时,即有$|f(x)|>M$.	$\forall M>0,\exists X>0$,使当$|x|>X$时,即有$f(x)>M$.	$\forall M>0,\exists X>0$,使当$|x|>X$时,即有$f(x)<-M$.
$x\to+\infty$	$\forall\varepsilon>0,\exists X>0$,使当$x>X$时,即有$|f(x)-A|<\varepsilon$.	$\forall M>0,\exists X>0$,使当$x>X$时,即有$|f(x)|>M$.	$\forall M>0,\exists X>0$,使当$x>X$时,即有$f(x)>M$.	$\forall M>0,\exists X>0$,使当$x>X$时,即有$f(x)<-M$.
$x\to-\infty$	$\forall\varepsilon>0,\exists X>0$,使当$x<-X$时,即有$|f(x)-A|<\varepsilon$.	$\forall M>0,\exists X>0$,使当$x<-X$时,即有$|f(x)|>M$.	$\forall M>0,\exists X>0$,使当$x<-X$时,即有$f(x)>M$.	$\forall M>0,\exists X>0$,使当$x<-X$时,即有$f(x)<-M$.

6. 函数 $y=x\cos x$ 在 $(-\infty,+\infty)$ 内是否有界？这个函数是否为 $x\to\infty$ 时的无穷大？为什么？

解：因为 $\forall M>0$，总有 $x_0\in(M,+\infty)$，使 $\cos x_0=1$，从而，$y=x_0\cos x_0=x_0>M$，所以 $y=x\cos x$ 在 $(-\infty,+\infty)$ 内无界. 又因为 $\forall M>0, X>0$，总有 $x_0\in(X,+\infty)$，使 $\cos x_0=0$，从而 $y=x_0\cos x_0=0<M$，所以 $y=x\cos x$ 不是当 $x\to\infty$ 时的无穷大.

*7. 证明：函数 $y=\dfrac{1}{x}\sin\dfrac{1}{x}$ 在区间 $(0,1]$ 上无界，但这函数不是 $x\to 0^+$ 时的无穷大.

证：先证函数 $y=\dfrac{1}{x}\sin\dfrac{1}{x}$ 在区间 $(0,1]$ 上无界.

因为 $\forall M>0$，在 $(0,1]$ 中总可找到点 x_0，使 $f(x_0)>M$. 例如，可取 $x_0=\dfrac{1}{2k\pi+\dfrac{\pi}{2}}$ ($k\in\mathbf{N}^+$)，则

$f(x_0)=2k\pi+\dfrac{\pi}{2}$，当 k 充分大时，可使 $f(x_0)>M$. 所以 $y=\dfrac{1}{x}\sin\dfrac{1}{x}$ 在 $(0,1]$ 上无界.

再证函数 $y=f(x)=\dfrac{1}{x}\sin\dfrac{1}{x}$ 不是 $x\to 0^+$ 时的无穷大.

因为 $\forall M>0, \delta>0$，总可找到点 x_0，使 $0<x_0<\delta$，但 $f(x_0)<M$. 例如，可取 $x_0=\dfrac{1}{2k\pi}$ ($k\in\mathbf{N}^+$)，当 k 充分大时，$0<x_0<\delta$，但 $f(x_0)=2k\pi\sin 2k\pi=0<M$. 所以 $y=\dfrac{1}{x}\sin\dfrac{1}{x}$ 不是 $x\to 0^+$ 时的无穷大.

8. 求函数 $f(x)=\dfrac{4}{2-x^2}$ 的图形的渐近线.

解：因为 $\lim\limits_{x\to\infty}f(x)=0$，所以 $y=0$ 是函数图形的水平渐近线.

因为 $\lim\limits_{x\to-\sqrt{2}}f(x)=\infty$，$\lim\limits_{x\to\sqrt{2}}f(x)=\infty$，所以 $x=-\sqrt{2}$ 及 $x=\sqrt{2}$ 都是函数图形的垂直渐近线.

第五节 极限运算法则

习题 1-5 超精解(教材 P45)

1. 计算下列极限:

(1) $\lim\limits_{x\to 2}\dfrac{x^2+5}{x-3}$;

(2) $\lim\limits_{x\to\sqrt{3}}\dfrac{x^2-3}{x^2+1}$;

(3) $\lim\limits_{x\to 1}\dfrac{x^2-2x+1}{x^2-1}$;

(4) $\lim\limits_{x\to 0}\dfrac{4x^3-2x^2+x}{3x^2+2x}$;

(5) $\lim\limits_{h\to 0}\dfrac{(x+h)^2-x^2}{h}$;

(6) $\lim\limits_{x\to\infty}\left(2-\dfrac{1}{x}+\dfrac{1}{x^2}\right)$;

(7) $\lim\limits_{x\to\infty}\dfrac{x^2-1}{2x^2-x-1}$;

(8) $\lim\limits_{x\to\infty}\dfrac{x^2+x}{x^4-3x^2+1}$;

(9) $\lim\limits_{x\to 4}\dfrac{x^2-6x+8}{x^2-5x+4}$;

(10) $\lim\limits_{x\to\infty}\left(1+\dfrac{1}{x}\right)\left(2-\dfrac{1}{x^2}\right)$;

(11) $\lim\limits_{n\to\infty}\left(1+\dfrac{1}{2}+\dfrac{1}{4}+\cdots+\dfrac{1}{2^n}\right)$;

(12) $\lim\limits_{n\to\infty}\dfrac{1+2+3+\cdots+(n-1)}{n^2}$;

(13) $\lim\limits_{n\to\infty}\dfrac{(n+1)(n+2)(n+3)}{5n^3}$;

(14) $\lim\limits_{x\to 1}\left(\dfrac{1}{1-x}-\dfrac{3}{1-x^3}\right)$.

解:(1) $\lim\limits_{x\to 2}\dfrac{x^2+5}{x-3}=\dfrac{\lim\limits_{x\to 2}(x^2+5)}{\lim\limits_{x\to 2}(x-3)}=\dfrac{9}{-1}=-9.$

(2) $\lim\limits_{x\to\sqrt{3}}\dfrac{x^2-3}{x^2+1}=\dfrac{\lim\limits_{x\to\sqrt{3}}(x^2-3)}{\lim\limits_{x\to\sqrt{3}}(x^2+1)}=\dfrac{0}{4}=0.$

(3) $\lim\limits_{x\to 1}\dfrac{x^2-2x+1}{x^2-1}=\lim\limits_{x\to 1}\dfrac{(x-1)^2}{(x-1)(x+1)}=\lim\limits_{x\to 1}\dfrac{x-1}{x+1}=\dfrac{\lim\limits_{x\to 1}(x-1)}{\lim\limits_{x\to 1}(x+1)}=\dfrac{0}{2}=0.$

(4) $\lim\limits_{x\to 0}\dfrac{4x^3-2x^2+x}{3x^2+2x}=\lim\limits_{x\to 0}\dfrac{4x^2-2x+1}{3x+2}=\dfrac{\lim\limits_{x\to 0}(4x^2-2x+1)}{\lim\limits_{x\to 0}(3x+2)}=\dfrac{1}{2}.$

(5) $\lim\limits_{h\to 0}\dfrac{(x+h)^2-x^2}{h}=\lim\limits_{h\to 0}\dfrac{h(2x+h)}{h}=\lim\limits_{h\to 0}(2x+h)=2x.$

(6) $\lim\limits_{x\to\infty}\left(2-\dfrac{1}{x}+\dfrac{1}{x^2}\right)=2-\lim\limits_{x\to\infty}\dfrac{1}{x}+\lim\limits_{x\to\infty}\dfrac{1}{x^2}=2-0+0=2.$

(7) $\lim\limits_{x\to\infty}\dfrac{x^2-1}{2x^2-x-1}=\lim\limits_{x\to\infty}\dfrac{1-\dfrac{1}{x^2}}{2-\dfrac{1}{x}-\dfrac{1}{x^2}}=\dfrac{\lim\limits_{x\to\infty}\left(1-\dfrac{1}{x^2}\right)}{\lim\limits_{x\to\infty}\left(2-\dfrac{1}{x}-\dfrac{1}{x^2}\right)}=\dfrac{1}{2}.$

(8) $\lim\limits_{x\to\infty}\dfrac{x^2+x}{x^4-3x^2+1}=\lim\limits_{x\to\infty}\dfrac{\dfrac{1}{x^2}+\dfrac{1}{x^3}}{1-\dfrac{3}{x^2}+\dfrac{1}{x^4}}=\dfrac{\lim\limits_{x\to\infty}\left(\dfrac{1}{x^2}+\dfrac{1}{x^3}\right)}{\lim\limits_{x\to\infty}\left(1-\dfrac{3}{x^2}+\dfrac{1}{x^4}\right)}=\dfrac{0}{1}=0.$

(9) $\lim\limits_{x\to 4}\dfrac{x^2-6x+8}{x^2-5x+4}=\lim\limits_{x\to 4}\dfrac{(x-4)(x-2)}{(x-4)(x-1)}=\lim\limits_{x\to 4}\dfrac{x-2}{x-1}=\dfrac{\lim\limits_{x\to 4}(x-2)}{\lim\limits_{x\to 4}(x-1)}=\dfrac{2}{3}.$

(10) $\lim\limits_{x\to\infty}\left(1+\dfrac{1}{x}\right)\left(2-\dfrac{1}{x^2}\right)=\lim\limits_{x\to\infty}\left(1+\dfrac{1}{x}\right)\cdot\lim\limits_{x\to\infty}\left(2-\dfrac{1}{x^2}\right)=1\times 2=2.$

(11) $\lim\limits_{n\to\infty}\left(1+\dfrac{1}{2}+\dfrac{1}{4}+\cdots+\dfrac{1}{2^n}\right)=\lim\limits_{n\to\infty}\dfrac{1-\dfrac{1}{2^{n+1}}}{1-\dfrac{1}{2}}=\lim\limits_{n\to\infty}2\left(1-\dfrac{1}{2^{n+1}}\right)=2\left(1-\lim\limits_{n\to\infty}\dfrac{1}{2^{n+1}}\right)=2.$

(12) $\lim\limits_{n\to\infty}\dfrac{1+2+3+\cdots+(n-1)}{n^2}=\lim\limits_{n\to\infty}\dfrac{n(n-1)}{2n^2}=\lim\limits_{n\to\infty}\dfrac{1}{2}\left(1-\dfrac{1}{n}\right)=\dfrac{1}{2}.$

(13) $\lim\limits_{n\to\infty}\dfrac{(n+1)(n+2)(n+3)}{5n^3}=\lim\limits_{n\to\infty}\dfrac{1}{5}\left(1+\dfrac{1}{n}\right)\left(1+\dfrac{2}{n}\right)\left(1+\dfrac{3}{n}\right)$

$=\dfrac{1}{5}\lim\limits_{n\to\infty}\left(1+\dfrac{1}{n}\right)\lim\limits_{n\to\infty}\left(1+\dfrac{2}{n}\right)\lim\limits_{n\to\infty}\left(1+\dfrac{3}{n}\right)=\dfrac{1}{5}.$

(14) $\lim\limits_{x\to 1}\left(\dfrac{1}{1-x}-\dfrac{3}{1-x^3}\right)=\lim\limits_{x\to 1}\dfrac{1+x+x^2-3}{1-x^3}=\lim\limits_{x\to 1}\dfrac{(x-1)(x+2)}{(1-x)(1+x+x^2)}$

$=\lim\limits_{x\to 1}\dfrac{-(x+2)}{1+x+x^2}=-\dfrac{\lim\limits_{x\to 1}(x+2)}{\lim\limits_{x\to 1}(1+x+x^2)}=-1.$

【方法点击】 本题类型多样,方法各异,归纳起来有以下几种情形:

(1) 第(1)、(2)、(3)、(4)题可利用极限的四则运算法则计算,今后可直接求函数值(理论依据见本章第9节);

(2) 第(5)、(9)、(14)属于"$\dfrac{0}{0}$"型未定式,可因式分解再约分得到结果;

(3) 第(6)、(10)、(11)题需利用无穷小与无穷大的关系;

(4) 第(7)、(8)、(12)、(13)题属于一种典型的"$\dfrac{\infty}{\infty}$"型未定式:

$$\lim_{x\to\infty}\dfrac{a_0x^m+a_1x^{m-1}+\cdots+a_m}{b_0x^n+b_1x^{n-1}+\cdots+b_n}=\begin{cases}0,&n>m,\\ \dfrac{a_0}{b_0},&n=m,\\ \infty,&n<m.\end{cases}$$

可直接利用上述公式得出结论.

2. 计算下列极限:

(1) $\lim\limits_{x\to 2}\dfrac{x^3+2x^2}{(x-2)^2}$; (2) $\lim\limits_{x\to\infty}\dfrac{x^2}{2x+1}$; (3) $\lim\limits_{x\to\infty}(2x^3-x+1).$

解: (1) 因为 $\lim\limits_{x\to 2}\dfrac{(x-2)^2}{x^3+2x^2}=\dfrac{\lim\limits_{x\to 2}(x-2)^2}{\lim\limits_{x\to 2}(x^3+2x^2)}=0$,所以 $\lim\limits_{x\to 2}\dfrac{x^3+2x^2}{(x-2)^2}=\infty.$

(2) 因为 $\lim\limits_{x\to\infty}\dfrac{2x+1}{x^2}=\lim\limits_{x\to\infty}\left(\dfrac{2}{x}+\dfrac{1}{x^2}\right)=0$,所以 $\lim\limits_{x\to\infty}\dfrac{x^2}{2x+1}=\infty.$

(3) 因为 $\lim\limits_{x\to\infty}\dfrac{1}{2x^3-x+1}=\lim\limits_{x\to\infty}\dfrac{\dfrac{1}{x^3}}{2-\dfrac{1}{x^2}+\dfrac{1}{x^3}}=\dfrac{\lim\limits_{x\to\infty}\dfrac{1}{x^3}}{\lim\limits_{x\to\infty}\left(2-\dfrac{1}{x^2}+\dfrac{1}{x^3}\right)}=0$,所以 $\lim\limits_{x\to\infty}(2x^3-x+1)=\infty.$

3. 计算下列极限:

(1) $\lim\limits_{x\to 0}x^2\sin\dfrac{1}{x}$;   (2) $\lim\limits_{x\to\infty}\dfrac{\arctan x}{x}.$

【思路探索】 本题无法使用极限的四则运算法则,需利用无穷小的性质计算:无穷小与有界函数的乘积为无穷小.

解:(1)因为 $x^2 \to 0(x \to 0)$, $\left|\sin\dfrac{1}{x}\right| \leqslant 1$, 所以 $\lim\limits_{x \to 0} x^2 \sin\dfrac{1}{x} = 0$.

(2)因为 $\dfrac{1}{x} \to 0(x \to \infty)$, $|\arctan x| < \dfrac{\pi}{2}$, 所以 $\lim\limits_{x \to \infty} \dfrac{\arctan x}{x} = 0$.

4. 设 $\{a_n\},\{b_n\},\{c_n\}$ 均为非负数列, 且 $\lim\limits_{n \to \infty} a_n = 0$, $\lim\limits_{n \to \infty} b_n = 1$, $\lim\limits_{n \to \infty} c_n = \infty$. 下列陈述中哪些是对的, 哪些是错的? 如果是对的, 说明理由; 如果是错的, 试给出一个反例.

(1) $a_n < b_n$, $n \in \mathbf{N}^+$；　　(2) $b_n < c_n$, $n \in \mathbf{N}^+$；　　(3) $\lim\limits_{n \to \infty} a_n c_n$ 不存在；　　(4) $\lim\limits_{n \to \infty} b_n c_n$ 不存在.

解:(1)错. 例如 $a_n = \dfrac{1}{n}$, $b_n = \dfrac{n}{n+1}$, $n \in \mathbf{N}^+$, 当 $n=1$ 时, $a_1 = 1 > \dfrac{1}{2} = b_1$, 故对任意 $n \in \mathbf{N}^+$, $a_n < b_n$ 不成立.

(2)错. 例如 $b_n = \dfrac{n}{n+1}$, $c_n = (-1)^n n$, $n \in \mathbf{N}^+$, 当 n 为奇数时, $b_n < c_n$ 不成立.

(3)错, 例如 $a_n = \dfrac{1}{n^2}$, $c_n = n$, $n \in \mathbf{N}^+$. $\lim\limits_{n \to \infty} a_n c_n = 0$.

(4)对. 因为, 若 $\lim\limits_{n \to \infty} b_n c_n$ 存在, 则 $\lim\limits_{n \to \infty} c_n = \lim\limits_{n \to \infty} (b_n c_n) \cdot \lim\limits_{n \to \infty} \dfrac{1}{b_n}$ 也存在, 与已知条件矛盾.

5. 下列陈述中哪些是对的, 哪些是错的? 如果是对的, 说明理由; 如果是错的, 试给出一个反例.

(1)如果 $\lim\limits_{x \to x_0} f(x)$ 存在, 但 $\lim\limits_{x \to x_0} g(x)$ 不存在, 那么 $\lim\limits_{x \to x_0}[f(x) + g(x)]$ 不存在；

(2)如果 $\lim\limits_{x \to x_0} f(x)$ 和 $\lim\limits_{x \to x_0} g(x)$ 都不存在, 那么 $\lim\limits_{x \to x_0}[f(x) + g(x)]$ 不存在；

(3)如果 $\lim\limits_{x \to x_0} f(x)$ 存在, 但 $\lim\limits_{x \to x_0} g(x)$ 不存在, 那么 $\lim\limits_{x \to x_0}[f(x) \cdot g(x)]$ 不存在.

解:(1)对. 因为若 $\lim\limits_{x \to x_0}[f(x) + g(x)]$ 存在, 则 $\lim\limits_{x \to x_0} g(x) = \lim\limits_{x \to x_0}[f(x) + g(x)] - \lim\limits_{x \to x_0} f(x)$ 也存在, 与已知条件矛盾.

(2)错. 例如 $f(x) = \operatorname{sgn} x$, $g(x) = -\operatorname{sgn} x$ 在 $x \to 0$ 时的极限都不存在, 但 $f(x) + g(x) \equiv 0$ 在 $x \to 0$ 时的极限存在.

(3)错. 例如 $\lim\limits_{x \to 0} x = 0$, $\lim\limits_{x \to 0} \sin\dfrac{1}{x}$ 不存在, 但 $\lim\limits_{x \to 0} x\sin\dfrac{1}{x} = 0$.

6. 证明本节定理 3 中的(2).

证:因 $\lim f(x) = A$, $\lim g(x) = B$, 由上节定理 1, 有 $f(x) = A + \alpha$, $g(x) = B + \beta$, 其中 α, β 都是无穷小, 于是 $f(x)g(x) = (A + \alpha)(B + \beta) = AB + (A\beta + B\alpha + \alpha\beta)$,

由本节定理 2 推论 1、2 知, $A\beta, B\alpha, \alpha\beta$ 都是无穷小, 再由本节定理 1, $A\alpha + B\beta + \alpha\beta$ 也是无穷小,

由上节定理 1, 得 $\lim f(x)g(x) = AB = \lim f(x) \cdot \lim g(x)$.

第六节　极限存在准则　两个重要极限

习题 1—6 超精解(教材 P52)

1. 计算下列极限:

(1) $\lim\limits_{x \to 0} \dfrac{\sin \omega x}{x}$;　　　　　(2) $\lim\limits_{x \to 0} \dfrac{\tan 3x}{x}$;　　　　　(3) $\lim\limits_{x \to 0} \dfrac{\sin 2x}{\sin 5x}$;

(4) $\lim\limits_{x\to 0} x\cot x$;　　　　(5) $\lim\limits_{x\to 0}\dfrac{1-\cos 2x}{x\sin x}$;　　　　(6) $\lim\limits_{n\to\infty} 2^n \sin\dfrac{x}{2^n}$ (x 为不等于零的常数).

【思路探索】 本题要用重要极限 $\lim\limits_{x\to 0}\dfrac{\sin x}{x}=1$ 来求"$\dfrac{0}{0}$"型未定式极限,解题的关键在于变形,即利用三角函数关系式、恒等式将所给极限化成重要极限的形式.

解: (1) 当 $\omega\neq 0$ 时, $\lim\limits_{x\to 0}\dfrac{\sin\omega x}{x}=\lim\limits_{x\to 0}\left(\omega\cdot\dfrac{\sin\omega x}{\omega x}\right)=\omega\lim\limits_{x\to 0}\dfrac{\sin\omega x}{\omega x}=\omega$;

当 $\omega=0$ 时, $\lim\limits_{x\to 0}\dfrac{\sin\omega x}{x}=0=\omega$.

故不论 ω 为何值, 均有 $\lim\limits_{x\to 0}\dfrac{\sin\omega x}{x}=\omega$.

(2) $\lim\limits_{x\to 0}\dfrac{\tan 3x}{x}=\lim\limits_{x\to 0}\left(3\cdot\dfrac{\tan 3x}{3x}\right)=3\lim\limits_{x\to 0}\dfrac{\tan 3x}{3x}=3$.

(3) $\lim\limits_{x\to 0}\dfrac{\sin 2x}{\sin 5x}=\lim\limits_{x\to 0}\left(\dfrac{\sin 2x}{2x}\cdot\dfrac{5x}{\sin 5x}\cdot\dfrac{2}{5}\right)=\dfrac{2}{5}\lim\limits_{x\to 0}\dfrac{\sin 2x}{2x}\cdot\lim\limits_{x\to 0}\dfrac{5x}{\sin 5x}=\dfrac{2}{5}$.

(4) $\lim\limits_{x\to 0} x\cot x=\lim\limits_{x\to 0}\left(\dfrac{x}{\sin x}\cdot\cos x\right)=\lim\limits_{x\to 0}\dfrac{x}{\sin x}\cdot\lim\limits_{x\to 0}\cos x=1$.

(5) $\lim\limits_{x\to 0}\dfrac{1-\cos 2x}{x\sin x}=\lim\limits_{x\to 0}\dfrac{2\sin^2 x}{x\sin x}=2\lim\limits_{x\to 0}\dfrac{\sin x}{x}=2$.

(6) $\lim\limits_{n\to\infty} 2^n \sin\dfrac{x}{2^n}=\lim\limits_{n\to\infty}\left(\dfrac{\sin\dfrac{x}{2^n}}{\dfrac{x}{2^n}}\cdot x\right)=x$.

【方法点击】 利用重要极限 $\lim\limits_{x\to 0}\dfrac{\sin x}{x}=1$ 时, 需关注:

(1) 必须为"$\dfrac{0}{0}$"型未定式;

(2) 重要极限可变化为: $\lim\limits_{\alpha(x)\to 0}\dfrac{\sin\alpha(x)}{\alpha(x)}=1$ 及 $\lim\limits_{\alpha(x)\to 0}\dfrac{\alpha(x)}{\sin\alpha(x)}=1$.

2. 计算下列极限

(1) $\lim\limits_{x\to 0}(1-x)^{\frac{1}{x}}$;　　　　(2) $\lim\limits_{x\to 0}(1+2x)^{\frac{1}{x}}$;

(3) $\lim\limits_{x\to\infty}\left(\dfrac{1+x}{x}\right)^{2x}$;　　　　(4) $\lim\limits_{x\to\infty}\left(1-\dfrac{1}{x}\right)^{kx}$ (k 为正整数).

解: (1) $\lim\limits_{x\to 0}(1-x)^{\frac{1}{x}}=\lim\limits_{x\to 0}[1+(-x)]^{\frac{1}{(-x)}\cdot(-1)}=\dfrac{1}{e}$.

(2) $\lim\limits_{x\to 0}(1+2x)^{\frac{1}{x}}=\lim\limits_{x\to 0}[(1+2x)^{\frac{1}{2x}}]^2=e^2$.

(3) $\lim\limits_{x\to\infty}\left(\dfrac{1+x}{x}\right)^{2x}=\lim\limits_{x\to\infty}\left[\left(1+\dfrac{1}{x}\right)^x\right]^2=e^2$.

(4) $\lim\limits_{x\to\infty}\left(1-\dfrac{1}{x}\right)^{kx}=\lim\limits_{x\to\infty}\left[1+\dfrac{1}{(-x)}\right]^{(-x)(-k)}=e^{-k}$.

【方法点击】 在利用重要极限 $\lim\limits_{x\to\infty}\left(1+\dfrac{1}{x}\right)^x=e$ 及 $\lim\limits_{x\to 0}(1+x)^{\frac{1}{x}}=e$ 时, 需关注:

(1) 必须为"1^∞"型未定式;

(2) 重要极限可变化为 $\lim\limits_{\alpha(x)\to\infty}\left[1+\dfrac{1}{\alpha(x)}\right]^{\alpha(x)}=e$ 及 $\lim\limits_{\alpha(x)\to 0}[1+\alpha(x)]^{\frac{1}{\alpha(x)}}=e$.

第一章 函数与极限

*3. 根据函数极限的定义,证明极限存在的准则 I′.

证：设 (1) $g(x) \leqslant f(x) \leqslant h(x)$；(2) $\lim\limits_{x \to x_0} g(x) = A$，$\lim\limits_{x \to x_0} h(x) = A$. 要证：$\lim\limits_{x \to x_0} f(x) = A$.

$\forall \varepsilon > 0$，因 $\lim\limits_{x \to x_0} g(x) = A$，故 $\exists \delta_1 > 0$，当 $0 < |x - x_0| < \delta_1$ 时，有 $|g(x) - A| < \varepsilon$，即
$$A - \varepsilon < g(x) < A + \varepsilon. \qquad ①$$

又因 $\lim\limits_{x \to x_0} h(x) = A$，故对上面的 $\varepsilon > 0$，$\exists \delta_2 > 0$，当 $0 < |x - x_0| < \delta_2$ 时，有 $|h(x) - A| < \varepsilon$，即
$$A - \varepsilon < h(x) < A + \varepsilon. \qquad ②$$

取 $\delta = \min\{\delta_1, \delta_2\}$，则当 $0 < |x - x_0| < \delta$ 时，①与②同时成立，又因 $g(x) \leqslant f(x) \leqslant h(x)$，从而有 $A - \varepsilon < g(x) \leqslant f(x) \leqslant h(x) < A + \varepsilon$，即 $|f(x) - A| < \varepsilon$.

因此 $\lim\limits_{x \to x_0} f(x)$ 存在，且等于 A.

【方法点击】 对于 $x \to \infty$ 的情形，利用极限 $\lim\limits_{x \to \infty} f(x) = A$ 的定义及假设条件，可以类似地证明相应的准则 I′.

4. 利用极限存在准则证明：

(1) $\lim\limits_{n \to \infty} \sqrt{1 + \dfrac{1}{n}} = 1$； (2) $\lim\limits_{n \to \infty} n\left(\dfrac{1}{n^2 + \pi} + \dfrac{1}{n^2 + 2\pi} + \cdots + \dfrac{1}{n^2 + n\pi}\right) = 1$；

(3) 数列 $\sqrt{2}$，$\sqrt{2 + \sqrt{2}}$，$\sqrt{2 + \sqrt{2 + \sqrt{2}}}$，… 的极限存在；

(4) $\lim\limits_{x \to 0} \sqrt[n]{1 + x} = 1$； (5) $\lim\limits_{x \to 0^+} x\left[\dfrac{1}{x}\right] = 1$.

证：(1) 因 $1 < \sqrt{1 + \dfrac{1}{n}} < 1 + \dfrac{1}{n}$，而 $\lim\limits_{n \to \infty}\left(1 + \dfrac{1}{n}\right) = 1$，由夹逼准则，即得证.

(2) 因 $\dfrac{n}{n + \pi} \leqslant n\left(\dfrac{1}{n^2 + \pi} + \dfrac{1}{n^2 + 2\pi} + \cdots + \dfrac{1}{n^2 + n\pi}\right) \leqslant \dfrac{n^2}{n^2 + \pi}$，

而 $\lim\limits_{n \to \infty} \dfrac{n}{n + \pi} = 1$，$\lim\limits_{n \to \infty} \dfrac{n^2}{n^2 + \pi} = 1$，由夹逼准则，即得证.

【方法点击】 对于 n 项求和的数列极限问题，一般考虑用夹逼准则或定积分定义(详见第五章第一节)，本题用夹逼准则，通过放大及缩小构造合理的不等式是解题关键.

(3) $x_{n+1} = \sqrt{2 + x_n}$ $(n \in \mathbf{N}^+)$，$x_1 = \sqrt{2}$.

先证数列 $\{x_n\}$ 有界：

$n = 1$ 时，$x_1 = \sqrt{2} < 2$；假定 $n = k$ 时，$x_k < 2$.

当 $n = k + 1$ 时，$x_{k+1} = \sqrt{2 + x_k} < \sqrt{2 + 2} = 2$，故 $x_n < 2 (n \in \mathbf{N}^+)$.

再证数列单调增加：

因 $x_{n+1} - x_n = \sqrt{2 + x_n} - x_n = \dfrac{2 + x_n - x_n^2}{\sqrt{2 + x_n} + x_n} = -\dfrac{(x_n - 2)(x_n + 1)}{\sqrt{2 + x_n} + x_n}$，

由 $0 < x_n < 2$，得 $x_{n+1} - x_n > 0$，即 $x_{n+1} > x_n (n \in \mathbf{N}^+)$.

由单调有界准则，即知 $\lim\limits_{n \to \infty} x_n$ 存在. 记 $\lim\limits_{n \to \infty} x_n = a$. 由 $x_{n+1} = \sqrt{2 + x_n}$，得 $x_{n+1}^2 = 2 + x_n$.

上式两端同时取极限，$\lim\limits_{n \to \infty} x_{n+1}^2 = \lim\limits_{n \to \infty}(2 + x_n)$，得 $a^2 = 2 + a \Rightarrow a^2 - a - 2 = 0$，

解得 $a_1 = 2$，$a_2 = -1$ (舍去). 即 $\lim\limits_{n \to \infty} x_n = 2$.

【方法点击】 本题的求解过程分成两步，第一步是证明数列 $\{x_n\}$ 单调有界，从而保证数列的极限存在；第二步是在递推公式两端同时取极限，得出一个含有极限值 a 的方程，再通过解方程求得极限值 a.

注意：只有在证明数列极限存在的前提下，才能采用第二步的方法求得极限值.否则，直接利用第二步，有时会导出错误的结果.

(4) 当 $x>0$ 时，$1<\sqrt[n]{1+x}<1+x$；当 $-1<x<0$ 时，$1+x<\sqrt[n]{1+x}<1$.
而 $\lim\limits_{x\to 0}(1+x)=1$. 由夹逼准则，即得证.

(5) 当 $x>0$ 时，$1-x<x\left[\dfrac{1}{x}\right]\leqslant 1$. 而 $\lim\limits_{x\to 0^+}(1-x)=1$，$\lim\limits_{x\to 0^+}1=1$. 由夹逼准则，即得证.

第七节　无穷小的比较

习题 1-7 超精解（教材 P55～P56）

1. 当 $x\to 0$ 时，$2x-x^2$ 与 x^2-x^3 相比，哪一个是高阶无穷小？

解：因为 $\lim\limits_{x\to 0}(2x-x^2)=0$，$\lim\limits_{x\to 0}(x^2-x^3)=0$，$\lim\limits_{x\to 0}\dfrac{x^2-x^3}{2x-x^2}=\lim\limits_{x\to 0}\dfrac{x-x^2}{2-x}=0$，

所以当 $x\to 0$ 时，x^2-x^3 是比 $2x-x^2$ 高阶的无穷小.

2. 当 $x\to 0$ 时，$(1-\cos x)^2$ 与 $\sin^2 x$ 相比，哪一个是高阶无穷小？

解：因为 $\lim\limits_{x\to 0}(1-\cos x)^2=0$，$\lim\limits_{x\to 0}\sin^2 x=0$，则 $\lim\limits_{x\to 0}\dfrac{(1-\cos x)^2}{\sin^2 x}=\lim\limits_{x\to 0}\dfrac{\left(\dfrac{1}{2}x^2\right)^2}{x^2}=0$.

所以当 $x\to 0$ 时，$(1-\cos x)^2$ 是比 $\sin^2 x$ 高阶的无穷小.

3. 当 $x\to 1$ 时，无穷小 $1-x$ 和 (1) $1-x^3$，(2) $\dfrac{1}{2}(1-x^2)$ 是否同阶？是否等价？

解：(1) $\dfrac{1-x}{1-x^3}=\dfrac{1-x}{(1-x)(1+x+x^2)}=\dfrac{1}{1+x+x^2}\to\dfrac{1}{3}(x\to 1)$，同阶，不等价.

(2) $\dfrac{1-x}{\dfrac{1}{2}(1-x^2)}=\dfrac{1-x}{\dfrac{1}{2}(1-x)(1+x)}=\dfrac{2}{1+x}\to 1(x\to 1)$，同阶，等价.

4. 证明：当 $x\to 0$ 时，有

(1) $\arctan x\sim x$；　　　　(2) $\sec x-1\sim\dfrac{x^2}{2}$.

证：(1) 令 $x=\tan t$，即 $t=\arctan x$，当 $x\to 0$ 时，$t\to 0$.

因为 $\lim\limits_{x\to 0}\dfrac{\arctan x}{x}=\lim\limits_{t\to 0}\dfrac{t}{\tan t}=1$，所以 $\arctan x\sim x\ (x\to 0)$.

(2) 因为 $\lim\limits_{x\to 0}\dfrac{\sec x-1}{\dfrac{x^2}{2}}=\lim\limits_{x\to 0}\left(\dfrac{1-\cos x}{\dfrac{x^2}{2}}\cdot\dfrac{1}{\cos x}\right)=\lim\limits_{x\to 0}\left(\dfrac{2\sin^2\dfrac{x}{2}}{\dfrac{x^2}{2}}\cdot\dfrac{1}{\cos x}\right)=\lim\limits_{x\to 0}\dfrac{\sin^2\dfrac{x}{2}}{\left(\dfrac{x}{2}\right)^2}\cdot\lim\limits_{x\to 0}\dfrac{1}{\cos x}=1$,

所以 $\sec x-1\sim\dfrac{x^2}{2}\ (x\to 0)$.

5. 利用等价无穷小的性质，求下列极限：

(1) $\lim\limits_{x\to 0}\dfrac{\tan 3x}{2x}$；　　　　(2) $\lim\limits_{x\to 0}\dfrac{\sin(x^n)}{(\sin x)^m}$（$n,m$ 为正整数）；

(3) $\lim\limits_{x\to 0}\dfrac{\tan x-\sin x}{\sin^3 x}$；　　　(4) $\lim\limits_{x\to 0}\dfrac{\sin x-\tan x}{(\sqrt[3]{1+x^2}-1)(\sqrt{1+\sin x}-1)}$.

【思路探索】本题要求利用等价无穷小性质求极限,即需要记住常见的等价无穷小,例如:
若 $\alpha(x) \to 0$,则 $\sin \alpha(x) \sim \alpha(x)$;$\tan \alpha(x) \sim \alpha(x)$;$\arcsin \alpha(x) \sim \alpha(x)$;$e^{\alpha(x)} - 1 \sim \alpha(x)$;$\ln[1+\alpha(x)] \sim \alpha(x)$;$1-\cos \alpha(x) \sim \frac{1}{2}[\alpha(x)]^2$;$[1+\alpha(x)]^k - 1 \sim k\alpha(x)(k \neq 0)$.

解:(1) $\lim\limits_{x \to 0} \dfrac{\tan 3x}{2x} = \lim\limits_{x \to 0} \dfrac{3x}{2x} = \dfrac{3}{2}$.

(2) $\lim\limits_{x \to 0} \dfrac{\sin(x^n)}{(\sin x)^m} = \lim\limits_{x \to 0} \dfrac{x^n}{x^m} = \begin{cases} 0, & n > m, \\ 1, & n = m, \\ \infty, & n < m. \end{cases}$

(3) $\lim\limits_{x \to 0} \dfrac{\tan x - \sin x}{\sin^3 x} = \lim\limits_{x \to 0} \dfrac{\sec x - 1}{\sin^2 x} = \lim\limits_{x \to 0} \dfrac{\frac{x^2}{2}}{x^2} = \dfrac{1}{2}$.

(4) $\lim\limits_{x \to 0} \dfrac{\sin x - \tan x}{(\sqrt[3]{1+x^2}-1)(\sqrt{1+\sin x}-1)} = \lim\limits_{x \to 0} \dfrac{\sin x(1-\sec x)}{\frac{1}{3}x^2 \cdot \frac{1}{2}\sin x} = \lim\limits_{x \to 0} \dfrac{-\frac{1}{2}x^2}{\frac{1}{6}x^2} = -3$.

【方法点击】在用等价无穷小的代换求极限时,可以对分子或分母中的一个或若干个因子作代换,但一般不能对分子或分母中的某个加项作代换.例如,本题中若将分子中的 $\tan x$,$\sin x$ 均换成 x,那么分子成为 0,得出极限为 0,这就导致了错误的结果.

6. 证明无穷小的等价关系具有下列性质:
(1) $\alpha \sim \alpha$(自反性); (2) 若 $\alpha \sim \beta$,则 $\beta \sim \alpha$(对称性); (3) 若 $\alpha \sim \beta$,$\beta \sim \gamma$,则 $\alpha \sim \gamma$(传递性).

证:(1) 因为 $\lim \dfrac{\alpha}{\alpha} = 1$,所以 $\alpha \sim \alpha$;

(2) 因为 $\alpha \sim \beta$,即 $\lim \dfrac{\alpha}{\beta} = 1$,所以 $\lim \dfrac{\beta}{\alpha} = 1$,即 $\beta \sim \alpha$;

(3) 因为 $\alpha \sim \beta$,$\beta \sim \gamma$,即 $\lim \dfrac{\alpha}{\beta} = 1$,$\lim \dfrac{\beta}{\gamma} = 1$,所以

$$\lim \dfrac{\alpha}{\gamma} = \lim \left(\dfrac{\alpha}{\beta} \cdot \dfrac{\beta}{\gamma}\right) = \lim \dfrac{\alpha}{\beta} \cdot \lim \dfrac{\beta}{\gamma} = 1, 即 \alpha \sim \gamma.$$

第八节 函数的连续性与间断点

习题 1-8 超精解(教材 P61)

1. 设 $y = f(x)$ 的图形如图 1-11 所示,试指出 $f(x)$ 的全部间断点,并对可去间断点补充或修改函数值的定义,使它成为连续点.

解:$x = -1, 0, 1, 2$ 均为 $f(x)$ 的间断点,除 $x = 0$ 外它们均为 $f(x)$ 的可去间断点.补充定义 $f(-1) = f(2) = 0$,修改定义使 $f(1) = 2$,则它们均成为 $f(x)$ 的连续点.

2. 研究下列函数的连续性,并画出函数的图形:

(1) $f(x) = \begin{cases} x^2, & 0 \leqslant x \leqslant 1, \\ 2-x, & 1 < x \leqslant 2; \end{cases}$ (2) $f(x) = \begin{cases} x, & -1 \leqslant x \leqslant 1, \\ 1, & x < -1 \text{ 或 } x > 1. \end{cases}$

【思路探索】本题属于考查分段函数的连续性,因为在各段之内都是连续的,所以重点分析在分段点处的连续性.

解:(1) $f(x)$ 在 $[0,1)$ 及 $(1,2]$ 内连续,在 $x = 1$ 处,$\lim\limits_{x \to 1^-} f(x) = \lim\limits_{x \to 1^-} x^2 = 1$,$\lim\limits_{x \to 1^+} f(x) = \lim\limits_{x \to 1^+}(2-x) = 1$,

又 $f(1)=1$,故 $f(x)$ 在 $x=1$ 处连续,因此 $f(x)$ 在 $[0,2]$ 上连续,函数的图形如图 1-12 所示.

(2) $f(x)$ 在 $(-\infty,-1)$ 与 $(-1,+\infty)$ 内连续,在 $x=-1$ 处间断,但右连续,因为在 $x=-1$ 处,
$$\lim_{x\to -1^+}f(x)=\lim_{x\to -1^+}x=-1, f(-1)=-1,$$
但 $\lim_{x\to -1^-}f(x)=\lim_{x\to -1^-}1=1$,$\lim_{x\to -1^-}f(x)\neq \lim_{x\to -1^+}f(x)$. 函数的图形如图 1-13 所示.

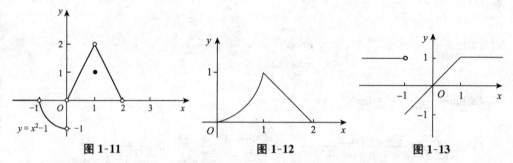

图 1-11   图 1-12   图 1-13

【方法点击】 在讨论分段函数的连续性时,在函数的分段点处,必须分别考虑函数的左连续性和右连续性,只有函数在该点既左连续,又右连续,才能得出函数在该点连续.

3. 下列函数在指出的点处间断,说明这些间断点属于哪一类. 如果是可去间断点,则补充或改变函数的定义使它连续:

(1) $y=\dfrac{x^2-1}{x^2-3x+2}$, $x=1$, $x=2$; (2) $y=\dfrac{x}{\tan x}$, $x=k\pi$, $x=k\pi+\dfrac{\pi}{2}$ $(k=0,\pm 1,\pm 2,\cdots)$;

(3) $y=\cos^2\dfrac{1}{x}$, $x=0$; (4) $y=\begin{cases} x-1, & x\leqslant 1, \\ 3-x, & x>1, \end{cases}$ $x=1$.

【思路探索】 本题已指明了间断点,只需对其分类,一般先判断其属于第一类还是第二类间断点,然后再进一步说明其具体名称.

解:(1)对 $x=1$,因为 $f(1)$ 无定义,但 $\lim\limits_{x\to 1}\dfrac{x^2-1}{x^2-3x+2}=\lim\limits_{x\to 1}\dfrac{(x-1)(x+1)}{(x-2)(x-1)}=\lim\limits_{x\to 1}\dfrac{x+1}{x-2}=-2$,

所以,$x=1$ 为第一类间断点(可去间断点),重新定义函数:
$$f_1(x)=\begin{cases} \dfrac{x^2-1}{x^2-3x+2}, & x\neq 1,2, \\ -2, & x=1, \end{cases}$$

则 $f_1(x)$ 在 $x=1$ 处连续. 因为 $\lim\limits_{x\to 2}f(x)=\infty$,所以 $x=2$ 为第二类间断点(无穷间断点).

(2)对 $x=0$,因为 $f(0)$ 无定义,$\lim\limits_{x\to 0}\dfrac{x}{\tan x}=\lim\limits_{x\to 0}\dfrac{x}{x}=1$,所以 $x=0$ 为第一类间断点(可去间断点),重新定义函数:$f_1(x)=\begin{cases} \dfrac{x}{\tan x}, & x\neq k\pi, k\pi+\dfrac{\pi}{2}, \\ 1, & x=0 \end{cases}$ $(k\in \mathbf{Z})$,则 $f_1(x)$ 在 $x=0$ 处连续.

对 $x=k\pi(k=\pm 1,\pm 2,\cdots)$,因为 $\lim\limits_{x\to k\pi}\dfrac{x}{\tan x}=\infty$,所以 $x=k\pi(k=\pm 1,\pm 2,\cdots)$ 为第二类间断点(无穷间断点).

对 $x=k\pi+\dfrac{\pi}{2}(k\in \mathbf{Z})$,因为 $\lim\limits_{x\to k\pi+\frac{\pi}{2}}\dfrac{x}{\tan x}=0$,而函数在 $k\pi+\dfrac{\pi}{2}$ 处无定义,所以 $x=k\pi+\dfrac{\pi}{2}$ $(k\in \mathbf{Z})$ 为第一类间断点(可去间断点),重新定义函数:

$$f_2(x)=\begin{cases} \dfrac{x}{\tan x}, & x\neq k\pi, k\pi+\dfrac{\pi}{2}, \\ 0, & x=k\pi+\dfrac{\pi}{2} \end{cases} (k\in \mathbf{Z}),$$

则 $f_2(x)$ 在 $x=k\pi+\dfrac{\pi}{2}(k\in\mathbf{Z})$ 处连续.

(3)对 $x=0$,因为 $\lim\limits_{x\to 0^+}\cos^2\dfrac{1}{x}$ 及 $\lim\limits_{x\to 0^-}\cos^2\dfrac{1}{x}$ 均不存在,所以 $x=0$ 为第二类间断点.

(4)对 $x=1$,因为 $\lim\limits_{x\to 1^-}f(x)=\lim\limits_{x\to 1^-}(3-x)=2$,$\lim\limits_{x\to 1^+}f(x)=\lim\limits_{x\to 1^+}(x-1)=0$,即左、右极限存在,但不相等,所以 $x=1$ 为第一类间断点(跳跃间断点).

【方法点击】 求函数的间断点并判定其类型的做题步骤为:
(1)找出间断点 $x_1,x_2,\cdots,x_n$;(若函数为初等函数,则其间断点就是函数无定义的点)
(2)对每一个 x_i,求 $\lim\limits_{x\to x_i}f(x)$ 或者 $\lim\limits_{x\to x_i^-}f(x)$ 与 $\lim\limits_{x\to x_i^+}f(x)$;
(3)判断类型:
①极限为常数时,属于第一类间断点,且为可去间断点;
②左、右极限存在但不相等时,属于第一类间断点,且为跳跃间断点;
③左、右极限至少有一个不存在时,属于第二类间断点.其中极限为 ∞ 时,属于无穷间断点;在 $x\to x_0$ 的过程中,$f(x)$ 无限次摆动时,属于震荡间断点.

4. 讨论函数 $f(x)=\lim\limits_{n\to\infty}\dfrac{1-x^{2n}}{1+x^{2n}}x$ 的连续性,若有间断点,判别其类型.

【思路探索】 先将极限求出(注意求极限时 x 视为常数)得到 $f(x)$ 的具体表达式,再找出其间断点并判断类型.

解:$f(x)=\lim\limits_{n\to\infty}\dfrac{1-x^{2n}}{1+x^{2n}}x=\begin{cases} -x, & |x|>1, \\ 0, & |x|=1, \\ x, & |x|<1. \end{cases}$ 在分段点 $x=-1$ 处,因为

$\lim\limits_{x\to -1^-}f(x)=\lim\limits_{x\to -1^-}(-x)=1,\lim\limits_{x\to -1^+}f(x)=\lim\limits_{x\to -1^+}x=-1,\lim\limits_{x\to -1^-}f(x)\neq \lim\limits_{x\to -1^+}f(x)$,

所以 $x=-1$ 为第一类间断点(跳跃间断点). 在分段点 $x=1$ 处,因为

$\lim\limits_{x\to 1^-}f(x)=\lim\limits_{x\to 1^-}x=1,\lim\limits_{x\to 1^+}f(x)=\lim\limits_{x\to 1^+}(-x)=-1,\lim\limits_{x\to 1^-}f(x)\neq\lim\limits_{x\to 1^+}f(x)$,

所以 $x=1$ 为第一类间断点(跳跃间断点).

【方法点击】 本题中的函数 $f(x)$ 是以极限形式给出的,此类函数通常是先将极限求出得到具体函数表达式,其中求极限时 n 为变量,x 看作常数.

5. 下列陈述中,哪些是对的,哪些是错的? 如果是对的,说明理由;如果是错的,试给出一个反例.
(1)如果函数 $f(x)$ 在 a 连续,那么 $|f(x)|$ 也在 a 连续;
(2)如果函数 $|f(x)|$ 在 a 连续,那么 $f(x)$ 也在 a 连续.

解:(1)对. 因为 $||f(x)|-|f(a)||\leqslant |f(x)-f(a)|\to 0(x\to a)$. 即 $\lim\limits_{x\to a}|f(x)|=|f(a)|$,所以 $|f(x)|$ 也在 a 连续.

(2)错. 例如:$f(x)=\begin{cases} 1, & x\geqslant 0, \\ -1, & x<0, \end{cases}$ 则 $|f(x)|$ 在 $a=0$ 处连续,而 $f(x)$ 在 $a=0$ 处不连续.

*6. 证明:若函数 $f(x)>0$ 在点 x_0 连续且 $f(x_0)\neq 0$,则存在 x_0 的某一邻域 $U(x_0)$,当

$x \in U(x_0)$ 时，$f(x) \neq 0$.

证：若 $f(x_0) > 0$，因为 $f(x)$ 在 x_0 连续，所以取 $\varepsilon = \frac{1}{2} f(x_0) > 0$，$\exists \delta > 0$，当 $x \in U(x_0, \delta)$ 时，有 $|f(x) - f(x_0)| < \frac{1}{2} f(x_0)$，即 $0 < \frac{1}{2} f(x_0) < f(x) < \frac{3}{2} f(x_0)$；

若 $f(x_0) < 0$，因为 $f(x)$ 在 x_0 连续，所以取 $\varepsilon = -\frac{1}{2} f(x_0) > 0$，$\exists \delta > 0$，当 $x \in U(x_0, \delta)$ 时，有 $|f(x) - f(x_0)| < -\frac{1}{2} f(x_0)$，即 $\frac{3}{2} f(x_0) < f(x) < \frac{1}{2} f(x_0) < 0$；

因此，不论 $f(x_0) > 0$ 或 $f(x_0) < 0$，总存在 x_0 的某一邻域 $U(x_0)$，当 $x \in U(x_0)$ 时，$f(x) \neq 0$.

*7. 设 $f(x) = \begin{cases} x, & x \in \mathbf{Q}, \\ 0, & x \in \mathbf{R} \backslash \mathbf{Q}, \end{cases}$ 证明：(1) $f(x)$ 在 $x = 0$ 连续；(2) $f(x)$ 在非零的 x 处都不连续.

证：(1) $\forall \varepsilon > 0$，取 $\delta = \varepsilon$，则当 $|x - 0| = |x| < \delta$ 时，$|f(x) - f(0)| = |f(x)| \leq |x| < \varepsilon$，故 $\lim\limits_{x \to 0} f(x) = f(0)$，即 $f(x)$ 在 $x = 0$ 连续.

(2) 我们证明：$\forall x_0 \neq 0$，$f(x)$ 在 x_0 处不连续.

若 $x_0 = r \neq 0$，$r \in \mathbf{Q}$，则 $f(x_0) = f(r) = r$. 分别取一有理数列 $\{r_n\}: r_n \to r(n \to \infty)$，$r_n \neq r$；取一无理数列 $\{s_n\}: s_n \to r(n \to \infty)$，则 $\lim\limits_{n \to \infty} f(r_n) = \lim\limits_{n \to \infty} r_n = r$，$\lim\limits_{n \to \infty} f(s_n) = \lim\limits_{n \to \infty} 0 = 0$，

而 $r \neq 0$，由函数极限与数列极限的关系知 $\lim\limits_{x \to r} f(x)$ 不存在，故 $f(x)$ 在 x_0 处不连续.

若 $x_0 = s$，$s \in \mathbf{R} \backslash \mathbf{Q}$. 同理可证：$f(x_0) = f(s) = 0$，但 $\lim\limits_{x \to s} f(x)$ 不存在，故 $f(x)$ 在 x_0 处不连续.

*8. 试举出具有以下性质的函数 $f(x)$ 的例子：

$x = 0, \pm 1, \pm 2, \pm \frac{1}{2}, \cdots, \pm n, \pm \frac{1}{n}, \cdots$ 是 $f(x)$ 的所有间断点，且它们都是无穷间断点.

解：设 $f(x) = \cot \pi x + \cot \frac{\pi}{x}$，显然 $f(x)$ 具有所要求的性质.

第九节　连续函数的运算与初等函数的连续性

习题 1-9 超精解（教材 P65～P66）

1. 求函数 $f(x) = \dfrac{x^3 + 3x^2 - x - 3}{x^2 + x - 6}$ 的连续区间，并求极限 $\lim\limits_{x \to 0} f(x)$，$\lim\limits_{x \to -3} f(x)$ 及 $\lim\limits_{x \to 2} f(x)$.

【思路探索】　本题所给函数为初等函数，初等函数的连续区间即定义域.

解：$f(x)$ 在 $x_1 = -3$，$x_2 = 2$ 处无意义，所以这两个点为间断点，此外函数处处连续，连续区间为 $(-\infty, -3)$，$(-3, 2)$，$(2, +\infty)$.

因为 $f(x) = \dfrac{x^3 + 3x^2 - x - 3}{x^2 + x - 6} = \dfrac{(x^2 - 1)(x + 3)}{(x + 3)(x - 2)} = \dfrac{x^2 - 1}{x - 2}$，所以

$$\lim\limits_{x \to 0} f(x) = \frac{1}{2}, \quad \lim\limits_{x \to -3} f(x) = -\frac{8}{5}, \quad \lim\limits_{x \to 2} f(x) = \infty.$$

【方法点击】　本题中三个极限的求法各有不同：

$\lim\limits_{x \to 0} f(x)$：初等函数在其定义域中的极限即函数值 $f(x_0)$；$\lim\limits_{x \to -3} f(x)$：属于 $\dfrac{0}{0}$ 型未定式，因式分解再约分；$\lim\limits_{x \to 2} f(x)$：利用无穷小与无穷大的关系.

2. 设函数 $f(x)$ 与 $g(x)$ 在点 x_0 连续,证明函数 $\varphi(x)=\max\{f(x),g(x)\}$, $\psi(x)=\min\{f(x),g(x)\}$ 在点 x_0 也连续.

证: $\varphi(x)=\max\{f(x),g(x)\}=\dfrac{1}{2}[f(x)+g(x)+|f(x)-g(x)|]$,

$\psi(x)=\min\{f(x),g(x)\}=\dfrac{1}{2}[f(x)+g(x)-|f(x)-g(x)|]$.

若 $f(x)$ 在点 x_0 连续,则 $|f(x)|$ 在点 x_0 也连续;连续函数的和、差仍连续,故 $\varphi(x)$, $\psi(x)$ 在点 x_0 也连续.

3. 求下列极限:

(1) $\lim\limits_{x\to 0}\sqrt{x^2-2x+5}$; (2) $\lim\limits_{\alpha\to\frac{\pi}{4}}(\sin 2\alpha)^3$; (3) $\lim\limits_{x\to\frac{\pi}{6}}\ln(2\cos 2x)$;

(4) $\lim\limits_{x\to 0}\dfrac{\sqrt{x+1}-1}{x}$; (5) $\lim\limits_{x\to 1}\dfrac{\sqrt{5x-4}-\sqrt{x}}{x-1}$; (6) $\lim\limits_{x\to\alpha}\dfrac{\sin x-\sin\alpha}{x-\alpha}$;

(7) $\lim\limits_{x\to+\infty}(\sqrt{x^2+x}-\sqrt{x^2-x})$; (8) $\lim\limits_{x\to 0}\dfrac{\left(1-\frac{1}{2}x^2\right)^{\frac{2}{3}}-1}{x\ln(1+x)}$.

【思路探索】 第3题、第4题都属于初等函数求极限,通常先观察 x_0,若 x_0 属于定义域,则 $\lim\limits_{x\to x_0}f(x)=f(x_0)$;若 x_0 不属于定义域,则利用极限运算法则、无穷小性质及重要极限等方法进行计算.

解: (1) $\lim\limits_{x\to 0}\sqrt{x^2-2x+5}=\sqrt{\lim\limits_{x\to 0}(x^2-2x+5)}=\sqrt{5}$.

(2) $\lim\limits_{\alpha\to\frac{\pi}{4}}(\sin 2\alpha)^3=\left(\lim\limits_{\alpha\to\frac{\pi}{4}}\sin 2\alpha\right)^3=\left(\sin\dfrac{\pi}{2}\right)^3=1$.

(3) $\lim\limits_{x\to\frac{\pi}{6}}\ln(2\cos 2x)=\ln\left(\lim\limits_{x\to\frac{\pi}{6}}2\cos 2x\right)=\ln\left(2\cos\dfrac{\pi}{3}\right)=\ln 1=0$.

(4) $\lim\limits_{x\to 0}\dfrac{\sqrt{x+1}-1}{x}=\lim\limits_{x\to 0}\dfrac{1}{\sqrt{x+1}+1}=\dfrac{1}{2}$.

(5) $\lim\limits_{x\to 1}\dfrac{\sqrt{5x-4}-\sqrt{x}}{x-1}=\lim\limits_{x\to 1}\dfrac{4}{\sqrt{5x-4}+\sqrt{x}}=2$.

(6) $\lim\limits_{x\to\alpha}\dfrac{\sin x-\sin\alpha}{x-\alpha}=\lim\limits_{x\to\alpha}\dfrac{2\sin\frac{x-\alpha}{2}\cos\frac{x+\alpha}{2}}{x-\alpha}=\lim\limits_{x\to\alpha}\dfrac{\sin\frac{x-\alpha}{2}}{\frac{x-\alpha}{2}}\cdot\lim\limits_{x\to\alpha}\cos\dfrac{x+\alpha}{2}=\cos\alpha$.

(7) $\lim\limits_{x\to+\infty}(\sqrt{x^2+x}-\sqrt{x^2-x})=\lim\limits_{x\to+\infty}\dfrac{2x}{\sqrt{x^2+x}+\sqrt{x^2-x}}=\lim\limits_{x\to+\infty}\dfrac{2}{\sqrt{1+\frac{1}{x}}+\sqrt{1-\frac{1}{x}}}=1$.

(8) $\lim\limits_{x\to 0}\dfrac{\left(1-\frac{1}{2}x^2\right)^{\frac{2}{3}}-1}{x\ln(1+x)}=\lim\limits_{x\to 0}\dfrac{\frac{2}{3}\cdot\left(-\frac{1}{2}x^2\right)}{x^2}=-\dfrac{1}{3}$.

【方法点击】 本题及下一题求极限中,采用了以下几种常用的方法:
(1) 利用极限运算法则.
(2) 利用复合函数的连续性,将函数符号与极限符号交换次序.
(3) 利用一些初等方法:因式分解,分子或分母有理化,分子分母同乘或除以一个不为零的因子,消去分母中趋于零的因子等.

(4)利用重要极限以及它们的变形.

(5)利用等价无穷小替代.

4. 求下列极限:

(1) $\lim\limits_{x\to\infty} e^{\frac{1}{x}}$;

(2) $\lim\limits_{x\to 0}\ln\dfrac{\sin x}{x}$;

(3) $\lim\limits_{x\to\infty}\left(1+\dfrac{1}{x}\right)^{\frac{x}{2}}$;

(4) $\lim\limits_{x\to 0}(1+3\tan^2 x)^{\cot^2 x}$;

(5) $\lim\limits_{x\to\infty}\left(\dfrac{3+x}{6+x}\right)^{\frac{x-1}{2}}$;

(6) $\lim\limits_{x\to 0}\dfrac{\sqrt{1+\tan x}-\sqrt{1+\sin x}}{x\sqrt{1+\sin^2 x}-x}$;

(7) $\lim\limits_{x\to e}\dfrac{\ln x-1}{x-e}$;

(8) $\lim\limits_{x\to 0}\dfrac{e^{3x}-e^{2x}-e^x+1}{\sqrt[3]{(1-x)(1+x)}-1}$.

解: (1) $\lim\limits_{x\to\infty} e^{\frac{1}{x}} = e^{\lim\limits_{x\to\infty}\frac{1}{x}} = e^0 = 1$.

(2) $\lim\limits_{x\to 0}\ln\dfrac{\sin x}{x} = \ln\left(\lim\limits_{x\to 0}\dfrac{\sin x}{x}\right) = \ln 1 = 0$.

(3) $\lim\limits_{x\to\infty}\left(1+\dfrac{1}{x}\right)^{\frac{x}{2}} = \lim\limits_{x\to\infty}\left[\left(1+\dfrac{1}{x}\right)^x\right]^{\frac{1}{2}} = e^{\frac{1}{2}} = \sqrt{e}$.

(4) $\lim\limits_{x\to 0}(1+3\tan^2 x)^{\cot^2 x} = \lim\limits_{x\to 0}[(1+3\tan^2 x)^{\frac{1}{3\tan^2 x}}]^3 = e^3$.

(5) $\lim\limits_{x\to\infty}\left(\dfrac{3+x}{6+x}\right)^{\frac{x-1}{2}} = \lim\limits_{x\to\infty}\left[\left(1-\dfrac{3}{6+x}\right)^{-\frac{6+x}{3}}\right]^{-\frac{3}{2}} \cdot \lim\limits_{x\to\infty}\left(1-\dfrac{3}{6+x}\right)^{-\frac{7}{2}} = e^{-\frac{3}{2}}$.

(6) $\lim\limits_{x\to 0}\dfrac{\sqrt{1+\tan x}-\sqrt{1+\sin x}}{x\sqrt{1+\sin^2 x}-x} = \lim\limits_{x\to 0}\dfrac{\tan x-\sin x}{x(\sqrt{1+\sin^2 x}-1)(\sqrt{1+\tan x}+\sqrt{1+\sin x})}$

$= \lim\limits_{x\to 0}\left(\dfrac{\sin x}{x}\cdot\dfrac{\sec x-1}{\sqrt{1+\sin^2 x}-1}\cdot\dfrac{1}{\sqrt{1+\tan x}+\sqrt{1+\sin x}}\right)$

$= \lim\limits_{x\to 0}\dfrac{\sin x}{x}\cdot\lim\limits_{x\to 0}\dfrac{\frac{1}{2}x^2}{\frac{1}{2}\sin^2 x}\cdot\lim\limits_{x\to 0}\dfrac{1}{\sqrt{1+\tan x}+\sqrt{1+\sin x}}$

$= 1\times 1\times\dfrac{1}{2} = \dfrac{1}{2}$.

(7) $\lim\limits_{x\to e}\dfrac{\ln x-1}{x-e}\xlongequal{x-e=t}\lim\limits_{t\to 0}\dfrac{\ln(e+t)-\ln e}{t} = \lim\limits_{t\to 0}\dfrac{\ln\left(1+\frac{t}{e}\right)}{t} = \lim\limits_{t\to 0}\dfrac{\frac{t}{e}}{t} = \dfrac{1}{e}$.

(8) $\lim\limits_{x\to 0}\dfrac{e^{3x}-e^{2x}-e^x+1}{\sqrt[3]{(1-x)(1+x)}-1} = \lim\limits_{x\to 0}\dfrac{(e^{2x}-1)\cdot(e^x-1)}{(1-x^2)^{\frac{1}{3}}-1} = \lim\limits_{x\to 0}\dfrac{2x\cdot x}{\frac{1}{3}(-x^2)} = -6$.

5. 设 $f(x)$ 在 **R** 上连续,且 $f(x)\ne 0$,$\varphi(x)$ 在 **R** 上有定义,且有间断点,则下列陈述中,那些是对的,哪些是错的? 如果是对的,说明理由;如果是错的,试给出一个反例.

(1) $\varphi[f(x)]$ 必有间断点;

(2) $[\varphi(x)]^2$ 必有间断点;

(3) $f[\varphi(x)]$ 未必有间断点;

(4) $\dfrac{\varphi(x)}{f(x)}$ 必有间断点;

解: (1) 错. 例如 $\varphi(x)=\operatorname{sgn} x$,$f(x)=e^x$,$\varphi[f(x)]\equiv 1$,在 **R** 上处处连续.

(2) 错. 例如 $\varphi(x)=\begin{cases} 1, & x\in\mathbf{R}, \\ -1, & x\in\mathbf{R}^C \end{cases}$,$[\varphi(x)]^2\equiv 1$ 在 **R** 上处处连续.

(3)对. 例如 $\varphi(x)$ 同(2), $f(x)=|x|+1$, $f[\varphi(x)]\equiv 2$ 在 **R** 上处处连续.

(4)对. 因为, 若 $F(x)=\dfrac{\varphi(x)}{f(x)}$ 在 **R** 上处处连续, 则 $\varphi(x)=F(x)\cdot f(x)$ 也在 **R** 上处处连续, 这与已知条件矛盾.

6. 设函数 $f(x)=\begin{cases}e^x, & x<0,\\ a+x, & x\geq 0,\end{cases}$ 应当怎样选择数 a, 使得 $f(x)$ 成为在 $(-\infty,+\infty)$ 内的连续函数.

【思路探索】 本题考查分段函数的连续性, 先利用初等函数的连续性判断每一段内是否连续; 再利用 $f(x_0^-)=f(x_0^+)=f(x_0)$ 判断分段点处的连续性.

解: 由初等函数的连续性, $f(x)$ 在 $(-\infty,0)$ 及 $(0,+\infty)$ 内连续, 所以要使 $f(x)$ 在 $(-\infty,+\infty)$ 内连续, 只要选择数 a, 使 $f(x)$ 在 $x=0$ 处连续即可.

在 $x=0$ 处, $\lim\limits_{x\to 0}f(x)=\lim\limits_{x\to 0^-}e^x=1$, $\lim\limits_{x\to 0^+}f(x)=\lim\limits_{x\to 0^+}(a+x)=a$, $f(0)=a$,

取 $a=1$, 即有 $\lim\limits_{x\to 0^-}f(x)=\lim\limits_{x\to 0^+}f(x)=f(0)$, 即 $f(x)$ 在 $x=0$ 处连续. 于是, 选择 $a=1$, $f(x)$ 就成为在 $(-\infty,+\infty)$ 内的连续函数.

第十节 闭区间上连续函数的性质

习题 1-10 超精解(教材 P70)

1. 假设函数 $f(x)$ 在闭区间 $[0,1]$ 连续, 并且对 $[0,1]$ 上任一点 x 有 $0\leq f(x)\leq 1$. 试证明 $[0,1]$ 中必存在一点 c, 使得 $f(c)=c$ (c 称为函数 $f(x)$ 的不动点).

【思路探索】 第 1~4 题都属于与"零点定理"有关的证明题, 证明的关键在于辅助函数的构造, 一般利用移项得到辅助函数, 然后使用"零点定理"得出结论.

证: 设 $F(x)=f(x)-x$, 则 $F(0)=f(0)\geq 0$, $F(1)=f(1)-1\leq 0$.

若 $F(0)=0$ 或 $F(1)=0$, 则 0 或 1 即为 $f(x)$ 的不动点; 若 $F(0)>0$ 且 $F(1)<0$, 则由零点定理, 必存在 $c\in(0,1)$, 使 $F(c)=0$, 即 $f(c)=c$, 这时 c 为 $f(x)$ 的不动点.

【方法点击】 利用零点定理证明函数 $f(x)$ 有零点(或者方程 $f(x)=0$ 有实根), 一般先确定 $f(x)$ 与区间 $[a,b]$, 再判断 $f(x)$ 在 $[a,b]$ 上的连续性以及 $f(a)\cdot f(b)<0$, 从而得到结论. 若还需证明此根是唯一的, 则可以再证 $f(x)$ 在 $[a,b]$ 上单调(可用单调函数的定义或导数符号证明单调性, 这种方法第三章介绍).

2. 证明方程 $x^5-3x=1$ 至少有一个根介于 1 和 2 之间.

证: 设 $f(x)=x^5-3x-1$, 则 $f(x)$ 在闭区间 $[1,2]$ 上连续, 且 $f(1)=-3<0$, $f(2)=25>0$. 由零点定理, 即知 $\exists\xi\in(1,2)$, 使 $f(\xi)=0$, ξ 即为方程的根.

3. 证明方程 $x=a\sin x+b$, 其中 $a>0$, $b>0$, 至少有一个正根, 并且它不超过 $a+b$.

证: 设 $f(x)=x-a\sin x-b$, 则 $f(x)$ 在闭区间 $[0,a+b]$ 上连续, 且 $f(0)=-b<0$, $f(a+b)=a[1-\sin(a+b)]$, 当 $\sin(a+b)<1$ 时, $f(a+b)>0$. 由零点定理, 即知 $\exists\xi\in(0,a+b)$, 使 $f(\xi)=0$, 即 ξ 为原方程的根, 它是正根且不超过 $a+b$; 当 $\sin(a+b)=1$ 时, $f(a+b)=0$, $a+b$ 就是满足条件的正根.

4. 证明任一最高次幂的指数为奇数的代数方程 $a_0x^{2n+1}+a_1x^{2n}+\cdots+a_{2n}x+a_{2n+1}=0$ 至少有一实根, 其中 $a_0,a_1,\cdots,a_{2n+1}$ 均为常数, $n\in\mathbf{N}$.

证: 当 x 的绝对值充分大时, $f(x)=a_0x^{2n+1}+a_1x^{2n}+\cdots+a_{2n}x+a_{2n+1}$ 的符号取决于 a_0 的符号. 即当 x 为正时, $f(x)$ 与 a_0 同号; 当 x 为负时, $f(x)$ 与 a_0 异号. 而 $a_0\neq 0$, 又 $f(x)$ 是连续函数, 它在某充分大的区间的端点处异号, 由零点定理可知它在区间内某一点必定为零, 故

方程 $f(x)=0$ 至少有一实根.

5. 若 $f(x)$ 在 $[a,b]$ 上连续,$a<x_1<x_2<\cdots<x_n<b$ $(n\geqslant 3)$,则在 (x_1,x_n) 内至少有一点 ξ,使

$$f(\xi)=\frac{f(x_1)+f(x_2)+\cdots+f(x_n)}{n}.$$

【思路探索】 本题属于与"介值定理"有关的证明题,其中的关键在于证明 $f(\xi)=C$ 中的"C"要介于最大值与最小值之间.

证:因为 $f(x)$ 在 $[a,b]$ 上连续,又 $[x_1,x_n]\subset[a,b]$,所以 $f(x)$ 在 $[x_1,x_n]$ 上连续.设

$$M=\max\{f(x)|x_1\leqslant x\leqslant x_n\},m=\min\{f(x)|x_1\leqslant x\leqslant x_n\},$$

则 $m\leqslant\dfrac{f(x_1)+f(x_2)+\cdots+f(x_n)}{n}\leqslant M.$

若上述不等式中为严格不等号,则由介值定理知,$\exists\xi\in(x_1,x_n)$ 使

$$f(\xi)=\frac{f(x_1)+f(x_2)+\cdots+f(x_n)}{n};$$

若上述不等式中出现等号,如 $m=\dfrac{f(x_1)+f(x_2)+\cdots+f(x_n)}{n}$,

则有 $f(x_1)=f(x_2)=\cdots=f(x_n)=m$,任取 $x_2,\cdots,x_{n-1}$ 中一点作为 ξ,即有 $\xi\in(x_1,x_n)$,使

$$f(\xi)=\frac{f(x_1)+f(x_2)+\cdots+f(x_n)}{n}.$$

如 $\dfrac{f(x_1)+f(x_2)+\cdots+f(x_n)}{n}=M$,同理可证.

【方法点击】 利用介值定理证明 $f(\xi)=C$,一般先确定 $f(x)$、区间 $[a,b]$ 和 C,再判断 $f(x)$ 在 $[a,b]$ 上连续,并证明 C 介于 $f(x)$ 的最大值 M 与最小值 m 之间,从而得到结论.

6. 设函数 $f(x)$ 对于闭区间 $[a,b]$ 上的任意两点 x,y,恒有 $|f(x)-f(y)|\leqslant L|x-y|$,其中 L 为正常数,且 $f(a)\cdot f(b)<0$. 证明:至少有一点 $\xi\in(a,b)$,使得 $f(\xi)=0$.

证:任取 $x_0\in(a,b)$,$\forall\varepsilon>0$,取 $\delta=\min\left\{\dfrac{\varepsilon}{L},x_0-a,b-x_0\right\}$,则当 $|x-x_0|<\delta$ 时,由假设

$$|f(x)-f(x_0)|\leqslant L|x-x_0|<L\delta\leqslant\varepsilon,$$

所以 $f(x)$ 在 x_0 连续. 由 $x_0\in(a,b)$ 的任意性知,$f(x)$ 在 (a,b) 内连续.

当 $x_0=a$ 或 $x_0=b$ 时,取 $\delta=\dfrac{\varepsilon}{L}$,并将 $|x-x_0|<\delta$ 换成 $x\in[a,a+\delta)$ 或 $x\in(b-\delta,b]$,便可知 $f(x)$ 在 $x=a$ 右连续,在 $x=b$ 左连续. 从而 $f(x)$ 在 $[a,b]$ 上连续.

又由假设 $f(a)\cdot f(b)<0$,由零点定理即知 $\exists\xi\in(a,b)$,使得 $f(\xi)=0$.

*7. 证明:若 $f(x)$ 在 $(-\infty,+\infty)$ 内连续,且 $\lim\limits_{x\to\infty}f(x)$ 存在,则 $f(x)$ 必在 $(-\infty,+\infty)$ 内有界.

证:设 $\lim\limits_{x\to\infty}f(x)=A$,则对 $\varepsilon=1>0$,$\exists X>0$,当 $|x|>X$ 时,有

$$|f(x)-A|<1\Rightarrow|f(x)|\leqslant|f(x)-A|+|A|<|A|+1.$$

又 $f(x)$ 在 $[-X,X]$ 上连续,利用有界性定理,得:$\exists M>0$,对 $\forall x\in[-X,X]$,有 $|f(x)|\leqslant M$.

取 $M'=\max\{M,|A|+1\}$,即有 $|f(x)|\leqslant M'$,$\forall x\in(-\infty,+\infty)$.

*8. 在什么条件下,(a,b) 内的连续函数 $f(x)$ 为一致连续?

解:若 $f(a^+),f(b^-)$ 均存在,设 $F(x)=\begin{cases}f(a^+),&x=a,\\ f(x),&x\in(a,b),\\ f(b^-),&x=b.\end{cases}$ 易证 $F(x)$ 在 $[a,b]$ 上连续,从而

$F(x)$ 在 $[a,b]$ 上一致连续,也就有 $F(x)$ 在 (a,b) 内一致连续,即 $f(x)$ 在 (a,b) 内一致连续.

第一章 函数与极限

总习题一超精解(教材 P70～P72)

1. 在"充分"、"必要"和"充分必要"三者中选择一个正确的填入下列空格内:

(1) 数列 $\{x_n\}$ 有界是数列 $\{x_n\}$ 收敛的_____条件. 数列 $\{x_n\}$ 收敛是数列 $\{x_n\}$ 有界的_____条件.

(2) $f(x)$ 在 x_0 的某一去心邻域内有界是 $\lim\limits_{x\to x_0} f(x)$ 存在的_____条件. $\lim\limits_{x\to x_0} f(x)$ 存在是 $f(x)$ 在 x_0 的某一去心邻域内有界的_____条件.

(3) $f(x)$ 在 x_0 的某一去心邻域内无界是 $\lim\limits_{x\to x_0} f(x) = \infty$ 的_____条件. $\lim\limits_{x\to x_0} f(x) = \infty$ 是 $f(x)$ 在 x_0 的某一去心邻域内无界的_____条件.

(4) $f(x)$ 当 $x\to x_0$ 时的右极限 $f(x_0^+)$ 及左极限 $f(x_0^-)$ 都存在且相等是 $\lim\limits_{x\to x_0} f(x)$ 存在的_____条件.

解: (1) 必要,充分. (2) 必要,充分. (3) 必要,充分. (4) 充分必要.

2. 已知函数 $f(x) = \begin{cases} (\cos x)^{-x^2}, & 0 < |x| < \dfrac{\pi}{2}, \\ a, & x = 0 \end{cases}$ 在 $x = 0$ 连续,则 $a = $ _____ .

解: $a = f(0) = \lim\limits_{x\to 0} f(x) = \lim\limits_{x\to 0}(\cos x)^{-x^2} = 1.$

3. 选择以下两题中给出的四个结论中一个正确的结论.

(1) 设 $f(x) = 2^x + 3^x - 2$,则当 $x\to 0$ 时,有( ).

(A) $f(x)$ 与 x 是等价无穷小 (B) $f(x)$ 与 x 同阶但非等价无穷小

(C) $f(x)$ 是比 x 高阶的无穷小 (D) $f(x)$ 是比 x 低阶的无穷小

(2) 设 $f(x) = \dfrac{e^{\frac{1}{x}} - 1}{e^{\frac{1}{x}} + 1}$,则 $x = 0$ 是 $f(x)$ 的( ).

(A) 可去间断点 (B) 跳跃间断点 (C) 第二类间断点 (D) 连续点

解: (1) 因为 $\lim\limits_{x\to 0}\dfrac{f(x)}{x} = \lim\limits_{x\to 0}\dfrac{2^x + 3^x - 2}{x} = \lim\limits_{x\to 0}\dfrac{2^x - 1}{x} + \lim\limits_{x\to 0}\dfrac{3^x - 1}{x} = \ln 2 + \ln 3 = \ln 6 \neq 1$,

所以当 $x\to 0$ 时,$f(x)$ 与 x 同阶但非等价无穷小,应选(B).

(2) $f(0^-) = \lim\limits_{x\to 0^-} f(x) = -1$,$f(0^+) = \lim\limits_{x\to 0^+} f(x) = 1$,因为 $f(0^+)$,$f(0^-)$ 均存在,

但 $f(0^+) \neq f(0^-)$,所以 $x = 0$ 是 $f(x)$ 的跳跃间断点,应选(B).

4. 设 $f(x)$ 的定义域是 $[0,1]$,求下列函数的定义域:

(1) $f(e^x)$;   (2) $f(\ln x)$;   (3) $f(\arctan x)$;   (4) $f(\cos x)$.

解: (1) 因为 $0 \leqslant e^x \leqslant 1$,所以 $x \leqslant 0$,即函数 $f(e^x)$ 的定义域为 $(-\infty, 0]$.

(2) 因为 $0 \leqslant \ln x \leqslant 1$,所以 $1 \leqslant x \leqslant e$,即函数 $f(\ln x)$ 的定义域为 $[1, e]$.

(3) 因为 $0 \leqslant \arctan x \leqslant 1$,所以 $0 \leqslant x \leqslant \tan 1$,即函数 $f(\arctan x)$ 的定义域为 $[0, \tan 1]$.

(4) 因为 $0 \leqslant \cos x \leqslant 1$,所以 $2n\pi - \dfrac{\pi}{2} \leqslant x \leqslant 2n\pi + \dfrac{\pi}{2}$,$n \in \mathbf{Z}$,即函数 $f(\cos x)$ 的定义域为 $\left[2n\pi - \dfrac{\pi}{2}, 2n\pi + \dfrac{\pi}{2}\right]$,$n \in \mathbf{Z}$.

5. 设 $f(x) = \begin{cases} 0, & x \leqslant 0, \\ x, & x > 0, \end{cases}$ $g(x) = \begin{cases} 0, & x \leqslant 0, \\ -x^2, & x > 0, \end{cases}$ 求 $f[f(x)]$,$g[g(x)]$,$f[g(x)]$,$g[f(x)]$.

解: 因为 $f[f(x)] = \begin{cases} 0, & f(x) \leqslant 0, \\ f(x), & f(x) > 0, \end{cases}$ 而 $f(x) \geqslant 0$,$x \in \mathbf{R}$,所以 $f[f(x)] = f(x)$,$x \in \mathbf{R}$.

因为 $g[g(x)] = \begin{cases} 0, & g(x) \leqslant 0, \\ -g^2(x), & g(x) > 0, \end{cases}$ 而 $g(x) \leqslant 0$,$x \in \mathbf{R}$,所以 $g[g(x)] = 0$,$x \in \mathbf{R}$.

因为 $f[g(x)]=\begin{cases}0, & g(x)\leqslant 0,\\ g(x), & g(x)>0,\end{cases}$ 而 $g(x)\leqslant 0, x\in \mathbf{R}$, 所以 $f[g(x)]=0, x\in \mathbf{R}$.

因为 $g[f(x)]=\begin{cases}0, & f(x)\leqslant 0,\\ -f^{2}(x), & f(x)>0,\end{cases}$ 而 $f(x)\geqslant 0, x\in \mathbf{R}$, 所以 $g[f(x)]=g(x), x\in \mathbf{R}$.

6. 利用 $y=\sin x$ 的图形作出下列函数的图形:

(1) $y=|\sin x|$; (2) $y=\sin|x|$; (3) $y=2\sin\dfrac{x}{2}$.

解: $y=\sin x$ 的图形如图 1-14 所示.

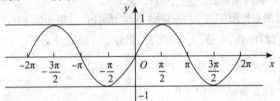

图 1-14

(1) $y=|\sin x|$ 应将 $y=\sin x$ 的下方图形翻至上方, 如图 1-15 所示.

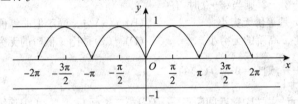

图 1-15

(2) $y=\sin|x|$ 应将 $y=\sin x$ 的右方图形翻至左方, 如图 1-16 所示.

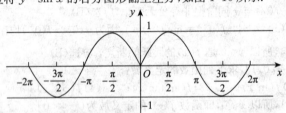

图 1-16

(3) $y=2\sin\dfrac{x}{2}$ 将 $y=\sin x$ 宽度拉宽高度升高, 如图 1-17 所示.

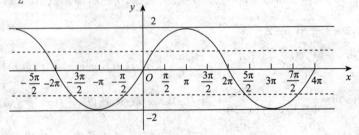

图 1-17

7. 把半径为 R 的一圆形铁皮,自中心处剪去中心角为 α 的一扇形后围成一无底圆锥.试将这圆锥的体积表示为 α 的函数.

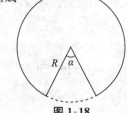

图 1-18

解:设围成的圆锥底半径为 r,高为 h,则由题意(如图 1-18 所示)有
$$(2\pi-\alpha)R=2\pi r, h=\sqrt{R^2-r^2}.$$
故 $r=\dfrac{(2\pi-\alpha)R}{2\pi}, h=\sqrt{R^2-\dfrac{(2\pi-\alpha)^2}{4\pi^2}R^2}=\dfrac{\sqrt{4\pi\alpha-\alpha^2}}{2\pi}R,$
圆锥体积
$$V=\dfrac{1}{3}\pi\cdot\dfrac{(2\pi-\alpha)^2}{4\pi^2}R^2\cdot\dfrac{\sqrt{4\pi\alpha-\alpha^2}}{2\pi}R=\dfrac{R^3}{24\pi^2}(2\pi-\alpha)^2\sqrt{4\pi\alpha-\alpha^2}\ (0<\alpha<2\pi).$$

*8. 根据函数极限的定义证明 $\lim\limits_{x\to 3}\dfrac{x^2-x-6}{x-3}=5.$

证:因为 $\left|\dfrac{x^2-x-6}{x-3}-5\right|=\left|\dfrac{(x-3)(x+2)}{x-3}-5\right|=|x-3|$,要使 $\left|\dfrac{x^2-x-6}{x-3}-5\right|<\varepsilon$,只要 $|x-3|<\varepsilon$. 所以 $\forall\varepsilon>0$,取 $\delta=\varepsilon$,则当 $0<|x-3|<\delta$ 时,就有 $\left|\dfrac{x^2-x-6}{x-3}-5\right|<\varepsilon$,

即 $\lim\limits_{x\to 3}\dfrac{x^2-x-6}{x-3}=5.$

9. 求下列极限:

(1) $\lim\limits_{x\to 1}\dfrac{x^2-x+1}{(x-1)^2}$;   (2) $\lim\limits_{x\to+\infty}x(\sqrt{x^2+1}-x)$;   (3) $\lim\limits_{x\to\infty}\left(\dfrac{2x+3}{2x+1}\right)^{x+1}$;

(4) $\lim\limits_{x\to 0}\dfrac{\tan x-\sin x}{x^3}$;   (5) $\lim\limits_{x\to 0}\left(\dfrac{a^x+b^x+c^x}{3}\right)^{\frac{1}{x}}(a>0,b>0,c>0)$;

(6) $\lim\limits_{x\to\frac{\pi}{2}}(\sin x)^{\tan x}$;   (7) $\lim\limits_{x\to a}\dfrac{\ln x-\ln a}{x-a}(a>0)$;   (8) $\lim\limits_{x\to 0}\dfrac{x\tan x}{\sqrt{1-x^2}-1}.$

解:(1) 因为 $\lim\limits_{x\to 1}\dfrac{(x-1)^2}{x^2-x+1}=0$,所以 $\lim\limits_{x\to 1}\dfrac{x^2-x+1}{(x-1)^2}=\infty.$

(2) $\lim\limits_{x\to+\infty}x(\sqrt{x^2+1}-x)=\lim\limits_{x\to+\infty}\dfrac{x(\sqrt{x^2+1}-x)(\sqrt{x^2+1}+x)}{\sqrt{x^2+1}+x}$
$$=\lim\limits_{x\to+\infty}\dfrac{x}{\sqrt{x^2+1}+x}=\lim\limits_{x\to+\infty}\dfrac{1}{\sqrt{1+\dfrac{1}{x^2}}+1}=\dfrac{1}{2}.$$

(3) $\lim\limits_{x\to\infty}\left(\dfrac{2x+3}{2x+1}\right)^{x+1}=\lim\limits_{x\to\infty}\left(1+\dfrac{1}{\dfrac{2x+1}{2}}\right)^{\frac{2x+1}{2}}\cdot\lim\limits_{x\to\infty}\left(\dfrac{2x+3}{2x+1}\right)^{\frac{1}{2}}=\mathrm{e}.$

(4) $\lim\limits_{x\to 0}\dfrac{\tan x-\sin x}{x^3}=\lim\limits_{x\to 0}\left(\dfrac{\sin x}{x}\cdot\dfrac{\sec x-1}{x^2}\right)=\lim\limits_{x\to 0}\dfrac{\sin x}{x}\cdot\lim\limits_{x\to 0}\dfrac{\dfrac{1}{2}x^2}{x^2}=\dfrac{1}{2}.$

(5) 因为 $\left(\dfrac{a^x+b^x+c^x}{3}\right)^{\frac{1}{x}}=\left(1+\dfrac{a^x+b^x+c^x-3}{3}\right)^{\frac{3}{a^x+b^x+c^x-3}\cdot\frac{1}{3}\left(\frac{a^x-1}{x}+\frac{b^x-1}{x}+\frac{c^x-1}{x}\right)},$ 而

$\left(1+\dfrac{a^x+b^x+c^x-3}{3}\right)^{\frac{3}{a^x+b^x+c^x-3}}\to\mathrm{e}(x\to 0),\ \dfrac{a^x-1}{x}\to\ln a,\ \dfrac{b^x-1}{x}\to\ln b,\ \dfrac{c^x-1}{x}\to\ln c(x\to 0),$

所以 $\lim\limits_{x\to 0}\left(\dfrac{a^x+b^x+c^x}{3}\right)^{\frac{1}{x}}=\mathrm{e}^{\frac{1}{3}(\ln a+\ln b+\ln c)}=(abc)^{\frac{1}{3}}.$

(6) 因为 $(\sin x)^{\tan x}=[1+(\sin x-1)]^{\frac{1}{\sin x-1}\cdot(\sin x-1)\tan x}$,而 $\lim\limits_{x\to\frac{\pi}{2}}[1+(\sin x-1)]^{\frac{1}{\sin x-1}}=e$,

$$\lim_{x\to\frac{\pi}{2}}(\sin x-1)\tan x=\lim_{x\to\frac{\pi}{2}}\frac{\sin x-\sin\frac{\pi}{2}}{\sin\left(x+\frac{\pi}{2}\right)}\cdot\sin x=\lim_{x\to\frac{\pi}{2}}\frac{2\sin\dfrac{x-\frac{\pi}{2}}{2}\cos\dfrac{x+\frac{\pi}{2}}{2}}{2\sin\dfrac{x+\frac{\pi}{2}}{2}\cos\dfrac{x+\frac{\pi}{2}}{2}}\cdot\sin x$$

$$=\lim_{x\to\frac{\pi}{2}}\frac{\sin\left(\dfrac{x}{2}-\dfrac{\pi}{4}\right)}{\sin\left(\dfrac{x}{2}+\dfrac{\pi}{4}\right)}\cdot\sin x=0,$$

所以 $\lim\limits_{x\to\frac{\pi}{2}}(\sin x)^{\tan x}=e^0=1$.

(7) $\lim\limits_{x\to a}\dfrac{\ln x-\ln a}{x-a}=\lim\limits_{x\to a}\dfrac{\ln\dfrac{x}{a}}{x-a}=\lim\limits_{x\to a}\dfrac{\ln\left(1+\dfrac{x-a}{a}\right)}{x-a}=\lim\limits_{x\to a}\dfrac{\dfrac{x-a}{a}}{x-a}=\dfrac{1}{a}$.

(8) $\lim\limits_{x\to 0}\dfrac{x\tan x}{\sqrt{1-x^2}-1}=\lim\limits_{x\to 0}\dfrac{x\cdot x}{\dfrac{1}{2}(-x^2)}=-2$.

【方法点击】 本题中(2)~(8)题都属于未定式极限,除解答中使用的有理化、约分、重要极限及等价无穷小代换等方法之外,第三章还会增加"洛必达法则"这一重要方法,到时可以多种方法相比较,选择较简便的.例如(7)题利用洛必达法则更加简便:

$$\lim_{x\to a}\frac{\ln x-\ln a}{x-a}=\lim_{x\to a}\frac{(\ln x-\ln a)'}{(x-a)'}=\lim_{x\to a}\frac{1}{x}=\frac{1}{a}.$$

10. 设 $f(x)=\begin{cases}x\sin\dfrac{1}{x}, & x>0,\\ a+x^2, & x\leqslant 0,\end{cases}$ 要使 $f(x)$ 在 $(-\infty,+\infty)$ 内连续,应怎样选择数 a?

解: $f(x)$ 在 $(-\infty,0)$ 及 $(0,+\infty)$ 内均连续,要使 $f(x)$ 在 $(-\infty,+\infty)$ 内连续,只要选择数 a,使 $f(x)$ 在 $x=0$ 处连续即可.而 $\lim\limits_{x\to 0^+}f(x)=\lim\limits_{x\to 0^+}x\sin\dfrac{1}{x}=0$,$\lim\limits_{x\to 0^-}f(x)=\lim\limits_{x\to 0^-}(a+x^2)=a$,

又 $f(0)=a$,故应选择 $a=0$,$f(x)$ 在 $x=0$ 处连续,从而 $f(x)$ 在 $(-\infty,+\infty)$ 内连续.

11. 设 $f(x)=\lim\limits_{n\to\infty}\dfrac{1+x}{1+x^{2n}}$,求 $f(x)$ 的间断点,并说明间断点所属类型.

解: $f(x)=\lim\limits_{n\to\infty}\dfrac{1+x}{1+x^{2n}}=\begin{cases}1+x, & |x|<1,\\ 0, & |x|>1 \text{ 或 } x=-1,\\ 1, & x=1.\end{cases}$ 显然 $x=\pm 1$ 为分段函数的分段点.

$x=-1$ 处,因为 $\lim\limits_{x\to -1^+}f(x)=\lim\limits_{x\to -1^-}f(x)=f(-1)=0$,所以 $x=-1$ 为连续点;

$x=1$ 处,因为 $\lim\limits_{x\to 1^-}f(x)=2$,$\lim\limits_{x\to 1^+}f(x)=0$,$\lim\limits_{x\to 1^+}f(x)\neq\lim\limits_{x\to 1^-}f(x)$,所以 $x=1$ 为 $f(x)$ 的间断点,属第一类间断点,是跳跃间断点.

12. 证明 $\lim\limits_{n\to\infty}\left(\dfrac{1}{\sqrt{n^2+1}}+\dfrac{1}{\sqrt{n^2+2}}+\cdots+\dfrac{1}{\sqrt{n^2+n}}\right)=1$.

证: 因为 $\dfrac{n}{\sqrt{n^2+n}}<\dfrac{1}{\sqrt{n^2+1}}+\dfrac{1}{\sqrt{n^2+2}}+\cdots+\dfrac{1}{\sqrt{n^2+n}}<1$,而 $\lim\limits_{n\to\infty}\dfrac{n}{\sqrt{n^2+n}}=\lim\limits_{n\to\infty}\dfrac{1}{\sqrt{1+\dfrac{1}{n}}}=1$,

$\lim\limits_{n\to\infty}1=1$,所以由夹逼准则,即得证.

13. 证明方程 $\sin x+x+1=0$ 在开区间 $\left(-\dfrac{\pi}{2},\dfrac{\pi}{2}\right)$ 内至少有一个根.

证:设 $f(x)=\sin x+x+1$,则 $f(x)$ 在 $\left[-\dfrac{\pi}{2},\dfrac{\pi}{2}\right]$ 上连续.因为

$$f\left(-\dfrac{\pi}{2}\right)=\sin\left(-\dfrac{\pi}{2}\right)-\dfrac{\pi}{2}+1=-\dfrac{\pi}{2}<0, f\left(\dfrac{\pi}{2}\right)=\sin\dfrac{\pi}{2}+\dfrac{\pi}{2}+1=\dfrac{\pi}{2}+2>0,$$

由介值定理,至少存在一点 $\xi\in\left(-\dfrac{\pi}{2},\dfrac{\pi}{2}\right)$,使 $f(\xi)=0$,即 $\sin\xi+\xi+1=0$.

所以方程 $\sin x+x+1=0$ 在 $\left(-\dfrac{\pi}{2},\dfrac{\pi}{2}\right)$ 内至少有一个根.

14. 如果存在直线 $L:y=kx+b$,使得当 $x\to\infty$(或 $x\to+\infty,x\to-\infty$)时,曲线 $y=f(x)$ 上的动点 $M(x,y)$ 到直线 L 的距离 $d(M,L)\to 0$,则称 L 为曲线 $y=f(x)$ 的渐近线.当直线 L 的斜率 $k\neq 0$ 时,称 L 为斜渐近线.

(1) 证明:直线 $L:y=kx+b$ 为曲线 $y=f(x)$ 的渐近线的充分必要条件是
$$k=\lim_{\substack{x\to+\infty\\x\to-\infty}}\dfrac{f(x)}{x},\quad b=\lim_{\substack{x\to+\infty\\x\to-\infty}}[f(x)-kx].$$

(2) 求曲线 $y=(2x-1)\mathrm{e}^{\frac{1}{x}}$ 的斜渐近线.

解:(1) 就 $x\to+\infty$ 的情形证明,其他情形类似.

设 $L:y=kx+b$ 为曲线 $y=f(x)$ 的渐近线.

$1°$ 若 $k\neq 0$,如图 1-19 所示,$k=\tan\alpha$(α 为 L 的倾角,$\alpha\neq\dfrac{\pi}{2}$),曲线 $y=f(x)$ 上动点 $M(x,y)$ 到直线 L 的距离为 $|MK|$.过 M 作横轴的垂线,交直线 L 于 K_1,则 $|MK_1|=\dfrac{|MK|}{\cos\alpha}$.

显然 $|MK|\to 0(x\to+\infty)$ 与 $|MK_1|\to 0(x\to+\infty)$ 等价,而 $|MK_1|=|f(x)-(kx+b)|$.

因为 $L:y=kx+b$ 是曲线 $y=f(x)$ 的渐近线,所以
$$|MK|\to 0(x\to+\infty)\Rightarrow|MK_1|\to 0(x\to+\infty),$$

即 $\quad\lim\limits_{x\to+\infty}[f(x)-(kx+b)]=0,\quad$ ①

从而 $\quad\lim\limits_{x\to+\infty}[f(x)-kx]=\lim\limits_{x\to+\infty}[f(x)-(kx+b)]+b=0+b=b,\quad$ ②

$\lim\limits_{x\to+\infty}\dfrac{f(x)}{x}=\lim\limits_{x\to+\infty}\dfrac{1}{x}[f(x)-kx]+k=0+k=k.\quad$ ③

反之,若②③成立,则①成立,即 $L:y=kx+b$ 是曲线 $y=f(x)$ 的渐近线.

$2°$ 若 $k=0$,设 $L:y=b$ 是曲线 $y=f(x)$ 的水平渐近线,如图 1-20 所示.按定义有 $|MK|\to 0(x\to+\infty)$,而 $|MK|=|f(x)-b|$,故有 $\lim\limits_{x\to+\infty}f(x)=b.\quad$ ④

$$\lim_{x\to+\infty}\dfrac{f(x)}{x}=\lim_{x\to+\infty}\dfrac{1}{x}\cdot\lim_{x\to+\infty}f(x)=0.\quad ⑤$$

反之,若④⑤成立,即有 $|MK|=|f(x)-b|\to 0\ (x\to+\infty)$,

故 $y=b$ 是曲线 $y=f(x)$ 的水平渐近线.

(2) 因为 $k=\lim\limits_{x\to\infty}\dfrac{f(x)}{x}=\lim\limits_{x\to\infty}\dfrac{(2x-1)}{x}\mathrm{e}^{\frac{1}{x}}=2$,

$$b=\lim_{x\to\infty}[f(x)-2x]=\lim_{x\to\infty}[(2x-1)\mathrm{e}^{\frac{1}{x}}-2x]=\lim_{x\to\infty}2x(\mathrm{e}^{\frac{1}{x}}-1)-\lim_{x\to\infty}\mathrm{e}^{\frac{1}{x}}$$

$$= \lim_{x\to\infty} 2\cdot\frac{e^{\frac{1}{x}}-1}{\frac{1}{x}} - 1 = 2\lim_{u\to 0}\frac{e^u-1}{u} - 1 = 2 - 1 = 1,$$

所以,所求曲线的渐近线为 $y=2x+1$.

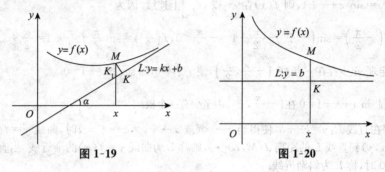

图 1-19　　　　　　　　　图 1-20

本章小结

1. 关于函数的小结.

在例题中,给出了如何求定义域、求证函数的有界性等. 我们指出,把复合函数分解成一些基本初等函数的复合是一项基本技能,因为在后面几章中关于复合函数求导、积分换元法、分部积分法都是基于复合函数的分解.

2. 关于极限的小结.

在本章关于极限部分,我们给出了求极限的几种方法,包括分子、分母有理化,多项式因式分解,同除以分子、分母的最高次项,两个重要极限等,但在做题时,这些方法不是孤立的,经常是在一个问题中用到几种方法.

3. 关于函数连续性的小结.

函数在某一点连续的充要条件是左、右极限存在且相等,并等于该点的函数值. 应用此结论是判断某一点是否为间断点及其类型的一个最有效的方法. 可用闭区间上连续函数的性质证明某些命题. 最后指出,用零点定理判别方程有根时,应仔细选择合适的端点,便于满足 $f(a)\cdot f(b)<0$.

4. 关于无穷小量的小结.

利用有界变量乘无穷小量仍是无穷小量的性质及等价无穷小代换定理,对于某些求极限的问题是一个有力的工具. 比较无穷小量的阶时,可先对复杂的问题化简,然后根据已知的等价无穷小的关系初步估计可能的阶,最后求极限验证估计.

第二章 导数与微分

本章内容概览

微分学是高等数学的重要组成部分.本章主要介绍两个重要的概念:导数与微分.导数反映了函数相对于自变量变化的快慢程度,即变化率问题;而微分刻画了当自变量有微小变化时,函数变化的近似值.本章主要利用极限这个工具来研究导数与微分.在学习的时候,应该注意理解导数与微分之间的区别与联系,并熟练掌握各种求导法则.

本章知识图解

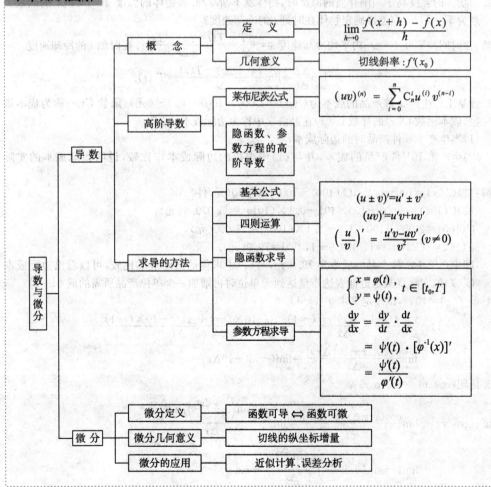

第一节 导数概念

习题 2-1 超精解（教材 P83～P84）

1. 设物体绕定轴旋转，在时间间隔 $[0,t]$ 内转过角度 θ，从而转角 θ 是 t 的函数：$\theta=\theta(t)$. 如果旋转是匀速的，那么称 $\omega=\dfrac{\theta}{t}$ 为该物体旋转的**角速度**. 如果旋转是非匀速的，应怎样确定该物体在时刻 t_0 的角速度？

解：在时间间隔 $[t_0, t_0+\Delta t]$ 内的平均角速度 $\bar\omega=\dfrac{\Delta\theta}{\Delta t}=\dfrac{\theta(t_0+\Delta t)-\theta(t_0)}{\Delta t}$. 在时刻 t_0 的角速度
$$\omega=\lim_{\Delta t\to 0}\bar\omega=\lim_{\Delta t\to 0}\frac{\Delta\theta}{\Delta t}=\theta'(t_0).$$

2. 当物体的温度高于周围介质的温度时，物体就不断冷却. 若物体的温度 T 与时间 t 的函数关系为 $T=T(t)$，应怎样确定物体在时刻 t 的冷却速度？

解：在时间间隔 $[t, t+\Delta t]$ 内平均冷却速度 $\bar v=\dfrac{\Delta T}{\Delta t}=\dfrac{T(t+\Delta t)-T(t)}{\Delta t}$. 在时刻 t 的冷却速度
$$v=\lim_{\Delta t\to 0}\frac{\Delta T}{\Delta t}=\lim_{\Delta t\to 0}\frac{T(t+\Delta t)-T(t)}{\Delta t}=T'(t).$$

3. 设某工厂生产 x 件产品的成本为 $C(x)=2\,000+100x-0.1x^2$（元），函数 $C(x)$ 称为**成本函数**，成本函数 $C(x)$ 的导数 $C'(x)$ 在经济学中称为**边际成本**. 试求
   (1) 当生产 100 件产品时的边际成本；
   (2) 生产第 101 件产品的成本，并与 (1) 中求得的边际成本作比较，说明边际成本的实际意义.

解：(1) $C'(x)=100-0.2x$，$C'(100)=100-20=80$（元/件）.
(2) $C(101)=2\,000+100\times 101-0.1\times(101)^2=11\,079.9$（元），
$C(100)=2\,000+100\times 100-0.1\times(100)^2=11\,000$（元），
$C(101)-C(100)=11\,079.9-11\,000=79.9$（元）.
即生产第 101 件产品的成本为 79.9 元，与 (1) 中求得的边际成本比较，可以看出边际成本 $C'(x)$ 的实际意义是近似表达产量达到 x 单位时再增加一个单位产品所需的成本.

4. 设 $f(x)=10x^2$，试按定义求 $f'(-1)$.

解：$f'(-1)=\lim\limits_{\Delta x\to 0}\dfrac{f(-1+\Delta x)-f(-1)}{\Delta x}=\lim\limits_{\Delta x\to 0}\dfrac{10\times(-1+\Delta x)^2-10\times(-1)^2}{\Delta x}$
$=\lim\limits_{\Delta x\to 0}\dfrac{-20\Delta x+10(\Delta x)^2}{\Delta x}=\lim\limits_{\Delta x\to 0}(-20+10\Delta x)=-20.$

5. 证明 $(\cos x)'=-\sin x$.

证：$(\cos x)'=\lim\limits_{\Delta x\to 0}\dfrac{\cos(x+\Delta x)-\cos x}{\Delta x}=\lim\limits_{\Delta x\to 0}\dfrac{-2\sin\left(x+\dfrac{\Delta x}{2}\right)\sin\dfrac{\Delta x}{2}}{\Delta x}$
$=\lim\limits_{\Delta x\to 0}\left[-\sin\left(x+\dfrac{\Delta x}{2}\right)\right]\dfrac{\sin\dfrac{\Delta x}{2}}{\dfrac{\Delta x}{2}}=-\sin x.$

6. 下列各题中均假定 $f'(x_0)$ 存在，按照导数定义观察下列极限，指出 A 表示什么.

(1) $\lim\limits_{\Delta x \to 0} \dfrac{f(x_0 - \Delta x) - f(x_0)}{\Delta x} = A$；　　(2) $\lim\limits_{x \to 0} \dfrac{f(x)}{x} = A$，其中 $f(0) = 0$，且 $f'(0)$ 存在；

(3) $\lim\limits_{h \to 0} \dfrac{f(x_0 + h) - f(x_0 - h)}{h} = A$.

解：(1) $A = \lim\limits_{\Delta x \to 0} \dfrac{f(x_0 - \Delta x) - f(x_0)}{\Delta x} = -\lim\limits_{-\Delta x \to 0} \dfrac{f[x_0 + (-\Delta x)] - f(x_0)}{-\Delta x} = -f'(x_0)$.

(2) 由于 $f(0) = 0$，故 $A = \lim\limits_{x \to 0} \dfrac{f(x)}{x} = \lim\limits_{x \to 0} \dfrac{f(x) - f(0)}{x - 0} = f'(0)$.

(3) $A = \lim\limits_{h \to 0} \dfrac{f(x_0 + h) - f(x_0 - h)}{h} = \lim\limits_{h \to 0} \left[\dfrac{f(x_0 + h) - f(x_0)}{h} - \dfrac{f[x_0 - h] - f(x_0)}{h} \right]$

$= \lim\limits_{h \to 0} \dfrac{f(x_0 + h) - f(x_0)}{h} + \lim\limits_{-h \to 0} \dfrac{f(x_0 + (-h)) - f(x_0)}{-h} = 2f'(x_0)$.

【方法点击】 利用导数来表示极限是一种非常重要的考查题型，一般是将所给极限化成导数的定义形式，如 $\lim\limits_{\Delta x \to 0} \dfrac{f(x_0 + \Delta x) - f(x_0)}{\Delta x}$ 或 $\lim\limits_{h \to 0} \dfrac{f(x_0 + h) - f(x_0)}{h}$，以及 $\lim\limits_{x \to x_0} \dfrac{f(x) - f(x_0)}{x - x_0}$，通常采用变形、变量代换等方法.

7. 设 $f(x) = \begin{cases} \dfrac{2}{3} x^3, & x \leqslant 1, \\ x^2, & x > 1, \end{cases}$ 则 $f(x)$ 在 $x = 1$ 处的（　　）.

(A) 左、右导数都存在　　　　　　(B) 左导数存在，右导数不存在

(C) 左导数不存在，右导数存在　　(D) 左、右导数都不存在

解：$f'_-(1) = \lim\limits_{x \to 1^-} \dfrac{f(x) - f(1)}{x - 1} = \lim\limits_{x \to 1^-} \dfrac{\frac{2}{3} x^3 - \frac{2}{3}}{x - 1} = \lim\limits_{x \to 1^-} \dfrac{2}{3} \cdot \dfrac{x^3 - 1}{x - 1} = \lim\limits_{x \to 1^-} \dfrac{2}{3} (x^2 + x + 1) = 2$；

$f'_+(1) = \lim\limits_{x \to 1^+} \dfrac{f(x) - f(1)}{x - 1} = \lim\limits_{x \to 1^+} \dfrac{x^2 - \frac{2}{3}}{x - 1} = \infty$，

故该函数左导数存在，右导数不存在，因此应选(B).

8. 设 $f(x)$ 可导，$F(x) = f(x)(1 + |\sin x|)$，则 $f(0) = 0$ 是 $F(x)$ 在 $x = 0$ 处可导的（　　）.

(A) 充分必要条件　　　　　　(B) 充分条件但非必要条件

(C) 必要条件但非充分条件　　(D) 既非充分条件又非必要条件

解：$F'_+(0) = \lim\limits_{x \to 0^+} \dfrac{F(x) - F(0)}{x - 0} = \lim\limits_{x \to 0^+} \dfrac{f(x)(1 + \sin x) - f(0)}{x}$

$= \lim\limits_{x \to 0^+} \left[\dfrac{f(x) - f(0)}{x} + f(x) \dfrac{\sin x}{x} \right] = f'(0) + f(0)$，

$F'_-(0) = \lim\limits_{x \to 0^-} \dfrac{F(x) - F(0)}{x - 0} = \lim\limits_{x \to 0^-} \dfrac{f(x)(1 - \sin x) - f(0)}{x}$

$= \lim\limits_{x \to 0^-} \left[\dfrac{f(x) - f(0)}{x} - f(x) \dfrac{\sin x}{x} \right] = f'(0) - f(0)$，

当 $f(0) = 0$ 时，$F'_+(0) = F'_-(0)$，反之当 $F'_+(0) = F'_-(0)$ 时，$f(0) = 0$，因此应选(A).

9. 求下列函数的导数：

(1) $y = x^4$；　　(2) $y = \sqrt[3]{x^2}$；　　(3) $y = x^{1.6}$；　　(4) $y = \dfrac{1}{\sqrt{x}}$；

(5) $y = \dfrac{1}{x^2}$; (6) $y = x^3\sqrt[3]{x}$; (7) $y = \dfrac{x^2\sqrt[3]{x^2}}{\sqrt{x^5}}$.

解：(1) $y' = 4x^3$. (2) $y = x^{\frac{2}{3}}, y' = \dfrac{2}{3}x^{-\frac{1}{3}}$.

(3) $y' = 1.6x^{0.6}$. (4) $y = x^{-\frac{1}{2}}, y' = -\dfrac{1}{2}x^{-\frac{3}{2}}$.

(5) $y = x^{-2}, y' = -2x^{-3}$. (6) $y = x^{\frac{16}{5}}, y' = \dfrac{16}{5}x^{\frac{11}{5}}$.

(7) $y = x^{2+\frac{2}{3}-\frac{5}{2}} = x^{\frac{1}{6}}, y' = \dfrac{1}{6}x^{-\frac{5}{6}}$.

10. 已知物体的运动规律为 $s = t^3$ m，求这物体在 $t = 2$ s 时的速度．

解：$v = \dfrac{ds}{dt} = 3t^2, v\big|_{t=2} = 12$ m/s.

11. 如果 $f(x)$ 为偶函数，且 $f'(0)$ 存在，证明 $f'(0) = 0$.

证：$f(x)$ 为偶函数，故有 $f(-x) = f(x)$. 因为
$$f'(0) = \lim_{x\to 0}\dfrac{f(x)-f(0)}{x-0} = \lim_{x\to 0}\dfrac{f(-x)-f(0)}{x-0} = -\lim_{-x\to 0}\dfrac{f(-x)-f(0)}{-x-0} = -f'(0),$$
所以 $f'(0) = 0$.

12. 求曲线 $y = \sin x$ 在具有下列横坐标的各点处切线的斜率：$x = \dfrac{2}{3}\pi; x = \pi$.

解：由导数的几何意义知 $k_1 = y'\big|_{x=\frac{2}{3}\pi} = \cos x\big|_{x=\frac{2}{3}\pi} = -\dfrac{1}{2}, k_2 = y'\big|_{x=\pi} = \cos x\big|_{x=\pi} = -1$.

13. 求曲线 $y = \cos x$ 上点 $\left(\dfrac{\pi}{3}, \dfrac{1}{2}\right)$ 处的切线方程和法线方程．

解：由 $y'\big|_{x=\frac{\pi}{3}} = (-\sin x)\big|_{x=\frac{\pi}{3}} = -\dfrac{\sqrt{3}}{2}$，故曲线在点 $\left(\dfrac{\pi}{3}, \dfrac{1}{2}\right)$ 处的切线方程为
$$y - \dfrac{1}{2} = -\dfrac{\sqrt{3}}{2}\left(x - \dfrac{\pi}{3}\right), 即 \dfrac{\sqrt{3}}{2}x + y - \dfrac{1}{2}\left(1 + \dfrac{\sqrt{3}}{3}\pi\right) = 0.$$

在点 $\left(\dfrac{\pi}{3}, \dfrac{1}{2}\right)$ 处的法线方程为 $y - \dfrac{1}{2} = \dfrac{2}{\sqrt{3}}\left(x - \dfrac{\pi}{3}\right),$ 即 $\dfrac{2\sqrt{3}}{3}x - y + \dfrac{1}{2} - \dfrac{2\sqrt{3}}{9}\pi = 0.$

14. 求曲线 $y = e^x$ 在点 $(0,1)$ 处的切线方程．

解：$y'\big|_{x=0} = e^x\big|_{x=0} = 1$，故曲线在点 $(0,1)$ 处的切线方程为
$$y - 1 = 1 \times (x - 0), 即 x - y + 1 = 0.$$

15. 在抛物线 $y = x^2$ 上取横坐标为 $x_1 = 1$ 及 $x_2 = 3$ 的两点，作过这两点的割线．问该抛物线上哪一点的切线平行于这条割线？

解：割线的斜率 $k = \dfrac{3^2 - 1^2}{3 - 1} = \dfrac{8}{2} = 4$. 假设抛物线上点 (x_0, x_0^2) 处的切线平行于该割线，则有 $(x^2)'\big|_{x=x_0} = 4$，即 $2x_0 = 4$. 故 $x_0 = 2$，由此得所求点为 $(2,4)$.

16. 讨论下列函数在 $x = 0$ 处的连续性与可导性：

(1) $y = |\sin x|$; (2) $y = \begin{cases} x^2\sin\dfrac{1}{x}, & x \neq 0, \\ 0, & x = 0. \end{cases}$

解:(1) $\lim\limits_{x\to 0}f(x)=\lim\limits_{x\to 0}|\sin x|=0=f(0)$,故 $y=|\sin x|$ 在 $x=0$ 处连续. 又

$$f'_{-}(0)=\lim_{x\to 0^-}\frac{f(x)-f(0)}{x-0}=\lim_{x\to 0^-}\frac{-\sin x}{x}=-1, f'_{+}(0)=\lim_{x\to 0^+}\frac{f(x)-f(0)}{x-0}=\lim_{x\to 0^+}\frac{\sin x}{x}=1,$$

$f'_{-}(0)\neq f'_{+}(0)$,故 $y=|\sin x|$ 在 $x=0$ 处不可导.

(2) $\lim\limits_{x\to 0}f(x)=\lim\limits_{x\to 0}x^2\sin\frac{1}{x}=0=f(0)$,故函数在 $x=0$ 处连续. 又

$$f'(0)=\lim_{x\to 0}\frac{f(x)-f(0)}{x-0}=\lim_{x\to 0}\frac{x^2\sin\frac{1}{x}}{x}=\lim_{x\to 0}x\sin\frac{1}{x}=0,$$

故函数在 $x=0$ 处可导.

【方法点击】 分段函数在分段点的极限、连续和可导问题一般应采用定义讨论. 三者关系为可导⇒连续⇒极限存在. 反之未必. 本题也可以先讨论函数的可导性,若函数在 x_0 点可导,则一定连续;若函数在 x_0 点不可导,则再讨论其连续性.

17. 设函数 $f(x)=\begin{cases}x^2, & x\leqslant 1,\\ ax+b, & x>1,\end{cases}$ 为了使函数 $f(x)$ 在 $x=1$ 处连续且可导,a,b 应取什么值?

解:要函数 $f(x)$ 在 $x=1$ 处连续,应有 $\lim\limits_{x\to 1^-}f(x)=\lim\limits_{x\to 1^+}f(x)=f(1)$,即 $1=a+b$. 要函数 $f(x)$ 在

$x=1$ 处可导,应有 $f'_{-}(1)=f'_{+}(1)$,而 $f'_{-}(1)=\lim\limits_{x\to 1^-}\frac{f(x)-f(1)}{x-1}=\lim\limits_{x\to 1^-}\frac{x^2-1}{x-1}=2,$

$$f'_{+}(1)=\lim_{x\to 1^+}\frac{f(x)-f(1)}{x-1}=\lim_{x\to 1^+}\frac{ax+b-1}{x-1}=\lim_{x\to 1^+}\frac{a(x-1)+a+b-1}{x-1}=\lim_{x\to 1^+}\frac{a(x-1)}{x-1}=a.$$

故 $a=2,b=-1$.

【方法点击】 本题属于出错率极高的题目,常见的错误解法为

因为 $f'(x)=\begin{cases}2x, & x\leqslant 1,\\ a, & x>1,\end{cases}$ 所以 $a=2$. 于是,$f(x)=\begin{cases}x^2, & x\leqslant 1,\\ 2x+b, & x>1,\end{cases}$ 由连续性可知 $b=-1$.

该解法的错误之处在于将导函数视为连续的,而原题并无此条件,只是说 $f(x)$ 在 $x=1$ 可导,因此正确解法是在 $x=1$ 点要利用导数定义(左、右导数)来讨论.

18. 已知 $f(x)=\begin{cases}x^2, & x\geqslant 0,\\ -x, & x<0,\end{cases}$ 求 $f'_{+}(0)$ 及 $f'_{-}(0)$,又 $f'(0)$ 是否存在?

解: $f'_{-}(0)=\lim\limits_{x\to 0^-}\frac{f(x)-f(0)}{x-0}=\lim\limits_{x\to 0^-}\frac{-x-0}{x}=-1, f'_{+}(0)=\lim\limits_{x\to 0^+}\frac{f(x)-f(0)}{x-0}=\lim\limits_{x\to 0^+}\frac{x^2-0}{x}=0.$

由于 $f'_{-}(0)\neq f'_{+}(0)$,故 $f'(0)$ 不存在.

19. 已知 $f(x)=\begin{cases}\sin x, & x<0,\\ x, & x\geqslant 0,\end{cases}$ 求 $f'(x)$.

【思路探索】 本题为分段函数求导数,一般步骤为:各段之内用公式求导,分段点处用导数定义求导,尤其是分段点左、右两侧的表达式不同时,要使用左、右导数定义来讨论导数是否存在,其中 $f'(x_0)=A\Leftrightarrow f'_{-}(x_0)=f'_{+}(x_0)=A$.

解: $f'_{-}(0)=\lim\limits_{x\to 0^-}\frac{f(x)-f(0)}{x-0}=\lim\limits_{x\to 0^-}\frac{\sin x}{x}=1, f'_{+}(0)=\lim\limits_{x\to 0^+}\frac{f(x)-f(0)}{x-0}=\lim\limits_{x\to 0^+}\frac{x}{x}=1.$

由于 $f'_{-}(0)=f'_{+}(0)=1$,故 $f'(0)=1$. 因此 $f'(x)=\begin{cases}\cos x, & x<0,\\ 1, & x\geqslant 0.\end{cases}$

20. 证明:双曲线 $xy=a^2$ 上任一点处的切线与两坐标轴构成的三角形的面积都等于 $2a^2$.

证：设 (x_0, y_0) 为双曲线 $xy=a^2$ 上任一点，曲线在该点的切线斜率 $k=\left(\dfrac{a^2}{x}\right)'\Big|_{x=x_0}=-\dfrac{a^2}{x_0^2}$,

切线方程为 $y-y_0=-\dfrac{a^2}{x_0^2}(x-x_0)$ 或 $\dfrac{x}{2x_0}+\dfrac{y}{2y_0}=1$，由此可得所构成的三角形的面积为

$$A=\dfrac{1}{2}|2x_0||2y_0|=2a^2.$$

第二节　函数的求导法则

习题 2-2 超精解（教材 P94～P96）

1. 推导余切函数及余割函数的导数公式：$(\cot x)'=-\csc^2 x$；　$(\csc x)'=-\csc x \cot x$.

解：$(\cot x)'=\left(\dfrac{\cos x}{\sin x}\right)'=\dfrac{-\sin x \sin x-\cos x \cos x}{\sin^2 x}=-\dfrac{1}{\sin^2 x}=-\csc^2 x$.

$(\csc x)'=\left(\dfrac{1}{\sin x}\right)'=\dfrac{-\cos x}{\sin^2 x}=-\csc x \cot x$.

2. 求下列函数的导数：

(1) $y=x^3+\dfrac{7}{x^4}-\dfrac{2}{x}+12$；　　(2) $y=5x^3-2^x+3\mathrm{e}^x$；　　(3) $y=2\tan x+\sec x-1$；

(4) $y=\sin x \cos x$；　　(5) $y=x^2 \ln x$；　　(6) $y=3\mathrm{e}^x \cos x$；

(7) $y=\dfrac{\ln x}{x}$；　　(8) $y=\dfrac{\mathrm{e}^x}{x^2}+\ln 3$；　　(9) $y=x^2 \ln x \cos x$；

(10) $s=\dfrac{1+\sin t}{1+\cos t}$.

解：(1) $y'=3x^2-\dfrac{28}{x^5}+\dfrac{2}{x^2}$.

(2) $y'=15x^2-2^x \ln 2+3\mathrm{e}^x$.

(3) $y'=2\sec^2 x+\sec x \tan x=\sec x(2\sec x+\tan x)$.

(4) $y'=\left(\dfrac{1}{2}\sin 2x\right)'=\dfrac{1}{2}\cdot 2\cos 2x=\cos 2x$.

(5) $y'=2x\ln x+x^2\cdot\dfrac{1}{x}=x(2\ln x+1)$.

(6) $y'=3\mathrm{e}^x \cos x-3\mathrm{e}^x \sin x=3\mathrm{e}^x(\cos x-\sin x)$.

(7) $y'=\dfrac{\dfrac{1}{x}\cdot x-\ln x}{x^2}=\dfrac{1-\ln x}{x^2}$.

(8) $y'=\dfrac{\mathrm{e}^x \cdot x^2-2x\mathrm{e}^x}{x^4}=\dfrac{\mathrm{e}^x(x-2)}{x^3}$.

(9) $y'=2x\ln x \cos x+x^2\cdot\dfrac{1}{x}\cos x+x^2 \ln x(-\sin x)=2x\ln x\cos x+x\cos x-x^2\ln x\sin x$.

(10) $s'=\dfrac{\cos t(1+\cos t)-(1+\sin t)(-\sin t)}{(1+\cos t)^2}=\dfrac{1+\sin t+\cos t}{(1+\cos t)^2}$.

3. 求下列函数在给定点处的导数：

(1) $y=\sin x-\cos x$，求 $y'\Big|_{x=\frac{\pi}{6}}$ 和 $y'\Big|_{x=\frac{\pi}{4}}$；　　(2) $\rho=\theta\sin\theta+\dfrac{1}{2}\cos\theta$，求 $\dfrac{\mathrm{d}\rho}{\mathrm{d}\theta}\Big|_{\theta=\frac{\pi}{4}}$；

(3) $f(x)=\dfrac{3}{5-x}+\dfrac{x^2}{5}$,求 $f'(0)$ 和 $f'(2)$.

【思路探索】 先利用导数公式及求导法则求出导函数 $f'(x)$,再将 x_0 点代入,得到 $f'(x_0)$,此为求 $f'(x_0)$ 的一般思路.

解:(1) $y'=\cos x+\sin x$,$y'\big|_{x=\frac{\pi}{6}}=\cos\dfrac{\pi}{6}+\sin\dfrac{\pi}{6}=\dfrac{\sqrt{3}+1}{2}$,$y'\big|_{x=\frac{\pi}{4}}=\cos\dfrac{\pi}{4}+\sin\dfrac{\pi}{4}=\sqrt{2}$.

(2) $\dfrac{d\rho}{d\theta}=\sin\theta+\theta\cos\theta+\dfrac{1}{2}(-\sin\theta)=\dfrac{1}{2}\sin\theta+\theta\cos\theta$,

$\dfrac{d\rho}{d\theta}\bigg|_{\theta=\frac{\pi}{4}}=\dfrac{1}{2}\sin\dfrac{\pi}{4}+\dfrac{\pi}{4}\cos\dfrac{\pi}{4}=\dfrac{\sqrt{2}}{4}\left(1+\dfrac{\pi}{2}\right)$.

(3) $f'(x)=\dfrac{3}{(5-x)^2}+\dfrac{2}{5}x$, $f'(0)=\dfrac{3}{25}$, $f'(2)=\dfrac{1}{3}+\dfrac{4}{5}=\dfrac{17}{15}$.

4. 以初速度 v_0 竖直上抛的物体,其上升高度 s 与时间 t 的关系是 $s=v_0t-\dfrac{1}{2}gt^2$. 求:

(1) 该物体的速度 $v(t)$; (2) 该物体达到最高点的时刻.

解:(1) $v(t)=\dfrac{ds}{dt}=v_0-gt$.

(2) 物体达到最高点的时刻 $v=0$,即 $v_0-gt=0$,故 $t=\dfrac{v_0}{g}$.

5. 求曲线 $y=2\sin x+x^2$ 上横坐标为 $x=0$ 的点处的切线方程和法线方程.

解:$y'=2\cos x+2x$,$y'\big|_{x=0}=2$,$y\big|_{x=0}=0$,因此曲线在点 $(0,0)$ 处的切线方程为 $y-0=2(x-0)$,即 $2x-y=0$,法线方程为 $y-0=-\dfrac{1}{2}(x-0)$,即 $x+2y=0$.

6. 求下列函数的导数:

(1) $y=(2x+5)^4$; (2) $y=\cos(4-3x)$; (3) $y=e^{-3x^2}$; (4) $y=\ln(1+x^2)$;

(5) $y=\sin^2 x$; (6) $y=\sqrt{a^2-x^2}$; (7) $y=\tan x^2$; (8) $y=\arctan e^x$;

(9) $y=(\arcsin x)^2$; (10) $y=\ln\cos x$.

解:(1) $y'=4(2x+5)^3\cdot 2=8(2x+5)^3$.

(2) $y'=-\sin(4-3x)(-3)=3\sin(4-3x)$.

(3) $y'=e^{-3x^2}\cdot(-6x)=-6xe^{-3x^2}$.

(4) $y'=\dfrac{1}{1+x^2}\cdot 2x=\dfrac{2x}{1+x^2}$.

(5) $y'=2\sin x\cos x=\sin 2x$.

(6) $y'=\dfrac{1}{2\sqrt{a^2-x^2}}(-2x)=-\dfrac{x}{\sqrt{a^2-x^2}}$.

(7) $y'=\sec^2 x^2\cdot 2x=2x\sec^2 x^2$.

(8) $y'=\dfrac{1}{1+(e^x)^2}\cdot e^x=\dfrac{e^x}{1+e^{2x}}$.

(9) $y'=2\arcsin x\cdot\dfrac{1}{\sqrt{1-x^2}}=\dfrac{2}{\sqrt{1-x^2}}\arcsin x$.

(10) $y'=\dfrac{1}{\cos x}(-\sin x)=-\tan x$.

7. 求下列函数的导数：

(1) $y = \arcsin(1-2x)$； (2) $y = \dfrac{1}{\sqrt{1-x^2}}$； (3) $y = e^{-\frac{x}{2}} \cos 3x$；

(4) $y = \arccos \dfrac{1}{x}$； (5) $y = \dfrac{1-\ln x}{1+\ln x}$； (6) $y = \dfrac{\sin 2x}{x}$；

(7) $y = \arcsin \sqrt{x}$； (8) $y = \ln(x + \sqrt{a^2+x^2})$； (9) $y = \ln(\sec x + \tan x)$；

(10) $y = \ln(\csc x - \cot x)$.

解：(1) $y' = \dfrac{1}{\sqrt{1-(1-2x)^2}} \cdot (-2) = -\dfrac{1}{\sqrt{x-x^2}}$.

(2) $y' = -\dfrac{\dfrac{(-2x)}{2\sqrt{1-x^2}}}{(\sqrt{1-x^2})^2} = \dfrac{x}{\sqrt{(1-x^2)^3}}$.

(3) $y' = -\dfrac{1}{2} e^{-\frac{x}{2}} \cos 3x - 3e^{-\frac{x}{2}} \sin 3x = -\dfrac{1}{2} e^{-\frac{x}{2}} (\cos 3x + 6\sin 3x)$.

(4) $y' = -\dfrac{1}{\sqrt{1-\left(\dfrac{1}{x}\right)^2}} \cdot \left(-\dfrac{1}{x^2}\right) = \dfrac{|x|}{x^2 \sqrt{x^2-1}}$.

(5) $y' = \dfrac{-\dfrac{1}{x}(1+\ln x)-(1-\ln x)\cdot \dfrac{1}{x}}{(1+\ln x)^2} = -\dfrac{2}{x(1+\ln x)^2}$.

(6) $y' = \dfrac{2x\cos 2x - \sin 2x}{x^2}$.

(7) $y' = \dfrac{1}{\sqrt{1-(\sqrt{x})^2}} \cdot \dfrac{1}{2\sqrt{x}} = \dfrac{1}{2\sqrt{x-x^2}}$.

(8) $y' = \dfrac{1}{x+\sqrt{a^2+x^2}}\left(1+\dfrac{2x}{2\sqrt{a^2+x^2}}\right) = \dfrac{1}{x+\sqrt{a^2+x^2}} \cdot \dfrac{x+\sqrt{a^2+x^2}}{\sqrt{a^2+x^2}} = \dfrac{1}{\sqrt{a^2+x^2}}$.

(9) $y' = \dfrac{1}{\sec x + \tan x}(\sec x \tan x + \sec^2 x) = \sec x$.

(10) $y' = \dfrac{1}{\csc x - \cot x}(-\csc x \cot x + \csc^2 x) = \csc x$.

8. 求下列函数的导数：

(1) $y = \left(\arcsin \dfrac{x}{2}\right)^2$； (2) $y = \ln \tan \dfrac{x}{2}$； (3) $y = \sqrt{1+\ln^2 x}$；

(4) $y = e^{\arctan \sqrt{x}}$； (5) $y = \sin^n x \cos nx$； (6) $y = \arctan \dfrac{x+1}{x-1}$；

(7) $y = \dfrac{\arcsin x}{\arccos x}$； (8) $y = \ln \ln \ln x$； (9) $y = \dfrac{\sqrt{1+x}-\sqrt{1-x}}{\sqrt{1+x}+\sqrt{1-x}}$；

(10) $y = \arcsin \sqrt{\dfrac{1-x}{1+x}}$.

解：(1) $y' = 2\arcsin \dfrac{x}{2} \cdot \dfrac{1}{\sqrt{1-\left(\dfrac{x}{2}\right)^2}} \cdot \dfrac{1}{2} = \dfrac{2\arcsin \dfrac{x}{2}}{\sqrt{4-x^2}}$.

(2) $y' = \dfrac{1}{\tan\dfrac{x}{2}} \cdot \sec^2 \dfrac{x}{2} \cdot \dfrac{1}{2} = \dfrac{1}{2\sin\dfrac{x}{2}\cos\dfrac{x}{2}} = \dfrac{1}{\sin x} = \csc x.$

(3) $y' = \dfrac{1}{2\sqrt{1+\ln^2 x}} \cdot 2\ln x \cdot \dfrac{1}{x} = \dfrac{\ln x}{x\sqrt{1+\ln^2 x}}.$

(4) $y' = e^{\arctan\sqrt{x}} \cdot \dfrac{1}{1+(\sqrt{x})^2} \cdot \dfrac{1}{2\sqrt{x}} = \dfrac{1}{2\sqrt{x}(1+x)} e^{\arctan\sqrt{x}}.$

(5) $y' = n\sin^{n-1}x\cos x\cos nx + \sin^n x(-\sin nx)\cdot n$
$= n\sin^{n-1}x(\cos x\cos nx - \sin x\sin nx) = n\sin^{n-1}x\cos(n+1)x.$

(6) $y' = \dfrac{1}{1+\left(\dfrac{x+1}{x-1}\right)^2} \cdot \dfrac{(x-1)-(x+1)}{(x-1)^2} = \dfrac{-2}{(x-1)^2+(x+1)^2} = -\dfrac{1}{1+x^2}.$

(7) $y' = \dfrac{\dfrac{1}{\sqrt{1-x^2}}\arccos x - \arcsin x\left(-\dfrac{1}{\sqrt{1-x^2}}\right)}{(\arccos x)^2} = \dfrac{\arccos x + \arcsin x}{\sqrt{1-x^2}(\arccos x)^2} = \dfrac{\pi}{2\sqrt{1-x^2}(\arccos x)^2}.$

(8) $y' = \dfrac{1}{\ln\ln x} \cdot \dfrac{1}{\ln x} \cdot \dfrac{1}{x} = \dfrac{1}{x\ln x(\ln\ln x)}.$

(9) $y' = \dfrac{\left(\dfrac{1}{2\sqrt{1+x}}+\dfrac{1}{2\sqrt{1-x}}\right)(\sqrt{1+x}+\sqrt{1-x})-(\sqrt{1+x}-\sqrt{1-x})\left(\dfrac{1}{2\sqrt{1+x}}-\dfrac{1}{2\sqrt{1-x}}\right)}{(\sqrt{1+x}+\sqrt{1-x})^2}$

$= \dfrac{1}{2}\dfrac{\dfrac{1}{\sqrt{1+x}\sqrt{1-x}}(\sqrt{1+x}+\sqrt{1-x})^2 + \dfrac{1}{\sqrt{1+x}\sqrt{1-x}}(\sqrt{1+x}-\sqrt{1-x})^2}{2+2\sqrt{1-x^2}}$

$= \dfrac{1}{4}\dfrac{2+2}{(1+\sqrt{1-x^2})\sqrt{1-x^2}} = \dfrac{1-\sqrt{1-x^2}}{x^2\sqrt{1-x^2}}.$

(10) $y' = \dfrac{1}{\sqrt{1-\left(\sqrt{\dfrac{1-x}{1+x}}\right)^2}} \cdot \dfrac{1}{2\sqrt{\dfrac{1-x}{1+x}}} \cdot \dfrac{-(1+x)-(1-x)}{(1+x)^2}$

$= -\dfrac{1}{\sqrt{1-\dfrac{1-x}{1+x}}} \cdot \dfrac{1}{\sqrt{\dfrac{1-x}{1+x}}} \cdot \dfrac{1}{(1+x)^2} = -\dfrac{1}{\sqrt{2x}(1+x)\sqrt{1-x}}$

$= -\dfrac{1}{(1+x)\sqrt{2x(1-x)}}.$

【方法点击】 上述第6题、第7题、第8题,以及后面的第11题,都属于利用复合函数求导法则的典型题目.复合函数求导法——链式求导法是求导数的最重要方法,使用时应注意以下几点:

(1)要分清复合关系,即复合函数由哪几个基本初等函数复合而成,然后从外层到内层一步步进行求导;

(2)当层次较多时,注意不要"漏层",例如第8题的(1)、(2)、(4)、(8),以及第11题的(3)、(6)、(7),都有三层以上的复合关系;

(3)复合函数求导法则经常与其他求导法则综合使用,如第7题的(8),第8题的(5)、(6)、(9)、(10),第11题的(5)、(8)、(10)等题目,除了使用复合函数求导法则,还要结合四则运算法则,要根据函数表达式确定各种法则使用的次序.

9. 设函数 $f(x)$ 和 $g(x)$ 可导,且 $f^2(x)+g^2(x)\neq 0$,试求函数 $y=\sqrt{f^2(x)+g^2(x)}$ 的导数.

解: $y'=\dfrac{1}{2\sqrt{f^2(x)+g^2(x)}}[2f(x)f'(x)+2g(x)g'(x)]=\dfrac{f(x)f'(x)+g(x)g'(x)}{\sqrt{f^2(x)+g^2(x)}}$.

10. 设 $f(x)$ 可导,求下列函数的导数 $\dfrac{dy}{dx}$:

(1) $y=f(x^2)$;   (2) $y=f(\sin^2 x)+f(\cos^2 x)$.

解: (1) $y'=f'(x^2)2x=2xf'(x^2)$.

(2) $y'=f'(\sin^2 x)2\sin x\cos x+f'(\cos^2 x)2\cos x(-\sin x)=\sin 2x[f'(\sin^2 x)-f'(\cos^2 x)]$.

【方法点击】 求含有抽象函数的导数时,应注意以下两点:

(1) 要注意所给抽象函数满足的条件,否则容易出错;

(2) 对于抽象的复合函数,要注意特殊符号的意义,例如: $f'[\varphi(x)]$ 表示的是 $y=f[\varphi(x)]$ 对中间变量 $u=\varphi(x)$ 的导数,而不是 $\dfrac{dy}{dx}$.

11. 求下列函数的导数:

(1) $y=e^{-x}(x^2-2x+3)$;   (2) $y=\sin^2 x\cdot\sin x^2$;   (3) $y=\left(\arctan\dfrac{x}{2}\right)^2$;

(4) $y=\dfrac{\ln x}{x^n}$;   (5) $y=\dfrac{e^t-e^{-t}}{e^t+e^{-t}}$;   (6) $y=\ln\cos\dfrac{1}{x}$;

(7) $y=e^{-\sin^2\frac{1}{x}}$;   (8) $y=\sqrt{x+\sqrt{x}}$;   (9) $y=x\arcsin\dfrac{x}{2}+\sqrt{4-x^2}$;

(10) $y=\arcsin\dfrac{2t}{1+t^2}$.

解: (1) $y'=-e^{-x}(x^2-2x+3)+e^{-x}(2x-2)=e^{-x}(-x^2+4x-5)$.

(2) $y'=2\sin x\cos x\cdot\sin x^2+\sin^2 x\cos x^2\cdot 2x=\sin 2x\sin x^2+2x\sin^2 x\cos x^2$.

(3) $y'=2\arctan\dfrac{x}{2}\cdot\dfrac{1}{1+\left(\dfrac{x}{2}\right)^2}\cdot\dfrac{1}{2}=\dfrac{4}{4+x^2}\arctan\dfrac{x}{2}$.

(4) $y'=\dfrac{\dfrac{1}{x}x^n-nx^{n-1}\ln x}{x^{2n}}=\dfrac{1-n\ln x}{x^{n+1}}$.

(5) $y'=\dfrac{(e^t+e^{-t})(e^t+e^{-t})-(e^t-e^{-t})(e^t-e^{-t})}{(e^t+e^{-t})^2}=\dfrac{4}{(e^t+e^{-t})^2}$. 或 $y'=(\text{th } t)'=\dfrac{1}{\text{ch}^2 t}$.

(6) $y'=\dfrac{1}{\cos\dfrac{1}{x}}\left(-\sin\dfrac{1}{x}\right)\cdot\left(-\dfrac{1}{x^2}\right)=\dfrac{1}{x^2}\tan\dfrac{1}{x}$.

(7) $y'=e^{-\sin^2\frac{1}{x}}\left(-2\sin\dfrac{1}{x}\cos\dfrac{1}{x}\right)\cdot\left(-\dfrac{1}{x^2}\right)=\dfrac{1}{x^2}\sin\dfrac{2}{x}e^{-\sin^2\frac{1}{x}}$.

(8) $y'=\dfrac{1}{2\sqrt{x+\sqrt{x}}}\left(1+\dfrac{1}{2\sqrt{x}}\right)=\dfrac{2\sqrt{x}+1}{4\sqrt{x}\sqrt{x+\sqrt{x}}}$.

(9) $y'=\arcsin\dfrac{x}{2}+x\cdot\dfrac{1}{\sqrt{1-\left(\dfrac{x}{2}\right)^2}}\cdot\dfrac{1}{2}+\dfrac{(-2x)}{2\sqrt{4-x^2}}$

$=\arcsin\dfrac{x}{2}+\dfrac{x}{\sqrt{4-x^2}}-\dfrac{x}{\sqrt{4-x^2}}=\arcsin\dfrac{x}{2}$.

$(10)\ y' = \dfrac{1}{\sqrt{1-\left(\dfrac{2t}{1+t^2}\right)^2}} \cdot \dfrac{2(1+t^2)-2t\cdot 2t}{(1+t^2)^2} = \dfrac{1+t^2}{\sqrt{(1-t^2)^2}} \cdot \dfrac{2(1-t^2)}{(1+t^2)^2}$

$\qquad = \dfrac{2(1-t^2)}{|1-t^2|(1+t^2)} = \begin{cases} \dfrac{2}{1+t^2}, & |t|<1, \\ -\dfrac{2}{1+t^2}, & |t|>1. \end{cases}$

*12. 求下列函数的导数：

(1) $y = \text{ch}(\text{sh}\,x)$； (2) $y = \text{sh}\,x \cdot e^{\text{ch}\,x}$； (3) $y = \text{th}(\ln x)$；

(4) $y = \text{sh}^3 x + \text{ch}^2 x$； (5) $y = \text{th}(1-x^2)$； (6) $y = \text{arsh}(x^2+1)$；

(7) $y = \text{arch}(e^{2x})$； (8) $y = \arctan(\text{th}\,x)$； (9) $y = \ln\text{ch}\,x + \dfrac{1}{2\text{ch}^2 x}$；

(10) $y = \text{ch}^2\left(\dfrac{x-1}{x+1}\right)$.

解：(1) $y' = \text{sh}(\text{sh}\,x) \cdot \text{ch}\,x = \text{ch}\,x\,\text{sh}(\text{sh}\,x)$.

(2) $y' = \text{ch}\,x \cdot e^{\text{ch}\,x} + \text{sh}\,x \cdot e^{\text{ch}\,x}\text{sh}\,x = e^{\text{ch}\,x}(\text{ch}\,x + \text{sh}^2 x)$.

(3) $y' = \dfrac{1}{\text{ch}^2(\ln x)} \cdot \dfrac{1}{x} = \dfrac{1}{x\text{ch}^2(\ln x)}$.

(4) $y' = 3\text{sh}^2 x\,\text{ch}\,x + 2\text{ch}\,x\,\text{sh}\,x = \text{sh}\,x\,\text{ch}\,x(3\text{sh}\,x + 2)$.

(5) $y' = \dfrac{1}{\text{ch}^2(1-x^2)} \cdot (-2x) = -\dfrac{2x}{\text{ch}^2(1-x^2)}$.

(6) $y' = \dfrac{1}{\sqrt{1+(x^2+1)^2}} \cdot 2x = \dfrac{2x}{\sqrt{x^4+2x^2+2}}$.

(7) $y' = \dfrac{1}{\sqrt{(e^{2x})^2 - 1}} \cdot e^{2x} \cdot 2 = \dfrac{2e^{2x}}{\sqrt{e^{4x}-1}}$.

(8) $y' = \dfrac{1}{1+(\text{th}\,x)^2} \cdot \dfrac{1}{\text{ch}^2 x} = \dfrac{1}{1+\dfrac{\text{sh}^2 x}{\text{ch}^2 x}} \cdot \dfrac{1}{\text{ch}^2 x} = \dfrac{1}{\text{ch}^2 x + \text{sh}^2 x} = \dfrac{1}{1+2\text{sh}^2 x}$.

(9) $y' = \dfrac{1}{\text{ch}\,x}\text{sh}\,x - \dfrac{1}{(2\text{ch}^2 x)^2} \cdot 4\text{ch}\,x\,\text{sh}\,x = \dfrac{\text{sh}\,x}{\text{ch}\,x} - \dfrac{\text{sh}\,x}{\text{ch}^3 x} = \dfrac{\text{sh}\,x(\text{ch}^2 x - 1)}{\text{ch}^3 x} = \dfrac{\text{sh}^3 x}{\text{ch}^3 x} = \text{th}^3 x$.

(10) $y' = 2\text{ch}\left(\dfrac{x-1}{x+1}\right)\text{sh}\left(\dfrac{x-1}{x+1}\right) \cdot \dfrac{x+1-(x-1)}{(x+1)^2} = \dfrac{2}{(x+1)^2}\text{sh}\left(2 \cdot \dfrac{x-1}{x+1}\right)$.

13. 设函数 $f(x)$ 和 $g(x)$ 均在点 x_0 的某一邻域内有定义，$f(x)$ 在 x_0 处可导，$f(x_0)=0$，$g(x)$ 在 x_0 处连续，试讨论 $f(x)g(x)$ 在 x_0 处的可导性.

解：由 $f(x)$ 在 x_0 处可导，且 $f(x_0)=0$，则有 $f'(x_0) = \lim\limits_{x\to x_0}\dfrac{f(x)-f(x_0)}{x-x_0} = \lim\limits_{x\to x_0}\dfrac{f(x)}{x-x_0}$，

由 $g(x)$ 在 x_0 处连续，则有 $\lim\limits_{x\to x_0} g(x) = g(x_0)$，故

$$\lim_{x\to x_0}\dfrac{f(x)g(x) - f(x_0)g(x_0)}{x-x_0} = \lim_{x\to x_0}\dfrac{f(x)}{x-x_0}g(x) = f'(x_0)g(x_0),$$

即 $f(x)g(x)$ 在 x_0 处可导，其导数为 $f'(x_0)g(x_0)$.

【方法点击】 本题以及后面的第 14 题皆为抽象函数的可导性判断或有关导数关系式的证明，往往需要用到导数的定义，此时抽象函数满足的条件是解题的关键，例如本题中只给出了 $f(x)$ 在 x_0 点的可导性以及 $g(x)$ 在 x_0 点的连续性，并没有给出 $f'(x)$、$g'(x)$ 的存在性，所以乘积的求导法则不能用.

14. 设函数 $f(x)$ 满足下列条件：

(1) $f(x+y)=f(x)f(y)$，对一切 $x, y \in \mathbf{R}$； (2) $f(x)=1+xg(x)$，而 $\lim\limits_{x \to 0} g(x)=1$.

试证明 $f(x)$ 在 $\mathbf{R}$ 上处处可导，且 $f'(x)=f(x)$.

证：由(2)知 $f(0)=1$，故

$$f'(x)=\lim_{\Delta x \to 0}\frac{f(x+\Delta x)-f(x)}{\Delta x}=\lim_{\Delta x \to 0}\frac{f(x)f(\Delta x)-f(x)}{\Delta x}=\lim_{\Delta x \to 0}\left[f(x) \cdot \frac{f(\Delta x)-1}{\Delta x}\right]$$

$$=\lim_{\Delta x \to 0}\left[f(x) \cdot \frac{\Delta x g(\Delta x)}{\Delta x}\right]=\lim_{\Delta x \to 0}[f(x)g(\Delta x)]=f(x) \cdot 1=f(x).$$

第三节 高阶导数

习题 2-3 超精解（教材 P100）

1. 求下列函数的二阶导数：

(1) $y=2x^2+\ln x$；　　(2) $y=e^{2x-1}$；　　(3) $y=x\cos x$；

(4) $y=e^{-t}\sin t$；　　(5) $y=\sqrt{a^2-x^2}$；　　(6) $y=\ln(1-x^2)$；

(7) $y=\tan x$；　　(8) $y=\dfrac{1}{x^3+1}$；　　(9) $y=(1+x^2)\arctan x$；

(10) $y=\dfrac{e^x}{x}$；　　(11) $y=xe^{x^2}$；　　(12) $y=\ln(x+\sqrt{1+x^2})$.

解：(1) $y'=4x+\dfrac{1}{x}$, $y''=4-\dfrac{1}{x^2}$.

(2) $y'=e^{2x-1} \cdot 2=2e^{2x-1}$, $y''=2e^{2x-1} \cdot 2=4e^{2x-1}$.

(3) $y'=\cos x+x(-\sin x)=\cos x-x\sin x$,

$y''=-\sin x-\sin x-x\cos x=-2\sin x-x\cos x$.

(4) $y'=e^{-t}(-1)\sin t+e^{-t}\cos t=e^{-t}(\cos t-\sin t)$,

$y''=e^{-t}(-1)(\cos t-\sin t)+e^{-t}(-\sin t-\cos t)=e^{-t}(-2\cos t)=-2e^{-t}\cos t$.

(5) $y'=\dfrac{-2x}{2\sqrt{a^2-x^2}}=-\dfrac{x}{\sqrt{a^2-x^2}}$, $y''=-\dfrac{\sqrt{a^2-x^2}-x \cdot \dfrac{-2x}{2\sqrt{a^2-x^2}}}{(\sqrt{a^2-x^2})^2}=\dfrac{-a^2}{(a^2-x^2)^{\frac{3}{2}}}$.

(6) $y'=\dfrac{1}{1-x^2} \cdot (-2x)=\dfrac{2x}{x^2-1}$, $y''=\dfrac{2(x^2-1)-2x \cdot (2x)}{(x^2-1)^2}=-\dfrac{2(1+x^2)}{(1-x^2)^2}$.

(7) $y'=\sec^2 x$, $y''=2\sec^2 x \tan x$.

(8) $y'=\dfrac{-3x^2}{(x^3+1)^2}$, $y''=-\dfrac{3[2x(x^3+1)^2-x^2 \cdot 2(x^3+1) \cdot 3x^2]}{(x^3+1)^4}=\dfrac{6x(2x^3-1)}{(x^3+1)^3}$.

(9) $y'=2x\arctan x+(1+x^2) \cdot \dfrac{1}{1+x^2}=2x\arctan x+1$,

$y''=2\arctan x+2x \dfrac{1}{1+x^2}=2\arctan x+\dfrac{2x}{1+x^2}$.

(10) $y'=\dfrac{xe^x-e^x}{x^2}=\dfrac{(x-1)e^x}{x^2}$, $y''=\dfrac{[e^x+(x-1)e^x]x^2-2x(x-1)e^x}{x^4}=\dfrac{e^x(x^2-2x+2)}{x^3}$.

(11) $y'=e^{x^2}+xe^{x^2} \cdot 2x=(1+2x^2)e^{x^2}$, $y''=4xe^{x^2}+(1+2x^2)e^{x^2} \cdot 2x=2x(3+2x^2)e^{x^2}$.

(12) $y' = \dfrac{1}{x+\sqrt{1+x^2}}\left(1+\dfrac{2x}{2\sqrt{1+x^2}}\right) = \dfrac{1}{\sqrt{1+x^2}}$, $y'' = \dfrac{-\dfrac{2x}{2\sqrt{1+x^2}}}{(\sqrt{1+x^2})^2} = -\dfrac{x}{\sqrt{(1+x^2)^3}}$.

【方法点击】 求高阶导数只要逐次求导即可,需要提醒的是,每次求导之后尽量要进行化简整理,以为下一次求导提供方便.

2. 设 $f(x)=(x+10)^6$,求 $f'''(2)$.

解: $f'(x)=6(x+10)^5$, $f''(x)=30(x+10)^4$, $f'''(x)=120(x+10)^3$, $f'''(2)=120\times 12^3=207\,360$.

3. 设 $f''(x)$ 存在,求下列函数的二阶导数 $\dfrac{d^2 y}{dx^2}$:

 (1) $y=f(x^2)$;   (2) $y=\ln[f(x)]$.

解: (1) $y'=f'(x^2)\cdot 2x=2xf'(x^2)$, $y''=2f'(x^2)+2xf''(x^2)\cdot 2x=2f'(x^2)+4x^2 f''(x^2)$.

 (2) $y'=\dfrac{f'(x)}{f(x)}$, $y''=\dfrac{f''(x)f(x)-f'^2(x)}{f^2(x)}$.

【方法点击】 抽象的复合函数求导容易出错,需注意:
 (1) $f'[\varphi(x)]$ 仍为关于 x 的复合函数,若继续求导仍需使用复合函数求导法——链式求导法;
 (2) $f'[\varphi(x)]$、$f''[\varphi(x)]$ 皆表示 y 对中间变量 $u=\varphi(x)$ 的一阶、二阶导数.

4. 试从 $\dfrac{dx}{dy}=\dfrac{1}{y'}$ 导出: (1) $\dfrac{d^2 x}{dy^2}=-\dfrac{y''}{(y')^3}$; (2) $\dfrac{d^3 x}{dy^3}=\dfrac{3(y'')^2-y'y'''}{(y')^5}$.

解: (1) $\dfrac{d^2 x}{dy^2}=\dfrac{d}{dy}\left(\dfrac{dx}{dy}\right)=\dfrac{d}{dx}\left(\dfrac{1}{y'}\right)\cdot\dfrac{dx}{dy}=-\dfrac{y''}{(y')^2}\cdot\dfrac{1}{y'}=-\dfrac{y''}{(y')^3}$.

 (2) $\dfrac{d^3 x}{dy^3}=\dfrac{d}{dy}\left(\dfrac{d^2 x}{dy^2}\right)=\dfrac{d}{dx}\left(\dfrac{-y''}{(y')^3}\right)\cdot\dfrac{dx}{dy}=-\dfrac{y'''(y')^3-y''\cdot 3(y')^2 y''}{(y')^6}\cdot\dfrac{1}{y'}=\dfrac{3(y'')^2-y'y'''}{(y')^5}$.

5. 已知物体的运动规律为 $s=A\sin\omega t$ (A,ω 是常数),求物体运动的加速度,并验证: $\dfrac{d^2 s}{dt^2}+\omega^2 s=0$.

解: $\dfrac{ds}{dt}=A\cos\omega t\cdot\omega=A\omega\cos\omega t$, $\dfrac{d^2 s}{dt^2}=-A\omega^2\sin\omega t$, 故 $\dfrac{d^2 s}{dt^2}+\omega^2 s=-A\omega^2\sin\omega t+\omega^2 A\sin\omega t=0$.

6. 密度大的陨星进入大气层时,当它离地心为 s km 时的速度与 $\sqrt{s}$ 成反比,试证陨星的加速度 a 与 s^2 成反比.

证: 由题意知 $v=\dfrac{ds}{dt}=\dfrac{k}{\sqrt{s}}$, 其中 k 为比例系数,则

$$a=\dfrac{d^2 s}{dt^2}=\dfrac{d}{ds}\left(\dfrac{k}{\sqrt{s}}\right)\cdot\dfrac{ds}{dt}=-\dfrac{1}{2}\cdot\dfrac{k}{s^{\frac{3}{2}}}\cdot\dfrac{k}{\sqrt{s}}=-\dfrac{k^2}{2s^2},$$

即陨星的加速度与 s^2 成反比.

7. 假设质点沿 x 轴运动的速度为 $\dfrac{dx}{dt}=f(x)$,试求质点运动的加速度.

解: 质点运动的加速度为 $a=\dfrac{d^2 x}{dt^2}=\dfrac{d}{dx}[f(x)]\cdot\dfrac{dx}{dt}=f'(x)f(x)$.

8. 验证函数 $y=C_1 e^{\lambda x}+C_2 e^{-\lambda x}$ (λ,C_1,C_2 是常数) 满足关系式:
$$y''-\lambda^2 y=0.$$

解: $y'=C_1\lambda e^{\lambda x}-C_2\lambda e^{-\lambda x}$, $y''=C_1\lambda^2 e^{\lambda x}+C_2\lambda^2 e^{-\lambda x}$, 故
$$y''-\lambda^2 y=C_1\lambda^2 e^{\lambda x}+C_2\lambda^2 e^{-\lambda x}-\lambda^2(C_1 e^{\lambda x}+C_2 e^{-\lambda x})=0.$$

9. 验证函数 $y=e^x\sin x$ 满足关系式: $y''-2y'+2y=0$.

解：$y' = e^x \sin x + e^x \cos x = e^x(\sin x + \cos x)$,
$y'' = e^x(\sin x + \cos x) + e^x(\cos x - \sin x) = 2e^x \cos x$, 故
$$y'' - 2y' + 2y = 2e^x \cos x - 2e^x(\sin x + \cos x) + 2e^x \sin x = 0.$$

10. 求下列函数所指定的阶的导数：

(1) $y = e^x \cos x$, 求 $y^{(4)}$;   (2) $y = x^2 \sin 2x$, 求 $y^{(50)}$.

解：(1) 利用莱布尼茨公式 $(uv)^{(n)} = \sum_{k=0}^{n} C_n^k u^{(n-k)} v^{(k)}$, 其中 $C_n^k = \dfrac{n(n-1)(n-2)\cdots(n-k+1)}{k!}$.

$(e^x \cos x)^{(4)} = (e^x)^{(4)} \cos x + 4(e^x)''' (\cos x)' + \dfrac{4 \times 3}{2!}(e^x)''(\cos x)'' +$
$$\dfrac{4 \times 3 \times 2}{3!}(e^x)'(\cos x)''' + e^x(\cos x)^{(4)}$$
$$= e^x \cos x - 4e^x \sin x + 6e^x(-\cos x) + 4e^x \sin x + e^x \cos x = -4e^x \cos x.$$

(2) 由 $(\sin 2x)^{(n)} = 2^n \sin\left(2x + \dfrac{n\pi}{2}\right)$ 及莱布尼茨公式, 得

$(x^2 \sin 2x)^{(50)} = x^2 (\sin 2x)^{(50)} + 50(x^2)'(\sin 2x)^{(49)} + \dfrac{50 \times 49}{2!}(x^2)''(\sin 2x)^{(48)}$

$$= 2^{50} x^2 \sin\left(2x + \dfrac{50\pi}{2}\right) + 100 \times 2^{49} x \sin\left(2x + \dfrac{49\pi}{2}\right) +$$
$$\dfrac{50 \times 49}{2} \times 2 \times 2^{48} \sin\left(2x + \dfrac{48\pi}{2}\right)$$
$$= 2^{50} \left(-x^2 \sin 2x + 50 x \cos 2x + \dfrac{1\,225}{2} \sin 2x\right).$$

*11. 求下列函数的 n 阶导数的一般表达式：

(1) $y = x^n + a_1 x^{n-1} + a_2 x^{n-2} + \cdots + a_{n-1} x + a_n$ ($a_1, a_2, \cdots, a_n$ 都是常数);

(2) $y = \sin^2 x$;   (3) $y = x \ln x$;   (4) $y = x e^x$.

【思路探索】 求 $y = f(x)$ 的 n 阶导数表达式常用方法有两种：

(1) 先求出前几阶导数, 从中找出规律, 进而归纳出 $f^{(n)}(x)$ 一般表达式. 如本题中(4)即可采用该方法;

(2) 利用已知的常见高阶导数公式: 先对函数进行变形、化简, 化成常见的函数类型, 再利用公式及法则求出结果. 如本题中(2)可化成 $\cos 2x$ 形式, 再借用 $\cos x$ 的 n 阶导数公式及求导法则计算.

解：(1) $y' = n x^{n-1} + a_1 (n-1) x^{n-2} + a_2 (n-2) x^{n-3} + \cdots + a_{n-1}$,
$y'' = n(n-1) x^{n-2} + a_1 (n-1)(n-2) x^{n-3} + \cdots + 2 a_{n-2}$,
……
$y^{(n)} = n(n-1)(n-2) \times \cdots \times 3 \times 2 \times 1 = n!$.

(2) $y = \sin^2 x = \dfrac{1}{2}(1 - \cos 2x)$, $y^{(n)} = \dfrac{-1}{2} \cos\left(2x + \dfrac{n\pi}{2}\right) \cdot 2^n = -2^{n-1} \cos\left(2x + \dfrac{n\pi}{2}\right)$.

(3) $y' = \ln x + x \cdot \dfrac{1}{x} = \ln x + 1$, $y'' = \dfrac{1}{x}$, $y^{(n)} = \dfrac{(-1)^{n-2}(n-2)!}{x^{n-1}}$ ($n \geq 2$).

(4) $y' = e^x + x e^x = (1+x) e^x$, $y'' = e^x + (1+x) e^x = (2+x) e^x$. 设 $y^{(k)} = (k+x) e^x$, 则
$y^{(k+1)} = e^x + (k+x) e^x = (1+k+x) e^x$, $y^{(n)} = (n+x) e^x$.

*12. 求函数 $f(x) = x^2 \ln(1+x)$ 在 $x = 0$ 处的 n 阶导数 $f^{(n)}(0)$ ($n \geq 3$).

解：本题可用莱布尼茨公式求解. 设 $u = \ln(1+x)$, $v = x^2$, 则

$$u^{(n)} = \frac{(-1)^{n-1}(n-1)!}{(1+x)^n} \ (n=1,2,\cdots), \ v'=2x, \ v''=2, \ v^{(k)}=0 \ (k \geqslant 3).$$

故由莱布尼茨公式,得

$$f^{(n)}(x) = \frac{(-1)^{n-1}(n-1)!}{(1+x)^n} \cdot x^2 + n \frac{(-1)^{n-2}(n-2)!}{(1+x)^{n-1}} \cdot 2x +$$

$$\frac{n(n-1)}{2} \cdot \frac{(-1)^{n-3}(n-3)!}{(1+x)^{n-2}} \cdot 2 \quad (n \geqslant 3),$$

$$f^{(n)}(0) = \frac{(-1)^{n-1}n!}{n-2} \quad (n \geqslant 3).$$

第四节 隐函数及由参数方程所确定的函数的导数 相关变化率

习题 2-4 超精解(教材 P108~P110)

1.求由下列方程所确定的隐函数的导数 $\dfrac{dy}{dx}$:

(1) $y^2 - 2xy + 9 = 0$; (2) $x^3 + y^3 - 3axy = 0$; (3) $xy = e^{x+y}$; (4) $y = 1 - xe^y$.

解:(1)在方程两端分别对 x 求导,得 $2yy' - 2y - 2xy' = 0$,从而 $y' = \dfrac{y}{y-x}$,

其中 $y = y(x)$ 是由方程 $y^2 - 2xy + 9 = 0$ 所确定的隐函数.

(2)在方程两端分别对 x 求导,得 $3x^2 + 3y^2y' - 3ay - 3axy' = 0$,从而 $y' = \dfrac{ay - x^2}{y^2 - ax}$,

其中 $y = y(x)$ 是由方程 $x^3 + y^3 - 3axy = 0$ 所确定的隐函数.

(3)在方程两端分别对 x 求导,得 $y + xy' = e^{x+y}(1+y')$,从而 $y' = \dfrac{e^{x+y} - y}{x - e^{x+y}}$,

其中 $y = y(x)$ 是由方程 $xy = e^{x+y}$ 所确定的隐函数.

(4)在方程两端分别对 x 求导,得 $y' = -e^y - xe^yy'$,从而 $y' = \dfrac{-e^y}{1 + xe^y}$,

其中 $y = y(x)$ 是由方程 $y = 1 - xe^y$ 所确定的隐函数.

2.求曲线 $x^{\frac{2}{3}} + y^{\frac{2}{3}} = a^{\frac{2}{3}}$ 在点 $\left(\dfrac{\sqrt{2}}{4}a, \dfrac{\sqrt{2}}{4}a\right)$ 处的切线方程和法线方程.

解:由导数的几何意义知,所求切线的斜率为 $k = y'\big|_{\left(\frac{\sqrt{2}}{4}a, \frac{\sqrt{2}}{4}a\right)}$,在曲线方程两端分别对 x 求导,

得 $\dfrac{2}{3}x^{-\frac{1}{3}} + \dfrac{2}{3}y^{-\frac{1}{3}}y' = 0$,从而 $y' = -\dfrac{x^{-\frac{1}{3}}}{y^{-\frac{1}{3}}}$,$y'\big|_{\left(\frac{\sqrt{2}}{4}a, \frac{\sqrt{2}}{4}a\right)} = -1$.

于是所求的切线方程为 $y - \dfrac{\sqrt{2}}{4}a = -1 \times \left(x - \dfrac{\sqrt{2}}{4}a\right)$,即 $x + y = \dfrac{\sqrt{2}}{2}a$.

法线方程为 $y - \dfrac{\sqrt{2}}{4}a = 1 \times \left(x - \dfrac{\sqrt{2}}{4}a\right)$,即 $x - y = 0$.

3.求由下列方程所确定的隐函数的二阶导数 $\dfrac{d^2y}{dx^2}$:

(1) $x^2 - y^2 = 1$; (2) $b^2x^2 + a^2y^2 = a^2b^2$; (3) $y = \tan(x+y)$; (4) $y = 1 + xe^y$.

解:(1)应用隐函数的求导方法,得 $2x - 2yy' = 0$,于是 $y' = \dfrac{x}{y}$.在上式两端再对 x 求导,得

$$y''=\frac{y-xy'}{y^2}=\frac{y-\dfrac{x^2}{y}}{y^2}=\frac{y^2-x^2}{y^3}=-\frac{1}{y^3}.$$

(2)应用隐函数的求导方法,得 $2xb^2+2a^2yy'=0$,于是
$$y'=-\frac{b^2x}{a^2y},\quad y''=-\frac{b^2}{a^2}\cdot\frac{y-xy'}{y^2}=-\frac{b^4}{a^2y^3}.$$

(3)应用隐函数的求导方法,得
$$y'=\sec^2(x+y)(1+y')=[1+\tan^2(x+y)](1+y')=(1+y^2)(1+y'),$$
于是 $y'=\dfrac{(1+y^2)}{1-(1+y^2)}=-\dfrac{1}{y^2}-1,\ y''=\dfrac{2y'}{y^3}=-\dfrac{2(1+y^2)}{y^5}=-2\csc^2(x+y)\cot^3(x+y).$

(4)应用隐函数的求导方法,得 $y'=e^y+xe^yy'$,于是 $y'=\dfrac{e^y}{1-xe^y}$,
$$y''=\frac{e^y\cdot y'(1-xe^y)-e^y(-e^y-xe^yy')}{(1-xe^y)^2}=\frac{e^yy'+e^{2y}}{(1-xe^y)^2}=\frac{e^{2y}(2-xe^y)}{(1-xe^y)^3}.$$

【方法点击】 隐函数求导法是一元函数微分学中的重要方法,使用时应注意以下几点:
  (1)方程两边对 x 求导时,应将 y 视为 x 的函数,则 y 的函数为 x 的复合函数,尤其是求二阶以上导数时,需要特别强调这一点;
  (2)隐函数所求导数中允许 x,y 同时出现;
  (3)隐函数存在定理及隐函数导数公式将在下册多元函数微分学中给出.

4.用对数求导法求下列函数的导数:

(1) $y=\left(\dfrac{x}{1+x}\right)^x$;   (2) $y=\sqrt[5]{\dfrac{x-5}{\sqrt[5]{x^2+2}}}$;

(3) $y=\dfrac{\sqrt{x+2}(3-x)^4}{(x+1)^5}$;   (4) $y=\sqrt{x\sin x\sqrt{1-e^x}}$.

解:(1)在 $y=\left(\dfrac{x}{1+x}\right)^x$ 两端取对数,得 $\ln y=x[\ln x-\ln(1+x)]$,两端分别对 x 求导,并注意到 $y=y(x)$,得 $\dfrac{y'}{y}=[\ln x-\ln(1+x)]+x\left(\dfrac{1}{x}-\dfrac{1}{1+x}\right)=\ln\dfrac{x}{1+x}+\dfrac{1}{1+x}$,

于是 $y'=y\left(\ln\dfrac{x}{1+x}+\dfrac{1}{1+x}\right)=\left(\dfrac{x}{1+x}\right)^x\left(\ln\dfrac{x}{1+x}+\dfrac{1}{1+x}\right).$

(2)在 $y=\sqrt[5]{\dfrac{x-5}{\sqrt[5]{x^2+2}}}$ 两端取对数,得
$$\ln y=\frac{1}{5}\left[\ln(x-5)-\frac{1}{5}\ln(x^2+2)\right]=\frac{1}{5}\ln(x-5)-\frac{1}{25}\ln(x^2+2).$$

在上式两端分别对 x 求导,并注意到 $y=y(x)$,得 $\dfrac{y'}{y}=\dfrac{1}{5}\cdot\dfrac{1}{x-5}-\dfrac{1}{25}\cdot\dfrac{2x}{x^2+2}$,

于是 $y'=y\left[\dfrac{1}{5(x-5)}-\dfrac{2x}{25(x^2+2)}\right]=\sqrt[5]{\dfrac{x-5}{\sqrt[5]{x^2+2}}}\cdot\left[\dfrac{1}{5(x-5)}-\dfrac{2x}{25(x^2+2)}\right].$

(3)在 $y=\dfrac{\sqrt{x+2}(3-x)^4}{(x+1)^5}$ 两端取对数,得 $\ln y=\dfrac{1}{2}\ln(x+2)+4\ln(3-x)-5\ln(1+x).$

在上式两端分别对 x 求导,并注意到 $y=y(x)$,得
$$\frac{y'}{y}=\frac{1}{2}\times\frac{1}{x+2}+4\times\frac{(-1)}{3-x}-5\times\frac{1}{1+x},$$

于是 $y' = y\left[\dfrac{1}{2(x+2)} - \dfrac{4}{3-x} - \dfrac{5}{1+x}\right] = \dfrac{\sqrt{x+2}(3-x)^4}{(x+1)^5}\left[\dfrac{1}{2(x+2)} - \dfrac{4}{3-x} - \dfrac{5}{1+x}\right].$

(4) 在 $y = \sqrt{x\sin x \sqrt{1-e^x}}$ 两端取对数,得 $\ln y = \dfrac{1}{2}\left[\ln x + \ln \sin x + \dfrac{1}{2}\ln(1-e^x)\right].$

在上式两端分别对 x 求导,并注意到 $y = y(x)$,得 $\dfrac{y'}{y} = \dfrac{1}{2}\left(\dfrac{1}{x} + \dfrac{\cos x}{\sin x} + \dfrac{1}{2}\cdot\dfrac{-e^x}{1-e^x}\right),$

于是 $y' = y\left[\dfrac{1}{2x} + \dfrac{\cos x}{2\sin x} - \dfrac{e^x}{4(1-e^x)}\right] = \dfrac{1}{2}\sqrt{x\sin x\sqrt{1-e^x}}\left[\dfrac{1}{x} + \cot x - \dfrac{e^x}{2(1-e^x)}\right].$

【方法点击】 对数求导法是一种非常重要的求导技巧,适用于幂指函数和 $f(x)$ 为多个因式乘积、商、幂表示的函数,一般有两种思路:

(1) 先对函数 $y = f(x)$ 两边取对数,再利用隐函数求导法求出 y';

(2) 转化成指数函数复合形式,例如幂指函数 $f(x) = [u(x)]^{v(x)} = e^{v(x)\ln u(x)}$,再利用复合函数求导法则求导.

5. 求下列参数方程所确定的函数的导数 $\dfrac{dy}{dx}$:

(1) $\begin{cases} x = at^2, \\ y = bt^3; \end{cases}$ (2) $\begin{cases} x = \theta(1-\sin\theta), \\ y = \theta\cos\theta. \end{cases}$

解:(1) $\dfrac{dy}{dx} = \dfrac{\dfrac{dy}{dt}}{\dfrac{dx}{dt}} = \dfrac{3bt^2}{2at} = \dfrac{3b}{2a}t.$

(2) $\dfrac{dy}{dx} = \dfrac{\dfrac{dy}{d\theta}}{\dfrac{dx}{d\theta}} = \dfrac{\cos\theta - \theta\sin\theta}{1-\sin\theta + \theta(-\cos\theta)} = \dfrac{\cos\theta - \theta\sin\theta}{1-\sin\theta - \theta\cos\theta}.$

6. 已知 $\begin{cases} x = e^t\sin t, \\ y = e^t\cos t, \end{cases}$ 求当 $t = \dfrac{\pi}{3}$ 时 $\dfrac{dy}{dx}$ 的值.

解:$\dfrac{dy}{dx} = \dfrac{\dfrac{dy}{dt}}{\dfrac{dx}{dt}} = \dfrac{e^t\cos t - e^t\sin t}{e^t\sin t + e^t\cos t} = \dfrac{\cos t - \sin t}{\sin t + \cos t}.$ 于是 $\dfrac{dy}{dx}\bigg|_{t=\frac{\pi}{3}} = \dfrac{\frac{1}{2} - \frac{\sqrt{3}}{2}}{\frac{\sqrt{3}}{2} + \frac{1}{2}} = \sqrt{3} - 2.$

7. 写出下列曲线在所给参数值相应的点处的切线方程和法线方程:

(1) $\begin{cases} x = \sin t, \\ y = \cos 2t, \end{cases}$ 在 $t = \dfrac{\pi}{4}$ 处; (2) $\begin{cases} x = \dfrac{3at}{1+t^2}, \\ y = \dfrac{3at^2}{1+t^2}, \end{cases}$ 在 $t = 2$ 处.

【思路探索】 先利用参数方程求导得到切线斜率,然后写出切线和法线方程,需要注意的是要将 t_0 转化为曲线上对应点 (x_0, y_0).

解:(1) $\dfrac{dy}{dx} = \dfrac{\dfrac{dy}{dt}}{\dfrac{dx}{dt}} = \dfrac{-2\sin 2t}{\cos t} = -4\sin t, \dfrac{dy}{dx}\bigg|_{t=\frac{\pi}{4}} = -4\times\dfrac{\sqrt{2}}{2} = -2\sqrt{2}.$

$t = \dfrac{\pi}{4}$ 对应点 $\left(\dfrac{\sqrt{2}}{2}, 0\right)$,曲线在点 $\left(\dfrac{\sqrt{2}}{2}, 0\right)$ 处的切线方程为

$$y-0=-2\sqrt{2}\left(x-\frac{\sqrt{2}}{2}\right),\text{即 }2\sqrt{2}x+y-2=0.$$

法线方程为 $y-0=\dfrac{1}{2\sqrt{2}}\left(x-\dfrac{\sqrt{2}}{2}\right)$,即 $\sqrt{2}x-4y-1=0$.

(2) $\dfrac{\mathrm{d}y}{\mathrm{d}x}=\dfrac{\frac{\mathrm{d}y}{\mathrm{d}t}}{\frac{\mathrm{d}x}{\mathrm{d}t}}=\dfrac{\left(\frac{3at^2}{1+t^2}\right)'}{\left(\frac{3at}{1+t^2}\right)'}=\dfrac{\frac{3a[2t(1+t^2)-t^2\cdot 2t]}{(1+t^2)^2}}{\frac{3a[(1+t^2)-t\cdot 2t]}{(1+t^2)^2}}=\dfrac{2t}{1-t^2}, \left.\dfrac{\mathrm{d}y}{\mathrm{d}x}\right|_{t=2}=-\dfrac{4}{3}.$

$t=2$ 对应点 $\left(\dfrac{6}{5}a,\dfrac{12}{5}a\right)$,曲线在点 $\left(\dfrac{6}{5}a,\dfrac{12}{5}a\right)$ 处的切线方程为

$$y-\dfrac{12}{5}a=-\dfrac{4}{3}\left(x-\dfrac{6}{5}a\right),\text{即 }4x+3y-12a=0.$$

法线方程为 $y-\dfrac{12}{5}a=\dfrac{3}{4}\left(x-\dfrac{6}{5}a\right)$,即 $3x-4y+6a=0$.

8.求下列参数方程所确定的函数的二阶导数 $\dfrac{\mathrm{d}^2 y}{\mathrm{d}x^2}$:

(1) $\begin{cases}x=\dfrac{t^2}{2},\\ y=1-t;\end{cases}$ (2) $\begin{cases}x=a\cos t,\\ y=b\sin t;\end{cases}$ (3) $\begin{cases}x=3\mathrm{e}^{-t},\\ y=2\mathrm{e}^t;\end{cases}$

(4) $\begin{cases}x=f'(t),\\ y=tf'(t)-f(t),\end{cases}$ 设 $f''(t)$ 存在且不为零.

解:(1) $\dfrac{\mathrm{d}y}{\mathrm{d}x}=\dfrac{\frac{\mathrm{d}y}{\mathrm{d}t}}{\frac{\mathrm{d}x}{\mathrm{d}t}}=\dfrac{-1}{t}, \dfrac{\mathrm{d}^2 y}{\mathrm{d}x^2}=\dfrac{\frac{\mathrm{d}}{\mathrm{d}t}\left(\frac{\mathrm{d}y}{\mathrm{d}x}\right)}{\frac{\mathrm{d}x}{\mathrm{d}t}}=\dfrac{\frac{1}{t^2}}{t}=\dfrac{1}{t^3}.$

(2) $\dfrac{\mathrm{d}y}{\mathrm{d}x}=\dfrac{b\cos t}{-a\sin t}=-\dfrac{b}{a}\cot t, \dfrac{\mathrm{d}^2 y}{\mathrm{d}x^2}=\dfrac{\frac{\mathrm{d}}{\mathrm{d}t}\left(\frac{\mathrm{d}y}{\mathrm{d}x}\right)}{\frac{\mathrm{d}x}{\mathrm{d}t}}=\dfrac{-\frac{b}{a}(-\csc^2 t)}{-a\sin t}=\dfrac{-b}{a^2\sin^3 t}.$

(3) $\dfrac{\mathrm{d}y}{\mathrm{d}x}=\dfrac{2\mathrm{e}^t}{-3\mathrm{e}^{-t}}=-\dfrac{2}{3}\mathrm{e}^{2t}, \dfrac{\mathrm{d}^2 y}{\mathrm{d}x^2}=\dfrac{-\frac{4}{3}\mathrm{e}^{2t}}{-3\mathrm{e}^{-t}}=\dfrac{4}{9}\mathrm{e}^{3t}.$

(4) $\dfrac{\mathrm{d}y}{\mathrm{d}x}=\dfrac{f'(t)+tf''(t)-f'(t)}{f''(t)}=t, \dfrac{\mathrm{d}^2 y}{\mathrm{d}x^2}=\dfrac{1}{f''(t)}.$

【方法点击】 由参数方程所确定的函数求二阶导数时有两种方法:

(1)用公式 $\dfrac{\mathrm{d}^2 y}{\mathrm{d}x^2}=\dfrac{\psi''(t)\varphi'(t)-\psi'(t)\varphi''(t)}{[\varphi'(t)]^3}$,但是该公式不好记忆且使用烦琐;

(2)用复合函数求导法则及反函数求导法,即将一阶导数 $\dfrac{\mathrm{d}y}{\mathrm{d}x}$ 视为 t 的函数,t 视为 x 的函数,两边对 x 求导,则 $\dfrac{\mathrm{d}^2 y}{\mathrm{d}x^2}=\dfrac{\mathrm{d}}{\mathrm{d}t}\left(\dfrac{\mathrm{d}y}{\mathrm{d}x}\right)\cdot\dfrac{\mathrm{d}t}{\mathrm{d}x}=\dfrac{\mathrm{d}}{\mathrm{d}t}\left(\dfrac{\mathrm{d}y}{\mathrm{d}x}\right)\Big/\dfrac{\mathrm{d}x}{\mathrm{d}t}.$ 该方法适用于二阶以上高阶导数,后面第9题也可以使用.

*9.求下列参数方程所确定的函数的三阶导数 $\dfrac{\mathrm{d}^3 y}{\mathrm{d}x^3}$:

(1) $\begin{cases}x=1-t^2,\\ y=t-t^3;\end{cases}$ (2) $\begin{cases}x=\ln(1+t^2),\\ y=t-\arctan t.\end{cases}$

解：(1) $\dfrac{dy}{dx}=\dfrac{1-3t^2}{-2t}=-\dfrac{1}{2t}+\dfrac{3}{2}t$, $\dfrac{d^2y}{dx^2}=\dfrac{\dfrac{1}{2t^2}+\dfrac{3}{2}}{-2t}=-\dfrac{1}{4}\left(\dfrac{1}{t^3}+\dfrac{3}{t}\right)$,

$\dfrac{d^3y}{dx^3}=\dfrac{-\dfrac{1}{4}\left(-\dfrac{3}{t^4}-\dfrac{3}{t^2}\right)}{-2t}=-\dfrac{3}{8t^5}(1+t^2)$.

(2) $\dfrac{dy}{dx}=\dfrac{1-\dfrac{1}{1+t^2}}{\dfrac{2t}{1+t^2}}=\dfrac{t}{2}$, $\dfrac{d^2y}{dx^2}=\dfrac{\dfrac{1}{2}}{\dfrac{2t}{1+t^2}}=\dfrac{1+t^2}{4t}=\dfrac{1}{4}\left(\dfrac{1}{t}+t\right)$, $\dfrac{d^3y}{dx^3}=\dfrac{\dfrac{1}{4}\left(-\dfrac{1}{t^2}+1\right)}{\dfrac{2t}{1+t^2}}=\dfrac{t^4-1}{8t^3}$.

10. 落在平静水面上的石头,产生同心波纹.若最外一圈波半径的增大率总是 6 m/s,问在 2s 末扰动水面面积的增大率为多少?

解：设最外一圈波的半径为 $r=r(t)$,圆的面积 $S=S(t)$. 在 $S=\pi r^2$ 两端分别对 t 求导,得
$\dfrac{dS}{dt}=2\pi r\dfrac{dr}{dt}$. 当 $t=2$ 时,$r=6\times 2=12$,$\dfrac{dr}{dt}=6$ 代入上式得 $\dfrac{dS}{dt}\Big|_{t=2}=2\pi\times 12\times 6=144\pi(\mathrm{m^2/s})$.

11. 注水入深 8 m 上顶直径 8 m 的正圆锥形容器中,其速率为 4 m³/min. 当水深为 5 m 时,其表面上升的速率为多少?

解：如图 2-1 所示,设在 t 时刻容器中的水深为 $h(t)$,水的容积为
$V(t)$,$\dfrac{r}{4}=\dfrac{h}{8}$,即 $r=\dfrac{h}{2}$,

$V=\dfrac{1}{3}\pi r^2 h=\dfrac{1}{3}\pi\left(\dfrac{h}{2}\right)^2 h=\dfrac{\pi}{12}h^3$. $\dfrac{dV}{dt}=\dfrac{\pi}{4}h^2\dfrac{dh}{dt}$,即 $\dfrac{dh}{dt}=\dfrac{4}{\pi h^2}\dfrac{dV}{dt}$.

故 $\dfrac{dh}{dt}\Big|_{h=5}=\dfrac{4}{25\pi}\times 4=\dfrac{16}{25\pi}\approx 0.204(\mathrm{m/min})$.

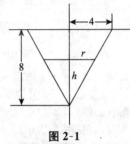

图 2-1

12. 溶液自深 18 cm 顶直径 12 cm 的正圆锥漏斗中漏入一直径为 10 cm 的圆柱形筒中,开始时漏斗中盛满了溶液. 已知当溶液在漏斗中深为 12 cm 时,其表面下降的速率为 1 cm/min. 问此时圆柱形筒中溶液表面上升的速率为多少?

解：如图 2-2 所示,设在 t 时刻漏斗中的水深为 $H=H(t)$,圆柱形筒中水深为 $h=h(t)$.

建立 h 与 H 之间的关系：$\dfrac{1}{3}\pi 6^2\times 18-\dfrac{1}{3}\pi r^2 H=\pi 5^2 h$.

又 $\dfrac{r}{6}=\dfrac{H}{18}$,即 $r=\dfrac{H}{3}$. 故 $\dfrac{1}{3}\pi 6^2\times 18-\dfrac{1}{3}\pi\left(\dfrac{H}{3}\right)^2 H=\pi 5^2 h$,即 $216\pi-\dfrac{\pi}{27}H^3=25\pi h$.

上式两端分别对 t 求导,得 $-\dfrac{3}{27}\pi H^2\dfrac{dH}{dt}=25\pi\dfrac{dh}{dt}$.

当 $H=12$ 时,$\dfrac{dH}{dt}=-1$,此时 $\dfrac{dh}{dt}=\dfrac{1}{25\pi}\left(-\dfrac{3}{27}\pi H^2\dfrac{dH}{dt}\right)\Big|_{\substack{H=12\\ \frac{dH}{dt}=-1}}=\dfrac{16}{25}=0.64(\mathrm{cm/min})$.

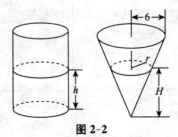

图 2-2

【方法点击】 求相关变化率问题的步骤：
(1)根据题意,建立相关变量之间的等量关系式；
(2)在所得等式两边同时对 t 求导；
(3)代入变量在指定时刻的值及变化率,从而求出未知变化率.
另外,相关变化率问题大部分是实际问题,解题的关键在于把实际问题用数学语言表达出来,即要写出问题的函数表达式.

第五节　函数的微分

习题 2-5 超精解(教材 P120~P122)

1. 已知 $y=x^3-x$,计算在 $x=2$ 处当 Δx 分别等于 1, 0.1, 0.01 时的 Δy 及 dy.

解：$\Delta y=(x+\Delta x)^3-(x+\Delta x)-x^3+x=3x(\Delta x)^2+3x^2\Delta x+(\Delta x)^3-\Delta x$,

$dy=(3x^2-1)\Delta x$. 于是 $\Delta y\Big|_{\substack{x=2\\ \Delta x=1}}=6\times 1+3\times 4+1^3-1=18$, $dy\Big|_{\substack{x=2\\ \Delta x=1}}=11\times 1=11$；

$\Delta y\Big|_{\substack{x=2\\ \Delta x=0.1}}=6\times(0.1)^2+12\times 0.1+(0.1)^3-0.1=1.161$, $dy\Big|_{\substack{x=2\\ \Delta x=0.1}}=11\times 0.1=1.1$；

$\Delta y\Big|_{\substack{x=2\\ \Delta x=0.01}}=6\times 0.01^2+12\times 0.01+(0.01)^3-0.01=0.110601$, $dy\Big|_{\substack{x=2\\ \Delta x=0.01}}=11\times 0.01=0.11$.

2. 设函数 $y=f(x)$ 的图形如图 2-3,试在图 2-3(a)、(b)、(c)、(d)中分别标出在点 x_0 的 dy、Δy 及 $\Delta y-dy$,并说明其正负.

解：(a)(见图 2-3(a)) $\Delta y>0$, $dy>0$, $\Delta y-dy>0$.
(b)(见图 2-3(b)) $\Delta y>0$, $dy>0$, $\Delta y-dy<0$.
(c)(见图 2-3(c)) $\Delta y<0$, $dy<0$, $\Delta y-dy<0$.
(d)(见图 2-3(d)) $\Delta y<0$, $dy<0$, $\Delta y-dy>0$.

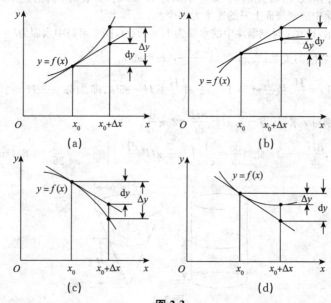

图 2-3

3. 求下列函数的微分：

(1) $y=\dfrac{1}{x}+2\sqrt{x}$； (2) $y=x\sin 2x$； (3) $y=\dfrac{x}{\sqrt{x^2+1}}$；

(4) $y=\ln^2(1-x)$； (5) $y=x^2 e^{2x}$； (6) $y=e^{-x}\cos(3-x)$；

(7) $y=\arcsin\sqrt{1-x^2}$； (8) $y=\tan^2(1+2x^2)$；

(9) $y=\arctan\dfrac{1-x^2}{1+x^2}$； (10) $s=A\sin(\omega t+\varphi)$ (A,ω,φ 是常数).

【思路探索】求函数的微分有两种思路：一种是先求函数的导数，然后利用 $dy=f'(x)dx$ 计算；一种是利用微分基本公式和微分运算法则进行计算. 一般前者较为简便.

解：(1) $dy=y'dx=\left(-\dfrac{1}{x^2}+\dfrac{1}{\sqrt{x}}\right)dx$.

(2) $dy=y'dx=(\sin 2x+x\cos 2x\cdot 2)dx=(\sin 2x+2x\cos 2x)dx$.

(3) $dy=y'dx=\dfrac{\sqrt{x^2+1}-x\cdot\dfrac{x}{\sqrt{1+x^2}}}{(\sqrt{x^2+1})^2}dx=\dfrac{dx}{(x^2+1)^{\frac{3}{2}}}$.

(4) $dy=y'dx=2\ln(1-x)\cdot\dfrac{(-1)}{1-x}dx=\dfrac{2}{x-1}\ln(1-x)dx$.

(5) $dy=y'dx=(2xe^{2x}+x^2e^{2x}\cdot 2)dx=2x(1+x)e^{2x}dx$.

(6) $dy=y'dx=[-e^{-x}\cos(3-x)+e^{-x}\sin(3-x)]dx=e^{-x}[\sin(3-x)-\cos(3-x)]dx$.

(7) $dy=y'dx=\left[\dfrac{1}{\sqrt{1-(\sqrt{1-x^2})^2}}\cdot\dfrac{(-2x)}{2\sqrt{1-x^2}}\right]dx$

$=-\dfrac{x}{|x|}\cdot\dfrac{dx}{\sqrt{1-x^2}}=\begin{cases}\dfrac{dx}{\sqrt{1-x^2}}, & -1<x<0,\\ -\dfrac{dx}{\sqrt{1-x^2}}, & 0<x<1.\end{cases}$

(8) $dy=y'dx=[2\tan(1+2x^2)\cdot\sec^2(1+2x^2)\cdot 4x]dx=8x\tan(1+2x^2)\sec^2(1+2x^2)dx$.

(9) $dy=y'dx=\dfrac{1}{1+\left(\dfrac{1-x^2}{1+x^2}\right)^2}\cdot\dfrac{(-2x)(1+x^2)-(1-x^2)\cdot 2x}{(1+x^2)^2}dx=-\dfrac{2x}{1+x^4}dx$.

(10) $ds=s'dt=[A\cos(\omega t+\varphi)\cdot\omega]dt=A\omega\cos(\omega t+\varphi)dt$.

4. 将适当的函数填入下列括号内，使等式成立：

(1) $d(\quad)=2dx$； (2) $d(\quad)=3xdx$； (3) $d(\quad)=\cos tdt$；

(4) $d(\quad)=\sin\omega xdx$； (5) $d(\quad)=\dfrac{1}{1+x}dx$； (6) $d(\quad)=e^{-2x}dx$；

(7) $d(\quad)=\dfrac{1}{\sqrt{x}}dx$； (8) $d(\quad)=\sec^2 3xdx$.

解：(1) $d(2x+C)=2dx$. (2) $d\left(\dfrac{3}{2}x^2+C\right)=3xdx$.

(3) $d(\sin t+C)=\cos tdt$. (4) $d\left(-\dfrac{1}{\omega}\cos\omega x+C\right)=\sin\omega xdx$.

(5) $d[\ln(1+x)+C]=\dfrac{1}{1+x}dx$. (6) $d\left(-\dfrac{1}{2}e^{-2x}+C\right)=e^{-2x}dx$.

(7) $d(2\sqrt{x}+C) = \dfrac{1}{\sqrt{x}}dx.$ (8) $d\left(\dfrac{1}{3}\tan 3x + C\right) = \sec^2 3x\, dx.$

上述 C 均为任意常数.

5. 如图 2-4 所示的电缆 AOB 的长为 s，跨度为 $2l$，电缆的最低点 O 与杆顶连线 AB 的距离为 f，则电缆长可按下面公式计算：

$s = 2l\left(1 + \dfrac{2f^2}{3l^2}\right)$，当 f 变化了 Δf 时，电缆长的变化约为多少？

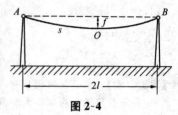

图 2-4

解：$s = 2l\left(1 + \dfrac{2f^2}{3l^2}\right)$，$\Delta s \approx ds = 2l \cdot \dfrac{4f}{3l^2}\Delta f = \dfrac{8f}{3l}\Delta f$.

6. 设扇形的圆心角 $\alpha = 60°$，半径 $R = 100$ cm（图 2-5）. 如果 R 不变，α 减少 $30'$，问扇形面积大约改变了多少？又如果 α 不变，R 增加 1 cm，问扇形面积大约改变了多少？

【思路探索】 本题属于微分的近似计算问题，当 $|\Delta x|$ 很小时，函数的增量 $\Delta y \approx dy = f'(x_0)\Delta x.$

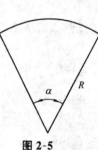

解：扇形面积公式为 $S = \dfrac{R^2}{2}\alpha$. 于是 $\Delta S \approx dS = \dfrac{R^2}{2}\Delta\alpha$. 将 $R = 100$，$\Delta\alpha = -30' = -\dfrac{\pi}{360}$，$\alpha = \dfrac{\pi}{3}$ 代入上式得 $\Delta S \approx \dfrac{1}{2} \times 100^2 \times \left(-\dfrac{\pi}{360}\right) \approx -43.63 \text{(cm}^2\text{)}$. 又 $\Delta S \approx dS = \alpha R \Delta R.$

将 $\alpha = \dfrac{\pi}{3}$，$R = 100$，$\Delta R = 1$ 代入上式得 $\Delta S \approx \dfrac{\pi}{3} \times 100 \times 1 \approx 104.72 \text{(cm}^2\text{)}.$

图 2-5

7. 计算下列三角函数值的近似值：

(1) $\cos 29°$； (2) $\tan 136°$.

【思路探索】 本题及后面第 8 题、第 9 题、第 10 题都属于有关微分的近似计算问题，当 x 变化很小时，$f(x) \approx f(x_0) + f'(x_0)(x - x_0).$

解：(1) 由 $\cos x \approx \cos x_0 + (\cos x)'\big|_{x=x_0} \cdot (x - x_0)$，及取 $x_0 = 30° = \dfrac{\pi}{6}$ 得

$$\cos 29° = \cos\left(\dfrac{\pi}{6} - \dfrac{\pi}{180}\right) \approx \cos\dfrac{\pi}{6} + (-\sin x)\big|_{x=\frac{\pi}{6}} \cdot \left(-\dfrac{\pi}{180}\right) \approx \dfrac{\sqrt{3}}{2} + \dfrac{\pi}{360} \approx 0.874\,67.$$

(2) 由 $\tan x \approx \tan x_0 + (\tan x)'\big|_{x=x_0} \cdot (x - x_0)$，及取 $x_0 = \dfrac{3}{4}\pi$ 得

$$\tan 136° \approx \tan\dfrac{3}{4}\pi + \sec^2 x\big|_{x=\frac{3}{4}\pi} \cdot \dfrac{\pi}{180} \approx -0.965\,09.$$

8. 计算下列反三角函数值的近似值：

(1) $\arcsin 0.500\,2$； (2) $\arccos 0.499\,5$.

解：(1) 由 $\arcsin x \approx \arcsin x_0 + (\arcsin x)'\big|_{x=x_0} \cdot (x - x_0)$，及取 $x_0 = 0.5$ 得

$$\arcsin 0.500\,2 \approx \arcsin 0.5 + \dfrac{1}{\sqrt{1-x^2}}\bigg|_{x=0.5} \cdot 0.000\,2 \approx 30°47''.$$

(2) 由 $\arccos x \approx \arccos x_0 + (\arccos x)'\big|_{x=x_0} \cdot (x - x_0)$，及取 $x_0 = 0.5$ 得

$$\arccos 0.499\,5 \approx \arccos 0.5 - \dfrac{1}{\sqrt{1-x^2}}\bigg|_{x=0.5} \cdot (-0.000\,5) \approx 60°2'.$$

9. 当 $|x|$ 较小时,证明下列近似公式:

(1) $\tan x \approx x$ (x 是角的弧度值);   (2) $\ln(1+x) \approx x$;

(3) $\sqrt[n]{1+x} \approx 1 + \dfrac{1}{n}x$;   (4) $e^x \approx 1+x$.

并计算 $\tan 45'$ 和 $\ln 1.002$ 的近似值.

解:(1) $\tan x \approx \tan 0 + (\tan x)' \big|_{x=0} \cdot x = 0 + \sec^2 0 \cdot x = x$.

(2) $\ln(1+x) \approx \ln(1+0) + [\ln(1+x)]' \big|_{x=0} \cdot x = 0 + \dfrac{1}{1+0}x = x$.

(3) $\sqrt[n]{1+x} \approx \sqrt[n]{1+0} + (\sqrt[n]{1+x})' \big|_{x=0} \cdot x = 1 + \dfrac{1}{n}(1+0)^{\frac{1}{n}-1} \cdot x = 1 + \dfrac{1}{n}x$.

(4) $e^x \approx e^0 + (e^x)' \big|_{x=0} \cdot x = 1 + e^0 \cdot x = 1+x$.

$\tan 45' \approx 45' = \dfrac{\pi}{240}$, $\ln 1.002 = \ln(1+0.002) \approx 0.002$.

10. 计算下列各根式的近似值:

(1) $\sqrt[3]{996}$;   (2) $\sqrt[6]{65}$.

解: 由 $\sqrt[n]{1+x} \approx 1 + \dfrac{x}{n}$ 知

(1) $\sqrt[3]{996} = \sqrt[3]{1\,000-4} = 10\sqrt[3]{1 - \dfrac{4}{1\,000}} \approx 10 \times \left[1 + \dfrac{1}{3} \times \left(-\dfrac{4}{1\,000}\right)\right] \approx 9.987$.

(2) $\sqrt[6]{65} = \sqrt[6]{64+1} = 2\sqrt[6]{1+\dfrac{1}{64}} \approx 2 \times \left(1 + \dfrac{1}{6} \times \dfrac{1}{64}\right) \approx 2.005\,2$.

*11. 计算球体体积时,要求精确度在 2% 以内.问这时测量直径 D 的相对误差不能超过多少?

解: 由 $V = \dfrac{1}{6}\pi D^3$ 知 $dV = \dfrac{\pi}{2}D^2 \Delta D$, 于是由 $\left|\dfrac{dV}{V}\right| = \left|\dfrac{\dfrac{\pi}{2}D^2 \Delta D}{\dfrac{1}{6}\pi D^3}\right| = 3\left|\dfrac{\Delta D}{D}\right| \leq 2\%$, 知

$$\left|\dfrac{\Delta D}{D}\right| \leq \dfrac{0.02}{3} \approx 0.667\%.$$

*12. 某厂生产如图 2-6 所示的扇形板,半径 $R=200$ mm,要求中心角 α 为 $55°$. 产品检验时,一般用测量弦长 l 的办法来间接测量中心角 α. 如果测量弦长 l 时的误差 $\delta_l = 0.1$ mm,问由此而引起的中心角测量误差 δ_α 是多少?

解: 如图 2-6 所示,由 $\dfrac{l}{2} = R\sin\dfrac{\alpha}{2}$ 得 $\alpha = 2\arcsin\dfrac{l}{2R} = 2\arcsin\dfrac{l}{400}$, 故

$$\delta_\alpha = |\alpha_l'|\delta_l = \dfrac{2}{\sqrt{1-\left(\dfrac{l}{400}\right)^2}} \times \dfrac{1}{400} \times \delta_l.$$

当 $\alpha = 55°$ 时, $l = 2R\sin\dfrac{\alpha}{2} = 400\sin(27.5°) \approx 184.7$.

将 $l \approx 184.7$, $\delta_l = 0.1$ 代入上式得

$$\delta_\alpha \approx \dfrac{2}{\sqrt{1-\left(\dfrac{184.7}{400}\right)^2}} \times \dfrac{1}{400} \times 0.1 \approx 0.000\,56 (\text{弧度}) = 1'55''.$$

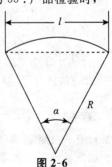

图 2-6

总习题二超精解(教材 P122~P124)

1. 在"充分"、"必要"和"充分必要"三者中选择一个正确的填入下列空格内:
   (1) $f(x)$ 在点 x_0 可导是 $f(x)$ 在点 x_0 连续的_____条件,$f(x)$ 在点 x_0 连续是 $f(x)$ 在点 x_0 可导的_____条件.
   (2) $f(x)$ 在点 x_0 的左导数 $f'_-(x_0)$ 及右导数 $f'_+(x_0)$ 都存在且相等是 $f(x)$ 在点 x_0 可导的_____条件.
   (3) $f(x)$ 在点 x_0 可导是 $f(x)$ 在点 x_0 可微的_____条件.

   解: (1) 充分,必要. (2) 充分必要. (3) 充分必要.

2. 设 $f(x)=x(x+1)(x+2)\cdots(x+n)$ $(n\geqslant 2)$,则 $f'(0)=$_____.

   解: $f'(0)=\lim\limits_{x\to 0}\dfrac{f(x)-f(0)}{x-0}=\lim\limits_{x\to 0}[(x+1)(x+2)\cdots(x+n)]=n!.$

   【方法点击】 本题为多个函数乘积在某一点处的导数,属于常考题型,该题型往往不适于乘积求导法则,一般用以下技巧:
   (1) 利用导数定义式:$f'(x_0)=\lim\limits_{x\to x_0}\dfrac{f(x)-f(x_0)}{x-x_0}$ 消去"零因式";
   (2) 看作两个函数的乘积,灵活运用乘积求导法则,以本题为例:
   因为 $f(x)=x[(x+1)(x+2)\cdots(x+n)]$,
   所以 $f'(x)=[(x+1)(x+2)\cdots(x+n)]+x[(x+1)(x+2)\cdots(x+n)]'$,则 $f'(0)=n!$.

3. 选择下述题中给出的四个结论中一个正确的结论:
   设 $f(x)$ 在 $x=a$ 的某个邻域内有定义,则 $f(x)$ 在 $x=a$ 处可导的一个充分条件是( ).
   (A) $\lim\limits_{h\to +\infty}h\left[f\left(a+\dfrac{1}{h}\right)-f(a)\right]$ 存在
   (B) $\lim\limits_{h\to 0}\dfrac{f(a+2h)-f(a+h)}{h}$ 存在
   (C) $\lim\limits_{h\to 0}\dfrac{f(a+h)-f(a-h)}{2h}$ 存在
   (D) $\lim\limits_{h\to 0}\dfrac{f(a)-f(a-h)}{h}$ 存在

   解: 由 $\lim\limits_{h\to +\infty}h\left[f\left(a+\dfrac{1}{h}\right)-f(a)\right]=\lim\limits_{h\to +\infty}\dfrac{f\left(a+\dfrac{1}{h}\right)-f(a)}{\dfrac{1}{h}}$ 存在,仅可知存在 $f'_+(a)$,故不能选(A).

   取 $f(x)=\begin{cases}1, & x\neq 0 \\ 0, & x=0.\end{cases}$ 显然 $\lim\limits_{h\to 0}\dfrac{f(0+2h)-f(0+h)}{h}=0$,但 $f(x)$ 在 $x=0$ 处不可导,故不能选择(B).

   取 $f(x)=|x|$,显然 $\lim\limits_{h\to 0}\dfrac{f(0+h)-f(0-h)}{2h}=0$.但 $f(x)$ 在 $x=0$ 处不可导,故不能选择(C).

   而 $\lim\limits_{h\to 0}\dfrac{f(a)-f(a-h)}{h}=\lim\limits_{-h\to 0}\dfrac{f[a+(-h)]-f(a)}{-h}$ 存在,按导数定义知 $f'(a)$ 存在,故选择(D).

4. 设有一根细棒,取棒的一端作为原点,棒上任意点的坐标为 x,于是分布在区间 $[0,x]$ 上细棒的质量 m 是 x 的函数 $m=m(x)$.应怎样确定细棒在点 x_0 处的线密度(对于均匀细棒来说,单位长度细棒的质量叫作这细棒的线密度)?

   解: 在区间 $[x_0,x_0+\Delta x]$ 上的平均线密度为 $\bar{\rho}=\dfrac{\Delta m}{\Delta x}=\dfrac{m(x_0+\Delta x)-m(x_0)}{\Delta x}$.

   在点 x_0 处的线密度为 $\rho(x_0)=\lim\limits_{\Delta x\to 0}\dfrac{m(x_0+\Delta x)-m(x_0)}{\Delta x}=\dfrac{\mathrm{d}m}{\mathrm{d}x}\bigg|_{x=x_0}$.

5. 根据导数的定义,求 $f(x)=\dfrac{1}{x}$ 的导数.

解:由导数的定义知,当 $x\neq 0$ 时,$\left(\dfrac{1}{x}\right)'=\lim\limits_{\Delta x\to 0}\dfrac{\dfrac{1}{x+\Delta x}-\dfrac{1}{x}}{\Delta x}=\lim\limits_{\Delta x\to 0}\dfrac{-1}{x(x+\Delta x)}=-\dfrac{1}{x^2}.$

6. 求下列函数 $f(x)$ 的 $f'_-(0)$ 及 $f'_+(0)$,又 $f'(0)$ 是否存在:

$(1) f(x)=\begin{cases}\sin x, & x<0,\\ \ln(1+x), & x\geq 0;\end{cases}$ $(2) f(x)=\begin{cases}\dfrac{x}{1+\mathrm{e}^{\frac{1}{x}}}, & x\neq 0,\\ 0, & x=0.\end{cases}$

解:$(1)\ f'_-(0)=\lim\limits_{x\to 0^-}\dfrac{f(x)-f(0)}{x-0}=\lim\limits_{x\to 0^-}\dfrac{\sin x}{x}=1,\ f'_+(0)=\lim\limits_{x\to 0^+}\dfrac{f(x)-f(0)}{x-0}=\lim\limits_{x\to 0^+}\dfrac{\ln(1+x)}{x}=1.$

由 $f'_-(0)=f'_+(0)=1$ 知 $f'(0)=f'_-(0)=f'_+(0)=1.$

$(2)\ f'_-(0)=\lim\limits_{x\to 0^-}\dfrac{f(x)-f(0)}{x-0}=\lim\limits_{x\to 0^-}\dfrac{\dfrac{x}{1+\mathrm{e}^{\frac{1}{x}}}-0}{x}=\lim\limits_{x\to 0^-}\dfrac{1}{1+\mathrm{e}^{\frac{1}{x}}}=1,$

$f'_+(0)=\lim\limits_{x\to 0^+}\dfrac{f(x)-f(0)}{x-0}=\lim\limits_{x\to 0^+}\dfrac{\dfrac{x}{1+\mathrm{e}^{\frac{1}{x}}}-0}{x}=\lim\limits_{x\to 0^+}\dfrac{1}{1+\mathrm{e}^{\frac{1}{x}}}=0.$

由 $f'_-(0)\neq f'_+(0)$ 知 $f'(0)$ 不存在.

7. 讨论函数 $f(x)=\begin{cases}x\sin\dfrac{1}{x}, & x\neq 0,\\ 0, & x=0\end{cases}$ 在 $x=0$ 处的连续性与可导性.

解:$\lim\limits_{x\to 0}f(x)=\lim\limits_{x\to 0}x\sin\dfrac{1}{x}=0=f(0),$ 故 $f(x)$ 在 $x=0$ 处连续.

$f'(0)=\lim\limits_{x\to 0}\dfrac{f(x)-f(0)}{x-0}=\lim\limits_{x\to 0}\dfrac{x\sin\dfrac{1}{x}}{x}=\lim\limits_{x\to 0}\sin\dfrac{1}{x}$

不存在,故 $f(x)$ 在 $x=0$ 处不可导.

8. 求下列函数的导数:

$(1)\ y=\arcsin(\sin x);$ $(2)\ y=\arctan\dfrac{1+x}{1-x};$

$(3)\ y=\ln\tan\dfrac{x}{2}-\cos x\cdot\ln\tan x;$ $(4)\ y=\ln(\mathrm{e}^x+\sqrt{1+\mathrm{e}^{2x}});$ $(5)\ y=x^{\frac{1}{x}}\ (x>0).$

解:$(1)\ y'=\dfrac{1}{\sqrt{1-\sin^2 x}}\cos x=\dfrac{\cos x}{|\cos x|}.$

$(2)\ y'=\dfrac{1}{1+\left(\dfrac{1+x}{1-x}\right)^2}\cdot\dfrac{(1-x)+(1+x)}{(1-x)^2}=\dfrac{1}{1+x^2}.$

$(3)\ y'=\dfrac{1}{\tan\dfrac{x}{2}}\cdot\sec^2\dfrac{x}{2}\cdot\dfrac{1}{2}+\sin x\ln(\tan x)-\cos x\dfrac{1}{\tan x}\sec^2 x=\sin x\cdot\ln(\tan x).$

$(4)\ y'=\dfrac{1}{\mathrm{e}^x+\sqrt{1+\mathrm{e}^{2x}}}\left(\mathrm{e}^x+\dfrac{2\mathrm{e}^{2x}}{2\sqrt{1+\mathrm{e}^{2x}}}\right)=\dfrac{\mathrm{e}^x}{\sqrt{1+\mathrm{e}^{2x}}}.$

(5) 先在等式两端分别取对数,得 $\ln y=\dfrac{\ln x}{x}$,再在所得等式两端分别对 x 求导,得

$$\frac{y'}{y}=\frac{\frac{1}{x}\cdot x-\ln x}{x^2}=\frac{1-\ln x}{x^2}, 则\ y'=x^{\frac{1}{x}-2}(1-\ln x).$$

9. 求下列函数的二阶导数：

(1) $y=\cos^2 x \cdot \ln x$；　　　　(2) $y=\dfrac{x}{\sqrt{1-x^2}}$.

解：(1) $y'=2\cos x(-\sin x)\cdot \ln x+\cos^2 x\cdot \dfrac{1}{x}=-\sin 2x\cdot \ln x+\dfrac{\cos^2 x}{x}$.

$$y''=-2\cos 2x\cdot \ln x-\sin 2x\cdot \dfrac{1}{x}+\dfrac{2\cos x(-\sin x)\cdot x-\cos^2 x}{x^2}$$

$$=-2\cos 2x\cdot \ln x-\dfrac{2\sin 2x}{x}-\dfrac{\cos^2 x}{x^2}.$$

(2) $y'=\dfrac{\sqrt{1-x^2}-x\dfrac{(-2x)}{2\sqrt{1-x^2}}}{(\sqrt{1-x^2})^2}=\dfrac{1}{(1-x^2)^{\frac{3}{2}}}, y''=-\dfrac{3}{2}\cdot (1-x^2)^{-\frac{5}{2}}\cdot (-2x)=\dfrac{3x}{(1-x^2)^{\frac{5}{2}}}.$

*10. 求下列函数的 n 阶导数：

(1) $y=\sqrt[m]{1+x}$；　　　　(2) $y=\dfrac{1-x}{1+x}$.

解：(1) $y'=\dfrac{1}{m}(1+x)^{\frac{1}{m}-1}, y''=\dfrac{1}{m}\left(\dfrac{1}{m}-1\right)(1+x)^{\frac{1}{m}-2}$,

······

$$y^{(n)}=\dfrac{1}{m}\left(\dfrac{1}{m}-1\right)\cdots\left(\dfrac{1}{m}-n+1\right)(1+x)^{\frac{1}{m}-n}.$$

(2) 由 $\left(\dfrac{1}{1+x}\right)^{(n)}=\dfrac{(-1)^n n!}{(1+x)^{n+1}}$ 知

$$y^{(n)}=\left(\dfrac{1-x}{1+x}\right)^{(n)}=\left(-1+\dfrac{2}{x+1}\right)^{(n)}=2\left(\dfrac{1}{x+1}\right)^{(n)}=\dfrac{2\times(-1)^n n!}{(1+x)^{n+1}}.$$

11. 设函数 $y=y(x)$ 由方程 $e^y+xy=e$ 所确定，求 $y''(0)$.

解：把方程两边分别对 x 求导，得 $e^y y'+y+xy'=0$.　　　　①

将 $x=0$ 代入 $e^y+xy=e$ 得 $y=1$，再将 $x=0, y=1$ 代入①得 $y'|_{x=0}=-\dfrac{1}{e}$，在①两边分别

关于 x 再求导，可得 $e^y y'^2+e^y y''+y'+y'+xy''=0.$ 　　　　②

将 $x=0, y=1, y'|_{x=0}=-\dfrac{1}{e}$ 代入②，得 $y''(0)=\dfrac{1}{e^2}.$

12. 求下列由参数方程所确定的函数的一阶导数 $\dfrac{dy}{dx}$ 及二阶导数 $\dfrac{d^2 y}{dx^2}$：

(1) $\begin{cases} x=a\cos^3\theta, \\ y=a\sin^3\theta; \end{cases}$　　　　(2) $\begin{cases} x=\ln\sqrt{1+t^2}, \\ y=\arctan t. \end{cases}$

解：(1) $\dfrac{dy}{dx}=\dfrac{\frac{dy}{d\theta}}{\frac{dx}{d\theta}}=\dfrac{3a\sin^2\theta\cos\theta}{3a\cos^2\theta(-\sin\theta)}=-\tan\theta, \dfrac{d^2 y}{dx^2}=\dfrac{\frac{d}{d\theta}\left(\frac{dy}{dx}\right)}{\frac{dx}{d\theta}}=\dfrac{-\sec^2\theta}{-3a\cos^2\theta\sin\theta}=\dfrac{1}{3a}\sec^4\theta\csc\theta.$

(2) $\dfrac{dy}{dx}=\dfrac{\frac{dy}{dt}}{\frac{dx}{dt}}=\dfrac{\frac{1}{1+t^2}}{\frac{t}{1+t^2}}=\dfrac{1}{t}, \dfrac{d^2 y}{dx^2}=\dfrac{\frac{d}{dt}\left(\frac{dy}{dx}\right)}{\frac{dx}{dt}}=\dfrac{-\frac{1}{t^2}}{\frac{t}{1+t^2}}=-\dfrac{1+t^2}{t^3}.$

第二章 导数与微分

13. 求曲线 $\begin{cases} x=2e^t, \\ y=e^{-t} \end{cases}$ 在 $t=0$ 相应的点处的切线方程及法线方程.

解: $\dfrac{dy}{dx}=\dfrac{\dfrac{dy}{dt}}{\dfrac{dx}{dt}}=\dfrac{-e^{-t}}{2e^t}=-\dfrac{1}{2e^{2t}}, \dfrac{dy}{dx}\bigg|_{t=0}=-\dfrac{1}{2}.$

$t=0$ 对应的点为 $(2,1)$,故曲线在点 $(2,1)$ 处的切线方程为
$$y-1=-\frac{1}{2}(x-2),\text{即 } x+2y-4=0.$$

法线方程为 $y-1=2(x-2)$,即 $2x-y-3=0.$

14. 已知 $f(x)$ 是周期为 5 的连续函数,它在 $x=0$ 的某个邻域内满足关系式
$$f(1+\sin x)-3f(1-\sin x)=8x+o(x),$$
且 $f(x)$ 在 $x=1$ 处可导,求曲线 $y=f(x)$ 在点 $(6,f(6))$ 处的切线方程.

解: 由 $f(x)$ 连续,令关系式两端 $x\to 0$,取极限得 $f(1)-3f(1)=0, f(1)=0.$

又 $\lim\limits_{x\to 0}\dfrac{f(1+\sin x)-3f(1-\sin x)}{x}=8,$ 而

$$\lim_{x\to 0}\frac{f(1+\sin x)-3f(1-\sin x)}{x}=\lim_{x\to 0}\frac{f(1+\sin x)-3f(1-\sin x)}{\sin x}\cdot\lim_{x\to 0}\frac{\sin x}{x}$$

$$\xlongequal{\diamondsuit\, t=\sin x}\lim_{t\to 0}\frac{f(1+t)-3f(1-t)}{t}$$

$$=\lim_{t\to 0}\frac{f(1+t)-f(1)}{t}+3\lim_{t\to 0}\frac{f(1-t)-f(1)}{-t}=4f'(1),$$

故 $f'(1)=2.$ 由于 $f(x+5)=f(x)$,于是 $f(6)=f(1)=0$,

$$f'(6)=\lim_{x\to 0}\frac{f(6+x)-f(6)}{x}=\lim_{x\to 0}\frac{f(1+x)-f(1)}{x}=f'(1)=2,$$

因此,曲线 $y=f(x)$ 在点 $(6,f(6))$ 即 $(6,0)$ 处的切线方程为
$$y-0=2(x-6),\text{即 } 2x-y-12=0.$$

15. 当正在高度 H 飞行的飞机开始向机场跑道下降时,如图 2-7 所示,从飞机到机场的水平地面距离为 L. 假设飞机下降的路径为三次函数 $y=ax^3+bx^2+cx+d$ 的图形,其中 $y|_{x=-L}=H, y|_{x=0}=0$ 试确定飞机的降落路径.

解: 设立坐标系如图 2-7 所示.根据题意,可知
$$y|_{x=0}=0\Rightarrow d=0.\ y|_{x=-L}=H\Rightarrow -aL^3+bL^2-cL=H.$$

为使飞机平稳降落,尚需满足

$$y'|_{x=0}=0\Rightarrow c=0.\ y'|_{x=-L}=0\Rightarrow 3aL^2-2bL=0.$$

解得 $a=\dfrac{2H}{L^3}, b=\dfrac{3H}{L^2}.$ 故飞机的降落路径为

$$y=H\left[2\left(\frac{x}{L}\right)^3+3\left(\frac{x}{L}\right)^2\right].$$

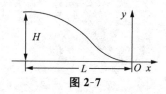

图 2-7

16. 甲船以 6km/h 的速率向东行驶,乙船以 8km/h 的速率向南行驶. 在中午十二点整,乙船位于甲船之北 16km 处.问下午一点整两船相离的速率为多少?

解: 设从中午十二点整起,经过 t 小时,甲船与乙船的距离为 $s=\sqrt{(16-8t)^2+(6t)^2}$,故速率

$$v=\frac{ds}{dt}=\frac{2\times(16-8t)\cdot(-8)+72t}{2\sqrt{(16-8t)^2+(6t)^2}}.$$

当 $t=1$ 时(即下午一点整)两船相离的速率为 $v|_{t=1} = \dfrac{-128+72}{20} = -2.8(\text{km/h})$.

17. 利用函数的微分代替函数的增量求 $\sqrt[3]{1.02}$ 的近似值.

解: 利用 $\sqrt[3]{1+x} \approx 1 + \dfrac{1}{3}x$, 取 $x=0.02$, 得 $\sqrt[3]{1.02} \approx 1 + \dfrac{1}{3} \times (0.02) = 1.007$.

18. 已知单摆的振动周期 $T = 2\pi\sqrt{\dfrac{l}{g}}$, 其中 $g=980\ \text{cm/s}^2$, l 为摆长(单位为 cm). 设原摆长为 20 cm, 为使周期 T 增大 0.05 s, 摆长约需加长多少?

解: 由 $\Delta T \approx \mathrm{d}T = \dfrac{\pi}{\sqrt{gl}}\Delta l$, 得 $\Delta l = \dfrac{\sqrt{gl}}{\pi}\mathrm{d}T \approx \dfrac{\sqrt{gl}}{\pi}\Delta T$. 故

$$\Delta l\big|_{l=20} \approx \dfrac{\sqrt{980 \times 20}}{3.14} \times 0.05 \approx 2.23(\text{cm}).$$

即原摆长约需加长 2.23 cm.

本章小结

1. 关于求导方法的小结.

求导的四则运算和复合函数的求导法则往往要多次使用, 且是交替使用. 特别需要指出的是乘积和商的求导, 每次只能对一个因求求, 而不是更多; 对于复合函数更应小心, 我们总的原则是对形如 $f \circ g \circ h \cdots \varphi$ 之类的函数, 先对 f 求导, 其余不变, 再乘上对 g 求导, ……, 有限次之后, 乘对 φ 求导, 至此全部求完. 容易犯的一个错误是顺序前后颠倒, 即没弄清各函数之间的复合关系.

2. 关于分段函数求导的小结.

对分段函数求其导数时, 应全面地考虑, 一般地, 首先讨论在每一段开区间内部的可导性(大都可直接用公式), 然后用定义判断分界点处左、右导数是否存在, 若二者均存在, 再看是否相等, 最后归纳总结.

3. 关于微分的小结.

在用微分作近似计算时, 关键在于选好 $f(x)$, x_0 及 Δx, 然后按微分公式计算即可, 一般最终的结果写成有限小数.

第三章　微分中值定理与导数的应用

本章内容概览

本章我们将利用导数来讨论函数的性质以及曲线的某些性态,并用这些知识解决一些实际问题.导数应用的理论基础是微分中值定理.

本章知识图解

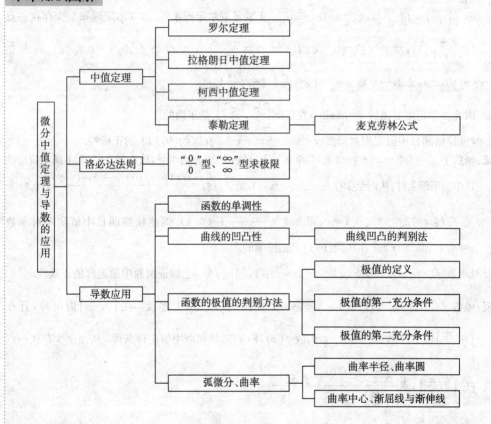

第一节　微分中值定理

习题 3-1 超精解(教材 P132)

1. 验证罗尔定理对函数 $y=\ln\sin x$ 在区间 $\left[\dfrac{\pi}{6},\dfrac{5\pi}{6}\right]$ 上的正确性.

证：函数 $f(x)=\ln\sin x$ 在 $\left[\dfrac{\pi}{6},\dfrac{5\pi}{6}\right]$ 上连续，在 $\left(\dfrac{\pi}{6},\dfrac{5\pi}{6}\right)$ 内可导，又

$$f\left(\dfrac{\pi}{6}\right)=\ln\left(\sin\dfrac{\pi}{6}\right)=\ln\dfrac{1}{2},f\left(\dfrac{5\pi}{6}\right)=\ln\left(\sin\dfrac{5\pi}{6}\right)=\ln\dfrac{1}{2},$$

即 $f\left(\dfrac{\pi}{6}\right)=f\left(\dfrac{5\pi}{6}\right)$，故 $f(x)$ 在 $\left[\dfrac{\pi}{6},\dfrac{5\pi}{6}\right]$ 上满足罗尔定理条件，由罗尔定理知至少存在一点 $\xi\in\left(\dfrac{\pi}{6},\dfrac{5\pi}{6}\right)$，使 $f'(\xi)=0$. 又因 $f'(x)=\dfrac{\cos x}{\sin x}=\cot x$，令 $f'(x)=0$ 得 $x=n\pi+\dfrac{\pi}{2}$ $(n=0,\pm 1,\pm 2,\cdots)$. 取 $n=0$ 得 $\xi=\dfrac{\pi}{2}\in\left(\dfrac{\pi}{6},\dfrac{5\pi}{6}\right)$.

因此罗尔定理对函数 $y=\ln\sin x$ 在区间 $\left[\dfrac{\pi}{6},\dfrac{5\pi}{6}\right]$ 上是正确的.

2. 验证拉格朗日中值定理对函数 $y=4x^3-5x^2+x-2$ 在区间 $[0,1]$ 上的正确性.

证：函数 $f(x)=4x^3-5x^2+x-2$ 在区间 $[0,1]$ 上连续，在 $(0,1)$ 内可导，故 $f(x)$ 在 $[0,1]$ 上满足拉格朗日中值定理条件，从而至少存在一点 $\xi\in(0,1)$，使 $f'(\xi)=\dfrac{f(1)-f(0)}{1-0}=\dfrac{-2-(-2)}{1}=0$.

又 $f'(\xi)=12\xi^2-10\xi+1=0$，可知 $\xi=\dfrac{5\pm\sqrt{13}}{12}\in(0,1)$. 因此拉格朗日中值定理对函数 $y=4x^3-5x^2+x-2$ 在区间 $[0,1]$ 上是正确的.

3. 对函数 $f(x)=\sin x$ 及 $F(x)=x+\cos x$ 在区间 $\left[0,\dfrac{\pi}{2}\right]$ 上验证柯西中值定理的正确性.

证：函数 $f(x)=\sin x,F(x)=x+\cos x$ 在区间 $\left[0,\dfrac{\pi}{2}\right]$ 上连续，在 $\left(0,\dfrac{\pi}{2}\right)$ 内可导，且在 $\left(0,\dfrac{\pi}{2}\right)$ 内 $F'(x)=1-\sin x\neq 0$，故 $f(x),F(x)$ 满足柯西中值定理条件，从而至少存在一点 $\xi\in\left(0,\dfrac{\pi}{2}\right)$，使 $\dfrac{f\left(\dfrac{\pi}{2}\right)-f(0)}{F\left(\dfrac{\pi}{2}\right)-F(0)}=\dfrac{f'(\xi)}{F'(\xi)}$.

由 $\dfrac{1-0}{\dfrac{\pi}{2}-1}=\dfrac{\cos\xi}{1-\sin\xi}$，即 $\dfrac{\cos\xi}{1-\sin\xi}=\dfrac{2}{\pi-2}\Leftrightarrow 2\sin\xi+(\pi-2)\cos\xi-2=0$.

实际上需要找到 $\xi\in\left(0,\dfrac{\pi}{2}\right)$ 满足上式，于是令：$G(x)=2\sin x+(\pi-2)\cos x-2$，只需证明对于方程 $G(x)=0$，一定存在一个位于 $\left(0,\dfrac{\pi}{2}\right)$ 的根. 显然 $G(x)$ 在 $\left[0,\dfrac{\pi}{2}\right]$ 上连续，且 $G(0)=\pi-4<0,G\left(\dfrac{\pi}{3}\right)=\sqrt{3}+\dfrac{\pi}{2}-3>0$，由零点定理可知存在 $\xi\in\left(0,\dfrac{\pi}{3}\right)$ 使 $G(\xi)=0$，而

$\left(0,\dfrac{\pi}{3}\right)\subset\left(0,\dfrac{\pi}{2}\right)$，这说明方程 $G(x)=0$ 在 $\left(0,\dfrac{\pi}{2}\right)$ 内有一个根 ξ．因此，柯西中值定理对函数 $f(x)=\sin x,F(x)=x+\cos x$ 在区间 $\left[0,\dfrac{\pi}{2}\right]$ 上是正确的．

4. 试证明对函数 $y=px^2+qx+r$ 应用拉格朗日中值定理时所求得的点 ξ 总是位于区间的正中间．

证：任取数值 a,b，不妨设 $a<b$，函数 $f(x)=px^2+qx+r$ 在区间 $[a,b]$ 上连续，在 (a,b) 内可导，故由拉格朗日中值定理知至少存在一点 $\xi\in(a,b)$，使 $f(b)-f(a)=f'(\xi)(b-a)$，即 $pb^2+qb+r-pa^2-qa-r=(2p\xi+q)(b-a)$．经整理得 $\xi=\dfrac{a+b}{2}$，即所求得的 ξ 总是位于区间的正中间．

5. 不用求出函数 $f(x)=(x-1)(x-2)(x-3)(x-4)$ 的导数，说明方程 $f'(x)=0$ 有几个实根，并指出它们所在的区间．

【思路探索】 通过观察题目给出的 $f(x)$，易知 $f(1)=f(2)=f(3)=f(4)=0$，因此考虑在 $[1,2],[2,3]$ 和 $[3,4]$ 上分别使用罗尔定理．需要指出的是，罗尔定理只说明了 $f'(x)$ 零点的存在性，零点的个数还应结合 $f'(x)=0$ 的特点来确定．

解：函数 $f(x)$ 分别在 $[1,2],[2,3],[3,4]$ 上连续，分别在 $(1,2),(2,3),(3,4)$ 内可导，且 $f(1)=f(2)=f(3)=f(4)=0$．由罗尔定理知至少存在 $\xi_1\in(1,2)$，$\xi_2\in(2,3)$，$\xi_3\in(3,4)$，使
$$f'(\xi_1)=f'(\xi_2)=f'(\xi_3)=0.$$
即方程 $f'(x)=0$ 至少有三个实根，又方程 $f'(x)=0$ 为三次方程，故它至多有三个实根，因此方程 $f'(x)=0$ 有且仅有三个实根，它们分别位于区间 $(1,2),(2,3),(3,4)$ 内．

6. 证明恒等式：$\arcsin x+\arccos x=\dfrac{\pi}{2}(-1\leqslant x\leqslant 1)$．

【思路探索】 证明 $f(x)\equiv C_0$ 一般使用的是拉格朗日中值定理的推论，即先利用 $f'(x)\equiv 0$ 得到 $f(x)\equiv C$，再代入某一些 x_0，确定 $C_0=f(x_0)$．后面第 14 题同理．

证：取函数 $f(x)=\arcsin x+\arccos x$，$x\in[-1,1]$，因为 $f'(x)=\dfrac{1}{\sqrt{1-x^2}}-\dfrac{1}{\sqrt{1-x^2}}\equiv 0$，故 $f(x)\equiv C$．取 $x=0$，得 $f(0)=C=\dfrac{\pi}{2}$．因此 $\arcsin x+\arccos x=\dfrac{\pi}{2}$，$x\in[-1,1]$．

7. 若方程 $a_0x^n+a_1x^{n-1}+\cdots+a_{n-1}x=0$ 有一个正根 $x=x_0$，证明方程
$$a_0nx^{n-1}+a_1(n-1)x^{n-2}+\cdots+a_{n-1}=0$$
必有一个小于 x_0 的正根．

【思路探索】 观察题目所给的两个方程，因为 $(a_0x^n+a_1x^{n-1}+\cdots+a_{n-1}x)'=a_0nx^{n-1}+a_1(n-1)x^{n-2}+\cdots+a_{n-1}$，所以若使 $f(x)=a_0x^n+a_1x^{n-1}+\cdots+a_{n-1}x$，则结论即证 $f'(\xi)=0,\xi\in(0,x_0)$．

证：取函数 $f(x)=a_0x^n+a_1x^{n-1}+\cdots+a_{n-1}x$．$f(x)$ 在 $[0,x_0]$ 上连续，在 $(0,x_0)$ 内可导，且 $f(0)=f(x_0)=0$，由罗尔定理知至少存在一点 $\xi\in(0,x_0)$，使 $f'(\xi)=0$，即方程 $a_0nx^{n-1}+a_1(n-1)x^{n-2}+\cdots+a_{n-1}=0$ 必有一个小于 x_0 的正根．

8. 若函数 $f(x)$ 在 (a,b) 内具有二阶导数，且 $f(x_1)=f(x_2)=f(x_3)$，其中 $a<x_1<x_2<x_3<b$．证明：在 (x_1,x_3) 内至少有一点 ξ，使得 $f''(\xi)=0$．

证：根据题意知函数 $f(x)$ 在 $[x_1,x_2],[x_2,x_3]$ 上连续，在 $(x_1,x_2),(x_2,x_3)$ 内可导且 $f(x_1)=f(x_2)=f(x_3)$，故由罗尔定理知至少存在点 $\xi_1\in(x_1,x_2),\xi_2\in(x_2,x_3)$，使
$$f'(\xi_1)=f'(\xi_2)=0.$$
又因为 $f'(x)$ 在 $[\xi_1,\xi_2]$ 上连续，在 (ξ_1,ξ_2) 内可导，故由罗尔定理知至少存在点 $\xi\in(\xi_1,\xi_2)\subset(x_1,x_3)$，使 $f''(\xi)=0$．

【方法点击】 本题及第5题、第7题用到了罗尔定理,应注意以下几点:
(1)证明 $f'(\xi)=0, f^{(n)}(\xi)=0$ 及 $f'(\xi)=k$ 时常用到罗尔定理;
(2)证明步骤一般为:先构造辅助函数并确定区间,再验证函数在区间上满足罗尔定理的条件;
(3)证明 $f^{(n)}(\xi)=0$ 往往需要多次用罗尔定理,如本题用两次.

9. 设 $a>b>0$, $n>1$,证明 $nb^{n-1}(a-b)<a^n-b^n<na^{n-1}(a-b)$.

证:取函数 $f(x)=x^n$, $f(x)$ 在 $[b,a]$ 上连续,在 (b,a) 内可导,由拉格朗日中值定理知,至少存在一点 $\xi\in(b,a)$,使 $f(a)-f(b)=f'(\xi)(a-b)$,即 $a^n-b^n=n\xi^{n-1}(a-b)$.
又 $0<b<\xi<a$, $n>1$, 故 $0<b^{n-1}<\xi^{n-1}<a^{n-1}$. 因此 $nb^{n-1}(a-b)<n\xi^{n-1}(a-b)<na^{n-1}(a-b)$,
即 $nb^{n-1}(a-b)<a^n-b^n<na^{n-1}(a-b)$.

10. 设 $a>b>0$,证明: $\dfrac{a-b}{a}<\ln\dfrac{a}{b}<\dfrac{a-b}{b}$.

证:取函数 $f(x)=\ln x$, $f(x)$ 在 $[b,a]$ 上连续,在 (b,a) 内可导,由拉格朗日中值定理知,至少存在一点 $\xi\in(b,a)$,使 $f(a)-f(b)=f'(\xi)(a-b)$,即 $\ln a-\ln b=\dfrac{1}{\xi}(a-b)$.

又因为 $0<b<\xi<a$, 故 $0<\dfrac{1}{a}<\dfrac{1}{\xi}<\dfrac{1}{b}$, 因此 $\dfrac{a-b}{a}<\dfrac{a-b}{\xi}<\dfrac{a-b}{b}$, 即 $\dfrac{a-b}{a}<\ln\dfrac{a}{b}<\dfrac{a-b}{b}$.

11. 证明下列不等式:
(1) $|\arctan a-\arctan b|\leqslant|a-b|$; (2)当 $x>1$ 时, $e^x>ex$.

证:(1)当 $a=b$ 时,显然成立.当 $a\neq b$ 时,不妨设 $a>b$,取函数 $f(x)=\arctan x$, $f(x)$ 在 $[b,a]$ 上连续,在 (b,a) 内可导,由拉格朗日中值定理知至少存在一点 $\xi\in(b,a)$,使 $f(a)-f(b)=f'(\xi)(a-b)$,即 $\arctan a-\arctan b=\dfrac{1}{1+\xi^2}(a-b)$,故

$$|\arctan a-\arctan b|=\dfrac{1}{1+\xi^2}|a-b|\leqslant|a-b|.$$

(2)取函数 $f(t)=e^t$, $f(t)$ 在 $[1,x]$ 上连续,在 $(1,x)$ 内可导.由拉格朗日中值定理知,至少存在一点 $\xi\in(1,x)$,使 $f(x)-f(1)=f'(\xi)(x-1)$,即 $e^x-e=e^\xi(x-1)$.
又因 $1<\xi<x$, 故 $e^\xi>e$, 因此 $e^x-e>e(x-1)$, 即 $e^x>ex$.

【方法点击】 第9题、第10题及第11题皆为证明不等式.证明不等式的方法有许多种,本节是使用拉格朗日中值定理来证明,在后面还会介绍利用单调性、凹凸性及极值证明不等式的方法.

利用中值定理证明不等式的步骤为:
首先根据不等式形式构造辅助函数并确定区间,然后利用中值定理得到等式,最后根据中值的取值范围对所得等式进行放大或缩小,即得不等式.

12. 证明方程 $x^5+x-1=0$ 只有一个正根.

【思路探索】 利用零点定理可得根存在,然后利用罗尔定理或第四节的单调性可确定根的个数.

证:取函数 $f(x)=x^5+x-1$, $f(x)$ 在 $[0,1]$ 上连续, $f(0)=-1<0, f(1)=1>0$, 由零点定理知至少存在点 $x_1\in(0,1)$ 使 $f(x_1)=0$,即方程 $x^5+x-1=0$ 在 $(0,1)$ 内至少有一个正根.
若方程 $x^5+x-1=0$ 还有一个正根 x_2, 即 $f(x_2)=0$. 则由 $f(x)=x^5+x-1$ 在 $[x_1,x_2]$(或 $[x_2,x_1]$)上连续,在 (x_1,x_2)(或 (x_2,x_1))内可导知 $f(x)$ 满足罗尔定理条件,故至少存在点 $\xi\in(x_1,x_2)$(或 (x_2,x_1)),使 $f'(\xi)=0$.
但 $f'(\xi)=5\xi^4+1>0$,矛盾.因此方程 $x^5+x-1=0$ 只有一个正根.

13. 设 $f(x)$, $g(x)$ 在 $[a,b]$ 上连续,在 (a,b) 内可导,证明在 (a,b) 内有一点 ξ,使

$$\begin{vmatrix} f(a) & f(b) \\ g(a) & g(b) \end{vmatrix} = (b-a) \begin{vmatrix} f(a) & f'(\xi) \\ g(a) & g'(\xi) \end{vmatrix}.$$

证:取函数 $F(x) = \begin{vmatrix} f(a) & f(x) \\ g(a) & g(x) \end{vmatrix}$,由 $f(x)$, $g(x)$ 在 $[a,b]$ 上连续,在 (a,b) 内可导知 $F(x)$ 在 $[a,b]$ 上连续,在 (a,b) 内可导,由拉格朗日中值定理知至少存在一点 $\xi \in (a,b)$,使

$$F(b) - F(a) = F'(\xi)(b-a).$$

又 $F(b) = \begin{vmatrix} f(a) & f(b) \\ g(a) & g(b) \end{vmatrix}$, $F(a) = \begin{vmatrix} f(a) & f(a) \\ g(a) & g(a) \end{vmatrix} = 0$,

$$F'(x) = \begin{vmatrix} 0 & f(x) \\ 0 & g(x) \end{vmatrix} + \begin{vmatrix} f(a) & f'(x) \\ g(a) & g'(x) \end{vmatrix} = \begin{vmatrix} f(a) & f'(x) \\ g(a) & g'(x) \end{vmatrix},$$

故 $\begin{vmatrix} f(a) & f(b) \\ g(a) & g(b) \end{vmatrix} = \begin{vmatrix} f(a) & f'(\xi) \\ g(a) & g'(\xi) \end{vmatrix} (b-a)$.

【方法点击】 本题也可先将行列式求出,再构造辅助函数并使用拉格朗日中值定理.

14. 证明:若函数 $f(x)$ 在 $(-\infty, +\infty)$ 内满足关系式 $f'(x) = f(x)$,且 $f(0) = 1$,则 $f(x) = e^x$.

【思路探索】 要证 $f(x) = e^x$,只要证 $f(x) - e^x = 0$ 或者 $\dfrac{f(x)}{e^x} = 1$,由题意可知,设 $F(x) = \dfrac{f(x)}{e^x}$,则利用拉格朗日中值定理的推理证明 $F(x) = 1$ 即可.

证:取函数 $F(x) = \dfrac{f(x)}{e^x}$,因为 $F'(x) = \dfrac{f'(x)e^x - f(x)e^x}{e^{2x}} = \dfrac{f'(x) - f(x)}{e^x} = 0$,

故 $F(x) = C$. 又 $F(0) = C = f(0) = 1$,因此 $F(x) = 1$,即 $\dfrac{f(x)}{e^x} = 1$,故 $f(x) = e^x$.

*15. 设函数 $y = f(x)$ 在 $x = 0$ 的某邻域内具有 n 阶导数,且 $f(0) = f'(0) = \cdots = f^{(n-1)}(0) = 0$,试用柯西中值定理证明:$\dfrac{f(x)}{x^n} = \dfrac{f^{(n)}(\theta x)}{n!}$ $(0 < \theta < 1)$.

【思路探索】 因为证明结论与 $f^{(n)}(\xi)$ 有关,故需要用 n 次中值定理,且两个函数 $f(x)$ 与 x^n 易知.

证:已知 $f(x)$ 在 $x = 0$ 的某邻域内具有 n 阶导数,在该邻域内任取点 x,由柯西中值定理,得

$$\dfrac{f(x)}{x^n} = \dfrac{f(x) - f(0)}{x^n - 0^n} = \dfrac{f'(\xi_1)}{n \xi_1^{n-1}},\text{其中 } \xi_1 \text{ 介于 } 0, x \text{ 之间}.$$

又由 $\dfrac{f'(\xi_1)}{n \xi_1^{n-1}} = \dfrac{f'(\xi_1) - f'(0)}{n(\xi_1^{n-1} - 0^{n-1})} = \dfrac{f''(\xi_2)}{n(n-1)\xi_2^{n-2}},\text{其中 } \xi_2 \text{ 介于 } 0, \xi_1 \text{ 之间}.$

依次类推,得 $\dfrac{f^{(n-1)}(\xi_{n-1})}{n! \ \xi_{n-1}} = \dfrac{f^{(n-1)}(\xi_{n-1}) - f^{(n-1)}(0)}{n!(\xi_{n-1} - 0)} = \dfrac{f^{(n)}(\xi_n)}{n!},\text{其中 } \xi_n \text{ 介于 } 0, \xi_{n-1} \text{ 之间}.$

记 $\xi_n = \theta x \ (0 < \theta < 1)$,因此 $\dfrac{f(x)}{x^n} = \dfrac{f^{(n)}(\xi_n)}{n!} = \dfrac{f^{(n)}(\theta x)}{n!}$ $(0 < \theta < 1)$.

第二节 洛必达法则

习题 3-2 超精解(教材 P137)

1. 用洛必达法则求下列极限:

(1) $\lim\limits_{x \to 0} \dfrac{\ln(1+x)}{x}$; (2) $\lim\limits_{x \to 0} \dfrac{e^x - e^{-x}}{\sin x}$; (3) $\lim\limits_{x \to 0} \dfrac{\tan x - x}{x - \sin x}$;

(4) $\lim\limits_{x\to\pi}\dfrac{\sin 3x}{\tan 5x}$; (5) $\lim\limits_{x\to\frac{\pi}{2}}\dfrac{\ln\sin x}{(\pi-2x)^2}$; (6) $\lim\limits_{x\to a}\dfrac{x^m-a^m}{x^n-a^n}$ $(a\neq 0)$;

(7) $\lim\limits_{x\to 0^+}\dfrac{\ln\tan 7x}{\ln\tan 2x}$; (8) $\lim\limits_{x\to\frac{\pi}{2}}\dfrac{\tan x}{\tan 3x}$; (9) $\lim\limits_{x\to+\infty}\dfrac{\ln\left(1+\dfrac{1}{x}\right)}{\operatorname{arccot} x}$;

(10) $\lim\limits_{x\to 0}\dfrac{\ln(1+x^2)}{\sec x-\cos x}$; (11) $\lim\limits_{x\to 0}x\cot 2x$; (12) $\lim\limits_{x\to 0}x^2 e^{\frac{1}{x^2}}$;

(13) $\lim\limits_{x\to 1}\left(\dfrac{2}{x^2-1}-\dfrac{1}{x-1}\right)$; (14) $\lim\limits_{x\to\infty}\left(1+\dfrac{a}{x}\right)^x$; (15) $\lim\limits_{x\to 0^+}x^{\sin x}$;

(16) $\lim\limits_{x\to 0^+}\left(\dfrac{1}{x}\right)^{\tan x}$.

【思路探索】 本题要求用洛必达法则求极限,首先要确定未定式的类型,再使用法则,尤其是需要多次用洛必达法则的题目,每次都要验证其是否为未定式;另外,在使用法则的过程中应充分结合第一章的知识.

解:(1) $\lim\limits_{x\to 0}\dfrac{\ln(1+x)}{x}=\lim\limits_{x\to 0}\dfrac{\dfrac{1}{1+x}}{1}=1$.

(2) $\lim\limits_{x\to 0}\dfrac{e^x-e^{-x}}{\sin x}=\lim\limits_{x\to 0}\dfrac{e^x+e^{-x}}{\cos x}=\dfrac{2}{1}=2$.

(3) $\lim\limits_{x\to 0}\dfrac{\tan x-x}{x-\sin x}=\lim\limits_{x\to 0}\dfrac{\sec^2 x-1}{1-\cos x}=\lim\limits_{x\to 0}\dfrac{\tan^2 x}{\dfrac{x^2}{2}}=\lim\limits_{x\to 0}\dfrac{x^2}{\dfrac{x^2}{2}}=2$.

(4) $\lim\limits_{x\to\pi}\dfrac{\sin 3x}{\tan 5x}=\lim\limits_{x\to\pi}\dfrac{3\cos 3x}{5\sec^2 5x}=-\dfrac{3}{5}$.

(5) $\lim\limits_{x\to\frac{\pi}{2}}\dfrac{\ln\sin x}{(\pi-2x)^2}=\lim\limits_{x\to\frac{\pi}{2}}\dfrac{\dfrac{1}{\sin x}\cos x}{2(\pi-2x)\cdot(-2)}=-\lim\limits_{x\to\frac{\pi}{2}}\dfrac{\cot x}{4(\pi-2x)}=-\lim\limits_{x\to\frac{\pi}{2}}\dfrac{-\csc^2 x}{-8}=-\dfrac{1}{8}$.

(6) $\lim\limits_{x\to a}\dfrac{x^m-a^m}{x^n-a^n}=\lim\limits_{x\to a}\dfrac{mx^{m-1}}{nx^{n-1}}=\dfrac{m}{n}a^{m-n}$ $(a\neq 0)$.

(7) $\lim\limits_{x\to 0^+}\dfrac{\ln(\tan 7x)}{\ln(\tan 2x)}=\lim\limits_{x\to 0^+}\dfrac{\dfrac{1}{\tan 7x}\sec^2 7x\cdot 7}{\dfrac{1}{\tan 2x}\sec^2 2x\cdot 2}=\lim\limits_{x\to 0^+}\dfrac{\tan 2x}{\tan 7x}\cdot\dfrac{\sec^2 7x}{\sec^2 2x}\cdot\dfrac{7}{2}$

$=\lim\limits_{x\to 0^+}\dfrac{2x}{7x}\cdot\dfrac{\sec^2 7x}{\sec^2 2x}\cdot\dfrac{7}{2}=1$.

(8) $\lim\limits_{x\to\frac{\pi}{2}}\dfrac{\tan x}{\tan 3x}=\lim\limits_{x\to\frac{\pi}{2}}\dfrac{\sec^2 x}{3\sec^2 3x}=\lim\limits_{x\to\frac{\pi}{2}}\dfrac{\cos^2 3x}{3\cos^2 x}=\lim\limits_{x\to\frac{\pi}{2}}\dfrac{-6\cos 3x\sin 3x}{-6\cos x\sin x}$

$=-\lim\limits_{x\to\frac{\pi}{2}}\dfrac{\cos 3x}{\cos x}=-\lim\limits_{x\to\frac{\pi}{2}}\dfrac{-3\sin 3x}{-\sin x}=3$.

【方法点击】 第(7)、(8)题及后面第(10)题有一种现象需要关注:当未定式中某因式的极限可求出时,一定要先求出从而使未定式得到简化,然后再用洛必达法则.例如在第(8)题中,对未定式 $\lim\limits_{x\to\frac{\pi}{2}}\dfrac{\cos 3x\sin 3x}{\cos x\sin x}$ 直接用法则,则 $\lim\limits_{x\to\frac{\pi}{2}}\dfrac{(\cos 3x\sin 3x)'}{(\cos x\sin x)'}$ 很烦琐;而 $\lim\limits_{x\to\frac{\pi}{2}}\dfrac{\cos 3x}{\cos x}\cdot\dfrac{\sin 3x}{\sin x}=$
$\lim\limits_{x\to\frac{\pi}{2}}\dfrac{\cos 3x}{\cos x}\cdot\lim\limits_{x\to\frac{\pi}{2}}\dfrac{\sin 3x}{\sin x}=-\lim\limits_{x\to\frac{\pi}{2}}\dfrac{\cos 3x}{\cos x}=-\lim\limits_{x\to\frac{\pi}{2}}\dfrac{(\cos 3x)'}{(\cos x)'}$,则较为简便.

(9) $\lim\limits_{x\to+\infty}\dfrac{\ln\left(1+\dfrac{1}{x}\right)}{\operatorname{arccot} x}=\lim\limits_{x\to+\infty}\dfrac{\dfrac{1}{1+\dfrac{1}{x}}\left(-\dfrac{1}{x^2}\right)}{-\dfrac{1}{1+x^2}}=\lim\limits_{x\to+\infty}\dfrac{1+x^2}{x+x^2}=\lim\limits_{x\to+\infty}\dfrac{\dfrac{1}{x^2}+1}{\dfrac{1}{x}+1}=1.$

(10) $\lim\limits_{x\to 0}\dfrac{\ln(1+x^2)}{\sec x-\cos x}=\lim\limits_{x\to 0}\dfrac{\dfrac{2x}{1+x^2}}{\sec x\tan x+\sin x}=\lim\limits_{x\to 0}\dfrac{x}{\sin x}\cdot\dfrac{\cos^2 x}{1+\cos^2 x}\cdot\dfrac{2}{1+x^2}=1.$

(11) $\lim\limits_{x\to 0}x\cot 2x=\lim\limits_{x\to 0}\dfrac{x}{\tan 2x}=\lim\limits_{x\to 0}\dfrac{1}{2\sec^2 2x}=\dfrac{1}{2}.$

(12) $\lim\limits_{x\to 0}x^2 e^{\frac{1}{x^2}}=\lim\limits_{x\to 0}\dfrac{e^{\frac{1}{x^2}}}{\dfrac{1}{x^2}}=\lim\limits_{x\to 0}\dfrac{e^{\frac{1}{x^2}}\left(\dfrac{1}{x^2}\right)'}{\left(\dfrac{1}{x^2}\right)'}=\lim\limits_{x\to 0}e^{\frac{1}{x^2}}=+\infty.$

【方法点击】 第(11)、(12)题属于"$0\cdot\infty$"型未定式,一般是将其中的一个因式恒等变形为分式,从而将"$0\cdot\infty$"型转化为"$\dfrac{0}{0}$"型或者"$\dfrac{\infty}{\infty}$"型,再用洛必达法则计算.

(13) $\lim\limits_{x\to 1}\left(\dfrac{2}{x^2-1}-\dfrac{1}{x-1}\right)=\lim\limits_{x\to 1}\dfrac{-x+1}{x^2-1}=\lim\limits_{x\to 1}\dfrac{-1}{2x}=-\dfrac{1}{2}.$

【方法点击】 本题属于"$\infty-\infty$"型未定式,一般采用通分、提取公因式、有理化以及变量代换等方法将其合并为一个式子,从而得到"$\dfrac{0}{0}$"型或者"$\dfrac{\infty}{\infty}$"型未定式,再用洛必达法则.

(14) $\lim\limits_{x\to\infty}\left(1+\dfrac{a}{x}\right)^x=e^{\lim\limits_{x\to\infty}x\ln\left(1+\frac{a}{x}\right)}=e^{\lim\limits_{x\to\infty}\frac{\ln\left(1+\frac{a}{x}\right)}{\frac{1}{x}}}=e^{\lim\limits_{x\to\infty}\frac{\frac{1}{1+\frac{a}{x}}\left(-\frac{a}{x^2}\right)}{-\frac{1}{x^2}}}=e^{\lim\limits_{x\to\infty}\frac{a}{1+\frac{a}{x}}}=e^a.$

【方法点击】 本题及后面第(15),(16)题都属于幂指函数求极限,有三种未定式类型:"1^{∞}"型、"0^0"型、"∞^0"型,转化为"$\dfrac{0}{0}$"型或"$\dfrac{\infty}{\infty}$"型未定式的方法有两种:

(1) 对 $y=[f(x)]^{g(x)}$ 两边先取对数 $\ln y=g(x)\ln f(x)$,再求极限并转化;

(2) $y=[f(x)]^{g(x)}=e^{g(x)\ln f(x)}$,则 $\lim y=e^{\lim g(x)\ln f(x)}$,后者较为简便.

(15) $\lim\limits_{x\to 0^+}x^{\sin x}=e^{\lim\limits_{x\to 0^+}\sin x\ln x}=e^{\lim\limits_{x\to 0^+}\frac{\sin x}{x}\cdot\frac{\ln x}{\frac{1}{x}}}=e^{\lim\limits_{x\to 0^+}\frac{\frac{1}{x}}{-\frac{1}{x^2}}}=e^{\lim\limits_{x\to 0^+}(-x)}=e^0=1.$

(16) $\lim\limits_{x\to 0^+}\left(\dfrac{1}{x}\right)^{\tan x}=e^{\lim\limits_{x\to 0^+}\tan x\ln\frac{1}{x}}=e^{\lim\limits_{x\to 0^+}\frac{\tan x}{x}\cdot\frac{-\ln x}{\frac{1}{x}}}=e^{\lim\limits_{x\to 0^+}\frac{-\frac{1}{x}}{-\frac{1}{x^2}}}=e^{\lim\limits_{x\to 0^+}x}=e^0=1.$

2. 验证极限 $\lim\limits_{x\to\infty}\dfrac{x+\sin x}{x}$ 存在,但不能用洛必达法则得出.

证:由于 $\lim\limits_{x\to\infty}\dfrac{(x+\sin x)'}{x'}=\lim\limits_{x\to\infty}\dfrac{1+\cos x}{1}$ 不存在,故不能使用洛必达法则来求此极限,但并不表明此极限不存在,此极限可用以下方法求得 $\lim\limits_{x\to\infty}\dfrac{x+\sin x}{x}=\lim\limits_{x\to\infty}\left(1+\dfrac{\sin x}{x}\right)=1+0=1.$

3. 验证极限 $\lim\limits_{x\to 0}\dfrac{x^2\sin\dfrac{1}{x}}{\sin x}$ 存在,但不能用洛必达法则得出.

证:由于 $\lim\limits_{x\to 0}\dfrac{\left(x^2\sin\dfrac{1}{x}\right)'}{(\sin x)'}=\lim\limits_{x\to 0}\dfrac{2x\sin\dfrac{1}{x}-\cos\dfrac{1}{x}}{\cos x}$ 不存在,故不能使用洛必达法则来求此极限,但

可用以下方法求此极限：

$$\lim_{x\to 0}\frac{x^2\sin\frac{1}{x}}{\sin x}=\lim_{x\to 0}\left(\frac{x}{\sin x}\cdot x\sin\frac{1}{x}\right)=\lim_{x\to 0}\frac{x}{\sin x}\cdot\lim_{x\to 0}x\sin\frac{1}{x}=1\times 0=0.$$

*4. 讨论函数 $f(x)=\begin{cases}\left[\dfrac{(1+x)^{\frac{1}{x}}}{e}\right]^{\frac{1}{x}}, & x>0, \\ e^{-\frac{1}{2}}, & x\leqslant 0.\end{cases}$ 在点 $x=0$ 处的连续性.

解：$\lim\limits_{x\to 0^+}f(x)=\lim\limits_{x\to 0^+}\left[\dfrac{(1+x)^{\frac{1}{x}}}{e}\right]^{\frac{1}{x}}=e^{\lim\limits_{x\to 0^+}\frac{1}{x}\ln\left[\frac{(1+x)^{1/x}}{e}\right]}$, 而

$$\lim_{x\to 0^+}\frac{1}{x}\left[\frac{1}{x}\ln(1+x)-1\right]=\lim_{x\to 0^+}\frac{\ln(1+x)-x}{x^2}=\lim_{x\to 0^+}\frac{\frac{1}{1+x}-1}{2x}=-\lim_{x\to 0^+}\frac{1}{2(1+x)}=-\frac{1}{2},$$

故 $\lim\limits_{x\to 0^+}f(x)=e^{-\frac{1}{2}}$, 又 $\lim\limits_{x\to 0^-}f(x)=\lim\limits_{x\to 0^-}e^{-\frac{1}{2}}=e^{-\frac{1}{2}}, f(0)=e^{-\frac{1}{2}}.$
因为 $\lim\limits_{x\to 0^+}f(x)=\lim\limits_{x\to 0^-}f(x)=f(0)$, 故函数 $f(x)$ 在 $x=0$ 处连续.

第三节　泰勒公式

习题 3-3 超精解（教材 P143～P144）

1. 按 $(x-4)$ 的幂展开多项式 $f(x)=x^4-5x^3+x^2-3x+4.$

解：因为 $f'(x)=4x^3-15x^2+2x-3, f''(x)=12x^2-30x+2,$
　　　$f'''(x)=24x-30, f^{(4)}(x)=24, f^{(n)}(x)=0\ (n\geqslant 5).$
　　　$f(4)=-56,\ f'(4)=21,\ f''(4)=74,\ f'''(4)=66, f^{(4)}(4)=24.$
故 $x^4-5x^3+x^2-3x+4$
$$=f(4)+f'(4)(x-4)+\frac{f''(4)}{2!}(x-4)^2+\frac{f'''(4)}{3!}(x-4)^3+\frac{f^{(4)}(4)}{4!}(x-4)^4$$
$$=-56+21(x-4)+37(x-4)^2+11(x-4)^3+(x-4)^4.$$

2. 应用麦克劳林公式，按 x 的幂展开函数 $f(x)=(x^2-3x+1)^3.$

解：$f(x)=x^6-9x^5+30x^4-45x^3+30x^2-9x+1,\quad f(0)=1,$
$f'(x)=6x^5-45x^4+120x^3-135x^2+60x-9,\quad f'(0)=-9,$
$f''(x)=30x^4-180x^3+360x^2-270x+60,\quad f''(0)=60,$
$f'''(x)=120x^3-540x^2+720x-270,\quad f'''(0)=-270,$
$f^{(4)}(x)=360x^2-1\,080x+720,\quad f^{(4)}(0)=720,$
$f^{(5)}(x)=720x-1\,080,\quad f^{(5)}(0)=-1\,080,$
$f^{(6)}(x)=720,\quad f^{(6)}(0)=720,$
$f^{(n)}(x)=0\ (n\geqslant 7),$ 故
$$(x^2-3x+1)^3=f(0)+f'(0)x+\frac{f''(0)}{2!}x^2+\frac{f'''(0)}{3!}x^3+\frac{f^{(4)}(0)}{4!}x^4+\frac{f^{(5)}(0)}{5!}x^5+\frac{f^{(6)}(0)}{6!}x^6$$
$$=1-9x+30x^2-45x^3+30x^4-9x^5+x^6.$$

3. 求函数 $f(x)=\sqrt{x}$ 按 $(x-4)$ 的幂展开的带有拉格朗日余项的 3 阶泰勒公式.

解:因为 $f(x)=\sqrt{x}, f'(x)=\frac{1}{2}x^{-\frac{1}{2}}, f''(x)=-\frac{1}{4}x^{-\frac{3}{2}}, f'''(x)=\frac{3}{8}x^{-\frac{5}{2}}$,

$f^{(4)}(x)=-\frac{15}{16}x^{-\frac{7}{2}}, f(4)=2, f'(4)=\frac{1}{4}, f''(4)=-\frac{1}{32}, f'''(4)=\frac{3}{256}.$

故 $\sqrt{x}=f(4)+f'(4)(x-4)+\frac{f''(4)}{2!}(x-4)^2+\frac{f'''(4)}{3!}(x-4)^3+\frac{f^{(4)}(\xi)}{4!}(x-4)^4$

$=2+\frac{1}{4}(x-4)-\frac{1}{64}(x-4)^2+\frac{1}{512}(x-4)^3-\frac{15}{384\xi^{\frac{7}{2}}}(x-4)^4,$

其中 ξ 介于 x 与 4 之间.

4. 求函数 $f(x)=\ln x$ 按 $(x-2)$ 的幂展开的带有佩亚诺型余项的 n 阶泰勒公式.

解:因为 $f^{(n)}(x)=\frac{(-1)^{n-1}(n-1)!}{x^n}, f^{(n)}(2)=\frac{(-1)^{n-1}(n-1)!}{2^n}$,故

$\ln x = f(2)+f'(2)(x-2)+\frac{f''(2)}{2!}(x-2)^2+\frac{f'''(2)}{3!}(x-2)^3+\cdots+\frac{f^{(n)}(2)}{n!}(x-2)^n+o[(x-2)^n]$

$=\ln 2+\frac{1}{2}(x-2)-\frac{1}{2^3}(x-2)^2+\frac{1}{3\times 2^3}(x-2)^3+\cdots+(-1)^{n-1}\frac{1}{n\cdot 2^n}(x-2)^n+o[(x-2)^n].$

【**方法点击**】将函数展开成带佩亚诺型余项的泰勒公式及麦克劳林公式时,可考虑两种方法:

(1)直接法:求出各阶导数,利用泰勒公式或麦克劳林公式展开.如上述第4题解法.

(2)间接法:利用常用的麦克劳林公式,通过适当的变量代换、四则运算、复合以及逐项微分等方法将函数展开.例如本题:

$$f(x)=\ln x=\ln[2+(x-2)]=\ln 2+\ln\left(1+\frac{x-2}{2}\right),$$

利用公式 $\ln(1+x)=x-\frac{x^2}{2}+\frac{x^3}{3}+\cdots+(-1)^{n-1}\frac{x^n}{n}+o(x^n)$ 可得

$f(x)=\ln 2+\frac{1}{2}(x-2)-\frac{1}{2^3}(x-2)^2+\frac{1}{3\times 2^3}(x-2)^3+\cdots+(-1)^{n-1}\frac{1}{n\cdot 2^n}(x-2)^n+o[(x-2)^n].$

5. 求函数 $f(x)=\frac{1}{x}$ 按 $(x+1)$ 的幂展开的带有拉格朗日型余项的 n 阶泰勒公式.

解:因为 $f^{(n)}(x)=\frac{(-1)^n n!}{x^{n+1}}, f^{(n)}(-1)=-n!$,故

$\frac{1}{x}=f(-1)+f'(-1)(x+1)+\frac{f''(-1)}{2!}(x+1)^2+\frac{f'''(-1)}{3!}(x+1)^3+\cdots+$

$\frac{f^{(n)}(-1)}{n!}(x+1)^n+\frac{f^{(n+1)}(\xi)}{(n+1)!}(x+1)^{n+1}$

$=-[1+(x+1)+(x+1)^2+\cdots+(x+1)^n]+(-1)^{n+1}\xi^{-(n+2)}(x+1)^{n+1},$

其中 ξ 介于 x 与 -1 之间.

6. 求函数 $f(x)=\tan x$ 的带有佩亚诺型余项的 3 阶麦克劳林公式.

解:因为 $f(x)=\tan x, f'(x)=\sec^2 x, f''(x)=2\sec^2 x\tan x, f'''(x)=4\sec^2 x\tan^2 x+2\sec^4 x,$

$f^{(4)}(x)=8\sec^2 x\tan^3 x+8\sec^4 x\tan x+8\sec^4 x\tan x=8\sec^2 x\tan^3 x+16\sec^4 x\tan x$

$=\frac{8(\sin^2 x+2)\sin x}{\cos^5 x},$

$f(0)=0, f'(0)=1, f''(0)=0, f'''(0)=2,$ 且 $\lim_{x\to 0}f^{(4)}(x)=0,$ 从而存在 0 的一个邻域,使

$f^{(4)}(x)$ 在该邻域内有界,因此 $f(x)=x+\dfrac{x^3}{3}+o(x^3)$.

7. 求函数 $f(x)=xe^x$ 的带有佩亚诺型余项的 n 阶麦克劳林公式.

解: 因为 $f(x)=xe^x$, $f^{(n)}(x)=(n+x)e^x$(见习题 2—3,11(4)),$f^{(n)}(0)=n$,故

$$xe^x=f(0)+f'(0)x+\dfrac{1}{2!}f''(0)x^2+\cdots+\dfrac{1}{n!}f^{(n)}(0)x^n+o(x^n)$$

$$=x+x^2+\dfrac{x^3}{2!}+\cdots+\dfrac{x^n}{(n-1)!}+o(x^n).$$

【方法点击】 本题可采用"间接法":

因为 $e^x=1+x+\dfrac{x^2}{2!}+\cdots+\dfrac{x^{n-1}}{(n-1)!}+o(x^{n-1})$,故

$$xe^x=x\left[1+x+\dfrac{x^2}{2!}+\cdots+\dfrac{x^{n-1}}{(n-1)!}+o(x^{n-1})\right]=x+x^2+\dfrac{x^3}{2!}+\cdots+\dfrac{x^n}{(n-1)!}+o(x^n).$$

8. 验证当 $0<x\leqslant\dfrac{1}{2}$ 时,按公式 $e^x\approx 1+x+\dfrac{x^2}{2}+\dfrac{x^3}{6}$ 计算的近似值时,所产生的误差小于 0.01,并求 $\sqrt{e}$ 的近似值,使误差小于 0.01.

证: 设 $f(x)=e^x$,则 $f^{(n)}(0)=1$,故 $f(x)=e^x$ 的三阶麦克劳林公式为

$$e^x=1+x+\dfrac{x^2}{2!}+\dfrac{x^3}{3!}+\dfrac{e^\xi}{4!}x^4,$$

其中 ξ 介于 $0,x$ 之间. 按 $e^x\approx 1+x+\dfrac{x^2}{2}+\dfrac{x^3}{6}$ 计算 e^x 的近似值时,其误差为 $|R_3(x)|=\dfrac{e^\xi}{4!}x^4$,

当 $0<x\leqslant\dfrac{1}{2}$ 时,$0<\xi<\dfrac{1}{2}$,$|R_3(x)|<\dfrac{3^{\frac{1}{2}}}{4!}\left(\dfrac{1}{2}\right)^4\approx 0.0045<0.01$,

$$\sqrt{e}\approx 1+\dfrac{1}{2}+\dfrac{1}{2}\left(\dfrac{1}{2}\right)^2+\dfrac{1}{6}\left(\dfrac{1}{2}\right)^3\approx 1.645.$$

9. 应用三阶泰勒公式求下列各数的近似值,并估计误差:

(1) $\sqrt[3]{30}$；　　　　(2) $\sin 18°$.

解: (1) 因为 $f(x)=\sqrt[3]{1+x}=(1+x)^{\frac{1}{3}}\approx 1+\dfrac{1}{3}x+\dfrac{\frac{1}{3}\left(\frac{1}{3}-1\right)}{2!}x^2+\dfrac{\frac{1}{3}\left(\frac{1}{3}-1\right)\left(\frac{1}{3}-2\right)}{3!}x^3$

$$=1+\dfrac{1}{3}x-\dfrac{1}{9}x^2+\dfrac{5}{81}x^3,$$

$$R_3(x)=\dfrac{\frac{1}{3}\left(\frac{1}{3}-1\right)\left(\frac{1}{3}-2\right)\left(\frac{1}{3}-3\right)}{4!}(1+\xi)^{\frac{1}{3}-4}x^4,其中 \xi 介于 0,x 之间,$$

故 $\sqrt[3]{30}=\sqrt[3]{27+3}=3\sqrt[3]{1+\dfrac{1}{9}}\approx 3\left[1+\dfrac{1}{3}\times\dfrac{1}{9}-\dfrac{1}{9}\left(\dfrac{1}{9}\right)^2+\dfrac{5}{81}\left(\dfrac{1}{9}\right)^3\right]\approx 3.10724.$

误差 $|R_3|=3\cdot\left|\dfrac{\frac{1}{3}\times\left(\frac{1}{3}-1\right)\times\left(\frac{1}{3}-2\right)\times\left(\frac{1}{3}-3\right)}{4!}(1+\xi)^{\frac{1}{3}-4}\left(\dfrac{1}{9}\right)^4\right|,$

ξ 介于 0 与 $\dfrac{1}{9}$ 之间,即 $0<\xi<\dfrac{1}{9}$,因此 $|R_3|\leqslant\left|\dfrac{80}{4!\times 3^{11}}\right|\approx 1.88\times 10^{-5}.$

(2) 已知 $\sin x\approx x-\dfrac{x^3}{3!}$,$R_4(x)=\dfrac{\sin\left(\xi+\dfrac{5}{2}\pi\right)}{5!}x^5$,$\xi$ 介于 0 与 $\dfrac{\pi}{10}$ 之间,故

$$\sin 18° = \sin\frac{\pi}{10} \approx \frac{\pi}{10} - \frac{1}{3!}\left(\frac{\pi}{10}\right)^3 \approx 0.3090, |R_4| \leqslant \frac{1}{5!}\left(\frac{\pi}{10}\right)^5 \approx 2.55\times 10^{-5}.$$

【方法点击】利用 $R_3(x) = \dfrac{\sin\left(\xi+\frac{4}{2}\pi\right)}{4!}x^4$，$\xi\in\left(0,\dfrac{\pi}{10}\right)$，可得误差

$$|R_3| \leqslant \frac{1}{4!}\left(\frac{\pi}{10}\right)^4 \approx 1.3\times 10^{-4}.$$

*10. 利用泰勒公式求下列极限：

(1) $\lim\limits_{x\to+\infty}(\sqrt[3]{x^3+3x^2}-\sqrt[4]{x^4-2x^3})$；

(2) $\lim\limits_{x\to 0}\dfrac{\cos x - e^{-\frac{x^2}{2}}}{x^2[x+\ln(1-x)]}$；

(3) $\lim\limits_{x\to 0}\dfrac{1+\frac{1}{2}x^2-\sqrt{1+x^2}}{(\cos x - e^{x^2})\sin x^2}$；

(4) $\lim\limits_{x\to\infty}\left[x-x^2\ln\left(1+\dfrac{1}{x}\right)\right]$.

【思路探索】 本题要求用泰勒公式求极限，先利用常见的麦克劳林公式将函数中某些项展开，再整理、化简并且利用无穷小比较得到结论.

解：(1) $\lim\limits_{x\to+\infty}(\sqrt[3]{x^3+3x^2}-\sqrt[4]{x^4-2x^3}) = \lim\limits_{x\to+\infty}x\left[\left(1+\dfrac{3}{x}\right)^{\frac{1}{3}}-\left(1-\dfrac{2}{x}\right)^{\frac{1}{4}}\right]$

$$= \lim\limits_{x\to+\infty}x\left[1+\frac{1}{3}\cdot\frac{3}{x}+o\left(\frac{1}{x}\right)-1+\frac{1}{4}\cdot\frac{2}{x}+o\left(\frac{1}{x}\right)\right]$$

$$= \lim\limits_{x\to+\infty}\left[\frac{3}{2}+\frac{o\left(\frac{1}{x}\right)}{\frac{1}{x}}\right] = \frac{3}{2}.$$

(2) $\lim\limits_{x\to 0}\dfrac{\cos x - e^{-\frac{x^2}{2}}}{x^2[x+\ln(1-x)]} = \lim\limits_{x\to 0}\dfrac{1-\frac{x^2}{2}+\frac{x^4}{4!}+o(x^4)-1-\left(-\frac{x^2}{2}\right)-\frac{1}{2}\left(-\frac{x^2}{2}\right)^2+o(x^4)}{x^2\left[x+\left(-x-\frac{1}{2}x^2+o(x^2)\right)\right]}$

$$= \lim\limits_{x\to 0}\frac{\left(\frac{1}{4!}-\frac{1}{8}\right)x^4+o(x^4)}{-\frac{1}{2}x^4+o(x^4)} = \lim\limits_{x\to 0}\frac{-\frac{1}{12}+\frac{o(x^4)}{x^4}}{-\frac{1}{2}+\frac{o(x^4)}{x^4}} = \frac{-\frac{1}{12}}{-\frac{1}{2}} = \frac{1}{6}.$$

(3) $\lim\limits_{x\to 0}\dfrac{1+\frac{1}{2}x^2-\sqrt{1+x^2}}{(\cos x - e^{x^2})\sin x^2} = \lim\limits_{x\to 0}\dfrac{1+\frac{1}{2}x^2-\left[1+\frac{1}{2}x^2-\frac{1}{8}x^4+o(x^4)\right]}{\left[1-\frac{1}{2}x^2+o(x^2)-1-x^2+o(x^2)\right][x^2+o(x^2)]}$

$$= \lim\limits_{x\to 0}\frac{\frac{1}{8}x^4+o(x^4)}{-\frac{3}{2}x^4+o(x^4)} = \lim\limits_{x\to 0}\frac{\frac{1}{8}+\frac{o(x^4)}{x^4}}{-\frac{3}{2}+\frac{o(x^4)}{x^4}} = \frac{\frac{1}{8}}{-\frac{3}{2}} = -\frac{1}{12}.$$

(4) $\lim\limits_{x\to\infty}\left[x-x^2\ln\left(1+\dfrac{1}{x}\right)\right] = \lim\limits_{x\to\infty}\left\{x-x^2\left[\dfrac{1}{x}-\dfrac{1}{2}\cdot\dfrac{1}{x^2}+o\left(\dfrac{1}{x^2}\right)\right]\right\}$

$$= \lim\limits_{x\to\infty}\left[x-x+\frac{1}{2}+\frac{o\left(\frac{1}{x^2}\right)}{\frac{1}{x^2}}\right] = \frac{1}{2}.$$

【方法点击】 利用泰勒公式求未定式极限时要关注以下几点：
(1)常见的麦克劳林公式要熟悉；
(2)要分清哪些项要展开、哪些项要保留；
(3)利用无穷小比较的知识,确定泰勒公式展开的阶级以及余项；
(4)最好与等价无穷小代换、洛必达法则等其他求未定式极限的方法相结合.

第四节　函数的单调性与曲线的凹凸性

习题 3-4 超精解（教材 P150～P152）

1. 判定函数 $f(x)=\arctan x - x$ 的单调性.

解：$f'(x)=\dfrac{1}{1+x^2}-1=-\dfrac{x^2}{1+x^2}\leqslant 0$ 且 $f'(x)=0$ 仅在 $x=0$ 时成立. 因此函数 $f(x)=\arctan x-x$ 在 $(-\infty,+\infty)$ 内单调减少.

2. 判定函数 $f(x)=x+\cos x$ 的单调性.

解：因 $f'(x)=1-\sin x\geqslant 0$,且当 $x=2n\pi+\dfrac{\pi}{2}(n=0,\pm 1,\pm 2,\cdots)$ 时, $f'(x)=0$. 可以看出在 $(-\infty,+\infty)$ 的任一有限子区间上,使 $f'(x)=0$ 的点只有有限个. 因此,函数 $f(x)$ 在 $(-\infty,+\infty)$ 内单调增加.

3. 确定下列函数的单调区间：

(1) $y=2x^3-6x^2-18x-7$；

(2) $y=2x+\dfrac{8}{x}\ (x>0)$；

(3) $y=\dfrac{10}{4x^3-9x^2+6x}$；

(4) $y=\ln(x+\sqrt{1+x^2})$；

(5) $y=(x-1)(x+1)^3$；

(6) $y=\sqrt[3]{(2x-a)(a-x)^2}\ (a>0)$；

(7) $y=x^n e^{-x}\ (n>0, x\geqslant 0)$；

(8) $y=x+|\sin 2x|$.

解：(1) 函数的定义域为 $(-\infty,+\infty)$,在 $(-\infty,+\infty)$ 内可导,且
$$y'=6x^2-12x-18=6(x-3)(x+1).$$
令 $y'=0$ 得驻点 $x_1=-1$, $x_2=3$,这两个驻点把 $(-\infty,+\infty)$ 分成三个部分区间 $(-\infty,-1),(-1,3),(3,+\infty)$.
当 $-\infty<x<-1$ 及 $3<x<+\infty$ 时, $y'>0$,因此函数在 $(-\infty,-1]$, $[3,+\infty)$ 上单调增加；
当 $-1<x<3$ 时, $y'<0$,因此函数在 $[-1,3]$ 上单调减少.

(2) 函数的定义域为 $(0,+\infty)$,在 $(0,+\infty)$ 内可导,且
$$y'=2-\dfrac{8}{x^2}=\dfrac{2x^2-8}{x^2}=\dfrac{2(x-2)(x+2)}{x^2}.$$
令 $y'=0$,得驻点 $x_1=-2$(舍去), $x_2=2$. 它把 $(0,+\infty)$ 分成两个部分区间 $(0,2),(2,+\infty)$.
当 $0<x<2$ 时, $y'<0$,因此函数在 $(0,2]$ 上单调减少；
当 $2<x<+\infty$ 时, $y'>0$,因此函数在 $[2,+\infty)$ 上单调增加.

(3) 函数除 $x=0$ 外处处可导,且 $y'=\dfrac{-10\times(12x^2-18x+6)}{(4x^3-9x^2+6x)^2}=\dfrac{-120\left(x-\dfrac{1}{2}\right)(x-1)}{(4x^3-9x^2+6x)^2}$.

令 $y'=0$,得驻点 $x_1=\dfrac{1}{2}$, $x_2=1$. 这两个驻点及点 $x=0$ 把区间 $(-\infty,+\infty)$ 分成四个部分区

间$(-\infty,0)$, $\left(0,\dfrac{1}{2}\right)$, $\left(\dfrac{1}{2},1\right)$, $(1,+\infty)$.

当$-\infty<x<0$, $0<x<\dfrac{1}{2}$, $1<x<+\infty$时, $y'<0$ 因此函数在$(-\infty,0)$, $\left(0,\dfrac{1}{2}\right]$, $[1,+\infty)$内单调减少;

当$\dfrac{1}{2}<x<1$时,$y'>0$,因此函数在$\left[\dfrac{1}{2},1\right]$上单调增加.

(4)函数在$(-\infty,+\infty)$内可导,且 $y'=\dfrac{1}{x+\sqrt{1+x^2}}\left(1+\dfrac{2x}{2\sqrt{1+x^2}}\right)=\dfrac{1}{\sqrt{1+x^2}}>0$,

因此函数在$(-\infty,+\infty)$内单调增加.

(5)函数在$(-\infty,+\infty)$内可导,且

$$y'=(x+1)^3+(x-1)\cdot 3(x+1)^2=(x+1)^2(4x-2)=4(x+1)^2\left(x-\dfrac{1}{2}\right).$$

令$y'=0$,得驻点$x_1=-1$, $x_2=\dfrac{1}{2}$,这两个驻点把区间$(-\infty,+\infty)$分成三个部分区间$(-\infty,-1)$, $\left(-1,\dfrac{1}{2}\right)$及$\left(\dfrac{1}{2},+\infty\right)$.

当$-\infty<x<-1$及$-1<x<\dfrac{1}{2}$时,$y'<0$,因此函数在$\left(-\infty,\dfrac{1}{2}\right]$上单调减少;

当$\dfrac{1}{2}<x<+\infty$时,$y'>0$,因此函数在$\left[\dfrac{1}{2},+\infty\right)$上单调增加.

(6)函数在$x_1=\dfrac{a}{2}$, $x_2=a$处不可导且在$\left(-\infty,\dfrac{a}{2}\right)$, $\left(\dfrac{a}{2},a\right)$, $(a,+\infty)$内可导,

$$y'=\dfrac{-6\left(x-\dfrac{2a}{3}\right)}{3\sqrt[3]{(2x-a)^2(a-x)}}.$$

令$y'=0$,得驻点$x_3=\dfrac{2a}{3}$,这个驻点及$x_1=\dfrac{a}{2}$, $x_2=a$把区间$(-\infty,+\infty)$分成四个部分区间$\left(-\infty,\dfrac{a}{2}\right)$, $\left(\dfrac{a}{2},\dfrac{2}{3}a\right)$, $\left(\dfrac{2}{3}a,a\right)$, $(a,+\infty)$.

当$-\infty<x<\dfrac{a}{2}$及$\dfrac{a}{2}<x<\dfrac{2}{3}a$, $a<x<+\infty$时,$y'>0$,因此函数在$\left(-\infty,\dfrac{2}{3}a\right]$, $[a,+\infty)$上单调增加;

当$\dfrac{2}{3}a<x<a$时$y'<0$,因此函数在$\left[\dfrac{2}{3}a,a\right]$上单调减少.

(7)函数在$[0,+\infty)$内可导,且$y'=nx^{n-1}e^{-x}-x^n e^{-x}=x^{n-1}e^{-x}(n-x)$.

令$y'=0$,得驻点$x_1=n$,这个驻点把区间$[0,+\infty)$分成两个部分区间$[0,n]$,$[n,+\infty)$.

当$0<x<n$时,$y'>0$因此函数在$[0,n]$上单调增加;

当$n<x<+\infty$时,$y'<0$,因此函数在$[n,+\infty)$上单调减少.

(8)函数的定义域为$(-\infty,+\infty)$,且

$$y=\begin{cases}x+\sin 2x, & n\pi\leqslant x\leqslant n\pi+\dfrac{\pi}{2}, \\ x-\sin 2x, & n\pi+\dfrac{\pi}{2}<x\leqslant(n+1)\pi\end{cases} \quad (n=0,\pm 1,\pm 2,\cdots),$$

$$y' = \begin{cases} 1+2\cos 2x, & n\pi < x < n\pi + \dfrac{\pi}{2}, \\ 1-2\cos 2x, & n\pi + \dfrac{\pi}{2} < x < (n+1)\pi \end{cases} \quad (n=0,\pm 1,\pm 2,\cdots),$$

令 $y'=0$，得驻点 $x=n\pi+\dfrac{\pi}{3}$ 及 $x=n\pi+\dfrac{5\pi}{6}$，按照这些驻点将区间 $(-\infty,+\infty)$ 分成下列部分区间

$$\left(n\pi, n\pi+\dfrac{\pi}{3}\right), \left(n\pi+\dfrac{\pi}{3}, n\pi+\dfrac{\pi}{2}\right), \left(n\pi+\dfrac{\pi}{2}, n\pi+\dfrac{5\pi}{6}\right), \left(n\pi+\dfrac{5\pi}{6}, (n+1)\pi\right),$$

$n=0,\pm 1,\pm 2,\cdots$.

当 $n\pi < x < n\pi+\dfrac{\pi}{3}$ 时，$y'>0$，因此函数在该区间内单调增加；

当 $n\pi+\dfrac{\pi}{3} < x < n\pi+\dfrac{\pi}{2}$ 时，$y'<0$，因此函数在该区间内单调减少；

当 $n\pi+\dfrac{\pi}{2} < x < n\pi+\dfrac{5\pi}{6}$ 时，$y'>0$，因此函数在该区间内单调增加；

当 $n\pi+\dfrac{5\pi}{6} < x < (n+1)\pi$ 时，$y'<0$，因此函数在该区间内单调减少.

综上可知，函数在 $\left[\dfrac{k\pi}{2}, \dfrac{k\pi}{2}+\dfrac{\pi}{3}\right]$ 上单调增加，在 $\left[\dfrac{k\pi}{2}+\dfrac{\pi}{3}, \dfrac{k\pi}{2}+\dfrac{\pi}{2}\right]$ 上单调减少（$k=0,\pm 1,\pm 2,\cdots$）.

【方法点击】 判断函数 $f(x)$ 的单调性或求单调区间的步骤为：

(1) 明确定义域并找出无定义端点；

(2) 求出使 $f'(x)=0$ 的驻点及导数不存在但函数有定义的点（上述两种点称为极值疑点），将定义域分为若干子区间；

(3) 在每个子区间上根据导数符号判断其单调性.

4. 设函数 $f(x)$ 在定义域内可导，$y=f(x)$ 的图形如图 3-1 所示，则导函数 $f'(x)$ 的图形为图 3-2 中所示的四个图形中的哪一个？

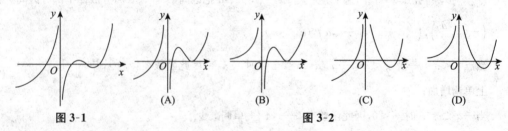

图 3-1　　　　　　　　　　　　　　　　图 3-2

解：由题干所给的图可知，当 $x<0$ 时，$y=f(x)$ 单调增加，从而 $f'(x)\geq 0$，故排除 (A)，(C)；当 $x>0$ 时，随着 x 增大，$y=f(x)$ 先单调增加，然后单调减少，再单调增加，因此随着 x 增大，先有 $f'(x)\geq 0$，然后 $f'(x)\leq 0$，继而又有 $f'(x)\geq 0$，故应选 (D).

5. 证明下列不等式：

(1) 当 $x>0$ 时，$1+\dfrac{1}{2}x > \sqrt{1+x}$；　　(2) 当 $x>0$ 时，$1+x\ln(x+\sqrt{1+x^2}) > \sqrt{1+x^2}$；

(3) 当 $0<x<\dfrac{\pi}{2}$ 时，$\sin x + \tan x > 2x$；　　(4) 当 $0<x<\dfrac{\pi}{2}$ 时，$\tan x > x+\dfrac{1}{3}x^3$；

(5) 当 $x>4$ 时，$2^x > x^2$.

【思路探索】 本题属于利用函数单调性证明不等式,首先构造合理的辅助函数,然后利用导数判断其单调性,最后根据单调性意义得出结论.

证:(1)取 $f(t)=1+\dfrac{1}{2}t-\sqrt{1+t}$,$t\in[0,x]$. $f'(t)=\dfrac{1}{2}-\dfrac{1}{2\sqrt{1+t}}=\dfrac{\sqrt{1+t}-1}{2\sqrt{1+t}}>0$,$t\in(0,x)$.

因此,函数 $f(t)$ 在 $[0,x]$ 上单调增加,故当 $x>0$ 时,$f(x)>f(0)$. 即
$$1+\dfrac{1}{2}x-\sqrt{1+x}>1+\dfrac{1}{2}\times 0-\sqrt{1+0}=0,\text{亦即 } 1+\dfrac{x}{2}>\sqrt{1+x}\,(x>0).$$

(2)取 $f(t)=1+t\ln(t+\sqrt{1+t^2})-\sqrt{1+t^2}$,$t\in[0,x]$.
$$f'(t)=\ln(t+\sqrt{1+t^2})+\dfrac{t}{\sqrt{1+t^2}}-\dfrac{t}{\sqrt{1+t^2}}=\ln(t+\sqrt{1+t^2})>0,t\in(0,x).$$

因此,函数 $f(t)$ 在 $[0,x]$ 上单调增加,故当 $x>0$ 时,$f(x)>f(0)$,即
$$1+x\ln(x+\sqrt{1+x^2})-\sqrt{1+x^2}>1+0-1=0,$$
亦即 $1+x\ln(x+\sqrt{1+x^2})>\sqrt{1+x^2}$ $(x>0)$.

(3)取 $f(x)=\sin x+\tan x-2x$,$x\in\left(0,\dfrac{\pi}{2}\right)$,则 $f'(x)=\cos x+\sec^2 x-2$,
$$f''(x)=-\sin x+2\sec^2 x\tan x=\sin x(2\sec^3 x-1)>0,\ x\in\left(0,\dfrac{\pi}{2}\right).$$

因此,函数 $f'(x)$ 在 $\left[0,\dfrac{\pi}{2}\right]$ 上单调增加,故当 $x\in\left(0,\dfrac{\pi}{2}\right)$ 时,$f'(x)>f'(0)=0$,从而 $f(x)$ 在 $\left[0,\dfrac{\pi}{2}\right]$ 上单调增加,即 $f(x)>f(0)=0$,亦即 $\sin x+\tan x-2x>0$,$x\in\left(0,\dfrac{\pi}{2}\right)$,

所以 $\sin x+\tan x>2x$,$x\in\left(0,\dfrac{\pi}{2}\right)$.

(4)取 $f(x)=\tan x-x-\dfrac{1}{3}x^3$,$x\in\left(0,\dfrac{\pi}{2}\right)$.
$$f'(x)=\sec^2 x-1-x^2=\tan^2 x-x^2=(\tan x-x)(\tan x+x).$$

由 $g'(x)=(\tan x-x)'=\sec^2 x-1=\tan^2 x>0$. 知 $g(x)=\tan x-x$ 在 $\left[0,\dfrac{\pi}{2}\right]$ 上单调增加,即 $g(x)=\tan x-x>g(0)=0$,故 $f'(x)>0$,$x\in\left(0,\dfrac{\pi}{2}\right)$.

从而 $f(x)$ 在 $\left[0,\dfrac{\pi}{2}\right]$ 上单调增加,因此 $f(x)>f(0)=0$,$x\in\left(0,\dfrac{\pi}{2}\right)$. 即当 $0<x<\dfrac{\pi}{2}$ 时,$\tan x-x-\dfrac{1}{3}x^3>0$,从而 $\tan x>x+\dfrac{1}{3}x^3\left(0<x<\dfrac{\pi}{2}\right)$.

(5)取 $f(x)=x\ln 2-2\ln x$,$x>4$. $f'(x)=\ln 2-\dfrac{2}{x}=\dfrac{\ln 4}{2}-\dfrac{2}{x}>\dfrac{\ln e}{2}-\dfrac{2}{4}=0$,

故当 $x>4$ 时,$f(x)$ 单调增加,从而 $f(x)>f(4)=0$,即
$$x\ln 2-2\ln x>0,\text{亦即 } 2^x>x^2\,(x>4).$$

【方法点击】 利用导数证明不等式有以下几种思路:
(1)利用微分中值定理; (2)利用泰勒公式;
(3)利用函数的单调性; (4)利用最大值最小值;
(5)利用曲线的凹凸性.

本题的关键是根据要证的结论构造适当的辅助函数(一般通过移项得到),从而将不等式的证明转化为利用导数来研究函数的特性.

6. 讨论方程 $\ln x = ax$（其中 $a>0$）有几个实根？

【思路探索】 先利用零点定理确定方程根的存在性,再利用单调性说明各区间内零点的唯一性.

解：取函数 $f(x)=\ln x - ax$, $x\in(0,+\infty)$. 则 $f'(x)=\dfrac{1}{x}-a$. 令 $f'(x)=0$, 得驻点 $x=\dfrac{1}{a}$.

当 $0<x<\dfrac{1}{a}$ 时, $f'(x)>0$, 因此函数 $f(x)$ 在 $\left(0,\dfrac{1}{a}\right)$ 内单调增加；

当 $\dfrac{1}{a}<x<+\infty$ 时, $f'(x)<0$, 因此函数 $f(x)$ 在 $\left(\dfrac{1}{a},+\infty\right)$ 内单调减少.

从而 $f\left(\dfrac{1}{a}\right)$ 为最大值, 又 $\lim\limits_{x\to 0^+}f(x)=-\infty$, $\lim\limits_{x\to+\infty}f(x)=-\infty$,

故当 $f\left(\dfrac{1}{a}\right)=\ln\dfrac{1}{a}-1=0$, 即 $a=\dfrac{1}{e}$ 时, 曲线 $y=\ln x - ax$ 与 x 轴仅有一个交点, 这时, 原方程有唯一实根.

当 $f\left(\dfrac{1}{a}\right)=\ln\dfrac{1}{a}-1>0$, 即 $0<a<\dfrac{1}{e}$ 时, 曲线 $y=\ln x - ax$ 与 x 轴有两个交点, 这时, 原方程有两个实根.

当 $f\left(\dfrac{1}{a}\right)=\ln\dfrac{1}{a}-1<0$, 即 $a>\dfrac{1}{e}$ 时, 曲线 $y=\ln x - ax$ 与 x 轴没有交点, 这时, 原方程没有实根.

7. 单调函数的导函数是否必为单调函数？研究下面这个例子：$f(x)=x+\sin x$.

解：单调函数的导函数不一定是单调函数. 例如函数 $f(x)=x+\sin x$, 由于 $f'(x)=1+\cos x\geq 0$, 且 $f'(x)$ 在任何有限区间内只有有限个零点, 因此函数 $f(x)$ 在 $(-\infty,+\infty)$ 内为单调增加函数, 但它的导函数 $f'(x)=1+\cos x$ 在 $(-\infty,+\infty)$ 内却不是单调函数.

8. 设 I 为任一无穷区间, 函数 $f(x)$ 在区间 I 上连续, I 内可导. 试证明：如果 $f(x)$ 在 I 的任一有限的子区间上 $f'(x)\geq 0$（或 $f'(x)\leq 0$）, 且等号仅在有限多个点处成立, 那么 $f(x)$ 在区间 I 上单调增加（或单调减少）.

证：在 I 内任取两点 x_1, x_2, 不妨设 $x_1<x_2$. 在 $[x_1,x_2]$ 上应用拉格朗日中值定理, 得到
$$f(x_2)-f(x_1)=f'(\xi)(x_2-x_1)\geq 0(\text{或}\leq 0),$$
其中 $\xi\in(x_1,x_2)$, 即 $f(x_2)\geq f(x_1)$（或 $f(x_2)\leq f(x_1)$）, 因此, $f(x)$ 在 I 上单调不减（或单调不增）, 从而对任一 $x\in[x_1,x_2]$, 有 $f(x_2)\geq f(x)\geq f(x_1)$（或 $f(x_2)\leq f(x)\leq f(x_1)$）. 若 $f(x_1)=f(x_2)$, 则有 $f(x)\equiv f(x_1)$, $x\in[x_1,x_2]$, 故 $f'(x)=0, x\in[x_1,x_2]$, 这与 $f'(x)=0$ 在 I 的任一有限子区间上仅在有限多个点处成立的假定相矛盾, 因此, $f(x_2)>f(x_1)$（或 $f(x_2)<f(x_1)$）, 即 $f(x)$ 在区间 I 上单调增加（或单调减少）.

9. 判定下列曲线的凹凸性：

(1) $y=4x-x^2$; (2) $y=\sh x$; (3) $y=x+\dfrac{1}{x}$ $(x>0)$; (4) $y=x\arctan x$.

解：(1) $y'=4-2x$, $y''=-2<0$. 故曲线 $y=4x-x^2$ 在 $(-\infty,+\infty)$ 内是凸的.

(2) $y'=\ch x$, $y''=\sh x$, 令 $y''=0$, 得 $x=0$.

当 $-\infty<x<0$ 时, $y''<0$, 因此曲线 $y=\sh x$ 在 $(-\infty,0]$ 内是凸的.

当 $0<x<+\infty$ 时, $y''>0$, 因此曲线 $y=\sh x$ 在 $[0,+\infty)$ 内是凹的.

(3) $y'=1-\dfrac{1}{x^2}$, $y''=\dfrac{2}{x^3}>0$ $(x>0)$, 故曲线 $y=x+\dfrac{1}{x}$ 在 $(0,+\infty)$ 内是凹的.

(4) $y'=\arctan x+\dfrac{x}{1+x^2}$, $y''=\dfrac{1}{1+x^2}+\dfrac{1+x^2-x\cdot 2x}{(1+x^2)^2}=\dfrac{2}{(1+x^2)^2}>0$,

故曲线 $y=x\arctan x$ 在 $(-\infty,+\infty)$ 内是凹的.

10. 求下列函数图形的拐点及凹或凸的区间：

(1) $y=x^3-5x^2+3x+5$; (2) $y=xe^{-x}$; (3) $y=(x+1)^4+e^x$;

(4) $y=\ln(x^2+1)$; (5) $y=e^{\arctan x}$; (6) $y=x^4(12\ln x-7)$.

解：(1) $y'=3x^2-10x+3$, $y''=6x-10$, 令 $y''=0$ 得 $x=\dfrac{5}{3}$.

当 $-\infty<x<\dfrac{5}{3}$ 时, $y''<0$, 因此曲线在 $\left(-\infty,\dfrac{5}{3}\right]$ 上是凸的；

当 $\dfrac{5}{3}<x<+\infty$ 时, $y''>0$, 因此曲线在 $\left[\dfrac{5}{3},+\infty\right)$ 上是凹的.

故点 $\left(\dfrac{5}{3},\dfrac{20}{27}\right)$ 为拐点.

(2) $y'=e^{-x}-xe^{-x}=(1-x)e^{-x}$, $y''=-e^{-x}+(1-x)(-e^{-x})=e^{-x}(x-2)$, 令 $y''=0$, 得 $x=2$.

当 $-\infty<x<2$ 时, $y''<0$, 因此曲线在 $(-\infty,2]$ 上是凸的；

当 $2<x<+\infty$ 时, $y''>0$, 因此曲线在 $(2,+\infty)$ 上是凹的.

故点 $\left(2,\dfrac{2}{e^2}\right)$ 为拐点.

(3) $y'=4(x+1)^3+e^x$, $y''=12(x+1)^2+e^x>0$, 因此曲线在 $(-\infty,+\infty)$ 内是凹的, 曲线没有拐点.

(4) $y'=\dfrac{2x}{x^2+1}$, $y''=\dfrac{2(x^2+1)-2x\cdot 2x}{(x^2+1)^2}=\dfrac{-2(x-1)(x+1)}{(x^2+1)^2}$. 令 $y''=0$, 得 $x_1=-1$, $x_2=1$.

当 $-\infty<x<-1$ 时, $y''<0$, 因此曲线在 $(-\infty,-1]$ 上是凸的；

当 $-1<x<1$ 时, $y''>0$, 因此曲线在 $[-1,1]$ 上是凹的；

当 $1<x<+\infty$ 时, $y''<0$, 因此曲线在 $[1,+\infty)$ 上是凸的.

曲线有两个拐点, 分别为 $(-1,\ln 2),(1,\ln 2)$.

(5) $y'=e^{\arctan x}\dfrac{1}{1+x^2}$, $y''=\dfrac{-2e^{\arctan x}\left(x-\dfrac{1}{2}\right)}{(1+x^2)^2}$, 令 $y''=0$, 得 $x=\dfrac{1}{2}$.

当 $-\infty<x<\dfrac{1}{2}$ 时, $y''>0$, 因此曲线在 $\left(-\infty,\dfrac{1}{2}\right]$ 上是凹的；

当 $\dfrac{1}{2}<x<+\infty$ 时, $y''<0$, 因此曲线在 $\left[\dfrac{1}{2},+\infty\right)$ 上是凸的.

故点 $\left(\dfrac{1}{2},e^{\arctan\frac{1}{2}}\right)$ 为拐点.

(6) $y'=4x^3(12\ln x-7)+x^4\cdot 12\dfrac{1}{x}=4x^3(12\ln x-4)$,

$y''=12x^2(12\ln x-4)+4x^3\cdot 12\dfrac{1}{x}=144x^2\ln x\ (x>0)$.

令 $y''=0$, 得 $x=1$.

当 $0<x<1$ 时, $y''<0$, 因此曲线在 $(0,1]$ 上是凸的；

当 $1<x<+\infty$ 时, $y''>0$, 因此曲线在 $[1,+\infty)$ 上是凹的.

故点 $(1,-7)$ 为拐点.

【方法点击】 判断曲线凹凸性或求凹凸区间、拐点的步骤为：
(1)明确函数的定义域或指定区域；
(2)求出全部拐点疑点($f''(x)=0$ 的点以及 $f''(x)$不存在的点)，将定义域分为若干区间；
(3)在各个子区间上根据 $f''(x)$符号判断凹凸性并确定拐点.

11. 利用函数图形的凹凸性，证明下列不等式：

(1) $\frac{1}{2}(x^n+y^n) > \left(\frac{x+y}{2}\right)^n$ $(x>0, y>0, x\neq y, n>1)$；

(2) $\frac{e^x+e^y}{2} > e^{\frac{x+y}{2}}$ $(x\neq y)$；

(3) $x\ln x + y\ln y > (x+y)\ln\frac{x+y}{2}$ $(x>0, y>0, x\neq y)$.

【思路探索】 首先构造辅助函数(一般利用凹凸性定义，通过观察不等式两端结构可以得到)，然后根据二阶导数符号判断其凹凸性，最后由凹凸性定义证明不等式.

证：(1)取函数 $f(t)=t^n$，$t\in(0,+\infty)$. $f'(t)=nt^{n-1}$，$f''(t)=n(n-1)t^{n-2}$，$t\in(0,+\infty)$.
当 $n>1$ 时，$f''(t)>0$，$t\in(0,+\infty)$，因此 $f(t)=t^n$ 在 $(0,+\infty)$ 内图形是凹的，故对任意 $x>0, y>0$，$x\neq y$，恒有 $\frac{1}{2}[f(x)+f(y)]>f\left(\frac{x+y}{2}\right)$，即 $\frac{1}{2}(x^n+y^n)>\left(\frac{x+y}{2}\right)^n$ $(x>0, y>0, x\neq y, n>1)$.

(2)取函数 $f(t)=e^t$，$t\in(-\infty,+\infty)$，则 $f'(t)=e^t$，$f''(t)=e^t>0$，$t\in(-\infty,+\infty)$. 因此 $f(t)=e^t$ 在 $(-\infty,+\infty)$ 内图形是凹的，故对任何 $x,y\in(-\infty,+\infty)$，$x\neq y$，恒有
$$\frac{1}{2}[f(x)+f(y)]>f\left(\frac{x+y}{2}\right),\text{即} \frac{1}{2}(e^x+e^y)>e^{\frac{x+y}{2}} \quad (x\neq y).$$

(3)取函数 $f(t)=t\ln t$，$t\in(0,+\infty)$，$f'(t)=\ln t+1$，$f''(t)=\frac{1}{t}>0$，$t\in(0,+\infty)$.
因此 $f(t)=t\ln t$ 在 $(0,+\infty)$ 内图形是凹的，故对任何 $x,y\in(0,+\infty)$，$x\neq y$，恒有
$$\frac{1}{2}[f(x)+f(y)]>f\left(\frac{x+y}{2}\right),$$
即 $\frac{1}{2}(x\ln x+y\ln y)>\frac{x+y}{2}\ln\frac{x+y}{2}$，亦即 $x\ln x+y\ln y>(x+y)\ln\frac{x+y}{2}$ $(x\neq y)$.

*12. 试证明曲线 $y=\frac{x-1}{x^2+1}$ 有三个拐点位于同一直线上.

证：$y'=\frac{(x^2+1)-2x(x-1)}{(x^2+1)^2}=\frac{-x^2+2x+1}{(x^2+1)^2}$，

$y''=\frac{(-2x+2)(x^2+1)^2-2(x^2+1)\cdot 2x(-x^2+2x+1)}{(x^2+1)^4}=\frac{2x^3-6x^2-6x+2}{(x^2+1)^3}$

$=\frac{2(x+1)[x-(2-\sqrt{3})][x-(2+\sqrt{3})]}{(x^2+1)^3}$.

令 $y''=0$，得 $x_1=-1$，$x_2=2-\sqrt{3}$，$x_3=2+\sqrt{3}$.
当 $-\infty<x<-1$ 时，$y''<0$，因此曲线在 $(-\infty,-1]$ 上是凸的；
当 $-1<x<2-\sqrt{3}$ 时，$y''>0$，因此曲线在 $[-1,2-\sqrt{3}]$ 上是凹的；
当 $2-\sqrt{3}<x<2+\sqrt{3}$ 时，$y''<0$ 因此曲线在 $[2-\sqrt{3},2+\sqrt{3}]$ 上是凸的；
当 $2+\sqrt{3}<x<+\infty$ 时，$y''>0$ 因此曲线在 $[2+\sqrt{3},+\infty)$ 上是凹的.

故曲线有三个拐点,分别为$(-1,-1)$,$\left(2-\sqrt{3},\dfrac{1-\sqrt{3}}{8-4\sqrt{3}}\right)$,$\left(2+\sqrt{3},\dfrac{1+\sqrt{3}}{8+4\sqrt{3}}\right)$.

由于 $\dfrac{\dfrac{1-\sqrt{3}}{8-4\sqrt{3}}-(-1)}{2-\sqrt{3}-(-1)}=\dfrac{\dfrac{1+\sqrt{3}}{8+4\sqrt{3}}-(-1)}{2+\sqrt{3}-(-1)}=\dfrac{1}{4}$,故这三个拐点在一条直线上.

13. 问 a,b 为何值时,点 $(1,3)$ 为曲线 $y=ax^3+bx^2$ 的拐点?

解: $y'=3ax^2+2bx$,$y''=6ax+2b=6a\left(x+\dfrac{b}{3a}\right)$. 令 $y''=0$,得 $x_0=-\dfrac{b}{3a}$.

当 $x_0=-\dfrac{b}{3a}$ 时,$y_0=a\left(-\dfrac{b}{3a}\right)^3+b\left(-\dfrac{b}{3a}\right)^2=\dfrac{2b^3}{27a^2}$,由于 y'' 在 x_0 的两侧变号,故点 $\left(-\dfrac{b}{3a},\dfrac{2b^3}{27a^2}\right)$ 为曲线的唯一拐点.

从而要使点 $(1,3)$ 为拐点,则 $\begin{cases}-\dfrac{b}{3a}=1,\\ \dfrac{2b^3}{27a^2}=3,\end{cases}$ 解得 $a=-\dfrac{3}{2}$,$b=\dfrac{9}{2}$.

14. 试决定曲线 $y=ax^3+bx^2+cx+d$ 中的 a,b,c,d,使得 $x=-2$ 处曲线有水平切线,$(1,-10)$ 为拐点,且点 $(-2,44)$ 在曲线上.

解: $y'=3ax^2+2bx+c$,$y''=6ax+2b$.

根据题意有 $y(-2)=44$,$y'(-2)=0$,$y(1)=-10$,$y''(1)=0$. 即

$$\begin{cases}-8a+4b-2c+d=44,\\ 12a-4b+c=0,\\ a+b+c+d=-10,\\ 6a+2b=0.\end{cases}$$

解此方程组得 $a=1$,$b=-3$,$c=-24$,$d=16$.

15. 试决定 $y=k(x^2-3)^2$ 中 k 的值,使曲线拐点处的法线通过原点.

解: $y'=2k(x^2-3)\cdot 2x=4kx(x^2-3)$,$y''=4k(x^2-3)+4kx\cdot 2x=12k(x-1)(x+1)$.

令 $y''=0$,得 $x_1=-1$,$x_2=1$.

易知 y'' 在 $x_1=-1$,$x_2=1$ 两侧均异号,从而知 $(-1,4k)$,$(1,4k)$ 为曲线的拐点.

由 $y'|_{x=-1}=8k$ 知过点 $(-1,4k)$ 的法线方程为 $Y-4k=-\dfrac{1}{8k}(X+1)$,

要使该法线过原点,则 $(0,0)$ 应满足方程,将 $X=0$,$Y=0$ 代入上式,得 $k=\pm\dfrac{\sqrt{2}}{8}$. 由 $y'|_{x=1}=-8k$ 知过点 $(1,4k)$ 的法线方程为 $Y-4k=\dfrac{1}{8k}(X-1)$.

同理,要使该法线过原点,将 $X=0$,$Y=0$ 代入上式得 $k=\pm\dfrac{\sqrt{2}}{8}$.

所以,当 $k=\pm\dfrac{\sqrt{2}}{8}$ 时,该曲线拐点处的法线通过原点.

*16. 设 $y=f(x)$ 在 $x=x_0$ 的某邻域内具有三阶连续导数,如果 $f''(x_0)=0$,而 $f'''(x_0)\neq 0$,试问 $(x_0,f(x_0))$ 是否为拐点?为什么?

解: 已知 $f'''(x_0)\neq 0$,不妨设 $f'''(x_0)>0$,由于 $f'''(x)$ 在 $x=x_0$ 的某个邻域内连续,因此必存在 $\delta>0$,当 $x\in(x_0-\delta,x_0+\delta)$ 时,$f'''(x)>0$,故在 $(x_0-\delta,x_0+\delta)$ 内 $f''(x)$ 单调增加. 又已

知 $f''(x_0)=0$,从而当 $x\in(x_0-\delta,x_0)$ 时,$f''(x)<f''(x_0)=0$,即函数 $f(x)$ 在 $(x_0-\delta,x_0)$ 内的图形是凸的,当 $x\in(x_0,x_0+\delta)$ 时,$f''(x)>f''(x_0)=0$,即函数 $f(x)$ 在 $(x_0,x_0+\delta)$ 内的图形是凹的,所以点 $(x_0,f(x_0))$ 为曲线的拐点.

第五节 函数的极值与最大值最小值

习题 3-5 超精解(教材 P161~P163)

1. 求下列函数的极值:
(1) $y=2x^3-6x^2-18x+7$; (2) $y=x-\ln(1+x)$; (3) $y=-x^4+2x^2$;
(4) $y=x+\sqrt{1-x}$; (5) $y=\dfrac{1+3x}{\sqrt{4+5x^2}}$; (6) $y=\dfrac{3x^2+4x+4}{x^2+x+1}$;
(7) $y=e^x\cos x$; (8) $y=x^{\frac{1}{x}}$; (9) $y=3-2(x+1)^{\frac{1}{3}}$;
(10) $y=x+\tan x$.

解:(1) $y'=6x^2-12x-18$,$y''=12x-12$.令 $y'=0$,得驻点 $x_1=-1$,$x_2=3$.

由 $y''|_{x=-1}=-24<0$ 知 $y|_{x=-1}=17$ 为极大值;

由 $y''|_{x=3}=24>0$ 知 $y|_{x=3}=-47$ 为极小值.

(2) 函数的定义域为 $(-1,+\infty)$,在 $(-1,+\infty)$ 内可导,且
$$y'=1-\dfrac{1}{1+x},\quad y''=\dfrac{1}{(1+x)^2}\ (x>-1).$$

令 $y'=0$,得驻点 $x=0$.由 $y''|_{x=0}=1>0$ 知 $y|_{x=0}=0$ 为极小值.

(3) $y'=-4x^3+4x=-4x(x^2-1)$,$y''=-12x^2+4$.令 $y'=0$,得驻点 $x_1=-1$,$x_2=1$,$x_3=0$.

由 $y''|_{x=-1}=-8<0$ 知 $y|_{x=-1}=1$ 为极大值;由 $y''|_{x=1}=-8<0$ 知 $y|_{x=1}=1$ 为极大值;

由 $y''|_{x=0}=4>0$ 知 $y|_{x=0}=0$ 为极小值.

(4) 函数的定义域为 $(-\infty,1]$,在 $(-\infty,1)$ 内可导,且
$$y'=1-\dfrac{1}{2\sqrt{1-x}}=\dfrac{2\sqrt{1-x}-1}{2\sqrt{1-x}},\quad y''=-\dfrac{1}{4}\cdot\dfrac{1}{(1-x)^{\frac{3}{2}}}.$$

令 $y'=0$,得驻点 $x=\dfrac{3}{4}$,由 $y''|_{x=\frac{3}{4}}=-2<0$ 知 $y|_{x=\frac{3}{4}}=\dfrac{5}{4}$ 为极大值.

(5) $y'=\dfrac{3\sqrt{4+5x^2}-(1+3x)\cdot\dfrac{10x}{2\sqrt{4+5x^2}}}{4+5x^2}=\dfrac{12-5x}{(4+5x^2)^{\frac{3}{2}}}=\dfrac{-5\left(x-\dfrac{12}{5}\right)}{(4+5x^2)^{\frac{3}{2}}}.$

令 $y'=0$,得驻点 $x=\dfrac{12}{5}$.

当 $-\infty<x<\dfrac{12}{5}$ 时,$y'>0$,因此函数在 $\left(-\infty,\dfrac{12}{5}\right]$ 上单调增加;

当 $\dfrac{12}{5}<x<+\infty$ 时,$y'<0$,因此函数在 $\left[\dfrac{12}{5},+\infty\right)$ 上单调减少;

从而 $y\left(\dfrac{12}{5}\right)=\dfrac{\sqrt{205}}{10}$ 为极大值.

(6) $y' = \dfrac{(6x+4)(x^2+x+1)-(2x+1)(3x^2+4x+4)}{(x^2+x+1)^2} = \dfrac{-x(x+2)}{(x^2+x+1)^2}$.

令 $y'=0$,得驻点 $x_1=-2$, $x_2=0$.

当 $-\infty<x<-2$ 时,$y'<0$,因此函数在 $(-\infty,-2]$ 上单调减少;

当 $-2<x<0$ 时,$y'>0$,因此函数在 $[-2,0]$ 上单调增加;

当 $0<x<+\infty$ 时,$y'<0$,因此函数在 $[0,+\infty)$ 上单调减少.从而可知 $y(-2)=\dfrac{8}{3}$ 为极小值,$y(0)=4$ 为极大值.

(7) $y'=e^x\cos x-e^x\sin x=e^x(\cos x-\sin x)$, $y''=-2e^x\sin x$.

令 $y'=0$,得驻点 $x_k=2k\pi+\dfrac{\pi}{4}$, $x_k'=2k\pi+\dfrac{5}{4}\pi(k=0,\pm 1,\pm 2,\cdots)$.

由 $y''\big|_{x=2k\pi+\frac{\pi}{4}}=-\sqrt{2}e^{2k\pi+\frac{\pi}{4}}<0$ 知 $y\big|_{x=2k\pi+\frac{\pi}{4}}=\dfrac{\sqrt{2}}{2}e^{2k\pi+\frac{\pi}{4}}(k=0,\pm 1,\pm 2,\cdots)$ 为极大值,

由 $y''\big|_{x=2k\pi+\frac{5\pi}{4}}=\sqrt{2}e^{2k\pi+\frac{5\pi}{4}}>0$ 知 $y\big|_{x=2k\pi+\frac{5\pi}{4}}=\dfrac{-\sqrt{2}}{2}e^{2k\pi+\frac{5\pi}{4}}(k=0,\pm 1,\pm 2,\cdots)$ 为极小值.

(8) 函数的定义域为 $(0,+\infty)$,在 $(0,+\infty)$ 内可导,且

$$y'=(e^{\frac{1}{x}\ln x})'=e^{\frac{1}{x}\ln x}\cdot\dfrac{1-\ln x}{x^2}=x^{\frac{1}{x}-2}(1-\ln x),$$

令 $y'=0$,得驻点 $x=e$.

当 $0<x<e$ 时,$y'>0$,因此函数在 $(0,e]$ 上单调增加;当 $e<x<+\infty$ 时,$y'<0$,因此函数在 $(e,+\infty)$ 上单调减少,从而可知 $y(e)=e^{\frac{1}{e}}$ 为极大值.

(9) 当 $x\neq -1$ 时,$y'=-\dfrac{2}{3}\cdot\dfrac{1}{(x+1)^{\frac{2}{3}}}<0$. 又 $x=-1$ 时函数有定义,因此可知函数在 $(-\infty,+\infty)$ 上单调减少,从而函数在 $(-\infty,+\infty)$ 内无极值.

(10) 由 $y'=1+\sec^2 x>0$ 知,所给函数在 $(-\infty,+\infty)$ 内除 $x\neq k\pi+\dfrac{\pi}{2}(k\in \mathbf{Z})$ 外单调增加,从而函数无极值.

【方法点击】 求极值的步骤:

(1)求出函数 $f(x)$ 的全部极值疑点,即驻点以及导数不存在但函数有定义的内点;

(2)每个极值疑点逐个判断,判别法有两个:

①第一判别法:根据各极值疑点左右两侧 $f'(x)$ 的符号判断,若极值疑点较多,可列表并结合单调区间判断极值点;

②第二判别法:适用于驻点,且该点处 $f''(x)$ 不为零,利用 $f''(x)$ 在该点处的符号判断.

2. 试证明:如果函数 $y=ax^3+bx^2+cx+d$ 满足条件 $b^2-3ac<0$,那么这函数没有极值.

证:$y'=3ax^2+2bx+c$,由 $b^2-3ac<0$ 知 $a\neq 0$, $c\neq 0$, y' 是二次三项式,

$$\Delta=(2b)^2-4(3a)\cdot c=4(b^2-3ac)<0.$$

当 $a>0$ 时,y' 的图像开口向上,且在 x 轴上方,故 $y'>0$,从而所给函数在 $(-\infty,+\infty)$ 内单调增加.

当 $a<0$ 时,y' 的图像开口向下,且在 x 轴下方,故 $y'<0$,从而所给函数在 $(-\infty,+\infty)$ 内单调减少.

因此,只要条件 $b^2-3ac<0$ 成立,所给函数在 $(-\infty,+\infty)$ 内单调,故函数在 $(-\infty,+\infty)$ 内无极值.

3. 试问 a 为何值时,函数 $f(x)=a\sin x+\dfrac{1}{3}\sin 3x$ 在 $x=\dfrac{\pi}{3}$ 处取得极值?它是极大值还是极小值?并求此极值.

【思路探索】 对可导函数而言,极值点必为驻点,故由 $f'(x)=0$ 可解出 a.判断极值类型时,若驻点两侧 $f'(x)$ 符号不易判断,则第二判别法往往会发挥作用,本题属于该情形.

解:$f'(x)=a\cos x+\cos 3x$,函数 $f(x)$ 在 $x=\dfrac{\pi}{3}$ 处取得极值,则 $f'\left(\dfrac{\pi}{3}\right)=0$,即 $a\cos\dfrac{\pi}{3}+\cos\pi=0$,故 $a=2$.又 $f''(x)=-2\sin x-3\sin 3x$,$f''\left(\dfrac{\pi}{3}\right)=-2\sin\dfrac{\pi}{3}-3\sin\pi=-\sqrt{3}<0$,

因此 $f\left(\dfrac{\pi}{3}\right)=2\sin\dfrac{\pi}{3}+\dfrac{1}{3}\sin\pi=\sqrt{3}$ 为极大值.

4. 设函数 $f(x)$ 在 x_0 处有 n 阶导数,且 $f'(x_0)=f''(x_0)=\cdots=f^{(n-1)}(x_0)=0$,$f^{(n)}(x_0)\neq 0$,证明:

(1)当 n 为奇数时,$f(x)$ 在 x_0 处不取得极值;

(2)当 n 为偶数时,$f(x)$ 在 x_0 处取得极值,且当 $f^{(n)}(x_0)<0$ 时,$f(x_0)$ 为极大值,当 $f^{(n)}(x_0)>0$ 时,$f(x_0)$ 为极小值.

证:由含佩亚诺余项的 n 阶泰勒公式及已知条件,得
$$f(x)=f(x_0)+\dfrac{f^{(n)}(x_0)}{n!}(x-x_0)^n+o[(x-x_0)^n],$$

即 $f(x)-f(x_0)=\dfrac{f^{(n)}(x_0)}{n!}(x-x_0)^n+o((x-x_0)^n)$,由此可知 $f(x)-f(x_0)$ 在 x_0 某邻域内的符号由 $\dfrac{f^{(n)}(x_0)}{n!}(x-x_0)^n$ 在 x_0 某邻域内的符号决定.

当 n 为奇数时,$(x-x_0)^n$ 在 x_0 两侧异号,所以 $\dfrac{f^{(n)}(x_0)}{n!}(x-x_0)^n$ 在 x_0 两侧异号,从而 $f(x)-f(x_0)$ 在 x_0 两侧异号,故 $f(x)$ 在 x_0 处不取得极值.

(2)当 n 为偶数时,在 x_0 两侧 $(x-x_0)^n>0$,若 $f^{(n)}(x_0)<0$,则 $\dfrac{f^{(n)}(x_0)}{n!}(x-x_0)^n<0$,从而 $f(x)-f(x_0)<0$,即 $f(x)<f(x_0)$,故 $f(x_0)$ 为极大值;若 $f^{(n)}(x_0)>0$,则 $\dfrac{f^{(n)}(x_0)}{n!}(x-x_0)^n>0$,从而 $f(x)-f(x_0)>0$,即 $f(x)>f(x_0)$,故 $f(x_0)$ 为极小值.

5. 试利用习题 4 的结论,讨论函数 $f(x)=e^x+e^{-x}+2\cos x$ 的极值.

解:$f'(x)=e^x-e^{-x}-2\sin x$,$f''(x)=e^x+e^{-x}-2\cos x$,$f'''(x)=e^x-e^{-x}+2\sin x$,$f^{(4)}(x)=e^x+e^{-x}+2\cos x$,故 $f'(0)=f''(0)=f'''(0)=0$,$f^{(4)}(0)=4>0$,因此函数 $f(x)$ 在 $x=0$ 处有极小值,极小值为 4.

6. 求下列函数的最大值、最小值:

(1) $y=2x^3-3x^2$,$-1\leqslant x\leqslant 4$; (2) $y=x^4-8x^2+2$,$-1\leqslant x\leqslant 3$;

(3) $y=x+\sqrt{1-x}$,$-5\leqslant x\leqslant 1$.

解:(1)函数在 $[-1,4]$ 上可导,且 $y'=6x^2-6x=6x(x-1)$.令 $y'=0$,得驻点 $x_1=0$,$x_2=1$,

比较 $y|_{x=-1}=-5$,$y|_{x=0}=0$,$y|_{x=1}=-1$,$y|_{x=4}=80$,

得函数的最大值为 $y|_{x=4}=80$,最小值为 $y|_{x=-1}=-5$.

(2)函数在 $[-1,3]$ 上可导,且 $y'=4x^3-16x=4x(x-2)(x+2)$.

令 $y'=0$,得驻点 $x_1=-2$(舍去),$x_2=0$,$x_3=2$.

比较 $y|_{x=-1}=-5$,$y|_{x=0}=2$,$y|_{x=2}=-14$,$y|_{x=3}=11$,

得函数的最大值为 $y|_{x=3}=11$,最小值为 $y|_{x=2}=-14$.

(3) 函数在 $[-5,1)$ 上可导,且 $y'=1-\dfrac{1}{2\sqrt{1-x}}=\dfrac{2\sqrt{1-x}-1}{2\sqrt{1-x}}$.

令 $y'=0$,得驻点 $x=\dfrac{3}{4}$,比较 $y|_{x=-5}=-5+\sqrt{6}$, $y|_{x=\frac{3}{4}}=\dfrac{5}{4}$, $y|_{x=1}=1$,

得函数的最大值为 $y|_{x=\frac{3}{4}}=\dfrac{5}{4}$,最小值为 $y|_{x=-5}=\sqrt{6}-5$.

【方法点击】 求函数最值的步骤:
(1) 找出所给区间内的全部极值疑点以及使函数有定义的边界点;
(2) 求出上述点处的函数值并比较其大小,其中最大的函数值就是最大值,最小的就是最小值.

7. 问函数 $y=2x^3-6x^2-18x-7$ $(1\leqslant x\leqslant 4)$ 在何处取得最大值?并求出它的最大值.

解:函数在 $[1,4]$ 上可导,且 $y'=6x^2-12x-18=6(x+1)(x-3)$.

令 $y'=0$,得驻点 $x_1=-1$(舍去),$x_2=3$,比较 $y|_{x=1}=-29$, $y|_{x=3}=-61$, $y|_{x=4}=-47$,

得函数在 $x=1$ 处取得最大值,且最大值为 $y|_{x=1}=-29$.

8. 问函数 $y=x^2-\dfrac{54}{x}$ $(x<0)$ 在何处取得最小值?

解:函数在 $(-\infty,0)$ 内可导,且 $y'=2x+\dfrac{54}{x^2}=\dfrac{2(x^3+27)}{x^2}$, $y''=2-\dfrac{108}{x^3}$.

令 $y'=0$,得驻点 $x=-3$. 由 $y''|_{x=-3}=6>0$ 知 $x=-3$ 为极小值点.

又函数在 $(-\infty,0)$ 内的驻点唯一,故极小值点就是最小值点,即 $x=-3$ 为最小值点,且最小值为 $y|_{x=-3}=27$.

9. 问函数 $y=\dfrac{x}{x^2+1}$ $(x\geqslant 0)$ 在何处取得最大值?

解:函数在 $[0,+\infty)$ 上可导,且 $y'=\dfrac{x^2+1-x\cdot 2x}{(x^2+1)^2}=\dfrac{1-x^2}{(x^2+1)^2}$, $y''=\dfrac{-2x(3-x^2)}{(x^2+1)^3}$.

令 $y'=0$,得驻点 $x=-1$(舍去),$x=1$. 由 $y''|_{x=1}=\dfrac{-4}{8}=-\dfrac{1}{2}<0$ 知 $x=1$ 为极大值点.

又函数在 $[0,+\infty)$ 上的驻点唯一,故极大值点就是最大值点,即 $x=1$ 为最大值点,且最大值为 $y|_{x=1}=\dfrac{1}{2}$.

【方法点击】 求函数最值的三种特殊情形:
(1) 若函数在指定区间单调且在边界点处连续,则其边界点必为最值点;
(2) 若函数 $f(x)$ 在指定区间内可导且只有一个驻点 x_0,则当 $f(x_0)$ 为极大值时,$f(x_0)$ 就是 $f(x)$ 在该区间上的最大值;当 $f(x_0)$ 是极小值时,$f(x_0)$ 就是 $f(x)$ 在该区间上的最小值. 上述第 8、9 题即该情形;
(3) 实际问题中,若题意决定了可导函数 $f(x)$ 在定义区间内必有最大值(或最小值),而 $f(x)$ 在定义区间内只有唯一驻点 x_0,则无须判断,$f(x_0)$ 必为最大值(或最小值). 后面第 10~18 题即属该情形.

10. 某车间靠墙壁要盖一间长方形小屋,现有存砖只够砌 20m 长的墙壁. 问应围成怎样的长方形才能使这间小屋的面积最大?

解:如图 3-3 所示,设这间小屋的宽为 x,长为 y,则小屋的面积为 $S=xy$. 已知 $2x+y=20$,即

$y=20-2x$,故
$$S=x(20-2x)=20x-2x^2,\ x\in(0,10);S'=20-4x,S''=-4.$$
令 $S'=0$,得驻点 $x=5$.

由 $S''<0$ 知 $x=5$ 为极大值点,又驻点唯一,故极大值点就是最大值点,即当宽为 5 m,长为 10 m 时这间小屋的面积最大.

11. 要造一圆柱形油罐,体积为 V,问底半径 r 和高 h 等于多少时,才能使表面积最小？这时底直径与高的比是多少？

解:已知 $\pi r^2 h=V$,即 $h=\dfrac{V}{\pi r^2}$.圆柱形油罐的表面积
$$A=2\pi r^2+2\pi rh=2\pi r^2+2\pi r\cdot\dfrac{V}{\pi r^2}=2\pi r^2+\dfrac{2V}{r},\ r\in(0,+\infty).\ A'=4\pi r-\dfrac{2V}{r^2},A''=4\pi+\dfrac{4V}{r^3}.$$

令 $A'=0$,得 $r=\sqrt[3]{\dfrac{V}{2\pi}}$.由 $A''\Big|_{r=\sqrt[3]{\frac{V}{2\pi}}}=4\pi+8\pi=12\pi>0$ 知 $r=\sqrt[3]{\dfrac{V}{2\pi}}$ 为极小值点,又驻点唯一,故极小值点就是最小值点.此时 $h=\dfrac{V}{\pi r^2}=2\sqrt[3]{\dfrac{V}{2\pi}}=2r$,即 $2r:h=1:1$.

所以当底半径为 $r=\sqrt[3]{\dfrac{V}{2\pi}}$ 和高 $h=2\sqrt[3]{\dfrac{V}{2\pi}}$ 时,才能使表面积最小.

这时底面直径与高的比为 1:1.

12. 某地区防空洞的截面积拟建成矩形加半圆(图3-4).截面的面积为 $5m^2$.问底宽 x 为多少时才能使截面的周长最小.从而使建造时所用的材料最省？

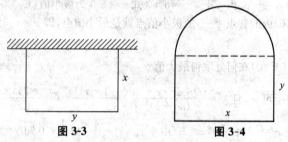

图 3-3 图 3-4

解:设截面的周长为 l,已知 $l=x+2y+\dfrac{\pi x}{2},xy+\dfrac{\pi}{2}\left(\dfrac{x}{2}\right)^2=5$,即 $y=\dfrac{5}{x}-\dfrac{\pi x}{8}$.故
$$l=x+\dfrac{\pi x}{4}+\dfrac{10}{x},\ x\in\left(0,\sqrt{\dfrac{40}{\pi}}\right).\ l'=1+\dfrac{\pi}{4}-\dfrac{10}{x^2},l''=\dfrac{20}{x^3}.$$

令 $l'=0$,得驻点 $x=\sqrt{\dfrac{40}{4+\pi}}$.由 $l''\Big|_{x=\sqrt{\frac{40}{4+\pi}}}=\dfrac{20}{\left(\dfrac{40}{4+\pi}\right)^{\frac{3}{2}}}>0$,知 $x=\sqrt{\dfrac{40}{4+\pi}}$ 为极小值点,又

因驻点唯一,故极小值点就是最小值点.所以当截面的底宽为 $x=\sqrt{\dfrac{40}{4+\pi}}$ 时,才能使截面的周长最小,从而使建造时所用的材料最省.

13. 设有质量为 5kg 的物体,置于水平面上,受力 F 的作用而开始移动(图3-5).设摩擦系数 $\mu=0.25$,问力 F 与水平线的交角 α 为多少时,才可使力 F 的大小为最小.

解:如图 3-5 所示,力 F 的大小用 $|F|$ 表示,则由 $|F|\cos\alpha=(P-|F|\sin\alpha)\mu$,

知 $|F|=\dfrac{\mu P}{\cos\alpha+\mu\sin\alpha},\ \alpha\in\left[0,\dfrac{\pi}{2}\right)$.

设 $y=\cos\alpha+\mu\sin\alpha$, $\alpha\in\left[0,\dfrac{\pi}{2}\right]$，则 $y'=-\sin\alpha+\mu\cos\alpha$.

令 $y'=0$，得驻点 $\alpha_0=\arctan\mu$. 又 $y''\big|_{\alpha=\alpha_0}=-\cos\alpha_0-\mu\sin\alpha_0<0$，所以驻点 α_0 为极大值点，又驻点唯一，因此 α_0 为函数 $y=y(\alpha)$ 的最大值点，这时，即 $\alpha=\alpha_0=\arctan 0.25\approx 14°2'$ 时，力 $\boldsymbol{F}$ 的大小为最小.

14. 有一杠杆，支点在它的一端. 在距支点 0.1m 处挂一质量为 49kg 的物体. 加力于杠杆的另一端使杠杆保持水平(图 3-6). 如果杠杆的线密度为 5kg/m，求最省力的杆长？

解：如图 3-6 所示，设最省力的杆长为 x，则此时杠杆的重力为 $5gx$，由力矩平衡公式
$$x|F|=49g\cdot 0.1+5gx\cdot\frac{x}{2}\quad (x>0),$$
可得 $|F|=\dfrac{4.9}{x}g+\dfrac{5}{2}gx$，$|F|'=-\dfrac{4.9}{x^2}g+\dfrac{5}{2}g$，$|F|''=\dfrac{9.8}{x^3}g$.

令 $|F|'=0$ 得驻点 $x=1.4$. 又因 $|F|''\big|_{x=1.4}=\dfrac{9.8}{1.4^3}g>0$，故 $x=1.4$ 为极小值点，又驻点唯一，因此 $x=1.4$ 也是最小值点，即杆长为 1.4 m 时最省力.

15. 从一块半径为 R 的圆铁片上挖去一个扇形做成一个漏斗(图 3-7). 问留下的扇形的中心角 φ 取多大时，做成的漏斗的容积最大？

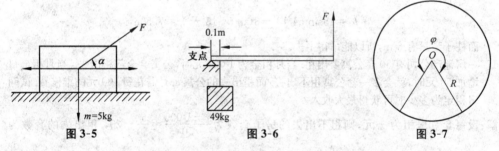

图 3-5　　　　图 3-6　　　　图 3-7

解：如图 3-7 所示，设漏斗的高为 h，顶面的圆半径为 r，则漏斗的容积为 $V=\dfrac{1}{3}\pi r^2 h$，又 $2\pi r=R\varphi$，$h=\sqrt{R^2-r^2}$. 故 $\quad V=\dfrac{R^3}{24\pi^2}\sqrt{4\pi^2\varphi^4-\varphi^6}\quad(0<\varphi<2\pi),$

$$V'=\dfrac{R^3}{24\pi^2}\cdot\dfrac{16\pi^2\varphi^3-6\varphi^5}{2\sqrt{4\pi^2\varphi^4-\varphi^6}}=\dfrac{R^3}{24\pi^2}\cdot\dfrac{8\pi^2-3\varphi^2}{\sqrt{4\pi^2-\varphi^2}}.$$

令 $V'=0$，得 $\varphi=\sqrt{\dfrac{8}{3}}\pi=\dfrac{2\sqrt{6}}{3}\pi$.

当 $0<\varphi<\dfrac{2\sqrt{6}}{3}\pi$ 时，$V'>0$，故 V 在 $\left(0,\dfrac{2\sqrt{6}}{3}\pi\right)$ 内单调增加；

当 $\dfrac{2\sqrt{6}}{3}\leqslant\varphi<2\pi$ 时，$V'<0$，故 V 在 $\left[\dfrac{2\sqrt{6}}{3}\pi,2\pi\right)$ 内单调减少.

因此 $\varphi=\dfrac{2\sqrt{6}}{3}\pi$ 为极大值点，又驻点唯一，从而 $\varphi=\dfrac{2\sqrt{6}}{3}\pi$ 也是最大值点，即当 φ 取 $\dfrac{2\sqrt{6}}{3}\pi$ 时，做成的漏斗的容积最大.

16. 某吊车的车身高为 1.5m，吊臂长 15m. 现在要把一个 6m 宽、2m 高的屋架(图 3-8(a))，水平地吊到 6m 高的柱子上去(图 3-8(b))，问能否吊得上去？

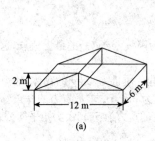
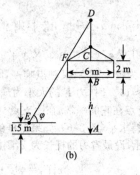

图 3-8

解:如图 3-8 所示,设吊臂对地面的倾角为 φ,屋架能够吊到最大高度为 h,由 $15\sin\varphi = h - 1.5 + 2 + 3\tan\varphi$ 知

$$h = 15\sin\varphi - 3\tan\varphi - \frac{1}{2}, \quad h' = 15\cos\varphi - \frac{3}{\cos^2\varphi}, \quad h'' = -15\sin\varphi - \frac{6\sin\varphi}{\cos^3\varphi}.$$

令 $h' = 0$,得 $\cos\varphi = \sqrt[3]{\frac{1}{5}}$,即得唯一驻点 $\varphi_0 = \arccos\sqrt[3]{\frac{1}{5}} \approx 54°13'$.

又 $h''\big|_{\varphi = \varphi_0} < 0$,故 $\varphi_0 \approx 54°13'$ 为极大值点也是最大值点. 即当 $\varphi_0 \approx 54°13'$ 时,h 达到最大值

$$h_0 = 15\sin 54°13' - 3\tan 54°13' - \frac{1}{2} \approx 7.506,$$

而柱子高只有 6 m,所以能吊得上去.

17. 一房地产公司有 50 套公寓要出租.当月租金为 1 000 元时,公寓会全部租出去.当月租金每增加 50 元时,就会多一套公寓租不出去.而租出去的公寓每月需花费 100 元的维修费.试问房租定为多少时可获得最大收入?

解:设每套月房租为 x 元,则租不出去的房子套数为 $\frac{x - 1\,000}{50} = \frac{x}{50} - 20$,租出去的套数为 $50 - \left(\frac{x}{50} - 20\right) = 70 - \frac{x}{50}$,租出的每套房子获利 $(x - 100)$ 元.故总利润为

$$y = \left(70 - \frac{x}{50}\right)(x - 100) = -\frac{x^2}{50} + 72x - 7\,000.$$

则 $y' = -\frac{x}{25} + 72$,$y'' = -\frac{1}{25}$. 令 $y' = 0$,得驻点 $x = 1\,800$.

由 $y'' < 0$ 知 $x = 1\,800$ 为极大值点,又驻点唯一,这极大值点就是最大值点. 即当每套月房租定在 1 800 元时,可获得最大收入.

18. 已知制作一个背包的成本为 40 元,如果每一个背包的售出价为 x 元,售出的背包数由 $n = \frac{a}{x - 40} + b(80 - x)$ 给出,其中 a, b 为正常数,问什么样的售出价格能带来最大利润?

解:设利润函数为 $p(x)$,则 $p(x) = (x - 40)n = a + b(x - 40)(80 - x)$.

则 $p'(x) = b(120 - 2x)$,令 $p'(x) = 0$,得 $x = 60$(元).

由 $p''(x) = -2b < 0$ 知 $x = 60$ 为极大值点,又驻点唯一,这极大值点就是最大值点. 即售出价格定在 60 元时能带来最大利润.

第六节 函数图形的描绘

习题 3-6 超精解（教材 P167）

描绘下列函数的图形：

1. $y = \dfrac{1}{5}(x^4 - 6x^2 + 8x + 7)$;

解：(1) 所给函数 $y = \dfrac{1}{5}(x^4 - 6x^2 + 8x + 7)$ 的定义域为 $(-\infty, +\infty)$，而

$$y' = \dfrac{1}{5}(4x^3 - 12x + 8) = \dfrac{4}{5}(x+2)(x-1)^2, \quad y'' = \dfrac{4}{5}(3x^2 - 3) = \dfrac{12}{5}(x+1)(x-1).$$

(2) 令 $y' = 0$，得 $x = -2, x = 1$，令 $y'' = 0$，得 $x = 1, x = -1$. 根据上述点将区间 $(-\infty, +\infty)$ 分成下列四个部分区间：

$$(-\infty, -2], [-2, -1], [-1, 1], [1, +\infty).$$

(3) 在各部分区间内 $f'(x)$ 及 $f''(x)$ 的符号、相应曲线弧的升降及凹凸性以及极值点和拐点等如下表：

x	$(-\infty, -2)$	-2	$(-2, -1)$	-1	$(-1, 1)$	1	$(1, +\infty)$
y'	$-$	0	$+$	$+$	$+$	0	$+$
y''	$+$	$+$	$+$	0	$-$	0	$+$
$y = f(x)$ 的图形	↘	极小 $\left(-2, -\dfrac{17}{5}\right)$	↗	拐点	↗	拐点	↗

(4) $\lim\limits_{x \to +\infty} f(x) = \lim\limits_{x \to -\infty} f(x) = +\infty$，图形没有垂直、水平、斜渐近线.

(5) 由 $f(-2) = -\dfrac{17}{5}$，$f(-1) = -\dfrac{6}{5}$，$f(1) = 2$，$f(0) = \dfrac{7}{5}$，得图形上的四个点

$$\left(-2, -\dfrac{17}{5}\right), \left(-1, -\dfrac{6}{5}\right), (1, 2), \left(0, \dfrac{7}{5}\right).$$

(6) 作图如图 3-9 所示.

2. $y = \dfrac{x}{1+x^2}$;

解：(1) 所给函数 $y = \dfrac{x}{1+x^2}$ 的定义域为 $(-\infty, +\infty)$.

由于 $y = \dfrac{x}{1+x^2}$ 是奇函数，它的图形关于原点对称，因此可以只讨论 $[0, +\infty)$ 上该函数的图形，求出

$$y' = \dfrac{1 + x^2 - x \cdot 2x}{(1+x^2)^2} = \dfrac{1 - x^2}{(1+x^2)^2}, \quad y'' = \dfrac{2x(x^2 - 3)}{(1+x^2)^3}.$$

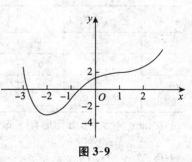

图 3-9

(2) 在 $[0, +\infty)$ 内 y' 的零点为 $x = 1$，y'' 的零点为 $x = \sqrt{3}$，根据这两点把区间 $[0, +\infty)$ 分成三个区间：

$$[0, 1], [1, \sqrt{3}], [\sqrt{3}, +\infty).$$

(3)在$[0,+\infty)$内的各部分区间内$f'(x)$及$f''(x)$的符号、相应曲线弧的升降及凹凸性以及极值点和拐点等如下表：

x	0	(0,1)	1	$(1,\sqrt{3})$	$\sqrt{3}$	$(\sqrt{3},+\infty)$
y'		+	+	0	−		−
y''		−	−	−	−	0	+
$y=f(x)$ 的图形	拐点	↗	极大 $\left(1,\dfrac{1}{2}\right)$	↘	拐点	↘

(4)由于$\lim\limits_{x\to\infty}\dfrac{x}{1+x^2}=0$，所以图形有一条水平渐近线$y=0$，图形无垂直渐近线及斜渐近线．

(5)由$f(0)=0$，$f(1)=\dfrac{1}{2}$，$f(\sqrt{3})=\dfrac{\sqrt{3}}{4}$，得在$[0,+\infty)$内图形上的点$(0,0)$，$\left(1,\dfrac{1}{2}\right)$，$\left(\sqrt{3},\dfrac{\sqrt{3}}{4}\right)$．

(6)利用图形的对称性，作出图形如图 3-10 所示．

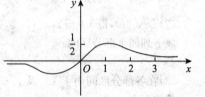

图 3-10

3. $y=e^{-(x-1)^2}$；

解：(1)所给函数$y=e^{-(x-1)^2}$的定义域为$(-\infty,+\infty)$，而
$$y'=-2(x-1)e^{-(x-1)^2}, \quad y''=2(2x^2-4x+1)e^{-(x-1)^2}.$$

(2)令$y'=0$，得驻点$x=1$，令$y''=0$，得$x=1-\dfrac{\sqrt{2}}{2}$，$x=1+\dfrac{\sqrt{2}}{2}$；

根据上述点将区间$(-\infty,+\infty)$分成下列四个部分区间：
$$\left(-\infty,1-\dfrac{\sqrt{2}}{2}\right],\quad\left[1-\dfrac{\sqrt{2}}{2},1\right],\quad\left[1,1+\dfrac{\sqrt{2}}{2}\right),\quad\left[1+\dfrac{\sqrt{2}}{2},+\infty\right)$$

(3)在各部分区间内$f'(x)$及$f''(x)$的符号、相应曲线弧的升降及凹凸性以及极值点和拐点等如下表：

x	$\left(-\infty,1-\dfrac{\sqrt{2}}{2}\right)$	$1-\dfrac{\sqrt{2}}{2}$	$\left(1-\dfrac{\sqrt{2}}{2},1\right)$	1	$\left(1,1+\dfrac{\sqrt{2}}{2}\right)$	$1+\dfrac{\sqrt{2}}{2}$	$\left(1+\dfrac{\sqrt{2}}{2},+\infty\right)$
y'	+	+	+	0	−	−	−
y''	+	0	−	−	−	0	+
$y=f(x)$ 的图形	↗	拐点	↗	极大 $(1,1)$	↘	拐点	↘

(4)由$\lim\limits_{x\to\infty}e^{-(x-1)^2}=0$知图形有一条水平渐近线$y=0$，图形无垂直渐近线及斜渐近线．

(5)由$f(1)=1$，$f\left(1-\dfrac{\sqrt{2}}{2}\right)=e^{-\frac{1}{2}}$，$f(0)=e^{-1}$，$f\left(1+\dfrac{\sqrt{2}}{2}\right)=e^{-\frac{1}{2}}$，得图形上的点
$$(1,1),\ \left(1-\dfrac{\sqrt{2}}{2},e^{-\frac{1}{2}}\right),\ (0,e^{-1}),\ \left(1+\dfrac{\sqrt{2}}{2},e^{-\frac{1}{2}}\right).$$

(6)作图如图 3-11 所示．

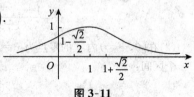

图 3-11

4. $y = x^2 + \dfrac{1}{x}$;

解:(1)所给函数 $y = x^2 + \dfrac{1}{x}$ 的定义域为 $(-\infty, 0) \cup (0, +\infty)$. $y' = 2x - \dfrac{1}{x^2}$, $y'' = 2 + \dfrac{2}{x^3}$.

(2)令 $y' = 0$,得 $x = \dfrac{1}{\sqrt[3]{2}}$,令 $y'' = 0$,得 $x = -1$,又 $x = 0$ 时函数无定义,根据上述点,将区间 $(-\infty, 0), (0, +\infty)$ 分成四个部分区间:$(-\infty, -1], [-1, 0), \left(0, \dfrac{1}{\sqrt[3]{2}}\right], \left[\dfrac{1}{\sqrt[3]{2}}, +\infty\right)$.

(3)在各部分区间内 $f'(x)$ 及 $f''(x)$ 的符号、相应曲线弧的升降及凹凸性以及极值点和拐点等如下表:

x	$(-\infty, -1)$	-1	$(-1, 0)$	0	$\left(0, \dfrac{1}{\sqrt[3]{2}}\right)$	$\dfrac{1}{\sqrt[3]{2}}$	$\left(\dfrac{1}{\sqrt[3]{2}}, +\infty\right)$
y'	$-$	$-$	$-$		$-$	0	$+$
y''	$+$	0	$-$		$+$	$+$	$+$
$y = f(x)$ 的图形	↘	拐点	↘		↘	极小	↗

(4) $\lim\limits_{x \to 0} \left(x^2 + \dfrac{1}{x}\right) = \infty$,所以图形有一条垂直渐近线 $x = 0$,图形无水平、斜渐近线.

(5)由 $f(-1) = 0, f\left(\dfrac{1}{\sqrt[3]{2}}\right) = \dfrac{3}{2}\sqrt[3]{2}$,得在 $(-\infty, 0), (0, +\infty)$ 内图形上的点 $(-1, 0), \left(\dfrac{1}{\sqrt[3]{2}}, \dfrac{3}{2}\sqrt[3]{2}\right)$.

(6)作图如图 3-12 所示.

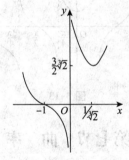

图 3-12

5. $y = \dfrac{\cos x}{\cos 2x}$.

解:(1)所给函数 $y = \dfrac{\cos x}{\cos 2x}$ 的定义域 $D = \left\{ x \mid x \neq \dfrac{n\pi}{2} + \dfrac{\pi}{4}, x \in \mathbf{R}, n = 0, \pm 1, \pm 2, \cdots \right\}$.

由于 $y = \dfrac{\cos x}{\cos 2x}$ 是偶函数,它的图形关于 y 轴对称,且由于函数是以 2π 为周期的函数,因此可以只讨论 $[0, \pi]$ 部分的图形. 求出

$$y' = \dfrac{-\sin x \cos 2x + \cos x \cdot 2\sin 2x}{\cos^2(2x)} = \dfrac{\sin x(3 - 2\sin^2 x)}{\cos^2(2x)},$$

$$y'' = \dfrac{\cos x(3 + 12\sin^2 x - 4\sin^4 x)}{\cos^3(2x)}.$$

(2)令 $y'=0$,得 $x=0, x=\pi$,令 $y''=0$,得 $x=\dfrac{\pi}{2}$;又函数在点 $x=\dfrac{\pi}{4}$ 及 $x=\dfrac{3}{4}\pi$ 处无定义.根据这些点把区间 $[0,\pi]$ 分成四个部分区间: $\left[0,\dfrac{\pi}{4}\right), \left(\dfrac{\pi}{4},\dfrac{\pi}{2}\right], \left[\dfrac{\pi}{2},\dfrac{3\pi}{4}\right), \left(\dfrac{3\pi}{4},\pi\right]$.

(3)在 $[0,\pi]$ 内的各部分区间内 $f'(x)$ 及 $f''(x)$ 的符号、相应曲线弧的升降及凹凸性以及极值点和拐点等如下表:

x	0	$\left(0,\dfrac{\pi}{4}\right)$	$\dfrac{\pi}{4}$	$\left(\dfrac{\pi}{4},\dfrac{\pi}{2}\right)$	$\dfrac{\pi}{2}$	$\left(\dfrac{\pi}{2},\dfrac{3\pi}{4}\right)$	$\dfrac{3\pi}{4}$	$\left(\dfrac{3\pi}{4},\pi\right)$	π
y'	0	+		+	+	+		+	0
y''		+	+	−	+	+		−	−
$y=f(x)$ 的图形	极小	↗		↷	拐点	↗		↷	极大

(4)由 $\lim\limits_{x\to\frac{\pi}{4}}f(x)=\infty$ 及 $\lim\limits_{x\to\frac{3\pi}{4}}f(x)=\infty$ 知,图形有两条垂直渐近线: $x=\dfrac{\pi}{4}$ 及 $x=\dfrac{3\pi}{4}$,图形无水平及斜渐近线.

(5)由 $f(0)=1, f\left(\dfrac{\pi}{2}\right)=0$ 得图形上的点 $(0,1), \left(\dfrac{\pi}{2},0\right)$.

(6)利用图形对称性及函数的周期性,作图如图 3-13 所示.

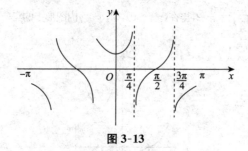

图 3-13

第七节 曲 率

习题 3-7 超精解(教材 P176)

1. 求椭圆 $4x^2+y^2=4$ 在点 $(0,2)$ 处的曲率.

解:由 $8x+2yy'=0$ 知 $y'=\dfrac{-4x}{y}, y''=\dfrac{-16}{y^3}$. 故 $y'|_{(0,2)}=0, y''|_{(0,2)}=-2$,故在点 $(0,2)$ 处的曲率为
$$K=\dfrac{|y''|}{(1+y'^2)^{\frac{3}{2}}}\bigg|_{(0,2)}=2.$$

2. 求曲线 $y=\ln\sec x$ 在点 (x,y) 处的曲率及曲率半径.

解: $y'=\dfrac{1}{\sec x}\cdot\sec x\tan x=\tan x, y''=\sec^2 x$.

故曲率 $K=\dfrac{|y''|}{(1+y'^2)^{\frac{3}{2}}}=\dfrac{\sec^2 x}{(1+\tan^2 x)^{\frac{3}{2}}}=|\cos x|$,曲率半径 $\rho=\dfrac{1}{K}=|\sec x|$.

3. 求抛物线 $y=x^2-4x+3$ 在其顶点处的曲率及曲率半径.

解：抛物线的顶点为 $(2,-1)$，$y'=2x-4$，$y''=2$.

抛物线 $y=x^2-4x+3$ 在其顶点处的曲率 $K=\dfrac{|y''|}{(1+y'^2)^{\frac{3}{2}}}\Big|_{(2,-1)}=2$，曲率半径 $\rho=\dfrac{1}{K}=\dfrac{1}{2}$.

4. 求曲线 $x=a\cos^3 t$，$y=a\sin^3 t$ 在 $t=t_0$ 处的曲率.

解：$\dfrac{dy}{dx}=\dfrac{\frac{dy}{dt}}{\frac{dx}{dt}}=\dfrac{3a\sin^2 t\cos t}{-3a\cos^2 t\sin t}=-\tan t$，$\dfrac{d^2y}{dx^2}=\dfrac{\frac{d}{dt}\left(\frac{dy}{dx}\right)}{\frac{dx}{dt}}=\dfrac{-\sec^2 t}{-3a\cos^2 t\sin t}=\dfrac{1}{3a\sin t\cos^4 t}$.

故曲线在 $t=t_0$ 处的曲率为 $K=\dfrac{|y''|}{(1+y'^2)^{\frac{3}{2}}}\Big|_{t=t_0}=\dfrac{\left|\frac{1}{3a\sin t\cos^4 t}\right|}{[1+(-\tan t)^2]^{\frac{3}{2}}}\Big|_{t=t_0}=\dfrac{2}{|3a\sin(2t_0)|}$.

5. 对数曲线 $y=\ln x$ 上哪一点处的曲率半径最小？求出该点处的曲率半径.

解：$y'=\dfrac{1}{x}$，$y''=-\dfrac{1}{x^2}$. 曲线的曲率 $K=\dfrac{|y''|}{(1+y'^2)^{\frac{3}{2}}}=\dfrac{\left|-\frac{1}{x^2}\right|}{\left[1+\left(\frac{1}{x}\right)^2\right]^{\frac{3}{2}}}=\dfrac{x}{(1+x^2)^{\frac{3}{2}}}$，

曲率半径为 $\rho=\dfrac{(1+x^2)^{\frac{3}{2}}}{x}$. 又 $\rho'=\dfrac{(1+x^2)^{\frac{1}{2}}(2x^2-1)}{x^2}$.

令 $\rho'=0$ 得驻点 $x_1=\dfrac{\sqrt{2}}{2}$，$x_2=-\dfrac{\sqrt{2}}{2}$（舍去）.

当 $0<x<\dfrac{\sqrt{2}}{2}$ 时，$\rho'<0$，即 ρ 在 $\left(0,\dfrac{\sqrt{2}}{2}\right)$ 上单调减少；

当 $\dfrac{\sqrt{2}}{2}<x<+\infty$ 时，$\rho'>0$，即 ρ 在 $\left[\dfrac{\sqrt{2}}{2},+\infty\right)$ 上单调增加.

因此在 $x=\dfrac{\sqrt{2}}{2}$ 处 ρ 取得极小值；驻点唯一，从而 ρ 的极小值就是最小值，则最小的曲率半径

为 $\rho\Big|_{x=\frac{\sqrt{2}}{2}}=\dfrac{\left(1+\frac{1}{2}\right)^{\frac{3}{2}}}{\frac{\sqrt{2}}{2}}=\dfrac{3\sqrt{3}}{2}$.

*6. 证明曲线 $y=a\operatorname{ch}\dfrac{x}{a}$ 在点 (x,y) 处的曲率半径为 $\dfrac{y^2}{a}$.

证：$y'=\operatorname{sh}\dfrac{x}{a}$，$y''=\dfrac{1}{a}\operatorname{ch}\dfrac{x}{a}$，曲线在点 (x,y) 处的曲率为

$$K=\dfrac{|y''|}{(1+y'^2)^{\frac{3}{2}}}=\dfrac{\left|\frac{1}{a}\operatorname{ch}\frac{x}{a}\right|}{\left(1+\operatorname{sh}^2\frac{x}{a}\right)^{\frac{3}{2}}}=\dfrac{1}{a\operatorname{ch}^2\frac{x}{a}},$$

曲率半径为 $\rho=\dfrac{1}{K}=a\operatorname{ch}^2\dfrac{x}{a}=\dfrac{y^2}{a}$.

7. 一飞机沿抛物线路径 $y=\dfrac{x^2}{10\,000}$（y 轴铅直向上，单位为 m）作俯冲飞行. 在坐标原点 O 处飞

机的速度为 $v=200$m/s. 飞行员体重 $G=70$kg. 求飞机俯冲至最低点即原点 O 处时座椅对飞行员的反力.

解: $y'=\dfrac{2x}{10\ 000}=\dfrac{x}{5\ 000}, y''=\dfrac{1}{5\ 000}$. 抛物线在坐标原点的曲率半径为

$$\rho=\dfrac{1}{K}\bigg|_{x=0}=\dfrac{(1+y'^2)^{\frac{3}{2}}}{|y''|}\bigg|_{x=0}=5\ 000.$$

所以向心力为 $F_1=\dfrac{mv^2}{\rho}=\dfrac{70\times 200^2}{5\ 000}=560$(N).

座椅对飞行员的反力 F 等于飞行员的离心力及飞行员本身的重量对座椅的压力之和,因此 $F=mg+F_1=70\times 9.8+560=1\ 246$(N).

8. 汽车连同载重共 5t, 在抛物线拱桥上行驶, 速度为 21.6 km/h, 桥的跨度为 10 m, 拱的矢高为 0.25 m(图 3-14). 求汽车越过桥顶时对桥的压力.

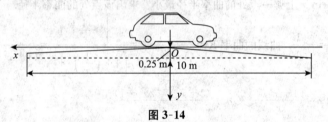

图 3-14

解: 设立直角坐标系如图 3-14 所示, 设抛物线拱桥方程为 $y=ax^2$. 由于抛物线过点 $(5,0.25)$, 代入方程得 $a=\dfrac{y}{x^2}\bigg|_{(5,0.25)}=\dfrac{0.25}{25}=0.01$. $y'=2ax, y''=2a$,

因此 $y'|_{x=0}=0, y''|_{x=0}=0.02, \rho=\dfrac{1}{K}\bigg|_{x=0}=\dfrac{(1+y'^2)^{\frac{3}{2}}}{|y''|}\bigg|_{x=0}=50.$

汽车越过桥顶时对桥的压力为

$$F=mg-\dfrac{mv^2}{\rho}=5\times 10^3\times 9.8-\dfrac{5\times 10^3\times\left(\dfrac{21.6\times 10^3}{3\ 600}\right)^2}{50}=45\ 400\text{(N)}.$$

***9.** 求曲线 $y=\ln x$ 在与 x 轴交点处的曲率圆方程.

解: 解方程组 $\begin{cases}y=\ln x,\\ y=0,\end{cases}$ 得曲线与 x 轴的交点为 $(1,0)$, $y'=\dfrac{1}{x}, y''=-\dfrac{1}{x^2}$, 故

$$y'|_{x=1}=1, y''|_{x=1}=-1.$$

设曲线在点 $(1,0)$ 处的曲率中心为 (α,β), 则

$$\alpha=\left[x-\dfrac{y'(1+y'^2)}{y''}\right]\bigg|_{(1,0)}=1-\dfrac{1\times(1+1^2)}{-1}=3; \beta=\left(y+\dfrac{1+y'^2}{y''}\right)\bigg|_{(1,0)}=0+\dfrac{1+1^2}{-1}=-2.$$

曲率半径 $\rho=\dfrac{1}{K}\bigg|_{x=1}=\dfrac{(1+y'^2)^{\frac{3}{2}}}{|y''|}\bigg|_{x=1}=\dfrac{(1+1^2)^{\frac{3}{2}}}{1}=\sqrt{8},$

因此所求的曲率圆方程为 $(\xi-3)^2+(\eta+2)^2=8.$

***10.** 求曲线 $y=\tan x$ 在点 $\left(\dfrac{\pi}{4},1\right)$ 处的曲率圆方程.

解: $y'=\sec^2 x, y''=2\sec^2 x\tan x$, 故 $y'|_{x=\frac{\pi}{4}}=2, y''|_{x=\frac{\pi}{4}}=4.$

设曲线在点 $\left(\dfrac{\pi}{4},1\right)$ 处的曲率中心的坐标为 (α,β)，则

$$\alpha=\left[x-\dfrac{y'(1+y'^2)}{y''}\right]\bigg|_{\left(\frac{\pi}{4},1\right)}=\dfrac{\pi}{4}-\dfrac{2(1+4)}{4}=\dfrac{\pi-10}{4};\beta=\left(y+\dfrac{1+y'^2}{y''}\right)\bigg|_{\left(\frac{\pi}{4},1\right)}=1+\dfrac{1+4}{4}=\dfrac{9}{4}.$$

曲率半径 $\rho=\dfrac{1}{K}\bigg|_{x=\frac{\pi}{4}}=\dfrac{(1+y'^2)^{\frac{3}{2}}}{|y''|}\bigg|_{x=\frac{\pi}{4}}=\dfrac{5^{\frac{3}{2}}}{4}$，

因此所求的曲率圆方程为 $\left(\xi-\dfrac{\pi-10}{4}\right)^2+\left(\eta-\dfrac{9}{4}\right)^2=\dfrac{125}{16}.$

*11. 求抛物线 $y^2=2px$ 的渐屈线方程.

解：由 $2yy'=2p$，及 $y'^2+yy''=0$，知 $y'=\dfrac{p}{y},\ y''=-\dfrac{p^2}{y^3}$.

故抛物线 $y^2=2px$ 的渐屈线方程为

$$\begin{cases}\alpha=x-\dfrac{y'(1+y'^2)}{y''}=x-\dfrac{\dfrac{p}{y}\left[1+\left(\dfrac{p}{y}\right)^2\right]}{-\dfrac{p^2}{y^3}}=\dfrac{3y^2}{2p}+p,\\[2ex]\beta=y+\dfrac{1+y'^2}{y''}=y+\dfrac{1+\left(\dfrac{p}{y}\right)^2}{-\dfrac{p^2}{y^3}}=-\dfrac{y^3}{p^2},\end{cases}$$

其中 y 为参数. 或消去参数 y 得渐屈线方程为 $27p\beta^2=8(\alpha-p)^3.$

第八节 方程的近似解

习题 3-8 超精解（教材 P181）

1. 试证明方程 $x^3-3x^2+6x-1=0$ 在区间 $(0,1)$ 内有唯一的实根，并用二分法求这个根的近似值，使误差不超过 0.01.

解：设函数 $f(x)=x^3-3x^2+6x-1$，$f(x)$ 在 $[0,1]$ 上连续，且 $f(0)=-1<0$，$f(1)=3>0$，由零点定理知至少存在一点 $\xi\in(0,1)$，使 $f(\xi)=0$，即方程 $x^3-3x^2+6x-1=0$ 在 $(0,1)$ 内至少有一个实根.

又 $f'(x)=3x^2-6x+6=3(x-1)^2+3>0$，故函数 $f(x)$ 在 $[0,1]$ 上单调增加，从而方程 $f(x)=0$，即 $x^3-3x^2+6x-1=0$ 在 $(0,1)$ 内至多有一个实根. 因此方程 $x^3-3x^2+6x-1=0$ 在 $(0,1)$ 内有唯一的实根.

现用二分法求这个实根的近似值：

n	1	2	3	4	5	6	7	8	9	10	11
a_n	0	0	0	0.125	0.125	0.157	0.173	0.180	0.180	0.182	0.183
b_n	1	0.5	0.25	0.25	0.188	0.188	0.188	0.188	0.184	0.184	0.184
中点 x_n	0.5	0.25	0.125	0.188	0.157	0.173	0.180	0.184	0.182	0.183	0.183
$f(x_n)$ 符号	+	+	−	+	−	−	−	+	+	+	+

故使误差不超过 0.01 的根的近似值为 $\xi=0.183$.

2. 试证明方程 $x^5+5x+1=0$ 在区间 $(-1,0)$ 内有唯一的实根,并用切线法求这个根的近似值,使误差不超过 0.01.

解:设函数 $f(x)=x^5+5x+1$. $f(x)$ 在 $[-1,0]$ 上连续,且 $f(-1)=-5<0$, $f(0)=1>0$. 由零点定理知至少存在一点 $\xi\in(-1,0)$,使 $f(\xi)=0$,即方程 $x^5+5x+1=0$ 在区间 $(-1,0)$ 内至少有一实根.

又 $f'(x)=5x^4+5>0$,故函数 $f(x)$ 在 $[-1,0]$ 上单调增加,从而方程 $f(x)=0$,即 $x^5+5x+1=0$ 在 $(-1,0)$ 内至多有一个实根.因此方程 $x^5+5x+1=0$ 在区间 $(-1,0)$ 内有唯一的实根.

现用切线法求这个实根的近似值:

由 $f''(x)=20x^3$, $f''(-1)=-20<0$ 知取 $x_0=-1$,利用递推公式 $x_n=x_{n-1}-\dfrac{f(x_{n-1})}{f'(x_{n-1})}$,得

$$x_1=x_0-\frac{f(x_0)}{f'(x_0)}=-1-\frac{f(-1)}{f'(-1)}=-0.5,$$

$$x_2=x_1-\frac{f(x_1)}{f'(x_1)}=-0.5-\frac{f(-0.5)}{f'(-0.5)}=-0.26,$$

$$x_3=x_2-\frac{f(x_2)}{f'(x_2)}=-0.26-\frac{f(-0.26)}{f'(-0.26)}\approx -0.20,$$

$$x_4=x_3-\frac{f(x_3)}{f'(x_3)}=-0.20-\frac{f(-0.20)}{f'(-0.20)}\approx -0.20,$$

故使误差不超过 0.01 的根的近似值为 $\xi=-0.20$.

3. 求方程 $x^3+3x-1=0$ 的近似根,使误差不超过 0.01.

解:设 $f(x)=x^3+3x-1$, $f(x)$ 在 $[0,1]$ 上连续,且 $f(0)=-1<0$, $f(1)=3>0$,由零点定理知至少存在一点 $\xi\in(0,1)$,使 $f(\xi)=0$;又 $f'(x)=3x^2+3>0$,故 $f(x)$ 在 $[0,1]$ 上单调增加,从而方程 $f(x)=0$ 在 $(0,1)$ 内有唯一实根.

现用割线法求这个根的近似值:

由 $f''(x)=6x$, $f''(1)=6>0$ 知取 $x_0=1$. 又取 $x_1=0.8$,利用递推公式 $x_{n+1}=x_n-\dfrac{x_n-x_{n-1}}{f(x_n)-f(x_{n-1})}\cdot f(x_n)$,得

$$x_2=x_1-\frac{x_1-x_0}{f(x_1)-f(x_0)}\cdot f(x_1)=0.8-\frac{0.8-1}{f(0.8)-f(1)}\cdot f(0.8)\approx 0.449,$$

$$x_3=x_2-\frac{x_2-x_1}{f(x_2)-f(x_1)}\cdot f(x_2)=0.449-\frac{0.449-0.8}{f(0.449)-f(0.8)}\cdot f(0.449)\approx 0.345,$$

$$x_4=x_3-\frac{x_3-x_2}{f(x_3)-f(x_2)}\cdot f(x_3)=0.345-\frac{0.345-0.449}{f(0.345)-f(0.449)}\cdot f(0.345)\approx 0.323,$$

$$x_5=x_4-\frac{x_4-x_3}{f(x_4)-f(x_3)}\cdot f(x_4)=0.323-\frac{0.323-0.345}{f(0.323)-f(0.345)}\cdot f(0.323)\approx 0.322.$$

至此,计算无需再继续,因 x_4 与 x_5 的前两位小数相同,故以 0.32 作为根的近似值,其误差小于 0.01.

4. 求方程 $x\lg x=1$ 的近似根,使误差不超过 0.01.

解:设函数 $f(x)=x\lg x-1$. $f(x)$ 在 $[1,3]$ 上连续,且 $f(1)=-1<0$, $f(3)=3\lg 3-1>0$,由零点定理知至少存在一点 $\xi\in(1,3)$,使 $f(\xi)=0$,即方程 $x\lg x=1$ 在区间 $(1,3)$ 内至少有一实根.又 $f'(x)=\lg x+x\cdot\dfrac{1}{x\ln 10}=\lg x+\dfrac{1}{\ln 10}>0 (x\geqslant 1)$,故函数 $f(x)$ 在 $[1,3]$ 上单调

增加,从而方程 $f(x)=0$,即 $x\lg x=1$ 在 $(1,3)$ 内至多有一实根.因此方程 $x\lg x=1$ 在 $(1,3)$ 内有唯一的实根.

现用二分法求这个根的近似值:

n	1	2	3	4	5	6	7	8	9
a_n	1	2	2.50	2.50	2.50	2.50	2.50	2.50	2.50
b_n	3	3	3	2.75	2.63	2.57	2.53	2.52	2.51
中点 x_n	2	2.50	2.75	2.63	2.57	2.53	2.52	2.51	2.51
$f(x_n)$符号	−	−	+	+	+	+	+	+	+

故误差不超过 0.01 的根的近似值为 $\xi=2.51$.

总习题三超精解(教材 P181~P183)

1.填空:

设常数 $k>0$,函数 $f(x)=\ln x-\dfrac{x}{e}+k$ 在 $(0,+\infty)$ 内零点的个数为____.

解: $f'(x)=\dfrac{1}{x}-\dfrac{1}{e}=\dfrac{e-x}{xe}$,令 $f'(x)=0$,得驻点 $x=e$.

当 $0<x<e$ 时,$f'(x)>0$,故函数 $f(x)$ 在 $(0,e]$ 上单调增加;

当 $e<x<+\infty$ 时,$f'(x)<0$,故函数 $f(x)$ 在 $[e,+\infty)$ 上单调减少.

从而 $x=e$ 为函数 $f(x)$ 的极大值点.由于驻点唯一,极大值也是最大值且最大值 $f(e)=k>0$.又 $\lim\limits_{x\to 0^+}f(x)=-\infty$,$\lim\limits_{x\to +\infty}f(x)=-\infty$,故曲线 $y=\ln x-\dfrac{x}{e}+k$ 与 x 轴有两个交点,因此函数 $f(x)=\ln x-\dfrac{x}{e}+k$ 在 $(0,+\infty)$ 内的零点个数为 2.

2.选择以下两题中给出的四个结论中一个正确的结论:

(1)设在 $[0,1]$ 上 $f''(x)>0$,则 $f'(0)$,$f'(1)$,$f(1)-f(0)$ 或 $f(0)-f(1)$ 几个数的大小顺序为( ).

(A) $f'(1)>f'(0)>f(1)-f(0)$ (B) $f'(1)>f(1)-f(0)>f'(0)$
(C) $f(1)-f(0)>f'(1)>f'(0)$ (D) $f'(1)>f(0)-f(1)>f'(0)$

(2)设 $f'(x_0)=f''(x_0)=0$,$f'''(x_0)>0$,则( ).

(A) $f'(x_0)$ 是 $f'(x)$ 的极大值 (B) $f(x_0)$ 是 $f(x)$ 的极大值
(C) $f(x_0)$ 是 $f(x)$ 的极小值 (D) $(x_0,f(x_0))$ 是曲线 $y=f(x)$ 的拐点

解: (1)由拉格朗日中值定理知 $f(1)-f(0)=f'(\xi)$,其中 $\xi\in(0,1)$.由于 $f''(x)>0$,$f'(x)$ 单调增加,故 $f'(0)<f'(\xi)<f'(1)$.即 $f'(0)<f(1)-f(0)<f'(1)$.

因此应填(B).

(2)**方法一:** 取 $f(x)=x^3$,$f'(x)=3x^2$,$f''(x)=6x$,$f'''(x)=6>0$,$x_0=0$,符合题意,可排除(A)、(B)、(C).故应填(D).

方法二: 由已知条件及 $f'''(x_0)=\lim\limits_{x\to x_0}\dfrac{f''(x)-f''(x_0)}{x-x_0}=\lim\limits_{x\to x_0}\dfrac{f''(x)}{x-x_0}>0$ 知,在 x_0 某邻域内,当 $x<x_0$ 时,$f''(x)<0$;当 $x>x_0$ 时,$f''(x)>0$,所以 $(x_0,f(x_0))$ 是曲线 $y=f(x)$ 的拐点.由此可知,在 x_0 的某去心邻域内有 $f'(x)>f'(x_0)=0$,所以 $f(x)$ 在 x_0 的某邻域内是单调增

加的,从而 $f(x_0)$ 不是 $f(x)$ 的极值.

再由已知条件及极值的第二充分判别法知,$f'(x_0)$ 是 $f'(x)$ 的极小值.

综上所述,本题只能选(D).

3. 列举一个函数 $f(x)$ 满足:$f(x)$ 在 $[a,b]$ 上连续,在 (a,b) 内除某一点外处处可导,但在 (a,b) 内不存在点 ξ,使 $f(b)-f(a)=f'(\xi)(b-a)$.

解:取 $f(x)=|x|$,区间为 $[-1,1]$. 函数 $f(x)$ 在 $[-1,1]$ 上连续,在 $(-1,1)$ 内除点 $x=0$ 外处处可导,但 $f(x)$ 在 $(-1,1)$ 内不存在点 ξ,使 $f'(\xi)=0$,即不存在 $\xi \in (-1,1)$,使 $f(1)-f(-1)=f'(\xi)[1-(-1)]$.

4. 设 $\lim\limits_{x\to\infty}f'(x)=k$,求 $\lim\limits_{x\to\infty}[f(x+a)-f(x)]$.

解:由拉格朗日中值定理知 $f(x+a)-f(x)=f'(\xi)\cdot a$,
ξ 介于 $x,x+a$ 之间,当 $x\to\infty$ 时,$\xi\to\infty$. 故 $\lim\limits_{x\to\infty}[f(x+a)-f(x)]=\lim\limits_{\xi\to\infty}f'(\xi)a=ka$.

5. 证明多项式 $f(x)=x^3-3x+a$ 在 $[0,1]$ 上不可能有两个零点.

证:假设多项式 $f(x)=x^3-3x+a$ 在 $[0,1]$ 上有两个零点,即存在 $x_1,x_2\in[0,1]$ 使 $f(x_1)=f(x_2)=0$,不妨设 $x_1<x_2$.

函数 $f(x)$ 在 $[x_1,x_2]$ 上连续,在 (x_1,x_2) 内处处可导,由罗尔定理知至少存在一点 $\xi\in(x_1,x_2)\subset(0,1)$,使 $f'(\xi)=0$,但 $f'(x)=3x^2-3$ 在 $(0,1)$ 内恒不等于零,故多项式 $f(x)=x^3-3x+a$ 在 $[0,1]$ 上不可能有两个零点.

6. 设 $a_0+\dfrac{a_1}{2}+\cdots+\dfrac{a_n}{n+1}=0$,证明多项式 $f(x)=a_0+a_1x+\cdots+a_nx^n$ 在 $(0,1)$ 内至少有一个零点.

【思路探索】 证明函数有零点一般要用零点定理,但本题中 $f(x)$ 不满足零点定理的条件. 根据已知条件 $a_0+\dfrac{a_1}{2}+\cdots+\dfrac{a_n}{n+1}=0$,可分析出:若 $F(x)$ 为 $f(x)$ 的原函数,则 $F(0)=F(1)=0$,由此需构造辅助函数 $F(x)$,并利用罗尔定理证 $F'(\xi)=0$.

证:取函数 $F(x)=a_0x+\dfrac{a_1}{2}x^2+\cdots+\dfrac{a_n}{n+1}x^{n+1}$. $F(x)$ 在 $[0,1]$ 上连续,在 $(0,1)$ 内可导且 $F(0)=0$,

$F(1)=a_0+\dfrac{a_1}{2}+\cdots+\dfrac{a_n}{n+1}=0$,由罗尔定理知至少存在一点 $\xi\in(0,1)$,使 $F'(\xi)=0$,即多项式 $f(x)=F'(x)=a_0+a_1x+\cdots+a_nx^n$ 在 $(0,1)$ 内至少有一个零点.

7. 设 $f(x)$ 在 $[0,a]$ 上连续,在 $(0,a)$ 内可导,且 $f(a)=0$,证明存在一点 $\xi\in(0,a)$,使 $f(\xi)+\xi f'(\xi)=0$.

【思路探索】 要证 $f(\xi)+\xi f'(\xi)=0$,即证 $[xf(x)]'_\xi=0$,故构造辅助函数 $F(x)=xf(x)$,利用罗尔定理得出结论.

证:取函数 $F(x)=xf(x)$. $F(x)$ 在 $[0,a]$ 上连续,在 $(0,a)$ 内可导,且 $F(0)=0$,$F(a)=af(a)=0$,由罗尔定理知至少存在一点 $\xi\in(0,a)$,使 $F'(\xi)=[xf(x)]'|_{x=\xi}=f(\xi)+\xi f'(\xi)=0$.

*8. 设 $0<a<b$,函数 $f(x)$ 在 $[a,b]$ 上连续,在 (a,b) 内可导,试利用柯西中值定理,证明存在一点 $\xi\in(a,b)$,使 $f(b)-f(a)=\xi f'(\xi)\ln\dfrac{b}{a}$.

【思路探索】 要证 $f(b)-f(a)=\xi f'(\xi)\ln\dfrac{b}{a}$,即证 $\dfrac{f(b)-f(a)}{\ln b-\ln a}=\dfrac{f'(\xi)}{\dfrac{1}{\xi}}$,故可设 $F(x)=\ln x$,

对 $f(x)$ 和 $F(x)$ 使用柯西中值定理.

证：取函数 $F(x)=\ln x$，$f(x)$，$F(x)$ 在 $[a,b]$ 上连续，在 (a,b) 内可导，且 $F'(x)=\dfrac{1}{x}\neq 0$，$x\in(a,b)$. 由柯西中值定理知至少存在一点 $\xi\in(a,b)$，使 $\dfrac{f(b)-f(a)}{F(b)-F(a)}=\dfrac{f'(\xi)}{F'(\xi)}$，即

$$\dfrac{f(b)-f(a)}{\ln b-\ln a}=\dfrac{f'(\xi)}{\dfrac{1}{\xi}}，从而 f(b)-f(a)=\xi f'(\xi)\ln\dfrac{b}{a}.$$

9. 设 $f(x)$，$g(x)$ 都是可导函数，且 $|f'(x)|<g'(x)$，证明：当 $x>a$ 时，
$$|f(x)-f(a)|<g(x)-g(a).$$

【思路探索】当 $x>a$ 时，要证 $|f(x)-f(a)|<g(x)-g(a)$，即证 $-[g(x)-g(a)]<f(x)-f(a)<g(x)-g(a)$，也即要证 $f(x)-g(x)<f(a)-g(a)$，$f(x)+g(x)>f(a)+g(a)$. 故设 $F(x)=f(x)-g(x)$，$G(x)=f(x)+g(x)$，由单调性可得结论.

证：取 $F(x)=f(x)-g(x)$，$G(x)=f(x)+g(x)$，$x\in(a,+\infty)$. 由 $|f'(x)|<g'(x)$ 知
$$f'(x)-g'(x)<0, f'(x)+g'(x)>0,$$
故 $F'(x)=f'(x)-g'(x)<0$，$G'(x)=f'(x)+g'(x)>0$，即当 $x>a$ 时，函数 $F(x)$ 单调减少，$G(x)$ 单调增加. 因此 $F(x)<F(a)$，$G(x)>G(a)$ $(x>a)$.
从而 $f(x)-g(x)<f(a)-g(a)$，$f(x)+g(x)>f(a)+g(a)$ $(x>a)$.
即当 $x>a$ 时，$|f(x)-f(a)|<g(x)-g(a)$.

10. 求下列极限：

(1) $\lim\limits_{x\to 1}\dfrac{x-x^x}{1-x+\ln x}$； (2) $\lim\limits_{x\to 0}\left[\dfrac{1}{\ln(1+x)}-\dfrac{1}{x}\right]$；

(3) $\lim\limits_{x\to +\infty}\left(\dfrac{2}{\pi}\arctan x\right)^x$； (4) $\lim\limits_{x\to\infty}\left[(a_1^{\frac{1}{x}}+a_2^{\frac{1}{x}}+\cdots+a_n^{\frac{1}{x}})/n\right]^{nx}$ （其中 $a_1,a_2,\cdots,a_n>0$）.

解：(1) $\lim\limits_{x\to 1}\dfrac{x-x^x}{1-x+\ln x}=\lim\limits_{x\to 1}\dfrac{1-x^x(1+\ln x)}{-1+\dfrac{1}{x}}=\lim\limits_{x\to 1}\dfrac{x^x\ln x+x^x-1}{x-1}\cdot x$

$=\lim\limits_{x\to 1}\dfrac{x^x(\ln x+1)\ln x+x^{x-1}+x^x(\ln x+1)}{1}=2.$

(2) $\lim\limits_{x\to 0}\left[\dfrac{1}{\ln(1+x)}-\dfrac{1}{x}\right]=\lim\limits_{x\to 0}\dfrac{x-\ln(1+x)}{x\ln(1+x)}=\lim\limits_{x\to 0}\dfrac{x-\ln(1+x)}{x^2}=\lim\limits_{x\to 0}\dfrac{1-\dfrac{1}{1+x}}{2x}=\lim\limits_{x\to 0}\dfrac{1}{2(1+x)}=\dfrac{1}{2}.$

(3) $\lim\limits_{x\to +\infty}\left(\dfrac{2}{\pi}\arctan x\right)^x=e^{\lim\limits_{x\to+\infty}x\ln\left(\frac{2}{\pi}\arctan x\right)}=e^{\lim\limits_{x\to+\infty}\frac{\ln\frac{2}{\pi}+\ln\arctan x}{\frac{1}{x}}}$

$=e^{\lim\limits_{x\to+\infty}\frac{\frac{1}{\arctan x}\cdot\frac{1}{1+x^2}}{-\frac{1}{x^2}}}=e^{-\lim\limits_{x\to+\infty}\frac{1}{\arctan x}\cdot\frac{x^2}{1+x^2}}=e^{-\frac{2}{\pi}}.$

(4) $\lim\limits_{x\to\infty}\left[(a_1^{\frac{1}{x}}+a_2^{\frac{1}{x}}+\cdots+a_n^{\frac{1}{x}})/n\right]^{nx}$

$=e^{\lim\limits_{x\to+\infty}nx\left[\ln\left(a_1^{\frac{1}{x}}+a_2^{\frac{1}{x}}+\cdots+a_n^{\frac{1}{x}}\right)-\ln n\right]}=e^{n\lim\limits_{x\to\infty}\frac{\ln\left(a_1^{\frac{1}{x}}+a_2^{\frac{1}{x}}+\cdots+a_n^{\frac{1}{x}}\right)-\ln n}{\frac{1}{x}}}$

$=e^{n\lim\limits_{x\to+\infty}\frac{\frac{1}{a_1^{\frac{1}{x}}+a_2^{\frac{1}{x}}+\cdots+a_n^{\frac{1}{x}}}\left(a_1^{\frac{1}{x}}\ln a_1+a_2^{\frac{1}{x}}\ln a_2+\cdots+a_n^{\frac{1}{x}}\ln a_n\right)\left(\frac{1}{x}\right)'}{\left(\frac{1}{x}\right)'}}$

$$= e^{n \cdot \frac{1}{n}(\ln a_1 + \ln a_2 + \cdots + \ln a_n)} = e^{\ln(a_1 \cdot a_2 \cdots a_n)} = a_1 a_2 \cdots a_n.$$

11. 求下列函数在指定点 x_0 处具有指定阶数及余项的泰勒公式:

(1) $f(x) = x^3 \ln x, x_0 = 1, n = 4$, 拉格朗日余项;

(2) $f(x) = \arctan x, x_0 = 0, n = 3$, 佩亚诺余项;

(3) $f(x) = e^{\sin x}, x_0 = 0, n = 3$, 佩亚诺余项;

(4) $f(x) = \ln \cos x, x_0 = 0, n = 6$, 佩亚诺余项.

解: (1) $f(1) = 0, f'(x) = 3x^2 \ln x + x^2, f'(1) = 1$;

$f''(x) = 6x \ln x + 5x, f''(1) = 5; f'''(x) = 6 \ln x + 11, f'''(1) = 11;$

$f^{(4)}(x) = \dfrac{6}{x}, f^{(4)}(1) = 6; f^{(5)}(x) = -\dfrac{6}{x^2}, f^{(5)}(\xi) = -\dfrac{6}{\xi^2}.$

因此, $x^3 \ln x = (x-1) + \dfrac{5}{2!}(x-1)^2 + \dfrac{11}{3!}(x-1)^3 + \dfrac{6}{4!}(x-1)^4 - \dfrac{6}{5! \, \xi^2}(x-1)^5,$

其中 ξ 介于 1 和 x 之间.

(2) $f(0) = 0, f'(x) = \dfrac{1}{1+x^2}, f'(0) = 1; f''(x) = -\dfrac{2x}{(1+x^2)^2}, f''(0) = 0;$

$f'''(x) = -\dfrac{2(1-3x^2)}{(1+x^2)^3}, f'''(0) = -2.$ 因此, $\arctan x = x - \dfrac{x^3}{3} + o(x^4).$

注: 也可用下列方法求 $y = \arctan x$ 在 $x = 0$ 处的导数.

对 $y' = \dfrac{1}{1+x^2}$, 即 $(1+x^2)y' = 1$, 求 n 阶导数:

$$(1+x^2)y^{(n+1)} + 2nxy^{(n)} + n(n-1)y^{(n-1)} = 0,$$

令 $x = 0$ 得 $y^{(n+1)}(0) = -n(n-1)y^{(n-1)}(0),$

由 $y''(0) = 0, y'(0) = 1$ 得

$$y^{(2m)}(0) = 0, y^{(2m+1)}(0) = -2m(2m-1)y^{(2m-1)}(0) = (-1)(2m)!.$$

(3) $e^{\sin x} = 1 + \sin x + \dfrac{1}{2!} \sin^2 x + \dfrac{1}{3!} \sin^3 x + o(x^3),$ 又 $\sin x = x - \dfrac{1}{3!}x^3 + o(x^4),$ 故

$$e^{\sin x} = 1 + \left(x - \dfrac{1}{6}x^3\right) + \dfrac{1}{2}x^2 + \dfrac{1}{6}x^3 + o(x^3) = 1 + x + \dfrac{1}{2}x^2 + o(x^3).$$

(4) $\ln(\cos x) = \ln[1 + (\cos x - 1)] = \cos x - 1 - \dfrac{1}{2}(\cos x - 1)^2 + \dfrac{1}{3}(\cos x - 1)^3 + o(x^6),$ 又

$\cos x - 1 = -\dfrac{1}{2}x^2 + \dfrac{1}{24}x^4 - \dfrac{1}{720}x^6 + o(x^7),$ 因此,

$$\ln(\cos x) = \left(-\dfrac{1}{2}x^2 + \dfrac{1}{24}x^4 - \dfrac{1}{720}x^6\right) - \dfrac{1}{2}\left(\dfrac{1}{4}x^4 - \dfrac{1}{24}x^6\right) + \dfrac{1}{3}\left(-\dfrac{1}{8}x^6\right) + o(x^6)$$

$$= -\dfrac{1}{2}x^2 - \dfrac{1}{12}x^4 - \dfrac{1}{45}x^6 + o(x^6).$$

12. 证明下列不等式:

(1) 当 $0 < x_1 < x_2 < \dfrac{\pi}{2}$ 时, $\dfrac{\tan x_2}{\tan x_1} > \dfrac{x_2}{x_1}$;   (2) 当 $x > 0$ 时, $\ln(1+x) > \dfrac{\arctan x}{1+x}$;

(3) 当 $e < a < b < e^2$ 时, $\ln^2 b - \ln^2 a > \dfrac{4}{e^2}(b-a).$

证: (1) 取函数 $f(x) = \dfrac{\tan x}{x}, 0 < x < \dfrac{\pi}{2}.$ 当 $0 < x < \dfrac{\pi}{2}$ 时, $f'(x) = \dfrac{x \sec^2 x - \tan x}{x^2}$, 令 $g(x) =$

$x\sec^2 x - \tan x = \dfrac{x - \sin x \cos x}{\cos^2 x} = \dfrac{x - \dfrac{1}{2}\sin 2x}{\cos^2 x}$,令 $h(x) = x - \dfrac{1}{2}\sin 2x$,$h'(x) = 1 - \cos 2x >$

0,则 $h(x)$ 单调递增,有 $h(x) > h(0) = 0$,则 $g(x) > 0$,从而 $f'(x) > 0$,故 $f(x)$ 在 $\left(0, \dfrac{\pi}{2}\right)$ 内单

调增加,因此,当 $0 < x_1 < x_2 < \dfrac{\pi}{2}$ 时,$f(x_2) > f(x_1)$,即 $\dfrac{\tan x_2}{x_2} > \dfrac{\tan x_1}{x_1}$,从而 $\dfrac{\tan x_2}{\tan x_1} > \dfrac{x_2}{x_1}$.

(2)取函数 $f(x) = (1+x)\ln(1+x) - \arctan x$ $(x > 0)$. 当 $x > 0$ 时,$f'(x) = \ln(1+x) +$

$1 - \dfrac{1}{1+x^2} > 0$,故 $f(x)$ 在 $(0, +\infty)$ 内单调增加,因此,当 $x > 0$ 时,$f(x) > f(0)$,即

$(1+x)\ln(1+x) - \arctan x > 0$,从而 $\ln(1+x) > \dfrac{\arctan x}{1+x}$.

(3)设 $f(x) = \ln^2 x$ $(e < a < x < b < e^2)$. $f(x)$ 在 $[a,b]$ 上连续,在 (a,b) 内可导,由拉格朗日中

值定理知,至少存在一点 $\xi \in (a,b)$,使 $\ln^2 b - \ln^2 a = \dfrac{2\ln \xi}{\xi}(b-a)$.

设 $\varphi(t) = \dfrac{\ln t}{t}$,则 $\varphi'(t) = \dfrac{1 - \ln t}{t^2}$.

当 $t > e$ 时,$\varphi'(t) < 0$,所以 $\varphi(t)$ 在 $[e, +\infty)$ 上单调减少,而 $e < a < \xi < b < e^2$,从而 $\varphi(\xi) >$

$\varphi(e^2)$,即 $\dfrac{\ln \xi}{\xi} > \dfrac{\ln e^2}{e^2} = \dfrac{2}{e^2}$,因此 $\ln^2 b - \ln^2 a > \dfrac{4}{e^2}(b-a)$.

13. 设 $a > 1$,$f(x) = a^x - ax$ 在 $(-\infty, +\infty)$ 内的驻点为 $x(a)$. 问 a 为何值时,$x(a)$ 最小?并求出最小值.

解:由 $f'(x) = a^x \ln a - a = 0$,得唯一驻点 $x(a) = 1 - \dfrac{\ln(\ln a)}{\ln a}$.

考察函数 $x(a) = 1 - \dfrac{\ln(\ln a)}{\ln a}$ 在 $a > 1$ 时的最小值,令

$$x'(a) = -\dfrac{\dfrac{1}{a} - \dfrac{1}{a}\ln(\ln a)}{(\ln a)^2} = -\dfrac{1 - \ln(\ln a)}{a(\ln a)^2} = 0,$$

得唯一驻点,$a = e^e$,当 $a > e^e$ 时,$x'(a) > 0$;当 $a < e^e$ 时,$x'(a) < 0$,因此 $x(e^e) = 1 - \dfrac{1}{e}$ 为极小值,也是最小值.

14. 求椭圆 $x^2 - xy + y^2 = 3$ 上纵坐标最大和最小的点.

解:在椭圆方程两端分别对 x 求导,得 $2x - y - xy' + 2yy' = 0$,$y' = \dfrac{y - 2x}{2y - x}$.

令 $y' = 0$,得 $y = 2x$. 将 $y = 2x$ 代入椭圆方程后得 $x^2 = 1$,故 $x = \pm 1$. 从而得到椭圆上的点 $(1, 2), (-1, -2)$. 根据题意即知点 $(1, 2), (-1, -2)$ 为椭圆 $x^2 - xy + y^2 = 3$ 上纵坐标最大和最小的点.

15. 求数列 $\{\sqrt[n]{n}\}$ 的最大项.

解:取函数 $f(x) = x^{\frac{1}{x}}$ $(x > 0)$. 则 $f'(x) = x^{\frac{1}{x} - 2}(1 - \ln x)$.

令 $f'(x) = 0$,得驻点 $x = e$. 当 $0 < x < e$ 时,$f'(x) > 0$;当 $e < x < +\infty$ 时,$f'(x) < 0$. 因此,点 $x = e$ 为 $f(x)$ 的极大值点. 由于驻点唯一,极大值点也是最大值点且最大值为 $f(e) = e^{\frac{1}{e}}$.

由 $1<\sqrt{2}$ 及 $f(x)$ 在 $(e,+\infty)$ 内单调减少,知 $\sqrt[3]{3}>\sqrt[4]{4}>\cdots>\sqrt[n]{n}>\cdots$,

由 $f(e)=e^{\frac{1}{e}}$ 为 $f(x)$ 的最大值,可知数列 $\{\sqrt[n]{n}\}$ 的最大项只可能在 $x=e$ 的邻近整数值 2 与 3 中取得,因为 $(\sqrt{2})^6=8<(\sqrt[3]{3})^6=9$,故数列 $\{\sqrt[n]{n}\}$ 的最大项为 $\sqrt[3]{3}$.

16. 曲线弧 $y=\sin x$ $(0<x<\pi)$ 上哪一点处的曲率半径最小?求出该点处的曲率半径.

解: $y'=\cos x$,$y''=-\sin x$,曲线 $y=\sin x$ $(0<x<\pi)$ 的曲率为

$$K=\frac{|-\sin x|}{(1+\cos^2 x)^{\frac{3}{2}}}=\frac{\sin x}{(1+\cos^2 x)^{\frac{3}{2}}},$$

又由 $K'=\frac{2\cos x(1+\sin^2 x)}{(1+\cos^2 x)^{\frac{5}{2}}}=0$ 知 $x=\frac{\pi}{2}$. 当 $0<x<\frac{\pi}{2}$ 时,$K'>0$;当 $\frac{\pi}{2}<x<\pi$ 时,$K'<0$.

因此 $x=\frac{\pi}{2}$ 为 K 的极大值点. 又驻点唯一,故极大值点也是最大值点,且 K 的最大值为

$K=\frac{\sin x}{(1+\cos^2 x)^{\frac{3}{2}}}\bigg|_{x=\frac{\pi}{2}}=1$. 此时曲率半径 $\rho=1$ 最小,故曲线弧 $y=\sin x$ $(0<x<\pi)$ 上点 $x=\frac{\pi}{2}$ 处的曲率半径最小,且曲率半径为 $\rho=1$.

17. 证明方程 $x^3-5x-2=0$ 只有一个正根,并求此正根的近似值,精确到 10^{-3}.

证: 取函数 $f(x)=x^3-5x-2$ $(x>0)$,$f'(x)=3x^2-5$. 令 $f'(x)=0$ 得驻点 $x=\sqrt{\frac{5}{3}}$.

当 $0<x<\sqrt{\frac{5}{3}}$ 时,$f'(x)<0$,故 $f(x)$ 在 $\left[0,\sqrt{\frac{5}{3}}\right]$ 上单调减少,又

$$f(0)=-2<0,f\left(\sqrt{\frac{5}{3}}\right)=\left(\frac{5}{3}\right)^{\frac{3}{2}}-5\sqrt{\frac{5}{3}}-2<0.$$

因此方程 $f(x)=0$,即 $x^3-5x-2=0$ 在 $\left(0,\sqrt{\frac{5}{3}}\right)$ 内没有实根.

当 $\sqrt{\frac{5}{3}}<x<+\infty$ 时,$f'(x)>0$,故 $f(x)$ 在 $\left[\sqrt{\frac{5}{3}},+\infty\right)$ 上单调增加,因此方程 $f(x)=0$ 在 $\left[\sqrt{\frac{5}{3}},+\infty\right)$ 上至多有一实根. 又 $f(3)=10>0$,由零点定理知至少存在一点 $\xi\in\left(\sqrt{\frac{5}{3}},3\right)$,使 $f(\xi)=0$,即方程 $f(x)=0$,亦即 $x^3-5x-2=0$ 在 $\left(\sqrt{\frac{5}{3}},3\right)$ 内至少有一实根,因此方程 $x^3-5x-2=0$ 在 $\left(\sqrt{\frac{5}{3}},3\right)$ 内只有一正根.

综上,方程 $x^3-5x-2=0$ 只有一正根.

现在用二分法求该方程正根的近似值,由 $f(2)=-4<0$,为了方便起见,取区间 $[2,3]$.

n	1	2	3	4	5	6	7	8	9	10	11
a_n	2	2	2.25	2.375	2.375	2.406	2.406	2.414	2.414	2.414	2.414
b_n	3	2.5	2.5	2.5	2.438	2.438	2.422	2.422	2.418	2.416	2.415
中点 x_n	2.5	2.25	2.375	2.438	2.406	2.422	2.414	2.418	2.416	2.415	2.415
$f(x_n)$符号	+	−	−	+	−	+	−	+	+	+	+

故误差不超过 10^{-3} 的正根的近似值为 $\xi=2.415$.

*18. 设 $f''(x_0)$ 存在,证明 $\lim\limits_{h\to 0}\dfrac{f(x_0+h)+f(x_0-h)-2f(x_0)}{h^2}=f''(x_0)$.

【思路探索】 将 f 视为 h 的函数,可知原极限属于 "$\dfrac{0}{0}$" 型未定式,故考虑用洛必达法则.

证:$\lim\limits_{h\to 0}\dfrac{f(x_0+h)+f(x_0-h)-2f(x_0)}{h^2}=\lim\limits_{h\to 0}\dfrac{f'(x_0+h)-f'(x_0-h)}{2h}$

$=\dfrac{1}{2}\lim\limits_{h\to 0}\left[\dfrac{f'(x_0+h)-f'(x_0)}{h}+\dfrac{f'(x_0-h)-f'(x_0)}{-h}\right]$

$=\dfrac{1}{2}[f''(x_0)+f''(x_0)]=f''(x_0)$.

【方法点击】 本题属于出错率较高的典型题目,关键在于看清题目的已知条件,许多同学错误地写成 $\lim\limits_{h\to 0}\dfrac{f'(x_0+h)-f'(x_0-h)}{2h}\xrightarrow{\text{洛必达法则}}\lim\limits_{h\to 0}\dfrac{f''(x_0+h)+f''(x_0-h)}{2}=f''(x_0)$. 出错的原因在于本题只说明 $f''(x_0)$ 存在,并没有给出 $f''(x)$ 存在而且 $f''(x)$ 连续的条件,故第二次的洛必达法则不能用,而且 $\lim\limits_{h\to 0}f''(x_0+h)=f''(x_0)$ 更不成立. 因此本题只能用一次洛必达法则,然后利用导数定义得出结论.

19. 设 $f(x)$ 在 (a,b) 内二阶可导,且 $f''(x)\geqslant 0$. 证明对于 (a,b) 内任意两点 x_1,x_2 及 $0\leqslant t\leqslant 1$,有
$$f[(1-t)x_1+tx_2]\leqslant (1-t)f(x_1)+tf(x_2).$$

证:由 $x_1,x_2\in(a,b)$ 知 $x_0=(1-t)x_1+tx_2\in(a,b)$,利用泰勒公式有

$f(x_1)=f(x_0)+f'(x_0)(x_1-x_0)+\dfrac{1}{2!}f''(\xi_1)(x_1-x_0)^2$,$\xi_1$ 介于 x_0,x_1 之间;

$f(x_2)=f(x_0)+f'(x_0)(x_2-x_0)+\dfrac{1}{2!}f''(\xi_2)(x_2-x_0)^2$,$\xi_2$ 介于 x_0,x_2 之间.

由 $f''(x)\geqslant 0$ 知 $f''(\xi_1)\geqslant 0$,$f''(\xi_2)\geqslant 0$,故
$f(x_1)\geqslant f(x_0)+f'(x_0)(x_1-x_0)$ 及 $f(x_2)\geqslant f(x_0)+f'(x_0)(x_2-x_0)$,

因此,
$(1-t)f(x_1)+tf(x_2)\geqslant (1-t)f(x_0)+tf(x_0)+f'(x_0)[(1-t)(x_1-x_0)+t(x_2-x_0)]$
$=f(x_0)+f'(x_0)[(1-t)x_1+tx_2-x_0]=f(x_0)$,

即 $f[(1-t)x_1+tx_2]\leqslant (1-t)f(x_1)+tf(x_2)$.

20. 试确定常数 a 和 b,使 $f(x)=x-(a+b\cos x)\sin x$ 为当 $x\to 0$ 时关于 x 的 5 阶无穷小.

解:利用泰勒公式,可得

$f(x)=x-a\sin x-\dfrac{b}{2}\sin 2x=x-a\left[x-\dfrac{x^3}{3!}+\dfrac{x^5}{5!}+o(x^5)\right]-\dfrac{b}{2}\left[2x-\dfrac{(2x)^3}{3!}+\dfrac{(2x)^5}{5!}+o(x^5)\right]$

$=(1-a-b)x+\left(\dfrac{a}{6}+\dfrac{2b}{3}\right)x^3-\left(\dfrac{a}{120}+\dfrac{2b}{15}\right)x^5+o(x^5)$.

按题意,应有 $\begin{cases}1-a-b=0,\\ \dfrac{a}{6}+\dfrac{2b}{3}=0,\\ \dfrac{a}{120}+\dfrac{2b}{15}\neq 0,\end{cases}$ 得 $a=\dfrac{4}{3}$,$b=-\dfrac{1}{3}$.

因此,当 $a=\dfrac{4}{3}$,$b=-\dfrac{1}{3}$ 时,$f(x)=x-(a+b\cos x)\sin x$ 是 $x\to 0$ 时关于 x 的 5 阶无穷小.

本章小结

1. 关于不等式的证明.

由本章的第四节我们知道,若 $f'(x)>0$,表示 $f(x)$ 单调上升. 若在某一点 $f(x)=0$,且从这一点以后 $f(x)$ 是单调上升的,则 $f(x)$ 在该点以后不可能再有零点. 相应地,若 $f(a)=0$,当 $x>a$ 时,$f'(x)<0$,则当 $x>a$ 时,$f(x)<0$ 成立. 可以用这两个命题来证明一些不等式.

在用微分中值定理证不等式或等式时,一般地可先对原式作适当变形,或者构造辅助函数,使得新的函数符合中值定理的条件,然后用中值定理,得到所要的结论.

2. 关于洛必达法则应用.

在用洛必达法则求极限时,对于基本问题如"$\frac{0}{0}$""$\frac{\infty}{\infty}$"型的,可直接套用公式;对于其他类型的,则可先化成基本形式,然后再用洛必达法则. 更多的是在同一题中,可能用多次公式,因此应一步步做下去,直到得出最后结论.

3. 关于泰勒公式的应用.

在用泰勒公式求极限时,应当灵活应用,分清哪些项需展开,哪些项可以保留. 如 $\sin x$ 作为一个乘积因子,当 $x \to 0$ 时,与 x 是等价无穷小,因此可直接看作 x,而无须展开,而 $\sin x$ 作加减运算时则不同,要用泰勒公式展开,并根据实际情况决定展开到的阶数. 对于复杂函数的极限,泰勒公式是一个有力且有效的工具.

4. 利用导数来讨论方程的根或函数的零点是重要的内容. 通常是用连续函数的介值定理、洛必达法则或泰勒公式来证明根的存在性,再用函数的单调性、极值、最值及凸凹性来证明方程根的个数.

5. 函数作图的步骤.

第四章 不定积分

本章内容概览

不定积分要讨论的问题是：已知导函数 $f'(x)$，如何求函数 $f(x)$. 这是积分学的基础，同时它也是第二章求已知函数 $f(x)$ 的导函数的反问题.

本章知识图解

第一节 不定积分的概念与性质

习题 4-1 超精解(教材 P192~P193)

1. 利用导数验证下列等式：

(1) $\int \dfrac{1}{\sqrt{x^2+1}}dx = \ln(x+\sqrt{x^2+1})+C$; (2) $\int \dfrac{1}{x^2\sqrt{x^2-1}}dx = \dfrac{\sqrt{x^2-1}}{x}+C$;

(3) $\int \dfrac{2x}{(x^2+1)(x+1)^2}dx = \arctan x + \dfrac{1}{x+1}+C$; (4) $\int \sec x\,dx = \ln|\tan x + \sec x|+C$;

(5) $\int x\cos x\,dx = x\sin x + \cos x + C$; (6) $\int e^x \sin x\,dx = \dfrac{1}{2}e^x(\sin x - \cos x)+C$.

解： (1) $\dfrac{d}{dx}[\ln(x+\sqrt{x^2+1})+C] = \dfrac{1}{x+\sqrt{x^2+1}} \cdot \left(1+\dfrac{x}{\sqrt{x^2+1}}\right) = \dfrac{1}{\sqrt{x^2+1}}$.

(2) $\dfrac{d}{dx}\left(\dfrac{\sqrt{x^2-1}}{x}+C\right) = \dfrac{\dfrac{x}{\sqrt{x^2-1}} \cdot x - \sqrt{x^2-1}}{x^2} = \dfrac{1}{x^2\sqrt{x^2-1}}$.

(3) $\dfrac{d}{dx}\left(\arctan x + \dfrac{1}{x+1}+C\right) = \dfrac{1}{x^2+1} - \dfrac{1}{(x+1)^2} = \dfrac{2x}{(x^2+1)(x+1)^2}$.

(4) $\dfrac{d}{dx}(\ln|\tan x + \sec x|+C) = \dfrac{1}{\tan x + \sec x} \cdot (\sec^2 x + \sec x\tan x) = \sec x$.

(5) $\dfrac{d}{dx}(x\sin x + \cos x + C) = \sin x + x\cos x - \sin x = x\cos x$.

(6) $\dfrac{d}{dx}\left[\dfrac{1}{2}e^x(\sin x - \cos x)+C\right] = \dfrac{1}{2}e^x(\sin x - \cos x) + \dfrac{1}{2}e^x(\cos x + \sin x) = e^x \sin x$.

2. 求下列不定积分：

(1) $\int \dfrac{dx}{x^2}$; (2) $\int x\sqrt{x}\,dx$; (3) $\int \dfrac{dx}{\sqrt{x}}$;

(4) $\int x^2 \sqrt[3]{x}\,dx$; (5) $\int \dfrac{dx}{x^2\sqrt{x}}$; (6) $\int \sqrt[m]{x^n}\,dx$;

(7) $\int 5x^3\,dx$; (8) $\int (x^2-3x+2)\,dx$; (9) $\int \dfrac{dh}{\sqrt{2gh}}$ (g 是常数)；

(10) $\int (x^2+1)^2\,dx$; (11) $\int (\sqrt{x}+1)(\sqrt{x^3}-1)\,dx$; (12) $\int \dfrac{(1-x)^2}{\sqrt{x}}\,dx$;

(13) $\int \left(2e^x + \dfrac{3}{x}\right)dx$; (14) $\int \left(\dfrac{3}{1+x^2} - \dfrac{2}{\sqrt{1-x^2}}\right)dx$; (15) $\int e^x\left(1-\dfrac{e^{-x}}{\sqrt{x}}\right)dx$;

(16) $\int 3^x e^x\,dx$; (17) $\int \dfrac{2 \times 3^x - 5 \times 2^x}{3^x}dx$; (18) $\int \sec x(\sec x - \tan x)\,dx$;

(19) $\int \cos^2 \dfrac{x}{2}\,dx$; (20) $\int \dfrac{dx}{1+\cos 2x}$; (21) $\int \dfrac{\cos 2x}{\cos x - \sin x}dx$;

(22) $\int \dfrac{\cos 2x}{\cos^2 x \sin^2 x}dx$; (23) $\int \cot^2 x\,dx$; (24) $\int \cos\theta(\tan\theta + \sec\theta)\,d\theta$;

(25) $\int \dfrac{x^2}{x^2+1}dx$; (26) $\int \dfrac{3x^4+2x^2}{x^2+1}dx$.

第四章 不定积分

【思路探索】 利用不定积分的性质及基本积分公式求不定积分的方法称为直接积分法，这是积分常用的方法之一. 被积函数如果不是积分表中的类型，可先把被积函数进行恒等变形，然后再积分.

解: (1) $\int \dfrac{dx}{x^2} = \int x^{-2} dx = \dfrac{1}{-2+1} x^{-2+1} + C = -\dfrac{1}{x} + C.$

(2) $\int x\sqrt{x}\, dx = \int x^{\frac{3}{2}} dx = \dfrac{1}{\frac{3}{2}+1} x^{\frac{3}{2}+1} + C = \dfrac{2}{5} x^{\frac{5}{2}} + C.$

(3) $\int \dfrac{dx}{\sqrt{x}} = \int x^{-\frac{1}{2}} dx = \dfrac{1}{-\frac{1}{2}+1} x^{-\frac{1}{2}+1} + C = 2\sqrt{x} + C.$

(4) $\int x^2 \sqrt[3]{x}\, dx = \int x^{\frac{7}{3}} dx = \dfrac{1}{\frac{7}{3}+1} x^{\frac{7}{3}+1} + C = \dfrac{3}{10} x^{\frac{10}{3}} + C.$

(5) $\int \dfrac{dx}{x^2 \sqrt{x}} = \int x^{-\frac{5}{2}} dx = \dfrac{1}{-\frac{5}{2}+1} x^{-\frac{5}{2}+1} + C = -\dfrac{2}{3} x^{-\frac{3}{2}} + C.$

(6) $\int \sqrt[m]{x^n}\, dx = \dfrac{1}{\frac{n}{m}+1} x^{\frac{n}{m}+1} + C = \dfrac{m}{m+n} x^{\frac{m+n}{m}} + C.$

(7) $\int 5x^3 dx = \dfrac{5}{3+1} x^{3+1} + C = \dfrac{5}{4} x^4 + C.$

(8) $\int (x^2 - 3x + 2)\, dx = \int x^2 dx - 3\int x\, dx + 2\int dx = \dfrac{x^3}{3} - \dfrac{3}{2} x^2 + 2x + C.$

(9) $\int \dfrac{dh}{\sqrt{2gh}} = \dfrac{1}{\sqrt{2g}} \int h^{-\frac{1}{2}} dh = \dfrac{1}{\sqrt{2g}} \cdot 2\sqrt{h} + C = \sqrt{\dfrac{2h}{g}} + C.$

(10) $\int (x^2+1)^2 dx = \int (x^4 + 2x^2 + 1) dx = \int x^4 dx + 2\int x^2 dx + \int dx = \dfrac{x^5}{5} + \dfrac{2}{3} x^3 + x + C.$

(11) $\int (\sqrt{x}+1)(\sqrt{x^3}-1)\, dx = \int (x^2 + x^{\frac{3}{2}} - x^{\frac{1}{2}} - 1)\, dx = \int x^2 dx + \int x^{\frac{3}{2}} dx - \int x^{\frac{1}{2}} dx - \int dx$
$= \dfrac{x^3}{3} + \dfrac{2}{5} x^{\frac{5}{2}} - \dfrac{2}{3} x^{\frac{3}{2}} - x + C.$

(12) $\int \dfrac{(1-x)^2}{\sqrt{x}}\, dx = \int (x^{\frac{3}{2}} - 2x^{\frac{1}{2}} + x^{-\frac{1}{2}})\, dx = \int x^{\frac{3}{2}} dx - 2\int x^{\frac{1}{2}} dx + \int x^{-\frac{1}{2}} dx$
$= \dfrac{2}{5} x^{\frac{5}{2}} - \dfrac{4}{3} x^{\frac{3}{2}} + 2 x^{\frac{1}{2}} + C.$

(13) $\int \left(2e^x + \dfrac{3}{x}\right) dx = 2\int e^x dx + 3\int \dfrac{dx}{x} = 2e^x + 3\ln|x| + C.$

(14) $\int \left(\dfrac{3}{1+x^2} - \dfrac{2}{\sqrt{1-x^2}}\right) dx = 3\int \dfrac{dx}{1+x^2} - 2\int \dfrac{dx}{\sqrt{1-x^2}} = 3\arctan x - 2\arcsin x + C.$

(15) $\int e^x \left(1 - \dfrac{e^{-x}}{\sqrt{x}}\right) dx = \int e^x dx - \int x^{-\frac{1}{2}} dx = e^x - 2x^{\frac{1}{2}} + C.$

(16) $\int 3^x e^x dx = \int (3e)^x dx = \dfrac{(3e)^x}{\ln(3e)} + C = \dfrac{3^x e^x}{\ln 3 + 1} + C.$

(17) $\int \dfrac{2 \times 3^x - 5 \times 2^x}{3^x}\, dx = 2\int dx - 5\int \left(\dfrac{2}{3}\right)^x dx = 2x - \dfrac{5}{\ln \frac{2}{3}} \left(\dfrac{2}{3}\right)^x + C$

$$=2x-\frac{5}{\ln 2-\ln 3}\left(\frac{2}{3}\right)^x+C.$$

(18) $\int \sec x(\sec x-\tan x)\mathrm{d}x = \int \sec^2 x\mathrm{d}x - \int \sec x\tan x\mathrm{d}x = \tan x - \sec x + C.$

(19) $\int \cos^2 \frac{x}{2}\mathrm{d}x = \int \frac{1+\cos x}{2}\mathrm{d}x = \frac{x+\sin x}{2}+C.$

(20) $\int \frac{\mathrm{d}x}{1+\cos 2x} = \int \frac{\sec^2 x}{2}\mathrm{d}x = \frac{\tan x}{2}+C.$

(21) $\int \frac{\cos 2x}{\cos x-\sin x}\mathrm{d}x = \int \frac{\cos^2 x-\sin^2 x}{\cos x-\sin x}\mathrm{d}x = \sin x-\cos x+C.$

(22) $\int \frac{\cos 2x}{\cos^2 x\sin^2 x}\mathrm{d}x = \int \frac{\cos^2 x-\sin^2 x}{\cos^2 x\sin^2 x}\mathrm{d}x = \int(\csc^2 x-\sec^2 x)\mathrm{d}x$

$$= \int \csc^2 x\mathrm{d}x - \int \sec^2 x\mathrm{d}x = -(\cot x+\tan x)+C.$$

(23) $\int \cot^2 x\mathrm{d}x = \int \csc^2 x\mathrm{d}x - \int \mathrm{d}x = -\cot x-x+C.$

(24) $\int \cos\theta(\tan\theta+\sec\theta)\mathrm{d}\theta = \int \sin\theta\mathrm{d}\theta + \int \mathrm{d}\theta = -\cos\theta+\theta+C.$

(25) $\int \frac{x^2}{x^2+1}\mathrm{d}x = \int \mathrm{d}x - \int \frac{1}{x^2+1}\mathrm{d}x = x-\arctan x+C.$

(26) $\int \frac{3x^4+2x^2}{x^2+1}\mathrm{d}x = \int 3x^2\mathrm{d}x - \int \mathrm{d}x + \int \frac{1}{x^2+1}\mathrm{d}x = x^3-x+\arctan x+C.$

【方法点击】 本题所用直接积分法需要注意以下几点:

(1)熟练掌握基本积分公式及性质;

(2)灵活运用恒等变形将被积函数化成基本形式,例如(25)、(26)题用到代数变形方法,常用于将有理分式分解为部分公式;例如(18)~(24)题用到三角变形方法,即利用三角关系式及三角恒等式转化为被积函数.

另外,求不定积分一定注意不能漏掉 C,因为任意一个原函数加上 C 表示原函数的全体.

3. 含有未知函数的导数的方程称为微分方程,例如方程 $\frac{\mathrm{d}y}{\mathrm{d}x}=f(x)$,其中 $\frac{\mathrm{d}y}{\mathrm{d}x}$ 为未知函数的导数, $f(x)$ 为已知函数. 如果函数 $y=\varphi(x)$ 代入微分方程,使微分方程成为恒等式,那么函数 $y=\varphi(x)$ 就称为这个微分方程的解.

求下列微分方程满足所给条件的解:

(1) $\frac{\mathrm{d}y}{\mathrm{d}x}=(x-2)^2$, $y|_{x=2}=0$;   (2) $\frac{\mathrm{d}^2 x}{\mathrm{d}t^2}=\frac{2}{t^3}$, $\frac{\mathrm{d}x}{\mathrm{d}t}\Big|_{t=1}=1$, $x|_{t=1}=1$.

解:(1) $y=\int(x-2)^2\mathrm{d}x=\frac{1}{3}(x-2)^3+C$,由 $y|_{x=2}=0$,得 $C=0$,于是所求的解为 $y=\frac{1}{3}(x-2)^3$.

(2) $\frac{\mathrm{d}x}{\mathrm{d}t}=\int \frac{2}{t^3}\mathrm{d}t = -\frac{1}{t^2}+C_1$,由 $\frac{\mathrm{d}x}{\mathrm{d}t}\Big|_{t=1}=1$,得 $C_1=2$,故

$$\frac{\mathrm{d}x}{\mathrm{d}t}=-\frac{1}{t^2}+2, x=\int\left(-\frac{1}{t^2}+2\right)\mathrm{d}t=\frac{1}{t}+2t+C_2,$$

由 $x|_{t=1}=1$,得 $C_2=-2$,于是所求的解为 $x=\frac{1}{t}+2t-2$.

4. 汽车以 20 m/s 速度行驶,刹车后匀速行驶了 50 m 停住,求刹车加速度,可执行下列步骤:

(1)求微分方程 $\dfrac{d^2 s}{dt^2} = -k$ 满足条件 $\dfrac{ds}{dt}\Big|_{t=0} = 20$ 及 $s\big|_{t=0} = 0$ 的解；

(2)求使 $\dfrac{ds}{dt} = 0$ 的 t 值；

(3)求使 $s = 50$ 的 k 值.

解:(1) $\dfrac{ds}{dt} = \int -k\,dt = -kt + C_1$，由 $\dfrac{ds}{dt}\Big|_{t=0} = 20$，得 $C_1 = 20$，故

$$\dfrac{ds}{dt} = -kt + 20, \quad s = \int (-kt + 20)\,dt = -\dfrac{1}{2}kt^2 + 20t + C_2,$$

由 $s\big|_{t=0} = 0$，得 $C_2 = 0$，于是所求的解为 $s = -\dfrac{1}{2}kt^2 + 20t$.

(2)令 $\dfrac{ds}{dt} = 0$，解得 $t = \dfrac{20}{k}$.

(3)根据题意，当 $t = \dfrac{20}{k}, s = 50$，即 $-\dfrac{1}{2}k\left(\dfrac{20}{k}\right)^2 + \dfrac{400}{k} = 50$，解得 $k = 4$，即得刹车加速度为 -4 m/s^2.

5. 一曲线通过点 $(e^2, 3)$，且在任一点处的切线斜率等于该点横坐标的倒数，求该曲线的方程.

解:设曲线方程为 $y = f(x)$，则点 (x, y) 处的切线斜率为 $f'(x)$，由条件得 $f'(x) = \dfrac{1}{x}$，

因此 $f(x)$ 为 $\dfrac{1}{x}$ 的一个原函数，故有 $f(x) = \int \dfrac{1}{x}\,dx = \ln|x| + C$.

又根据条件曲线过点 $(e^2, 3)$，有 $f(e^2) = 3$ 解得 $C = 1$，即得所求曲线方程为 $y = \ln x + 1$.

【**方法点击**】 上述第 3～5 题中，由题意列出函数导数的方程，再由不定积分解之，这都属于微分方程问题，关于该问题在第七章中会有全面详细的介绍.

6. 一物体由静止开始运动，经 t 秒后的速度是 $3t^2$ m/s，问

(1)在 3 s 后物体离开出发点的距离是多少？

(2)物体走完 360 m 需要多少时间？

解:(1)设此物体自原点沿横轴正向由静止开始运动，位移函数为 $s = s(t)$，则

$$s(t) = \int v(t)\,dt = \int 3t^2\,dt = t^3 + C,$$

于是由假设可知 $s(0) = 0$，故 $s(t) = t^3$，所求距离为 $s(3) = 27$(m).

(2)由 $t^3 = 360$，得 $t = \sqrt[3]{360} \approx 7.11$(s).

7. 证明函数 $\arcsin(2x-1)$，$\arccos(1-2x)$ 和 $2\arctan\sqrt{\dfrac{x}{1-x}}$ 都是 $\dfrac{1}{\sqrt{x-x^2}}$ 的原函数.

证：$[\arcsin(2x-1)]' = \dfrac{1}{\sqrt{1-(2x-1)^2}} \cdot 2 = \dfrac{1}{\sqrt{x-x^2}}$，

$[\arccos(1-2x)]' = -\dfrac{1}{\sqrt{1-(1-2x)^2}} \cdot (-2) = \dfrac{1}{\sqrt{x-x^2}}$，

$\left(2\arctan\sqrt{\dfrac{x}{1-x}}\right)' = 2\dfrac{1}{1+\dfrac{x}{1-x}} \cdot \dfrac{1}{2}\sqrt{\dfrac{1-x}{x}} \cdot \dfrac{1}{(1-x)^2} = \dfrac{1}{\sqrt{x-x^2}}$.

故结论成立.

第二节 换元积分法

习题 4-2 超精解（教材 P207~P208）

1. 在下列各式等号右端的空白处填入适当的系数，使等式成立（例如：$dx = \frac{1}{4}d(4x+7)$）：

   (1) $dx = \underline{\quad} d(ax)$； (2) $dx = \underline{\quad} d(7x-3)$；
   (3) $xdx = \underline{\quad} d(x^2)$； (4) $xdx = \underline{\quad} d(5x^2)$；
   (5) $xdx = \underline{\quad} d(1-x^2)$； (6) $x^3 dx = \underline{\quad} d(3x^4-2)$；
   (7) $e^{2x} dx = \underline{\quad} d(e^{2x})$； (8) $e^{-\frac{x}{2}} dx = \underline{\quad} d(1+e^{-\frac{x}{2}})$；
   (9) $\sin\frac{3}{2}x dx = \underline{\quad} d\left(\cos\frac{3}{2}x\right)$； (10) $\frac{dx}{x} = \underline{\quad} d(5\ln|x|)$；
   (11) $\frac{dx}{x} = \underline{\quad} d(3-5\ln|x|)$； (12) $\frac{dx}{1+9x^2} = \underline{\quad} d(\arctan 3x)$；
   (13) $\frac{dx}{\sqrt{1-x^2}} = \underline{\quad} d(1-\arcsin x)$； (14) $\frac{xdx}{\sqrt{1-x^2}} = \underline{\quad} d(\sqrt{1-x^2})$.

   解：(1) $\frac{1}{a}$； (2) $\frac{1}{7}$； (3) $\frac{1}{2}$； (4) $\frac{1}{10}$； (5) $-\frac{1}{2}$；
   (6) $\frac{1}{12}$； (7) $\frac{1}{2}$； (8) -2； (9) $-\frac{2}{3}$； (10) $\frac{1}{5}$；
   (11) $-\frac{1}{5}$； (12) $\frac{1}{3}$； (13) -1； (14) -1.

2. 求下列不定积分（其中 a, b, ω, φ 均为常数）

   (1) $\int e^{5t} dt$； (2) $\int (3-2x)^3 dx$； (3) $\int \frac{dx}{1-2x}$；
   (4) $\int \frac{dx}{\sqrt[3]{2-3x}}$； (5) $\int (\sin ax - e^{\frac{x}{b}}) dx$； (6) $\int \frac{\sin\sqrt{t}}{\sqrt{t}} dt$；
   (7) $\int x e^{-x^2} dx$； (8) $\int x\cos x^2 dx$； (9) $\int \frac{x}{\sqrt{2-3x^2}} dx$；
   (10) $\int \frac{3x^3}{1-x^4} dx$； (11) $\int \frac{x+1}{x^2+2x+5} dx$； (12) $\int \cos^2(\omega t + \varphi) \sin(\omega t + \varphi) dt$；
   (13) $\int \frac{\sin x}{\cos^3 x} dx$； (14) $\int \frac{\sin x + \cos x}{\sqrt[3]{\sin x - \cos x}} dx$； (15) $\int \tan^{10} x \cdot \sec^2 x dx$；
   (16) $\int \frac{dx}{x \ln x \ln \ln x}$； (17) $\int \frac{dx}{(\arcsin x)^2 \sqrt{1-x^2}}$； (18) $\int \frac{10^{2\arccos x}}{\sqrt{1-x^2}} dx$；
   (19) $\int \tan\sqrt{1+x^2} \cdot \frac{xdx}{\sqrt{1+x^2}}$； (20) $\int \frac{\arctan\sqrt{x}}{\sqrt{x}(1+x)} dx$；
   (21) $\int \frac{1+\ln x}{(x\ln x)^2} dx$； (22) $\int \frac{dx}{\sin x \cos x}$； (23) $\int \frac{\ln \tan x}{\cos x \sin x} dx$；
   (24) $\int \cos^3 x dx$； (25) $\int \cos^2(\omega t + \varphi) dt$； (26) $\int \sin 2x \cos 3x dx$；
   (27) $\int \cos x \cos \frac{x}{2} dx$； (28) $\int \sin 5x \sin 7x dx$； (29) $\int \tan^3 x \sec x dx$；

(30) $\int \dfrac{dx}{e^x+e^{-x}}$;   (31) $\int \dfrac{1-x}{\sqrt{9-4x^2}}dx$;   (32) $\int \dfrac{x^3}{9+x^2}dx$;

(33) $\int \dfrac{dx}{2x^2-1}$;   (34) $\int \dfrac{dx}{(x+1)(x-2)}$;   (35) $\int \dfrac{x}{x^2-x-2}dx$;

(36) $\int \dfrac{x^2 dx}{\sqrt{a^2-x^2}}$ $(a>0)$;   (37) $\int \dfrac{dx}{x\sqrt{x^2-1}}$;

(38) $\int \dfrac{dx}{\sqrt{(x^2+1)^3}}$;   (39) $\int \dfrac{\sqrt{x^2-9}}{x}dx$;   (40) $\int \dfrac{dx}{1+\sqrt{2x}}$;

(41) $\int \dfrac{dx}{1+\sqrt{1-x^2}}$;   (42) $\int \dfrac{dx}{x+\sqrt{1-x^2}}$;   (43) $\int \dfrac{x-1}{x^2+2x+3}dx$;

(44) $\int \dfrac{x^3+1}{(x^2+1)^2}dx$.

【思路探索】 本题考查利用换元积分求积分,选择合理的方法以及适当的变量代换尤为关键,第(1)～(35)题适合第一类换元法(凑微分法),第(36)～(44)题适合第二类换元法,在积分过程中应注意以下两点.

(1)被积函数的恒等变形非常重要,换元法一定要和变形相结合;

(2)有些题目变形及换元的方式多种多样,所以使用的积分解法不同,造成结果形式有差别,但这些结果往往相差一个常数C,都属于不定积分(全体原函数)范围.

解: (1)令 $u=5t$,由第一类换元法得 $\int e^{5t}dt=\dfrac{1}{5}\int e^u du=\dfrac{1}{5}e^u+C=\dfrac{1}{5}e^{5t}+C.$

(2)令 $u=3-2x$,由第一类换元法得
$$\int(3-2x)^3 dx = -\dfrac{1}{2}\int u^3 du = -\dfrac{u^4}{8}+C = -\dfrac{(3-2x)^4}{8}+C.$$

(3)令 $u=1-2x$,由第一类换元法得
$$\int \dfrac{dx}{1-2x} = -\dfrac{1}{2}\int \dfrac{du}{u} = -\dfrac{1}{2}\ln|u|+C = -\dfrac{1}{2}\ln|1-2x|+C.$$

(4) $\int \dfrac{dx}{\sqrt[3]{2-3x}} = \int -\dfrac{1}{3}(2-3x)^{-\frac{1}{3}}d(2-3x) = -\dfrac{1}{3}\times\dfrac{3}{2}(2-3x)^{\frac{2}{3}}+C = -\dfrac{1}{2}(2-3x)^{\frac{2}{3}}+C.$

(5) $\int (\sin ax - e^{\frac{x}{b}})dx = \int \sin ax\,dx - \int e^{\frac{x}{b}}dx = \int \dfrac{1}{a}\sin ax\,d(ax) - \int be^{\frac{x}{b}}d\left(\dfrac{x}{b}\right)$
$= \dfrac{1}{a}(-\cos ax) - be^{\frac{x}{b}}+C = -\dfrac{\cos ax}{a} - be^{\frac{x}{b}}+C.$

(6) $\int \dfrac{\sin\sqrt{t}}{\sqrt{t}}dt = \int 2\sin\sqrt{t}\,d\sqrt{t} = -2\cos\sqrt{t}+C.$

(7) $\int xe^{-x^2}dx = -\dfrac{1}{2}\int e^{-x^2}d(-x^2) = -\dfrac{1}{2}e^{-x^2}+C.$

(8) $\int x\cos x^2\,dx = \dfrac{1}{2}\int \cos x^2\,dx^2 = \dfrac{1}{2}\sin(x^2)+C.$

(9) $\int \dfrac{x}{\sqrt{2-3x^2}}dx = -\dfrac{1}{6}\int(2-3x^2)^{-\frac{1}{2}}d(2-3x^2) = -\dfrac{1}{6}\cdot 2\times(2-3x^2)^{\frac{1}{2}}+C = -\dfrac{\sqrt{2-3x^2}}{3}+C.$

(10) $\int \dfrac{3x^3}{1-x^4}dx = -\dfrac{3}{4}\int \dfrac{1}{1-x^4}d(1-x^4) = -\dfrac{3}{4}\ln|1-x^4|+C.$

(11) $\int \dfrac{x+1}{x^2+2x+5}dx = \dfrac{1}{2}\int \dfrac{d(x^2+2x+5)}{x^2+2x+5} = \dfrac{1}{2}\ln(x^2+2x+5)+C.$

(12) $\int \cos^2(\omega t+\varphi)\sin(\omega t+\varphi)dt = \int -\frac{1}{\omega}\cos^2(\omega t+\varphi)d[\cos(\omega t+\varphi)] = -\frac{1}{3\omega}\cos^3(\omega t+\varphi)+C.$

(13) $\int \frac{\sin x}{\cos^3 x}dx = -\int \frac{1}{\cos^3 x}d(\cos x) = \frac{1}{2\cos^2 x}+C.$

(14) $\int \frac{\sin x+\cos x}{\sqrt[3]{\sin x-\cos x}}dx = \int \frac{d(\sin x-\cos x)}{\sqrt[3]{\sin x-\cos x}} = \frac{3}{2}(\sin x-\cos x)^{\frac{2}{3}}+C.$

(15) $\int \tan^{10} x \cdot \sec^2 x\, dx = \int \tan^{10} x\, d(\tan x) = \frac{1}{11}\tan^{11} x+C.$

(16) $\int \frac{dx}{x\ln x[\ln(\ln x)]} = \int \frac{d(\ln x)}{\ln x[\ln(\ln x)]} = \int \frac{d[\ln(\ln x)]}{\ln(\ln x)} = \ln|\ln(\ln x)|+C.$

(17) $\int \frac{dx}{(\arcsin x)^2 \sqrt{1-x^2}} = \int \frac{d(\arcsin x)}{(\arcsin x)^2} = -\frac{1}{\arcsin x}+C.$

(18) $\int \frac{10^{2\arccos x}}{\sqrt{1-x^2}}dx = \int -10^{2\arccos x}d(\arccos x) = -\frac{10^{2\arccos x}}{2\ln 10}+C.$

(19) $\int \tan\sqrt{1+x^2} \cdot \frac{x\, dx}{\sqrt{1+x^2}} = \frac{1}{2}\int \tan\sqrt{1+x^2} \cdot \frac{d(1+x^2)}{\sqrt{1+x^2}} = \int \tan\sqrt{1+x^2}\, d(\sqrt{1+x^2})$
$= -\ln|\cos\sqrt{1+x^2}|+C.$

(20) $\int \frac{\arctan\sqrt{x}}{\sqrt{x}(1+x)}dx = \int \frac{2\arctan\sqrt{x}}{1+x}d\sqrt{x} = \int 2\arctan\sqrt{x}\, d(\arctan\sqrt{x}) = (\arctan\sqrt{x})^2+C.$

(21) $\int \frac{1+\ln x}{(x\ln x)^2}dx = \int \frac{d(x\ln x)}{(x\ln x)^2} = -\frac{1}{x\ln x}+C.$

(22) $\int \frac{dx}{\sin x\cos x} = \int \csc 2x\, d(2x) = \ln|\csc 2x-\cot 2x|+C = \ln|\tan x|+C.$

(23) $\int \frac{\ln(\tan x)}{\cos x\sin x}dx = \int \frac{\ln(\tan x)}{\tan x}d(\tan x) = \int \ln(\tan x)d[\ln(\tan x)] = \frac{[\ln(\tan x)]^2}{2}+C.$

(24) $\int \cos^3 x\, dx = \int (1-\sin^2 x)d(\sin x) = \sin x - \frac{1}{3}\sin^3 x+C.$

(25) $\int \cos^2(\omega t+\varphi)dt = \int \frac{\cos 2(\omega t+\varphi)+1}{2}dt = \frac{\sin 2(\omega t+\varphi)}{4\omega}+\frac{t}{2}+C.$

(26) $\int \sin 2x\cos 3x\, dx = \int \frac{1}{2}(\sin 5x-\sin x)dx = -\frac{1}{10}\cos 5x+\frac{1}{2}\cos x+C.$

(27) $\int \cos x\cos\frac{x}{2}dx = \int \frac{1}{2}\left(\cos\frac{3}{2}x+\cos\frac{1}{2}x\right)dx = \frac{1}{3}\sin\frac{3}{2}x+\sin\frac{1}{2}x+C.$

(28) $\int \sin 5x\sin 7x\, dx = \int -\frac{1}{2}(\cos 12x-\cos 2x)dx = -\frac{1}{24}\sin 12x+\frac{1}{4}\sin 2x+C.$

(29) $\int \tan^3 x\sec x\, dx = \int (\sec^2 x-1)d(\sec x) = \frac{1}{3}\sec^3 x-\sec x+C.$

(30) $\int \frac{dx}{e^x+e^{-x}} = \int \frac{e^x dx}{e^{2x}+1} = \int \frac{d(e^x)}{e^{2x}+1} = \arctan e^x+C.$

(31) $\int \frac{1-x}{\sqrt{9-4x^2}}dx = \frac{1}{2}\int \frac{d\left(\frac{2x}{3}\right)}{\sqrt{1-\left(\frac{2x}{3}\right)^2}}+\frac{1}{8}\int \frac{d(9-4x^2)}{\sqrt{9-4x^2}} = \frac{\arcsin\frac{2x}{3}}{2}+\frac{\sqrt{9-4x^2}}{4}+C.$

(32) $\int \frac{x^3}{9+x^2}dx = \int x\, dx - \frac{9}{2}\int \frac{d(9+x^2)}{9+x^2} = \frac{x^2}{2}-\frac{9}{2}\ln(9+x^2)+C.$

(33) $\int \dfrac{\mathrm{d}x}{2x^2-1} = \dfrac{1}{2}\int\left(\dfrac{1}{\sqrt{2}x-1}-\dfrac{1}{\sqrt{2}x+1}\right)\mathrm{d}x = \dfrac{1}{2\sqrt{2}}\ln\left|\dfrac{\sqrt{2}x-1}{\sqrt{2}x+1}\right|+C.$

(34) $\int \dfrac{\mathrm{d}x}{(x+1)(x-2)} = \int \dfrac{1}{3}\left(\dfrac{1}{x-2}-\dfrac{1}{x+1}\right)\mathrm{d}x = \dfrac{1}{3}\int\dfrac{1}{x-2}\mathrm{d}x - \dfrac{1}{3}\int\dfrac{1}{x+1}\mathrm{d}x$
$= \dfrac{1}{3}\ln|x-2|-\dfrac{1}{3}\ln|x+1|+C = \dfrac{1}{3}\ln\left|\dfrac{x-2}{x+1}\right|+C.$

(35) $\int \dfrac{x}{x^2-x-2}\mathrm{d}x = \int \dfrac{x}{(x-2)(x+1)}\mathrm{d}x = \int \dfrac{1}{3}\left(\dfrac{2}{x-2}+\dfrac{1}{x+1}\right)\mathrm{d}x$
$= \dfrac{2}{3}\ln|x-2|+\dfrac{1}{3}\ln|x+1|+C.$

(36) 设 $x=a\sin u\left(-\dfrac{\pi}{2}<u<\dfrac{\pi}{2}\right)$，则 $\sqrt{a^2-x^2}=a\cos u$，$\mathrm{d}x=a\cos u\,\mathrm{d}u$，于是
$$\int\dfrac{x^2\mathrm{d}x}{\sqrt{a^2-x^2}}=\int a^2\sin^2 u\,\mathrm{d}u=a^2\int\dfrac{1-\cos 2u}{2}\mathrm{d}u=\dfrac{a^2}{2}\left(u-\dfrac{\sin 2u}{2}\right)+C$$
$$=\dfrac{a^2}{2}\arcsin\dfrac{x}{a}-\dfrac{x\sqrt{a^2-x^2}}{2}+C.$$

(37) 当 $x>1$ 时，$\int\dfrac{\mathrm{d}x}{x\sqrt{x^2-1}}\xlongequal{x=\frac{1}{t}}-\int\dfrac{\mathrm{d}t}{\sqrt{1-t^2}}=-\arcsin t+C=-\arcsin\dfrac{1}{x}+C,$

当 $x<-1$ 时，$\int\dfrac{\mathrm{d}x}{x\sqrt{x^2-1}}\xlongequal{x=\frac{1}{t}}\int\dfrac{\mathrm{d}t}{\sqrt{1-t^2}}=\arcsin t+C=\arcsin\dfrac{1}{x}+C,$

故在 $(-\infty,-1)$ 或 $(1,+\infty)$ 内，有 $\int\dfrac{\mathrm{d}x}{x\sqrt{x^2-1}}=-\arcsin\dfrac{1}{|x|}+C.$

(38) 设 $x=\tan u\left(-\dfrac{\pi}{2}<u<\dfrac{\pi}{2}\right)$，则 $\sqrt{x^2+1}=\sec u$，$\mathrm{d}x=\sec^2 u\,\mathrm{d}u$，于是
$$\int\dfrac{\mathrm{d}x}{\sqrt{(x^2+1)^3}}=\int\cos u\,\mathrm{d}u=\sin u+C=\dfrac{x}{\sqrt{1+x^2}}+C.$$

(39) 当 $x\geqslant 3$ 时，令 $x=3\sec u\left(0\leqslant u<\dfrac{\pi}{2}\right)$，

$\int\dfrac{\sqrt{x^2-9}}{x}\mathrm{d}x=\int 3\tan^2 u\,\mathrm{d}u=3\int(\sec^2 u-1)\mathrm{d}u=3\tan u-3u+C=\sqrt{x^2-9}-3\arccos\dfrac{3}{x}+C;$

当 $x\leqslant -3$ 时，令 $x=3\sec u\left(\dfrac{\pi}{2}<u\leqslant\pi\right)$，

$\int\dfrac{\sqrt{x^2-9}}{x}\mathrm{d}x=-\int 3\tan^2 u\,\mathrm{d}u=-3\int(\sec^2 u-1)\mathrm{d}u=-3\tan u+3u+C$
$=\sqrt{x^2-9}+3\arccos\dfrac{3}{x}+C'=\sqrt{x^2-9}-3\arccos\left(-\dfrac{3}{x}\right)+C'+3\pi,$

故可统一写作 $\int\dfrac{\sqrt{x^2-9}}{x}\mathrm{d}x=\sqrt{x^2-9}-3\arccos\dfrac{3}{|x|}+C.$

(40) $\int\dfrac{\mathrm{d}x}{1+\sqrt{2x}}\xlongequal{x=\frac{u^2}{2}}\int\dfrac{u\,\mathrm{d}u}{1+u}=u-\ln(1+u)+C=\sqrt{2x}-\ln(1+\sqrt{2x})+C.$

(41) 令 $x=\sin t\left(-\dfrac{\pi}{2}<t<\dfrac{\pi}{2}\right)$，则 $\sqrt{1-x^2}=\cos t$，$\mathrm{d}x=\cos t\,\mathrm{d}t$，于是

$$\int \frac{\mathrm{d}x}{1+\sqrt{1-x^2}} = \int \frac{\cos t}{1+\cos t}\mathrm{d}t = \int \frac{2\cos^2 \frac{t}{2} - 1}{2\cos^2 \frac{t}{2}}\mathrm{d}t = t - \tan \frac{t}{2} + C$$

$$= t - \frac{\sin t}{1+\cos t} + C = \arcsin x - \frac{x}{1+\sqrt{1-x^2}} + C.$$

(42) 设 $x = \sin t \left(-\frac{\pi}{2} < t < \frac{\pi}{2}\right)$，则 $\sqrt{1-x^2} = \cos t$，$\mathrm{d}x = \cos t \mathrm{d}t$，于是

$$\int \frac{\mathrm{d}x}{x+\sqrt{1-x^2}} = \int \frac{\cos t \mathrm{d}t}{\sin t + \cos t},$$

记 $I_1 = \int \frac{\cos t \mathrm{d}t}{\sin t + \cos t}$，$I_2 = \int \frac{\sin t \mathrm{d}t}{\sin t + \cos t}$，利用 $I_1 + I_2 = \int \mathrm{d}t = t + C$，

$$I_1 - I_2 = \int \frac{\cos t - \sin t}{\sin t + \cos t}\mathrm{d}t = \int \frac{\mathrm{d}(\sin t + \cos t)}{\sin t + \cos t} = \ln|\sin t + \cos t| + C,$$

求得 $I_1 = \int \frac{\cos t \mathrm{d}t}{\sin t + \cos t} = \frac{1}{2}(t + \ln|\sin t + \cos t|) + C$，即求得在 $\left(-\frac{\sqrt{2}}{2}, 1\right)$ 内，有

$$\int \frac{\mathrm{d}x}{x+\sqrt{1-x^2}} = \frac{1}{2}(\arcsin x + \ln|x + \sqrt{1-x^2}|) + C;$$

再设 $x = \sin t \left(-\frac{\pi}{2} < t < \frac{\pi}{2}\right)$，重复上面的过程，可得在 $\left(-1, -\frac{\sqrt{2}}{2}\right)$ 内有与上面不定积分相同的结果. 从而在 $\left(-1, -\frac{\sqrt{2}}{2}\right)$ 或 $\left(-\frac{\sqrt{2}}{2}, 1\right)$ 内，有

$$\int \frac{\mathrm{d}x}{x+\sqrt{1-x^2}} = \frac{1}{2}(\arcsin x + \ln|x + \sqrt{1-x^2}|) + C.$$

(43) $\int \frac{x-1}{x^2+2x+3}\mathrm{d}x = \int \frac{x+1-2}{(x+1)^2+2}\mathrm{d}x = \frac{1}{2}\int \frac{\mathrm{d}[(x+1)^2+2]}{(x+1)^2+2} - \sqrt{2}\int \frac{\mathrm{d}\left(\frac{x+1}{\sqrt{2}}\right)}{\left(\frac{x+1}{\sqrt{2}}\right)^2+1}$

$$= \frac{1}{2}\ln(x^2+2x+3) - \sqrt{2}\arctan \frac{x+1}{\sqrt{2}} + C.$$

(44) 设 $x = \tan t \left(-\frac{\pi}{2} < t < \frac{\pi}{2}\right)$，则 $x^2 + 1 = \sec^2 t$，$\mathrm{d}x = \sec^2 t \mathrm{d}t$，于是

$$\int \frac{x^3+1}{(x^2+1)^2}\mathrm{d}x = \int \frac{\tan^3 t + 1}{\sec^2 t}\mathrm{d}t = \int \frac{\cos^2 t - 1}{\cos t}\mathrm{d}(\cos t) + \int \frac{1+\cos 2t}{2}\mathrm{d}t$$

$$= \frac{1}{2}\cos^2 t - \ln(\cos t) + \frac{t}{2} + \frac{1}{4}\sin 2t + C$$

$$= \frac{1}{2}\cos^2 t - \ln(\cos t) + \frac{t}{2} + \frac{1}{2}\sin t \cos t + C.$$

按 $\tan t = x$ 作辅助三角形（见图 4-1），便有

$$\cos t = \frac{1}{\sqrt{1+x^2}}, \sin t = \frac{x}{\sqrt{1+x^2}},$$

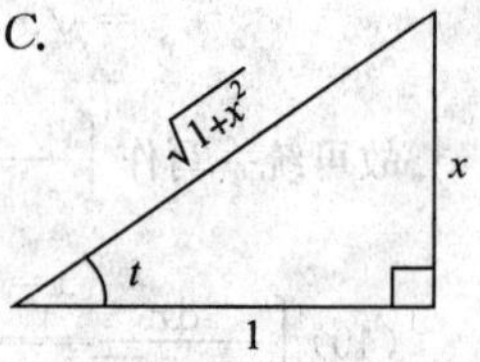

于是

$$\int \frac{x^3+1}{(x^2+1)^2}\mathrm{d}x = \frac{1+x}{2(1+x^2)} + \frac{1}{2}\ln(1+x^2) + \frac{1}{2}\arctan x + C.$$

图 4-1

【**方法点击**】 (1)第(1)~(5)题用到了常用的凑微分式：
$$\int f(ax+b)\mathrm{d}x=\frac{1}{a}\int f(ax+b)\mathrm{d}(ax+b)\ (a\neq 0).$$

(2)第(6)题以及第(20)题用到凑微分式：
$$\int f(\sqrt{x})\frac{1}{\sqrt{x}}\mathrm{d}x=2\int f(\sqrt{x})\mathrm{d}(\sqrt{x}).$$

(3)第(7)~(10)题用到凑微分式：
$$\int f(ax^n+b)x^{n-1}\mathrm{d}x=\frac{1}{na}\int f(ax^n+b)\mathrm{d}(ax^n+b)(a\neq 0,n\geq 1).$$

(4)第(11)题关于多项式凑微分时注意它的特点：做一次微分多项式次数降低一次；反之，凑一次微分多项式次数升高一次.

(5)利用凑微分法求积分时，熟知常用的凑微分式尤为重要，在上面第(12)~(18)题中我们用到了以下几条：
$$\int f(\sin x)\cos x\mathrm{d}x=\int f(\sin x)\mathrm{d}\sin x;$$
$$\int f(\cos x)\sin x\mathrm{d}x=-\int f(\cos x)\mathrm{d}\cos x;$$
$$\int f(\tan x)\sec^2 x\mathrm{d}x=\int f(\tan x)\mathrm{d}\tan x;$$
$$\int f(\ln x)\frac{1}{x}\mathrm{d}x=\int f(\ln x)\mathrm{d}\ln x;$$
$$\int f(\arcsin x)\frac{1}{\sqrt{1-x^2}}\mathrm{d}x=\int f(\arcsin x)\mathrm{d}\arcsin x;$$
$$\int f(\arccos x)\frac{1}{\sqrt{1-x^2}}\mathrm{d}x=-\int f(\arccos x)\mathrm{d}\arccos x.$$

(6)第(20)题用到了"分步凑"或者"多项凑微分"的方法，该方法也适用于第(16)、(19)、(23)题.

(7)第(29)题：当被积函数中含有三角函数时，若无法直接积分或直接凑微分，可先用三角关系式与三角恒等式将函数变形再使用换元法.

例如：

①若被积函数含有 $\sin^n x$ 或 $\cos^n x$：

当 n 为奇数时，分出一个凑微分.

如第(24)题：$\int \cos^3 x\mathrm{d}x=\int \cos^2 x\cos x\mathrm{d}x=\int (1-\sin^2 x)\mathrm{d}\sin x$;

当 n 为偶数时，利用倍角公式降次，如第(25)题.

②若被积函数含有 $\sin^m x\cos^n x$ 或者 $\sec^m x\tan^n x$，也可仿照①变形.

③若被积函数含有 $\sin ax\cos bx$、$\sin ax\sin bx$ 或者 $\cos ax\cos bx$，一般利用积化和差公式变形，如第(26)、(27)、(28)题属于该情形.

(8)第(32)~(35)题属于有理函数的积分，若无法直接积分，可使用代数变形，一般是将假分式分拣为多项式与真分式之和，真分式分解为部分分式，在本章第四节中会更加详细地介绍该种类型的积分.

(9)第(36)~(44)题使用的都是第二类换元法，大部分题目属于"去根号"，常见类型有：

①若被积函数含 $\sqrt[n]{ax+b}$ 或 $\sqrt[n]{\dfrac{ax+b}{cx+d}}$ 时，令 $\sqrt[n]{ax+b}=t$ 或 $\sqrt[n]{\dfrac{ax+b}{cx+d}}=t$. 如第(40)题.

② 若被积函数含 $\sqrt{x^2 \pm a^2}$ 或 $\sqrt{a^2-x^2}$ 时,则先考虑凑微分法与直接积分法,行不通时再考虑用三角代换去根号. 如第(36)~(39)题,第(41),(42),(44)题.

(10) 除三角代换外,有些题目用倒代换,即令 $x=\dfrac{1}{t}$ 也很有效,如 $\displaystyle\int \dfrac{1}{x^2\sqrt{x^2-a^2}}dx$, $\displaystyle\int \dfrac{\sqrt{a^2-x^2}}{x^4}dx$ 等,如第(37)题既可以用三角代换也可以用倒代换.

第三节 分部积分法

习题 4-3 超精解(教材 P212~P213)

求下列不定积分:

1. $\displaystyle\int x\sin x\,dx$.

解: $\displaystyle\int x\sin x\,dx = -\int x\,d(\cos x) = -x\cos x + \int \cos x\,dx = -x\cos x + \sin x + C.$

2. $\displaystyle\int \ln x\,dx$.

解: $\displaystyle\int \ln x\,dx = x\ln x - \int x\cdot\dfrac{1}{x}dx = x\ln x - x + C.$

3. $\displaystyle\int \arcsin x\,dx$.

解: $\displaystyle\int \arcsin x\,dx = x\arcsin x - \int x\cdot\dfrac{1}{\sqrt{1-x^2}}dx = x\arcsin x + \sqrt{1-x^2} + C.$

【方法点击】 第2,3题属于单个函数的积分,若无相应的积分公式,可直接令被积函数为 u,x 为 v 使用分部积分法.

4. $\displaystyle\int xe^{-x}dx$.

解: $\displaystyle\int xe^{-x}dx = -\int x\,de^{-x} = -xe^{-x} + \int e^{-x}dx = -xe^{-x} - e^{-x} + C.$

5. $\displaystyle\int x^2\ln x\,dx$.

解: $\displaystyle\int x^2\ln x\,dx = \dfrac{1}{3}\int \ln x\,d(x^3) = \dfrac{x^3\ln x}{3} - \dfrac{1}{3}\int x^3\cdot\dfrac{1}{x}dx = \dfrac{x^3\ln x}{3} - \dfrac{x^3}{9} + C.$

6. $\displaystyle\int e^{-x}\cos x\,dx$.

解: $\displaystyle\int e^{-x}\cos x\,dx = -\int \cos x\,d(e^{-x}) = -e^{-x}\cos x + \int e^{-x}(-\sin x)dx$

$= -e^{-x}\cos x + \int \sin x\,d(e^{-x}) = -e^{-x}\cos x + e^{-x}\sin x - \int e^{-x}\cos x\,dx,$

故有 $\displaystyle\int e^{-x}\cos x\,dx = \dfrac{e^{-x}(\sin x - \cos x)}{2} + C.$

7. $\displaystyle\int e^{-2x}\sin\dfrac{x}{2}dx$.

解：$\int e^{-2x} \sin \frac{x}{2} dx = -\frac{1}{2} \int \sin \frac{x}{2} d(e^{-2x}) = -\frac{1}{2} e^{-2x} \sin \frac{x}{2} + \frac{1}{2} \int e^{-2x} \cdot \frac{1}{2} \cos \frac{x}{2} dx$

$= -\frac{1}{2} e^{-2x} \sin \frac{x}{2} - \frac{1}{8} \int \cos \frac{x}{2} d(e^{-2x})$

$= -\frac{1}{2} e^{-2x} \sin \frac{x}{2} - \frac{1}{8} e^{-2x} \cos \frac{x}{2} + \frac{1}{8} \int e^{-2x} \cdot \left(-\frac{1}{2} \sin \frac{x}{2}\right) dx$

$= -\frac{1}{8} \left(4 \sin \frac{x}{2} + \cos \frac{x}{2}\right) e^{-2x} - \frac{1}{16} \int e^{-2x} \sin \frac{x}{2} dx,$

故 $\int e^{-2x} \sin \frac{x}{2} dx = -\frac{2}{17} \left(4 \sin \frac{x}{2} + \cos \frac{x}{2}\right) e^{-2x} + C.$

【方法点击】 第6、7题中被积函数为三角函数与指数函数的乘积,可连续进行两次分部积分,得到含所求积分的恒等式,使用"回归法"将积分求出,注意最终要加上任意常数C.

8. $\int x \cos \frac{x}{2} dx.$

解：$\int x \cos \frac{x}{2} dx = 2 \int x d\left(\sin \frac{x}{2}\right) = 2x \sin \frac{x}{2} - 2 \int \sin \frac{x}{2} dx = 2x \sin \frac{x}{2} + 4 \cos \frac{x}{2} + C.$

9. $\int x^2 \arctan x \, dx.$

解：$\int x^2 \arctan x \, dx = \frac{1}{3} \int \arctan x \, d(x^3) = \frac{1}{3} x^3 \arctan x - \frac{1}{3} \int \frac{x^3}{1+x^2} dx$

$= \frac{1}{3} x^3 \arctan x - \frac{1}{3} \int \left(x - \frac{x}{1+x^2}\right) dx$

$= \frac{1}{3} x^3 \arctan x - \frac{1}{6} x^2 + \frac{1}{6} \ln(1+x^2) + C.$

【方法点击】 分部积分法有时用一次得不出结论,需要多次使用,后面的第11题、15题和17题都属于该类型.

10. $\int x \tan^2 x \, dx.$

解：$\int x \tan^2 x \, dx = \int x(\sec^2 x - 1) dx = \int x d(\tan x) - \frac{x^2}{2} = x \tan x + \ln|\cos x| - \frac{x^2}{2} + C.$

11. $\int x^2 \cos x \, dx.$

解：$\int x^2 \cos x \, dx = \int x^2 d(\sin x) = x^2 \sin x - 2 \int x \sin x \, dx = x^2 \sin x + \int 2x d(\cos x)$

$= x^2 \sin x + 2x \cos x - \int 2 \cos x \, dx = x^2 \sin x + 2x \cos x - 2 \sin x + C.$

12. $\int t e^{-2t} dt.$

解：$\int t e^{-2t} dt = -\frac{1}{2} \int t d(e^{-2t}) = -\frac{1}{2} t e^{-2t} + \frac{1}{2} \int e^{-2t} dt = -\frac{1}{2} t e^{-2t} - \frac{1}{4} e^{-2t} + C.$

13. $\int \ln^2 x \, dx.$

解：$\int \ln^2 x \, dx = x \ln^2 x - \int 2 \ln x \, dx = x \ln^2 x - 2x \ln x + \int 2 dx = x \ln^2 x - 2x \ln x + 2x + C.$

14. $\int x \sin x \cos x \, dx.$

解：$\int x\sin x\cos x\,dx = \int -\dfrac{x}{4}d(\cos 2x) = -\dfrac{x\cos 2x}{4}+\dfrac{1}{4}\int \cos 2x\,dx = -\dfrac{x\cos 2x}{4}+\dfrac{\sin 2x}{8}+C.$

15. $\int x^2\cos^2\dfrac{x}{2}dx.$

解：$\int x^2\cos^2\dfrac{x}{2}dx = \dfrac{1}{2}\int x^2(1+\cos x)dx = \dfrac{1}{6}x^3 + \dfrac{1}{2}\int x^2 d(\sin x)$

$= \dfrac{1}{6}x^3 + \dfrac{1}{2}x^2\sin x - \int x\sin x\,dx = \dfrac{1}{6}x^3 + \dfrac{1}{2}x^2\sin x + \int x\,d(\cos x)$

$= \dfrac{1}{6}x^3 + \dfrac{1}{2}x^2\sin x + x\cos x - \int \cos x\,dx$

$= \dfrac{1}{6}x^3 + \dfrac{1}{2}x^2\sin x + x\cos x - \sin x + C.$

16. $\int x\ln(x-1)dx.$

解：$\int x\ln(x-1)dx = \dfrac{1}{2}\int \ln(x-1)d(x^2-1) = \dfrac{1}{2}(x^2-1)\ln(x-1) - \dfrac{1}{2}\int (x+1)dx$

$= \dfrac{1}{2}(x^2-1)\ln(x-1) - \dfrac{1}{4}x^2 - \dfrac{1}{2}x + C.$

17. $\int (x^2-1)\sin 2x\,dx.$

解：$\int (x^2-1)\sin 2x\,dx = -\dfrac{1}{2}\int (x^2-1)d(\cos 2x) = -\dfrac{1}{2}(x^2-1)\cos 2x + \int x\cos 2x\,dx$

$= -\dfrac{1}{2}(x^2-1)\cos 2x + \dfrac{1}{2}\int x\,d(\sin 2x)$

$= -\dfrac{1}{2}(x^2-1)\cos 2x + \dfrac{1}{2}x\sin 2x - \dfrac{1}{2}\int \sin 2x\,dx$

$= -\dfrac{1}{2}\left(x^2-\dfrac{3}{2}\right)\cos 2x + \dfrac{1}{2}x\sin 2x + C.$

18. $\int \dfrac{\ln^3 x}{x^2}dx.$

解：$\int \dfrac{\ln^3 x}{x^2}dx = \int -\ln^3 x\,d\left(\dfrac{1}{x}\right) = -\dfrac{\ln^3 x}{x} - 3\int \ln^2 x\,d\left(\dfrac{1}{x}\right)$

$= -\dfrac{\ln^3 x}{x} - 3\left[\dfrac{\ln^2 x}{x} + 2\int \ln x\,d\left(\dfrac{1}{x}\right)\right] = -\dfrac{\ln^3 x + 3\ln^2 x + 6\ln x + 6}{x} + C.$

19. $\int e^{\sqrt[3]{x}}dx.$

解：$\int e^{\sqrt[3]{x}}dx \xrightarrow{x=u^3} \int 3u^2 e^u du = \int 3u^2 d(e^u) = 3u^2 e^u - \int 6u\,d(e^u)$

$= (3u^2-6u+6)e^u + C = 3e^{\sqrt[3]{x}}(x^{\frac{2}{3}}-2x^{\frac{1}{3}}+2) + C.$

20. $\int \cos\ln x\,dx.$

解：$\int \cos\ln x\,dx \xrightarrow{x=e^u} \int e^u\cos u\,du,$

而 $\int e^u\cos u\,du = \int \cos u\,d(e^u) = e^u\cos u + \int e^u\sin u\,du = e^u\cos u + \int \sin u\,d(e^u)$

$= e^u\cos u + e^u\sin u - \int e^u\cos u\,du,$

因此 $\int e^u \cos u\,du = \dfrac{e^u(\cos u + \sin u)}{2} + C$，故有

$$\int \cos(\ln x)\,dx = \dfrac{x[\cos(\ln x) + \sin(\ln x)]}{2} + C.$$

21. $\int (\arcsin x)^2 \,dx$.

解：$\int (\arcsin x)^2 \,dx = x(\arcsin x)^2 - \int \dfrac{2x\arcsin x}{\sqrt{1-x^2}}\,dx = x(\arcsin x)^2 + \int 2\arcsin x\,d(\sqrt{1-x^2})$

$\qquad = x(\arcsin x)^2 + 2\sqrt{1-x^2}\arcsin x - 2x + C.$

22. $\int e^x \sin^2 x\,dx$.

解：$\int e^x \sin^2 x\,dx = \dfrac{1}{2}\int e^x(1 - \cos 2x)\,dx = \dfrac{1}{2}e^x - \dfrac{1}{2}\int e^x \cos 2x\,dx,$

$\int e^x \cos 2x\,dx = \int \cos 2x\,d(e^x) = e^x \cos 2x + 2\int e^x \sin 2x\,dx$

$\qquad = e^x \cos 2x + 2\int \sin 2x\,d(e^x) = e^x \cos 2x + 2e^x \sin 2x - 4\int e^x \cos 2x\,dx,$

得 $\int e^x \cos 2x\,dx = \dfrac{e^x \cos 2x + 2e^x \sin 2x}{5} + C$，因此有

$$\int e^x \sin^2 x\,dx = \dfrac{1}{2}e^x - \dfrac{1}{5}e^x \sin 2x - \dfrac{1}{10}e^x \cos 2x + C.$$

23. $\int x\ln^2 x\,dx$.

解：$\int x\ln^2 x\,dx = \int \ln^2 x\,d\left(\dfrac{x^2}{2}\right) = \dfrac{x^2}{2}\ln^2 x - \int x\ln x\,dx = \dfrac{x^2}{2}\ln^2 x - \int \ln x\,d\left(\dfrac{x^2}{2}\right)$

$\qquad = \dfrac{x^2}{2}\ln^2 x - \dfrac{x^2}{2}\ln x + \int \dfrac{x}{2}\,dx = \dfrac{x^2}{4}(2\ln^2 x - 2\ln x + 1) + C.$

24. $\int e^{\sqrt{3x+9}}\,dx$.

解：设 $\sqrt{3x+9} = u$，即 $x = \dfrac{1}{3}(u^2 - 9)$，$dx = \dfrac{2}{3}u\,du$，则

$\int e^{\sqrt{3x+9}}\,dx = \int \dfrac{2}{3}ue^u\,du = \int \dfrac{2}{3}u\,d(e^u) = \dfrac{2}{3}ue^u - \int \dfrac{2}{3}e^u\,du$

$\qquad = \dfrac{2}{3}ue^u - \dfrac{2}{3}e^u + C = \dfrac{2}{3}e^{\sqrt{3x+9}}(\sqrt{3x+9} - 1) + C.$

【方法点击】 第 19～24 题属于换元积分法与分部积分法相结合的题目，先换元还是先分部积分需要合理选择.

第四节 有理函数的积分

习题 4—4 超精解(教材 P218～P219)

求下列不定积分：

【思路探索】 第 1～13 题都属于有理函数的积分，基本思路是将假分式化为多项式与真分式之和，真分式分解部分分式，然后再进行积分.

1. $\int \dfrac{x^3}{x+3}\mathrm{d}x$.

解：$\int \dfrac{x^3}{x+3}\mathrm{d}x = \int \left(x^2 - 3x + 9 - \dfrac{27}{x+3}\right)\mathrm{d}x = \dfrac{1}{3}x^3 - \dfrac{3}{2}x^2 + 9x - 27\ln|x+3| + C$.

2. $\int \dfrac{2x+3}{x^2+3x-10}\mathrm{d}x$.

解：$\int \dfrac{2x+3}{x^2+3x-10}\mathrm{d}x = \int \dfrac{\mathrm{d}(x^2+3x-10)}{x^2+3x-10} = \ln|x^2+3x-10| + C$.

3. $\int \dfrac{x+1}{x^2-2x+5}\mathrm{d}x$.

解：$\int \dfrac{x+1}{x^2-2x+5}\mathrm{d}x = \int \dfrac{x-1}{(x-1)^2+4}\mathrm{d}x + \dfrac{1}{2}\int \dfrac{1}{\left(\dfrac{x-1}{2}\right)^2+1}\mathrm{d}x = \dfrac{1}{2}\ln(x^2-2x+5) + \arctan\dfrac{x-1}{2} + C$.

【方法点击】第2、3题中出现了基本类型积分 $\int \dfrac{Mx+N}{x^2+px+q}\mathrm{d}x$，该类型先考虑将分子凑成分母的微分，如第2题，若凑微分后剩余 $\int \dfrac{A}{x^2+px+q}\mathrm{d}x$，则将分母配方后使用积分分式，如第3题.

4. $\int \dfrac{\mathrm{d}x}{x(x^2+1)}$.

解：$\int \dfrac{\mathrm{d}x}{x(x^2+1)} = \int \left(\dfrac{1}{x} - \dfrac{x}{x^2+1}\right)\mathrm{d}x = \ln|x| - \dfrac{1}{2}\int \dfrac{\mathrm{d}(x^2+1)}{x^2+1} = \ln|x| - \dfrac{1}{2}\ln(x^2+1) + C$.

5. $\int \dfrac{3}{x^3+1}\mathrm{d}x$.

解：$\int \dfrac{3}{1+x^3}\mathrm{d}x = \int \dfrac{3}{(1+x)(x^2-x+1)}\mathrm{d}x = \int \left(\dfrac{1}{1+x} + \dfrac{2-x}{x^2-x+1}\right)\mathrm{d}x$

$= \ln|1+x| - \dfrac{1}{2}\int \dfrac{\mathrm{d}(x^2-x+1)}{x^2-x+1} + \dfrac{3}{2}\int \dfrac{1}{x^2-x+1}\mathrm{d}x$

$= \ln|1+x| - \dfrac{1}{2}\ln(x^2-x+1) + \sqrt{3}\int \dfrac{1}{\left(\dfrac{2x-1}{\sqrt{3}}\right)^2+1}\mathrm{d}\left(\dfrac{2x-1}{\sqrt{3}}\right)$

$= \ln|1+x| - \dfrac{1}{2}\ln(x^2-x+1) + \sqrt{3}\arctan\dfrac{2x-1}{\sqrt{3}} + C$.

6. $\int \dfrac{x^2+1}{(x+1)^2(x-1)}\mathrm{d}x$.

解：$\int \dfrac{x^2+1}{(x+1)^2(x-1)}\mathrm{d}x = \int \left[\dfrac{1}{2(x-1)} + \dfrac{1}{2(x+1)} - \dfrac{1}{(x+1)^2}\right]\mathrm{d}x$

$= \dfrac{1}{2}\ln|x-1| + \dfrac{1}{2}\ln|x+1| + \dfrac{1}{x+1} + C = \dfrac{1}{2}\ln|x^2-1| + \dfrac{1}{x+1} + C$.

7. $\int \dfrac{x\mathrm{d}x}{(x+1)(x+2)(x+3)}$.

解：$\int \dfrac{x\mathrm{d}x}{(x+1)(x+2)(x+3)} = \int \left[-\dfrac{1}{2(x+1)} + \dfrac{2}{x+2} - \dfrac{3}{2(x+3)}\right]\mathrm{d}x$

$= -\dfrac{1}{2}\ln|x+1| + 2\ln|x+2| - \dfrac{3}{2}\ln|x+3| + C$.

8. $\int \dfrac{x^5+x^4-8}{x^3-x}\mathrm{d}x$.

解：$\int \dfrac{x^5+x^4-8}{x^3-x}\mathrm{d}x = \int \left(x^2+x+1+\dfrac{8}{x}-\dfrac{3}{x-1}-\dfrac{4}{x+1}\right)\mathrm{d}x$
$= \dfrac{x^3}{3}+\dfrac{x^2}{2}+x+8\ln|x|-3\ln|x-1|-4\ln|x+1|+C.$

9. $\int \dfrac{\mathrm{d}x}{(x^2+1)(x^2+x)}$.

解：$\int \dfrac{\mathrm{d}x}{(x^2+1)(x^2+x)} = \int \left[\dfrac{1}{x}-\dfrac{1}{2(x+1)}-\dfrac{1+x}{2(x^2+1)}\right]\mathrm{d}x$
$= \ln|x|-\dfrac{1}{2}\ln|x+1|-\dfrac{1}{2}\arctan x-\dfrac{1}{4}\int \dfrac{\mathrm{d}(x^2+1)}{x^2+1}$
$= \ln|x|-\dfrac{1}{2}\ln|x+1|-\dfrac{1}{2}\arctan x-\dfrac{1}{4}\ln(x^2+1)+C.$

10. $\int \dfrac{1}{x^4-1}\mathrm{d}x$.

解：$\int \dfrac{1}{x^4-1}\mathrm{d}x = \int \dfrac{1}{(x-1)(x+1)(x^2+1)}\mathrm{d}x = \dfrac{1}{4}\int \dfrac{1}{x-1}\mathrm{d}x-\dfrac{1}{4}\int \dfrac{1}{x+1}\mathrm{d}x-\dfrac{1}{2}\int \dfrac{1}{x^2+1}\mathrm{d}x$
$= \dfrac{1}{4}\ln\left|\dfrac{x-1}{x+1}\right|-\dfrac{1}{2}\arctan x+C.$

11. $\int \dfrac{\mathrm{d}x}{(x^2+1)(x^2+x+1)}$.

解：$\int \dfrac{\mathrm{d}x}{(x^2+1)(x^2+x+1)} = \int \left(\dfrac{-x}{x^2+1}+\dfrac{x+1}{x^2+x+1}\right)\mathrm{d}x$
$= -\dfrac{\ln(x^2+1)}{2}+\dfrac{1}{2}\int \dfrac{\mathrm{d}(x^2+x+1)}{x^2+x+1}+\dfrac{1}{2}\int \dfrac{1}{\left(x+\dfrac{1}{2}\right)^2+\dfrac{3}{4}}\mathrm{d}x$
$= -\dfrac{\ln(x^2+1)}{2}+\dfrac{\ln(x^2+x+1)}{2}+\dfrac{1}{\sqrt{3}}\arctan \dfrac{2x+1}{\sqrt{3}}+C.$

12. $\int \dfrac{(x+1)^2}{(x^2+1)^2}\mathrm{d}x$.

解：$\int \dfrac{(x+1)^2}{(x^2+1)^2}\mathrm{d}x = \int \dfrac{x^2+1}{(x^2+1)^2}\mathrm{d}x+\int \dfrac{2x\mathrm{d}x}{(x^2+1)^2} = \arctan x-\dfrac{1}{x^2+1}+C.$

13. $\int \dfrac{-x^2-2}{(x^2+x+1)^2}\mathrm{d}x$.

解：$\int \dfrac{-x^2-2}{(x^2+x+1)^2}\mathrm{d}x = \int \left[-\dfrac{1}{x^2+x+1}+\dfrac{x-1}{(x^2+x+1)^2}\right]\mathrm{d}x$
$= -\int \dfrac{1}{x^2+x+1}\mathrm{d}x+\dfrac{1}{2}\int \dfrac{\mathrm{d}(x^2+x+1)}{(x^2+x+1)^2}-\dfrac{3}{2}\int \dfrac{1}{(x^2+x+1)^2}\mathrm{d}x,$

令 $u=x+\dfrac{1}{2}$，并记 $a=\dfrac{\sqrt{3}}{2}$，则

$\int \dfrac{1}{(x^2+x+1)^2}\mathrm{d}x = \int \dfrac{1}{(u^2+a^2)^2}\mathrm{d}u \xlongequal{(*)} \dfrac{1}{2a^2}\left(\dfrac{u}{u^2+a^2}+\int \dfrac{1}{u^2+a^2}\mathrm{d}u\right)$
$= \dfrac{u}{2a^2(u^2+a^2)}+\dfrac{1}{2a^2}\int \dfrac{1}{u^2+a^2}\mathrm{d}u,$

由此得

$$\int \frac{1}{x^2+x+1}dx + \frac{3}{2}\int \frac{1}{(x^2+x+1)^2}dx = \int \frac{1}{u^2+a^2}du + \frac{3}{2}\left[\frac{u}{2a^2(u^2+a^2)} + \frac{1}{2a^2}\int \frac{1}{u^2+a^2}du\right]$$

$$= \frac{3u}{4a^2(u^2+a^2)} + \left(\frac{3}{4a^2}+1\right)\int \frac{1}{u^2+a^2}du$$

$$= \frac{3u}{4a^2(u^2+a^2)} + \frac{1}{a}\left(\frac{3}{4a^2}+1\right)\arctan\frac{u}{a} + C_1$$

$$= \frac{2x+1}{2(x^2+x+1)} + \frac{4}{\sqrt{3}}\arctan\frac{2x+1}{\sqrt{3}} + C_1.$$

因此有 $\int \frac{-x^2-2}{(x^2+x+1)^2}dx = -\frac{1}{2(x^2+x+1)} - \frac{2x+1}{2(x^2+x+1)} - \frac{4}{\sqrt{3}}\arctan\frac{2x+1}{\sqrt{3}} + C$

$$= -\frac{x+1}{x^2+x+1} - \frac{4}{\sqrt{3}}\arctan\frac{2x+1}{\sqrt{3}} + C.$$

【方法点击】 其中(*)这一步是利用了递推公式：$I_{m+1} = \frac{u}{2a^2m(u^2+a^2)^m} + \frac{2m-1}{2a^2m}I_m$，取 $m=1$ 即可，且 $I_m = \int \frac{du}{(u^2+a^2)^m}$，利用分部积分法可推出上述递推公式。

14. $\int \frac{dx}{3+\sin^2 x}$.

解：$\int \frac{dx}{3+\sin^2 x} = \int \frac{d(\cot x)}{3\csc^2 x+1} \xrightarrow{u=\cot x} -\int \frac{du}{3u^2+4} = -\frac{1}{2\sqrt{3}}\arctan\frac{\sqrt{3}u}{2} + C$

$$= -\frac{1}{2\sqrt{3}}\arctan\frac{\sqrt{3}\cot x}{2} + C.$$

15. $\int \frac{dx}{3+\cos x}$.

解：令 $u = \tan\frac{x}{2}$，则

$$\int \frac{dx}{3+\cos x} = \int \frac{1}{3+\frac{1-u^2}{1+u^2}} \cdot \frac{2}{1+u^2}du = \int \frac{1}{2+u^2}du = \frac{1}{\sqrt{2}}\arctan\frac{u}{\sqrt{2}} + C = \frac{1}{\sqrt{2}}\arctan\frac{\tan\frac{x}{2}}{\sqrt{2}} + C.$$

16. $\int \frac{dx}{2+\sin x}$.

解：令 $u = \tan\frac{x}{2}$，则

$$\int \frac{dx}{2+\sin x} = \int \frac{1}{2+\frac{2u}{1+u^2}} \cdot \frac{2}{1+u^2}du = \int \frac{1}{u^2+u+1}du = \int \frac{1}{\left(u+\frac{1}{2}\right)^2 + \left(\frac{\sqrt{3}}{2}\right)^2}du$$

$$= \frac{2}{\sqrt{3}}\arctan\frac{2u+1}{\sqrt{3}} + C = \frac{2}{\sqrt{3}}\arctan\frac{2\tan\frac{x}{2}+1}{\sqrt{3}} + C.$$

17. $\int \frac{dx}{1+\sin x+\cos x}$.

解：令 $u = \tan\frac{x}{2}$，则

$$\int \frac{dx}{1+\sin x+\cos x} = \int \frac{1}{1+\frac{2u}{1+u^2}+\frac{1-u^2}{1+u^2}} \cdot \frac{2}{1+u^2} du = \int \frac{du}{1+u} = \ln|1+u|+C = \ln\left|1+\tan\frac{x}{2}\right|+C.$$

18. $\int \frac{dx}{2\sin x-\cos x+5}$.

解：令 $u=\tan\frac{x}{2}$，则

$$\int \frac{dx}{2\sin x-\cos x+5} = \int \frac{1}{\frac{4u}{1+u^2}-\frac{1-u^2}{1+u^2}+5} \cdot \frac{2}{1+u^2} du = \int \frac{1}{3u^2+2u+2} du$$

$$=\frac{1}{3}\int \frac{1}{\left(u+\frac{1}{3}\right)^2+\left(\frac{\sqrt{5}}{3}\right)^2} d\left(u+\frac{1}{3}\right)$$

$$=\frac{1}{\sqrt{5}}\arctan\frac{3u+1}{\sqrt{5}}+C = \frac{1}{\sqrt{5}}\arctan\frac{3\tan\frac{x}{2}+1}{\sqrt{5}}+C.$$

【方法点击】 第 14～18 题属于三角函数有理式的积分，可以通过万能代换将其化成有理函数的积分，但通过万能代换后被积函数往往很麻烦，因此一般情况下尽量不用这种方法，通常是根据被积函数的特点经过三角变形及凑微分等方法求积．

19. $\int \frac{dx}{1+\sqrt[3]{x+1}}$.

解：令 $u=\sqrt[3]{x+1}$，即 $x=u^3-1$，则

$$\int \frac{dx}{1+\sqrt[3]{x+1}} = \int \frac{3u^2}{1+u} du = \int \left(3u-3+\frac{3}{1+u}\right) du = \frac{3}{2}u^2-3u+3\ln|1+u|+C$$

$$=\frac{3}{2}\sqrt[3]{(x+1)^2}-3\sqrt[3]{x+1}+3\ln|1+\sqrt[3]{x+1}|+C.$$

20. $\int \frac{(\sqrt{x})^3-1}{\sqrt{x}+1} dx$.

解：$\int \frac{(\sqrt{x})^3-1}{\sqrt{x}+1} dx = \int \left(x-\sqrt{x}+1-\frac{2}{\sqrt{x}+1}\right) dx = \frac{x^2}{2}-\frac{2}{3}x\sqrt{x}+x-\int \frac{4t}{t+1} dt$（其中 $t=\sqrt{x}$）

$$=\frac{x^2}{2}-\frac{2}{3}x\sqrt{x}+x-4\int \left(1-\frac{1}{t+1}\right) dt$$

$$=\frac{x^2}{2}-\frac{2}{3}x\sqrt{x}+x-4\sqrt{x}+4\ln(\sqrt{x}+1)+C.$$

21. $\int \frac{\sqrt{x+1}-1}{\sqrt{x+1}+1} dx$.

解：令 $u=\sqrt{x+1}$，即 $x=u^2-1$，则

$$\int \frac{\sqrt{x+1}-1}{\sqrt{x+1}+1} dx = \int \frac{u-1}{u+1} \cdot 2u du = 2\int \left(u-2+\frac{2}{u+1}\right) du$$

$$=u^2-4u+4\ln|u+1|+C = x-4\sqrt{x+1}+4\ln(\sqrt{x+1}+1)+C.$$

22. $\int \frac{dx}{\sqrt{x}+\sqrt[4]{x}}$.

解：令 $u=\sqrt[4]{x}$，即 $x=u^4$，则

$$\int \frac{\mathrm{d}x}{\sqrt{x}+\sqrt[4]{x}}=\int \frac{1}{u^2+u}\cdot 4u^3\mathrm{d}u=4\int\left(u-1+\frac{1}{u+1}\right)\mathrm{d}u$$
$$=2u^2-4u+4\ln|u+1|+C=2\sqrt{x}-4\sqrt[4]{x}+4\ln(\sqrt[4]{x}+1)+C.$$

23. $\int\sqrt{\dfrac{1-x}{1+x}}\dfrac{\mathrm{d}x}{x}$.

解法一：

令 $u=\sqrt{\dfrac{1-x}{1+x}}$，即 $x=\dfrac{1-u^2}{1+u^2}$，则

$$\int\sqrt{\frac{1-x}{1+x}}\cdot\frac{\mathrm{d}x}{x}=\int u\cdot\frac{1+u^2}{1-u^2}\cdot\frac{-4u}{(1+u^2)^2}\mathrm{d}u=\int\frac{-4u^2}{(1-u^2)(1+u^2)}\mathrm{d}u$$
$$=\int\left(\frac{2}{1+u^2}-\frac{1}{1-u}-\frac{1}{1+u}\right)\mathrm{d}u$$
$$=2\arctan u+\ln|1-u|-\ln|1+u|+C$$
$$=2\arctan\sqrt{\frac{1-x}{1+x}}+\ln\left|\frac{\sqrt{1+x}-\sqrt{1-x}}{\sqrt{1+x}+\sqrt{1-x}}\right|+C.$$

解法二：

$$\int\sqrt{\frac{1-x}{1+x}}\frac{\mathrm{d}x}{x}=\int\frac{1-x}{x\sqrt{1-x^2}}\mathrm{d}x\xrightarrow{x=\sin u}\int\frac{1-\sin u}{\sin u}\mathrm{d}u=\int\csc u\mathrm{d}u-\int \mathrm{d}u$$
$$=\ln|\csc u-\cot u|-u+C=\ln\frac{1-\sqrt{1-x^2}}{|x|}-\arcsin x+C.$$

24. $\int\dfrac{\mathrm{d}x}{\sqrt[3]{(x+1)^2(x-1)^4}}$.

解：$\int\dfrac{\mathrm{d}x}{\sqrt[3]{(x+1)^2(x-1)^4}}=\int\dfrac{1}{x^2-1}\sqrt[3]{\dfrac{x+1}{x-1}}\mathrm{d}x$，令 $u=\sqrt[3]{\dfrac{x+1}{x-1}}$，即 $x=\dfrac{u^3+1}{u^3-1}$，得到

$$\int\frac{\mathrm{d}x}{\sqrt[3]{(x+1)^2(x-1)^4}}=\int\frac{u}{\left(\dfrac{u^3+1}{u^3-1}\right)^2-1}\cdot\frac{-6u^2}{(u^3-1)^2}\mathrm{d}u=-\frac{3}{2}\int \mathrm{d}u$$
$$=-\frac{3}{2}u+C=-\frac{3}{2}\sqrt[3]{\frac{x+1}{x-1}}+C.$$

【方法点击】 第 19～24 题属于无理函数的积分，上述题目都可通过变量代换去根号，如令 $\sqrt[n]{ax+b}=t$ 或 $\sqrt[n]{\dfrac{ax+b}{cx+d}}=t$，然后结合凑微分法进行积分．

第五节 积分表的使用

习题 4-5 超精解（教材 P221～P222）

利用积分表计算下列不定积分：

1. $\int\dfrac{\mathrm{d}x}{\sqrt{4x^2-9}}$.

解: $\int \dfrac{\mathrm{d}x}{\sqrt{4x^2-9}} = \dfrac{1}{2}\int \dfrac{\mathrm{d}(2x)}{\sqrt{(2x)^2-3^2}} = \dfrac{1}{2}\ln|2x+\sqrt{(2x)^2-3^2}|+C$

$\qquad\qquad = \dfrac{1}{2}\ln|2x+\sqrt{4x^2-9}|+C.\ (45)$

2. $\int \dfrac{1}{x^2+2x+5}\mathrm{d}x.$

解: $\int \dfrac{1}{x^2+2x+5}\mathrm{d}x = \int \dfrac{1}{(x+1)^2+2^2}\mathrm{d}(x+1) = \dfrac{1}{2}\arctan\dfrac{x+1}{2}+C.\ (19)$

3. $\int \dfrac{\mathrm{d}x}{\sqrt{5-4x+x^2}}.$

解: $\int \dfrac{\mathrm{d}x}{\sqrt{5-4x+x^2}} = \int \dfrac{\mathrm{d}(x-2)}{\sqrt{(x-2)^2+1}} = \ln[x-2+\sqrt{(x-2)^2+1}]+C$

$\qquad\qquad = \ln(x-2+\sqrt{5-4x+x^2})+C.\ (31)$

4. $\int \sqrt{2x^2+9}\,\mathrm{d}x.$

解: $\int \sqrt{2x^2+9}\,\mathrm{d}x = \dfrac{1}{\sqrt{2}}\int \sqrt{(\sqrt{2}x)^2+3^2}\,\mathrm{d}(\sqrt{2}x)$

$\qquad = \dfrac{1}{\sqrt{2}}\left\{\dfrac{\sqrt{2}x}{2}\sqrt{(\sqrt{2}x)^2+3^2}+\dfrac{3^2}{2}\ln[\sqrt{2}x+\sqrt{(\sqrt{2}x)^2+3^2}]\right\}+C$

$\qquad = \dfrac{x}{2}\sqrt{2x^2+9}+\dfrac{9\sqrt{2}}{4}\ln(\sqrt{2}x+\sqrt{2x^2+9})+C.\ (39)$

5. $\int \sqrt{3x^2-2}\,\mathrm{d}x.$

解: $\int \sqrt{3x^2-2}\,\mathrm{d}x = \dfrac{1}{\sqrt{3}}\int \sqrt{(\sqrt{3}x)^2-(\sqrt{2})^2}\,\mathrm{d}(\sqrt{3}x)$

$\qquad = \dfrac{1}{\sqrt{3}}\left[\dfrac{\sqrt{3}x}{2}\sqrt{(\sqrt{3}x)^2-(\sqrt{2})^2}-\dfrac{(\sqrt{2})^2}{2}\ln|\sqrt{3}x+\sqrt{(\sqrt{3}x)^2-(\sqrt{2})^2}|\right]+C$

$\qquad = \dfrac{x}{2}\sqrt{3x^2-2}-\dfrac{\sqrt{3}}{3}\ln|\sqrt{3}x+\sqrt{3x^2-2}|+C.\ (53)$

6. $\int \mathrm{e}^{2x}\cos x\,\mathrm{d}x.$

解: $\int \mathrm{e}^{2x}\cos x\,\mathrm{d}x = \dfrac{1}{2^2+1^2}\mathrm{e}^{2x}(\sin x+2\cos x)+C = \dfrac{1}{5}\mathrm{e}^{2x}(\sin x+2\cos x)+C.\ (129)$

7. $\int x\arcsin\dfrac{x}{2}\,\mathrm{d}x.$

解: $\int x\arcsin\dfrac{x}{2}\,\mathrm{d}x = \left(\dfrac{x^2}{2}-\dfrac{2^2}{4}\right)\arcsin\dfrac{x}{2}+\dfrac{x}{4}\sqrt{2^2-x^2}+C$

$\qquad = \left(\dfrac{x^2}{2}-1\right)\arcsin\dfrac{x}{2}+\dfrac{x}{4}\sqrt{4-x^2}+C.\ (114)$

8. $\int \dfrac{\mathrm{d}x}{(x^2+9)^2}.$

解: $\int \dfrac{\mathrm{d}x}{(x^2+9)^2} = \int \dfrac{\mathrm{d}x}{(x^2+3^2)^2} = \dfrac{x}{2\times(2-1)\times 3^2(x^2+3^2)}+\dfrac{2\times 2-3}{2\times(2-1)\times 3^2}\int \dfrac{\mathrm{d}x}{x^2+3^2}$

$\qquad = \dfrac{x}{18(x^2+9)}+\dfrac{1}{18}\times\dfrac{1}{3}\arctan\dfrac{x}{3}+C$

$$=\frac{x}{18(x^2+9)}+\frac{1}{54}\arctan\frac{x}{3}+C. \quad (20,19)$$

9. $\int\frac{\mathrm{d}x}{\sin^3 x}$.

解：$\int\frac{\mathrm{d}x}{\sin^3 x}=-\frac{1}{2}\cdot\frac{\cos x}{\sin^2 x}+\frac{1}{2}\int\frac{\mathrm{d}x}{\sin x}=-\frac{\cos x}{2\sin^2 x}+\frac{1}{2}\ln\left|\tan\frac{x}{2}\right|+C. \quad (97,88)$

10. $\int \mathrm{e}^{-2x}\sin 3x\,\mathrm{d}x$.

解：$\int \mathrm{e}^{-2x}\sin 3x\,\mathrm{d}x = \frac{1}{(-2)^2+3^2}\mathrm{e}^{-2x}(-2\sin 3x-3\cos 3x)+C$
$$=-\frac{\mathrm{e}^{-2x}}{13}(2\sin 3x+3\cos 3x)+C. \quad (128)$$

11. $\int \sin 3x\sin 5x\,\mathrm{d}x$.

解：$\int \sin 3x\sin 5x\,\mathrm{d}x = -\frac{1}{2\times(3+5)}\sin(3+5)x+\frac{1}{2\times(3-5)}\sin(3-5)x+C$
$$=-\frac{1}{16}\sin 8x+\frac{1}{4}\sin 2x+C. \quad (101)$$

12. $\int \ln^3 x\,\mathrm{d}x$.

解：$\int \ln^3 x\,\mathrm{d}x = x(\ln x)^3-3\int \ln^2 x\,\mathrm{d}x = x(\ln x)^3-3\left[x(\ln x)^2-2\int \ln x\,\mathrm{d}x\right]$
$$=x(\ln x)^3-3x(\ln x)^2+6\int \ln x\,\mathrm{d}x$$
$$=x(\ln x)^3-3x(\ln x)^2+6(x\ln x-x)+C$$
$$=x\ln^3 x-3x\ln^2 x+6x\ln x-6x+C. \quad (135,132)$$

13. $\int\frac{1}{x^2(1-x)}\mathrm{d}x$.

解：$\int\frac{1}{x^2(1-x)}\mathrm{d}x=-\frac{1}{x}-\ln\left|\frac{1-x}{x}\right|+C. \quad (6)$

14. $\int\frac{\sqrt{x-1}}{x}\mathrm{d}x$.

解：$\int\frac{\sqrt{x-1}}{x}\mathrm{d}x=2\sqrt{x-1}-\int\frac{1}{x\sqrt{x-1}}\mathrm{d}x=2\sqrt{x-1}-2\arctan\sqrt{x-1}+C. \quad (17,15)$

15. $\int\frac{1}{(1+x^2)^2}\mathrm{d}x$.

解：$\int\frac{1}{(1+x^2)^2}\mathrm{d}x=\frac{x}{2(1+x^2)}+\frac{1}{2}\int\frac{1}{1+x^2}\mathrm{d}x=\frac{x}{2(1+x^2)}+\frac{1}{2}\arctan x+C. \quad (20,19)$

16. $\int\frac{1}{x\sqrt{x^2-1}}\mathrm{d}x$.

解：$\int\frac{1}{x\sqrt{x^2-1}}\mathrm{d}x=\arccos\frac{1}{|x|}+C. \quad (51)$

17. $\int\frac{x}{(2+3x)^2}\mathrm{d}x$.

解：$\int\frac{x}{(2+3x)^2}\mathrm{d}x=\frac{1}{9}\left(\ln|2+3x|+\frac{2}{2+3x}\right)+C. \quad (7)$

第四章 不定积分

18. $\int \cos^6 x\,\mathrm{d}x$.

解：$\int \cos^6 x\,\mathrm{d}x = \dfrac{1}{6}\cos^5 x\sin x + \dfrac{5}{6}\int \cos^4 x\,\mathrm{d}x = \dfrac{1}{6}\cos^5 x\sin x + \dfrac{5}{6}\left(\dfrac{1}{4}\cos^3 x\sin x + \dfrac{3}{4}\int \cos^2 x\,\mathrm{d}x\right)$

$= \dfrac{1}{6}\cos^5 x\sin x + \dfrac{5}{24}\cos^3 x\sin x + \dfrac{5}{8}\int \cos^2 x\,\mathrm{d}x$

$= \dfrac{1}{6}\cos^5 x\sin x + \dfrac{5}{24}\cos^3 x\sin x + \dfrac{5}{8}\left(\dfrac{1}{2}\cos x\sin x + \dfrac{1}{2}\int \mathrm{d}x\right)$

$= \dfrac{1}{6}\cos^5 x\sin x + \dfrac{5}{24}\cos^3 x\sin x + \dfrac{5}{16}\cos x\sin x + \dfrac{5}{16}x + C.$ (96)

19. $\int x^2\sqrt{x^2-2}\,\mathrm{d}x$.

解：$\int x^2\sqrt{x^2-2}\,\mathrm{d}x = \dfrac{x}{8}(2x^2-2)\sqrt{x^2-2} - \dfrac{4}{8}\ln\left|x+\sqrt{x^2-2}\right| + C$

$= \dfrac{x}{4}(x^2-1)\sqrt{x^2-2} - \dfrac{1}{2}\ln\left|x+\sqrt{x^2-2}\right| + C.$ (56)

20. $\int \dfrac{1}{2+5\cos x}\,\mathrm{d}x$.

解：$\int \dfrac{1}{2+5\cos x}\,\mathrm{d}x = \dfrac{1}{7}\sqrt{\dfrac{7}{3}}\ln\left|\dfrac{\tan\dfrac{x}{2}+\sqrt{\dfrac{7}{3}}}{\tan\dfrac{x}{2}-\sqrt{\dfrac{7}{3}}}\right| + C = \dfrac{1}{\sqrt{21}}\ln\left|\dfrac{\sqrt{3}\tan\dfrac{x}{2}+\sqrt{7}}{\sqrt{3}\tan\dfrac{x}{2}-\sqrt{7}}\right| + C.$ (106)

21. $\int \dfrac{\mathrm{d}x}{x^2\sqrt{2x-1}}$.

解：$\int \dfrac{\mathrm{d}x}{x^2\sqrt{2x-1}} = -\dfrac{\sqrt{2x-1}}{-x} - \dfrac{2}{-2}\int \dfrac{\mathrm{d}x}{x\sqrt{2x-1}} = \dfrac{\sqrt{2x-1}}{x} + 2\arctan\sqrt{2x-1} + C.$ (16, 15)

22. $\int \sqrt{\dfrac{1-x}{1+x}}\,\mathrm{d}x$.

解法一：

$\int \sqrt{\dfrac{1-x}{1+x}}\,\mathrm{d}x = \int \dfrac{1-x}{\sqrt{1-x^2}}\,\mathrm{d}x = \int \dfrac{1}{\sqrt{1-x^2}}\,\mathrm{d}x - \int \dfrac{x}{\sqrt{1-x^2}}\,\mathrm{d}x$

$= \arcsin x + \sqrt{1-x^2} + C.$ (59, 61)

解法二：

$\int \sqrt{\dfrac{1-x}{1+x}}\,\mathrm{d}x = (x+1)\sqrt{\dfrac{1-x}{1+x}} - 2\arcsin\sqrt{\dfrac{1-x}{2}} + C = \sqrt{1-x^2} - 2\arcsin\sqrt{\dfrac{1-x}{2}} + C.$ (80)

23. $\int \dfrac{x+5}{x^2-2x-1}\,\mathrm{d}x$.

解：$\int \dfrac{x+5}{x^2-2x-1}\,\mathrm{d}x = \int \dfrac{x}{x^2-2x-1}\,\mathrm{d}x + 5\int \dfrac{1}{x^2-2x-1}\,\mathrm{d}x$

$= \dfrac{1}{2}\ln|x^2-2x-1| + \int \dfrac{1}{x^2-2x-1}\,\mathrm{d}x + 5\int \dfrac{1}{x^2-2x-1}\,\mathrm{d}x$

$= \dfrac{1}{2}\ln|x^2-2x-1| + 6\times\dfrac{1}{\sqrt{(-2)^2-4\times1\times(-1)}}\times$

$$\ln\left|\frac{2x-2-\sqrt{(-2)^2-4\times1\times(-1)}}{2x-2+\sqrt{(-2)^2-4\times1\times(-1)}}\right|+C$$

$$=\frac{1}{2}\ln|x^2-2x-1|+\frac{3}{\sqrt{2}}\ln\left|\frac{x-(\sqrt{2}+1)}{x+(\sqrt{2}-1)}\right|+C. \quad (30,29)$$

24. $\int \frac{x\mathrm{d}x}{\sqrt{1+x-x^2}}$.

解：$\int \frac{x\mathrm{d}x}{\sqrt{1+x-x^2}}=-\sqrt{1+x-x^2}+\frac{1}{2}\arcsin\frac{2x-1}{\sqrt{5}}+C.$ (78)

25. $\int \frac{x^4}{25+4x^2}\mathrm{d}x.$

解：$\int \frac{x^4}{25+4x^2}\mathrm{d}x=\int\left(\frac{1}{4}x^2-\frac{25}{16}+\frac{625}{16}\times\frac{1}{25+4x^2}\right)\mathrm{d}x=\frac{x^3}{12}-\frac{25}{16}x+\frac{625}{32}\int\frac{1}{5^2+(2x)^2}\mathrm{d}(2x)$

$$=\frac{x^3}{12}-\frac{25}{16}x+\frac{625}{32}\times\frac{1}{5}\arctan\frac{2x}{5}+C=\frac{x^3}{12}-\frac{25}{16}x+\frac{125}{32}\arctan\frac{2x}{5}+C. \quad (19)$$

总习题四超精解（教材 P222~P223）

1. 填空：

(1) $\int x^3 \mathrm{e}^x \mathrm{d}x=$ _____． (2) $\int \frac{x+5}{x^2-6x+13}\mathrm{d}x=$ _____．

解：(1) $\int x^3 \mathrm{e}^x \mathrm{d}x = \int x^3 \mathrm{d}\mathrm{e}^x = x^3\mathrm{e}^x - 3\int \mathrm{e}^x\cdot x^2\mathrm{d}x = x^3\mathrm{e}^x - 3\int x^2 \mathrm{d}\mathrm{e}^x$

$$= x^3\mathrm{e}^x - 3x^2\mathrm{e}^x + 3\int \mathrm{e}^x\cdot 2x\mathrm{d}x = x^3\mathrm{e}^x - 3x^2\mathrm{e}^x + 6\int x\mathrm{d}\mathrm{e}^x$$

$$= x^3\mathrm{e}^x - 3x^2\mathrm{e}^x + 6x\mathrm{e}^x - 6\int \mathrm{e}^x\mathrm{d}x = (x^3-3x^2+6x-6)\mathrm{e}^x + C.$$

因此，应填 $(x^3-3x^2+6x-6)\mathrm{e}^x+C.$

(2) $\int \frac{x+5}{x^2-6x+13}\mathrm{d}x = \int \frac{\frac{1}{2}(2x-6)+8}{x^2-6x+13}\mathrm{d}x = \frac{1}{2}\int \frac{2x-6}{x^2-6x+13}\mathrm{d}x + \int \frac{8}{x^2-6x+13}\mathrm{d}x$

$$= \frac{1}{2}\ln(x^2-6x+13) + 8\int \frac{1}{(x-3)^2+2^2}\mathrm{d}x$$

$$= \frac{1}{2}\ln(x^2-6x+13) + 8\times\frac{1}{2}\arctan\frac{x-3}{2}+C$$

$$= \frac{1}{2}\ln(x^2-6x+13) + 4\arctan\frac{x-3}{2}+C.$$

因此，应填 $\frac{1}{2}\ln(x^2-6x+13)+4\arctan\frac{x-3}{2}+C.$

2. 以下两题中给出了四个结论，从中选出一个正确的结论：

(1) 已知 $f'(x)=\frac{1}{x(1+2\ln x)}$，且 $f(1)=1$，则 $f(x)$ 等于（　　）；

(A) $\ln(1+2\ln x)+1$ \qquad (B) $\frac{1}{2}\ln(1+2\ln x)+1$

(C) $\frac{1}{2}\ln(1+2\ln x)+\frac{1}{2}$ \qquad (D) $2\ln(1+2\ln x)+1$

(2) 在下列等式中，正确的结果是（　　）．

(A) $\int f'(x)\mathrm{d}x = f(x)$ (B) $\int \mathrm{d}f(x) = f(x)$

(C) $\dfrac{\mathrm{d}}{\mathrm{d}x}\int f(x)\mathrm{d}x = f(x)$ (D) $\mathrm{d}\int f(x)\mathrm{d}x = f(x)$

解：(1) $\int f'(x)\mathrm{d}x = \int \dfrac{1}{x(1+2\ln x)}\mathrm{d}x = \dfrac{1}{2}\int \dfrac{1}{1+2\ln x}\mathrm{d}(1+2\ln x) = \dfrac{1}{2}\ln(1+2\ln x) + C$.

又 $f(1) = 1$，所以 $C = 1$，因此 $f(x) = \dfrac{1}{2}\ln(1+2\ln x) + 1$，选(B)。

(2) 根据微分运算与积分运算的关系，可知

$$\int \mathrm{d}f(x) = \int f'(x)\mathrm{d}x = f(x) + C, \quad \dfrac{\mathrm{d}}{\mathrm{d}x}\int f(x)\mathrm{d}x = f(x),$$

$$\mathrm{d}\int f(x)\mathrm{d}x = \left[\int f(x)\mathrm{d}x\right]' \mathrm{d}x = f(x)\mathrm{d}x.$$

故选(C)。

3. 已知 $\dfrac{\sin x}{x}$ 是 $f(x)$ 的一个原函数，求 $\int x^3 f'(x)\mathrm{d}x$.

【思路探索】 本题属于典型题目，千万不要将 $f(x)$ 的具体形式代入 $\int x^3 f'(x)\mathrm{d}x$，使得被积函数具体化，而是尽量先利用凑微分法或分部积分法使积分得到简化。

解：由 $\dfrac{\sin x}{x}$ 是 $f(x)$ 的原函数，可得

$$\int f(x)\mathrm{d}x = \dfrac{\sin x}{x} + C, \quad f(x) = \left(\dfrac{\sin x}{x}\right)' = \dfrac{x\cos x - \sin x}{x^2}.$$

因此，$\int x^3 f'(x)\mathrm{d}x = \int x^3 \mathrm{d}f(x) = x^3 f(x) - 3\int f(x)\cdot x^2 \mathrm{d}x$

$\qquad = x(x\cos x - \sin x) - 3\int(x\cos x - \sin x)\mathrm{d}x$

$\qquad = x^2\cos x - x\sin x - 3\int x\mathrm{d}\sin x + 3\int \sin x\mathrm{d}x$

$\qquad = x^2\cos x - x\sin x - 3\left(x\sin x - \int \sin x\mathrm{d}x\right) + 3\int \sin x\mathrm{d}x$

$\qquad = x^2\cos x - 4x\sin x - 6\cos x + C$.

4. 求下列不定积分（其中 a, b 为常数）：

(1) $\int \dfrac{\mathrm{d}x}{\mathrm{e}^x - \mathrm{e}^{-x}}$；

(2) $\int \dfrac{x}{(1-x)^3}\mathrm{d}x$；

(3) $\int \dfrac{x^2}{a^6 - x^6}\mathrm{d}x \ (a>0)$；

(4) $\int \dfrac{1+\cos x}{x+\sin x}\mathrm{d}x$；

(5) $\int \dfrac{\ln \ln x}{x}\mathrm{d}x$；

(6) $\int \dfrac{\sin x\cos x}{1+\sin^4 x}\mathrm{d}x$；

(7) $\int \tan^4 x\mathrm{d}x$；

(8) $\int \sin x\sin 2x\sin 3x\mathrm{d}x$；

(9) $\int \dfrac{\mathrm{d}x}{x(x^6+4)}$；

(10) $\int \sqrt{\dfrac{a+x}{a-x}}\mathrm{d}x \ (a>0)$；

(11) $\int \dfrac{\mathrm{d}x}{\sqrt{x}(1+x)}$；

(12) $\int x\cos^2 x\mathrm{d}x$；

(13) $\int \mathrm{e}^{ax}\cos bx\mathrm{d}x$；

(14) $\int \dfrac{\mathrm{d}x}{\sqrt{1+\mathrm{e}^x}}$；

(15) $\int \dfrac{\mathrm{d}x}{x^2\sqrt{x^2-1}}$；

(16) $\int \dfrac{\mathrm{d}x}{(a^2-x^2)^{\frac{5}{2}}}$；

(17) $\int \dfrac{\mathrm{d}x}{x^4\sqrt{1+x^2}}$；

(18) $\int \sqrt{x}\sin\sqrt{x}\mathrm{d}x$；

(19) $\int \ln(1+x^2)dx$; (20) $\int \dfrac{\sin^2 x}{\cos^3 x}dx$; (21) $\int \arctan\sqrt{x}\,dx$;

(22) $\int \dfrac{\sqrt{1+\cos x}}{\sin x}dx$; (23) $\int \dfrac{x^3}{(1+x^8)^2}dx$; (24) $\int \dfrac{x^{11}}{x^8+3x^4+2}dx$;

(25) $\int \dfrac{dx}{16-x^4}$; (26) $\int \dfrac{\sin x}{1+\sin x}dx$; (27) $\int \dfrac{x+\sin x}{1+\cos x}dx$;

(28) $\int e^{\sin x}\dfrac{x\cos^3 x-\sin x}{\cos^2 x}dx$; (29) $\int \dfrac{\sqrt[3]{x}}{x(\sqrt{x}+\sqrt[3]{x})}dx$; (30) $\int \dfrac{dx}{(1+e^x)^2}$;

(31) $\int \dfrac{e^{3x}+e^x}{e^{4x}-e^{2x}+1}dx$; (32) $\int \dfrac{xe^x}{(e^x+1)^2}dx$; (33) $\int \ln^2(x+\sqrt{1+x^2})dx$;

(34) $\int \dfrac{\ln x}{(1+x^2)^{\frac{3}{2}}}dx$; (35) $\int \sqrt{1-x^2}\arcsin x\,dx$; (36) $\int \dfrac{x^3\arccos x}{\sqrt{1-x^2}}dx$;

(37) $\int \dfrac{\cot x}{1+\sin x}dx$; (38) $\int \dfrac{dx}{\sin^3 x\cos x}$; (39) $\int \dfrac{dx}{(2+\cos x)\sin x}$;

(40) $\int \dfrac{\sin x\cos x}{\sin x+\cos x}dx$.

解: (1) $\int \dfrac{dx}{e^x-e^{-x}}=\int \dfrac{e^x dx}{e^{2x}-1}=\dfrac{1}{2}\int\left(\dfrac{1}{e^x-1}-\dfrac{1}{e^x+1}\right)d(e^x)=\dfrac{1}{2}\ln\left|\dfrac{e^x-1}{e^x+1}\right|+C.$

(2) $\int \dfrac{x}{(1-x)^3}dx \xrightarrow{u=1-x} \int\left(\dfrac{1}{u^2}-\dfrac{1}{u^3}\right)du=-\dfrac{1}{u}+\dfrac{1}{2u^2}+C=-\dfrac{1}{1-x}+\dfrac{1}{2(1-x)^2}+C.$

(3) $\int \dfrac{x^2}{a^6-x^6}dx=\int \dfrac{d(x^3)}{3(a^6-x^6)}\xrightarrow{u=x^3}\int \dfrac{du}{3(a^6-u^2)}=\dfrac{1}{6a^3}\int\left(\dfrac{1}{a^3+u}+\dfrac{1}{a^3-u}\right)du$

$=\dfrac{1}{6a^3}\ln\left|\dfrac{a^3+u}{a^3-u}\right|+C=\dfrac{1}{6a^3}\ln\left|\dfrac{a^3+x^3}{a^3-x^3}\right|+C.$

(4) $\int \dfrac{1+\cos x}{x+\sin x}dx=\int \dfrac{d(x+\sin x)}{x+\sin x}=\ln|x+\sin x|+C.$

(5) $\int \dfrac{\ln(\ln x)}{x}dx=\int \ln(\ln x)d(\ln x)=\ln x[\ln(\ln x)]-\int \ln x\cdot\dfrac{1}{x(\ln x)}dx=\ln x[\ln(\ln x)-1]+C.$

(6) $\int \dfrac{\sin x\cos x}{1+\sin^4 x}dx=\dfrac{1}{2}\int \dfrac{d(\sin^2 x)}{1+\sin^4 x}=\dfrac{\arctan(\sin^2 x)}{2}+C.$

(7) $\int \tan^4 x\,dx=\int \tan^2 x(\sec^2 x-1)dx=\int \tan^2 x\,d(\tan x)-\int (\sec^2 x-1)dx$

$=\dfrac{1}{3}\tan^3 x-\tan x+x+C.$

(8) $\int \sin x\sin 2x\sin 3x\,dx=\int \dfrac{1}{2}(\cos x-\cos 3x)\sin 3x\,dx$

$=\dfrac{1}{2}\int \cos x\sin 3x\,dx-\dfrac{1}{2}\int \cos 3x\sin 3x\,dx$

$=\dfrac{1}{4}\int(\sin 2x+\sin 4x)dx-\dfrac{1}{12}\sin^2 3x$

$=-\dfrac{1}{16}\cos 4x-\dfrac{1}{8}\cos 2x-\dfrac{1}{12}\sin^2 3x+C.$

(9) $\int \dfrac{dx}{x(x^6+4)}\xrightarrow{x=\frac{1}{u}}\int \dfrac{-u^5 du}{1+4u^6}=-\dfrac{1}{24}\int \dfrac{d(1+4u^6)}{1+4u^6}=-\dfrac{1}{24}\ln(1+4u^6)+C$

$$=-\frac{1}{24}\ln\frac{x^6+4}{x^6}+C=\frac{1}{4}\ln|x|-\frac{1}{24}\ln(x^6+4)+C.$$

(10) **方法一**：

$$\int\sqrt{\frac{a+x}{a-x}}\mathrm{d}x=\int\frac{a+x}{\sqrt{a^2-x^2}}\mathrm{d}x=a\int\frac{1}{\sqrt{1-\left(\frac{x}{a}\right)^2}}\mathrm{d}\left(\frac{x}{a}\right)-\frac{1}{2}\int\frac{\mathrm{d}(a^2-x^2)}{\sqrt{a^2-x^2}}$$

$$=a\arcsin\frac{x}{a}-\sqrt{a^2-x^2}+C.$$

方法二：令 $u=\sqrt{\dfrac{a+x}{a-x}}$，即 $x=a\dfrac{u^2-1}{u^2+1}$，则

$$\int\sqrt{\frac{a+x}{a-x}}\mathrm{d}x=\int u\cdot\frac{4au}{(1+u^2)^2}\mathrm{d}u=\int-2au\mathrm{d}\left(\frac{1}{1+u^2}\right)$$

$$=-\frac{2au}{1+u^2}+\int\frac{2a}{1+u^2}\mathrm{d}u=-\frac{2au}{1+u^2}+2a\arctan u+C$$

$$=(x-a)\sqrt{\frac{a+x}{a-x}}+2a\arctan\sqrt{\frac{a+x}{a-x}}+C$$

$$=-\sqrt{a^2-x^2}+2a\arctan\sqrt{\frac{a+x}{a-x}}+C.$$

(11) **方法一**：

$$\int\frac{\mathrm{d}x}{\sqrt{x(1+x)}}=\int\frac{\mathrm{d}x}{\sqrt{\left(x+\frac{1}{2}\right)^2-\left(\frac{1}{2}\right)^2}}\xrightarrow{x=-\frac{1}{2}+\frac{1}{2}\sec u}\int\sec u\,\mathrm{d}u$$

$$=\ln|\sec u+\tan u|+C=\ln|2x+1+2\sqrt{x(1+x)}|+C.$$

方法二：当 $x>0$ 时，因为 $\dfrac{1}{\sqrt{x(1+x)}}=\dfrac{1}{x}\sqrt{\dfrac{x}{1+x}}$，故令 $u=\sqrt{\dfrac{x}{1+x}}$，即 $x=\dfrac{u^2}{1-u^2}$，则

$$\int\frac{\mathrm{d}x}{\sqrt{x(1+x)}}=\int\frac{2}{1-u^2}\mathrm{d}u=\int\left(\frac{1}{1-u}+\frac{1}{1+u}\right)\mathrm{d}u=\ln\left|\frac{1+u}{1-u}\right|+C$$

$$=\ln\left|\frac{\sqrt{1+x}+\sqrt{x}}{\sqrt{1+x}-\sqrt{x}}\right|+C=\ln|2x+1+2\sqrt{x(1+x)}|+C,$$

当 $x<-1$ 时，同样可得 $\int\dfrac{\mathrm{d}x}{\sqrt{x(1+x)}}=\ln|2x+1+2\sqrt{x(1+x)}|+C.$

(12) $\int x\cos^2 x\,\mathrm{d}x=\dfrac{1}{2}\int x(1+\cos 2x)\mathrm{d}x=\dfrac{1}{4}\int x\mathrm{d}(2x+\sin 2x)$

$$=\frac{x(2x+\sin 2x)}{4}-\frac{1}{4}\int(2x+\sin 2x)\mathrm{d}x=\frac{x^2}{4}+\frac{x\sin 2x}{4}+\frac{\cos 2x}{8}+C.$$

(13) 当 $a\neq 0$ 时，$\int e^{ax}\cos bx\,\mathrm{d}x=\int\dfrac{1}{a}\cos bx\,\mathrm{d}(e^{ax})=\dfrac{1}{a}e^{ax}\cos bx+\dfrac{b}{a}\int e^{ax}\sin bx\,\mathrm{d}x$

$$=\frac{1}{a}e^{ax}\cos bx+\frac{b}{a^2}\int\sin bx\,\mathrm{d}(e^{ax})$$

$$=\frac{1}{a}e^{ax}\cos bx+\frac{b}{a^2}e^{ax}\sin bx-\frac{b^2}{a^2}\int e^{ax}\cos bx\,\mathrm{d}x.$$

因此有 $\int e^{ax}\cos bx\,\mathrm{d}x=\dfrac{1}{a^2+b^2}e^{ax}(a\cos bx+b\sin bx)+C,$

当 $a=0$ 时，$\int e^{ax}\cos bx\,dx=\begin{cases}\dfrac{\sin bx}{b}+C, & b\neq 0,\\ x+C, & b=0.\end{cases}$

(14) 令 $u=\sqrt{1+e^x}$，即作换元 $x=\ln(u^2-1)$，得

$$\int\frac{dx}{\sqrt{1+e^x}}=\int\frac{2du}{u^2-1}=\ln\left|\frac{u-1}{u+1}\right|+C=\ln\frac{\sqrt{1+e^x}-1}{\sqrt{1+e^x}+1}+C.$$

(15) $\int\dfrac{dx}{x^2\sqrt{x^2-1}}\xlongequal{x=\frac{1}{u}}-\int\dfrac{u\,du}{\sqrt{1-u^2}}=\sqrt{1-u^2}+C=\dfrac{\sqrt{x^2-1}}{x}+C$，

易知当 $x<0$ 和 $x>0$ 时的结果相同.

(16) 设 $x=a\sin u\left(-\dfrac{\pi}{2}<u<\dfrac{\pi}{2}\right)$，则 $\sqrt{a^2-x^2}=a\cos u$，$dx=a\cos u\,du$，于是

$$\int\frac{dx}{(a^2-x^2)^{\frac{5}{2}}}=\frac{1}{a^4}\int\sec^4 u\,du=\frac{1}{a^4}\int(\tan^2 u+1)d(\tan u)=\frac{\tan^3 u}{3a^4}+\frac{\tan u}{a^4}+C$$

$$=\frac{1}{3a^4}\left[\frac{x^3}{\sqrt{(a^2-x^2)^3}}+\frac{3x}{\sqrt{a^2-x^2}}\right]+C.$$

(17) $\int\dfrac{dx}{x^4\sqrt{1+x^2}}\xlongequal{x=\frac{1}{u}}\int\dfrac{-u^3\,du}{\sqrt{1+u^2}}=-\int\left(u\sqrt{1+u^2}-\dfrac{u}{\sqrt{1+u^2}}\right)du$

$$=-\frac{1}{3}(1+u^2)^{\frac{3}{2}}+\sqrt{1+u^2}+C=-\frac{1}{3}\frac{\sqrt{(1+x^2)^3}}{x^3}+\frac{\sqrt{1+x^2}}{x}+C,$$

易知当 $x<0$ 和 $x>0$ 时结果相同.

(18) $\int\sqrt{x}\sin\sqrt{x}\,dx\xlongequal{x=u^2}\int 2u^2\sin u\,du=-\int 2u^2 d(\cos u)$

$$=-2u^2\cos u+\int 4u\cos u\,du=-2u^2\cos u+\int 4u\,d(\sin u)$$

$$=-2u^2\cos u+4u\sin u-\int 4\sin u\,du$$

$$=-2u^2\cos u+4u\sin u+4\cos u+C$$

$$=-2x\cos\sqrt{x}+4\sqrt{x}\sin\sqrt{x}+4\cos\sqrt{x}+C.$$

(19) $\int\ln(1+x^2)dx=x\ln(1+x^2)-\int\dfrac{2x^2}{1+x^2}dx=x\ln(1+x^2)-2x+2\arctan x+C.$

(20) $\int\dfrac{\sin^2 x}{\cos^3 x}dx=\int\tan^2 x\sec x\,dx=\int\sec^3 x\,dx-\int\sec x\,dx$

$$=\left(\frac{1}{2}\sec x\tan x+\frac{1}{2}\int\sec x\,dx\right)-\int\sec x\,dx$$

$$=\frac{1}{2}\sec x\tan x-\frac{1}{2}\int\sec x\,dx$$

$$=\frac{1}{2}\sec x\tan x-\frac{1}{2}\ln|\sec x+\tan x|+C.$$

(21) $\int\arctan\sqrt{x}\,dx=\int\arctan\sqrt{x}\,d(1+x)=(1+x)\arctan\sqrt{x}-\int\dfrac{1}{2\sqrt{x}}dx$

$$=(1+x)\arctan\sqrt{x}-\sqrt{x}+C.$$

(22) $\int \dfrac{\sqrt{1+\cos x}}{\sin x}dx = \int \dfrac{\sqrt{2}\left|\cos\dfrac{x}{2}\right|}{2\sin\dfrac{x}{2}\cos\dfrac{x}{2}}dx = \pm\sqrt{2}\int \csc\dfrac{x}{2}d\left(\dfrac{x}{2}\right)$

$\qquad = \pm\sqrt{2}\ln\left|\csc\dfrac{x}{2}-\cot\dfrac{x}{2}\right|+C.$

上式当 $\cos\dfrac{x}{2}>0$ 时取正，当 $\cos\dfrac{x}{2}<0$ 时取负.

当 $\cos\dfrac{x}{2}>0$ 时，$\ln\left|\csc\dfrac{x}{2}-\cot\dfrac{x}{2}\right|=\ln\dfrac{1-\cos\dfrac{x}{2}}{\left|\sin\dfrac{x}{2}\right|}=\ln\left(\left|\csc\dfrac{x}{2}\right|-\left|\cot\dfrac{x}{2}\right|\right),$

当 $\cos\dfrac{x}{2}<0$ 时，$\ln\left|\csc\dfrac{x}{2}-\cot\dfrac{x}{2}\right|=\ln\dfrac{1-\cos\dfrac{x}{2}}{\left|\sin\dfrac{x}{2}\right|}=\ln\left(\left|\csc\dfrac{x}{2}\right|+\left|\cot\dfrac{x}{2}\right|\right)$

$\qquad = -\ln\left(\left|\csc\dfrac{x}{2}\right|-\left|\cot\dfrac{x}{2}\right|\right),$

因此有 $\int \dfrac{\sqrt{1+\cos x}}{\sin x}dx = \sqrt{2}\ln\left(\left|\csc\dfrac{x}{2}\right|-\left|\cot\dfrac{x}{2}\right|\right)+C.$

(23) $\int \dfrac{x^3}{(1+x^8)^2}dx = \dfrac{1}{4}\int \dfrac{1}{(1+x^8)^2}d(x^4) \xlongequal{u=x^4} \dfrac{1}{4}\int \dfrac{1}{(1+u^2)^2}du.$

设 $u=\tan t\left(-\dfrac{\pi}{2}<t<\dfrac{\pi}{2}\right)$，则 $1+u^2=\sec^2 t,\ du=\sec^2 t dt$，于是

$\qquad$原式$=\dfrac{1}{4}\int \cos^2 t dt = \dfrac{2t+\sin 2t}{16}+C = \dfrac{\arctan x^4}{8}+\dfrac{x^4}{8(1+x^8)}+C.$

(24) $\int \dfrac{x^{11}}{x^8+3x^4+2}dx \xlongequal{u=x^4} \dfrac{1}{4}\int \dfrac{u^2}{u^2+3u+2}du = \dfrac{1}{4}\int\left(1+\dfrac{1}{u+1}-\dfrac{4}{u+2}\right)du$

$\qquad = \dfrac{1}{4}u+\dfrac{1}{4}\ln|1+u|-\ln|2+u|+C = \dfrac{x^4}{4}+\ln\dfrac{\sqrt[4]{1+x^4}}{2+x^4}+C.$

(25) $\int \dfrac{dx}{16-x^4} = \int \dfrac{1}{(2-x)(2+x)(4+x^2)}dx = \int\left[\dfrac{1}{32(2-x)}+\dfrac{1}{32(2+x)}+\dfrac{1}{8(4+x^2)}\right]dx$

$\qquad = \dfrac{1}{32}\ln\left|\dfrac{2+x}{2-x}\right|+\dfrac{1}{16}\arctan\dfrac{x}{2}+C.$

(26) **方法一**：令 $u=\tan\dfrac{x}{2}$，则

$\qquad \int\dfrac{\sin x}{1+\sin x}dx = \int\dfrac{4u}{(1+u)^2(1+u^2)}du = \int\left[\dfrac{-2}{(1+u)^2}+\dfrac{2}{1+u^2}\right]du$

$\qquad = \dfrac{2}{1+u}+2\arctan u+C = \dfrac{2}{1+\tan\dfrac{x}{2}}+x+C.$

方法二：$\int\dfrac{\sin x}{1+\sin x}dx = \int\dfrac{\sin x(1-\sin x)}{\cos^2 x}dx = -\int\dfrac{1}{\cos^2 x}d(\cos x)-\int(\sec^2 x-1)dx$

$\qquad = \sec x-\tan x+x+C.$

(27) $\int\dfrac{x+\sin x}{1+\cos x}dx = \int\dfrac{x}{2}\sec^2\dfrac{x}{2}dx+\int\tan\dfrac{x}{2}dx = \int x d\left(\tan\dfrac{x}{2}\right)+\int\tan\dfrac{x}{2}dx = x\tan\dfrac{x}{2}+C.$

(28) $\int e^{\sin x}\dfrac{x\cos^3 x-\sin x}{\cos^2 x}dx = \int xe^{\sin x}\cos x dx - \int e^{\sin x}\tan x\sec x dx$

$\qquad\qquad\qquad\qquad\qquad = \int x d(e^{\sin x}) - \int e^{\sin x}d(\sec x)$

$\qquad\qquad\qquad\qquad\qquad = xe^{\sin x} - \int e^{\sin x}dx - (\sec x e^{\sin x} - \int e^{\sin x}dx)$

$\qquad\qquad\qquad\qquad\qquad = (x-\sec x)e^{\sin x} + C.$

(29) $\int\dfrac{\sqrt[3]{x}}{x(\sqrt{x}+\sqrt[3]{x})}dx \xlongequal{x=u^6} \int\dfrac{6}{u(u+1)}du = 6\int\left(\dfrac{1}{u}-\dfrac{1}{u+1}\right)du$

$\qquad\qquad\qquad\qquad = 6\ln\left|\dfrac{u}{1+u}\right| + C = \ln\dfrac{x}{(\sqrt[6]{x}+1)^6} + C.$

(30) $\int\dfrac{dx}{(1+e^x)^2} \xlongequal{x=\ln u} \int\dfrac{du}{u(1+u)^2} = \int\left[\dfrac{1}{u}-\dfrac{1}{1+u}-\dfrac{1}{(1+u)^2}\right]du$

$\qquad\qquad\qquad\qquad = \ln u - \ln(1+u) + \dfrac{1}{1+u} + C = x - \ln(1+e^x) + \dfrac{1}{1+e^x} + C.$

(31) $\int\dfrac{e^{3x}+e^x}{e^{4x}-e^{2x}+1}dx = \int\dfrac{e^x+e^{-x}}{e^{2x}-1+e^{-2x}}dx = \int\dfrac{d(e^x-e^{-x})}{(e^x-e^{-x})^2+1} = \arctan(e^x-e^{-x}) + C.$

(32) $\int\dfrac{xe^x}{(e^x+1)^2}dx = -\int xd\left(\dfrac{1}{e^x+1}\right) = -\dfrac{x}{e^x+1} + \int\dfrac{dx}{e^x+1}$

$\qquad\qquad\qquad = -\dfrac{x}{e^x+1} + \int\dfrac{e^{-x}dx}{1+e^{-x}} = -\dfrac{x}{e^x+1} - \ln(1+e^{-x}) + C.$

(33) $\int\ln^2(x+\sqrt{1+x^2})dx = x\ln^2(x+\sqrt{1+x^2}) - \int\dfrac{2x\ln(x+\sqrt{1+x^2})}{\sqrt{1+x^2}}dx$

$\qquad\qquad\qquad = x\ln^2(x+\sqrt{1+x^2}) - \int 2\ln(x+\sqrt{1+x^2})d(\sqrt{1+x^2})$

$\qquad\qquad\qquad = x\ln^2(x+\sqrt{1+x^2}) - 2\sqrt{1+x^2}\ln(x+\sqrt{1+x^2}) + 2x + C.$

(34) $\int\dfrac{\ln x}{(1+x^2)^{\frac{3}{2}}}dx \xlongequal{x=\frac{1}{u}} \int\dfrac{u\ln u}{(1+u^2)^{\frac{3}{2}}}du = -\int\ln u d\left[(1+u^2)^{-\frac{1}{2}}\right]$

$\qquad\qquad\qquad = -\dfrac{\ln u}{\sqrt{1+u^2}} + \int\dfrac{du}{u\sqrt{1+u^2}} = \dfrac{x\ln x}{\sqrt{1+x^2}} - \int\dfrac{dx}{\sqrt{1+x^2}}$

$\qquad\qquad\qquad = \dfrac{x\ln x}{\sqrt{1+x^2}} - \ln(x+\sqrt{1+x^2}) + C.$

(35) 设 $x=\sin u\left(-\dfrac{\pi}{2}<u<\dfrac{\pi}{2}\right)$，则 $\sqrt{1-x^2}=\cos u$，$dx=\cos u du$，于是

$\int\sqrt{1-x^2}\arcsin x dx = \int u\cos^2 u du = \dfrac{1}{2}\int u(1+\cos 2u)du = \dfrac{1}{4}\int u d(2u+\sin 2u)$

$\qquad\qquad\qquad = \dfrac{u(2u+\sin 2u)}{4} - \dfrac{1}{4}\int(2u+\sin 2u)du$

$\qquad\qquad\qquad = \dfrac{u^2}{4} + \dfrac{u}{4}\sin 2u - \dfrac{\sin^2 u}{4} + C$

$\qquad\qquad\qquad = \dfrac{(\arcsin x)^2}{4} + \dfrac{x}{2}\sqrt{1-x^2}\arcsin x - \dfrac{x^2}{4} + C.$

(36) 设 $x=\cos u(0<u<\pi)$，则 $\sqrt{1-x^2}=\sin u$，$dx=-\sin u du$，于是

$$\int \frac{x^3 \arccos x}{\sqrt{1-x^2}} dx = -\int u\cos^3 u\, du = -\int u\, d\left(\sin u - \frac{1}{3}\sin^3 u\right)$$

$$= -u\left(\sin u - \frac{1}{3}\sin^3 u\right) + \int \left(\sin u - \frac{1}{3}\sin^3 u\right) du$$

$$= -u\left(\sin u - \frac{1}{3}\sin^3 u\right) - \frac{1}{3}\int (2+\cos^2 u)\, d(\cos u)$$

$$= -u\left(\sin u - \frac{1}{3}\sin^3 u\right) - \frac{2}{3}\cos u - \frac{1}{9}\cos^3 u + C$$

$$= -\frac{1}{3}\sqrt{1-x^2}(2+x^2)\arccos x - \frac{1}{9}x(6+x^2) + C.$$

(37) $\displaystyle\int \frac{\cot x}{1+\sin x} dx = \int \frac{\cos x}{\sin x(1+\sin x)} dx = \int \left(\frac{1}{\sin x} - \frac{1}{1+\sin x}\right) d(\sin x)$

$$= \ln\left|\frac{\sin x}{1+\sin x}\right| + C.$$

(38) $\displaystyle\int \frac{dx}{\sin^3 x \cos x} = -\int \cot x \sec^2 x\, d(\cot x) \xrightarrow{u=\cot x} -\int u\left(1+\frac{1}{u^2}\right) du$

$$= -\frac{u^2}{2} - \ln|u| + C = -\frac{\cot^2 x}{2} - \ln|\cot x| + C.$$

(39) $\displaystyle\int \frac{dx}{(2+\cos x)\sin x} = \int \frac{d(\cos x)}{(2+\cos x)(\cos^2 x - 1)} \xrightarrow{u=\cos x} \int \frac{du}{(2+u)(u^2-1)}$

$$= \int \left[\frac{1}{6(u-1)} - \frac{1}{2(u+1)} + \frac{1}{3(u+2)}\right] du$$

$$= \frac{1}{6}\ln|u-1| - \frac{1}{2}\ln|u+1| + \frac{1}{3}\ln|u+2| + C$$

$$= \frac{1}{6}\ln(1-\cos x) - \frac{1}{2}\ln(1+\cos x) + \frac{1}{3}\ln(2+\cos x) + C.$$

(40) **方法一：**

$$\int \frac{\sin x \cos x}{\sin x + \cos x} dx = \int \frac{\frac{1}{2}(\sin x + \cos x)^2 - \frac{1}{2}}{\sin x + \cos x} dx = \frac{1}{2}\int (\sin x + \cos x) dx - \frac{1}{2}\int \frac{1}{\sin x + \cos x} dx$$

$$= \frac{1}{2}(-\cos x + \sin x) - \frac{1}{2}\int \frac{1}{\sin x + \cos x} dx,$$

令 $u = \tan \frac{x}{2}$，则 $\sin x = \dfrac{2u}{1+u^2}$，$\cos x = \dfrac{1-u^2}{1+u^2}$，$dx = \dfrac{2}{1+u^2} du$，故有

$$\int \frac{1}{\sin x + \cos x} dx = \int \frac{2}{2u+1-u^2} du = -\int \frac{2}{(u-1)^2 - (\sqrt{2})^2} du$$

$$= -\frac{1}{\sqrt{2}}\int \frac{1}{u-1-\sqrt{2}} du + \frac{1}{\sqrt{2}}\int \frac{1}{u-1+\sqrt{2}} du$$

$$= \frac{1}{\sqrt{2}}\ln\left|\frac{u-1+\sqrt{2}}{u-1-\sqrt{2}}\right| + C',$$

因此有 $\displaystyle\int \frac{\sin x \cos x}{\sin x + \cos x} dx = \frac{1}{2}(\sin x - \cos x) - \frac{1}{2\sqrt{2}}\ln\left|\frac{\tan\frac{x}{2} - 1 + \sqrt{2}}{\tan\frac{x}{2} - 1 - \sqrt{2}}\right| + C.$

方法二：$\int \dfrac{\sin x\cos x}{\sin x+\cos x}dx = \int \dfrac{\sin x\cos x}{\sqrt{2}\sin\left(x+\dfrac{\pi}{4}\right)}dx \xrightarrow{u=x+\frac{\pi}{4}} \int \dfrac{2\sin^2 u-1}{2\sqrt{2}\sin u}du$

$\qquad\qquad = \dfrac{1}{\sqrt{2}}\int \sin u\,du - \dfrac{1}{2\sqrt{2}}\int \csc u\,du$

$\qquad\qquad = -\dfrac{\cos\left(x+\dfrac{\pi}{4}\right)}{\sqrt{2}} - \dfrac{1}{2\sqrt{2}}\ln\left|\csc\left(x+\dfrac{\pi}{4}\right) - \cot\left(x+\dfrac{\pi}{4}\right)\right| + C.$

【方法点击】 (1)第(1)题及第(3)题都使用了"拆项"，即分解部分分式，实际上也可以直接套用公式：

$$\int \dfrac{1}{x^2\pm a^2}dx \text{ 及 } \int \dfrac{1}{a^2-x^2}dx.$$

(2)第(9)题解法多种多样，除倒代换之外，还可以"拆项"或凑微分，例如：

$\int \dfrac{dx}{x(x^6+4)} = \int \dfrac{x^5 dx}{x^6(x^6+4)} = \dfrac{1}{6}\int \dfrac{d(x^6)}{x^6(x^6+4)} = \dfrac{1}{24}\int \left(\dfrac{1}{x^6}-\dfrac{1}{x^6+4}\right)d(x^6).$

(3)第(15)题、第(17)题既可以用倒代换，也可以用三角代换去根号，属于经典题目。

本章小结

1. 不定积分和原函数是两个不同概念，前者是个集合，后者是该集合中的一个元素，但任意两个原函数之间只差一个常数。

2. 不是所有初等函数的不定积分或原函数都是初等函数，例如 $\int \dfrac{dx}{\ln x}, \int e^{-x^2}dx, \int \dfrac{\sin x}{x}dx, \int \sin x^2 dx$ 等都不能用初等函数表示，或者习惯地说"积不出来"。"积出来"的只是很小的一部分，而且形式变化多样，有的技巧性也很强。

3. 本章虽然给出了求不定积分的方法，但在实际计算中由于题目的特点，方法灵活性很强，有时甚至要多种方法综合运用。因此请读者务必在多做练习的基础上注意总结，触类旁通。

第五章 定积分

本章内容概览

本章讨论一元函数积分学的另一个基本问题——定积分问题.定积分的概念是由实际问题抽象出来的,它与上一章讨论的不定积分有密切的内在联系(这种联系通过本章第二节的微积分基本公式——牛顿－莱布尼茨公式揭示),是下一章讨论的定积分应用的基础和准备.

本章知识图解

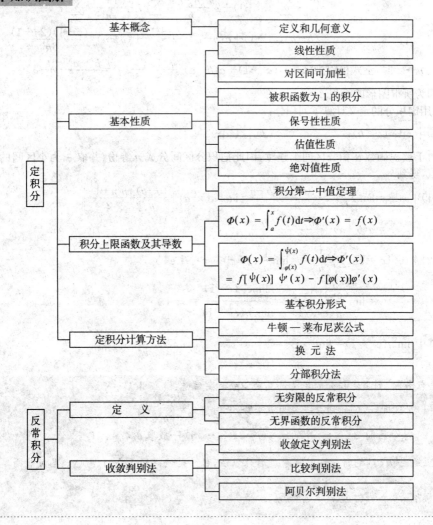

第一节　定积分的概念与性质

习题 5−1 超精解(教材 P236～P237)

*1. 利用定积分的定义计算由抛物线 $y=x^2+1$、两直线 $x=a$、$x=b$ $(b>a)$ 及 x 轴所围成的图形的面积.

解: 由于函数 $f(x)=x^2+1$ 在区间 $[a,b]$ 上连续,因此可积,为计算方便,不妨把 $[a,b]$ 分成 n 等份,则分点为 $x_i=a+\dfrac{i(b-a)}{n}(i=0,1,2,\cdots,n)$,每个小区间长度为 $\Delta x_i=\dfrac{b-a}{n}$,取 ξ_i 为小区间的右端点 x_i,则

$$\sum_{i=1}^{n} f(\xi_i)\Delta x_i = \sum_{i=1}^{n}\left[\left(a+\dfrac{i(b-a)}{n}\right)^2+1\right]\dfrac{b-a}{n}$$

$$=\dfrac{b-a}{n}\sum_{i=1}^{n}(a^2+1)+2\dfrac{a(b-a)^2}{n^2}\sum_{i=1}^{n}i+\dfrac{(b-a)^3}{n^3}\sum_{i=1}^{n}i^2$$

$$=(b-a)(a^2+1)+a(b-a)^2\dfrac{(n+1)}{n}+(b-a)^3\dfrac{(n+1)(2n+1)}{6n^2}.$$

当 $n\to\infty$ 时,上式极限为 $(b-a)(a^2+1)+a(b-a)^2+\dfrac{1}{3}(b-a)^3=\dfrac{b^3-a^3}{3}+b-a$,

即为所求图形的面积.

*2. 利用定积分的定义计算下列积分:

(1) $\displaystyle\int_a^b x\,\mathrm{d}x\ (a<b)$;　　　　　(2) $\displaystyle\int_0^1 \mathrm{e}^x\,\mathrm{d}x$.

解: 由于被积函数在积分区间上连续,因此把积分区间分成 n 等份,并取 ξ_i 为小区间的右端点,得到

(1) $\displaystyle\int_a^b x\,\mathrm{d}x=\lim_{n\to\infty}\sum_{i=1}^{n}\left[a+\dfrac{i(b-a)}{n}\right]\dfrac{b-a}{n}=\lim_{n\to\infty}\left[a(b-a)+\dfrac{(b-a)^2}{n^2}\dfrac{n(n+1)}{2}\right]$

$=a(b-a)+\dfrac{(b-a)^2}{2}=\dfrac{b^2-a^2}{2}.$

(2) $\displaystyle\int_0^1 \mathrm{e}^x\,\mathrm{d}x=\lim_{n\to\infty}\sum_{i=1}^{n}\dfrac{1}{n}\mathrm{e}^{\frac{i}{n}}=\lim_{n\to\infty}\dfrac{1}{n}(\mathrm{e}^{\frac{1}{n}}+\mathrm{e}^{\frac{2}{n}}+\cdots+\mathrm{e}^{\frac{n}{n}})$

$=\lim_{n\to\infty}\dfrac{(\mathrm{e}^{\frac{1}{n}})^{n+1}-\mathrm{e}^{\frac{1}{n}}}{n(\mathrm{e}^{\frac{1}{n}}-1)}=\dfrac{\lim\limits_{n\to\infty}\mathrm{e}^{\frac{1}{n}}(\mathrm{e}-1)}{\lim\limits_{n\to\infty}n(\mathrm{e}^{\frac{1}{n}}-1)}=\mathrm{e}-1.$

其中 $\lim\limits_{n\to\infty}n(\mathrm{e}^{\frac{1}{n}}-1)=\lim\limits_{n\to\infty}\dfrac{\mathrm{e}^{\frac{1}{n}}-1}{\frac{1}{n}}=1.$

【方法点击】 利用定积分的定义计算定积分时要注意:

(1) 对区间 $[a,b]$ 的划分一般为 n 等分,此时 $\Delta x_i=\dfrac{b-a}{n}$;

(2) 每个区间 $[x_{i-1},x_i]$ 中的点 $\xi_i(i=1,2,\cdots,n)$ 一般取在端点处;

上述对 $[a,b]$ 的特殊分割及 ξ_i 的特殊取法,目的是使得和式 $\sum\limits_{i=1}^{n}f(\xi_i)\Delta x_i$ 尽可能简单,从而使极限 $\lim\limits_{\lambda\to 0}\sum\limits_{i=1}^{n}f(\xi_i)\Delta x_i$ 尽可能易求.

3. 利用定积分的几何意义,证明下列等式:

(1) $\int_0^1 2x\mathrm{d}x = 1$;

(2) $\int_0^1 \sqrt{1-x^2}\mathrm{d}x = \dfrac{\pi}{4}$;

(3) $\int_{-\pi}^{\pi} \sin x\mathrm{d}x = 0$;

(4) $\int_{-\frac{\pi}{2}}^{\frac{\pi}{2}} \cos x\mathrm{d}x = 2\int_0^{\frac{\pi}{2}} \cos x\mathrm{d}x$.

证:(1)根据定积分的几何意义,定积分 $\int_0^1 2x\mathrm{d}x$ 表示由直线 $y=2x, x=1$ 及 x 轴围成的图形的面积,该图形是三角形,如图 5-1 所示,底边长为 1,高为 2,因此面积为 1,即 $\int_0^1 2x\mathrm{d}x = 1$.

(2)根据定积分的几何意义,定积分 $\int_0^1 \sqrt{1-x^2}\mathrm{d}x$ 表示由曲线 $y=\sqrt{1-x^2}$ 以及 x 轴、y 轴围成的在第 I 象限内的图形面积,即单位圆的四分之一的图形,如图 5-2 所示,因此有 $\int_0^1 \sqrt{1-x^2}\mathrm{d}x = \dfrac{\pi}{4}$.

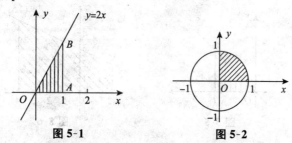

图 5-1　　　　图 5-2

(3)由于函数 $y=\sin x$ 在区间 $[0,\pi]$ 上非负,在区间 $[-\pi,0]$ 上非正.根据定积分的几何意义,定积分 $\int_{-\pi}^{\pi} \sin x\mathrm{d}x$ 表示曲线 $y=\sin x\ (x\in[0,\pi])$ 与 x 轴所围成的图形 D_1 的面积减去曲线 $y=\sin x\ (x\in[-\pi,0])$ 与 x 轴所围成的图形 D_2 的面积,如图 5-3 所示,显然图形 D_1 与 D_2 的面积是相等的,因此有 $\int_{-\pi}^{\pi} \sin x\mathrm{d}x = 0$.

(4)由于函数 $y=\cos x$ 在区间 $\left[-\dfrac{\pi}{2},\dfrac{\pi}{2}\right]$ 上非负,根据定积分的几何意义,定积分 $\int_{-\frac{\pi}{2}}^{\frac{\pi}{2}} \cos x\mathrm{d}x$ 表示曲线 $y=\cos x\left(x\in\left[0,\dfrac{\pi}{2}\right]\right)$ 与 x 轴和 y 轴所围成的图形 D_1 的面积加上曲线 $y=\cos x$ $\left(x\in\left[-\dfrac{\pi}{2},0\right]\right)$ 与 x 轴和 y 轴所围成的图形 D_2 的面积,如图 5-4 所示,而图形 D_1 的面积与图形 D_2 的面积显然相等,因此有 $\int_{-\frac{\pi}{2}}^{\frac{\pi}{2}} \cos x\mathrm{d}x = 2\int_0^{\frac{\pi}{2}} \cos x\mathrm{d}x$.

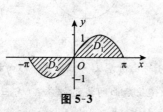 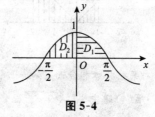

图 5-3　　　　图 5-4

4. 利用定积分的几何意义,求下列积分:

(1) $\int_0^t x\,dx\ (t>0)$; (2) $\int_{-2}^4 \left(\dfrac{x}{2}+3\right)dx$; (3) $\int_{-1}^2 |x|\,dx$; (4) $\int_{-3}^3 \sqrt{9-x^2}\,dx.$

解：(1) 根据定积分的几何意义，$\int_0^t x\,dx$ 表示的是由直线 $y=x$，$x=t$ 以及 x 轴围成的直角三角形面积，如图 5-5 所示，该直角三角形的两条直角边的长均为 t，因此面积为 $\dfrac{t^2}{2}$，故有

$$\int_0^t x\,dx=\dfrac{t^2}{2}.$$

(2) 根据定积分的几何意义，$\int_{-2}^4\left(\dfrac{x}{2}+3\right)dx$ 表示的是由直线 $y=\dfrac{x}{2}+3$，$x=-2$，$x=4$ 以及 x 轴所围成的梯形的面积，如图 5-6 所示，该梯形的两底长分别为 $\dfrac{-2}{2}+3=2$ 和 $\dfrac{4}{2}+3=5$，梯形的高为 $4-(-2)=6$，因此面积为 21，故有 $\int_{-2}^4\left(\dfrac{x}{2}+3\right)dx=21.$

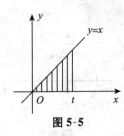

图 5-5

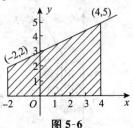

图 5-6

(3) 根据定积分的几何意义，$\int_{-1}^2 |x|\,dx$ 表示的是由直线 $y=|x|$，$x=-1$，$x=2$ 以及 x 轴所围成的图形的面积，如图 5-7 所示，该图形由两个等腰直角三角形组成，分别由直线 $y=-x$，$x=-1$ 和 x 轴所围成，其直角边长为 1，面积为 $\dfrac{1}{2}$；由直线 $y=x$，$x=2$ 和 x 轴所围成，其直角边长为 2，面积为 2。因此 $\int_{-1}^2 |x|\,dx=\dfrac{5}{2}.$

(4) 根据定积分的几何意义，$\int_{-3}^3 \sqrt{9-x^2}\,dx$ 表示的是由上半圆周 $y=\sqrt{9-x^2}$ 以及 x 轴所围成的半圆的面积，如图 5-8 所示，因此有 $\int_{-3}^3 \sqrt{9-x^2}\,dx=\dfrac{9}{2}\pi.$

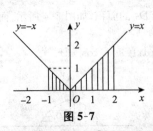

图 5-7

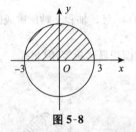

图 5-8

【方法点击】 对某些特殊积分而言，利用定积分的几何意义——曲边梯形面积不失为一种简便方法。例如第(4)题中 $\int_{-3}^3 \sqrt{9-x^2}\,dx$，如果使用后面的换元积分法(需三角代换)和牛顿—莱布尼茨公式比较烦琐，但是利用圆面积来求却很简便。

5. 设 $a<b$,问 a,b 取什么值时,积分 $\int_a^b (x-x^2)\mathrm{d}x$ 取得最大值?

解:根据定积分的几何意义,$\int_a^b (x-x^2)\mathrm{d}x$ 表示的是由 $y=x-x^2$,$x=a$,$x=b$,以及 x 轴所围成的图形在 x 轴上方部分的面积减去 x 轴下方部分的面积,如图 5-9 所示. 因此只有当下方部分面积为 0,上方部分面积为最大时,$\int_a^b (x-x^2)\mathrm{d}x$ 的值才最大,即当 $a=0$,$b=1$ 时,积分 $\int_a^b (x-x^2)\mathrm{d}x$ 取得最大值.

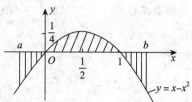

图 5-9

6. 已知 $\ln 2=\int_0^1 \frac{1}{1+x}\mathrm{d}x$,试用抛物线法公式(6)求出 $\ln 2$ 的近似值(取 $n=10$,计算时取 4 位小数).

解:计算 y_i 并列表

i	0	1	2	3	4	5	6	7	8	9	10
x_i	0.000 0	0.100 0	0.200 0	0.300 0	0.400 0	0.500 0	0.600 0	0.700 0	0.800 0	0.900 0	1.000 0
y_i	1.000 0	0.909 1	0.833 33	0.769 2	0.714 3	0.666 7	0.625 0	0.588 2	0.555 6	0.526 3	0.500 0

按抛物线法公式(6),求得
$$s=\frac{1}{30}[(y_0+y_{10})+2(y_2+y_4+y_6+y_8)+4(y_1+y_3+y_5+y_7+y_9)]\approx 0.693\ 1.$$

7. 设 $\int_{-1}^1 3f(x)\mathrm{d}x=18$,$\int_{-1}^3 f(x)\mathrm{d}x=4$,$\int_{-1}^3 g(x)\mathrm{d}x=3$.求:

(1) $\int_{-1}^1 f(x)\mathrm{d}x$; (2) $\int_1^3 f(x)\mathrm{d}x$; (3) $\int_3^{-1} g(x)\mathrm{d}x$; (4) $\int_{-1}^3 \frac{1}{5}[4f(x)+3g(x)]\mathrm{d}x$.

解:(1) $\int_{-1}^1 f(x)\mathrm{d}x=\frac{1}{3}\int_{-1}^1 3f(x)\mathrm{d}x=6$.

(2) $\int_1^3 f(x)\mathrm{d}x=\int_{-1}^3 f(x)\mathrm{d}x-\int_{-1}^1 f(x)\mathrm{d}x=-2$.

(3) $\int_3^{-1} g(x)\mathrm{d}x=-\int_{-1}^3 g(x)\mathrm{d}x=-3$.

(4) $\int_{-1}^3 \frac{1}{5}[4f(x)+3g(x)]\mathrm{d}x=\frac{4}{5}\int_{-1}^3 f(x)\mathrm{d}x+\frac{3}{5}\int_{-1}^3 g(x)\mathrm{d}x=5$.

8. 水利工程中要计算拦水闸门所受的水压力. 已知闸门上水的压强 p 与水深 h 存在函数关系,且有 $p=9.8h$ kN/m². 若闸门高 $H=3$ m,宽 $L=2$ m,求水面与闸门顶相齐时闸门所受的水压力 P.

解:在区间 $[0,3]$ 上插入 $n-1$ 个分点 $0=h_0<h_1<\cdots<h_n=3$,取 $\xi_i\in[h_{i-1},h_i]$ 并记 $\Delta h_i=h_i-h_{i-1}$,得到闸门所受水压力的近似值为 $\sum_{i=1}^n p(\xi_i)2\Delta h_i$,根据定积分的定义可知闸门所受的水

压力为 $P=\int_0^3 2p(h)\mathrm{d}h=19.6\int_0^3 h\mathrm{d}h$,由于被积函数连续,而连续函数是可积的,因此积分值与积分区间的分法和 ξ_i 的取法无关. 为方便计算,对区间 $[0,3]$ 进行 n 等分,并取 ξ_i 为小区间的端点 $h_i=\dfrac{3i}{n}$,于是 $\int_0^3 h\mathrm{d}h=\lim\limits_{n\to\infty}\sum\limits_{i=1}^n \dfrac{9i}{n^2}=\lim\limits_{n\to\infty}\dfrac{9(n+1)}{2n}=\dfrac{9}{2}$,

故 $P=19.6\int_0^3 h\mathrm{d}h=88.2(\mathrm{kN})$.

9. 证明定积分性质:

(1) $\int_a^b kf(x)\mathrm{d}x=k\int_a^b f(x)\mathrm{d}x$ (k 是常数);   (2) $\int_a^b 1\cdot\mathrm{d}x=\int_a^b\mathrm{d}x=b-a$.

证:根据定积分的定义,在区间 $[a,b]$ 中插入 $n-1$ 个点 $a=x_0<x_1<x_2<\cdots<x_n=b$,记 $\Delta x_i=x_i-x_{i-1}$,任取 $\xi_i\in[x_{i-1},x_i]$,则

(1) $\int_a^b kf(x)\mathrm{d}x=\lim\limits_{\lambda\to 0}\sum\limits_{i=1}^n kf(\xi_i)\Delta x_i=k\lim\limits_{\lambda\to 0}\sum\limits_{i=1}^n f(\xi_i)\Delta x_i=k\int_a^b f(x)\mathrm{d}x$.

(2) $\int_a^b 1\cdot\mathrm{d}x=\lim\limits_{\lambda\to 0}\sum\limits_{i=1}^n \Delta x_i=\lim\limits_{\lambda\to 0}(b-a)=b-a$.

10. 估计下列各积分的值:

(1) $\int_1^4 (x^2+1)\mathrm{d}x$;   (2) $\int_{\frac{\pi}{4}}^{\frac{5\pi}{4}} (1+\sin^2 x)\mathrm{d}x$;   (3) $\int_{\frac{1}{\sqrt{3}}}^{\sqrt{3}} x\arctan x\mathrm{d}x$;   (4) $\int_2^0 \mathrm{e}^{x^2-x}\mathrm{d}x$.

【思路探索】 先求 $f(x)$ 在 $[a,b]$ 上的最大值 M 及最小值 m,再使用估值定理

$$m(b-a)\leqslant \int_a^b f(x)\mathrm{d}x\leqslant M(b-a)\quad(a<b).$$

解:(1) 在区间 $[1,4]$ 上,$2\leqslant x^2+1\leqslant 17$,因此有

$$6=\int_1^4 2\mathrm{d}x\leqslant \int_1^4 (x^2+1)\mathrm{d}x\leqslant \int_1^4 17\mathrm{d}x=51.$$

(2) 在区间 $\left[\dfrac{1}{4}\pi,\dfrac{5}{4}\pi\right]$ 上,$1=1+0\leqslant 1+\sin^2 x\leqslant 1+1=2$,因此有

$$\pi=\int_{\frac{\pi}{4}}^{\frac{5\pi}{4}} \mathrm{d}x\leqslant \int_{\frac{\pi}{4}}^{\frac{5\pi}{4}} (1+\sin^2 x)\mathrm{d}x\leqslant \int_{\frac{\pi}{4}}^{\frac{5\pi}{4}} 2\mathrm{d}x=2\pi.$$

(3) 在区间 $\left[\dfrac{1}{\sqrt{3}},\sqrt{3}\right]$ 上,函数 $f(x)=x\arctan x$ 是单调增加的,因此

$$f\left(\dfrac{1}{\sqrt{3}}\right)\leqslant f(x)\leqslant f(\sqrt{3}),\text{即}\dfrac{\pi}{6\sqrt{3}}\leqslant x\arctan x\leqslant \dfrac{\pi}{\sqrt{3}},$$

故有 $\dfrac{\pi}{9}=\int_{\frac{1}{\sqrt{3}}}^{\sqrt{3}} \dfrac{\pi}{6\sqrt{3}}\mathrm{d}x\leqslant \int_{\frac{1}{\sqrt{3}}}^{\sqrt{3}} x\arctan x\mathrm{d}x\leqslant \int_{\frac{1}{\sqrt{3}}}^{\sqrt{3}} \dfrac{\pi}{\sqrt{3}}\mathrm{d}x=\dfrac{2}{3}\pi$.

(4) 设 $f(x)=x^2-x$,$x\in[0,2]$,则 $f'(x)=2x-1$,$f(x)$ 在 $[0,2]$ 上的最大值、最小值必为 $f(0),f\left(\dfrac{1}{2}\right),f(2)$ 中的最大值和最小值,即最大值和最小值分别为 $f(2)=2$ 和 $f\left(\dfrac{1}{2}\right)=-\dfrac{1}{4}$,因此有 $2\mathrm{e}^{-\frac{1}{4}}=\int_0^2 \mathrm{e}^{-\frac{1}{4}}\mathrm{d}x\leqslant \int_0^2 \mathrm{e}^{x^2-x}\mathrm{d}x\leqslant \int_0^2 \mathrm{e}^2\mathrm{d}x=2\mathrm{e}^2$,

而 $\int_2^0 \mathrm{e}^{x^2-x}\mathrm{d}x=-\int_0^2 \mathrm{e}^{x^2-x}\mathrm{d}x$,故 $-2\mathrm{e}^2\leqslant \int_2^0 \mathrm{e}^{x^2-x}\mathrm{d}x\leqslant -2\mathrm{e}^{-\frac{1}{4}}$.

【方法点击】 对某些不易求出的积分如第(4)题中 $\int_{2}^{0} e^{x^2-x} dx$,可用估值定理估计其范围.使用估值定理的关键是求出 $f(x)$ 在 $[a,b]$ 上的最大值 M 与最小值 m,其中 M 与 m 的求法多样,一般需使用第三章中方法,如第(4)题需用基本方法——比较法;如第(3)题由 $f(x)$ 单调性可知 M 与 m 为端点函数值;而第(1),(2)题直接由函数的特点即可获得 M 与 m.

11. 设 $f(x)$ 在 $[0,1]$ 上连续,证明 $\int_{0}^{1} f^2(x)dx \geq \left[\int_{0}^{1} f(x)dx\right]^2$.

证:记 $a = \int_{0}^{1} f(x)dx$,则由定积分性质5,得 $\int_{0}^{1}[f(x)-a]^2 dx \geq 0$. 即

$$\int_{0}^{1}[f(x)-a]^2 dx = \int_{0}^{1} f^2(x)dx - 2a\int_{0}^{1} f(x)dx + a^2$$

$$= \int_{0}^{1} f^2(x)dx - \left[\int_{0}^{1} f(x)dx\right]^2 \geq 0,$$

由此结论成立.

12. 设 $f(x)$ 及 $g(x)$ 在 $[a,b]$ 上连续,证明:

(1) 若在 $[a,b]$ 上,$f(x) \geq 0$,且 $f(x) \not\equiv 0$,则 $\int_{a}^{b} f(x)dx > 0$;

(2) 若在 $[a,b]$ 上,$f(x) \geq 0$,且 $\int_{a}^{b} f(x)dx = 0$,则在 $[a,b]$ 上 $f(x) \equiv 0$;

(3) 若在 $[a,b]$ 上,$f(x) \leq g(x)$,且 $\int_{a}^{b} f(x)dx = \int_{a}^{b} g(x)dx$,则在 $[a,b]$ 上 $f(x) \equiv g(x)$.

证:(1) 根据条件必定存在 $x_0 \in [a,b]$,使得 $f(x_0) > 0$. 由函数 $f(x)$ 在 x_0 连续可知,存在 $a \leq \alpha < \beta \leq b$,使得当 $x \in [\alpha, \beta]$ 时,$f(x) \geq \frac{f(x_0)}{2}$. 因此有

$$\int_{a}^{b} f(x)dx = \int_{a}^{\alpha} f(x)dx + \int_{\alpha}^{\beta} f(x)dx + \int_{\beta}^{b} f(x)dx,$$

由定积分性质得 $\int_{a}^{\alpha} f(x)dx \geq 0$, $\int_{\alpha}^{\beta} f(x)dx \geq \int_{\alpha}^{\beta} \frac{f(x_0)}{2} dx = \frac{\beta-\alpha}{2} f(x_0) > 0$, $\int_{\beta}^{b} f(x)dx \geq 0$,

故得到结论 $\int_{a}^{b} f(x)dx > 0$.

(2) 用反证法. 如果 $f(x) \not\equiv 0$,则由(2)得到 $\int_{a}^{b} f(x)dx > 0$,与假设条件矛盾,因此(2)成立.

(3) 令 $h(x) = g(x) - f(x)$,则 $h(x) \geq 0$,且 $\int_{a}^{b} h(x)dx = \int_{a}^{b} g(x)dx - \int_{a}^{b} f(x)dx = 0$,

由(2)可得在 $[a,b]$ 上 $h(x) \equiv 0$,从而结论成立.

13. 根据定积分的性质及第12题的结论,说明下列各对积分哪一个的值较大:

(1) $\int_{0}^{1} x^2 dx$ 还是 $\int_{0}^{1} x^3 dx$?   (2) $\int_{1}^{2} x^2 dx$ 还是 $\int_{1}^{2} x^3 dx$?

(3) $\int_{1}^{2} \ln x\, dx$ 还是 $\int_{1}^{2} (\ln x)^2 dx$?   (4) $\int_{0}^{1} x\, dx$ 还是 $\int_{0}^{1} \ln(1+x)dx$?

(5) $\int_{0}^{1} e^x dx$ 还是 $\int_{0}^{1} (1+x)dx$?

【思路探索】 先判断两积分中被积函数的大小,再利用比较定理确定积分的大小.若两个被积函数的大小不易判断时,需要用第三章中方法,利用导数及微分中值定理或单调性证明不等式.

解: (1) 在区间 $[0,1]$ 上 $x^2 \geq x^3$, 因此 $\int_0^1 x^2 dx$ 比 $\int_0^1 x^3 dx$ 大.

(2) 在区间 $[1,2]$ 上 $x^2 \leq x^3$, 因此 $\int_1^2 x^3 dx$ 比 $\int_1^2 x^2 dx$ 大.

(3) 在区间 $[1,2]$ 上由于 $0 \leq \ln x \leq 1$, 得 $\ln x \geq (\ln x)^2$, 因此 $\int_1^2 \ln x dx$ 比 $\int_1^2 (\ln x)^2 dx$ 大.

(4) 由教材第三章第一节例 1 可知当 $x>0$ 时, $\ln(1+x) < x$ 因此 $\int_0^1 x dx$ 比 $\int_0^1 \ln(1+x) dx$ 大.

(5) 由于当 $x>0$ 时 $\ln(1+x) < x$, 故此时有 $1+x < e^x$, 因此 $\int_0^1 e^x dx$ 比 $\int_0^1 (1+x) dx$ 大.

第二节 微积分基本公式

习题 5−2 超精解(教材 P244～P245)

1. 试求函数 $y = \int_0^x \sin t \, dt$ 当 $x=0$ 及 $x=\dfrac{\pi}{4}$ 时的导数.

解: $\dfrac{dy}{dx} = \sin x$, 因此 $\left.\dfrac{dy}{dx}\right|_{x=0} = 0$, $\left.\dfrac{dy}{dx}\right|_{x=\frac{\pi}{4}} = \dfrac{\sqrt{2}}{2}$.

【方法点击】 积分上限的函数(变上限定积分)是本章的一个重要知识点, 而积分上限的函数求导数是其重要体现, 本节习题中第 1～6 题、第 11～16 题皆与之有关, 除了直接对积分上限函数求导以外, 还经常以隐函数、参数方程、单调性及洛必达法则的方式出现, 值得大家关注.

2. 求由参数表达式 $x = \int_0^t \sin u \, du$, $y = \int_0^t \cos u \, du$ 所确定的函数对 x 的导数 $\dfrac{dy}{dx}$.

解: $\dfrac{dy}{dx} = \dfrac{dy}{dt} \Big/ \dfrac{dx}{dt} = \dfrac{\cos t}{\sin t} = \cot t$.

3. 求由 $\int_0^y e^t dt + \int_0^x \cos t \, dt = 0$ 所决定的隐函数对 x 的导数 $\dfrac{dy}{dx}$.

解: 方程两端分别对 x 求导, 得 $e^y \dfrac{dy}{dx} + \cos x = 0$, 故 $\dfrac{dy}{dx} = -e^{-y} \cos x$.

4. 当 x 为何值时, 函数 $I(x) = \int_0^x t e^{-t^2} dt$ 有极值?

解: 容易知道 $I(x)$ 可导, 而 $I'(x) = x e^{-x^2} = 0$ 只有唯一解 $x=0$. 当 $x<0$ 时 $I'(x)<0$, 当 $x>0$ 时 $I'(x)>0$, 故 $x=0$ 为函数 $I(x)$ 的唯一的极值点(极小值点).

5. 计算下列各导数:

(1) $\dfrac{d}{dx} \int_0^{x^2} \sqrt{1+t^2} \, dt$; (2) $\dfrac{d}{dx} \int_{x^2}^{x^3} \dfrac{dt}{\sqrt{1+t^4}}$; (3) $\dfrac{d}{dx} \int_{\sin x}^{\cos x} \cos(\pi t^2) \, dt$.

解: (1) $\dfrac{d}{dx} \int_0^{x^2} \sqrt{1+t^2} \, dt = 2x\sqrt{1+x^4}$.

(2) $\dfrac{d}{dx} \int_{x^2}^{x^3} \dfrac{dt}{\sqrt{1+t^4}} = \dfrac{d}{dx} \left(\int_0^{x^3} \dfrac{dt}{\sqrt{1+t^4}} - \int_0^{x^2} \dfrac{dt}{\sqrt{1+t^4}} \right) = \dfrac{3x^2}{\sqrt{1+x^{12}}} - \dfrac{2x}{\sqrt{1+x^8}}$.

(3) $\dfrac{d}{dx} \int_{\sin x}^{\cos x} \cos(\pi t^2) \, dt = \dfrac{d}{dx} \left[\int_0^{\cos x} \cos(\pi t^2) \, dt - \int_0^{\sin x} \cos(\pi t^2) \, dt \right]$

$$= -\sin x \cos(\pi\cos^2 x) - \cos x\cos(\pi\sin^2 x)$$
$$= -\sin x\cos(\pi - \pi\sin^2 x) - \cos x\cos(\pi\sin^2 x)$$
$$= (\sin x - \cos x)\cos(\pi\sin^2 x).$$

【方法点击】 对积分上限的函数求导时应注意:

(1)首先要弄清对哪个变量求导,尤其是将积分上限的变量与积分变量区分开来,若被积表达式中也含有上限变量,则应先设法将其提到积分号外,再进行求导;

(2)当积分上限甚至积分下限都是 x 的函数时,可以利用定积分性质变形并结合复合函数求导法则进行求导,也可提前记住常见公式:

$$\frac{d}{dx}\left[\int_a^{g(x)} f(t)dt\right] = f[g(x)]g'(x);$$

$$\frac{d}{dx}\left[\int_{g(x)}^b f(t)dt\right] = -f[g(x)]g'(x);$$

$$\frac{d}{dx}\left[\int_{a(x)}^{b(x)} f(t)dt\right] = f[b(x)]b'(x) - f[a(x)]a'(x).$$

6. 证明 $f(x) = \int_1^x \sqrt{1+t^3}\,dt$ 在 $[-1,+\infty)$ 上是单调增加函数,并求 $[f^{-1}(0)]'$.

证: 显然 $f(x)$ 在 $[-1,+\infty)$ 上可导,且当 $x>-1$ 时,$f'(x) = \sqrt{1+x^3} > 0$,因此,$f(x)$ 在 $[-1,+\infty)$ 是单调增加函数,又因 $f(1) = \int_1^1 \sqrt{1+x^3}\,dx = 0$,所以 $f^{-1}(0) = 1$. 因此,

$$[f^{-1}(0)]' = \frac{1}{f'(1)} = \frac{1}{\sqrt{1+x^3}}\bigg|_{x=1} = \frac{\sqrt{2}}{2}.$$

7. 设 $f(x)$ 具有三阶连续导数,$y=f(x)$ 的图形如图 5-10 所示. 问下列积分中的哪一个积分值为负?

(A) $\int_{-1}^3 f(x)dx$ (B) $\int_{-1}^3 f'(x)dx$

(C) $\int_{-1}^3 f''(x)dx$ (D) $\int_{-1}^3 f'''(x)dx$

解: 由 $y=f(x)$ 的图形可知,当 $x\in[-1,3]$ 时,$f(x)\geqslant 0$,且 $f(-1) = f(3) = 0$,$f'(-1) > 0$,$f''(-1) < 0$,$f'(3) < 0$,$f''(3) > 0$. 因此

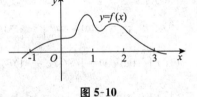

图 5-10

$$\int_{-1}^3 f(x)dx > 0,\int_{-1}^3 f'(x)dx = f(3) - f(-1) = 0,$$
$$\int_{-1}^3 f''(x)dx = f'(3) - f'(-1) < 0, \int_{-1}^3 f'''(x)dx = f''(3) - f''(-1) > 0.$$

故选(C).

8. 计算下列积分:

(1) $\int_0^a (3x^2 - x + 1)dx$;   (2) $\int_1^2 \left(x^2 + \frac{1}{x^4}\right)dx$;   (3) $\int_4^9 \sqrt{x}(1+\sqrt{x})dx$;

(4) $\int_{\frac{1}{\sqrt{3}}}^{\sqrt{3}} \frac{dx}{1+x^2}$;   (5) $\int_{-\frac{1}{2}}^{\frac{1}{2}} \frac{dx}{\sqrt{1-x^2}}$;   (6) $\int_0^{\sqrt{3}a} \frac{dx}{a^2+x^2}$;

(7) $\int_0^1 \frac{dx}{\sqrt{4-x^2}}$;   (8) $\int_{-1}^0 \frac{3x^4+3x^2+1}{x^2+1}dx$;   (9) $\int_{-e-1}^{-2} \frac{dx}{1+x}$;

(10) $\int_0^{\frac{\pi}{4}} \tan^2\theta d\theta$;   (11) $\int_0^{2\pi} |\sin x| dx$;

(12) $\int_0^2 f(x)dx$,其中 $f(x)=\begin{cases} x+1, & x\leqslant 1, \\ \frac{1}{2}x^2, & x>1. \end{cases}$

【思路探索】 本题使用牛顿-莱布尼茨公式 $\int_a^b f(x)dx = F(x)\Big|_a^b = F(b)-F(a)$ 求积分,在计算过程中,若被积函数在积分区间内为分段函数,需要先利用定积分的性质——可加性将积分拆开,分别积分,如第(11)题、第(12)题.

解: (1) $\int_0^a (3x^2-x+1)dx = \left(x^3-\frac{1}{2}x^2+x\right)\Big|_0^a = a^3-\frac{1}{2}a^2+a = a\left(a^2-\frac{1}{2}a+1\right)$.

(2) $\int_1^2 \left(x^2+\frac{1}{x^4}\right)dx = \left(\frac{1}{3}x^3-\frac{1}{3x^3}\right)\Big|_1^2 = \frac{21}{8}$.

(3) $\int_4^9 \sqrt{x}(1+\sqrt{x})dx = \int_4^9 (\sqrt{x}+x)dx = \left(\frac{2}{3}x^{\frac{3}{2}}+\frac{x^2}{2}\right)\Big|_4^9 = \frac{271}{6}$.

(4) $\int_{\frac{1}{\sqrt{3}}}^{\sqrt{3}} \frac{dx}{1+x^2} = (\arctan x)\Big|_{\frac{1}{\sqrt{3}}}^{\sqrt{3}} = \frac{\pi}{6}$.

(5) $\int_{-\frac{1}{2}}^{\frac{1}{2}} \frac{dx}{\sqrt{1-x^2}} = (\arcsin x)\Big|_{-\frac{1}{2}}^{\frac{1}{2}} = \frac{\pi}{3}$.

(6) $\int_0^{\sqrt{3}a} \frac{dx}{a^2+x^2} = \left(\frac{1}{a}\arctan\frac{x}{a}\right)\Big|_0^{\sqrt{3}a} = \frac{\pi}{3a}$.

(7) $\int_0^1 \frac{dx}{\sqrt{4-x^2}} = \left(\arcsin\frac{x}{2}\right)\Big|_0^1 = \frac{\pi}{6}$.

(8) $\int_{-1}^0 \frac{3x^4+3x^2+1}{x^2+1}dx = \int_{-1}^0 \left(3x^2+\frac{1}{x^2+1}\right)dx = (x^3+\arctan x)\Big|_{-1}^0 = 1+\frac{\pi}{4}$.

(9) $\int_{-e-1}^{-2} \frac{dx}{1+x} = \ln|1+x|\Big|_{-e-1}^{-2} = \ln|-x-1|\Big|_{-e-1}^{-2} = -1$.

(10) $\int_0^{\frac{\pi}{4}} \tan^2\theta d\theta = \int_0^{\frac{\pi}{4}} (\sec^2\theta-1)d\theta = (\tan\theta-\theta)\Big|_0^{\frac{\pi}{4}} = 1-\frac{\pi}{4}$.

(11) $\int_0^{2\pi} |\sin x|dx = \int_0^{\pi} \sin x dx + \int_{\pi}^{2\pi} (-\sin x)dx = (-\cos x)\Big|_0^{\pi} + (\cos x)\Big|_{\pi}^{2\pi} = 4$.

(12) $\int_0^2 f(x)dx = \int_0^1 (x+1)dx + \int_1^2 \frac{1}{2}x^2 dx = \left(\frac{x^2}{2}+x\right)\Big|_0^1 + \left(\frac{x^3}{6}\right)\Big|_1^2 = \frac{8}{3}$.

9. 设 $k \in \mathbf{N}^+$,试证下列各题:

(1) $\int_{-\pi}^{\pi} \cos kx dx = 0$;   (2) $\int_{-\pi}^{\pi} \sin kx dx = 0$;

(3) $\int_{-\pi}^{\pi} \cos^2 kx dx = \pi$;   (4) $\int_{-\pi}^{\pi} \sin^2 kx dx = \pi$.

证: (1) $\int_{-\pi}^{\pi} \cos kx dx = \left(\frac{1}{k}\sin kx\right)\Big|_{-\pi}^{\pi} = 0$.

(2) $\int_{-\pi}^{\pi} \sin kx dx = \left(-\frac{1}{k}\cos kx\right)\Big|_{-\pi}^{\pi} = 0$.

(3) $\int_{-\pi}^{\pi} \cos^2 kx dx = \frac{1}{2}\int_{-\pi}^{\pi} (1+\cos 2kx)dx = \frac{1}{2}\int_{-\pi}^{\pi} dx = \pi$,其中由(1)得到 $\int_{-\pi}^{\pi} \cos 2kx dx = 0$.

(4) $\int_{-\pi}^{\pi} \sin^2 kx\,dx = \frac{1}{2}\int_{-\pi}^{\pi}(1-\cos 2kx)\,dx = \frac{1}{2}\int_{-\pi}^{\pi}dx = \pi$,其中由(1)得到 $\int_{-\pi}^{\pi}\cos 2kx\,dx=0$.

10. 设 $k,l \in \mathbf{N}^+$,且 $k \neq l$,证明:

(1) $\int_{-\pi}^{\pi}\cos kx\sin lx\,dx=0$; (2) $\int_{-\pi}^{\pi}\cos kx\cos lx\,dx=0$; (3) $\int_{-\pi}^{\pi}\sin kx\sin lx\,dx=0$.

证:(1) $\int_{-\pi}^{\pi}\cos kx\sin lx\,dx = \frac{1}{2}\int_{-\pi}^{\pi}[\sin(k+l)x - \sin(k-l)x]\,dx$

$$= \frac{1}{2}\int_{-\pi}^{\pi}\sin(k+l)x\,dx - \frac{1}{2}\int_{-\pi}^{\pi}\sin(k-l)x\,dx = 0,$$

其中由上一题 $\int_{-\pi}^{\pi}\sin(k+l)x\,dx=0$, $\int_{-\pi}^{\pi}\sin(k-l)x\,dx=0$.

(2) $\int_{-\pi}^{\pi}\cos kx\cos lx\,dx = \frac{1}{2}\int_{-\pi}^{\pi}[\cos(k+l)x + \cos(k-l)x]\,dx$

$$= \frac{1}{2}\int_{-\pi}^{\pi}\cos(k+l)x\,dx + \frac{1}{2}\int_{-\pi}^{\pi}\cos(k-l)x\,dx = 0,$$

其中由上一题 $\int_{-\pi}^{\pi}\cos(k+l)x\,dx=0$, $\int_{-\pi}^{\pi}\cos(k-l)x\,dx=0$.

(3) $\int_{-\pi}^{\pi}\sin kx\sin lx\,dx = -\frac{1}{2}\int_{-\pi}^{\pi}[\cos(k+l)x - \cos(k-l)x]\,dx$

$$= -\frac{1}{2}\int_{-\pi}^{\pi}\cos(k+l)x\,dx + \frac{1}{2}\int_{-\pi}^{\pi}\cos(k-l)x\,dx = 0,$$

其中由上一题 $\int_{-\pi}^{\pi}\cos(k+l)x\,dx=0$, $\int_{-\pi}^{\pi}\cos(k-l)x\,dx=0$.

11. 求下列极限:

(1) $\lim\limits_{x\to 0}\dfrac{\int_0^x \cos t^2\,dt}{x}$; (2) $\lim\limits_{x\to 0}\dfrac{\left(\int_0^x e^{t^2}\,dt\right)^2}{\int_0^x t e^{2t^2}\,dt}$.

【思路探索】 本题属于含积分上限函数的未定式极限,需要使用洛必达法则并结合积分上限函数的导数进行计算.

解:(1) $\lim\limits_{x\to 0}\dfrac{\int_0^x \cos t^2\,dt}{x} = \lim\limits_{x\to 0}\dfrac{\cos x^2}{1} = 1$.

(2) $\lim\limits_{x\to 0}\dfrac{\left(\int_0^x e^{t^2}\,dt\right)^2}{\int_0^x t e^{2t^2}\,dt} = \lim\limits_{x\to 0}\dfrac{2e^{x^2}\int_0^x e^{t^2}\,dt}{xe^{2x^2}} = \lim\limits_{x\to 0}\dfrac{2\int_0^x e^{t^2}\,dt}{x} = \lim\limits_{x\to 0}\dfrac{2e^{x^2}}{1} = 2$.

12. 设 $f(x) = \begin{cases} x^2, & x \in [0,1), \\ x, & x \in [1,2]. \end{cases}$

求 $\Phi(x) = \int_0^x f(t)\,dt$ 在 $[0,2]$ 上的表达式,并讨论 $\Phi(x)$ 在 $(0,2)$ 内的连续性.

解:当 $x \in [0,1)$ 时,$\Phi(x) = \int_0^x t^2\,dt = \dfrac{x^3}{3}$;

当 $x \in [1,2]$ 时,$\Phi(x) = \int_0^1 t^2\,dt + \int_1^x t\,dt = \dfrac{x^2}{2} - \dfrac{1}{6}$,即 $\Phi(x) = \begin{cases} \dfrac{x^3}{3}, & x \in [0,1), \\ \dfrac{x^2}{2} - \dfrac{1}{6}, & x \in [1,2]. \end{cases}$

由于 $\lim\limits_{x\to 1^-}\Phi(x)=\lim\limits_{x\to 1^-}\dfrac{x^3}{3}=\dfrac{1}{3}$，$\lim\limits_{x\to 1^+}\Phi(x)=\lim\limits_{x\to 1^+}\left(\dfrac{x^2}{2}-\dfrac{1}{6}\right)=\dfrac{1}{3}$，且 $\Phi(1)=\dfrac{1}{3}$，故函数 $\Phi(x)$ 在 $x=1$ 处连续，而在其他点处显然连续，因此函数 $\Phi(x)$ 在区间 $(0,2)$ 内连续.

【方法点击】 事实上，由于 $f(x)$ 在 $(0,2)$ 内连续，故 $\Phi(x)=\int_0^x f(t)\mathrm{d}t$ 在 $(0,2)$ 内可导，因此 $\Phi(x)$ 必在 $(0,2)$ 内连续. 我们甚至有以下更强的结论：

若 $f(x)$ 在 $[a,b]$ 上有界并可积，则 $\Phi(x)=\int_a^x f(t)\mathrm{d}t$ 在 $[a,b]$ 上连续.

按照连续函数定义不难证明这一结论.

13. 设 $f(x)=\begin{cases}\dfrac{1}{2}\sin x, & 0\leqslant x\leqslant\pi,\\ 0, & x<0 \text{ 或 } x>\pi.\end{cases}$ 求 $\Phi(x)=\int_0^x f(t)\mathrm{d}t$ 在 $(-\infty,+\infty)$ 内的表达式.

解：当 $x<0$ 时，$\Phi(x)=\int_0^x f(t)\mathrm{d}t=0$；

当 $0\leqslant x\leqslant\pi$ 时，$\Phi(x)=\int_0^x f(t)\mathrm{d}t=\int_0^x\dfrac{1}{2}\sin t\mathrm{d}t=\dfrac{1-\cos x}{2}$；

当 $x>\pi$ 时，$\Phi(x)=\int_0^x f(t)\mathrm{d}t=\int_0^\pi f(t)\mathrm{d}t+\int_\pi^x f(t)\mathrm{d}t=\int_0^\pi\dfrac{1}{2}\sin t\mathrm{d}t=1$.

即

$$\Phi(x)=\begin{cases}0, & x<0,\\ \dfrac{1-\cos x}{2}, & 0\leqslant x\leqslant\pi,\\ 1, & x>\pi.\end{cases}$$

14. 设 $f(x)$ 在 $[a,b]$ 上连续，在 (a,b) 内可导且 $f'(x)\leqslant 0$，$F(x)=\dfrac{1}{x-a}\int_a^x f(t)\mathrm{d}t$. 证明在 (a,b) 内有 $F'(x)\leqslant 0$.

证：$F'(x)=\dfrac{1}{(x-a)^2}\left[(x-a)f(x)-\int_a^x f(t)\mathrm{d}t\right]=\dfrac{1}{(x-a)^2}[(x-a)f(x)-(x-a)f(\xi)]$

$=\dfrac{x-\xi}{x-a}f'(\eta)\quad (\eta\in(\xi,x)\subset(a,b),\xi\in(a,x)\subset[a,b])$.

由条件可知结论成立.

【方法点击】 本题对 $F(x)$ 求导后，$F'(x)$ 中的 $(x-a)f(x)-\int_a^x f(t)\mathrm{d}t$ 不易观察正负，此时可利用积分中值定理去掉积分号（上述解法），或者令 $g(x)=(x-a)f(x)-\int_a^x f(t)\mathrm{d}t$，利用 $g'(x)$ 符号并结合单调性得出结论.

15. 设 $F(x)=\int_0^x\dfrac{\sin t}{t}\mathrm{d}t$，求 $F'(0)$.

【思路探索】 因为直接利用积分上限函数的导数公式得到的 $F'(x)=\dfrac{\sin x}{x}$ 在 $x=0$ 无定义，故 $F'(0)$ 需要利用导数定义进行计算.

解：$F'(0)=\lim\limits_{x\to 0}\dfrac{F(x)-F(0)}{x}=\lim\limits_{x\to 0}\dfrac{\int_0^x\dfrac{\sin t}{t}\mathrm{d}t}{x}=\lim\limits_{x\to 0}\dfrac{\dfrac{\sin x}{x}}{1}=1$.

16. 设 $f(x)$ 在 $[0,+\infty)$ 内连续,且 $\lim\limits_{x\to+\infty}f(x)=1$. 证明函数 $y=\mathrm{e}^{-x}\int_0^x\mathrm{e}^tf(t)\mathrm{d}t$ 满足微分方程 $\dfrac{\mathrm{d}y}{\mathrm{d}x}+y=f(x)$,并求 $\lim\limits_{x\to+\infty}y(x)$.

证:$\dfrac{\mathrm{d}y}{\mathrm{d}x}=-\mathrm{e}^{-x}\int_0^x\mathrm{e}^tf(t)\mathrm{d}t+\mathrm{e}^{-x}\cdot\mathrm{e}^xf(x)=-y+f(x)$,因此 $y(x)$ 满足微分方程 $\dfrac{\mathrm{d}y}{\mathrm{d}x}+y=f(x)$.

由条件 $\lim\limits_{x\to+\infty}f(x)=1$,从而存在 $X_0>0$,当 $x>X_0$ 时,有 $f(x)>\dfrac{1}{2}$. 因此,

$$\int_0^x \mathrm{e}^tf(t)\mathrm{d}t = \int_0^{X_0}\mathrm{e}^tf(t)\mathrm{d}t+\int_{X_0}^x \mathrm{e}^tf(t)\mathrm{d}t \geqslant \int_0^{X_0}\mathrm{e}^tf(t)\mathrm{d}t+\int_{X_0}^x\dfrac{1}{2}\mathrm{e}^{X_0}\mathrm{d}t$$
$$=\int_0^{X_0}\mathrm{e}^tf(t)\mathrm{d}t+\dfrac{1}{2}\mathrm{e}^{X_0}(x-X_0),$$

故当 $x\to+\infty$ 时,$\int_0^x\mathrm{e}^tf(t)\mathrm{d}t\to+\infty$,从而利用洛必达法则,有

$$\lim_{x\to+\infty}y(x)=\lim_{x\to+\infty}\dfrac{\int_0^x\mathrm{e}^tf(t)\mathrm{d}t}{\mathrm{e}^x}=\lim_{x\to+\infty}\dfrac{\mathrm{e}^xf(x)}{\mathrm{e}^x}=1.$$

第三节 定积分的换元法和分部积分法

习题 5-3 超精解(教材 P254~P255)

1. 计算下列定积分:

(1) $\int_{\frac{\pi}{3}}^{\pi}\sin\left(x+\dfrac{\pi}{3}\right)\mathrm{d}x$;

(2) $\int_{-2}^{1}\dfrac{\mathrm{d}x}{(11+5x)^3}$;

(3) $\int_0^{\frac{\pi}{2}}\sin\varphi\cos^3\varphi\mathrm{d}\varphi$;

(4) $\int_0^{\pi}(1-\sin^3\theta)\mathrm{d}\theta$;

(5) $\int_{\frac{\pi}{6}}^{\frac{\pi}{2}}\cos^2u\mathrm{d}u$;

(6) $\int_0^{\sqrt{2}}\sqrt{2-x^2}\mathrm{d}x$;

(7) $\int_{-\sqrt{2}}^{\sqrt{2}}\sqrt{8-2y^2}\mathrm{d}y$;

(8) $\int_{\frac{1}{\sqrt{2}}}^{1}\dfrac{\sqrt{1-x^2}}{x^2}\mathrm{d}x$;

(9) $\int_0^a x^2\sqrt{a^2-x^2}\mathrm{d}x\ (a>0)$;

(10) $\int_1^{\sqrt{3}}\dfrac{\mathrm{d}x}{x^2\sqrt{1+x^2}}$;

(11) $\int_{-1}^{1}\dfrac{x\mathrm{d}x}{\sqrt{5-4x}}$;

(12) $\int_1^4\dfrac{\mathrm{d}x}{1+\sqrt{x}}$;

(13) $\int_{\frac{3}{4}}^{1}\dfrac{\mathrm{d}x}{\sqrt{1-x}-1}$;

(14) $\int_0^{\sqrt{2}a}\dfrac{x\mathrm{d}x}{\sqrt{3a^2-x^2}}\ (a>0)$;

(15) $\int_0^1 t\mathrm{e}^{-\frac{t}{2}}\mathrm{d}t$;

(16) $\int_1^{\mathrm{e}^2}\dfrac{\mathrm{d}x}{x\sqrt{1+\ln x}}$;

(17) $\int_{-2}^{0}\dfrac{(x+2)\mathrm{d}x}{x^2+2x+2}$;

(18) $\int_0^2\dfrac{x\mathrm{d}x}{(x^2-2x+2)^2}$;

(19) $\int_{-\pi}^{\pi}x^4\sin x\mathrm{d}x$;

(20) $\int_{-\frac{\pi}{2}}^{\frac{\pi}{2}}4\cos^4\theta\mathrm{d}\theta$;

(21) $\int_{-\frac{1}{2}}^{\frac{1}{2}}\dfrac{(\arcsin x)^2}{\sqrt{1-x^2}}\mathrm{d}x$;

(22) $\int_{-5}^{5}\dfrac{x^3\sin^2 x}{x^4+2x^2+1}\mathrm{d}x$;

(23) $\int_{-\frac{\pi}{2}}^{\frac{\pi}{2}}\cos x\cos 2x\mathrm{d}x$;

(24) $\int_{-\frac{\pi}{2}}^{\frac{\pi}{2}}\sqrt{\cos x-\cos^3 x}\mathrm{d}x$;

(25) $\int_0^{\pi}\sqrt{1+\cos 2x}\mathrm{d}x$;

(26) $\int_0^{2\pi}|\sin(x+1)|\mathrm{d}x$.

【思路探索】 本题属于利用定积分换元法进行积分,在积分过程中要注意与积分性质的结合.

解:(1) $\int_{\frac{\pi}{3}}^{\pi}\sin\left(x+\dfrac{\pi}{3}\right)\mathrm{d}x=\int_{\frac{\pi}{3}}^{\pi}\sin\left(x+\dfrac{\pi}{3}\right)\mathrm{d}\left(x+\dfrac{\pi}{3}\right)=\left[-\cos\left(x+\dfrac{\pi}{3}\right)\right]\Big|_{\frac{\pi}{3}}^{\pi}=0.$

(2) $\int_{-2}^{1} \dfrac{dx}{(11+5x)^3} = \int_{-2}^{1} \dfrac{d(11+5x)}{5\times(11+5x)^3} = \left[-\dfrac{1}{10\times(11+5x)^2}\right]\Big|_{-2}^{1} = \dfrac{51}{512}.$

(3) $\int_{0}^{\frac{\pi}{2}} \sin\varphi\cos^3\varphi\, d\varphi = -\int_{0}^{\frac{\pi}{2}} \cos^3\varphi\, d(\cos\varphi) = \left(-\dfrac{1}{4}\cos^4\varphi\right)\Big|_{0}^{\frac{\pi}{2}} = \dfrac{1}{4}.$

(4) $\int_{0}^{\pi}(1-\sin^3\theta)d\theta = \pi + \int_{0}^{\pi}(1-\cos^2\theta)d(\cos\theta) \xlongequal{u=\cos\theta} \pi + \int_{1}^{-1}(1-u^2)du = \pi - \dfrac{4}{3}.$

(5) $\int_{\frac{\pi}{6}}^{\frac{\pi}{2}} \cos^2 u\, du = \dfrac{1}{2}\int_{\frac{\pi}{6}}^{\frac{\pi}{2}}(1+\cos 2u)du = \dfrac{1}{2}\left(u+\dfrac{1}{2}\sin 2u\right)\Big|_{\frac{\pi}{6}}^{\frac{\pi}{2}} = \dfrac{\pi}{6}-\dfrac{\sqrt{3}}{8}.$

(6) $\int_{0}^{\sqrt{2}}\sqrt{2-x^2}\,dx \xlongequal{x=\sqrt{2}\sin u} \int_{0}^{\frac{\pi}{2}} 2\cos^2 u\, du = 2\times\dfrac{\pi}{4} = \dfrac{\pi}{2}.$

(7) $\int_{-\sqrt{2}}^{\sqrt{2}}\sqrt{8-2y^2}\,dy \xlongequal{y=2\sin u} \int_{-\frac{\pi}{4}}^{\frac{\pi}{4}} 4\sqrt{2}\cos^2 u\, du$

$\qquad = 2\sqrt{2}\int_{-\frac{\pi}{4}}^{\frac{\pi}{4}}(1+\cos 2u)du = 2\sqrt{2}\left(u+\dfrac{1}{2}\sin 2u\right)\Big|_{-\frac{\pi}{4}}^{\frac{\pi}{4}} = \sqrt{2}(\pi+2).$

(8) $\int_{\frac{1}{\sqrt{2}}}^{1}\dfrac{\sqrt{1-x^2}}{x^2}dx \xlongequal{x=\sin u} \int_{\frac{\pi}{4}}^{\frac{\pi}{2}}\dfrac{\cos^2 u}{\sin^2 u}du = \int_{\frac{\pi}{4}}^{\frac{\pi}{2}}(\csc^2 u - 1)du = (-\cot u - u)\Big|_{\frac{\pi}{4}}^{\frac{\pi}{2}} = 1-\dfrac{\pi}{4}.$

(9) $\int_{0}^{a} x^2\sqrt{a^2-x^2}\,dx \xlongequal{x=a\sin u} \int_{0}^{\frac{\pi}{2}} a^4\sin^2 u\cos^2 u\, du = \dfrac{a^4}{8}\int_{0}^{\frac{\pi}{2}}(\sin 2u)^2 d(2u)$

$\qquad \xlongequal{t=2u} \dfrac{a^4}{8}\int_{0}^{\pi}\sin^2 t\, dt = \dfrac{a^4}{4}\int_{0}^{\frac{\pi}{2}}\sin^2 t\, dt = \dfrac{a^4}{4}\cdot\dfrac{\pi}{4} = \dfrac{\pi}{16}a^4.$

(10) $\int_{1}^{\sqrt{3}}\dfrac{dx}{x^2\sqrt{1+x^2}} \xlongequal{x=\frac{1}{u}} \int_{1}^{\frac{1}{\sqrt{3}}}\dfrac{-u}{\sqrt{1+u^2}}du = \left(-\sqrt{1+u^2}\right)\Big|_{1}^{\frac{1}{\sqrt{3}}} = \sqrt{2}-\dfrac{2\sqrt{3}}{3}.$

(11) 令 $u=\sqrt{5-4x}$, 即 $x=\dfrac{5-u^2}{4}$, 得 $\int_{-1}^{1}\dfrac{x\,dx}{\sqrt{5-4x}} = \int_{3}^{1}\dfrac{u^2-5}{8}du = \left(\dfrac{u^3}{24}-\dfrac{5}{8}u\right)\Big|_{3}^{1} = \dfrac{1}{6}.$

(12) 令 $u=\sqrt{x}$, 即 $x=u^2$, 得 $\int_{1}^{4}\dfrac{dx}{1+\sqrt{x}} = \int_{1}^{2}\dfrac{2u\,du}{1+u} = [2u-2\ln(1+u)]\Big|_{1}^{2} = 2+2\ln\dfrac{2}{3}.$

(13) 令 $u=\sqrt{1-x}$, 即 $x=1-u^2$, 得

$\qquad \int_{\frac{3}{4}}^{1}\dfrac{dx}{\sqrt{1-x}-1} = \int_{\frac{1}{2}}^{0}\dfrac{-2u\,du}{u-1} = -2(u+\ln|u-1|)\Big|_{\frac{1}{2}}^{0} = 1-2\ln 2.$

(14) $\int_{0}^{\sqrt{2}a}\dfrac{x\,dx}{\sqrt{3a^2-x^2}} = -\dfrac{1}{2}\int_{0}^{\sqrt{2}a}\dfrac{d(3a^2-x^2)}{\sqrt{3a^2-x^2}} = -\left(\sqrt{3a^2-x^2}\right)\Big|_{0}^{\sqrt{2}a} = (\sqrt{3}-1)a.$

(15) $\int_{0}^{1} t e^{-\frac{t^2}{2}}dt = -\int_{0}^{1} e^{-\frac{t^2}{2}}d\left(-\dfrac{t^2}{2}\right) = \left(-e^{-\frac{t^2}{2}}\right)\Big|_{0}^{1} = 1-e^{-\frac{1}{2}}.$

(16) $\int_{1}^{e}\dfrac{dx}{x\sqrt{1+\ln x}} \xlongequal{x=e^u} \int_{0}^{2}\dfrac{du}{\sqrt{1+u}} = \left(2\sqrt{1+u}\right)\Big|_{0}^{2} = 2\sqrt{3}-2.$

(17) $\int_{-2}^{0}\dfrac{(x+2)dx}{x^2+2x+2} = \int_{-2}^{0}\dfrac{(x+1)+1}{(x+1)^2+1}dx = \left[\dfrac{1}{2}\ln(x^2+2x+2)+\arctan(x+1)\right]\Big|_{-2}^{0} = \dfrac{\pi}{2}.$

(18) 令 $x=1+\tan u$, 则 $dx=\sec^2 u\, du$, 因此

$\qquad \int_{0}^{2}\dfrac{x\,dx}{(x^2-2x+2)^2} = \int_{0}^{2}\dfrac{x\,dx}{[(x-1)^2+1]^2} = \int_{-\frac{\pi}{4}}^{\frac{\pi}{4}}\dfrac{(1+\tan u)du}{\sec^2 u} = 2\int_{0}^{\frac{\pi}{4}}\cos^2 u\, du$

$\qquad = \int_{0}^{\frac{\pi}{4}}(1+\cos 2u)du = \dfrac{\pi}{4}+\dfrac{1}{2}.$

(19) 由于被积函数为奇函数,因此 $\int_{-\pi}^{\pi} x^4 \sin x \, dx = 0$.

(20) 由于被积函数为偶函数,因此 $\int_{-\frac{\pi}{2}}^{\frac{\pi}{2}} 4\cos^4\theta \, d\theta = 2\int_0^{\frac{\pi}{2}} 4\cos^4\theta \, d\theta = 8 \times \frac{3}{4} \times \frac{\pi}{4} = \frac{3}{2}\pi$.

(21) 由于被积函数为偶函数,因此

$$\int_{-\frac{1}{2}}^{\frac{1}{2}} \frac{(\arcsin x)^2}{\sqrt{1-x^2}} dx = 2\int_0^{\frac{1}{2}} \frac{(\arcsin x)^2}{\sqrt{1-x^2}} dx = 2\int_0^{\frac{1}{2}} (\arcsin x)^2 \, d(\arcsin x)$$

$$= \frac{2}{3}(\arcsin x)^3 \Big|_0^{\frac{1}{2}} = \frac{\pi^3}{324}.$$

(22) 由于被积函数为奇函数,因此 $\int_{-5}^{5} \frac{x^3 \sin^2 x}{x^4 + 2x^2 + 1} dx = 0$.

(23) $\int_{-\frac{\pi}{2}}^{\frac{\pi}{2}} \cos x \cos 2x \, dx = \int_{-\frac{\pi}{2}}^{\frac{\pi}{2}} \cos x (1 - 2\sin^2 x) \, dx = \int_{-\frac{\pi}{2}}^{\frac{\pi}{2}} (1 - 2\sin^2 x) \, d(\sin x)$

$$= \left(\sin x - \frac{2}{3}\sin^3 x\right) \Big|_{-\frac{\pi}{2}}^{\frac{\pi}{2}} = \frac{2}{3}.$$

或者 $\int_{-\frac{\pi}{2}}^{\frac{\pi}{2}} \cos x \cos 2x \, dx = \frac{1}{2}\int_{-\frac{\pi}{2}}^{\frac{\pi}{2}} (\cos 3x + \cos x) \, dx = \frac{1}{2}\left(\frac{1}{3}\sin 3x + \sin x\right)\Big|_{-\frac{\pi}{2}}^{\frac{\pi}{2}} = \frac{2}{3}$.

(24) $\int_{-\frac{\pi}{2}}^{\frac{\pi}{2}} \sqrt{\cos x - \cos^3 x} \, dx = 2\int_0^{\frac{\pi}{2}} \sqrt{\cos x} \cdot \sin x \, dx \xrightarrow{u = \cos x} -2\int_1^0 \sqrt{u} \, du = \frac{4}{3}$.

(25) $\int_0^{\pi} \sqrt{1 + \cos 2x} \, dx = \int_0^{\pi} \sqrt{2\cos^2 x} \, dx = \sqrt{2}\int_0^{\pi} |\cos x| \, dx = \sqrt{2}\left(\int_0^{\frac{\pi}{2}} \cos x \, dx - \int_{\frac{\pi}{2}}^{\pi} \cos x \, dx\right)$

$$= \sqrt{2}\left(\sin x \Big|_0^{\frac{\pi}{2}} - \sin x \Big|_{\frac{\pi}{2}}^{\pi}\right) = 2\sqrt{2}.$$

(26) $\int_0^{2\pi} |\sin(x+1)| \, dx \xrightarrow{x = u - 1} \int_1^{2\pi+1} |\sin u| \, du$,由于 $|\sin x|$ 是以 π 为周期的周期函数,因此 $\int_1^{2\pi+1} |\sin u| \, du = 2\int_0^{\pi} |\sin u| \, du = 4$.

【方法点击】 定积分的换元法应注意以下几点:

(1) 作什么样的变量代换,其原则与不定积分的换元法类似,也可以分为凑微分法与第二类换元法两种思路,其中凑微分法不用引入新变量;

(2) 定积分换元法与不定积分换元法主要区别为"换元必换限,换后直接算";

(3) 利用换元法求积分时,要结合积分性质与重要结论,例如:

① 定积分可加性;

② 对称性定理:$\int_{-a}^{a} f(x) \, dx = \begin{cases} 2\int_0^a f(x) \, dx, & f(x) \text{ 为偶函数}, \\ 0, & f(x) \text{ 为奇函数}, \end{cases}$

如第(19)、(20)、(21)、(22)、(24)题可以用其简化;

③ 周期性定理:若 $f(x+T) = f(x)$,则 $\int_a^{a+T} f(x) \, dx = \int_0^T f(x) \, dx$;$\int_a^{a+nT} f(x) \, dx = n\int_0^T f(x) \, dx$ $(n \in \mathbf{N})$,如第(26)题可以用其简化.

2. 设 $f(x)$ 在 $[a,b]$ 上连续,证明 $\int_a^b f(x) \, dx = \int_a^b f(a+b-x) \, dx$.

证：令 $x=a+b-u$，则
$$\int_a^b f(x)\mathrm{d}x=-\int_b^a f(a+b-u)\mathrm{d}u=\int_a^b f(a+b-u)\mathrm{d}u=\int_a^b f(a+b-x)\mathrm{d}x.$$

3. 证明：$\int_x^1 \dfrac{\mathrm{d}x}{1+x^2}=\int_1^{\frac{1}{x}} \dfrac{\mathrm{d}x}{1+x^2}\quad (x>0)$.

证：$\int_x^1 \dfrac{\mathrm{d}x}{1+x^2}=\int_x^1 \dfrac{\mathrm{d}t}{1+t^2}\xlongequal{t=\frac{1}{u}}-\int_{\frac{1}{x}}^1 \dfrac{\mathrm{d}u}{1+u^2}=\int_1^{\frac{1}{x}} \dfrac{\mathrm{d}u}{1+u^2}=\int_1^{\frac{1}{x}} \dfrac{\mathrm{d}x}{1+x^2}.$

4. 证明：$\int_0^1 x^m(1-x)^n\mathrm{d}x=\int_0^1 x^n(1-x)^m\mathrm{d}x\quad (m,n\in\mathbf{N})$.

证：令 $x=1-u$，则 $\int_0^1 x^m(1-x)^n\mathrm{d}x=\int_1^0 -(1-u)^m u^n \mathrm{d}u=\int_0^1 x^n(1-x)^m\mathrm{d}x.$

【方法点击】 第 2 题、第 3 题及第 4 题都属于利用定积分换元法证明结论，其中所换的"元"最为关键，一般从两个方面入手确定所换的"元"：

(1) 根据两端积分中被积函数的区别，如第 2 题、第 4 题；

(2) 根据两端积分中上、下限的变化，如第 3 题.

5. 设 $f(x)$ 在 $[0,1]$ 上连续，$n\in\mathbf{Z}$，证明：
$$\int_{\frac{n}{2}\pi}^{\frac{n+1}{2}\pi} f(|\sin x|)\mathrm{d}x=\int_{\frac{n}{2}\pi}^{\frac{n+1}{2}\pi} f(|\cos x|)\mathrm{d}x=\int_0^{\frac{\pi}{2}} f(\sin x)\mathrm{d}x.$$

证：令 $x=u+\dfrac{n}{2}\pi$，则 $\mathrm{d}x=\mathrm{d}u$，因此

$$\int_{\frac{n}{2}\pi}^{\frac{n+1}{2}\pi} f(|\sin x|)\mathrm{d}x=\int_0^{\frac{\pi}{2}} f\left(\left|\sin\left(u+\dfrac{n}{2}\pi\right)\right|\right)\mathrm{d}u=\begin{cases}\int_0^{\frac{\pi}{2}} f(\sin u)\mathrm{d}u, & n\text{ 为偶数},\\ \int_0^{\frac{\pi}{2}} f(\cos u)\mathrm{d}u, & n\text{ 为奇数}.\end{cases}$$

$$\int_{\frac{n}{2}\pi}^{\frac{n+1}{2}\pi} f(|\cos x|)\mathrm{d}x=\int_0^{\frac{\pi}{2}} f\left(\left|\cos\left(u+\dfrac{n}{2}\pi\right)\right|\right)\mathrm{d}u=\begin{cases}\int_0^{\frac{\pi}{2}} f(\cos u)\mathrm{d}u, & n\text{ 为偶数},\\ \int_0^{\frac{\pi}{2}} f(\sin u)\mathrm{d}u, & n\text{ 为奇数}.\end{cases}$$

由于 $\int_0^{\frac{\pi}{2}} f(\sin x)\mathrm{d}x=\int_0^{\frac{\pi}{2}} f(\cos x)\mathrm{d}x$，因此结论成立.

6. 若 $f(x)$ 是连续的奇函数，证明 $\int_0^x f(t)\mathrm{d}t$ 是偶函数；若 $f(x)$ 是连续的偶函数，证明 $\int_0^x f(t)\mathrm{d}t$ 是奇函数.

证：记 $F(x)=\int_0^x f(t)\mathrm{d}t$，则有 $F(-x)=\int_0^{-x} f(t)\mathrm{d}t\xlongequal{t=-u}-\int_0^x f(-u)\mathrm{d}u$，

当 $f(x)$ 为奇函数时，$F(-x)=\int_0^x f(u)\mathrm{d}u=F(x)$，故 $\int_0^x f(t)\mathrm{d}t$ 是偶函数.

当 $f(x)$ 为偶函数时，$F(-x)=-\int_0^x f(u)\mathrm{d}u=-F(x)$，故 $\int_0^x f(t)\mathrm{d}t$ 是奇函数.

7. 计算下列定积分：

(1) $\int_0^1 xe^{-x}\mathrm{d}x$；

(2) $\int_1^e x\ln x\mathrm{d}x$；

(3) $\int_0^{\frac{2\pi}{\omega}} t\sin\omega t\mathrm{d}t\ (\omega\text{ 为常数})$；

(4) $\int_{\frac{\pi}{4}}^{\frac{\pi}{3}} \dfrac{x}{\sin^2 x}\mathrm{d}x$；

(5) $\int_1^4 \dfrac{\ln x}{\sqrt{x}}\mathrm{d}x$；

(6) $\int_0^1 x\arctan x\mathrm{d}x$；

(7) $\int_0^{\frac{\pi}{2}} e^{2x}\cos x\,dx$; (8) $\int_1^2 x\log_2 x\,dx$; (9) $\int_0^{\pi}(x\sin x)^2 dx$;

(10) $\int_1^e \sin(\ln x)dx$; (11) $\int_{\frac{1}{e}}^e |\ln x|dx$; (12) $\int_0^1 (1-x^2)^{\frac{m}{2}} dx \ (m\in \mathbf{N}_+)$;

(13) $J_m = \int_0^{\pi} x\sin^m x\,dx \ (m\in \mathbf{N}_+)$.

解：(1) $\int_0^1 xe^{-x}dx = -\int_0^1 x\,d(e^{-x}) = -(xe^{-x})\Big|_0^1 + \int_0^1 e^{-x}dx = -e^{-1} + (-e^{-x})\Big|_0^1 = 1 - \dfrac{2}{e}$.

(2) $\int_1^e x\ln x\,dx = \int_1^e \dfrac{\ln x}{2}d(x^2) = \left(\dfrac{1}{2}x^2\ln x\right)\Big|_1^e - \int_1^e \dfrac{x}{2}dx = \dfrac{e^2+1}{4}$.

(3) $\int_0^{\frac{2\pi}{\omega}} t\sin \omega t\,dt = -\dfrac{1}{\omega}\int_0^{\frac{2\pi}{\omega}} t\,d(\cos \omega t) = -\dfrac{1}{\omega}(t\cos \omega t)\Big|_0^{\frac{2\pi}{\omega}} + \dfrac{1}{\omega}\int_0^{\frac{2\pi}{\omega}}\cos \omega t\,dt$

$= -\dfrac{2\pi}{\omega^2} + \dfrac{1}{\omega^2}(\sin \omega t)\Big|_0^{\frac{2\pi}{\omega}} = -\dfrac{2\pi}{\omega^2}$.

(4) $\int_{\frac{\pi}{4}}^{\frac{\pi}{3}} \dfrac{x}{\sin^2 x}dx = -\int_{\frac{\pi}{4}}^{\frac{\pi}{3}} x\,d(\cot x) = (-x\cot x)\Big|_{\frac{\pi}{4}}^{\frac{\pi}{3}} + \int_{\frac{\pi}{4}}^{\frac{\pi}{3}} \cot x\,dx$

$= -\dfrac{\pi}{3\sqrt{3}} + \dfrac{\pi}{4} + (\ln\sin x)\Big|_{\frac{\pi}{4}}^{\frac{\pi}{3}} = \left(\dfrac{1}{4} - \dfrac{\sqrt{3}}{9}\right)\pi + \dfrac{1}{2}\ln\dfrac{3}{2}$.

(5) $\int_1^4 \dfrac{\ln x}{\sqrt{x}}dx = \int_1^4 2\ln x\,d\sqrt{x} = (2\sqrt{x}\ln x)\Big|_1^4 - \int_1^4 \dfrac{2}{\sqrt{x}}dx = 8\ln 2 - (4\sqrt{x})\Big|_1^4 = 4(2\ln 2 - 1)$.

(6) $\int_0^1 x\arctan x\,dx = \dfrac{1}{2}\int_0^1 \arctan x\,d(x^2) = \left(\dfrac{1}{2}x^2\arctan x\right)\Big|_0^1 - \dfrac{1}{2}\int_0^1 \dfrac{x^2}{1+x^2}dx$

$= \dfrac{\pi}{8} - \dfrac{1}{2}(x-\arctan x)\Big|_0^1 = \dfrac{\pi}{4} - \dfrac{1}{2}$.

(7) $\int_0^{\frac{\pi}{2}} e^{2x}\cos x\,dx = \dfrac{1}{2}\int_0^{\frac{\pi}{2}}\cos x\,d(e^{2x}) = \dfrac{1}{2}(e^{2x}\cos x)\Big|_0^{\frac{\pi}{2}} + \dfrac{1}{2}\int_0^{\frac{\pi}{2}} e^{2x}\sin x\,dx$

$= -\dfrac{1}{2} + \dfrac{1}{4}\int_0^{\frac{\pi}{2}} \sin x\,d(e^{2x}) = -\dfrac{1}{2} + \dfrac{1}{4}(e^{2x}\sin x)\Big|_0^{\frac{\pi}{2}} - \dfrac{1}{4}\int_0^{\frac{\pi}{2}} e^{2x}\cos x\,dx$,

因此有 $\int_0^{\frac{\pi}{2}} e^{2x}\cos x\,dx = \dfrac{1}{5}(e^{\pi} - 2)$.

(8) $\int_1^2 x\log_2 x\,dx = \dfrac{1}{2}\int_1^2 \log_2 x\,d(x^2) = \dfrac{1}{2}(x^2\log_2 x)\Big|_1^2 - \dfrac{1}{2}\int_1^2 \dfrac{x}{\ln 2}dx$

$= 2 - \dfrac{1}{4\ln 2}(x^2)\Big|_1^2 = 2 - \dfrac{3}{4\ln 2}$.

(9) $\int_0^{\pi}(x\sin x)^2 dx = \dfrac{1}{2}\int_0^{\pi} x^2(1-\cos 2x)dx = \dfrac{\pi^3}{6} - \dfrac{1}{4}\int_0^{\pi} x^2\,d(\sin 2x)$

$= \dfrac{\pi^3}{6} - \dfrac{1}{4}(x^2\sin 2x)\Big|_0^{\pi} + \dfrac{1}{2}\int_0^{\pi} x\sin 2x\,dx = \dfrac{\pi^3}{6} - \dfrac{1}{4}\int_0^{\pi} x\,d(\cos 2x)$

$= \dfrac{\pi^3}{6} - \dfrac{1}{4}(x\cos 2x)\Big|_0^{\pi} + \dfrac{1}{4}\int_0^{\pi}\cos 2x\,dx = \dfrac{\pi^3}{6} - \dfrac{\pi}{4}$.

(10) $\int_1^e \sin(\ln x)dx \xlongequal{x=e^u} \int_0^1 e^u\sin u\,du = (e^u\sin u)\Big|_0^1 - \int_0^1 e^u\cos u\,du$

$= e\sin 1 - (e^u\cos u)\Big|_0^1 - \int_0^1 e^u\sin u\,du$

$$= \mathrm{e}(\sin 1 - \cos 1) + 1 - \int_0^1 \mathrm{e}^u \sin u \, \mathrm{d}u,$$

所以 $\int_1^{\mathrm{e}} \sin(\ln x) \mathrm{d}x = \dfrac{\mathrm{e}}{2}(\sin 1 - \cos 1) + \dfrac{1}{2}.$

(11) $\int_{\frac{1}{\mathrm{e}}}^{\mathrm{e}} |\ln x| \mathrm{d}x = -\int_{\frac{1}{\mathrm{e}}}^{1} \ln x \, \mathrm{d}x + \int_1^{\mathrm{e}} \ln x \, \mathrm{d}x$

$$= -(x \ln x)\Big|_{\frac{1}{\mathrm{e}}}^{1} + \int_{\frac{1}{\mathrm{e}}}^{1} \mathrm{d}x + (x \ln x)\Big|_1^{\mathrm{e}} - \int_1^{\mathrm{e}} \mathrm{d}x = 2 - \dfrac{2}{\mathrm{e}}.$$

(12) $\int_0^1 (1-x^2)^{\frac{m}{2}} \mathrm{d}x \xrightarrow{x=\sin u} \int_0^{\frac{\pi}{2}} \cos^{m+1} u \, \mathrm{d}u = \begin{cases} \dfrac{m}{m+1} \times \dfrac{m-2}{m-1} \times \cdots \times \dfrac{1}{2} \times \dfrac{\pi}{2}, & m \text{ 为奇数,} \\ \dfrac{m}{m+1} \times \dfrac{m-2}{m-1} \times \cdots \times \dfrac{2}{3}, & m \text{ 为偶数,} \end{cases}$

$$= \begin{cases} \dfrac{1 \times 3 \times 5 \times \cdots \times m}{2 \times 4 \times 6 \times \cdots \times (m+1)} \times \dfrac{\pi}{2}, & m \text{ 为奇数,} \\ \dfrac{2 \times 4 \times 6 \times \cdots \times m}{1 \times 3 \times 5 \times \cdots \times (m+1)}, & m \text{ 为偶数.} \end{cases}$$

(13) 由教材本节的例 6，可得

$$J_m = \int_0^\pi x \sin^m x \, \mathrm{d}x = \dfrac{\pi}{2} \int_0^\pi \sin^m x \, \mathrm{d}x.$$

而 $\int_0^\pi \sin^m x \, \mathrm{d}x \xrightarrow{x=\frac{\pi}{2}+t} \int_{-\frac{\pi}{2}}^{\frac{\pi}{2}} \cos^m t \, \mathrm{d}t = 2\int_0^{\frac{\pi}{2}} \cos^m t \, \mathrm{d}t = 2\int_0^{\frac{\pi}{2}} \sin^m x \, \mathrm{d}x,$ 故 $J_m = \pi \int_0^{\frac{\pi}{2}} \sin^m x \, \mathrm{d}x.$

从而有 $J_m = \begin{cases} \dfrac{2 \times 4 \times 6 \times \cdots \times (m-1)}{1 \times 3 \times 5 \times \cdots \times m} \times \pi, & m \text{ 为大于 1 的奇数,} \\ \dfrac{1 \times 3 \times 5 \times \cdots \times (m-1)}{2 \times 4 \times 6 \times \cdots \times m} \times \dfrac{\pi^2}{2}, & m \text{ 为偶数,} \end{cases}$ $J_1 = \pi.$

【方法点击】 本题属于利用定积分的分部积分法进行积分，应注意以下几点：

(1) 恰当选取 u, v 是定积分分部积分法的关键，选取的一般规律同不定积分的分部积分法类似；

(2) 分部积分法经常与换元积分法结合使用，如第(10)题、第(12)题；

(3) 利用分部积分法可以导出某些定积分的递推公式，重要的递推公式可以简化计算，如第(12)题、第(13)题用到公式：

$$\int_0^{\frac{\pi}{2}} \sin^n x \, \mathrm{d}x = \int_0^{\frac{\pi}{2}} \cos^n x \, \mathrm{d}x = \begin{cases} \dfrac{(n-1)!!}{n!!} \cdot \dfrac{\pi}{2}, & n \text{ 为正偶数,} \\ \dfrac{(n-1)!!}{n!!}, & n \text{ 为正奇数.} \end{cases}$$

第四节　反常积分

习题 5-4 超精解 (教材 P262)

1. 判定下列反常积分的收敛性，如果收敛，计算反常积分的值：

(1) $\int_1^{+\infty} \dfrac{\mathrm{d}x}{x^4};$　　　(2) $\int_1^{+\infty} \dfrac{\mathrm{d}x}{\sqrt{x}};$　　　(3) $\int_0^{+\infty} \mathrm{e}^{-ax} \mathrm{d}x \ (a > 0);$

(4) $\int_0^{+\infty} \dfrac{\mathrm{d}x}{(1+x)(1+x^2)}$; (5) $\int_0^{+\infty} \mathrm{e}^{-pt}\sin\omega t\,\mathrm{d}t\ (p>0,\omega>0)$;

(6) $\int_{-\infty}^{+\infty} \dfrac{\mathrm{d}x}{x^2+2x+2}$; (7) $\int_0^1 \dfrac{x\mathrm{d}x}{\sqrt{1-x^2}}$; (8) $\int_0^2 \dfrac{\mathrm{d}x}{(1-x)^2}$;

(9) $\int_1^2 \dfrac{x\mathrm{d}x}{\sqrt{x-1}}$; (10) $\int_1^{\mathrm{e}} \dfrac{\mathrm{d}x}{x\sqrt{1-(\ln x)^2}}$.

解：(1) $\int_1^{+\infty} \dfrac{\mathrm{d}x}{x^4} = \left(-\dfrac{1}{3x^3}\right)\Big|_1^{+\infty} = \dfrac{1}{3}$.

(2) $\int_1^t \dfrac{\mathrm{d}x}{\sqrt{x}} = (2\sqrt{x})\Big|_1^t = 2\sqrt{t}-2$，当 $t\to+\infty$ 时，该极限不存在，故该反常积分发散.

(3) $\int_0^{+\infty} \mathrm{e}^{-ax}\mathrm{d}x = \left(-\dfrac{1}{a}\mathrm{e}^{-ax}\right)\Big|_0^{+\infty} = \dfrac{1}{a}$.

(4) $\int_0^{+\infty} \dfrac{\mathrm{d}x}{(1+x)(1+x^2)} = \int_0^{+\infty} \dfrac{1}{2}\left(\dfrac{1}{1+x}+\dfrac{1-x}{1+x^2}\right)\mathrm{d}x = \left[\dfrac{1}{4}\ln\dfrac{(1+x)^2}{1+x^2}+\dfrac{1}{2}\arctan x\right]\Big|_0^{+\infty} = \dfrac{\pi}{4}$.

(5) $\int \mathrm{e}^{-pt}\sin\omega t\,\mathrm{d}t = -\dfrac{1}{p}\int \sin\omega t\,\mathrm{d}(\mathrm{e}^{-pt}) = -\dfrac{1}{p}\mathrm{e}^{-pt}\sin\omega t + \dfrac{\omega}{p}\int \mathrm{e}^{-pt}\cos\omega t\,\mathrm{d}t$

$= -\dfrac{1}{p}\mathrm{e}^{-pt}\sin\omega t - \dfrac{\omega}{p^2}\int \cos\omega t\,\mathrm{d}(\mathrm{e}^{-pt})$

$= -\dfrac{1}{p}\mathrm{e}^{-pt}\sin\omega t - \dfrac{\omega}{p^2}(\mathrm{e}^{-pt})\cos\omega t - \dfrac{\omega^2}{p^2}\int \mathrm{e}^{-pt}\sin\omega t\,\mathrm{d}t$,

因此 $\int \mathrm{e}^{-pt}\sin\omega t\,\mathrm{d}t = \dfrac{-p\mathrm{e}^{-pt}\sin\omega t - \omega\mathrm{e}^{-pt}\cos\omega t}{p^2+\omega^2} + C$，故

$\int_0^{+\infty} \mathrm{e}^{-pt}\sin\omega t\,\mathrm{d}t = \left(\dfrac{-p\mathrm{e}^{-pt}\sin\omega t - \omega\mathrm{e}^{-pt}\cos\omega t}{p^2+\omega^2}\right)\Big|_0^{+\infty} = \dfrac{\omega}{p^2+\omega^2}$.

(6) $\int_{-\infty}^{+\infty} \dfrac{\mathrm{d}x}{x^2+2x+2} = \int_{-\infty}^0 \dfrac{\mathrm{d}(x+1)}{(x+1)^2+1} + \int_0^{+\infty} \dfrac{\mathrm{d}(x+1)}{(x+1)^2+1}$

$= \arctan(x+1)\Big|_{-\infty}^0 + \arctan(x+1)\Big|_0^{+\infty} = \pi$.

(7) $\int_0^1 \dfrac{x\mathrm{d}x}{\sqrt{1-x^2}} = -\sqrt{1-x^2}\Big|_0^1 = 1$.

(8) $\int_0^t \dfrac{\mathrm{d}x}{(1-x)^2} = \dfrac{1}{1-x}\Big|_0^t = \dfrac{1}{1-t}-1$，当 $t\to 1^-$ 时极限不存在，故原反常积分发散.

(9) $\int_1^2 \dfrac{x\mathrm{d}x}{\sqrt{x-1}} \xlongequal{x=u^2+1} 2\int_0^1 (u^2+1)\mathrm{d}u = \dfrac{8}{3}$.

(10) $\int_1^{\mathrm{e}} \dfrac{\mathrm{d}x}{x\sqrt{1-(\ln x)^2}} = \int_1^{\mathrm{e}} \dfrac{\mathrm{d}(\ln x)}{\sqrt{1-(\ln x)^2}} = \arcsin(\ln x)\Big|_1^{\mathrm{e}} = \dfrac{\pi}{2}$.

【方法点击】 反常积分的计算需注意以下几点：

(1) 反常积分可以严格按照定义方式"先定积分再极限"进行计算，也可以仿照定积分得到类似于牛顿—莱布尼茨公式的简化形式.

例如：设 $F(x)$ 是 $f(x)$ 的一个原函数，则 $\int_a^{+\infty} f(x)\mathrm{d}x = F(x)\Big|_a^{+\infty} = F(+\infty)-F(a)$，其中 $F(+\infty) = \lim\limits_{x\to+\infty}F(x)$. 类似地，定积分的换元积分法和分部积分法也适用于反常积分.

(2) 定积分的对称性结论不能推广到反常积分，即若 $f(x)$ 在 $(-\infty,+\infty)$ 上为奇函数，则 $\int_{-\infty}^{+\infty} f(x)\mathrm{d}x$ 不一定为 0；若 $f(x)$ 在 $(-\infty,+\infty)$ 上为偶函数，$\int_{-\infty}^{+\infty} f(x)\mathrm{d}x$ 也不一定为 $2\int_0^{+\infty} f(x)\mathrm{d}x$；

(3) 因为瑕积分与定积分形式相同,容易误认为定积分进行计算,如第(8)题常出现此类错误,所以求积分时要先确认有无瑕点,再采取相应的积分方法.

2. 当 k 为何值时,反常积分 $\int_2^{+\infty} \dfrac{\mathrm{d}x}{x(\ln x)^k}$ 收敛?当 k 为何值时,这反常积分发散?又当 k 为何值时,这反常积分取得最小值?

解: $\displaystyle\int \dfrac{\mathrm{d}x}{x(\ln x)^k} = \int \dfrac{\mathrm{d}(\ln x)}{(\ln x)^k} = \begin{cases} \ln(\ln x) + C, & k=1, \\ -\dfrac{1}{(k-1)\ln^{k-1}x} + C, & k\neq 1, \end{cases}$

因此当 $k\leqslant 1$ 时,反常积分发散;当 $k>1$ 时,该反常积分收敛,此时

$$\int_2^{+\infty} \dfrac{\mathrm{d}x}{x(\ln x)^k} = \left[-\dfrac{1}{(k-1)\ln^{k-1}x}\right]\bigg|_2^{+\infty} = \dfrac{1}{(k-1)(\ln 2)^{k-1}}.$$

记 $f(k) = \dfrac{1}{(k-1)(\ln 2)^{k-1}}$,则

$$f'(k) = -\dfrac{1}{(k-1)^2(\ln 2)^{2k-2}}[(\ln 2)^{k-1} + (k-1)(\ln 2)^{k-1}\ln\ln 2] = -\dfrac{1+(k-1)\ln(\ln 2)}{(k-1)^2(\ln 2)^{k-1}}.$$

令 $f'(k)=0$,得 $k = 1 - \dfrac{1}{\ln(\ln 2)}$. 当 $1<k<1-\dfrac{1}{\ln(\ln 2)}$ 时,$f'(k)<0$,当 $k>1-\dfrac{1}{\ln(\ln 2)}$ 时, $f'(k)>0$,故 $k = 1 - \dfrac{1}{\ln(\ln 2)}$ 为函数 $f(k)$ 的最小值点,即当 $k = 1 - \dfrac{1}{\ln(\ln 2)}$ 时,所给反常积分取得最小值.

3. 利用递推公式计算反常积分 $I_n = \int_0^{+\infty} x^n \mathrm{e}^{-x} \mathrm{d}x\, (n\in \mathbf{N})$.

解: $I_0 = \int_0^{+\infty} \mathrm{e}^{-x}\mathrm{d}x = (-\mathrm{e}^{-x})\big|_0^{+\infty} = 1$. 当 $n\geqslant 1$ 时,

$$I_n = -\int_0^{+\infty} x^n \mathrm{d}(\mathrm{e}^{-x}) = -(x^n \mathrm{e}^{-x})\big|_0^{+\infty} + n\int_0^{+\infty} x^{n-1}\mathrm{e}^{-x}\mathrm{d}x = nI_{n-1},$$

故有 $I_n = n!$.

4. 计算反常积分 $\int_0^1 \ln x\,\mathrm{d}x$.

解: $\displaystyle\int \ln x\,\mathrm{d}x = x\ln x - \int x\cdot \dfrac{1}{x}\mathrm{d}x = x\ln x - x + C$,因此

$$\int_0^1 \ln x\,\mathrm{d}x = (x\ln x - x)\bigg|_0^1 = -1 - \lim_{x\to 0^+}(x\ln x - x) = -1 - \lim_{x\to 0^+}\dfrac{\ln x - 1}{\dfrac{1}{x}}$$

$$= -1 - \lim_{x\to 0^+} \dfrac{\dfrac{1}{x}}{-\dfrac{1}{x^2}} = -1.$$

*第五节 反常积分的审敛法 Γ 函数

习题 5-5 超精解(教材 P270)

1. 判定下列反常积分的收敛性:

(1) $\displaystyle\int_0^{+\infty} \dfrac{x^2}{x^4 + x^2 + 1}\mathrm{d}x$; (2) $\displaystyle\int_1^{+\infty} \dfrac{\mathrm{d}x}{x\sqrt[3]{x^2+1}}$; (3) $\displaystyle\int_1^{+\infty} \sin\dfrac{1}{x^2}\mathrm{d}x$;

(4) $\int_0^{+\infty} \dfrac{\mathrm{d}x}{1+x|\sin x|}$;   (5) $\int_1^{+\infty} \dfrac{x\arctan x}{1+x^3}\mathrm{d}x$;   (6) $\int_1^2 \dfrac{\mathrm{d}x}{(\ln x)^3}$;

(7) $\int_0^1 \dfrac{x^4 \mathrm{d}x}{\sqrt{1-x^4}}$;   (8) $\int_1^2 \dfrac{\mathrm{d}x}{\sqrt[3]{x^2-3x+2}}$.

解:(1) 由于 $\lim\limits_{x\to+\infty} x^2 \cdot \dfrac{x^2}{x^4+x^2+1}=1$,因此 $\int_0^{+\infty} \dfrac{x^2}{x^4+x^2+1}\mathrm{d}x$ 收敛.

(2) 由于 $\lim\limits_{x\to+\infty} x^{\frac{5}{3}} \cdot \dfrac{1}{x\sqrt[3]{x^2+1}}=1$,因此 $\int_1^{+\infty} \dfrac{\mathrm{d}x}{x\sqrt[3]{x^2+1}}$ 收敛.

(3) 由于 $\lim\limits_{x\to+\infty} x^2 \cdot \sin\dfrac{1}{x^2}=1$,因此 $\int_1^{+\infty} \sin\dfrac{1}{x^2}\mathrm{d}x$ 收敛.

(4) 由于当 $x\geqslant 0$ 时,$\dfrac{1}{1+x|\sin x|}\geqslant \dfrac{1}{1+x}$ 且 $\int_0^{+\infty} \dfrac{\mathrm{d}x}{1+x}$ 发散,因此 $\int_0^{+\infty} \dfrac{\mathrm{d}x}{1+x|\sin x|}$ 发散.

(5) 由于 $\lim\limits_{x\to+\infty} x^2 \cdot \dfrac{x\arctan x}{1+x^3}=\dfrac{\pi}{2}$,因此 $\int_1^{+\infty} \dfrac{x\arctan x}{1+x^3}\mathrm{d}x$ 收敛.

(6) $x=1$ 是被积函数的瑕点,由于 $\lim\limits_{x\to 1^+}(x-1)\cdot\dfrac{1}{(\ln x)^3}=+\infty$,因此 $\int_1^2 \dfrac{\mathrm{d}x}{(\ln x)^3}$ 发散.

(7) $x=1$ 是被积函数的瑕点,由于 $\lim\limits_{x\to 1^-}(1-x)^{\frac{1}{2}} \cdot \dfrac{x^4}{\sqrt{1-x^4}}=\dfrac{1}{2}$,因此 $\int_0^1 \dfrac{x^4 \mathrm{d}x}{\sqrt{1-x^4}}$ 收敛.

(8) 被积函数有两个瑕点:$x=1, x=2$.

由于 $\lim\limits_{x\to 1^+}(x-1)^{\frac{1}{3}} \dfrac{1}{\sqrt[3]{x^2-3x+2}}=-1$,因此 $\int_1^{1.5} \dfrac{\mathrm{d}x}{\sqrt[3]{x^2-3x+2}}$ 收敛;

又因为 $\lim\limits_{x\to 2^-}(x-2)^{\frac{1}{3}} \dfrac{1}{\sqrt[3]{x^2-3x+2}}=1$,因此 $\int_{1.5}^2 \dfrac{\mathrm{d}x}{\sqrt[3]{x^2-3x+2}}$ 收敛,故 $\int_1^2 \dfrac{\mathrm{d}x}{\sqrt[3]{x^2-3x+2}}$ 收敛.

2. 设反常积分 $\int_1^{+\infty} f^2(x)\mathrm{d}x$ 收敛,证明反常积分 $\int_1^{+\infty} \dfrac{f(x)}{x}\mathrm{d}x$ 绝对收敛.

解:因为 $\left|\dfrac{f(x)}{x}\right| \leqslant \dfrac{f^2(x)+\dfrac{1}{x^2}}{2}$,由于 $\int_1^{+\infty} f^2(x)\mathrm{d}x$ 收敛, $\int_1^{+\infty} \dfrac{1}{x^2}\mathrm{d}x$ 也收敛,

因此 $\int_1^{+\infty} \left|\dfrac{f(x)}{x}\right|\mathrm{d}x$ 收敛. 即 $\int_1^{+\infty} \dfrac{f(x)}{x}\mathrm{d}x$ 绝对收敛.

3. 用 Γ 函数表示下列积分,并指出这些积分的收敛范围:

(1) $\int_0^{+\infty} \mathrm{e}^{-x^n}\mathrm{d}x(n>0)$; (2) $\int_0^1 \left(\ln\dfrac{1}{x}\right)^p \mathrm{d}x$; (3) $\int_0^{+\infty} x^m \mathrm{e}^{-x^n}\mathrm{d}x(n\neq 0)$.

解:(1) 令 $u=x^n$,即 $x=u^{\frac{1}{n}}$,$\int_0^{+\infty} \mathrm{e}^{-x^n}\mathrm{d}x = \dfrac{1}{n}\int_0^{+\infty} \mathrm{e}^{-u} u^{\frac{1}{n}-1}\mathrm{d}u = \dfrac{1}{n}\Gamma\left(\dfrac{1}{n}\right)$,在 $n>0$ 时都收敛.

(2) 令 $u=\ln\dfrac{1}{x}$,即 $x=\mathrm{e}^{-u}$,

$$\int_0^1 \left(\ln\dfrac{1}{x}\right)^p \mathrm{d}x = \int_{+\infty}^0 -u^p \mathrm{e}^{-u}\mathrm{d}u = \int_0^{+\infty} u^p \mathrm{e}^{-u}\mathrm{d}u = \Gamma(p+1),$$

当 $p>-1$ 时收敛.

(3) 令 $u=x^n$,即 $x=u^{\frac{1}{n}}$.

当 $n>0$ 时,$\int_0^{+\infty} x^m \mathrm{e}^{-x^n}\mathrm{d}x = \int_0^{+\infty} \dfrac{1}{n} u^{\frac{m+1}{n}-1} \mathrm{e}^{-u}\mathrm{d}u = \dfrac{1}{n}\Gamma\left(\dfrac{m+1}{n}\right)$,

当 $n<0$ 时,$\int_0^{+\infty} x^m \mathrm{e}^{-x^n}\mathrm{d}x = \int_{+\infty}^0 \dfrac{1}{n} u^{\frac{m+1}{n}-1} \mathrm{e}^{-u}\mathrm{d}u = -\dfrac{1}{n}\Gamma\left(\dfrac{m+1}{n}\right)$,

故 $\int_0^{+\infty} x^m e^{-x^n} dx = \frac{1}{|n|} \Gamma\left(\frac{m+1}{n}\right)$，当 $\frac{m+1}{n} > 0$ 时收敛.

4. 证明 $\Gamma\left(\frac{2k+1}{2}\right) = \frac{1 \times 3 \times 5 \times \cdots \times (2k-1)\sqrt{\pi}}{2^k}$，其中 $k \in \mathbf{N}^+$.

证：$\Gamma\left(\frac{2k+1}{2}\right) = \frac{2k-1}{2}\Gamma\left(\frac{2k-1}{2}\right) = \frac{2k-1}{2} \times \frac{2k-3}{2}\Gamma\left(\frac{2k-3}{2}\right)$

$= \frac{2k-1}{2} \times \frac{2k-3}{2} \times \cdots \times \frac{1}{2}\Gamma\left(\frac{1}{2}\right) = \frac{1 \times 3 \times 5 \times \cdots \times (2k-1)}{2^k}\sqrt{\pi}.$

5. 证明以下各式（其中 $n \in \mathbf{N}^+$）：

(1) $2 \times 4 \times 6 \times \cdots \times (2n) = 2^n \Gamma(n+1)$；

(2) $1 \times 3 \times 5 \times \cdots \times (2n-1) = \frac{\Gamma(2n)}{2^{n-1}\Gamma(n)}$；

(3) $\sqrt{\pi}\Gamma(2n) = 2^{2n-1}\Gamma(n)\Gamma\left(n+\frac{1}{2}\right)$.

证：(1) $2 \times 4 \times 6 \times \cdots \times (2n) = 2^n n! = 2^n \Gamma(n+1)$.

(2) $1 \times 3 \times 5 \times \cdots \times (2n-1) = \frac{(2n-1)!}{2 \times 4 \times 6 \times \cdots \times (2n-2)} = \frac{\Gamma(2n)}{2^{n-1}(n-1)!} = \frac{\Gamma(2n)}{2^{n-1}\Gamma(n)}$.

(3) 因为 $\sqrt{\pi}\Gamma(2n) = (2n-1)!\sqrt{\pi}$，

$\Gamma(n)\Gamma\left(n+\frac{1}{2}\right) = (n-1)! \cdot \frac{1 \times 3 \times 5 \times \cdots \times (2n-1)\sqrt{\pi}}{2^n}$

$= \frac{2 \times 4 \times 6 \times \cdots \times (2n-2)}{2^{n-1}} \times \frac{1 \times 3 \times 5 \times \cdots \times (2n-1)\sqrt{\pi}}{2^n} = \frac{(2n-1)!}{2^{2n-1}}\sqrt{\pi},$

因此结论成立.

总习题五超精解（教材 P270～P273）

1. 填空

(1) 函数 $f(x)$ 在 $[a,b]$ 上有界是 $f(x)$ 在 $[a,b]$ 上可积的_____条件，而 $f(x)$ 在 $[a,b]$ 上连续是 $f(x)$ 在 $[a,b]$ 上可积的_____条件；

(2) 对 $[a,+\infty)$ 上非负、连续的函数 $f(x)$，它的变上限积分 $\int_a^x f(t)dt$ 在 $[a,+\infty)$ 上有界是反常积分 $\int_a^{+\infty} f(x)dx$ 收敛的_____条件；

*(3) 绝对收敛的反常积分 $\int_a^{+\infty} f(x)dx$ 一定_____；

(4) 函数 $f(x)$ 在 $[a,b]$ 上有定义且 $|f(x)|$ 在 $[a,b]$ 上可积，此时积分 $\int_a^b f(x)dx$ _____存在；

(5) 设函数 $f(x)$ 连续，则 $\frac{d}{dx}\int_0^x tf(t^2-x^2)dt =$ _____.

解：(1) 必要，充分. (2) 充分必要. (3) 收敛.

(4) 不一定. 例如 $f(x) = \begin{cases} 1, & x \text{ 为有理数} \\ -1, & x \text{ 为无理数} \end{cases}$，则 $|f(x)| = 1$ 在 $[a,b]$ 上可积，而 $\int_a^b f(x)dx$ 不存在.

(5) $\int_0^x tf(t^2-x^2)dt \xrightarrow[\text{则 } 2tdt = du]{\text{令 } u = t^2-x^2} \int_{-x^2}^0 \frac{1}{2}f(u)du = -\frac{1}{2}\int_0^{-x^2} f(u)du$，因此，

$$\frac{d}{dx}\int_0^x tf(t^2-x^2)dt = -\frac{1}{2}f(-x^2)\times(-2x) = xf(-x^2).$$

2. 以下两题中给出了四个结论,从中选出一个正确的结论:

(1) 设 $I = \int_0^1 \frac{x^4}{\sqrt{1+x}}dx$,则估计 I 值的大致范围为(　　);

(A) $0 \leqslant I \leqslant \frac{\sqrt{2}}{10}$　　(B) $\frac{\sqrt{2}}{10} \leqslant I \leqslant \frac{1}{5}$　　(C) $\frac{1}{5} < I < 1$　　(D) $I \geqslant 1$

(2) 设 $F(x)$ 是连续函数 $f(x)$ 的一个原函数,则必有(　　).

(A) $F(x)$ 是偶函数 $\Leftrightarrow f(x)$ 是奇函数　　(B) $F(x)$ 是奇函数 $\Leftrightarrow f(x)$ 是偶函数

(C) $F(x)$ 是周期函数 $\Leftrightarrow f(x)$ 是周期函数　　(D) $F(x)$ 是单调函数 $\Leftrightarrow f(x)$ 是单调函数

解:(1) 当 $0 \leqslant x \leqslant 1$ 时,$\frac{x^4}{\sqrt{2}} \leqslant \frac{x^4}{\sqrt{1+x}} \leqslant x^4$,因此,$\frac{\sqrt{2}}{10} = \int_0^1 \frac{1}{\sqrt{2}}x^4 dx \leqslant \int_0^1 \frac{x^4}{\sqrt{1+x}}dx \leqslant \int_0^1 x^4 dx = \frac{1}{5}$,故选(B).

(2) 令 $G(x) = \int_0^x f(x)dt$,则 $G(x)$ 是 $f(x)$ 的一个原函数,且

$G(x)$ 是奇(偶)函数 $\Leftrightarrow f(x)$ 是偶(奇)函数,又 $F(x) = G(x) + C$,其中 C 为常数,是偶函数,因此由奇、偶函数的性质知应选(A).

取 $f(x) = \cos x + 1$,则 $F(x) = \sin x + x + C$,此时 $f(x)$ 是周期函数,$F(x)$ 不是周期函数;取 $f(x) = 2x, x \in \mathbf{R}$,则 $F(x) = x^2 + C$,此时 $f(x)$ 是单调函数,$F(x)$ 不是单调函数. 因此(C)、(D)不成立.

3. 回答下列问题:

(1) 设函数 $f(x)$ 及 $g(x)$ 在区间 $[a,b]$ 上连续,且 $f(x) \geqslant g(x)$,那么 $\int_a^b [f(x)-g(x)]dx$ 在几何上表示什么?

(2) 设函数 $f(x)$ 在区间 $[a,b]$ 上连续,且 $f(x) \geqslant 0$,那么 $\int_a^b \pi f^2(x)dx$ 在几何上表示什么?

(3) 如果在时刻 t 以 $\varphi(t)$ 的流量(单位时间内流过的流体的体积或质量)向一水池注水,那么 $\int_{t_1}^{t_2} \varphi(t)dt$ 表示什么?

(4) 如果某国人口增长的速率为 $u(t)$,那么 $\int_{T_1}^{T_2} u(t)dt$ 表示什么?

(5) 如果一公司经营某种产品的边际利润函数为 $P'(x)$,那么 $\int_{1\,000}^{2\,000} P'(x)dx$ 表示什么?

解:(1) $\int_a^b [f(x)-g(x)]dx$ 表示由曲线 $y = f(x), y = g(x)$ 以及 $x = a, x = b$ 所围成的图形的面积.

(2) $\int_a^b \pi f^2(x)dx$ 表示 xOy 面上、由曲线 $y = f(x)$、$x = a$、$x = b$ 以及 x 轴所围成的图形绕 x 轴旋转一周而得到的旋转体的体积.

(3) $\int_{t_1}^{t_2} \varphi(t)dt$ 表示在时间段 $[t_1, t_2]$ 内向水池注入的水的总量.

(4) $\int_{T_1}^{T_2} u(t)dt$ 表示该国在时间段 $[T_1, T_2]$ 内增加的人口总量.

(5) $\int_{1\,000}^{2\,000} P'(x)dx$ 表示从经营第 1 000 个产品起一直到第 2 000 个产品的利润总量.

*4. 利用定积分的定义计算下列极限:

(1) $\lim\limits_{n\to\infty}\dfrac{1}{n}\sum\limits_{i=1}^{n}\sqrt{1+\dfrac{i}{n}}$;   (2) $\lim\limits_{n\to\infty}\dfrac{1^p+2^p+\cdots+n^p}{n^{p+1}}\ (p>0)$.

解: (1) $\lim\limits_{n\to\infty}\dfrac{1}{n}\sum\limits_{i=1}^{n}\sqrt{1+\dfrac{i}{n}}=\int_0^1\sqrt{1+x}\,dx=\left[\dfrac{2}{3}(1+x)^{\frac{3}{2}}\right]\Big|_0^1=\dfrac{2}{3}(2\sqrt{2}-1)$.

(2) $\lim\limits_{n\to\infty}\dfrac{1^p+2^p+\cdots+n^p}{n^{p+1}}=\lim\limits_{n\to\infty}\dfrac{1}{n}\sum\limits_{i=1}^{n}\left(\dfrac{i}{n}\right)^p=\int_0^1 x^p\,dx=\dfrac{1}{p+1}$.

【方法点击】 因为定积分是和式极限，所以逆向思维，可以用定积分求某些和式的极限. 例如，把区间 $[a,b]$ 分成 n 等份，ξ_i 取为每个小区间的右端点，则有:

$$\lim_{n\to\infty}\dfrac{b-a}{n}\sum_{i=1}^{n}f\left(a+\dfrac{b-a}{n}i\right)=\int_a^b f(x)\,dx;$$

$$\lim_{n\to\infty}\dfrac{1}{n}\sum_{i=1}^{n}f\left(\dfrac{i}{n}\right)=\int_0^1 f(x)\,dx\ (a=0,b=1\text{ 时}).$$

本题即用此方法，具体来讲：先从"和式"中提取因子 $\dfrac{1}{n}$ 作为小区间长度 Δx_i，再将 $\dfrac{i}{n}$ 视为 ξ_i，则 $\sum\limits_{i=1}^{n}f\left(\dfrac{i}{n}\right)\dfrac{1}{n}=\sum\limits_{i=1}^{n}f(\xi_i)\Delta x_i$，从而得到定积分形式，然后进行积分即可.

5. 求下列极限:

(1) $\lim\limits_{x\to a}\dfrac{x}{x-a}\int_a^x f(t)\,dt$，其中 $f(x)$ 连续；   (2) $\lim\limits_{x\to+\infty}\dfrac{\int_0^x(\arctan t)^2\,dt}{\sqrt{x^2+1}}$.

解: (1) 记 $F(x)=x\int_a^x f(t)\,dt$，$\lim\limits_{x\to a}\dfrac{x}{x-a}\int_a^x f(t)\,dt=\lim\limits_{x\to a}\dfrac{F(x)-F(a)}{x-a}=F'(a)=af(a)$.

(2) 先证所求极限为 "$\dfrac{\infty}{\infty}$" 型未定式. 由于当 $x>\tan 1$ 时，$\arctan x>1$，记 $c=\int_0^{\tan 1}(\arctan t)^2\,dt$，则当 $x>\tan 1$ 时，有 $\int_0^x(\arctan t)^2\,dt=c+\int_{\tan 1}^x(\arctan t)^2\,dt>c+\int_{\tan 1}^x dt=c+x-\tan 1$；

故有 $\lim\limits_{x\to+\infty}\int_0^x(\arctan t)^2\,dt=+\infty$，从而利用洛必达法则有

$$\lim_{x\to+\infty}\dfrac{\int_0^x(\arctan t)^2\,dt}{\sqrt{x^2+1}}=\lim_{x\to+\infty}\dfrac{(\arctan x)^2}{\dfrac{x}{\sqrt{x^2+1}}}=\lim_{x\to+\infty}(\arctan x)^2\cdot\sqrt{1+\dfrac{1}{x^2}}=\dfrac{\pi^2}{4}.$$

6. 下列计算是否正确，试说明理由:

(1) $\int_{-1}^{1}\dfrac{dx}{1+x^2}=-\int_{-1}^{1}\dfrac{d\left(\dfrac{1}{x}\right)}{1+\left(\dfrac{1}{x}\right)^2}=-\arctan\dfrac{1}{x}\Big|_{-1}^{1}=-\dfrac{\pi}{2}$;

(2) 因为 $\int_{-1}^{1}\dfrac{dx}{x^2+x+1}\xlongequal{x=\frac{1}{t}}-\int_{-1}^{1}\dfrac{dt}{t^2+t+1}$，所以 $\int_{-1}^{1}\dfrac{dx}{x^2+x+1}=0$;

(3) $\int_{-\infty}^{+\infty}\dfrac{x}{1+x^2}\,dx=\lim\limits_{A\to+\infty}\int_{-A}^{A}\dfrac{x}{1+x^2}\,dx=0$.

解: (1) 不对. 因为 $u=\dfrac{1}{x}$ 在 $[-1,1]$ 上有间断点 $x=0$，不符合换元法的要求. 而由习题 5-1 的

第12题可知该积分一定为正,因此该积分计算不对.事实上,
$$\int_{-1}^{1}\frac{dx}{1+x^2}=\arctan x\Big|_{-1}^{1}=\frac{\pi}{2}.$$

(2)不对.原因与(1)相同.事实上
$$\int_{-1}^{1}\frac{dx}{x^2+x+1}=\int_{-1}^{1}\frac{1}{\left(x+\frac{1}{2}\right)^2+\left(\frac{\sqrt{3}}{2}\right)^2}d\left(x+\frac{1}{2}\right)=\frac{2}{\sqrt{3}}\arctan\frac{2x+1}{\sqrt{3}}\Big|_{-1}^{1}=\frac{\pi}{\sqrt{3}}.$$

(3)不对.因为 $\int_{0}^{A}\frac{x}{1+x^2}dx=\frac{1}{2}\ln(1+A^2)$,当 $A\to+\infty$ 时极限不存在,故 $\int_{0}^{+\infty}\frac{x}{1+x^2}dx$ 发散,也就得到 $\int_{-\infty}^{+\infty}\frac{x}{1+x^2}dx$ 发散.

7.设 $x>0$,证明 $\int_{0}^{x}\frac{1}{1+t^2}dt+\int_{0}^{\frac{1}{x}}\frac{1}{1+t^2}dt=\frac{\pi}{2}$.

证:记 $f(x)=\int_{0}^{x}\frac{1}{1+t^2}dt+\int_{0}^{\frac{1}{x}}\frac{1}{1+t^2}dt$,则当 $x>0$ 时,有 $f'(x)=\frac{1}{1+x^2}+\frac{1}{1+\frac{1}{x^2}}\cdot\left(-\frac{1}{x^2}\right)=0$,由拉格朗日中值定理的推论,得 $f(x)\equiv C\quad(x>0)$.

而 $f(1)=\int_{0}^{1}\frac{1}{1+t^2}dt+\int_{0}^{1}\frac{1}{1+t^2}dt=\frac{\pi}{2}$,故 $C=\frac{\pi}{2}$,从而结论成立.

8.设 $p>0$,证明:$\frac{p}{1+p}<\int_{0}^{1}\frac{dx}{1+x^p}<1$.

证:由于当 $p>0$ 时,$0<\frac{1}{1+x^p}<1$,因此有 $\int_{0}^{1}\frac{dx}{1+x^p}<1$.又
$$1-\int_{0}^{1}\frac{dx}{1+x^p}=\int_{0}^{1}\frac{x^p dx}{1+x^p}<\int_{0}^{1}x^p dx=\frac{1}{1+p},$$
故有 $\int_{0}^{1}\frac{dx}{1+x^p}>\frac{p}{1+p}$,原题得证.

9.设 $f(x)$、$g(x)$ 在区间 $[a,b]$ 上均连续,证明:

(1) $\left(\int_{a}^{b}f(x)g(x)dx\right)^2\leqslant\int_{a}^{b}f^2(x)dx\cdot\int_{a}^{b}g^2(x)dx$(柯西-施瓦茨不等式);

(2) $\left(\int_{a}^{b}[f(x)+g(x)]^2 dx\right)^{\frac{1}{2}}\leqslant\left(\int_{a}^{b}f^2(x)dx\right)^{\frac{1}{2}}+\left(\int_{a}^{b}g^2(x)dx\right)^{\frac{1}{2}}$(闵科夫斯基不等式).

解:(1)对任意实数 λ,有 $\int_{a}^{b}[f(x)+\lambda g(x)]^2 dx\geqslant 0$,即
$$\int_{a}^{b}f^2(x)dx+2\lambda\int_{a}^{b}f(x)g(x)dx+\lambda^2\int_{a}^{b}g^2(x)dx\geqslant 0,$$
左边是一个关于 λ 的二次多项式,它非负的条件是其判别式非正,即有
$$4\left[\int_{a}^{b}f(x)g(x)dx\right]^2-4\int_{a}^{b}f^2(x)dx\cdot\int_{a}^{b}g^2(x)dx\leqslant 0,$$
从而本题得证.

(2) $\int_{a}^{b}[f(x)+g(x)]^2 dx=\int_{a}^{b}[f^2(x)+2f(x)g(x)+g^2(x)]dx$
$$=\int_{a}^{b}f^2(x)dx+2\int_{a}^{b}f(x)g(x)dx+\int_{a}^{b}g^2(x)dx$$
$$\leqslant\int_{a}^{b}f^2(x)dx+2\left[\int_{a}^{b}f^2(x)dx\int_{a}^{b}g^2(x)dx\right]^{\frac{1}{2}}+\int_{a}^{b}g^2(x)dx$$

$$= \left\{\left[\int_a^b f^2(x)\mathrm{d}x\right]^{\frac{1}{2}} + \left[\int_a^b g^2(x)\mathrm{d}x\right]^{\frac{1}{2}}\right\}^2,$$

从而本题得证.

10. 设 $f(x)$ 在区间 $[a,b]$ 上连续，且 $f(x)>0$. 证明：$\int_a^b f(x)\mathrm{d}x \cdot \int_a^b \frac{1}{f(x)}\mathrm{d}x \geq (b-a)^2$.

证：根据上一题所证的柯西—施瓦茨不等式，有

$$\left[\int_a^b \sqrt{f(x)} \cdot \frac{1}{\sqrt{f(x)}}\mathrm{d}x\right]^2 \leq \int_a^b \left[\sqrt{f(x)}\right]^2\mathrm{d}x \cdot \int_a^b \left[\frac{1}{\sqrt{f(x)}}\right]^2\mathrm{d}x.$$

即得 $\int_a^b f(x)\mathrm{d}x \cdot \int_a^b \frac{1}{f(x)}\mathrm{d}x \geq (b-a)^2$.

11. 计算下列积分：

(1) $\int_0^{\frac{\pi}{2}} \frac{x+\sin x}{1+\cos x}\mathrm{d}x$; (2) $\int_0^{\frac{\pi}{4}} \ln(1+\tan x)\mathrm{d}x$; (3) $\int_0^a \frac{\mathrm{d}x}{x+\sqrt{a^2-x^2}}$ $(a>0)$;

(4) $\int_0^{\frac{\pi}{2}} \sqrt{1-\sin 2x}\,\mathrm{d}x$; (5) $\int_0^{\frac{\pi}{2}} \frac{\mathrm{d}x}{1+\cos^2 x}$; (6) $\int_0^\pi x\sqrt{\cos^2 x - \cos^4 x}\,\mathrm{d}x$;

(7) $\int_0^\pi x^2|\cos x|\mathrm{d}x$; (8) $\int_0^{+\infty} \frac{\mathrm{d}x}{e^{x+1}+e^{3-x}}$; (9) $\int_{\frac{1}{2}}^{\frac{3}{2}} \frac{\mathrm{d}x}{\sqrt{|x^2-x|}}$;

(10) $\int_0^x \max\{t^3, t^2, 1\}\mathrm{d}t$.

解：(1) $\int_0^{\frac{\pi}{2}} \frac{x+\sin x}{1+\cos x}\mathrm{d}x = \int_0^{\frac{\pi}{2}} \frac{x}{1+\cos x}\mathrm{d}x + \int_0^{\frac{\pi}{2}} \frac{\sin x}{1+\cos x}\mathrm{d}x$

$$= \int_0^{\frac{\pi}{2}} \frac{x}{2}\sec^2\frac{x}{2}\mathrm{d}x - \int_0^{\frac{\pi}{2}} \frac{1}{1+\cos x}\mathrm{d}(1+\cos x)$$

$$= \left(x\tan\frac{x}{2}\right)\bigg|_0^{\frac{\pi}{2}} - \int_0^{\frac{\pi}{2}} \tan\frac{x}{2}\mathrm{d}x - [\ln(1+\cos x)]\big|_0^{\frac{\pi}{2}}$$

$$= \frac{\pi}{2} + \left[2\ln\left(\cos\frac{x}{2}\right)\right]\bigg|_0^{\frac{\pi}{2}} + \ln 2 = \frac{\pi}{2}.$$

(2) $\int_0^{\frac{\pi}{4}} \ln(1+\tan x)\mathrm{d}x = \int_0^{\frac{\pi}{4}} \ln\frac{\cos x + \sin x}{\cos x}\mathrm{d}x$

$$= \int_0^{\frac{\pi}{4}} \ln(\cos x + \sin x)\mathrm{d}x - \int_0^{\frac{\pi}{4}} \ln(\cos x)\mathrm{d}x,$$

而 $\int_0^{\frac{\pi}{4}} \ln(\cos x + \sin x)\mathrm{d}x = \int_0^{\frac{\pi}{4}} \ln\left[\sqrt{2}\cos\left(\frac{\pi}{4}-x\right)\right]\mathrm{d}x \xrightarrow{x=\frac{\pi}{4}-u} -\int_{\frac{\pi}{4}}^0 [\ln\sqrt{2}+\ln(\cos u)]\mathrm{d}u$

$$= \frac{\pi\ln 2}{8} + \int_0^{\frac{\pi}{4}} \ln(\cos x)\mathrm{d}x.$$

故 $\int_0^{\frac{\pi}{4}} \ln(1+\tan x)\mathrm{d}x = \frac{\pi\ln 2}{8}$.

(3) $\int_0^a \frac{\mathrm{d}x}{x+\sqrt{a^2-x^2}} \xrightarrow{x=a\sin u} \int_0^{\frac{\pi}{2}} \frac{\cos u\,\mathrm{d}u}{\sin u + \cos u} = \int_0^{\frac{\pi}{2}} \frac{\sin u\,\mathrm{d}u}{\cos u + \sin u}$

$$= \frac{1}{2}\left(\int_0^{\frac{\pi}{2}} \frac{\cos u\,\mathrm{d}u}{\sin u + \cos u} + \int_0^{\frac{\pi}{2}} \frac{\sin u\,\mathrm{d}u}{\cos u + \sin u}\right) = \frac{1}{2}\int_0^{\frac{\pi}{2}} \mathrm{d}u = \frac{\pi}{4}.$$

(4) $\int_0^{\frac{\pi}{2}} \sqrt{1-\sin 2x}\,dx = \int_0^{\frac{\pi}{2}} \sqrt{\sin^2 x + \cos^2 x - 2\sin x \cos x}\,dx = \int_0^{\frac{\pi}{2}} |\sin x - \cos x|\,dx$

$\qquad = \int_0^{\frac{\pi}{4}} (\cos x - \sin x)\,dx + \int_{\frac{\pi}{4}}^{\frac{\pi}{2}} (\sin x - \cos x)\,dx$

$\qquad = (\sin x + \cos x)\Big|_0^{\frac{\pi}{4}} + (-\cos x - \sin x)\Big|_{\frac{\pi}{4}}^{\frac{\pi}{2}} = 2(\sqrt{2}-1).$

(5) 注意到 $\lim\limits_{x \to \left(\frac{\pi}{2}\right)^-} \arctan \dfrac{\tan x}{\sqrt{2}} = \dfrac{\pi}{2}$,因此有

$\int_0^{\frac{\pi}{2}} \dfrac{dx}{1+\cos^2 x} = \int_0^{\frac{\pi}{2}} \dfrac{\sec^2 x\,dx}{\sec^2 x + 1} = \int_0^{\frac{\pi}{2}} \dfrac{d(\tan x)}{\tan^2 x + 2} = \left(\dfrac{1}{\sqrt{2}} \arctan \dfrac{\tan x}{\sqrt{2}}\right)\Big|_0^{\frac{\pi}{2}} = \dfrac{\pi}{2\sqrt{2}}.$

(6) $\int_0^{\pi} x\sqrt{\cos^2 x - \cos^4 x}\,dx = \int_0^{\pi} x|\cos x|\sin x\,dx = \dfrac{\pi}{2}\int_0^{\pi} |\cos x|\sin x\,dx$

$\qquad = \dfrac{\pi}{2}\left(\int_0^{\frac{\pi}{2}} \cos x \sin x\,dx - \int_{\frac{\pi}{2}}^{\pi} \cos x \sin x\,dx\right)$

$\qquad = \dfrac{\pi}{2}\left(\dfrac{1}{2}\sin^2 x\right)\Big|_0^{\frac{\pi}{2}} - \dfrac{\pi}{2}\left(\dfrac{1}{2}\sin^2 x\right)\Big|_{\frac{\pi}{2}}^{\pi} = \dfrac{\pi}{2}.$

(7) $\int_0^{\pi} x^2|\cos x|\,dx = \int_0^{\frac{\pi}{2}} x^2 \cos x\,dx - \int_{\frac{\pi}{2}}^{\pi} x^2 \cos x\,dx$

$\qquad = (x^2\sin x + 2x\cos x - 2\sin x)\Big|_0^{\frac{\pi}{2}} - (x^2\sin x + 2x\cos x - 2\sin x)\Big|_{\frac{\pi}{2}}^{\pi}$

$\qquad = \dfrac{\pi^2}{2} + 2\pi - 4.$

(8) $\int_0^{+\infty} \dfrac{dx}{e^{x+1} + e^{3-x}} = \dfrac{1}{e^2}\int_0^{+\infty} \dfrac{d(e^{x-1})}{e^{2x-2}+1} = \dfrac{1}{e^2}\left[\arctan(e^{x-1})\right]\Big|_0^{+\infty} = \dfrac{1}{e^2}\left(\dfrac{\pi}{2} - \arctan\dfrac{1}{e}\right).$

(9) $\int_{\frac{1}{2}}^{1} \dfrac{dx}{\sqrt{|x^2-x|}} = \int_{\frac{1}{2}}^{1} \dfrac{dx}{\sqrt{x-x^2}} = \int_{\frac{1}{2}}^{1} \dfrac{d(2x-1)}{\sqrt{1-(2x-1)^2}} = \left[\arcsin(2x-1)\right]\Big|_{\frac{1}{2}}^{1} = \dfrac{\pi}{2};$

$\int_1^{\frac{3}{2}} \dfrac{dx}{\sqrt{|x^2-x|}} = \int_1^{\frac{3}{2}} \dfrac{dx}{\sqrt{x^2-x}} = \int_1^{\frac{3}{2}} \dfrac{d(2x-1)}{\sqrt{(2x-1)^2-1}}$

$\qquad = \left\{\ln\left[2x-1+\sqrt{(2x-1)^2-1}\right]\right\}\Big|_1^{\frac{3}{2}} = \ln(2+\sqrt{3}),$

因此 $\int_{\frac{1}{2}}^{\frac{3}{2}} \dfrac{dx}{\sqrt{|x^2-x|}} = \int_{\frac{1}{2}}^{1} \dfrac{dx}{\sqrt{|x^2-x|}} + \int_1^{\frac{3}{2}} \dfrac{dx}{\sqrt{|x^2-x|}} = \dfrac{\pi}{2} + \ln(2+\sqrt{3}).$

(10) 当 $x < -1$ 时 $\int_0^x \max\{t^3, t^2, 1\}\,dt = \int_0^{-1} dt + \int_{-1}^{x} t^2\,dt = \dfrac{1}{3}x^3 - \dfrac{2}{3};$

当 $-1 \leqslant x \leqslant 1$ 时 $\int_0^x \max\{t^3, t^2, 1\}\,dt = \int_0^x dt = x;$

当 $x > 1$ 时 $\int_0^x \max\{t^3, t^2, 1\}\,dt = \int_0^1 dt + \int_1^x t^3\,dt = \dfrac{1}{4}x^4 + \dfrac{3}{4}.$

因此 $\int_0^x \max\{t^3, t^2, 1\}\,dt = \begin{cases} \dfrac{1}{3}x^3 - \dfrac{2}{3}, & x < -1, \\ x, & -1 \leqslant x \leqslant 1, \\ \dfrac{1}{4}x^4 + \dfrac{3}{4}, & x > 1. \end{cases}$

12. 设 $f(x)$ 为连续函数，证明 $\int_0^x f(t)(x-t)\mathrm{d}t = \int_0^x \left[\int_0^t f(u)\mathrm{d}u\right]\mathrm{d}t$.

证：$\int_0^x \left[\int_0^t f(u)\mathrm{d}u\right]\mathrm{d}t = \left[t\int_0^t f(u)\mathrm{d}u\right]\Big|_0^x - \int_0^x tf(t)\mathrm{d}t = x\int_0^x f(u)\mathrm{d}u - \int_0^x tf(t)\mathrm{d}t$

$= x\int_0^x f(t)\mathrm{d}t - \int_0^x tf(t)\mathrm{d}t = \int_0^x (x-t)f(t)\mathrm{d}t.$

本题也可利用原函数性质来证明，记等式左端的函数为 $F(x)$，右端的函数为 $G(x)$，则

$F'(x) = \left[x\int_0^x f(t)\mathrm{d}t - \int_0^x tf(t)\mathrm{d}t\right]' = \int_0^x f(t)\mathrm{d}t, G'(x) = \int_0^x f(u)\mathrm{d}u = \int_0^x f(t)\mathrm{d}t,$

即 $F(x)$、$G(x)$ 都为函数 $\int_0^x f(t)\mathrm{d}t$ 的原函数，因此它们至多只差一个常数，但由于 $F(0) = G(0) = 0$，因此必有 $F(x) = G(x)$。

13. 设 $f(x)$ 在区间 $[a,b]$ 上连续，且 $f(x) > 0$，$F(x) = \int_a^x f(t)\mathrm{d}t + \int_b^x \frac{\mathrm{d}t}{f(t)}$，$x \in [a,b]$.

证明：(1) $F'(x) \geq 2$； (2) 方程 $F(x) = 0$ 在区间 (a,b) 内有且仅有一个根.

证：(1) $F'(x) = f(x) + \frac{1}{f(x)} \geq 2\sqrt{f(x) \cdot \frac{1}{f(x)}} = 2.$

(2) $F(a) = \int_b^a \frac{\mathrm{d}t}{f(t)} = -\int_a^b \frac{\mathrm{d}t}{f(t)} < 0, F(b) = \int_a^b f(t)\mathrm{d}t > 0,$

由闭区间上连续函数性质可知 $F(x)$ 在区间 (a,b) 内必有零点，根据 (1) 可知函数 $F(x)$ 在区间 $[a,b]$ 上单调增加，从而零点唯一，即方程 $F(x) = 0$ 在区间 (a,b) 内有且仅有一个根.

14. 求 $\int_0^2 f(x-1)\mathrm{d}x$，其中 $f(x) = \begin{cases} \dfrac{1}{1+x}, & x \geq 0, \\ \dfrac{1}{1+e^x}, & x < 0. \end{cases}$

解：$\int_0^2 f(x-1)\mathrm{d}x \xrightarrow{x=u+1} \int_{-1}^1 f(u)\mathrm{d}u = \int_{-1}^0 \frac{\mathrm{d}u}{1+e^u} + \int_0^1 \frac{\mathrm{d}u}{1+u}$

$= \int_{-1}^0 \frac{e^{-u}\mathrm{d}u}{1+e^{-u}} + \left[\ln(1+u)\right]\Big|_0^1 = -\ln(1+e^{-u})\Big|_{-1}^0 + \ln 2 = \ln(1+e).$

15. 设 $f(x)$ 在区间 $[a,b]$ 上连续，$g(x)$ 在区间 $[a,b]$ 上连续不变号. 证明至少存在一点 $\xi \in [a,b]$，使下式成立：$\int_a^b f(x)g(x)\mathrm{d}x = f(\xi)\int_a^b g(x)\mathrm{d}x$ （积分第一中值定理）.

【思路探索】 要证 $\int_a^b f(x)g(x)\mathrm{d}x = f(\xi)\int_a^b g(x)\mathrm{d}x$，只要证 $f(\xi) = \dfrac{\int_a^b f(x)g(x)\mathrm{d}x}{\int_a^b g(x)\mathrm{d}x} = C,$

故考虑用介值定理，先证 $m \leq C \leq M$，再由 $f(x)$ 在 $[a,b]$ 上连续性得出结论.

证：不妨设 $g(x) \geq 0$，由定积分性质可知 $\int_a^b g(x)\mathrm{d}x \geq 0$，记 $f(x)$ 在 $[a,b]$ 上的最大值为 M，最小值为 m，则有 $mg(x) \leq f(x)g(x) \leq Mg(x)$，故有

$m\int_a^b g(x)\mathrm{d}x \leq \int_a^b mg(x)\mathrm{d}x \leq \int_a^b f(x)g(x)\mathrm{d}x \leq \int_a^b Mg(x)\mathrm{d}x = M\int_a^b g(x)\mathrm{d}x.$

当 $\int_a^b g(x)\mathrm{d}x = 0$ 时，有上述不等式可知 $\int_a^b f(x)g(x)\mathrm{d}x = 0$，故结论成立.

当 $\int_a^b g(x)\mathrm{d}x > 0$ 时，有 $m \leq \dfrac{\int_a^b f(x)g(x)\mathrm{d}x}{\int_a^b g(x)\mathrm{d}x} \leq M$，由闭区间上连续函数性质，知存在

$\xi \in [a,b]$，使得 $f(\xi) = \dfrac{\int_a^b f(x)g(x)\mathrm{d}x}{\int_a^b g(x)\mathrm{d}x}$，从而结论成立．

*16. 证明：$\int_0^{+\infty} x^n \mathrm{e}^{-x^2}\mathrm{d}x = \dfrac{n-1}{2}\int_0^{+\infty} x^{n-2}\mathrm{e}^{-x^2}\mathrm{d}x(n>1)$，并用它证明：

$$\int_0^{+\infty} x^{2n+1}\mathrm{e}^{-x^2}\mathrm{d}x = \dfrac{1}{2}\Gamma(n+1) \ (n\in \mathbf{N}).$$

证：当 $n>1$ 时，

$$\int_0^{+\infty} x^n\mathrm{e}^{-x^2}\mathrm{d}x = -\dfrac{1}{2}\int_0^{+\infty} x^{n-1}\mathrm{d}(\mathrm{e}^{-x^2}) = -\dfrac{1}{2}\left(x^{n-1}\mathrm{e}^{-x^2}\right)\Big|_0^{+\infty} + \dfrac{n-1}{2}\int_0^{+\infty} x^{n-2}\mathrm{e}^{-x^2}\mathrm{d}x$$

$$= \dfrac{n-1}{2}\int_0^{+\infty} x^{n-2}\mathrm{e}^{-x^2}\mathrm{d}x.$$

记 $I_n = \int_0^{+\infty} x^{2n+1}\mathrm{e}^{-x^2}\mathrm{d}x$，则

$$I_n = \int_0^{+\infty} x^{2n+1}\mathrm{e}^{-x^2}\mathrm{d}x = \dfrac{2n+1-1}{2}\int_0^{+\infty} x^{2n-1}\mathrm{e}^{-x^2}\mathrm{d}x = n\int_0^{+\infty} x^{2n-1}\mathrm{e}^{-x^2}\mathrm{d}x = nI_{n-1},$$

因此有 $I_n = n! \ I_0 = n!\int_0^{+\infty} x\mathrm{e}^{-x^2}\mathrm{d}x = n! \left(-\dfrac{1}{2}\mathrm{e}^{-x^2}\right)\Big|_0^{+\infty} = \dfrac{1}{2}n! = \dfrac{1}{2}\Gamma(n+1).$

*17. 判断下列反常积分的收敛性：

(1) $\int_0^{+\infty} \dfrac{\sin x}{\sqrt{x^3}}\mathrm{d}x$；　　　　(2) $\int_2^{+\infty} \dfrac{\mathrm{d}x}{x\cdot\sqrt[3]{x^2-3x+2}}$；

(3) $\int_2^{+\infty} \dfrac{\cos x}{\ln x}\mathrm{d}x$；　　　　(4) $\int_0^{+\infty} \dfrac{\mathrm{d}x}{\sqrt[3]{x^2(x-1)(x-2)}}.$

解：(1) $x=0$ 为被积函数 $f(x)=\dfrac{\sin x}{\sqrt{x^3}}$ 的瑕点，而 $\lim\limits_{x\to 0^+} x^{\frac{1}{2}}\cdot f(x)=1$，因此 $\int_0^1 f(x)\mathrm{d}x$ 收敛；又由于 $|f(x)|\leqslant \dfrac{1}{\sqrt{x^3}}$，而 $\int_1^{+\infty} \dfrac{1}{\sqrt{x^3}}\mathrm{d}x$ 收敛，故 $\int_1^{+\infty} f(x)\mathrm{d}x$ 收敛，因此 $\int_0^{+\infty} \dfrac{\sin x}{\sqrt{x^3}}\mathrm{d}x$ 收敛．

(2) $x=2$ 为被积函数 $f(x)=\dfrac{1}{x\cdot\sqrt[3]{x^2-3x+2}}$ 的瑕点，而 $\lim\limits_{x\to 2^+}(x-2)^{\frac{1}{3}}\cdot f(x)=\dfrac{1}{2}$，因此 $\int_2^3 f(x)\mathrm{d}x$ 收敛；又由于 $\lim\limits_{x\to +\infty} x^{\frac{5}{3}}\cdot f(x)=1$，因此 $\int_3^{+\infty} \dfrac{\mathrm{d}x}{x\cdot\sqrt[3]{x^2-3x+2}}$ 收敛，故 $\int_2^{+\infty} \dfrac{\mathrm{d}x}{x\cdot\sqrt[3]{x^2-3x+2}}$ 收敛．

(3) $\int_2^{+\infty} \dfrac{\cos x}{\ln x}\mathrm{d}x = \int_2^{+\infty} \dfrac{1}{\ln x}\mathrm{d}(\sin x) = \left(\dfrac{\sin x}{\ln x}\right)\Big|_2^{+\infty} + \int_2^{+\infty} \dfrac{\sin x}{x\ln^2 x}\mathrm{d}x = \int_2^{+\infty} \dfrac{\sin x}{x\ln^2 x}\mathrm{d}x - \dfrac{\sin 2}{\ln 2}$，又由于 $\left|\dfrac{\sin x}{x\ln^2 x}\right|\leqslant \dfrac{1}{x\ln^2 x}$，而 $\int_2^{+\infty} \dfrac{1}{x\ln^2 x}\mathrm{d}x$ 收敛，故 $\int_2^{+\infty} \left|\dfrac{\sin x}{x\ln^2 x}\right|\mathrm{d}x$ 收敛，即 $\int_2^{+\infty} \dfrac{\sin x}{x\ln^2 x}\mathrm{d}x$ 绝对收敛，因此 $\int_2^{+\infty} \dfrac{\cos x}{\ln x}\mathrm{d}x$ 收敛．

(4) $x=0, x=1, x=2$ 为被积函数 $f(x)=\dfrac{1}{\sqrt[3]{x^2(x-1)(x-2)}}$ 的瑕点，

$$\lim_{x\to 0^+} x^{\frac{2}{3}} f(x) = \dfrac{1}{\sqrt[3]{2}}, \lim_{x\to 1}(x-1)^{\frac{1}{3}} f(x) = -1, \lim_{x\to 2} f(x)(x-2)^{\frac{1}{3}} = \dfrac{\sqrt[3]{2}}{2},$$

故 $\int_0^3 f(x)dx$ 收敛；又由于 $\lim_{x\to+\infty} x^{\frac{4}{3}} \cdot f(x) = 1$，因此 $\int_3^{+\infty} \dfrac{dx}{\sqrt[3]{x^2(x-1)(x-2)}}$ 收敛，故 $\int_0^{+\infty} \dfrac{dx}{\sqrt[3]{x^2(x-1)(x-2)}}$ 收敛.

*18. 计算下列积分：

(1) $\int_0^{\frac{\pi}{2}} \ln\sin x\, dx$；　　(2) $\int_0^{+\infty} \dfrac{dx}{(1+x^2)(1+x^a)}$ $(a \geqslant 0)$.

解：(1) $x=0$ 为被积函数 $f(x)=\ln(\sin x)$ 的瑕点，而

$$\lim_{x\to 0^+}\sqrt{x}\cdot f(x) = \lim_{x\to 0^+}\dfrac{\ln(\sin x)}{x^{-\frac{1}{2}}} = \lim_{x\to 0^+}\dfrac{\cot x}{-\frac{1}{2}x^{-\frac{3}{2}}} = \lim_{x\to 0^+}\dfrac{-2x^{\frac{3}{2}}}{\tan x} = 0,$$

故 $\int_0^{\frac{\pi}{2}} \ln(\sin x)dx$ 收敛. 又 $\int_0^{\frac{\pi}{2}}\ln(\sin x)dx = \int_0^{\frac{\pi}{4}}\ln(\sin x)dx + \int_{\frac{\pi}{4}}^{\frac{\pi}{2}}\ln(\sin x)dx$，而

$$\int_{\frac{\pi}{4}}^{\frac{\pi}{2}} \ln(\sin x)dx \xrightarrow{x=\frac{\pi}{2}-u} \int_{\frac{\pi}{4}}^{0} -\ln(\cos u)du = \int_0^{\frac{\pi}{4}}\ln(\cos u)du,$$

因此 $\int_0^{\frac{\pi}{2}}\ln(\sin x)dx = \int_0^{\frac{\pi}{4}}\ln(\sin x)dx + \int_0^{\frac{\pi}{4}}\ln(\cos x)dx = \int_0^{\frac{\pi}{4}}\ln(\sin x\cos x)dx$

$$= \int_0^{\frac{\pi}{4}}[\ln(\sin 2x) - \ln 2]dx = \int_0^{\frac{\pi}{4}}\ln(\sin 2x)dx - \int_0^{\frac{\pi}{4}}\ln 2\, dx$$

$$\xrightarrow{u=2x} \dfrac{1}{2}\int_0^{\frac{\pi}{2}}\ln(\sin u)du - \dfrac{\pi}{4}\ln 2,$$

故 $\int_0^{\frac{\pi}{2}}\ln(\sin x)dx = -\dfrac{\pi}{2}\ln 2$.

(2) 记被积函数为 $f(x) = \dfrac{1}{(1+x^2)(1+x^a)}$，则当 $a=0$ 时，$\lim_{x\to+\infty} x^2\cdot f(x)=\dfrac{1}{2}$，当 $a>0$ 时，$\lim_{x\to+\infty} x^2\cdot f(x)=0$，因此当 $a\geqslant 0$ 时，$\int_0^{+\infty}\dfrac{dx}{(1+x^2)(1+x^a)}$ 收敛.

令 $x=\dfrac{1}{t}$，得到 $\int_0^{+\infty}\dfrac{dx}{(1+x^2)(1+x^a)} = \int_{+\infty}^{0}\dfrac{-t^a dt}{(1+t^2)(1+t^a)}$，又因

$$\int_{+\infty}^{0}\dfrac{-t^a dt}{(1+t^2)(1+t^a)} = \int_0^{+\infty}\dfrac{x^a dx}{(1+x^2)(1+x^a)},$$

故

$$\int_0^{+\infty}\dfrac{dx}{(1+x^2)(1+x^a)} = \int_0^{+\infty}\dfrac{x^a dx}{(1+x^2)(1+x^a)}$$

$$= \dfrac{1}{2}\left[\int_0^{+\infty}\dfrac{dx}{(1+x^2)(1+x^a)} + \int_0^{+\infty}\dfrac{x^a dx}{(1+x^2)(1+x^a)}\right]$$

$$= \dfrac{1}{2}\int_0^{+\infty}\dfrac{dx}{1+x^2} = \dfrac{1}{2}(\arctan x)\Big|_0^{+\infty} = \dfrac{\pi}{4}.$$

本章小结

1. 关于定积分的定义及积分方法的小结.

定积分与不定积分有很大的不同，定积分有非常明确的几何意义. 但在计算方法上二者是

相通的,上一章提到的各种求不定积分的方法都适用于定积分,结合牛顿—莱布尼茨公式便可以求得定积分. 同时我们可用定积分证明某些不等式和等式. 此外,定积分提供了另一种求极限的有力工具.

2. 关于反常积分的小结.

关于反常积分的内容,重点是判别反常积分的敛散性. 其中有几种判别方法,包括直接用定义、比较判别法(一般形式和极限形式)等. 针对不同的问题选用不同的方法,甚至同一问题的不同部分其方法也不同. 这其中泰勒公式、等价无穷小都是常用的工具.

第六章 定积分的应用

本章内容概览

本章主要讨论了用定积分理论来分析和解决一些几何、物理问题时的一种常用方法——元素法,并用此方法给出定积分在几何、物理问题上的常见结论.本章的重点是元素法,熟练掌握此法对加深定积分实质的理解及用定积分解决实际问题有很大帮助.

本章知识图解

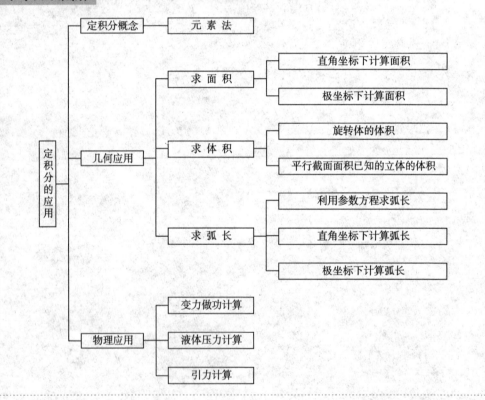

第六章 定积分的应用

第一节 定积分的元素法

第二节 定积分在几何学上的应用

习题 6－2 超精解(教材 P286～P289)

1. 求图 6-1 中各画斜线部分的面积:

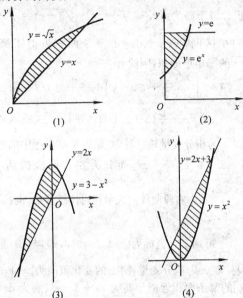

图 6-1

解：(1)解方程组 $\begin{cases} y=\sqrt{x}, \\ y=x, \end{cases}$ 得到交点坐标为 $(0,0)$ 和 $(1,1)$.

如果取 x 为积分变量，则 x 的变化范围为 $[0,1]$，相应于 $[0,1]$ 上的任一小区间 $[x,x+\mathrm{d}x]$ 的窄条面积近似于高为 $\sqrt{x}-x$、底为 $\mathrm{d}x$ 的窄矩形的面积，因此有 $A=\int_0^1 (\sqrt{x}-x)\mathrm{d}x = \left(\frac{2}{3}x^{\frac{3}{2}}-\frac{1}{2}x^2\right)\Big|_0^1 = \frac{1}{6}.$

如果 y 为积分变量，则 y 的变化范围为 $[0,1]$，相应于 $[0,1]$ 上的任一小区间 $[y,y+\mathrm{d}y]$ 的窄条面积近似于高为 $\mathrm{d}y$、宽为 $y-y^2$ 的窄矩形的面积，因此有
$$A=\int_0^1 (y-y^2)\mathrm{d}y = \left(\frac{1}{2}y^2-\frac{1}{3}y^3\right)\Big|_0^1 = \frac{1}{6}.$$

(2)取 x 为积分变量，则易知 x 的变化范围为 $[0,1]$，相应于 $[0,1]$ 上的任一小区间 $[x,x+\mathrm{d}x]$ 的窄条面积近似于高为 $\mathrm{e}-\mathrm{e}^x$、底为 $\mathrm{d}x$ 的窄矩形的面积，因此有
$$A=\int_0^1 (\mathrm{e}-\mathrm{e}^x)\mathrm{d}x = (\mathrm{e}x-\mathrm{e}^x)\Big|_0^1 = 1.$$

如果取 y 为积分变量，则易知 y 的变化范围为 $[1,\mathrm{e}]$，相应于 $[1,\mathrm{e}]$ 上的任一小区间 $[y,y+\mathrm{d}y]$ 的窄条面积近似于高为 $\mathrm{d}y$、宽为 $\ln y$ 的窄矩形的面积，因此有

$$A = \int_1^e \ln y \, dy = (y \ln y)\Big|_1^e - \int_1^e dy = e - (e-1) = 1.$$

(3) 解方程组 $\begin{cases} y = 2x, \\ y = 3 - x^2, \end{cases}$ 得到交点坐标为 $(-3, -6)$ 和 $(1, 2)$.

如果取 x 为积分变量,则 x 的变化范围为 $[-3, 1]$,相应于 $[-3, 1]$ 上的任一小区间 $[x, x+dx]$ 的窄条面积近似于高为 $(3-x^2) - 2x = -x^2 - 2x + 3$、底为 dx 的窄矩形的面积,因此有

$$A = \int_{-3}^1 (-x^2 - 2x + 3) dx = \left(-\frac{1}{3}x^3 - x^2 + 3x\right)\Big|_{-3}^1 = \frac{32}{3}.$$

如果用 y 为积分变量,则 y 的变化范围为 $[-6, 3]$,但是在 $[-6, 2]$ 上的任一小区间 $[y, y+dy]$ 的窄条面积近似于高为 dy、宽为 $\frac{y}{2} - (-\sqrt{3-y}) = \frac{y}{2} + \sqrt{3-y}$ 的窄矩形的面积,在 $[2, 3]$ 上的任一小区间 $[y, y+dy]$ 的窄条面积近似于高为 dy,宽为 $\sqrt{3-y} - (-\sqrt{3-y}) = 2\sqrt{3-y}$ 的窄矩形面积,因此有

$$A = \int_{-6}^2 \left(\frac{y}{2} + \sqrt{3-y}\right) dy + \int_2^3 2\sqrt{3-y} \, dy$$
$$= \left[\frac{y^2}{4} - \frac{2}{3}(3-y)^{\frac{3}{2}}\right]\Big|_{-6}^2 + \left[-\frac{4}{3}(3-y)^{\frac{3}{2}}\right]\Big|_2^3 = \frac{32}{3}.$$

从这里可看到本小题以 x 为积分变量较容易做. 原因是本小题中的图形边界曲线,若分为上下两段的话,则为 $y = 2x$ 和 $y = 3 - x^2$;而分为左右两段的话,则为 $x = -\sqrt{3-y}$ 和 $x = \begin{cases} \dfrac{y}{2}, & -6 \leqslant y < 2, \\ \sqrt{3-y}, & 2 \leqslant y \leqslant 3, \end{cases}$ 其中右段曲线的表示相对比较复杂,也就导致计算形式复杂.

(4) 解方程组 $\begin{cases} y = 2x + 3, \\ y = x^2, \end{cases}$ 得到交点坐标为 $(-1, 1)$ 和 $(3, 9)$,与(3)相同的原因,本小题以 x 为积分变量计算较容易. 取 x 为积分变量,则 x 的变化范围为 $[-1, 3]$,相应于 $[-1, 3]$ 上的任一小区间 $[x, x+dx]$ 的窄条面积近似于高为 $2x + 3 - x^2$、底为 dx 的窄矩形的面积,因此有 $A = \int_{-1}^3 (2x + 3 - x^2) dx = \left(x^2 + 3x - \frac{1}{3}x^3\right)\Big|_{-1}^3 = \frac{32}{3}.$

2. 求由下列各曲线所围成的图形的面积:

(1) $y = \frac{1}{2}x^2$ 与 $x^2 + y^2 = 8$(两部分都要计算); (2) $y = \frac{1}{x}$ 与直线 $y = x$ 及 $x = 2$;

(3) $y = e^x, y = e^{-x}$ 与直线 $x = 1$;

(4) $y = \ln x, y$ 轴与直线 $y = \ln a, y = \ln b \ (b > a > 0)$.

解:(1) 如图 6-2 所示,先计算图形 D_1 的面积,容易求得 $y = \frac{1}{2}x^2$ 与 $x^2 + y^2 = 8$ 的交点为 $(-2, 2)$ 和 $(2, 2)$. 取 x 为积分变量,则 x 的变化范围为 $[-2, 2]$,相应于 $[-2, 2]$ 上的任一小区间 $[x, x+dx]$ 的窄条面积近似于高为 $\sqrt{8-x^2} - \frac{1}{2}x^2$、底为 dx 的窄矩形的面积,因此有

$$A_1 = \int_{-2}^2 \left(\sqrt{8-x^2} - \frac{1}{2}x^2\right) dx = 2\int_0^2 \left(\sqrt{8-x^2} - \frac{1}{2}x^2\right) dx$$
$$= 2\left(\frac{x}{2}\sqrt{8-x^2} + 4\arcsin\frac{x}{2\sqrt{2}} - \frac{1}{6}x^3\right)\Big|_0^2 = 2\pi + \frac{4}{3},$$

图形 D_2 的面积为 $A_2 = \pi(2\sqrt{2})^2 - \left(2\pi + \frac{4}{3}\right) = 6\pi - \frac{4}{3}.$

(2)如图 6-3 所示,取 x 为积分变量,则 x 的变化范围为 $[1,2]$,相应于 $[1,2]$ 上的任一小区间 $[x,x+\mathrm{d}x]$ 的窄条面积近似于高为 $x-\dfrac{1}{x}$、底为 $\mathrm{d}x$ 的窄矩形的面积,因此有

$$A=\int_1^2 \left(x-\dfrac{1}{x}\right)\mathrm{d}x=\left(\dfrac{1}{2}x^2-\ln x\right)\Big|_1^2=\dfrac{3}{2}-\ln 2.$$

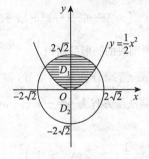
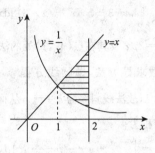

图 6-2　　　　　　　　图 6-3

(3)如图 6-4 所示,取 x 为积分变量,则 x 的变化范围为 $[0,1]$,相应于 $[0,1]$ 上的任一小区间 $[x,x+\mathrm{d}x]$ 的窄条面积近似于高为 $\mathrm{e}^x-\mathrm{e}^{-x}$、底为 $\mathrm{d}x$ 的窄矩形的面积,因此有

$$A=\int_0^1 (\mathrm{e}^x-\mathrm{e}^{-x})\mathrm{d}x=\mathrm{e}+\dfrac{1}{\mathrm{e}}-2.$$

(4)如图 6-5 所示,取 y 为积分变量,则 y 的变化范围为 $[\ln a,\ln b]$,相应于 $[\ln a,\ln b]$ 上的任一小区间 $[y,y+\mathrm{d}y]$ 的窄条面积近似于高为 $\mathrm{d}y$、宽为 e^y 的窄矩形的面积,因此有

$$A=\int_{\ln a}^{\ln b} \mathrm{e}^y\mathrm{d}y=(\mathrm{e}^y)\Big|_{\ln a}^{\ln b}=b-a.$$

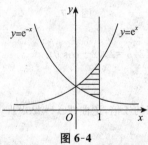
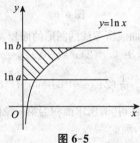

图 6-4　　　　　　　　图 6-5

【方法点击】 计算平面图形的面积时,一般要先画出大体图形,然后根据图形的特点选择用直角坐标还是用极坐标.在直角坐标下,选择适当的积分变量非常关键,以"少分块"为选择策略.另外,可利用图形的对称性简化计算.

例如第 1 题及第 2 题的(1)、(2)、(3)小题都适合选 x 作为积分变量,而第 2 题的(4)小题适合选 y 作为积分变量.上述问题较简单,不一定要用"元素法",可以直接套用公式:

图形 $a\leqslant x\leqslant b, g(x)\leqslant y\leqslant f(x)$ 的面积

$$A=\int_a^b [f(x)-g(x)]\mathrm{d}x.$$

图形 $c\leqslant y\leqslant d, \psi(y)\leqslant x\leqslant \varphi(y)$ 的面积

$$A=\int_c^d [\varphi(y)-\psi(y)]\mathrm{d}y.$$

3. 求抛物线 $y=-x^2+4x-3$ 及其在点 $(0,-3)$ 和 $(3,0)$ 处的切线所围成的图形的面积.

解:首先求得导数 $y'|_{x=0}=4$,$y'|_{x=3}=-2$,故抛物线在点 $(0,-3)$,$(3,0)$ 处的切线分别为 $y=4x-3$,$y=-2x+6$,容易求得这两条切线交点为 $\left(\frac{3}{2},3\right)$(如图 6-6 所示),因此所求面积为 $A=\int_0^{\frac{3}{2}}[4x-3-(-x^2+4x-3)]dx+\int_{\frac{3}{2}}^3[-2x+6-(-x^2+4x-3)]dx=\frac{9}{4}$.

4. 求抛物线 $y^2=2px$ 及其在点 $\left(\frac{p}{2},p\right)$ 处的法线所围成的图形的面积.

解:利用隐函数求导方法,抛物线方程 $y^2=2px$ 两端分别对 x 求导,得 $2yy'=2p$,即得 $y'|_{\left(\frac{p}{2},p\right)}=1$,故法线斜率为 $k=-1$,从而得到法线方程为 $y=-x+\frac{3}{2}p$(如图 6-7 所示),因此所求面积为

$$A=\int_{-3p}^{p}\left(-y+\frac{3}{2}p-\frac{1}{2p}y^2\right)dy=\left(-\frac{1}{2}y^2+\frac{3}{2}py-\frac{1}{6p}y^3\right)\Big|_{-3p}^{p}=\frac{16}{3}p^2.$$

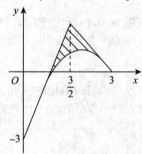

图 6-6

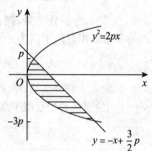

图 6-7

5. 求由下列各曲线所围成的图形的面积:

(1) $\rho=2a\cos\theta$;   (2) $x=a\cos^3 t$,$y=a\sin^3 t$;   (3) $\rho=2a(2+\cos\theta)$.

解:(1) $A=\int_{-\frac{\pi}{2}}^{\frac{\pi}{2}}\frac{1}{2}(2a\cos\theta)^2 d\theta=4a^2\int_0^{\frac{\pi}{2}}\cos^2\theta d\theta=\pi a^2$.

(2)由对称性可知,所求面积为第一象限部分面积的 4 倍,记曲线 $x=a\cos^3 t$,$y=a\sin^3 t$ 上的点为 (x,y),因此

$$A=4\int_0^a y dx=4\int_{\frac{\pi}{2}}^0[a\sin^3 t\cdot 3a\cos^2 t(-\sin t)]dt=12a^2\int_0^{\frac{\pi}{2}}(\sin^4 t-\sin^6 t)dt=\frac{3}{8}\pi a^2.$$

(3) $A=\int_0^{2\pi}\frac{1}{2}[2a(2+\cos\theta)]^2 d\theta=2a^2\int_0^{2\pi}(4+4\cos\theta+\cos^2\theta)d\theta$

$=2a^2\int_0^{2\pi}(4+\cos^2\theta)d\theta=8a^2\int_0^{\frac{\pi}{2}}(4+\cos^2\theta)d\theta=18\pi a^2$.

6. 求由摆线 $x=a(t-\sin t)$,$y=a(1-\cos t)$ 的一拱 $(0\leqslant t\leqslant 2\pi)$ 与横轴所围成的图形的面积.

解:本题做法与5(2)类似,以 x 为积分变量,则 x 的变化范围为 $[0,2\pi a]$,记摆线上的点为 (x,y),则所求面积为 $A=\int_0^{2\pi a}y dx$,再根据参数方程换元,令 $x=a(t-\sin t)$,则 $y=a(1-\cos t)$,因此有

$$A=\int_0^{2\pi}a^2(1-\cos t)^2 dt=a^2\int_0^{2\pi}(1-2\cos t+\cos^2 t)dt=4a^2\int_0^{\frac{\pi}{2}}(1+\cos^2 t)dt=3\pi a^2.$$

【方法点击】 本题及第5题(2)都属于直角坐标下参数方程的情形,可以利用曲边梯形面积 $A=\int_a^b f(x)\mathrm{d}x$ 进行定积分换元,也可以总结出以下公式:若平面图形由参数方程 $\begin{cases} x=\varphi(t), \\ y=\psi(t) \end{cases} (\alpha\leqslant t\leqslant\beta)$ 表示的边界曲线所围成,则其面积 $A=\left|\int_\alpha^\beta \psi(t)\varphi'(t)\mathrm{d}t\right|$.

7. 求对数螺线 $\rho=ae^\theta(-\pi\leqslant\theta\leqslant\pi)$ 及射线 $\theta=\pi$ 所围成的图形的面积.

解:$A=\int_{-\pi}^\pi \frac{1}{2}(ae^\theta)^2\mathrm{d}\theta = \frac{a^2}{4}\cdot e^{2\theta}\Big|_{-\pi}^\pi = \frac{a^2}{4}(e^{2\pi}-e^{-2\pi})$.

8. 求下列各曲线所围成图形的公共部分的面积:

(1) $\rho=3\cos\theta$ 及 $\rho=1+\cos\theta$; (2) $\rho=\sqrt{2}\sin\theta$ 及 $\rho^2=\cos 2\theta$.

解:(1)首先求出两曲线交点为 $\left(\frac{3}{2},\frac{\pi}{3}\right)$,$\left(\frac{3}{2},-\frac{\pi}{3}\right)$,由于图形关于极轴的对称性(如图 6-8 所示),因此所求面积为极轴上面部分面积的 2 倍,即得

$$A=2\left[\int_0^{\frac{\pi}{3}}\frac{1}{2}(1+\cos\theta)^2\mathrm{d}\theta+\int_{\frac{\pi}{3}}^{\frac{\pi}{2}}\frac{1}{2}(3\cos\theta)^2\mathrm{d}\theta\right]=\frac{5\pi}{4}.$$

(2)首先求出两曲线交点为 $\left(\frac{\sqrt{2}}{2},\frac{\pi}{6}\right)$ 和 $\left(\frac{\sqrt{2}}{2},\frac{5\pi}{6}\right)$,由于图形的对称性(如图 6-9 所示),因此,

$$A=2\left[\int_0^{\frac{\pi}{6}}\frac{1}{2}(\sqrt{2}\sin\theta)^2\mathrm{d}\theta+\int_{\frac{\pi}{6}}^{\frac{\pi}{4}}\frac{1}{2}\cos 2\theta\mathrm{d}\theta\right]=\frac{\pi}{6}+\frac{1-\sqrt{3}}{2}.$$

【方法点击】 本题及第5题(1)、(3),第7题都属于极坐标情形,一般是将所给图形视为由边扇代入公式:$A=\int_\alpha^\beta \frac{1}{2}\rho^2(\theta)\mathrm{d}\theta$ 或 $A=\int_\alpha^\beta \frac{1}{2}[\rho_2^2(\theta)-\rho_1^2(\theta)]\mathrm{d}\theta$.

9. 求位于曲线 $y=e^x$ 下方,该曲线过原点的切线的左方以及 x 轴上方之间的图形的面积.

解:先求曲线过原点的切线方程,设切点为 (x_0,y_0),其中 $y_0=e^{x_0}$,则切线的斜率为 e^{x_0},故切线方程为 $y-y_0=e^{x_0}(x-x_0)$,由于该切线过原点,因此有 $y_0=e^{x_0}x_0$,解得 $x_0=1,y_0=e$,即切线方程为 $y=ex$. 如图 6-10 所示可知所求面积为

$$A=\int_{-\infty}^0 e^x\mathrm{d}x+\int_0^1(e^x-ex)\mathrm{d}x=e^x\Big|_{-\infty}^0+\left(e^x-\frac{e}{2}x^2\right)\Big|_0^1=\frac{e}{2}.$$

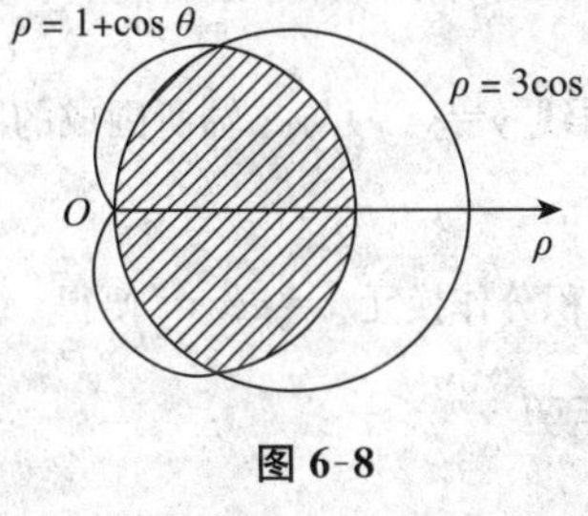

图 6-8 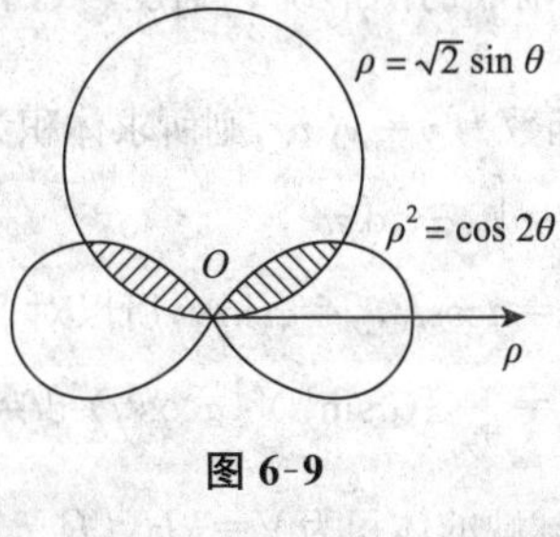　　　　图 6-9 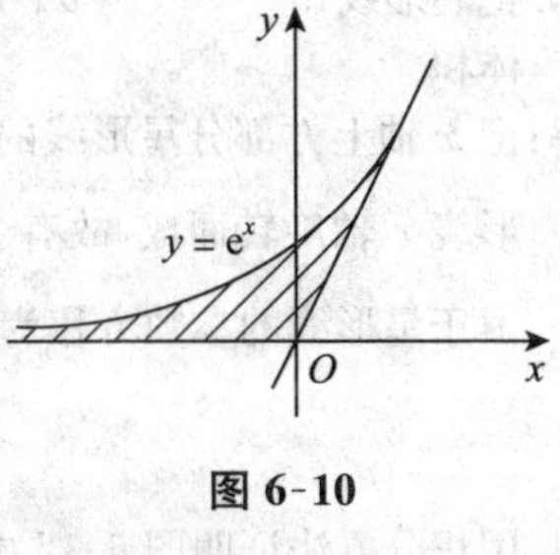　　　　图 6-10

10. 求由抛物线 $y^2=4ax$ 与过焦点的弦所围成的图形面积的最小值.

解:抛物线的焦点为 $(a,0)$,设过焦点的直线为 $y=k(x-a)$,则该直线与抛物线的交点的纵坐标为

$$y_1=\frac{2a-2a\sqrt{1+k^2}}{k}, y_2=\frac{2a+2a\sqrt{1+k^2}}{k},\text{面积为}$$

$$A=\int_{y_1}^{y_2}\left(a+\frac{y}{k}-\frac{y^2}{4a}\right)\mathrm{d}y=a(y_2-y_1)+\frac{y_2^2-y_1^2}{2k}-\frac{y_2^3-y_1^3}{12a}$$

$$= \frac{8a^2(1+k^2)^{3/2}}{3k^3} = \frac{8a^2}{3}\left(1+\frac{1}{k^2}\right)^{3/2},$$

故面积是 k 的单调减少函数,因此其最小值在 $k\to\infty$ 即弦为 $x=a$ 时取到,最小值为 $\frac{8}{3}a^2$.

11. 已知抛物线 $y=px^2+qx$ (其中 $p<0,q>0$) 在第一象限内与直线 $x+y=5$ 相切,且此抛物线与 x 轴所围成的图形的面积为 A. 问 p 和 q 为何值时, A 达到最大值,并求出此最大值.

解: 依题意知,抛物线与 x 轴交点的横坐标为 $x_1=0, x_2=-\frac{q}{p}$. 抛物线与 x 轴所围成的图形面积为 $A = \int_0^{-\frac{q}{p}}(px^2+qx)\mathrm{d}x = \left(\frac{p}{3}x^3+\frac{q}{2}x^2\right)\Big|_0^{-\frac{q}{p}} = \frac{q^3}{6p^2}$.

因为直线 $x+y=5$ 与抛物线 $y=px^2+qx$ 相切,故它们有唯一交点,由方程组 $\begin{cases} x+y=5, \\ y=px^2+qx, \end{cases}$ 得 $px^2+(q+1)x-5=0$, 判别式 $\Delta=(q+1)^2+20p=0$, 解得 $p=-\frac{1}{20}(q+1)^2$, 代入面积 A, 得 $A(q)=\frac{200q^3}{3(1+q)^4}$.

令 $A'(q)=\frac{200q^2(3-q)}{3(1+q)^5}=0$, 得 $q=3$. 当 $0<q<3$ 时, $A'(q)>0$; 当 $q>3$ 时, $A'(q)<0$. 于是 $q=3$ 时, $A(q)$ 取极大值,也是最大值. 此时 $p=-\frac{4}{5}$, 最大值 $A=\frac{225}{32}$.

【方法点击】 本题及第 10 题属于导数应用与定积分应用相结合的典型题目,既考查了平面图形的面积,又考查了函数的最大值和最小值,这类综合题值得关注.

12. 由 $y=x^3, x=2, y=0$ 所围成的图形,分别绕 x 轴及 y 轴旋转,计算所得两个旋转体的体积.

解: (1) 图形绕 x 轴旋转,该体积为 $V = \int_0^2 \pi(x^3)^2 \mathrm{d}x = \frac{128}{7}\pi$.

(2) 图形绕 y 轴旋转,则该立体可看做圆柱体(即由 $x=2, y=8, x=0, y=0$ 所围成的图形绕 y 轴所得的立体)减去由曲线 $x=\sqrt[3]{y}, y=8, x=0$ 所围成的图形绕 y 轴所得的立体,因此体积为 $V = \pi \times 2^2 \times 8 - \int_0^8 \pi(\sqrt[3]{y})^2 \mathrm{d}y = \frac{64}{5}\pi$.

13. 把星形线 $x^{2/3}+y^{2/3}=a^{2/3}$ 所围成的图形绕 x 轴旋转(如图 6-11 所示),计算所得旋转体的体积.

解: 记 x 轴上方部分星形线的函数为 $y=y(x)$, 则所求体积为曲线 $y=y(x)$ 与 x 轴所围成的图形绕 x 轴旋转而成,故有 $V = \int_{-a}^{a} \pi y^2 \mathrm{d}x$.

由于星形线的参数方程为 $x=a\cos^3 t, y=a\sin^3 t$, 所以对上述积分作换元 $x=a\cos^3 t$ 便得

$$V = \int_{\pi}^{0} \pi(a\sin^3 t)^2 (a\cos^3 t)' \mathrm{d}t = \frac{32}{105}\pi a^3.$$

14. 用积分方法证明图 6-12 中球缺的体积为 $V=\pi H^2\left(R-\frac{H}{3}\right)$.

解: 该立体可看作由曲线 $x=\sqrt{R^2-y^2}, y=R-H$ 和 $x=0$ 所围成的图形绕 y 轴旋转所得,因此体积为 $V = \int_{R-H}^{R} \pi(\sqrt{R^2-y^2})^2 \mathrm{d}y = \pi\left(R^2 y - \frac{1}{3}y^3\right)\Big|_{R-H}^{R} = \pi H^2\left(R-\frac{H}{3}\right)$.

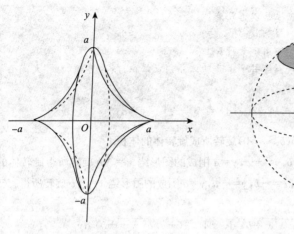
图 6-11

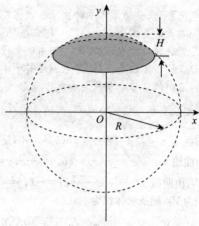
图 6-12

15. 求下列已知曲线所围成的图形,按指定的轴旋转所产生的旋转体的体积:

(1) $y=x^2, x=y^2$, 绕 y 轴; (2) $y=\arcsin x, x=1, y=0$, 绕 x 轴;

(3) $x^2+(y-5)^2=16$, 绕 x 轴;

(4) 摆线 $x=a(t-\sin t), y=a(1-\cos t)$ 的一拱, $y=0$, 绕直线 $y=2a$.

解: (1) $V=\int_0^1 [\pi(\sqrt{y})^2-\pi(y^2)^2]dy=\dfrac{3}{10}\pi.$

(2) $V=\int_0^1 \pi(\arcsin x)^2 dx=\left[\pi x(\arcsin x)^2\right]\Big|_0^1-2\pi\int_0^1 \dfrac{x}{\sqrt{1-x^2}}\arcsin x\,dx$

$=\dfrac{\pi^3}{4}-2\pi\left[\left(-\sqrt{1-x^2}\arcsin x\right)\Big|_0^1+\int_0^1 dx\right]=\dfrac{\pi^3}{4}-2\pi.$

(3) 该立体为由曲线 $y=5+\sqrt{16-x^2}, x=-4, x=4, y=0$ 所围成图形绕 x 轴旋转所得立体减去由曲线 $y=5-\sqrt{16-x^2}, x=-4, x=4, y=0$ 所围成图形绕 x 轴旋转所得立体,因此体积为

$$V=\int_{-4}^4 \pi(5+\sqrt{16-x^2})^2 dx - \int_{-4}^4 \pi(5-\sqrt{16-x^2})^2 dx$$

$$=\int_{-4}^4 20\pi\sqrt{16-x^2}\,dx \xrightarrow{x=4\sin t} \int_{-\frac{\pi}{2}}^{\frac{\pi}{2}} 320\pi\cos^2 t\,dt$$

$$=640\pi\int_0^{\frac{\pi}{2}} \cos^2 t\,dt = 160\pi^2.$$

(4) 该立体可看作由曲线 $y=2a, y=0, x=0, x=2\pi a$ 所围成的图形绕 $y=2a$ 旋转所得的圆柱体减去由摆线以及 $y=2a, x=0, x=2\pi a$ 所围成的立体,记摆线上的点为 (x,y),则体积为

$$V=\pi(2a)^2(2\pi a)-\int_0^{2\pi a} \pi(2a-y)^2 dx = 8\pi^2 a^3-\int_0^{2\pi a}\pi(2a-y)^2 dx,$$

再根据摆线的参数方程进行换元,即作换元 $x=a(t-\sin t)$,此时 $y=a(1-\cos t)$,因此有

$$V=8\pi^2 a^3-\int_0^{2\pi}\pi[2a-a(1-\cos t)]^2 a(1-\cos t)dt$$

$$=8\pi^2 a^3-\pi a^3\int_0^{2\pi}(1+\cos t-\cos^2 t-\cos^3 t)dt=8\pi^2 a^3-4\pi a^3\int_0^{\frac{\pi}{2}}\sin^2 t\,dt=7\pi^2 a^3.$$

【方法点击】 求旋转体体积时应注意以下几点：
(1)要看清是哪个曲边梯形？绕哪个轴旋转？
(2)若旋转轴非坐标轴，则要使用元素性计算.
(3)当旋转体较复杂时,可分割成若干小旋转体分割求体积,然后再相加成"大减小".
(4)若曲线梯形中曲线为参数方程形式，
则利用定积分换元法代公式 $V = \pi \int_a^b f^2(x)\mathrm{d}x$ 或 $V = \pi \int_c^d \varphi^2(y)\mathrm{d}y$.

16. 求圆盘 $x^2+y^2 \leqslant a^2$ 绕 $x=-b(b>a>0)$ 旋转所成旋转体的体积.

解：记由曲线 $x=\sqrt{a^2-y^2}, x=-b, y=-a, y=a$ 围成的图形绕 $x=-b$ 旋转所得旋转体的体积为 V_1，由曲线 $x=-\sqrt{a^2-y^2}, x=-b, y=-a, y=a$ 围成的图形绕 $x=-b$ 旋转所得旋转体的体积为 V_2，则所求体积为

$$V = V_1 - V_2 = \int_{-a}^{a} \pi(\sqrt{a^2-y^2}+b)^2 \mathrm{d}y - \int_{-a}^{a} \pi(-\sqrt{a^2-y^2}+b)^2 \mathrm{d}y$$

$$= \int_{-a}^{a} 4\pi b \sqrt{a^2-y^2}\mathrm{d}y \xlongequal{y=a\sin t} \int_{-\frac{\pi}{2}}^{\frac{\pi}{2}} 4\pi a^2 b \cos^2 t \,\mathrm{d}t = 8\pi a^2 b \int_0^{\frac{\pi}{2}} \cos^2 t \,\mathrm{d}t = 2\pi^2 a^2 b.$$

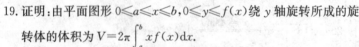

17. 设有一截锥体，其高为 h，上、下底均为椭圆，椭圆的轴长分别为 $2a, 2b$ 和 $2A, 2B$，求这截锥体的体积.

解：用与下底相距 x 且平行于底面的平面去截该立体得到一个椭圆，记其半轴长分别为 u, v，则 $u = \dfrac{a-A}{h}x + A$, $v = \dfrac{b-B}{h}x + B$，该椭圆面积为 $\pi\left(\dfrac{a-A}{h}x+A\right)\left(\dfrac{b-B}{h}x+B\right)$，因此体积为

$$V = \int_0^h \pi\left(\dfrac{a-A}{h}x+A\right)\left(\dfrac{b-B}{h}x+B\right)\mathrm{d}x = \dfrac{1}{6}\pi h[2(ab+AB)+aB+bA].$$

18. 计算底面是半径为 R 的圆，而垂直于底面上一条固定直径的所有截面都是等边三角形的立体体积(图6-13).

解：以 x 为积分变量，则 x 的变化范围为 $[-R, R]$，相应的截面等边三角形边长为 $2\sqrt{R^2-x^2}$，面积为 $\dfrac{\sqrt{3}}{4}(2\sqrt{R^2-x^2})^2 = \sqrt{3}(R^2-x^2)$，因此体积为 $V = \int_{-R}^{R} \sqrt{3}(R^2-x^2)\mathrm{d}x = \dfrac{4\sqrt{3}}{3}R^3$.

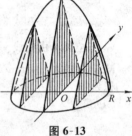

图 6-13

19. 证明：由平面图形 $0 \leqslant a \leqslant x \leqslant b, 0 \leqslant y \leqslant f(x)$ 绕 y 轴旋转所成的旋转体的体积为 $V = 2\pi \int_a^b x f(x)\mathrm{d}x$.

解：取横坐标 x 为积分变量，与区间 $[a,b]$ 上任一小区间 $[x, x+\mathrm{d}x]$ 相应的窄条图形绕 y 轴旋转所成的旋转体近似为一圆柱壳，柱壳的高为 $f(x)$，厚为 $\mathrm{d}x$，底面圆轴长为 $2\pi x$，故其体积近似等于 $2\pi x f(x)\mathrm{d}x$，从而由元素法即得结论.

20. 利用题19的结论，计算曲线 $y=\sin x$ $(0\leqslant x \leqslant \pi)$ 和 x 轴所围成的图形绕 y 轴旋转所得体的体积.

解：$V = 2\pi \int_0^\pi x \sin x \,\mathrm{d}x = \pi^2 \int_0^\pi \sin x \,\mathrm{d}x = 2\pi^2.$

【方法点击】 在计算积分时,这里利用了同济教材第五章第三节中例6的结论

$$\int_0^\pi x f(\sin x)\mathrm{d}x = \dfrac{\pi}{2}\int_0^\pi f(\sin x)\mathrm{d}x.$$

21. 设由抛物线 $y=2x^2$ 和直线 $x=a, x=2$ 及 $y=0$ 所围成的平面图形为 D_1，由抛物线 $y=2x^2$ 和直线 $x=a$ 及 $y=0$ 所围成的平面图形为 D_2，其中 $0<a<2$(图 6-14).
(1)试求 D_1 绕 x 轴旋转而成的旋转体体积 V_1，D_2 绕 y 轴旋转而成的旋转体体积 V_2；
(2)问当 a 为何值时，V_1+V_2 取得最大值？试求此最大值.

解：(1) $V_1 = \pi \int_a^2 (2x^2)^2 dx = \dfrac{4\pi}{5}(32-a^5)$；

$V_2 = \pi a^2 \cdot 2a^2 - \pi \int_0^{2a^2} \dfrac{y}{2} dy = 2\pi a^4 - \pi a^4 = \pi a^4.$

(2)设 $V=V_1+V_2=\dfrac{4\pi}{5}(32-a^5)+\pi a^4$，

令 $V'=4\pi a^3(1-a)=0$，得 $a=1$.

当 $0<a<1$ 时，$V'>0$；当 $a>1$ 时，$V'<0$，因此 $a=1$ 是极大值点

也是最大值点，此时 V_1+V_2 取得最大值 $\dfrac{129}{5}\pi$.

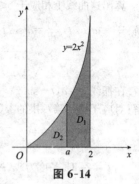

图 6-14

22. 计算曲线 $y=\ln x$ 相应于 $\sqrt{3}\leqslant x\leqslant\sqrt{8}$ 的一段弧的长度.

解：$s = \int_{\sqrt{3}}^{\sqrt{8}} \sqrt{1+\left(\dfrac{1}{x}\right)^2} dx \xrightarrow{x=\sqrt{u^2-1}} \int_2^3 \dfrac{u^2}{u^2-1} du = \left(u+\dfrac{1}{2}\ln\left|\dfrac{u-1}{u+1}\right|\right)\Big|_2^3 = 1+\dfrac{1}{2}\ln\dfrac{3}{2}.$

23. 计算半立方抛物线 $y^2=\dfrac{2}{3}(x-1)^3$ 被抛物线 $y^2=\dfrac{x}{3}$ 截得的一段弧的长度.

解：联立两个方程 $\begin{cases} y^2=\dfrac{2}{3}(x-1)^3, \\ y^2=\dfrac{x}{3}, \end{cases}$ 得到两条曲线的交点为 $\left(2,\sqrt{\dfrac{2}{3}}\right)$ 和 $\left(2,-\sqrt{\dfrac{2}{3}}\right)$. 由于曲线关于 x 轴对称，因此所求弧段长为第一象限部分的 2 倍，第一象限部分弧段为

$$y=\sqrt{\dfrac{2}{3}(x-1)^3}\ (1\leqslant x\leqslant 2), y'=\sqrt{\dfrac{3}{2}(x-1)},$$

故所求弧的长度为

$$s = 2\int_1^2 \sqrt{1+\dfrac{3}{2}(x-1)} dx = \dfrac{8}{9}\left[1+\dfrac{3}{2}(x-1)\right]^{\frac{3}{2}}\Big|_1^2 = \dfrac{8}{9}\left[\left(\dfrac{5}{2}\right)^{\frac{3}{2}}-1\right].$$

24. 计算抛物线 $y^2=2px$ 从顶点到这曲线上的一点 $M(x,y)$ 的弧长.

解：不妨设 $p>0$，由于顶点到 (x,y) 的弧长与顶点到 $(x,-y)$ 的弧长相等，因此不妨设 $y>0$，故有

$$s = \int_0^y \sqrt{1+\left(\dfrac{dx}{dy}\right)^2} dy = \int_0^y \sqrt{1+\left(\dfrac{y}{p}\right)^2} dy$$

$$= \dfrac{1}{p}\left[\dfrac{1}{2}y\sqrt{p^2+y^2}+\dfrac{1}{2}p^2\ln(y+\sqrt{p^2+y^2})\right]\Big|_0^y$$

$$= \dfrac{1}{2p}y\sqrt{p^2+y^2}+\dfrac{1}{2}p\ln\dfrac{y+\sqrt{p^2+y^2}}{p}.$$

25. 计算星形线 $x=a\cos^3 t, y=a\sin^3 t$ 的全长.

解：$s = 4\int_0^{\frac{\pi}{2}} \sqrt{(-3a\cos^2 t\sin t)^2+(3a\sin^2 t\cos t)^2}\, dt$

$= 12a\int_0^{\frac{\pi}{2}} \sin t\cos t\, dt = 6a.$

26. 将绕在圆(半径为 a)上的细线放开拉直,使细线与圆周始终相切(图 6-15),细线端点画出的轨迹叫做圆的渐伸线,它的方程为 $x=a(\cos t+t\sin t)$, $y=a(\sin t-t\cos t)$. 算出这曲线上相应于 $0 \leqslant t \leqslant \pi$ 的一段弧的长度.

解: $\dfrac{dx}{dt}=at\cos t$, $\dfrac{dy}{dt}=at\sin t$, 因此有

$$s=\int_0^\pi \sqrt{\left(\dfrac{dx}{dt}\right)^2+\left(\dfrac{dy}{dt}\right)^2}dt=\int_0^\pi at\,dt=\dfrac{a}{2}\pi^2.$$

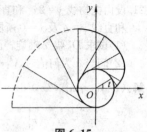

图 6-15

27. 在摆线 $x=a(t-\sin t)$, $y=a(1-\cos t)$ 上求分摆线第一拱成 $1:3$ 的点的坐标.

解: 对应于摆线第一拱的参数 t 的范围为 $[0,2\pi]$, 参数 t 在范围 $[0,t_0]$ 时摆线的长度为

$$s_0=\int_0^{t_0} \sqrt{a^2(1-\cos t)^2+a^2\sin^2 t}\,dt=a\int_0^{t_0} 2\sin\dfrac{t}{2}dt=4a\left(1-\cos\dfrac{t_0}{2}\right),$$

当 $t_0=2\pi$ 时,长度为 $8a$, 故所求点对应的参数 t_0 满足 $4a\left(1-\cos\dfrac{t_0}{2}\right)=\dfrac{8a}{4}$, 解得 $t_0=\dfrac{2\pi}{3}$, 从而得到点的坐标为 $\left(\left(\dfrac{2\pi}{3}-\dfrac{\sqrt{3}}{2}\right)a, \dfrac{3a}{2}\right)$.

28. 求对数螺线 $\rho=e^{a\varphi}$ 相应于 $0\leqslant\theta\leqslant\varphi$ 的一段弧长.

解: $s=\int_0^\varphi \sqrt{\rho^2+\rho'^2}\,d\theta=\int_0^\varphi \sqrt{1+a^2}\,e^{a\theta}d\theta=\dfrac{\sqrt{1+a^2}}{a}(e^{a\varphi}-1).$

29. 求曲线 $\rho\theta=1$ 相应于 $\dfrac{3}{4}\leqslant\theta\leqslant\dfrac{4}{3}$ 的一段弧长.

解: $s=\int_{\frac{3}{4}}^{\frac{4}{3}} \sqrt{\rho^2+\rho'^2}\,d\theta=\int_{\frac{3}{4}}^{\frac{4}{3}} \dfrac{\sqrt{1+\theta^2}}{\theta^2}d\theta=-\int_{\frac{3}{4}}^{\frac{4}{3}} \sqrt{1+\theta^2}\,d\left(\dfrac{1}{\theta}\right)$

$=-\dfrac{\sqrt{1+\theta^2}}{\theta}\bigg|_{\frac{3}{4}}^{\frac{4}{3}}+\int_{\frac{3}{4}}^{\frac{4}{3}} \dfrac{1}{\sqrt{1+\theta^2}}d\theta=\dfrac{5}{12}+\ln(\theta+\sqrt{1+\theta^2})\bigg|_{\frac{3}{4}}^{\frac{4}{3}}=\ln\dfrac{3}{2}+\dfrac{5}{12}.$

30. 求心形线 $\rho=a(1+\cos\theta)$ 的全长.

解: $s=\int_0^{2\pi} \sqrt{a^2(1+\cos\theta)^2+a^2\sin^2\theta}\,d\theta=\int_0^{2\pi} 2a\left|\cos\dfrac{\theta}{2}\right|d\theta=8a.$

第三节 定积分在物理学上的应用

习题 6-3 超精解(教材 P293~P294)

1. 由实验知道,弹簧在拉伸过程中,需要的力 F(单位:N)与伸长量 s(单位:cm)成正比,即
$$F=ks(k\text{ 是比例常数}).$$
如果把弹簧由原长拉伸 6 cm,计算所做的功.

解: $W=\int_0^6 ks\,ds=18k(\text{N}\cdot\text{cm})=0.18k(\text{J}).$

2. 直径为 20cm、高为 80cm 的圆筒内充满压强为 10N/cm^2 的蒸汽. 设温度保持不变, 要使蒸汽体积缩小一半, 问需要做多少功?

解: 由条件 $pV=k$ 为常数, 故 $k=10\times 100^2\times\pi\times 0.1^2\times 0.8=800\pi$. 设圆筒内高度减少 h m 时蒸汽的压强为 $p(h)$ N/m^2, 则 $p(h)=\dfrac{k}{V}=\dfrac{800\pi}{(0.8-h)S}$, 压力为 $P=p(h)S=\dfrac{800\pi}{0.8-h}$, 因此做的

功为 $W=\int_0^{0.4}\dfrac{800\pi}{0.8-h}dh=800\pi[-\ln(0.8-h)]\Big|_0^{0.4}=800\pi\ln 2\approx 1\,742(\text{J})$.

3. (1)证明:把质量为 m 的物体从地球表面升高到 h 处所做的功是 $W=\dfrac{mgRh}{R+h}$,其中 g 是地面上的重力加速度,R 是地球的半径;

   (2)一个人造地球卫星的质量为 173kg,在高于地面 630km 处进入轨道.问把这个卫星从地面送到 630 km 的高空处,克服地球引力要做多少功? 已知 $g=9.8\text{m/s}^2$,地球半径 $R=6\,370$ km.

证:(1)质量为 m 的物体与地球中心相距 x 时,引力为 $F=k\dfrac{mM}{x^2}$,根据条件 $mg=k\dfrac{mM}{R^2}$,因此有 $k=\dfrac{R^2g}{M}$,从而做的功为 $W=\int_R^{R+h}\dfrac{mgR^2}{x^2}dx=mgR^2\left(\dfrac{1}{R}-\dfrac{1}{R+h}\right)=\dfrac{mgRh}{R+h}$.

(2)做的功为 $W=\dfrac{mgRh}{R+h}=971\,973\approx 9.72\times 10^5(\text{kJ})$.

4. 一物体按规律 $x=ct^3$ 做直线运动,介质的阻力与速度的平方成正比.计算物体由 $x=0$ 移到 $x=a$ 时,克服介质阻力所做的功.

解:速度为 $v=\dfrac{dx}{dt}=3ct^2$,阻力为 $R=kv^2=9kc^2t^4$,由此得到 $dW=Rdx=27kc^3t^6dt$.

设当 $t=T$ 时,$x=a$,得 $T=\left(\dfrac{a}{c}\right)^{\frac{1}{3}}$,故 $W=\int_0^T 27kc^3t^6dt=\dfrac{27kc^3}{7}T^7=\dfrac{27}{7}kc^{\frac{2}{3}}a^{\frac{7}{3}}$.

5. 用铁锤将一铁钉击入木板,设木板对铁钉的阻力与铁钉击入木板的深度成正比,在击第一次时,将铁钉击入木板 1cm.如果铁锤每次打击铁钉所做的功相等,问锤击第二次时,铁钉又击入多少?

解:设木板对铁钉的阻力为 R,则铁钉击入木板的深度为 h 时的阻力为 $R=kh$,其中 k 为常数.

铁锤击第一次时所做的功为 $W_1=\int_0^1 Rdh=\int_0^1 khdh=\dfrac{k}{2}$.

设锤击第二次时,铁钉又击入 $h_0$cm,则锤击第二次所做的功为

$$W_2=\int_1^{1+h_0} Rdh=\int_1^{1+h_0} khdh=\dfrac{k}{2}[(1+h_0)^2-1],$$

由条件 $W_1=W_2$ 得 $h_0=\sqrt{2}-1$.

【**方法点击**】 第 1~5 题都属于变力沿直线做功问题,可以用元素法构造定积分,也可以套用公式:

物体在变力 $F(x)$ 的作用下,由 $x=a$ 沿直线运动到 $x=b$ 时所做的功 $W=\int_a^b F(x)dx$.

6. 设一圆锥形贮水池,深 15 m,口径 20 m,盛满水,今以唧筒将水吸尽,问要做多少功?

【**思路探索**】 本题属于抽水做功问题,抽水做功是克服重力做功,严格来讲不是变力做功问题,但是也可以利用元素法化成定积分计算.一般是将水设想分成许多"薄层",求出将其一"层"水抽出所作功的近似值,可得到"功元素".

解:以高度 h 为积分变量,变化范围为 $[0,15]$,对该区间内任一小区间 $[h,h+dh]$,体积为 $\pi\left(\dfrac{10}{15}h\right)^2 dh$,记 γ 为水的密度,则做功为

$$W=\int_0^{15}\dfrac{4}{9}\pi\gamma gh^2(15-h)dh=1\,875\pi\gamma g\approx 5.769\,75\times 10^7(\text{J}).$$

7. 有一闸门,它的形状和尺寸如图 6-16 所示,水面超过门顶 2m.求闸门上所受的水压力.

解:设水深 x m 的地方压强为 $p(x)$,则 $p(x)=1\,000gx$,取 x 为积分变量,则 x 的变化范围为 $[2,5]$,对该区间内任一小区间 $[x,x+\mathrm{d}x]$,压力为 $\mathrm{d}F=p(x)\mathrm{d}S=2p(x)\mathrm{d}x=2\,000gx\mathrm{d}x$,

因此闸门上所受的水压力为 $F=\int_2^5 2\,000gx\mathrm{d}x=1\,000g(x^2)\Big|_2^5=21\,000g(\mathrm{N})\approx205.8(\mathrm{kN})$.

8. 洒水车上的水箱是一个横放的椭圆柱体,尺寸如图 6-17 所示. 当水箱装满水时,计算水箱的一个端面所受的压力.

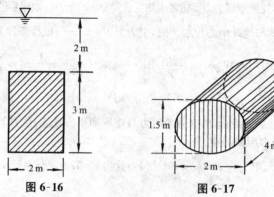

图 6-16   图 6-17

解:以侧面的椭圆长轴为 x 轴,短轴为 y 轴设立坐标系,则该椭圆的方程为 $x^2+\dfrac{y^2}{0.75^2}=1$,取 y 为积分变量,则 y 的变化范围为 $[-0.75,0.75]$,对该区间内任一小区间 $[y,y+\mathrm{d}y]$,该小区间相应的水深为 $(0.75-y)$,相应面积为 $\mathrm{d}S=2\sqrt{1-\dfrac{y^2}{0.75^2}}\mathrm{d}y$,

得到该小区间相应的压力 $\mathrm{d}F=1\,000g(0.75-y)\mathrm{d}S=2\,000g(0.75-y)\sqrt{1-\dfrac{y^2}{0.75^2}}\mathrm{d}y$,

因此压力为 $F=\int_{-0.75}^{0.75}2\,000g(0.75-y)\sqrt{1-\dfrac{y^2}{0.75^2}}\mathrm{d}y\approx17\,318(\mathrm{N})\approx17.3(\mathrm{kN})$.

9. 有一等腰梯形闸门,它的两条底边各长 10m 和 6m,高为 20m,较长的底边与水面相齐. 计算闸门的一侧所受的水压力.

解:如图 6-18 所示建立坐标系,则过 A,B 两点的直线方程为 $y=10x-50$. 取 y 为积分变量, y 的变化范围为 $[-20,0]$,对应小区间 $[y,y+\mathrm{d}y]$ 的面积近似值为 $2x\mathrm{d}y=\left(\dfrac{y}{5}+10\right)\mathrm{d}y$, γ 表示水的密度,因此水压力为

$$P=\int_{-20}^0 \left(\dfrac{y}{5}+10\right)(-y)\gamma g\mathrm{d}y=1.437\,3\times10^7(\mathrm{N})=14\,373(\mathrm{kN}).$$

10. 一底为 8cm,高为 6cm 的等腰三角形片,铅直地沉没在水中,顶在上,底在下且与水面平行,而顶离水面 3cm,试求它每面所受的压力.

解:如图 6-19 所示设立坐标系,取三角形顶点为原点,取积分变量为 x,则 x 的变化范围为 $[0,0.06]$,易知 B 的坐标为 $(0.06,0.04)$,因此 OB 的方程为 $y=\dfrac{2}{3}x$,故对应小区间 $[x,x+\mathrm{d}x]$ 的面积近似值为 $\mathrm{d}S=2\times\dfrac{2}{3}x\mathrm{d}x=\dfrac{4}{3}x\mathrm{d}x$.

记 γ 为水的密度,则在 x 处的水压强为 $p=\gamma g(x+0.03)=1\,000g(x+0.03)$,

故压力为 $F=\int_{-0}^{0.06} 1\,000g(x+0.03)\times\frac{4}{3}x\mathrm{d}x=0.168g\approx1.65(\mathrm{N}).$

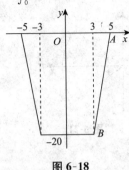

图 6-18

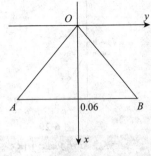

图 6-19

【方法点击】 第8~10题属于水下平板所受压力问题,首先建立合适的坐标系并选取恰当的积分变量,然后应用元素法求压力.当平板图形较简单时,也可以套用公式:设平板由 $y=f(x),x=a,x=b$ 及 x 轴所围成,垂直放置水中,则平板一侧所受压力为 $P=\int_a^b \rho gxf(x)\mathrm{d}x$.

11. 设有一长度为 l,线密度为 μ 的均匀细直棒,在与棒的一端垂直距离为 a 单位处有一质量为 m 的质点 M,试求这细棒对质点 M 的引力.

解:如图 6-20 所示设立坐标系,取 y 为积分变量,则 y 的变化范围为 $[0,l]$,对应小区间 $[y,y+\mathrm{d}y]$ 与质点 M 的引力的大小的近似值为 $\mathrm{d}F=G\dfrac{m\mu\mathrm{d}y}{r^2}$,其中 $r=\sqrt{a^2+y^2}$,把该力分解,得到 x 轴、y 轴方向的分量分别为

$$\mathrm{d}F_x=-\frac{a}{r}\mathrm{d}F=-G\frac{am\mu}{(a^2+y^2)^{3/2}}\mathrm{d}y,\ \mathrm{d}F_y=\frac{y}{r}\mathrm{d}F=G\frac{m\mu y}{(a^2+y^2)^{3/2}}\mathrm{d}y,$$

因此

$$F_x=\int_0^l -G\frac{am\mu}{(a^2+y^2)^{3/2}}\mathrm{d}y \xrightarrow{y=a\tan t} -G\frac{m\mu}{a}\int_0^{\arctan\frac{l}{a}}\cos t\,\mathrm{d}t=-\frac{Gm\mu l}{a\sqrt{a^2+l^2}},$$

$$F_y=\int_0^l G\frac{m\mu y}{(a^2+y^2)^{3/2}}\mathrm{d}y=\left[-G\frac{m\mu}{(a^2+y^2)^{1/2}}\right]\Big|_0^l=m\mu G\left(\frac{1}{a}-\frac{1}{\sqrt{a^2+l^2}}\right).$$

12. 设有一半径为 R,中心角为 φ 的圆弧形细棒,其线密度为常数 μ,在圆心处有一质量为 m 的质点 M,试求这细棒对质点 M 的引力.

解:如图 6-21 所示设立坐标系,则相应小区间 $[\theta,\theta+\mathrm{d}\theta]$ 的弧长为 $R\mathrm{d}\theta$,根据对称性可知所求的铅直方向引力分量为零,水平方向的引力分量为

$$F_x=\int_{-\frac{\varphi}{2}}^{\frac{\varphi}{2}}\cos\theta\,\frac{Gm\mu R\mathrm{d}\theta}{R^2}=\frac{2Gm\mu}{R}\sin\frac{\varphi}{2}.$$

故所求引力的大小为 $\dfrac{2Gm\mu}{R}\sin\dfrac{\varphi}{2}$,方向为 M 指向圆弧的中心.

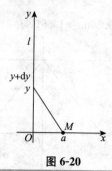

图 6-20 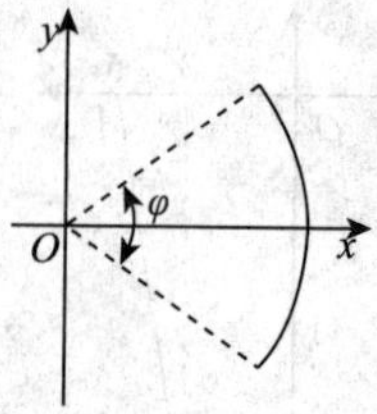   图 6-21

总习题六超精解(教材 P294~P296)

1. 填空:

(1) 曲线 $y=x^3-5x^2+6x$ 与 x 轴所围成图形的面积 $A=$ _____;

(2) 曲线 $y=\dfrac{\sqrt{x}}{3}(3-x)$ 上相应于 $1\leqslant x\leqslant 3$ 的一段弧的长度 $s=$ _____.

解: (1) 令 $x^3-5x^2+6x=0$,解得 $x=0,2,3$. 当 $0\leqslant x\leqslant 2$ 时,$y\geqslant 0$;当 $2\leqslant x\leqslant 3$ 时,$y\leqslant 0$. 故

$$A=\int_0^2(x^3-5x^2+6x)\mathrm{d}x-\int_2^3(x^3-5x^2+6x)\mathrm{d}x$$

$$=\left(\dfrac{1}{4}x^4-\dfrac{5}{3}x^3+3x^2\right)\bigg|_0^2-\left(\dfrac{1}{4}x^4-\dfrac{5}{3}x^3+3x^2\right)\bigg|_2^3=\dfrac{37}{12}.$$

(2) $s=\int_1^3\sqrt{1+y'^2}\,\mathrm{d}x=\int_1^3\dfrac{1+x}{2\sqrt{x}}\mathrm{d}x=\left(\sqrt{x}+\dfrac{1}{3}x^{\frac{3}{2}}\right)\bigg|_1^3=2\sqrt{3}-\dfrac{4}{3}.$

2. 以下两题中给出了四个结论,从中选出一个正确的结论:

(1) 设 x 轴上有一长度为 l、线密度为常数 μ 的细棒,在与细棒右端的距离为 a 处有一质量为 m 的质点 M(图 6-22),已知万有引力常量为 G,则质点 M 与细棒之间的引力的大小为(   );

(A) $\int_{-l}^{0}\dfrac{Gm\mu}{(a-x)^2}\mathrm{d}x$ (B) $\int_{0}^{l}\dfrac{Gm\mu}{(a-x)^2}\mathrm{d}x$ (C) $2\int_{-\frac{l}{2}}^{0}\dfrac{Gm\mu}{(a+x)^2}\mathrm{d}x$ (D) $2\int_{0}^{\frac{l}{2}}\dfrac{Gm\mu}{(a+x)^2}\mathrm{d}x$

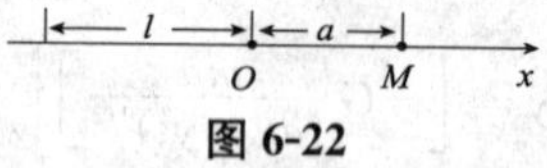

图 6-22

(2) 设在区间 $[a,b]$ 上,$f(x)>0$,$f'(x)>0$,$f''(x)<0$. 令 $A_1=\int_a^b f(x)\mathrm{d}x$,$A_2=f(a)(b-a)$,$A_3=\dfrac{1}{2}[f(a)+f(b)](b-a)$,则有(   ).

(A) $A_1<A_2<A_3$ (B) $A_2<A_1<A_3$ (C) $A_3<A_1<A_2$ (D) $A_2<A_3<A_1$

解: (1) 选(A).

(2) 从几何意义判断:因为 $f'(x)>0$,所以 $f(x)$ 在 $[a,b]$ 上单调增加. 又因 $f''(x)<0$,所以曲线 $y=f(x)$ 在 $[a,b]$ 上向上凸,矩形面积<梯形面积<曲边梯形面积,故选(D).

3. 一金属棒长 3m,离棒左端 xm 处的线密度 $\rho(x)=\dfrac{1}{\sqrt{1+x}}$ (kg/m). 问 x 为何值时,$[0,x]$ 一段的质量为全棒质量的一半.

解: $[0,x]$ 一段的质量为 $m(x)=\int_0^x\rho(x)\mathrm{d}x=\int_0^x\dfrac{1}{\sqrt{1+x}}\mathrm{d}x=2(\sqrt{1+x}-1)$,

总质量为 $m(3)=2$，要满足 $m(x)=\dfrac{1}{2}m(3)$，求得 $x=\dfrac{5}{4}$(m).

4. 求由曲线 $\rho=a\sin\theta$ 及 $\rho=a(\cos\theta+\sin\theta)$ $(a>0)$ 所围图形公共部分的面积.

解：首先求出两曲线的交点，联立方程 $\begin{cases}\rho=a\sin\theta,\\ \rho=a(\cos\theta+\sin\theta),\end{cases}$

解得交点坐标为 $\left(a,\dfrac{\pi}{2}\right)$，注意到当 $\theta=0$ 时 $\rho=a\sin\theta=0$，

当 $\theta=\dfrac{3\pi}{4}$ 时 $\rho=a(\cos\theta+\sin\theta)=0$，故两曲线分别过 $(0,0)$ 和 $\left(0,\dfrac{3\pi}{4}\right)$，即都过极点（见图 6-23 所示），因此所求面积为

$$A=\int_{\frac{\pi}{4}}^{\frac{3\pi}{4}}\dfrac{1}{2}[a(\cos\theta+\sin\theta)]^2\mathrm{d}\theta+\dfrac{1}{2}\pi\left(\dfrac{a}{2}\right)^2=\dfrac{a^2}{2}\int_{\frac{\pi}{4}}^{\frac{3\pi}{4}}(1+\sin 2\theta)\mathrm{d}\theta+\dfrac{\pi a^2}{8}=\dfrac{a^2}{4}(\pi-1).$$

5. 如图 6-24 所示，从下到上依次有三条曲线：$y=x^2$，$y=2x^2$ 和 C. 假设对曲线 $y=2x^2$ 上的任一点 P，所对应的面积 A 和 B 恒相等，求曲线 C 的方程.

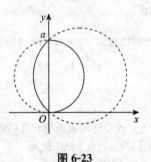

图 6-23

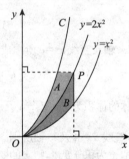

图 6-24

解：设曲线 C 的方程为 $x=f(y)$，P 点坐标为 $\left(\sqrt{\dfrac{y}{2}},y\right)$，则

$$A=\int_0^y\left[\sqrt{\dfrac{y}{2}}-f(y)\right]\mathrm{d}y, B=\int_0^{\sqrt{\frac{y}{2}}}(2x^2-x^2)\mathrm{d}x,$$

根据条件，对任意 $y\geqslant 0$ 都有 $\int_0^y\left[\sqrt{\dfrac{y}{2}}-f(y)\right]\mathrm{d}y=\int_0^{\sqrt{\frac{y}{2}}}(2x^2-x^2)\mathrm{d}x$，对 y 求导，

得 $\sqrt{\dfrac{y}{2}}-f(y)=\dfrac{y}{2}\cdot\dfrac{1}{2\sqrt{2y}}$，因此 $f(y)=\dfrac{3\sqrt{2y}}{8}$，即曲线 C 为 $x=\dfrac{3\sqrt{2y}}{8}$ 或 $y=\dfrac{32}{9}x^2(x\geqslant 0)$.

6. 设抛物线 $y=ax^2+bx+c$ 通过点 $(0,0)$，且当 $x\in[0,1]$ 时，$y\geqslant 0$. 试确定 a,b,c 的值，使得抛物线 $y=ax^2+bx+c$ 与直线 $x=1,y=0$ 所围图形的面积为 $\dfrac{4}{9}$，且使该图形绕 x 轴旋转而成的旋转体的体积最小.

解：由已知条件：抛物线 $y=ax^2+bx+c$ 通过点 $(0,0)$，可得 $c=0$. 抛物线 $y=ax^2+bx+c$ 与直线 $x=1,y=0$ 所围图形的面积为 $S=\int_0^1(ax^2+bx)\mathrm{d}x=\dfrac{a}{3}+\dfrac{b}{2}$，

从而得到 $\dfrac{a}{3}+\dfrac{b}{2}=\dfrac{4}{9}$，即 $a=\dfrac{4}{3}-\dfrac{3}{2}b$. 该图形绕 x 轴旋转而成的旋转体的体积为

$$V=\int_0^1\pi(ax^2+bx)^2\mathrm{d}x=\pi\left(\dfrac{a^2}{5}+\dfrac{ab}{2}+\dfrac{b^2}{3}\right)=\dfrac{\pi}{30}(b-2)^2+\dfrac{2}{9}\pi,$$

因此当 $b=2$ 时体积为最小,此时 $a=-\dfrac{5}{3}$,抛物线为 $y=-\dfrac{5}{3}x^2+2x=\dfrac{x}{3}(6-5x)$.

在区间 $[0,1]$ 上,此抛物线满足 $y\geqslant 0$,故所求解:$a=-\dfrac{5}{3},b=2,c=0$,符合题目要求.

7. 过坐标原点作曲线 $y=\ln x$ 的切线,该切线与曲线 $y=\ln x$ 及 x 轴围成平面图形 D.
   (1) 求平面图形 D 的面积 A;
   (2) 求平面图形 D 绕直线 $x=e$ 旋转一周所得旋转体的体积 V.

解:(1) 设切点的横坐标为 x_0,则曲线 $y=\ln x$ 在点 $(x_0,\ln x_0)$ 处的切线方程是 $y=\ln x_0+\dfrac{1}{x_0}(x-x_0)$.

由该切线过原点知 $y=\ln x_0-1=0$,从而 $x_0=e$,所以该切线的方程是 $y=\dfrac{1}{e}x$. 平面图形 D 的面积 $A=\displaystyle\int_0^1(e^y-ey)dy=\dfrac{1}{2}e-1$.

(2) 切线 $y=\dfrac{x}{e}$ 与 x 轴及直线 $x=e$ 所围成的三角形绕直线 $x=e$ 旋转所得的圆锥体的体积为
$$V_1=\dfrac{1}{3}\pi e^2.$$

曲线 $y=\ln x$ 与 x 轴及直线 $x=e$ 所围成的图形绕直线 $x=e$ 旋转所得的旋转体的体积为
$$V_2=\displaystyle\int_0^1\pi(e-e^y)^2dy=\dfrac{\pi}{2}(-e^2+4e-1),$$

因此,所求旋转体的体积为 $V=V_1-V_2=\dfrac{\pi}{6}(5e^2-12e+3)$.

8. 求由曲线 $y=x^{\frac{3}{2}}$,直线 $x=4$ 及 x 轴所围图形绕 y 轴旋转而成的旋转体的体积.

解:如图 6-25 所示,取 x 为积分变量,则 x 的变化范围为 $[0,4]$,因此体积为
$$V=\displaystyle\int_0^4 2\pi xf(x)dx=\displaystyle\int_0^4 2\pi x^{\frac{5}{2}}dx=\dfrac{512}{7}\pi.$$

9. 求圆盘 $(x-2)^2+y^2\leqslant 1$ 绕 y 轴旋转而成的旋转体的体积.

解:这是一个圆环面,可以看作图形
$$\{(x,y)\mid 0\leqslant x\leqslant 2+\sqrt{1-y^2},-1\leqslant y\leqslant 1\}$$
绕 y 轴旋转所得的立体减去由图形
$$\{(x,y)\mid 0\leqslant x\leqslant 2-\sqrt{1-y^2},-1\leqslant y\leqslant 1\}$$
绕 y 轴旋转所得的立体,因此

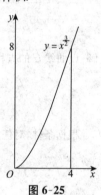

图 6-25

$$V=\displaystyle\int_{-1}^1\pi(2+\sqrt{1-y^2})^2dy-\displaystyle\int_{-1}^1\pi(2-\sqrt{1-y^2})^2dy$$
$$=8\pi\displaystyle\int_{-1}^1\sqrt{1-y^2}dy=8\pi\left(\dfrac{y}{2}\sqrt{1-y^2}+\dfrac{1}{2}\arcsin y\right)\Big|_{-1}^1=4\pi^2.$$

10. 求抛物线 $y=\dfrac{1}{2}x^2$ 被圆 $x^2+y^2=3$ 所截下的有限部分的弧长.

解:联立两曲线方程 $\begin{cases}y=\dfrac{1}{2}x^2,\\ x^2+y^2=3,\end{cases}$ 得到两曲线的交点为 $(-\sqrt{2},1),(\sqrt{2},1)$,因此所求弧长为
$$s=\displaystyle\int_{-\sqrt{2}}^{\sqrt{2}}\sqrt{1+y'^2}dx=\displaystyle\int_{-\sqrt{2}}^{\sqrt{2}}\sqrt{1+x^2}dx$$

$$= \frac{1}{2}\left[x\sqrt{1+x^2}+\ln(x+\sqrt{1+x^2})\right]\Big|_{-\sqrt{2}}^{\sqrt{2}} = \sqrt{6}+\ln(\sqrt{2}+\sqrt{3}).$$

11. 半径为 r 的球沉入水中，球的上部与水面相切，球的密度与水相同，现将球从水中取出，需作多少功？

解：取 x 轴的正向铅直向上，沉入水中的球心为原点，并取 x 为积分变量，则 x 的变化范围为 $[-r,r]$，对应区间 $[x,x+\mathrm{d}x]$ 的球的薄片的体积为 $\mathrm{d}V = \pi(\sqrt{r^2-x^2})^2\mathrm{d}x = \pi(r^2-x^2)\mathrm{d}x$，由于该部分在水面以下重力与浮力的合力为零（因为球的密度与水的密度相同），在水面以上移动距离为 $r+x$，故做功为

$$W = \int_{-r}^{r}g\pi(r^2-x^2)(r+x)\mathrm{d}x = \int_{-r}^{r}g\pi r(r^2-x^2)\mathrm{d}x + \int_{-r}^{r}g\pi x(r^2-x^2)\mathrm{d}x$$

$$= 2\pi gr\int_{0}^{r}(r^2-x^2)\mathrm{d}x = \frac{4}{3}\pi gr^4.$$

12. 边长为 a 和 b 的矩形薄板，与液面成 α 角斜沉于液体内，长边平行于液面而位于深 h 处，设 $a>b$，液体的密度为 ρ，试求薄板每面所受的压力。

解：如图 6-26 所示，记 x 为薄板上点到近水面的长边的距离，取 x 为积分变量，则 x 的变化范围为 $[0,b]$，对应小区间 $[x,x+\mathrm{d}x]$，压强为 $\rho g(h+x\sin\alpha)$，面积为 $a\mathrm{d}x$，因此压力为

$$F = \int_{0}^{b}\rho ga(h+x\sin\alpha)\mathrm{d}x = \frac{1}{2}\rho gab(2h+b\sin\alpha).$$

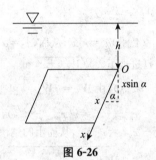

图 6-26

13. 设星形线 $x=a\cos^3 t, y=a\sin^3 t$ 上每一点处的线密度的大小等于该点到原点距离的立方，在原点 O 处有一单位质点，求星形线的第一象限的弧段对这质点的引力。

解：取参数 t 为积分变量，变化范围为 $\left[0,\frac{\pi}{2}\right]$，对应区间

$[t,t+\mathrm{d}t]$ 的弧长为 $\mathrm{d}s = \sqrt{\left(\frac{\mathrm{d}x}{\mathrm{d}t}\right)^2+\left(\frac{\mathrm{d}y}{\mathrm{d}t}\right)^2}\mathrm{d}t = 3a\cos t\sin t\,\mathrm{d}t$，

该弧段质量为 $(a^2\cos^6 t+a^2\sin^6 t)^{\frac{3}{2}}\mathrm{d}s = 3a^4\cos t\sin t(\cos^6 t+\sin^6 t)^{\frac{3}{2}}\mathrm{d}t$，

该弧段与质点的引力大小为

$$G\cdot\frac{3a^4\cdot\cos t\sin t(\cos^6 t+\sin^6 t)^{\frac{3}{2}}}{a^2\cos^6 t+a^2\sin^6 t}\mathrm{d}t = 3Ga^2\cos t\sin t(\cos^6 t+\sin^6 t)^{\frac{1}{2}}\mathrm{d}t,$$

因此曲线弧对这质点引力的水平方向分量、铅直方向分量分别为

$$F_x = \int_{0}^{\frac{\pi}{2}}\frac{a\cos^3 t}{\sqrt{a^2\cos^6 t+a^2\sin^6 t}}\cdot 3Ga^2\cos t\sin t(\cos^6 t+\sin^6 t)^{\frac{1}{2}}\mathrm{d}t,$$

$$= \int_{0}^{\frac{\pi}{2}}3Ga^2\cos^4 t\cdot\sin t\,\mathrm{d}t = 3Ga^2\left(-\frac{\cos^5 t}{5}\right)\Big|_{0}^{\frac{\pi}{2}} = \frac{3}{5}Ga^2,$$

$$F_y = \int_0^{\frac{\pi}{2}} \frac{a\sin^3 t}{\sqrt{a^2\cos^6 t + a^2\sin^6 t}} \cdot 3Ga^2 \cos t \sin t (\cos^6 t + \sin^6 t)^{\frac{1}{2}} dt,$$

$$= \int_0^{\frac{\pi}{2}} 3Ga^2 \cos t \cdot \sin^4 t \, dt = 3Ga^2 \left(\frac{\sin^5 t}{5}\right)\Big|_0^{\frac{\pi}{2}} = \frac{3}{5} Ga^2,$$

因此所求引力 $\boldsymbol{F} = F_x \boldsymbol{i} + F_y \boldsymbol{j} = \frac{3}{5} Ga^2 (\boldsymbol{i}+\boldsymbol{j})$，即大小为 $\frac{3\sqrt{2}}{5} Ga^2$，方向角为 $\frac{\pi}{4}$.

14. 某建筑工程打地基时，需用汽锤将桩打进土层. 汽锤每次击打，都要克服土层对桩的阻力作功. 设土层对桩的阻力的大小与桩被打进地下的深度成正比（比例系数为 $k, k>0$）. 汽锤第一次击打将桩打进地下 a m. 根据设计方案，要求汽锤每次击打桩时所做的功与前一次击打时所做的功之比为常数 $r(0<r<1)$. 问
(1) 汽锤击打桩 3 次后，可将桩打进地下多深？
(2) 若击打次数不限，则汽锤至多能将桩打进地下多深？

解：(1) 设第 n 次击打后，桩被打进地下 x_n，第 n 次击打时，汽锤克服阻力所做的功为 W_n ($n \in \mathbf{N}_+$). 由题设，当桩被打进地下的深度为 x 时，土层对桩的阻力的大小为 kx，所以

$$W_1 = \int_0^{x_1} kx \, dx = \frac{k}{2} x_1^2 = \frac{k}{2} a^2, \quad W_2 = \int_{x_1}^{x_2} kx \, dx = \frac{k}{2}(x_2^2 - x_1^2) = \frac{k}{2}(x_2^2 - a^2).$$

由 $W_2 = rW_1$，可得 $x_2^2 - a^2 = ra^2$，即 $x_2^2 = (1+r)a^2$，从而

$$W_3 = \int_{x_2}^{x_3} kx \, dx = \frac{k}{2}(x_3^2 - x_2^2) = \frac{k}{2}[x_3^2 - (1+r)a^2],$$

由 $W_3 = rW_2 = r^2 W_1$，可得 $x_3^2 - (1+r)a^2 = r^2 a^2$，从而，$x_3 = a\sqrt{1+r+r^2}$，

即汽锤击打桩 3 次后，可将桩打进地下 $a\sqrt{1+r+r^2}$ m.

(2) $W_n = \int_{x_{n-1}}^{x_n} kx \, dx = \frac{k}{2}(x_n^2 - x_{n-1}^2)$，由 $W_n = rW_{n-1}$，可得

$$x_n^2 - x_{n-1}^2 = r(x_{n-1}^2 - x_{n-2}^2),$$

由 (1) 知 $x_2^2 - x_1^2 = ra^2$，因此 $x_n^2 - x_{n-1}^2 = r^{n-1} a^2$，从而由归纳法，可得

$$x_n = \sqrt{1 + r + r^2 + \cdots + r^{n-1}}\, a.$$

故 $\lim_{n\to\infty} x_n = \lim_{n\to\infty} a\sqrt{\frac{1-r^n}{1-r}} = \frac{a}{\sqrt{1-r}}.$

即若击打次数不限，汽锤至多能将桩打进地下 $\frac{a}{\sqrt{1-r}}$ m.

本章小结

本章主要的方法是元素法，它贯穿于定积分应用的始终，并且本章由元素法推导出大量应用于实际问题的公式，在做题过程中希望读者可以熟练掌握这些公式.

第七章 微分方程

本章内容概览

微分方程是现代数学的一个重要分支,它是微积分学在解决实际问题上的应用渠道之一.在诸多领域内,各种量与量之间的函数关系往往可表示为微分方程.本章将介绍微分方程的基本概念,几类一阶微分方程的求解方法、线性微分方程解的性质及解的结构原理,可降阶方程的求解方法以及高阶线性常系数齐次和非齐次方程的解法,并且简单介绍如何利用微分方程解决实际问题.

本章知识图解

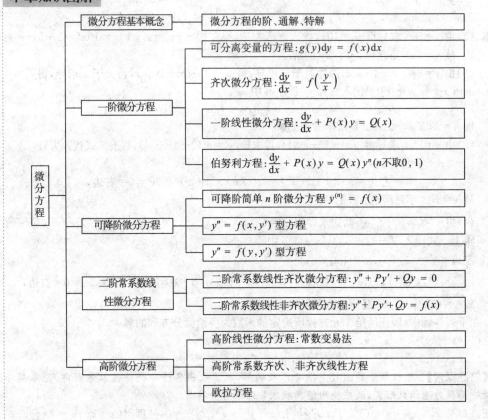

第一节 微分方程的基本概念

习题 7-1 超精解（教材 P301~P302）

1. 试说出下列各微分方程的阶数：

   (1) $x(y')^2 - 2yy' + x = 0$；

   (2) $x^2 y'' - xy' + y = 0$；

   (3) $xy''' + 2y'' + x^2 y = 0$；

   (4) $(7x - 6y)dx + (x+y)dy = 0$；

   (5) $L\dfrac{d^2 Q}{dt^2} + R\dfrac{dQ}{dt} + \dfrac{Q}{C} = 0$；

   (6) $\dfrac{d\rho}{d\theta} + \rho = \sin^2\theta$.

   解：由于微分方程的阶即为未知函数的导数的最高阶数，故各微分方程的阶数依次为(1)一阶；(2)二阶；(3)三阶；(4)一阶；(5)二阶；(6)一阶.

2. 指出下列各题中的函数是否为所给微分方程的解：

   (1) $xy' = 2y,\ y = 5x^2$；

   (2) $y'' + y = 0,\ y = 3\sin x - 4\cos x$；

   (3) $y'' - 2y' + y = 0,\ y = x^2 e^x$；

   (4) $y'' - (\lambda_1 + \lambda_2)y' + \lambda_1\lambda_2 y = 0,\ y = C_1 e^{\lambda_1 x} + C_2 e^{\lambda_2 x}$.

   解：(1) 由 $y = 5x^2$ 求导得 $y' = 10x$，代入方程左边，得左边 $= xy' = x \cdot 10x = 10x^2 = 2 \cdot 5x^2 =$ 右边，故 $y = 5x^2$ 是方程 $xy' = 2y$ 的解.

   (2) 由 $y = 3\sin x - 4\cos x$，两边关于 x 求导，得 $y' = 3\cos x + 4\sin x$，再关于 x 求导，得 $y'' = -3\sin x + 4\cos x$，将 y'' 代入方程 $y'' + y = 0$ 中，

   左边 $= y'' + y = -3\sin x + 4\cos x + 3\sin x - 4\cos x = 0 =$ 右边，

   即 $y = 3\sin x - 4\cos x$ 是所给方程的解.

   (3) 由 $y = x^2 e^x$ 求导得 $y' = e^x(2x + x^2)$，再求导：$y'' = e^x(2 + 4x + x^2)$，将上二式代入方程 $y'' - 2y' + y = 0$ 中，得

   左边 $= e^x(2 + 4x + x^2) - 2e^x(2x + x^2) + x^2 e^x = 2e^x \neq 0 =$ 右边，

   故 $y = x^2 e^x$ 不是所给方程的解.

   (4) 将 $y = C_1 e^{\lambda_1 x} + C_2 e^{\lambda_2 x}$ 两边求导得 $y' = C_1\lambda_1 e^{\lambda_1 x} + C_2\lambda_2 e^{\lambda_2 x}$，再求导得 $y'' = C_1\lambda_1^2 e^{\lambda_1 x} + C_2\lambda_2^2 e^{\lambda_2 x}$.

   将上二式代入 $y'' - (\lambda_1 + \lambda_2)y' + \lambda_1\lambda_2 y$ 中，

   左边 $= y'' - (\lambda_1 + \lambda_2)y' + \lambda_1\lambda_2 y$

   $= (C_1\lambda_1^2 e^{\lambda_1 x} + C_2\lambda_2^2 e^{\lambda_2 x}) - (\lambda_1 + \lambda_2)(C_1\lambda_1 e^{\lambda_1 x} + C_2\lambda_2 e^{\lambda_2 x}) + \lambda_1\lambda_2(C_1 e^{\lambda_1 x} + C_2 e^{\lambda_2 x}) = 0 =$ 右边，

   故 $y = C_1 e^{\lambda_1 x} + C_2 e^{\lambda_2 x}$ 是所给方程的解.

3. 在下列各题中，验证所给二元方程所确定的函数为所给微分方程的解：

   (1) $(x - 2y)y' = 2x - y,\ x^2 - xy + y^2 = C$；

   (2) $(xy - x)y'' + xy'^2 + yy' - 2y' = 0,\ y = \ln(xy)$.

   【思路探索】 验证所给的函数是微分方程的解，只需求出各阶导数并代入方程即可. 本题中所给函数为隐函数形式，故应使用隐函数求导法求各阶导数.

   证：(1) 对 $x^2 - xy + y^2 = C$ 关于 x 求导得 $2x - y - xy' + 2yy' = 0$，整理得 $(x - 2y)y' = 2x - y$.

   故 $x^2 - xy + y^2 = C$ 是所给方程的解.

   (2) 对 $y = \ln(xy)$ 关于 x 求导得 $y' = \dfrac{1}{x} + \dfrac{1}{y} \cdot y'$，故 $y' = \dfrac{y}{x(y-1)}$.

   对其进行求导，得 $y'' = -\dfrac{1}{x^2} + \left(-\dfrac{1}{y^2} \cdot y'^2 + \dfrac{1}{y} y''\right)$，故

$$y''=\frac{y}{y-1}\left[-\frac{1}{x^2}-\frac{1}{y^2}\cdot\frac{y^2}{x^2(y-1)^2}\right]=-\frac{y}{x^2(y-1)}-\frac{y}{x^2(y-1)^3},$$

则有 $(xy-y)y''=-\frac{y}{x}-\frac{y}{x(y-1)^2}$. 代入原方程得

$$(xy-x)y''+xy'^2+yy'-2y'=-\frac{y}{x}-\frac{y}{x(y-1)^2}+x\frac{y^2}{x^2(y-1)^2}+(y-2)\frac{y}{x(y-1)}=0,$$

故 $y=\ln(xy)$ 是所给方程的解.

4. 在下列各题中,确定函数关系式中所含的参数,使函数满足所给的初始条件:
   (1) $x^2-y^2=C$, $y\big|_{x=0}=5$;
   (2) $y=(C_1+C_2x)\mathrm{e}^{2x}$, $y\big|_{x=0}=0$, $y'\big|_{x=0}=1$;
   (3) $y=C_1\sin(x-C_2)$, $y\big|_{x=\pi}=1$, $y'\big|_{x=\pi}=0$.

解:(1) 由 $x^2-y^2=C$,将 $x=0,y=5$ 代入上式得 $C=0-25=-25$,则原函数为 $y^2-x^2=25$.

(2) 由 $\qquad y=(C_1+C_2x)\mathrm{e}^{2x}$, ①

两边关于 x 求导,得 $y'=C_2\mathrm{e}^{2x}+2(C_1+C_2x)\mathrm{e}^{2x}$. ②

在①中令 $x=0,y=0$ 得 $C_1=0$. 在②中令 $x=0,y'=1$ 得 $2C_1+C_2=1$. 于是,$C_1=0,C_2=1$. 故原函数为 $y=x\mathrm{e}^{2x}$.

(3) 由 $y=C_1\sin(x-C_2)$, ①

两边对 x 求导,得 $y'=C_1\cos(x-C_2)$. ②

在①中令 $x=\pi,y=1$,得 $C_1\sin(\pi-C_2)=1$. ③

在②中令 $x=\pi,y'=0$,得 $C_1\cos(\pi-C_2)=0$. ④

由③知 $C_1\neq 0$,故由④知 $\cos(\pi-C_2)=0$. ⑤

不妨设 $C_2=\frac{\pi}{2}$,代入③得 $C_1\sin\frac{\pi}{2}=1$,即 $C_1=1$. 则原函数为 $y=\sin\left(x-\frac{\pi}{2}\right)=-\cos x$.

5. 写出由下列条件确定的曲线所满足的微分方程:
   (1) 曲线在点 (x,y) 处的切线斜率等于该点横坐标的平方;
   (2) 曲线上点 $P(x,y)$ 处的法线与 x 轴的交点为 Q,且线段 PQ 被 y 轴平分.

解:(1) 设曲线为 $y=y(x)$,则曲线在点 (x,y) 处切线斜率为 y',由条件知 $y'=x^2$,即为所求微分方程.

(2) 设曲线为 $y=y(x)$,$P(x,y)$ 处法线方程为 $Y-y=\frac{-1}{y'}(X-x)$. 当 $Y=0$ 时,得 $X=x+yy'$,则 Q 点坐标为 $Q(x+yy',0)$,又 PQ 中点在 y 轴上,则 $\frac{x+x+yy'}{2}=0$,即所求方程为

$$yy'+2x=0.$$

6. 用微分方程表示一物理命题:某种气体的压强 p 对于温度 T 的变化率与压强成正比,与温度的平方成反比.

解: $\frac{\mathrm{d}p}{\mathrm{d}T}=K\frac{p}{T^2}$(其中 K 为比例常数).

7. 一个半球体形状的雪堆,其体积融化率与半球面面积 A 成正比,比例系数 $k>0$. 假设在融化过程中雪堆始终保持半球体状,已知半径为 r_0 的雪堆在开始融化的 3 小时内,融化了其体积的 $\frac{7}{8}$,问雪堆全部融化需要多少小时?

解: 设雪堆在时刻 t 的体积为 $V = \frac{2}{3}\pi r^3$,侧面积 $S = 2\pi r^2$. 由题设知

$$\frac{dV}{dt} = 2\pi r^2 \frac{dr}{dt} = -kS = -2\pi k r^2,$$

于是 $\frac{dr}{dt} = -k$,积分得 $r = -kt + C$. 由 $r|_{t=0} = r_0$,得 $C = r_0$,$r = r_0 - kt$.

又 $V|_{t=3} = \frac{1}{8}V|_{t=0}$,即 $\frac{2}{3}\pi(r_0 - 3k)^3 = \frac{1}{8} \times \frac{2}{3}\pi r_0^3$,得 $k = \frac{1}{6}r_0$,从而 $r = r_0 - \frac{1}{6}r_0 t$.

雪堆全部融化时,$r = 0$,故有 $t = 6$,即雪堆全部融化需 6 小时.

【方法点击】 建立正确的微分方程,是微分方程应用中的重要环节,第 5~7 题体现了这一点,一般利用导数的几何意义(切线斜率)和物理意义(变化率,如速度、加速度等)来建立微分方程.

第二节 可分离变量的微分方程

习题 7-2 超精解(教材 P308)

1. 求下列微分方程的通解:

(1) $xy' - y\ln y = 0$;

(2) $3x^2 + 5x - 5y' = 0$;

(3) $\sqrt{1-x^2}\, y' = \sqrt{1-y^2}$;

(4) $y' - xy' = a(y^2 + y')$;

(5) $\sec^2 x \tan y\, dx + \sec^2 y \tan x\, dy = 0$;

(6) $\frac{dy}{dx} = 10^{x+y}$;

(7) $(e^{x+y} - e^x)dx + (e^{x+y} + e^y)dy = 0$;

(8) $\cos x \sin y\, dx + \sin x \cos y\, dy = 0$;

(9) $(y+1)^2 \frac{dy}{dx} + x^3 = 0$;

(10) $y\, dx + (x^2 - 4x)dy = 0$.

解: (1) 改写原方程为 $x\frac{dy}{dx} - y\ln y = 0$. 分离变量: $\frac{dy}{y\ln y} = \frac{dx}{x}$.

积分: $\ln(\ln y) = \ln x + \ln C = \ln Cx$. 则 $y = e^{Cx}$ 为通解.

(2) 原方程变形为 $5\frac{dy}{dx} = 3x^2 + 5x$. 分离变量: $5dy = (3x^2 + 5x)dx$. 积分: $5y = x^3 + \frac{5}{2}x^2 + C_1$. 故通解为 $y = \frac{1}{5}x^3 + \frac{1}{2}x^2 + C$. 其中 $C = \frac{1}{5}C_1$.

(3) 原方程变形为 $\frac{dy}{\sqrt{1-y^2}} = \frac{dx}{\sqrt{1-x^2}}$. 积分: $\int \frac{dy}{\sqrt{1-y^2}} = \int \frac{dx}{\sqrt{1-x^2}}$,即 $\arcsin y = \arcsin x + C$. 则通解为 $y = \sin(\arcsin x + C)$.

(4) 原方程变形为 $(1-x-a)\frac{dy}{dx} = ay^2$. 分离变量: $\frac{dy}{ay^2} = \frac{dx}{1-x-a}$.

积分: $-\frac{1}{ay} = -\ln|1-a-x| - C_1$. 则 $y = \frac{1}{C + a\ln|1-a-x|}$ ($C = aC_1$) 为通解.

(5) 分离变量: $\frac{\sec^2 y}{\tan y}dy = -\frac{\sec^2 x}{\tan x}dx$. 积分: $\int \frac{d(\tan y)}{\tan y} = -\int \frac{d(\tan x)}{\tan x}$. 从而 $\ln(\tan y) = -\ln(\tan x) + \ln C$,即 $\ln(\tan x \tan y) = \ln C$. 故通解为 $\tan x \tan y = C$.

(6) 分离变量: $10^{-y}dy = 10^x dx$. 积分: $-\frac{10^{-y}}{\ln 10} = \frac{10^x}{\ln 10} + \frac{C_1}{\ln 10}$,即 $10^{-y} = -10^x + C$.

故通解为 $y = -\lg(-10^x + C)$.

(7) 原方程变形为 $e^y(e^x+1)dy = e^x(1-e^y)dx$. 分离变量: $\dfrac{e^y dy}{1-e^y} = \dfrac{e^x dx}{1+e^x}$.

积分: $-\ln(e^y-1) = \ln(e^x+1) - \ln C$, 即 $\ln(e^x+1) + \ln(e^y-1) = \ln C$.

故通解为 $(e^x+1)(e^y-1) = C$.

(8) 分离变量: $\dfrac{\cos y}{\sin y}dy = -\dfrac{\cos x}{\sin x}dx$. 积分: $\ln(\sin y) = -\ln(\sin x) + \ln C$, 即 $\ln(\sin x \sin y) = \ln C$. 故通解为 $\sin x \sin y = C$.

(9) 分离变量: $(y+1)^2 dy = -x^3 dx$. 积分: $\dfrac{1}{3}(y+1)^3 = -\dfrac{1}{4}x^4 + C_1$.

故通解为 $4(y+1)^3 + 3x^4 = C$.

(10) 分离变量: $\dfrac{dx}{4x-x^2} = \dfrac{dy}{y}$. 积分: $\int \left(\dfrac{1}{x} + \dfrac{1}{4-x}\right)dx = 4\ln y$.

从而 $\ln x - \ln(4-x) + \ln C = \ln(y^4)$, 即 $\dfrac{Cx}{4-x} = \ln(y^4)$. 故通解为 $y^4(4-x) = Cx$.

【方法点击】 本题为可分离变量的微分方程求解题, 方法为先分离变量, 再两边积分. 求解过程中需注意以下几点:

(1) 分离变量时, 经常在两边同除以某一函数, 此时往往会遗漏该函数的某些特解, 若通解有缺失, 要及时补全. 例如第(10)题: 分离变量 $\dfrac{dy}{y} = \dfrac{dx}{4x-x^2}$ (当 $y \neq 0$ 时), 而 $y = 0$ 也是原方程的解, 含在通解 $y^4(4-x) = Cx$ 中 (只要将 C 视为任意常数即可).

(2) 两端积分, 只写一个任意常数即可.

(3) 因为通解中含有无穷多个函数, 故通解形式不唯一.

2. 求下列微分方程满足所给初始条件的特解:

(1) $y' = e^{2x-y}$, $y\big|_{x=0} = 0$;   (2) $\cos x \sin y \, dy = \cos y \sin x \, dx$, $y\big|_{x=0} = \dfrac{\pi}{4}$;

(3) $y' \sin x = y \ln y$, $y\big|_{x=\frac{\pi}{2}} = e$;   (4) $\cos y \, dx + (1+e^{-x})\sin y \, dy = 0$, $y\big|_{x=0} = \dfrac{\pi}{4}$;

(5) $x dy + 2y dx = 0$, $y\big|_{x=2} = 1$.

解: (1) 分离变量: $e^y dy = e^{2x} dx$. 积分: $e^y = \dfrac{1}{2}e^{2x} + C$. 由 $y\big|_{x=0} = 0$, 知 $C = \dfrac{1}{2}$.

故所求特解 $y = \ln\left(\dfrac{e^{2x}+1}{2}\right)$.

(2) 分离变量: $\tan y \, dy = \tan x \, dx$. 积分: $\cos y = C\cos x$. 由 $y\big|_{x=0} = \dfrac{\pi}{4}$, 知 $C = \dfrac{\sqrt{2}}{2}$.

故所求特解为 $\sqrt{2}\cos y = \cos x$.

(3) 分离变量: $\dfrac{dy}{y\ln y} = \dfrac{dx}{\sin x}$. 积分: $y = e^{C\tan\frac{x}{2}}$. 由 $\ln e = C\tan\dfrac{\pi}{4} = C$, 知 $C = 1$.

故所求特解为 $y = e^{\tan\frac{x}{2}}$.

(4) 分离变量: $\dfrac{dx}{1+e^{-x}} = -\tan y \, dy$. 积分: $\dfrac{e^x+1}{\cos y} = C$. 由 $y\big|_{x=0} = \dfrac{\pi}{4}$, 知 $C = 2\sqrt{2}$.

故所求特解为 $e^x + 1 = 2\sqrt{2}\cos y$.

(5) 分离变量：$\dfrac{dy}{2y}=-\dfrac{dx}{x}$. 积分：$\dfrac{1}{2}\ln y=-\ln x+C$. 由 $y\big|_{x=2}=1$ 知 $C=\ln 2$.

故所求特解为 $\dfrac{1}{2}\ln y=-\ln x+\ln 2$, 即 $y=\dfrac{4}{x^2}$.

3. 有一盛满了水的圆锥形漏斗,高为 10cm, 顶角为 $60°$, 漏斗下面有面积为 $0.5\,cm^2$ 的孔,求水面高度变化的规律及水流完所需的时间.

【思路探索】 导数即变化率,本题利用体积对时间的导数,以及体积与高度的关系,建立起高度与时间的微分方程,然后解之.

解：建立坐标系如图 7-1 所示. 设 t 时刻已流出的水的体积为 V,由水力学知 $\dfrac{dV}{dt}=0.62\times0.5\times\sqrt{(2\times980)x}$,

即 $dV=0.62\times0.5\sqrt{2\times980x}\,dt$. 又 $r=x\tan30°=\dfrac{x}{\sqrt{3}}$, 故

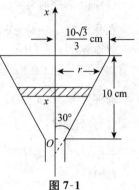

图 7-1

$$dV=-\pi r^2 dx=-\dfrac{\pi}{3}x^2 dx.$$

从而 $0.62\times0.5\sqrt{2\times980}\sqrt{x}\,dt=-\dfrac{\pi}{3}x^2 dx,$

即 $dt=\dfrac{-\pi}{3\times0.62\times0.5\sqrt{2\times980}}x^{\frac{3}{2}}dx$, 故 $t=\dfrac{-2\pi}{3\times5\times0.62\times0.5\sqrt{2\times980}}x^{\frac{5}{2}}+C$.

又由于 $t=0$ 时, $x=10$. 则 $C=\dfrac{2\pi}{3\times5\times0.62\times0.5\sqrt{2\times980}}10^{\frac{5}{2}}$. 故水从小孔流出的规律为

$$t=\dfrac{2\pi}{3\times5\times0.62\times0.5\sqrt{2\times980}}(10^{\frac{5}{2}}-x^{\frac{5}{2}})=-0.030\,5x^{\frac{5}{2}}+9.645.$$

令 $x=0$ 时,可知水流完所需的时间大约为 10 s.

4. 质量为 1g 的质点受外力作用做直线运动,这外力和时间成正比,和质点运动的速度成反比. 在 $t=10$s 时,速度等于 50 cm/s, 外力为 4g cm/s^2, 问从运动开始经过了一分钟后的速度是多少?

【思路探索】 利用导数的物理意义——导数即速度,得到微分方程,解此可分离变量方程.

解：已知 $F=k\dfrac{t}{v}$, 由已知得 $4=k\dfrac{10}{50}$, 即 $k=20$, 则 $F=20\dfrac{t}{v}$. 又 $F=ma=1\cdot\dfrac{dv}{dt}=20\dfrac{t}{v}$, 即得速度与时间应满足的微分方程: $vdv=20tdt$, 解得 $\dfrac{1}{2}v^2=10t^2+C$. 由题得 $C=250$. 故 $v=\sqrt{20t^2+500}$. 当 $t=60$ s 时, $v=\sqrt{20\times60^2+500}=269.3$(cm/s).

5. 镭的衰变有如下的规律：镭的衰变速度与它的现存量 R 成正比. 由经验材料得知, 镭经过 1 600 年后, 只余原始量 R_0 的一半. 试求镭的现存量 R 与时间 t 的函数关系.

【思路探索】 利用导数的几何意义——导数即切线斜率,建立微分方程并求出其特解.

解：由题设, $\dfrac{dR}{dt}=-\lambda R$, 即 $\dfrac{dR}{R}=-\lambda dt$, 积分：$R=Ce^{-\lambda t}$.

当 $t=0$, 有 $R=R_0$. 知 $C=R_0$. 故 $R=R_0 e^{-\lambda t}$.

又 $t=1\,600$, $R=\dfrac{R_0}{2}$, 知 $\lambda=\dfrac{\ln 2}{1\,600}$. 故 $R=R_0 e^{-0.000\,433t}$.

6. 一曲线通过点 $(2,3)$, 它在两坐标轴间的任一切线线段均被切点所平分, 求这曲线方程.

解:设曲线方程为 $y=y(x)$,曲线上点 (x,y) 的切线方程为 $\dfrac{Y-y}{X-x}=y'$,由假设,当 $Y=0$ 时,$X=2x$,代入上式,得曲线所满足的微分方程的初值问题:$\begin{cases}\dfrac{dy}{dx}=\dfrac{-y}{x},\\ y(2)=3,\end{cases}$

分离变量后积分得 $xy=C$,由 $y(2)=3$ 知 $C=6$,故所求曲线方程为 $xy=6$.

7. 小船从河边点 O 处出发驶向对岸(两岸为平行直线). 设船速为 a,船行方向始终与河岸垂直,又设河宽为 h,河中任一点处的水流速度与该点到两岸距离的乘积成正比(比例系数为 k). 求小船的航行路线.

解:建立坐标系如图 7-2 所示,设 t 时刻船的位置为 (x,y),此时水速为 $v=\dfrac{dx}{dt}=ky(h-y)$,

故 $dx=ky(h-y)dt$. 又由 $y=at$ 知 $dx=kat(h-at)dt$.

积分:$x=\dfrac{1}{2}kaht^2-\dfrac{1}{3}ka^2t^3+c$.

由初始条件 $x\big|_{t=0}=0$ 知 $c=0$. 故 $x=\dfrac{1}{2}kaht^2-\dfrac{1}{3}ka^2t^3$.

因此船运动路线的函数方程为 $\begin{cases}x=\dfrac{1}{2}kaht^2-\dfrac{1}{3}ka^2t^3,\\ y=at.\end{cases}$

从而一般方程为 $x=\dfrac{k}{a}\left(\dfrac{h}{2}y^2-\dfrac{1}{3}y^3\right),y\in[0,h]$.

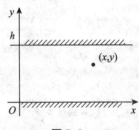

图 7-2

第三节 齐次方程

习题 7-3 超精解(教材 P314)

1. 求下列齐次方程的通解:

(1) $xy'-y-\sqrt{y^2-x^2}=0$;   (2) $x\dfrac{dy}{dx}=y\ln\dfrac{y}{x}$;

(3) $(x^2+y^2)dx-xydy=0$;   (4) $(x^3+y^3)dx-3xy^2dy=0$;

(5) $\left(2x\sin\dfrac{y}{x}+3y\cos\dfrac{y}{x}\right)dx-3x\cos\dfrac{y}{x}dy=0$;   (6) $(1+2e^{\frac{x}{y}})dx+2e^{\frac{x}{y}}\left(1-\dfrac{x}{y}\right)dy=0$.

【思路探索】 本题为齐次方程求解题,一般是做变量代换化成可分离变量方程,即令 $u=\dfrac{y}{x}$,则 $\dfrac{dy}{dx}=u+x\dfrac{du}{dx}$,代入原方程求解,得通解后将 $u=\dfrac{y}{x}$ 代入即可.

解:(1)化为 $\dfrac{dy}{dx}=\dfrac{y}{x}+\sqrt{\left(\dfrac{y}{x}\right)^2-1}$,令 $u=\dfrac{y}{x}$,原方程化为 $\dfrac{du}{(u^2-1)^{\frac{1}{2}}}=\dfrac{dx}{x}$,解得 $u+\sqrt{u^2-1}=Cx$. 故 $y+\sqrt{y^2-x^2}=Cx^2$.

(2)可写为 $\dfrac{dy}{dx}=\dfrac{y}{x}\ln\dfrac{y}{x}$. 令 $\dfrac{y}{x}=u$,原方程变为 $u+x\dfrac{du}{dx}=u\ln u$,分离变量积分得 $u=e^{Cx+1}$,

将 $\dfrac{y}{x}=u$ 代入原方程,得通解为 $y=xe^{Cx+1}$.

(3) $\dfrac{dy}{dx}=\dfrac{1+(y/x)^2}{y/x}$,令 $u=\dfrac{y}{x}$,原方程化为 $udu=\dfrac{dx}{x}$,解之得 $\dfrac{1}{2}u^2=\ln x+C_1$.

代回原变量得 $y^2=x^2\ln(Cx^2)$.

(4)可写为 $\dfrac{\mathrm{d}y}{\mathrm{d}x}=\dfrac{1+(y/x)^3}{3(y/x)^2}$. 令 $\dfrac{y}{x}=u$, 原方程化为 $x\dfrac{\mathrm{d}u}{\mathrm{d}x}=\dfrac{1-2u^3}{3u^2}$, 分离变量: $\dfrac{3u^2}{1-2u^3}\mathrm{d}u=\dfrac{1}{x}\mathrm{d}x$, 解之得 $2u^3=1-\dfrac{C}{x^2}$, 将 $u=\dfrac{y}{x}$ 代入得 $x^3-2y^3=Cx$.

(5)原方程可写为 $\dfrac{\mathrm{d}y}{\mathrm{d}x}=\dfrac{y}{x}+\dfrac{2}{3}\tan\dfrac{y}{x}$. 令 $u=\dfrac{y}{x}$, $y=xu$, 则 $\dfrac{\mathrm{d}y}{\mathrm{d}x}=u+x\dfrac{\mathrm{d}u}{\mathrm{d}x}$, 原方程化为 $\dfrac{3}{2}\dfrac{\mathrm{d}u}{\tan u}=\dfrac{\mathrm{d}x}{x}$, 解得 $\sin^3 u=Cx^2$, 将 $u=\dfrac{y}{x}$ 代回得通解为 $\sin^3\dfrac{y}{x}=Cx^2$.

(6) $\dfrac{\mathrm{d}x}{\mathrm{d}y}=\dfrac{\left(\dfrac{x}{y}-1\right)\cdot 2\mathrm{e}^{\frac{x}{y}}}{1+2\mathrm{e}^{\frac{x}{y}}}$. 令 $u=\dfrac{x}{y}$, 原方程化为 $u+y\dfrac{\mathrm{d}u}{\mathrm{d}y}=\dfrac{2(u-1)\mathrm{e}^u}{1+2\mathrm{e}^u}$,

分离变量: $\dfrac{(1+2\mathrm{e}^u)\mathrm{d}u}{u+2\mathrm{e}^u}+\dfrac{\mathrm{d}y}{y}=0$. 积分得 $y(u+2\mathrm{e}^u)=C$. 代入得 $x+2y\mathrm{e}^{\frac{x}{y}}=C$.

【方法点击】 求解齐次方程需注意以下几点:
(1)某些方程既是可分离变量方程, 又是齐次方程, 则按照前者简便;
(2)有些方程需要经过变形才能化成齐次方程的标准形式;
(3)齐次方程的解法可以推广演化. 如第(6)题为 $\dfrac{\mathrm{d}x}{\mathrm{d}y}=\varphi\left(\dfrac{x}{y}\right)$ 形式, 此时可"颠倒 x,y", 即将 x 视为因变量, y 视为自变量, 做代换 $\dfrac{x}{y}=u$, 则 $\dfrac{\mathrm{d}x}{\mathrm{d}y}=u+y\dfrac{\mathrm{d}u}{\mathrm{d}y}$, 从而将原方程化为可分离变量方程, 在习题7—4第7题中, 我们会见到更多的变量代换类型.

2.求下列齐次方程满足所给初始条件的特解:

(1) $(y^2-3x^2)\mathrm{d}y+2xy\mathrm{d}x=0$, $y\big|_{x=0}=1$; (2) $y'=\dfrac{x}{y}+\dfrac{y}{x}$, $y\big|_{x=1}=2$;

(3) $(x^2+2xy-y^2)\mathrm{d}x+(y^2+2xy-x^2)\mathrm{d}y=0$, $y\big|_{x=1}=1$.

解:(1)原方程化为 $\dfrac{\mathrm{d}y}{\mathrm{d}x}=-\dfrac{2y/x}{(y/x)^2-3}$. 令 $u=\dfrac{y}{x}$, 方程变为 $u+x\dfrac{\mathrm{d}u}{\mathrm{d}x}=-\dfrac{2u}{u^2-3}$, 即 $\dfrac{u^2-3}{u-u^3}\mathrm{d}u=\dfrac{\mathrm{d}x}{x}$.

由待定系数法易知 $\dfrac{u^2-3}{u-u^3}=-\dfrac{3}{u}+\dfrac{1}{u+1}+\dfrac{1}{u-1}$. 方程两边积分, 得

$$-3\ln|u|+\ln|u+1|+\ln|u-1|=\ln|x|+\ln|C|,$$

即 $\ln\left|\dfrac{u^2-1}{u^3}\right|=\ln|Cx|$. 故 $u^2-1=Cu^3x$. 将 $u=\dfrac{y}{x}$ 代入上式得通解 $y^2-x^2=Cy^3$. 由初始条件 $y(0)=1$ 得 $C=1$, 故特解为 $y^2-x^2=y^3$.

(2)令 $\dfrac{y}{x}=u$, 则原方程变为 $u+x\dfrac{\mathrm{d}u}{\mathrm{d}x}=\dfrac{1}{u}+u$, 即 $u\mathrm{d}u=\dfrac{\mathrm{d}x}{x}$. 积分: $\dfrac{1}{2}u^2=\ln x+C$, 将 $u=\dfrac{y}{x}$ 代入上式, 得通解 $y^2=2x^2(\ln x+C)$. 由 $y(1)=2$ 知 $C=2$, 故特解为 $y^2=2x^2(\ln x+2)$.

(3)原方程化为 $\dfrac{\mathrm{d}y}{\mathrm{d}x}=\dfrac{(y/x)^2-2(y/x)-1}{(y/x)^2+2(y/x)-1}$. 令 $u=\dfrac{y}{x}$, 得 $u+x\dfrac{\mathrm{d}u}{\mathrm{d}x}=\dfrac{u^2-2u-1}{u^2+2u-1}$,

即 $\dfrac{\mathrm{d}x}{x}=-\dfrac{u^2+2u-1}{u^3+2u^2+u}\mathrm{d}u$, 从而 $\dfrac{\mathrm{d}x}{x}=\left(\dfrac{1}{u}-\dfrac{2u}{u^2+1}\right)\mathrm{d}u$. 积分: $\ln|x|+\ln|C|=\ln\left|\dfrac{u+1}{u^2+1}\right|$,

即 $u+1=Cx(u^2+1)$. 代入 $u=\dfrac{y}{x}$, 得通解 $x+y=C(x^2+y^2)$. 由初始条件 $y\big|_{x=1}=1$ 知 $C=1$.

故特解为 $x+y=x^2+y^2$.

3. 设有连接点 $O(0,0)$ 和 $A(1,1)$ 的一段向上凸的曲线弧 $\overparen{OA}$,对于 $\overparen{OA}$ 上任一点 $P(x,y)$,曲线弧 $\overparen{OP}$ 与直线段 $\overline{OP}$ 所围图形的面积为 x^2,求曲线弧 $\overparen{OA}$ 的方程.

【思路探索】 先利用积分表示面积,从而得到积分方程,再求导化成微分方程并解之.

解:设曲线弧 $\overparen{OA}$ 的方程为 $y=f(x)$,由题意得 $\int_0^x f(t)\mathrm{d}t - \frac{1}{2}xf(x)=x^2$.

求导:$f(x)-\frac{1}{2}f(x)-\frac{1}{2}xf'(x)=2x$,即 $y'=\frac{y}{x}-4$.

令 $\frac{y}{x}=u$,上式化为 $x\frac{\mathrm{d}u}{\mathrm{d}x}=-4$,即 $\mathrm{d}u=-4\frac{\mathrm{d}x}{x}$.积分:$u=-4\ln x+C$.

把 $u=\frac{y}{x}$ 代入上式,得通解 $y=-4x\ln x+Cx$.

由于 $A(1,1)$ 在曲线上,即 $y\big|_{x=1}=1$.因而 $C=1$,从而 $\overparen{OA}$ 的方程为 $y=x(1-4\ln x)$.

【方法点击】 本题属于积分方程问题,在后面的习题 7—8 第 6 题中也会遇到同样类型.带有未知函数的变限积分的方程称为积分方程,一般解法为:先对方程两边一次或多次求导化成微分方程,再根据微分方程类型解出通解或特解.特别需要提醒的是某些初始条件隐藏在关系式中,注意不要遗漏.

*4. 化下列方程为齐次方程,并求出通解:
(1) $(2x-5y+3)\mathrm{d}x-(2x+4y-6)\mathrm{d}y=0$;　　(2) $(x-y-1)\mathrm{d}x+(4y+x-1)\mathrm{d}y=0$;
(3) $(3y-7x+7)\mathrm{d}x+(7y-3x+3)\mathrm{d}y=0$;　　(4) $(x+y)\mathrm{d}x+(3x+3y-4)\mathrm{d}y=0$.

解:(1) 令 $x=X+h,y=Y+k$,则 $\mathrm{d}x=\mathrm{d}X$,$\mathrm{d}y=\mathrm{d}Y$,原方程化为
$$(2X-5Y+2h-5k+3)\mathrm{d}X-(2X+4Y+2h+4k-6)\mathrm{d}Y=0.$$

解方程组 $\begin{cases}2h+4k-6=0,\\2h-5k+3=0,\end{cases}$ 得 $h=1$,$k=1$.

令 $x=X+1$,$y=Y+1$ 时,原方程化为 $(2X-5Y)\mathrm{d}X-(2X+4Y)\mathrm{d}Y=0$.

进一步将它化为 $\frac{\mathrm{d}Y}{\mathrm{d}X}=\frac{2-5\frac{Y}{X}}{2+4\frac{Y}{X}}$.

令 $u=\frac{Y}{X}$,则以上方程化为 $X\frac{\mathrm{d}u}{\mathrm{d}X}=\frac{2-5u}{2+4u}-u$,即 $-\frac{4u+2}{4u^2+7u-2}\mathrm{d}u=\frac{\mathrm{d}X}{X}$.

积分:$\ln|X|=-\frac{1}{2}\int\frac{8u+7-3}{4u^2+7u-2}\mathrm{d}u=-\frac{1}{2}\int\frac{\mathrm{d}(4u^2+7u-2)}{4u^2+7u-2}+\frac{3}{2}\int\frac{\mathrm{d}u}{4u^2+7u-2}$

$=-\frac{1}{2}\ln|4u^2+7u-2|+\frac{1}{6}\ln\left|\frac{4u-1}{u+2}\right|+\frac{1}{6}\ln|C_1|$,

则 $6\ln|X|+3\ln|4u^2+7u-2|-\ln\left|\frac{4u-1}{u+2}\right|=\ln|C_1|$,

即 $X^6(4u^2+7u-2)^3\frac{u+2}{4u-1}=C_1$,从而 $X^6(4u-1)^2(u+2)^4=C_1$.

把 $X=x-1,Y=y-1$ 代入得 $(x-1)^6\left(4\frac{y-1}{x-1}-1\right)^2\left(\frac{y-1}{x-1}+2\right)^4=C_1$.

即 $(4y-x-3)(y+2x-3)^2=C$ $(C=\sqrt{C_1})$ 为原方程的通解.

(2)原方程可写为 $\dfrac{dy}{dx}=\dfrac{-(x-1)+y}{(x-1)+4y}$. 令 $\begin{cases}x-1=X,\\y=Y,\end{cases}$

则原方程化为 $\dfrac{dY}{dX}=\dfrac{-X+Y}{X+4Y}$,亦即 $\dfrac{dY}{dX}=\dfrac{-1+(Y/X)}{1+4(Y/X)}$.

令 $\dfrac{Y}{X}=u$,原方程化为 $u+X\dfrac{du}{dX}=\dfrac{-1+u}{1+4u}$,即 $\dfrac{4u+1}{4u^2+1}du=-\dfrac{dX}{X}$.

积分:$\displaystyle\int\dfrac{4u}{4u^2+1}du+\int\dfrac{1}{1+4u^2}du=-\int\dfrac{dX}{X}$. 从而

$$\dfrac{1}{2}\ln(4u^2+1)+\dfrac{1}{2}\arctan 2u=-\ln|X|+C_1,\ln[X^2(4u^2+1)]+\arctan 2u=C(C=2C_1).$$

将 $X=x-1$, $u=\dfrac{Y}{X}=\dfrac{y}{x-1}$ 代入上式得方程的通解为

$$\ln[4y^2+(x-1)^2]+\arctan\dfrac{2y}{x-1}=C.$$

(3)原方程变为 $\dfrac{dy}{dx}=\dfrac{7x-3y-7}{-3x+7y+3}$. 令 $x=X+h,y=Y+k$,代入上式得

$$\dfrac{dY}{dX}=\dfrac{7X-3Y+7h-3k-7}{-3X+7Y-3h+7k+3}.$$

令 $\begin{cases}7h-3k-7=0,\\-3h+7k+3=0,\end{cases}$ 得 $\begin{cases}h=1,\\k=0.\end{cases}$

令 $x=X+1$, $y=Y$,原方程化为 $\dfrac{dY}{dX}=\dfrac{7X-3Y}{-3X+7Y}$,即 $\dfrac{dY}{dX}=\dfrac{7-3\dfrac{Y}{X}}{-3+7\dfrac{Y}{X}}$.

令 $\dfrac{Y}{X}=u$,以上方程变为 $u+X\dfrac{du}{dX}=\dfrac{7-3u}{-3+7u}$,即 $\dfrac{7u-3}{u^2-1}du=\dfrac{-7}{X}dX$. 积分:

$$\int\dfrac{2}{u-1}du+\int\dfrac{5}{u+1}du=\int\dfrac{-7}{X}dX.$$

从而 $2\ln|u-1|+5\ln|u+1|=-7\ln X+\ln|C|$,即 $X^7(u-1)^2(u+1)^5=C$.

将 $X=x-1$, $u=\dfrac{y}{x-1}$ 代入,得原方程的通解为 $(y-x+1)^2(y+x-1)^5=C$.

(4)原方程变形为 $\dfrac{dy}{dx}=\dfrac{-(x+y)}{3(x+y)-4}$. 令 $x+y=u$,则 $y=u-x$, $\dfrac{dy}{dx}=\dfrac{du}{dx}-1$,

原方程化为 $\dfrac{du}{dx}-1=\dfrac{-u}{3u-4}$,即 $\dfrac{3u-4}{2u-4}du=dx$.

积分:$\displaystyle\int 3du+\int\dfrac{2}{u-2}du=\int 2dx$,从而 $3u+2\ln|u-2|=2x+C$.

将 $u=x+y$ 代入上式,得原方程的通解为:$x+3y+2\ln|2-x-y|=C$.

【方法点击】 本题属于可化成齐次方程的类型,一般方法为通过变量代换 $x=X+h,y=Y+k$,将形如 $\dfrac{dy}{dx}=f\left(\dfrac{a_1x+b_1y+c_1}{a_2x+b_2y+c_2}\right)$ 的方程化为齐次方程 $\dfrac{dY}{dX}=g\left(\dfrac{Y}{X}\right)$. 许多题目有多种解法,选择时需灵活,如第(4)题通过 $x+y=u$ 可直接化为可分离变量方程,化齐次方程反而烦琐.

第四节　一阶线性微分方程

习题 7-4 超精解（教材 P320~P321）

1. 求下列微分方程的通解：

(1) $\dfrac{dy}{dx}+y=e^{-x}$；

(2) $xy'+y=x^2+3x+2$；

(3) $y'+y\cos x=e^{-\sin x}$；

(4) $y'+y\tan x=\sin 2x$；

(5) $(x^2-1)y'+2xy-\cos x=0$；

(6) $\dfrac{d\rho}{d\theta}+3\rho=2$；

(7) $\dfrac{dy}{dx}+2xy=4x$；

(8) $y\ln y\,dx+(x-\ln y)dy=0$；

(9) $(x-2)\dfrac{dy}{dx}=y+2(x-2)^3$；

(10) $(y^2-6x)\dfrac{dy}{dx}+2y=0$.

解：(1) $P(x)=1$，$Q(x)=e^{-x}$. 代入通解公式，得

$$y=e^{-\int P(x)dx}\left[\int Q(x)e^{\int P(x)dx}dx+C\right]=e^{-\int dx}\left(\int e^{-x}e^{\int dx}dx+C\right)=e^{-x}(x+C).$$

(2) 化为 $\dfrac{dy}{dx}+\dfrac{1}{x}y=\dfrac{x^2+3x+2}{x}$，$P(x)=\dfrac{1}{x}$，$Q(x)=\dfrac{x^2+3x+2}{x}$. 代入通解公式得

$$y=e^{-\int\frac{1}{x}dx}\left(\int\dfrac{x^2+3x+2}{x}e^{\int\frac{1}{x}dx}dx+C\right)=\dfrac{1}{3}x^2+\dfrac{3}{2}x+2+\dfrac{C}{x}.$$

(3) $P(x)=\cos x$，$Q(x)=e^{-\sin x}$. 代入通解公式得

$$y=e^{-\int\cos x\,dx}\left(\int e^{-\sin x}e^{\int\cos x\,dx}dx+C\right)=e^{-\sin x}(x+C).$$

(4) $P(x)=\tan x$，$Q(x)=\sin 2x$. 代入通解公式得

$$y=e^{-\int\tan x\,dx}\left(\int\sin 2x\,e^{\int\tan x\,dx}dx+C\right)=\cos x(-2\cos x+C)=C\cos x-2\cos^2 x.$$

(5) 化为 $y'+\dfrac{2x}{x^2-1}y=\dfrac{\cos x}{x^2-1}$，$P(x)=\dfrac{2x}{x^2-1}$，$Q(x)=\dfrac{\cos x}{x^2-1}$. 代入通解公式得

$$y=e^{-\int\frac{2x}{x^2-1}dx}\left(\int\dfrac{\cos x}{x^2-1}\cdot e^{\int\frac{2x}{x^2-1}dx}dx+C\right)=\dfrac{1}{x^2-1}(\sin x+C)=\dfrac{\sin x+C}{x^2-1}.$$

(6) $P(\theta)=3$，$Q(\theta)=2$ 代入通解公式得

$$\rho=e^{-\int 3d\theta}\left(\int 2e^{\int 3d\theta}d\theta+C_1\right)=e^{-3\theta}\left(\dfrac{2}{3}e^{3\theta}+C_1\right)=\dfrac{2}{3}+C_1 e^{-3\theta}.$$

即 $3\rho=2+Ce^{-3\theta}$　$(C=3C_1)$.

(7) $P(x)=2x$，$Q(x)=4x$. 代入通解公式得

$$y=e^{-\int 2x\,dx}\left(\int 4x e^{\int 2x\,dx}dx+C\right)=e^{-x^2}(2e^{x^2}+C)=2+Ce^{-x^2}.$$

(8) 变形为 $\dfrac{dx}{dy}+\dfrac{x}{y\ln y}=\dfrac{1}{y}$. $P(y)=\dfrac{1}{y\ln y}$，$Q(y)=\dfrac{1}{y}$ 代入通解公式得

$$x=e^{-\int\frac{1}{y\ln y}dy}\left(\int\dfrac{1}{y}e^{\int\frac{1}{y\ln y}dy}dy+C_1\right)=\dfrac{1}{\ln y}\left(\dfrac{1}{2}\ln^2 y+C_1\right),$$

即 $2x\ln y=\ln^2 y+C(C=2C_1)$.

(9) 变形为 $\dfrac{dy}{dx}-\dfrac{1}{x-2}y=2(x-2)^2$. $P(x)=-\dfrac{1}{x-2}$，$Q(x)=2(x-2)^2$，代入通解公式，得

$$y = e^{\int \frac{1}{x-2}dx}\left[\int 2(x-2)^2 e^{-\int \frac{1}{x-2}dx}dx + C\right] = (x-2)[(x-2)^2 + C] = (x-2)^3 + C(x-2).$$

(10)变形为 $\frac{dx}{dy} = \frac{3}{y}x - \frac{1}{2}y$. $P(y) = -\frac{3}{y}$, $Q(y) = -\frac{1}{2}y$, 代入通解公式, 得

$$x = e^{\int \frac{3}{y}dy}\left(\int -\frac{1}{2}ye^{-\int \frac{3}{y}dy}dy + C\right) = y^3\left(\frac{1}{2y} + C\right) = \frac{1}{2}y^2 + Cy^3.$$

【方法点击】 求解一阶线性方程时,需注意以下几点:

(1) 对于一阶齐次线性方程,当作可分离变量的方程求解;

(2) 对于一阶非齐次线性方程,一定要化为标准形式 $y' + P(x)y = Q(x)$ 后,再用常数变易法或公式法求解. 其中

① 常数变易法:

先求出 $y' + P(x)y = 0$ 的通解 $y = Ce^{-\int P(x)dx}$, 令 $y = u(x)e^{-\int P(x)dx}$, 代入原方程解出 $u(x)$ 可得通解.

② 公式法:

通解 $y = e^{-\int P(x)dx}\left[\int Q(x)e^{\int P(x)dx}dx + C\right]$, 注意 $P(x)$, $Q(x)$ 要正确, 另外公式中的两个不定积分 $\int P(x)dx$ 与 $\int Q(x)e^{\int P(x)dx}dx$ 分别只写出一个原函数即可.

(3) 某些方程虽然不是标准的线性方程, 但通过"颠倒 x, y"(y 视为自变量, x 视为因变量) 也可化成线性方程形式, 如第(8)题和第(10)题.

2. 求下列微分方程满足所给初始条件的特解:

(1) $\frac{dy}{dx} - y\tan x = \sec x$, $y\big|_{x=0} = 0$;   (2) $\frac{dy}{dx} + \frac{y}{x} = \frac{\sin x}{x}$, $y\big|_{x=\pi} = 1$;

(3) $\frac{dy}{dx} + y\cot x = 5e^{\cos x}$, $y\big|_{x=\frac{\pi}{2}} = -4$;   (4) $\frac{dy}{dx} + 3y = 8$, $y\big|_{x=0} = 2$;

(5) $\frac{dy}{dx} + \frac{2-3x^2}{x^3}y = 1$, $y\big|_{x=1} = 0$.

解: (1) $y = e^{\int \tan x dx}\left(\int \sec x \cdot e^{-\int \tan x dx}dx + C\right) = e^{-\ln\cos x}\left(\int \sec x \cdot \cos x dx + C\right) = \frac{1}{\cos x}(x+C).$

由 $y\big|_{x=0} = 0$, 得 $C = 0$, 因此特解为 $y = \frac{x}{\cos x}$.

(2) $y = e^{-\int \frac{1}{x}dx}\left(\int \frac{\sin x}{x}e^{\int \frac{1}{x}dx}dx + C\right) = \frac{1}{x}\left(\int \sin x dx + C\right) = \frac{1}{x}(-\cos x + C)$,

由 $y\big|_{x=\pi} = 1$, 得 $C = \pi - 1$. 故所求特解为 $y = \frac{1}{x}(\pi - 1 - \cos x)$.

(3) $y = e^{-\int \cot x dx}\left(5\int e^{\cos x} \cdot e^{\int \cot x dx}dx + C\right) = e^{-\ln(\sin x)}\left(5\int e^{\cos x} \cdot e^{\ln(\sin x)}dx + C\right)$

$= \frac{1}{\sin x}\left(5\int e^{\cos x} \cdot \sin x dx + C\right) = \frac{1}{\sin x}(-5e^{\cos x} + C)$,

由 $y\big|_{x=\frac{\pi}{2}} = -4$, 得 $C = 1$. 故 $y = \frac{1}{\sin x}(-5e^{\cos x} + 1)$, 即 $y\sin x + 5e^{\cos x} = 1$ 为所求特解.

(4) $y = e^{-\int 3dx}\left(\int 8e^{\int 3dx}dx + C\right) = e^{-3x}\left(\int 8e^{3x}dx + C\right)$

$= e^{-3x}\left(\frac{8}{3}e^{3x} + C\right) = \frac{8}{3} + Ce^{-3x}$,

由 $y\big|_{x=0}=2$,得 $C=-\dfrac{2}{3}$.故所求特解为 $y=\dfrac{2}{3}(4-\mathrm{e}^{-3x})$.

(5) $y=\mathrm{e}^{-\int\frac{2-3x^2}{x^3}\mathrm{d}x}\left(\int \mathrm{e}^{\int\frac{2-3x^2}{x^3}\mathrm{d}x}\mathrm{d}x+C\right)$,

因为 $\int \dfrac{2-3x^2}{x^3}\mathrm{d}x=\int\dfrac{2}{x^3}\mathrm{d}x-3\int\dfrac{1}{x}\mathrm{d}x=-\dfrac{1}{x^2}-3\ln x+C_1$,所以

$$y=\mathrm{e}^{\frac{1}{x^2}+3\ln x}\left(\int \mathrm{e}^{-\frac{1}{x^2}-3\ln x}\mathrm{d}x+C\right)$$

$$=x^3\mathrm{e}^{\frac{1}{x^2}}\left[\dfrac{1}{2}\int \mathrm{e}^{-\frac{1}{x^2}}\mathrm{d}\left(-\dfrac{1}{x^2}\right)+C\right]$$

$$=x^3\mathrm{e}^{\frac{1}{x^2}}\left(\dfrac{1}{2}\mathrm{e}^{-\frac{1}{x^2}}+C\right),$$

由 $y\big|_{x=1}=0$,得 $C=-\dfrac{1}{2}\mathrm{e}^{-1}$,故所求特解为 $y=\dfrac{1}{2}x^3\mathrm{e}^{\frac{1}{x^2}}\left(\mathrm{e}^{-\frac{1}{x^2}}-\mathrm{e}^{-1}\right)$.

3. 求一曲线的方程,这曲线通过原点,并且它在点 (x,y) 处的切线斜率等于 $2x+y$.

解:由题意可构造微分方程初值问题 $\begin{cases} y'=2x+y, \\ y(0)=0, \end{cases}$ 解之得

$$y=\mathrm{e}^{-\int(-1)\mathrm{d}x}\left[\int 2x\mathrm{e}^{\int(-1)\mathrm{d}x}\mathrm{d}x+C\right]=\mathrm{e}^x(-2x\mathrm{e}^{-x}-2\mathrm{e}^{-x}+C),$$

代入 $y\big|_{x=0}=0$ 知 $C=2$,故曲线方程为 $y=2(\mathrm{e}^x-x-1)$.

4. 设有一质量为 m 的质点做直线运动.从速度等于零的时刻起,有一个与运动方向一致、大小与时间成正比(比例系数为 k_1)的力作用于它,此外还受一与速度成正比(比例系数为 k_2)的阻力作用.求质点运动的速度与时间的函数关系.

解:由牛顿定律 $F=ma$,即 $m\dfrac{\mathrm{d}v}{\mathrm{d}t}=k_1 t-k_2 v$,亦即 $\dfrac{\mathrm{d}v}{\mathrm{d}t}+\dfrac{k_2}{m}v=\dfrac{k_1}{m}t$,所以

$$v=\mathrm{e}^{-\int\frac{k_2}{m}\mathrm{d}t}\left(\int\dfrac{k_1}{m}t\mathrm{e}^{\int\frac{k_2}{m}\mathrm{d}t}\mathrm{d}t+C\right)=\mathrm{e}^{-\frac{k_2}{m}t}\left(\dfrac{k_1}{m}\int t\mathrm{e}^{\frac{k_2}{m}t}\mathrm{d}t+C\right)$$

$$=\mathrm{e}^{-\frac{k_2}{m}t}\left[\dfrac{k_1}{m}\dfrac{m}{k_2}\int t\mathrm{d}\left(\mathrm{e}^{\frac{k_2}{m}t}\right)+C\right]=\mathrm{e}^{-\frac{k_2}{m}t}\left(\dfrac{k_1}{k_2}t\mathrm{e}^{\frac{k_2}{m}t}-\dfrac{k_1 m}{k_2^2}\mathrm{e}^{\frac{k_2}{m}t}+C\right).$$

由题意 $t=0,v=0$,得 $C=\dfrac{k_1 m}{k_2^2}$,故 $v=\mathrm{e}^{-\frac{k_2}{m}t}\left(\dfrac{k_1}{k_2}t\mathrm{e}^{\frac{k_2}{m}t}-\dfrac{k_1 m}{k_2^2}\mathrm{e}^{\frac{k_2}{m}t}+\dfrac{k_1 m}{k_2^2}\right)$.

即 $v=\dfrac{k_1}{k_2}t-\dfrac{k_1 m}{k_2^2}\left(1-\mathrm{e}^{-\frac{k_2}{m}t}\right)$.

5. 设有一个由电阻 $R=10\ \Omega$、电感 $L=2\ \mathrm{H}$(亨)和电源电压 $E=20\sin 5t\ \mathrm{V}$(伏)串联组成的电路.开关 K 合上后,电路中有电流通过.求电流 i 与时间 t 的函数关系.

解:由回路电压定律知 $20\sin 5t-2\dfrac{\mathrm{d}i}{\mathrm{d}t}-10i=0$,即 $\dfrac{\mathrm{d}i}{\mathrm{d}t}+5i=10\sin 5t$.故

$$i=\mathrm{e}^{-\int 5\mathrm{d}t}\left(\int 10\sin 5t\cdot \mathrm{e}^{\int 5\mathrm{d}t}\mathrm{d}t+C\right)=\mathrm{e}^{-5t}\left[2\int \sin 5t\cdot \mathrm{e}^{5t}\mathrm{d}(5t)+C\right]$$

$$=\mathrm{e}^{-5t}\left[2\cdot\dfrac{\mathrm{e}^{5t}(\sin 5t-\cos 5t)}{2}+C\right]=\sin 5t-\cos 5t+C\mathrm{e}^{-5t}.$$

因为 $t=0$ 时,$i=0$,所以 $C=1$.故 $i=\sin 5t-\cos 5t+\mathrm{e}^{-5t}=\mathrm{e}^{-5t}+\sqrt{2}\sin\left(5t-\dfrac{\pi}{4}\right)$.

6. 验证形如 $yf(xy)\mathrm{d}x+xg(xy)\mathrm{d}y=0$ 的微分方程,可经变量代换 $v=xy$ 化为可分离变量的方

程,并求其通解.

解:将 $v=xy$ 代入所给方程中得 $\dfrac{v}{x}f(v)\mathrm{d}x-xg(v)\cdot\dfrac{\mathrm{d}x\cdot v-\mathrm{d}v\cdot x}{x^2}=0$,

即 $\dfrac{\mathrm{d}x}{x}=\dfrac{g(v)\mathrm{d}v}{v[g(v)-f(v)]}$ 为可分离变量的方程. 积分得 $\ln|x|=\displaystyle\int\dfrac{g(v)\mathrm{d}v}{v[g(v)-f(v)]}+C$.

代回 $v=xy$,则通解为 $\ln|x|=\displaystyle\int\dfrac{g(xy)\mathrm{d}(xy)}{(xy)[g(xy)-f(xy)]}+C$.

7. 用适当的变量代换将下列方程化为可分离变量的方程,然后求出通解:

(1) $\dfrac{\mathrm{d}y}{\mathrm{d}x}=(x+y)^2$;   (2) $\dfrac{\mathrm{d}y}{\mathrm{d}x}=\dfrac{1}{x-y}+1$;   (3) $xy'+y=y(\ln x+\ln y)$;

(4) $y'=y^2+2(\sin x-1)y+\sin^2 x-2\sin x-\cos x+1$;

(5) $y(xy+1)\mathrm{d}x+x(1+xy+x^2y^2)\mathrm{d}y=0$.

解:(1) 令 $u=x+y$,则 $\dfrac{\mathrm{d}y}{\mathrm{d}x}=\dfrac{\mathrm{d}u}{\mathrm{d}x}-1$. 原方程化为 $\dfrac{\mathrm{d}u}{\mathrm{d}x}=1+u^2$,即 $\mathrm{d}x=\dfrac{\mathrm{d}u}{1+u^2}$.

两边积分得 $x=\arctan u+C$. 把 $u=x+y$ 代回上式即得通解

$$x-C=\arctan(x+y) \text{ 或 } y=-x+\tan(x-C).$$

(2) 令 $u=x-y$,则 $\dfrac{\mathrm{d}y}{\mathrm{d}x}=1-\dfrac{\mathrm{d}u}{\mathrm{d}x}$. 原方程化为 $-\dfrac{\mathrm{d}u}{\mathrm{d}x}=\dfrac{1}{u}$,即 $\mathrm{d}x=-u\mathrm{d}u$.

两边积分得 $x=-\dfrac{1}{2}u^2+C_1$. 把 $u=x-y$ 代入上式得原方程的通解为

$$(x-y)^2=-2x+C \quad (\text{其中 } C=2C_1).$$

(3) 令 $u=xy$,则 $y=\dfrac{u}{x}$,$\dfrac{\mathrm{d}y}{\mathrm{d}x}=\dfrac{1}{x}\dfrac{\mathrm{d}u}{\mathrm{d}x}-\dfrac{u}{x^2}$. 原方程化为 $x\left(\dfrac{1}{x}\dfrac{\mathrm{d}u}{\mathrm{d}x}-\dfrac{u}{x^2}\right)+\dfrac{u}{x}=\dfrac{u}{x}\ln u$,

即 $\dfrac{\mathrm{d}x}{x}=\dfrac{\mathrm{d}u}{u\ln u}$. 两边积分得 $\ln C+\ln x=\ln(\ln u)$,即 $u=\mathrm{e}^{Cx}$.

代 $u=xy$ 入上式得原方程的通解为 $y=\dfrac{1}{x}\mathrm{e}^{Cx}$.

(4) 原方程变形为 $y'=(y+\sin x-1)^2-\cos x$. 令 $u=y+\sin x-1$,则 $\dfrac{\mathrm{d}y}{\mathrm{d}x}=\dfrac{\mathrm{d}u}{\mathrm{d}x}-\cos x$,

原方程变为 $\dfrac{\mathrm{d}u}{\mathrm{d}x}-\cos x=u^2-\cos x$,即 $u^{-2}\mathrm{d}u=\mathrm{d}x$. 积分得 $x+C=-\dfrac{1}{u}$.

将 $u=y+\sin x-1$ 代入上式得原方程的通解为 $y=1-\sin x-\dfrac{1}{x+C}$.

(5) 原方程变形为 $\dfrac{\mathrm{d}y}{\mathrm{d}x}=-\dfrac{y(xy+1)}{x(1+xy+x^2y^2)}$. 令 $u=xy$,则 $y=\dfrac{u}{x}$,$\dfrac{\mathrm{d}y}{\mathrm{d}x}=\dfrac{1}{x}\dfrac{\mathrm{d}u}{\mathrm{d}x}-\dfrac{u}{x^2}$,

原方程变为 $\dfrac{1}{x}\dfrac{\mathrm{d}u}{\mathrm{d}x}-\dfrac{u}{x^2}=-\dfrac{u}{x^2}\cdot\dfrac{1+u}{1+u+u^2}$,即 $\dfrac{1}{x}\dfrac{\mathrm{d}u}{\mathrm{d}x}=\dfrac{u^3}{(1+u+u^2)x^2}$.

从而 $\dfrac{\mathrm{d}x}{x}=\left(\dfrac{1}{u^3}+\dfrac{1}{u^2}+\dfrac{1}{u}\right)\mathrm{d}u$,两边积分得 $C_1+\ln|x|=-\dfrac{1}{2}u^{-2}-u^{-1}+\ln|u|$,

把 $u=xy$ 代入上式,即得原方程的通解

$$C_1=\ln|y|-\dfrac{1}{2}\dfrac{1}{x^2y^2}-\dfrac{1}{xy}, \text{ 即 } 2x^2y^2\ln|y|-2xy-1=Cx^2y^2(\text{其中 } C=2C_1).$$

【方法点击】 我们已经认识了可分离变量方程、齐次方程以及线性方程,对于非上述类型的方程,通过变量代换化成上述类型是常用方法之一,而选择合适的变量进行代换是解题的关键.有些方程较为简单,代换的变量容易看出,例如第(1)题、第(2)题;而有些方程较为复杂,例如第(3)题、第(4)题和第(5)题,需要先对方程变形,然后灵活选择需代换的变量.

*8. 求下列伯努利方程的通解：

(1) $\dfrac{dy}{dx}+y=y^2(\cos x-\sin x)$； (2) $\dfrac{dy}{dx}-3xy=xy^2$；

(3) $\dfrac{dy}{dx}+\dfrac{1}{3}y=\dfrac{1}{3}(1-2x)y^4$； (4) $\dfrac{dy}{dx}-y=xy^5$；

(5) $xdy-[y+xy^3(1+\ln x)]dx=0$.

【思路探索】 本题为伯努利方程求解,一般利用变量代换 $z=y^{1-n}$,可将伯努利方程 $y'+P(x)y=Q(x)y^n(n\neq 0,1)$ 化成线性方程 $z'+(1-n)P(x)z=(1-n)Q(x)$,求出通解后再代回 $z=y^{1-n}$ 即可.需要提醒的是:某些方程可同时分属于不同类型,可用不同方法求解,选择要灵活.

解:(1) 令 $z=y^{1-2}=\dfrac{1}{y}$,则原方程变为

$$-\dfrac{1}{z^2}\dfrac{dz}{dx}+\dfrac{1}{z}=\dfrac{1}{z^2}(\cos x-\sin x),\text{即}\dfrac{dz}{dx}-z=\sin x-\cos x,$$

故 $z=e^{\int dx}\left[\int(\sin x-\cos x)e^{-\int dx}dx+C\right]=e^x\left(\int e^{-x}\sin xdx-\int e^{-x}\cos xdx+C\right)$

$=e^x\left[\dfrac{e^{-x}}{2}(-\sin x-\cos x)-\dfrac{e^{-x}}{2}(\sin x-\cos x)+C\right]=Ce^x-\sin x.$

将 $z=\dfrac{1}{y}$ 代入上式,得原方程的通解为 $\dfrac{1}{y}=Ce^x-\sin x$.

(2) 令 $z=y^{1-2}=\dfrac{1}{y}$,则原方程变为 $-\dfrac{1}{z^2}\dfrac{dz}{dx}-3x\dfrac{1}{z}=\dfrac{x}{z^2}$,即 $\dfrac{dz}{dx}+3xz=-x$.

故 $z=e^{-\int 3xdx}\left(\int -xe^{\int 3xdx}dx+C_1\right)=e^{-\frac{3}{2}x^2}\left(-\dfrac{1}{3}e^{\frac{3}{2}x^2}+C_1\right).$

将 $z=\dfrac{1}{y}$ 代入上式并整理即得原方程的通解 $\left(1+\dfrac{3}{y}\right)e^{\frac{3}{2}x^2}=C$ $(C=3C_1)$.

(3) 令 $z=y^{1-4}=y^{-3}$,则原方程变为 $-\dfrac{1}{3}z^{-\frac{4}{3}}\dfrac{dz}{dx}+\dfrac{1}{3}z^{-\frac{1}{3}}=\dfrac{1}{3}(1-2x)z^{-\frac{4}{3}}$,

即 $\dfrac{dz}{dx}=z+2x-1$.

故 $z=e^{\int dx}\left[\int(2x-1)e^{-\int dx}dx+C\right]=-2x-1+Ce^x$,

代入 $z=\dfrac{1}{y^3}$ 得原方程的通解为 $\dfrac{1}{y^3}=Ce^x-2x-1$.

(4) 令 $z=y^{1-5}=y^{-4}$,则原方程变为 $-\dfrac{1}{4}z^{-\frac{5}{4}}\dfrac{dz}{dx}-z^{-\frac{1}{4}}=xz^{-\frac{5}{4}}$,即 $\dfrac{dz}{dx}+4z=-4x$.

故 $z=e^{-\int 4dx}\left(\int -4xe^{\int 4dx}dx+C\right)=e^{-4x}\left(\int -4xe^{4x}dx+C\right)$

$=e^{-4x}\left(-xe^{4x}+\int e^{4x}dx+C\right)=e^{-4x}\left(-xe^{4x}+\dfrac{1}{4}e^{4x}+C\right)=-x+\dfrac{1}{4}+Ce^{-4x}.$

代入 $z=y^{-4}$,得原方程的通解为 $\dfrac{1}{y^4}=-x+\dfrac{1}{4}+Ce^{-4x}$.

(5) 原方程变为 $\dfrac{dy}{dx}=\dfrac{y+xy^3(1+\ln x)}{x}$,进一步整理,得 $\dfrac{dy}{dx}-\dfrac{1}{x}y=(1+\ln x)y^3$,

令 $z=y^{1-3}=y^{-2}$,则原方程变为

$$-\dfrac{1}{2}z^{-\frac{3}{2}}\dfrac{dz}{dx}-\dfrac{1}{x}z^{-\frac{1}{2}}=(1+\ln x)z^{-\frac{3}{2}},\text{即}\dfrac{dz}{dx}+\dfrac{2}{x}z=-2(1+\ln x),$$

故

$$z = e^{-\int \frac{2}{x}dx}\left[-2\int(1+\ln x)e^{\int \frac{2}{x}dx}dx + C\right] = x^{-2}\left[-2\int(1+\ln x)x^2 dx + C\right]$$

$$= x^{-2}\left(-2\int x^2 dx - 2\int x^2 \ln x dx + C\right) = x^{-2}\left(-\frac{2}{3}x^3 - \frac{2}{3}\int \ln x dx^3 + C\right)$$

$$= x^{-2}\left[-\frac{2}{3}x^3 - \frac{2}{3}\left(x^3\ln x - \int \frac{x^3}{x}dx\right) + C\right] = \frac{C}{x^2} - \frac{2}{3}x\ln x - \frac{4}{9}x,$$

代入 $z = y^{-2}$ 得原方程的通解为 $\frac{1}{y^2} = \frac{C}{x^2} - \frac{2}{3}x\ln x - \frac{4}{9}x$,即 $\frac{x^2}{y^2} = C - \frac{2}{3}x^3\left(\ln x + \frac{2}{3}\right)$.

第五节 可降阶的高阶微分方程

习题 7-5 超精解（教材 P328～P329）

1. 求下列各微分方程的通解：

(1) $y'' = x + \sin x$；　　(2) $y''' = xe^x$；　　(3) $y'' = \frac{1}{1+x^2}$；

(4) $y'' = 1 + y'^2$；　　(5) $y'' = y' + x$；　　(6) $xy'' + y' = 0$；

(7) $yy'' + 2y'^2 = 0$；　(8) $y^3 y'' - 1 = 0$；　(9) $y'' = \frac{1}{\sqrt{y}}$；　　(10) $y'' = (y')^3 + y'$.

【思路探索】 第(4)题方程中既不显含 x,又不显含 y,因此视为 $y'' = f(x, y')$ 或 $y'' = f(y, y')$ 皆可,要结合方程特点做灵活选择,本题用前者较为简便. 第(10)题与第(4)题是同样情形.

解:(1)方程不显含 y,故令 $y' = p$,于是原方程可化为 $p' = x + \sin x$,

积分得 $p = \int (x+\sin x)dx = \frac{1}{2}x^2 - \cos x + C_1$,即 $y' = \frac{1}{2}x^2 - \cos x + C_1$,

再积分后得原方程通解为 $y = \frac{1}{6}x^3 - \sin x + C_1 x + C_2$.

(2)对原方程积分得 $y'' = \int xe^x dx = xe^x - e^x + C'_1$.

再积分得 $y' = \int (xe^x - e^x + C'_1)dx = xe^x - 2e^x + C'_1 x + C_2$. 再积分得方程的通解为

$$y = \int (xe^x - 2e^x + C'_1 x + C_2)dx = xe^x - 3e^x + C_1 x^2 + C_2 x + C_3 \left(C_1 = \frac{C'_1}{2}\right).$$

(3)方程不显含 y,故设 $y' = p$,则原方程可化为 $p' = \frac{1}{1+x^2}$,积分得

$$p = \int \frac{1}{1+x^2}dx = \arctan x + C_1,$$

再积分得 $y = \int (\arctan x + C_1)dx = x\arctan x - \frac{1}{2}\ln(1+x^2) + C_1 x + C_2$,

即原方程通解为 $y = x\arctan x - \frac{1}{2}\ln(1+x^2) + C_1 x + C_2$.

(4)方程不显含 y,故设 $y' = p$,则原方程化为 $p' = 1 + p^2$,

分离变量得 $\frac{dp}{1+p^2} = dx$,积分得 $\arctan p = x + C_1$.

故 $p = \tan(x+C_1)$ 即 $y' = \tan(x+C_1)$,积分得原方程的解为 $y = -\ln\cos(x+C_1) + C_2$.

(5)令 $y'=p$，则 $y''=p'$，得线性方程 $p'=p+x$，即 $p'-p=x$，解得

$$p=e^{\int dx}\left(\int xe^{-\int dx}dx+C_1\right)=e^x\left(\int xe^{-x}dx+C_1\right)=C_1e^x-x-1.$$

则 $y=\int(C_1e^x-x-1)dx=C_1e^x-\dfrac{1}{2}x^2-x+C_2.$

(6)令 $y'=p$，则 $y''=p'$，得 $p'+\dfrac{1}{x}p=0$. 即 $\dfrac{dp}{p}=-\dfrac{dx}{x}$. 解得

$$\ln p=-\ln x+\ln C_1=\ln\dfrac{C_1}{x},\text{即 } y'=p=\dfrac{C_1}{x}.$$

则 $y=\int\dfrac{C_1}{x}dx=C_1\ln|x|+C_2.$

(7)令 $y'=p$，则原方程化成 $yp\dfrac{dp}{dy}+2p^2=0$. 分离变量得 $\dfrac{dp}{p}=\dfrac{-2dy}{y}$，积分得 $\ln|p|=\ln\dfrac{1}{y^2}+C.$

即 $y'=p=\dfrac{C_0}{y^2}$，$y^2dy=C_0dx$，$y^3=3C_0x+C_2$.

则通解为 $y^3=C_1x+C_2\quad(C_1=3C_0).$

【方法点击】 本题在将方程 $yp\dfrac{dp}{dy}+2p^2=0$ 分离变量得 $\dfrac{dp}{p}=\dfrac{-2}{y}dy$ 的过程中未讨论 $p=0$ 情形，此时应注意不要造成特解的缺失. 若 $p=0$，则 $y'=0$，故 $y=C$ 为方程一特解，只要将通解中 C_1,C_2 视为任意常数，该特解就包含在通解中了. 第(6)题也有同样的情形.

(8)令 $y'=p$，则 $y''=p'\cdot p$. 原方程化为 $y^3p\dfrac{dp}{dy}=1$，即 $pdp=\dfrac{dy}{y^3}$，

积分得 $\dfrac{1}{2}p^2=-\dfrac{1}{2y^2}+\dfrac{C_1}{2}$，即 $p^2=-\dfrac{1}{y^2}+C_1$.

将 $p=y'$ 代入上式得 $(y')^2=-\dfrac{1}{y^2}+C_1$，即 $\pm y'=\sqrt{C_1-\dfrac{1}{y^2}}$，

分离变量得 $\pm\dfrac{ydy}{\sqrt{C_1y^2-1}}=dx$，即 $\pm\dfrac{1}{2}\dfrac{d(C_1y^2)}{\sqrt{C_1y^2-1}}=C_1dx$，积分得

$$\pm\sqrt{C_1y^2-1}=C_1x+C_2,\text{即 } C_1y^2-1=(C_1x+C_2)^2.$$

(9)设 $y'=p$，则原方程化为 $p\cdot\dfrac{dp}{dy}=y^{-\frac{1}{2}}$，分离变量得 $pdp=y^{-\frac{1}{2}}dy$，

积分得 $p^2=4\sqrt{y}+4C_1$，即 $y'=\pm\sqrt{4\sqrt{y}+4C_1}=\pm2\sqrt{\sqrt{y}+C_1}$. 积分得

$$x+C_2=\pm\left[\dfrac{2}{3}(\sqrt{y}+C_1)^{\frac{3}{2}}-2C_1\sqrt{\sqrt{y}+C_1}\right].$$

(10)令 $y'=p$，则 $y''=p'$，原方程化为 $p'=p^3+p$，即 $dx=\dfrac{dp}{p^3+p}$. 积分得

$$x+C=\int\dfrac{dp}{p^3+p}=\int\dfrac{dp}{p}-\int\dfrac{p}{p^2+1}dp=\ln|p|-\dfrac{1}{2}\ln|p^2+1|.$$

整理得 $e^{2x+2C}=\dfrac{p^2}{1+p^2}$，即 $p^2=\dfrac{C_1^2e^{2x}}{1-C_1^2e^{2x}}$ $(C_1^2=e^{2C})$. 即 $p=\dfrac{C_1e^x}{\sqrt{1-C_1^2e^{2x}}}$，

将 $p=y'$ 代入得 $y'=\dfrac{C_1e^x}{\sqrt{1-C_1^2e^{2x}}}$，积分得

$$y = \int \frac{C_1 e^x}{\sqrt{1-C_1^2 e^{2x}}} dx = \int \frac{d(C_1 e^x)}{\sqrt{1-C_1^2 e^{2x}}} = \arcsin(C_1 e^x) + C_2.$$

故通解为 $y = \arcsin(C_1 e^x) + C_2$.

2. 求下列各微分方程满足所给初始条件的特解：

(1) $y^3 y'' + 1 = 0$, $y\big|_{x=1} = 1$, $y'\big|_{x=1} = 0$;   (2) $y'' - ay'^2 = 0$, $y\big|_{x=0} = 0$, $y'\big|_{x=0} = -1$;

(3) $y''' = e^{ax}$, $y\big|_{x=1} = y'\big|_{x=1} = y''\big|_{x=1} = 0$;   (4) $y'' = e^{2y}$, $y\big|_{x=0} = y'\big|_{x=0} = 0$;

(5) $y'' = 3\sqrt{y}$, $y\big|_{x=0} = 1$, $y'\big|_{x=0} = 2$;   (6) $y'' + (y')^2 = 1$, $y\big|_{x=0} = 0$, $y'\big|_{x=0} = 0$.

解：(1) 令 $y' = p(y)$，则 $y'' = \frac{dp}{dy} p$，原方程变为 $y^3 p \frac{dp}{dy} = -1$.

从而 $p\,dp = -y^{-3}\,dy$. 积分得 $p^2 = \frac{1}{y^2} + C_1$，即 $y'^2 = \frac{1}{y^2} + C_1$.

因为 $x=1$ 时，$y=1$, $y'=0$, 故 $C_1 = -1$. 因而 $y'^2 = \frac{1}{y^2} - 1$.

由此得 $y' = \pm \frac{1}{y}\sqrt{1-y^2}$，即 $\pm \frac{y}{\sqrt{1-y^2}} dy = dx$.

积分得 $\pm \frac{1}{2} \int \frac{d(1-y^2)}{\sqrt{1-y^2}} = x + C_2$，从而 $\pm \sqrt{1-y^2} = x + C_2$. 当 $x=1$ 时，$y=1$，得 $C_2 = -1$.

因此所求特解为 $\pm \sqrt{1-y^2} = x - 1$，即 $y = \sqrt{2x-x^2}$ （舍去 $y = -\sqrt{2x-x^2}$，因 $y(1) = 1$）.

(2) 令 $p = y'$，则 $y'' = \frac{dp}{dx}$，原方程变为 $\frac{dp}{dx} - ap^2 = 0$，即 $\frac{dp}{p^2} = a\,dx$，积分得 $-\frac{1}{p} = ax + C_1$. 因为

$p\big|_{x=0} = y'\big|_{x=0} = -1$，所以 $C_1 = 1$，从而 $-\frac{1}{y'} = ax + 1$，即 $dy = -\frac{dx}{ax+1}$，故

$$y = -\frac{1}{a} \ln(ax+1) + C_2.$$

又因为 $y\big|_{x=0} = 0$，故 $C_2 = 0$. 因此 $y = -\frac{1}{a} \ln(ax+1)$ 为所求的特解 $(a \neq 0)$.

(3) $y'' = \int e^{ax} dx = \frac{1}{a} e^{ax} + C_1 (a \neq 0)$. 由 $y''\big|_{x=1} = 0$ 得 $C_1 = -\frac{1}{a} e^a$ 从而 $y'' = \frac{1}{a} e^{ax} - \frac{1}{a} e^a$. 因此

$$y' = \int \left(\frac{1}{a} e^{ax} - \frac{1}{a} e^a \right) dx = \frac{1}{a^2} e^{ax} - \frac{1}{a} e^a x + C_2,$$

又由 $y'\big|_{x=1} = 0$ 得 $C_2 = \frac{1}{a} e^a - \frac{1}{a^2} e^a$. 故 $y' = \frac{1}{a^2} e^{ax} - \frac{1}{a} e^a x + \frac{1}{a} e^a - \frac{1}{a^2} e^a$.

因而 $y = \int \left(\frac{1}{a^2} e^{ax} - \frac{1}{a} e^a x + \frac{1}{a} e^a - \frac{1}{a^2} e^a \right) dx = \frac{1}{a^3} e^{ax} - \frac{1}{2a} e^a x^2 + \frac{1}{a} e^a x - \frac{1}{a^2} e^a x + C_3$.

再次由 $y\big|_{x=1} = 0$，得 $C_3 = \frac{1}{a^2} e^a - \frac{1}{a} e^a + \frac{1}{2a} e^a - \frac{1}{a^3} e^a$.

因此 $y = \frac{1}{a^3} e^{ax} - \frac{e^a}{2a} x^2 + \frac{e^a}{a^2} (a-1) x + \frac{e^a}{2a^3} (2a - a^2 - 2)$ 为所求的特解.

(4) 令 $y' = p(y)$，则 $y'' = \frac{dp}{dy} p$，原方程变为 $p \frac{dp}{dy} = e^{2y}$，即 $p\,dp = e^{2y} dy$.

积分得 $\frac{1}{2} p^2 = \frac{1}{2} e^{2y} + C_1$，即 $\frac{1}{2} y'^2 = \frac{1}{2} e^{2y} + C_1$.

由 $y\big|_{x=0}=y'\big|_{x=0}=0$，得 $C_1=-\dfrac{1}{2}$，因而 $y'^2=\mathrm{e}^{2y}-1$，从而 $y'=\pm\sqrt{\mathrm{e}^{2y}-1}$，即 $\dfrac{\mathrm{d}y}{\sqrt{\mathrm{e}^{2y}-1}}=\pm\mathrm{d}x$.

变形为 $-\dfrac{\mathrm{e}^{-y}\mathrm{d}y}{\sqrt{1-\mathrm{e}^{-2y}}}=\pm\mathrm{d}x$. 积分得 $-\arcsin\mathrm{e}^{-y}=\pm x+C_2$.

由 $y\big|_{x=0}=0$，得 $C_2=\dfrac{-\pi}{2}$，因而 $\mathrm{e}^{-y}=\sin\left(\mp x+\dfrac{\pi}{2}\right)=\cos x$.

从而 $y=\ln(\sec x)$ 为原方程的特解.

(5) 令 $y'=p(y)$，则 $y''=p\dfrac{\mathrm{d}p}{\mathrm{d}y}$，原方程变为 $p\dfrac{\mathrm{d}p}{\mathrm{d}y}=3y^{\frac{1}{2}}$，即 $p\mathrm{d}p=3\sqrt{y}\mathrm{d}y$. 积分得

$$\dfrac{1}{2}p^2=2y^{\frac{3}{2}}+C_1.$$

由 $y\big|_{x=0}=1$, $p\big|_{x=0}=y'\big|_{x=0}=2$ 得 $C_1=0$，故 $y'=p=\pm 2y^{\frac{3}{4}}$.

又由 $y''=3\sqrt{y}>0$ 可知 $y'=2y^{\frac{3}{4}}$，即 $\dfrac{\mathrm{d}y}{y^{\frac{3}{4}}}=2\mathrm{d}x$. 积分得 $4y^{\frac{1}{4}}=2x+C_2$.

由 $y\big|_{x=0}=1$ 得 $C_2=4$. 故 $y^{\frac{1}{4}}=\dfrac{1}{2}x+1$，即 $y=\left(\dfrac{1}{2}x+1\right)^4$ 为原方程的特解.

(6) 令 $y'=p(y)$，则 $y''=p\dfrac{\mathrm{d}p}{\mathrm{d}y}$，原方程变为 $p\dfrac{\mathrm{d}p}{\mathrm{d}y}+p^2=1$，即 $\dfrac{p\mathrm{d}p}{1-p^2}=\mathrm{d}y$.

积分得 $\dfrac{1}{2}\ln(p^2-1)=-y+C$，整理得 $p^2-1=C_1\mathrm{e}^{-2y}$.

由 $y\big|_{x=0}=0$, $p\big|_{x=0}=y'\big|_{x=0}=0$，得 $C_1=-1$. 因而 $p^2=1-\mathrm{e}^{-2y}$，即 $p=\pm\sqrt{1-\mathrm{e}^{-2y}}$.

故 $\dfrac{\mathrm{d}y}{\sqrt{1-\mathrm{e}^{-2y}}}=\pm\mathrm{d}x$. 积分得 $\pm x+C_2=\int\dfrac{\mathrm{d}(\mathrm{e}^y)}{\sqrt{\mathrm{e}^{2y}-1}}=\ln(\mathrm{e}^y+\sqrt{\mathrm{e}^{2y}-1})$.

由 $y\big|_{x=0}=0$，得 $C_2=0$. 因而 $\pm x=\ln(\mathrm{e}^y+\sqrt{\mathrm{e}^{2y}-1})$，得 $\mathrm{e}^{\pm x}=\mathrm{e}^y+\sqrt{\mathrm{e}^{2y}-1}$.

由此得 $\mathrm{e}^y=\dfrac{\mathrm{e}^x+\mathrm{e}^{-x}}{2}=\mathrm{ch}\,x$. 即 $y=\ln(\mathrm{ch}\,x)$ 为原方程的特解.

3. 试求 $y''=x$ 的经过点 $M(0,1)$ 且在此点与直线 $y=\dfrac{x}{2}+1$ 相切的积分曲线.

解: 因为积分曲线过 $M(0,1)$，则当 $x=0$ 时 $y=1$.

由于积分曲线在 $M(0,1)$ 处与 $y=\dfrac{x}{2}+1$ 相切. 所以 $x=0$，$y'=\dfrac{1}{2}$.

由 $y''=x$，积分得 $y'=\dfrac{x^2}{2}+C_1$，得 $C_1=\dfrac{1}{2}$，即 $y'=\dfrac{1}{2}x^2+\dfrac{1}{2}\Rightarrow y=\dfrac{1}{6}x^3+\dfrac{1}{2}x+C_2$.

由于 $x=0$，$y=1$，则 $C_2=1$，故有 $y=\dfrac{1}{6}x^3+\dfrac{1}{2}x+1$.

4. 设有一质量为 m 的物体，在空中由静止开始下落，如果空气阻力为 $R=cv$（其中 c 为常数，v 为物体运动的速度），试求物体下落的距离 s 与时间 t 的函数关系.

解: 由已知 $m\dfrac{\mathrm{d}v}{\mathrm{d}t}=mg-C^2v^2$，$t=0$ 时，$s=0$，$v=0$. 从而 $\dfrac{m\mathrm{d}v}{mg-C^2v^2}=\mathrm{d}t$，

积分得 $t+C_1=\dfrac{\sqrt{m}}{2C\sqrt{g}}\ln\left|\dfrac{Cv+\sqrt{mg}}{Cv-\sqrt{mg}}\right|$，因为 $t=0$，$v=0$，$C_1=0$，则

$$t=\dfrac{\sqrt{m}}{2C\sqrt{g}}\ln\left|\dfrac{Cv+\sqrt{mg}}{Cv-\sqrt{mg}}\right|,\ \left|\dfrac{Cv+\sqrt{mg}}{Cv-\sqrt{mg}}\right|=\exp\left(-\dfrac{2C\sqrt{g}}{\sqrt{m}}t\right)$$

由 $mg > C^2v^2$,有 $\dfrac{ds}{dt} = \dfrac{\sqrt{mg}}{C} \cdot \text{th}\left(\dfrac{C\sqrt{g}}{\sqrt{m}}t\right)$,故 $s = \dfrac{m}{C^2}\ln\left[\text{ch}\left(C \cdot \dfrac{\sqrt{g}}{\sqrt{m}}t\right)\right] + C_2$.

因为 $t=0$, $s=0$,则 $C_2=0$,故 $s = \dfrac{m}{C^2}\ln\left[\text{ch}\left(C\sqrt{\dfrac{g}{m}}t\right)\right]$.

第六节 高阶线性微分方程

习题 7-6 超精解(教材 P337~P338)

1. 下列函数组在其定义区间内哪些是线性无关的:
   (1) x, x^2;
   (2) x, $2x$;
   (3) e^{2x}, $3e^{2x}$;
   (4) e^{-x}, e^x;
   (5) $\cos 2x$, $\sin 2x$;
   (6) e^{x^2}, xe^{x^2};
   (7) $\sin 2x$, $\cos x \sin x$;
   (8) $e^x\cos 2x$, $e^x\sin 2x$;
   (9) $\ln x$, $x\ln x$;
   (10) e^{ax}, e^{bx} $(a\neq b)$.

【思路探索】 对于两个函数组成的函数组,如果两函数之比为常数,则它们是线性相关的,否则就线性无关.

解: (1) 由于 $\dfrac{x}{x^2} = \dfrac{1}{x} \neq$ 常数,故 x, x^2 线性无关.

(2) 由于 $\dfrac{x}{2x} = \dfrac{1}{2}$ 为常数,故 x, $2x$ 线性相关.

(3) 由于 $\dfrac{e^{2x}}{3e^{2x}} = \dfrac{1}{3}$ 为常数,故 e^{2x}, $3e^{2x}$ 线性相关.

(4) 由于 $\dfrac{e^{-x}}{e^x} = e^{-2x} \neq$ 常数,故 e^{-x}, e^x 线性无关.

(5) 由于 $\dfrac{\cos 2x}{\sin 2x} = \cot 2x \neq$ 常数,故 $\cos 2x$, $\sin 2x$ 线性无关.

(6) 由于 $\dfrac{e^{x^2}}{xe^{x^2}} = \dfrac{1}{x} \neq$ 常数,故 e^{x^2}, xe^{x^2} 线性无关.

(7) 由于 $\dfrac{\sin 2x}{\sin x \cos x} = 2$ 为常数,故 $\sin 2x$, $\sin x\cos x$ 线性相关.

(8) 由于 $\dfrac{e^x\cos 2x}{e^x\sin 2x} = \cot 2x \neq$ 常数,故 $e^x\cos 2x$ 与 $e^x\sin 2x$ 线性无关.

(9) 由于 $\dfrac{\ln x}{x\ln x} = \dfrac{1}{x} \neq$ 常数,故 $\ln x$, $x\ln x$ 线性无关.

(10) 由于 $\dfrac{e^{ax}}{e^{bx}} = e^{(a-b)x} \neq$ 常数,故 e^{ax}, e^{bx} 线性无关.

2. 验证 $y_1 = \cos \omega x$ 及 $y_2 = \sin \omega x$ 都是方程 $y'' + \omega^2 y = 0$ 的解,并写出该方程的通解.

【思路探索】 按照二阶齐次线性方程解的结构,若 $y_1(x)$ 与 $y_2(x)$ 是其线性无关的特解,则 $y = c_1y_1(x) + c_2y_2(x)$ 即为其通解. 故本题先验证题目所给的两函数是解,再确定它们线性无关,则通解可得.

解: $y_1' = -\omega\sin \omega x$, $y_1'' = -\omega^2\cos \omega x$,故 $y_1'' + \omega^2 y_1 = -\omega^2\cos \omega x + \omega^2\cos \omega x = 0$,即 y_1 是 $y'' + \omega^2 y = 0$ 的解. 又 $y_2' = \omega\cos \omega x$, $y_2'' = -\omega^2\sin \omega x$,故 $y_2'' + \omega^2 y_2 = -\omega^2\sin \omega x + \omega^2\sin \omega x = 0$,即 y_2 是 $y'' + \omega^2 y = 0$ 的解. 又 $\dfrac{y_1}{y_2} = \dfrac{\cos \omega x}{\sin \omega x} = \cot \omega x \neq$ 常数,故 y_1 与 y_2 线性无关,则原方程通解可写为 $y =$

$C_1\cos\omega x + C_2\sin\omega x$.

3. 验证 $y_1 = e^{x^2}$ 及 $y_2 = xe^{x^2}$ 都是方程 $y'' - 4xy' + (4x^2 - 2)y = 0$ 的解，并写出该方程的通解.

解：$y_1' = 2xe^{x^2}$，$y_1'' = 4x^2 e^{x^2} + 2e^{x^2} = (2 + 4x^2)e^{x^2}$，则有

$$y_1'' - 4xy_1' + (4x^2-2)y_1 = (2+4x^2)e^{x^2} - 8x^2 e^{x^2} + (4x^2-2)e^{x^2} = 0,$$

故 y_1 是 $y'' - 4xy' + (4x^2-2)y = 0$ 的解.

$y_2' = e^{x^2} + 2x^2 e^{x^2} = (1+2x^2)e^{x^2}$，$y_2'' = 4x \cdot e^{x^2} + (1+2x^2) \cdot 2xe^{x^2} = (4x^3 + 6x)e^{x^2}$，

则有 $y_2'' - 4xy_2' + (4x^2-2)y_2 = (4x^3+6x)e^{x^2} - (4x+8x^3)e^{x^2} + (4x^3-2x)e^{x^2} = 0$. 故 y_2 是

$y'' - 4xy' + (4x^2-2)y = 0$ 的解. 又因 $\dfrac{y_1}{y_2} = \dfrac{1}{x} \neq$ 常数，即 y_1, y_2 线性无关，故原方程的通解可

写为 $y = C_1 e^{x^2} + C_2 xe^{x^2}$.

4. 验证：

(1) $y = C_1 e^x + C_2 e^{2x} + \dfrac{1}{12}e^{5x}$ (C_1, C_2 是任意常数) 是方程 $y'' - 3y' + 2y = e^{5x}$ 的通解；

(2) $y = C_1 \cos 3x + C_2 \sin 3x + \dfrac{1}{32}(4x\cos x + \sin x)$ (C_1, C_2 是任意常数) 是方程 $y'' + 9y = x\cos x$ 的通解；

(3) $y = C_1 x^2 + C_2 x^2 \ln x$ (C_1, C_2 是任意常数) 是方程 $x^2 y'' - 3xy' + 4y = 0$ 的通解；

(4) $y = C_1 x^5 + \dfrac{C_2}{x} - \dfrac{x^2}{9}\ln x$ (C_1, C_2 是任意常数) 是方程 $x^2 y'' - 3xy' - 5y = x^2 \ln x$ 的通解；

(5) $y = \dfrac{1}{x}(C_1 e^x + C_2 e^{-x}) + \dfrac{e^x}{2}$ (C_1, C_2 是任意常数) 是方程 $xy'' + 2y' - xy = e^x$ 的通解；

(6) $y = C_1 e^x + C_2 e^{-x} + C_3 \cos x + C_4 \sin x - x^2$ (C_1, C_2, C_3, C_4 是任意常数) 是方程 $y^{(4)} - y = x^2$ 的通解.

【思路探索】 第(1)题根据二阶非齐次线性方程解的结构，其通解 $y = c_1 y_1(x) + c_2 y_2(x) + y^*$，其中 y^* 是其特解，$y_1(x)$ 与 $y_2(x)$ 是对应的齐次方程两个线性无关的特解. 故第(1)题需验证 e^x 与 e^{2x} 是齐次方程的两个线性无关解，以及 $\dfrac{1}{12}e^{5x}$ 是原方程的特解. 另外，第(2)题、第(4)题及第(5)题同理.

第(6)题为四阶非齐次线性方程，具有与二阶线性方程类似的解的结构，故采用同样的方法：先验证 $e^x, e^{-x}, \cos x$ 及 $\sin x$ 是其一对应的齐次方程的线性无关的特解，再验证 $-x^2$ 是原方程的特解. 需要指出的是，证明 $e^x, e^{-x}, \cos x$ 及 $\sin x$ 线性无关时，要利用定义并且证明 $k_1 e^x + k_2 e^{-x} + k_3 \cos x + k_4 \sin x = 0$ 当且仅当 $k_1 = k_2 = k_3 = k_4 = 0$，该部分需要结合线性代数的知识，如线性方程组、矩阵或行列式来解决.

解：(1) 令 $y_1 = e^x, y_2 = e^{2x}, y^* = \dfrac{1}{12}e^{5x}$. 由于

$y_1'' - 3y_1' + 2y_1 = e^x - 3e^x + 2e^x = 0$，$y_2'' - 3y_2' + 2y_2 = 4e^{2x} - 3(2e^{2x}) + 2e^{2x} = 0$.

所以 y_1 和 y_2 均是齐次方程 $y'' - 3y' + 2y = 0$ 的解，又 $\dfrac{y_1}{y_2} = e^{-x} \neq$ 常数，即 y_1 与 y_2 线性无关，

因而 $Y = C_1 e^x + C_2 e^{2x}$ 是齐次方程 $y'' - 3y' + 2y = 0$ 的通解.

又由于 $y^{*''} - 3y^{*'} + 2y^* = \dfrac{25}{12}e^{5x} - 3\dfrac{5}{12}e^{5x} + 2\dfrac{1}{12}e^{5x} = e^{5x}$，所以 y^* 是所给方程的特解.

因此 $y = C_1 e^x + C_2 e^{2x} + \dfrac{1}{12}e^{5x}$ 是方程 $y'' - 3y' + 2y = e^{5x}$ 的通解.

(2)令 $y_1 = \cos 3x$, $y_2 = \sin 3x$, $y^* = \dfrac{1}{32}(4x\cos x + \sin x)$.

由于 $y_1'' + 9y_1 = -9\cos 3x + 9\cos 3x = 0$, $y_2'' + 9y_2 = -9\sin 3x + 9\sin 3x = 0$,

且 $\dfrac{y_1}{y_2} = \cot 3x \not\equiv$ 常数故 y_1 和 y_2 是齐次方程 $y'' + 9y = 0$ 的两个线性无关解. 又因为

$$y^{*\prime} = \dfrac{1}{32}(5\cos x - 4x\sin x), y^{*\prime\prime} = \dfrac{1}{32}(-9\sin x - 4x\cos x),$$

$$y^{*\prime\prime} + 9y^* = \dfrac{1}{32}(-9\sin x - 4x\cos x) + \dfrac{9}{32}(4x\cos x + \sin x) = x\cos x.$$

所以 y^* 是齐次方程 $y'' + 9y = x\cos x$ 的一个特解.

因而 $y = C_1\cos 3x + C_2\sin 3x + \dfrac{1}{32}(4x\cos x + \sin x)$ 是所给方程的通解.

(3)令 $y_1 = x^2$, $y_2 = x^2\ln x$, 则 $x^2 y_1'' - 3xy_1' + 4y_1 = 2x^2 - 6x^2 + 4x^2 = 0$,

$$x^2 y_2'' - 3xy_2' + 4y_2 = x^2(2\ln x + 3) - 3x(2x\ln x + x) + 4x^2\ln x = 0,$$

且 $\dfrac{y_2}{y_1} = \ln x \not\equiv C$(常数). 因而 $y_1 = x^2$, $y_2 = x^2\ln x$ 为方程 $x^2 y'' - 3xy' + 4y = 0$ 的两个线性无关解, 因此 $y = C_1 x^2 + C_2 x^2 \ln x$ 为原方程的通解.

(4)令 $y_1 = x^5$, $y_2 = \dfrac{1}{x}$, $y^* = -\dfrac{x^2}{9}\ln x$, 因为

$$x^2 y_1'' - 3xy_1' - 5y_1 = x^2 \cdot 20x^3 - 3x \cdot 5x^4 - 5x^5 = 0,$$

$$x^2 y_2'' - 3xy_2' - 5y_2 = x^2 \cdot \dfrac{2}{x^3} - 3x\left(-\dfrac{1}{x^2}\right) - 5 \cdot \dfrac{1}{x} = 0,$$

$\dfrac{y_1}{y_2} = x^6 \not\equiv$ 常数, 所以 $y_1 = x^5$ 和 $y_2 = \dfrac{1}{x}$ 是齐次方程 $x^2 y'' - 3xy' - 5y = 0$ 的两个线性无关解,

从而 $Y = C_1 x^5 + C_2 \dfrac{1}{x}$ 是齐次方程 $x^2 y'' - 3xy' - 5y = 0$ 的通解. 又由于

$$x^2 y^{*\prime\prime} - 3xy^{*\prime} - 5y^* = x^2\left(-\dfrac{2}{9}\ln x - \dfrac{1}{3}\right) - 3x\left(-\dfrac{2x}{9}\ln x - \dfrac{x}{9}\right) - 5\left(-\dfrac{x^2}{9}\ln x\right) = x^2 \ln x,$$

所以 y^* 是非齐次方程 $x^2 y'' - 3xy' - 5y = x^2 \ln x$ 的一个特解. 因此 $y = C_1 x^5 + \dfrac{C_2}{x} - \dfrac{x^2}{9}\ln x$ 是 $x^2 y'' - 3xy' - 5y = x^2 \ln x$ 的通解.

(5)设 $y_1 = \dfrac{e^x}{x}$, $y_2 = \dfrac{e^{-x}}{x}$, $y^* = \dfrac{e^x}{2}$, 则

$$y_1' = \dfrac{xe^x - e^x}{x^2}, y_1'' = \dfrac{x^3 e^x - 2x(xe^x - e^x)}{x^4}, y_2' = \dfrac{-xe^{-x} - e^{-x}}{x^2}, y_2'' = \dfrac{x^3 e^{-x} + 2x(xe^{-x} + e^{-x})}{x^4},$$

代入方程易验证 y_1, y_2 均为方程 $xy'' + 2y' - xy = 0$ 的解.

又因为 $\dfrac{y_1}{y_2} = e^{2x} \not\equiv$ 常数, 故 $Y = \dfrac{1}{x}(C_1 e^x + C_2 e^{-x})$ 是方程 $xy'' + 2y' - xy = 0$ 的通解.

又因为 $y^{*\prime} = \dfrac{e^x}{2}$, $y^{*\prime\prime} = \dfrac{e^x}{2}$, 所以 $xy^{*\prime\prime} + 2y^{*\prime} - xy^* = x\dfrac{e^x}{2} + 2\dfrac{e^x}{2} - x\dfrac{e^x}{2} = e^x$,

即 y^* 是 $xy'' + 2y' - xy = e^x$ 的一个特解. 因此 $y = \dfrac{1}{x}(C_1 e^x + C_2 e^{-x}) + \dfrac{e^x}{2}$ 是方程的通解.

(6)令 $y_1 = e^x$, $y_2 = e^{-x}$, $y_3 = \cos x$, $y_4 = \sin x$, $y^* = -x^2$, 由于

$$y_1^{(4)} - y_1 = e^x - e^x = 0, y_2^{(4)} - y_2 = e^{-x} - e^{-x} = 0,$$

$$y_3^{(4)} - y_3 = \cos x - \cos x = 0, y_4^{(4)} - y_4 = \sin x - \sin x = 0,$$

故 y_1, y_2, y_3, y_4 均为齐次方程 $y^{(4)} - y = 0$ 的解. 又因 y_1, y_2, y_3, y_4 线性无关, 故 $Y = C_1 y_1 + C_2 y_2 + C_3 y_3 + C_4 y_4$ 是齐次方程 $y^{(4)} - y = 0$ 的通解, 又 $y^{*(4)} - y^* = 0 - (-x^2) = x^2$, 故 y^* 是所给方程的特解.

故 $y = C_1 e^x + C_2 e^{-x} + C_3 \cos x + C_4 \sin x - x^2$ 是方程 $y^{(4)} - y = x^2$ 的通解.

*5. 已知 $y_1(x) = e^x$ 是齐次线性方程 $(2x-1)y'' - (2x+1)y' + 2y = 0$ 的一个解,求此方程的通解.

【思路探索】 本题及后面的第 6~8 题具有共同的特点:已知齐次线性方程的特解,求齐次或非齐次线性方程的通解.解决此类问题除了需掌握线性方程解的结构之外,还需熟练运用"常数变易法".

解:设 $y_2(x) = y_1(x) u(x) = e^x u(x)$ 也为该方程的解,则
$$y'_2 = e^x u(x) + e^x u'(x) = e^x [u(x) + u'(x)],$$
$$y''_2 = e^x [u(x) + u'(x)] + e^x [u'(x) + u''(x)] = e^x [u(x) + 2u'(x) + u''(x)],$$
将 y_2, y'_2, y''_2 代入原方程得
$$(2x-1) e^x [u(x) + 2u'(x) + u''(x)] - (2x+1) e^x [u(x) + u'(x)] + 2 e^x u(x) = 0,$$
即 $(2x-1) u''(x) + (2x-3) u'(x) = 0$. 令 $u'(x) = p(x)$, 则 $u''(x) = \dfrac{\mathrm{d}p}{\mathrm{d}x}$, 从而以上方程变为
$$(2x-1) \dfrac{\mathrm{d}p}{\mathrm{d}x} + (2x-3) p = 0, 即 \dfrac{\mathrm{d}p}{p} = -\dfrac{2x-3}{2x-1} \mathrm{d}x.$$
积分得 $\ln p = -x + \ln(2x-1) + \ln C_1$, 即 $p = C_1 (2x-1) e^{-x}$. 从而
$$u = C_1 \int (2x-1) e^{-x} \mathrm{d}x = -C_1 \int (2x-1) \mathrm{d}e^{-x} = -C_1 [(2x-1) e^{-x} + 2 e^{-x} + C_2],$$
故 $y_2(x) = e^x u(x) = -C_1 [(2x+1) + C_2 e^x]$.

令 $C_1 = -1, C_2 = 0$, 则 $y_2(x) = 2x+1$ 为原方程的一个特解,且与 $y_1(x)$ 线性无关. 所以原方程的通解为 $y = C_1 (2x+1) + C_2 e^x$.

*6. 已知 $y_1(x) = x$ 是齐次线性方程 $x^2 y'' - 2xy' + 2y = 0$ 的一个解, 求此非齐次线性方程 $x^2 y'' - 2xy' + 2y = 2x^3$ 的通解.

解:令 $y_2(x) = y_1(x) u(x) = xu(x)$ 为齐次方程的一个解.
$$y'_2 = u(x) + xu'(x), y''_2 = 2u'(x) + xu''(x),$$
则 $x^2 y''_2 - 2xy'_2 + 2y_2 = 0$, 即 $x^2 [2u'(x) + xu''(x)] - 2x[u(x) + xu'(x)] + 2xu(x) = 0$, 即 $u''(x) = 0$.

故 $u(x) = Cx - C^*$, 不妨取 $u(x) = x$, 则 $y_2(x) = x^2$, 故齐次方程通解为 $Y = C_1 x + C_2 x^2$.

将 $x^2 y'' - 2xy' + 2y = 2x^3$ 化为 $y'' - \dfrac{2}{x} y' + \dfrac{2}{x^2} y = 2x$, 得
$$y = C_1 x + C_2 x^2 - y_1 \int \dfrac{y_2 f}{\omega} \mathrm{d}x + y_2 \int \dfrac{y_1 f}{\omega} \mathrm{d}x.$$
其中 $f = 2x, \omega = y_1 y'_2 - y'_1 y_2 = x^2$. 故 $x^2 y'' - 2xy' + 2y = 2x^3$ 的通解可写为
$$y = C_1 x + C_2 x^2 + x^3.$$

*7. 已知齐次线性方程 $y'' + y = 0$ 的通解为 $Y(x) = C_1 \cos x + C_2 \sin x$, 求非齐次线性方程 $y'' + y = \sec x$ 的通解.

解:$y_1 = \cos x, y_2 = \sin x$ 是齐次方程 $y'' + y = 0$ 的两个线性无关解, 令
$$y = y_1 v_1 + y_2 v_2 = \cos x \cdot v_1 + \sin x \cdot v_2,$$
满足 $\begin{cases} y_1 v'_1 + y_2 v'_2 = 0, \\ y'_1 v'_1 + y'_2 v'_2 = f, \end{cases}$ 即 $\begin{cases} \cos x \cdot v'_1 + \sin x \cdot v'_2 = 0, \\ -\sin x \cdot v'_1 + \cos x \cdot v'_2 = f, \end{cases}$

得 $v'_1 = -\tan x, v'_2 = 1$. 积分得 $v_1 = C_1 + \ln|\cos x|, v_2 = C_2 + x$. 故非齐次方程 $y'' + y = \sec x$ 的通解为 $y = C_1\cos x + C_2\sin x + \cos x \cdot \ln|\cos x| + x\sin x$.

*8. 已知齐次线性方程 $x^2 y'' - xy' + y = 0$ 的通解为 $Y(x) = C_1 x + C_2 x \ln|x|$，求非齐次线性方程 $x^2 y'' - xy' + y = x$ 的通解.

解：$y_1 = x, y_2 = x\ln|x|$ 是 $x^2 y'' - xy' + y = 0$ 的两个线性无关的解，将 $x^2 y'' - xy' + y = x$ 化为标准形式 $y'' - \dfrac{1}{x}y' + \dfrac{1}{x^2}y = \dfrac{1}{x}$，其中 $f(x) = \dfrac{1}{x}$，由 $y'_1 = 1, y'_2 = \ln|x| + 1$，得 $W = y_1 y'_2 - y'_1 y_2 = x$. 故由常数变易公式知

$$y = C_1 x + C_2 x\ln|x| - x\int \dfrac{x\ln|x| \cdot \dfrac{1}{x}}{x}dx + x\ln|x|\int\dfrac{x \cdot \dfrac{1}{x}}{x}dx$$

$$= C_1 x + C_2 x\ln|x| - \dfrac{x}{2}(\ln|x|)^2 + x(\ln|x|)^2,$$

即 $y = C_1 x + C_2 x\ln|x| + \dfrac{x}{2}(\ln|x|)^2$ 为 $x^2 y'' - xy' + y = x$ 的通解.

第七节 常系数齐次线性微分方程

习题 7-7 超精解（教材 P346～P347）

1. 求下列微分方程的通解：

(1) $y'' + y' - 2y = 0$；　　　(2) $y'' - 4y' = 0$；　　　(3) $y'' + y = 0$；

(4) $y'' + 6y' + 13y = 0$；　　(5) $4\dfrac{d^2 x}{dt^2} - 20\dfrac{dx}{dt} + 25x = 0$；　(6) $y'' - 4y' + 5y = 0$；

(7) $y^{(4)} - y = 0$；　　　　(8) $y^{(4)} + 2y'' + y = 0$；　　(9) $y^{(4)} - 2y''' + y'' = 0$；

(10) $y^{(4)} + 5y'' - 36y = 0$.

【思路探索】 本题为解高阶常系数齐次线性方程的问题，先根据方程特点构造特征方程，然后解出特征方程的根，再根据根的不同情形写出通解.

解：(1) 特征方程为 $r^2 + r - 2 = 0$，解之得特征根为 $r = -2, 1$（一重）.
故通解为 $y = C_1 e^x + C_2 e^{-2x}$.

(2) 特征方程为 $r^2 - 4r = 0$，解之得特征根为 $r = 0, 4$（一重）.
故方程通解为 $y = C_1 + C_2 e^{4x}$.

(3) 特征方程为 $r^2 + 1 = 0$，解之得特征根为 $r = \pm i$（一重）.
故方程通解为 $y = C_1\cos x + C_2\sin x$.

(4) 特征方程为 $r^2 + 6r + 13 = 0$，解之得特征根为 $r = -3 \pm 2i$（一重）.
故方程通解为 $y = e^{-3x}(C_1\cos 2x + C_2\sin 2x)$.

(5) 特征方程为 $4r^2 - 20r + 25 = 0$，解之得特征根为 $r = \dfrac{5}{2}$（二重）.
故方程通解为 $x = (C_1 + C_2 t)e^{\frac{5}{2}t}$.

(6) 特征方程为 $r^2 - 4r + 5 = 0$，解之得特征根为 $r = 2 \pm i$（一重）.
故方程通解为 $y = e^{2x}(C_1\cos x + C_2\sin x)$.

(7) 特征方程为 $r^4 - 1 = 0$，解之得特征根为 $r_1 = 1, r_2 = -1, r_3 = i, r_4 = -i$.
故方程通解为 $y = C_1 e^x + C_2 e^{-x} + C_3\cos x + C_4\sin x$.

(8) 特征方程为 $r^4+2r^2+1=0$，解之得特征根为 $r_{1,2}=i$(二重)，$r_{3,4}=-i$(二重).
故方程通解为 $y=(C_1+C_2x)\cos x+(C_3+C_4x)\sin x$.

(9) 特征方程为 $r^4-2r^3+r^2=0$，解之得特征根为 $r_{1,2}=0$(二重)，$r_{3,4}=1$(二重).
故方程通解为 $y=C_1+C_2x+(C_3+C_4x)e^x$.

(10) 特征方程为 $r^4+5r^2-36=0$，解得 $r^2=4,-9$. 特征根为 $r_1=2,r_2=-2,r_3=3i,r_4=-3i$.
故方程通解为 $y=C_1e^{2x}+C_2e^{-2x}+C_3\cos 3x+C_4\sin 3x$.

【方法点击】 第(1)~(6)题为二阶常系数齐次线性方程，若 r_1,r_2 是其特征方程的根，则
(1) $r_1\neq r_2$ 为实根，则通解 $y=C_1e^{r_1x}+C_2e^{r_2x}$；
(2) $r_1=r_2$ 为实根，则通解 $y=(C_1+C_2x)e^{r_1x}$；
(3) $r_{1,2}=\alpha\pm\beta i$ 为复根，则通解 $y=e^{\alpha x}(C_1\cos\beta x+C_2\sin\beta x)$. 需要提醒的是，二阶常系数齐次线性方程也可以视为可降阶方程 $y''=f(y,y')$ 型，一般用本节知识当作线性方程来解较简便.

第(7)~(10)题为四阶常系数齐次线性方程. 其通解也要根据特征方程的根的不同情形(单实根；共轭复根；k 重实根；k 重共轭复根)来构造.

2. 求下列微分方程满足所给初始条件的特解：

(1) $y''-4y'+3y=0$, $y\big|_{x=0}=6$, $y'\big|_{x=0}=10$；

(2) $4y''+4y'+y=0$, $y\big|_{x=0}=2$, $y'\big|_{x=0}=0$；

(3) $y''-3y'-4y=0$, $y\big|_{x=0}=0$, $y'\big|_{x=0}=-5$；

(4) $y''+4y'+29y=0$, $y\big|_{x=0}=0$, $y'\big|_{x=0}=15$；

(5) $y''+25y=0$, $y\big|_{x=0}=2$, $y'\big|_{x=0}=5$；

(6) $y''-4y'+13y=0$, $y\big|_{x=0}=0$, $y'\big|_{x=0}=3$.

解：(1) 特征方程为 $r^2-4r+3=0$，解之得特征根为 $r=1,3$.
故方程通解为 $y=C_1e^x+C_2e^{3x}$. 代入初始条件得 $C_1=4,C_2=2$.
故所求特解为 $y=4e^x+2e^{3x}$.

(2) 特征方程为 $4r^2+4r+1=0$，解之得特征根为 $r=-\dfrac{1}{2}$(二重根).

故方程通解为 $y=(C_1+C_2x)e^{-\frac{x}{2}}$. 代入初始条件得 $C_1=2,C_2=1$.

故所求特解为 $y=(2+x)e^{-\frac{x}{2}}$.

(3) 特征方程为 $r^2-3r-4=0$，解之得特征根为 $r=-1,4$.
故方程通解为 $y=C_1e^{-x}+C_2e^{4x}$. 代入初始条件得 $C_1=1,C_2=-1$.
故所求特解为 $y=e^{-x}-e^{4x}$.

(4) 特征方程为 $r^2+4r+29=0$，解之得特征根为 $r_{1,2}=-2\pm 5i$.
故通解为 $y=e^{-2x}(C_1\cos 5x+C_2\sin 5x)$. 则
$$y'=e^{-2x}(5C_2-2C_1)\cos 5x+(-5C_1-2C_2)\sin 5x.$$
代入初始条件得 $0=C_1$，$15=5C_2-2C_1$，故 $C_1=0,C_2=3$.
因此 $y=e^{-2x}(0\cdot\cos 5x+3\sin 5x)=3e^{-2x}\sin 5x$ 即为所求的特解.

(5) 特征方程为 $r^2+25=0$，解之得特征根 $r_{1,2}=\pm 5i$.
故通解为 $y=C_1\cos 5x+C_2\sin 5x$. 因此，$y'=-5C_1\sin 5x+5C_2\cos 5x$.

代入初始条件,得 $\begin{cases} C_1=2, \\ 5C_2=5, \end{cases}$ 即 $\begin{cases} C_1=2, \\ C_2=1, \end{cases}$ 因此所求特解为 $y=2\cos 5x+\sin 5x$.

(6)特征方程为 $r^2-4r+13=0$,解之得特征根 $r_{1,2}=2\pm 3\mathrm{i}$.

故通解为 $y=\mathrm{e}^{2x}(C_1\cos 3x+C_2\sin 3x)$;$y'=\mathrm{e}^{2x}[(2C_1+3C_2)\cos 3x+(2C_2-3C_1)\sin 3x]$.

代入初始条件得 $0=C_1$,$3=2C_1+3C_2$,从而 $C_1=0$,$C_2=1$.

因此 $y=\mathrm{e}^{2x}\sin 3x$ 即为所求特解.

3. 一个单位质量的质点在数轴上运动,开始时质点在原点 O 处且速度为 v_0,在运动过程中,它受到一个力的作用,这个力的大小与质点到原点的距离成正比(比例系数 $k_1>0$)而方向与初速度一致. 又介质的阻力与速度成正比(比例系数 $k_2>0$).求反映这质点的运动规律的函数.

解:设数轴为 x 轴,v_0 方向为正轴方向 $x''=k_1x-k_2x'$,即 $x''+k_2x'-k_1x=0$;则由题意得:

当 $t=0$ 时,$x=0$,$x'=v_0$,方程 $x''+k_2x'-k_1x=0$ 的特征方程为 $r^2+k_2r-k_1=0$,解之得特征根

$$r_{1,2}=\frac{-k_2\pm\sqrt{k_2^2+4k_1}}{2}.$$

故通解为 $x=C_1\exp\left\{\dfrac{-k_2-\sqrt{k_2^2+4k_1}}{2}t\right\}+C_2\exp\left\{\dfrac{-k_2+\sqrt{k_2^2+4k_1}}{2}t\right\}$,又

$$x'=\frac{-k_2-\sqrt{k_2^2+4k_1}}{2}C_1\exp\left\{\frac{-k_2-\sqrt{k_2^2+4k_1}}{2}t\right\}+\frac{-k_2+\sqrt{k_2^2+4k_1}}{2}C_2\exp\left\{\frac{-k_2+\sqrt{k_2^2+4k_1}}{2}t\right\}.$$

由于 $t=0$ 时,$x=0$,$x'=v_0$,所以 $0=C_1+C_2$,且

$$v_0=\frac{-k_2-\sqrt{k_2^2+4k_1}}{2}C_1+\frac{-k_2+\sqrt{k_2^2+4k_1}}{2}C_2,\ C_1=-\frac{v_0}{\sqrt{k_2^2+4k_1}},\ C_2=\frac{v_0}{\sqrt{k_2^2+4k_1}}.$$

因此 $x=\dfrac{v_0}{\sqrt{k_2^2+4k_1}}\exp\left\{\dfrac{-k_2+\sqrt{k_2^2+4k_1}}{2}t\right\}(1-\exp\{-\sqrt{k_2^2+4k_1}t\})$,即为原点运动规律.

【方法点击】 题解中 $\exp\{f(x)\}$ 表示 $\mathrm{e}^{f(x)}$.

4. 在图 7-3 所示的电路中先将开关 K 拨向 A,达到稳定状态后再将开关 K 拨向 B,求电压 $u_C(t)$ 及电流 $i(t)$.已知 $E=20\mathrm{V}$,$C=0.5\times 10^{-6}\mathrm{F}$(法),$L=0.1\mathrm{H}$(亨),$R=2\,000\Omega$.

解:由回路电压定律得 $E-L\dfrac{\mathrm{d}i}{\mathrm{d}t}-\dfrac{q}{C}-Ri=0$,由于 $q=Cu_c$,

故 $i=\dfrac{\mathrm{d}q}{\mathrm{d}t}=Cu'_c$,$\dfrac{\mathrm{d}i}{\mathrm{d}t}=Cu''_c$,因此

$$-LCu''_c=u_c-RCu'_c=0,\ 即\ u''_c+\frac{R}{L}u'_c+\frac{1}{LC}u_c=0.$$

已知 $\dfrac{R}{L}=\dfrac{2\,000}{0.1}=2\times 10^4$,$\dfrac{1}{LC}=\dfrac{1}{0.1\times 0.5\times 10^{-6}}=\dfrac{1}{5}\times 10^8$,故

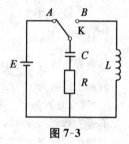

图 7-3

$$u''_c+2\times 10^4 u''_c+\frac{1}{5}\times 10^8 u_c=0.$$

其特征方程为 $r^2+2\times 10^4 r+\dfrac{1}{5}\times 10^8=0$.解之得特征根 $r_1=-1.9\times 10^4$,$r_2=-10^3$.

因此其通解为 $u_c=C_1\mathrm{e}^{-1.9\times 10^4 t}+C_2\mathrm{e}^{-10^3 t}$.

又 $u'_c=-1.9\times 10^4 C_1\mathrm{e}^{-1.9\times 10^4 t}-10^3 C_2\mathrm{e}^{-10^3 t}$,由初始条件 $t=0$ 时,$u_c=20$,$u'_c=0$,知 $C_1+C_2=20$,$-1.9\times 10^4 C_1-10^3 C_2=0$.解方程组得 $C_1=-\dfrac{10}{9}$,$C_2=\dfrac{190}{9}$.

故 $u_c(t) = \dfrac{10}{9}(19\mathrm{e}^{-10^3 t} - \mathrm{e}^{-1.9\times 10^4 t})$ (V), $i(t) = \dfrac{19}{18} \times 10^{-2}(\mathrm{e}^{-1.9\times 10^4 t} - \mathrm{e}^{-10^3 t})$ (A) 即为所求.

5. 设圆柱形浮筒,直径为 0.5 m,铅直放在水中,当稍向下压后突然放开,浮筒在水中上下振动的周期为 2 s,求浮筒的质量.

解:设 ρ 为水的密度,S 为浮筒的横截面积,D 为浮筒的直径,且设压下的位移为 x(如图 7-4 所示),则 $f = -\rho g S x$.

又 $f = ma = m\dfrac{\mathrm{d}^2 x}{\mathrm{d}t^2}$,因而 $-\rho g S x = m\dfrac{\mathrm{d}^2 x}{\mathrm{d}t^2}$,即 $m\dfrac{\mathrm{d}^2 x}{\mathrm{d}t^2} + \rho g S x = 0$.

此方程的特征方程为 $mr^2 + \rho g S = 0$,解之得特征根 $r_{1,2} = \pm\left(\sqrt{\dfrac{\rho g S}{m}}\right)\mathrm{i}$,故通解为 $x = C_1 \cos\left(\sqrt{\dfrac{\rho g S}{m}}\right)t + C_2 \sin\left(\sqrt{\dfrac{\rho g S}{m}}\right)t$,即 $x = A\sin\left[\left(\sqrt{\dfrac{\rho g S}{m}}\right)t + \varphi\right]$.

图 7-4

因而浮筒的振动的频率 $\omega = \sqrt{\dfrac{\rho g S}{m}}$,周期 $T = \dfrac{2\pi}{\omega} = 2\pi\sqrt{\dfrac{m}{\rho g S}}$,由已知 $T = 2$,得 $2 = 2\pi\sqrt{\dfrac{m}{\rho g S}}$,

即 $m = \dfrac{\rho g S}{\pi^2}$,而 $\rho = 1\,000 \text{ kg/m}^2$, $g = 9.8 \text{ m/s}^2$, $D = 0.5$ m,因此

$$m = \dfrac{\rho g S}{\pi^2} = \dfrac{1\,000 \times 9.8 \times 0.5^2}{4\pi} = 195 \text{(kg)}.$$

第八节　常系数非齐次线性微分方程

习题 7-8 超精解(教材 P354)

1. 求下列各微分方程的通解:

(1) $2y'' + y' - y = 2\mathrm{e}^x$;

(2) $y'' + a^2 y = \mathrm{e}^x$;

(3) $2y'' + 5y' = 5x^2 - 2x - 1$;

(4) $y'' + 3y' + 2y = 3x\mathrm{e}^{-x}$;

(5) $y'' - 2y' + 5y = \mathrm{e}^x \sin 2x$;

(6) $y'' - 6y' + 9y = (x+1)\mathrm{e}^{3x}$;

(7) $y'' + 5y' + 4y = 3 - 2x$;

(8) $y'' + 4y = x\cos x$;

(9) $y'' + y = \mathrm{e}^x + \cos x$;

(10) $y'' - y = \sin^2 x$.

[思路探索] 第(9)题自由项不属于基本类型,故求特解 y^* 时需要使用解的结构中的叠加原理,即分别求出 $y'' + y = \mathrm{e}^x$ 与 $y'' + y = \cos x$ 的特解 y_1^* 与 y_2^*,则原方程的特解 $y^* = y_1^* + y_2^*$. 第(10)题自由项不属于基本类型,需要将 $\sin^2 x$ 变形为 $\dfrac{1}{2} - \dfrac{1}{2}\cos 2x$,分别求 $y'' - y = \dfrac{1}{2}$ 与 $y'' - y = -\dfrac{1}{2}\cos 2x$ 的特解,然后使用叠加原理.

解:(1)对应的齐次方程 $2y'' + y' - y = 0$,其特征方程 $2r^2 + r - 1 = 0$,解之得特征根为 $r = -1, \dfrac{1}{2}$.

故齐次方程通解为 $Y = C_1 \mathrm{e}^{\frac{x}{2}} + C_2 \mathrm{e}^{-x}$.

设原方程特解为 $y^* = C\mathrm{e}^x$. 代入原方程得 $2C\mathrm{e}^x + C\mathrm{e}^x - C\mathrm{e}^x = 2\mathrm{e}^x$, 故 $C = 1$, 特解 $y^* = \mathrm{e}^x$, 故原方程通解为 $y = C_1 \mathrm{e}^{\frac{x}{2}} + C_2 \mathrm{e}^{-x} + \mathrm{e}^x$.

(2)对应齐次方程为 $y'' + a^2 y = 0$,其特征方程为 $r^2 + a^2 = 0$,解之得特征根为 $r = \pm a\mathrm{i}$,故齐次方程通解为 $Y = C_1 \cos ax + C_2 \sin ax$.

设原方程特解为 $y^* = C\mathrm{e}^x$,代入原方程得 $C\mathrm{e}^x + a^2 C\mathrm{e}^x = \mathrm{e}^x$,故 $C = \dfrac{1}{1+a^2}$, $y^* = \dfrac{1}{1+a^2}\mathrm{e}^x$. 故原

方程通解为 $y=C_1\cos ax+C_2\sin ax+\dfrac{e^x}{1+a^2}$.

(3) 对应齐次方程为 $2y''+5y'=0$,其特征方程为 $2r^2+5r=0$,解之得 $r=0,-\dfrac{5}{2}$,故齐次方程通解为 $Y=C_1+C_2e^{-\frac{5}{2}x}$.

设原方程特解为 $y^*=x(Ax^2+Bx+C)$,代入原方程得
$$15Ax^2+(10B+12A)x+(5C+4B)=5x^2-2x-1.$$

故 $\begin{cases}15A=5,\\10B+12A=-2,\\5C+4B=-1\end{cases}\Rightarrow\begin{cases}A=\dfrac{1}{3},\\B=-\dfrac{3}{5},\\C=\dfrac{7}{25},\end{cases}$ 故 $y^*=\dfrac{1}{3}x^3-\dfrac{3}{5}x^2+\dfrac{7}{25}x$.

故原方程通解为 $y=C_1+C_2e^{-\frac{5}{2}x}+\dfrac{1}{3}x^3-\dfrac{3}{5}x^2+\dfrac{7}{25}x$.

(4) 对应齐次方程 $y''+3y'+2y=0$,其特征方程为 $r^2+3r+2=0$,解之得特征根为 $r=-1,-2$,故齐次方程通解 $Y=C_1e^{-x}+C_2e^{-2x}$.

设原方程特解为 $y^*=x(Ax+B)e^{-x}$,代入原方程,比较同类项系数可得 $A=\dfrac{3}{2},B=-3$.

故 $y^*=\left(\dfrac{3}{2}x^2-3x\right)e^{-x}$,故原方程通解为 $y=C_1e^{-x}+C_2e^{-2x}+\left(\dfrac{3}{2}x^2-3x\right)e^{-x}$.

(5) 对应齐次方程为 $y''-2y'+5y=0$,其特征方程为 $r^2-2r+5=0$,解之得特征根为 $r=1\pm 2i$,故其通解为 $Y=e^x(C_1\cos 2x+C_2\sin 2x)$.

设原方程的一特解为 $y^*=xe^x(A\cos 2x+B\sin 2x)$,代入原方程,得 $A=-\dfrac{1}{4},B=0$,故
$$y^*=-\dfrac{1}{4}xe^x\cos 2x.$$

故原方程通解为 $y=e^x(C_1\cos 2x+C_2\sin 2x)-\dfrac{1}{4}xe^x\cos 2x$.

(6) 对应齐次方程 $y''-6y'+9y=0$,其特征方程为 $r^2-6r+9=0$,解之得特征根为 $r=3$(二重),故齐次方程通解为 $Y=(C_1+C_2x)e^{3x}$. 设原方程一特解为 $y^*=x^2(Ax+B)e^{3x}$,

代入原方程得 $A=\dfrac{1}{6},B=\dfrac{1}{2}$,故 $y^*=x^2\left(\dfrac{1}{6}x+\dfrac{1}{2}\right)e^{3x}$.

故原方程通解为 $y=(C_1+C_2x)e^{3x}+\dfrac{x^2}{2}\left(\dfrac{1}{3}x+1\right)e^{3x}$.

(7) 对应齐次方程 $y''+5y'+4y=0$,其特征方程 $r^2+5r+4=0$,解之得特征根为 $r=-1,-4$. 故齐次方程通解为 $Y=C_1e^{-x}+C_2e^{-4x}$.

设原方程一特解为 $y^*=Ax+B$,代入原方程可得 $A=-\dfrac{1}{2},B=\dfrac{11}{8}$,$y^*=-\dfrac{1}{2}x+\dfrac{11}{8}$.

故原方程通解为 $y=C_1e^{-x}+C_2e^{-4x}-\dfrac{1}{2}x+\dfrac{11}{8}$.

(8) 对应齐次方程 $y''+4y=0$,其特征方程为 $r^2+4=0$,特征根为 $r=\pm 2i$.

故其通解为 $Y=C_1\cos 2x+C_2\sin 2x$.

设原方程一特解为 $y^*=(Ax+B)\cos x+(Cx+D)\sin x$,代入原方程可得 $A=\dfrac{1}{3},B=0$,

$C=0, D=\dfrac{2}{9}$, 故 $y^*=\dfrac{1}{3}\cos x \cdot x+\dfrac{2}{9}\sin x$.

故通解为 $y=C_1\cos 2x+C_2\sin 2x+\dfrac{1}{3}x\cos x+\dfrac{2}{9}\sin x$.

(9)对应齐次方程为 $y''+y=0$,其特征方程为 $r^2+1=0$,特征根 $r=\pm i$.
故通解为 $Y=C_1\cos x+C_2\sin x$.

设 $y''+y=e^x$ 一特解为 $y_1^*=Ce^x$,代入得 $C=\dfrac{1}{2}$,故 $y_1^*=\dfrac{1}{2}e^x$. 设 $y''+y=\cos x$ 一特解为 $y_2^*=x(A\cos x+B\sin x)$,代入得 $A=0, B=\dfrac{1}{2}$,故 $y_2^*=\dfrac{x}{2}\sin x$. 故原方程的一特解

$$y^*=y_1^*+y_2^*=\dfrac{1}{2}e^x+\dfrac{x}{2}\sin x.$$

故原方程通解为 $y=C_1\cos x+C_2\sin x+\dfrac{1}{2}e^x+\dfrac{x}{2}\sin x$.

(10)对应齐次方程 $y''-y=0$,其特征方程 $r^2-1=0$,特征根 $r=\pm 1$. 故齐次方程通解为
$$Y=C_1e^x+C_2e^{-x}.$$

设 $y''-y=\dfrac{1}{2}$ 的特解为 $y_1^*=C$,代入得 $C=-\dfrac{1}{2}$,故 $y_1^*=-\dfrac{1}{2}$. 设 $y''-y=-\dfrac{1}{2}\cos 2x$ 的特解为 $y_2^*=A\cos 2x+B\sin 2x$,代入得 $A=\dfrac{1}{10}, B=0$,故 $y_2^*=\dfrac{1}{10}\cos 2x$. 故原方程 $y''-y=\sin^2 x=\dfrac{1}{2}(1-\cos 2x)$ 的一特解 $y^*=y_1^*+y_2^*=-\dfrac{1}{2}+\dfrac{1}{10}\cos 2x$,

则原方程通解为 $y=C_1e^x+C_2e^{-x}-\dfrac{1}{2}+\dfrac{1}{10}\cos 2x$.

【方法点击】 二阶常系数非齐次线性方程通解的求法:
(1)用特征根法求出对应的齐次线性方程的通解 Y;
(2)用待定系数法求出非齐次线性方程的一个特解 y^*;
(3)写出通解 $y=Y+y^*$.

2. 求下列各微分方程满足已给初始条件的特解:
(1) $y''+y+\sin 2x=0, y\big|_{x=\pi}=1, y'\big|_{x=\pi}=1$;
(2) $y''-3y'+2y=5, y\big|_{x=0}=1, y'\big|_{x=0}=2$;
(3) $y''-10y'+9y=e^{2x}, y\big|_{x=0}=\dfrac{6}{7}, y'=\dfrac{33}{7}$;
(4) $y''-y=4xe^x, y\big|_{x=0}=0, y'\big|_{x=0}=1$;
(5) $y''-4y'=5, y\big|_{x=0}=1, y'\big|_{x=0}=0$.

解:(1)特征方程为 $r^2+1=0$,解之得特征根 $r=\pm i$,故对应的齐次方程的通解为 $Y=C_1\cos x+C_2\sin x$. 而 $f(x)=-\sin 2x, \lambda+i\omega=2i$ 不是特征方程的根,故设 $y^*=A\cos 2x+B\sin 2x$ 为原方程的一个特解,
则 $(y^*)'=-2A\sin 2x+2B\cos 2x, (y^*)''=-4A\cos 2x-4B\sin 2x$,
代入原方程得 $-3A\cos 2x-3B\sin 2x+\sin 2x=0$,
从而 $-3A=0, -3B+1=0$. 故 $A=0, B=\dfrac{1}{3}$,则 $y^*=\dfrac{1}{3}\sin 2x$.

因此原方程的通解为 $y = C_1\cos x + C_2\sin x + \dfrac{1}{3}\sin 2x$.

而 $y' = -C_1\sin x + C_2\cos x + \dfrac{2}{3}\cos 2x$ 代入初始条件得 $1 = -C_1$，$1 = -C_2 + \dfrac{2}{3}$，求得 $C_1 = -1$，$C_2 = -\dfrac{1}{3}$. 因此满足初始条件的特解为 $y = -\cos x - \dfrac{1}{3}\sin x + \dfrac{1}{3}\sin 2x$.

(2) 特征方程 $r^2 - 3r + 2 = 0$，因此求得特征根 $r_1 = 1$，$r_2 = 2$，故对应的齐次方程的通解为
$$Y = C_1 e^x + C_2 e^{2x}.$$

易观察到 $y^* = \dfrac{5}{2}$ 为原方程的一个特解，因而原方程的通解为 $y = C_1 e^x + C_2 e^{2x} + \dfrac{5}{2}$.

由初始条件得 $\begin{cases} C_1 + C_2 + \dfrac{5}{2} = 1, \\ C_1 + 2C_2 = 2, \end{cases}$ 解之得 $\begin{cases} C_1 = -5, \\ C_2 = \dfrac{7}{2}. \end{cases}$

因此满足初始条件的特解为 $y = -5e^x + \dfrac{7}{2}e^{2x} + \dfrac{5}{2}$.

(3) 特征方程为 $r^2 - 10r + 9 = 0$，解之得特征根 $r_1 = 1$，$r_2 = 9$，因而对应齐次方程的通解为
$$Y = C_1 e^x + C_2 e^{9x}.$$

而 $f(x) = e^{2x}$，$\lambda = 2$ 不是特征方程的根，故设 $y^* = Ae^{2x}$ 为原方程的一个特解，

则 $(y^*)' = 2Ae^{2x}$，$(y^*)'' = 4Ae^{2x}$ 代入原方程有 $4A - 20A + 9A = 1$，即 $A = -\dfrac{1}{7}$，

则 $y^* = -\dfrac{1}{7}e^{2x}$，从而 $y = C_1 e^x + C_2 e^{9x} - \dfrac{1}{7}e^{2x}$ 为原方程的通解.

由初始条件得 $C_1 = \dfrac{1}{2}$，$C_2 = \dfrac{1}{2}$，故方程满足初始条件的特解为 $y = \dfrac{1}{2}(e^x + e^{9x}) - \dfrac{1}{7}e^{2x}$.

(4) 相应齐次方程为 $y'' - y = 0$，其特征方程为 $r^2 - 1 = 0$，特征根 $r = \pm 1$.
故齐次方程的通解 $Y = C_1 e^x + C_2 e^{-x}$.
设原方程一特解为 $y^* = x(Ax+B)e^x$，代入原方程可得 $A = 1, B = -1$，故 $y^* = (x^2 - x)e^x$.
原方程通解为 $y = C_1 e^x + C_2 e^{-x} + (x^2 - x)e^x$. 将初始条件代入得
$$\begin{cases} C_1 + C_2 = 0, \\ C_1 - C_2 - 1 = 1 \end{cases} \Rightarrow \begin{cases} C_1 = 1, \\ C_2 = -1. \end{cases}$$

故所求特解为 $y = e^x - e^{-x} + (x^2 - x)e^x$.

(5) 对应齐次方程 $y'' - 4y' = 0$，特征方程为 $r^2 - 4r = 0$，特征根 $r = 0, 4$.
故齐次方程通解为 $Y = C_1 + C_2 e^{4x}$.

设原方程一特解为 $y^* = Ax$，代入原方程可得 $A = -\dfrac{5}{4}$ 故 $y^* = -\dfrac{5}{4}x$，故原方程通解为 $y = C_1 + C_2 e^{4x} - \dfrac{5}{4}x$. 将初始条件代入可得 $\begin{cases} C_1 + C_2 = 1, \\ 4C_2 - \dfrac{5}{4} = 0 \end{cases} \Rightarrow \begin{cases} C_1 = \dfrac{11}{16}, \\ C_2 = \dfrac{5}{16}. \end{cases}$

故所求特解为 $y = \dfrac{11}{16} + \dfrac{5}{16}e^{4x} - \dfrac{5}{4}x$.

【方法点击】 求二阶常系数非齐次线性方程的特解时，应先求出其通解，再根据初始条件确定任意常数 C_1, C_2. 另外，某些二阶常系数非齐次方程也可以视为可降阶方程，如第(2)题与第(5)题，需根据方程特点选择简便方法.

第七章 微分方程

3. 大炮以仰角 α、初速度 v_0 发射炮弹,若不计空气阻力,求弹道曲线.

解: 取炮口为原点,炮弹前进的水平方向为 x 轴,铅直向上为 y 轴,弹道的运动微分方程为

$$\begin{cases} \dfrac{d^2 y}{dt^2} = -g, \\ \dfrac{dx}{dt} = v_0 \cos \alpha, \end{cases} \text{且满足初始条件} \begin{cases} y\big|_{t=0} = 0, \ y'\big|_{t=0} = v_0 \sin \alpha, \\ x\big|_{t=0} = 0, \ x'\big|_{t=0} = v_0 \cos \alpha. \end{cases}$$

解这个初值问题可得弹道曲线为 $\begin{cases} x = v_0 \cos \alpha \cdot t, \\ y = v_0 \sin \alpha \cdot t - \dfrac{1}{2} g t^2. \end{cases}$

4. 在 RLC 含源串联电路中,电动势为 E 的电源对电容器 C 充电. 已知 $E = 20$V, $C = 0.2\mu$F, $L = 0.1$H, $R = 1\,000\Omega$,试求合上开关 S 后的电流 $i(t)$ 及电压 $u_C(t)$.

解: 由回路定律可知 $L \cdot C \cdot u_C'' + R \cdot C \cdot u_C' + u_C = E$,即 $u_C'' + \dfrac{R}{L} u_C' + \dfrac{u_C}{LC} = \dfrac{E}{LC}$,

且 $t = 0$ 时,$u_C = 0$,$u_C' = 0$. 已知 $R = 1\,000\Omega, L = 0.1H, C = 0.2\mu$F,故

$\dfrac{R}{L} = \dfrac{1\,000}{0.1} = 10^4$,$\dfrac{1}{LC} = \dfrac{1}{0.1 \times 0.2 \times 10^{-6}} = 5 \times 10^7$,$\dfrac{E}{LC} = \dfrac{20}{2 \times 10^{-8}} = 10 \times 10^8 = 10^9$,

因此方程为 $u_C'' + 10^4 u_C' + 5 \times 10^7 u_C = 10^9$. 其特征方程为 $r^2 + 10^4 r + 5 \times 10^7 = 0$.

解之得特征根 $r_{1,2} = -\dfrac{10^4}{2} \pm \dfrac{10^4}{2} i = -5 \times 10^3 \pm 5 \times 10^3 i$,

因而对应齐次方程的通解为 $u_C' = e^{-5 \times 10^3 t} [C_1 \cos(5 \times 10^3) t + C_2 \sin(5 \times 10^3) t]$,由观察法易知 $u_C^* = 20$ 为非齐次方程的一个特解,因此

$$u_C = e^{-5 \times 10^3 t} [C_1 \cos(5 \times 10^3) t + C_2 \sin(5 \times 10^3) t] + 20$$

为原方程的通解. 又

$$u_C' = -(5 \times 10^3) e^{-5 \times 10^3 t} [C_1 \cos(5 \times 10^3) t + C_2 \sin(5 \times 10^3) t] +$$
$$e^{-5 \times 10^3 t} [-(5 \times 10^3) C_1 \sin(5 \times 10^3) t + (5 \times 10^3) C_2 \cos(5 \times 10^3) t]$$

代入初始条件得 $0 = 20 + C_1$,$0 = -5 \times 10^3 C_1 + 5 \times 10^3 C_2$,从而 $C_1 = -20$,$C_2 = -20$.

因此 $u_C(t) = 20 - 20 e^{-5 \times 10^3 t} [\cos(5 \times 10^3) t + \sin(5 \times 10^3) t]$ (V),

$$i(t) = Cu_C' = 0.2 \times 10^{-6} u_C' = 4 \times 10^{-2} e^{-5 \times 10^3 t} \sin(5 \times 10^3 t) \text{ (A)}.$$

5. 一链条悬挂在一钉子上,起动时一端离开钉子 8 m,另一端离开钉子 12 m,分别在以下两种情况下求链条滑下来所需要的时间:

(1) 若不计钉子对链条所产生的摩擦力;

(2) 若摩擦力的大小等于 1 m 长的链条所受重力的大小.

解: (1) 设在时刻 t 时,链条上较长的一段垂下 x m,且设链条的密度为 ρ;则向下拉链条下滑的

作用力 $F = x\rho g - (20 - x)\rho g = 2\rho g(x - 10)$,

由牛顿第二定律有 $20\rho x'' = 2\rho g(x - 10)$,即 $x'' - \dfrac{g}{10} x = -g$.

其特征方程为 $r^2 - \dfrac{g}{10} = 0$,解出特征根 $r_{1,2} = \pm \sqrt{\dfrac{g}{10}}$,故其对应的齐次方程的通解为

$$X = C_1 \exp\left\{-\sqrt{\dfrac{g}{10}} t\right\} + C_2 \exp\left\{\sqrt{\dfrac{g}{10}} t\right\}.$$

由观察法易知 $x^* = 10$ 为非齐次方程的一个特解,因而方程的通解为

$$x = C_1 \exp\left\{-\sqrt{\dfrac{g}{10}} t\right\} + C_2 \exp\left\{\sqrt{\dfrac{g}{10}} t\right\} + 10,$$

由 $x' = -\left(\dfrac{g}{10}\right)^{\frac{1}{2}} C_1 \exp\left\{-\sqrt{\dfrac{g}{10}}t\right\} + \left(\dfrac{g}{10}\right)^{\frac{1}{2}} C_2 \exp\left\{\sqrt{\dfrac{g}{10}}t\right\}$ 以及初始条件 $x(0)=12$, $x'(0)=0$ 得 $C_1+C_2=2$,$-C_1+C_2=0$,从而 $C_1=C_2=1$.

因此 $x = \exp\left\{-\left(\dfrac{g}{10}\right)^{\frac{1}{2}}t\right\} + \exp\left\{\left(\dfrac{g}{10}\right)^{\frac{1}{2}}t\right\} + 10$. 当 $x=20$,即链条完全滑下来时,

$10 = e^{-\sqrt{\frac{g}{10}}t} + e^{\sqrt{\frac{g}{10}}t}$,解之得所需时间 $t = \sqrt{\dfrac{10}{g}} \ln(5+2\sqrt{6})\,(s)$.

(2)此时向下拉链条的作用力变为 $F = x\rho g - (20-x)\rho g - \rho g$,

由牛顿第二定律知 $x'' - \dfrac{g}{10}x = -1.05g$,类似于(1)得此方程的通解为

$$x = C_1 \exp\left\{-\sqrt{\dfrac{g}{10}}t\right\} + C_2 \exp\left\{\sqrt{\dfrac{g}{10}}t\right\} + 10.5,$$

代入初始条件可得 $C_1 = C_2 = \dfrac{3}{4}$,即 $x = \dfrac{3}{4}\exp\left\{-\sqrt{\dfrac{g}{10}}t\right\} + \dfrac{3}{4}\exp\left\{\sqrt{\dfrac{g}{10}}t\right\} + 10.5$ 为所求特解.

当 $x=20$ 时有 $9.5 = \dfrac{3}{4}\left(e^{-\sqrt{\frac{g}{10}}t} + e^{\sqrt{\frac{g}{10}}t}\right)$,解之得所需时间 $t = \sqrt{\dfrac{10}{g}} \ln\left(\dfrac{19}{3} + \dfrac{4\sqrt{22}}{3}\right)(s)$.

6.设函数 $\varphi(x)$ 连续,且满足 $\varphi(x) = e^x + \int_0^x t\varphi(t)dt - x\int_0^x \varphi(t)dt$,求 $\varphi(x)$.

【思路探索】 本题属于含变上限积分的积分方程,需要两边求导化成微分方程. 本题可经过两次求导将积分号化掉,最终转化为二阶常系数非齐次线性方程并求解.

解:两边对 $\varphi(x) = e^x + \int_0^x t\varphi(t)dt - x\int_0^x \varphi(t)dt$ 求导得 $\varphi'(x) = e^x - \int_0^x \varphi(t)dt$, $\varphi''(x) = e^x - \varphi(x)$,从而

$$\varphi''(x) + \varphi(x) = e^x, \qquad ①$$

再由题设可知 $\varphi(0)=1$,$\varphi'(0)=1$ 和①对应的齐次方程的特征方程为 $r^2+1=0$,解之得特征根 $r_{1,2} = \pm i$,故其对应的齐次方程的通解为 $\varphi = C_1\cos x + C_2\sin x$.

不难观察出 $y^* = \dfrac{1}{2}e^x$ 为①的一个特解,因而①的通解为 $\varphi(x) = C_1\cos x + C_2\sin x + \dfrac{1}{2}e^x$.

又 $\varphi'(x) = -C_1\sin x + C_2\cos x + \dfrac{1}{2}e^x$,由初始条件 $\varphi(0)=1$,$\varphi'(0)=1$ 得 $1 = C_1 + \dfrac{1}{2}$,$1 = C_2 + \dfrac{1}{2}$,

从而 $C_1 = \dfrac{1}{2}$,$C_2 = \dfrac{1}{2}$,因此 $\varphi(x) = \dfrac{1}{2}(\cos x + \sin x + e^x)$.

【方法点击】 积分方程求解时应注意方程中隐含的初值条件. 如在本题中隐含条件 $\varphi(0)=1$,$\varphi'(0)=1$,即 $y|_{x=0}=1$,$y'|_{x=0}=1$,因此最终要求的是特解,不是通解.

*第九节 欧拉方程

习题 7-9 超精解(教材 P356)

求下列欧拉方程的通解:

1. $x^2 y'' + xy' - y = 0$.

解:令 $x = e^t$, $t = \ln x$,则原方程化为 $(y'' - y') + y' - y = 0$,即 $y'' - y = 0$,

其特征方程为 $r^2 - 1 = 0$,特征根为 $r = \pm 1$. 故通解为 $y = C_1 e^t + C_2 e^{-t}$,代回原变量,

$y=C_1x+C_2\dfrac{1}{x}$ 为原方程通解.

2. $y''-\dfrac{y'}{x}+\dfrac{y}{x^2}=\dfrac{2}{x}$.

解:将方程化为标准方式得 $x^2y''-xy'+y=2x$,　　　　　　　　　　　①

令 $t=\ln x$,则 $\dfrac{dy}{dx}=\dfrac{dy}{dt}\cdot\dfrac{dt}{dx}=\dfrac{1}{x}\dfrac{dy}{dt}$,$\dfrac{d^2y}{dx^2}=\dfrac{1}{x^2}\left(\dfrac{d^2y}{dt^2}-\dfrac{dy}{dt}\right)$,

故①可化为 $y''_t-2y'_t+y=2e^t$,　　　　　　　　　　　　　　　　　　②

②对应的齐次方程的特征方程为 $r^2-2r+1=0$,解得特征根为 $r_{1,2}=1$.因而②对应的齐次方程的通解为
$$Y=(C_1+C_2t)e^t,$$
而 $f(t)=2e^t$,$\lambda=1$ 为特征方程的二重根,故设 $y^*=At^2\cdot e^t$ 为②的一个特解,则
$$(y^*)'=A(t^2+2t)e^t,(y^*)''=A(t^2+4t+2)e^t,$$
代入②得 $A=1$,故 $y^*=t^2e^t$,因此②的通解为 $y=(C_1+C_2t)e^t+t^2e^t$.

从而原方程的通解为 $y=x(C_1+C_2\ln x)+x\ln^2 x$.

3. $x^3y'''+3x^2y''-2xy'+2y=0$.

解:令 $x=e^t$,则原方程化为 $D(D-1)(D-2)y+3D(D-1)y-2Dy+2y=0$,

化简得 $D^3y-3Dy+2y=0$ 即 $y'''_t-3y'_t+2y=0$.

其特征方程为 $r^3-3r+2=0$,特征根为 $r_{1,2}=1$,$r_3=-2$,故通解为 $y=(C_1+C_2t)e^t+C_3e^{-2t}$.

代回原变量,得原方程通解为 $y=(C_1+C_2\ln x)x+C_3x^{-2}$.

4. $x^2y''-2xy'+2y=\ln^2 x-2\ln x$.

解:令 $x=e^t$,即 $t=\ln x$,则
$$\dfrac{dy}{dx}=\dfrac{dy}{dt}\cdot\dfrac{dt}{dx}=\dfrac{1}{x}\dfrac{dy}{dt}=\dfrac{1}{x}y'_t,\dfrac{d^2y}{dx^2}=-\dfrac{1}{x^2}\dfrac{dy}{dt}+\dfrac{1}{x}\dfrac{d^2y}{dt^2}\cdot\dfrac{dt}{dx}=\dfrac{1}{x^2}(y''_t-y'_t),$$
因而原方程化为 $y''_t-3y'_t+2y=t^2-2t$,　　　　　　　　　　　　　　①

①对应的齐次方程的特征方程为 $r^2-3r+2=0$,解之得特征根 $r_1=1$,$r_2=2$,故①对应的齐次方程的通解为 $Y=C_1e^t+C_2e^{2t}$,而 $f(t)=t^2-2t$,$\lambda=0$ 不是特征根,

所以设 $y^*=At^2+Bt+C$ 为①的一个特解,将 y^*,$(y^*)'=2At+B$,$(y^*)''=2A$ 代入①得
$A=\dfrac{1}{2}$,$B=\dfrac{1}{2}$,$C=\dfrac{1}{4}$,故 $y^*=\dfrac{1}{2}t^2+\dfrac{1}{2}t+\dfrac{1}{4}$.

从而①的通解为 $y=C_1e^t+C_2e^{2t}+\dfrac{1}{2}t^2+\dfrac{1}{2}t+\dfrac{1}{4}$.

代入 $t=\ln x$ 得原方程的通解为 $y=C_1x+C_2x^2+\dfrac{1}{2}(\ln^2 x+\ln x)+\dfrac{1}{4}$.

5. $x^2y''+xy'-4y=x^3$.

解:设 $x=e^t$,则原方程可化为 $D(D-1)y+Dy-4y=e^{3t}$,即 $y''_t-4y=e^{3t}$.　①

其对应的齐次方程的特征方程为 $r^2-4=0$,解之得特征根为 $r=\pm 2$.故 $y''_t-4y=0$ 的通解为
$$Y=C_1e^{-2t}+C_2e^{2t}.$$

设 $y^*=C_3e^{3t}$ 是方程①的一个特解,代入方程①中可知 $C_3=\dfrac{1}{5}$,故 $y^*=C_3e^{3t}=\dfrac{1}{5}e^{3t}$.

故①的通解为 $y=C_1e^{-2t}+C_2e^{2t}+\dfrac{1}{5}e^{3t}$.代回原变量得原方程的通解为

$$y = C_1 x^{-2} + C_2 x^2 + \frac{1}{5} x^3.$$

6. $x^2 y'' - xy' + 4y = x \sin(\ln x)$.

解：令 $x = e^t$，即 $t = \ln x$，则 $\dfrac{dy}{dx} = \dfrac{1}{x} \dfrac{dy}{dt}$，$\dfrac{d^2 y}{dx^2} = \dfrac{1}{x^2} \left(\dfrac{d^2 y}{dt^2} - \dfrac{dy}{dt} \right)$.

因而原方程化为 $y''_t - 2y'_t + 4y = e^t \sin t$, ①

①对应的齐次方程的特征方程为 $r^2 - 2r + 4 = 0$,解之得 $r_1 = 1 + \sqrt{3}i, r_2 = 1 - \sqrt{3}i$, 故①对应的齐次方程的通解为

$$Y = e^t (C_1 \cos \sqrt{3} t + C_2 \sin \sqrt{3} t).$$

而 $f(t) = e^t \sin t$, $\lambda + \omega i = 1 + i$ 不是特征根,所以设 $y^* = e^t (A\cos t + B\sin t)$ 为①的一个特解,则 $(y^*)' = e^t [(A+B)\cos t + (B-A)\sin t]$, $(y^*)'' = e^t (2B\cos t - 2A\sin t)$,

代入①得 $A = 0, B = \dfrac{1}{2}$, 故 $y^* = \dfrac{1}{2} e^t \sin t$, 因此①的通解为

$$y = e^t (C_1 \cos \sqrt{3} t + C_2 \sin \sqrt{3} t) + \frac{1}{2} e^t \sin t.$$

代入 $t = \ln x$ 得原方程的通解为 $y = x[C_1 \cos(\sqrt{3} \ln x) + C_2 \sin(\sqrt{3} \ln x)] + \dfrac{1}{2} x \sin(\ln x)$.

7. $x^2 y'' - 3xy' + 4y = x + x^2 \ln x$.

解：令 $x = e^t$，即 $t = \ln x$，则 $\dfrac{dy}{dx} = \dfrac{1}{x} \dfrac{dy}{dt}$，$\dfrac{d^2 y}{dx^2} = \dfrac{1}{x^2} \left(\dfrac{d^2 y}{dt^2} - \dfrac{dy}{dt} \right)$,

从而原方程化为 $y''_t - 4y'_t + 4y = e^t + t e^{2t}$. ①

方程①对应的齐次方程的特征方程为 $r^2 - 4r + 4 = 0$,解之得 $r_1 = r_2 = 2$. 故方程①对应的齐次方程的通解为 $Y = (C_1 + C_2 t) e^{2t}$.

由于 $\lambda_1 = 1$ 不是特征方程的根,$\lambda_2 = 2$ 是特征方程的二重根,所以方程 $y''_t - 4y'_t + 4y = e^t$ 有形如 Ae^t 的特解, $y''_t - 4y'_t + 4y = t e^{2t}$ 有形如 $t^2 (Bt + C) e^{2t}$ 的特解,因而设 $y^* = Ae^t + t^2(Bt + C) e^{2t}$ 为方程①的特解,代入方程①得 $Ae^t + (6Bt + 2C) e^{2t} = e^t + t e^{2t}$,

比较系数得 $A = 1, B = \dfrac{1}{6}, C = 0$. 故 $y^* = e^t + \dfrac{1}{6} t^3 e^{2t}$.

因而方程①的通解为 $y = (C_1 + C_2 t) e^{2t} + e^t + \dfrac{1}{6} t^3 e^{2t}$.

代入 $t = \ln x$ 即得原方程的通解为 $y = C_1 x^2 + C_2 x^2 \ln x + x + \dfrac{1}{6} x^2 \ln^3 x$.

8. $x^3 y''' + 2xy' - 2y = x^2 \ln x + 3x$.

解：令 $x = e^t$，而 $t = \ln x$，则原方程化为 $D(D-1)(D-2) y + 2Dy - 2y = t e^{2t} + 3 e^t$,

即 $D^3 y - 3D^2 y + 4Dy - 2y = t e^{2t} + 3 e^t$, 亦即 $y'''_t - 3y''_t + 4y'_t - 2y = t e^{2t} + 3 e^t$. ①

①对应的齐次方程的特征方程为 $r^3 - 3r^2 + 4r - 2 = 0$, 即 $(r-1)(r^2 - 2r + 2) = 0$, 解之得 $r_1 = 1$, $r_{2,3} = 1 \pm i$,

因而方程①对应的齐次方程的通解为 $Y = C_1 e^t + e^t (C_2 \cos t + C_3 \sin t)$.

由于方程 $y'''_t - 3y''_t + 4y'_t - 2y = t e^{2t}$ 中的 $f(t) = t e^{2t}$, 并且 $\lambda = 2$ 不是特征根,所以它具有形如 $(At + B) e^{2t}$ 的特解, 又由于方程 $y'''_t - 3y''_t + 4y'_t - 2y = 3 e^t$ 中的 $f(t) = 3 e^t$, 并且 $\lambda = 1$ 为单特征根,因而具有形如 $C t e^t$ 的特解, 故由叠加原理,方程①具有形如 $y^* = (At + B) e^{2t} + C t e^t$ 的特解,代入①中,比较系数得(请读者自己验算) $A = \dfrac{1}{2}, B = -1, C = 3$.

从而 $y^* = \left(\dfrac{1}{2}t-1\right)e^{2t}+3te^t$ 为①的一个特解. 故①的通解为

$$y=C_1e^t+e^t(C_2\cos t+C_3\sin t)+\left(\dfrac{1}{2}t-1\right)e^{2t}+3te^t.$$

代入 $t=\ln x$ 得原方程的通解为

$$y=C_1x+x[C_2\cos(\ln x)+C_3\sin(\ln x)]+\left(\dfrac{1}{2}\ln x-1\right)x^2+3x\ln x.$$

*第十节　常系数线性微分方程组解法举例

习题 7－10 超精解（教材 P359～P360）

1. 求下列微分方程组的通解：

(1) $\begin{cases}\dfrac{dy}{dx}=z, & ① \\ \dfrac{dz}{dx}=y; & ②\end{cases}$ 　　(2) $\begin{cases}\dfrac{d^2x}{dt^2}=y, & ① \\ \dfrac{d^2y}{dt^2}=x; & ②\end{cases}$

(3) $\begin{cases}\dfrac{dx}{dt}+\dfrac{dy}{dt}=-x+y+3, & ① \\ \dfrac{dx}{dt}-\dfrac{dy}{dt}=x+y-3; & ②\end{cases}$ 　　(4) $\begin{cases}\dfrac{dx}{dt}+5x+y=e^t, \\ \dfrac{dy}{dt}-x-3y=e^{2t};\end{cases}$

(5) $\begin{cases}\dfrac{dx}{dt}+2x+\dfrac{dy}{dt}+y=t, \\ 5x+\dfrac{dy}{dt}+3y=t^2;\end{cases}$ 　　(6) $\begin{cases}\dfrac{dx}{dt}-3x+2\dfrac{dy}{dt}+4y=2\sin t, \\ 2\dfrac{dx}{dt}+2x+\dfrac{dy}{dt}-y=\cos t.\end{cases}$

【思路探索】 求解线性微分方程组一般采用"消元法"：

(1)从方程组中消去一些未知函数及其各阶导数，得到只含一个未知函数的线性微分方程，然后求出该线性微分方程的通解，第(1)～(3)题可采用这种方法来解；也可以使用线性代数方法，通过设 $D=\dfrac{d}{dt}$，将微分方程组写成代数线性方程组的形式，然后依照克拉默法则，消去一些未知函数而获得一个未知函数的微分方程，本题中第(4)～(6)题可采用这种方法来解.

(2)当用"消元法"求得一个未知函数的通解后，求另一个未知函数的通解时，一般不必再积分，否则会出现新的常数.

解：(1)①两边对 x 求导得 $\dfrac{dz}{dx}=\dfrac{d^2y}{dx^2}$，代入②得 $\dfrac{d^2y}{dx^2}-y=0$.　　③

③的特征方程为 $r^2-1=0$，解之得特征值 $r_{1,2}=\pm 1$，因而③的通解为 $y=C_1e^x+C_2e^{-x}$.

代入①得 $z=C_1e^x-C_2e^{-x}$. 因此原方程组的通解为

$$\begin{cases} y=C_1e^x+C_2e^{-x}, \\ z=C_1e^x-C_2e^{-x}.\end{cases}$$

(2)①两边对 t 求 2 阶导数得 $\dfrac{d^2y}{dt^2}=\dfrac{d^4x}{dt^4}$，代入②得 $\dfrac{d^4x}{dt^4}-x=0$.　　③

③的特征方程为 $r^4-1=0$，解之得特征值 $r_{1,2}=\pm 1$，$r_{3,4}=\pm i$. 故③的通解为

$$x=C_1e^t+C_2e^{-t}+C_3\cos t+C_4\sin t.$$

代入①得 $y=C_1e^t+C_2e^{-t}-C_3\cos t-C_4\sin t$. 故原方程组的通解为

$$\begin{cases} x = C_1 e^t + C_2 e^{-t} + C_3 \cos t + C_4 \sin t, \\ y = C_1 e^t + C_2 e^{-t} - C_3 \cos t - C_4 \sin t. \end{cases}$$

(3) ①+② 得 $2\dfrac{dx}{dt} = 2y$，即 $\dfrac{dx}{dt} = y$， ③

①-② 得 $2\dfrac{dy}{dt} = -2x + 6$，即 $\dfrac{dy}{dt} = -x + 3$. ④

③ 两边对 t 求导得，$\dfrac{dy}{dt} = \dfrac{d^2 x}{dt^2}$ 代入④得 $\dfrac{d^2 x}{dt^2} + x = 3$， ⑤

⑤ 对应的齐次方程的特征方程为 $r^2 + 1 = 0$，解之得特征根 $r = \pm i$，故⑤对应的齐次方程的通解为

$$X = C_1 \cos t + C_2 \sin t.$$

而 $x^* = 3$ 为⑤的一个特解，因而⑤的通解为 $x = 3 + C_1 \cos t + C_2 \sin t$，

代入③得 $y = -C_1 \sin t + C_2 \cos t$，因而原方程组的通解为 $\begin{cases} x = 3 + C_1 \cos t + C_2 \sin t, \\ y = -C_1 \sin t + C_2 \cos t. \end{cases}$

(4) 原方程组改写为 $\begin{cases} (D+5)x + y = e^t, & ① \\ -x + (D-3)y = e^{2t}, & ② \end{cases}$

故 $\begin{vmatrix} D+5 & 1 \\ -1 & D-3 \end{vmatrix} x = \begin{vmatrix} e^t & 1 \\ e^{2t} & D-3 \end{vmatrix}$，即 $(D^2 + 2D - 14)x = -2e^t - e^{2t}$. ③

其对应的齐次方程的特征方程为 $r^2 + 2r - 14 = 0$，$r_{1,2} = -1 \pm \sqrt{15}$，故③的齐次方程的通解为

$$X = C_1 e^{(-1+\sqrt{15})t} + C_2 e^{(-1-\sqrt{15})t}.$$

在方程 $(D^2 + 2D - 14)x = -2e^t$ 中，$f(t) = -2e^t$，因而其具有形如 Ae^t 的特解；而方程 $(D^2 + 2D - 14)x = -e^{2t}$ 中，$f(t) = -e^{2t}$，因而其具有形如 Be^{2t} 的特解，因此③具有形如 $x^* = Ae^t + Be^{2t}$ 的特解，代入③整理得 $-11Ae^t - 6Be^{2t} = -2e^t - e^{2t}$，因而 $A = \dfrac{2}{11}$，$B = \dfrac{1}{6}$.

故③的一个特解为 $x^* = \dfrac{2}{11} e^t + \dfrac{1}{6} e^{2t}$，因此③的通解为

$$x = C_1 e^{(-1+\sqrt{15})t} + C_2 e^{(-1-\sqrt{15})t} + \dfrac{2}{11} e^t + \dfrac{1}{6} e^{2t}.$$

再由①得 $y = e^t - Dx - 5x = (-4 - \sqrt{15}) C_1 e^{(-1+\sqrt{15})t} - (4 - \sqrt{15}) C_2 e^{(-1-\sqrt{15})t} - \dfrac{e^t}{11} - \dfrac{7}{6} e^{2t}$.

原方程的通解为 $\begin{cases} x = C_1 e^{(-1+\sqrt{15})t} + C_2 e^{(-1-\sqrt{15})t} + \dfrac{2}{11} e^t + \dfrac{1}{6} e^{2t}, \\ y = (-4-\sqrt{15}) C_1 e^{(-1+\sqrt{15})t} - (4-\sqrt{15}) C_2 e^{(-1-\sqrt{15})t} - \dfrac{e^t}{11} - \dfrac{7}{6} e^{2t}. \end{cases}$

(5) 原方程组改写为 $\begin{cases} (D+2)x + (D+1)y = t, & ① \\ 5x + (D+3)y = t^2, & ② \end{cases}$

故 $\begin{vmatrix} D+2 & D+1 \\ 5 & D+3 \end{vmatrix} y = \begin{vmatrix} D+2 & t \\ 5 & t^2 \end{vmatrix}$，即 $(D^2 + 1)y = 2t^2 - 3t$. ③

其对应的齐次方程的特征方程为 $r^2 + 1 = 0$，特征根为 $r_{1,2} = \pm i$. 故③的相应齐次方程的通解为

$$Y = C_1 \cos t + C_2 \sin t,$$

易观察出③的一个特解为 $y^* = 2t^2 - 3t - 4$，

所以③的通解为 $y=C_1\cos t+C_2\sin t+2t^2-3t-4$.

由②得

$$x=\frac{1}{5}(t^2-y'-3y)=\frac{1}{5}(t^2+C_1\sin t-C_2\cos t-4t+3-3C_1\cos t-3C_2\sin t-6t^2+9t+12)$$

$$=\frac{C_1-3C_2}{5}\sin t-\frac{3C_1+C_2}{5}\cos t-t^2+t+3.$$

原方程组的通解为 $\begin{cases} x=\dfrac{C_1-3C_2}{5}\sin t-\dfrac{3C_1+C_2}{5}\cos t-t^2+t+3, \\ y=C_1\cos t+C_2\sin t+2t^2-3t-4. \end{cases}$

(6)原方程组改写为 $\begin{cases}(D-3)x+(2D+4)y=2\sin t, & ① \\ (2D+2)x+(D-1)y=\cos t, & ②\end{cases}$

故 $\begin{vmatrix} D-3 & 2D+4 \\ 2D+2 & D-1 \end{vmatrix}x = \begin{vmatrix} 2\sin t & 2D+4 \\ \cos t & D-1 \end{vmatrix}$,即 $(3D^2+16D+5)x=2\cos t$, ③

③对应的齐次方程的特征方程为 $3r^2+16r+5=0$,特征根为 $r_1=-5, r_2=-\dfrac{1}{3}$,

因而③对应的齐次方程的通解为 $X=C_1e^{-5t}+C_2e^{-\frac{1}{3}t}$.

在③中 $f(t)=2\cos t$,故③具有形如 $x^*=A\cos t+B\sin t$ 的特解,则

$(x^*)'=-A\sin t+B\cos t; \ (x^*)''=-A\cos t-B\sin t$,

代入③得 $(2A+16B)\cos t+(2B-16A)\sin t=2\cos t$,比较系数得 $A=\dfrac{1}{65}, B=\dfrac{8}{65}$,

于是 $x^*=\dfrac{8\sin t+\cos t}{65}$,因而③的通解为 $x=C_1e^{-5t}+C_2e^{-\frac{1}{3}t}+\dfrac{8}{65}\sin t+\dfrac{1}{65}\cos t$.

又由 $2\times②-①$ 得 $3Dx+7x-6y=2\cos t-2\sin t$,

将③的通解代入上式得 $y=-\dfrac{4}{3}C_1e^{-5t}+C_2e^{-\frac{1}{3}t}+\dfrac{61}{130}\sin t-\dfrac{33}{130}\cos t$.

因而原方程组的通解为 $\begin{cases} x=C_1e^{-5t}+C_2e^{-\frac{1}{3}t}+\dfrac{8}{65}\sin t+\dfrac{1}{65}\cos t, \\ y=-\dfrac{4}{3}C_1e^{-5t}+C_2e^{-\frac{1}{3}t}+\dfrac{61}{130}\sin t-\dfrac{33}{130}\cos t. \end{cases}$

2.求下列微分方程组满足所给初始条件的特解:

(1) $\begin{cases} \dfrac{dx}{dt}=y, \ x\big|_{t=0}=0, \\ \dfrac{dy}{dt}=-x, \ y\big|_{t=0}=1; \end{cases}$ (2) $\begin{cases} \dfrac{d^2x}{dt^2}+2\dfrac{dy}{dt}-x=0, \ x\big|_{t=0}=1, \\ \dfrac{dx}{dt}+y=0, \ y\big|_{t=0}=0; \end{cases}$

(3) $\begin{cases} \dfrac{dx}{dt}+3x-y=0, \ x\big|_{t=0}=1, \\ \dfrac{dy}{dt}-8x+y=0, \ y\big|_{t=0}=4; \end{cases}$ (4) $\begin{cases} 2\dfrac{dx}{dt}-4x+\dfrac{dy}{dt}-y=e^t, \ x\big|_{t=0}=\dfrac{3}{2}, \\ \dfrac{dx}{dt}+3x+y=0, \ y\big|_{t=0}=0; \end{cases}$

(5) $\begin{cases} \dfrac{dx}{dt}+2x-\dfrac{dy}{dt}=10\cos t, \ x\big|_{t=0}=2, \\ \dfrac{dx}{dt}+\dfrac{dy}{dt}+2y=4e^{-2t}, \ y\big|_{t=0}=0; \end{cases}$ (6) $\begin{cases} \dfrac{dx}{dt}-x+\dfrac{dy}{dt}+3y=e^{-t}-1, \ x\big|_{t=0}=\dfrac{48}{49}, \\ \dfrac{dx}{dt}+2x+\dfrac{dy}{dt}+y=e^{2t}+t, \ y\big|_{t=0}=\dfrac{95}{98}. \end{cases}$

解:为方便解题,我们设每个方程组中的第一个方程为①,第二个方程为②,其他的依次排序.

(1)①两边对 t 求导得 $\dfrac{dy}{dt}=\dfrac{d^2x}{dt^2}$,代之入②得 $\dfrac{d^2x}{dt^2}+x=0$, ③

方程③的特征方程为 $r^2+1=0$,解得特征根 $r_{1,2}=\pm i$. 故③的通解为
$x=C_1\cos t+C_2\sin t$,
再由①得 $y=-C_1\sin t+C_2\cos t$,由初始条件 $x\big|_{t=0}=0$,$y\big|_{t=0}=1$ 而得 $C_1=0$,$C_2=1$. 故原方程组的特解为 $\begin{cases} x=\sin t, \\ y=\cos t. \end{cases}$

(2)由②得 $y=-\dfrac{\mathrm{d}x}{\mathrm{d}t}$,代入①则有 $\dfrac{\mathrm{d}^2 x}{\mathrm{d}t^2}+x=0$. ③

③的特征方程为 $r^2+1=0$,特征根为 $r_{1,2}=\pm i$,故③的通解为 $x=C_1\cos t+C_2\sin t$. 于是
$$y=-\dfrac{\mathrm{d}x}{\mathrm{d}t}=C_1\sin t-C_2\cos t.$$
因此原方程组的通解为 $\begin{cases} x=C_1\cos t+C_2\sin t, \\ y=C_1\sin t-C_2\cos t. \end{cases}$

代入初始条件得 $\begin{cases} C_1=1, \\ C_2=0, \end{cases}$ 故满足初始条件的特解为 $\begin{cases} x=\cos t, \\ y=\sin t. \end{cases}$

(3)原方程组改写为 $\begin{cases}(D+3)x-y=0, \\ -8x+(D+1)y=0,\end{cases}$ ③ ④

故 $\begin{vmatrix} D+3 & -1 \\ -8 & D+1 \end{vmatrix}x=\begin{vmatrix} 0 & -1 \\ 0 & D+1 \end{vmatrix}$,即 $(D^2+4D-5)x=0$, ⑤

⑤的特征方程为 $r^2+4r-5=0$,特征根为 $r_1=1$,$r_2=-5$,因而⑤的通解为 $x=C_1 e^t+C_2 e^{-5t}$. 又由①得 $y=\dfrac{\mathrm{d}x}{\mathrm{d}t}+3x=4C_1 e^t-5C_2 e^{-5t}$.

因此原方程组的通解为 $\begin{cases} x=C_1 e^t+C_2 e^{-5t}, \\ y=4C_1 e^t-5C_2 e^{-5t}. \end{cases}$

将初始条件代入得 $C_1=1$,$C_2=0$. 故原方程组的特解为 $\begin{cases} x=e^t, \\ y=4e^t. \end{cases}$

(4)原方程组改写为 $\begin{cases}(2D-4)x+(D-1)y=e^t, \\ (D+3)x+y=0,\end{cases}$ ③ ④

故 $\begin{vmatrix} 2D-4 & D-1 \\ D+3 & 1 \end{vmatrix}x=\begin{vmatrix} e^t & D-1 \\ 0 & 1 \end{vmatrix}$,即 $D^2 x+x=e^t$, ⑤

方程⑤的特征方程为 $r^2+1=0$, 特征根为 $r_{1,2}=\pm i$,故方程⑤对应的齐次方程的通解为
$$X=C_1\cos t+C_2\sin t,$$
观察易知 $x^*=\dfrac{1}{2}e^t$ 为⑤的一个特解,因而方程⑤的通解为 $x=C_1\cos t+C_2\sin t-\dfrac{1}{2}e^t$.

再由②得 $y=-\dfrac{\mathrm{d}x}{\mathrm{d}t}-3x=(C_1-3C_2)\sin t-(3C_1+C_2)\cos t+2e^t$.

因此原方程组的通解为 $\begin{cases} x=C_1\cos t+C_2\sin t-\dfrac{1}{2}e^t, \\ y=(C_1-3C_2)\sin t-(3C_1+C_2)\cos t+2e^t. \end{cases}$

代入初始条件得 $\begin{cases} C_1-\dfrac{1}{2}=\dfrac{3}{2}, \\ -3C_1+C_2+2=0, \end{cases}$ 从而解得 $\begin{cases} C_1=2, \\ C_2=-4. \end{cases}$

故满足初始条件的特解为 $\begin{cases} x=2\cos t-4\sin t-\dfrac{1}{2}e^t, \\ y=14\sin t-2\cos t+2e^t. \end{cases}$

(5)原方程组改写成 $\begin{cases}(D+2)x+(-Dy)=10\cos t, & ① \\ Dx+(D+2)y=4e^{-2t}, & ②\end{cases}$

故 $\begin{vmatrix} D+2 & -D \\ D & D+2 \end{vmatrix} x = \begin{vmatrix} D+2 & 10\cos t \\ D & 4e^{-2t} \end{vmatrix}$，即 $(D^2+2D+2)y=5\sin t$， ③

③的特征方程为 $r^2+2r+2=0$，特征值为 $r_{1,2}=-1\pm i$.

因而③的齐次方程的通解为 $Y=e^{-t}(C_1\cos t+C_2\sin t)$.

又③中的 $f(t)=5\sin t$，故设③的一个特解为 $y^*=A\cos t+B\sin t$，则
$$y^{*\prime}=-A\sin t+B\cos t, y^{*\prime\prime}=-A\cos t-B\sin t,$$

代入③得 $(A+2B)\cos t+(B-2A)\sin t=5\sin t$，

比较系数得 $A=-2, B=1$，故 $y^*=-2\cos t+\sin t$，因此③的通解为
$$y=e^{-t}(C_1\cos t+C_2\sin t)+\sin t-2\cos t. \qquad ④$$

由①-②得 $2x-\dfrac{dy}{dx}-2y=10\cos t-4e^{-2t}$，从而
$$x=\dfrac{dy}{dx}+y+5\cos t-2e^{-2t}\xrightarrow{④}e^{-t}(C_2\cos t-C_1\sin t)+4\cos t+3\sin t-2e^{-2t},$$

代入初始条件得 $C_1=2, C_2=0$，故方程组的特解为 $\begin{cases} x=4\cos t+3\sin t-2e^{-2t}-2e^{-t}\sin t, \\ y=\sin t-2\cos t+2e^{-t}\cos t.\end{cases}$

(6)原方程组改写成 $\begin{cases}(D-1)x+(D+3)y=e^{-t}-1, & ① \\ (D+2)x+(D+1)y=e^{2t}+t, & ②\end{cases}$

故 $\begin{vmatrix} D-1 & D+3 \\ D+2 & D+1 \end{vmatrix} x = \begin{vmatrix} e^{-t}-1 & D+3 \\ e^{2t}+5 & D+1 \end{vmatrix}$，即 $(5D+7)x=5e^{2t}+3t+2$，亦即

$\dfrac{dx}{dt}+\dfrac{7}{5}x=e^{2t}+\dfrac{3}{5}t+\dfrac{2}{5}$， ③

③为一阶常系数线性非齐次方程，故通解为
$$x=e^{-\int\frac{7}{5}dt}\left[C+\int\left(e^{2t}+\dfrac{3}{5}t+\dfrac{2}{5}\right)e^{\int\frac{7}{5}dt}dt\right]=e^{-\frac{7}{5}t}\left[C+\int\left(e^{2t}+\dfrac{3}{5}t+\dfrac{2}{5}\right)e^{\frac{7}{5}t}dt\right],$$

即 $x=Ce^{-\frac{7}{5}t}+\dfrac{5}{17}e^{2t}+\dfrac{3}{7}t-\dfrac{1}{49}$.

又①-②得 $-3x+2y=e^{-t}-1-e^{2t}-t$，即
$$y=\dfrac{3}{2}x+\dfrac{1}{2}(e^{-t}-1-e^{2t}-t)=\dfrac{3}{2}Ce^{-\frac{7}{5}t}-\dfrac{1}{17}e^{2t}+\dfrac{1}{2}e^{-t}+\dfrac{1}{7}t-\dfrac{26}{49},$$

由初始条件 $x\big|_{t=0}=\dfrac{48}{49}, y\big|_{t=0}=\dfrac{95}{98}$，得 $C=\dfrac{12}{17}$. 故原方程组的特解为
$$\begin{cases} x=\dfrac{12}{17}e^{-\frac{7}{5}t}+\dfrac{5}{17}e^{2t}+\dfrac{3}{7}t-\dfrac{1}{49}, \\ y=\dfrac{18}{17}e^{-\frac{7}{5}t}-\dfrac{1}{17}e^{2t}+\dfrac{1}{2}e^{-t}+\dfrac{1}{7}t-\dfrac{26}{49}. \end{cases}$$

总习题七超精解(教材 P360~P362)

1. 填空：

(1) $xy'''+2x^2y'^2+x^3y=x^4+1$ 是_____阶微分方程；

(2) 一阶线性微分方程 $y'+P(x)y=Q(x)$ 的通解为_____；

(3) 与积分方程 $y=\displaystyle\int_{x_0}^{x} f(x,y)dx$ 等价的微分方程初值问题是_____；

(4)已知 $y=1$、$y=x$、$y=x^2$ 是某二阶非齐次线性微分方程的三个解,则该方程的通解为_____.

【思路探索】 第(3)题为积分方程化微分方程,只需两边求导即可.注意 $y=\int_{x_0}^{x}f(x,y)\mathrm{d}x$ 应视为 $y=\int_{x_0}^{x}f(t,y)\mathrm{d}t$ 且隐含初值条件 $y\big|_{x=x_0}=0$.

第(4)题需要用到线性方程的几个重要结构:

① 若 y_1,y_2,y_3 是二阶非齐次线性方程的解,则 y_2-y_1,y_3-y_1 是对应的齐次线性方程的解,若两者线性无关,则齐次线性方程通解 $Y=C_1(y_2-y_1)+C_2(y_3-y_1)$.

② 取 $y_i=y^*$,则二阶非齐次线性方程的通解 $y=Y+y^*$.

解:(1)三; (2) $y=\mathrm{e}^{-\int P(x)\mathrm{d}x}\left[\int Q(x)\mathrm{e}^{\int P(x)\mathrm{d}x}\mathrm{d}x+C\right]$;

(3) $y'=f(x,y)$,$y\big|_{x=x_0}=0$; (4) $y=C_1(x-1)+C_2(x^2-1)+1$.

2. 以下两题中给出了四个结论,从中选出一个正确的结论:

(1)设非齐次线性微分方程 $y'+P(x)y=Q(x)$ 有两个不同的解:$y_1(x)$ 与 $y_2(x)$,C 为任意常数,则该方程的通解是(   );

(A) $C[y_1(x)-y_2(x)]$ (B) $y_1(x)+C[y_1(x)-y_2(x)]$

(C) $C[y_1(x)+y_2(x)]$ (D) $y_1(x)+C[y_1(x)+y_2(x)]$

(2)具有特解 $y_1=\mathrm{e}^{-x}$,$y_2=2x\mathrm{e}^{-x}$,$y_3=3\mathrm{e}^x$ 的三阶常系数齐次线性微分方程是(   ).

(A) $y'''-y''-y'+y=0$ (B) $y'''+y''-y'-y=0$

(C) $y'''-6y''+11y'-6y=0$ (D) $y'''-2y''-y'+2y=0$

解:(1) $y_1(x)-y_2(x)$ 是原方程对应齐次方程 $y'+P(x)y=0$ 的非零解,由解的性质定理知 $C[y_1(x)-y_2(x)]$ 是齐次方程的通解,再由解的结构定理3知 $y_1(x)+C[y_1(x)-y_2(x)]$ 是原方程的通解,故选(B).

(2)由题设知 $r=-1,-1,1$ 是齐次方程对应特征方程的特征根,而

$$(r+1)(r+1)(r-1)=r^3+r^2-r-1,$$

故应选(B).

3. 求以下列各式所表示的函数为通解的微分方程:

(1) $(x+C)^2+y^2=1$(其中 C 为任意常数);

(2) $y=C_1\mathrm{e}^x+C_2\mathrm{e}^{2x}$(其中 C_1、C_2 为任意常数).

解:(1)对方程 $(x+C)^2+y^2=1$ 两边关于 x 求导,得 $2(x+C)+2yy'=0$,消去常数 C,得

$$2(1-y^2)^{\frac{1}{2}}+2yy'=0,\text{即 } y^2(1+y'^2)=1.$$

(2)将 $y=C_1\mathrm{e}^x+C_2\mathrm{e}^{2x}$ 对 x 求导,有 $y'=C_1\mathrm{e}^x+2C_2\mathrm{e}^{2x}$,对 x 再求导,有 $y''=C_1\mathrm{e}^x+4C_2\mathrm{e}^{2x}$,消去常数 C_1,C_2,有 $y''-3y'+2y=0$.

【方法点击】 第(2)题也可根据通解形式分析出所求为二阶常系数齐次线性方程,且特征根为 $r_1=1$,$r_2=2$,则特征方程为 $(r-1)(r-2)=0$,即 $r^2-3r+2=0$,故所求方程为 $y''-3y'+2y=0$.

4. 求下列微分方程的通解:

(1) $xy'+y=2\sqrt{xy}$;   (2) $xy'\ln x+y=ax(\ln x+1)$;

(3) $\dfrac{\mathrm{d}y}{\mathrm{d}x}=\dfrac{y}{2(\ln y-x)}$;   (4) $\dfrac{\mathrm{d}y}{\mathrm{d}x}+xy-x^3y^3=0$;

(5) $y''+y'^2+1=0$;   (6) $yy''-y'^2-1=0$;

(7) $y''+2y'+5y=\sin 2x$；　　　　　(8) $y'''+y''-2y'=x(e^x+4)$；

*(9) $(y^4-3x^2)dy+xydx=0$；　　　(10) $y'+x=\sqrt{x^2+y}$.

解：(1) 令 $u=\dfrac{y}{x}$，则 $\dfrac{dy}{dx}=u+x\dfrac{du}{dx}$，于是原方程变为 $\dfrac{du}{2(\sqrt{u}-u)}=\dfrac{dx}{x}$. 积分得

$$x(1-\sqrt{u})=c, \text{即 } x-\sqrt{xy}=c.$$

(2) 将方程改写为 $y'+\dfrac{1}{x\ln x}y=a\left(1+\dfrac{1}{\ln x}\right)$，则

$$y=\left[\int a\left(1+\dfrac{1}{\ln x}\right)e^{\int\frac{1}{x\ln x}dx}dx+C\right]e^{-\int\frac{1}{x\ln x}dx}=\left[a\int(\ln x+1)dx+C\right]\dfrac{1}{\ln x}$$

$$=\left\{a\left[x(\ln x+1)-\int dx\right]+C\right\}\dfrac{1}{\ln x}=(ax\ln x+C)\dfrac{1}{\ln x}=ax+\dfrac{C}{\ln x},$$

故该方程的通解为 $y=ax+\dfrac{C}{\ln x}$.

(3) 原方程变形为 $\dfrac{dx}{dy}+\dfrac{2}{y}x=2\dfrac{\ln y}{y}$，于是 $x=e^{-\int\frac{2}{y}dy}\left(C+\int 2\dfrac{\ln y}{y}e^{\int\frac{2}{y}dy}dy\right)=\ln y-\dfrac{1}{2}+Cy^{-2}$.

即 $x=\ln y+Cy^{-2}-\dfrac{1}{2}$.

(4) 将方程改写成 $y^{-3}\dfrac{dy}{dx}+xy^{-2}=x^3$，令 $y^{-2}=u$，则 $-2y^{-3}y'=u'$，$y^{-3}y'=-\dfrac{1}{2}u'$.

上面方程变为 $u'-2xu=-2x^3$，

$$u=\left(\int -2x^3 e^{\int -2xdx}dx+C\right)e^{\int 2xdx}=\left(\int -2x^3 e^{-x^2}dx+C\right)e^{x^2}=Ce^{x^2}+x^2+1,$$

将 $u=y^{-2}$ 代入上式，得 $y^{-2}=Ce^{x^2}+x^2+1$，这就是该方程的通解.

(5) 令 $y'=p$，则 $y''=p'$，$p'+p^2+1=0$，变量分离 $\dfrac{dp}{p^2+1}=-dx$，

两边积分，得 $\arctan p=-x+C_1$，从而 $p=\tan(-x+C_1)$，即 $\dfrac{dy}{dx}=\tan(-x+C_1)$，

所以通解为 $y=\int\tan(-x+C_1)dx=\ln|\cos(x-C_1)|+C_2$.

(6) 令 $y'=p$，则 $y''=\dfrac{dp}{dx}=\dfrac{dp}{dy}\cdot\dfrac{dy}{dx}=p\dfrac{dp}{dy}$，原方程化为 $yp\dfrac{dp}{dy}-p^2-1=0$，分离变量，得

$$\dfrac{pdp}{p^2+1}=\dfrac{dy}{y},$$

积分得 $\ln(p^2+1)=\ln y+\ln C_1$，即 $p=\pm\sqrt{(C_1y)^2-1}$，将 $p=y'$ 代入上式，得 $y'=\pm\sqrt{(C_1y)^2-1}$，对于 $y'=\sqrt{(C_1y)^2-1}$，分离变量，得 $\dfrac{dy}{\sqrt{(C_1y)^2-1}}=dx$，两边积分，得

$$\ln[C_1y+\sqrt{(C_1y)^2-1}]=C_1x+C_2, \text{即 } C_1y+\sqrt{(C_1y)^2-1}=e^{C_1x+C_2},$$

另有 $C_1y-\sqrt{(C_1y)^2-1}=\dfrac{1}{C_1y+\sqrt{(C_1y)^2-1}}=e^{-(C_1x+C_2)}$.

将上面两个式子相加，得 $C_1y=\dfrac{e^{C_1x+C_2}+e^{-(C_1x+C_2)}}{2}=\text{ch}(C_1x+C_2)$，所以 $y=\dfrac{1}{C_1}\text{ch}(C_1x+C_2)$.

由上面的计算可知，对于 $y'=-\sqrt{(C_1y)^2-1}$ 也有同样的结论.

故该方程的通解为 $y=\dfrac{1}{C_1}\text{ch}(C_1x+C_2)$.

(7)该方程所对应的齐次方程为 $y''+2y'+5y=0$,它的特征方程为 $r^2+2r+5=0$,其根为 $r_{1,2}=-1\pm2\mathrm{i}$,该齐次方程的通解为 $Y=\mathrm{e}^{-x}(C_1\cos 2x+C_2\sin 2x)$.

由于 $f(x)=\sin 2x$, $\lambda=0$, $w=2$, $\lambda\pm\mathrm{i}w=\pm2\mathrm{i}$ 不是特征方程的根,所以设特解
$$y^*=A\cos 2x+B\sin 2x.$$

将 y^* 代入所给方程中,得 $(4B+A)\cos 2x+(B-4A)\sin 2x=\sin 2x$,

比较上式两边同类项的系数,得 $A=-\dfrac{4}{17}$, $B=\dfrac{1}{17}$,所以 $y^*=-\dfrac{4}{17}\cos 2x+\dfrac{1}{17}\sin 2x$.

该方程的通解为 $y=\mathrm{e}^{-x}(C_1\cos 2x+C_2\sin 2x)-\dfrac{4}{17}\cos 2x+\dfrac{1}{17}\sin 2x$.

(8)由特征方程 $\varphi(r)=r^3+r^2-2r=0$ 的根为 $r_1=0$, $r_2=1$, $r_3=-2$,得对应的齐次方程的通解 $Y=C_1+C_2\mathrm{e}^x+C_3\mathrm{e}^{-2x}$.

设方程 $y'''+y''-2y'=x\mathrm{e}^x$ 和 $y'''+y''-2y'=4x$ 的特解分别为 y^*_1,y^*_2,且
$$y^*_1=x(Ax+B)\mathrm{e}^x,\ y^*_2=x(Cx+D).$$

分别代入方程中,得 $A=\dfrac{1}{6}$, $B=-\dfrac{4}{9}$, $C=D=-1$,即
$$y^*_1=x\left(\dfrac{1}{6}x-\dfrac{4}{9}\right)\mathrm{e}^x,\ y^*_2=x(-x-1),$$

故通解为 $y=C_1+C_2\mathrm{e}^x+C_3\mathrm{e}^{-2x}+x\left(\dfrac{1}{6}x-\dfrac{4}{9}\right)\mathrm{e}^x-x^2-x$.

(9)颠倒 x,y 位置,得 $\dfrac{\mathrm{d}x}{\mathrm{d}y}-\dfrac{3}{y}x=-y^3x^{-1}$,此为伯努利方程.

令 $x^2=z$,则原方程化成一阶线性方程 $\dfrac{\mathrm{d}z}{\mathrm{d}y}-\dfrac{6}{y}z=-2y^3$.

通解 $z=\mathrm{e}^{\int\frac{6}{y}\mathrm{d}y}\left(\int-2y^3\mathrm{e}^{-\int\frac{6}{y}\mathrm{d}y}\mathrm{d}y+C\right)=y^4+Cy^6$.

代回 $z=x^2$,得原方程通解为 $x^2=y^4+Cy^6$.

(10)令 $u=\dfrac{\sqrt{x^2+y}}{x}$,则 $x+y'=(u+xu')2xu-x$,原方程变为 $\dfrac{2u\mathrm{d}u}{1+u-2u^2}=\dfrac{\mathrm{d}x}{x}$,积分得

$\dfrac{1}{(1-u)^2(1+2u)}=C_1x^3$,即 $(x-\sqrt{x^2+y})^2(x+2\sqrt{x^2+y})=C_2$,经整理得
$$\sqrt{(x^2+y)^3}=x^3+\dfrac{3}{2}xy+C.$$

5. 求下列微分方程组满足所给初始条件的特解:

*(1) $y^3\mathrm{d}x+2(x^2-xy^2)\mathrm{d}y=0$, $x=1$ 时, $y=1$;

(2) $y''-ay'^2=0$, $x=0$ 时, $y=0$, $y'=-1$;

(3) $2y''-\sin 2y=0$, $x=0$ 时, $y=\dfrac{\pi}{2}$, $y'=1$;

(4) $y''+2y'+y=\cos x$, $x=0$ 时, $y=0$, $y'=\dfrac{3}{2}$.

解: (1)原方程变形为 $\dfrac{\mathrm{d}x}{\mathrm{d}y}-\dfrac{2}{y}x=-\dfrac{2}{y^3}x^2$,令 $z=x^{-1}$,则方程又变为 $\dfrac{\mathrm{d}z}{\mathrm{d}y}+\dfrac{2}{y}z=\dfrac{2}{y^3}$,于是有
$$z=\mathrm{e}^{-\int\frac{2}{y}\mathrm{d}y}\left(C+\int\dfrac{2}{y^3}\mathrm{e}^{\int\frac{2}{y}\mathrm{d}y}\mathrm{d}y\right)=y^{-2}(2\ln y+C),$$

即 $x(2\ln y+C)-y^2=0$. 又由 $y\big|_{x=1}=1$,得 $C=1$,故特解为 $x(2\ln y+1)-y^2=0$.

(2)令 $y'=p$,则 $y''=p'$. 原方程化为 $p'-ap^2=0$,即 $\dfrac{\mathrm{d}p}{p^2}=a\mathrm{d}x$.

两边积分,得 $-\dfrac{1}{p}=ax+C_1$,即 $y'=-\dfrac{1}{ax+C_1}$. 由于 $x=0$ 时,$y'=-1$ 所以 $C_1=1$. 这时,有 $y'=-\dfrac{1}{ax+1}$,即 $\mathrm{d}y=-\dfrac{1}{ax+1}\mathrm{d}x$. 两边积分,得 $y=-\dfrac{1}{a}\ln|ax+1|+C_2$.

由于 $x=0$ 时,$y=0$,所以 $C_2=0$. 故所求特解为 $y=-\dfrac{1}{a}\ln|ax+1|$.

(3)令 $y'=p$,则 $y''=p\dfrac{\mathrm{d}p}{\mathrm{d}y}$. 原方程变为 $2p\dfrac{\mathrm{d}p}{\mathrm{d}y}=\sin 2y$. 积分得 $p^2=\sin^2 y+C_1$,由 $y(0)=\dfrac{\pi}{2}$,$y'(0)=1$,得 $C_1=0$,从而 $\dfrac{\mathrm{d}y}{\mathrm{d}x}=\sin y$,再积分得 $x=\ln\left(\tan\dfrac{y}{2}\right)+C_2$,

又由 $y(0)=\dfrac{\pi}{2}$,得 $C_2=0$,故所求的特解为 $y=2\arctan \mathrm{e}^x$.

(4)该方程所对应的齐次方程的特征方程为 $r^2+2r+1=0$,它的根为 $r_1=r_2=-1$,该方程所对应的齐次方程的通解为 $Y=(C_1+C_2 x)\mathrm{e}^{-x}$.

由于 $f(x)=\cos x$,$\lambda=0$,$\omega=1$,$\lambda\pm\mathrm{i}\omega=\pm\mathrm{i}$,不是特征方程的根,所以设特解
$$y^*=A\cos x+B\sin x,$$

将 y^* 代入所给方程,得
$$(-A\cos x-B\sin x)+2(-A\sin x+B\cos x)+(A\cos x+B\sin x)=\cos x,$$

即 $2B\cos x-2A\sin x=\cos x$. 比较上式两边同类项的系数,得 $A=0$,$B=\dfrac{1}{2}$,故 $y^*=\dfrac{1}{2}\sin x$.

所给方程的通解为 $y=(C_1+C_2 x)\mathrm{e}^{-x}+\dfrac{1}{2}\sin x$.

由初始条件:$x=0$ 时,$y=0$,$y'=\dfrac{3}{2}$,得 $C_1=0$,$C_2=1$,故所求特解为 $y=x\mathrm{e}^{-x}+\dfrac{1}{2}\sin x$.

6. 已知某曲线经过点 $(1,1)$,它的切线在纵轴上的截距等于切点的横坐标,求它的方程.

解:设点 (x,y) 为曲线上任一点,则曲线在该点的切线方程为 $Y-y=y'(X-x)$,该切线在纵轴上的截距为 $y-xy'$. 由于切线在纵轴上的截距等于切点的横坐标,所以该曲线所满足的微分方程为 $y-xy'=x$,即 $y'-\dfrac{1}{x}y=-1$. 这是一阶线性微分方程,它的通解为
$$y=\left(\int -\mathrm{e}^{\int -\frac{1}{x}\mathrm{d}x}\mathrm{d}x+C\right)\mathrm{e}^{\int \frac{1}{x}\mathrm{d}x}=x(C-\ln|x|).$$

由于所求曲线经过点 $(1,1)$,即 $x=1$ 时,$y=1$,所以 $C=1$. 故所求曲线的方程为
$$y=x(1-\ln|x|).$$

7. 已知某车间的体积为 $30\times30\times6\mathrm{m}^3$,其中的空气含 0.12% 的 CO_2(以体积计算). 现以含 CO_2 0.04% 的新鲜空气输入,问每分钟应输入多少,才能在 $30\min$ 后使车间空气中 CO_2 的含量不超过 0.06%?(假定输入的新鲜空气与原有空气很快混合均匀后,以相同的流量排出.)

解:设 $x(t)$ 为 t 时刻车间内 CO_2 的体积分数函数,M 为每分钟输入的新鲜空气 (m^3),则 t 时刻车间内 CO_2 的体积分数为 $\dfrac{x}{30\times30\times6}=\dfrac{x}{5\,400}$. 当时间增量 Δt 很小时,排出的气体中 CO_2 的体积分数可近似看作是相同的.

排出的 CO_2 为 $M\Delta t\cdot\dfrac{x}{5\,400}=\dfrac{Mx}{5\,400}\Delta t$,输入的 CO_2 为 $0.000\,4\,M\Delta t$,

$$\Delta x = 0.000\,4M\Delta t - \frac{Mx}{5\,400}\Delta t,$$

所以 $\dfrac{\mathrm{d}x}{\mathrm{d}t} = \lim\limits_{\Delta t \to 0} \dfrac{\Delta x}{\Delta t} = 0.000\,4M - \dfrac{Mx}{5\,400}$，于是有 $\begin{cases} \dfrac{\mathrm{d}x}{\mathrm{d}t} + \dfrac{Mx}{5\,400} = 0.000\,4M, \\ x(0) = 5\,400 \times 0.001\,2 = 6.48, \end{cases}$

解之得 $x = 2.16 + C\mathrm{e}^{-\frac{M}{5\,400}t}$，将 $x(0) = 6.48$ 代入，得 $C = 4.32$，故

$$x(t) = 2.16 + 4.32\mathrm{e}^{-\frac{M}{5\,400}t}.$$

据题意知 $\dfrac{x(30)}{5\,400} \leqslant 0.06\%$，所以，求得 $M \geqslant 180\ln 4 \approx 249.48$，即每分钟应输入约 $250\ \mathrm{m}^3$ 的新鲜空气，才能满足题中的要求。

8. 设可导函数 $\varphi(x)$ 满足 $\varphi(x)\cos x + 2\int_0^x \varphi(t)\sin t\,\mathrm{d}t = x+1$，求 $\varphi(x)$.

解：在 $\varphi(x)\cos x + 2\int_0^x \varphi(t)\sin t\,\mathrm{d}t = x+1$ 两边对 x 求导，得

$$\varphi'(x)\cos x - \varphi(x)\sin x + 2\varphi(x)\sin x = 1,$$

即 $\varphi'(x)\cos x + \varphi(x)\sin x = 1$，记 $y = \varphi(x)$，则上式可写成

$$y'\cos x + y\sin x = 1,\text{ 即 } y' + y\tan x = \sec x,$$

这是一阶线性微分方程．

$$y = \left(\int \sec x\,\mathrm{e}^{\int \tan x\,\mathrm{d}x}\,\mathrm{d}x + C\right)\mathrm{e}^{-\int \tan x\,\mathrm{d}x} = \sin x + C\cos x.$$

在 $\varphi(x)\cos x + 2\int_0^x \varphi(t)\sin t\,\mathrm{d}t = x+1$ 中令 $x=0$，得 $\varphi(0) = 1$，即 $y\big|_{x=0} = 1$，

于是，求得 $C=1$. 故 $y = \sin x + \cos x$，即 $\varphi(x) = \sin x + \cos x$.

9. 设光滑曲线 $y = \varphi(x)$ 过原点，且当 $x>0$ 时 $\varphi(x) > 0$. 对应于 $[0,x]$ 一段曲线的弧长为 $\mathrm{e}^x - 1$，求 $\varphi(x)$.

解：由已知 $\int_0^x \sqrt{1+\varphi'^2(t)}\,\mathrm{d}t = \mathrm{e}^x - 1$，整理得 $\varphi'(x) = \sqrt{\mathrm{e}^{2x}-1}$，两边积分，得

$$\varphi(x) = \int \sqrt{\mathrm{e}^{2x}-1}\,\mathrm{d}x = \sqrt{\mathrm{e}^{2x}-1} - \arctan\sqrt{\mathrm{e}^{2x}-1} + C,$$

又 $\varphi(0) = 0$，得 $C = 0$. 所以 $\varphi(x) = \sqrt{\mathrm{e}^{2x}-1} - \arctan\sqrt{\mathrm{e}^{2x}-1}$.

10. 设 $y_1(x), y_2(x)$ 是二阶齐次线性方程 $y'' + p(x)y' + q(x)y = 0$ 的两个解，令

$$W(x) = \begin{vmatrix} y_1(x) & y_2(x) \\ y_1'(x) & y_2'(x) \end{vmatrix} = y_1(x)y_2'(x) - y_1'(x)y_2(x),$$

证明：(1) $W(x)$ 满足方程 $W' + p(x)W = 0$；   (2) $W(x) = W(x_0)\,\mathrm{e}^{-\int_{x_0}^x p(t)\,\mathrm{d}t}$.

解：(1) 由题设知 $y_i'' + p(x)y_i' + q(x)y_i = 0\ (i=1,2)$，又由 $W' = y_1 y_2'' - y_1'' y_2$，所以

$$W' + p(x)W = y_1 y_2'' - y_1'' y_2 + p(x)y_1 y_2' - p(x)y_1' y_2$$
$$= y_1[y_2'' + p(x)y_2'] - y_2[y_1'' + p(x)y_1']$$
$$= y_1[-q(x)y_2] - y_2[-q(x)y_1] = 0,$$

即 $W(x)$ 满足方程 $W' + p(x)W = 0$.

(2) 由 $W' + p(x)W = 0$，有 $\dfrac{\mathrm{d}W}{W} = -p(x)\mathrm{d}x$，$\int_{x_0}^x \dfrac{\mathrm{d}W}{W} = -\int_{x_0}^x p(x)\mathrm{d}x = -\int_{x_0}^x p(t)\mathrm{d}t$，

故 $W(x) = W(x_0)\,\mathrm{e}^{-\int_{x_0}^x p(t)\,\mathrm{d}t}$.

*11. 求下列欧拉方程的通解：

(1) $x^2 y'' + 3xy' + y = 0$; (2) $x^2 y'' - 4xy' + 6y = x$.

解:(1)令 $x = e^t$,即 $t = \ln x$,则原方程变为 $D(D-1)y + 3Dy + y = 0$,即 $D^2 y + 2Dy + y = 0$,亦即
$$y''_t + 2y'_t + y = 0. \qquad ①$$
方程①的特征方程为 $r^2 + 2r + 1 = 0$,
解之得特征根 $r_1 = r_2 = -1$,于是方程①的通解为 $y = (C_1 + C_2 t)e^{-t}$.
将 $t = \ln x$ 代入即得原方程的通解为 $y = \dfrac{C_1 + C_2 \ln x}{x}$.

(2)令 $x = e^t$,即 $t = \ln x$,则 $\dfrac{dy}{dx} = \dfrac{1}{x} \dfrac{dy}{dt}$, $\dfrac{d^2 y}{dx^2} = \dfrac{1}{x^2}\left(\dfrac{d^2 y}{dt^2} - \dfrac{dy}{dt}\right)$,故原方程化为
$$\dfrac{d^2 y}{dt^2} - 5\dfrac{dy}{dt} + 6y = e^t. \qquad ①$$
方程①对应的齐次方程的特征方程为 $r^2 - 5r + 6 = 0$,解之得特征根 $r_1 = 2, r_2 = 3$,
因而方程①对应的齐次方程的通解为 $Y = C_1 e^{2t} + C_2 e^{3t}$.
又由于 $f(t) = e^t, \lambda = 1$ 不是特征根,所以方程①具有形如 $y^* = Ae^t$ 的特解,代入方程①得
$2Ae^t = e^t$,即 $A = \dfrac{1}{2}$,故 $y^* = \dfrac{1}{2} e^t$,从而方程①的通解为 $y = C_1 e^{2t} + C_2 e^{3t} + \dfrac{1}{2} e^t$.
将 $t = \ln x$ 代入即得原方程的通解为 $y = C_1 x^2 + C_2 x^3 + \dfrac{x}{2}$.

*12. 求下列常系数线性微分方程组的通解:

(1) $\begin{cases} \dfrac{dx}{dt} + 2\dfrac{dy}{dt} + y = 0, \\ 3\dfrac{dx}{dt} + 2x + 4\dfrac{dy}{dt} + 3y = t; \end{cases}$ (2) $\begin{cases} \dfrac{d^2 x}{dt^2} + 2\dfrac{dx}{dt} + x + \dfrac{dy}{dt} + y = 0, \\ \dfrac{dx}{dt} + x + \dfrac{d^2 y}{dt^2} + 2\dfrac{dy}{dt} + y = e^t. \end{cases}$

解:(1)原方程组可表示成 $\begin{cases} Dx + (2D+1)y = 0, & ① \\ (3D+2)x + (4D+3)y = t, & ② \end{cases}$

①$\times (3D+2) - ② \times D$,得 $(2D^2 + 4D + 2)y = -1$,即 $2y'' + 4y' + 2y = -1$. ③
方程③对应的齐次方程的特征方程为 $2r^2 + 4r + 2 = 0$,
解之得特征根 $r_1 = r_2 = -1$,因此方程③对应的齐次方程的通解为 $Y = (C_1 + C_2 t)e^{-t}$,
由于 $f(t) = -1, 0$ 不是特征根,所以方程③具有形如 $y^* = A$ 的特解,把 y^* 代入方程③得
$2A = -1$ 即 $A = \dfrac{-1}{2}$,从而 $y^* = -\dfrac{1}{2}$.

因此方程③的通解为 $y = (C_1 + C_2 t)e^{-t} - \dfrac{1}{2}$.

又由②$-①\times 3$ 得 $2x - 2Dy = t$,即
$$x = \dfrac{dy}{dt} + \dfrac{1}{2} t = C_2 e^{-t} + (C_1 + C_2 t)e^{-t} \cdot (-1) + \dfrac{1}{2} t = (-C_1 + C_2 - C_2 t)e^{-t} + \dfrac{1}{2} t.$$
即原方程组的通解为 $\begin{cases} x = (-C_1 + C_2 - C_2 t)e^{-t} + \dfrac{1}{2} t, \\ y = (C_1 + C_2 t)e^{-t} - \dfrac{1}{2}. \end{cases}$

(2)原方程组可表示成 $\begin{cases} (D+1)^2 x + (D+1)y = 0, & ① \\ (D+1)x + (D+1)^2 y = e^t, & ② \end{cases}$

①$\times (D+1) - ②$,得 $(D^3 + 3D^2 + 2D)x = -e^t$,即 $x'''_t + 3x''_t + 2x' = -e^t$. ③
方程③对应的齐次方程的特征方程为 $r^3 + 3r^2 + 2r = 0$,解之,得特征根 $r_1 = 0, r_2 = -1, r_3$

$= -2$.

因此方程③对应的齐次方程的通解为 $X = C_1 + C_2 e^{-t} + C_3 e^{-2t}$.

由于 $f(t) = -e^t, \lambda = 1$ 不是特征根，所以方程③有形如 $x^* = Ae^t$ 的特解，代入方程③得

$6Ae^t = -e^t$，即 $A = -\dfrac{1}{6}$，

从而 $x^* = -\dfrac{1}{6} e^t$. 因此方程③的通解为 $x = C_1 + C_2 e^{-t} + C_3 e^{-2t} - \dfrac{1}{6} e^t$.

由原方程组中的第一个方程有

$$\dfrac{dy}{dt} + y = -\dfrac{d^2 x}{dt^2} - 2 \dfrac{dx}{dt} - x$$

$$= -\left(C_2 e^{-t} + 4C_3 e^{-2t} - \dfrac{1}{6} e^t\right) - 2\left(-C_2 e^{-t} - 2C_3 e^{-2t} - \dfrac{1}{6} e^t\right) -$$

$$\left(C_1 + C_2 e^{-t} + C_3 e^{-2t} - \dfrac{1}{6} e^t\right)$$

$$= -C_1 - C_3 e^{-2t} + \dfrac{2}{3} e^t,$$

即 $\dfrac{dy}{dt} + y = -C_1 - C_3 e^{-2t} + \dfrac{2}{3} e^t$，其通解为

$$y = e^{-\int dt} \left[\int \left(-C_1 - C_3 e^{-2t} + \dfrac{2}{3} e^t\right) e^{\int dt} \, dt + C_4 \right]$$

$$= e^{-t} \left[\int \left(-C_1 e^t - C_3 e^{-t} + \dfrac{2}{3} e^{2t}\right) dt + C_4 \right]$$

$$= e^{-t} \left(-C_1 e^t + C_3 e^{-t} + \dfrac{1}{3} e^{2t} + C_4\right)$$

$$= -C_1 + C_3 e^{-2t} + \dfrac{1}{3} e^t + C_4 e^{-t}.$$

因此原方程组的通解为 $\begin{cases} x = C_1 + C_2 e^{-t} + C_3 e^{-2t} - \dfrac{1}{6} e^t, \\ y = -C_1 + C_3 e^{-2t} + C_4 e^{-t} + \dfrac{1}{3} e^t. \end{cases}$

本章小结

1. 常微分方程的概念.
2. 常微分方程的解的概念：包括阶、通解、特解、初始条件.
3. 可用积分法解出的方程的类型：可分离变量的方程、齐次方程、一阶线性方程、伯努利方程；可用简单的变量代换求解的方程：可降阶的高阶微分方程.
4. 线性微分方程解的性质及解的结构定理.
5. 二阶常系数齐次线性微分方程.
6. 简单的二阶常系数非齐次线性微分方程.
7. 欧拉方程.
8. 包含两个未知函数的一阶常系数线性微分方程组.
9. 微分方程(组)的简单应用问题.

第八章 空间解析几何与向量代数

本章内容概览

空间解析几何与平面解析几何的思想方法类似,都是用代数方法研究几何问题,其重要工具就是向量代数.众所周知,平面解析几何的基础对于学习一元微积分是至关重要的.同样,空间解析几何的知识对于多元微积分的学习也是必不可缺的.

本章知识图解

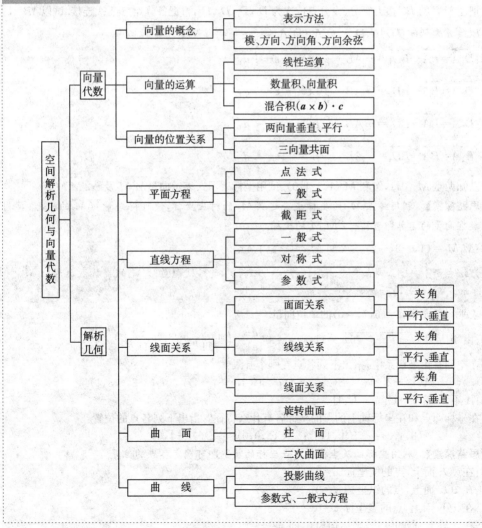

第一节　向量及其线性运算

习题 8-1 超精解（教材 P13~P14）

1. 设 $u=a-b+2c$, $v=-a+3b-c$. 试用 a,b,c 表示 $2u-3v$.

解：$2u-3v=2(a-b+2c)-3(-a+3b-c)=5a-11b+7c$.

2. 如果平面上一个四边形的对角线互相平分，试用向量证明它是平行四边形.

证：设四边形 $ABCD$ 中，$\overrightarrow{AC}$ 与 $\overrightarrow{BD}$ 相交于 M，且 $\overrightarrow{AM}=\overrightarrow{MC}$，$\overrightarrow{DM}=\overrightarrow{MB}$.
因为 $\overrightarrow{AB}=\overrightarrow{AM}+\overrightarrow{MB}=\overrightarrow{MC}+\overrightarrow{DM}=\overrightarrow{DM}+\overrightarrow{MC}=\overrightarrow{DC}$.
所以 $\overrightarrow{AB}/\!/\overrightarrow{DC}$ 且 $|\overrightarrow{AB}|=|\overrightarrow{DC}|$. 故四边形 $ABCD$ 是平行四边形.

3. 把 $\triangle ABC$ 的 BC 边五等分，设分点依次为 D_1,D_2,D_3,D_4，再把各分点与点 A 连接. 试以 $\overrightarrow{AB}=c$, $\overrightarrow{BC}=a$ 表示向量 $\overrightarrow{D_1A}, \overrightarrow{D_2A}, \overrightarrow{D_3A}$ 和 $\overrightarrow{D_4A}$.

解：$\overrightarrow{D_1A}=\overrightarrow{BA}-\overrightarrow{BD_1}=-\overrightarrow{AB}-\dfrac{1}{5}\overrightarrow{BC}=-c-\dfrac{1}{5}a$,

$\overrightarrow{D_2A}=\overrightarrow{BA}-\overrightarrow{BD_2}=-\overrightarrow{AB}-\dfrac{2}{5}\overrightarrow{BC}=-c-\dfrac{2}{5}a$,

$\overrightarrow{D_3A}=\overrightarrow{BA}-\overrightarrow{BD_3}=-\overrightarrow{AB}-\dfrac{3}{5}\overrightarrow{BC}=-c-\dfrac{3}{5}a$,

$\overrightarrow{D_4A}=\overrightarrow{BA}-\overrightarrow{BD_4}=-\overrightarrow{AB}-\dfrac{4}{5}\overrightarrow{BC}=-c-\dfrac{4}{5}a$.

4. 已知两点 $M_1(0,1,2)$ 和 $M_2(1,-1,0)$. 试用坐标表示式表示向量 $\overrightarrow{M_1M_2}$ 及 $-2\overrightarrow{M_1M_2}$.

【思路探索】 利用终点 M_2 的坐标减去起点 M_1 的对应坐标，便可得向量 $\overrightarrow{M_1M_2}$ 的坐标；再利用数乘向量的运算即可得 $-2\overrightarrow{M_1M_2}$ 的坐标.

解：$\overrightarrow{M_1M_2}=(1,-2,-2)$，$-2\overrightarrow{M_1M_2}=(-2,4,4)$.

【方法点击】 若已知点 $M_1(x_1,y_1,z_1)$, $M_2(x_2,y_2,z_2)$，则向量 $\overrightarrow{M_1M_2}$ 的坐标表示为 $\overrightarrow{M_1M_2}=(x_2-x_1,y_2-y_1,z_2-z_1)$.

5. 求平行于向量 $a=(6,7,-6)$ 的单位向量.

解：由 $|a|=\sqrt{6^2+7^2+(-6)^2}=11$，则 $e=\pm\dfrac{a}{|a|}=\left(\pm\dfrac{6}{11},\pm\dfrac{7}{11},\mp\dfrac{6}{11}\right)$.

6. 在空间直角坐标系中，指出下列各点在哪个卦限？
$A(1,-2,3)$；　$B(2,3,-4)$；　$C(2,-3,-4)$；　$D(-2,-3,1)$.

解：A：Ⅳ　B：Ⅴ　C：Ⅷ　D：Ⅲ

7. 在坐标面上和在坐标轴上的点的坐标各有什么特征？指出下列各点的位置：
$A(3,4,0)$；　$B(0,4,3)$；　$C(3,0,0)$；　$D(0,-1,0)$.

【思路探索】 利用坐标面及坐标轴上点坐标的特征即可确定各点的位置.

解：在 yOz 面上，点的横坐标 $x=0$；
在 zOx 面上，点的纵坐标 $y=0$；
在 xOy 面上，点的竖坐标 $z=0$.
在 x 轴上，点的纵、竖坐标均为 0，即 $y=z=0$；

234

在 y 轴上,点的横、竖坐标均为 0,即 $z=x=0$;

在 z 轴上,点的横、纵坐标均为 0,即 $x=y=0$.

A 在 xOy 面上,B 在 yOz 面上,C 在 x 轴上,D 在 y 轴上.

【方法点击】 在空间直角坐标系中:

(1)各坐标面上的点的坐标,其特征是表示坐标的三个有序数中至少有一个为零. 例如:xOy 面上点的坐标为 $(x,y,0)$;xOz 面上点的坐标为 $(x,0,z)$;yOz 面上点的坐标为 $(0,y,z)$.

(2)在坐标轴的点的坐标,其特征是表示坐标的三个有序数至少为零. 例如:x 轴上点的坐标为 $(x,0,0)$;y 轴上点的坐标为 $(0,y,0)$;z 轴上点的坐标为 $(0,0,z)$.

8. 求点 (a,b,c) 关于(1)各坐标面;(2)各坐标轴;(3)坐标原点的对称点的坐标.

解:(1)关于 xOy,yOz,zOx 面的对称点的坐标分别为 $(a,b,-c),(-a,b,c),(a,-b,c)$;

(2)关于 x,y,z 轴的对称点的坐标分别为 $(a,-b,-c),(-a,b,-c),(-a,-b,c)$;

(3)关于坐标原点的对称点的坐标为 $(-a,-b,-c)$.

9. 自点 $P_0(x_0,y_0,z_0)$ 分别作各坐标面和各坐标轴的垂线,写出各垂足的坐标.

解:如图 8-1 所示. xOy 面:$(x_0,y_0,0)$;

yOz 面:$(0,y_0,z_0)$;zOx 面:$(x_0,0,z_0)$.

x 轴:$(x_0,0,0)$;y 轴:$(0,y_0,0)$;z 轴:$(0,0,z_0)$.

10. 过点 $P_0(x_0,y_0,z_0)$ 分别作平行于 z 轴的直线和平行于 xOy 面的平面,问在它们上面的点的坐标各有什么特点?

解:过 P_0 且平行于 z 轴的直线上的点有相同的横坐标 x_0 和相同的纵坐标 y_0;

过 P_0 且平行于 xOy 平面上的点具有相同的竖坐标 z_0.

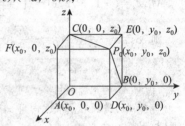

图 8-1

11. 一边长为 a 的立方体放置在 xOy 面上,其底面的中心在坐标原点,底面的顶点在 x 轴和 y 轴上,求它各顶点的坐标.

解:如图 8-2 所示,各顶点的坐标分别为:

$A\left(\dfrac{\sqrt{2}}{2}a,0,0\right)$, $C\left(-\dfrac{\sqrt{2}}{2}a,0,0\right)$, $B\left(0,\dfrac{\sqrt{2}}{2}a,0\right)$,

$D\left(0,-\dfrac{\sqrt{2}}{2}a,0\right)$, $A'\left(\dfrac{\sqrt{2}}{2}a,0,a\right)$, $C'\left(-\dfrac{\sqrt{2}}{2}a,0,a\right)$,

$B'\left(0,\dfrac{\sqrt{2}}{2}a,a\right)$, $D'\left(0,-\dfrac{\sqrt{2}}{2}a,a\right)$.

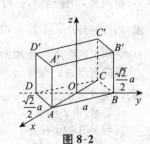

图 8-2

12. 求点 $M(4,-3,5)$ 到各坐标轴的距离.

解:点 M 到 x 轴的距离:$r_x=\sqrt{3^2+5^2}=\sqrt{34}$,

点 M 到 y 轴的距离:$r_y=\sqrt{5^2+4^2}=\sqrt{41}$,

点 M 到 z 轴的距离:$r_z=\sqrt{3^2+4^2}=5$.

13. 在 yOz 面上,求与三点 $A(3,1,2),B(4,-2,-2)$ 和 $C(0,5,1)$ 等距离的点.

解:在 yOz 面上,设点 $P(0,y,z)$ 与 A,B,C 三点等距离,即 $|\overrightarrow{PA}|^2=|\overrightarrow{PB}|^2=|\overrightarrow{PC}|^2$.

故 $\begin{cases} 3^2+(y-1)^2+(z-2)^2=(y-5)^2+(z-1)^2, \\ 4^2+(y+2)^2+(z+2)^2=(y-5)^2+(z-1)^2, \end{cases}$ 解方程组,得 $y=1,z=-2$.

故所求点为 $(0,1,-2)$.

14. 试证明以三点 $A(4,1,9)$、$B(10,-1,6)$、$C(2,4,3)$ 为顶点的三角形是等腰直角三角形.

证:因为 $|\overrightarrow{AB}| = \sqrt{(10-4)^2 + (-1-1)^2 + (6-9)^2} = 7$,

$|\overrightarrow{AC}| = \sqrt{(2-4)^2 + (4-1)^2 + (3-9)^2} = 7$,

$|\overrightarrow{BC}| = \sqrt{(2-10)^2 + (4+1)^2 + (3-6)^2} = 7\sqrt{2}$,

所以 $|\overrightarrow{AB}|^2 + |\overrightarrow{AC}|^2 = |\overrightarrow{BC}|^2$ 且 $|\overrightarrow{AB}| = |\overrightarrow{AC}|$. 从而 $\triangle ABC$ 为等腰直角三角形.

15. 设已知两点 $M_1(4,\sqrt{2},1)$ 和 $M_2(3,0,2)$,计算向量 $\overrightarrow{M_1M_2}$ 的模、方向余弦和方向角.

【思路探索】 由已知条件先求出向量 $\overrightarrow{M_1M_2}$;再利用公式计算 $|\overrightarrow{M_1M_2}|$ 及方向余弦 $\cos\alpha, \cos\beta$,$\cos\gamma$;最后得方向角 α, β, γ.

解:$|\overrightarrow{M_1M_2}| = \sqrt{(3-4)^2 + (0-\sqrt{2})^2 + (2-1)^2} = 2$,

$\overrightarrow{M_1M_2} = (-1, -\sqrt{2}, 1) = 2\left(-\dfrac{1}{2}, -\dfrac{\sqrt{2}}{2}, \dfrac{1}{2}\right)$,

则 $\cos\alpha = -\dfrac{1}{2}, \cos\beta = -\dfrac{\sqrt{2}}{2}, \cos\gamma = \dfrac{1}{2}$. 从而 $\alpha = \dfrac{2}{3}\pi, \beta = \dfrac{3}{4}\pi, \gamma = \dfrac{\pi}{3}$.

【方法点击】 利用向量终点 M_2 的坐标减去起点 M_1 的对应坐标可得向量 $\overrightarrow{M_1M_2}$ 的相应坐标;由 $\overrightarrow{M_1M_2}$ 的坐标利用公式可求得向量的模 $|\overrightarrow{M_1M_2}|$ 及方向余弦 $\cos\alpha, \cos\beta, \cos\gamma$;最后由方向余弦的值便可求得方向角 α, β, γ. 读者应熟练掌握这类题的解题方法,为后续章节的学习打下坚实的基础.

16. 设向量的方向余弦分别满足 (1) $\cos\alpha = 0$;(2) $\cos\beta = 1$;(3) $\cos\alpha = \cos\beta = 0$,问这些向量与坐标轴或坐标面的关系如何?

解:(1) 当 $\cos\alpha = 0$ 时,向量与 x 轴垂直,平行于 yOz 面;

(2) 当 $\cos\beta = 1$ 时,$\beta = 0$,则向量与 y 轴正向一致,垂直于 zOx 面;

(3) 当 $\cos\alpha = \cos\beta = 0$ 时,则 $\cos^2\gamma = 1$. 故 $\gamma = 0$ 或 π,此时向量平行于 z 轴,垂直于 xOy 面.

17. 设向量 $\boldsymbol{r}$ 的模是 4,它与 u 轴的夹角是 $\dfrac{\pi}{3}$,求 $\boldsymbol{r}$ 在 u 轴上的投影.

解:$\text{Prj}_u \boldsymbol{r} = |\boldsymbol{r}| \cdot \cos\theta = 4 \cdot \cos\dfrac{\pi}{3} = 2$.

18. 一向量的终点在点 $B(2,-1,7)$,它在 x 轴、y 轴和 z 轴上的投影依次为 $4, -4$ 和 7. 求这向量的起点 A 的坐标.

解:设起点 A 的坐标为 (x,y,z),则 $\overrightarrow{AB} = (2-x, -1-y, 7-z)$.

由题意,得 $2-x = 4, -1-y = -4, 7-z = 7$,即 $x = -2, y = 3, z = 0$.

故起点 A 的坐标为 $(-2, 3, 0)$.

19. 设 $\boldsymbol{m} = 3\boldsymbol{i} + 5\boldsymbol{j} + 8\boldsymbol{k}$,$\boldsymbol{n} = 2\boldsymbol{i} - 4\boldsymbol{j} - 7\boldsymbol{k}$ 和 $\boldsymbol{p} = 5\boldsymbol{i} + \boldsymbol{j} - 4\boldsymbol{k}$,求向量 $\boldsymbol{a} = 4\boldsymbol{m} + 3\boldsymbol{n} - \boldsymbol{p}$ 在 x 轴上的投影及在 y 轴上的分向量.

解:$\boldsymbol{a} = 4(3\boldsymbol{i} + 5\boldsymbol{j} + 8\boldsymbol{k}) + 3(2\boldsymbol{i} - 4\boldsymbol{j} - 7\boldsymbol{k}) - (5\boldsymbol{i} + \boldsymbol{j} - 4\boldsymbol{k}) = 13\boldsymbol{i} + 7\boldsymbol{j} + 15\boldsymbol{k}$.

则 $a_x = 13$ 且 $\boldsymbol{a}$ 在 y 轴上的分向量为 $7\boldsymbol{j}$.

第二节 数量积 向量积 *混合积

习题 8-2 超精解(教材 P23)

1. 设 $\boldsymbol{a} = 3\boldsymbol{i} - \boldsymbol{j} - 2\boldsymbol{k}$,$\boldsymbol{b} = \boldsymbol{i} + 2\boldsymbol{j} - \boldsymbol{k}$,求

(1) $a \cdot b$ 及 $a \times b$; (2) $(-2a) \cdot 3b$ 及 $a \times 2b$; (3) a,b 的夹角的余弦.

解:(1) $a \cdot b = (3,-1,-2) \cdot (1,2,-1) = 3 \times 1 + (-1) \times 2 + (-2) \times (-1) = 3$,

$$a \times b = \begin{vmatrix} i & j & k \\ 3 & -1 & -2 \\ 1 & 2 & -1 \end{vmatrix} = (5,1,7).$$

(2) $(-2a) \cdot 3b = -6(a \cdot b) = -6 \times 3 = -18$, $a \times (2b) = 2(a \times b) = 2(5,1,7) = (10,2,14)$.

(3) $\cos(\widehat{a,b}) = \dfrac{a \cdot b}{|a||b|} = \dfrac{3}{\sqrt{3^2+(-1)^2+(-2)^2}\sqrt{1^2+2^2+(-1)^2}} = \dfrac{3}{2\sqrt{21}}$.

2. 设 a,b,c 为单位向量,且满足 $a+b+c=0$,求 $a \cdot b + b \cdot c + c \cdot a$.

解:因为 $a+b+c=0$,则 $a+b=-c$. 而 $b \cdot c + c \cdot a \xrightarrow{\text{交换律}} c \cdot b + c \cdot a = c \cdot (b+a)$.
$= c \cdot (a+b) = c \cdot (-c) = -c^2 = -|c|^2 = -1$.

同理, $c \cdot a + a \cdot b = -1$, $a \cdot b + b \cdot c = -1$, 则 $2(a \cdot b + b \cdot c + c \cdot a) = -3$.

故 $a \cdot b + b \cdot c + c \cdot a = -\dfrac{3}{2}$.

3. 已知 $M_1(1,-1,2)$, $M_2(3,3,1)$ 和 $M_3(3,1,3)$. 求与 $\overrightarrow{M_1M_2}$, $\overrightarrow{M_2M_3}$ 同时垂直的单位向量.

解:记与 $\overrightarrow{M_1M_2}$, $\overrightarrow{M_2M_3}$ 同时垂直的单位向量为 $\pm e°$.

因为 $\overrightarrow{M_1M_2} = (2,4,-1)$, $\overrightarrow{M_2M_3} = (0,-2,2)$,

所以 $e = \overrightarrow{M_1M_2} \times \overrightarrow{M_2M_3} = \begin{vmatrix} i & j & k \\ 2 & 4 & -1 \\ 0 & -2 & 2 \end{vmatrix} = (6,-4,-4)$,

故 $\pm e° = \pm \dfrac{e}{|e|} = \pm \dfrac{(6,-4,-4)}{\sqrt{6^2+(-4)^2+(-4)^2}} = \pm \dfrac{1}{\sqrt{17}}(3,-2,-2)$.

4. 设质量为 100 kg 的物体从点 $M_1(3,1,8)$ 沿直线移动到点 $M_2(1,4,2)$,计算重力所做的功(坐标系长度单位为 m, 重力方向为 z 轴负方向).

解:重力 $F = (0,0,-9.8 \times 100) = (0,0,-980)$, $\overrightarrow{M_1M_2} = (-2,3,-6)$,

则 $W = F \cdot \overrightarrow{M_1M_2} = (0,0,-980) \cdot (-2,3,-6) = 980 \times 6 = 5\,880$ (J).

5. 在杠杆上支点 O 的一侧与点 O 的距离为 x_1 的点 P_1 处,有一与 $\overrightarrow{OP_1}$ 成角 θ_1 的力 F_1 作用着; 在 O 的另一侧与点 O 的距离为 x_2 的点 P_2 处,有一与 $\overrightarrow{OP_2}$ 成角 θ_2 的力 F_2 作用着(图 8-3). 问 $\theta_1, \theta_2, x_1, x_2, |F_1|, |F_2|$ 符合怎样的条件才能使杠杆保持平衡?

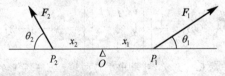

图 8-3

解:有固定转轴的物体的平衡条件是力矩的代数和等于零.两力矩分别为 $x_1|F_1|\sin\theta_1$ 与 $x_2|F_2|\sin\theta_2$, 要使杠杆平衡, 必须满足如下条件: $x_1|F_1|\sin\theta_1 = x_2|F_2|\sin\theta_2$.

6. 求向量 $a = (4,-3,4)$ 在向量 $b = (2,2,1)$ 上的投影.

解:$\text{Prj}_b a = \dfrac{a \cdot b}{|b|} = \dfrac{4 \times 2 + (-3) \times 2 + 4 \times 1}{\sqrt{2^2+2^2+1^2}} = 2$.

7. 设 $a=(3,5,-2)$，$b=(2,1,4)$，问 λ 与 μ 有怎样的关系，能使得 $\lambda a+\mu b$ 与 z 轴垂直？

【思路探索】 根据数乘向量运算律先求出 $\lambda a,\mu b$；再由向量加法求出 $\lambda a+\mu b$；最后由两向量垂直的充要条件（数量积等于零）即可得 λ 与 μ 的关系式.

解：$\lambda a+\mu b=(3\lambda+2\mu,5\lambda+\mu,-2\lambda+4\mu)$. 在 z 轴上取单位向量 $e=(0,0,1)$，要使它与 $\lambda a+\mu b$ 垂直，只需 $e\cdot(\lambda a+\mu b)=0$，即 $(3\lambda+2\mu)\times 0+(5\lambda+\mu)\times 0+(-2\lambda+4\mu)\times 1=0$.

故 $\lambda=2\mu$.

【方法点击】 在讨论有关两向量的位置关系时，往往利用两向量的数量积.

8. 试用向量证明直径所对的圆周角是直角.

证：设 AB 为直径，圆心为 O. 在圆上任取一点 C，连接 AC、BC 与 OC. 要证 $\angle ACB=90°$，只需证 $\overrightarrow{AC}\perp\overrightarrow{BC}$，即 $\overrightarrow{AC}\cdot\overrightarrow{BC}=0$. 因为
$$\overrightarrow{AC}\cdot\overrightarrow{BC}=(\overrightarrow{AO}+\overrightarrow{OC})\cdot(\overrightarrow{BO}+\overrightarrow{OC})=(\overrightarrow{OC}+\overrightarrow{AO})\cdot(\overrightarrow{OC}-\overrightarrow{AO})$$
$$=(\overrightarrow{OC})^2-(\overrightarrow{AO})^2=|\overrightarrow{OC}|^2-|\overrightarrow{AO}|^2=0,$$
则 $\overrightarrow{AC}\perp\overrightarrow{BC}$. 即 AB 所对的圆周角是直角.

9. 已知向量 $a=2i-3j+k$，$b=i-j+3k$ 和 $c=i-2j$，计算：
(1) $(a\cdot b)c-(a\cdot c)b$；(2) $(a+b)\times(b+c)$；(3) $(a\times b)\cdot c$.

解：(1) $(a\cdot b)c-(a\cdot c)b$
$=[(2,-3,1)\cdot(1,-1,3)](i-2j)-[(2,-3,1)\cdot(1,-2,0)](i-j+3k)$
$=8(i-2j)-8(i-j+3k)=-8j-24k.$

(2) $a+b=(2,-3,1)+(1,-1,3)=(3,-4,4)$，$b+c=(1,-1,3)+(1,-2,0)=(2,-3,3)$，

$$(a+b)\times(b+c)=\begin{vmatrix} i & j & k \\ 3 & -4 & 4 \\ 2 & -3 & 3 \end{vmatrix}=-j-k.$$

(3) $a\times b=\begin{vmatrix} i & j & k \\ 2 & -3 & 1 \\ 1 & -1 & 3 \end{vmatrix}=-8i-5j+k.$ 则

$(a\times b)\cdot c=(-8,-5,1)\cdot(1,-2,0)=-8\times 1+(-5)\times(-2)+1\times 0=2.$

10. 已知 $\overrightarrow{OA}=i+3k$，$\overrightarrow{OB}=j+3k$，求 $\triangle OAB$ 的面积.

【思路探索】 以向量 $\overrightarrow{OA},\overrightarrow{OB}$ 为邻边的三角形的面积 $S=\dfrac{1}{2}|\overrightarrow{OA}\times\overrightarrow{OB}|$.

解：利用向量积的几何意义，得

$$S_{\triangle AOB}=\frac{1}{2}|\overrightarrow{OA}\times\overrightarrow{OB}|=\frac{1}{2}\left|\begin{vmatrix} i & j & k \\ 1 & 0 & 3 \\ 0 & 1 & 3 \end{vmatrix}\right|=\frac{1}{2}|-3i-3j+k|=\frac{\sqrt{19}}{2}.$$

【方法点击】 利用向量积的几何意义，可求出平行四边形及三角形的面积.

*11. 已知 $a=(a_x,a_y,a_z)$，$b=(b_x,b_y,b_z)$，$c=(c_x,c_y,c_z)$，试利用行列式的性质证明：
$$(a\times b)\cdot c=(b\times c)\cdot a=(c\times a)\cdot b.$$

【思路探索】 先将混合积用行列式来表示，再根据行列式的性质即可得所要证的结论.

证：$(a\times b)\cdot c=\begin{vmatrix} a_x & a_y & a_z \\ b_x & b_y & b_z \\ c_x & c_y & c_z \end{vmatrix}=-\begin{vmatrix} b_x & b_y & b_z \\ a_x & a_y & a_z \\ c_x & c_y & c_z \end{vmatrix}=\begin{vmatrix} b_x & b_y & b_z \\ c_x & c_y & c_z \\ a_x & a_y & a_z \end{vmatrix}$

$$=(\boldsymbol{b}\times\boldsymbol{c})\cdot\boldsymbol{a}=-\begin{vmatrix} c_x & c_y & c_z \\ b_x & b_y & b_z \\ a_x & a_y & a_z \end{vmatrix}=\begin{vmatrix} c_x & c_y & c_z \\ a_x & a_y & a_z \\ b_x & b_y & b_z \end{vmatrix}=(\boldsymbol{c}\times\boldsymbol{a})\cdot\boldsymbol{b}.$$

【方法点击】 行列式是线性代数中的一个重要概念.行列式有若干条性质,本题用到的性质是:行列式中交换其任意两行(或列)的位置,行列式的值变号.

12. 试用向量证明不等式:$\sqrt{a_1^2+a_2^2+a_3^2}\sqrt{b_1^2+b_2^2+b_3^2}\geqslant|a_1b_1+a_2b_2+a_3b_3|$,其中 a_1,a_2,a_3,b_1,b_2,b_3 为任意实数.并指出等号成立的条件.

证:设 $\boldsymbol{a}=(a_1,a_2,a_3)$,$\boldsymbol{b}=(b_1,b_2,b_3)$,则 $|\boldsymbol{a}\cdot\boldsymbol{b}|=|\boldsymbol{a}|\cdot|\boldsymbol{b}|\cdot|\cos(\widehat{\boldsymbol{a},\boldsymbol{b}})|$,

其中 $\cos(\widehat{\boldsymbol{a},\boldsymbol{b}})=\dfrac{\boldsymbol{a}\cdot\boldsymbol{b}}{|\boldsymbol{a}|\cdot|\boldsymbol{b}|}$,从而有 $\dfrac{|\boldsymbol{a}\cdot\boldsymbol{b}|}{|\boldsymbol{a}|\cdot|\boldsymbol{b}|}=|\cos(\widehat{\boldsymbol{a},\boldsymbol{b}})|\leqslant 1$.则 $|\boldsymbol{a}\cdot\boldsymbol{b}|\leqslant|\boldsymbol{a}|\cdot|\boldsymbol{b}|$.

即 $\sqrt{a_1^2+a_2^2+a_3^2}\cdot\sqrt{b_1^2+b_2^2+b_3^2}\geqslant|a_1b_1+a_2b_2+a_3b_3|$.

第三节 平面及其方程

习题 8-3 超精解(教材 P29~P30)

1. 求过点 $(3,0,-1)$ 且与平面 $3x-7y+5z-12=0$ 平行的平面方程.

解:所求平面的法向量为 $\boldsymbol{n}=(3,-7,5)$,且所求平面过点 $(3,0,-1)$,
故由点法式方程,得 $3(x-3)-7y+5(z+1)=0$,即 $3x-7y+5z-4=0$.

2. 求过点 $M_0(2,9,-6)$ 且与连接坐标原点及点 M_0 的线段 OM_0 垂直的平面方程.

解:$\overrightarrow{OM_0}=(2,9,-6)$ 即为该平面的法向量.又平面过点 $M_0(2,9,-6)$,
由点法式方程得 $2(x-2)+9(y-9)-6(z+6)=0$,即 $2x+9y-6z-121=0$.

3. 求过 $(1,1,-1)$、$(-2,-2,2)$ 和 $(1,-1,2)$ 三点的平面方程.

【思路探索】 由题设条件先求出平面的法向量 $\boldsymbol{n}$(取法向量 $\boldsymbol{n}=\overrightarrow{M_1M_2}\times\overrightarrow{M_1M_3}$),再根据平面的点法式方程即得所求;也可利用三向量的混合积得到所求平面方程.

解法一:由这三个点知 $\overrightarrow{M_1M_2}\times\overrightarrow{M_1M_3}$ 即为该平面的法向量 $\boldsymbol{n}$.
因为 $\overrightarrow{M_1M_2}=(-3,-3,3)$,$\overrightarrow{M_1M_3}=(0,-2,3)$.

所以 $\boldsymbol{n}=\overrightarrow{M_1M_2}\times\overrightarrow{M_1M_3}=\begin{vmatrix} \boldsymbol{i} & \boldsymbol{j} & \boldsymbol{k} \\ -3 & -3 & 3 \\ 0 & -2 & 3 \end{vmatrix}=(-3,9,6)$.

于是,该平面方程为 $-3(x-1)+9(y-1)+6(z+1)=0$,即 $x-3y-2z=0$.

解法二:设平面上任一点为 $P(x,y,z)$.
因为 M_1,M_2,M_3 三点均在平面上,则 $\overrightarrow{M_1P},\overrightarrow{M_1M_2},\overrightarrow{M_1M_3}$ 共面.

故 $[\overrightarrow{M_1P},\overrightarrow{M_1M_2},\overrightarrow{M_1M_3}]=0$,即 $\begin{vmatrix} x-1 & y-1 & z+1 \\ -2-1 & -2-1 & 2+1 \\ 1-1 & -1-1 & 2+1 \end{vmatrix}=0$,

化简,得 $x-3y-2z=0$.

【方法点击】 设 $M(x,y,z)$ 为平面上任一点，$M_i(x_i,y_i,z_i)(i=1,2,3)$ 为平面上已知点. 由三向量共面得 $\overrightarrow{M_1M} \cdot (\overrightarrow{M_1M_2} \cdot \overrightarrow{M_1M_3})=0$，即

$$\begin{vmatrix} x-x_1 & y-y_1 & z-z_1 \\ x_2-x_1 & y_2-y_1 & z_2-z_1 \\ x_3-x_1 & y_3-y_1 & z_3-z_1 \end{vmatrix}=0.$$

上述表示已知三点 $M_i(x_i,y_i,z_i)(i=1,2,3)$ 的平面方程，也称为平面的三点式.

4. 指出下列各平面的特殊位置，并画出各平面：

(1) $x=0$；　　　　　　(2) $3y-1=0$；　　　　　(3) $2x-3y-6=0$；

(4) $x-\sqrt{3}y=0$；　　　(5) $y+z=1$；　　　　　(6) $x-2z=0$；

(7) $6x+5y-z=0$.

解 (1) $x=0$，即 yOz 平面.

(2) $3y-1=0$，即 $y=\dfrac{1}{3}$. 该平面是垂直于 y 轴的平面，垂足坐标为 $\left(0,\dfrac{1}{3},0\right)$. 该平面也是平行于 xOz 的平面（见图 8-4）.

(3) $2x-3y-6=0$，该平面是平行于 z 轴并且在 x 轴、y 轴上的截距分别为 3 与 -2 的平面（见图 8-5）.

(4) $x-\sqrt{3}y=0$，该平面通过 z 轴（见图 8-6）.

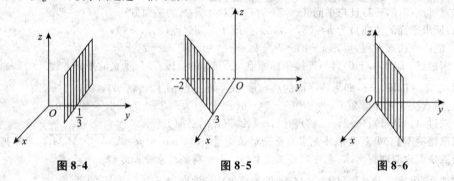

图 8-4　　　　　　　　　　图 8-5　　　　　　　　　　图 8-6

(5) $y+z=1$，该平面是平行于 x 轴且在 y、z 轴上的截距均为 1 的平面（见图 8-7）.

(6) $x-2z=0$，该平面通过 y 轴（见图 8-8）.

(7) $6x+5y-z=0$，该平面通过原点（见图 8-9）.

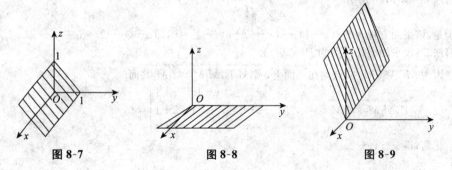

图 8-7　　　　　　　　　　图 8-8　　　　　　　　　　图 8-9

5. 求平面 $2x-2y+z+5=0$ 与各坐标面的夹角的余弦.

解:该平面与各坐标面的法向量依次为:
$$n=(2,-2,1),\ n_{xOy}=(0,0,1),\ n_{yOz}=(1,0,0),\ n_{zOx}=(0,1,0),$$

则 $\cos(n,n_{xOy})=\dfrac{2\times 0+(-2)\times 0+1\times 1}{\sqrt{2^2+(-2)^2+1^2}\times 1}=\dfrac{1}{3}$,

$\cos(n,n_{yOz})=\dfrac{2\times 1-2\times 0+1\times 0}{\sqrt{2^2+(-2)^2+1^2}\times 1}=\dfrac{2}{3}$,

$\cos(n,n_{zOx})=\dfrac{2\times 0-2\times 1+1\times 0}{\sqrt{2^2+(-2)^2+1^2}\times 1}=-\dfrac{2}{3}$.

6. 一平面过点 $(1,0,-1)$ 且平行于向量 $a=(2,1,1)$ 和 $b=(1,-1,0)$,试求这平面方程.

【思路探索】 利用向量积先求出平面的法向量,再由平面的点法式便可得所求平面方程.

解:设所求平面的法向量为 n.由题意知 $n\perp a$,$n\perp b$,

则 $n=a\times b$.故 $n=\begin{vmatrix} i & j & k \\ 2 & 1 & 1 \\ 1 & -1 & 0 \end{vmatrix}=(1,1,-3)$.又该平面过 $(1,0,-1)$,则由点法式方程得

$(x-1)+(y-0)-3(z+1)=0$,即 $x+y-3z-4=0$.

【方法点击】 用点法式求解平面方程是这类问题的基础和重点.在求解过程中关键是确定平面的法向量.根据所给条件,如线面的垂直关系、平行关系等,运用向量代数的方法即可求得平面的法向量.

7. 求三平面 $x+3y+z=1$,$2x-y-z=0$,$-x+2y+2z=3$ 的交点.

解:设交点坐标为 (a,b,c),则该交点坐标应同时满足已知三个平面方程,得

$\begin{cases} a+3b+c=1, \\ 2a-b-c=0, \\ -a+2b+2c=3, \end{cases}$ 解得 $\begin{cases} a=1, \\ b=-1, \\ c=3. \end{cases}$ 故交点坐标为 $(1,-1,3)$.

8. 分别按下列条件求平面方程:

(1) 平行于 xOz 面且经过点 $(2,-5,3)$; (2) 通过 z 轴和点 $(-3,1,-2)$;

(3) 平行于 x 轴且经过两点 $(4,0,-2)$ 和 $(5,1,7)$.

解:(1) 所求平面平行于 zOx 面,故其法向量为 $n=(0,1,0)$.又该平面经过点 $(2,-5,3)$,则由点法式方程得 $1\cdot[y-(-5)]=0$,即 $y+5=0$.

(2) 所求平面经过 z 轴,故可设平面方程为 $Ax+By=0$.又该平面经过点 $(-3,1,-2)$,代入 $Ax+By=0$,得 $-3A+B=0$,即 $B=3A$.故平面方程为 $Ax+3Ay=0$,即 $x+3y=0$.

(3) 记 $M_1(4,0,-2)$,$M_2(5,1,7)$,则该平面的法向量 $n\perp \overrightarrow{M_1M_2}$.

记 x 轴方向的单位向量为 $e=(1,0,0)$,又因为 n 垂直于 x 轴,则 $n\parallel(\overrightarrow{M_1M_2}\times e)$.从而

$$n=\begin{vmatrix} i & j & k \\ 1 & 1 & 9 \\ 1 & 0 & 0 \end{vmatrix}=(0,9,-1).$$

于是所求平面方程为 $0\cdot(x-4)+9(y-0)-(z+2)=0$,即 $9y-z-2=0$.

9. 求点 $(1,2,1)$ 到平面 $x+2y+2z-10=0$ 的距离.

解:$d=\dfrac{|1\times 1+2\times 2+1\times 2-10|}{\sqrt{1^2+2^2+2^2}}=\dfrac{3}{3}=1$.

第四节 空间直线及其方程

习题 8-4 超精解(教材 P36~P37)

1. 求过点 $(4,-1,3)$ 且平行于直线 $\dfrac{x-3}{2}=\dfrac{y}{1}=\dfrac{z-1}{5}$ 的直线方程.

解:因为所求直线平行于直线 $\dfrac{x-3}{2}=\dfrac{y}{1}=\dfrac{z-1}{5}$,则所求直线的方向向量为 $(2,1,5)$,

故其方程为 $\dfrac{x-4}{2}=\dfrac{y+1}{1}=\dfrac{z-3}{5}$.

2. 求过两点 $M_1(3,-2,1)$ 和 $M_2(-1,0,2)$ 的直线方程.

解:所求直线的方向向量可取为 $\overrightarrow{M_1M_2}=(-4,2,1)$,故其方程为 $\dfrac{x-3}{-4}=\dfrac{y+2}{2}=\dfrac{z-1}{1}$.

3. 用对称式方程及参数方程表示直线 $\begin{cases} x-y+z=1, \\ 2x+y+z=4. \end{cases}$

解:该直线的方向向量与两个平面的法向量 $\bm{n}_1,\bm{n}_2$ 都垂直,

则直线的方向向量 $\bm{S}$ 可取为 $\bm{S}=\bm{n}_1\times\bm{n}_2=\begin{vmatrix} \bm{i} & \bm{j} & \bm{k} \\ 1 & -1 & 1 \\ 2 & 1 & 1 \end{vmatrix}=(-2,1,3)$.

在 $\begin{cases} x-y+z=1, \\ 2x+y+z=4 \end{cases}$ 中,令 $x=1$,得 $\begin{cases} -y+z=0, \\ y+z=2, \end{cases}$ 解得 $y=1,z=1$,即 $(1,1,1)$ 为所求直线上

一点.故所求直线的方程为 $\dfrac{x-1}{-2}=\dfrac{y-1}{1}=\dfrac{z-1}{3}$.

在上式中令比值为 t,得直线的参数方程为 $\begin{cases} x=1-2t, \\ y=t+1, \\ z=3t+1. \end{cases}$

4. 求过点 $(2,0,-3)$ 且与直线 $\begin{cases} x-2y+4z-7=0, \\ 3x+5y-2z+1=0 \end{cases}$ 垂直的平面方程.

解:$\bm{S}=\begin{vmatrix} \bm{i} & \bm{j} & \bm{k} \\ 1 & -2 & 4 \\ 3 & 5 & -2 \end{vmatrix}=(-16,14,11)$,由已知直线与所求平面垂直,则 $\bm{S}$ 可作为所求平面的

法向量,故所求平面方程为
$$-16(x-2)+14y+11(z+3)=0,\text{即 } 16x-14y-11z-65=0.$$

5. 求直线 $\begin{cases} 5x-3y+3z-9=0, \\ 3x-2y+z-1=0 \end{cases}$ 与直线 $\begin{cases} 2x+2y-z+23=0, \\ 3x+8y+z-18=0 \end{cases}$ 的夹角的余弦.

解:设两条直线的方向向量分别为 $\bm{S}_1,\bm{S}_2$,则

$$\bm{S}_1=\begin{vmatrix} \bm{i} & \bm{j} & \bm{k} \\ 5 & -3 & 3 \\ 3 & -2 & 1 \end{vmatrix}=(3,4,-1),\bm{S}_2=\begin{vmatrix} \bm{i} & \bm{j} & \bm{k} \\ 2 & 2 & -1 \\ 3 & 8 & 1 \end{vmatrix}=5(2,-1,2),$$

故 $\cos\theta=\dfrac{|3\times 2+4\times(-1)+(-1)\times 2|}{\sqrt{3^2+4^2+(-1)^2}\times\sqrt{2^2+(-1)^2+2^2}}=\dfrac{0}{3\sqrt{26}}=0$.

6. 证明直线 $\begin{cases} x+2y-z=7, \\ -2x+y+z=7 \end{cases}$ 与直线 $\begin{cases} 3x+6y-3z=8, \\ 2x-y-z=0 \end{cases}$ 平行.

证:设两直线的方向向量分别为 S_1, S_2,则

$$S_1 = \begin{vmatrix} i & j & k \\ 1 & 2 & -1 \\ -2 & 1 & 1 \end{vmatrix} = (3,1,5), S_2 = \begin{vmatrix} i & j & k \\ 3 & 6 & -3 \\ 2 & -1 & -1 \end{vmatrix} = (-9,-3,-15).$$

则 $\cos\theta = \dfrac{|3\times(-9)+1\times(-3)+5\times(-15)|}{\sqrt{3^2+1^2+5^2} \times \sqrt{(-9)^2+(-3)^2+(-15)^2}} = 1.$ 故 $\theta = 0$,即两直线平行.

7. 求过点 $(0,2,4)$ 且与两平面 $x+2z=1$ 和 $y-3z=2$ 平行的直线方程.

【思路探索】 由已知条件先求出直线的方向向量 S(此时取 $S = n_1 \times n_2$; $n_1 = (1,0,2)$, $n_2 = (0,1,-3)$),再由直线方程的点向式即可得所求方程.

解:该直线与两平面的法向量垂直,则其方向向量 $S = \begin{vmatrix} i & j & k \\ 1 & 0 & 2 \\ 0 & 1 & -3 \end{vmatrix} = (-2,3,1).$

由对称式方程知,所求直线方程为 $\dfrac{x}{-2} = \dfrac{y-2}{3} = \dfrac{z-4}{1}.$

【方法点击】 建立直线方程的主要方法是采用点向式(或称为对称式,又可称为标准式)方程,为此需确定直线的方向向量和直线上的一定点.

8. 求过点 $(3,1,-2)$ 且通过直线 $\dfrac{x-4}{5} = \dfrac{y+3}{2} = \dfrac{z}{1}$ 的平面方程.

解:记 $A(3,1,-2), B(4,-3,0)$.设 $P(x,y,z)$ 为平面上任一点,则 $\overrightarrow{AP}, \overrightarrow{AB}$ 和直线的方向向量 $S = (5,2,1)$ 共面,则 $[\overrightarrow{AP}, \overrightarrow{AB}, S] = 0,$ 即 $\begin{vmatrix} x-3 & y-1 & z+2 \\ 1 & -4 & 2 \\ 5 & 2 & 1 \end{vmatrix} = 0.$

故所求平面方程为 $8x-9y-22z-59=0.$

9. 求直线 $\begin{cases} x+y+3z=0, \\ x-y-z=0 \end{cases}$ 与平面 $x-y-z+1=0$ 的夹角.

【思路探索】 先利用两向量的向量积求出直线的方向向量 S;再由直线的方向向量 S 与平面的法向量 n 求出二者的夹角正弦;最后得直线与平面的夹角.

解:直线的方向向量 $S = \begin{vmatrix} i & j & k \\ 1 & 1 & 3 \\ 1 & -1 & -1 \end{vmatrix} = 2(1,2,-1),$ 则

$$\sin\theta = \dfrac{|1\times1+(-1)\times2+(-1)\times(-1)|}{\sqrt{1^2+(-1)^2+(-1)^2} \times \sqrt{1^2+2^2+(-1)^2}} = 0.$$

故该直线与所给平面的夹角 $\theta = 0.$

【方法点击】 在讨论直线与平面间的位置关系时,常将其转化为讨论直线的方向向量与平面的法向量之间的关系.若直线的方向向量平行于平面的法向量,则表明直线与平面垂直.

10. 试确定下列各组中的直线和平面间的关系:

(1) $\dfrac{x+3}{-2} = \dfrac{y+4}{-7} = \dfrac{z}{3}$ 和 $4x-2y-2z=3$;   (2) $\dfrac{x}{3} = \dfrac{y}{-2} = \dfrac{z}{7}$ 和 $3x-2y+7z=8$;

(3) $\dfrac{x-2}{3} = \dfrac{y+2}{1} = \dfrac{z-3}{-4}$ 和 $x+y+z=3.$

解:直线与平面间的关系由直线的方向向量 S 和平面的法向量 n 的关系来确定.

(1)直线的方向向量 $\boldsymbol{S}=(-2,-7,3)$,平面的法向量 $\boldsymbol{n}=(4,-2,-2)=2(2,-1,-1)$.
因为 $\boldsymbol{S}\cdot\boldsymbol{n}=-2\times 2-7\times(-1)+3\times(-1)=0$,因此,$\boldsymbol{S}\perp\boldsymbol{n}$.
将直线上一点 $(-3,-4,0)$ 代入平面方程,得 $4\times(-3)-2\times(-4)-2\times 0=-4\neq 0$.
故直线与平面平行.

(2)直线的方向向量 $\boldsymbol{S}=(3,-2,7)$,平面的法向量 $\boldsymbol{n}=(3,-2,7)$.
则 $\boldsymbol{S}/\!/\boldsymbol{n}$,故直线与平面垂直.

(3)直线的方向向量 $\boldsymbol{S}=(3,1,-4)$,平面的法向量 $\boldsymbol{n}=(1,1,1)$.
因为 $\boldsymbol{S}\cdot\boldsymbol{n}=3\times 1+1\times 1+(-4)\times 1=0$,则 $\boldsymbol{S}\perp\boldsymbol{n}$.将直线上一点 $(2,-2,3)$ 代入平面方程,
得 $2\times 1+(-2)\times 1+3\times 1=3$.故直线在平面上.

11. 求过点 $(1,2,1)$ 而与两直线 $\begin{cases}x+2y-z+1=0,\\ x-y+z-1=0\end{cases}$ 和 $\begin{cases}2x-y+z=0,\\ x-y+z=0\end{cases}$ 平行的平面的方程.

解:该平面的法向量 $\boldsymbol{n}$ 与两直线的方向向量 $\boldsymbol{S}_1$ 和 $\boldsymbol{S}_2$ 都垂直,可用 $\boldsymbol{S}_1\times\boldsymbol{S}_2$ 来确定 $\boldsymbol{n}$,

$$\boldsymbol{S}_1=\begin{vmatrix}\boldsymbol{i}&\boldsymbol{j}&\boldsymbol{k}\\1&2&-1\\1&-1&1\end{vmatrix}=(1,-2,-3),\quad \boldsymbol{S}_2=\begin{vmatrix}\boldsymbol{i}&\boldsymbol{j}&\boldsymbol{k}\\2&-1&1\\1&-1&1\end{vmatrix}=(0,-1,-1),$$

则 $\boldsymbol{n}=\boldsymbol{S}_1\times\boldsymbol{S}_2=\begin{vmatrix}\boldsymbol{i}&\boldsymbol{j}&\boldsymbol{k}\\1&-2&-3\\0&-1&-1\end{vmatrix}=(-1,1,-1)$.

故平面方程为 $-(x-1)+(y-2)-(z-1)=0$,即 $x-y+z=0$.

12. 求点 $(-1,2,0)$ 在平面 $x+2y-z+1=0$ 上的投影.

【思路探索】 先由题设条件求出过已知点且与已知平面垂直的直线方程;再将直线方程化为参数式后代入平面方程便可得所求投影点.

解:设该点 $(-1,2,0)$ 为 A.自点 A 作平面的垂线,垂足即为点 A 在平面上的投影,垂线方程为 $\dfrac{x+1}{1}=\dfrac{y-2}{2}=\dfrac{z}{-1}$,它与平面方程联立,求得交点为 $\left(-\dfrac{5}{3},\dfrac{2}{3},\dfrac{2}{3}\right)$ 即为投影坐标.

【方法点击】 求直线与平面的交点坐标时,常将直线方程化为参数方程的形式后,再代入平面方程求得.

13. 求点 $P(3,-1,2)$ 到直线 $\begin{cases}x+y-z+1=0,\\ 2x-y+z-4=0\end{cases}$ 的距离.

解:先求垂足坐标,然后求两点的距离.垂直于该直线的平面的法向量为

$$\boldsymbol{S}=\begin{vmatrix}\boldsymbol{i}&\boldsymbol{j}&\boldsymbol{k}\\1&1&-1\\2&-1&1\end{vmatrix}=(0,-3,-3)=-3(0,1,1).$$

于是,过 P 点且垂直于该直线的平面方程为 $y+1+z-2=0$,即 $y+z-1=0$,它与直线的交点即为垂足,可求得垂足坐标为 $\left(1,-\dfrac{1}{2},\dfrac{3}{2}\right)$.于是,所求距离为

$$d=\sqrt{(3-1)^2+\left(-1+\dfrac{1}{2}\right)^2+\left(2-\dfrac{3}{2}\right)^2}=\dfrac{3}{\sqrt{2}}=\dfrac{3\sqrt{2}}{2}.$$

14. 设 M_0 是直线 L 外一点,M 是直线 L 上任意一点,且直线的方向向量为 $\boldsymbol{s}$,试证:点 M_0 到直线 L 的距离 $d=\dfrac{|\overrightarrow{M_0M}\times\boldsymbol{s}|}{|\boldsymbol{s}|}$.

证:借助向量积的几何意义来证明此题.设点 M_0 到直线 L 的距离为 d,$\boldsymbol{s}$ 为 l 的方向向量

(见图 8-10).

平行四边形 $MNPM_0$ 的面积 $A=d \cdot |\overrightarrow{MN}|$.

根据两个向量向量积的几何意义有 $A=|\overrightarrow{MN} \times \overrightarrow{M_0M}|$,

则 $d \cdot |\overrightarrow{MN}| = |\overrightarrow{MN} \times \overrightarrow{M_0M}|$, 故 $d = \dfrac{|\overrightarrow{M_0M} \times s|}{|s|}$.

15. 求直线 $\begin{cases} 2x-4y+z=0, \\ 3x-y-2z-9=0 \end{cases}$ 在平面 $4x-y+z=1$ 上的投影直线的方程.

解: 过直线的平面束方程为 $3x-y-2z-9+\lambda(2x-4y+z)=0$,

即 $(3+2\lambda)x-(1+4\lambda)y-(2-\lambda)z-9=0$.

要使该平面与平面 $4x-y+z=1$ 垂直, 只需它们的法向量垂直,

即 $4\times(3+2\lambda)+(-1)\times(-1-4\lambda)+1\times(\lambda-2)=0$, 解得 $\lambda=-\dfrac{11}{13}$.

代入平面束方程, 即得投影平面方程为 $17x+31y-37z-117=0$.

故投影直线方程为 $\begin{cases} 17x+31y-37z-117=0, \\ 4x-y+z-1=0. \end{cases}$

16. 画出下列各曲面所围成的立体的图形:

(1) $x=0, y=0, z=0, x=2, y=1, 3x+4y+2z-12=0$;

(2) $x=0, z=0, x=1, y=2, z=\dfrac{y}{4}$.

解: (1) 如图 8-11 所示. (2) 如图 8-12 所示.

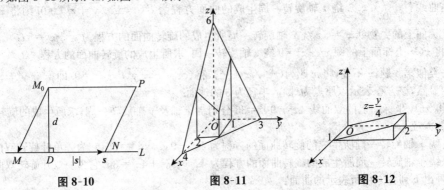

图 8-10　　　　　图 8-11　　　　　图 8-12

第五节　曲面及其方程

习题 8-5 超精解(教材 P44~P45)

1. 球面过原点及 $A(4,0,0), B(1,3,0)$ 和 $C(0,0,-4)$ 三点, 求球面的方程及球心的坐标和半径.

解: 设所求球面的方程为 $(x-a)^2+(y-b)^2+(z-c)^2=R^2$.

将原点及 A,B,C 坐标代入上式, 得 $\begin{cases} a^2+b^2+c^2=R^2, \\ (4-a)^2+b^2+c^2=R^2, \\ (1-a)^2+(3-b)^2+c^2=R^2, \\ a^2+b^2+(-4-c)^2=R^2, \end{cases}$ 解得 $\begin{cases} a=2, \\ b=1, \\ c=-2, \\ R=3. \end{cases}$

因此, 所求球面方程为 $(x-2)^2+(y-1)^2+(z+2)^2=9$.

其中球心的坐标为$(2,1,-2)$,半径为3.

2. 建立以点$(1,3,-2)$为球心,且通过坐标原点的球面方程.

解:$R=\sqrt{1^2+3^2+(-2)^2}=\sqrt{14}$,球面方程为
$$(x-1)^2+(y-3)^2+(z+2)^2=14,即\ x^2+y^2+z^2-2x-6y+4z=0.$$

3. 方程$x^2+y^2+z^2-2x+4y+2z=0$表示什么曲面?

解:$(x-1)^2+(y+2)^2+(z+1)^2=6$,它表示以$(1,-2,-1)$为球心,$\sqrt{6}$为半径的球面.

4. 求与坐标原点O及点$(2,3,4)$的距离之比为$1:2$的点的全体所组成的曲面的方程,它表示怎样的曲面?

【思路探索】 在所求曲面上任取一点$M(x,y,z)$,由题设条件,建立动点M的坐标应满足的方程$F(x,y,z)=0$,则该方程即为所求.

解:设动点为(x,y,z),它满足条件:$\dfrac{\sqrt{x^2+y^2+z^2}}{\sqrt{(x-2)^2+(y-3)^2+(z-4)^2}}=\dfrac{1}{2}$,化简,得
$$\left(x+\frac{2}{3}\right)^2+(y+1)^2+\left(z+\frac{4}{3}\right)^2=\frac{116}{9},$$
即以$\left(-\dfrac{2}{3},-1,-\dfrac{4}{3}\right)$为球心,以$\dfrac{2}{3}\sqrt{29}$为半径的球面.

【方法点击】 球面是常见二次曲面中重要的一种曲面,要求会建立满足条件的球面方程;特别是由已知球面方程能比较准确地描绘出其对应的图形.

5. 将xOz坐标面上的抛物线$z^2=5x$绕x轴旋转一周,求所生成的旋转曲面的方程.

解:曲线$\begin{cases}F(x,z)=0,\\ y=0,\end{cases}$绕$x$轴旋转一周生成的曲面方程为$F(x,\pm\sqrt{y^2+z^2})=0$. 则将$zOx$坐标面上的抛物线$z^2=5x$绕$x$轴旋转一周所生成的旋转曲面的方程为$y^2+z^2=5x$.

6. 将xOz坐标面上的圆$x^2+z^2=9$绕z轴旋转一周,求所生成的旋转曲面的方程.

解:类似第5题,z不变,将x改为$(\pm\sqrt{x^2+y^2})$,得$(\pm\sqrt{x^2+y^2})^2+z^2=9$. 即$x^2+y^2+z^2=9$. 显然,该方程表示以原点为球心,半径为3的球面.

7. 将xOy坐标面上的双曲线$4x^2-9y^2=36$分别绕x轴及y轴旋转一周,求所生成的旋转曲面的方程.

解:绕x轴旋转一周所生成的旋转曲面的方程为$4x^2-9y^2-9z^2=36$,它为一单叶旋转双曲面. 绕y轴旋转一周所生成的旋转曲面的方程为$4x^2-9y^2+4z^2=36$,它为一双叶旋转双曲面.

8. 画出下列各方程所表示的曲面:

(1) $\left(x-\dfrac{a}{2}\right)^2+y^2=\left(\dfrac{a}{2}\right)^2$;   (2) $-\dfrac{x^2}{4}+\dfrac{y^2}{9}=1$;   (3) $\dfrac{x^2}{9}+\dfrac{z^2}{4}=1$;

(4) $y^2-z=0$;   (5) $z=2-x^2$.

【思路探索】 由给出的二次曲面方程,要求画出其图形时,应先对方程进行简化运算,使其转化为常见的曲面方程的形式,然后再作图.

解:(1)如图8-13所示. (2)如图8-14所示. (3)如图8-15所示.
(4)如图8-16所示. (5)如图8-17所示.

第八章 空间解析几何与向量代数

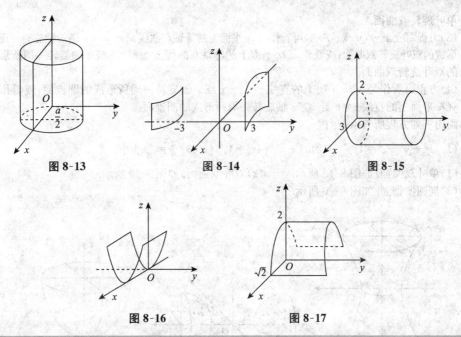

图 8-13　　　　　　　　图 8-14　　　　　　　　图 8-15

图 8-16　　　　　　　　图 8-17

【方法点击】　通常情况下由曲面方程 $F(x,y,z)=0$ 画其对应的图形时,只要求会画几种常见的二次曲面的草图;且在作图时应先描绘出曲面与坐标面及坐标轴的交线或交点,再描绘出曲面与平行于坐标面的平面的交线便可得二次曲面的图形.

9.指出下列方程在平面解析几何中和空间解析几何中分别表示什么图形:

(1) $x=2$;　　　(2) $y=x+1$;　　　(3) $x^2+y^2=4$;　　　(4) $x^2-y^2=1$.

解:(1) $x=2$ 在平面解析几何中表示平行 y 轴且距离 y 轴为 2 的一条直线;在空间解析几何中表示平行于 yOz 平面且距离为 2 的平面.

(2) $y=x+1$ 在平面解析几何中表示斜率及在 y 轴上的截距均为 1 的直线;在空间解析几何中表示平行于 z 轴的一个平面.

(3) $x^2+y^2=4$ 在平面解析几何中表示圆心在原点且半径为 2 的圆;在空间解析几何中表示对称轴为 z 轴且半径为 2 的圆柱面.

(4) $x^2-y^2=1$ 在平面解析几何中表示两个半轴均为 1 的双曲线;在空间解析几何中表示母线平行于 z 轴的双曲柱面.

10.说明下列旋转曲面是怎样形成的:

(1) $\dfrac{x^2}{4}+\dfrac{y^2}{9}+\dfrac{z^2}{9}=1$;　(2) $x^2-\dfrac{y^2}{4}+z^2=1$;　(3) $x^2-y^2-z^2=1$;　(4) $(z-a)^2=x^2+y^2$.

解:(1)方程写成 $\dfrac{x^2}{4}+\dfrac{(y^2+z^2)}{9}=1$,可看作 xOy 平面上的椭圆 $\dfrac{x^2}{4}+\dfrac{y^2}{9}=1$ 绕 x 轴旋转一周所形成的旋转椭球面;或看作 zOx 平面上的椭圆 $\dfrac{x^2}{4}+\dfrac{z^2}{9}=1$ 绕 x 轴旋转一周所形成的旋转椭球面.

(2)方程写成 $(x^2+z^2)-\dfrac{y^2}{4}=1$,可看作 xOy 平面上的双曲线 $x^2-\dfrac{y^2}{4}=1$ 绕 y 轴旋转一周所形成的单叶旋转双曲面;或看作 yOz 平面上的双曲线 $z^2-\dfrac{y^2}{4}=1$ 绕 y 轴旋转一周所形成的

单叶旋转双曲面.

(3)方程写成 $x^2-(y^2+z^2)=1$,可看作 xOy 平面上的等轴双曲线 $x^2-y^2=1$ 绕 x 轴旋转一周所形成的双叶旋转双曲面;或看作 zOx 平面上的等轴双曲线 $x^2-z^2=1$ 绕 z 轴旋转一周所形成的双叶旋转双曲面.

(4)方程可看作是 zOx 平面上的直线 $z=a\pm x$ 绕 z 轴旋转一周所形成的圆锥面;或看作是 yOz 平面上的直线 $z=a\pm y$ 绕 z 轴旋转一周所形成的圆锥面.

11.画出下列方程所表示的曲面:

(1)$4x^2+y^2-z^2=4$;   (2)$x^2-y^2-4z^2=4$;   (3)$\dfrac{z}{3}=\dfrac{x^2}{4}+\dfrac{y^2}{9}$.

解:(1)单叶双曲面.如图 8-18 所示.   (2)双叶双曲面.如图 8-19 所示.

(3)椭圆抛物面.如图 8-20 所示.

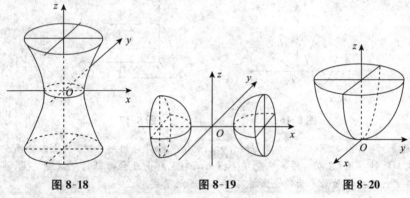

图 8-18   图 8-19   图 8-20

12.画出下列各曲面所围成立体的图形:

(1)$z=0,z=3,x-y=0,x-\sqrt{3}y=0,x^2+y^2=1$(在第一卦限内);

(2)$x=0,y=0,z=0,x^2+y^2=R^2$(在第一卦限内).

解:(1)如图 8-21 所示.   (2)如图 8-22 所示.

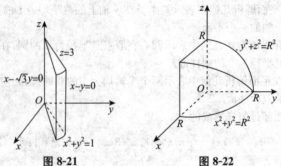

图 8-21   图 8-22

第六节   空间曲线及其方程

习题 8-6 超精解(教材 P51)

1.画出下列曲线在第一卦限内的图形:

(1)$\begin{cases} x=1, \\ y=2; \end{cases}$ (2)$\begin{cases} z=\sqrt{4-x^2-y^2}, \\ x-y=0; \end{cases}$ (3)$\begin{cases} x^2+y^2=a^2, \\ x^2+z^2=a^2. \end{cases}$

解：(1)如图 8-23 所示. (2)如图 8-24 所示. (3)如图 8-25 所示.

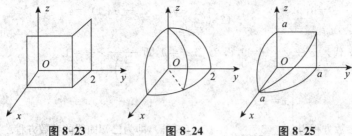

图 8-23　　　　　　图 8-24　　　　　　图 8-25

2. 指出下列方程组在平面解析几何中与在空间解析几何中分别表示什么图形：

(1) $\begin{cases} y=5x+1, \\ y=2x-3; \end{cases}$　　(2) $\begin{cases} \dfrac{x^2}{4}+\dfrac{y^2}{9}=1, \\ y=3. \end{cases}$

解：(1)题目中所给方程组在平面解析几何中表示两直线的交点，在空间解析几何中表示两平面的交线.

(2)所给方程组在平面解析几何中表示椭圆与其一条切线的交点；在空间解析几何中表示椭圆柱面 $\dfrac{x^2}{4}+\dfrac{y^2}{9}=1$ 与其切平面 $y=3$ 的交线.

3. 分别求母线平行于 x 轴及 y 轴而且通过曲线 $\begin{cases} 2x^2+y^2+z^2=16, \\ x^2+z^2-y^2=0 \end{cases}$ 的柱面方程.

【思路探索】　由已知空间曲线的方程分别消去 x，y，即可得通过曲线且母线分别平行于 x 轴及 y 轴的柱面方程.

解：由方程组消去 x，得 $3y^2-z^2=16$，即得母线平行于 x 轴且通过已知曲线的双曲柱面方程.
　　由方程组消去 y，得 $3x^2+2z^2=16$，即得母线平行于 y 轴且通过已知曲线的椭圆柱面方程.

【方法点击】　求通过已知曲线 $C: \begin{cases} F(x,y,z)=0, \\ G(x,y,z)=0 \end{cases}$ 且母线平行于坐标轴的柱面方程的方法是：由曲线方程 $\begin{cases} F(x,y,z)=0, \\ G(x,y,z)=0, \end{cases}$ 消去 x 得母线平行于 x 轴的柱面方程：$H(y,z)=0$；该柱面就是空间曲线 C 关于 yOz 面的投影柱面. 同样可求出曲线 C 关于 xOy 面及 xOz 面的投影柱面.

4. 求球面 $x^2+y^2+z^2=9$ 与平面 $x+z=1$ 的交线在 xOy 面上的投影的方程.

【思路探索】　由曲线方程 $\begin{cases} x^2+y^2+z^2=9, \\ x+z=1 \end{cases}$ 消去 z 得曲线关于 xOy 面的投影方程；将投影柱面方程与 $z=0$ 联立即得所求投影曲线的方程.

解：将两方程联立，消去 z，得到 $x^2+y^2+(1-x)^2=9$. 整理，得 $2x^2-2x+y^2=8$. 这是球面与平面的交线关于 xOy 面的投影柱面方程.
　　于是球面与平面的交线在 xOy 面上的投影方程为 $\begin{cases} 2x^2-2x+y^2=8, \\ z=0. \end{cases}$

【方法点击】　求空间曲线在坐标面上的投影曲线的方法：
(1)先求出曲线关于给定坐标面的投影柱面方程；
(2)将投影柱面与给定平面方程联立，即得所求投影曲线方程.

5. 将下列曲线的一般方程化为参数方程:

(1) $\begin{cases} x^2+y^2+z^2=9, \\ y=x; \end{cases}$ (2) $\begin{cases} (x-y)^2+y^2+(z+1)^2=4, \\ z=0. \end{cases}$

解:(1)将 $y=x$ 代入 $x^2+y^2+z^2=9$,得 $2x^2+z^2=9$,即 $\dfrac{x^2}{\left(\frac{3}{\sqrt{2}}\right)^2}+\dfrac{z^2}{3^2}=1$.

由椭圆的参数方程得 $\begin{cases} x=\dfrac{3}{\sqrt{2}}\cos\theta, \\ y=\dfrac{3}{\sqrt{2}}\cos\theta, \\ z=3\sin\theta \end{cases}$ $(0\leqslant\theta\leqslant2\pi)$,即为已知曲线的参数方程.

(2)将 $z=0$ 代入 $(x-1)^2+y^2+(z+1)^2=4$,得 $(x-1)^2+y^2=3$.

由圆的参数方程得 $\begin{cases} x=1+\sqrt{3}\cos\theta, \\ y=\sqrt{3}\sin\theta, \\ z=0 \end{cases}$ $(0\leqslant\theta\leqslant2\pi)$,即为已知曲线的参数方程.

6. 求螺旋线 $\begin{cases} x=a\cos\theta, \\ y=a\sin\theta, \\ z=b\theta \end{cases}$ 在三个坐标面上的投影曲线的直角坐标方程.

解:由前两个方程,得 $x^2+y^2=a^2$. 于是得到在 xOy 坐标面上的投影方程 $\begin{cases} x^2+y^2=a^2, \\ z=0. \end{cases}$

类似得到在 zOx 和 yOz 平面上的投影方程,分别为 $\begin{cases} x=a\cos\left(\dfrac{z}{b}\right), \\ y=0, \end{cases}$ $\begin{cases} y=a\sin\left(\dfrac{z}{b}\right), \\ x=0. \end{cases}$

7. 求上半球 $0\leqslant z\leqslant\sqrt{a^2-x^2-y^2}$ 与圆柱体 $x^2+y^2\leqslant ax$ $(a>0)$ 的公共部分在 xOy 面和 xOz 面上的投影.

解:$\begin{cases} z=\sqrt{a^2-x^2-y^2}, \\ x^2+y^2=ax \end{cases}$ 在 xOy 面上的投影曲线为 $\begin{cases} x^2+y^2=ax, \\ z=0, \end{cases}$ 故两立体的公共部分在 xOy 面上的投影区域为圆面: $\begin{cases} x^2+y^2\leqslant ax, \\ y=0. \end{cases}$

又 $z=\sqrt{a^2-x^2-y^2}$ 与 zOx 面的交线为 $\begin{cases} z=\sqrt{a^2-ax}, \\ y=0, \end{cases}$ 由 $x^2+y^2\leqslant ax$ 知 $x\geqslant 0$,故两立体的公共部分在 zOx 面的投影区域为

$\begin{cases} 0\leqslant z\leqslant\sqrt{a^2-ax}, x\geqslant 0, \\ y=0, \end{cases}$ 即 $\begin{cases} ax+z^2\leqslant a^2, x\geqslant 0, z\geqslant 0, \\ y=0. \end{cases}$

8. 求旋转抛物面 $z=x^2+y^2$ $(0\leqslant z\leqslant 4)$ 在三坐标面上的投影.

解:在 xOy 面上的投影:上界面(消去 z 得 $x^2+y^2=4$)向 xOy 面的投影柱面为 $x^2+y^2=4$,故该立体在 xOy 面上的投影为圆面 $\begin{cases} x^2+y^2\leqslant 4, \\ z=0. \end{cases}$

在 yOz 面上的投影 $z=x^2+y^2$ $(0\leqslant z\leqslant 4)$ 与 yOz 面的交线为 $\begin{cases} z=y^2, \\ x=0 \end{cases}$ $(0\leqslant z\leqslant 4)$,故该立体在 yOz 面上的投影为 $\begin{cases} y^2\leqslant z\leqslant 4, \\ x=0. \end{cases}$

在 zOx 面上的投影类似可得 $\begin{cases} x^2 \leqslant z \leqslant 4, \\ y=0. \end{cases}$

总习题八超精解(教材 P51~P53)

1. 填空
   (1) 设在坐标系 $[O;\boldsymbol{i},\boldsymbol{j},\boldsymbol{k}]$ 中点 A 和点 M 的坐标依次为 (x_0,y_0,z_0) 和 (x,y,z),则在 $[A;\boldsymbol{i},\boldsymbol{j},\boldsymbol{k}]$ 坐标系中,点 M 的坐标为_____,向量 $\overrightarrow{OM}$ 的坐标为_____;
   (2) 设数 $\lambda_1,\lambda_2,\lambda_3$ 不全为 0,使 $\lambda_1\boldsymbol{a}+\lambda_2\boldsymbol{b}+\lambda_3\boldsymbol{c}=\boldsymbol{0}$,则 $\boldsymbol{a},\boldsymbol{b},\boldsymbol{c}$ 三个向量是_____的;
   (3) 设 $\boldsymbol{a}=(2,1,2)$, $\boldsymbol{b}=(4,-1,10)$, $\boldsymbol{c}=\boldsymbol{b}-\lambda\boldsymbol{a}$,且 $\boldsymbol{a}\perp\boldsymbol{c}$,则 $\lambda=$_____;
   (4) 设 $|\boldsymbol{a}|=3$, $|\boldsymbol{b}|=4$, $|\boldsymbol{c}|=5$,且满足 $\boldsymbol{a}+\boldsymbol{b}+\boldsymbol{c}=\boldsymbol{0}$,则 $|\boldsymbol{a}\times\boldsymbol{b}+\boldsymbol{b}\times\boldsymbol{c}+\boldsymbol{c}\times\boldsymbol{a}|=$_____.

解:(1) $(x-x_0,y-y_0,z-z_0)$;(x,y,z) (2)共面 (3) 3 (4) 36

2. 下面两题中给出了四个结论,从中选出一个正确的结论:
   (1) 设直线 L 的方程为 $\begin{cases} x-y+z=1, \\ 2x+y+z=4, \end{cases}$ 则 L 的参数方程为(   );

   (A) $\begin{cases} x=1-2t, \\ y=1+t, \\ z=1+3t \end{cases}$ (B) $\begin{cases} x=1-2t, \\ y=-1+t, \\ z=1+3t \end{cases}$ (C) $\begin{cases} x=1-2t, \\ y=1-t, \\ z=1+3t \end{cases}$ (D) $\begin{cases} x=1-2t, \\ y=-1-t, \\ z=1+3t \end{cases}$

   (2) 下列结论中,错误的是(   ).
   (A) $z+2x^2+y^2=0$ 表示椭圆抛物面   (B) $x^2+2y^2=1+3z^2$ 表示双叶双曲面
   (C) $x^2+y^2-(z-1)^2=0$ 表示圆锥面   (D) $y^2=5x$ 表示抛物柱面

解:(1) 应选(A). 直线 L 的方向向量为 $\boldsymbol{S}=(-2,1,3)$,过点 $(1,1,1)$.
   (2) 应选(B). $x^2+2y^2=1+3z^2$ 表示单叶双曲面.

3. 在 y 轴上求与点 $A(1,-3,7)$ 和点 $B(5,7,-5)$ 等距离的点.

解:设所求点为 $P(0,y,0)$,由 $|PA|=|PB|$,得 $\sqrt{1^2+(y+3)^2+7^2}=\sqrt{5^2+(y-7)^2+(-5)^2}$,
即 $(y+3)^2=(y-7)^2$,解得 $y=2$. 故所求点为 $(0,2,0)$.

4. 已知 $\triangle ABC$ 的顶点为 $A(3,2,-1)$, $B(5,-4,7)$ 和 $C(-1,1,2)$,求从顶点 C 所引中线的长度.

解:AB 的中点坐标为 $D(4,-1,3)$,则 $|CD|=\sqrt{[4-(-1)]^2+(-1-1)^2+(3-2)^2}=\sqrt{30}$.

5. 设 $\triangle ABC$ 的三边 $\overrightarrow{BC}=\boldsymbol{a}$, $\overrightarrow{CA}=\boldsymbol{b}$, $\overrightarrow{AB}=\boldsymbol{c}$,三边中点依次为 D,E,F,试用向量 $\boldsymbol{a},\boldsymbol{b},\boldsymbol{c}$ 表示 $\overrightarrow{AD}$, $\overrightarrow{BE}$, $\overrightarrow{CF}$,并证明 $\overrightarrow{AD}+\overrightarrow{BE}+\overrightarrow{CF}=\boldsymbol{0}$.

证:$\overrightarrow{AD}=\overrightarrow{AB}+\overrightarrow{BD}=\boldsymbol{c}+\dfrac{1}{2}\boldsymbol{a}$, $\overrightarrow{BE}=\overrightarrow{BC}+\overrightarrow{CE}=\boldsymbol{a}+\dfrac{1}{2}\boldsymbol{b}$, $\overrightarrow{CF}=\overrightarrow{CA}+\overrightarrow{AF}=\boldsymbol{b}+\dfrac{1}{2}\boldsymbol{c}$,
$\overrightarrow{AD}+\overrightarrow{BE}+\overrightarrow{CF}=\dfrac{3}{2}(\boldsymbol{a}+\boldsymbol{b}+\boldsymbol{c})=\boldsymbol{0}$.

6. 试用向量证明三角形两边中点的连线平行于第三边,且其长度等于第三边长度的一半.

证:在 $\triangle ABC$ 中,设 D,E 分别为 AB,CA 的中点,则
$$\overrightarrow{DE}=\overrightarrow{DA}+\overrightarrow{AE}=\dfrac{1}{2}\overrightarrow{BA}+\dfrac{1}{2}\overrightarrow{AC}=\dfrac{1}{2}(\overrightarrow{BA}+\overrightarrow{AC})=\dfrac{1}{2}\overrightarrow{BC}.$$
故 $\overrightarrow{DE}\parallel\overrightarrow{BC}$ 且 $|\overrightarrow{DE}|=\dfrac{1}{2}|\overrightarrow{BC}|$. 故结论得证.

7. 设 $|\boldsymbol{a}+\boldsymbol{b}|=|\boldsymbol{a}-\boldsymbol{b}|$, $\boldsymbol{a}=(3,-5,8)$, $\boldsymbol{b}=(-1,1,z)$,求 z.

解:$\boldsymbol{a}+\boldsymbol{b}=(2,-4,8+z)$, $\boldsymbol{a}-\boldsymbol{b}=(4,-6,8-z)$.

由 $|a+b|=|a-b|$，得 $\sqrt{2^2+(-4)^2+(8+z)^2}=\sqrt{4^2+(-6)^2+(8-z)^2}$，解得 $z=1$.

8. 设 $|a|=\sqrt{3}$，$|b|=1$，$(\widehat{a,b})=\dfrac{\pi}{6}$，求向量 $a+b$ 与 $a-b$ 的夹角.

【思路探索】 先求出 $|a+b|$ 及 $|a-b|$；再由数量积求得 $\cos(\widehat{a+b,a-b})$；最后得向量 $a+b$ 与 $a-b$ 的夹角.

解：设向量 $a+b$ 与 $a-b$ 的夹角为 φ.

$$|a+b|^2=(a+b)\cdot(a+b)=|a|^2+|b|^2+2a\cdot b$$
$$=|a|^2+|b|^2+2|a|\cdot|b|\cos(\widehat{a,b})$$
$$=(\sqrt{3})^2+1^2+2\times\sqrt{3}\times1\times\cos\dfrac{\pi}{6}=7,$$

$$|a-b|^2=(a-b)\cdot(a-b)=|a|^2+|b|^2-2(a\cdot b)$$
$$=|a|^2+|b|^2-2|a|\cdot|b|\cos(\widehat{a,b})$$
$$=(\sqrt{3})^2+1^2-2\times\sqrt{3}\times1\times\cos\dfrac{\pi}{6}=1.$$

所以 $\cos\varphi=\dfrac{(a+b)\cdot(a-b)}{|a+b|\cdot|a-b|}=\dfrac{|a|^2-|b|^2}{\sqrt{7}\times1}=\dfrac{3-1}{\sqrt{7}}=\dfrac{2\sqrt{7}}{7}$. 故 $\varphi=\arccos\dfrac{2\sqrt{7}}{7}$.

【方法点击】 利用两向量的数量积可得其夹角余弦，进而得两向量的夹角.

9. 设 $a+3b\perp 7a-5b$，$a-4b\perp 7a-2b$，求 $(\widehat{a,b})$.

解：因为 $a+3b\perp 7a-5b$，则 $(a+3b)\cdot(7a-5b)=0$. ①

因为 $a-4b\perp 7a-2b$，则 $(a-4b)\cdot(7a-2b)=0$. ②

由①②得 $\begin{cases}7a^2+16a\cdot b-15b^2=0, & ③\\ 7a^2-30a\cdot b+8b^2=0. & ④\end{cases}$

③-④，得 $46a\cdot b-23b^2=0$，即 $b^2=2a\cdot b$. ⑤

⑤代入④，得 $7a^2-15b^2+8b^2=0$，即 $a^2=b^2$.

由于 $|a|=|b|$，所以 $\cos(\widehat{a,b})=\dfrac{a\cdot b}{|a|\cdot|b|}=\dfrac{\dfrac{1}{2}(b)^2}{|b|^2}=\dfrac{1}{2}$. 故 $(\widehat{a,b})=\dfrac{\pi}{3}$.

10. 设 $a=(2,-1,-2)$，$b=(1,1,z)$，问 z 为何值时 $(\widehat{a,b})$ 最小？并求出此最小值.

解：记 $\theta=(\widehat{a,b})$，则 $\cos\theta=\dfrac{a\cdot b}{|a|\cdot|b|}=\dfrac{2\times1-1\times1-2z}{\sqrt{2^2+(-1)^2+(-2)^2}\cdot\sqrt{1^2+1^2+z^2}}=\dfrac{1-2z}{3\sqrt{2+z^2}}$.

从而 $\theta=\arccos\dfrac{1-2z}{3\sqrt{2+z^2}}$，

$\dfrac{d\theta}{dz}=-\dfrac{1}{\sqrt{1-\dfrac{(1-2z)^2}{9(2+z^2)}}}\times\dfrac{1}{3}\times\dfrac{-2\sqrt{2+z^2}-(1-2z)\cdot\dfrac{z}{\sqrt{2+z^2}}}{2+z^2}=\dfrac{z+4}{(2+z^2)\sqrt{5z^2+4z+17}}$.

当 $z<-4$ 时，$\dfrac{d\theta}{dz}<0$；当 $z>-4$ 时，$\dfrac{d\theta}{dz}>0$.

故当 $z=-4$ 时，θ 有最小值，且 $\theta_{\min}=\arccos\dfrac{9}{3\sqrt{18}}=\arccos\dfrac{1}{\sqrt{2}}=\dfrac{\pi}{4}$.

11. 设 $|a|=4$，$|b|=3$，$(\widehat{a,b})=\dfrac{\pi}{6}$，求以 $a+2b$ 和 $a-3b$ 为边的平行四边形的面积.

解：以 $a+2b$ 和 $a-3b$ 为边的平行四边形的面积为
$$S=|(a+2b)\times(a-3b)|=|a\times a-3(a\times b)+2(b\times a)-6(b\times b)|$$
$$=5|b\times a|=5|a|\cdot|b|\cdot\sin(\widehat{a,b})=5\times4\times3\sin\dfrac{\pi}{6}=30.$$

12. 设 $a=(2,-3,1)$，$b=(1,-2,3)$，$c=(2,1,2)$，向量 r 满足 $r\perp a$，$r\perp b$，$\text{Prj}_c r=14$，求 r.

解：设 $r=(x,y,z)$，则由 $r\perp a$，$r\perp b$ 得 $2x-3y+z=0$，$x-2y+3z=0$.

由 $\text{Prj}_c r=\dfrac{r\cdot c}{|c|}=14$，得 $\dfrac{2x+y+2z}{\sqrt{2^2+1^2+2^2}}=14$. 则得方程组 $\begin{cases}2x-3y+z=0,\\x-2y+3z=0,\\2x+y+2z=42,\end{cases}$

解得 $x=14$，$y=10$，$z=2$. 所以 $r=(14,10,2)$.

13. 设 $a=(-1,3,2)$，$b=(2,-3,-4)$，$c=(-3,12,6)$，证明三向量 a,b,c 共面，并用 a 和 b 表示 c.

解：$[a,b,c]=(a\times b)\cdot c=\begin{vmatrix}-1&3&2\\2&-3&-4\\-3&12&6\end{vmatrix}=0$，故 a,b,c 共面.

令 $c=\lambda_1 a+\lambda_2 b$，得 $\begin{cases}-\lambda_1+2\lambda_2=-3,\\3\lambda_1-3\lambda_2=12,\\2\lambda_1-4\lambda_2=6,\end{cases}$ 解得 $\lambda_1=5$，$\lambda_2=1$. 即 $c=5a+b$.

14. 已知动点 $M(x,y,z)$ 到 xOy 平面的距离与点 M 到点 $(1,-1,2)$ 的距离相等，求点 M 的轨迹的方程.

解：$|z|=\sqrt{(x-1)^2+(y+1)^2+(z-2)^2}$，即 $(x-1)^2+(y+1)^2=4z-4$.

15. 指出下列旋转曲面的一条母线和旋转轴：

(1) $z=2(x^2+y^2)$；　(2) $\dfrac{x^2}{36}+\dfrac{y^2}{9}+\dfrac{z^2}{36}=1$；　(3) $z^2=3(x^2+y^2)$；　(4) $x^2-\dfrac{y^2}{4}-\dfrac{z^2}{4}=1$.

解：(1) $\begin{cases}x=0,\\z=2y^2,\end{cases}$ z 轴；　(2) $\begin{cases}x=0,\\\dfrac{y^2}{9}+\dfrac{z^2}{36}=1,\end{cases}$ y 轴；

(3) $\begin{cases}x=0,\\z=\sqrt{3}y,\end{cases}$ z 轴；　(4) $\begin{cases}z=0,\\x^2-\dfrac{y^2}{4}=1,\end{cases}$ x 轴.

16. 求通过点 $A(3,0,0)$ 和 $B(0,0,1)$ 且与 xOy 面成 $\dfrac{\pi}{3}$ 角的平面的方程.

解：过 A,B 两点的直线方程为 $\dfrac{x-3}{3}=\dfrac{y-0}{0}=\dfrac{z-0}{-1}$，即 $\begin{cases}y=0,\\x+3z-3=0.\end{cases}$

则过 AB 的平面束方程为 $x+3z-3+\lambda y=0$.

令 n 为所求平面的法向量，xOy 面的法向量为 k，则有 $(\widehat{n,k})=\dfrac{\pi}{3}$. 即
$$\cos\dfrac{\pi}{3}=\dfrac{n\cdot k}{|n|\cdot|k|}=\dfrac{1\times0+\lambda\times0+3\times1}{\sqrt{1^2+\lambda^2+3^2}}=\dfrac{3}{\sqrt{10+\lambda^2}}.$$

解得 $\lambda=\pm\sqrt{26}$. 于是所求平面的方程为 $x\pm\sqrt{26}y+3z-3=0$.

17. 设一平面垂直于平面 $z=0$，并通过从点 $(1,-1,1)$ 到直线 $\begin{cases}y-z+1=0,\\x=0\end{cases}$ 的垂线，求此平面的

方程.

【思路探索】 先利用平面方程的点法式求得已知点$(1,-1,1)$且与已知直线垂直的平面方程;再利用一般式及题设条件便可得所求平面方程.

解:直线$L:\begin{cases} y-z+1=0, \\ x=0 \end{cases}$的方向向量为$S=\begin{vmatrix} i & j & k \\ 0 & 1 & -1 \\ 1 & 0 & 0 \end{vmatrix}=(0,-1,-1)$.

则过A点且垂直于L的平面π的方程为$0\cdot(x-1)-(y+1)-(z-1)=0$,即$y+z=0$,得到垂足$B\left(0,-\dfrac{1}{2},\dfrac{1}{2}\right)$.

则垂线方程为$\dfrac{x-0}{1}=\dfrac{y+\dfrac{1}{2}}{-\dfrac{1}{2}}=\dfrac{z-\dfrac{1}{2}}{\dfrac{1}{2}}$,即$\begin{cases} x+2y+1=0, \\ x-2z+1=0. \end{cases}$

设过上述垂线的平面束方程为$x+2y+1+\lambda(x-2z+1)=0$,即
$$(1+\lambda)x+2y-2\lambda z+(1+\lambda)=0.$$
因为所求平面垂直于平面$z=0$.则$(0,0,1)\cdot(1+\lambda,2,-2\lambda)=0$.
解得$\lambda=0$.从而得到所求平面方程为$x+2y+1=0$.

【方法点击】 求平面方程主要是利用点法式及一般式.

18. 求过点$(-1,0,4)$,且平行于平面$3x-4y+z-10=0$,又与直线$\dfrac{x+1}{1}=\dfrac{y-3}{1}=\dfrac{z}{2}$相交的直线的方程.

解:过点$A(-1,0,4)$且平行于已知平面的平面方程为$3x-4y+z-1=0$.
设$P(x,y,z)$为所求直线上任一点,$B(-1,3,0)$为已知直线上一点,
则$\overrightarrow{AP},\overrightarrow{AB}$和已知直线的方向向量$s=(1,1,2)$共面,即$\begin{vmatrix} x+1 & y & z-4 \\ 1 & 1 & 2 \\ 0 & 3 & -4 \end{vmatrix}=0$,

得$-10x+4y+3z-22=0$.故所求直线方程为$\begin{cases} 3x-4y+z-1=0, \\ -10x+4y+3z-22=0. \end{cases}$

19. 已知点$A(1,0,0)$及点$B(0,2,1)$,试在z轴上求一点C,使$\triangle ABC$的面积最小.

【思路探索】 根据向量积的几何意义先求得$\triangle ABC$面积的表达式,再利用一元函数求最值即可得所求点C的坐标.

解:设$C(0,0,z)$为z轴上任一点,则$\triangle ABC$的面积为
$$S=\dfrac{1}{2}|\overrightarrow{AC}\times\overrightarrow{AB}|=\dfrac{1}{2}\left|\begin{vmatrix} i & j & k \\ -1 & 0 & z \\ -1 & 2 & 1 \end{vmatrix}\right|=\dfrac{1}{2}\sqrt{5z^2-2z+5},$$

则$\dfrac{dS}{dz}=\dfrac{1}{2}\times\dfrac{10z-2}{2\sqrt{5z^2-2z+5}}$,当$\dfrac{dS}{dz}=0$时,得$z=\dfrac{1}{5}$.当$z>\dfrac{1}{5}$时,$S$单调增加;当$z<\dfrac{1}{5}$时,$S$单调减少.

故知当C的坐标为$\left(0,0,\dfrac{1}{5}\right)$时,$S_{\triangle ABC}$取最小值且$S_{\min}=\dfrac{\sqrt{30}}{5}$.

【方法点击】 本题是综合题,用到了多个知识点:向量积的计算及其几何意义;一元函数最值的求法.请读者重视这类题目.

20. 求曲线 $\begin{cases} z=2-x^2-y^2, \\ z=(x-1)^2+(y-1)^2 \end{cases}$ 在三个坐标面上的投影曲线的方程.

解：消去 z，得 $x^2+y^2=x+y$，故已知曲线在 xOy 坐标面上的投影曲线方程为 $\begin{cases} z=0, \\ x^2+y^2=x+y. \end{cases}$

类似地，可得它在 zOx 坐标面上的投影曲线方程为 $\begin{cases} y=0, \\ 2x^2+2xz+z^2-4x-3z+2=0. \end{cases}$

在 yOz 坐标面上的投影曲线方程为 $\begin{cases} x=0, \\ 2y^2+2yz+z^2-4y-3z+2=0. \end{cases}$

21. 求锥面 $z=\sqrt{x^2+y^2}$ 与柱面 $z^2=2x$ 所围立体在三个坐标面上的投影.

解：由方程组 $\begin{cases} z=\sqrt{x^2+y^2}, \\ z^2=2x \end{cases}$ 消去 z，可得 $(x-1)^2+y^2=1$.

则 $\begin{cases} z=0, \\ (x-1)^2+y^2\leqslant 1 \end{cases}$ 为该立体在 xOy 坐标面上的投影.

类似地，可得该立体在 yOz 坐标面上的投影为 $\begin{cases} x=0, \\ \left(\dfrac{z^2}{2}-1\right)^2+y^2\leqslant 1, z\geqslant 0, \end{cases}$

在 zOx 坐标面上的投影为 $\begin{cases} y=0, \\ x\leqslant z\leqslant \sqrt{2x}. \end{cases}$

22. 画出下列各曲面所围立体的图形：

(1) 抛物柱面 $2y^2=x$，平面 $z=0$ 及 $\dfrac{x}{4}+\dfrac{y}{2}+\dfrac{z}{2}=1$；

(2) 抛物柱面 $x^2=1-z$，平面 $y=0$，$z=0$ 及 $x+y=1$；

(3) 圆锥面 $z=\sqrt{x^2+y^2}$ 及旋转抛物面 $z=2-x^2-y^2$；

(4) 旋转抛物面 $x^2+y^2=z$，柱面 $y^2=x$，平面 $z=0$ 及 $x=1$.

解：(1) 如图 8-26 所示.　　(2) 如图 8-27 所示.
　　　(3) 如图 8-28 所示.　　(4) 如图 8-29 所示.

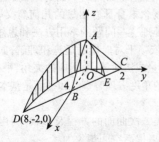

图 8-26

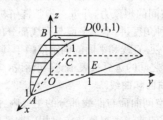

图 8-27

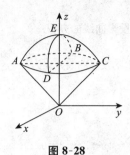
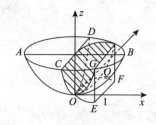

图 8-28　　　　　图 8-29

本章小结

1. 向量代数.

(1) 在利用空间解析几何去解决问题时,若问题中没有给定坐标系,那么我们应当根据问题的需要,选取合适的坐标系,使问题的解决更为简洁. 这是空间解析几何处理问题的一个基本方法或思路. 在本章向量代数部分讨论的向量及其相应的运算都有相对应的坐标表示,在具体的坐标表示下,就可以利用解析(分析)的方法来求解相应的问题. 我们在例题中也大量地采用了这种思路,希望读者能够很好地体会.

(2) 由于我们处理的常常是具有几何意义或几何直观的问题,那么从问题的几何意义或几何直观入手分析问题是非常重要的处理方法. 向量及其运算对应着明显的几何直观,并且相应的结果也具有某种几何意义,在例题中有不少地方借鉴了这种思路. 在有些题目中,我们刻意追求一种纯向量式的证明方法. 我们希望通过这样的处理能够加深对向量本身的理解,特别是相应的几何意义方面的理解.

2. 平面和直线.

(1) 在本章平面与直线部分,我们主要考虑的是直线和平面. 对于直线,我们知道直线上一点及其方向向量即决定了该直线,另外直线也可写成两平面交线的形式,直线上的两点也可决定该直线等. 通过给出的各种条件可以写出直线的各种方程. 对于平面,其上一点及其法向量可以决定该平面,该平面上不共线的三点也可决定该平面等.

(2) 我们可以由平面和直线的方程来研究它们的性质. 如点到平面的距离、点到直线的距离、平面与平面的夹角、直线和平面的夹角等. 这些概念本身具有明显的几何意义,由此可以提高我们关于空间的想象力,并进一步掌握解析几何处理这些问题的常用方法和思想.

(3) 从某种角度讲,本章平面与直线部分的方法依赖于对向量的运算和理解,向量给我们带来了极大的方便. 直线和平面的确定依赖于其方向向量或法向量,而相应的夹角、平行、垂直同样需要利用向量之间的运算来表示. 换句话说,从向量的角度去理解直线和平面是基本的思路.

3. 空间曲面和曲线.

(1) 本章空间曲面与曲线部分的主要内容是各类二次曲面的方程及形状,利用平面与二次曲面相截得到的曲线来想象并作出相应曲面的图形以提高空间想象力.

(2) 相应地,我们亦涉及一些概念,如旋转面、柱面等. 这些曲面具有明显的特征,对这些曲面方程的确定以及有关性质等方面,读者应有一明确的想法.

(3) 与直线和平面相结合,相应的有相切、投影、交线、交点等问题. 我们在例题中给出了这方面的例子. 在这些例子中,涉及分析和代数知识的运用. 虽然本质上还是依赖对曲面、平面和直线的理解,但必要的练习也不可少.

第九章　多元函数微分法及其应用

本章内容概览

多元函数微分学是一元函数微分学的推广. 两者既有相似之处, 又存在差异. 本章要求重点掌握多元函数的概念, 二重极限的概念及其与一元函数极限的区别; 多元函数连续, 偏导数存在和可微的概念及三者之间的关系; 偏导数与全微分的计算, 特别是复合函数的二阶偏导数及隐函数的偏导数; 空间曲线的切线和法平面, 曲面的切平面和法线; 多元函数的极值和条件极值; 方向导数和梯度的概念和计算.

本章知识图解

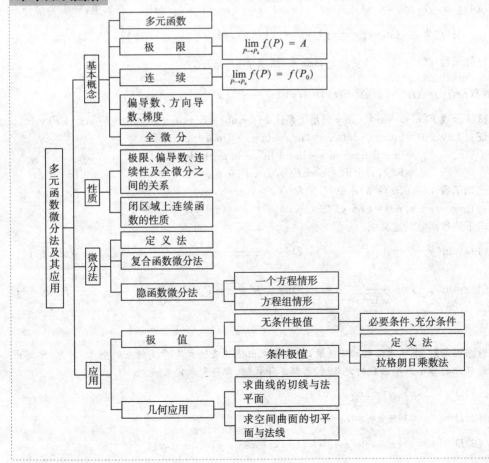

第一节 多元函数的基本概念

习题 9—1 超精解(教材 P64～P65)

1. 判定下列平面点集中哪些是开集、闭集、区域、有界集、无界集？并分别指出它们的聚点所成的点集(称为导集)和边界.

   (1) $\{(x,y) \mid x \neq 0, y \neq 0\}$；　　(2) $\{(x,y) \mid 1 < x^2+y^2 \leq 4\}$；

   (3) $\{(x,y) \mid y > x^2\}$；　　(4) $\{(x,y) \mid x^2+(y-1)^2 \geq 1\} \cap \{(x,y) \mid x^2+(y-2)^2 \leq 4\}$.

   解：(1) $\{(x,y) \mid x \neq 0, y \neq 0\}$ 是开集、无界集，导集为 $\mathbf{R}^2$，边界为 $\{(x,y) \mid x=0 \text{ 或 } y=0\}$；

   (2) $\{(x,y) \mid 1 < x^2+y^2 \leq 4\}$ 不是开集，也不是闭集，是有界集，导集为 $\{(x,y) \mid 1 \leq x^2+y^2 \leq 4\}$，边界为 $\{(x,y) \mid x^2+y^2=1\} \cup \{(x,y) \mid x^2+y^2=4\}$；

   (3) $\{(x,y) \mid y > x^2\}$ 是开集、区域、无界集，导集为 $\{(x,y) \mid y \geq x^2\}$，边界为 $\{(x,y) \mid y=x^2\}$；

   (4) $\{(x,y) \mid x^2+(y-1)^2 \geq 1\} \cap \{(x,y) \mid x^2+(y-2)^2 \leq 4\}$ 是闭集、有界集，导集为集合本身，边界为 $\{(x,y) \mid x^2+(y-1)^2=1\} \cup \{(x,y) \mid x^2+(y-2)^2=4\}$.

2. 已知函数 $f(x,y) = x^2+y^2-xy\tan\dfrac{x}{y}$，试求 $f(tx,ty)$.

   解：$f(tx,ty) = (tx)^2+(ty)^2-(tx)\cdot(ty)\tan\dfrac{tx}{ty} = t^2\left(x^2+y^2-xy\tan\dfrac{x}{y}\right) = t^2 f(x,y)$.

3. 试证函数 $F(x,y) = \ln x \cdot \ln y$ 满足关系式 $F(xy,uv) = F(x,u)+F(x,v)+F(y,u)+F(y,v)$.

   证：$F(xy,uv) = \ln(xy)\cdot\ln(uv) = (\ln x+\ln y)\cdot(\ln u+\ln v)$
   $= \ln x\cdot\ln u+\ln x\cdot\ln v+\ln y\cdot\ln u+\ln y\cdot\ln v$
   $= F(x,u)+F(x,v)+F(y,u)+F(y,v)$.

4. 已知函数 $f(u,v,w) = u^w+w^{u+v}$，试求 $f(x+y,x-y,xy)$.

   解：$f(x+y,x-y,xy) = (x+y)^{xy}+(xy)^{(x+y)+(x-y)} = (x+y)^{xy}+(xy)^{2x}$.

5. 求下列各函数的定义域：

   (1) $z = \ln(y^2-2x+1)$；　　(2) $z = \dfrac{1}{\sqrt{x+y}}+\dfrac{1}{\sqrt{x-y}}$；　　(3) $z = \sqrt{x-\sqrt{y}}$；

   (4) $z = \ln(y-x)+\dfrac{\sqrt{x}}{\sqrt{1-x^2-y^2}}$；　　(5) $u = \sqrt{R^2-x^2-y^2-z^2}+\dfrac{1}{\sqrt{x^2+y^2+z^2-r^2}}$ $(R > r > 0)$；

   (6) $u = \arccos\dfrac{z}{\sqrt{x^2+y^2}}$.

   【思路探索】 求多元函数的定义域，就是要求出使其表达式有意义的点的全体. 首先，要写出构成部分的各个简单函数的定义域，再解不等式组，即得所求定义域.

   解：(1) $D = \{(x,y) \mid y^2-2x+1 > 0\}$；

   (2) $D = \{(x,y) \mid x+y > 0, x-y > 0\}$；

   (3) $D = \{(x,y) \mid x \geq \sqrt{y}, y \geq 0\} = \{(x,y) \mid x \geq 0, y \geq 0, x^2 \geq y\}$；

   (4) $D = \{(x,y) \mid y-x > 0, x \geq 0, x^2+y^2 < 1\} = \{(x,y) \mid y > x, x \geq 0, x^2+y^2 < 1\}$；

(5) $D=\{(x,y,z) \mid r^2 < x^2+y^2+z^2 \leqslant R^2 (R>r>0)\}$；

(6) $D=\{(x,y,z) \mid z^2 \leqslant x^2+y^2, x^2+y^2 \neq 0\}$.

【方法点击】 与求一元函数的定义域相仿,需考虑：

分式的分母不能为零；偶次方根号下的表达式非负；对数的真数大于零；反正弦、反余弦中的表达式的绝对值小于等于 1 等.再解联立的不等式组,即得定义域.

6. 求下列各极限：

(1) $\lim\limits_{(x,y)\to(0,1)} \dfrac{1-xy}{x^2+y^2}$；

(2) $\lim\limits_{(x,y)\to(1,0)} \dfrac{\ln(x+e^y)}{\sqrt{x^2+y^2}}$；

(3) $\lim\limits_{(x,y)\to(0,0)} \dfrac{2-\sqrt{xy+4}}{xy}$；

(4) $\lim\limits_{(x,y)\to(0,0)} \dfrac{xy}{\sqrt{2-e^{xy}}-1}$；

(5) $\lim\limits_{(x,y)\to(2,0)} \dfrac{\tan(xy)}{y}$；

(6) $\lim\limits_{(x,y)\to(0,0)} \dfrac{1-\cos(x^2+y^2)}{(x^2+y^2)e^{x^2y^2}}$.

【思路探索】 第(1)题利用连续函数的定义即可得所求极限.第(3)题先进行分子有理化,再求极限.第(4)题先将分母有理化,再利用等价无穷小代换便可得结果.

解:(1)由初等函数的连续性,得 $\lim\limits_{(x,y)\to(0,1)} \dfrac{1-xy}{x^2+y^2} = \dfrac{1-0\times 1}{0^2+1^2} = 1$.

(2) $\lim\limits_{(x,y)\to(1,0)} \dfrac{\ln(x+e^y)}{\sqrt{x^2+y^2}} = \dfrac{\ln(1+e^0)}{\sqrt{1^2+0^2}} = \ln 2$.

(3) $\lim\limits_{(x,y)\to(0,0)} \dfrac{2-\sqrt{xy+4}}{xy} = \lim\limits_{(x,y)\to(0,0)} \dfrac{-xy}{xy(2+\sqrt{xy+4})} = \lim\limits_{(x,y)\to(0,0)} \dfrac{-1}{2+\sqrt{xy+4}} = -\dfrac{1}{4}$.

(4) $\lim\limits_{(x,y)\to(0,0)} \dfrac{xy}{\sqrt{2-e^{xy}}-1} = \lim\limits_{(x,y)\to(0,0)} \dfrac{xy \cdot (\sqrt{2-e^{xy}}+1)}{1-e^{xy}}$

$= \lim\limits_{(x,y)\to(0,0)} \dfrac{xy}{1-e^{xy}} \cdot \lim\limits_{(x,y)\to(0,0)} (\sqrt{2-e^{xy}}+1) = -1 \times 2 = -2$.

(5) $\lim\limits_{(x,y)\to(2,0)} \dfrac{\tan(xy)}{y} = \lim\limits_{(x,y)\to(2,0)} \left[\dfrac{\tan(xy)}{xy} \cdot x\right] = \lim\limits_{(x,y)\to(2,0)} \dfrac{\tan(xy)}{xy} \lim\limits_{(x,y)\to(2,0)} x = 2$.

(6) 当 $(x,y)\to(0,0)$ 时,$x^2+y^2\to 0$,故 $1-\cos(x^2+y^2) \sim \dfrac{1}{2}(x^2+y^2)^2$,则

$\lim\limits_{(x,y)\to(0,0)} \dfrac{1-\cos(x^2+y^2)}{(x^2+y^2)e^{x^2y^2}} = \lim\limits_{(x,y)\to(0,0)} \dfrac{x^2+y^2}{2e^{x^2y^2}} = 0$.

【方法点击】 第(1)题利用多元初等函数的连续性求极限,即极限值等于函数值.对于多元初等函数在点 P_0 点的极限,若 P_0 点在该函数的定义域内,均可利用这种方求极限.

第(3)题中分母的极限为零,不能运用商的极限运算法则,应采用通过分子或分母有理化等方法,消去分母中趋于零的因子,再运用极限运算法则,这是求极限的基本方法之一.与一元函数类似,多元函数求极限时也可用等价无穷小代换.第(4)题利用了：当 $(x,y)\to(0,0)$ 时,$e^{xy}-1\sim xy$；事实上,令 $t=xy$,则当 $(x,y)\to(0,0)$ 且 $xy\neq 0$ 时,有 $t\to 0$ 且 $t\neq 0$,从而有 $e^t-1\sim t$.

*7. 证明下列极限不存在：

(1) $\lim\limits_{(x,y)\to(0,0)} \dfrac{x+y}{x-y}$；

(2) $\lim\limits_{(x,y)\to(0,0)} \dfrac{x^2y^2}{x^2y^2+(x-y)^2}$.

证:(1)取 $y=kx, x\to 0$,则有 $\lim\limits_{\substack{y=kx \\ x\to 0}} \dfrac{x+y}{x-y} = \lim\limits_{x\to 0} \dfrac{x+kx}{x-kx} = \dfrac{1+k}{1-k}$,极限与 k 有关,

故 $\lim\limits_{(x,y)\to(0,0)}\dfrac{x+y}{x-y}$ 不存在.

(2)因为 $\lim\limits_{\substack{y=x\\x\to 0}}\dfrac{x^2y^2}{x^2y^2+(x-y)^2}=\lim\limits_{x\to 0}\dfrac{x^4}{x^4+0^2}=1,$

$$\lim\limits_{\substack{y=-x\\x\to 0}}\dfrac{x^2y^2}{x^2y^2+(x-y)^2}=\lim\limits_{x\to 0}\dfrac{x^4}{x^4+4x^2}=\lim\limits_{x\to 0}\dfrac{x^2}{x^2+4}=0,$$

即动点沿 $y=x$ 和 $y=-x$ 趋于 $(0,0)$ 时,极限不同.

故 $\lim\limits_{(x,y)\to(0,0)}\dfrac{x^2y^2}{x^2y^2+(x-y)^2}$ 不存在.

8. 函数 $z=\dfrac{y^2+2x}{y^2-2x}$ 在何处是间断的?

解:在 $\{(x,y)\mid y^2=2x\}$ 处,函数 $z=\dfrac{y^2+2x}{y^2-2x}$ 间断.

*9. 证明 $\lim\limits_{(x,y)\to(0,0)}\dfrac{xy}{\sqrt{x^2+y^2}}=0.$

【思路探索】 若已知多元函数极限存在,要证明该极限,一般采用定义直接证明. 在证明过程中,可适当放大 $|f(x,y)-A|$,然后找到相应的 δ 即可证明所要结论.

证:因为 $|xy|\leqslant\dfrac{x^2+y^2}{2}$. 则 $0\leqslant\left|\dfrac{xy}{\sqrt{x^2+y^2}}\right|\leqslant\dfrac{\sqrt{x^2+y^2}}{2}.$

而 $\lim\limits_{(x,y)\to(0,0)}\dfrac{\sqrt{x^2+y^2}}{2}=0$,故由夹逼定理知, $\lim\limits_{(x,y)\to(0,0)}\dfrac{xy}{\sqrt{x^2+y^2}}=0.$

【方法点击】 证明极限存在的关键是寻找合适的 δ 或适当放缩不等式以便利用夹逼准则来证明.

*10. 设 $F(x,y)=f(x)$,$f(x)$ 在 x_0 处连续,证明:对任意 $y_0\in\mathbf{R}$,$F(x,y)$ 在 (x_0,y_0) 处连续.

证:设 $P_0(x_0,y_0)\in\mathbf{R}^2$,$\forall\varepsilon>0$,由于 $f(x)$ 在 x_0 处连续,故 $\exists\delta>0$,

当 $|x-x_0|<\delta$ 时,有 $|f(x)-f(x_0)|<\varepsilon.$

以上述 δ 作 $P_0(x_0,y_0)$ 的 δ 邻域 $U(P_0,\delta)$,则当 $P(x,y)\in U(P_0,\delta)$ 时,

$$|x-x_0|\leqslant\rho(P,P_0)<\delta,$$

从而 $|F(x,y)-F(x_0,y_0)|=|f(x)-f(x_0)|<\varepsilon$,则 $F(x,y)$ 在 $P_0(x_0,y_0)$ 处连续. 又因 P_0 是任意选取的,故由 P_0 的任意性知,对于任意的 $y_0\in\mathbf{R}$,$F(x,y)$ 在 (x_0,y_0) 处连续.

第二节 偏导数

习题 9-2 超精解(教材 P71)

1. 求下列函数的偏导数:

(1) $z=x^3y-y^3x$; (2) $s=\dfrac{u^2+v^2}{uv}$; (3) $z=\sqrt{\ln(xy)}$; (4) $z=\sin(xy)+\cos^2(xy)$;

(5) $z=\ln\tan\dfrac{x}{y}$; (6) $z=(1+xy)^y$; (7) $u=x^{\frac{y}{z}}$; (8) $u=\arctan(x-y)^z$.

【思路探索】 $f(x,y)$ 关于 x 求偏导时,将 y 看作常数,利用一元函数的求导法则及公式进行运算可求出 f_x,同时可求出 f_y.

解:(1) $\dfrac{\partial z}{\partial x}=3x^2y-y^3$, $\dfrac{\partial z}{\partial y}=x^3-3y^2x$.

(2) 因为 $s=\dfrac{u}{v}+\dfrac{v}{u}$,则 $\dfrac{\partial s}{\partial u}=\dfrac{1}{v}-\dfrac{v}{u^2}$, $\dfrac{\partial s}{\partial v}=-\dfrac{u}{v^2}+\dfrac{1}{u}$.

(3) $z=[\ln(xy)]^{\frac{1}{2}}$,则 $\dfrac{\partial z}{\partial x}=\dfrac{1}{2}[\ln(xy)]^{-\frac{1}{2}}\cdot\dfrac{1}{xy}\cdot y=\dfrac{1}{2x\sqrt{\ln(xy)}}$.

$\dfrac{\partial z}{\partial y}=\dfrac{1}{2}[\ln(xy)]^{-\frac{1}{2}}\cdot\dfrac{1}{xy}\cdot x=\dfrac{1}{2y\sqrt{\ln(xy)}}$.

(4) $\dfrac{\partial z}{\partial x}=\cos(xy)\cdot y+2\cos(xy)[-\sin(xy)]\cdot y=y[\cos(xy)-\sin(2xy)]$,

$\dfrac{\partial z}{\partial y}=\cos(xy)\cdot x+2\cos(xy)[-\sin(xy)]\cdot x=x[\cos(xy)-\sin(2xy)]$.

(5) $\dfrac{\partial z}{\partial x}=\dfrac{1}{\tan\dfrac{x}{y}}\cdot\sec^2\dfrac{x}{y}\cdot\dfrac{1}{y}=\dfrac{2}{y}\csc\dfrac{2x}{y}$, $\dfrac{\partial z}{\partial y}=\dfrac{1}{\tan\dfrac{x}{y}}\cdot\sec^2\dfrac{x}{y}\cdot\left(-\dfrac{x}{y^2}\right)=-\dfrac{2x}{y^2}\csc\dfrac{2x}{y}$.

(6) $\dfrac{\partial z}{\partial x}=y(1+xy)^{y-1}\cdot y=y^2(1+xy)^{y-1}$,

$\dfrac{\partial z}{\partial y}=\dfrac{\partial}{\partial y}[e^{y\ln(1+xy)}]=e^{y\ln(1+xy)}\left[\ln(1+xy)+y\cdot\dfrac{1}{1+xy}\cdot x\right]$

$=(1+xy)^y\left[\ln(1+xy)+\dfrac{xy}{1+xy}\right]$.

(7) $\dfrac{\partial u}{\partial x}=\dfrac{y}{z}\cdot x^{\frac{y}{z}-1}$, $\dfrac{\partial u}{\partial y}=x^{\frac{y}{z}}\ln x\cdot\dfrac{1}{z}=\dfrac{\ln x}{z}\cdot x^{\frac{y}{z}}$,

$\dfrac{\partial u}{\partial z}=x^{\frac{y}{z}}\cdot\ln x\cdot\left(-\dfrac{y}{z^2}\right)=-\dfrac{y}{z^2}\ln x\cdot x^{\frac{y}{z}}$.

(8) $\dfrac{\partial u}{\partial x}=\dfrac{1}{1+(x-y)^{2z}}\cdot z(x-y)^{z-1}=\dfrac{z(x-y)^{z-1}}{1+(x-y)^{2z}}$,

$\dfrac{\partial u}{\partial y}=\dfrac{1}{1+(x-y)^{2z}}\cdot z(x-y)^{z-1}\cdot(-1)=\dfrac{-z(x-y)^{z-1}}{1+(x-y)^{2z}}$,

$\dfrac{\partial u}{\partial z}=\dfrac{1}{1+(x-y)^{2z}}\cdot(x-y)^z\cdot\ln(x-y)=\dfrac{(x-y)^z\ln(x-y)}{1+(x-y)^{2z}}$.

【方法点击】 多元函数求偏导问题实质上仍是一元函数的求导问题,故一元函数的求导公式、法则均可直接应用. 求偏导时,关键是要分清对哪个变量求导,则把哪个变量暂时当作常量. 另外,一元函数的求导公式应熟练掌握.

2. 设 $T=2\pi\sqrt{\dfrac{l}{g}}$,求证 $l\dfrac{\partial T}{\partial l}+g\dfrac{\partial T}{\partial g}=0$.

证:因为 $\dfrac{\partial T}{\partial l}=\dfrac{2\pi}{\sqrt{g}}\cdot\dfrac{1}{2\sqrt{l}}=\dfrac{\pi}{\sqrt{gl}}$, $\dfrac{\partial T}{\partial g}=2\pi\sqrt{l}\left(-\dfrac{1}{2}g^{-\frac{3}{2}}\right)=-\dfrac{\pi\sqrt{l}}{g\sqrt{g}}$,则

$$l\dfrac{\partial T}{\partial l}+g\dfrac{\partial T}{\partial g}=\dfrac{l\pi}{\sqrt{gl}}-\dfrac{\pi\sqrt{l}}{\sqrt{g}}=0.$$

3. 设 $z=e^{-\left(\frac{1}{x}+\frac{1}{y}\right)}$,求证 $x^2\dfrac{\partial z}{\partial x}+y^2\dfrac{\partial z}{\partial y}=2z$.

证:因为 $\dfrac{\partial z}{\partial x}=e^{-\left(\frac{1}{x}+\frac{1}{y}\right)}\cdot\dfrac{1}{x^2}$, $\dfrac{\partial z}{\partial y}=e^{-\left(\frac{1}{x}+\frac{1}{y}\right)}\cdot\dfrac{1}{y^2}$,则

$$x^2\frac{\partial z}{\partial x}+y^2\frac{\partial z}{\partial y}=e^{-(\frac{1}{x}+\frac{1}{y})}+e^{-(\frac{1}{x}+\frac{1}{y})}=2z.$$

4. 设 $f(x,y)=x+(y-1)\arcsin\sqrt{\dfrac{x}{y}}$，求 $f_x(x,1)$.

解：因为 $f(x,1)=x$，则 $f_x(x,1)=1$.

5. 曲线 $\begin{cases}z=\dfrac{x^2+y^2}{4}\\y=4\end{cases}$，在点 $(2,4,5)$ 处的切线对于 x 轴的倾角是多少？

【思路探索】 偏导数 $z_x(2,4)$ 的几何意义是曲线 $\begin{cases}z=\dfrac{x^2+y^2}{4}\\y=4\end{cases}$，在点 $(2,4,5)$ 处的切线对于 x 轴的斜率，因此，只要求出 $z_x(2,4)$，根据斜率与倾角的关系，就可求出倾角.

解：因为 $z_x=\dfrac{x}{2}$，则 $z_x\Big|_{(2,4)}=\dfrac{2}{2}=1$，从而 $\tan\alpha=1$，故 $\alpha=\dfrac{\pi}{4}$.

【方法点击】 求解此类问题的关键是理解偏导数的几何意义，$f_x(x_0,y_0)$ 为曲面 $z=f(x,y)$ 与平面 $y=y_0$ 的交线在 $P_0(x_0,y_0)$ 处的切线关于 x 轴的斜率，$f_y(x_0,y_0)$ 为曲面 $z=f(x,y)$ 与平面 $x=x_0$ 的交线在 $P_0(x_0,y_0)$ 处的切线关于 y 轴的斜率.

6. 求下列函数的 $\dfrac{\partial^2 z}{\partial x^2}$，$\dfrac{\partial^2 z}{\partial y^2}$ 和 $\dfrac{\partial^2 z}{\partial x\partial y}$：

(1) $z=x^4+y^4-4x^2y^2$；　　　(2) $z=\arctan\dfrac{y}{x}$；　　　(3) $z=y^x$.

解：(1) $\dfrac{\partial z}{\partial x}=4x^3-8xy^2$，$\dfrac{\partial z}{\partial y}=4y^3-8x^2y$，$\dfrac{\partial^2 z}{\partial x^2}=12x^2-8y^2$，

$\dfrac{\partial^2 z}{\partial y^2}=12y^2-8x^2$，$\dfrac{\partial^2 z}{\partial x\partial y}=\dfrac{\partial(4x^3-8xy^2)}{\partial y}=-16xy.$

(2) $\dfrac{\partial z}{\partial x}=\dfrac{1}{1+\left(\dfrac{y}{x}\right)^2}\cdot\left(-\dfrac{y}{x^2}\right)=-\dfrac{y}{x^2+y^2}$，$\dfrac{\partial z}{\partial y}=\dfrac{1}{1+\left(\dfrac{y}{x}\right)^2}\cdot\dfrac{1}{x}=\dfrac{x}{x^2+y^2}$，

$\dfrac{\partial^2 z}{\partial x^2}=-\dfrac{0-y\cdot 2x}{(x^2+y^2)^2}=\dfrac{2xy}{(x^2+y^2)^2}$，$\dfrac{\partial^2 z}{\partial y^2}=\dfrac{0-x\cdot 2y}{(x^2+y^2)^2}=-\dfrac{2xy}{(x^2+y^2)^2}$，

$\dfrac{\partial^2 z}{\partial x\partial y}=\dfrac{\partial}{\partial y}\left(\dfrac{-y}{x^2+y^2}\right)=-\dfrac{1\cdot(x^2+y^2)-y\cdot 2y}{(x^2+y^2)^2}=\dfrac{y^2-x^2}{(x^2+y^2)^2}.$

(3) $\dfrac{\partial z}{\partial x}=y^x\ln y$，$\dfrac{\partial z}{\partial y}=xy^{x-1}$，$\dfrac{\partial^2 z}{\partial x^2}=y^x(\ln y)^2$，$\dfrac{\partial^2 z}{\partial y^2}=x\cdot(x-1)\cdot y^{x-2}$，

$\dfrac{\partial^2 z}{\partial x\partial y}=\dfrac{\partial}{\partial y}(y^x\cdot\ln y)=xy^{x-1}\cdot\ln y+y^x\cdot\dfrac{1}{y}=y^{x-1}(x\ln y+1).$

7. 设 $f(x,y,z)=xy^2+yz^2+zx^2$，求 $f_{xx}(0,0,1)$，$f_{xz}(1,0,2)$，$f_{yz}(0,-1,0)$ 及 $f_{zzx}(2,0,1)$.

【思路探索】 由 $f(x,y,z)$ 的表达式先求出一阶偏导数 f_x,f_y,f_z；再由一阶偏导数求出二阶及三阶偏导数；最后将点的坐标代入即可.

解：因为 $f_x(x,y,z)=y^2+2xz$，$f_{xx}(x,y,z)=2z$，$f_{xz}(x,y,z)=2x$.

所以 $f_{xx}(0,0,1)=2$，$f_{xz}(1,0,2)=2$.

因为 $f_y(x,y,z)=2xy+z^2$，$f_{yz}(x,y,z)=2z$. 所以 $f_{yz}(0,-1,0)=0$.

因为 $f_z(x,y,z)=2yz+x^2$，$f_{zz}(x,y,z)=2y$，$f_{zzx}(x,y,z)=0$. 所以 $f_{zzx}(2,0,1)=0$.

【方法点击】 (1)一阶及高阶偏导数计算的关键是要弄清对哪个变量求偏导数,将其余变量均看作常量,然后按一元函数求导公式及运算法则去求导;若要求某点处的具体偏导数,用公式及法则求出偏导数后再代入该点的坐标即可.

(2)关于分段函数的偏导数的求法:在非分界点处用一元函数求导公式及运算法则求导;在分界点处只能用偏导数的定义求导.

8. 设 $z = x\ln(xy)$,求 $\dfrac{\partial^3 z}{\partial x^2 \partial y}$ 及 $\dfrac{\partial^3 z}{\partial x \partial y^2}$.

解: $\dfrac{\partial z}{\partial x} = \ln(xy) + x \cdot \dfrac{1}{xy} \cdot y = \ln(xy) + 1, \dfrac{\partial^2 z}{\partial x^2} = \dfrac{1}{xy} \cdot y = \dfrac{1}{x}$,

$\dfrac{\partial^3 z}{\partial x^2 \partial y} = \dfrac{\partial}{\partial y}\left(\dfrac{1}{x}\right) = 0, \dfrac{\partial^2 z}{\partial x \partial y} = \dfrac{1}{xy} \cdot x = \dfrac{1}{y}, \dfrac{\partial^3 z}{\partial x \partial y^2} = \dfrac{\partial}{\partial y}\left(\dfrac{1}{y}\right) = -\dfrac{1}{y^2}$.

9. 验证:

(1) $y = e^{-kn^2 t}\sin nx$ 满足 $\dfrac{\partial y}{\partial t} = k\dfrac{\partial^2 y}{\partial x^2}$; (2) $r = \sqrt{x^2 + y^2 + z^2}$ 满足 $\dfrac{\partial^2 r}{\partial x^2} + \dfrac{\partial^2 r}{\partial y^2} + \dfrac{\partial^2 r}{\partial z^2} = \dfrac{2}{r}$.

证: (1) $\dfrac{\partial y}{\partial t} = e^{-kn^2 t}(-kn^2)\sin nx = -kn^2 e^{-kn^2 t}\sin nx, \dfrac{\partial y}{\partial x} = e^{-kn^2 t}(\cos nx) \cdot n = n e^{-kn^2 t}\cos nx$,

$\dfrac{\partial^2 y}{\partial x^2} = n e^{-kn^2 t}(-\sin nx) \cdot n = -n^2 e^{-kn^2 t}\sin nx$. 因此, $\dfrac{\partial y}{\partial t} = k\dfrac{\partial^2 y}{\partial x^2}$.

(2) $\dfrac{\partial r}{\partial x} = \dfrac{1}{2\sqrt{x^2+y^2+z^2}} \cdot 2x = \dfrac{x}{r}$, 由对称性知

$\dfrac{\partial r}{\partial y} = \dfrac{y}{r}, \dfrac{\partial r}{\partial z} = \dfrac{z}{r}, \dfrac{\partial^2 r}{\partial x^2} = \dfrac{r - x\dfrac{\partial r}{\partial x}}{r^2} = \dfrac{r - x \cdot \dfrac{x}{r}}{r^2} = \dfrac{r^2 - x^2}{r^3}$,

同理, $\dfrac{\partial^2 r}{\partial y^2} = \dfrac{r^2 - y^2}{r^3}, \dfrac{\partial^2 r}{\partial z^2} = \dfrac{r^2 - z^2}{r^3}$, 则 $\dfrac{\partial^2 r}{\partial x^2} + \dfrac{\partial^2 r}{\partial y^2} + \dfrac{\partial^2 r}{\partial z^2} = \dfrac{3r^2 - (x^2 + y^2 + z^2)}{r^3} = \dfrac{2r^2}{r^3} = \dfrac{2}{r}$.

第三节 全微分

习题 9−3 超精解(教材 P77∼P78)

1. 求下列函数的全微分:

(1) $z = xy + \dfrac{x}{y}$; (2) $z = e^{\frac{y}{x}}$; (3) $z = \dfrac{y}{\sqrt{x^2 + y^2}}$; (4) $u = x^{yz}$.

解: (1) $\dfrac{\partial z}{\partial x} = y + \dfrac{1}{y}, \dfrac{\partial z}{\partial y} = x - \dfrac{x}{y^2}, dz = \left(y + \dfrac{1}{y}\right)dx + \left(x - \dfrac{x}{y^2}\right)dy$.

(2) $\dfrac{\partial z}{\partial x} = -\dfrac{y}{x^2}e^{\frac{y}{x}}, \dfrac{\partial z}{\partial y} = \dfrac{1}{x}e^{\frac{y}{x}}, dz = -\dfrac{1}{x}e^{\frac{y}{x}}\left(\dfrac{y}{x}dx - dy\right)$.

(3) $\dfrac{\partial z}{\partial x} = y\left(-\dfrac{1}{2}\right)(x^2 + y^2)^{-\frac{3}{2}} \cdot 2x = -\dfrac{xy}{(x^2 + y^2)^{\frac{3}{2}}}$,

$\dfrac{\partial z}{\partial y} = \dfrac{1}{\sqrt{x^2 + y^2}} + y\left(-\dfrac{1}{2}\right)(x^2 + y^2)^{-\frac{3}{2}} \cdot 2y = \dfrac{x^2}{(x^2 + y^2)^{\frac{3}{2}}}, dz = -\dfrac{x}{(x^2 + y^2)^{\frac{3}{2}}}(ydx - xdy)$.

(4) $\dfrac{\partial u}{\partial x} = yzx^{yz-1}, \dfrac{\partial u}{\partial y} = z\ln x \cdot x^{yz}, \dfrac{\partial u}{\partial z} = y\ln x \cdot x^{yz}$, 故 $du = x^{yz}\left(\dfrac{yz}{x}dx + z\ln xdy + y\ln xdz\right)$.

2. 求函数 $z=\ln(1+x^2+y^2)$ 当 $x=1, y=2$ 时的全微分.

【思路探索】 先由题设条件求出 $\dfrac{\partial z}{\partial x}, \dfrac{\partial z}{\partial y}$ 及 dz,再将 $x=1, y=2$ 代入 $dz=\dfrac{\partial z}{\partial x}dx+\dfrac{\partial z}{\partial y}dy$ 中即可.

解: $\dfrac{\partial z}{\partial x}=\dfrac{2x}{1+x^2+y^2}, \dfrac{\partial z}{\partial y}=\dfrac{2y}{1+x^2+y^2}, \dfrac{\partial z}{\partial x}\bigg|_{(1,2)}=\dfrac{1}{3}, \dfrac{\partial z}{\partial y}\bigg|_{(1,2)}=\dfrac{2}{3}$, 则 $dz\bigg|_{(1,2)}=\dfrac{1}{3}dx+\dfrac{2}{3}dy$.

【方法点击】 在已知函数 $z=f(x,y)$ 可微时,只要记住全微分 $dz=\dfrac{\partial z}{\partial x}dx+\dfrac{\partial z}{\partial y}dy$ 的公式即可;若要求在某点 (x_0, y_0) 的全微分只需将点 (x_0, y_0) 的坐标代入上式便可得所求.

3. 求函数 $z=\dfrac{y}{x}$ 当 $x=2, y=1, \Delta x=0.1, \Delta y=-0.2$ 时的全增量和全微分.

证: $\Delta z=f(x+\Delta x, y+\Delta y)-f(x,y)=\dfrac{y+\Delta y}{x+\Delta x}-\dfrac{y}{x}, dz=-\dfrac{y}{x^2}dx+\dfrac{1}{x}dx=-\dfrac{y}{x^2}\Delta x+\dfrac{1}{x}\Delta y$.

当 $x=2, y=1, \Delta x=0.1, \Delta y=-0.2$ 时, $\Delta z=\dfrac{1+(-0.2)}{2+0.1}-\dfrac{1}{2}\approx -0.119$,

$$dz=-\dfrac{1}{2^2}\times 0.1+\dfrac{1}{2}\times(-0.2)=-0.125.$$

4. 求函数 $z=e^{xy}$ 当 $x=1, y=1, \Delta x=0.15, \Delta y=0.1$ 时的全微分.

解: $\dfrac{\partial z}{\partial x}=ye^{xy}, \dfrac{\partial z}{\partial y}=xe^{xy}, \dfrac{\partial z}{\partial x}\bigg|_{(1,1)}=e, \dfrac{\partial z}{\partial y}\bigg|_{(1,1)}=e$.

当 $\Delta x=0.15, \Delta y=0.1$ 时, $dz\bigg|_{(1,1)}=e\Delta x+e\Delta y=0.25e$.

5. 考虑二元函数 $f(x,y)$ 的下面四条性质:
(1) $f(x,y)$ 在点 (x_0, y_0) 连续;   (2) $f_x(x,y)、f_y(x,y)$ 在点 (x_0, y_0) 连续;
(3) $f(x,y)$ 在点 (x_0, y_0) 可微分;   (4) $f_x(x_0, y_0)、f_y(x_0, y_0)$ 存在.
若用"$P\Rightarrow Q$"表示可由性质 P 推出性质 Q,则下列四个选项中正确的是( ).
(A) $(2)\Rightarrow(3)\Rightarrow(1)$ (B) $(3)\Rightarrow(2)\Rightarrow(1)$ (C) $(3)\Rightarrow(4)\Rightarrow(1)$ (D) $(3)\Rightarrow(1)\Rightarrow(4)$

【思路探索】 利用多元函数在点 (x_0, y_0) 处连续、偏导数存在、可微及偏导数连续这几个概念之间的关系便可得结论.

解: 由于二元函数偏导数存在且连续是二元函数可微分的充分条件,二元函数可微分必定可(偏)导,二元函数可微分必定连续,因此选项(A)正确.
选项(B)中 $(3) \not\Rightarrow (2)$, 选项(C)中 $(4) \not\Rightarrow (1)$, 选项(D)中 $(1) \not\Rightarrow (4)$.

【方法点击】 函数 $z=f(x,y)$ 在点 (x_0, y_0) 存在偏导数,并不一定能保证 $z=f(x,y)$ 在点 (x_0, y_0) 处连续,也不一定能保证 $z=f(x,y)$ 在点 (x_0, y_0) 处可微分.
如果函数 $z=f(x,y)$ 在点 (x_0, y_0) 可微分,则函数 $z=f(x,y)$ 在点 (x_0, y_0) 必定存在偏导数,且在该点必连续.
如果函数 $z=f(x,y)$ 存在连续偏导数,则 $z=f(x,y)$ 必定可微分,且
$$dz=\dfrac{\partial z}{\partial x}dx+\dfrac{\partial z}{\partial y}dy.$$
如果函数 $z=f(x,y)$ 在点 (x_0, y_0) 处可微分,则 $\dfrac{\partial z}{\partial x}, \dfrac{\partial z}{\partial y}$ 在该点不一定连续.
综上,二元函数中极限存在、连续、偏导数存在、可微分之间的关系如下所示(≠表示"不一定"):

偏导数连续 $\Longrightarrow$ 可微分 $\Longrightarrow$ 连续 $\Longrightarrow$ 极限存在

偏导数存在

*6. 计算 $\sqrt{(1.02)^3+(1.97)^3}$ 的近似值.

解：令 $z=\sqrt{x^3+y^3}$，则 $\dfrac{\partial z}{\partial x}=\dfrac{1}{2}(x^3+y^3)^{-\frac{1}{2}}\cdot 3x^2=\dfrac{3x^2}{2\sqrt{x^3+y^3}}$，$\dfrac{\partial z}{\partial y}=\dfrac{3y^2}{2\sqrt{x^3+y^3}}$,

$$\sqrt{(x+\Delta x)^3+(y+\Delta y)^3}\approx \sqrt{x^3+y^3}+\dfrac{\partial z}{\partial x}\Delta x+\dfrac{\partial z}{\partial y}\Delta y$$
$$=\sqrt{x^3+y^3}+\dfrac{3}{2\sqrt{x^3+y^3}}(x^2\Delta x+y^2\Delta y).$$

取 $x=1$, $y=2$, $\Delta x=0.02$, $\Delta y=-0.03$，得

$$\sqrt{(1.02)^3+(1.97)^3}\approx \sqrt{1^3+2^3}+\dfrac{3}{2\sqrt{1^3+2^3}}[1^2\times 0.02+2^2\times(-0.03)]=2.95.$$

*7. 计算 $(1.97)^{1.05}$ 的近似值（$\ln 2=0.693$）.

解：令 $z=x^y$，则 $(x+\Delta x)^{y+\Delta y}\approx x^y+\dfrac{\partial z}{\partial x}\Delta x+\dfrac{\partial z}{\partial y}\Delta y=x^y+yx^{y-1}\Delta x+x^y\ln x\Delta y$,

取 $x=2$, $y=1$, $\Delta x=-0.03$, $\Delta y=0.05$，得

$$(1.97)^{1.05}\approx 2^1+1\times 2^0\times(-0.03)+2^1\times \ln 2\times 0.05$$
$$\approx 1.97+0.1\times \ln 2\approx 1.97+0.1\times 0.693=2.039.$$

*8. 已知边长为 $x=6$m 与 $y=8$m 的矩形，如果 x 边增加 5 cm 而 y 边减少 10 cm，问这个矩形的对角的近似变化怎样？

解：对角线 $z=\sqrt{x^2+y^2}$，则 $\Delta z\approx \mathrm{d}z=\dfrac{\partial z}{\partial x}\Delta x+\dfrac{\partial z}{\partial y}\Delta y=\dfrac{x}{\sqrt{x^2+y^2}}\Delta x+\dfrac{y}{\sqrt{x^2+y^2}}\Delta y.$

取 $x=6$, $y=8$, $\Delta x=0.05$, $\Delta y=-0.1$ 得

$$\Delta z\approx \dfrac{1}{\sqrt{6^2+8^2}}[6\times 0.05+8\times(-0.1)]=-0.05,$$

即这个矩形的对角线大约减少 5 cm.

*9. 设有一无盖圆柱形容器，容器的壁与底的厚度均为 0.1 cm，内高为 20 cm，内半径为 4 cm. 求容器外壳体积的近似值.

解：圆柱体体积为 $V=\pi r^2 h$，则 $\Delta V\approx \mathrm{d}V=\dfrac{\partial v}{\partial r}\Delta r+\dfrac{\partial v}{\partial h}\Delta h=2\pi rh\Delta r+\pi r^2\Delta h$.

取 $r=4$, $h=20$, $\Delta r=0.1$, $\Delta h=0.1$，得

$$\Delta V\approx 2\pi\times 4\times 20\times 0.1+\pi\times 4^2\times 0.1=17.6\pi\approx 55.3(\mathrm{cm}^3).$$

*10. 设有直角三角形，测得其两直角边的长分别为 (7 ± 0.1)cm 和 (24 ± 0.1)cm. 试求利用上述二值来计算斜边长度时的绝对误差.

解：设 x,y 为两直角边，则斜长为 $z=\sqrt{x^2+y^2}$.

$$\Delta z\approx \mathrm{d}z=\dfrac{\partial z}{\partial x}\Delta x+\dfrac{\partial z}{\partial y}\Delta y=\dfrac{1}{\sqrt{x^2+y^2}}(x\Delta x+y\Delta y),$$

则 $|\Delta z|\leqslant \dfrac{1}{\sqrt{x^2+y^2}}(x|\Delta x|+y|\Delta y|)$. 取 $x=7$, $y=24$, $|\Delta x|\leqslant 0.1$, $|\Delta y|\leqslant 0.1$ 得

$$|\Delta z| \leqslant \frac{1}{\sqrt{7^2+24^2}} |7\times 0.1+24\times 0.1| = 0.124 \text{(cm)}.$$

*11. 测得一块三角形土地的两边长分别为 (63 ± 0.1)m 和 (78 ± 0.1)m，这两边的夹角为 $60°\pm 1°$. 试求三角形面积的近似值，并求其绝对误差和相对误差.

解：三角形的面积为 $S=\frac{1}{2}ab\sin\theta$，则

$$|\Delta S| \approx |dS| = \left|\frac{1}{2}b\sin\theta\Delta a + \frac{1}{2}a\sin\theta\Delta b + \frac{1}{2}ab\cos\theta\Delta\theta\right|$$

$$\leqslant \frac{1}{2}b\sin\theta|\Delta a| + \frac{1}{2}a\sin\theta|\Delta b| + \frac{1}{2}ab\cos\theta|\Delta\theta|.$$

当 $a=63$，$b=78$，$\theta=60°=\frac{\pi}{3}$，$|\Delta a|\leqslant 0.1$，$|\Delta b|\leqslant 0.1$，$|\Delta\theta|\leqslant\frac{\pi}{180}$ 时，

$$|\Delta S|\leqslant \frac{1}{2}\times 78\times\sin\frac{\pi}{3}\times 0.1+\frac{1}{2}\times 63\times\sin\frac{\pi}{3}\times 0.1+\frac{1}{2}\times 63\times 78\times\cos\frac{\pi}{3}\times\frac{\pi}{180}\approx 27.55.$$

又因 $S=\frac{1}{2}ab\sin\theta=\frac{1}{2}\times 63\times 78\sin\frac{\pi}{3}\approx 2127.82$，则 $\left|\frac{\Delta S}{S}\right|\leqslant\frac{27.55}{2127.82}=1.29\%$.

*12. 利用全微分证明：两数之和的绝对误差等于它们各自的绝对误差之和.

证：设 $z=x+y$，则 $\Delta z\approx dz=\Delta x+\Delta y$，故 $|\Delta z|\leqslant|\Delta x|+|\Delta y|$.

*13. 利用全微分证明：乘积的相对误差等于各因子的相对误差之和；商的相对误差等于被除数及除数的相对误差之和.

证：设 $u=xy$，$v=\frac{x}{y}$，$\Delta u\approx du=y\Delta x+x\Delta y$，$\Delta v\approx dv=\frac{1}{y}\Delta x-\frac{x}{y^2}\Delta y$.

$$\left|\frac{\Delta u}{u}\right|=\left|\frac{y\Delta x+x\Delta y}{xy}\right|\leqslant\left|\frac{\Delta x}{x}\right|+\left|\frac{\Delta y}{y}\right|,\quad \left|\frac{\Delta v}{v}\right|=\left|\frac{\frac{1}{y}\Delta x-\frac{x}{y^2}\Delta y}{\frac{x}{y}}\right|\leqslant\left|\frac{\Delta x}{x}\right|+\left|\frac{\Delta y}{y}\right|.$$

第四节　多元复合函数的求导法则

习题 9-4 超精解（教材 P84~P85）

1. 设 $z=u^2+v^2$，而 $u=x+y$，$v=x-y$，求 $\frac{\partial z}{\partial x}$，$\frac{\partial z}{\partial y}$.

解：$\frac{\partial z}{\partial x}=\frac{\partial z}{\partial u}\cdot\frac{\partial u}{\partial x}+\frac{\partial z}{\partial v}\cdot\frac{\partial v}{\partial x}=2u+2v=2(x+y)+2(x-y)=4x.$

$\frac{\partial z}{\partial y}=\frac{\partial z}{\partial u}\cdot\frac{\partial u}{\partial y}+\frac{\partial z}{\partial v}\cdot\frac{\partial v}{\partial y}=2u-2v=2(x+y)-2(x-y)=4y.$

2. 设 $z=u^2\ln v$，而 $u=\frac{x}{y}$，$v=3x-2y$，求 $\frac{\partial z}{\partial x}$，$\frac{\partial z}{\partial y}$.

【思路探索】 分析复合路径：$z\begin{matrix}u\\v\end{matrix}\begin{matrix}x\\x\end{matrix}$. z 与 x 之间有两条路径，分别分 $z-u-x$，$z-v-x$. 由求导法则：对路径 $z-u-x$ 求导得 $\frac{\partial z}{\partial u}$，$\frac{\partial u}{\partial x}$，对路径 $z-v-x$ 求导得 $\frac{\partial z}{\partial v}$，$\frac{\partial v}{\partial x}$，叠加得 $\frac{\partial z}{\partial u}\cdot\frac{\partial u}{\partial x}+\frac{\partial z}{\partial v}\cdot\frac{\partial v}{\partial x}=\frac{\partial z}{\partial x}$. 同理，得 $\frac{\partial z}{\partial y}=\frac{\partial z}{\partial u}\cdot\frac{\partial u}{\partial y}+\frac{\partial z}{\partial v}\cdot\frac{\partial v}{\partial y}$.

解：$\dfrac{\partial z}{\partial x}=\dfrac{\partial z}{\partial u}\cdot\dfrac{\partial u}{\partial x}+\dfrac{\partial z}{\partial v}\cdot\dfrac{\partial v}{\partial x}=2u\ln v\cdot\dfrac{1}{y}+\dfrac{u^2}{v}\cdot 3=\dfrac{2x}{y^2}\ln(3x-2y)+\dfrac{3x^2}{y^2(3x-2y)}.$

$\dfrac{\partial z}{\partial y}=\dfrac{\partial z}{\partial u}\cdot\dfrac{\partial u}{\partial y}+\dfrac{\partial z}{\partial v}\cdot\dfrac{\partial v}{\partial y}=2u\ln v\left(-\dfrac{x}{y^2}\right)+\dfrac{u^2}{v}(-2)=\dfrac{-2x^2}{y^3}\ln(3x-2y)-\dfrac{2x^2}{y^2(3x-2y)}.$

【方法点击】 解决这类问题首先应搞清复合函数的复合关系,然后应用复合函数的链式法则求导即可.

3. 设 $z=\mathrm{e}^{x-2y}$,而 $x=\sin t,y=t^3$,求 $\dfrac{\mathrm{d}z}{\mathrm{d}t}$.

【思路探索】 分析复合路径：$z\diagdown^{x}_{y}\diagup t$. z 与自变量 t 之间有两条路径,对每条路径都用链式求导,然后将所有路径的链式求导叠加,又由于复合函数是一元函数,故为全导数.

对路径 $z-x-t$,链式求导有 $\dfrac{\partial z}{\partial x}\cdot\dfrac{\mathrm{d}x}{\mathrm{d}t}$,对路径 $z-y-t$,链式求导有 $\dfrac{\partial z}{\partial y}\cdot\dfrac{\mathrm{d}y}{\mathrm{d}t}$,叠加后,得 $\dfrac{\mathrm{d}z}{\mathrm{d}t}=\dfrac{\partial z}{\partial x}\cdot\dfrac{\mathrm{d}x}{\mathrm{d}t}+\dfrac{\partial z}{\partial y}\cdot\dfrac{\mathrm{d}y}{\mathrm{d}t}.$

解：$\dfrac{\mathrm{d}z}{\mathrm{d}t}=\dfrac{\partial z}{\partial x}\cdot\dfrac{\mathrm{d}x}{\mathrm{d}t}+\dfrac{\partial z}{\partial y}\cdot\dfrac{\mathrm{d}y}{\mathrm{d}t}=\mathrm{e}^{x-2y}\cdot\cos t-2\mathrm{e}^{x-2y}\cdot 3t^2=\mathrm{e}^{x-2y}(\cos t-6t^2)=\mathrm{e}^{\sin t-2t^3}(\cos t-6t^2).$

【方法点击】 弄清楚变量之间的复合关系,利用复合函数链式求导法则求导便可得结果.

4. 设 $z=\arcsin(x-y)$,而 $x=3t,y=4t^3$,求 $\dfrac{\mathrm{d}z}{\mathrm{d}t}$.

解：$\dfrac{\mathrm{d}z}{\mathrm{d}t}=\dfrac{\partial z}{\partial x}\cdot\dfrac{\mathrm{d}x}{\mathrm{d}t}+\dfrac{\partial z}{\partial y}\cdot\dfrac{\mathrm{d}y}{\mathrm{d}t}=\dfrac{1}{\sqrt{1-(x-y)^2}}\cdot 3+\dfrac{1}{\sqrt{1-(x-y)^2}}(-1)\times 12t^2$

$=\dfrac{3-12t^2}{\sqrt{1-(3t-4t^3)^2}}.$

5. 设 $z=\arctan(xy)$,而 $y=\mathrm{e}^x$,求 $\dfrac{\mathrm{d}z}{\mathrm{d}x}$.

解：$\dfrac{\mathrm{d}z}{\mathrm{d}x}=\dfrac{\partial z}{\partial x}+\dfrac{\partial z}{\partial y}\cdot\dfrac{\mathrm{d}y}{\mathrm{d}x}=\dfrac{1}{1+(xy)^2}\cdot y+\dfrac{1}{1+(xy)^2}\cdot x\mathrm{e}^x=\dfrac{y+x\mathrm{e}^x}{1+x^2y^2}=\dfrac{\mathrm{e}^x(1+x)}{1+x^2\mathrm{e}^{2x}}.$

6. 设 $u=\dfrac{\mathrm{e}^{ax}(y-z)}{a^2+1}$,而 $y=a\sin x,z=\cos x$,求 $\dfrac{\mathrm{d}u}{\mathrm{d}x}$.

解：$\dfrac{\mathrm{d}u}{\mathrm{d}x}=\dfrac{\partial u}{\partial x}+\dfrac{\partial u}{\partial y}\cdot\dfrac{\mathrm{d}y}{\mathrm{d}x}+\dfrac{\partial u}{\partial z}\cdot\dfrac{\mathrm{d}z}{\mathrm{d}x}$

$=\dfrac{a\mathrm{e}^{ax}(y-z)}{a^2+1}+\dfrac{\mathrm{e}^{ax}}{a^2+1}\cdot a\cos x+\dfrac{\mathrm{e}^{ax}\cdot(-1)}{a^2+1}(-\sin x)$

$=\dfrac{a\mathrm{e}^{ax}(y-z+\cos x)}{a^2+1}+\dfrac{\mathrm{e}^{ax}\cdot\sin x}{a^2+1}=\dfrac{a\mathrm{e}^{ax}\cdot a\sin x+\mathrm{e}^{ax}\cdot\sin x}{a^2+1}=\mathrm{e}^{ax}\sin x.$

7. 设 $z=\arctan\dfrac{x}{y}$,而 $x=u+v,y=u-v$,验证 $\dfrac{\partial z}{\partial u}+\dfrac{\partial z}{\partial v}=\dfrac{u-v}{u^2+v^2}$.

证：$\dfrac{\partial z}{\partial u}=\dfrac{\partial z}{\partial x}\cdot\dfrac{\partial x}{\partial u}+\dfrac{\partial z}{\partial y}\cdot\dfrac{\partial y}{\partial u}=\dfrac{1}{1+\left(\dfrac{x}{y}\right)^2}\cdot\dfrac{1}{y}+\dfrac{1}{1+\left(\dfrac{x}{y}\right)^2}\cdot\left(-\dfrac{x}{y^2}\right)=\dfrac{1}{1+\dfrac{x^2}{y^2}}\left(\dfrac{1}{y}-\dfrac{x}{y^2}\right)=\dfrac{y-x}{x^2+y^2},$

$$\frac{\partial z}{\partial v} = \frac{\partial z}{\partial x} \cdot \frac{\partial x}{\partial v} + \frac{\partial z}{\partial y} \cdot \frac{\partial y}{\partial v} = \frac{1}{1+\left(\frac{x}{y}\right)^2} \cdot \frac{1}{y} + \frac{1}{1+\left(\frac{x}{y}\right)^2} \cdot \left(-\frac{x}{y^2}\right) \cdot (-1)$$

$$= \frac{1}{1+\frac{x^2}{y^2}} \left(\frac{1}{y} + \frac{x}{y^2}\right) = \frac{y+x}{x^2+y^2},$$

则 $\dfrac{\partial z}{\partial u} + \dfrac{\partial z}{\partial v} = \dfrac{2y}{x^2+y^2} = \dfrac{2(u-v)}{2(u^2+v^2)} = \dfrac{u-v}{u^2+v^2}.$

8. 求下列函数的一阶偏导数（其中 f 具有一阶连续偏导数）：

(1) $u = f(x^2 - y^2, e^{xy})$； (2) $u = f\left(\dfrac{x}{y}, \dfrac{y}{z}\right)$； (3) $u = f(x, xy, xyz).$

【思路探索】 第(3)题令 "1"$=xy$，"2"$=xyz$，则 $u=f(x,1,2)$ 分析复合路径。

这里 x 既是自变量，又是中间变量，u 与 x 之间有三条路径，u 与 y 之间有两条路径，u 与 z 之间只有一条路径，由求导法则可求出 $\dfrac{\partial u}{\partial x},\dfrac{\partial u}{\partial y},\dfrac{\partial u}{\partial z}$。

解：(1) $\dfrac{\partial u}{\partial x} = 2f'_1 x + f'_2 e^{xy} \cdot y,\ \dfrac{\partial u}{\partial y} = f'_1(-2y) + f'_2 e^{xy} \cdot x = -2yf'_1 + xe^{xy}f'_2.$

(2) $\dfrac{\partial u}{\partial x} = f'_1 \cdot \dfrac{1}{y} + f'_2 \cdot \dfrac{\partial}{\partial x}\left(\dfrac{y}{z}\right) = \dfrac{1}{y}f'_1,\ \dfrac{\partial u}{\partial y} = f'_1\left(-\dfrac{x}{y^2}\right) + f'_2 \dfrac{1}{z},$

$\dfrac{\partial u}{\partial z} = f'_1 \dfrac{\partial}{\partial z}\left(\dfrac{x}{y}\right) + f'_2\left(-\dfrac{y}{z^2}\right) = -\dfrac{y}{z^2}f'_2.$

(3) $\dfrac{\partial u}{\partial x} = f'_1 + f'_2 y + f'_3 yz,\ \dfrac{\partial u}{\partial y} = f'_2 x + f'_3 xz,\ \dfrac{\partial u}{\partial z} = f'_3 xy.$

【方法点击】 本题由 "1" 与 "2" 分别表示两个变量，这样表示方法在求多元复合函数的偏导数时经常使用。引入中间变量后利用多元函数求导法则直接求导即可。

9. 设 $z = xy + xF(u)$，而 $u = \dfrac{y}{x}$，$F(u)$ 为可导函数，证明 $x\dfrac{\partial z}{\partial x} + y\dfrac{\partial z}{\partial y} = z + xy.$

证：$\dfrac{\partial z}{\partial x} = y + F(u) + xF'(u) \cdot \dfrac{\partial u}{\partial x} = y + F(u) - \dfrac{y}{x}F'(u),$

$\dfrac{\partial z}{\partial y} = x + xF'(u)\dfrac{\partial u}{\partial y} = x + xF'(u)\dfrac{1}{x} = x + F'(u),$

则 $x\dfrac{\partial z}{\partial x} + y\dfrac{\partial z}{\partial y} = x\left[y + F(u) - \dfrac{y}{x}F'(u)\right] + y[x + F'(u)] = 2xy + xF(u) = xy + z.$

10. 设 $z = \dfrac{y}{f(x^2-y^2)}$，其中 $f(u)$ 为可导函数，验证 $\dfrac{1}{x}\dfrac{\partial z}{\partial x} + \dfrac{1}{y}\dfrac{\partial z}{\partial y} = \dfrac{z}{y^2}.$

证：$\dfrac{\partial z}{\partial x} = \dfrac{0 - yf'(x^2-y^2) \cdot 2x}{f^2(x^2-y^2)} = -\dfrac{2xyf'(x^2-y^2)}{f^2(x^2-y^2)},$

$\dfrac{\partial z}{\partial y} = \dfrac{f(x^2-y^2) - yf'(x^2-y^2) \cdot (-2y)}{f^2(x^2-y^2)} = \dfrac{1}{f(x^2-y^2)} + \dfrac{2y^2 f'(x^2-y^2)}{f^2(x^2-y^2)},$

则 $\dfrac{1}{x}\dfrac{\partial z}{\partial x} + \dfrac{1}{y}\dfrac{\partial z}{\partial y} = -\dfrac{2yf'(x^2-y^2)}{f^2(x^2-y^2)} + \dfrac{1}{yf(x^2-y^2)} + \dfrac{2yf'(x^2-y^2)}{f^2(x^2-y^2)} = \dfrac{1}{yf(x^2-y^2)} = \dfrac{z}{y^2}.$

11. 设 $z = f(x^2 + y^2)$，其中 f 具有二阶导数，求 $\dfrac{\partial^2 z}{\partial x^2},\dfrac{\partial^2 z}{\partial x \partial y},\dfrac{\partial^2 z}{\partial y^2}.$

解：令 $u=x^2+y^2$，则 $\dfrac{\partial z}{\partial x}=f'(u)\dfrac{\partial u}{\partial x}=2xf'(u)$，$\dfrac{\partial z}{\partial y}=f'(u)\dfrac{\partial u}{\partial y}=2yf'(u)$，

$\dfrac{\partial^2 z}{\partial x^2}=2f'(u)+2xf''(u)\dfrac{\partial u}{\partial x}=2f'(u)+2xf''(u)\cdot 2x=2f'(u)+4x^2f''(u)$，

$\dfrac{\partial^2 z}{\partial x \partial y}=2xf''(u)\dfrac{\partial u}{\partial y}=4xyf''(u)$，

$\dfrac{\partial^2 z}{\partial y^2}=2f'(u)+2yf''(u)\dfrac{\partial u}{\partial y}=2f'(u)+4y^2f''(u)$。

*12. 求下列函数的 $\dfrac{\partial^2 z}{\partial x^2}$，$\dfrac{\partial^2 z}{\partial x\partial y}$，$\dfrac{\partial^2 z}{\partial y^2}$（其中 f 具有二阶连续偏导数）：

(1) $z=f(xy,y)$；

(2) $z=f\left(x,\dfrac{x}{y}\right)$；

(3) $z=f(xy^2,x^2y)$；

(4) $z=f(\sin x,\cos y,e^{x+y})$。

解：(1) 令 $s=xy$，$t=y$，则 $z=f(s,t)$。

$\dfrac{\partial z}{\partial x}=\dfrac{\partial f}{\partial s}\cdot\dfrac{\partial s}{\partial x}=f'_s y=yf'_s$，$\dfrac{\partial z}{\partial y}=\dfrac{\partial f}{\partial s}\cdot\dfrac{\partial s}{\partial y}+\dfrac{\partial f}{\partial t}\cdot\dfrac{\partial t}{\partial y}=xf'_s+f'_t$，

$\dfrac{\partial^2 z}{\partial x^2}=\dfrac{\partial}{\partial x}\left(\dfrac{\partial z}{\partial x}\right)=\dfrac{\partial}{\partial x}(yf'_s)=y\dfrac{\partial f'_s}{\partial x}=y\left(\dfrac{\partial f'_s}{\partial s}\cdot\dfrac{\partial s}{\partial x}\right)=y^2 f''_{ss}$，

$\dfrac{\partial^2 z}{\partial x\partial y}=\dfrac{\partial}{\partial y}\left(\dfrac{\partial z}{\partial x}\right)=\dfrac{\partial}{\partial y}(yf'_s)=f'_s+y\dfrac{\partial f'_s}{\partial y}$

$=f'_s+y\left(\dfrac{\partial f'_s}{\partial s}\cdot\dfrac{\partial s}{\partial y}+\dfrac{\partial f'_s}{\partial t}\cdot\dfrac{\partial t}{\partial y}\right)=f'_s+xyf''_{ss}+yf''_{st}$，

$\dfrac{\partial^2 z}{\partial y^2}=\dfrac{\partial}{\partial y}\left(\dfrac{\partial z}{\partial y}\right)=\dfrac{\partial}{\partial y}(xf'_s+f'_t)=x\dfrac{\partial f'_s}{\partial y}+\dfrac{\partial f'_t}{\partial y}$

$=x\left(\dfrac{\partial f'_s}{\partial s}\dfrac{\partial s}{\partial y}+\dfrac{\partial f'_s}{\partial t}\dfrac{\partial t}{\partial y}\right)+\left(\dfrac{\partial f'_t}{\partial s}\dfrac{\partial s}{\partial y}+\dfrac{\partial f'_t}{\partial t}\dfrac{\partial t}{\partial y}\right)=x^2 f''_{ss}+2xf''_{st}+f''_{tt}$。

(2) 令 $u=x$，$v=\dfrac{x}{y}$，则 $z=f(u,v)$。

$\dfrac{\partial z}{\partial x}=\dfrac{\partial f}{\partial u}\cdot\dfrac{\partial u}{\partial x}+\dfrac{\partial f}{\partial v}\cdot\dfrac{\partial v}{\partial x}=\dfrac{\partial f}{\partial u}+\dfrac{\partial f}{\partial v}\cdot\dfrac{1}{y}$，$\dfrac{\partial z}{\partial y}=\dfrac{\partial f}{\partial u}\cdot\dfrac{\partial u}{\partial y}+\dfrac{\partial f}{\partial v}\cdot\dfrac{\partial v}{\partial y}=-\dfrac{x}{y^2}\cdot\dfrac{\partial f}{\partial v}$，

$\dfrac{\partial^2 z}{\partial x^2}=\dfrac{\partial}{\partial x}\left(\dfrac{\partial z}{\partial x}\right)=\dfrac{\partial}{\partial x}\left(\dfrac{\partial f}{\partial u}+\dfrac{1}{y}\dfrac{\partial f}{\partial v}\right)=\dfrac{\partial}{\partial x}\left(\dfrac{\partial f}{\partial u}\right)+\dfrac{1}{y}\dfrac{\partial}{\partial x}\left(\dfrac{\partial f}{\partial v}\right)$

$=\dfrac{\partial}{\partial u}\left(\dfrac{\partial f}{\partial u}\right)\dfrac{\partial u}{\partial x}+\dfrac{\partial}{\partial v}\left(\dfrac{\partial f}{\partial u}\right)\dfrac{\partial v}{\partial x}+\dfrac{1}{y}\left[\dfrac{\partial}{\partial u}\left(\dfrac{\partial f}{\partial v}\right)\dfrac{\partial u}{\partial x}+\dfrac{\partial}{\partial v}\left(\dfrac{\partial f}{\partial v}\right)\dfrac{\partial v}{\partial x}\right]$

$=f''_{uu}+\dfrac{2}{y}f''_{uv}+\dfrac{1}{y^2}f''_{vv}$，

$\dfrac{\partial^2 z}{\partial x\partial y}=\dfrac{\partial}{\partial y}\left(\dfrac{\partial z}{\partial x}\right)=\dfrac{\partial}{\partial y}\left(\dfrac{\partial f}{\partial u}+\dfrac{1}{y}\dfrac{\partial f}{\partial v}\right)=\dfrac{\partial}{\partial y}\left(\dfrac{\partial f}{\partial u}\right)+\dfrac{\partial}{\partial y}\left(\dfrac{1}{y}\dfrac{\partial f}{\partial v}\right)$

$=\dfrac{\partial}{\partial u}\left(\dfrac{\partial f}{\partial u}\right)\dfrac{\partial u}{\partial y}+\dfrac{\partial}{\partial v}\left(\dfrac{\partial f}{\partial u}\right)\dfrac{\partial v}{\partial y}+\left[-\dfrac{1}{y^2}\dfrac{\partial f}{\partial v}+\dfrac{1}{y}\dfrac{\partial}{\partial y}\left(\dfrac{\partial f}{\partial v}\right)\right]$

$=\dfrac{\partial^2 f}{\partial u\partial v}\left(-\dfrac{x}{y^2}\right)-\dfrac{1}{y^2}\dfrac{\partial f}{\partial v}+\dfrac{1}{y}\left[\dfrac{\partial}{\partial u}\left(\dfrac{\partial f}{\partial v}\right)\dfrac{\partial u}{\partial y}+\dfrac{\partial}{\partial v}\left(\dfrac{\partial f}{\partial v}\right)\dfrac{\partial v}{\partial y}\right]$

$=-\dfrac{x}{y^2}\left(f''_{uv}+\dfrac{1}{y}f''_{vv}\right)-\dfrac{1}{y^2}f'_v$，

$\dfrac{\partial^2 z}{\partial y^2}=\dfrac{\partial}{\partial y}\left(\dfrac{\partial z}{\partial y}\right)=\dfrac{\partial}{\partial y}\left(-\dfrac{x}{y^2}\dfrac{\partial f}{\partial v}\right)=\dfrac{\partial}{\partial y}\left(-\dfrac{x}{y^2}\right)\dfrac{\partial f}{\partial v}-\dfrac{x}{y^2}\dfrac{\partial}{\partial y}\left(\dfrac{\partial f}{\partial v}\right)$

$$=\frac{2x}{y^3}\frac{\partial f}{\partial v}-\frac{x}{y^2}\frac{\partial}{\partial v}\left(\frac{\partial f}{\partial v}\right)\frac{\partial v}{\partial y}=\frac{2x}{y^3}f'_v+\frac{x^2}{y^4}f''_{vv}.$$

(3) 将 xy^2, x^2y 记为 1 和 2，则

$$\frac{\partial z}{\partial x}=f'_1y^2+f'_2 2xy=y^2f'_1+2xyf'_2, \frac{\partial z}{\partial y}=f'_1 2xy+f'_2 x^2=2xyf'_1+x^2f'_2,$$

$$\frac{\partial^2 z}{\partial x^2}=\frac{\partial}{\partial x}\left(\frac{\partial z}{\partial x}\right)=y^2(f''_{11}y^2+f''_{12}2xy)+2yf'_2+2xy(f''_{21}y^2+f''_{22}2xy)$$
$$=2yf'_2+y^4f''_{11}+4xy^3f''_{12}+4x^2y^2f''_{22},$$

$$\frac{\partial^2 z}{\partial x \partial y}=\frac{\partial}{\partial y}\left(\frac{\partial z}{\partial x}\right)=2yf'_1+y^2(f''_{11}2xy+f''_{12}x^2)+2xf'_2+2xy(f''_{21}2xy+f''_{22}x^2)$$
$$=2yf'_1+2xf'_2+2xy^3f''_{11}+5x^2y^2f''_{12}+2x^3yf''_{22},$$

$$\frac{\partial^2 z}{\partial y^2}=\frac{\partial}{\partial y}\left(\frac{\partial z}{\partial y}\right)=2xf'_1+2xy(f''_{11}2xy+f''_{12}x^2)+x^2(f''_{21}2xy+f''_{22}x^2)$$
$$=2xf'_1+4x^2y^2f''_{11}+4x^3yf''_{12}+x^4f''_{22}.$$

(4) 记 $\sin x, \cos y, e^{x+y}$ 分别为 1 号、2 号、3 号，则

$$\frac{\partial z}{\partial x}=f'_1\cos x+f'_3 e^{x+y}, \frac{\partial z}{\partial y}=f'_2(-\sin y)+f'_3 e^{x+y},$$

$$\frac{\partial^2 z}{\partial x^2}=(f''_{11}\cos x+f''_{13}e^{x+y})\cos x+f'_1(-\sin x)+(f''_{31}\cos x+f''_{33}e^{x+y})e^{x+y}+f'_3 e^{x+y}$$
$$=e^{x+y}f'_3-\sin x f'_1+\cos^2 x f''_{11}+2\cos x e^{x+y}f''_{13}+e^{2(x+y)}f''_{33},$$

$$\frac{\partial^2 z}{\partial x \partial y}=\frac{\partial}{\partial y}\left(\frac{\partial z}{\partial x}\right)$$
$$=\cos x[f''_{12}(-\sin y)+f''_{13}e^{x+y}]+e^{x+y}f'_3+e^{x+y}[f''_{32}(-\sin y)+f''_{33}e^{x+y}]$$
$$=e^{x+y}f'_3-\sin y\cos x f''_{12}+e^{x+y}\cos x f''_{13}-e^{x+y}\sin y f''_{32}+e^{2(x+y)}f''_{33},$$

$$\frac{\partial^2 z}{\partial y^2}=\frac{\partial}{\partial y}\left(\frac{\partial z}{\partial y}\right)=-\cos y f'_2-\sin y[f''_{22}(-\sin y)+f''_{23}e^{x+y}]+$$
$$e^{x+y}f'_3+e^{x+y}[f''_{32}(-\sin y)+f''_{33}e^{x+y}]$$
$$=e^{x+y}f'_3-\cos y f'_2+\sin^2 y f''_{22}-2e^{x+y}\sin y f''_{23}+e^{2(x+y)}f''_{33}.$$

【方法点击】 由复合函数的复合路径及求导法则可求得 $\frac{\partial z}{\partial x}$ 及 $\frac{\partial z}{\partial y}$；在求 $\frac{\partial f'_1}{\partial x}$ 和 $\frac{\partial f'_2}{\partial x}$ 时，为防止漏项应注意 f'_1 及 f'_2 仍旧是复合函数且复合关系图为 $f'_i \begin{smallmatrix} 1 \\ 2 \end{smallmatrix} \begin{smallmatrix} x \\ y \end{smallmatrix}$ $(i=1,2)$，仍应根据复合函数求导法则求导．同理可求得 $\frac{\partial f'_1}{\partial y}$ 和 $\frac{\partial f'_2}{\partial y}$.

*13. 设 $u=f(x,y)$ 的所有二阶偏导数连续，而 $x=\frac{s-\sqrt{3}t}{2}, y=\frac{\sqrt{3}s+t}{2}$，证明

$$\left(\frac{\partial u}{\partial x}\right)^2+\left(\frac{\partial u}{\partial y}\right)^2=\left(\frac{\partial u}{\partial s}\right)^2+\left(\frac{\partial u}{\partial t}\right)^2 \text{ 及 } \frac{\partial^2 u}{\partial x^2}+\frac{\partial^2 u}{\partial y^2}=\frac{\partial^2 u}{\partial s^2}+\frac{\partial^2 u}{\partial t^2}.$$

证：$\frac{\partial u}{\partial s}=\frac{\partial u}{\partial x}\frac{\partial x}{\partial s}+\frac{\partial u}{\partial y}\frac{\partial y}{\partial s}=\frac{1}{2}\frac{\partial u}{\partial x}+\frac{\sqrt{3}}{2}\frac{\partial u}{\partial y}, \frac{\partial u}{\partial t}=\frac{\partial u}{\partial x}\frac{\partial x}{\partial t}+\frac{\partial u}{\partial y}\frac{\partial y}{\partial t}=-\frac{\sqrt{3}}{2}\frac{\partial u}{\partial x}+\frac{1}{2}\frac{\partial u}{\partial y},$

则 $\left(\frac{\partial u}{\partial s}\right)^2+\left(\frac{\partial u}{\partial t}\right)^2=\left(\frac{1}{2}\frac{\partial u}{\partial x}+\frac{\sqrt{3}}{2}\frac{\partial u}{\partial y}\right)^2+\left(-\frac{\sqrt{3}}{2}\frac{\partial u}{\partial x}+\frac{1}{2}\frac{\partial u}{\partial y}\right)^2=\left(\frac{\partial u}{\partial x}\right)^2+\left(\frac{\partial u}{\partial y}\right)^2,$

又 $\frac{\partial^2 u}{\partial s^2}=\frac{1}{2}\left(\frac{\partial^2 u}{\partial x^2}\frac{\partial x}{\partial s}+\frac{\partial^2 u}{\partial x \partial y}\frac{\partial y}{\partial s}\right)+\frac{\sqrt{3}}{2}\left(\frac{\partial^2 u}{\partial y \partial x}\frac{\partial x}{\partial s}+\frac{\partial^2 u}{\partial y^2}\frac{\partial y}{\partial s}\right)=\frac{1}{4}\frac{\partial^2 u}{\partial x^2}+\frac{\sqrt{3}}{2}\frac{\partial^2 u}{\partial x \partial y}+\frac{3}{4}\frac{\partial^2 u}{\partial y^2},$

$$\frac{\partial^2 u}{\partial t^2} = -\frac{\sqrt{3}}{2}\left(\frac{\partial^2 u}{\partial x^2}\frac{\partial x}{\partial t} + \frac{\partial^2 u}{\partial x \partial y}\frac{\partial y}{\partial t}\right) + \frac{1}{2}\left(\frac{\partial^2 u}{\partial y \partial x}\frac{\partial x}{\partial t} + \frac{\partial^2 u}{\partial y^2}\frac{\partial y}{\partial t}\right) = \frac{3}{4}\frac{\partial^2 u}{\partial x^2} - \frac{\sqrt{3}}{2}\frac{\partial^2 u}{\partial x \partial y} + \frac{1}{4}\frac{\partial^2 u}{\partial y^2},$$

故 $\dfrac{\partial^2 u}{\partial s^2} + \dfrac{\partial^2 u}{\partial t^2} = \dfrac{\partial^2 u}{\partial x^2} + \dfrac{\partial^2 u}{\partial y^2}.$

第五节 隐函数的求导公式

习题 9-5 超精解(教材 P91～P92)

1. 设 $\sin y + e^x - xy^2 = 0$,求 $\dfrac{dy}{dx}$.

解:令 $F(x,y) = \sin y + e^x - xy^2$,则 $\dfrac{dy}{dx} = -\dfrac{F_x}{F_y} = -\dfrac{e^x - y^2}{\cos y - 2xy} = \dfrac{y^2 - e^x}{\cos y - 2xy}.$

2. 设 $\ln\sqrt{x^2+y^2} = \arctan\dfrac{y}{x}$,求 $\dfrac{dy}{dx}$.

【思路探索】 所给问题为求隐函数的导数,利用直接法或间接法均可得结果.

解:由 $\ln\sqrt{x^2+y^2} = \arctan\dfrac{y}{x}$ 确定 $y = y(x)$,两边对 x 求导,得

$$\frac{1}{2} \cdot \frac{1}{x^2+y^2}\left(2x + 2y\frac{dy}{dx}\right) = \frac{1}{1+\left(\dfrac{y}{x}\right)^2} \cdot \frac{x\dfrac{dy}{dx} - y}{x^2},$$

整理,得 $\dfrac{dy}{dx} = \dfrac{x+y}{x-y}.$

【方法点击】 隐函数求导有公式法和直接法,直接法类似于一元隐函数的求导法,即方程两边对某一自变量求偏导.使用直接法首先要分析方程或方程组,确定哪些是独立的自变量,哪些是相关的因变量,当方程两边对某个自变量求偏导时,其他自变量作为常数,而含有因变量即隐函数的项运用复合函数求导.

3. 设 $x + 2y + z - 2\sqrt{xyz} = 0$,求 $\dfrac{\partial z}{\partial x}$ 及 $\dfrac{\partial z}{\partial y}$.

解:令 $F(x,y,z) = x + 2y + z - 2\sqrt{xyz},$

$$F_x = 1 - 2\sqrt{yz} \cdot \frac{1}{2\sqrt{x}} = 1 - \frac{\sqrt{yz}}{\sqrt{x}} = 1 - \frac{yz}{\sqrt{xyz}},$$

$$F_y = 2 - 2\sqrt{xz} \cdot \frac{1}{2\sqrt{y}} = 2 - \frac{\sqrt{xz}}{\sqrt{y}} = 2 - \frac{xz}{\sqrt{xyz}},$$

$$F_z = 1 - 2\sqrt{xy} \cdot \frac{1}{2\sqrt{z}} = 1 - \frac{\sqrt{xy}}{\sqrt{z}} = 1 - \frac{xy}{\sqrt{xyz}},$$

则 $\dfrac{\partial z}{\partial x} = -\dfrac{F_x}{F_z} = -\dfrac{\sqrt{xyz} - yz}{\sqrt{xyz} - xy}, \dfrac{\partial z}{\partial y} = -\dfrac{F_y}{F_z} = -\dfrac{2\sqrt{xyz} - xz}{\sqrt{xyz} - xy}.$

4. 设 $\dfrac{x}{z} = \ln\dfrac{z}{y}$,求 $\dfrac{\partial z}{\partial x}$ 及 $\dfrac{\partial z}{\partial y}$.

解:令 $F(x,y,z) = \dfrac{x}{z} - \ln\dfrac{z}{y}$,则 $\dfrac{\partial z}{\partial x} = -\dfrac{F_x}{F_z} = \dfrac{z}{x+z}, \dfrac{\partial z}{\partial y} = -\dfrac{F_y}{F_z} = \dfrac{z^2}{y(x+z)}.$

5. 设 $2\sin(x+2y-3z)=x+2y-3z$, 证明 $\dfrac{\partial z}{\partial x}+\dfrac{\partial z}{\partial y}=1$.

证: $\dfrac{\partial z}{\partial x}=-\dfrac{F_x}{F_z}=-\dfrac{2\cos(x+2y-3z)-1}{-6\cos(x+2y-3z)+3}=\dfrac{1-2\cos(x+2y-3z)}{3-6\cos(x+2y-3z)}=\dfrac{1}{3}$,

$\dfrac{\partial z}{\partial y}=-\dfrac{F_y}{F_z}=-\dfrac{4\cos(x+2y-3z)-2}{-6\cos(x+2y-3z)+3}=\dfrac{2-4\cos(x+2y-3z)}{3-6\cos(x+2y-3z)}=\dfrac{2}{3}$,

故 $\dfrac{\partial z}{\partial x}+\dfrac{\partial z}{\partial y}=1$.

6. 设 $x=x(y,z), y=y(x,z), z=z(x,y)$ 都是由方程 $F(x,y,z)=0$ 所确定的具有连续偏导数的函数，证明 $\dfrac{\partial x}{\partial y}\cdot\dfrac{\partial y}{\partial z}\cdot\dfrac{\partial z}{\partial x}=-1$.

证: $\dfrac{\partial x}{\partial y}\cdot\dfrac{\partial y}{\partial z}\cdot\dfrac{\partial z}{\partial x}=\left(-\dfrac{F_y}{F_x}\right)\cdot\left(-\dfrac{F_z}{F_y}\right)\cdot\left(-\dfrac{F_x}{F_z}\right)=-1$.

7. 设 $\Phi(u,v)$ 具有连续偏导数，证明由方程 $\Phi(cx-az,cy-bz)=0$ 所确定的函数 $z=f(x,y)$ 满足 $a\dfrac{\partial z}{\partial x}+b\dfrac{\partial z}{\partial y}=c$.

证: 令 $F(x,y,z)=\Phi(cx-az,cy-bz)$, 并记 $cx-az, cy-bz$ 分别为 1 号与 2 号变量, 则
$$F_x=\Phi_1'\cdot c, \quad F_y=\Phi_2'\cdot c, \quad F_z=\Phi_1'(-a)+\Phi_2'(-b),$$

$\dfrac{\partial z}{\partial x}=-\dfrac{F_x}{F_z}=-\dfrac{c\Phi_1'}{-a\Phi_1'-b\Phi_2'}=\dfrac{c\Phi_1'}{a\Phi_1'+b\Phi_2'}, \dfrac{\partial z}{\partial y}=-\dfrac{F_y}{F_z}=-\dfrac{c\Phi_2'}{-a\Phi_1'-b\Phi_2'}=\dfrac{c\Phi_2'}{a\Phi_1'+b\Phi_2'}$,

故 $a\dfrac{\partial z}{\partial x}+b\dfrac{\partial z}{\partial y}=\dfrac{ac\Phi_1'+bc\Phi_2'}{a\Phi_1'+b\Phi_2'}=c$.

*8. 设 $e^z-xyz=0$, 求 $\dfrac{\partial^2 z}{\partial x^2}$.

解: 令 $F(x,y,z)=e^z-xyz$, 则 $\dfrac{\partial z}{\partial x}=-\dfrac{F_x}{F_z}=-\dfrac{(-yz)}{e^z-xy}=\dfrac{yz}{e^z-xy}$, 所以

$$\dfrac{\partial^2 z}{\partial x^2}=\dfrac{\partial}{\partial x}\left(\dfrac{\partial z}{\partial x}\right)=\dfrac{y\dfrac{\partial z}{\partial x}(e^z-xy)-yz\left(e^z\dfrac{\partial z}{\partial x}-y\right)}{(e^z-xy)^2}=\dfrac{y^2z-yz\left(e^z\cdot\dfrac{yz}{e^z-xy}-y\right)}{(e^z-xy)^2}$$

$$=\dfrac{2y^2ze^z-2xy^3z-y^2z^2e^z}{(e^z-xy)^3}.$$

*9. 设 $z^3-3xyz=a^3$, 求 $\dfrac{\partial^2 z}{\partial x\partial y}$.

解: 令 $F(x,y,z)=z^3-3xyz-a^3$, 则

$\dfrac{\partial z}{\partial x}=-\dfrac{F_x}{F_z}=-\dfrac{-3yz}{3z^2-3xy}=\dfrac{yz}{z^2-xy}, \dfrac{\partial z}{\partial y}=-\dfrac{F_y}{F_z}=-\dfrac{-3xz}{3z^2-3xy}=\dfrac{xz}{z^2-xy}$,

$\dfrac{\partial^2 z}{\partial x\partial y}=\dfrac{\partial}{\partial y}\left(\dfrac{\partial z}{\partial x}\right)=\dfrac{\partial}{\partial y}\left(\dfrac{yz}{z^2-xy}\right)=\dfrac{\left(z+y\dfrac{\partial z}{\partial y}\right)(z^2-xy)-yz\left(2z\dfrac{\partial z}{\partial y}-x\right)}{(z^2-xy)^2}$

$=\dfrac{\left(z+y\dfrac{xz}{z^2-xy}\right)(z^2-xy)-2yz^2\cdot\dfrac{xz}{z^2-xy}+xyz}{(z^2-xy)^2}=\dfrac{z^5-2xyz^3-x^2y^2z}{(z^2-xy)^3}$.

10. 求由下列方程组所确定的函数的导数或偏导数:

(1) 设 $\begin{cases} z=x^2+y^2, \\ x^2+2y^2+3z^2=20, \end{cases}$ 求 $\dfrac{dy}{dx}, \dfrac{dz}{dx}$;

(2) 设 $\begin{cases} x+y+z=0, \\ x^2+y^2+z^2=1, \end{cases}$ 求 $\dfrac{dx}{dz}, \dfrac{dy}{dz}$;

(3) 设 $\begin{cases} u=f(ux,v+y), \\ v=g(u-x,v^2y), \end{cases}$ 其中 f,g 具有一阶连续偏导数,求 $\dfrac{\partial u}{\partial x},\dfrac{\partial v}{\partial x}$;

(4) 设 $\begin{cases} x=e^u+u\sin v, \\ y=e^u-u\cos v, \end{cases}$ 求 $\dfrac{\partial u}{\partial x},\dfrac{\partial u}{\partial y},\dfrac{\partial v}{\partial x},\dfrac{\partial v}{\partial y}$.

【思路探索】 第(3)题按题意 u,v 是因变量,x,y 是自变量,在每个等式两端分别对 x 求导;再解关于 $\dfrac{\partial u}{\partial x},\dfrac{\partial v}{\partial x}$ 的二元方程组即可.

解:(1) 方程组确定 $y=y(x)$, $z=z(x)$,对等式两边关于 x 求导,得

$$\begin{cases} \dfrac{dz}{dx}=2x+2y\dfrac{dy}{dx}, \\ 2x+4y\dfrac{dy}{dx}+6z\dfrac{dz}{dx}=0, \end{cases} 即 \begin{cases} 2y\dfrac{dy}{dx}-\dfrac{dz}{dx}=-2x, \\ 2y\dfrac{dy}{dx}+3z\dfrac{dz}{dx}=-x. \end{cases}$$

整理,得 $\dfrac{dy}{dx}=\dfrac{-6xz-x}{6yz+2y}=\dfrac{-x(6z+1)}{2y(3z+1)}$, $\dfrac{dz}{dx}=\dfrac{-2xy+4xy}{6yz+2y}=\dfrac{2xy}{6yz+2y}=\dfrac{x}{3z+1}$.

(2) 方程组确定 $x=x(z)$, $y=y(z)$,对等式两边关于 z 求导,得

$$\begin{cases} \dfrac{dx}{dz}+\dfrac{dy}{dz}+1=0, \\ 2x\dfrac{dx}{dz}+2y\dfrac{dy}{dz}+2z=0, \end{cases} 即 \begin{cases} \dfrac{dx}{dz}+\dfrac{dy}{dz}=-1, \\ x\dfrac{dx}{dz}+y\dfrac{dy}{dz}=-z. \end{cases}$$

即 $\dfrac{dx}{dz}=\dfrac{-y+z}{y-x}=\dfrac{y-z}{x-y}$, $\dfrac{dy}{dz}=\dfrac{-z+x}{y-x}=\dfrac{z-x}{x-y}$.

(3) 方程组确定 $u=u(x,y)$, $v=v(x,y)$,对等式两边关于 x 求导,得

$$\begin{cases} \dfrac{\partial u}{\partial x}=f_1'\left(\dfrac{\partial u}{\partial x}x+u\right)+f_2'\dfrac{\partial v}{\partial x}, \\ \dfrac{\partial v}{\partial x}=g_1'\left(\dfrac{\partial u}{\partial x}-1\right)+g_2'\cdot 2v\dfrac{\partial v}{\partial x}\cdot y, \end{cases} 即 \begin{cases} (1-xf_1')\dfrac{\partial u}{\partial x}-f_2'\dfrac{\partial v}{\partial x}=uf_1', \\ g_1'\dfrac{\partial u}{\partial x}+(2yvg_2'-1)\dfrac{\partial v}{\partial x}=g_1', \end{cases}$$

则 $\dfrac{\partial u}{\partial x}=\dfrac{uf_1'(2yvg_2'-1)+g_1'f_2'}{(1-xf_1')(2yvg_2'-1)+g_1'f_2'}$, $\dfrac{\partial v}{\partial x}=\dfrac{(1-xf_1')g_1'-uf_1'g_1'}{(1-xf_1')(2yvg_2'-1)+g_1'f_2'}$.

【方法点击】 对于由方程组所确定的函数组,首先要分清哪几个变量是因变量,哪几个变量是自变量,然后再选择适当的方法来计算.这些方法包括公式法、直接法和全微分法.

(4) 方程组确定 $u=u(x,y)$, $v=v(x,y)$,对等式两边分别关于 x,y 求导得

$$\begin{cases} 1=e^u\dfrac{\partial u}{\partial x}+\dfrac{\partial u}{\partial x}\sin v+u\cos v\dfrac{\partial v}{\partial x}, \\ 0=e^u\dfrac{\partial u}{\partial x}-\dfrac{\partial u}{\partial x}\cos v+u\sin v\dfrac{\partial v}{\partial x}, \end{cases} \begin{cases} 0=e^u\dfrac{\partial u}{\partial y}+\dfrac{\partial u}{\partial y}\sin v+u\cos v\dfrac{\partial v}{\partial y}, \\ 1=e^u\dfrac{\partial u}{\partial y}-\dfrac{\partial u}{\partial y}\cos v+u\sin v\dfrac{\partial v}{\partial y}, \end{cases}$$

解得 $\dfrac{\partial u}{\partial x}=\dfrac{u\sin v}{u\sin v(e^u+\sin v)-u\cos v(e^u-\cos v)}=\dfrac{\sin v}{(\sin v-\cos v)e^u+1}$,

$\dfrac{\partial v}{\partial x}=\dfrac{-(e^u-\cos v)}{u\sin v(e^u+\sin v)-u\cos v(e^u-\cos v)}=\dfrac{\cos v-e^u}{ue^u(\sin v-\cos v)+u}$,

$\dfrac{\partial u}{\partial y}=\dfrac{-u\cos v}{u\sin v(e^u+\sin v)-u\cos v(e^u-\cos v)}=\dfrac{-\cos v}{e^u(\sin v-\cos v)+1}$,

$\dfrac{\partial v}{\partial y}=\dfrac{e^u+\sin v}{ue^u(\sin v-\cos v)+u}$.

11. 设 $y=f(x,t)$,而 $t=t(x,y)$ 是由方程 $F(x,y,t)=0$ 所确定的函数,其中 f,F 都具有一阶连

续偏导数. 试证明 $\dfrac{\mathrm{d}y}{\mathrm{d}x}=\dfrac{\dfrac{\partial f}{\partial x}\dfrac{\partial F}{\partial t}-\dfrac{\partial f}{\partial t}\dfrac{\partial F}{\partial x}}{\dfrac{\partial f}{\partial t}\dfrac{\partial F}{\partial y}+\dfrac{\partial F}{\partial t}}$.

证:方程组确定 $y=f(x)$,$t=t(x)$,对 $\begin{cases} y=f(x,t), \\ F(x,y,t)=0 \end{cases}$ 两边关于 x 求导得

$\begin{cases} \dfrac{\mathrm{d}y}{\mathrm{d}x}=\dfrac{\partial f}{\partial x}+\dfrac{\partial f}{\partial t}\dfrac{\mathrm{d}t}{\mathrm{d}x}, \\ \dfrac{\partial F}{\partial x}+\dfrac{\partial F}{\partial y}\dfrac{\mathrm{d}y}{\mathrm{d}x}+\dfrac{\partial F}{\partial t}\dfrac{\mathrm{d}t}{\mathrm{d}x}=0, \end{cases}$ 即 $\begin{cases} \dfrac{\mathrm{d}y}{\mathrm{d}x}-\dfrac{\partial f}{\partial t}\dfrac{\mathrm{d}t}{\mathrm{d}x}=\dfrac{\partial f}{\partial x}, \\ \dfrac{\partial F}{\partial y}\dfrac{\mathrm{d}y}{\mathrm{d}x}+\dfrac{\partial F}{\partial t}\dfrac{\mathrm{d}t}{\mathrm{d}x}=-\dfrac{\partial F}{\partial x}, \end{cases}$

当 $D=\dfrac{\partial F}{\partial t}+\dfrac{\partial f}{\partial t}\dfrac{\partial F}{\partial y}\neq 0$ 时,$\dfrac{\mathrm{d}y}{\mathrm{d}x}=\dfrac{\dfrac{\partial f}{\partial x}\dfrac{\partial F}{\partial t}-\dfrac{\partial f}{\partial t}\dfrac{\partial F}{\partial x}}{\dfrac{\partial F}{\partial t}+\dfrac{\partial f}{\partial t}\dfrac{\partial F}{\partial y}}$.

第六节 多元函数微分学的几何应用

习题 9-6 超精解(教材 P102~P103)

1. 设 $\boldsymbol{f}(t)=f_1(t)\boldsymbol{i}+f_2(t)\boldsymbol{j}+f_3(t)\boldsymbol{k}$,$\boldsymbol{g}(t)=g_1(t)\boldsymbol{i}+g_2(t)\boldsymbol{j}+g_3(t)\boldsymbol{k}$,$\lim\limits_{t\to t_0}\boldsymbol{f}(t)=\boldsymbol{u}$,$\lim\limits_{t\to t_0}\boldsymbol{g}(t)=\boldsymbol{v}$,证明:$\lim\limits_{t\to t_0}[\boldsymbol{f}(t)\times\boldsymbol{g}(t)]=\boldsymbol{u}\times\boldsymbol{v}$.

证: $\lim\limits_{t\to t_0}[\boldsymbol{f}(t)\times\boldsymbol{g}(t)]$

$=\lim\limits_{t\to t_0}\begin{vmatrix} \boldsymbol{i} & \boldsymbol{j} & \boldsymbol{k} \\ f_1(t) & f_2(t) & f_3(t) \\ g_1(t) & g_2(t) & g_3(t) \end{vmatrix}$

$=\lim\limits_{t\to t_0}(f_2(t)g_3(t)-f_3(t)g_2(t), f_3(t)g_1(t)-f_1(t)g_3(t), f_1(t)g_2(t)-f_2(t)g_1(t))$

$=(\lim\limits_{t\to t_0}[f_2(t)g_3(t)-f_3(t)g_2(t)], \lim\limits_{t\to t_0}[f_3(t)g_1(t)-f_1(t)g_3(t)], \lim\limits_{t\to t_0}[f_1(t)g_2(t)-f_2(t)g_1(t)])$

$=\begin{vmatrix} \boldsymbol{i} & \boldsymbol{j} & \boldsymbol{k} \\ \lim\limits_{t\to t_0}f_1(t) & \lim\limits_{t\to t_0}f_2(t) & \lim\limits_{t\to t_0}f_3(t) \\ \lim\limits_{t\to t_0}g_1(t) & \lim\limits_{t\to t_0}g_2(t) & \lim\limits_{t\to t_0}g_3(t) \end{vmatrix}=\boldsymbol{u}\times\boldsymbol{v}$.

故 $\lim\limits_{t\to t_0}[\boldsymbol{f}(t)\times\boldsymbol{g}(t)]=[\lim\limits_{t\to t_0}\boldsymbol{f}(t)]\times[\lim\limits_{t\to t_0}\boldsymbol{g}(t)]$.

2. 下列各题中,$\boldsymbol{r}=\boldsymbol{f}(t)$ 是空间中的质点 M 在时刻 t 的位置,求质点 M 在时刻 t_0 的速度向量和加速度向量以及在任意时刻 t 的速率.

(1) $\boldsymbol{r}=\boldsymbol{f}(t)=(t+1)\boldsymbol{i}+(t^2-1)\boldsymbol{j}+2t\boldsymbol{k}$,$t_0=1$;

(2) $\boldsymbol{r}=\boldsymbol{f}(t)=(2\cos t)\boldsymbol{i}+(3\sin t)\boldsymbol{j}+4t\boldsymbol{k}$,$t_0=\dfrac{\pi}{2}$;

(3) $\boldsymbol{r}=\boldsymbol{f}(t)=[2\ln(t+1)]\boldsymbol{i}+t^2\boldsymbol{j}+\dfrac{1}{2}t^2\boldsymbol{k}$,$t_0=1$.

解:(1)速度向量 $\boldsymbol{v}_0=\dfrac{\mathrm{d}\boldsymbol{r}}{\mathrm{d}t}\bigg|_{t=1}=(\boldsymbol{i}+2t\boldsymbol{j}+2\boldsymbol{k})\bigg|_{t=1}=\boldsymbol{i}+2\boldsymbol{j}+2\boldsymbol{k}$,

加速度向量 $\boldsymbol{a}_0=\dfrac{\mathrm{d}^2\boldsymbol{r}}{\mathrm{d}t^2}\bigg|_{t=1}=2\boldsymbol{j}$,

速率 $|v(t)|=|i+2tj+2k|=\sqrt{5+4t^2}$.

(2) 速度向量 $v_0=\dfrac{\mathrm{d}r}{\mathrm{d}t}\Big|_{t=\frac{\pi}{2}}=[(-2\sin t)i+(3\cos t)j+4k]\Big|_{t=\frac{\pi}{2}}=-2i+4k$,

加速度向量 $a_0=\dfrac{\mathrm{d}^2r}{\mathrm{d}t^2}\Big|_{t=\frac{\pi}{2}}=[(-2\cos t)i-(3\sin t)j]\Big|_{t=\frac{\pi}{2}}=-3j$,

速率 $|v(t)|=|(-2\sin t)i+(3\cos t)j+4k|=\sqrt{9\cos^2 t+4\sin^2 t+16}=\sqrt{20+5\cos^2 t}$.

(3) 速度向量 $v_0=\dfrac{\mathrm{d}r}{\mathrm{d}t}\Big|_{t=1}=\left(\dfrac{2}{t+1}i+2tj+tk\right)\Big|_{t=1}=i+2j+k$,

加速度向量 $a_0=\dfrac{\mathrm{d}^2r}{\mathrm{d}t^2}\Big|_{t=1}=\left[-\dfrac{2}{(t+1)^2}i+2j+k\right]\Big|_{t=1}=-\dfrac{1}{2}i+2j+k$,

速率 $|v(t)|=\left|\dfrac{2}{t+1}i+2tj+tk\right|=\sqrt{5t^2+\dfrac{4}{(t+1)^2}}$.

3. 求曲线 $r=f(t)=(t-\sin t)i+(1-\cos t)j+4\sin\dfrac{t}{2}\cdot k$ 在与 $t_0=\dfrac{\pi}{2}$ 相应的点处的切线及法线平面方程.

解: $x'_t=1-\cos t, y'_t=\sin t, z'_t=2\cos\dfrac{t}{2}$,而点 $\left(\dfrac{\pi}{2}-1,1,2\sqrt{2}\right)$ 对应参数 $t=\dfrac{\pi}{2}$.

则切向量 $T=(1,1,\sqrt{2})$,故切线方程为 $\dfrac{x-\dfrac{\pi}{2}+1}{1}=\dfrac{y-1}{1}=\dfrac{z-2\sqrt{2}}{\sqrt{2}}$.

法平面方程为 $1\cdot\left(x-\dfrac{\pi}{2}+1\right)+1\cdot(y-1)+\sqrt{2}\cdot(z-2\sqrt{2})=0$,即 $x+y+\sqrt{2}z=4+\dfrac{\pi}{2}$.

4. 求曲线 $x=\dfrac{t}{1+t},y=\dfrac{1+t}{t},z=t^2$ 在对应于 $t_0=1$ 的点处的切线及法平面方程.

解: 因为 $x'_t=\dfrac{1+t-t}{(1+t)^2}=\dfrac{1}{(1+t)^2}, y'_t=-\dfrac{1}{t^2}, z'_t=2t$. 则 $T=(x'_t,y'_t,z'_t)\Big|_{t=1}=\left(\dfrac{1}{4},-1,2\right)$,

对应于 $t=1$ 的点为 $\left(\dfrac{1}{2},2,1\right)$,则切线方程为 $\dfrac{x-\dfrac{1}{2}}{\dfrac{1}{4}}=\dfrac{y-2}{-1}=\dfrac{z-1}{2}$.

法平面方程为 $\dfrac{1}{4}\cdot\left(x-\dfrac{1}{2}\right)-(y-2)+2(z-1)=0$,即 $2x-8y+16z-1=0$.

5. 求曲线 $y^2=2mx,z^2=m-x$ 在点 (x_0,y_0,z_0) 处的切线及法平面方程.

【思路探索】 先求出点 (x_0,y_0,z_0) 处切线的方向向量 T,再利用直接方程的点向式及平面方程的点法式分别写出切线及法平面方程.

解: 将 x 作为参数,对 $y^2=2mx,z^2=m-x$ 两边分别关于 x 求导得 $2yy'=2m,2zz'=-1$,

则 $y'=\dfrac{m}{y},z'=-\dfrac{1}{2z}$, 故 $T=(1,y',z')\Big|_{x=x_0}=\left(1,\dfrac{m}{y_0},-\dfrac{1}{2z_0}\right)$,

切线方程为 $\dfrac{x-x_0}{1}=\dfrac{y-y_0}{\dfrac{m}{y_0}}=\dfrac{z-z_0}{\dfrac{-1}{2z_0}}$.

法平面方程为 $1\cdot(x-x_0)+\dfrac{m}{y_0}(y-y_0)-\dfrac{1}{2z_0}(z-z_0)=0$. 即

$$2y_0z_0x+2mz_0y-y_0z-2y_0z_0^2+(zm-1)y_0z_0=0.$$

【方法点击】 本题中以 x 为参数,将 y,z 分别视为 x 的函数,由空间曲线的参数方程可得切线的方向向量为 $\boldsymbol{T}=(1,y'(x_0),z'(x_0))$. $\boldsymbol{T}$ 也是法平面的法向量.

6. 求曲线 $\begin{cases} x^2+y^2+z^2-3x=0, \\ 2x-3y+5z-4=0 \end{cases}$ 在点 $(1,1,1)$ 处的切线及法平面方程.

解:方程组确定 $y=y(x)$, $z=z(x)$,等式两边关于 x 求导得

$$\begin{cases} 2x+2y\dfrac{dy}{dx}+2z\dfrac{dz}{dx}-3=0, \\ 2-3\dfrac{dy}{dx}+5\dfrac{dz}{dx}=0, \end{cases} \text{即} \begin{cases} 2y\dfrac{dy}{dx}+2z\dfrac{dz}{dx}=-2x+3, \\ 3\dfrac{dy}{dx}-5\dfrac{dz}{dx}=2. \end{cases} D=\begin{vmatrix} 2y & 2z \\ 3 & -5 \end{vmatrix}=-10y-6z.$$

$\dfrac{dy}{dx}=\dfrac{1}{D}\begin{vmatrix} -2x+3 & 2z \\ 2 & -5 \end{vmatrix}=\dfrac{10x-15-4z}{-10y-6z}$,则 $\dfrac{dy}{dx}\Big|_{(1,1,1)}=\dfrac{9}{16}$;

$\dfrac{dz}{dx}=\dfrac{1}{D}\begin{vmatrix} 2y & -2x+3 \\ 3 & 2 \end{vmatrix}=\dfrac{4y+6x-9}{-10y-6z}$,则 $\dfrac{dz}{dx}\Big|_{(1,1,1)}=-\dfrac{1}{16}$.

于是,切线方程为 $\dfrac{x-1}{1}=\dfrac{y-1}{\dfrac{9}{16}}=\dfrac{z-1}{-\dfrac{1}{16}}$,即 $\dfrac{x-1}{16}=\dfrac{y-1}{9}=\dfrac{z-1}{-1}$.

法平面方程为 $16(x-1)+9(y-1)-(z-1)=0$,即 $16x+9y-z-24=0$.

7. 求出曲线 $x=t,y=t^2,z=t^3$ 上的点,使在该点的切线平行于平面 $x+2y+z=4$.

【思路探索】 曲线 $\begin{cases} x=x(t), \\ y=y(t), \\ z=z(t) \end{cases}$ 的切向量为 $(x'(t),y'(t),z'(t))$,曲线的切线与平面平行,即切线的方向向量与平面的法向量垂直,根据向量垂直的充要条件,便可得解.

解:因为 $x'_t=1$, $y'_t=2t$, $z'_t=3t^2$.则切线的切向量为 $(1,2t,3t^2)$.

又已知平面的法向量为 $(1,2,1)$,切线与平面平行,则有 $1\times 1+2t\times 2+3t^2\times 1=0$,

即 $3t^2+4t+1=0$,解得 $t_1=-1$, $t_2=-\dfrac{1}{3}$.

故所求点的坐标为 $(-1,1,-1)$ 和 $\left(-\dfrac{1}{3},\dfrac{1}{9},-\dfrac{1}{27}\right)$.

【方法点击】 在讨论直线与平面的位置关系时,常常将其转化为研究直线的方向与平面的法向量之间的问题.

8. 求曲面 $e^z-z+xy=3$ 在点 $(2,1,0)$ 处的切平面及法线方程.

解:令 $F(x,y,z)=e^z-z+xy-3$,则 $\boldsymbol{n}=(F_x,F_y,F_z)=(y,x,e^z-1)$, $\boldsymbol{n}\Big|_{(2,1,0)}=(1,2,0)$.

点 $(2,1,0)$ 处的切平面方程为 $1\cdot(x-2)+2\cdot(y-1)+0(z-0)=0$,即 $x+2y-4=0$.

点 $(2,1,0)$ 处的法线方程为 $\dfrac{x-2}{1}=\dfrac{y-1}{2}=\dfrac{z-0}{0}$ 或 $\begin{cases} \dfrac{x-2}{1}=\dfrac{y-1}{2}, \\ z=0. \end{cases}$

9. 求曲面 $ax^2+by^2+cz^2=1$ 在点 (x_0,y_0,z_0) 处的切平面及法线方程.

解:令 $F(x,y,z)=ax^2+by^2+cz^2-1$,则

$$\boldsymbol{n}=(F_x,F_y,F_z)=(2ax,2by,2cz), \boldsymbol{n}\Big|_{(x_0,y_0,z_0)}=(2ax_0,2by_0,2cz_0).$$

故在点 (x_0,y_0,z_0) 处的切平面方程为

$2ax_0(x-x_0)+2by_0(y-y_0)+2cz_0(z-z_0)=0$,即 $ax_0x+by_0y+cz_0z=1$.

法线方程为 $\dfrac{x-x_0}{2ax_0}=\dfrac{y-y_0}{2by_0}=\dfrac{z-z_0}{2cz_0}$,即 $\dfrac{x-x_0}{ax_0}=\dfrac{y-y_0}{by_0}=\dfrac{z-z_0}{cz_0}$.

10. 求椭球面 $x^2+2y^2+z^2=1$ 上平行于平面 $x-y+2z=0$ 的切平面方程.

【思路探索】 先求曲面切平面的法向量. 由于已知曲面的切平面与所给平面平行,因此切平面的法向量与所给平面的法向量应对应成比例. 再求切点坐标,最后写出切平面方程的点法式,并化简整理.

解:令 $F(x,y,z)=x^2+2y^2+z^2-1$,$\boldsymbol{n}=(F_x,F_y,F_z)=(2x,4y,2z)$.

已知平面法向量为 $(1,-1,2)$,由已知平面与所求平面平行,得 $\dfrac{2x}{1}=\dfrac{4y}{-1}=\dfrac{2z}{2}$,

即 $x=\dfrac{1}{2}z,y=-\dfrac{1}{4}z$. 代入椭球面方程,得 $\left(\dfrac{1}{2}z\right)^2+2\times\left(-\dfrac{1}{4}z\right)^2+z^2=1$.

解得 $z=\pm 2\sqrt{\dfrac{2}{11}}$,则 $x=\pm\sqrt{\dfrac{2}{11}},y=\mp\dfrac{1}{2}\sqrt{\dfrac{2}{11}}$,

则切点坐标为 $\left(\pm\sqrt{\dfrac{2}{11}},\mp\dfrac{1}{2}\sqrt{\dfrac{2}{11}},\pm 2\sqrt{\dfrac{2}{11}}\right)$,所求切平面方程为

$$\left(x\mp\sqrt{\dfrac{2}{11}}\right)-\left(y\pm\dfrac{1}{2}\sqrt{\dfrac{2}{11}}\right)+2\left(z\mp 2\sqrt{\dfrac{2}{11}}\right)=0,\text{即 }x-y+2z=\pm\sqrt{\dfrac{11}{2}}.$$

【方法点击】 本题利用平面方程的点法式即可得结果. 平面方程的几种形式中最重要的是点法式.

11. 求旋转椭球面 $3x^2+y^2+z^2=16$ 上点 $(-1,-2,3)$ 处的切平面与 xOy 面的夹角的余弦.

解:令 $F(x,y,z)=3x^2+y^2+z^2-16$,则

$$\boldsymbol{n}=(F_x,F_y,F_z)=(6x,2y,2z),\boldsymbol{n}\Big|_{(-1,-2,3)}=(-6,-4,6).$$

设在点 $(-1,-2,3)$ 处的法向量:$\boldsymbol{n}_1=(-6,-4,6)$,$xOy$ 面的法向量 $\boldsymbol{n}_2=(0,0,1)$. $\boldsymbol{n}_1$ 与 $\boldsymbol{n}_2$ 的夹角为 θ,则 $\cos\theta=\dfrac{\boldsymbol{n}_1\cdot\boldsymbol{n}_2}{|\boldsymbol{n}_1|\cdot|\boldsymbol{n}_2|}=\dfrac{-6\times 0+(-4)\times 0+6\times 1}{\sqrt{(-6)^2+(-4)^2+6^2}\times\sqrt{0^2+0^2+1^2}}=\dfrac{6}{2\sqrt{22}}=\dfrac{3}{\sqrt{22}}$.

12. 试证曲面 $\sqrt{x}+\sqrt{y}+\sqrt{z}=\sqrt{a}$ $(a>0)$ 上任何点处的切平面在各坐标轴上的截距之和等于 a.

证:令 $F(x,y,z)=\sqrt{x}+\sqrt{y}+\sqrt{z}-\sqrt{a}$,则 $\boldsymbol{n}=\left(\dfrac{1}{2\sqrt{x}},\dfrac{1}{2\sqrt{y}},\dfrac{1}{2\sqrt{z}}\right)$.

在曲面上任取一点 $M(x_0,y_0,z_0)$,则在点 M 处的切平面方程为

$$\dfrac{1}{2\sqrt{x_0}}(x-x_0)+\dfrac{1}{2\sqrt{y_0}}(y-y_0)+\dfrac{1}{2\sqrt{z_0}}(z-z_0)=0,$$

即 $\dfrac{x}{\sqrt{x_0}}+\dfrac{y}{\sqrt{y_0}}+\dfrac{z}{\sqrt{z_0}}=\sqrt{x_0}+\sqrt{y_0}+\sqrt{z_0}=\sqrt{a}$. 化为截距式,得 $\dfrac{x}{\sqrt{ax_0}}+\dfrac{y}{\sqrt{ay_0}}+\dfrac{z}{\sqrt{az_0}}=1$.

截距之和为 $\sqrt{ax_0}+\sqrt{ay_0}+\sqrt{az_0}=\sqrt{a}(\sqrt{x_0}+\sqrt{y_0}+\sqrt{z_0})=a$.

13. 设 $\boldsymbol{u}(t),\boldsymbol{v}(t)$ 是可导的向量值函数,证明:

(1) $\dfrac{\mathrm{d}}{\mathrm{d}t}[\boldsymbol{u}(t)\pm\boldsymbol{v}(t)]=\boldsymbol{u}'(t)\pm\boldsymbol{v}'(t)$;

(2) $\dfrac{\mathrm{d}}{\mathrm{d}t}[\boldsymbol{u}(t)\cdot\boldsymbol{v}(t)]=\boldsymbol{u}'(t)\cdot\boldsymbol{v}(t)+\boldsymbol{u}(t)\cdot\boldsymbol{v}'(t)$;

(3) $\dfrac{\mathrm{d}}{\mathrm{d}t}[\boldsymbol{u}(t)\times\boldsymbol{v}(t)]=\boldsymbol{u}'(t)\times\boldsymbol{v}(t)+\boldsymbol{u}(t)\times\boldsymbol{v}'(t)$.

证：(1) $\dfrac{d}{dt}[u(t)\pm v(t)] = \lim\limits_{\Delta t\to 0}\dfrac{[u(t+\Delta t)\pm v(t+\Delta t)] - [u(t)\pm v(t)]}{\Delta t}$

$= \lim\limits_{\Delta t\to 0}\dfrac{u(t+\Delta t) - u(t)}{\Delta t} \pm \lim\limits_{\Delta t\to 0}\dfrac{v(t+\Delta t) - v(t)}{\Delta t} = u'(t)\pm v'(t)$,

其中用到了向量值函数的极限的四则运算法则.

(2) $\dfrac{d}{dt}[u(t)\cdot v(t)] = \lim\limits_{\Delta t\to 0}\dfrac{u(t+\Delta t)\cdot v(t+\Delta t) - u(t)\cdot v(t)}{\Delta t}$

$= \lim\limits_{\Delta t\to 0}\dfrac{u(t+\Delta t)\cdot v(t+\Delta t) - u(t)\cdot v(t+\Delta t)}{\Delta t} + \lim\limits_{\Delta t\to 0}\dfrac{u(t)\cdot v(t+\Delta t) - u(t)\cdot v(t)}{\Delta t}$

$= \lim\limits_{\Delta t\to 0}\dfrac{u(t+\Delta t) - u(t)}{\Delta t}\cdot\lim\limits_{\Delta t\to 0}v(t+\Delta t) + \lim\limits_{\Delta t\to 0}u(t)\cdot\lim\limits_{\Delta t\to 0}\dfrac{v(t+\Delta t) - v(t)}{\Delta t}$

$= u'(t)\cdot v(t) + u(t)\cdot v'(t)$.

其中用到了向量值函数极限的四则运算法则以及数量积与极限运算次序的交换.

(3) $\dfrac{d}{dt}[u(t)\times v(t)] = \lim\limits_{\Delta t\to 0}\dfrac{u(t+\Delta t)\times v(t+\Delta t) - u(t)\times v(t)}{\Delta t}$

$= \lim\limits_{\Delta t\to 0}\dfrac{u(t+\Delta t)\times v(t+\Delta t) - u(t)\times v(t+\Delta t) + u(t)\times v(t+\Delta t) - u(t)\times v(t)}{\Delta t}$

$= \lim\limits_{\Delta t\to 0}\left[\dfrac{u(t+\Delta t) - u(t)}{\Delta t}\times v(t+\Delta t)\right] + \lim\limits_{\Delta t\to 0}\left[u(t)\times\dfrac{v(t+\Delta t) - v(t)}{\Delta t}\right]$

$= \lim\limits_{\Delta t\to 0}\dfrac{u(t+\Delta t) - u(t)}{\Delta t}\times\lim\limits_{\Delta t\to 0}v(t+\Delta t) + \lim\limits_{\Delta t\to 0}u(t)\times\lim\limits_{\Delta t\to 0}\dfrac{v(t+\Delta t) - v(t)}{\Delta t}$

$= u'(t)\times v(t) + u(t)\times v'(t)$,

其中用到了向量值函数极限的四则运算法则以及数量积与极限运算次序的交换.

第七节 方向导数与梯度

习题 9—7 超精解(教材 P111)

1. 求函数 $z = x^2 + y^2$ 在点 $(1,2)$ 处沿从点 $(1,2)$ 到点 $(2,2+\sqrt{3})$ 的方向的方向导数.

解：从点 $(1,2)$ 到点 $(2,2+\sqrt{3})$ 的方向 l 即向量 $(1,\sqrt{3})$ 的方向，与 l 同向的单位向量为 $e_l = \left(\dfrac{1}{2},\dfrac{\sqrt{3}}{2}\right)$. 因为函数 $z = x^2+y^2$ 可微分，且 $\dfrac{\partial z}{\partial x}\bigg|_{(1,2)} = 2x\bigg|_{(1,2)} = 2, \dfrac{\partial z}{\partial y}\bigg|_{(1,2)} = 4$,

故所求方向导数为 $\dfrac{\partial z}{\partial l}\bigg|_{(1,2)} = 2\times\dfrac{1}{2} + 4\times\dfrac{\sqrt{3}}{2} = 1 + 2\sqrt{3}$.

2. 求函数 $z = \ln(x+y)$ 在抛物线 $y^2 = 4x$ 上点 $(1,2)$ 处，沿着这抛物线在该点处偏向 x 轴正向的切线方向的方向导数.

解：$2yy' = 4, y'\big|_{(1,2)} = 1, \alpha = \dfrac{\pi}{4}, \dfrac{\partial z}{\partial l}\bigg|_{(1,2)} = \dfrac{1}{3}\times\dfrac{\sqrt{2}}{2} + \dfrac{1}{3}\times\dfrac{\sqrt{2}}{2} = \dfrac{\sqrt{2}}{3}$.

3. 求函数 $z = 1 - \left(\dfrac{x^2}{a^2} + \dfrac{y^2}{b^2}\right)$ 在点 $\left(\dfrac{a}{\sqrt{2}}, \dfrac{b}{\sqrt{2}}\right)$ 处沿曲线 $\dfrac{x^2}{a^2} + \dfrac{y^2}{b^2} = 1$ 在这点的内法线方向的方向导数.

解：设从 x 轴正向到内法线的方向的转角为 φ，它是第三象限的角.

将方程 $\dfrac{x^2}{a^2} + \dfrac{y^2}{b^2} = 1$ 两边对 x 求导，得 $\dfrac{2x}{a^2} + \dfrac{2y}{b^2}\cdot\dfrac{dy}{dx} = 0$, 则 $\dfrac{dy}{dx} = -\dfrac{b^2 x}{a^2 y}$.

故在点 $\left(\dfrac{a}{\sqrt{2}}, \dfrac{b}{\sqrt{2}}\right)$ 处曲线的切线斜率为 $k = \dfrac{\mathrm{d}y}{\mathrm{d}x}\bigg|_{\left(\frac{a}{\sqrt{2}}, \frac{b}{\sqrt{2}}\right)} = -\dfrac{b^2}{a^2} \cdot \dfrac{\frac{a}{\sqrt{2}}}{\frac{b}{\sqrt{2}}} = -\dfrac{b}{a}$,

法线斜率为 $\tan\varphi = -\dfrac{1}{k} = \dfrac{a}{b}$. 则 $\sin\varphi = -\dfrac{a}{\sqrt{a^2+b^2}}, \cos\varphi = -\dfrac{b}{\sqrt{a^2+b^2}}$.

又 $\dfrac{\partial z}{\partial x} = -\dfrac{2x}{a^2}, \dfrac{\partial z}{\partial y} = -\dfrac{2y}{b^2}$, 故

$$\dfrac{\partial z}{\partial l}\bigg|_{\left(\frac{a}{\sqrt{2}}, \frac{b}{\sqrt{2}}\right)} = \dfrac{-2}{a^2} \cdot \dfrac{a}{\sqrt{2}} \left(\dfrac{-b}{\sqrt{a^2+b^2}}\right) - \dfrac{2}{b^2} \cdot \dfrac{b}{\sqrt{2}} \left(\dfrac{-a}{\sqrt{a^2+b^2}}\right) = \dfrac{\sqrt{2(a^2+b^2)}}{ab}.$$

4. 求函数 $u = xy^2 + z^3 - xyz$ 在点 $(1,1,2)$ 处沿方向角为 $\alpha = \dfrac{\pi}{3}, \beta = \dfrac{\pi}{4}, \gamma = \dfrac{\pi}{3}$ 的方向的方向导数.

解: $\dfrac{\partial u}{\partial x}\bigg|_{(1,1,2)} = (y^2 - yz)\bigg|_{(1,1,2)} = -1, \dfrac{\partial u}{\partial y}\bigg|_{(1,1,2)} = (2xy - xz)\bigg|_{(1,1,2)} = 0,$

$\dfrac{\partial u}{\partial z}\bigg|_{(1,1,2)} = (3z^2 - xy)\bigg|_{(1,1,2)} = 11.$

又 $u = xy^2 + z^3 - xyz$ 在点 $(1,1,2)$ 处可微分,

$$\dfrac{\partial u}{\partial l} = \dfrac{\partial u}{\partial x}\bigg|_{(1,1,2)} \cos\alpha + \dfrac{\partial u}{\partial y}\bigg|_{(1,1,2)} \cos\beta + \dfrac{\partial u}{\partial z}\bigg|_{(1,1,2)} \cos\gamma$$
$$= -1 \cdot \cos\dfrac{\pi}{3} + 0 \cdot \cos\dfrac{\pi}{4} + 11 \cdot \cos\dfrac{\pi}{3} = 5.$$

5. 求函数 $u = xyz$ 在点 $(5,1,2)$ 处沿从点 $(5,1,2)$ 到点 $(9,4,14)$ 的方向的方向导数.

【思路探索】 由题设条件先求出 $\dfrac{\partial u}{\partial x}, \dfrac{\partial u}{\partial y}, \dfrac{\partial u}{\partial z}$ 及其在点 $(5,1,2)$ 处的具体偏导数值, 再求出过点 $(5,1,2)$ 和点 $(9,4,14)$ 的方向向量 l 及 l 方向的方向余弦 $\cos\alpha, \cos\beta, \cos\gamma$, 最后利用方向导数公式: $\dfrac{\partial u}{\partial l}\bigg|_{(5,1,2)} = \dfrac{\partial u}{\partial x}\bigg|_{(5,1,2)} \cos\alpha + \dfrac{\partial u}{\partial y}\bigg|_{(5,1,2)} \cos\beta + \dfrac{\partial u}{\partial z}\bigg|_{(5,1,2)} \cos\gamma$, 即可得结果.

解: $l = (9-5, 4-1, 14-2) = (4, 3, 12), \sqrt{4^2 + 3^2 + 12^2} = 13$,

则 $\cos\alpha = \dfrac{4}{13}, \cos\beta = \dfrac{3}{13}, \cos\gamma = \dfrac{12}{13}$. 故

$$\dfrac{\partial u}{\partial l}\bigg|_{(5,1,2)} = \dfrac{\partial u}{\partial x}\bigg|_{(5,1,2)} \cos\alpha + \dfrac{\partial u}{\partial y}\bigg|_{(5,1,2)} \cos\beta + \dfrac{\partial u}{\partial z}\bigg|_{(5,1,2)} \cos\gamma$$
$$= yz\bigg|_{(5,1,2)} \dfrac{4}{13} + xz\bigg|_{(5,1,2)} \dfrac{3}{13} + xy\bigg|_{(5,1,2)} \dfrac{12}{13} = \dfrac{98}{13}.$$

【方法点击】 利用公式求方向导数时, 不仅要求出给定的方向向量, 还应将该方向向量单位化, 即求出该向量的方向余弦 $\cos\alpha, \cos\beta, \cos\gamma$ 后, 才可使用方向导数公式.

6. 求函数 $u = x^2 + y^2 + z^2$ 在曲线 $x = t, y = t^2, z = t^3$ 上点 $(1,1,1)$ 处, 沿曲线在该点的切线正方向 (对应于 t 增大的方向) 的方向导数.

解: 曲线的切向量为 $T = (x'(t), y'(t), z'(t)) = (1, 2t, 3t^2)$. 则在点 $(1,1,1)$ 处切线的方向数为 $(1,2,3)$. 从而方向余弦分别为 $\cos\alpha = \dfrac{1}{\sqrt{1^2+2^2+3^2}} = \dfrac{1}{\sqrt{14}}, \cos\beta = \dfrac{2}{\sqrt{14}}, \cos\gamma = \dfrac{3}{\sqrt{14}}.$

故 $\dfrac{\partial u}{\partial l}\bigg|_{(1,1,1)} = \dfrac{\partial u}{\partial x}\bigg|_{(1,1,1)} \cos\alpha + \dfrac{\partial u}{\partial y}\bigg|_{(1,1,1)} \cos\beta + \dfrac{\partial u}{\partial z}\bigg|_{(1,1,1)} \cos\gamma$

$$= 2x\Big|_{(1,1,1)}\frac{1}{\sqrt{14}}+2y\Big|_{(1,1,1)}\frac{2}{\sqrt{14}}+2z\Big|_{(1,1,1)}\frac{3}{\sqrt{14}}$$

$$=\frac{2}{\sqrt{14}}+\frac{4}{\sqrt{14}}+\frac{6}{\sqrt{14}}=\frac{6\sqrt{14}}{7}.$$

7. 求函数 $u=x+y+z$ 在球面 $x^2+y^2+z^2=1$ 上点 (x_0,y_0,z_0) 处,沿球面在该点的外法线方向的方向导数.

解：令 $\varphi(x,y,z)=x^2+y^2+z^2-1$,则法向量 $\mathbf{n}=(\varphi_x,\varphi_y,\varphi_z)\big|_{M_0}=(2x_0,2y_0,2z_0)$,

方向余弦为 $\cos\alpha=\dfrac{2x_0}{\sqrt{(2x_0)^2+(2y_0)^2+(2z_0)^2}}=x_0, \cos\beta=y_0, \cos\gamma=z_0.$

则方向导数为 $\dfrac{\partial u}{\partial x}\Big|_{M_0}\cos\alpha+\dfrac{\partial u}{\partial y}\Big|_{M_0}\cos\beta+\dfrac{\partial u}{\partial z}\Big|_{M_0}\cos\gamma=x_0+y_0+z_0.$

8. 设 $f(x,y,z)=x^2+2y^2+3z^2+xy+3x-2y-6z$,求 $\mathbf{grad}f(0,0,0)$ 及 $\mathbf{grad}f(1,1,1)$.

解：$\dfrac{\partial f}{\partial x}=2x+y+3, \dfrac{\partial f}{\partial y}=4y+x-2, \dfrac{\partial f}{\partial z}=6z-6$,则

$$\dfrac{\partial f}{\partial x}\Big|_{(0,0,0)}=3, \dfrac{\partial f}{\partial y}\Big|_{(0,0,0)}=-2, \dfrac{\partial f}{\partial z}\Big|_{(0,0,0)}=-6,$$

则 $\mathbf{grad}f(0,0,0)=3\mathbf{i}-2\mathbf{j}-6\mathbf{k}.$

$$\dfrac{\partial f}{\partial x}\Big|_{(1,1,1)}=6, \dfrac{\partial f}{\partial y}\Big|_{(1,1,1)}=3, \dfrac{\partial f}{\partial z}\Big|_{(1,1,1)}=0,$$

则 $\mathbf{grad}f(1,1,1)=6\mathbf{i}+3\mathbf{j}.$

9. 设函数 $u(x,y,z),v(x,y,z)$ 的各个偏导数都存在且连续,证明：

(1) $\nabla(cu)=c\nabla u$（其中 c 为常数);   (2) $\nabla(u\pm v)=\nabla u\pm\nabla v;$

(3) $\nabla(uv)=v\nabla u+u\nabla v;$ (4) $\nabla\left(\dfrac{u}{v}\right)=\dfrac{v\nabla u-u\nabla v}{v^2}.$

证：(1) $\nabla(cu)=\left(c\dfrac{\partial u}{\partial x},c\dfrac{\partial u}{\partial y},c\dfrac{\partial u}{\partial z}\right)=c\left(\dfrac{\partial u}{\partial x},\dfrac{\partial u}{\partial y},\dfrac{\partial u}{\partial z}\right)=c\nabla u.$

(2) $\nabla(u\pm v)=\left(\dfrac{\partial u}{\partial x}\pm\dfrac{\partial v}{\partial x},\dfrac{\partial u}{\partial y}\pm\dfrac{\partial v}{\partial y},\dfrac{\partial u}{\partial z}\pm\dfrac{\partial v}{\partial z}\right)$

$$=\left(\dfrac{\partial u}{\partial x},\dfrac{\partial u}{\partial y},\dfrac{\partial u}{\partial z}\right)\pm\left(\dfrac{\partial v}{\partial x},\dfrac{\partial v}{\partial y},\dfrac{\partial v}{\partial z}\right)=\nabla u\pm\nabla v.$$

(3) $\nabla(uv)=\left(\dfrac{\partial}{\partial x}(uv),\dfrac{\partial}{\partial y}(uv),\dfrac{\partial}{\partial z}(uv)\right)=\left(\dfrac{\partial u}{\partial x}v+u\dfrac{\partial v}{\partial x},\dfrac{\partial u}{\partial y}v+u\dfrac{\partial v}{\partial y},\dfrac{\partial u}{\partial z}v+u\dfrac{\partial v}{\partial z}\right)$

$$=v\left(\dfrac{\partial u}{\partial x},\dfrac{\partial u}{\partial y},\dfrac{\partial u}{\partial z}\right)+u\left(\dfrac{\partial v}{\partial x},\dfrac{\partial v}{\partial y},\dfrac{\partial v}{\partial z}\right)=v\nabla u+u\nabla v.$$

(4) $\nabla\left(\dfrac{u}{v}\right)=\left(\dfrac{\partial}{\partial x}\left(\dfrac{u}{v}\right),\dfrac{\partial}{\partial y}\left(\dfrac{u}{v}\right),\dfrac{\partial}{\partial z}\left(\dfrac{u}{v}\right)\right)=\left(\dfrac{v\dfrac{\partial u}{\partial x}-u\dfrac{\partial v}{\partial x}}{v^2},\dfrac{v\dfrac{\partial u}{\partial y}-u\dfrac{\partial v}{\partial y}}{v^2},\dfrac{v\dfrac{\partial u}{\partial z}-u\dfrac{\partial v}{\partial z}}{v^2}\right)$

$$=\dfrac{1}{v}\left(\dfrac{\partial u}{\partial x},\dfrac{\partial u}{\partial y},\dfrac{\partial u}{\partial z}\right)-\dfrac{u}{v^2}\left(\dfrac{\partial v}{\partial x},\dfrac{\partial v}{\partial y},\dfrac{\partial v}{\partial z}\right)=\dfrac{v\nabla u-u\nabla v}{v^2}.$$

10. 求函数 $u=xy^2z$ 在点 $P_0(1,-1,2)$ 处变化最快的方向,并求沿这个方向的方向导数.

【思路探索】 由梯度的几何意义可知,函数 u 在点 $P_0(1,-1,2)$ 沿过该点的梯度方向或梯度的相反方向变化最快;也就是沿梯度方向的方向导数增加最快,而沿梯度相反方向的方向导数减少最快.

解：由 $u=xy^2z$ 可知，$\dfrac{\partial u}{\partial x}=y^2z,\dfrac{\partial u}{\partial y}=2xyz,\dfrac{\partial u}{\partial z}=xy^2$.

则 $\mathrm{grad}\,u\Big|_{P_0}=\left(\dfrac{\partial u}{\partial x},\dfrac{\partial u}{\partial y},\dfrac{\partial u}{\partial z}\right)\Big|_{P_0}=(2,-4,1)$，从而，

$$\big|\mathrm{grad}\,u\big|_{P_0}\big|=\sqrt{2^2+(-4)^2+1^2}=\sqrt{21}.$$

故方向 $(2,-4,1)$ 是函数 u 在点 P_0 处方向导数值增加最快的方向，其方向导数值为 $\sqrt{21}$. 沿 $(-2,4,-1)$ 方向减少最快，其方向导数值为 $-\sqrt{21}$.

【方法点击】 函数 $f(x,y)$ 在点 $P_0(x_0,y_0)$ 沿方向 l 的方向导数 $\dfrac{\partial f}{\partial l}\Big|_{(x_0,y_0)}$ 与该点的梯度 $\mathrm{grad}f(x_0,y_0)$ 有如下关系：

$\dfrac{\partial f}{\partial l}\Big|_{(x_0,y_0)}=f_x(x_0,y_0)\cos\alpha+f_y(x_0,y_0)\cos\beta=\mathrm{grad}f(x_0,y_0)\cdot e_l=|\mathrm{grad}f(x_0,y_0)|\cos\theta$，

其中 θ 为 $e_l=(\cos\alpha,\cos\beta)$ 与 $\mathrm{grad}f(x_0,y_0)$ 之间的夹角.

这一关系式表达的是函数在一点的梯度与函数在这点的方向导数间的关系. 特别是，当向量 e_l 与 $\mathrm{grad}f(x_0,y_0)$ 的夹角 $\theta=0$，即沿梯度方向时，方向导数 $\dfrac{\partial f}{\partial l}\Big|_{(x_0,y_0)}$ 取得最大值，且最大值为梯度的模 $|\mathrm{grad}f(x_0,y_0)|$，也就是说，函数在一点的梯度是个向量，它的方向是函数在这点的方向导数取得最大值的方向. 它的模就等于方向导数的最大值.

第八节 多元函数的极值及其求法

习题 9−8 超精解（教材 P121~P122）

1. 已知函数 $f(x,y)$ 在点 $(0,0)$ 的某个邻域内连续，且 $\lim\limits_{(x,y)\to(0,0)}\dfrac{f(x,y)-xy}{(x^2+y^2)^2}=1$，则下述四个选项中正确的是（　　）.

(A) 点 $(0,0)$ 不是 $f(x,y)$ 的极值点

(B) 点 $(0,0)$ 是 $f(x,y)$ 的极大值点

(C) 点 $(0,0)$ 是 $f(x,y)$ 的极小值点

(D) 根据所给条件无法判断 $(0,0)$ 是否为 $f(x,y)$ 的极值点

解：令 $\rho=\sqrt{x^2+y^2}$，则由题意可知 $f(x,y)=xy+\rho^4+o(\rho^4)$，当 $(x,y)\to(0,0)$ 时，$\rho\to 0$. 由于 $f(x,y)$ 在 $(0,0)$ 附近的值主要由 xy 决定，而 xy 在 $(0,0)$ 附近符号不定，故点 $(0,0)$ 不是 $f(x,y)$ 的极值点，应选 (A).

本题也可以取两条路径 $y=x$ 和 $y=-x$ 来考虑. 当 $|x|$ 充分小时，
$$f(x,x)=x^2+4x^4+o(x^4)>0, f(x,-x)=-x^2+4x^4+o(x^4)<0,$$
故点 $(0,0)$ 不是 $f(x,y)$ 的极值点，应选 (A).

2. 求函数 $f(x,y)=4(x-y)-x^2-y^2$ 的极值.

解：解方程组 $\begin{cases}f'_x(x,y)=4-2x=0,\\ f'_y=-4-2y=0,\end{cases}$ 得驻点 $(2,-2)$. 则

$A=f''_{xx}(2,-2)=-2<0, B=f''_{xy}(2,-2)=0, C=f''_{yy}(2,-2)=-2$，

$AC-B^2=4>0$，故在点 $(2,-2)$ 处，函数取得极大值，且极大值为 $f(2,-2)=8$.

3. 求函数 $f(x,y)=(6x-x^2)(4y-y^2)$ 的极值.

【思路探索】 解方程组 $\begin{cases} f_x(x,y)=0, \\ f_y(x,y)=0, \end{cases}$ 得函数 $f(x,y)$ 的驻点；由函数取得极值的充分条件判断每个驻点是否为极值点，若是极值点，则求得极值.

解：解方程组 $\begin{cases} f'_x(x,y)=(6-2x)(4y-y^2)=0, \\ f'_y(x,y)=(6x-x^2)(4-2y)=0, \end{cases}$ 得 $x=3, y=0, y=4$ 和 $x=0, x=6, y=2$.

则驻点为 $(0,0), (0,4), (3,2), (6,0), (6,4)$.

$$f''_{xx}=-2(4y-y^2), \quad f''_{xy}=(6-2x)(4-2y), \quad f''_{yy}=-2(6x-x^2).$$

在点 $(0,0)$ 处，$f''_{xx}=0, f''_{xy}=24, f''_{yy}=0$. $AC-B^2=-24^2<0$，故 $f(0,0)$ 不是极值.

在点 $(0,4)$ 处，$f''_{xx}=0, f''_{xy}=-24, f''_{yy}=0$. $AC-B^2=-24^2<0$，故 $f(0,4)$ 不是极值.

在点 $(3,2)$ 处，$f''_{xx}=-8, f''_{xy}=0, f''_{yy}=-18, AC-B^2=8\times18>0$，

又因为 $A<0$，则函数在 $(3,2)$ 点有极大值 $f(3,2)=36$.

在点 $(6,0)$ 处，$f''_{xx}=0, f''_{xy}=-24, f''_{yy}=0, AC-B^2=-24^2<0$，故 $f(6,0)$ 不是极值.

在点 $(6,4)$ 处，$f''_{xx}=0, f''_{xy}=24, f''_{yy}=0, AC-B^2=-24^2<0$，故 $f(6,4)$ 不是极值.

【方法点击】 求函数 $z=f(x,y)$ 在区域 D 内极值的方法是：

(1) 求出函数的极值可疑点：$(x_1,y_1), (x_2,y_2), \cdots, (x_m,y_m)$，这些点包括驻点(即方程组 $\begin{cases} f_x(x,y)=0, \\ f_y(x,y)=0 \end{cases}$ 的解) 及使 $f_x(x,y)$ 与 $f_y(x,y)$ 不存在的点.

(2) 判断极值可疑点是否为极值点.

对于驻点，利用极值的充分条件进行判断，若是极值点进一步求出其对应的极值；而对于使 $f_x(x,y)$ 与 $f_y(x,y)$ 不存在的点，则利用极值的定义判断其是否为极值点.

4. 求函数 $f(x,y)=e^{2x}(x+y^2+2y)$ 的极值.

解：解方程组 $\begin{cases} f'_x(x,y)=e^{2x}(2x+2y^2+4y+1)=0, \\ f'_y(x,y)=e^{2x}(2y+2)=0, \end{cases}$ 则驻点为 $\left(\dfrac{1}{2},-1\right)$.

因为 $A=f''_{xx}=4e^{2x}(x+y^2+2y+1), B=f''_{xy}=4e^{2x}(y+1), C=f''_{yy}=2e^{2x}$.

则在点 $\left(\dfrac{1}{2},-1\right)$ 处，$A=2e>0, B=0, C=2e, AC-B^2=4e^2>0$.

故函数 $f(x,y)$ 在点 $\left(\dfrac{1}{2},-1\right)$ 处取得极小值，极小值为 $f\left(\dfrac{1}{2},-1\right)=-\dfrac{e}{2}$.

5. 求函数 $z=xy$ 在适合附加条件 $x+y=1$ 下的极大值.

解：条件 $x+y=1$ 可表示为 $y=1-x$，代入 $z=xy$ 中，问题转化为求 $z=x(1-x)$ 的无条件极值.

因为 $\dfrac{dz}{dx}=1-2x, \dfrac{d^2z}{dx^2}=-2$，令 $\dfrac{dz}{dx}=0$，得驻点 $x=\dfrac{1}{2}$. 又因为 $\dfrac{d^2z}{dx^2}\bigg|_{x=\frac{1}{2}}=-2<0$.

则 $x=\dfrac{1}{2}$ 为极大值点，且极大值为 $z=\dfrac{1}{2}\left(1-\dfrac{1}{2}\right)=\dfrac{1}{4}$.

故 $z=xy$ 在条件 $x+y=1$ 下在 $\left(\dfrac{1}{2},\dfrac{1}{2}\right)$ 处取得极大值 $\dfrac{1}{4}$.

6. 从斜边长为 l 的一切直角三角形中，求有最大周长的直角三角形.

【思路探索】 本题为条件极值问题，利用拉格朗日乘数法即可.

解：设直角三角形的两直角边长分别为 x, y，则周长为 $S=x+y+l$ $(0<x<l, 0<y<l)$.

于是，问题为在 $x^2+y^2=l^2$ 下 S 的条件极值问题. 作函数

$$F(x,y)=x+y+l+\lambda(x^2+y^2-l^2),$$

得 $\begin{cases} F'_x = 1+2\lambda x = 0, & \text{①} \\ F'_y = 1+2\lambda y = 0, & \text{②} \\ x^2+y^2 = l^2, & \text{③} \end{cases}$

由①②解得，$x=y=-\dfrac{1}{2\lambda}$，代入③得，$\lambda=-\dfrac{\sqrt{2}}{2l}$，$x=y=\dfrac{l}{\sqrt{2}}$. 故 $\left(\dfrac{l}{\sqrt{2}},\dfrac{l}{\sqrt{2}}\right)$ 是唯一的驻点.

根据问题本身可知，这种最大周长的直角三角形必定存在. 故斜边之长为 l 的一切直角三角形中，最大周长的直角三角形为等腰直角三角形.

【方法点击】（1）条件极值的求法，一般是采用拉格朗日乘数法. 但要注意利用拉格朗日乘数法所得到的点只是可疑极值点，究竟这些点是否为极值点尚需进一步判断. 在实际问题中往往可根据问题本身的性质来判定，如本题.

（2）有界闭区域上最值的求法.

设函数 $z=f(x,y)$ 在闭区域 D 上连续，则 $f(x,y)$ 在 D 上必有最大值与最小值. 求最值的步骤为：

①求出 $f(x,y)$ 在 D 内"可能"有极值点的函数值；

②求出 $f(x,y)$ 在 D 的边界上的最值；

③将上面所得的函数值进行比较，其中最大（小）者为最大（小）值.

若问题为实际应用题，且已知 $f(x,y)$ 在 D 内只有一个驻点，则函数在该点的值即为所求的最大（小）值，不必再求 $f(x,y)$ 在 D 的边界上的最值，也无须判别函数值是极大（或极小）值.

7. 要造一个体积等于定数 k 的长方体无盖水池，应如何选择水池的尺寸，方可使它的表面积最小.

解： 设水池的长、宽、高分别为 a,b,c，则水池的表面积为 $S=ab+2ac+2bc\ (a>0,b>0,c>0)$. 本题是在条件 $abc=k$ 下，求 S 的最小值. 作函数 $F(a,b,c)=ab+2ac+2bc+\lambda(abc-k)$，

得 $\begin{cases} F_a=b+2c+\lambda bc=0, \\ F_b=a+2c+\lambda ac=0, \\ F_c=2a+2b+\lambda ab=0, \\ abc=k, \end{cases}$ 解得 $a=b=\sqrt[3]{2k},c=\dfrac{1}{2}\sqrt[3]{2k},\lambda=-\sqrt[3]{\dfrac{32}{k}}$.

由于 $\left(\sqrt[3]{2k},\sqrt[3]{2k},\dfrac{1}{2}\sqrt[3]{2k}\right)$ 是唯一的驻点，又由问题本身知 S 一定有最小值，故表面积最小的水池的长、宽、高分别为 $\sqrt[3]{2k},\sqrt[3]{2k},\dfrac{1}{2}\sqrt[3]{2k}$.

8. 在平面 xOy 上求一点，使它到 $x=0,y=0$ 及 $x+2y-16=0$ 三直线的距离平方之和为最小.

解： 设所求点坐标为 (x,y)，则此点到 $x=0$ 的距离为 $|x|$，到 $y=0$ 的距离为 $|y|$，

到 $x+2y-16=0$ 的距离为 $\dfrac{|x+2y-16|}{\sqrt{1^2+2^2}}$，而距离平方之和为 $z=x^2+y^2+\dfrac{1}{5}(x+2y-16)^2$.

由 $\begin{cases} \dfrac{\partial z}{\partial x}=2x+\dfrac{2}{5}(x+2y-16)=0, \\ \dfrac{\partial z}{\partial y}=2y+\dfrac{4}{5}(x+2y-16)=0, \end{cases}$ 解得 $\begin{cases} x=\dfrac{8}{5}, \\ y=\dfrac{16}{5}. \end{cases}$

因为 $\left(\dfrac{8}{5},\dfrac{16}{5}\right)$ 是唯一的驻点，又由问题的性质可知，到三直线的距离平方之和的最小点一定存在，故 $\left(\dfrac{8}{5},\dfrac{16}{5}\right)$ 即为所求.

9.将周长为 $2p$ 的矩形绕它的一边旋转而构成一个圆柱体,问矩形的边长各为多少时,才可使圆柱体的体积为最大?

解:设矩形的一边为 x,则另一边为 $p-x$.假设矩形绕 $p-x$ 旋转,则旋转所成的圆柱体的体积为 $V=\pi x^2(p-x)(0<x<p)$.

由 $\dfrac{dV}{dx}=2\pi x(p-x)-\pi x^2=\pi x(2p-3x)=0$,得驻点为 $x=\dfrac{2}{3}p$.由于驻点唯一,又由题意可知这种圆柱体的体积一定有最大值,故当矩形的边长为 $\dfrac{2}{3}p$ 和 $\dfrac{1}{3}p$ 时,绕短边旋转所得圆柱体的体积最大.

10.求内接于半径为 a 的球且有最大体积的长方体.

解:设球面方程为 $x^2+y^2+z^2=a^2$.(x,y,z) 是其内接长方体在第一象限内的一个顶点,则此长方体的长、宽、高分别为 $2x,2y,2z$,体积为 $V=2x\cdot 2y\cdot 2z=8xyz(x,y,z>0)$.令
$$F(x,y,z)=8xyz+\lambda(x^2+y^2+z^2-a^2),$$

由 $\begin{cases} F'_x=8yz+2\lambda x=0, \\ F'_y=8xz+2\lambda y=0, \\ F'_z=8xy+2\lambda z=0, \\ x^2+y^2+z^2=a^2, \end{cases}$ 解得 $x=y=z=-\dfrac{\lambda}{4}$.代入 $x^2+y^2+z^2=a^2$,得 $\lambda=-\dfrac{4}{\sqrt{3}}a$.

则 $x=y=z=\dfrac{a}{\sqrt{3}}$.因为 $\left(\dfrac{a}{\sqrt{3}},\dfrac{a}{\sqrt{3}},\dfrac{a}{\sqrt{3}}\right)$ 为唯一驻点,由题意可知这种长方体必有最大体积.

故当长方体的长、宽、高都为 $\dfrac{2a}{\sqrt{3}}$ 时,其体积最大.

11.抛物面 $z=x^2+y^2$ 被平面 $x+y+z=1$ 截成一椭圆,求这椭圆上的点到原点的距离的最大值与最小值.

解:设椭圆上的点的坐标为 (x,y,z),则原点到椭圆上这一点的距离平方为 $d^2=x^2+y^2+z^2$.其中 x,y,z 要同时满足 $z=x^2+y^2$ 和 $x+y+z=1$.令
$$F(x,y,z)=x^2+y^2+z^2+\lambda_1(z-x^2-y^2)+\lambda_2(x+y+z-1),$$

由 $\begin{cases} F_x=2x-2\lambda_1 x+\lambda_2=0, \\ F_y=2y-2\lambda_1 y+\lambda_2=0, \\ F_z=2z+\lambda_1+\lambda_2=0, \\ z=x^2+y^2, \\ x+y+z=1 \end{cases}$ 的前两个方程,知 $x=y$.

将 $x=y$ 代入 $z=x^2+y^2$ 和 $x+y+z=1$ 得 $z=2x^2,2x+z=1$.

再由 $2x^2+2x-1=0$ 解出 $x=y=\dfrac{-1\pm\sqrt{3}}{2}$,$z=2\mp\sqrt{3}$.

则驻点为 $\left(\dfrac{-1+\sqrt{3}}{2},\dfrac{-1+\sqrt{3}}{2},2-\sqrt{3}\right)$ 和 $\left(\dfrac{-1-\sqrt{3}}{2},\dfrac{-1-\sqrt{3}}{2},2+\sqrt{3}\right)$.

由题意,原点到这椭圆的最长与最短距离一定存在,故最大值和最小值在这两点处取得.因为 $d^2=x^2+y^2+z^2=2\left(\dfrac{-1\pm\sqrt{3}}{2}\right)^2+(2\mp\sqrt{3})^2=9\mp 5\sqrt{3}$.

则 $d_1=\sqrt{9+5\sqrt{3}}$ 为最长距离. $d_2=\sqrt{9-5\sqrt{3}}$ 为最短距离.

12.设有一圆板占有平面闭区域 $\{(x,y)\mid x^2+y^2\leqslant 1\}$.该圆板被加热,以致在点 (x,y) 的温度是 $T=x^2+2y^2-x$.求该圆板的最热点和最冷点.

解：解方程组 $\begin{cases} \dfrac{\partial T}{\partial x}=2x-1=0, \\ \dfrac{\partial T}{\partial y}=4y=0, \end{cases}$ 求得驻点 $\left(\dfrac{1}{2},0\right)$，$T_1=T\Big|_{\left(\dfrac{1}{2},0\right)}=-\dfrac{1}{4}$.

在边界 $x^2+y^2=1$ 上，$T=2-(x^2+x)=\dfrac{9}{4}-\left(x+\dfrac{1}{2}\right)^2$.

当 $x=-\dfrac{1}{2}$ 时，T 取最大值 $T_2=\dfrac{9}{4}$；$x=1$ 时，T 取最小值 $T_3=0$.

比较 T_1,T_2 及 T_3 的值知，最热点在 $\left(-\dfrac{1}{2},\pm\dfrac{\sqrt{3}}{2}\right)$，$T_{\max}=\dfrac{9}{4}$；最冷点在 $\left(\dfrac{1}{2},0\right)$，$T_{\min}=-\dfrac{1}{4}$.

13. 形状为椭球 $4x^2+y^2+4z^2\leqslant 16$ 的空间探测器进入地球大气层，其表面开始受热，1 小时后在探测器的点 (x,y,z) 处的温度 $T=8x^2+4yz-16z+600$，求探测器表面最热的点.

解：作拉格朗日函数 $L=8x^2+4yz-16z+600+\lambda(4x^2+y^2+4z^2-16)$.

令 $\begin{cases} L_x=16x+8\lambda x=0, & \text{①} \\ L_y=4z+2\lambda y=0, & \text{②} \\ L_z=4y-16+8\lambda z=0, & \text{③} \end{cases}$

由①得 $x=0$ 或 $\lambda=-2$.

若 $\lambda=-2$，代入②③，得 $y=z=-\dfrac{4}{3}$，再将 $y=z=-\dfrac{4}{3}$ 代入 $4x^2+y^2+4z^2=16$， ④

得 $x=\pm\dfrac{4}{3}$，于是得两个可能的极值点 $\left(\dfrac{4}{3},-\dfrac{4}{3},-\dfrac{4}{3}\right)$，$\left(-\dfrac{4}{3},-\dfrac{4}{3},-\dfrac{4}{3}\right)$.

若 $x=0$，由②③④解得

$\lambda=0,y=4,z=0;\lambda=\sqrt{3},y=-2,z=\sqrt{3};\lambda=-\sqrt{3},y=-2,z=-\sqrt{3}$.

于是又得到三个可能的极值点：$(0,4,0),(0,-2,\sqrt{3}),(0,-2,-\sqrt{3})$.

比较上述五个点的数值知：$T\left(\dfrac{4}{3},-\dfrac{4}{3},-\dfrac{4}{3}\right)=T\left(-\dfrac{4}{3},-\dfrac{4}{3},-\dfrac{4}{3}\right)=\dfrac{1\,928}{3}$

为最大. 故探测器表面最热的点为 $M\left(\pm\dfrac{4}{3},-\dfrac{4}{3},-\dfrac{4}{3}\right)$.

*第九节 二元函数的泰勒公式

习题 9-9 超精解（教材 P127）

1. 求函数 $f(x,y)=2x^2-xy-y^2-6x-3y+5$ 在点 $(1,-2)$ 的泰勒公式.

解：$f(1,-2)=5,f'_x(1,-2)=(4x-y-6)\Big|_{(1,-2)}=0,f'_y(1,-2)=(-x-2y-3)\Big|_{(1,-2)}=0$,

$f''_{xx}(1,-2)=4,f''_{xy}(1,-2)=-1,f''_{yy}(1,-2)=-2$.

又阶数为 3 的各偏导数为零，则

$f(x,y)=f[1+(x-1),-2+(y+2)]$

$=f(1,-2)+(x-1)f'_x(1,-2)+(y+2)f'_y(1,-2)+$

$\quad \dfrac{1}{2!}[(x-1)^2 f''_{xx}(1,-2)+2(x-1)(y+2)f''_{xy}(1,-2)+(y+2)^2 f''_{yy}(1,-2)]$

$=5+\dfrac{1}{2!}[4(x-1)^2-2(x-1)(y+2)-2(y+2)^2]$

$=5+2(x-1)^2-(x-1)(y+2)-(y+2)^2$.

2. 求函数 $f(x,y)=\mathrm{e}^x\ln(1+y)$ 在点 $(0,0)$ 的三阶泰勒公式.

解: $f'_x=\mathrm{e}^x\ln(1+y)$, $f'_y=\dfrac{\mathrm{e}^x}{1+y}$,

$$f''_{xx}=\mathrm{e}^x\ln(1+y), f''_{xy}=\dfrac{\mathrm{e}^x}{1+y}, f''_{yy}=-\dfrac{\mathrm{e}^x}{(1+y)^2},$$

$$f'''_{xxx}=\mathrm{e}^x\ln(1+y), f'''_{xxy}=\dfrac{\mathrm{e}^x}{1+y}, f'''_{xyy}=-\dfrac{\mathrm{e}^x}{(1+y)^2}, f'''_{yyy}=\dfrac{2\mathrm{e}^x}{(1+y)^3},$$

$$\left(x\dfrac{\partial}{\partial x}+y\dfrac{\partial}{\partial y}\right)f(0,0)=xf'_x(0,0)+yf'_y(0,0)=y,$$

$$\left(x\dfrac{\partial}{\partial x}+y\dfrac{\partial}{\partial y}\right)^2 f(0,0)=x^2 f''_{xx}(0,0)+2xy f''_{xy}(0,0)+y^2 f''_{yy}(0,0)=2xy-y^2,$$

$$\left(x\dfrac{\partial}{\partial x}+y\dfrac{\partial}{\partial y}\right)^3 f(0,0)=x^3 f'''_{xxx}(0,0)+3x^2 y f'''_{xxy}(0,0)+3xy^2 f'''_{xyy}(0,0)+y^3 f'''_{yyy}(0,0)$$
$$=3x^2 y-3xy^2+2y^3.$$

$f(0,0)=0$,

$$\mathrm{e}^x\ln(1+y)=f(0,0)+\left(x\dfrac{\partial}{\partial x}+y\dfrac{\partial}{\partial y}\right)f(0,0)+\dfrac{1}{2!}\left(x\dfrac{\partial}{\partial x}+y\dfrac{\partial}{\partial y}\right)^2 f(0,0)+$$

$$\dfrac{1}{3!}\left(x\dfrac{\partial}{\partial x}+y\dfrac{\partial}{\partial y}\right)^3 f(0,0)+R_3$$

$$=y+\dfrac{1}{2!}(2xy-y^2)+\dfrac{1}{3!}(3x^2 y-3xy^2+2y^3)+R_3,$$

其中 $R_3=\dfrac{\mathrm{e}^{\theta x}}{24}\left[x^4\ln(1+\theta y)+\dfrac{4x^3 y}{1+\theta y}-\dfrac{6x^2 y^2}{(1+\theta y)^2}+\dfrac{8xy^3}{(1+\theta y)^3}-\dfrac{6y^4}{(1+\theta y)^4}\right]$ $(0<\theta<1)$.

3. 求函数 $f(x,y)=\sin x\sin y$ 在点 $\left(\dfrac{\pi}{4},\dfrac{\pi}{4}\right)$ 的二阶泰勒公式.

解: $f'_x=\cos x\sin y$, $f'_y=\sin x\cos y$, $f''_{xx}=-\sin x\sin y$,

$f''_{xy}=\cos x\cos y$, $f''_{yy}=-\sin x\sin y$, $f'''_{xxx}=-\cos x\sin y$,

$f'''_{xxy}=-\sin x\cos y$, $f'''_{xyy}=-\cos x\sin y$, $f'''_{yyy}=-\sin x\cos y$.

$$\sin x\sin y=f\left[\dfrac{\pi}{4}+\left(x-\dfrac{\pi}{4}\right),\dfrac{\pi}{4}+\left(y-\dfrac{\pi}{4}\right)\right]$$

$$=f\left(\dfrac{\pi}{4},\dfrac{\pi}{4}\right)+\left[\left(x-\dfrac{\pi}{4}\right)\dfrac{\partial}{\partial x}+\left(y-\dfrac{\pi}{4}\right)\dfrac{\partial}{\partial y}\right]f\left(\dfrac{\pi}{4},\dfrac{\pi}{4}\right)+$$

$$\dfrac{1}{2!}\left[\left(x-\dfrac{\pi}{4}\right)^2\left(-\dfrac{1}{2}\right)+2\left(x-\dfrac{\pi}{4}\right)\left(y-\dfrac{\pi}{4}\right)\cdot\dfrac{1}{2}+\left(y-\dfrac{\pi}{4}\right)^2\left(-\dfrac{1}{2}\right)\right]+R_2$$

$$=\dfrac{1}{2}+\dfrac{1}{2}\left(x-\dfrac{\pi}{4}\right)+\dfrac{1}{2}\left(y-\dfrac{\pi}{4}\right)-\dfrac{1}{4}\left[\left(x-\dfrac{\pi}{4}\right)^2-\right.$$

$$\left. 2\left(x-\dfrac{\pi}{4}\right)\left(y-\dfrac{\pi}{4}\right)+\left(y-\dfrac{\pi}{4}\right)^2\right]+R_2,$$

其中 $R_2=\dfrac{1}{3!}\left[\left(x-\dfrac{\pi}{4}\right)\dfrac{\partial}{\partial x}+\left(y-\dfrac{\pi}{4}\right)\dfrac{\partial}{\partial y}\right]^3 f(\zeta,\eta)$

$$=-\dfrac{1}{6}\left[\cos\zeta\sin\eta\left(x-\dfrac{\pi}{4}\right)^3+3\sin\zeta\cos\eta\left(x-\dfrac{\pi}{4}\right)^2\left(y-\dfrac{\pi}{4}\right)+\right.$$

$$\left. 3\cos\zeta\sin\eta\left(x-\dfrac{\pi}{4}\right)\left(y-\dfrac{\pi}{4}\right)^2+\sin\zeta\cos\eta\left(y-\dfrac{\pi}{4}\right)^3\right],$$

$$\zeta=\frac{\pi}{4}+\theta\left(x-\frac{\pi}{4}\right), \eta=\frac{\pi}{4}+\theta\left(y-\frac{\pi}{4}\right) \quad (0<\theta<1).$$

4. 利用函数 $f(x,y)=x^y$ 的三阶泰勒公式,计算 $1.1^{1.02}$ 的近似值.

解:在点 $(1,1)$ 处将函数 $f(x,y)=x^y$ 展开成三阶泰勒公式:

$$f(1,1)=1, f'_x(1,1)=yx^{y-1}\big|_{(1,1)}=1, \quad f'_y(1,1)=x^y\ln x\big|_{(1,1)}=0,$$

$$f''_{xx}(1,1)=y(y-1)x^{y-2}\big|_{(1,1)}=0, f''_{xy}(1,1)=(x^{y-1}+yx^{y-1}\ln x)\big|_{(1,1)}=1,$$

$$f''_{yy}(1,1)=x^y\ln^2 x\big|_{(1,1)}=0, f'''_{xxx}(1,1)=y(y-1)(y-2)x^{y-3}\big|_{(1,1)}=0,$$

$$f'''_{xxy}(1,1)=[(2y-1)x^{y-2}+y(y-1)x^{y-2}\ln x]\big|_{(1,1)}=1,$$

$$f'''_{xyy}(1,1)=[2x^{y-1}\ln x+yx^{y-1}\ln^2 x]\big|_{(1,1)}=0, f'''_{yyy}(1,1)=x^y\ln^3 x\big|_{(1,1)}=0.$$

则 $f(x,y)=f[1+(x-1),1+(y-1)]$

$$=1+(x-1)+\frac{1}{2!}[2(x-1)(y-1)]+\frac{1}{3!}[3(x-1)^2(y-1)]+R_3$$

$$=1+(x-1)+(x-1)(y-1)+\frac{1}{2}(x-1)^2(y-1)+R_3.$$

故 $1.1^{1.02}\approx 1+0.1+0.1\times 0.02+\frac{1}{2}\times 0.1^2\times 0.02=1+0.1+0.002+0.0001=1.1021.$

5. 求函数 $f(x,y)=e^{x+y}$ 在点 $(0,0)$ 的 n 阶泰勒公式.

解: $f(0,0)=e^0=1, f'_x(0,0)=e^{x+y}\big|_{(0,0)}=1, f'_y(0,0)=e^{x+y}\big|_{(0,0)}=1,$

同理,$f^{(n)}_{x^m y^{n-m}}(0,0)=e^{x+y}\big|_{(0,0)}=1.$ 则

$$e^{x+y}=1+(x+y)+\frac{1}{2!}(x^2+2xy+y^2)+\frac{1}{3!}(x^3+3x^2y+3xy^2+y^3)+\cdots+\frac{1}{n!}(x+y)^n+R_n$$

$$=\sum_{k=0}^{n}\frac{(x+y)^k}{k!}+R_n,$$

其中 $R_n=\frac{(x+y)^{n+1}}{(n+1)!}e^{\theta(x+y)}(0<\theta<1).$

*第十节 最小二乘法

习题 9-10 超精解(教材 P132)

1. 某种合金的含铅量百分比(%)为 p,其溶解温度(℃)为 θ,由实验测得 p 与 θ 的数据如下表:

$p/\%$	36.9	46.7	63.7	77.8	84.0	87.5
$\theta/℃$	181	197	235	270	283	292

试用最小二乘法建立 θ 与 p 之间的经验公式 $\theta=ap+b$.

解:由方程组 $\begin{cases} a\sum\limits_{i=1}^{6}p_i^2+b\sum\limits_{i=1}^{6}p_i=\sum\limits_{i=1}^{6}\theta_i p_i, \\ a\sum\limits_{i=1}^{6}p_i+6b=\sum\limits_{i=1}^{6}\theta_i, \end{cases}$ 确定先验公式中的 a,b,先算出

$$\begin{cases} \sum\limits_{i=1}^{6}p_i^2=28\,365.28, \quad \sum\limits_{i=1}^{6}p_i=396.6, \\ \sum\limits_{i=1}^{6}\theta_i p_i=101\,176.3, \quad \sum\limits_{i=1}^{6}\theta_i=1\,458, \end{cases}$$

代入方程组,得 $\begin{cases} 28\,365.28a+396.6b=101\,176.3, \\ 396.6a+6b=1\,458. \end{cases}$ 解此方程组,得 $a=2.234, b=95.33$.

则经验公式 $\theta=2.234p+95.33$.

2. 已知一组实验数据为 $(x_1,y_1),(x_2,y_2),\cdots,(x_n,y_n)$. 现若假定经验公式是 $y=ax^2+bx+c$. 试按最小二乘法建立 a,b,c 应满足的三元一次方程组.

解: 设 M 是每个数据差的平方和: $M=\sum_{i=1}^{n}[y_i-(ax_i^2+bx_i+c)]^2=M(a,b,c)$, 令

$$\begin{cases} \dfrac{\partial M}{\partial a}=-2\sum_{i=1}^{n}[y_i-(ax_i^2+bx_i+c)](x_i)^2=0, \\ \dfrac{\partial M}{\partial b}=-2\sum_{i=1}^{n}[y_i-(ax_i^2+bx_i+c)](x_i)=0, \\ \dfrac{\partial M}{\partial c}=-2\sum_{i=1}^{n}[y_i-(ax_i^2+bx_i+c)]=0, \end{cases}$$

即 $\begin{cases} \sum_{i=1}^{n}(y_ix_i^2-ax_i^4-bx_i^3-cx_i^2)=0, \\ \sum_{i=1}^{n}(y_ix_i-ax_i^3-bx_i^2-cx_i)=0, \\ \sum_{i=1}^{n}(y_i-ax_i^2-bx_i-c)=0, \end{cases}$ 即 $\begin{cases} a\sum_{i=1}^{n}x_i^4+b\sum_{i=1}^{n}x_i^3+c\sum_{i=1}^{n}x_i^2=\sum_{i=1}^{n}x_i^2 y_i, \\ a\sum_{i=1}^{n}x_i^3+b\sum_{i=1}^{n}x_i^2+c\sum_{i=1}^{n}x_i=\sum_{i=1}^{n}x_i y_i, \\ a\sum_{i=1}^{n}x_i^2+b\sum_{i=1}^{n}x_i+nc=\sum_{i=1}^{n}y_i. \end{cases}$

总习题九超精解(教材 P132~P134)

1. 在"充分"、"必要"和"充分必要"三者中选择一个正确的填入下列空格内:

(1) $f(x,y)$ 在点 (x,y) 可微分是 $f(x,y)$ 在该点连续的_____条件. $f(x,y)$ 在点 (x,y) 连续是 $f(x,y)$ 在该点可微分的_____条件;

(2) $z=f(x,y)$ 在点 (x,y) 的偏导数 $\dfrac{\partial z}{\partial x}$ 及 $\dfrac{\partial z}{\partial y}$ 存在是 $f(x,y)$ 在该点可微分的_____条件.

$z=f(x,y)$ 在点 (x,y) 可微分是函数在该点的偏导数 $\dfrac{\partial z}{\partial x}$ 及 $\dfrac{\partial z}{\partial y}$ 存在的_____条件.

(3) $z=f(x,y)$ 的偏导数 $\dfrac{\partial z}{\partial x}$ 及 $\dfrac{\partial z}{\partial y}$ 在点 (x,y) 存在且连续是 $f(x,y)$ 在该点可微分的_____条件;

(4) 函数 $z=f(x,y)$ 的两个二阶混合偏导数 $\dfrac{\partial^2 z}{\partial x \partial y}$ 及 $\dfrac{\partial^2 z}{\partial y \partial x}$ 在区域 D 内连续是这两个二阶混合偏导数在 D 内相等的_____条件.

【思路探索】 利用二元函数 $z=f(x,y)$ 在点 (x,y) 处偏导数连续、可微、偏导数存在、函数连续这些概念之间的关系即可得出结论.

解: (1)充分;必要. (2)必要;充分. (3)充分. (4)充分.

【方法点击】 由本题结果可知多元函数的连续性、偏导数、可微分之间的关系与一元函数的连续性、可导、可微之间的关系不完全相同,应注意差异.下面以二元函数为例.

二元函数中极限存在、连续、可偏导、可微分之间的关系如下所示:($\longrightarrow$ 表示"不一定")

偏导数连续 $\Longrightarrow$ 可微分 $\Longrightarrow$ 连续 $\Longrightarrow$ 极限存在

偏导数存在

2. 选择下述题中给出的四个结论中一个正确的结论：
设函数 $f(x,y)$ 在点 $(0,0)$ 的某邻域内有定义，且 $f_x(0,0)=3, f_y(0,0)=-1$，则有_____.
(A) $dz|_{(0,0)}=3dx-dy$
(B) 曲面 $z=f(x,y)$ 在点 $(0,0,f(0,0))$ 的一个法向量为 $(3,-1,1)$
(C) 曲线 $\begin{cases} z=f(x,y), \\ y=0 \end{cases}$ 在点 $(0,0,f(0,0))$ 的一个切向量为 $(1,0,3)$
(D) 曲线 $\begin{cases} z=f(x,y), \\ y=0 \end{cases}$ 在点 $(0,0,f(0,0))$ 的一个切向量为 $(3,0,1)$

解：由函数 $f(x,y)$ 在点 $(0,0)$ 的某邻域内有定义，且 $f_x(0,0)=3, f_y(0,0)=-1$，则有 (C).
(A) 项，$f(x,y)$ 在 $(0,0)$ 点偏导存在，但偏导存在函数不一定可微，不正确；
(B) 项，即使 $f(x,y)$ 的偏导 $f_x(x,y), f_y(x,y)$ 在 $(0,0)$ 点连续，则曲面 $z=f(x,y)$ 在点 $(0,0,f(0,0))$ 的法向量为 $(3,-1,-1)$ 或 $(-3,1,1)$，不正确；
(C) 项，将 $\begin{cases} z=f(x,y), \\ y=0 \end{cases}$ 对 x 求导，得 $\begin{cases} \dfrac{dz}{dx}=f_x(x,y)+f_y(x,y)\dfrac{dy}{dx}, \\ \dfrac{dy}{dx}=0. \end{cases}$ 从而 $\dfrac{dy}{dx}\bigg|_{(0,0)}=0$，

$\dfrac{dz}{dx}\bigg|_{(0,0)}=f_x(0,0)=3$，说明曲线 $\begin{cases} z=f(x,y), \\ y=0 \end{cases}$ 在点 $(0,0,f(0,0))$ 的一个切向量为 $(1,0,3)$，故 (C) 正确，(D) 不正确．

3. 求函数 $f(x,y)=\dfrac{\sqrt{4x-y^2}}{\ln(1-x^2-y^2)}$ 的定义域，并求 $\lim\limits_{(x,y)\to(\frac{1}{2},0)}f(x,y)$.

解：当 $4x-y^2\geq 0$ 且 $\begin{cases} 1-x^2-y^2>0, \\ 1-x^2-y^2\neq 1 \end{cases}$ 时，函数才有定义．解得
$$D=\{(x,y)\,|\,y^2\leq 4x \text{ 且 } 0<x^2+y^2<1\}.$$
因为 $\left(\dfrac{1}{2},0\right)$ 是 $f(x,y)$ 的定义域 D 的内点，则 $f(x,y)$ 在 $\left(\dfrac{1}{2},0\right)$ 处连续．故
$$\lim_{(x,y)\to(\frac{1}{2},0)}f(x,y)=\dfrac{\sqrt{4\times\frac{1}{2}-0^2}}{\ln\left[1-\left(\frac{1}{2}\right)^2-0^2\right]}=\dfrac{\sqrt{2}}{\ln\frac{3}{4}}=\dfrac{\sqrt{2}}{\ln 3-\ln 4}.$$

*4. 证明极限 $\lim\limits_{(x,y)\to(0,0)}\dfrac{xy^2}{x^2+y^4}$ 不存在．

证：选择直线 $y=kx$ 作为路径计算极限：$\lim\limits_{\substack{x\to 0\\y=kx}}\dfrac{xy^2}{x^2+y^4}=\lim\limits_{x\to 0}\dfrac{k^2x^3}{x^2+k^4x^4}=\lim\limits_{x\to 0}\dfrac{k^2x}{1+k^4x^2}=0$，

选择曲线 $x=y^2$ 作为路径计算极限：$\lim\limits_{\substack{y\to 0\\x=y^2}}\dfrac{xy^2}{x^2+y^4}=\lim\limits_{y\to 0}\dfrac{y^4}{y^4+y^4}=\dfrac{1}{2}$，

由于不同路径算得不同的极限值．故原极限不存在．

5. 设 $f(x,y)=\begin{cases} \dfrac{x^2y}{x^2+y^2}, & x^2+y^2\neq 0, \\ 0, & x^2+y^2=0. \end{cases}$ 求 $f_x(x,y)$ 及 $f_y(x,y)$.

【**思路探索**】 由于点 $(0,0)$ 为 $f(x,y)$ 的分界点，故需按偏导数定义单独求 $f_x(0,0)$ 及 $f_y(0,0)$.

解：当 $x^2+y^2\neq 0$ 时，$f(x,y)=\dfrac{x^2y}{x^2+y^2}$，

$$f_x(x,y) = \frac{2xy(x^2+y^2) - x^2y \cdot 2x}{(x^2+y^2)^2} = \frac{2xy^3}{(x^2+y^2)^2},$$

$$f_y(x,y) = \frac{x^2(x^2+y^2) - x^2y \cdot 2y}{(x^2+y^2)^2} = \frac{x^2(x^2-y^2)}{(x^2+y^2)^2},$$

当 $x^2+y^2=0$ 时, $f(0,0)=0$,则

$$f_x(0,0) = \lim_{\Delta x \to 0}\frac{f(0+\Delta x,0)-f(0,0)}{\Delta x} = \lim_{\Delta x \to 0}\frac{0-0}{\Delta x} = 0,$$

$$f_y(0,0) = \lim_{\Delta y \to 0}\frac{f(0,0+\Delta y)-f(0,0)}{\Delta y} = \lim_{\Delta y \to 0}\frac{0-0}{\Delta y} = 0,$$

故 $f_x(x,y) = \begin{cases} \frac{2xy^3}{(x^2+y^2)^2}, & x^2+y^2 \neq 0, \\ 0, & x^2+y^2 = 0; \end{cases}$ $f_y(x,y) = \begin{cases} \frac{x^2(x^2-y^2)}{(x^2+y^2)^2}, & x^2+y^2 \neq 0, \\ 0, & x^2+y^2 = 0. \end{cases}$

【方法点击】 对于分段函数,在分界点处的偏导数,一定要用定义来求;同样,当用公式求出的偏导数在所给点处无意义而恰好又要求所给点处的偏导数时,也应用定义去求.

6.求下列函数的一阶和二阶偏导数:

(1) $z=\ln(x+y^2)$;   (2) $z=x^y$.

【思路探索】 要求二阶偏导数,首先要求出一阶偏导数 $\frac{\partial z}{\partial x}$ 和 $\frac{\partial z}{\partial y}$,再对 $\frac{\partial z}{\partial x}$ 求关于 x 的偏导数,即把 $\frac{\partial z}{\partial x}$ 中的 y 看作常数,对 x 求导,这样便得到了 $\frac{\partial^2 z}{\partial x^2}$. 同理求 $\frac{\partial^2 z}{\partial y^2}, \frac{\partial^2 z}{\partial x \partial y}, \frac{\partial^2 z}{\partial y \partial x}$.

解:(1) $\frac{\partial z}{\partial x} = \frac{1}{x+y^2}, \frac{\partial z}{\partial y} = \frac{2y}{x+y^2}, \frac{\partial^2 z}{\partial x^2} = \frac{-1}{(x+y^2)^2},$

$$\frac{\partial^2 z}{\partial x \partial y} = \frac{\partial^2 z}{\partial y \partial x} = \frac{-2y}{(x+y^2)^2}, \frac{\partial^2 z}{\partial y^2} = \frac{2(x+y^2) - 2y \cdot 2y}{(x+y^2)^2} = \frac{2(x-y^2)}{(x+y^2)^2}.$$

(2) $\frac{\partial z}{\partial x} = yx^{y-1}, \frac{\partial z}{\partial y} = x^y \ln x, \frac{\partial^2 z}{\partial x^2} = y(y-1)x^{y-2}, \frac{\partial^2 z}{\partial y^2} = x^y(\ln x)^2,$

$$\frac{\partial^2 z}{\partial x \partial y} = \frac{\partial^2 z}{\partial y \partial x} = x^{y-1} + yx^{y-1}\ln x = x^{y-1}(1+y\ln x).$$

【方法点击】 计算多元函数的二阶偏导数时,要分清复合结构,按结构顺序先求一阶偏导数,再求二阶偏导数. 求 $f(x,y)$ 的二阶偏导数时应特别注意 $f_x(x,y)$ 及 $f_y(x,y)$ 仍是 x,y 的函数.

7.求函数 $z = \frac{xy}{x^2-y^2}$ 当 $x=2, y=1, \Delta x=0.01, \Delta y=0.03$ 时的全增量和全微分.

解:$\Delta z = f(x+\Delta x, y+\Delta y) - f(x,y) = f(2+0.01, 1+0.03) - f(2,1)$

$$= \frac{2.01 \times 1.03}{2.01^2 - 1.03^2} - \frac{2 \times 1}{2^2-1^2} = 0.028\ 3 \approx 0.03.$$

$dz = z_x \Delta x + z_y \Delta y,$

$$z_x = \frac{y(x^2-y^2) - xy(2x)}{(x^2-y^2)^2} = \frac{-y(x^2+y^2)}{(x^2-y^2)^2}, z_y = \frac{x(x^2-y^2) - xy(-2y)}{(x^2-y^2)^2} = \frac{x(x^2+y^2)}{(x^2-y^2)^2},$$

则 $dz\Big|_{(2,1)} = z_x\Big|_{(2,1)} \Delta x + z_y\Big|_{(2,1)} \Delta y = \frac{-1 \times (2^2+1^2)}{(2^2-1^2)^2} \times 0.01 + \frac{2 \times (2^2+1^2)}{(2^2-1^2)^2} \times 0.03$

$$= -\frac{5}{9} \times 0.01 + \frac{10}{9} \times 0.03 \approx 0.027\ 8 \approx 0.03.$$

*8. 设 $f(x,y)=\begin{cases}\dfrac{x^2y^2}{(x^2+y^2)^{3/2}}, & x^2+y^2\neq 0,\\ 0, & x^2+y^2=0.\end{cases}$ 证明：$f(x,y)$ 在点 $(0,0)$ 处连续且偏导数存在，但不可微分．

【思路探索】 分段函数在分界点处的偏导数及可微性都需要用它们各自的定义去求和判断．

证：先证连续性．即证 $\lim\limits_{(x,y)\to(0,0)}f(x,y)=f(0,0)=0$．

因为 $x^2+y^2\geqslant 2|xy|$，则 $0\leqslant\dfrac{x^2y^2}{(x^2+y^2)^{\frac{3}{2}}}\leqslant\dfrac{\frac{1}{4}(x^2+y^2)^2}{(x^2+y^2)^{\frac{3}{2}}}=\dfrac{1}{4}\sqrt{x^2+y^2}$．

又由 $f(x,y)\geqslant 0$，$\lim\limits_{(x,y)\to(0,0)}\dfrac{1}{4}\sqrt{x^2+y^2}=0$．故由夹逼定理知

$$\lim_{(x,y)\to(0,0)}f(x,y)=\lim_{(x,y)\to(0,0)}\dfrac{x^2y^2}{(x^2+y^2)^{\frac{3}{2}}}=0=f(0,0),$$

故 $f(x,y)$ 在点 $(0,0)$ 处连续．

再证偏导数存在．

$$f'_x(0,0)=\lim_{\Delta x\to 0}\dfrac{f(0+\Delta x,0)-f(0,0)}{\Delta x}=\lim_{\Delta x\to 0}\dfrac{\dfrac{(\Delta x)^2\cdot 0}{[(\Delta x)^2+0^2]^{\frac{3}{2}}}-0}{\Delta x}=0.$$

同理，可得 $f'_y(0,0)=0$，则 $f(x,y)$ 在 $(0,0)$ 处偏导数存在．

最后证不可微分．

由 $f'_x(0,0)=0$，$f'_y(0,0)=0$ 得

$$\Delta f(0,0)-[f'_x(0,0)\Delta x+f'_y(0,0)\Delta y]=\Delta f(0,0)=f(0+\Delta x,0+\Delta y)-f(0,0)$$

$$=f(\Delta x,\Delta y)=\dfrac{(\Delta x)^2(\Delta y)^2}{[(\Delta x)^2+(\Delta y)^2]^{\frac{3}{2}}},$$

又 $\dfrac{\dfrac{(\Delta x)^2(\Delta y)^2}{[(\Delta x)^2+(\Delta y)^2]^{\frac{3}{2}}}}{\sqrt{(\Delta x)^2+(\Delta y)^2}}=\dfrac{(\Delta x)^2(\Delta y)^2}{[(\Delta x)^2+(\Delta y)^2]^2}$，而

$$\lim_{\substack{\Delta x\to 0\\ \Delta y=k\Delta x}}\dfrac{(\Delta x)^2(\Delta y)^2}{[(\Delta x)^2+(\Delta y)^2]^2}=\lim_{\Delta x\to 0}\dfrac{(\Delta x)^2\cdot k^2(\Delta x)^2}{[(\Delta x)^2+k^2(\Delta x)^2]^2}=\dfrac{k^2}{(1+k^2)^2},$$

即 $\dfrac{\Delta f(0,0)-[f'_x(0,0)\Delta x+f'_y(0,0)\Delta y]}{\sqrt{(\Delta x)^2+(\Delta y)^2}}\not\to 0$（当 $\rho=\sqrt{(\Delta x)^2+(\Delta y)^2}\to 0$ 时）．

故 $f(x,y)$ 在 $(0,0)$ 处不可微分．

【方法点击】 判断多元分段函数在分界点 (x_0,y_0) 点处的可微性，依可微分的定义只需验证 $\dfrac{\Delta z-f_x(x_0,y_0)\Delta x-f_y(x_0,y_0)\Delta y}{\rho}$ 当 $\rho\to 0$ 时极限是否为 0 即可．本题说明了偏导数存在只是函数可微分的必要而非充分的条件．

9. 设 $u=x^y$，而 $x=\varphi(t)$，$y=\psi(t)$ 都是可微函数，求 $\dfrac{du}{dt}$．

解：$\dfrac{du}{dt}=\dfrac{\partial u}{\partial x}\dfrac{dx}{dt}+\dfrac{\partial u}{\partial y}\dfrac{dy}{dt}=yx^{y-1}\varphi'(t)+x^y\ln x\cdot\psi'(t)$．

10. 设 $z=f(u,v,w)$ 具有连续偏导数，而 $u=\eta-\zeta$，$v=\zeta-\xi$，$w=\xi-\eta$，求 $\dfrac{\partial z}{\partial \xi}$，$\dfrac{\partial z}{\partial \eta}$，$\dfrac{\partial z}{\partial \zeta}$．

解:$\dfrac{\partial z}{\partial \xi}=\dfrac{\partial z}{\partial u}\dfrac{\partial u}{\partial \xi}+\dfrac{\partial z}{\partial v}\dfrac{\partial v}{\partial \xi}+\dfrac{\partial z}{\partial \omega}\dfrac{\partial \omega}{\partial \xi}=-\dfrac{\partial z}{\partial v}+\dfrac{\partial z}{\partial \omega}$, $\dfrac{\partial z}{\partial \eta}=\dfrac{\partial z}{\partial u}\dfrac{\partial u}{\partial \eta}+\dfrac{\partial z}{\partial v}\dfrac{\partial v}{\partial \eta}+\dfrac{\partial z}{\partial \omega}\dfrac{\partial \omega}{\partial \eta}=\dfrac{\partial z}{\partial u}-\dfrac{\partial z}{\partial \omega}$,

$\dfrac{\partial z}{\partial \zeta}=\dfrac{\partial z}{\partial u}\dfrac{\partial u}{\partial \zeta}+\dfrac{\partial z}{\partial v}\dfrac{\partial v}{\partial \zeta}+\dfrac{\partial z}{\partial \omega}\dfrac{\partial \omega}{\partial \zeta}=-\dfrac{\partial z}{\partial u}+\dfrac{\partial z}{\partial v}.$

11. 设 $z=f(u,x,y), u=xe^y$, 其中 f 具有连续的二阶偏导数, 求 $\dfrac{\partial^2 z}{\partial x \partial y}$.

解:$\dfrac{\partial z}{\partial x}=\dfrac{\partial f}{\partial u}\dfrac{\partial u}{\partial x}+\dfrac{\partial f}{\partial x}\dfrac{\mathrm{d}x}{\mathrm{d}x}+\dfrac{\partial f}{\partial y}\dfrac{\partial y}{\partial x}=f'_u e^y+f'_x$

$$\dfrac{\partial^2 z}{\partial x \partial y}=\dfrac{\partial}{\partial y}\left(\dfrac{\partial z}{\partial x}\right)=\dfrac{\partial f'_u}{\partial y}e^y+f'_u e^y+\dfrac{\partial f'_x}{\partial y}$$

$$=e^y\left(f''_{uu}\dfrac{\partial u}{\partial y}+f''_{uy}\right)+f'_u e^y+f''_{xu}\dfrac{\partial u}{\partial y}+f''_{xy}$$

$$=e^y(f''_{uu}xe^y+f''_{uy}+f'_u)+xe^y f''_{xu}+f''_{xy}$$

$$=xe^{2y}f''_{uu}+e^y f''_{uy}+f''_{xy}+xe^y f''_{xu}+e^y f'_u.$$

12. 设 $x=e^u\cos v, y=e^u\sin v, z=uv$, 试求 $\dfrac{\partial z}{\partial x}$ 和 $\dfrac{\partial z}{\partial y}$.

解:由 $1=e^u\dfrac{\partial u}{\partial x}\cos v-e^u\sin v\dfrac{\partial v}{\partial x}$ 及 $0=e^u\dfrac{\partial u}{\partial x}\sin v+e^u\cos v\dfrac{\partial v}{\partial x}$, 得 $\dfrac{\partial u}{\partial x}=e^{-u}\cos v$,

$\dfrac{\partial v}{\partial x}=-e^{-u}\sin v.$ 则 $\dfrac{\partial z}{\partial x}=ve^{-u}\cos v+u(-e^{-u}\sin v)=e^{-u}(v\cos v-u\sin v).$

由 $0=e^u\dfrac{\partial u}{\partial y}\cos v-e^u\sin v\dfrac{\partial v}{\partial y}$ 及 $1=e^u\dfrac{\partial u}{\partial y}\sin v+e^u\cos v\dfrac{\partial v}{\partial y}$, 得 $\dfrac{\partial u}{\partial y}=e^{-u}\sin v, \dfrac{\partial v}{\partial y}=e^{-u}\cos v.$

则 $\dfrac{\partial z}{\partial y}=ve^{-u}\sin v+ue^{-u}\cos v=e^{-u}(u\cos v+v\sin v).$

13. 求螺旋线 $x=a\cos\theta, y=a\sin\theta, z=b\theta$ 在点 $(a,0,0)$ 处的切线及法平面方程.

解:螺旋线的切向量 $\boldsymbol{T}=(x_0,y_0,z_0)=(-a\sin\theta, a\cos\theta, b)$, 点 $(a,0,0)$ 处对应的参数 $\theta=0$. 则

$\boldsymbol{T}\Big|_{\theta=0}=(0,a,b).$ 故所求切线方程为 $\dfrac{x-a}{0}=\dfrac{y}{a}=\dfrac{z}{b}$ 或 $\begin{cases}x=a\\ by-az=0\end{cases}$,

所求法平面方程 $0(x-a)+ay+bz=0$, 即 $ay+bz=0.$

14. 在曲面 $z=xy$ 上求一点, 使这点处的法线垂直于平面 $x+3y+z+9=0$, 并写出这法线的方程.

解:已知平面 $x+3y+z+9=0$ 的法向量为 $(1,3,1)$, 曲面 $z=xy$ 的法向量为 $\boldsymbol{n}=(y,x,-1)$,

则 $\boldsymbol{n}$ 与 $(1,3,1)$ 平行, 从而 $\dfrac{y}{1}=\dfrac{x}{3}=\dfrac{-1}{1}$, 解得 $x=-3, y=-1, z=xy=3.$

故所求点的坐标为 $(-3,-1,3)$, 法线方程 $\dfrac{x+3}{1}=\dfrac{y+1}{3}=\dfrac{z-3}{1}.$

15. 设 $\boldsymbol{e}_l=(\cos\theta,\sin\theta)$, 求函数 $f(x,y)=x^2-xy+y^2$ 在点 $(1,1)$ 沿方向 $\boldsymbol{l}$ 的方向导数, 并分别确定角 θ, 使这导数有(1)最大值; (2)最小值; (3)等于 0.

解:方向导数

$$\dfrac{\partial f}{\partial l}\Big|_{(1,1)}=(2x-y)\Big|_{(1,1)}\cos\theta+(2y-x)\Big|_{(1,1)}\sin\theta=\cos\theta+\sin\theta,$$

从而 $\dfrac{\partial f}{\partial l}\Big|_{(1,1)}=\cos\theta+\sin\theta=\sqrt{2}\sin\left(\theta+\dfrac{\pi}{4}\right).$

则当 $\theta=\dfrac{\pi}{4}$ 时, 方向导数有最大值 $\sqrt{2}$, 当 $\theta=\dfrac{5}{4}\pi$ 时, 方向导数有最小值 $-\sqrt{2}$,

当 $\theta = \frac{3}{4}\pi$ 或 $\frac{7}{4}\pi$ 时,方向导数的值为 0.

16. 求函数 $u = x^2 + y^2 + z^2$ 在椭球面 $\frac{x^2}{a^2} + \frac{y^2}{b^2} + \frac{z^2}{c^2} = 1$ 上点 $M_0(x_0, y_0, z_0)$ 处沿外法线方向的方向导数.

解:令 $F(x,y,z) = \frac{x^2}{a^2} + \frac{y^2}{b^2} + \frac{z^2}{c^2} - 1$,则在椭球面上的点 (x,y,z) 处法向量

$$\boldsymbol{n} = (F_x, F_y, F_z) = \left(\frac{2x}{a^2}, \frac{2y}{b^2}, \frac{2z}{c^2}\right),$$

$$\frac{\partial u}{\partial \boldsymbol{n}} = \frac{\partial u}{\partial x}\cos\alpha + \frac{\partial u}{\partial y}\cos\beta + \frac{\partial u}{\partial z}\cos\varphi$$

$$= 2x \cdot \frac{\frac{2x}{a^2}}{\sqrt{\frac{4x^2}{a^4} + \frac{4y^2}{b^4} + \frac{4z^2}{c^4}}} + 2y \cdot \frac{\frac{2y}{b^2}}{\sqrt{\frac{4x^2}{a^4} + \frac{4y^2}{b^4} + \frac{4z^2}{c^4}}} + 2z \cdot \frac{\frac{2z}{c^2}}{\sqrt{\frac{4x^2}{a^4} + \frac{4y^2}{b^4} + \frac{4z^2}{c^4}}}$$

$$= \frac{2}{\sqrt{\frac{x^2}{a^4} + \frac{y^2}{b^4} + \frac{z^2}{c^4}}},$$

$$\left.\frac{\partial u}{\partial \boldsymbol{n}}\right|_{(x_0, y_0, z_0)} = \frac{2}{\sqrt{\frac{x_0^2}{a^4} + \frac{y_0^2}{b^4} + \frac{z_0^2}{c^4}}}.$$

17. 求平面 $\frac{x}{3} + \frac{y}{4} + \frac{z}{5} = 1$ 和柱面 $x^2 + y^2 = 1$ 的交线上与 xOy 平面距离最短的点.

解:即求在满足 $x^2 + y^2 = 1$ 条件下 $z = 5\left(1 - \frac{x}{3} - \frac{y}{4}\right)$ 满足 $|z|$ 最小的点 (x,y,z).

作拉格朗日函数 $L(x,y,\lambda) = 5\left(1 - \frac{x}{3} - \frac{y}{4}\right) + \lambda(x^2 + y^2 - 1)$,

由方程组 $\begin{cases} L_x = -\frac{5}{3} + 2\lambda x = 0, \\ L_y = -\frac{5}{4} + 2\lambda y = 0, \\ L_\lambda = x^2 + y^2 - 1 = 0, \end{cases}$ 解得 $x = \frac{5}{6\lambda}, y = \frac{5}{8\lambda}, \lambda = \pm\frac{25}{24}.$

则 $x = \frac{4}{5}, y = \frac{3}{5}, z = \frac{35}{12},$ 或 $x = -\frac{4}{5}, y = -\frac{3}{5}, z = \frac{85}{12},$ 即 $\left(\frac{4}{5}, \frac{3}{5}, \frac{35}{12}\right)$ 为满足条件的点.

18. 在第一卦限内作椭球面 $\frac{x^2}{a^2} + \frac{y^2}{b^2} + \frac{z^2}{c^2} = 1$ 的切平面,使该切平面与三坐标面所围成的四面体的体积最小. 求这切平面的切点,并求此最小体积.

【思路探索】 先利用平面的点法式求出切平面;再求出切平面与三个坐标面所围四面体的体积;最后利用拉格朗日乘数法求出体积的最小值及切点坐标.

解:设 $P(x_0, y_0, z_0)$ 为椭圆面上一点,令 $F(x,y,z) = \frac{x^2}{a^2} + \frac{y^2}{b^2} + \frac{z^2}{c^2} - 1$ 则

$$\left.F_x\right|_P = \frac{2x_0}{a^2}, \left.F_y\right|_P = \frac{2y_0}{b^2}, \left.F_z\right|_P = \frac{2z_0}{c^2}.$$

过 $P(x_0, y_0, z_0)$ 点的切平面方程为

$$\frac{x_0}{a^2}(x-x_0)+\frac{y_0}{b^2}(y-y_0)+\frac{z_0}{c^2}(z-z_0)=0, \text{即} \frac{x_0}{a^2}x+\frac{y_0}{b^2}y+\frac{z_0}{c^2}z=1.$$

该切平面在 x,y,z 轴上的截距分别为 $x=\dfrac{a^2}{x_0}, y=\dfrac{b^2}{y_0}, z=\dfrac{c^2}{z_0}$,

则切平面与三坐标面所围四面体的体积为 $V=\dfrac{1}{6}xyz=\dfrac{a^2b^2c^2}{6x_0y_0z_0}$.

再求 V 在条件 $\dfrac{x_0^2}{a^2}+\dfrac{y_0^2}{b^2}+\dfrac{z_0^2}{c^2}=1$ 下的最小值. 令 $u=\ln x_0+\ln y_0+\ln z_0$,则

$$G(x_0,y_0,z_0)=\ln x_0+\ln y_0+\ln z_0+\lambda\left(\frac{x_0^2}{a^2}+\frac{y_0^2}{b^2}+\frac{z_0^2}{c^2}-1\right).$$

解方程组

$$\begin{cases} \dfrac{1}{x_0}+\dfrac{2\lambda}{a^2}x_0=0, \\ \dfrac{1}{y_0}+\dfrac{2\lambda}{b^2}y_0=0, \\ \dfrac{1}{z_0}+\dfrac{2\lambda}{c^2}z_0=0, \\ \dfrac{x_0^2}{a^2}+\dfrac{y_0^2}{b^2}+\dfrac{z_0^2}{c^2}=1, \end{cases}$$

解得 $x_0=\dfrac{a}{\sqrt{3}}, y_0=\dfrac{b}{\sqrt{3}}, z_0=\dfrac{c}{\sqrt{3}}$. 故当切点坐标为 $\left(\dfrac{a}{\sqrt{3}},\dfrac{b}{\sqrt{3}},\dfrac{c}{\sqrt{3}}\right)$ 时,切平面与三坐标轴所围成的四面体的体积最小,且最小值为 $\dfrac{\sqrt{3}}{2}abc$.

【方法点击】 函数 $z=f(x,y)$ 在约束条件 $\varphi(x,y)=0$ 下的条件极值的求法(即拉格朗日乘数法)为

(1) 构造拉格朗日函数
$$F(x,y,\lambda)=f(x,y)+\lambda\varphi(x,y).$$

(2) 将 $F(x,y,\lambda)$ 分别对 x,y,λ 求偏导数,得到下列方程组
$$\begin{cases} F_x=f_x(x,y)+\lambda\varphi_x(x,y)=0, \\ F_y=f_y(x,y)+\lambda\varphi_y(x,y)=0, \\ F_\lambda=\varphi(x,y)=0. \end{cases}$$

求解此方程组,解出 x_0, y_0 及 λ,则 (x_0,y_0) 是 $z=f(x,y)$ 在条件 $\varphi(x,y)=0$ 下可能的极值点.

(3) 用无条件极值的充分条件去判别驻点 (x_0,y_0) 是否为极值点.

19. 某厂家生产的一种产品同时在两个市场销售,售价分别为 p_1 和 p_2,销售量分别为 q_1 和 q_2,需求函数分别为 $q_1=24-0.2p_1, q_2=10-0.05p_2$,总成本函数为 $C=35+40(q_1+q_2)$.
试问:厂家如何确定两个市场的售价,能使其获得的总利润最大?最大总利润为多少?

解法一 总收入函数为 $R=p_1q_1+p_2q_2=24p_1-0.2p_1^2+10p_2-0.05p_2^2$,

总利润函数为 $L=R-C=32p_1-0.2p_1^2-0.05p_2^2+12p_2-1395$.

由极值的必要条件,得方程组 $\begin{cases} \dfrac{\partial L}{\partial p_1}=32-0.4p_1=0, \\ \dfrac{\partial L}{\partial p_2}=12-0.1p_2=0, \end{cases}$ 解得 $p_1=80, p_2=120$.

由问题的实际意义可知，厂家获得总利润最大的市场售价必定存在，

故当 $p_1=80, p_2=120$ 时，厂家获得的总利润最大，其最大利润为 $L\Big|_{p_1=80,p_2=120}=605$.

解法二：两个市场的价格函数分别为 $p_1=120-5q_1, p_2=200-20q_2$，

总收入函数为 $R=p_1q_1+p_2q_2=(120-5q_1)q_1+(200-20q_2)q_2$，

总利润函数为

$$L=R-C=(120-5q_1)q_1+(200-20q_2)q_2-[35+40(q_1+q_2)]$$
$$=80q_1-5q_1^2+160q_2-20q_2^2-35.$$

由极值的必要条件，得方程组 $\begin{cases}\dfrac{\partial L}{\partial q_1}=80-10q_1=0,\\ \dfrac{\partial L}{\partial q_2}=160-40q_2=0,\end{cases}$ 解得 $q_1=8, q_2=4$.

由问题的实际意义可知，$q_1=8, q_2=4$，即 $p_1=80, p_2=120$ 时，厂家所获得的总利润最大，

其最大总利润为 $L\Big|_{q_1=8,q_2=4}=605$.

20. 设有一小山，取它的底面所在的平面为 xOy 坐标面，其底部所占的闭区域为 $D=\{(x,y)\mid x^2+y^2-xy\leqslant 75\}$，小山的高度函数为 $h=f(x,y)=75-x^2-y^2+xy$.

(1) 设 $M(x_0,y_0)\in D$，问 $f(x,y)$ 在该点沿平面上什么方向的方向导数最大？若记此方向导数的最大值为 $g(x_0,y_0)$，试写出 $g(x_0,y_0)$ 的表达式；

(2) 现欲利用此小山开展攀岩活动，为此需要在山脚找一上山坡度最大的点作为攀岩的起点。也就是说，要在 D 的边界线 $x^2+y^2-xy=75$ 上找出 (1) 中的 $g(x,y)$ 达到最大值的点。试确定攀岩起点的位置。

解：(1) 由梯度与方向导数的关系知，$h=f(x,y)$ 在点 $M(x_0,y_0)$ 处沿梯度

$$\mathbf{grad}\, f(x_0,y_0)=(y_0-2x_0)\boldsymbol{i}+(x_0-2y_0)\boldsymbol{j}$$

方向的方向导数最大，方向导数的最大值为该梯度的模，所以

$$g(x_0,y_0)=\sqrt{(y_0-2x_0)^2+(x_0-2y_0)^2}=\sqrt{5x_0^2+5y_0^2-8x_0y_0}.$$

(2) 欲在 D 的边界上求 $g(x,y)$ 达到最大值的点，只需求

$$F(x,y)=g^2(x,y)=5x^2+5y^2-8xy$$

达到最大值的点。因此，作拉格朗日函数 $L=5x^2+5y^2-8xy+\lambda(75-x^2-y^2+xy)$.

令 $\begin{cases}L_x=10x-8y+\lambda(y-2x)=0, & \text{①}\\ L_y=10y-8x+\lambda(x-2y)=0, & \text{②}\end{cases}$

又由约束条件，有 $75-x^2-y^2+xy=0$. ③

①+②得 $(x+y)(2-\lambda)=0$，解得 $y=-x$ 或 $\lambda=2$.

若 $\lambda=2$，则由①得 $y=x$，再由③得 $x=y=\pm 5\sqrt{3}$.

若 $y=-x$，则由③得 $x=\pm 5, y=\mp 5$. 于是得到四个可能的极值点：

$$M_1(5,-5), M_2(-5,5), M_3(5\sqrt{3},5\sqrt{3}), M_4(-5\sqrt{3},-5\sqrt{3}).$$

由于 $F(M_1)=F(M_2)=450, F(M_3)=F(M_4)=150$，故 $M_1(5,-5)$ 或 $M_2(-5,5)$ 可作为攀岩的起点。

本章小结

1. 关于多元函数的极限与连续性的小结.

多元函数的极限与连续问题,从一般角度来说,它们的讨论主要是用多元函数的极限与连续的定义. 这里应特别注意极限的存在性是包含各个方向的逼近过程,而不是像一元函数那样考虑一个单方向或至多是两个单侧极限. 在说明多元函数极限不存在或不连续时,我们一般举反例加以说明.

2. 关于偏导数、全微分的小结.

这一部分内容最关键的问题是要弄清偏导数、全微分及其关系以及它们与连续性之间的关系. 偏导数存在,函数不一定连续. 这一点完全不同于一元函数.

多元偏导数的计算是考试的重点,特别是对于复合函数的求导,链式法则应牢记并会熟练使用. 在讨论函数的可导性和可微性时,主要从定义着手. 在对复合函数求高阶偏导时,每次求导都应特别注意函数具有的复合性质. 另外,第七节涉及的梯度概念在很多学科中都要用到.

3. 关于多元函数微分学应用的小结.

这一部分的内容主要涉及微分在几何与极值中的应用.

对于曲线与曲面的几何应用问题,要掌握参数式与一般式两种情况下曲线的切线与法平面方程及曲面的法线与切平面方程的求法,特别是要根据所给的几何条件确定对应线或面的方向向量应满足的条件,从而找到曲线或曲面上所需的点.

对于极值问题,掌握极值的必要条件以及二元函数极值的充分条件的条件与结论.

对于最值问题特别是应用题,要注意判断解的有效性.

第十章 重积分

本章内容概览

本章和下一章是多元函数积分学的内容,是一元函数定积分的推广与发展.将一元函数定积分中"和式的极限"推广到定义在区域、曲线及曲面上多元函数的相应情形,便得到了重积分、曲线积分及曲面积分的概念.本章主要介绍二重积分和三重积分的概念、性质、计算方法及它们的一些具体应用.

本章知识图解

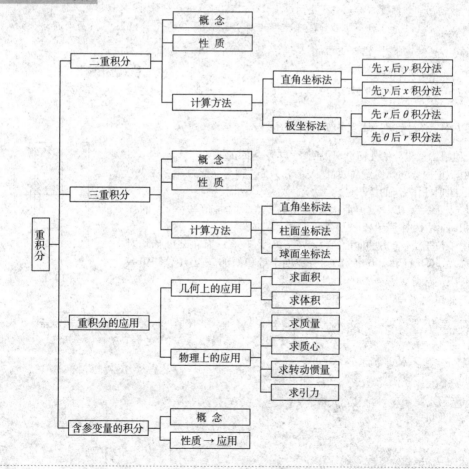

第一节 二重积分的概念与性质

习题 10—1 超精解(教材 P139~P140)

1. 设有一平面薄板(不计其厚度),占有 xOy 面上的闭区域 D,薄板上分布有面密度为 $\mu=\mu(x,y)$ 的电荷,且 $\mu(x,y)$ 在 D 上连续,试用二重积分表达该板上的全部电荷 Q.

解:用一组曲线网将 D 分成 n 个小区域 $\Delta\sigma_i$,其面积也记为 $\Delta\sigma_i(i=1,2,\cdots,n)$. 任取一点 $(\xi_i,\eta_i)\in\Delta\sigma_i$,则 $\Delta\sigma_i$ 上分布的电荷 $\Delta Q_i\approx\mu(\xi_i,\eta_i)\Delta\sigma_i$,通过求和、取极限,便得到该板上的全部电荷为

$$Q=\lim_{\lambda\to 0}\sum_{i=1}^{n}\mu(\xi_i,\eta_i)\Delta\sigma_i=\iint_{D}\mu(x,y)d\sigma,$$

其中 $\lambda=\max\limits_{1\leqslant i\leqslant n}\{\Delta\sigma_i$ 的直径$\}$.

【方法点击】 以上解题过程也可用元素法简化叙述如下:

设想用曲线网将 D 分成 n 个小闭区域,取出其中任意一个记作 $d\sigma$(其面积也记作 $d\sigma$),(x,y) 为 $d\sigma$ 上一点,则 $d\sigma$ 上分布的电荷近似等于 $\mu(x,y)d\sigma$,记作 $dQ=\mu(x,y)d\sigma$ (称为电荷元素),以 dQ 作为被积表达式,在 D 上作重积分,即得所求的电荷为 $Q=\iint_{D}\mu(x,y)d\sigma$.

2. 设 $I_1=\iint_{D_1}(x^2+y^2)^3 d\sigma$,其中 $D_1=\{(x,y)\mid-1\leqslant x\leqslant 1,\ -2\leqslant y\leqslant 2\}$;

又 $I_2=\iint_{D_2}(x^2+y^2)^3 d\sigma$,其中 $D_2=\{(x,y)\mid 0\leqslant x\leqslant 1,\ 0\leqslant y\leqslant 2\}$.

试利用二重积分的几何意义说明 I_1 与 I_2 之间的关系.

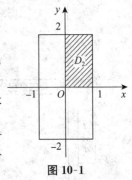

图 10-1

解:由二重积分的几何意义知,I_1 表示底为 D_1,顶为曲面 $z=(x^2+y^2)^3$ 的曲顶柱体 Ω_1 的体积;

I_2 表示底为 D_2,顶为曲面 $z=(x^2+y^2)^3$ 的曲顶柱体 Ω_2 的体积(如图 10-1 所示).

由于位于 D_1 上方的曲面 $z=(x^2+y^2)^3$ 关于 yOz 面和 zOx 面均对称,故 yOz 面和 zOx 面将 Ω_1 分成四个等积的部分,其中位于第一卦限的部分为 Ω_2.

由此可知 $I_1=4I_2$.

【方法点击】 (1)本题也可利用被积函数和积分区域的对称性来解答. 设 $D_3=\{(x,y)\mid 0\leqslant x\leqslant 1,-2\leqslant y\leqslant 2\}$. 由于 D_1 关于 y 轴对称,被积函数 $(x^2+y^2)^3$ 关于 x 是偶函数,故

$$I_1=\iint_{D_1}(x^2+y^2)^3 d\sigma=2\iint_{D_3}(x^2+y^2)^3 d\sigma,$$

又由于 D_3 关于 x 轴对称,被积函数 $(x^2+y^2)^3$ 关于 y 是偶函数,故

$$\iint_{D_3}(x^2+y^2)^3 d\sigma=2\iint_{D_2}(x^2+y^2)^3 d\sigma=2I_2.$$

从而得 $I_1=4I_2$.

(2)利用对称性来计算二重积分还有以下两个结论值得注意:

如果积分区域 D 关于 x 轴对称,而被积函数 $f(x,y)$ 关于 y 是奇函数,即 $f(x,-y)=$

$-f(x,y)$,则 $\iint\limits_{D} f(x,y)\mathrm{d}\sigma = 0$;

如果积分区域 D 关于 y 轴对称,而被积函数 $f(x,y)$ 关于 x 是奇函数,即 $f(-x,y) = -f(x,y)$,则 $\iint\limits_{D} f(x,y)\mathrm{d}\sigma = 0$.

3. 利用二重积分定义证明:

(1) $\iint\limits_{D} \mathrm{d}\sigma = \sigma$(其中 σ 为 D 的面积);

(2) $\iint\limits_{D} kf(x,y)\mathrm{d}\sigma = k\iint\limits_{D} f(x,y)\mathrm{d}\sigma$(其中 k 为常数);

(3) $\iint\limits_{D} f(x,y)\mathrm{d}\sigma = \iint\limits_{D_1} f(x,y)\mathrm{d}\sigma + \iint\limits_{D_2} f(x,y)\mathrm{d}\sigma$.

其中 $D = D_1 \cup D_2$,D_1,D_2 为两个无公共内点的闭区域.

证:(1) 由于被积函数 $f(x,y) \equiv 1$,故由二重积分定义,得

$$\iint\limits_{D} \mathrm{d}\sigma = \lim_{\lambda \to 0} \sum_{i=1}^{n} f(\xi_i, \eta_i) \Delta\sigma_i = \lim_{\lambda \to 0} \sum_{i=1}^{n} \Delta\sigma_i = \lim_{\lambda \to 0} \sigma = \sigma.$$

(2) $\iint\limits_{D} kf(x,y)\mathrm{d}\sigma = \lim_{\lambda \to 0} \sum_{i=1}^{n} kf(\xi_i, \eta_i) \Delta\sigma_i = k \lim_{\lambda \to 0} \sum_{i=1}^{n} f(\xi_i, \eta_i) \Delta\sigma_i = k \iint\limits_{D} f(x,y)\mathrm{d}\sigma.$

(3) 因为函数 $f(x,y)$ 在闭区域 D 上可积,故不论把 D 怎样分割,积分和的极限总是不变的. 因此在分割 D 时,可以使 D_1 和 D_2 的公共边界永远是一条分割线,这样 $f(x,y)$ 在 $D_1 \cup D_2$ 上的积分和就等于 D_1 上的积分和加 D_2 上的积分和,记为

$$\sum_{D_1 \cup D_2} f(\xi_i, \eta_i) \Delta\sigma_i = \sum_{D_1} f(\xi_i, \eta_i) \Delta\sigma_i + \sum_{D_2} f(\xi_i, \eta_i) \Delta\sigma_i.$$

令所有 $\Delta\sigma_i$ 的直径的最大值 $\lambda \to 0$,上式两端同时取极限,即得

$$\iint\limits_{D_1 \cup D_2} f(x,y)\mathrm{d}\sigma = \iint\limits_{D_1} f(x,y)\mathrm{d}\sigma + \iint\limits_{D_2} f(x,y)\mathrm{d}\sigma.$$

4. 试确定积分区域 D,使二重积分 $\iint\limits_{D} (1 - 2x^2 - y^2)\mathrm{d}x\mathrm{d}y$ 达到最大值?

解:由二重积分的性质可知,当积分区域包含了被积函数大于等于 0 的点,且不包含被积函数小于 0 的点时,二重积分的值最大. 在本题中即当 D 是椭圆 $2x^2 + y^2 = 1$ 所围的平面区域时,二重积分的值达到最大.

5. 根据二重积分的性质,比较下列积分的大小:

(1) $\iint\limits_{D} (x+y)^2 \mathrm{d}\sigma$ 与 $\iint\limits_{D} (x+y)^3 \mathrm{d}\sigma$,其中积分区域 D 是由 x 轴、y 轴与直线 $x+y=1$ 所围成;

(2) $\iint\limits_{D} (x+y)^2 \mathrm{d}\sigma$ 与 $\iint\limits_{D} (x+y)^3 \mathrm{d}\sigma$,其中积分区域 D 是由圆周 $(x-2)^2 + (y-1)^2 = 2$ 所围成;

(3) $\iint\limits_{D} \ln(x+y) \mathrm{d}\sigma$ 与 $\iint\limits_{D} [\ln(x+y)]^2 \mathrm{d}\sigma$,其中 D 是三角形闭区域,三顶点分别为 $(1,0)$,$(1,1)$,$(2,0)$;

(4) $\iint\limits_{D} \ln(x+y) \mathrm{d}\sigma$ 与 $\iint\limits_{D} [\ln(x+y)]^2 \mathrm{d}\sigma$,其中 $D = \{(x,y) | 3 \leq x \leq 5, 0 \leq y \leq 1\}$.

【思路探索】 在所比较的二重积分中,积分区域 D 是相同的,因此由不等式性质只要比较被积函数在 D 上的大小即可.

解:(1)在积分区域 D 上,$0 \leqslant x+y \leqslant 1$,故有 $(x+y)^3 \leqslant (x+y)^2$.

根据二重积分的性质,可得 $\iint\limits_D (x+y)^3 d\sigma \leqslant \iint\limits_D (x+y)^2 d\sigma$.

(2)由于积分区域 D 位于半平面 $\{(x,y)|x+y \geqslant 1\}$ 内,故在 D 上有 $(x+y)^2 \leqslant (x+y)^3$.从而

$$\iint\limits_D (x+y)^2 d\sigma \leqslant \iint\limits_D (x+y)^3 d\sigma.$$

(3)由于积分区域 D 位于条形区域 $\{(x,y)|1 \leqslant x+y \leqslant 2\}$ 内,故知区域 D 上的点满足 $0 \leqslant \ln(x+y) \leqslant 1$,从而有 $[\ln(x+y)]^2 \leqslant \ln(x+y)$.因此 $\iint\limits_D [\ln(x+y)]^2 d\sigma \leqslant \iint\limits_D \ln(x+y) d\sigma$.

(4)由于积分区域 D 位于半平面 $\{(x,y)|x+y \geqslant e\}$ 内,故在 D 上有 $\ln(x+y) \geqslant 1$,从而 $[\ln(x+y)]^2 \geqslant \ln(x+y)$.因此 $\iint\limits_D [\ln(x+y)]^2 d\sigma \geqslant \iint\limits_D \ln(x+y) d\sigma$.

【**方法点击**】 在比较被积函数在积分区域 D 上的大小时,一方面要考虑到 D 的特点,另一方面要恰当运用不等式证明的方法.

6.利用二重积分的性质估计下列积分的值:

(1) $I = \iint\limits_D xy(x+y) d\sigma$,其中 $D = \{(x,y)|0 \leqslant x \leqslant 1, 0 \leqslant y \leqslant 1\}$;

(2) $I = \iint\limits_D \sin^2 x \sin^2 y d\sigma$,其中 $D = \{(x,y)|0 \leqslant x \leqslant \pi, 0 \leqslant y \leqslant \pi\}$;

(3) $I = \iint\limits_D (x+y+1) d\sigma$,其中 $D = \{(x,y)|0 \leqslant x \leqslant 1, 0 \leqslant y \leqslant 2\}$;

(4) $I = \iint\limits_D (x^2+4y^2+9) d\sigma$,其中 $D = \{(x,y)|x^2+y^2 \leqslant 4\}$.

解:(1)在积分区域 D 上,$0 \leqslant x \leqslant 1, 0 \leqslant y \leqslant 1$,从而 $0 \leqslant xy(x+y) \leqslant 2$,又 D 的面积等于 1,因此

$$0 \leqslant \iint\limits_D xy(x+y) d\sigma \leqslant 2.$$

(2)在积分区域 D 上,$0 \leqslant \sin x \leqslant 1, 0 \leqslant \sin y \leqslant 1$,从而 $0 \leqslant \sin^2 x \sin^2 y \leqslant 1$,又 D 的面积等于 π^2,因此 $0 \leqslant \iint\limits_D \sin^2 x \sin^2 y d\sigma \leqslant \pi^2$.

(3)在积分区域 D 上有 $1 \leqslant x+y+1 \leqslant 4$,$D$ 的面积等于 2,因此 $2 \leqslant \iint\limits_D (x+y+1) d\sigma \leqslant 8$.

(4)因为在积分区域 D 上有 $0 \leqslant x^2+y^2 \leqslant 4$,所以有 $9 \leqslant x^2+4y^2+9 \leqslant 4(x^2+y^2)+9 \leqslant 25$.又 D 的面积等于 4π,因此 $36\pi \leqslant \iint\limits_D (x^2+4y^2+9) d\sigma \leqslant 100\pi$.

第二节 二重积分的计算法

习题 10-2 超精解(教材 P156~P160)

1.计算下列二重积分:

(1) $\iint\limits_D (x^2+y^2) d\sigma$,其中 $D = \{(x,y)||x| \leqslant 1, |y| \leqslant 1\}$;

(2) $\iint\limits_D (3x+2y)\mathrm{d}\sigma$,其中 D 是由两坐标轴及直线 $x+y=2$ 所围成的闭区域;

(3) $\iint\limits_D (x^3+3x^2y+y^3)\mathrm{d}\sigma$,其中 $D=\{(x,y)|0\leqslant x\leqslant 1,0\leqslant y\leqslant 1\}$;

(4) $\iint\limits_D x\cos(x+y)\mathrm{d}\sigma$,其中 D 是顶点分别为 $(0,0)$,$(\pi,0)$ 和 (π,π) 的三角形闭区域.

解:(1) $\iint\limits_D (x^2+y^2)\mathrm{d}\sigma = \int_{-1}^{1} \mathrm{d}x \int_{-1}^{1} (x^2+y^2)\mathrm{d}y = \int_{-1}^{1} \left(x^2 y + \frac{y^3}{3}\right)\Big|_{-1}^{1} \mathrm{d}x$

$$= \int_{-1}^{1} \left(2x^2 + \frac{2}{3}\right)\mathrm{d}x = \frac{8}{3}.$$

(2) D 可用不等式表示为 $0\leqslant y \leqslant 2-x$,$0\leqslant x \leqslant 2$. 于是

$$\iint\limits_D (3x+2y)\mathrm{d}\sigma = \int_0^2 \mathrm{d}x \int_0^{2-x}(3x+2y)\mathrm{d}y = \int_0^2 \left(3xy+y^2\right)\Big|_0^{2-x}\mathrm{d}x$$

$$= \int_0^2 (4+2x-2x^2)\mathrm{d}x = \frac{20}{3}.$$

(3) $\iint\limits_D (x^3+3x^2y+y^3)\mathrm{d}\sigma = \int_0^1 \mathrm{d}y \int_0^1 (x^3+3x^2y+y^3)\mathrm{d}x$

$$= \int_0^1 \left(\frac{x^4}{4}+x^3 y+y^3 x\right)\Big|_0^1 \mathrm{d}y = \int_0^1 \left(\frac{1}{4}+y+y^3\right)\mathrm{d}y = 1.$$

(4) D 可用不等式表示为 $0\leqslant y \leqslant x$,$0\leqslant x \leqslant \pi$. 于是

$$\iint\limits_D x\cos(x+y)\mathrm{d}\sigma = \int_0^\pi x\mathrm{d}x \int_0^x \cos(x+y)\mathrm{d}y = \int_0^\pi x\Big[\sin(x+y)\Big]\Big|_0^x \mathrm{d}x$$

$$= \int_0^\pi x(\sin 2x - \sin x)\mathrm{d}x = \int_0^\pi x\mathrm{d}\left(\cos x - \frac{1}{2}\cos 2x\right)$$

$$= \left[x\left(\cos x - \frac{1}{2}\cos 2x\right)\right]\Big|_0^\pi - \int_0^\pi \left(\cos x - \frac{1}{2}\cos 2x\right)\mathrm{d}x$$

$$= \pi\left(-1-\frac{1}{2}\right) - 0 = -\frac{3}{2}\pi.$$

2. 画出积分区域,并计算下列二重积分:

(1) $\iint\limits_D x\sqrt{y}\mathrm{d}\sigma$,其中 D 是由两条抛物线 $y=\sqrt{x}$,$y=x^2$ 所围成的闭区域;

(2) $\iint\limits_D xy^2\mathrm{d}\sigma$,其中 D 是由圆周 $x^2+y^2=4$ 及 y 轴所围成的右半闭区域;

(3) $\iint\limits_D e^{x+y}\mathrm{d}\sigma$,其中 $D=\{(x,y)||x|+|y|\leqslant 1\}$;

(4) $\iint\limits_D (x^2+y^2-x)\mathrm{d}\sigma$,其中 D 是由直线 $y=2$,$y=x$ 及 $y=2x$ 所围成的闭区域.

解:(1) D 可用不等式表示为 $x^2 \leqslant y \leqslant \sqrt{x}$,$0\leqslant x \leqslant 1$(如图 10-2 所示)于是

$$\iint\limits_D x\sqrt{y}\mathrm{d}\sigma = \int_0^1 x\mathrm{d}x \int_{x^2}^{\sqrt{x}} \sqrt{y}\mathrm{d}y = \frac{2}{3}\int_0^1 x\left(y^{\frac{3}{2}}\right)\Big|_{x^2}^{\sqrt{x}} \mathrm{d}x = \frac{2}{3}\int_0^1 \left(x^{\frac{7}{4}}-x^4\right)\mathrm{d}x = \frac{6}{55}.$$

(2) D 可用不等式表示为 $0\leqslant x \leqslant \sqrt{4-y^2}$,$-2\leqslant y \leqslant 2$(如图 10-3 所示)故

$$\iint\limits_D xy^2\mathrm{d}\sigma = \int_{-2}^{2} y^2 \mathrm{d}y \int_0^{\sqrt{4-y^2}} x\mathrm{d}x = \frac{1}{2}\int_{-2}^{2} y^2(4-y^2)\mathrm{d}y = \frac{64}{15}.$$

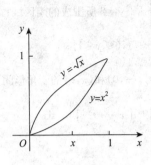

图 10-2　　　　　　　　图 10-3

(3) 如图 10-4 所示，$D=D_1\cup D_2$，其中 $D_1=\{(x,y)\mid -x-1\leqslant y\leqslant x+1,\ -1\leqslant x\leqslant 0\}$；$D_2=\{(x,y)\mid x-1\leqslant y\leqslant -x+1,\ 0\leqslant x\leqslant 1\}$.

因此

$$\iint_D e^{x+y}d\sigma=\iint_{D_1} e^{x+y}d\sigma+\iint_{D_2} e^{x+y}d\sigma=\int_{-1}^0 e^x dx\int_{-x-1}^{x+1} e^y dy+\int_0^1 e^x dx\int_{x-1}^{-x+1} e^y dy$$

$$=\int_{-1}^0 (e^{2x+1}-e^{-1})dx+\int_0^1 (e-e^{2x-1})dx=e-e^{-1}.$$

(4) $D=\left\{(x,y)\ \middle|\ \dfrac{y}{2}\leqslant x\leqslant y,\ 0\leqslant y\leqslant 2\right\}$（如图 10-5 所示），故

$$\iint_D (x^2+y^2-x)d\sigma=\int_0^2 dy\int_{\frac{y}{2}}^y (x^2+y^2-x)dx=\int_0^2 \left(\dfrac{x^3}{3}+y^2x-\dfrac{x^2}{2}\right)\bigg|_{\frac{y}{2}}^y dy$$

$$=\int_0^2 \left(\dfrac{19}{24}y^3-\dfrac{3}{8}y^2\right)dy=\dfrac{13}{6}.$$

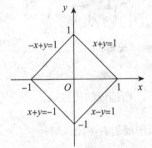　　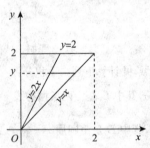

图 10-4　　　　　　　　图 10-5

3. 如果二重积分 $\iint_D f(x,y)dxdy$ 的被积函数 $f(x,y)$ 是两个函数 $f_1(x)$ 及 $f_2(y)$ 的乘积，即 $f(x,y)=f_1(x)\cdot f_2(y)$，积分区域 $D=\{(x,y)\mid a\leqslant x\leqslant b,c\leqslant y\leqslant d\}$，证明这个二重积分等于两个单积分的乘积，即 $\iint_D f_1(x)\cdot f_2(y)dxdy=\int_a^b f_1(x)dx\cdot\int_c^d f_2(y)dy$.

证：$\iint_D f_1(x)\cdot f_2(y)dxdy=\int_a^b\left[\int_c^d f_1(x)\cdot f_2(y)dy\right]dx.$

在上式右端的第一次单积分 $\int_c^d f_1(x)\cdot f_2(y)dy$ 中，$f_1(x)$ 与积分变量 y 无关，可视为常数

提到积分号外,因此上式右端等于 $\int_a^b f_1(x) \cdot \left[\int_c^d f_2(y)dy\right]dx$.

而在这个积分中,由于 $\int_c^d f_2(y)dy$ 为常数,故又可提到积分号外,从而得到

$$\iint_D f_1(x) \cdot f_2(y) dxdy = \int_c^d f_2(y)dy \cdot \int_a^b f_1(x)dx = \int_a^b f_1(x)dx \cdot \int_c^d f_2(y)dy.$$

证毕.

4. 化二重积分 $I = \iint_D f(x,y)d\sigma$ 为二次积分(分别列出对两个变量先后次序不同的两个二次积分),其中积分区域 D 是:

(1) 由直线 $y=x$ 及抛物线 $y^2=4x$ 所围成的闭区域;

(2) 由 x 轴及半圆周 $x^2+y^2=r^2(y\geqslant 0)$ 所围成的闭区域;

(3) 由直线 $y=x, x=2$ 及双曲线 $y=\dfrac{1}{x}(x>0)$ 所围成的闭区域;

(4) 环形闭区域 $\{(x,y) | 1\leqslant x^2+y^2\leqslant 4\}$.

解:(1) 直线 $y=x$ 及抛物线 $y^2=4x$ 的交点为 $(0,0)$ 和 $(4,4)$ (如图 10-6 所示). 于是

$$I = \int_0^4 dx \int_x^{2\sqrt{x}} f(x,y)dy \text{ 或 } I = \int_0^4 dy \int_{\frac{y^2}{4}}^{y} f(x,y)dx.$$

(2) 将 D 用不等式表示为 $0\leqslant y\leqslant \sqrt{r^2-x^2}, -r\leqslant x\leqslant r$,于是可将 I 化为如下的先对 y、后对 x 的二次积分:$I = \int_{-r}^{r} dx \int_0^{\sqrt{r^2-x^2}} f(x,y)dy$;

如将 D 用不等式表示为 $-\sqrt{r^2-y^2}\leqslant x\leqslant \sqrt{r^2-y^2}, 0\leqslant y\leqslant r$,则可将 I 化为如下的先对 x、后对 y 的二次积分:$I = \int_0^r dy \int_{-\sqrt{r^2-y^2}}^{\sqrt{r^2-y^2}} f(x,y)dx$.

(3) 如图 10-7 所示. 三条边界曲线两两相交,先求得 3 个交点为 $(1,1)$, $\left(2, \dfrac{1}{2}\right)$ 和 $(2,2)$. 于是 $I = \int_1^2 dx \int_{\frac{1}{x}}^{x} f(x,y)dy$ 或 $I = \int_{\frac{1}{2}}^{1} dy \int_{\frac{1}{y}}^{2} f(x,y)dx + \int_1^2 dy \int_y^2 f(x,y)dx$.

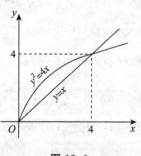

图 10-6

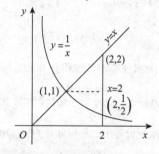

图 10-7

【方法点击】 本题说明,将二重积分化为二次积分时,需注意根据积分区域边界曲线的情况,选取恰当的积分次序. 本题中积分区域 D 的上、下边界曲线均分别由一个方程给出,而左边曲线却分为两段,由两个不同的方程给出,在这种情况下采取先对 y、后对 x 的积分次序比较有利,这样只需做一个二次积分;而如果采用相反的积分次序,则需计算两个二次积分.

需要指出,选取积分次序时,还需考虑被积函数 $f(x,y)$ 的特点.

(4)将 D 按图 10-8(a)和图 10-8(b)的两种不同方式划为 4 块,分别得

$$I=\int_{-2}^{-1}dx\int_{-\sqrt{4-x^2}}^{\sqrt{4-x^2}}f(x,y)dy+\int_{-1}^{1}dx\int_{\sqrt{1-x^2}}^{\sqrt{4-x^2}}f(x,y)dy+$$

$$\int_{-1}^{1}dx\int_{-\sqrt{4-x^2}}^{-\sqrt{1-x^2}}f(x,y)dy+\int_{1}^{2}dx\int_{-\sqrt{4-x^2}}^{\sqrt{4-x^2}}f(x,y)dy,$$

和

$$I=\int_{-2}^{-1}dy\int_{-\sqrt{4-y^2}}^{\sqrt{4-y^2}}f(x,y)dx+\int_{-1}^{1}dy\int_{\sqrt{1-y^2}}^{\sqrt{4-y^2}}f(x,y)dx+$$

$$\int_{-1}^{1}dy\int_{\sqrt{1-y^2}}^{\sqrt{4-y^2}}f(x,y)dx+\int_{1}^{2}dy\int_{-\sqrt{4-y^2}}^{\sqrt{4-y^2}}f(x,y)dx.$$

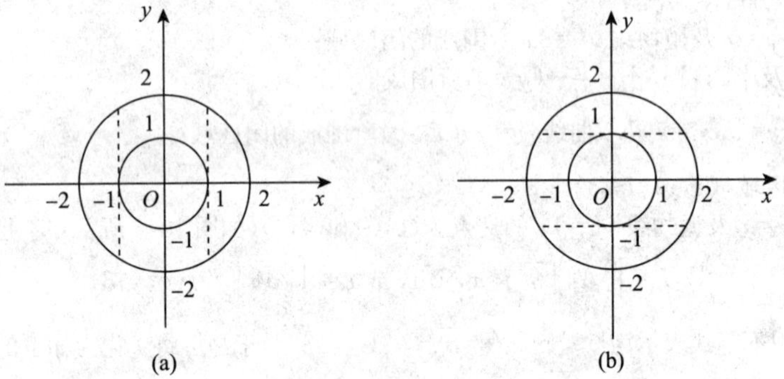

图 10-8

5.设 $f(x,y)$ 在 D 上连续,其中 D 是由直线 $y=x$、$y=a$ 及 $x=b(b>a)$ 所围成的闭区域,证明

$$\int_{a}^{b}dx\int_{a}^{x}f(x,y)dy=\int_{a}^{b}dy\int_{y}^{b}f(x,y)dx.$$

证:等式两端的二次积分均等于二重积分 $\iint\limits_{D}f(x,y)d\sigma$,因而它们相等.

6.改换下列二次积分的积分次序:

(1) $\int_{0}^{1}dy\int_{0}^{y}f(x,y)dx$;   (2) $\int_{0}^{2}dy\int_{y^2}^{2y}f(x,y)dx$;   (3) $\int_{0}^{1}dy\int_{-\sqrt{1-y^2}}^{\sqrt{1-y^2}}f(x,y)dx$;

(4) $\int_{1}^{2}dx\int_{2-x}^{\sqrt{2x-x^2}}f(x,y)dy$;   (5) $\int_{1}^{e}dx\int_{0}^{\ln x}f(x,y)dy$;   (6) $\int_{0}^{\pi}dx\int_{-\sin\frac{x}{2}}^{\sin x}f(x,y)dy$.

解:(1)所给二次积分等于二重积分 $\iint\limits_{D}f(x,y)d\sigma$,其中 $D=\{(x,y)|0\leqslant x\leqslant y,0\leqslant y\leqslant 1\}$. D 可改写为 $\{(x,y)|x\leqslant y\leqslant 1,0\leqslant x\leqslant 1\}$(如图 10-9 所示),于是原式 $=\int_{0}^{1}dx\int_{x}^{1}f(x,y)dy$.

(2)所给二次积分等于二重积分 $\iint\limits_{D}f(x,y)d\sigma$,其中 $D=\{(x,y)|y^2\leqslant x\leqslant 2y,0\leqslant y\leqslant 2\}$.又 D 可表示为 $\left\{(x,y)\left|\frac{x}{2}\leqslant y\leqslant \sqrt{x},0\leqslant x\leqslant 4\right.\right\}$(如图 10-10 所示),因此原式 $=\int_{0}^{4}dx\int_{\frac{x}{2}}^{\sqrt{x}}f(x,y)dy$;

(3)所给二次积分等于二重积分 $\iint\limits_{D}f(x,y)d\sigma$,其中 $D=\{(x,y)|-\sqrt{1-y^2}\leqslant x\leqslant \sqrt{1-y^2},0\leqslant y\leqslant 1\}$.又 D 可表示为 $\{(x,y)|0\leqslant y\leqslant \sqrt{1-x^2},-1\leqslant x\leqslant 1\}$(如图 10-11 所示),因此

$$原式=\int_{-1}^{1}dx\int_{0}^{\sqrt{1-x^2}}f(x,y)dy.$$

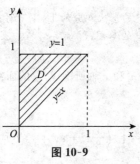

图 10-9

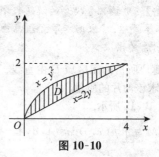

图 10-10

(4) 所给二次积分等于二重积分 $\iint_D f(x,y)\mathrm{d}\sigma$，其中 $D=\{(x,y)\mid 2-x\leqslant y\leqslant\sqrt{2x-x^2},\ 1\leqslant x\leqslant 2\}$. 又 D 可表示为 $\{(x,y)\mid 2-y\leqslant x\leqslant 1+\sqrt{1-y^2},0\leqslant y\leqslant 1\}$（如图 10-12 所示），故

$$原式=\int_0^1\mathrm{d}y\int_{2-y}^{1+\sqrt{1-y^2}}f(x,y)\mathrm{d}x.$$

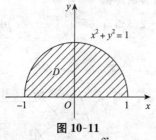

图 10-11

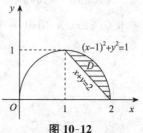

图 10-12

(5) 所给二次积分等于二重积分 $\iint_D f(x,y)\mathrm{d}\sigma$，其中 $D=\{(x,y)\mid 0\leqslant y\leqslant\ln x,1\leqslant x\leqslant\mathrm{e}\}$. 又 D 可表示为 $\{(x,y)\mid \mathrm{e}^y\leqslant x\leqslant\mathrm{e},0\leqslant y\leqslant 1\}$（如图 10-13 所示），故原式 $=\int_0^1\mathrm{d}y\int_{\mathrm{e}^y}^{\mathrm{e}}f(x,y)\mathrm{d}x.$

(6) 如图 10-14 所示，将积分区域 D 表示为 $D_1\cup D_2$，其中

$D_1=\{(x,y)\mid \arcsin y\leqslant x\leqslant\pi-\arcsin y,0\leqslant y\leqslant 1\}$[①]，

$D_2=\{(x,y)\mid -2\arcsin y\leqslant x\leqslant\pi,-1\leqslant y\leqslant 0\}$.

于是原式 $=\int_0^1\mathrm{d}y\int_{\arcsin y}^{\pi-\arcsin y}f(x,y)\mathrm{d}x+\int_{-1}^0\mathrm{d}y\int_{-2\arcsin y}^{\pi}f(x,y)\mathrm{d}x.$

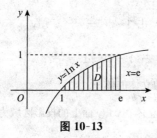

图 10-13

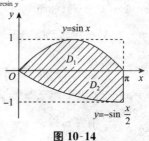

图 10-14

---

① 当 $x\in\left[0,\dfrac{\pi}{2}\right]$ 时，$y=\sin x$ 的反函数是 $x=\arcsin y$. 而当 $x\in\left(\dfrac{\pi}{2},\pi\right]$ 时，$\pi-x\in\left[0,\dfrac{\pi}{2}\right)$. 于是由 $y=\sin x=\sin(\pi-x)$ 可得 $\pi-x=\arcsin y$，从而得反函数 $x=\pi-\arcsin y$.

【方法点击】 更换积分次序的解题程序：①由所给定的累次积分的上、下限写出表示积分区域 D 的不等式组；②依据不等式组画出积分区域 D 的草图；③确定新的累次积分的上、下限；④写出新的累次积分.

7. 设平面薄片所占的闭区域 D 由直线 $x+y=2$，$y=x$ 和 x 轴所围成，它的面密度 $\mu(x,y)=x^2+y^2$，求该薄片的质量.

解：D 如图 10-15 所示.

$$M = \iint_D \mu(x,y)d\sigma = \int_0^1 dy \int_y^{2-y}(x^2+y^2)dx = \int_0^1 \left(\frac{1}{3}x^3+xy^2\right)\bigg|_y^{2-y} dy$$

$$= \int_0^1 \left[\frac{1}{3}(2-y)^3+2y^2-\frac{7}{3}y^3\right]dy = \left[-\frac{1}{12}(2-y)^4+\frac{2}{3}y^3-\frac{7}{12}y^4\right]\bigg|_0^1 = \frac{4}{3}.$$

8. 计算由四个平面 $x=0$，$y=0$，$x=1$，$y=1$ 所围成的柱体被平面 $z=0$ 及 $2x+3y+z=6$ 截得的立体的体积.

解：此立体为一曲顶柱体，它的底是 xOy 面上的闭区域 $D=\{(x,y)\mid 0\leqslant x\leqslant 1, 0\leqslant y\leqslant 1\}$，顶是曲面 $z=6-2x-3y$（如图 10-16 所示）. 因此所求立体的体积

$$V = \iint_D (6-2x-3y)dxdy = \int_0^1 dx \int_0^1 (6-2x-3y)dy = \int_0^1 \left(\frac{9}{2}-2x\right)dx = \frac{7}{2}.$$

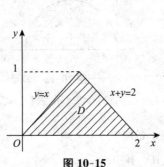
图 10-15

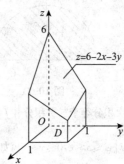
图 10-16

9. 求由平面 $x=0$，$y=0$，$x+y=1$ 所围成的柱体被平面 $z=0$ 及抛物面 $x^2+y^2=6-z$ 截得的立体的体积.

解：此立体为一曲顶柱体，它的底是 xOy 面上的闭区域 $D=\{(x,y)\mid 0\leqslant y\leqslant 1-x, 0\leqslant x\leqslant 1\}$，顶是曲面 $z=6-(x^2+y^2)$（如图 10-17 所示），故体积

$$V = \iint_D [6-(x^2+y^2)]dxdy = \int_0^1 dx \int_0^{1-x}(6-x^2-y^2)dy$$

$$= \int_0^1 \left[6\times(1-x)-x^2+x^3-\frac{1}{3}(1-x)^3\right]dx = \frac{17}{6}.$$

10. 求由曲面 $z=x^2+2y^2$ 及 $z=6-2x^2-y^2$ 所围成的立体的体积.

解：由 $\begin{cases} z=x^2+2y^2, \\ z=6-2x^2-y^2 \end{cases}$ 消去 z，得 $x^2+y^2=2$，故所求立体在 xOy 面上的投影区域为

$$D=\{(x,y)\mid x^2+y^2\leqslant 2\}\ （如图 10-18 所示）.$$

所求立体的体积等于两个曲顶柱体体积的差：

$$V = \iint_D (6-2x^2-y^2)d\sigma - \iint_D (x^2+2y^2)d\sigma = \iint_D (6-3x^2-3y^2)d\sigma$$

$$=\iint_D (6-3r^2)r\mathrm{d}r\mathrm{d}\theta = \int_0^{2\pi}\mathrm{d}\theta\int_0^{\sqrt{2}}(6-3r^2)r\mathrm{d}r = 6\pi.$$

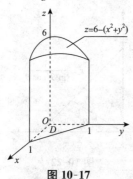

图 10-17　　　　　　　　　图 10-18

【**方法点击**】　求类似于第 8~10 题中这样的立体体积时,并不一定要画出立体的准确图形,但一定要会求立体在坐标面上的投影区域,并知道立体的底和顶的方程,这就需要复习和掌握第八章中学过的空间解析几何的有关知识.

11. 画出积分区域,把积分 $\iint_D f(x,y)\mathrm{d}x\mathrm{d}y$ 表示为极坐标形式的二次积分,其中积分区域 D 是:
   (1) $\{(x,y)\mid x^2+y^2\leqslant a^2\}\ (a>0)$;　　　　(2) $\{(x,y)\mid x^2+y^2\leqslant 2x\}$;
   (3) $\{(x,y)\mid a^2\leqslant x^2+y^2\leqslant b^2\}$, 其中 $0<a<b$;　　(4) $\{(x,y)\mid 0\leqslant y\leqslant 1-x, 0\leqslant x\leqslant 1\}$.

解:(1) 如图 10-19 所示,在极坐标系中,$D=\{(r,\theta)\mid 0\leqslant r\leqslant a, 0\leqslant\theta\leqslant 2\pi\}$,故

$$\iint_D f(x,y)\mathrm{d}x\mathrm{d}y = \iint_D f(r\cos\theta, r\sin\theta)r\mathrm{d}r\mathrm{d}\theta = \int_0^{2\pi}\mathrm{d}\theta\int_0^a f(r\cos\theta, r\sin\theta)r\mathrm{d}r.$$

(2) 如图 10-20 所示,在极坐标系中,$D=\{(r,\theta)\mid 0\leqslant r\leqslant 2\cos\theta, -\dfrac{\pi}{2}\leqslant\theta\leqslant\dfrac{\pi}{2}\}$,故

$$\iint_D f(x,y)\mathrm{d}x\mathrm{d}y = \iint_D f(r\cos\theta, r\sin\theta)r\mathrm{d}r\mathrm{d}\theta = \int_{-\frac{\pi}{2}}^{\frac{\pi}{2}}\mathrm{d}\theta\int_0^{2\cos\theta} f(r\cos\theta, r\sin\theta)r\mathrm{d}r.$$

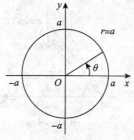
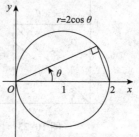

图 10-19　　　　　　　　　图 10-20

(3) 如图 10-21 所示,在极坐标系中,$D=\{(r,\theta)\mid a\leqslant r\leqslant b, 0\leqslant\theta\leqslant 2\pi,\}$ 故

$$\iint_D f(x,y)\mathrm{d}x\mathrm{d}y = \iint_D f(r\cos\theta, r\sin\theta)r\mathrm{d}r\mathrm{d}\theta = \int_0^{2\pi}\mathrm{d}\theta\int_a^b f(r\cos\theta, r\sin\theta)r\mathrm{d}r.$$

(4) D 如图 10-22 所示,在极坐标系中,直线 $x+y=1$ 的方程为 $r=\dfrac{1}{\sin\theta+\cos\theta}$,故

$$D=\left\{(r,\theta)\;\Big|\;0\leqslant r\leqslant\dfrac{1}{\sin\theta+\cos\theta}, 0\leqslant\theta\leqslant\dfrac{\pi}{2}\right\}.\text{ 于是}$$

$$\iint_D f(x,y)\mathrm{d}x\mathrm{d}y = \iint_D f(r\cos\theta, r\sin\theta)r\mathrm{d}r\mathrm{d}\theta = \int_0^{\frac{\pi}{2}} \mathrm{d}\theta \int_0^{\frac{1}{\sin\theta+\cos\theta}} f(r\cos\theta, r\sin\theta)r\mathrm{d}r.$$

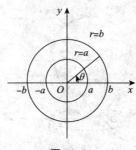

图 10-21

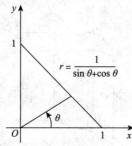

图 10-22

12. 化下列二次积分为极坐标形式的二次积分：

(1) $\int_0^1 \mathrm{d}x \int_0^1 f(x,y)\mathrm{d}y$； (2) $\int_0^2 \mathrm{d}x \int_x^{\sqrt{3}x} f(\sqrt{x^2+y^2})\mathrm{d}y$；

(3) $\int_0^1 \mathrm{d}x \int_{1-x}^{\sqrt{1-x^2}} f(x,y)\mathrm{d}y$； (4) $\int_0^1 \mathrm{d}x \int_0^{x^2} f(x,y)\mathrm{d}y$.

解：(1) 如图 10-23 所示，用直线 $y=x$ 将积分区域 D 分成 D_1, D_2 两部分：

$$D_1 = \left\{(r,\theta) \mid 0 \leqslant r \leqslant \sec\theta, 0 \leqslant \theta \leqslant \frac{\pi}{4}\right\}; D_2 = \left\{(r,\theta) \mid 0 \leqslant r \leqslant \csc\theta, \frac{\pi}{4} \leqslant \theta \leqslant \frac{\pi}{2}\right\}.$$

于是原式 $= \int_0^{\frac{\pi}{4}} \mathrm{d}\theta \int_0^{\sec\theta} f(r\cos\theta, r\sin\theta)r\mathrm{d}r + \int_{\frac{\pi}{4}}^{\frac{\pi}{2}} \mathrm{d}\theta \int_0^{\csc\theta} f(r\cos\theta, r\sin\theta)r\mathrm{d}r$.

(2) D 如图 10-24 所示. 在极坐标系中，直线 $x=2, y=x$ 和 $y=\sqrt{3}x$ 的方程分别是 $r=2\sec\theta$，$\theta=\frac{\pi}{4}$ 和 $\theta=\frac{\pi}{3}$. 因此 $D = \left\{(r,\theta) \mid 0 \leqslant r \leqslant 2\sec\theta, \frac{\pi}{4} \leqslant \theta \leqslant \frac{\pi}{3}\right\}$.

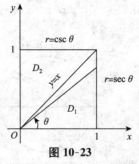

图 10-23

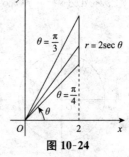

图 10-24

又 $f(\sqrt{x^2+y^2}) = f(r)$. 于是原式 $= \int_{\frac{\pi}{4}}^{\frac{\pi}{3}} \mathrm{d}\theta \int_0^{2\sec\theta} f(r)r\mathrm{d}r$.

(3) D 如图 10-25 所示. 在极坐标系中，直线 $y=1-x$ 的方程为 $r = \dfrac{1}{\sin\theta+\cos\theta}$，圆 $y=\sqrt{1-x^2}$ 的方程为 $r=1$，因此 $D = \left\{(r,\theta) \mid \dfrac{1}{\sin\theta+\cos\theta} \leqslant r \leqslant 1, 0 \leqslant \theta \leqslant \dfrac{\pi}{2}\right\}$，

于是，原式 $= \int_0^{\frac{\pi}{2}} \mathrm{d}\theta \int_{\frac{1}{\sin\theta+\cos\theta}}^1 f(r\cos\theta, r\sin\theta)r\mathrm{d}r$.

(4) D 如图 10-26 所示.

在极坐标系中,直线 $x=1$ 的方程是 $r=\sec\theta$;抛物线 $y=x^2$ 的方程是 $r\sin\theta=r^2\cos^2\theta$,即 $r=\tan\theta\sec\theta$;两者的交点与原点的连线的方程是 $\theta=\dfrac{\pi}{4}$. 故

$$D=\{(r,\theta)\mid \tan\theta\sec\theta\leqslant r\leqslant\sec\theta,0\leqslant\theta\leqslant\dfrac{\pi}{4}\},$$

于是,原式 $=\displaystyle\int_0^{\frac{\pi}{4}}\mathrm{d}\theta\int_{\tan\theta\sec\theta}^{\sec\theta}f(r\cos\theta,r\sin\theta)r\mathrm{d}r.$

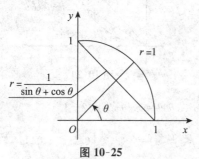

图 10-25　　　　　图 10-26

13. 把下列积分化为极坐标形式,并计算积分值:

(1) $\displaystyle\int_0^{2a}\mathrm{d}x\int_0^{\sqrt{2ax-x^2}}(x^2+y^2)\mathrm{d}y$;　　(2) $\displaystyle\int_0^a\mathrm{d}x\int_0^x\sqrt{x^2+y^2}\mathrm{d}y$;

(3) $\displaystyle\int_0^1\mathrm{d}x\int_{x^2}^x(x^2+y^2)^{-\frac{1}{2}}\mathrm{d}y$;　　(4) $\displaystyle\int_0^a\mathrm{d}y\int_0^{\sqrt{a^2-y^2}}(x^2+y^2)\mathrm{d}x.$

解:(1)积分区域 D 如图 10-27 所示.在极坐标系中,

$D=\left\{(r,\theta)\mid 0\leqslant r\leqslant 2a\cos\theta,0\leqslant\theta\leqslant\dfrac{\pi}{2}\right\}$,于是,

原式 $=\displaystyle\int_0^{\frac{\pi}{2}}\mathrm{d}\theta\int_0^{2a\cos\theta}r^2\cdot r\mathrm{d}r=\int_0^{\frac{\pi}{2}}\left(\dfrac{r^4}{4}\right)\bigg|_0^{2a\cos\theta}\mathrm{d}\theta$

$=4a^4\displaystyle\int_0^{\frac{\pi}{2}}\cos^4\theta\mathrm{d}\theta=4a^4\times\dfrac{3}{4}\times\dfrac{1}{2}\times\dfrac{\pi}{2}=\dfrac{3}{4}\pi a^4.$

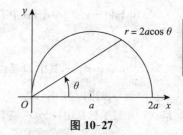

图 10-27

【**方法点击**】 在多元函数积分学的计算题中,常会遇到定积分 $\displaystyle\int_0^{\frac{\pi}{2}}\sin^n\theta\mathrm{d}\theta$ 和 $\displaystyle\int_0^{\frac{\pi}{2}}\cos^n\theta\mathrm{d}\theta$,因此记住如下的结果是很有益的:

$$\int_0^{\frac{\pi}{2}}\sin^n\theta\mathrm{d}\theta=\int_0^{\frac{\pi}{2}}\cos^n\theta\mathrm{d}\theta=\begin{cases}\dfrac{n-1}{n}\times\dfrac{n-3}{n-2}\times\cdots\times\dfrac{3}{4}\times\dfrac{1}{2}\times\dfrac{\pi}{2},&n\text{ 为正偶数},\\[2mm]\dfrac{n-1}{n}\times\dfrac{n-3}{n-2}\times\cdots\times\dfrac{4}{5}\times\dfrac{2}{3},&n\text{ 为大于 1 的正奇数}.\end{cases}$$

(2) 如图 10-28,在极坐标系中 $D=\left\{(r,\theta)\mid 0\leqslant r\leqslant a\sec\theta,0\leqslant\theta\leqslant\dfrac{\pi}{4}\right\}.$

于是,原式 $=\displaystyle\int_0^{\frac{\pi}{4}}\theta\int_0^{a\sec\theta}r\cdot r\mathrm{d}r=\dfrac{a^3}{3}\int_0^{\frac{\pi}{4}}\sec^3\theta\mathrm{d}\theta$

$=\dfrac{a^3}{6}\bigl[\sec\theta\tan\theta+\ln(\sec\theta+\tan\theta)\bigr]\bigg|_0^{\frac{\pi}{4}}=\dfrac{a^3}{6}[\sqrt{2}+\ln(\sqrt{2}+1)].$

(3) 积分区域 D 如图 10-29 所示. 在极坐标系中, 抛物线 $y=x^2$ 的方程是 $r\sin\theta=r^2\cos^2\theta$, 即 $r=\tan\theta\sec\theta$; 直线 $y=x$ 的方程是 $\theta=\frac{\pi}{4}$, 故 $D=\{(r,\theta)\mid 0\leqslant r\leqslant \tan\theta\sec\theta, 0\leqslant\theta\leqslant\frac{\pi}{4}\}$.

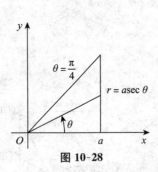

图 10-28

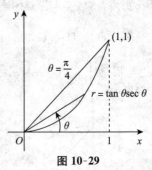

图 10-29

于是, 原式 $=\int_0^{\frac{\pi}{4}}\mathrm{d}\theta\int_0^{\tan\theta\sec\theta}\frac{1}{r}\cdot r\mathrm{d}r=\int_0^{\frac{\pi}{4}}\tan\theta\sec\theta\mathrm{d}\theta=\sec\theta\Big|_0^{\frac{\pi}{4}}=\sqrt{2}-1$.

(4) 积分区域 $D=\{(x,y)\mid 0\leqslant x\leqslant\sqrt{a^2-y^2}, 0\leqslant y\leqslant a\}=\{(r,\theta)\mid 0\leqslant r\leqslant a, 0\leqslant\theta\leqslant\frac{\pi}{2}\}$,

故原式 $=\int_0^{\frac{\pi}{2}}\mathrm{d}\theta\int_0^a r^2\cdot r\mathrm{d}r=\frac{\pi}{2}\cdot\frac{a^4}{4}=\frac{\pi}{8}a^4$.

14. 利用极坐标计算下列各题:

(1) $\iint\limits_D e^{x^2+y^2}\mathrm{d}\sigma$, 其中 D 是由圆周 $x^2+y^2=4$ 所围成的闭区域;

(2) $\iint\limits_D \ln(1+x^2+y^2)\mathrm{d}\sigma$, 其中 D 是由圆周 $x^2+y^2=1$ 及坐标轴所围成的在第一象限内的闭区域;

(3) $\iint\limits_D \arctan\frac{y}{x}\mathrm{d}\sigma$, 其中 D 是由圆周 $x^2+y^2=4$, $x^2+y^2=1$ 及直线 $y=0$, $y=x$ 所围成的在第一象限内的闭区域.

解: (1) 在极坐标系中, 积分区域 $D=\{(r,\theta)\mid 0\leqslant r\leqslant 2, 0\leqslant\theta\leqslant 2\pi\}$ 于是

$$\iint\limits_D e^{x^2+y^2}\mathrm{d}\sigma=\iint\limits_D e^{r^2}\cdot r\mathrm{d}r\mathrm{d}\theta=\int_0^{2\pi}\mathrm{d}\theta\int_0^2 e^{r^2}\cdot r\mathrm{d}r=2\pi\cdot\frac{e^{r^2}}{2}\Big|_0^2=\pi(e^4-1).$$

(2) 在极坐标系中, 积分区域 $D=\{(r,\theta)\mid 0\leqslant r\leqslant 1, 0\leqslant\theta\leqslant\frac{\pi}{2}\}$, 于是

$$\iint\limits_D \ln(1+x^2+y^2)\mathrm{d}\sigma=\iint\limits_D \ln(1+r^2)\cdot r\mathrm{d}r\mathrm{d}\theta=\int_0^{\frac{\pi}{2}}\mathrm{d}\theta\int_0^1 \ln(1+r^2)\cdot r\mathrm{d}r$$

$$=\frac{\pi}{2}\times\frac{1}{2}\int_0^1 \ln(1+r^2)\mathrm{d}(1+r^2)$$

$$=\frac{\pi}{4}\left[(1+r^2)\ln(1+r^2)\Big|_0^1-\int_0^1 2r\mathrm{d}r\right]$$

$$=\frac{\pi}{4}(2\ln 2-1).$$

(3) 在极坐标系中, 积分区域 $D=\{(r,\theta)\mid 1\leqslant r\leqslant 2, 0\leqslant\theta\leqslant\frac{\pi}{4}\}$, $\arctan\frac{y}{x}=\theta$, 于是

$$\iint\limits_{D}\arctan\frac{y}{x}\mathrm{d}\sigma=\iint\limits_{D}\theta\cdot r\mathrm{d}r\mathrm{d}\theta=\int_{0}^{\frac{\pi}{4}}\theta\mathrm{d}\theta\int_{1}^{2}r\mathrm{d}r=\frac{1}{2}\left(\frac{\pi}{4}\right)^{2}\cdot\frac{1}{2}(2^{2}-1)=\frac{3}{64}\pi^{2}.$$

15. 选用适当的坐标计算下列各题:

   (1) $\iint\limits_{D}\frac{x^{2}}{y^{2}}\mathrm{d}\sigma$,其中 D 是由直线 $x=2$,$y=x$ 及曲线 $xy=1$ 所围成的闭区域;

   (2) $\iint\limits_{D}\sqrt{\frac{1-x^{2}-y^{2}}{1+x^{2}+y^{2}}}\mathrm{d}\sigma$,其中 D 是由圆周 $x^{2}+y^{2}=1$ 及坐标轴所围成的在第一象限内的闭区域;

   (3) $\iint\limits_{D}(x^{2}+y^{2})\mathrm{d}\sigma$,其中 D 是由直线 $y=x$,$y=x+a$,$y=a$,$y=3a(a>0)$ 所围成的闭区域;

   (4) $\iint\limits_{D}\sqrt{x^{2}+y^{2}}\mathrm{d}\sigma$,其中 D 是圆环形闭区域 $\{(x,y)\mid a^{2}\leqslant x^{2}+y^{2}\leqslant b^{2}\}$.

【思路探索】 (1)由积分域 D 的形状及被积函数的特点,第(1)题选用直角坐标较为简单,其积分次序采用先对 y 积分后对 x 积分,将二重积分化为二次积分进行计算. (2)第(4)题的被积函数含有 $x^{2}+y^{2}$,积分区域 D 与圆弧有关,故采用极坐标计算二重积分的值.

解:(1)D 如图 10-30 所示.根据 D 的形状,选用直角坐标较宜.

【方法点击】 本题中积分域 D 既是 X 型又是 Y 型,因此可以按不同的积分顺序将二重积分转化为二次积分进行运算.但本题中若采用先 x 后 y 的积分顺序则需要对积分域 D 进行划分.即将 D 分为 D_1 与 D_2 两部分,且 $D=D_1+D_2$,其中 $D_1=\left\{(x,y)\left|\frac{1}{2}\leqslant y\leqslant 1,\frac{1}{y}\leqslant x\leqslant 2\right.\right\}$,$D_2=\{(x,y)\mid 1\leqslant y\leqslant 2,y\leqslant x\leqslant 2\}$;根据二重积分的性质知,原二重积分就等于在 D_1 与 D_2 上的两个二重积分之和,采用先 x 后 y 的积分顺序显然比利用先 y 后 x 的次序更麻烦,由此可见,当积分域 D 既是 X 型又是 Y 型时,积分顺序的选择对计算的繁简是有直接影响的.

(2)根据积分区域 D 的形状和被积函数的特点,选用极坐标为宜.

$$D=\left\{(r,\theta)\,\Big|\,0\leqslant r\leqslant 1,0\leqslant\theta\leqslant\frac{\pi}{2}\right\},$$

故原式 $=\iint\limits_{D}\sqrt{\frac{1-r^{2}}{1+r^{2}}}r\mathrm{d}r\mathrm{d}\theta=\int_{0}^{\frac{\pi}{2}}\mathrm{d}\theta\int_{0}^{1}\sqrt{\frac{1-r^{2}}{1+r^{2}}}r\mathrm{d}r$

$\quad=\frac{\pi}{2}\cdot\int_{0}^{1}\frac{1-r^{2}}{\sqrt{1-r^{4}}}r\mathrm{d}r=\frac{\pi}{2}\left(\int_{0}^{1}\frac{r}{\sqrt{1-r^{4}}}\mathrm{d}r-\int_{0}^{1}\frac{r^{3}}{\sqrt{1-r^{4}}}\mathrm{d}r\right)$

$\quad=\frac{\pi}{2}\left[\frac{1}{2}\int_{0}^{1}\frac{1}{\sqrt{1-r^{4}}}\mathrm{d}r^{2}+\frac{1}{4}\int_{0}^{1}\frac{1}{\sqrt{1-r^{4}}}\mathrm{d}(1-r^{4})\right]$

$\quad=\frac{\pi}{2}\left(\frac{1}{2}\arcsin r^{2}\Big|_{0}^{1}+\frac{1}{2}\sqrt{1-r^{4}}\Big|_{0}^{1}\right)=\frac{\pi}{8}(\pi-2).$

(3)D 如图 10-31 所示.选用直角坐标为宜.又根据 D 的边界曲线的情况,宜采用先对 x,后对 y 的积分次序.于是

$$\iint\limits_{D}(x^{2}+y^{2})\mathrm{d}\sigma=\int_{a}^{3a}\mathrm{d}y\int_{y-a}^{y}(x^{2}+y^{2})\mathrm{d}x=\int_{a}^{3a}\left(2ay^{2}-a^{2}y+\frac{a^{3}}{3}\right)\mathrm{d}y=14a^{4}.$$

(4)本题显然适于用极坐标计算.$D=\{(r,\theta)\mid a\leqslant r\leqslant b,0\leqslant\theta\leqslant 2\pi\}$.

$$\iint\limits_{D}\sqrt{x^{2}+y^{2}}\mathrm{d}\sigma=\iint\limits_{D}r\cdot r\mathrm{d}r\mathrm{d}\theta=\int_{0}^{2\pi}\mathrm{d}\theta\int_{a}^{b}r^{2}\mathrm{d}r=2\pi\cdot\frac{1}{3}(b^{3}-a^{3})=\frac{2}{3}\pi(b^{3}-a^{3}).$$

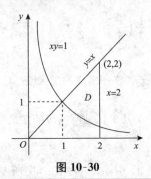

图 10-30

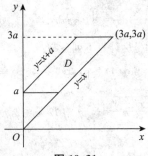

图 10-31

【方法点击】 在极坐标中计算二重积分一般采用先 r 后 θ 的积分次序,其关键是确定累次积分的上、下限.

在计算二重积分时,首先应根据积分域 D 的形状及被积函数的特点选择坐标系,确定坐标系后关键是确定出累次积分的上、下限. 一般当积分域 D 由抛物线、直线或双曲线围成时采用直角坐标较简单;而当积分域 D 为圆域或圆域的一部分时采用极坐标系计算二重积分较容易. 如本题,若采用直角坐标系则要将 D 划分为四部分,需计算 4 个二重积分,显然本题利用极坐标比直角坐标要简单.

16. 设平面薄片所占的闭区域 D 由螺线 $r=2\theta$ 上一段弧 $\left(0\leqslant\theta\leqslant\dfrac{\pi}{2}\right)$ 与直线 $\theta=\dfrac{\pi}{2}$ 所围成,它的面密度为 $\mu(x,y)=x^2+y^2$. 求这薄片的质量.

解:薄片的质量为它的面密度在薄片所占区域 D 上的二重积分(如图 10-32 所示),即

$$M=\iint\limits_D \mu(x,y)\mathrm{d}\sigma=\iint\limits_D (x^2+y^2)\mathrm{d}\sigma=\iint\limits_D r^2\cdot r\mathrm{d}r\mathrm{d}\theta=\int_0^{\frac{\pi}{2}}\mathrm{d}\theta\int_0^{2\theta}r^3\mathrm{d}r=4\int_0^{\frac{\pi}{2}}\theta^4\mathrm{d}\theta=\dfrac{\pi^5}{40}.$$

17. 求由平面 $y=0$,$y=kx(k>0)$,$z=0$ 以及球心在原点、半径为 R 的上半球面所围成的在第一卦限内的立体的体积.

解:如图 10-33 所示,

$$V=\iint\limits_D \sqrt{R^2-x^2-y^2}\mathrm{d}\sigma=\iint\limits_D \sqrt{R^2-r^2}r\mathrm{d}r\mathrm{d}\theta=\int_0^\alpha\mathrm{d}\theta\int_0^R\sqrt{R^2-r^2}r\mathrm{d}r$$

$$=\alpha\cdot\left(-\dfrac{1}{2}\right)\int_0^R\sqrt{R^2-r^2}\mathrm{d}(R^2-r^2)=\dfrac{\alpha R^3}{3}=\dfrac{R^3}{3}\arctan k.$$

18. 计算以 xOy 面上的圆周 $x^2+y^2=ax$ 围成的闭区域为底,而以曲面 $z=x^2+y^2$ 为顶的曲顶柱体的体积.

解:如图 10-34 所示,设

$$D_1=\{(x,y)\mid 0\leqslant y\leqslant\sqrt{ax-x^2},0\leqslant x\leqslant a\}=\left\{(r,\theta)\mid 0\leqslant r\leqslant a\cos\theta,0\leqslant\theta\leqslant\dfrac{\pi}{2}\right\},$$

由于曲顶柱体关于 xOz 面对称,故

$$V=2\iint\limits_{D_1}(x^2+y^2)\mathrm{d}x\mathrm{d}y=2\iint\limits_{D_1}r^2\cdot r\mathrm{d}r\mathrm{d}\theta=2\int_0^{\frac{\pi}{2}}\mathrm{d}\theta\int_0^{a\cos\theta}r^3\mathrm{d}r=\dfrac{a^4}{2}\int_0^{\frac{\pi}{2}}\cos^4\theta\mathrm{d}\theta$$

$$=\dfrac{a^4}{2}\times\dfrac{3}{4}\times\dfrac{1}{2}\times\dfrac{\pi}{2}=\dfrac{3}{32}\pi a^4.$$

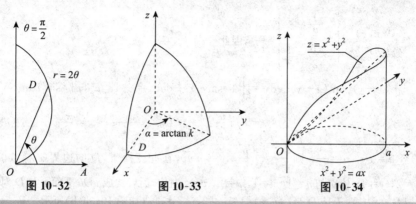

图 10-32　　　　图 10-33　　　　图 10-34

【方法点击】 在计算立体体积时,要注意充分利用图形的对称性,这样既能简化运算,也能减少错误.

*19. 作适当的变换,计算下列二重积分:

(1) $\iint\limits_{D}(x-y)^2\sin^2(x+y)\,dxdy$,其中 D 是平行四边形闭区域,它的四个顶点是$(\pi,0)$,$(2\pi,\pi)$,$(\pi,2\pi)$和$(0,\pi)$;

(2) $\iint\limits_{D}x^2y^2\,dxdy$,其中 D 是由两条双曲线 $xy=1$ 和 $xy=2$,直线 $y=x$ 和 $y=4x$ 所围成的在第一象限内的闭区域;

(3) $\iint\limits_{D}e^{\frac{y}{x+y}}\,dxdy$,其中 D 是由 x 轴、y 轴和直线 $x+y=1$ 所围成的闭区域;

(4) $\iint\limits_{D}\left(\dfrac{x^2}{a^2}+\dfrac{y^2}{b^2}\right)dxdy$,其中 $D=\left\{(x,y)\,\Big|\,\dfrac{x^2}{a^2}+\dfrac{y^2}{b^2}\leqslant 1\right\}$.

【思路探索】 第(4)题利用二重积分的变量代换:$x=a r\cos\theta$,$y=br\sin\theta$,将椭圆域 D 变成圆域 D',再将二重积分化为累次积分计算即可.

解:(1) 令 $u=x-y$,$v=x+y$,则 $x=\dfrac{u+v}{2}$,$y=\dfrac{v-u}{2}$. 在此变换下,D 的边界 $x-y=-\pi$,$x+y=\pi$,$x-y=\pi$,$x+y=3\pi$ 依次与 $u=-\pi$,$v=\pi$,$u=\pi$,$v=3\pi$ 对应. 后者构成 uOv 平面上与 D 对应的闭区域 D' 的边界. 于是

$$D'=\{(u,v)\mid -\pi\leqslant u\leqslant\pi,\pi\leqslant v\leqslant 3\pi\}$$ （如图 10-35(b)所示）.

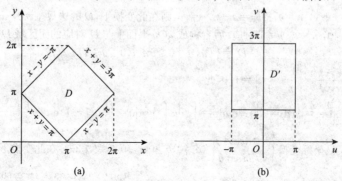

图 10-35

又 $J = \dfrac{\partial(x,y)}{\partial(u,v)} = \begin{vmatrix} \dfrac{1}{2} & \dfrac{1}{2} \\ -\dfrac{1}{2} & \dfrac{1}{2} \end{vmatrix} = \dfrac{1}{2}$,因此

$$\iint_D (x-y)^2 \sin^2(x+y) \, dxdy = \iint_{D'} u^2 \sin^2 v \cdot \dfrac{1}{2} \, dudv = \dfrac{1}{2} \int_{-\pi}^{\pi} u^2 du \int_{\pi}^{3\pi} \sin^2 v \, dv$$

$$= \dfrac{1}{2} \left(\dfrac{u^3}{3} \right) \Big|_{-\pi}^{\pi} \cdot \left(\dfrac{v}{2} - \dfrac{\sin 2v}{4} \right) \Big|_{\pi}^{3\pi} = \dfrac{\pi^4}{3}.$$

(2) 令 $u = xy$, $v = \dfrac{y}{x}$,则 $x = \sqrt{\dfrac{u}{v}}$, $y = \sqrt{uv}$,在此变换下,D 的边界 $xy=1$, $y=x$, $xy=2$, $y=4x$ 依次与 $u=1$, $v=1$, $u=2$, $v=4$ 对应. 后者构成 uOv 平面上与 D 对应的闭区域 D' 的边界. 于是 $D' = \{(u,v) \mid 1 \leqslant u \leqslant 2, 1 \leqslant v \leqslant 4\}$(如图 10-36(b)所示). 又

$$J = \dfrac{\partial(x,y)}{\partial(u,v)} = \begin{vmatrix} \dfrac{1}{2\sqrt{uv}} & -\dfrac{\sqrt{u}}{2\sqrt{v^3}} \\ \dfrac{\sqrt{v}}{2\sqrt{u}} & \dfrac{\sqrt{u}}{2\sqrt{v}} \end{vmatrix} = \dfrac{1}{4} \left(\dfrac{1}{v} + \dfrac{1}{v} \right) = \dfrac{1}{2v}.$$

因此 $\iint_D x^2 y^2 \, dxdy = \iint_{D'} u^2 \cdot \dfrac{1}{2v} \, dudv = \dfrac{1}{2} \int_1^2 u^2 du \int_1^4 \dfrac{1}{v} dv = \dfrac{7}{3} \ln 2.$

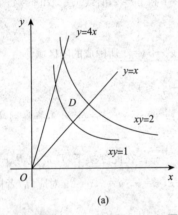 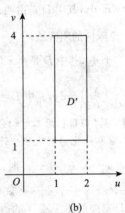

图 10-36

(3) 令 $u = x+y$, $v = y$,即 $x = u-v$, $y = v$,则在此变换下,D 的边界 $y=0$, $x=0$, $x+y=1$ 依次与 $v=0$, $u=v$, $u=1$ 对应. 后者构成 uOv 平面上与 D 对应的闭区域 D' 的边界. 于是
$$D' = \{(u,v) \mid 0 \leqslant v \leqslant u, 0 \leqslant u \leqslant 1\}.$$

又 $J = \dfrac{\partial(x,y)}{\partial(u,v)} = \begin{vmatrix} 1 & -1 \\ 0 & 1 \end{vmatrix} = 1.$ 因此

$$\iint_D e^{\frac{y}{x+y}} \, dxdy = \iint_{D'} e^{\frac{v}{u}} \, dudv = \int_0^1 du \int_0^u e^{\frac{v}{u}} dv = \int_0^1 u(e-1) du = \dfrac{1}{2}(e-1).$$

(4) 作广义极坐标变换 $\begin{cases} x = ar\cos\theta \\ y = br\sin\theta \end{cases}$ $(a>0, b>0, r \geqslant 0, 0 \leqslant \theta \leqslant 2\pi)$. 在此变换下,与 D 对应的闭区域为 $D' = \{(r,\theta) \mid 0 \leqslant r \leqslant 1, 0 \leqslant \theta \leqslant 2\pi\}$. 又 $J = \dfrac{\partial(x,y)}{\partial(r,\theta)} = \begin{vmatrix} a\cos\theta & -ar\sin\theta \\ b\sin\theta & br\cos\theta \end{vmatrix} = abr.$

故 $\iint_D \left(\frac{x^2}{a^2}+\frac{y^2}{b^2}\right)dxdy = \iint_{D'} r^2 \cdot abrdrd\theta = ab\int_0^{2\pi}d\theta\int_0^1 r^3dr = \frac{1}{2}ab\pi.$

【方法点击】 从本题可以看出,利用二重积分的换元法,被积函数被简化了,因此使二重积分的计算变得简单.运用二重积分的变量替换计算二重积分时要注意,在变换的过程中,被积函数、积分区域及面积元素将同时发生变化.

*20. 求由下列曲线所围成的闭区域 D 的面积:
(1) D 是由曲线 $xy=4$, $xy=8$, $xy^3=5$, $xy^3=15$ 所围成的在第 I 象限部分的闭区域;
(2) D 是由曲线 $y=x^3$, $y=4x^3$, $x=y^3$, $x=4y^3$ 所围成的在第 I 象限部分的闭区域.

解:(1) 令 $u=xy$, $v=xy^3$ $(x\geqslant 0,y\geqslant 0)$,则 $x=\sqrt{\frac{u^3}{v}}$, $y=\sqrt{\frac{v}{u}}$. 在此变换下,与 D 对应的 uOv 平面上的闭区域为 $D'=\{(u,v)\mid 4\leqslant u\leqslant 8, 5\leqslant v\leqslant 15\}$.

$$J=\frac{\partial(x,y)}{\partial(u,v)}=\begin{vmatrix} \frac{3}{2}\sqrt{\frac{u}{v}} & -\frac{1}{2}\sqrt{\frac{u^3}{v^3}} \\ -\frac{1}{2}\sqrt{\frac{v}{u^3}} & \frac{1}{2}\sqrt{\frac{1}{uv}} \end{vmatrix}=\frac{1}{2v},$$

于是所求面积为 $A=\iint_D dxdy=\iint_{D'}\frac{1}{2v}dudv=\frac{1}{2}\int_4^8 du\int_5^{15}\frac{1}{v}dv=2\ln 3.$

(2) 令 $u=\frac{y}{x^3}$, $v=\frac{x}{y^3}$ $(x>0,y>0)$,则 $x=u^{-\frac{3}{8}}v^{-\frac{1}{8}}$, $y=u^{-\frac{1}{8}}v^{-\frac{3}{8}}$. 在此变换下,与 D 对应的 uOv 平面上的闭区域为 $D'=\{(u,v)\mid 1\leqslant u\leqslant 4, 1\leqslant v\leqslant 4\}$. 又

$$J=\frac{\partial(x,y)}{\partial(u,v)}=\begin{vmatrix} -\frac{3}{8}u^{-\frac{11}{8}}v^{-\frac{1}{8}} & -\frac{1}{8}u^{-\frac{3}{8}}v^{-\frac{9}{8}} \\ -\frac{1}{8}u^{-\frac{9}{8}}v^{-\frac{3}{8}} & -\frac{3}{8}u^{-\frac{1}{8}}v^{-\frac{11}{8}} \end{vmatrix}=\frac{1}{8}u^{-\frac{3}{2}}v^{-\frac{3}{2}}.$$

于是所求面积为

$$A=\iint_D dxdy=\iint_{D'}\frac{1}{8}u^{-\frac{3}{2}}v^{-\frac{3}{2}}dudv=\frac{1}{8}\int_1^4 u^{-\frac{3}{2}}du\int_1^4 v^{-\frac{3}{2}}dv=\frac{1}{8}\left[\left(-2u^{-\frac{1}{2}}\right)\Big|_1^4\right]^2=\frac{1}{8}.$$

*21. 设闭区域 D 是由直线 $x+y=1$, $x=0$, $y=0$ 所围成,求证 $\iint_D \cos\left(\frac{x-y}{x+y}\right)dxdy=\frac{1}{2}\sin 1.$

证:令 $u=x-y$, $v=x+y$,则 $x=\frac{u+v}{2}$, $y=\frac{v-u}{2}$. 在此变换下, D 的边界 $x+y=1$, $x=0$, $y=0$ 依次与 $v=1$, $u+v=0$ 和 $v-u=0$ 对应. 后者构成 uOv 平面上与 D 对应的闭区域 D' 的边界(见图 10-37 所示).
于是 $D'=\{(u,v)\mid -v\leqslant u\leqslant v, 0\leqslant v\leqslant 1\}$. 又

$$J=\frac{\partial(x,y)}{\partial(u,v)}=\begin{vmatrix} \frac{1}{2} & \frac{1}{2} \\ -\frac{1}{2} & \frac{1}{2} \end{vmatrix}=\frac{1}{2},$$

因此有

$$\iint_D \cos\left(\frac{x-y}{x+y}\right)dxdy=\iint_{D'}\cos\frac{u}{v}\cdot\frac{1}{2}dudv$$

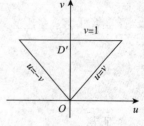

图 10-37

$$=\frac{1}{2}\int_0^1 dv \int_{-v}^{v} \cos\frac{u}{v} du = \frac{1}{2}\int_0^1 v\left(\sin\frac{u}{v}\right)\Big|_{-v}^{v} dv$$

$$=\int_0^1 v\sin 1 dv = \frac{1}{2}\sin 1.$$

证毕.

*22. 选取适当的变换,证明下列等式:

(1) $\iint\limits_D f(x+y)dxdy = \int_{-1}^{1} f(u)du$,其中闭区域 $D=\{(x,y)\mid |x|+|y|\leqslant 1\}$;

(2) $\iint\limits_D f(ax+by+c)dxdy = 2\int_{-1}^{1}\sqrt{1-u^2}f(u\sqrt{a^2+b^2}+c)du$,其中 $D=\{(x,y)\mid x^2+y^2\leqslant 1\}$,且 $a^2+b^2\neq 0$.

证:(1)闭区域 D 的边界为 $x+y=-1$, $x+y=1$, $x-y=-1$, $x-y=1$,故令 $u=x+y$, $v=x-y$,即 $x=\frac{u+v}{2}$, $y=\frac{u-v}{2}$. 在此变换下, D 变为 uOv 平面上的闭区域

$$D'=\{(u,v)\mid -1\leqslant u\leqslant 1, -1\leqslant v\leqslant 1\}.$$

又 $J=\frac{\partial(x,y)}{\partial(u,v)}=\begin{vmatrix} \frac{1}{2} & \frac{1}{2} \\ \frac{1}{2} & -\frac{1}{2} \end{vmatrix}=-\frac{1}{2}$,于是

$$\iint\limits_D f(x+y)dxdy = \iint\limits_{D'} f(u)\left|-\frac{1}{2}\right|dudv = \frac{1}{2}\int_{-1}^{1} f(u)du \int_{-1}^{1} dv = \int_{-1}^{1} f(u)du.$$

证毕.

(2) 比较等式的两端可知需作变换 $u\sqrt{a^2+b^2}=ax+by$,即 $u=\frac{ax+by}{\sqrt{a^2+b^2}}$,

再考虑到 D 的边界曲线为 $x^2+y^2=1$,故令 $v=\frac{bx-ay}{\sqrt{a^2+b^2}}$. 这样就有 $u^2+v^2=1$,即 D 的边界曲线 $x^2+y^2=1$ 变为 uOv 平面上的圆 $u^2+v^2=1$. 于是与 D 对应的闭区域为

$$D'=\{(u,v)\mid u^2+v^2\leqslant 1\}.$$

又由 u,v 的表达式可解得 $x=\frac{au+bv}{\sqrt{a^2+b^2}}$, $y=\frac{bu-av}{\sqrt{a^2+b^2}}$,

因此雅可比式 $J=\frac{\partial(x,y)}{\partial(u,v)}=\begin{vmatrix} \frac{a}{\sqrt{a^2+b^2}} & \frac{b}{\sqrt{a^2+b^2}} \\ \frac{b}{\sqrt{a^2+b^2}} & \frac{-a}{\sqrt{a^2+b^2}} \end{vmatrix}=-1,$

于是 $\iint\limits_D f(ax+by+c)dxdy = \iint\limits_{D'} f(u\sqrt{a^2+b^2}+c)|-1|dudv$

$$=\int_{-1}^{1} du \int_{-\sqrt{1-u^2}}^{\sqrt{1-u^2}} f(u\sqrt{a^2+b^2}+c)dv$$

$$=2\int_{-1}^{1} \sqrt{1-u^2} f(u\sqrt{a^2+b^2}+c)du.$$

证毕.

第三节 三重积分

习题 10−3 超精解(教材 P166~P168)

1. 化三重积分 $I = \iiint\limits_{\Omega} f(x,y,z) \mathrm{d}x \mathrm{d}y \mathrm{d}z$ 为三次积分,其中积分区域 Ω 分别是:

   (1) 由双曲抛物面 $xy = z$ 及平面 $x + y - 1 = 0, z = 0$ 所围成的闭区域;

   (2) 由曲面 $z = x^2 + y^2$ 及平面 $z = 1$ 所围成的闭区域;

   (3) 由曲面 $z = x^2 + 2y^2$ 及 $z = 2 - x^2$ 所围成的闭区域;

   (4) 由曲面 $cz = xy(c > 0)$, $\dfrac{x^2}{a^2} + \dfrac{y^2}{b^2} = 1$, $z = 0$ 所围成的在第一卦限内的闭区域.

解:(1) Ω 的顶 $z = xy$ 和底面 $z = 0$ 的交线为 x 轴和 y 轴,故 Ω 在 xOy 面上的投影区域由 x 轴、y 轴和直线 $x + y - 1 = 0$ 所围成. 于是 Ω 可用不等式表示为

$$\Omega = \{(x,y,z) \mid 0 \leqslant z \leqslant xy,\ 0 \leqslant y \leqslant 1 - x,\ 0 \leqslant x \leqslant 1\},$$

因此, $I = \int_0^1 \mathrm{d}x \int_0^{1-x} \mathrm{d}y \int_0^{xy} f(x,y,z) \mathrm{d}z$.

(2) 由 $z = x^2 + y^2$ 和 $z = 1$ 得 $x^2 + y^2 = 1$, 所以 Ω 在 xOy 面上的投影区域为 $x^2 + y^2 \leqslant 1$(如图 10-38 所示). 于是 Ω 可用不等式表示为

$$\Omega = \{(x,y,z) \mid x^2 + y^2 \leqslant z \leqslant 1,\ -\sqrt{1 - x^2} \leqslant y \leqslant \sqrt{1 - x^2},\ -1 \leqslant x \leqslant 1\},$$

因此, $I = \int_{-1}^{1} \mathrm{d}x \int_{-\sqrt{1-x^2}}^{\sqrt{1-x^2}} \mathrm{d}y \int_{x^2+y^2}^{1} f(x,y,z) \mathrm{d}z$.

(3) 由 $\begin{cases} z = x^2 + 2y^2 \\ z = 2 - x^2 \end{cases}$ 消去 z, 得 $x^2 + y^2 = 1$, 故 Ω 在 xOy 面上的投影区域为 $x^2 + y^2 \leqslant 1$(如图 10-39 所示).于是 Ω 可用不等式表示为 $x^2 + 2y^2 \leqslant z \leqslant 2 - x^2$, $-\sqrt{1-x^2} \leqslant y \leqslant \sqrt{1-x^2}$, $-1 \leqslant x \leqslant 1$,

因此 $I = \int_{-1}^{1} \mathrm{d}x \int_{-\sqrt{1-x^2}}^{\sqrt{1-x^2}} \mathrm{d}y \int_{x^2+2y^2}^{2-x^2} f(x,y,z) \mathrm{d}z$.

(4) 显然 Ω 在 xOy 面上的投影区域由椭圆 $\dfrac{x^2}{a^2} + \dfrac{y^2}{b^2} = 1 (x \geqslant 0, y \geqslant 0)$ 和 x 轴、y 轴所围成, Ω 的顶为 $cz = xy$, 底为 $z = 0$(如图 10-40 所示). 故 Ω 可用不等式表示为

$$\Omega = \left\{(x,y,z) \,\middle|\, 0 \leqslant z \leqslant \dfrac{xy}{c},\ 0 \leqslant y \leqslant b\sqrt{1 - \dfrac{x^2}{a^2}},\ 0 \leqslant x \leqslant a \right\},$$

因此, $I = \int_0^a \mathrm{d}x \int_0^{b\sqrt{1 - \frac{x^2}{a^2}}} \mathrm{d}y \int_0^{\frac{xy}{c}} f(x,y,z) \mathrm{d}z$.

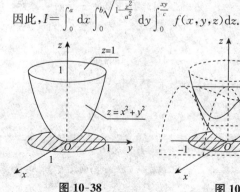

图 10-38

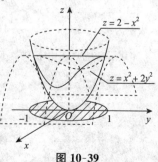

图 10-39

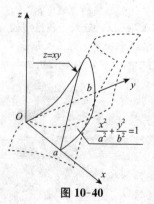

图 10-40

【方法点击】 本题中的4个小题,除第(2)小题外,Ω 的图形都不易画出.但是,为确定三次积分的积分限,并非必须画出 Ω 的准确图形.重要的是要会求出 Ω 在坐标面上的投影区域,以及会定出 Ω 的顶和底面,而做到这点,只需掌握常见曲面的方程和图形特点,并具备一定的空间想象能力即可.本章题解中配了较多插图,请读者注意观察,这对培养空间想象能力是有好处的.

2. 设有一物体,占有空间闭区域 $\Omega = \{(x,y,z) \mid 0 \leq x \leq 1, 0 \leq y \leq 1, 0 \leq z \leq 1\}$,在点 (x,y,z) 处的密度为 $r(x,y,z) = x+y+z$,计算该物体的质量.

解:$M = \iiint_{\Omega} r \, dx dy dz = \int_0^1 dx \int_0^1 dy \int_0^1 (x+y+z) dz$

$= \int_0^1 dx \int_0^1 \left(x+y+\frac{1}{2} \right) dy = \int_0^1 \left(x + \frac{1}{2} + \frac{1}{2} \right) dx = \frac{3}{2}.$

3. 如果三重积分 $\iiint_{\Omega} f(x,y,z) dx dy dz$ 的被积函数 $f(x,y,z)$ 是三个函数 $f_1(x), f_2(y), f_3(z)$ 的乘积,即 $f(x,y,z) = f_1(x) \cdot f_2(y) \cdot f_3(z)$,积分区域 $\Omega = \{(x,y,z) \mid a \leq x \leq b, c \leq y \leq d, l \leq z \leq m\}$ 证明这个三重积分等于三个单积分的乘积,即

$$\iiint_{\Omega} f_1(x) f_2(y) f_3(z) dx dy dz = \int_a^b f_1(x) dx \int_c^d f_2(y) dy \int_l^m f_3(z) dz.$$

证:$\iiint_{\Omega} f_1(x) f_2(y) f_3(z) dx dy dz = \int_a^b \left\{ \int_c^d \left[\int_l^m f_1(x) f_2(y) f_3(z) dz \right] dy \right\} dx$

$= \int_a^b \left\{ \int_c^d \left[f_1(x) f_2(y) \cdot \int_l^m f_3(z) dz \right] dy \right\} dx$

$= \int_a^b \left\{ \left[\int_l^m f_3(z) dz \right] \cdot \left[\int_c^d f_1(x) f_2(y) dy \right] \right\} dx$

$= \int_l^m f_3(z) dz \cdot \int_a^b \left[f_1(x) \cdot \int_c^d f_2(y) dy \right] dx$

$= \int_l^m f_3(z) dz \cdot \int_c^d f_2(y) dy \cdot \int_a^b f_1(x) dx = $ 右端.

4. 计算 $\iiint_{\Omega} xy^2 z^3 dx dy dz$,其中 Ω 是由曲面 $z=xy$,平面 $y=x, x=1$ 和 $z=0$ 所围成的闭区域.

【思路探索】 根据积分区域 Ω 的形状,本题易采用直角坐标系中的投影法进行计算.将 Ω 投影到 xOy 坐标面,得投影域 $D_{xy}: 0 \leq x \leq 1, 0 \leq y \leq x$,在 D_{xy} 内任取一点 (x,y),过该点自下而上做平行于 z 轴的直线 l,l 从 $z=0$ 进入 Ω 内,从 $z=xy$ 穿出 Ω,因此 Ω 中任意一点的竖坐标 z 满足 $0 \leq z \leq xy$,故对于闭区域 Ω 中的点 $P(x,y,z)$ 的坐标满足 $0 \leq x \leq 1, 0 \leq y \leq x, 0 \leq z \leq xy$,于是将三重积分化为三次积分进行计算即可.

解:如图10-41所示,Ω 可用不等式表示为:$0 \leq z \leq xy, 0 \leq y \leq x, 0 \leq x \leq 1$.因此

$$\iiint_{\Omega} xy^2 z^3 dx dy dz = \int_0^1 x dx \int_0^x y^2 dy \int_0^{xy} z^3 dz = \frac{1}{4} \int_0^1 x dx \int_0^x x^4 y^6 dy = \frac{1}{28} \int_0^1 x^{12} dx = \frac{1}{364}.$$

【方法点击】 此题是采用了投影法计算三重积分.投影法把三重积分化为二次积分和一次积分,且积分顺序为"先一后二",其中的一次积分的上下限要以平行于坐标轴的直线穿过区域 Ω 的边界曲面而定,先穿过的为下限,后穿过的为上限.

用投影法计算三重积分要依据 Ω 的形状选择恰当的投影方向,以便于确定积分上、下限为原则.

5. 计算 $\iiint\limits_{\Omega} \dfrac{\mathrm{d}x\mathrm{d}y\mathrm{d}z}{(1+x+y+z)^3}$，其中 Ω 为平面 $x=0$，$y=0$，$z=0$，$x+y+z=1$ 所围成的四面体.

解：$\Omega = \{(x,y,z) \mid 0 \leqslant z \leqslant 1-x-y, 0 \leqslant y \leqslant 1-x, 0 \leqslant x \leqslant 1\}$（如图 10-42 所示），于是

$$\iiint\limits_{\Omega} \dfrac{\mathrm{d}x\mathrm{d}y\mathrm{d}z}{(1+x+y+z)^3} = \int_0^1 \mathrm{d}x \int_0^{1-x} \mathrm{d}y \int_0^{1-x-y} \dfrac{\mathrm{d}z}{(1+x+y+z)^3}$$

$$= \int_0^1 \mathrm{d}x \int_0^{1-x} \left[\dfrac{-1}{2(1+x+y+z)^2} \right]\bigg|_0^{1-x-y} \mathrm{d}y$$

$$= \int_0^1 \mathrm{d}x \int_0^{1-x} \left[-\dfrac{1}{8} + \dfrac{1}{2(1+x+y)^2} \right] \mathrm{d}y$$

$$= \int_0^1 \left[-\dfrac{y}{8} - \dfrac{1}{2(1+x+y)} \right]\bigg|_0^{1-x} \mathrm{d}x$$

$$= -\int_0^1 \left[\dfrac{1-x}{8} + \dfrac{1}{4} - \dfrac{1}{2(1+x)} \right] \mathrm{d}x = \dfrac{1}{2}\left(\ln 2 - \dfrac{5}{8} \right).$$

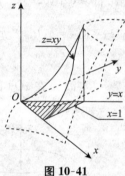

图 10-41

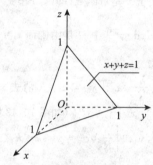

图 10-42

6. 计算 $\iiint\limits_{\Omega} xyz\,\mathrm{d}x\mathrm{d}y\mathrm{d}z$，其中 Ω 为球面 $x^2+y^2+z^2=1$ 及三个坐标面所围成的在第一卦限内的闭区域.

解法一：利用直角坐标计算. 由于 $\Omega = \{(x,y,z) \mid 0 \leqslant z \leqslant \sqrt{1-x^2-y^2}, 0 \leqslant y \leqslant \sqrt{1-x^2}, 0 \leqslant x \leqslant 1\}$，

故 $\iiint\limits_{\Omega} xyz\,\mathrm{d}x\mathrm{d}y\mathrm{d}z = \int_0^1 x\mathrm{d}x \int_0^{\sqrt{1-x^2}} y\mathrm{d}y \int_0^{\sqrt{1-x^2-y^2}} z\mathrm{d}z = \int_0^1 x\mathrm{d}x \int_0^{\sqrt{1-x^2}} y \cdot \dfrac{1-x^2-y^2}{2} \mathrm{d}y$

$$= \dfrac{1}{2}\int_0^1 x \left[\dfrac{y^2}{2}(1-x^2) - \dfrac{y^4}{4} \right]\bigg|_0^{\sqrt{1-x^2}} \mathrm{d}x = \dfrac{1}{8}\int_0^1 x(1-x^2)^2 \mathrm{d}x = \dfrac{1}{48}.$$

*解法二：利用球面坐标计算. 由于 $\Omega = \left\{(r,\varphi,\theta) \mid 0 \leqslant r \leqslant 1, 0 \leqslant \varphi \leqslant \dfrac{\pi}{2}, 0 \leqslant \theta \leqslant \dfrac{\pi}{2}\right\}$，

故 $\iiint\limits_{\Omega} xyz\,\mathrm{d}x\mathrm{d}y\mathrm{d}z = \iiint\limits_{\Omega} (r^3 \sin^2\varphi \cos\varphi \sin\theta \cos\theta) \cdot r^2 \sin\varphi\,\mathrm{d}r\mathrm{d}\varphi\mathrm{d}\theta$

$$= \int_0^{\frac{\pi}{2}} \sin\theta\cos\theta\,\mathrm{d}\theta \int_0^{\frac{\pi}{2}} \sin^3\varphi\cos\varphi\,\mathrm{d}\varphi \int_0^1 r^5 \mathrm{d}r$$

$$= \int_0^{\frac{\pi}{2}} \sin\theta\,\mathrm{d}\sin\theta \cdot \int_0^{\frac{\pi}{2}} \sin^3\varphi\,\mathrm{d}\sin\varphi \cdot \int_0^1 r^5\,\mathrm{d}r$$

$$= \left(\dfrac{\sin^2\theta}{2}\right)\bigg|_0^{\frac{\pi}{2}} \cdot \left(\dfrac{\sin^4\varphi}{4}\right)\bigg|_0^{\frac{\pi}{2}} \cdot \left(\dfrac{r^6}{6}\right)\bigg|_0^1 = \dfrac{1}{2} \times \dfrac{1}{4} \times \dfrac{1}{6} = \dfrac{1}{48}.$$

【方法点击】 比较本题的两种解法，显然用球面坐标计算要简便得多，这是由本题的积分区域 Ω 的形状所决定的。一般说来，凡是 Ω 由球面、圆锥面围成时，用球面坐标计算三重积分较为方便。

7. 计算 $\iiint\limits_{\Omega} xz\,dxdydz$，其中 Ω 是由平面 $z=0$，$z=y$，$y=1$ 以及抛物柱面 $y=x^2$ 所围成的闭区域。

解法一：容易看出，Ω 的顶为平面 $z=y$，底为平面 $z=0$，Ω 在 xOy 面上的投影区域 D_{xy} 由 $y=1$ 和 $y=x^2$ 所围成。故 Ω 可用不等式表示为 $\Omega = \{(x,y,z) \mid 0 \leq z \leq y,\ x^2 \leq y \leq 1,\ -1 \leq x \leq 1\}$。

因此 $\iiint\limits_{\Omega} xz\,dxdydz = \int_{-1}^{1} x\,dx \int_{x^2}^{1} dy \int_{0}^{y} z\,dz = \int_{-1}^{1} x\,dx \int_{x^2}^{1} \frac{y^2}{2}dy = \frac{1}{6}\int_{-1}^{1} x(1-x^6)dx = 0$。

解法二：由于积分区域 Ω 关于 yOz 面对称（即若点 $(x,y,z) \in \Omega$，则 $(-x,y,z)$ 也属于 Ω），且被积函数 xz 关于 x 是奇函数（即 $(-x)z = -(xz)$），因此 $\iiint\limits_{\Omega} xz\,dxdydz = 0$。

8. 计算 $\iiint\limits_{\Omega} z\,dxdydz$，其中 Ω 是由锥面 $z = \frac{h}{R}\sqrt{x^2+y^2}$ 与平面 $z=h\ (R>0,h>0)$ 所围成的闭区域。

解法一：由 $z = \frac{h}{R}\sqrt{x^2+y^2}$ 与 $z=h$ 消去 z，得 $x^2+y^2 = R^2$，故 Ω 在 xOy 面上的投影区域 $D_{xy} = \{(x,y) \mid x^2+y^2 \leq R^2\}$（如图 10-43 所示），
$$\Omega = \left\{(x,y,z) \,\bigg|\, \frac{h}{R}\sqrt{x^2+y^2} \leq z \leq h,\ (x,y) \in D_{xy}\right\}.$$

于是
$$\iiint\limits_{\Omega} z\,dxdydz = \iint\limits_{D_{xy}} dxdy \int_{\frac{h}{R}\sqrt{x^2+y^2}}^{h} z\,dz$$
$$= \frac{1}{2}\iint\limits_{D_{xy}}\left[h^2 - \frac{h^2}{R^2}(x^2+y^2)\right]dxdy$$
$$= \frac{1}{2}\left[h^2 \iint\limits_{D_{xy}} dxdy - \frac{h^2}{R^2}\iint\limits_{D_{xy}}(x^2+y^2)dxdy\right]$$
$$= \frac{h^2}{2}\cdot \pi R^2 - \frac{h^2}{2R^2}\int_0^{2\pi}d\theta\int_0^R r^3\,dr$$
$$= \frac{1}{4}\pi R^2 h^2.$$

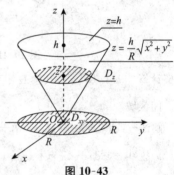

图 10-43

解法二：用过点 $(0,0,z)$、平行于 xOy 面上的平面截 Ω 得平面区域 D_z，其半径为 $\sqrt{x^2+y^2} = \frac{Rz}{h}$，面积为 $\frac{\pi R^2}{h^2}z^2$（图 10-43）。$\Omega = \{(x,y,z) \mid (x,y) \in D_z, 0 \leq z \leq h\}$。于是
$$\iiint\limits_{\Omega} z\,dxdydz = \int_0^h z\,dz \iint\limits_{D_z} dxdy = \int_0^h z \cdot \frac{\pi R^2}{h^2}z^2\,dz = \frac{\pi R^2}{4h^2}\cdot h^4 = \frac{1}{4}\pi R^2 h^2.$$

【方法点击】 解法二通俗地称为"先二后一"法，即先在 D_z 上作关于 x,y 的二重积分，然后再对 z 作定积分。如果在 D_z 上关于 x 和 y 的二重积分易于计算，特别地，如果被积函数与 x，y 无关，且 D_z 的面积容易表达为 z 的函数，则采用这种方法比较简便。

解法三：用球面坐标进行计算. 在球面坐标系中，圆锥面 $z=\dfrac{h}{R}\sqrt{x^2+y^2}$ 的方程为

$\varphi=\alpha$（其中 $\alpha=\arctan\dfrac{R}{h}$），平面 $z=h$ 的方程为 $r=h\sec\varphi$，因此 Ω 可表示为

$$0\leqslant\theta\leqslant 2\pi, 0\leqslant\varphi\leqslant\alpha, 0\leqslant r\leqslant h\sec\varphi.$$

于是 $\iiint\limits_{\Omega}z\mathrm{d}x\mathrm{d}y\mathrm{d}z = \iiint\limits_{\Omega}r\cos\varphi\cdot r^2\sin\varphi\mathrm{d}r\mathrm{d}\varphi\mathrm{d}\theta = \int_0^{2\pi}\mathrm{d}\theta\int_0^{\alpha}\cos\varphi\sin\varphi\mathrm{d}\varphi\int_0^{h\sec\varphi}r^3\mathrm{d}r$

$=2\pi\int_0^{\alpha}\dfrac{h^4\sin\varphi}{4\cos^3\varphi}\mathrm{d}\varphi = -\dfrac{\pi h^4}{2}\int_0^{\alpha}\dfrac{\mathrm{d}(\cos\varphi)}{\cos^3\varphi}$

$=\dfrac{\pi h^4}{4}\left(\dfrac{1}{\cos^2\alpha}-1\right)$（代入 $\alpha=\arctan\dfrac{R}{h}$）

$=\dfrac{\pi h^4}{4}\left(\dfrac{R^2+h^2}{h^2}-1\right)=\dfrac{1}{4}\pi R^2 h^2.$

9. 利用柱面坐标计算下列三重积分：

(1) $\iiint\limits_{\Omega}z\mathrm{d}v$，其中 Ω 是由曲面 $z=\sqrt{2-x^2-y^2}$ 及 $z=x^2+y^2$ 所围成的闭区域；

(2) $\iiint\limits_{\Omega}(x^2+y^2)\mathrm{d}v$，其中 Ω 是由曲面 $x^2+y^2=2z$ 及平面 $z=2$ 所围成的闭区域.

解：(1) 由 $z=\sqrt{2-x^2-y^2}$ 和 $z=x^2+y^2$ 消去 z，得 $(x^2+y^2)^2=2-(x^2+y^2)$，即 $x^2+y^2=1$. 从而知 Ω 在 xOy 面上的投影区域为 $D_{xy}=\{(x,y)\,|\,x^2+y^2\leqslant 1\}$（如图 10-44 所示）. 利用柱面坐标，$\Omega$ 可表示为 $\Omega=\{(r,\theta,z)\,|\,r^2\leqslant z\leqslant\sqrt{2-r^2},\ 0\leqslant r\leqslant 1,\ 0\leqslant\theta\leqslant 2\pi\}$，于是

$\iiint\limits_{\Omega}z\mathrm{d}v = \iiint\limits_{\Omega}zr\mathrm{d}r\mathrm{d}\theta\mathrm{d}z = \int_0^{2\pi}\mathrm{d}\theta\int_0^1 r\mathrm{d}r\int_{r^2}^{\sqrt{2-r^2}}z\mathrm{d}z = \dfrac{1}{2}\int_0^{2\pi}\mathrm{d}\theta\int_0^1 r(2-r^2-r^4)\mathrm{d}r$

$=\dfrac{1}{2}\times 2\pi\left(r^2-\dfrac{r^4}{4}-\dfrac{r^6}{6}\right)\bigg|_0^1 = \dfrac{7}{12}\pi.$

(2) 由 $x^2+y^2=2z$ 及 $z=2$ 消去 z 得 $x^2+y^2=4$，从而知 Ω 在 xOy 面上的投影区域为 $D_{xy}=\{(x,y)\,|\,x^2+y^2\leqslant 4\}$. 利用柱面坐标，$\Omega$ 可表示为

$$\Omega=\left\{(r,\theta,z)\,\bigg|\,\dfrac{r^2}{2}\leqslant z\leqslant 2,\ 0\leqslant r\leqslant 2,\ 0\leqslant\theta\leqslant 2\pi\right\}.$$

于是 $\iiint\limits_{\Omega}(x^2+y^2)\mathrm{d}v = \iiint\limits_{\Omega}r^2\cdot r\mathrm{d}r\mathrm{d}\theta\mathrm{d}z = \int_0^{2\pi}\mathrm{d}\theta\int_0^2 r^3\mathrm{d}r\int_{\frac{r^2}{2}}^2\mathrm{d}z$

$=\int_0^{2\pi}\mathrm{d}\theta\int_0^2 r^3\left(2-\dfrac{r^2}{2}\right)\mathrm{d}r = 2\pi\left(\dfrac{r^4}{2}-\dfrac{r^6}{12}\right)\bigg|_0^2 = \dfrac{16}{3}\pi.$

*10. 利用球面坐标计算下列三重积分：

(1) $\iiint\limits_{\Omega}(x^2+y^2+z^2)\mathrm{d}v$，其中 Ω 是由球面 $x^2+y^2+z^2=1$ 所围成的闭区域；

(2) $\iiint\limits_{\Omega}z\mathrm{d}v$，其中闭区域 Ω 由不等式 $x^2+y^2+(z-a)^2\leqslant a^2$，$x^2+y^2\leqslant z^2$ 所确定.

解：(1) $\iiint\limits_{\Omega}(x^2+y^2+z^2)\mathrm{d}v = \iiint\limits_{\Omega}r^2\cdot r^2\sin\varphi\mathrm{d}r\mathrm{d}\varphi\mathrm{d}\theta = \int_0^{2\pi}\mathrm{d}\theta\int_0^{\pi}\sin\varphi\mathrm{d}\varphi\int_0^1 r^4\mathrm{d}r$

$=2\pi(-\cos\varphi)\bigg|_0^{\pi}\cdot\dfrac{r^5}{5}\bigg|_0^1 = \dfrac{4}{5}\pi.$

(2) 在球面坐标系中，不等式 $x^2+y^2+(z-a)^2\leqslant a^2$，即 $x^2+y^2+z^2\leqslant 2az$，变为 $r^2\leqslant 2ar\cos\varphi$，

即 $r\leqslant 2a\cos\varphi$；$x^2+y^2\leqslant z^2$ 变为 $r^2\sin^2\varphi\leqslant r^2\cos^2\varphi$，即 $\tan\varphi\leqslant 1$，亦即 $\varphi\leqslant\dfrac{\pi}{4}$. 因此 Ω 可表示为（如图 10-45 所示）

$$\Omega=\{(r,\varphi,\theta)\mid 0\leqslant r\leqslant 2a\cos\varphi,\ 0\leqslant\varphi\leqslant\dfrac{\pi}{4},\ 0\leqslant\theta\leqslant 2\pi\},$$

于是 $\displaystyle\iiint_\Omega z\mathrm{d}v=\iiint_\Omega r\cos\varphi\cdot r^2\sin\varphi\mathrm{d}r\mathrm{d}\varphi\mathrm{d}\theta=\int_0^{2\pi}\mathrm{d}\theta\int_0^{\frac{\pi}{4}}\cos\varphi\sin\varphi\mathrm{d}\varphi\int_0^{2a\cos\varphi}r^3\mathrm{d}r$

$$=\int_0^{2\pi}\mathrm{d}\theta\int_0^{\frac{\pi}{4}}\cos\varphi\sin\varphi\cdot\dfrac{1}{4}\times(2a\cos\varphi)^4\mathrm{d}\varphi=2\pi\int_0^{\frac{\pi}{4}}4a^4\cos^5\varphi\sin\varphi\mathrm{d}\varphi$$

$$=8\pi a^4\left(-\dfrac{\cos^6\varphi}{6}\right)\Big|_0^{\frac{\pi}{4}}=\dfrac{7}{6}\pi a^4.$$

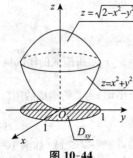

图 10-44

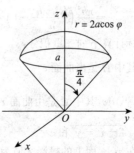

图 10-45

11. 选用适当的坐标计算下列三重积分：

(1) $\displaystyle\iiint_\Omega xy\mathrm{d}v$，其中 Ω 为柱面 $x^2+y^2=1$ 及平面 $z=1$，$z=0$，$x=0$，$y=0$ 所围成的在第一卦限内的闭区域；

*(2) $\displaystyle\iiint_\Omega\sqrt{x^2+y^2+z^2}\mathrm{d}v$，其中 Ω 是由球面 $x^2+y^2+z^2=z$ 所围成的闭区域；

(3) $\displaystyle\iiint_\Omega(x^2+y^2)\mathrm{d}v$，其中 Ω 是由曲面 $4z^2=25(x^2+y^2)$ 及平面 $z=5$ 所围成的闭区域；

*(4) $\displaystyle\iiint_\Omega(x^2+y^2)\mathrm{d}v$，其中闭区域 Ω 由不等式 $0<a\leqslant\sqrt{x^2+y^2+z^2}\leqslant A$，$z\geqslant 0$ 所确定.

解：(1) 利用柱面坐标计算，Ω 可表示为 $\Omega=\left\{(r,\theta,z)\mid 0\leqslant z\leqslant 1,\ 0\leqslant r\leqslant 1,\ 0\leqslant\theta\leqslant\dfrac{\pi}{2}\right\}$.

于是 $\displaystyle\iiint_\Omega xy\mathrm{d}v=\iiint_\Omega r^2\sin\theta\cos\theta\cdot r\mathrm{d}r\mathrm{d}\theta\mathrm{d}z=\int_0^{\frac{\pi}{2}}\sin\theta\cos\theta\mathrm{d}\theta\int_0^1 r^3\mathrm{d}r\int_0^1\mathrm{d}z$

$$=\dfrac{\sin^2\theta}{2}\Big|_0^{\frac{\pi}{2}}\cdot\dfrac{r^4}{4}\Big|_0^1\cdot z\Big|_0^1=\dfrac{1}{8}.$$

*(2) 在球面坐标系中，球面 $x^2+y^2+z^2=z$ 的方程为 $r^2=r\cos\varphi$，即 $r=\cos\varphi$. Ω 可表示为

$$\Omega=\left\{(r,\varphi,\theta)\mid 0\leqslant r\leqslant\cos\varphi,\ 0\leqslant\varphi\leqslant\dfrac{\pi}{2},\ 0\leqslant\theta\leqslant 2\pi\right\}（如图 10-46 所示）.$$

于是 $\displaystyle\iiint_\Omega\sqrt{x^2+y^2+z^2}\mathrm{d}v=\iiint_\Omega r\cdot r^2\sin\varphi\mathrm{d}r\mathrm{d}\varphi\mathrm{d}\theta$

$$=\int_0^{2\pi}\mathrm{d}\theta\int_0^{\frac{\pi}{2}}\sin\varphi\mathrm{d}\varphi\int_0^{\cos\varphi}r^3\mathrm{d}r=2\pi\int_0^{\frac{\pi}{2}}\sin\varphi\cdot\dfrac{\cos^4\varphi}{4}\mathrm{d}\varphi$$

$$=-\frac{\pi}{2}\left(\frac{\cos^5\varphi}{5}\right)\Big|_0^{\frac{\pi}{2}}=\frac{\pi}{10}.$$

(3)利用柱面坐标计算. $\Omega=\left\{(r,\theta,z)\Big|\frac{5}{2}r\leqslant z\leqslant 5,\ 0\leqslant r\leqslant 2,\ 0\leqslant\theta\leqslant 2\pi\right\}$(如图 10-47 所示),于是$\iiint\limits_{\Omega}(x^2+y^2)\mathrm{d}v=\iiint\limits_{\Omega}r^2\cdot r\mathrm{d}r\mathrm{d}\theta\mathrm{d}z=\int_0^{2\pi}\mathrm{d}\theta\int_0^2 r^3\mathrm{d}r\int_{\frac{5}{2}r}^5 \mathrm{d}z$

$$=\int_0^{2\pi}\mathrm{d}\theta\int_0^2 r^3\left(5-\frac{5}{2}r\right)\mathrm{d}r=2\pi\left(\frac{5}{4}r^4-\frac{1}{2}r^5\right)\Big|_0^2=8\pi.$$

*(4)在球面坐标系中, $\Omega=\left\{(r,\varphi,\theta)\Big|a\leqslant r\leqslant A,\ 0\leqslant\varphi\leqslant\frac{\pi}{2},\ 0\leqslant\theta\leqslant 2\pi\right\}$. 于是

$$\iiint\limits_{\Omega}(x^2+y^2)\mathrm{d}v=\iiint\limits_{\Omega}r^2\sin^2\varphi\cdot r^2\sin\varphi\mathrm{d}r\mathrm{d}\varphi\mathrm{d}\theta$$

$$=\int_0^{2\pi}\mathrm{d}\theta\int_0^{\frac{\pi}{2}}\sin^3\varphi\mathrm{d}\varphi\int_a^A r^4\mathrm{d}r=2\pi\times\frac{2}{3}\times\frac{A^5-a^5}{5}=\frac{4\pi}{15}(A^5-a^5).$$

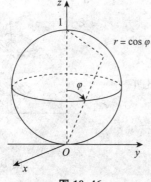

图 10-46

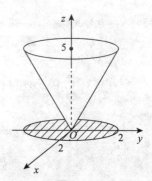

图 10-47

【方法点击】 三重积分的计算一般采取以下步骤:
(1)由所给条件(如立体不等式或立体表面方程)确定积分区域,尽可能作出草图.
(2)根据积分区域的形状及被积函数的特点选择合适的坐标系计算.
通常选用以下三种坐标系:
①利用直角坐标系计算三重积分.
当积分区域 Ω 的边界由抛物面、双曲面、平面等围成时,采用直角坐标系计算三重积分较容易.
②利用柱面坐标计算三重积分.
当积分区域 Ω 在坐标面上的投影区域为圆形、扇形、环形区域,被积函数为 $f(x^2+y^2,z)$, $f(x^2+z^2,y)$ 或 $f(y^2+z^2,x)$, $f\left(\frac{y}{x}\right)$, $f\left(\frac{x}{z}\right)$ 等形式时,一般可采用柱面坐标计算三重积分.特别是当积分区域为圆柱、环柱、扇形柱、锥体等形状的区域时,一般用柱面坐标计算最为简单.
③利用球面坐标计算三重积分.
当积分区域为球体、球面与锥面、球面与球面等围成的区域,而被积函数含有 $x^2+y^2+z^2$ 的因子时,三重积分的计算宜采用球面坐标形式.
(3)确定三次积分的上、下限,把三重积分化为三次积分进行计算.

12.利用三重积分计算下列由曲面所围成的立体的体积:

(1) $z=6-x^2-y^2$ 及 $z=\sqrt{x^2+y^2}$;

*(2) $x^2+y^2+z^2=2az(a>0)$ 及 $x^2+y^2=z^2$(含有 z 轴的部分);

(3) $z=\sqrt{x^2+y^2}$ 及 $z=x^2+y^2$;

(4) $z=\sqrt{5-x^2-y^2}$ 及 $x^2+y^2=4z$.

解:(1)利用直角坐标计算. 由 $z=6-x^2-y^2$ 和 $z=\sqrt{x^2+y^2}$ 消去 z,解得 $\sqrt{x^2+y^2}=2$,即 Ω 在 xOy 面上的投影区域 D_{xy} 为 $x^2+y^2\leqslant 4$. 于是

$$\Omega=\{(x,y,z)\mid \sqrt{x^2+y^2}\leqslant z\leqslant 6-(x^2+y^2),x^2+y^2\leqslant 4\}.$$

因此 $V=\iiint\limits_{\Omega}\mathrm{d}v=\iint\limits_{D_{xy}}\mathrm{d}x\mathrm{d}y\int_{\sqrt{x^2+y^2}}^{6-(x^2+y^2)}\mathrm{d}z$

$=\iint\limits_{D_{xy}}[6-(x^2+y^2)-\sqrt{x^2+y^2}]\mathrm{d}x\mathrm{d}y$(用极坐标)

$=\int_0^{2\pi}\mathrm{d}\theta\int_0^2(6-r^2-r)r\mathrm{d}r=2\pi\left(3r^2-\dfrac{r^4}{4}-\dfrac{r^3}{3}\right)\Big|_0^2=\dfrac{32}{3}\pi$.

【方法点击】 本题也可用"先二后一"的积分次序求解:对固定的 z,当 $0\leqslant z\leqslant 2$ 时,$D_z=\{(x,y)\mid x^2+y^2\leqslant z^2\}$;当 $2\leqslant z\leqslant 6$ 时,$D_z=\{(x,y)\mid x^2+y^2\leqslant 6-z\}$(见图 10-48). 于是

$V=V_1+V_2=\int_0^2\mathrm{d}z\iint\limits_{D_z}\mathrm{d}x\mathrm{d}y+\int_2^6\mathrm{d}z\iint\limits_{D_z}\mathrm{d}x\mathrm{d}y$

$=\int_0^2\pi z^2\mathrm{d}z+\int_2^6\pi(6-z)\mathrm{d}z=\dfrac{8}{3}\pi+8\pi$

$=\dfrac{32}{3}\pi$.

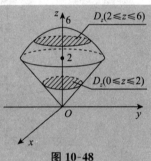

图 10-48

*(2)利用球面坐标计算. 球面 $x^2+y^2+z^2=2az$ 及圆锥面 $x^2+y^2=z^2$ 的球面坐标方程分别为 $r=2a\cos\varphi$ 和 $\varphi=\dfrac{\pi}{4}$,故 $\Omega=\left\{(r,\varphi,\theta)\mid 0\leqslant r\leqslant 2a\cos\varphi,0\leqslant\varphi\leqslant\dfrac{\pi}{4},0\leqslant\theta\leqslant 2\pi\right\}$,

于是 $V=\iiint\limits_{\Omega}\mathrm{d}v=\iiint\limits_{\Omega}r^2\sin\varphi\mathrm{d}r\mathrm{d}\varphi\mathrm{d}\theta=\int_0^{2\pi}\mathrm{d}\theta\int_0^{\frac{\pi}{4}}\sin\varphi\mathrm{d}\varphi\int_0^{2a\cos\varphi}r^2\mathrm{d}r$

$=2\pi\int_0^{\frac{\pi}{4}}\dfrac{8a^3}{3}\sin\varphi\cos^3\varphi\mathrm{d}\varphi=\dfrac{16\pi a^3}{3}\left(-\dfrac{1}{4}\cos^4\varphi\right)\Big|_0^{\frac{\pi}{4}}=\pi a^3$.

【方法点击】 本题若用"先二后一"的方法计算也很简便.

由 $x^2+y^2+z^2=2az$ 和 $x^2+y^2=z^2$ 解得 $z=a$. 对固定的 z,当 $0\leqslant z\leqslant a$ 时,$D_z=\{(x,y)\mid x^2+y^2\leqslant z^2\}$;当 $a\leqslant z\leqslant 2a$ 时,$D_z=\{(x,y)\mid x^2+y^2\leqslant 2az-z^2\}$. 于是

$V=V_1+V_2=\int_0^a\mathrm{d}z\iint\limits_{D_z}\mathrm{d}x\mathrm{d}y+\int_a^{2a}\mathrm{d}z\iint\limits_{D_z}\mathrm{d}x\mathrm{d}y$

$=\int_0^a\pi z^2\mathrm{d}z+\int_a^{2a}\pi(2az-z^2)\mathrm{d}z=\dfrac{1}{3}\pi a^3+\dfrac{2}{3}\pi a^3=\pi a^3$.

(3)利用柱面坐标计算. 曲面 $z=\sqrt{x^2+y^2}$ 和 $z=x^2+y^2$ 的柱面坐标方程分别为 $z=r$ 和 $z=r^2$. 消去 z,得 $r=1$,故它们所围的立体在 xOy 面上的投影区域为 $r\leqslant 1$(如图 10-49 所示).因此

$$\Omega=\{(r,\theta,z)\mid r^2\leqslant z\leqslant r,0\leqslant r\leqslant 1,0\leqslant\theta\leqslant 2\pi\}.$$

于是 $V = \iiint\limits_{\Omega} \mathrm{d}v = \iiint\limits_{\Omega} r\mathrm{d}r\mathrm{d}\theta\mathrm{d}z = \int_0^{2\pi}\mathrm{d}\theta \int_0^1 r\mathrm{d}r \int_{r^2}^r \mathrm{d}z = 2\pi \int_0^1 r(r-r^2)\mathrm{d}r = \dfrac{\pi}{6}.$

(本题也可用"先二后一"的方法方便地求得结果,读者可自己练习)

(4)在直角坐标系中用"先二后一"的方法计算. 由 $z=\sqrt{5-x^2-y^2}$ 和 $x^2+y^2=4z$ 可解得 $z=1$. 对固定的 z,当 $0\leqslant z\leqslant 1$ 时,$D_z = \{(x,y) \mid x^2+y^2 \leqslant 4z\}$;当 $1\leqslant z\leqslant \sqrt{5}$ 时,$D_z = \{(x,y) \mid x^2 + y^2 \leqslant 5-z^2\}$(见图 10-50). 于是

$$V = V_1 + V_2 = \int_0^1 \mathrm{d}z \iint\limits_{D_z} \mathrm{d}x\mathrm{d}y + \int_1^{\sqrt{5}} \mathrm{d}z \iint\limits_{D_z} \mathrm{d}x\mathrm{d}y$$

$$= \int_0^1 \pi(4z)\mathrm{d}z + \int_1^{\sqrt{5}} \pi(5-z^2)\mathrm{d}z = 2\pi + \pi\left(5z - \dfrac{z^3}{3}\right)\Big|_1^{\sqrt{5}} = \dfrac{2}{3}\pi(5\sqrt{5}-4).$$

(本题利用柱面坐标计算也很方便,请读者自己练习)

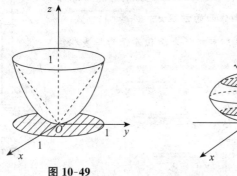

图 10-49　　　　　图 10-50

*13. 求球体 $r\leqslant a$ 位于锥面 $\varphi=\dfrac{\pi}{3}$ 和 $\varphi=\dfrac{2}{3}\pi$ 之间的部分的体积.

解:用球面坐标计算. 记 Ω 为立体所占的空间区域,有

$$V = \iiint\limits_{\Omega} \mathrm{d}v = \int_0^{2\pi} \mathrm{d}\theta \int_{\frac{\pi}{3}}^{\frac{2\pi}{3}} \sin\varphi \mathrm{d}\varphi \int_0^a r^2\mathrm{d}r = \dfrac{2\pi a^3}{3}.$$

14. 求上、下分别为球面 $x^2+y^2+z^2=2$ 和抛物面 $z=x^2+y^2$ 所围立体的体积.

解:由 $x^2+y^2+z^2=2$ 和 $z=x^2+y^2$ 消去 z,解得 $x^2+y^2=1$. 从而得立体 Ω 在 xOy 面上的投影区域 D_{xy} 为 $x^2+y^2\leqslant 1$. 于是 $\Omega = \{(x,y,z) \mid x^2+y^2 \leqslant z \leqslant \sqrt{2-x^2-y^2}, x^2+y^2 \leqslant 1\}$,

因此, $V = \iiint\limits_{\Omega} \mathrm{d}v = \iint\limits_{D_{xy}} \mathrm{d}x\mathrm{d}y \int_{x^2+y^2}^{\sqrt{2-x^2-y^2}} \mathrm{d}z = \iint\limits_{D_{xy}} [\sqrt{2-x^2-y^2} - (x^2+y^2)]\mathrm{d}x\mathrm{d}y$(用极坐标)

$$= \int_0^{2\pi} \mathrm{d}\theta \int_0^1 (\sqrt{2-r^2} - r^2)r\mathrm{d}r = \dfrac{8\sqrt{2}-7}{6}\pi.$$

【**方法点击**】 本题也可用"先二后一"的方法按下式方便地求得结果:

$$V = \int_1^{\sqrt{2}} \mathrm{d}z \iint\limits_{x^2+y^2\leqslant 2-z^2} \mathrm{d}x\mathrm{d}y + \int_0^1 \mathrm{d}z \iint\limits_{x^2+y^2\leqslant z} \mathrm{d}x\mathrm{d}y = \pi \int_1^{\sqrt{2}}(2-z^2)\mathrm{d}z + \pi\int_0^1 z\mathrm{d}z$$

$$= \dfrac{4\sqrt{2}-5}{3}\pi + \dfrac{1}{2}\pi = \dfrac{8\sqrt{2}-7}{6}\pi.$$

*15. 球心在原点、半径为 R 的球体,在其上任意一点的密度的大小与这点到球心的距离成正比,求这球体的质量.

解:用球面坐标计算,Ω 为 $x^2+y^2+z^2 \leqslant R^2$,即 $r \leqslant R$. 按题设,密度函数 $\mu(x,y,z) = k\sqrt{x^2+y^2+z^2} = kr(k>0)$. 于是

$$M = \iiint_\Omega \mu(x,y,z)\mathrm{d}v = \iiint_\Omega kr \cdot r^2 \sin\varphi \mathrm{d}r \mathrm{d}\varphi \mathrm{d}\theta$$

$$= k\int_0^{2\pi}\mathrm{d}\theta \int_0^\pi \sin\varphi \mathrm{d}\varphi \int_0^R r^3\mathrm{d}r = k \cdot 2\pi \cdot 2 \cdot \frac{R^4}{4} = k\pi R^4.$$

第四节 重积分的应用

习题 10-4 超精解(教材 P177~P178)

1. 求球面 $x^2+y^2+z^2=a^2$ 含在圆柱面 $x^2+y^2=ax$ 内部的那部分面积.

【思路探索】 由题设条件写出上半球面的方程 $z=\sqrt{a^2-x^2-y^2}$,并求出 $\frac{\partial z}{\partial x}, \frac{\partial z}{\partial y}$;再利用公式及对称性即可将所求面积表示为二重积分;最后利用极坐标计算二重积分.

解:如图 10-51 所示,上半球面的方程为 $z=\sqrt{a^2-x^2-y^2}$.

$$\frac{\partial z}{\partial x} = \frac{-x}{\sqrt{a^2-x^2-y^2}}, \frac{\partial z}{\partial y} = \frac{-y}{\sqrt{a^2-x^2-y^2}},$$

$$\sqrt{1+\left(\frac{\partial z}{\partial x}\right)^2+\left(\frac{\partial z}{\partial y}\right)^2} = \frac{a}{\sqrt{a^2-x^2-y^2}}.$$

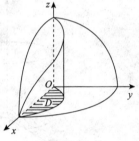

图 10-51

由曲面的对称性得所求面积为

$$A = 4\iint_D \sqrt{1+\left(\frac{\partial z}{\partial x}\right)^2+\left(\frac{\partial z}{\partial y}\right)^2}\mathrm{d}x\mathrm{d}y = 4\iint_D \frac{a}{\sqrt{a^2-x^2-y^2}}\mathrm{d}x\mathrm{d}y$$

$$\xrightarrow{\text{(极坐标)}} 4a\iint_D \frac{1}{\sqrt{a^2-r^2}}r\mathrm{d}r\mathrm{d}\theta = 4a\int_0^{\frac{\pi}{2}}\mathrm{d}\theta\int_0^{a\cos\theta}\frac{r}{\sqrt{a^2-r^2}}\mathrm{d}r$$

$$= 4a^2\int_0^{\frac{\pi}{2}}(1-\sin\theta)\mathrm{d}\theta = 2a^2(\pi-2).$$

【方法点击】 在本题中利用对称性大大简化了计算,另外,应注意选择恰当的坐标系,使所求的问题在计算重积分时尽可能简单.一般在求曲面面积或立体体积时应考虑所讨论的几何体是否具有对称性及化为重积分时积分区域是否具有对称性,以便利用对称性简化计算.

2. 求锥面 $z=\sqrt{x^2+y^2}$ 被柱面 $z^2=2x$ 所割下部分的曲面面积.

解:由 $\begin{cases} z=\sqrt{x^2+y^2} \\ z^2=2x \end{cases}$,解得 $x^2+y^2=2x$,故曲面在 xOy 面上的投影区域

$$D=\{(x,y)|x^2+y^2\leqslant 2x\} \text{ (如图 10-52 所示)}.$$

被割曲面的方程为 $z=\sqrt{x^2+y^2}, \sqrt{1+\left(\frac{\partial z}{\partial x}\right)^2+\left(\frac{\partial z}{\partial y}\right)^2}=\sqrt{1+\frac{x^2+y^2}{x^2+y^2}}=\sqrt{2}$,

于是所求曲面的面积为

$$A=\iint_D \sqrt{2}\mathrm{d}x\mathrm{d}y \xrightarrow{\text{(对称性)}} 2\int_0^{\frac{\pi}{2}}\mathrm{d}\theta\int_0^{2\cos\theta}\sqrt{2}r\mathrm{d}r = 4\sqrt{2}\int_0^{\frac{\pi}{2}}\cos^2\theta\mathrm{d}\theta = 4\sqrt{2}\times\frac{1}{2}\times\frac{\pi}{2} = \sqrt{2}\pi.$$

3. 求底圆半径相等的两个直交圆柱面 $x^2+y^2=R^2$ 及 $x^2+z^2=R^2$ 所围立体的表面积.

解：如图 10-53 所示，设第一卦限内的立体表面位于圆柱面 $x^2+z^2=R^2$ 上的那一部分的面积为 A，则由对称性知全部表面的面积为 $16A$.

$$A=\iint_D \sqrt{1+\left(\frac{\partial z}{\partial x}\right)^2+\left(\frac{\partial z}{\partial y}\right)^2}\mathrm{d}x\mathrm{d}y=\iint_D \sqrt{1+\frac{x^2}{R^2-x^2}+0}\mathrm{d}x\mathrm{d}y$$

$$=\iint_D \frac{R}{\sqrt{R^2-x^2}}\mathrm{d}x\mathrm{d}y=R\int_0^R \mathrm{d}x\int_0^{\sqrt{R^2-x^2}} \frac{1}{\sqrt{R^2-x^2}}\mathrm{d}y=R\int_0^R \mathrm{d}x=R^2,$$

故全部表面积为 $16R^2$.

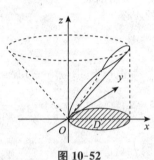

图 10-52　　　　图 10-53

4. 设薄片所占的闭区域 D 如下，求均匀薄片的质心：

(1) D 由 $y=\sqrt{2px}$，$x=x_0$，$y=0$ 所围成；

(2) D 是半椭圆形闭区域 $\left\{(x,y)\,\Big|\,\dfrac{x^2}{a^2}+\dfrac{y^2}{b^2}\leqslant 1, y\geqslant 0\right\}$；

(3) D 是介于两个圆 $r=a\cos\theta$，$r=b\cos\theta(0<a<b)$ 之间的闭区域.

解：(1) 设质心为 $(\bar{x},\bar{y})$.

$$A=\iint_D \mathrm{d}x\mathrm{d}y=\int_0^{x_0}\mathrm{d}x\int_0^{\sqrt{2px}}\mathrm{d}y=\int_0^{x_0}\sqrt{2px}\mathrm{d}x=\frac{2}{3}\sqrt{2px_0^3};$$

$$\iint_D x\mathrm{d}x\mathrm{d}y=\int_0^{x_0} x\mathrm{d}x\int_0^{\sqrt{2px}}\mathrm{d}y=\int_0^{x_0}\sqrt{2p}\cdot x^{\frac{3}{2}}\mathrm{d}x=\frac{2}{5}\sqrt{2px_0^5};$$

$$\iint_D y\mathrm{d}x\mathrm{d}y=\int_0^{x_0}\mathrm{d}x\int_0^{\sqrt{2px}} y\mathrm{d}y=\int_0^{x_0} px\mathrm{d}x=\frac{px_0^2}{2},$$

于是 $\bar{x}=\dfrac{1}{A}\iint_D x\mathrm{d}x\mathrm{d}y=\dfrac{3}{5}x_0$，$\bar{y}=\dfrac{1}{A}\iint_D y\mathrm{d}x\mathrm{d}y=\dfrac{3}{8}\sqrt{2px_0}=\dfrac{3}{8}y_0$，

故所求质心为 $\left(\dfrac{3}{5}x_0,\dfrac{3}{8}y_0\right)$.

(2) 因 D 对称于 y 轴，故质心 $(\bar{x},\bar{y})$ 必位于 y 轴上，于是 $\bar{x}=0$.

$$\bar{y}=\frac{1}{A}\iint_D y\mathrm{d}x\mathrm{d}y=\frac{1}{A}\int_{-a}^a \mathrm{d}x\int_0^{\sqrt{a^2-x^2}} y\mathrm{d}y=\frac{1}{A}\int_{-a}^a \frac{b^2}{2a^2}(a^2-x^2)\mathrm{d}x=\frac{1}{\frac{1}{2}\pi ab}\cdot\frac{2}{3}ab^2=\frac{4b}{3\pi}.$$

因此所求质心为 $\left(0,\dfrac{4b}{3\pi}\right)$.

(3) 因 D 对称于 x 轴，故质心 $(\bar{x},\bar{y})$ 位于 x 轴上，于是 $\bar{y}=0$(如图 10-54 所示).

$$A=\pi\left(\frac{b}{2}\right)^2-\pi\left(\frac{a}{2}\right)^2=\frac{\pi}{4}(b^2-a^2),$$

$$\iint_D x\mathrm{d}x\mathrm{d}y = \iint_D r\cos\theta \cdot r\mathrm{d}r\mathrm{d}\theta = \int_{-\frac{\pi}{2}}^{\frac{\pi}{2}} \cos\theta\mathrm{d}\theta \int_{a\cos\theta}^{b\cos\theta} r^2\mathrm{d}r$$

$$= \frac{2}{3}(b^3-a^3)\int_0^{\frac{\pi}{2}} \cos^4\theta\mathrm{d}\theta$$

$$= \frac{2}{3}(b^3-a^3)\times\frac{3}{4}\times\frac{1}{2}\times\frac{\pi}{2} = \frac{\pi}{8}(b^3-a^3),$$

故 $\bar{x} = \frac{1}{A}\iint_D x\mathrm{d}x\mathrm{d}y = \frac{a^2+ab+b^2}{2(a+b)}$. 所求质心为 $\left(\frac{a^2+ab+b^2}{2(a+b)}, 0\right)$.

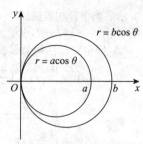

图 10-54

5. 设平面薄片所占的闭区域由抛物线 $y=x^2$ 及直线 $y=x$ 所围成, 它在点 (x,y) 处的面密度 $\mu(x,y)=x^2y$, 求该薄片的质心.

解: $M = \iint_D x^2y\mathrm{d}x\mathrm{d}y = \int_0^1 x^2\mathrm{d}x\int_{x^2}^x y\mathrm{d}y = \int_0^1 \frac{1}{2}(x^4-x^6)\mathrm{d}x = \frac{1}{35}$;

$M_x = \iint_D y\mu(x,y)\mathrm{d}x\mathrm{d}y = \iint_D x^2y^2\mathrm{d}x\mathrm{d}y = \int_0^1 x^2\mathrm{d}x\int_{x^2}^x y^2\mathrm{d}y = \int_0^1 \frac{1}{3}(x^5-x^8)\mathrm{d}x = \frac{1}{54}$;

$M_y = \iint_D x\mu(x,y)\mathrm{d}x\mathrm{d}y = \iint_D x^3y\mathrm{d}x\mathrm{d}y = \int_0^1 x^3\mathrm{d}x\int_{x^2}^x y\mathrm{d}y = \int_0^1 \frac{1}{2}(x^5-x^7)\mathrm{d}x = \frac{1}{48}$,

于是 $\bar{x} = \frac{M_y}{M} = \frac{35}{48}$; $\bar{y} = \frac{M_x}{M} = \frac{35}{54}$. 所求质心为 $\left(\frac{35}{48}, \frac{35}{54}\right)$.

6. 设有一等腰直角三角形薄片, 腰长为 a, 各点处的面密度等于该点到直角顶点的距离的平方, 求这薄片的质心.

解: 如图 10-55 所示, 按题设, 面密度 $\mu(x,y)=x^2+y^2$. 由对称性知 $\bar{x}=\bar{y}$.

$$M = \iint_D (x^2+y^2)\mathrm{d}x\mathrm{d}y = \int_0^a \mathrm{d}x\int_0^{a-x}(x^2+y^2)\mathrm{d}y$$

$$= \int_0^a \left[x^2(a-x)+\frac{(a-x)^3}{3}\right]\mathrm{d}x = \frac{1}{6}a^4;$$

$$M_y = \iint_D x(x^2+y^2)\mathrm{d}x\mathrm{d}y$$

$$= \int_0^a x\mathrm{d}x\int_0^{a-x}(x^2+y^2)\mathrm{d}y$$

$$= \int_0^a \left[x^3(a-x)+\frac{x(a-x)^3}{3}\right]\mathrm{d}x$$

$$= \int_0^a \left(-\frac{4}{3}x^4+2ax^3-a^2x^2+\frac{a^3}{3}x\right)\mathrm{d}x = \frac{1}{15}a^5,$$

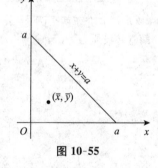

图 10-55

因此 $\bar{x} = \frac{M_y}{M} = \frac{2}{5}a$, $\bar{y} = \bar{x} = \frac{2}{5}a$, 所求质心为 $\left(\frac{2}{5}a, \frac{2}{5}a\right)$.

7. 利用三重积分计算下列由曲面所围立体的质心(设密度 $\mu=1$):

(1) $z^2=x^2+y^2$, $z=1$;

(2) $z=\sqrt{A^2-x^2-y^2}$, $z=\sqrt{a^2-x^2-y^2}$ $(A>a>0)$, $z=0$;

(3) $z=x^2+y^2$, $x+y=a$, $x=0$, $y=0$, $z=0$.

解: (1) 曲面所围立体为圆锥体, 其顶点在原点, 并关于 z 轴对称, 又由于它是匀质的, 因此它的质心位于 z 轴上, 即有 $\bar{x}=\bar{y}=0$. 立体的体积为 $V=\frac{1}{3}\pi$.

$$\bar{z}=\frac{1}{V}\iiint_{\Omega}z\mathrm{d}v=\frac{1}{V}\iint_{x^2+y^2\leqslant 1}\mathrm{d}x\mathrm{d}y\int_{\sqrt{x^2+y^2}}^{1}z\mathrm{d}z=\frac{1}{V}\iint_{x^2+y^2\leqslant 1}\frac{1}{2}(1-x^2-y^2)\mathrm{d}x\mathrm{d}y$$
$$=\frac{1}{V}\int_{0}^{2\pi}\mathrm{d}\theta\int_{0}^{1}\frac{1}{2}(1-r^2)r\mathrm{d}r=\frac{3}{\pi}\times 2\pi\times\frac{1}{2}\left(\frac{r^2}{2}-\frac{r^4}{4}\right)\Big|_{0}^{1}=\frac{3}{4},$$

故所求质心为 $\left(0,0,\dfrac{3}{4}\right)$.

*(2)立体由两个同心的上半球面和 xOy 面所围成,关于 z 轴对称,又由于它是匀质的,故其质心位于 z 轴上,即有 $\bar{x}=\bar{y}=0$. 立体的体积为 $V=\dfrac{2}{3}\pi(A^3-a^3)$.

$$\bar{z}=\frac{1}{V}\iiint_{\Omega}z\mathrm{d}v=\frac{1}{V}\iiint_{\Omega}r\cos\varphi\cdot r^2\sin\varphi\mathrm{d}r\mathrm{d}\varphi\mathrm{d}\theta=\frac{1}{V}\int_{0}^{2\pi}\mathrm{d}\theta\int_{0}^{\frac{\pi}{2}}\sin\varphi\cos\varphi\mathrm{d}\varphi\int_{a}^{A}r^3\mathrm{d}r$$
$$=\frac{3}{2\pi(A^3-a^3)}\times 2\pi\times\frac{1}{2}\times\frac{A^4-a^4}{4}=\frac{3(A^4-a^4)}{8(A^3-a^3)},$$

故立体质心为 $\left(0,0,\dfrac{3(A^4-a^4)}{8(A^3-a^3)}\right)$.

(3)如图 10-56 所示, $\Omega=\{(x,y,z)\,|\,0\leqslant x\leqslant a, 0\leqslant y\leqslant a-x, 0\leqslant z\leqslant x^2+y^2\}$.

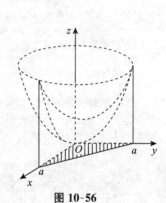

图 10-56

$$V=\iiint_{\Omega}\mathrm{d}v=\int_{0}^{a}\mathrm{d}x\int_{0}^{a-x}\mathrm{d}y\int_{0}^{x^2+y^2}\mathrm{d}z$$
$$=\int_{0}^{a}\mathrm{d}x\int_{0}^{a-x}(x^2+y^2)\mathrm{d}y$$
$$=\int_{0}^{a}\left[x^2(a-x)+\frac{1}{3}(a-x)^3\right]\mathrm{d}x$$
$$=\int_{0}^{a}\left[ax^2-x^3+\frac{1}{3}(a-x)^3\right]\mathrm{d}x$$
$$=\frac{1}{6}a^4;$$

$$\bar{z}=\frac{1}{V}\iiint_{\Omega}z\mathrm{d}v=\frac{1}{V}\int_{0}^{a}\mathrm{d}x\int_{0}^{a-x}\mathrm{d}y\int_{0}^{x^2+y^2}z\mathrm{d}z$$
$$=\frac{1}{V}\int_{0}^{a}\mathrm{d}x\int_{0}^{a-x}\frac{1}{2}(x^4+2x^2y^2+y^4)\mathrm{d}y$$
$$=\frac{1}{2V}\int_{0}^{a}\left[x^4(a-x)+\frac{2}{3}x^2(a-x)^3+\frac{1}{5}(a-x)^5\right]\mathrm{d}x=\frac{3}{a^4}\cdot\frac{7a^6}{90}=\frac{7}{30}a^2;$$

$$\bar{x}=\frac{1}{V}\iiint_{\Omega}x\mathrm{d}v=\frac{1}{V}\int_{0}^{a}x\mathrm{d}x\int_{0}^{a-x}\mathrm{d}y\int_{0}^{x^2+y^2}\mathrm{d}z=\frac{1}{V}\int_{0}^{a}x\left[x^2(a-x)+\frac{1}{3}(a-x)^3\right]\mathrm{d}x$$
$$=\frac{6}{a^4}\cdot\frac{a^5}{15}=\frac{2}{5}a,$$

由于立体匀质且关于平面 $y=x$ 对称,故 $\bar{y}=\bar{x}=\dfrac{2}{5}a$. 所求质心为 $\left(\dfrac{2}{5}a,\dfrac{2}{5}a,\dfrac{7}{30}a^2\right)$.

*8.设球体占有闭区域 $\Omega=\{(x,y,z)\,|\,x^2+y^2+z^2\leqslant 2Rz\}$,它在内部各点处的密度的大小等于该点到坐标原点的距离的平方.试求这球体的质心.

解:在球面坐标系中, Ω 可表示为 $\Omega=\left\{(r,\varphi,\theta)\,\Big|\,0\leqslant r\leqslant 2R\cos\varphi, 0\leqslant\varphi\leqslant\dfrac{\pi}{2}, 0\leqslant\theta\leqslant 2\pi\right\}$.

球体内任意一点 (x,y,z) 处的密度大小为 $\mu=x^2+y^2+z^2=r^2$.

由于球体的几何形状及质量分布均关于 z 轴对称,故可知其质心位于 z 轴上,因此 $\bar{x}=\bar{y}=0$.

$$M = \iiint_\Omega \mu dv = \int_0^{2\pi} d\theta \int_0^{\frac{\pi}{2}} d\varphi \int_0^{2R\cos\varphi} r^2 \cdot r^2 \sin\varphi dr = 2\pi \int_0^{\frac{\pi}{2}} \frac{32}{5} R^5 \cos^5\varphi \sin\varphi d\varphi = \frac{32}{15}\pi R^5;$$

$$\bar{z} = \frac{1}{M}\iiint_\Omega \mu z dv = \frac{1}{M}\int_0^{2\pi} d\theta \int_0^{\frac{\pi}{2}} d\varphi \int_0^{2R\cos\varphi} r^2 \cdot r\cos\varphi \cdot r^2 \sin\varphi dr$$

$$= \frac{2\pi}{M}\int_0^{\frac{\pi}{2}} \frac{64}{6} R^6 \cos^7\varphi \sin\varphi d\varphi = \frac{5}{4}R,$$

故球体的质心为 $\left(0, 0, \frac{5}{4}R\right)$.

【方法点击】 从以上两题的题解可看出,在计算立体的质心时,要注意利用对称性来减少计算量.对匀质立体来说,只要考虑立体几何形状的对称性(如第 7 题);但对非匀质立体来说,除了立体几何形状的对称性外,还需注意立体的质量分布是否也具有相应的对称性(如第 8 题).

9. 设均匀薄片(面密度为常数 1)所占闭区域 D 如下,求指定的转动惯量:

(1) $D = \left\{(x,y) \left| \frac{x^2}{a^2} + \frac{y^2}{b^2} \leqslant 1 \right.\right\}$,求 I_y;

(2) D 由抛物线 $y^2 = \frac{9}{2}x$ 与直线 $x = 2$ 所围成,求 I_x 和 I_y;

(3) D 为矩形闭区域 $\{(x,y) \mid 0 \leqslant x \leqslant a, 0 \leqslant y \leqslant b\}$,求 I_x 和 I_y.

解: (1) $I_y = \iint_D x^2 dxdy = \int_{-a}^a x^2 dx \int_{-\frac{b}{a}\sqrt{a^2-x^2}}^{\frac{b}{a}\sqrt{a^2-x^2}} dy = \frac{2b}{a}\int_{-a}^a x^2 \sqrt{a^2-x^2} dx = \frac{4b}{a}\int_0^a x^2 \sqrt{a^2-x^2} dx.$

令 $x = a\sin t$,换元,则

$$上式 = \frac{4b}{a}\int_0^{\frac{\pi}{2}} a^3 \sin^2 t \cos t \cdot a\cos t dt = 4a^3 b\left(\int_0^{\frac{\pi}{2}} \sin^2 t dt - \int_0^{\frac{\pi}{2}} \sin^4 t dt\right)$$

$$= 4a^3 b\left(\frac{1}{2}\times\frac{\pi}{2} - \frac{3}{4}\times\frac{1}{2}\times\frac{\pi}{2}\right) = \frac{1}{4}\pi a^3 b.$$

(2) 如图 10-57 所示,$D = \left\{(x,y) \left| -3\sqrt{\frac{x}{2}} \leqslant y \leqslant 3\sqrt{\frac{x}{2}},\ 0 \leqslant x \leqslant 2\right.\right\}$.

$$I_x = \iint_D y^2 dxdy \xrightarrow{对称性} 2\int_0^2 dx \int_0^{3\sqrt{\frac{x}{2}}} y^2 dy = \frac{2}{3}\int_0^2 \frac{27}{2\sqrt{2}} x^{\frac{3}{2}} dx = \frac{72}{5};$$

$$I_y = \iint_D x^2 dxdy \xrightarrow{对称性} 2\int_0^2 x^2 dx \int_0^{3\sqrt{\frac{x}{2}}} dy = 2\int_0^2 \frac{3}{\sqrt{2}} x^{\frac{5}{2}} dx = \frac{96}{7}.$$

(3) $I_x = \iint_D y^2 dxdy = \int_0^a dx \int_0^b y^2 dy = \frac{ab^3}{3}$; $I_y = \iint_D x^2 dxdy = \int_0^a x^2 dx \int_0^b dy = \frac{a^3 b}{3}.$

10. 已知均匀矩形板(面密度为常量 μ)的长和宽分别为 b 和 h,计算此矩形板对于通过其形心且分别与一边平行的两轴的转动惯量.

解: 建立如图 10-58 所示的坐标系,使原点 O 为矩形板的形心,x 轴和 y 轴分别平行于矩形的两边,则所求的转动惯量为

$$I_x = \iint_D y^2 \mu dxdy = \mu\int_{-\frac{b}{2}}^{\frac{b}{2}} dx \int_{-\frac{h}{2}}^{\frac{h}{2}} y^2 dy = \frac{1}{12}\mu bh^3;$$

$$I_y = \iint\limits_{D} x^2 \mu dx dy = \mu \int_{-\frac{b}{2}}^{\frac{b}{2}} x^2 dx \int_{-\frac{h}{2}}^{\frac{h}{2}} dy = \frac{1}{12}\mu h b^3.$$

11. 一均匀物体(密度 μ 为常量)占有的闭区域 Ω 由曲面 $z = x^2 + y^2$ 和平面 $z = 0$, $|x| = a$, $|y| = a$ 所围成,

(1)求物体的体积； (2)求物体的质心； (3)求物体关于 z 轴的转动惯量.

解:(1)如图 10-59 所示,由 Ω 的对称性可知

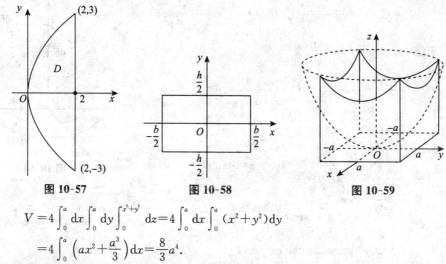

图 10-57　　　　　　图 10-58　　　　　　图 10-59

$$V = 4\int_0^a dx \int_0^a dy \int_0^{x^2+y^2} dz = 4\int_0^a dx \int_0^a (x^2+y^2) dy$$
$$= 4\int_0^a \left(ax^2 + \frac{a^3}{3}\right) dx = \frac{8}{3}a^4.$$

(2)由对称性可知,质心位于 z 轴上,故 $\overline{x} = \overline{y} = 0$.

$$\overline{z} = \frac{1}{M} \iiint\limits_{\Omega} \rho z dv \xrightarrow{\text{对称性}} \frac{4}{V} \int_0^a dx \int_0^a dy \int_0^{x^2+y^2} z dz$$
$$= \frac{4}{V} \int_0^a dx \int_0^a \frac{1}{2}(x^4 + 2x^2 y^2 + y^4) dy$$
$$= \frac{2}{V} \int_0^a \left(ax^4 + \frac{2}{3}a^3 x^2 + \frac{1}{5}a^5\right) dx = \frac{7}{15}a^2.$$

(3) $I_z = \iiint\limits_{\Omega} \rho(x^2+y^2) dv \xrightarrow{\text{对称性}} 4\rho \int_0^a dx \int_0^a dy \int_0^{x^2+y^2} (x^2+y^2) dz$
$$= 4\rho \int_0^a dx \int_0^a (x^4 + 2x^2 y^2 + y^4) dy = \frac{112}{45}\rho a^6.$$

12. 求半径为 a, 高为 h 的均匀圆柱体对于过中心而平行于母线的轴的转动惯量(设密度 $\mu = 1$).

【思路探索】 建立直角坐标系;代入转动惯量公式,利用柱面坐标计算三重积分即可.

解:建立空间直角坐标系,使原点位于圆柱体的中心,z 轴平行于母线,则圆柱体所占的空间闭区域

$$\Omega = \left\{(x,y,z) \mid x^2+y^2 \leqslant a^2, -\frac{h}{2} \leqslant z \leqslant \frac{h}{2}\right\}$$
$$\xrightarrow{\text{柱面坐标}} \left\{(r,\theta,z) \mid 0 \leqslant \theta \leqslant 2\pi, 0 \leqslant r \leqslant a, -\frac{h}{2} \leqslant z \leqslant \frac{h}{2}\right\}.$$

于是所求的转动惯量为

$$I_z = \iiint\limits_{\Omega} (x^2+y^2) dv = \iiint\limits_{\Omega} r^2 \cdot r dr d\theta dz = \int_0^{2\pi} d\theta \int_0^a r^3 dr \int_{-\frac{h}{2}}^{\frac{h}{2}} dz = 2\pi \cdot \frac{a^4}{4} \cdot h = \frac{1}{2}\pi h a^4.$$

【方法点击】 利用重积分解决实际问题时，应建立合适的坐标系，使所涉及的曲线或曲面的方程最简单，最终使得重积分的表达式简洁明了、易于计算.

13. 设面密度为常量 μ 的匀质半圆环形薄片占有闭区域 $D=\{(x,y,0)\mid R_1\leqslant\sqrt{x^2+y^2}\leqslant R_2, x\geqslant 0\}$，求它对位于 z 轴上点 $M_0(0,0,a)(a>0)$ 处单位质量的质点的引力 $\boldsymbol{F}$.

解：如图 10-60 所示，引力元素 $\mathrm{d}\boldsymbol{F}$ 沿 x 轴和 z 轴的分量分别为

$$\mathrm{d}F_x = G\frac{\mu x}{(x^2+y^2+a^2)^{\frac{3}{2}}}\mathrm{d}\sigma,\ \mathrm{d}F_z = G\frac{\mu(-a)}{(x^2+y^2+z^2)^{\frac{3}{2}}}\mathrm{d}\sigma.$$

于是 $F_x = G\mu\iint_D \dfrac{x}{(x^2+y^2+a^2)^{\frac{3}{2}}}\mathrm{d}\sigma$

$\xrightarrow{\text{极坐标}} G\mu\int_{-\frac{\pi}{2}}^{\frac{\pi}{2}}\mathrm{d}\theta\int_{R_1}^{R_2}\dfrac{r\cos\theta}{(r^2+a^2)^{\frac{3}{2}}}\cdot r\mathrm{d}r$

$= G\mu\int_{-\frac{\pi}{2}}^{\frac{\pi}{2}}\cos\theta\mathrm{d}\theta\int_{R_1}^{R_2}\dfrac{r^2}{(r^2+a^2)^{\frac{3}{2}}}\mathrm{d}r$

$= 2G\mu\int_{R_1}^{R_2}\dfrac{r^2}{(r^2+a^2)^{\frac{3}{2}}}\mathrm{d}r\ (\diamondsuit\ r=a\tan t)$

$= 2G\mu\int_{\arctan\frac{R_1}{a}}^{\arctan\frac{R_2}{a}}\dfrac{a^2\tan^2 t}{a^3\sec^3 t}\cdot a\sec^2 t\mathrm{d}t = 2G\mu\int_{\arctan\frac{R_1}{a}}^{\arctan\frac{R_2}{a}}(\sec t-\cos t)\mathrm{d}t$

$= 2G\mu\left[\ln(\sec t+\tan t)-\sin t\right]\Big|_{\arctan\frac{R_1}{a}}^{\arctan\frac{R_2}{a}}$

$= 2G\mu\left(\ln\dfrac{\sqrt{R_2^2+a^2}+R_2}{\sqrt{R_1^2+a^2}+R_1}-\dfrac{R_2}{\sqrt{R_2^2+a^2}}+\dfrac{R_1}{\sqrt{R_1^2+a^2}}\right);$

$F_z = -Ga\mu\iint_D \dfrac{\mathrm{d}\sigma}{(x^2+y^2+a^2)^{\frac{3}{2}}} \xrightarrow{\text{极坐标}} -Ga\mu\int_{-\frac{\pi}{2}}^{\frac{\pi}{2}}\mathrm{d}\theta\int_{R_1}^{R_2}\dfrac{r}{(r^2+a^2)^{\frac{3}{2}}}\mathrm{d}r$

$= \pi Ga\mu\left(\dfrac{1}{\sqrt{r^2+a^2}}\right)\Big|_{R_1}^{R_2} = \pi Ga\mu\left(\dfrac{1}{\sqrt{R_2^2+a^2}}-\dfrac{1}{\sqrt{R_1^2+a^2}}\right),$

由于 D 关于 x 轴对称，且质量均匀分布，故 $F_y=0$. 因此引力

$$\boldsymbol{F} = \left(2G\mu\left(\ln\dfrac{\sqrt{R_2^2+a^2}+R_2}{\sqrt{R_1^2+a^2}+R_1}-\dfrac{R_2}{\sqrt{R_2^2+a^2}}+\dfrac{R_1}{\sqrt{R_1^2+a^2}}\right),0,\pi Ga\mu\left(\dfrac{1}{\sqrt{R_2^2+a^2}}-\dfrac{1}{\sqrt{R_1^2+a^2}}\right)\right).$$

14. 设均匀柱体密度为 μ，占有闭区域 $\Omega=\{(x,y,z)\mid x^2+y^2\leqslant R^2,0\leqslant z\leqslant h\}$，求它对位于点 $M_0(0,0,a)(a>h)$ 处单位质量的质点的引力.

解：由柱体的对称性和质量分布的均匀性知 $F_x=F_y=0$. 引力沿 z 轴的分量

$F_z = \iiint_\Omega G\rho\dfrac{z-a}{[x^2+y^2+(z-a)^2]^{\frac{3}{2}}}\mathrm{d}v = G\rho\int_0^h(z-a)\mathrm{d}z\iint_{x^2+y^2\leqslant R^2}\dfrac{\mathrm{d}x\mathrm{d}y}{[x^2+y^2+(z-a)^2]^{\frac{3}{2}}}$

$\xrightarrow{\text{柱面坐标}} G\rho\int_0^h(z-a)\mathrm{d}z\int_0^{2\pi}\mathrm{d}\theta\int_0^R\dfrac{r\mathrm{d}r}{[r^2+(z-a)^2]^{\frac{3}{2}}}$

$= 2\pi G\rho\int_0^h(z-a)\left[\dfrac{1}{a-z}-\dfrac{1}{\sqrt{R^2+(z-a)^2}}\right]\mathrm{d}z$

$= 2\pi G\rho\int_0^h\left[-1-\dfrac{z-a}{\sqrt{R^2+(z-a)^2}}\right]\mathrm{d}z$

$$= -2\pi G\rho[h + \sqrt{R^2+(h-a)^2} - \sqrt{R^2+a^2}].$$

*第五节　含参变量的积分

习题 10-5 超精解(教材 P184)

1. 求下列含参变量的积分所确定的函数的极限:

$$(1)\lim_{x\to 0}\int_x^{1+x}\frac{\mathrm{d}y}{1+x^2+y^2}; \qquad (2)\lim_{x\to 0}\int_{-1}^1\sqrt{x^2+y^2}\,\mathrm{d}y; \qquad (3)\lim_{x\to 0}\int_0^2 y^2\cos(xy)\,\mathrm{d}y.$$

解:$(1)\lim_{x\to 0}\int_x^{1+x}\frac{\mathrm{d}y}{1+x^2+y^2} = \int_0^{1+0}\frac{\mathrm{d}y}{1+0+y^2} = (\arctan y)\Big|_0^1 = \frac{\pi}{4}.$

$(2)\lim_{x\to 0}\int_{-1}^1\sqrt{x^2+y^2}\,\mathrm{d}y = \int_{-1}^1 |y|\,\mathrm{d}y = 2\int_0^1 y\,\mathrm{d}y = 1.$

$(3)\lim_{x\to 0}\int_0^2 y^2\cos(xy)\,\mathrm{d}y = \int_0^2 y^2(\cos 0)\,\mathrm{d}y = \frac{8}{3}.$

2. 求下列函数的导数:

$$(1)\varphi(x) = \int_{\sin x}^{\cos x}(y^2\sin x - y^3)\,\mathrm{d}y; \qquad (2)\varphi(x) = \int_x^x \frac{\ln(1+xy)}{y}\,\mathrm{d}y;$$

$$(3)\varphi(x) = \int_{x^2}^{x^3}\arctan\frac{y}{x}\,\mathrm{d}y; \qquad (4)\varphi(x) = \int_x^{x^2} \mathrm{e}^{-xy^2}\,\mathrm{d}y.$$

解:$(1)\varphi'(x) = \int_{\sin x}^{\cos x} y^2\cos x\,\mathrm{d}y + (\cos^2 x\sin x - \cos^3 x)(\cos x)' - (\sin^2 x\sin x - \sin^3 x)(\sin x)'$

$$= \frac{1}{3}\cos x(\cos^3 x - \sin^3 x) + (\cos x - \sin x)\sin x\cos^2 x$$

$$= \frac{1}{3}\cos x(\cos x - \sin x)(1 + 2\sin 2x).$$

$(2)\varphi'(x) = \int_0^x \frac{1}{1+xy}\,\mathrm{d}y + \frac{\ln(1+x^2)}{x} = \frac{1}{x}\Big[\ln(1+xy)\Big]\Big|_0^x + \frac{\ln(1+x^2)}{x} = \frac{2}{x}\ln(1+x^2).$

$(3)\varphi'(x) = \int_{x^2}^{x^3}\left(-\frac{y}{x^2+y^2}\right)\mathrm{d}y + \arctan x^2\cdot 3x^2 - \arctan x\cdot 2x$

$$= -\frac{1}{2}\ln(x^2+y^2)\Big|_{x^2}^{x^3} + 3x^2\arctan x^2 - 2x\arctan x$$

$$= \ln\sqrt{\frac{1+x^2}{1+x^4}} + 3x^2\arctan x^2 - 2x\arctan x.$$

$(4)\varphi'(x) = \int_x^{x^2} \mathrm{e}^{-xy^2}(-y^2)\,\mathrm{d}y + \mathrm{e}^{-x^5}\cdot 2x - \mathrm{e}^{-x^3}\cdot 1 = 2x\mathrm{e}^{-x^5} - \mathrm{e}^{-x^3} - \int_x^{x^2} y^2\mathrm{e}^{-xy^2}\,\mathrm{d}y.$

3. 设 $F(x) = \int_0^x (x+y)f(y)\,\mathrm{d}y$,其中 $f(y)$ 为可微分的函数,求 $F''(x)$.

解:$F'(x) = \int_0^x f(y)\,\mathrm{d}y + 2xf(x)$; $F''(x) = f(x) + 2f(x) + 2xf'(x) = 3f(x) + 2xf'(x).$

4. 应用对参数的微分法,计算下列积分:

$$(1)I = \int_0^{\frac{\pi}{2}} \ln\frac{1+a\cos x}{1-a\cos x}\cdot\frac{\mathrm{d}x}{\cos x}\ (|a|<1); \qquad (2)I = \int_0^{\frac{\pi}{2}}\ln(\cos^2 x + a^2\sin^2 x)\,\mathrm{d}x\ (a>0).$$

解:(1)设 $\varphi(a) = \int_0^{\frac{\pi}{2}}\ln\frac{1+a\cos x}{1-a\cos x}\cdot\frac{\mathrm{d}x}{\cos x}$,

则 $\varphi(0)=0$, $\varphi(a)=I$. 由于 $\dfrac{\partial}{\partial \alpha}\left(\ln\dfrac{1+\alpha\cos x}{1-\alpha\cos x}\cdot\dfrac{1}{\cos x}\right)=\dfrac{2}{1-\alpha^2\cos^2 x}$,

故 $\varphi'(\alpha)=\displaystyle\int_0^{\frac{\pi}{2}}\dfrac{2}{1-\alpha^2\cos^2 x}dx=\int_0^{\frac{\pi}{2}}\dfrac{2d(\tan x)}{\sec^2 x-\alpha^2}=2\int_0^{\frac{\pi}{2}}\dfrac{d(\tan x)}{(1-\alpha^2)+\tan^2 x}$

$\qquad =\dfrac{2}{\sqrt{1-\alpha^2}}\left(\arctan\dfrac{\tan x}{\sqrt{1-\alpha^2}}\right)\Big|_0^{\frac{\pi}{2}}=\dfrac{2}{\sqrt{1-\alpha^2}}\cdot\dfrac{\pi}{2}=\dfrac{\pi}{\sqrt{1-\alpha^2}}$,

于是 $I=\varphi(a)-\varphi(0)=\displaystyle\int_0^a\varphi'(\alpha)d\alpha=\int_0^a\dfrac{\pi}{\sqrt{1-\alpha^2}}d\alpha=\pi\arcsin a$.

(2) 设 $\varphi(\alpha)=\displaystyle\int_0^{\frac{\pi}{2}}\ln(\cos^2 x+\alpha^2\sin^2 x)dx$, 则 $\varphi(1)=0$, $\varphi(a)=I$.

由于 $\dfrac{\partial}{\partial \alpha}[\ln(\cos^2 x+\alpha^2\sin^2 x)]=\dfrac{2\alpha\sin^2 x}{\cos^2 x+\alpha^2\sin^2 x}$, 故

$\qquad \varphi'(\alpha)=\displaystyle\int_0^{\frac{\pi}{2}}\dfrac{2\alpha\sin^2 x}{\cos^2 x+\alpha^2\sin^2 x}dx\xrightarrow{u=\tan x}2\alpha\int_0^{+\infty}\dfrac{u^2}{1+\alpha^2 u^2}\cdot\dfrac{du}{1+u^2}$

$\qquad =\dfrac{2\alpha}{\alpha^2-1}\left(\displaystyle\int_0^{+\infty}\dfrac{du}{1+u^2}-\int_0^{+\infty}\dfrac{du}{1+\alpha^2 u^2}\right)$

$\qquad =\dfrac{2\alpha}{\alpha^2-1}\left(\dfrac{\pi}{2}-\dfrac{\pi}{2\alpha}\right)=\dfrac{\pi}{\alpha+1}\ (\alpha\neq 1)$;

又当 $\alpha=1$ 时, $\varphi'(1)=\displaystyle\int_0^{\frac{\pi}{2}}\dfrac{2\sin^2 x}{\cos^2 x+\sin^2 x}dx=\int_0^{\frac{\pi}{2}}2\sin^2 x dx=\dfrac{\pi}{2}$,

因此 $\varphi'(\alpha)$ 在 $x=1$ 处连续. 从而对任意 $a>0$, $\varphi'(\alpha)$ 在区间 $[1,a]$ (或 $[a,1]$) 上连续.

于是 $I=\varphi(a)-\varphi(1)=\displaystyle\int_1^a\varphi'(\alpha)d\alpha=\int_1^a\dfrac{\pi}{\alpha+1}d\alpha=\pi\ln\dfrac{a+1}{2}$.

5. 计算下列积分:

(1) $\displaystyle\int_0^1\dfrac{\arctan x}{x}\dfrac{dx}{\sqrt{1-x^2}}$;

(2) $\displaystyle\int_0^1\sin\left(\ln\dfrac{1}{x}\right)\dfrac{x^b-x^a}{\ln x}dx\ (0<a<b)$.

解: (1) 因为 $\dfrac{\arctan x}{x}=\displaystyle\int_0^1\dfrac{dy}{1+x^2 y^2}$, 故

原式 $=\displaystyle\int_0^1\left(\int_0^1\dfrac{dy}{1+x^2 y^2}\right)\dfrac{dx}{\sqrt{1-x^2}}$ (交换积分次序) $=\displaystyle\int_0^1\left[\int_0^1\dfrac{dx}{(1+x^2 y^2)\sqrt{1-x^2}}\right]dy$,

由于 $\displaystyle\int_0^1\dfrac{dx}{(1+x^2 y^2)\sqrt{1-x^2}}\xrightarrow{x=\sin t}\int_0^{\frac{\pi}{2}}\dfrac{dt}{1+y^2\sin^2 t}\xrightarrow{u=\tan t}\int_0^{+\infty}\dfrac{du}{1+(1+y^2)u^2}$

$\qquad =\dfrac{1}{\sqrt{1+y^2}}\left[\arctan(\sqrt{1+y^2}u)\right]\Big|_0^{+\infty}=\dfrac{\pi}{2\sqrt{1+y^2}}$,

因此, 原式 $=\displaystyle\int_0^1\dfrac{\pi}{2\sqrt{1+y^2}}dy=\dfrac{\pi}{2}\left[\ln(y+\sqrt{1+y^2})\right]\Big|_0^1=\dfrac{\pi}{2}\ln(1+\sqrt{2})$.

(2) 因为 $\dfrac{x^b-x^a}{\ln x}=\displaystyle\int_a^b x^y dy$, 故

$\displaystyle\int_0^1\sin\left(\ln\dfrac{1}{x}\right)\dfrac{x^b-x^a}{\ln x}dx=\int_0^1\sin\left(\ln\dfrac{1}{x}\right)dx\int_a^b x^y dy$ (交换积分次序)

$\qquad =\displaystyle\int_a^b dy\int_0^1\sin\left(\ln\dfrac{1}{x}\right)x^y dx$.

由于 $\int_0^1 \sin\left(\ln\dfrac{1}{x}\right)x^y dx \xrightarrow{x=e^{-t}} \int_{+\infty}^0 \sin t \cdot e^{-yt}(-e^{-t})dt$

$= \int_0^{+\infty} \sin t \cdot e^{-(y+1)t} dt$（分部积分）

$= \dfrac{1}{1+(y+1)^2},$

因此，原式 $= \int_a^b \dfrac{1}{1+(y+1)^2} dy = \Big[\arctan(y+1)\Big]\Big|_a^b = \arctan(b+1) - \arctan(a+1).$

总习题十超精解（教材 P185～P187）

1. 填空：

(1) 积分 $\int_0^2 dx \int_x^2 e^{-y^2} dy$ 的值是 _____；

(2) 设闭区域 $D = \{(x,y) \mid x^2+y^2 \leqslant R^2\}$，则 $\iint\limits_D \left(\dfrac{x^2}{a^2}+\dfrac{y^2}{b^2}\right) dx dy = $ _____．

【思路探索】 给定的二重积分已经是累次积分的形式了，但通过观察不难发现，此题按照给定的积分次序根本无法计算，因此解决此类问题的关键是要变换积分的次序．

解：(1) $\int_0^2 dx \int_x^2 e^{-y^2} dy \xrightarrow{换序} \int_0^2 dy \int_0^y e^{-y^2} dx = \int_0^2 y e^{-y^2} dy$

$= -\dfrac{1}{2}\int_0^2 e^{-y^2} d(-y^2) = -\dfrac{1}{2} e^{-y^2}\Big|_0^2 = \dfrac{1}{2}(1-e^{-4}).$

(2) 用极坐标计算. $D = \{(\rho, \theta) \mid 0 \leqslant \rho \leqslant R, 0 \leqslant \theta \leqslant 2\pi\}$．

$\iint\limits_D \left(\dfrac{x^2}{a^2}+\dfrac{y^2}{b^2}\right) dx dy = \int_0^{2\pi} d\theta \int_0^R \left(\dfrac{\rho^2\cos^2\theta}{a^2}+\dfrac{\rho^2\sin^2\theta}{b^2}\right)\rho d\rho$

$= \int_0^{2\pi}\left(\dfrac{\cos^2\theta}{a^2}+\dfrac{\sin^2\theta}{b^2}\right)d\theta \cdot \int_0^R \rho^3 d\rho = \dfrac{R^4}{4}\int_0^{2\pi}\left(\dfrac{1+\cos 2\theta}{2a^2}+\dfrac{1-\cos 2\theta}{2b^2}\right)d\theta$

$= \dfrac{R^4}{4}\cdot\left(\dfrac{1}{2a^2}+\dfrac{1}{2b^2}\right)\cdot 2\pi = \dfrac{\pi R^4}{4}\left(\dfrac{1}{a^2}+\dfrac{1}{b^2}\right).$

【方法点击】 在直角坐标系中计算二重积分时，积分次序的选择至关重要．若次序选择得当就会使得二次积分易于计算，否则会使二次积分计算烦琐甚至无法计算出结果．如本题，若按给出的积分次序计算，则无法求出原函数．

2. 选择以下各题中给出的四个结论中一个正确的结论：

(1) 设有空间闭区域 $\Omega_1 = \{(x,y,z) \mid x^2+y^2+z^2 \leqslant R^2, z \geqslant 0\}$，$\Omega_2 = \{(x,y,z) \mid x^2+y^2+z^2 \leqslant R^2, x \geqslant 0, y \geqslant 0, z \geqslant 0\}$．则有 _____．

(A) $\iiint\limits_{\Omega_1} x dv = 4\iiint\limits_{\Omega_2} x dv$ （B) $\iiint\limits_{\Omega_1} y dv = 4\iiint\limits_{\Omega_2} y dv$

(C) $\iiint\limits_{\Omega_1} z dv = 4\iiint\limits_{\Omega_2} z dv$ （D) $\iiint\limits_{\Omega_1} xyz dv = 4\iiint\limits_{\Omega_2} xyz dv$

(2) 设有平面闭区域 $D = \{(x,y) \mid -a \leqslant x \leqslant a, x \leqslant y \leqslant a\}$，$D_1 = \{(x,y) \mid 0 \leqslant x \leqslant a, x \leqslant y \leqslant a\}$．则

$\iint\limits_D (xy + \cos x \sin y) dx dy = $ _____．

(A) $2\iint\limits_{D_1} \cos x \sin y dx dy$ （B) $2\iint\limits_{D_1} xy dx dy$

(C) $4\iint\limits_{D_1}(xy+\cos x\sin y)dxdy$　　　　(D) 0

(3) 设 $f(x)$ 为连续函数，$F(t)=\int_1^t dy\int_y^t f(x)dx$，则 $F'(2)=$ _____.

(A) $2f(2)$　　　(B) $f(2)$　　　(C) $-f(2)$　　　(D) 0

解：(1) 先说明（A）不正确. 由于 Ω_1 关于 yOz 面对称，而被积函数 x 关于 x 是奇函数，故 $\iiint\limits_{\Omega_1}xdv=0$，而 $\iiint\limits_{\Omega_3}xdv\neq 0$，故(A)选项不正确. 类似可说明(B)和(D)选项不正确.

再说明(C)选项是正确的. 设 $\Omega_3=\{(x,y,z)|x^2+y^2+z^2\leqslant R^2,z\geqslant 0,x\geqslant 0\}$. 由于被积函数 z 关于 x 是偶函数，而 Ω_3 与 $\Omega_1\setminus\Omega_3$① 关于 xOz 面对称，故 $\iiint\limits_{\Omega_1}zdv=2\iiint\limits_{\Omega_3}zdv$. 又由于被积函数 z 关于 y 也是偶函数，且 Ω_2 与 $\Omega_3\setminus\Omega_2$ 关于 xOz 面对称，故 $\iiint\limits_{\Omega_1}zdv=2\iiint\limits_{\Omega_2}zdv$②. 因此应选(C).

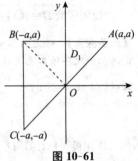

图 10-61

(2) 记 D 的三个顶点 $A(a,a)$，$B(-a,a)$，$C(-a,-a)$（如图 10-61所示）. 联结 O、B，则 D 为 $\triangle COB$ 和 $\triangle BOA$ 之并. 由于 $\triangle COB$ 关于 x 轴对称，$\triangle AOB$ 关于 y 轴对称，而函数 xy 关于 y 和 x 均是奇函数，从而有

$$\iint\limits_D xydxdy=\iint\limits_{\triangle AOB}xydxdy+\iint\limits_{\triangle COB}xydxdy=0+0=0;$$

又由于函数 $\cos x\sin y$ 关于 y 是奇函数，关于 x 是偶函数，从而有

$$\iint\limits_D \cos x\sin ydxdy=\iint\limits_{\triangle COB}\cos x\sin ydxdy+\iint\limits_{\triangle AOB}\cos x\sin ydxdy=0+2\iint\limits_{D_1}\cos x\sin ydxdy,$$

因此应选(A).

(3) **方法一**：由于考虑 $F'(2)$，故可设 $t>1$. 对所给二重积分交换积分次序，得

$$F(t)=\int_1^t f(x)dx\int_1^x dy=\int_1^t (x-1)f(x)dx,$$

于是，$F'(t)=(t-1)f(t)$，从而，有 $F'(2)=f(2)$. 故选(B).

方法二：设 $f(x)$ 的一个原函数 $G(x)$，则有

$$F(t)=\int_1^t dy\int_y^t f(x)dx=\int_1^t [G(t)-G(y)]dy=G(t)\int_1^t dy-\int_1^t G(y)dy$$

$$=(t-1)G(t)-\int_1^t G(y)dy,$$

求导得 $F'(t)=G(t)+(t-1)f(t)-G(t)=(t-1)f(t)$，因此 $F'(2)=f(2)$.

3. 计算下列二重积分：

(1) $\iint\limits_D (1+x)\sin yd\sigma$，其中 D 是顶点分别为 $(0,0),(1,0),(1,2)$ 和 $(0,1)$ 的梯形闭区域；

(2) $\iint\limits_D (x^2-y^2)d\sigma$，其中 $D=\{(x,y)\,|\,0\leqslant y\leqslant\sin x,0\leqslant x\leqslant\pi\}$；

---

① $\Omega_1\setminus\Omega_3=\{(x,y,z)\,|\,(x,y,z)\in\Omega_1\text{ 且 }(x,y,z)\notin\Omega_3\}$ 称为 Ω_1 与 Ω_3 的差集.

② 关于三重积分中如何利用对称性的问题，请读者参阅本书习题 10-1 第 2 题题解的注(1)、(2)，得出有关结论.

(3) $\iint\limits_{D}\sqrt{R^2-x^2-y^2}\,d\sigma$,其中 D 是圆周 $x^2+y^2=Rx$ 所围成的闭区域;

(4) $\iint\limits_{D}(y^2+3x-6y+9)\,d\sigma$,其中 $D=\{(x,y)\mid x^2+y^2\leqslant R^2\}$.

解:(1)D 可表示为 $0\leqslant y\leqslant 1+x$,$0\leqslant x\leqslant 1$,于是

$$\iint\limits_{D}(1+x)\sin y\,d\sigma=\int_0^1 dx\int_0^{1+x}(1+x)\sin y\,dy=\int_0^1[(1+x)-(1+x)\cos(1+x)]dx$$

$$\xrightarrow{t=1+x}\int_1^2(t-t\cos t)dt=\left(\frac{t^2}{2}-t\sin t-\cos t\right)\bigg|_1^2$$

$$=\frac{3}{2}+\sin 1+\cos 1-2\sin 2-\cos 2.$$

(2)由于 $\iint\limits_{D}x^2\,d\sigma=\int_0^\pi x^2\,dx\int_0^{\sin x}dy=\int_0^\pi x^2\sin x\,dx=-(x^2\cos x)\bigg|_0^\pi+2\int_0^\pi x\cos x\,dx$

$$=\pi^2+2\left(x\sin x\bigg|_0^\pi-\int_0^\pi\sin x\,dx\right)=\pi^2-4;$$

$$\iint\limits_{D}y^2\,d\sigma=\int_0^\pi dx\int_0^{\sin x}y^2\,dy=\frac{1}{3}\int_0^\pi\sin^3 x\,dx=\frac{2}{3}\int_0^{\frac{\pi}{2}}\sin^3 x\,dx①=\frac{2}{3}\times\frac{2}{3}=\frac{4}{9},$$

故 $\iint\limits_{D}(x^2-y^2)\,d\sigma=\iint\limits_{D}x^2\,d\sigma-\iint\limits_{D}y^2\,d\sigma=(\pi^2-4)-\frac{4}{9}=\pi^2-\frac{40}{9}.$

(3)利用极坐标计算.在极坐标系中,$D=\left\{(r,\theta)\bigg|0\leqslant r\leqslant R\cos\theta,-\frac{\pi}{2}\leqslant\theta\leqslant\frac{\pi}{2}\right\}$,

于是 $\iint\limits_{D}\sqrt{R^2-x^2-y^2}\,d\sigma=\iint\limits_{D}\sqrt{R^2-r^2}\,r\,dr\,d\theta=\int_{-\frac{\pi}{2}}^{\frac{\pi}{2}}d\theta\int_0^{R\cos\theta}\sqrt{R^2-r^2}\,r\,dr$

$$=\int_{-\frac{\pi}{2}}^{\frac{\pi}{2}}-\frac{1}{3}\left[(R^2-r^2)^{\frac{3}{2}}\right]\bigg|_0^{R\cos\theta}d\theta=\int_{-\frac{\pi}{2}}^{\frac{\pi}{2}}\frac{R^3}{3}(1-|\sin^3\theta|)d\theta$$

$$=\frac{2}{3}R^3\int_0^{\frac{\pi}{2}}(1-\sin^3\theta)d\theta=\frac{2}{3}R^3\left(\frac{\pi}{2}-\frac{2}{3}\right)=\frac{R^3}{3}\left(\pi-\frac{4}{3}\right).$$

【方法点击】 如果忽略 $\sin x$ 在 $\left[-\frac{\pi}{2},0\right]$ 上非正,而按 $(R^2-R^2\cos^2\theta)^{\frac{3}{2}}=R^3\sin^3\theta$ 计算,将导致错误.这是一类常见错误,要注意避免.

(4)利用对称性可知 $\iint\limits_{D}3x\,d\sigma=0$,$\iint\limits_{D}6y\,d\sigma=0$. 又 $\iint\limits_{D}9\,d\sigma=9\sigma(D\text{ 的面积})=9\pi R^2$,

$$\iint\limits_{D}y^2\,d\sigma\xrightarrow{\text{极坐标}}\int_0^{2\pi}d\theta\int_0^R r^2\sin^2\theta\cdot r\,dr=\int_0^{2\pi}\sin^2\theta\,d\theta\cdot\int_0^R r^3\,dr=\pi\cdot\frac{R^4}{4}=\frac{\pi}{4}R^4,$$

因此,原式 $=\frac{\pi}{4}R^4+9\pi R^2$.

4. 交换下列二次积分的次序:

(1) $\int_0^4 dy\int_{-\sqrt{4-y}}^{\frac{1}{2}(y-4)}f(x,y)dx$; (2) $\int_0^1 dy\int_0^{2y}f(x,y)dx+\int_1^3 dy\int_0^{3-y}f(x,y)dx$;

---

① 一般有:$\int_0^\pi\sin^n x\,dx=2\int_0^{\frac{\pi}{2}}\sin^n x\,dx$,参阅本书习题 5-3 第 7(13) 题的解答.

(3) $\int_0^1 dx \int_{\sqrt{x}}^{1+\sqrt{1-x^2}} f(x,y) dy$.

解：(1)所给的二次积分等于闭区域 D 上的二重积分 $\iint_D f(x,y) dx dy$，其中 $D = \{(x,y) \mid -\sqrt{4-y} \leq x \leq \frac{1}{2}(y-4), 0 \leq y \leq 4\}$（如图 10-62 所示），将 D 表达为 $2x+4 \leq y \leq 4-x^2, -2 \leq x \leq 0$，则得

$$\int_0^4 dy \int_{-\sqrt{4-y}}^{\frac{1}{2}(y-4)} f(x,y) dx = \int_{-2}^0 dx \int_{2x+4}^{4-x^2} f(x,y) dy.$$

(2)所给的二次积分等于二重积分 $\iint_D f(x,y) dx dy$，其中

$$D = D_1 \cup D_2, D_1 = \{(x,y) \mid 0 \leq x \leq 2y, 0 \leq y \leq 1\},$$
$$D_2 = \{(x,y) \mid 0 \leq x \leq 3-y, 1 \leq y \leq 3\}（如图 10-63 所示），$$

将 D 表达为 $\{(x,y) \mid \frac{x}{2} \leq y \leq 3-x, 0 \leq x \leq 2\}$，于是原式 $= \int_0^2 dx \int_{\frac{x}{2}}^{3-x} f(x,y) dy$.

(3)所给的二次积分等于二重积分 $\iint_D f(x,y) dx dy$，其中

$$D = \{(x,y) \mid \sqrt{x} \leq y \leq 1+\sqrt{1-x^2}, 0 \leq x \leq 1\},$$

（如图 10-64 所示），D 可表达为 $D_1 \cup D_2$，其中
$D_1 = \{(x,y) \mid 0 \leq x \leq y^2, 0 \leq y \leq 1\}$； $D_2 = \{(x,y) \mid 0 \leq x \leq \sqrt{2y-y^2}, 1 \leq y \leq 2\}$.

于是，原式 $= \int_0^1 dy \int_0^{y^2} f(x,y) dx + \int_1^2 dy \int_0^{\sqrt{2y-y^2}} f(x,y) dx$.

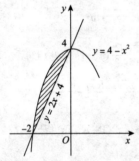
图 10-62

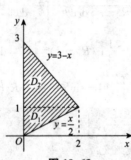
图 10-63

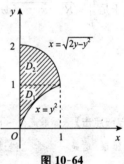
图 10-64

5. 证明：$\int_0^a dy \int_0^y e^{m(a-x)} f(x) dx = \int_0^a (a-x) e^{m(a-x)} f(x) dx$.

证：上式左端的二次积分等于二重积分 $\iint_D e^{m(a-x)} f(x) dx dy$，其中

$$D = \{(x,y) \mid 0 \leq x \leq y, 0 \leq y \leq a\} = \{(x,y) \mid x \leq y \leq a, 0 \leq x \leq a\}.$$

于是交换积分次序即得

$$\int_0^a dy \int_0^y e^{m(a-x)} f(x) dx = \int_0^a dx \int_x^a e^{m(a-x)} f(x) dy = \int_0^a (a-x) e^{m(a-x)} f(x) dx.$$

6. 把积分 $\iint_D f(x,y) dx dy$ 表示为极坐标形式的二次积分，其中积分区域 $D = \{(x,y) \mid x^2 \leq y \leq 1, -1 \leq x \leq 1\}$.

解：积分域 D 如图 10-65 所示.抛物线 $y = x^2$ 的极坐标方程为 $r = \sec\theta \tan\theta$；直线 $y = 1$ 的极坐

标方程为 $r=\csc\theta$. 用射线 $\theta=\dfrac{\pi}{4}$ 和 $\theta=\dfrac{3\pi}{4}$ 将 D 分成 D_1,D_2,D_3 三部分：

$D_1=\left\{(r,\theta)\,\middle|\,0\leqslant r\leqslant\sec\theta\tan\theta,0\leqslant\theta\leqslant\dfrac{\pi}{4}\right\}$;

$D_2=\left\{(r,\theta)\,\middle|\,0\leqslant r\leqslant\csc\theta,\dfrac{\pi}{4}\leqslant\theta\leqslant\dfrac{3\pi}{4}\right\}$;

$D_3=\left\{(r,\theta)\,\middle|\,0\leqslant r\leqslant\sec\theta\tan\theta,\dfrac{3\pi}{4}\leqslant\theta\leqslant\pi\right\}$.

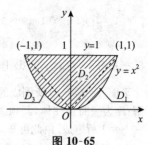

图 10-65

因此 $\displaystyle\iint_D f(x,y)\mathrm{d}x\mathrm{d}y=\int_0^{\frac{\pi}{4}}\mathrm{d}\theta\int_0^{\sec\theta\tan\theta}f(r\cos\theta,r\sin\theta)r\mathrm{d}r+\int_{\frac{\pi}{4}}^{\frac{3\pi}{4}}\mathrm{d}\theta\int_0^{\csc\theta}f(r\cos\theta,r\sin\theta)r\mathrm{d}r+$

$\displaystyle\int_{\frac{3\pi}{4}}^{\pi}\mathrm{d}\theta\int_0^{\sec\theta\tan\theta}f(r\cos\theta,r\sin\theta)r\mathrm{d}r$.

7. 设 $f(x,y)$ 在闭区域 $D=\{(x,y)\,|\,x^2+y^2\leqslant y, x\geqslant 0\}$ 上连续，且

$$f(x,y)=\sqrt{1-x^2-y^2}-\dfrac{8}{\pi}\iint_D f(x,y)\mathrm{d}x\mathrm{d}y,$$

求 $f(x,y)$.

解：设 $\displaystyle\iint_D f(x,y)\mathrm{d}x\mathrm{d}y=A$，则 $f(x,y)=\sqrt{1-x^2-y^2}-\dfrac{8}{\pi}A$，从而

$$\iint_D f(x,y)\mathrm{d}x\mathrm{d}y=\iint_D\sqrt{1-x^2-y^2}\mathrm{d}x\mathrm{d}y-\dfrac{8}{\pi}A\iint_D\mathrm{d}x\mathrm{d}y,$$

又 $\displaystyle\iint_D\mathrm{d}x\mathrm{d}y=D$ 的面积 $=\dfrac{\pi}{8}$，故得 $A=\displaystyle\iint_D\sqrt{1-x^2-y^2}\mathrm{d}x\mathrm{d}y-A$,

因此，$A=\dfrac{1}{2}\displaystyle\iint_D\sqrt{1-x^2-y^2}\mathrm{d}x\mathrm{d}y$.

在极坐标系中，$D=\left\{(r,\theta)\,\middle|\,0\leqslant r\leqslant\sin\theta,0\leqslant\theta\leqslant\dfrac{\pi}{2}\right\}$，因此

$$\iint_D\sqrt{1-x^2-y^2}\mathrm{d}x\mathrm{d}y=\int_0^{\frac{\pi}{2}}\mathrm{d}\theta\int_0^{\sin\theta}\sqrt{1-r^2}\,r\mathrm{d}r=\dfrac{\pi}{6}-\dfrac{2}{9},$$

于是，得 $A=\dfrac{\pi}{12}-\dfrac{1}{9}$. 从而 $f(x,y)=\sqrt{1-x^2-y^2}+\dfrac{8}{9\pi}-\dfrac{2}{3}$.

【方法点击】 由二重积分的定义知 $\displaystyle\iint_D f(u,v)\mathrm{d}u\mathrm{d}v$ 是常数，且

$$\iint_D f(x,y)\mathrm{d}x\mathrm{d}y=\iint_D f(u,v)\mathrm{d}u\mathrm{d}v,$$

这样就把求 $f(x,y)$ 的问题转化为求 $\displaystyle\iint_D f(x,y)\mathrm{d}x\mathrm{d}y$ 的问题.

一般地，若连续函数 $f(x,y)$ 满足 $f(x,y)=g(x,y)+h(x,y)\displaystyle\iint_D f(u,v)\mathrm{d}u\mathrm{d}v$，又 $g(x,y)$，$h(x,y)$ 为已知，则可令 $A=\displaystyle\iint_D f(u,v)\mathrm{d}u\mathrm{d}v$，从而有

$$\iint_D f(x,y)\mathrm{d}x\mathrm{d}y=\iint_D g(x,y)\mathrm{d}x\mathrm{d}y+\iint_D h(x,y)\mathrm{d}x\mathrm{d}y\cdot\iint_D f(u,v)\mathrm{d}u\mathrm{d}v,$$

即 $A = \iint_D g(x,y)\mathrm{d}x\mathrm{d}y + A \cdot \iint_D h(x,y)\mathrm{d}x\mathrm{d}y$,可解得 A.

8. 把积分 $\iiint_\Omega f(x,y,z)\mathrm{d}x\mathrm{d}y\mathrm{d}z$ 化为三次积分,其中积分区域 Ω 是由曲面 $z = x^2 + y^2$, $y = x^2$ 及平面 $y = 1$, $z = 0$ 所围成的闭区域.

解: Ω 为一曲顶柱体,其顶为 $z = x^2 + y^2$,底位于 xOy 面上,其侧面由抛物柱面 $y = x^2$ 及平面 $y = 1$ 所组成. 由此可知 Ω 在 xOy 面上的投影区域 $D_{xy} = \{(x,y) | x^2 \leqslant y \leqslant 1, -1 \leqslant x \leqslant 1\}$.

因此 $\iiint_\Omega f(x,y,z)\mathrm{d}x\mathrm{d}y\mathrm{d}z = \iint_{D_{xy}} \mathrm{d}x\mathrm{d}y \int_0^{x^2+y^2} f(x,y,z)\mathrm{d}z = \int_{-1}^1 \mathrm{d}x \int_{x^2}^1 \mathrm{d}y \int_0^{x^2+y^2} f(x,y,z)\mathrm{d}z$.

9. 计算下列三重积分:

(1) $\iiint_\Omega z^2 \mathrm{d}x\mathrm{d}y\mathrm{d}z$,其中 Ω 是两个球: $x^2 + y^2 + z^2 \leqslant R^2$ 和 $x^2 + y^2 + z^2 \leqslant 2Rz(R > 0)$ 的公共部分;

(2) $\iiint_\Omega \dfrac{z\ln(x^2+y^2+z^2+1)}{x^2+y^2+z^2+1}\mathrm{d}v$ 其中 Ω 是由球面 $x^2 + y^2 + z^2 = 1$ 所围成的闭区域;

(3) $\iiint_\Omega (y^2 + z^2)\mathrm{d}v$,其中 Ω 是由 xOy 平面上曲线 $y^2 = 2x$ 绕 x 轴旋转而成的曲面与平面 $x = 5$ 所围成的闭区域

解: (1) **方法一**: 利用直角坐标,采用"先二后一"的积分次序.

由 $\begin{cases} x^2 + y^2 + z^2 = R^2, \\ x^2 + y^2 + z^2 = 2Rz \end{cases}$ 解得 $z = \dfrac{R}{2}$,于是用平面 $z = \dfrac{R}{2}$ 把 Ω 分成 Ω_1 和 Ω_2 两部分,其中

$\Omega_1 = \{(x,y,z) | x^2 + y^2 \leqslant 2Rz - z^2, 0 \leqslant z \leqslant \dfrac{R}{2}\}$;

$\Omega_2 = \{(x,y,z) | x^2 + y^2 \leqslant R^2 - z^2, \dfrac{R}{2} \leqslant z \leqslant R\}$ (如图 10-66 所示).

于是,原式 $= \iiint_{\Omega_1} z^2 \mathrm{d}x\mathrm{d}y\mathrm{d}z + \iiint_{\Omega_2} z^2 \mathrm{d}x\mathrm{d}y\mathrm{d}z$

$= \int_0^{\frac{R}{2}} z^2 \mathrm{d}z \iint_{x^2+y^2 \leqslant 2Rz-z^2} \mathrm{d}x\mathrm{d}y + \int_{\frac{R}{2}}^R z^2 \mathrm{d}z \iint_{x^2+y^2 \leqslant R^2-z^2} \mathrm{d}x\mathrm{d}y$

$= \int_0^{\frac{R}{2}} \pi(2Rz - z^2) \cdot z^2 \mathrm{d}z + \int_{\frac{R}{2}}^R \pi(R^2 - z^2) \cdot z^2 \mathrm{d}z$

$= \dfrac{1}{40}\pi R^5 + \dfrac{47}{480}\pi R^5 = \dfrac{59}{480}\pi R^5$.

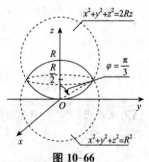

图 10-66

方法二: 利用球面坐标计算. 作圆锥面 $\varphi = \arccos \dfrac{1}{2} = \dfrac{\pi}{3}$,

将 Ω 分成 Ω_1' 和 Ω_2' 两部分:

$\Omega_1' = \{(r,\varphi,\theta) | 0 \leqslant r \leqslant R, 0 \leqslant \varphi \leqslant \dfrac{\pi}{3}, 0 \leqslant \theta \leqslant 2\pi\}$;

$\Omega_2' = \{(r,\varphi,\theta) | 0 \leqslant r \leqslant 2R\cos\varphi, \dfrac{\pi}{3} \leqslant \varphi \leqslant \dfrac{\pi}{2}, 0 \leqslant \theta \leqslant 2\pi\}$.

于是

原式 $= \iiint_{\Omega_1'} z^2 \mathrm{d}x\mathrm{d}y\mathrm{d}z + \iiint_{\Omega_2'} z^2 \mathrm{d}x\mathrm{d}y\mathrm{d}z$

$$= \int_0^{2\pi} d\theta \int_0^{\frac{\pi}{3}} \cos^2\varphi \sin\varphi d\varphi \int_0^R r^4 dr + \int_0^{2\pi} d\theta \int_{\frac{\pi}{3}}^{\frac{\pi}{2}} \cos^2\varphi \sin\varphi d\varphi \int_0^{2R\cos\varphi} r^4 dr$$

$$= \frac{7}{60}\pi R^5 + \frac{1}{160}\pi R^5 = \frac{59}{480}\pi R^5.$$

(2) 由于积分区域 Ω 关于 xOy 面对称,而被积函数关于 z 是奇函数,故所求积分等于零.

【方法点击】 对于三重积分 $\iiint\limits_\Omega f(x,y,z)dV$ 有关积分区域的对称性和被积函数的奇偶性有如下结论:

(1) 若积分区域 Ω 关于 xOy 面对称,则

$$\iiint\limits_\Omega f(x,y,z)dv = \begin{cases} 0, & f(x,y,-z)=-f(x,y,z), \\ 2\iiint\limits_{\Omega_1} f(x,y,z)dv, & f(x,y,-z)=f(x,y,z), \end{cases}$$

其中,Ω_1 是 Ω 位于 xOy 面上方的部分.

(2) 若积分域 Ω 关于 yOz 面对称,则

$$\iiint\limits_\Omega f(x,y,z)dv = \begin{cases} 0, & f(-x,y,z)=-f(x,y,z), \\ 2\iiint\limits_{\Omega_2} f(x,y,z)dv, & f(-x,y,z)=f(x,y,z), \end{cases}$$

其中,Ω_2 是 Ω 位于 yOz 面前方的部分.

(3) 若积分域 Ω 关于 zOx 面对称,则

$$\iiint\limits_\Omega f(x,y,z)dv = \begin{cases} 0, & f(x,-y,z)=-f(x,y,z), \\ 2\iiint\limits_{\Omega_3} f(x,y,z)dv, & f(x,-y,z)=f(x,y,z), \end{cases}$$

其中,Ω_3 是 Ω 位于 zOx 面右方的部分.

(3) 积分区域 Ω 由旋转抛物面 $y^2+z^2=2x$ 和平面 $x=5$ 所围成,Ω 在 yOz 面上的投影区域 $D_{yz}=\{(y,z) | y^2+z^2 \leq 10\}$.

因此 Ω 可表示为 $\Omega = \left\{(x,y,z) \Big| \frac{1}{2}(y^2+z^2) \leq x \leq 5, \ 0 \leq y^2+z^2 \leq 10\right\}$.

于是

$$\iiint\limits_\Omega (y^2+z^2)dv = \iint\limits_{D_{yz}} (y^2+z^2)dzdy \int_{\frac{y^2+z^2}{2}}^5 dx$$

$$= \iint\limits_{D_{yz}} (y^2+z^2)\left(5-\frac{y^2+z^2}{2}\right)dydz \xrightarrow{\text{极坐标}} \iint\limits_{D_{yz}} r^2\left(5-\frac{r^2}{2}\right)rdrd\theta$$

$$= \int_0^{2\pi} d\theta \int_0^{\sqrt{10}} r^3\left(5-\frac{r^2}{2}\right)dr = \frac{250}{3}\pi.$$

【方法点击】 根据本题的积分区域 Ω 的特点,应将 Ω 向 yOz 面投影,即采用先对 x、后对 y 和 z 积分的积分次序较宜.

10. 设函数 $f(x)$ 连续且恒大于零,

$$F(t) = \frac{\iiint\limits_{\Omega(t)} f(x^2+y^2+z^2)dv}{\iint\limits_{D(t)} f(x^2+y^2)d\sigma}, G(t) = \frac{\iint\limits_{D(t)} f(x^2+y^2)d\sigma}{\int_{-t}^t f(x^2)dx},$$

其中 $\Omega(t)=\{(x,y,z)\mid x^2+y^2+z^2\leqslant t^2\}$，$D(t)=\{(x,y)\mid x^2+y^2\leqslant t^2\}$.

(1)讨论 $F(t)$ 在区间 $(0,+\infty)$ 内的单调性；(2)证明当 $t>0$ 时，$F(t)>\dfrac{2}{\pi}G(t)$.

解：(1)利用球面坐标，$\iiint\limits_{\Omega(t)}f(x^2+y^2+z^2)\mathrm{d}v=\int_0^{2\pi}\mathrm{d}\theta\int_0^\pi\sin\varphi\mathrm{d}\varphi\int_0^t f(r^2)r^2\mathrm{d}r=4\pi\int_0^t f(r^2)r^2\mathrm{d}r$,

利用极坐标，$\iint\limits_{D(t)}f(x^2+y^2)\mathrm{d}\sigma=\int_0^{2\pi}\mathrm{d}\theta\int_0^t f(r^2)r\mathrm{d}r=2\pi\int_0^t f(r^2)r\mathrm{d}r$.

于是 $F(t)=\dfrac{2\int_0^t f(r^2)r^2\mathrm{d}r}{\int_0^t f(r^2)r\mathrm{d}r}$，求导得 $F'(t)=\dfrac{2tf(t^2)\int_0^t f(r^2)r(t-r)\mathrm{d}r}{\left[\int_0^t f(r^2)r\mathrm{d}r\right]^2}$,

所以在区间 $(0,+\infty)$ 内，$F'(t)>0$，故 $F(t)$ 在 $(0,+\infty)$ 内单调增加.

证：(2)因为 $f(x^2)$ 为偶函数，故 $\int_{-t}^t f(x^2)\mathrm{d}x=2\int_0^t f(x^2)\mathrm{d}x=2\int_0^t f(r^2)\mathrm{d}r$.

所以 $G(t)=\dfrac{\int_0^{2\pi}\mathrm{d}\theta\int_0^t f(r^2)r\mathrm{d}r}{2\int_0^t f(r^2)\mathrm{d}r}=\dfrac{\pi\int_0^t f(r^2)r\mathrm{d}r}{\int_0^t f(r^2)\mathrm{d}r}$.

要证明 $t>0$ 时，$F(t)>\dfrac{2}{\pi}G(t)$，即证 $\dfrac{2\int_0^t f(r^2)r^2\mathrm{d}r}{\int_0^t f(r^2)r\mathrm{d}r}>\dfrac{2\int_0^t f(r^2)r\mathrm{d}r}{\int_0^t f(r^2)\mathrm{d}r}$,

只需证当 $t>0$ 时，$H(t)=\int_0^t f(r^2)r^2\mathrm{d}r\cdot\int_0^t f(r^2)\mathrm{d}r-\left[\int_0^t f(r^2)r\mathrm{d}r\right]^2>0$.

由于 $H(0)=0$，且 $H'(t)=f(t^2)\int_0^t f(r^2)(t-r)^2\mathrm{d}r>0$，所以 $H(t)$ 在 $(0,+\infty)$ 内单调增加，由 $H(t)$ 在 $[0,+\infty)$ 上连续，故当 $t>0$ 时，$H(t)>H(0)=0$.

因此当 $t>0$ 时，有 $F(t)>\dfrac{2}{\pi}G(t)$.

【方法点击】 本题是一道综合题，考查了球面坐标下将三重积分转化为定积分，极坐标系下将二重积分转化为定积分等多个知识点. 在本题(2)的证明中也可使用柯西积分不等式：
$$\left[\int_a^b f(x)\cdot g(x)\mathrm{d}x\right]^2\leqslant\int_a^b f^2(x)\mathrm{d}x\cdot\int_a^b g^2(x)\mathrm{d}x,$$
取 $f(x)=\sqrt{f(r^2)}\cdot r$，$g(x)=\sqrt{f(r^2)}$ 即可证得结论.

11. 求平面 $\dfrac{x}{a}+\dfrac{y}{b}+\dfrac{z}{c}=1$ 被三坐标面所割出的有限部分的面积.

解：平面方程为 $z=c-\dfrac{c}{a}x-\dfrac{c}{b}y$，它被三坐标面各处的有限部分在 xOy 面上的投影区域 D_{xy} 为

由 x 轴、y 轴和直线 $\dfrac{x}{a}+\dfrac{y}{b}=1$ 所围成的三角形区域. 于是所求面积为

$$A=\iint\limits_{D_{xy}}\sqrt{1+\left(\dfrac{\partial z}{\partial x}\right)^2+\left(\dfrac{\partial z}{\partial y}\right)^2}\mathrm{d}x\mathrm{d}y=\iint\limits_{D_{xy}}\sqrt{1+\dfrac{c^2}{a^2}+\dfrac{c^2}{b^2}}\mathrm{d}x\mathrm{d}y$$

$$=\dfrac{1}{ab}\sqrt{a^2b^2+b^2c^2+c^2a^2}\iint\limits_{D_{xy}}\mathrm{d}x\mathrm{d}y=\dfrac{1}{ab}\sqrt{a^2b^2+b^2c^2+c^2a^2}\cdot\dfrac{1}{2}ab$$

$$= \frac{1}{2}\sqrt{a^2b^2+b^2c^2+c^2a^2}.$$

12. 在均匀的半径为 R 的半圆形薄片的直径上,要接上一个一边与直径等长的同样材料的均匀矩形薄片,为了使整个均匀薄片的质心恰好落在圆心上,问接上去的均匀矩形薄片另一边的长度应是多少?

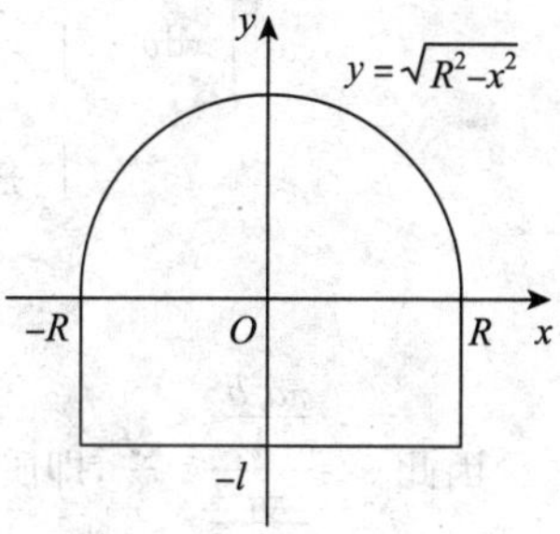

解:设矩形另一边的长度为 l 并建立如图 10-67 所示的坐标系,则质心的纵坐标

$$\bar{y} = \frac{\iint_D y\,d\sigma}{A} = \frac{\int_{-R}^{R}dx\int_{-l}^{\sqrt{R^2-x^2}}y\,dy}{A} = \frac{\int_{-R}^{R}(R^2-x^2-l^2)dx}{2A} = \frac{\frac{2}{3}R^3-l^2R}{A}.$$

图 10-67

由题设 $\bar{y}=0$ 即可算得 $l=\sqrt{\frac{2}{3}}R$.

13. 求由抛物线 $y=x^2$ 及直线 $y=1$ 所围成的均匀薄片(面密度为常数 μ)对于直线 $y=-1$ 的转动惯量.

解:闭区域 $D=\{(x,y)\mid -\sqrt{y}\leqslant x\leqslant\sqrt{y}, 0\leqslant y\leqslant 1\}$,所求的转动惯量为

$$I = \iint_D \mu(y+1)^2 d\sigma = \mu\int_0^1 (y+1)^2 dy \int_{-\sqrt{y}}^{\sqrt{y}} dx = 2\mu\int_0^1 \sqrt{y}(y+1)^2 dy$$

$$= 2\mu\int_0^1 (y^{\frac{5}{2}}+2y^{\frac{3}{2}}+y^{\frac{1}{2}})dy = \frac{368}{105}\mu.$$

14. 设在 xOy 面上由一质量为 M 的匀质半圆形薄片,占有平面闭区域 $D=\{(x,y)\mid x^2+y^2\leqslant R^2, y\geqslant 0\}$,过圆心 O 垂直于薄片的直线上有一质量为 m 的质点 P,$OP=a$. 求半圆形薄片对质点 P 的引力.

解:求解本题时,所有的分析和计算过程均与习题 10-4 的第 13 题雷同,故这里略去详细的计算步骤.

积分区域 $D=\{(r,\theta)\mid 0\leqslant r\leqslant R, 0\leqslant\theta\leqslant\pi\}$.

由于 D 关于 y 轴对称,且质量均匀分布,故 $F_x=0$. 又薄片的面密度 $\mu=\dfrac{M}{\frac{1}{2}\pi R^2}=\dfrac{2M}{\pi R^2}$,于是

$$F_y = Gm\mu\iint_D \frac{y}{(x^2+y^2+a^2)^{\frac{3}{2}}}d\sigma \xrightarrow{\text{极坐标}} Gm\mu\int_0^\pi d\theta\int_0^R \frac{r\sin\theta}{(r^2+a^2)^{\frac{3}{2}}}r\,dr$$

$$= 2Gm\mu\int_0^R \frac{r^2}{(r^2+a^2)^{\frac{3}{2}}}dr = \frac{4GmM}{\pi R^2}\left(\ln\frac{\sqrt{R^2+a^2}+R}{a} - \frac{R}{\sqrt{R^2+a^2}}\right);$$

$$F_z = -Gam\mu\iint_D \frac{d\sigma}{(x^2+y^2+a^2)^{\frac{3}{2}}} = -Gam\mu\int_0^\pi d\theta\int_0^R \frac{r}{(r^2+a^2)^{\frac{3}{2}}}dr$$

$$= -\frac{2GamM}{R^2}\left(\frac{1}{a} - \frac{1}{\sqrt{R^2+a^2}}\right) = -\frac{2GmM}{R^2}\left(1 - \frac{a}{\sqrt{R^2+a^2}}\right),$$

所求引力为 $\boldsymbol{F}=(0, F_y, F_z)$.

15. 求质量分布均匀的半个旋转椭球体 $\Omega=\{(x,y,z)\mid \dfrac{x^2+y^2}{a^2}+\dfrac{z^2}{b^2}\leqslant 1, z\geqslant 0\}$ 的质心.

解:设质心为 $(\bar{x},\bar{y},\bar{z})$,由对称性知质心位于 z 轴上,即 $\bar{x}=\bar{y}=0$. 由于

$$\iiint_{\Omega} z\mathrm{d}v = \int_0^b z\mathrm{d}z \iint_{D_z} \mathrm{d}x\mathrm{d}y \left(\text{其中 } D_z = \left\{(x,y) \,\Big|\, x^2+y^2 \leqslant a^2\left(1-\frac{z^2}{b^2}\right)\right\}\right)$$

$$= \int_0^b \pi a^2 \left(1-\frac{z^2}{b^2}\right) z\mathrm{d}z = \pi a^2 \int_0^b \left(z-\frac{z^3}{b^2}\right)\mathrm{d}z = \frac{\pi a^2 b^2}{4},$$

$$V = \frac{1}{2} \times \frac{4}{3}\pi a^2 b = \frac{2\pi a^2 b}{3},$$

因此 $\bar{z} = \dfrac{\dfrac{\pi a^2 b^2}{4}}{\dfrac{2\pi a^2 b}{3}} = \dfrac{3b}{8}$，即质心为 $\left(0, 0, \dfrac{3b}{8}\right)$．

16. 一球形行星的半径为 R，其质量为 M，其密度呈球对称分布，并向着球心线性增加．若行星表面的密度为零，那么行星中心的密度是多少？

解：设行星中心的密度为 μ_0，则由题设，在距球心 $r(0 \leqslant r \leqslant R)$ 处的密度为 $\mu(r) = \mu_0 - kr$，由于 $\mu(R) = \mu_0 - kR = 0$，故 $k = \dfrac{\mu_0}{R}$，即 $\mu(r) = \mu_0 \left(1-\dfrac{r}{R}\right)$．

于是，$M = \iiint_{r \leqslant R} \mu_0 \left(1-\dfrac{r}{R}\right) r^2 \sin\varphi \mathrm{d}r\mathrm{d}\varphi\mathrm{d}\theta = \mu_0 \int_0^{2\pi}\mathrm{d}\theta \int_0^{\pi}\sin\varphi\mathrm{d}\varphi \int_0^R \left(1-\dfrac{r}{R}\right) r^2 \mathrm{d}r$

$$= 4\pi\mu_0 \int_0^R \left(1-\frac{r}{R}\right) r^2 \mathrm{d}r = \frac{\mu_0 \pi R^3}{3},$$

因此，得 $\mu_0 = \dfrac{3M}{\pi R^3}$．

本章小结

1. 关于二重积分的小结．

在关于二重积分的内容中，二重积分的性质以及计算方法是重点．

（1）在计算二重积分时，首先要根据被积函数的特点及积分区域的形状，选择恰当的坐标系．一般地，当积分区域为圆域、环域或扇形区域时，或被积函数中含有 $\sqrt{x^2+y^2}$ 项时，常利用极坐标系．

（2）在对二重积分的计算选择好了坐标系后，要根据区域 D 的形状确定适当的积分顺序，所选择的积分顺序应以避免或减少分块，便于计算为原则．

（3）交换积分次序的题目一般要先由二次积分还原为重积分，再按另一积分次序得到新的二次积分，要尽可能画出区域 D 的图像．

（4）利用二重积分证明等式（或不等式），一般是将两个定积分的乘积转化为二次积分，最后化成重积分加以证明．

（5）在计算二重积分时，要特别注意对称性的利用，这可大大简化计算，避免出错，读者可根据微元法的思想对对称性加以理解，切忌死记硬背．

2. 关于三重积分的小结．

（1）在计算三重积分时，坐标系的选择很重要，这与积分区域、被积函数密切相关．

一般地，当积分区域为圆柱形、扇形柱体或圆环柱体，被积函数含有 $\sqrt{x^2+y^2}$ 等项时可采用柱面坐标法；当积分区域为球体、半球体或锥面与球面围成的立体区域，被积函数含有 $\sqrt{x^2+y^2+z^2}$ 等项时，可采用球面坐标法．

（2）利用直角坐标系计算三重积分，可采用"截面法"或"投影法"，这也要由 Ω 的形状与积分中的函数的特点而定."截面法"是"先二后一","投影法"是"先一后二",都是把三重积分转化成了二重积分和定积分.

(3)在计算三重积分时,读者也要注意利用对称性简化积分计算.对于对称性的理解关键也是在于微元法的思想,切莫死记硬背.

3. 关于重积分应用的小结.

在本章重积分的应用部分主要介绍了重积分在几何与物理中的应用,公式较多,读者可以直接利用公式计算,也可根据微元法的思想自己推导公式并计算.

第十一章　曲线积分与曲面积分

本章内容概览

本章主要是把积分的概念推广到积分范围为一段曲线弧或一片曲面的情形,我们分别称为曲线积分和曲面积分,本章主要对这两种积分进行详细研究,阐明有关这两种积分的概念、性质和应用.

本章知识图解

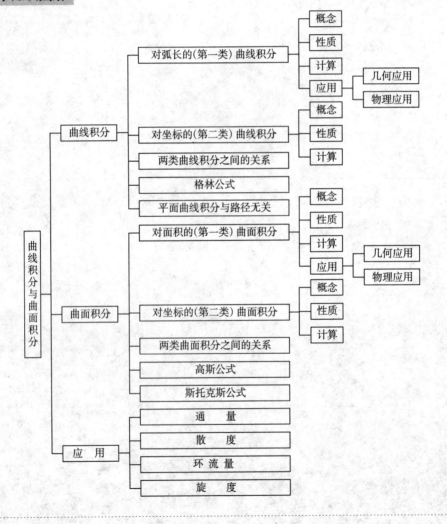

第一节 对弧长的曲线积分

习题 11-1 超精解（教材 P193~P194）

1. 设在 xOy 面内有一分布着质量的曲线弧 L，在点 (x,y) 处它的线密度为 $\mu(x,y)$，用对弧长的曲线积分分别表达：
   (1) 这曲线弧对 x 轴、对 y 轴的转动惯量 I_x, I_y；
   (2) 这曲线弧的质心坐标 $\bar{x}, \bar{y}$。

解：(1) 设将 L 分成 n 个小弧段，取出其中任意一段记作 ds（其长度也记作 ds），(x,y) 为 ds 上一点，则 ds 对 x 轴和对 y 轴的转动惯量的近似值分别为 $dI_x = y^2\mu(x,y)ds, dI_y = x^2\mu(x,y)ds$。以此作为转动惯量元素并积分，即得 L 对 x 轴、对 y 轴的转动惯量：

$$I_x = \int_L y^2\mu(x,y)ds, \quad I_y = \int_L x^2\mu(x,y)ds.$$

(2) ds 对 x 轴和对 y 轴的静矩的近似值分别为 $dM_x = y\mu(x,y)ds, dM_y = x\mu(x,y)ds$。以此作为静矩元素并积分，即得 L 对 x 轴、对 y 轴的静矩：

$$M_x = \int_L y\mu(x,y)ds, \quad M_y = \int_L x\mu(x,y)ds.$$

从而 L 的质心坐标为 $\bar{x} = \dfrac{M_y}{M} = \dfrac{\int_L x\mu(x,y)ds}{\int_L \mu(x,y)ds}, \quad \bar{y} = \dfrac{M_x}{M} = \dfrac{\int_L y\mu(x,y)ds}{\int_L \mu(x,y)ds}.$

2. 利用对弧长的曲线积分的定义证明性质 3。

证：设将积分弧段 L 任意分割成 n 个小弧段，第 i 个小弧段的长度为 Δs_i，(ξ_i, η_i) 为第 i 个小弧段上任意取定的一点。按假设，有

$$f(\xi_i, \eta_i)\Delta s_i \leq g(\xi_i, \eta_i)\Delta s_i \, (i=1,2,\cdots,n), \quad \sum_{i=1}^n f(\xi_i, \eta_i)\Delta s_i \leq \sum_{i=1}^n g(\xi_i, \eta_i)\Delta s_i.$$

令 $\lambda = \max\{\Delta s_i\} \to 0$，上式两端同时取极限，即得 $\int_L f(x,y)ds \leq \int_L g(x,y)ds$。

又 $f(x,y) \leq |f(x,y)|, -f(x,y) \leq |f(x,y)|$，利用以上结果，得

$$\int_L f(x,y)ds \leq \int_L |f(x,y)|ds, \quad -\int_L f(x,y)ds \leq \int_L |f(x,y)|ds,$$

即 $\left|\int_L f(x,y)ds\right| \leq \int_L |f(x,y)|ds.$

3. 计算下列对弧长的曲线积分：

(1) $\oint_L (x^2+y^2)^n ds$，其中 L 为圆周 $x=a\cos t, y=a\sin t \, (0 \leq t \leq 2\pi)$；

(2) $\int_L (x+y)ds$，其中 L 为连接 $(1,0)$ 及 $(0,1)$ 两点的直线段；

(3) $\oint_L x ds$，其中 L 为由直线 $y=x$ 及抛物线 $y=x^2$ 所围成的区域的整个边界；

(4) $\oint_L e^{\sqrt{x^2+y^2}} ds$，其中 L 为圆周 $x^2+y^2=a^2$，直线 $y=x$ 及 x 轴在第一象限内所围成的扇形的整个边界；

(5) $\int_\Gamma \dfrac{1}{x^2+y^2+z^2} ds$，其中 Γ 为曲线 $x=e^t\cos t, y=e^t\sin t, z=e^t$ 上相应于 t 从 0 变到 2 的这

段弧;

(6) $\int_{\Gamma} x^2 yz \, ds$,其中 Γ 为折线 $ABCD$,这里 A,B,C,D 依次为点 $(0,0,0)$、$(0,0,2)$、$(1,0,2)$、$(1,3,2)$;

(7) $\int_L y^2 \, ds$,其中 L 为摆线的一拱 $x = a(t - \sin t)$,$y = a(1 - \cos t)$ $(0 \leqslant t \leqslant 2\pi)$;

(8) $\int_L (x^2 + y^2) \, ds$,其中 L 为曲线 $x = a(\cos t + t \sin t)$,$y = a(\sin t - t \cos t)$ $(0 \leqslant t \leqslant 2\pi)$.

【思路探索】 第(4)题利用对弧长的曲线积分具有可加性的特点将积分路径 L 分为三段,即 $L = \overline{OA} + \widehat{AB} + \overline{OB}$;在每一段上将曲线积分化为定积分进行计算即可.

解:(1) $\oint_L (x^2 + y^2)^n \, ds = \int_0^{2\pi} (a^2 \cos^2 t + a^2 \sin^2 t)^n \sqrt{(-a \sin t)^2 + (a \cos t)^2} \, dt$
$= \int_0^{2\pi} a^{2n+1} \, dt = 2\pi a^{2n+1}$.

(2)直线 L 的方程为 $y = 1 - x \, (0 \leqslant x \leqslant 1)$.
$$\int_L (x+y) \, ds = \int_0^1 [x + (1-x)] \sqrt{1 + (-1)^2} \, dx = \int_0^1 \sqrt{2} \, dx = \sqrt{2}.$$

(3) L 由 L_1 和 L_2 两段组成,其中 $L_1 : y = x \, (0 \leqslant x \leqslant 1)$; $L_2 : y = x^2 \, (0 \leqslant x \leqslant 1)$. 于是
$$\oint_L x \, ds = \int_{L_1} x \, ds + \int_{L_2} x \, ds = \int_0^1 x \sqrt{1 + 1^2} \, dx + \int_0^1 x \sqrt{1 + (2x)^2} \, dx$$
$$= \int_0^1 \sqrt{2} x \, dx + \int_0^1 x \sqrt{1 + 4x^2} \, dx = \frac{1}{12}(5\sqrt{5} + 6\sqrt{2} - 1).$$

(4) L 由线段 $OA : y = 0 \, (0 \leqslant x \leqslant a)$,圆弧 $\widehat{AB} : x = a \cos t$,$y = a \sin t \left(0 \leqslant t \leqslant \frac{\pi}{4} \right)$ 和线段 $OB : y = x \left(0 \leqslant x \leqslant \frac{a}{\sqrt{2}} \right)$ 组成(如图 11-1 所示).

$$\int_{OA} e^{\sqrt{x^2+y^2}} \, ds = \int_0^a e^x \, dx = e^a - 1;$$
$$\int_{\widehat{AB}} e^{\sqrt{x^2+y^2}} \, ds = \int_0^{\frac{\pi}{4}} e^a \sqrt{(-a \sin t)^2 + (a \cos t)^2} \, dt$$
$$= \int_0^{\frac{\pi}{4}} a e^a \, dt = \frac{\pi}{4} a e^a;$$
$$\int_{OB} e^{\sqrt{x^2+y^2}} \, ds = \int_0^{\frac{a}{\sqrt{2}}} e^{\sqrt{2}x} \sqrt{1 + 1^2} \, dx = e^a - 1,$$

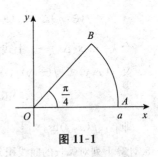

图 11-1

于是 $\int_L e^{\sqrt{x^2+y^2}} \, ds = e^a - 1 + \frac{\pi}{4} a e^a + e^a - 1 = e^a \left(2 + \frac{\pi a}{4} \right) - 2$.

【方法点击】 对弧长的曲线积分的计算方法是将其化为定积分进行计算,一般分为以下几个步骤:

(1)画出积分路径的图形;

(2)把积分路径 L 的参数表达式写出来:$x = \varphi(t)$,$y = \psi(t)$,$\alpha \leqslant t \leqslant \beta$;

(3)将 ds 写成参变量的微分式,并计算 $\int_L f(x,y) \, ds = \int_\alpha^\beta f[\varphi(t), \psi(t)] \sqrt{\varphi'^2(t) + \psi'^2(t)} \, dt$.

在将弧长的曲线积分化为定积分计算时,总是把参数大的作为积分上限、参数小的作为积分下限,与曲线的方向没关系.

(5) $\mathrm{d}s = \sqrt{\left(\dfrac{\mathrm{d}x}{\mathrm{d}t}\right)^2 + \left(\dfrac{\mathrm{d}y}{\mathrm{d}t}\right)^2 + \left(\dfrac{\mathrm{d}z}{\mathrm{d}t}\right)^2}\,\mathrm{d}t$

$\qquad = \sqrt{(\mathrm{e}^t\cos t - \mathrm{e}^t\sin t)^2 + (\mathrm{e}^t\sin t + \mathrm{e}^t\cos t)^2 + (\mathrm{e}^t)^2}\,\mathrm{d}t = \sqrt{3}\,\mathrm{e}^t\mathrm{d}t$,

$\displaystyle\int_\Gamma \dfrac{1}{x^2+y^2+z^2}\mathrm{d}s = \int_0^2 \dfrac{1}{\mathrm{e}^{2t}\cos^2 t + \mathrm{e}^{2t}\sin^2 t + \mathrm{e}^{2t}}\cdot\sqrt{3}\,\mathrm{e}^t\mathrm{d}t = \dfrac{\sqrt{3}}{2}\int_0^2 \mathrm{e}^{-t}\mathrm{d}t = \dfrac{\sqrt{3}}{2}(1-\mathrm{e}^{-2})$.

(6) Γ 由直线段 AB, BC 和 CD 组成，其中
AB: $x=0$, $y=0$, $z=t(0\leqslant t\leqslant 2)$; BC: $x=t$, $y=0$, $z=2(0\leqslant t\leqslant 1)$;
CD: $x=1$, $y=t$, $z=2(0\leqslant t\leqslant 3)$. 于是

$\displaystyle\int_\Gamma x^2 yz\,\mathrm{d}s = \int_{AB} x^2 yz\,\mathrm{d}s + \int_{BC} x^2 yz\,\mathrm{d}s + \int_{CD} x^2 yz\,\mathrm{d}s = \int_0^2 0\mathrm{d}t + \int_0^1 0\mathrm{d}t + \int_0^3 2t\mathrm{d}t = 9$.

(7) $\mathrm{d}s = \sqrt{\left(\dfrac{\mathrm{d}x}{\mathrm{d}t}\right)^2 + \left(\dfrac{\mathrm{d}y}{\mathrm{d}t}\right)^2}\,\mathrm{d}t = \sqrt{a^2(1-\cos t)^2 + a^2\sin^2 t}\,\mathrm{d}t = \sqrt{2}a\,\sqrt{1-\cos t}\,\mathrm{d}t$,

$\displaystyle\int_L y^2\,\mathrm{d}s = \int_0^{2\pi} a^2(1-\cos t)^2 \cdot \sqrt{2}a\,\sqrt{1-\cos t}\,\mathrm{d}t$

$\qquad = \sqrt{2}a^3 \displaystyle\int_0^{2\pi} (1-\cos t)^{\frac{5}{2}}\mathrm{d}t = \sqrt{2}a^3 \int_0^{2\pi} \left(2\sin^2\dfrac{t}{2}\right)^{\frac{5}{2}}\mathrm{d}t$

$\qquad \xlongequal{u=\frac{t}{2}} 16a^3 \displaystyle\int_0^\pi \sin^5 u\,\mathrm{d}u = 32a^3 \int_0^{\frac{\pi}{2}} \sin^5 u\,\mathrm{d}u$

$\qquad = 32a^3 \times \dfrac{4}{5} \times \dfrac{2}{3} = \dfrac{256}{15}a^3$.

【方法点击】 上式中利用了同济教材上册第五章第 3 节例 12 的结论，即

$\displaystyle\int_0^{\frac{\pi}{2}} \sin^n x\,\mathrm{d}x = \int_0^{\frac{\pi}{2}} \cos^n x\,\mathrm{d}x = \begin{cases} \dfrac{n-1}{n} \times \dfrac{n-3}{n-2} \times \dfrac{n-5}{n-4} \times \cdots \times \dfrac{4}{5} \times \dfrac{2}{3} \times 1, & n \text{ 为正奇数}, \\ \dfrac{n-1}{n} \times \dfrac{n-3}{n-2} \times \dfrac{n-5}{n-4} \times \cdots \times \dfrac{3}{4} \times \dfrac{1}{2} \times \dfrac{\pi}{2}, & n \text{ 为正偶数}. \end{cases}$

(8) $\mathrm{d}s = \sqrt{\left(\dfrac{\mathrm{d}x}{\mathrm{d}t}\right)^2 + \left(\dfrac{\mathrm{d}y}{\mathrm{d}t}\right)^2}\,\mathrm{d}t = \sqrt{(at\cos t)^2 + (at\sin t)^2}\,\mathrm{d}t = at\,\mathrm{d}t$,

$\displaystyle\int_L (x^2+y^2)\,\mathrm{d}s = \int_0^{2\pi} [a^2(\cos t + t\sin t)^2 + a^2(\sin t - t\cos t)^2]\cdot at\,\mathrm{d}t$

$\qquad = \displaystyle\int_0^{2\pi} a^3(1+t^2)t\,\mathrm{d}t = 2\pi^2 a^3(1+2\pi^2)$.

【方法点击】 对弧长的曲线积分化为定积分时，定积分的上限一定要大于下限.

4. 求半径为 a、中心角为 2φ 的均匀圆弧(线密度 $\mu=1$)的质心.

解：取坐标系如图 11-2 所示，则由对称性知 $\bar{y}=0$.

又 $M = \displaystyle\int_L \mu\,\mathrm{d}s = \int_L \mathrm{d}s = 2\varphi a$(也可由圆弧的弧长公式直接得出)，故

$\bar{x} = \dfrac{\displaystyle\int_L x\mu\,\mathrm{d}s}{M} = \dfrac{\displaystyle\int_{-\varphi}^{\varphi} a\cos t \cdot a\,\mathrm{d}t}{2\varphi a} = \dfrac{2a^2\sin\varphi}{2\varphi a} = \dfrac{a\sin\varphi}{\varphi}$,

所求圆弧的质心的位置为 $\left(\dfrac{a\sin\varphi}{\varphi}, 0\right)$.

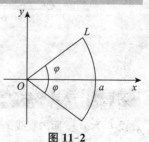

图 11-2

5. 设螺旋形弹簧一圈的方程为 $x=a\cos t$, $y=a\sin t$, $z=kt$, 其中 $0\leqslant t\leqslant 2\pi$, 它的线密度 $\mu(x,y,z)=x^2+y^2+z^2$, 求：

(1) 它关于 z 轴的转动惯量 I_z；

(2) 它的质心.

解：(1) $I_z=\int_L (x^2+y^2)\mu(x,y,z)\mathrm{d}s=\int_L (x^2+y^2)(x^2+y^2+z^2)\mathrm{d}s$

$$=\int_0^{2\pi} a^2(a^2+k^2t^2)\sqrt{(-a\sin t)^2+(a\cos t)^2+k^2}\,\mathrm{d}t$$

$$=a^2\sqrt{a^2+k^2}\int_0^{2\pi}(a^2+k^2t^2)\mathrm{d}t=\frac{2}{3}\pi a^2\sqrt{a^2+k^2}(3a^2+4\pi^2k^2).$$

(2) 设质心坐标为 $(\bar{x},\bar{y},\bar{z})$.

$$M=\int_L \mu(x,y,z)\mathrm{d}s=\int_L (x^2+y^2+z^2)\mathrm{d}s=\int_0^{2\pi}(a^2+k^2t^2)\sqrt{a^2+k^2}\,\mathrm{d}t$$

$$=\frac{2}{3}\pi\sqrt{a^2+k^2}(3a^2+4\pi^2k^2),$$

$$\bar{x}=\frac{1}{M}\int_L x\mu(x,y,z)\mathrm{d}s=\frac{1}{M}\int_L x(x^2+y^2+z^2)\mathrm{d}s$$

$$=\frac{1}{M}\int_0^{2\pi} a\cos t(a^2+k^2t^2)\cdot\sqrt{a^2+k^2}\,\mathrm{d}t=\frac{a\sqrt{a^2+k^2}}{M}\int_0^{2\pi}(a^2+k^2t^2)\cos t\,\mathrm{d}t,$$

由于 $\int_0^{2\pi}(a^2+k^2t^2)\cos t\,\mathrm{d}t=\left[(a^2+k^2t^2)\sin t\right]\Big|_0^{2\pi}-\int_0^{2\pi}\sin t\cdot 2k^2t\,\mathrm{d}t$

$$=(2k^2t\cos t)\Big|_0^{2\pi}-\int_0^{2\pi}2k^2\cos t\,\mathrm{d}t=4\pi k^2,$$

因此, $\bar{x}=\dfrac{a\sqrt{a^2+k^2}\cdot 4\pi k^2}{\frac{2}{3}\pi\sqrt{a^2+k^2}(3a^2+4\pi^2k^2)}=\dfrac{6ak^2}{3a^2+4\pi^2k^2}.$

类似地,

$$\bar{y}=\frac{1}{M}\int_L y(x^2+y^2+z^2)\mathrm{d}s=\frac{a\sqrt{a^2+k^2}}{M}\int_0^{2\pi}(a^2+k^2t^2)\sin t\,\mathrm{d}t$$

$$=\frac{a\sqrt{a^2+k^2}\cdot(-4\pi^2k^2)}{M}=\frac{-6\pi ak^2}{3a^2+4\pi^2k^2}.$$

$$\bar{z}=\frac{1}{M}\int_L z(x^2+y^2+z^2)\mathrm{d}s=\frac{k\sqrt{a^2+k^2}}{M}\int_0^{2\pi}t(a^2+k^2t^2)\mathrm{d}t$$

$$=\frac{k\sqrt{a^2+k^2}(2a^2\pi^2+4k^2\pi^4)}{M}=\frac{3\pi k(a^2+2\pi^2k^2)}{3a^2+4\pi^2k^2}.$$

第二节 对坐标的曲线积分

习题 11-2 超精解（教材 P203~P204）

1. 设 L 为 xOy 面内直线 $x=a$ 上的一段,证明 $\int_L P(x,y)\mathrm{d}x=0.$

证：将 L 的方程表达为如下的参数形式 $\begin{cases} x=a, \\ y=t, \end{cases}$ t 从 α 变到 β.

于是由第二类曲线积分的计算公式,得 $\int_L P(x,y)\mathrm{d}x = \int_\alpha^\beta P(a,t)\cdot 0\mathrm{d}t = 0$.

【方法点击】 本题给出了第二类曲线积分的一个重要性质:

如果 L 为垂直于 x 轴的有向线段,则 $\int_L P(x,y)\mathrm{d}x = 0$;如果 L 为垂直于 y 轴的有向线段,则 $\int_L Q(x,y)\mathrm{d}y = 0$. 这一性质常被用来简化第二类曲线积分的计算.

2. 设 L 为 xOy 面内 x 轴上从点 $(a,0)$ 到点 $(b,0)$ 的一段直线,证明 $\int_L P(x,y)\mathrm{d}x = \int_a^b P(x,0)\mathrm{d}x$.

证:将 L 的方程表达为如下的参数形式:$\begin{cases} x=x, \\ y=0, \end{cases}$ x 从 a 变到 b,于是

$$\int_L P(x,y)\mathrm{d}x = \int_a^b P(x,0)\mathrm{d}x.$$

3. 计算下列对坐标的曲线积分:

(1) $\int_L (x^2-y^2)\mathrm{d}x$,其中 L 是抛物线 $y=x^2$ 上从点 $(0,0)$ 到点 $(2,4)$ 的一段弧;

(2) $\oint_L xy\mathrm{d}x$,其中 L 为圆周 $(x-a)^2+y^2=a^2(a>0)$ 及 x 轴所围成的在第一象限内的区域的整个边界(按逆时针方向绕行);

(3) $\int_L y\mathrm{d}x + x\mathrm{d}y$,其中 L 为圆周 $x=R\cos t$,$y=R\sin t$ 上对应 t 从 0 到 $\frac{\pi}{2}$ 的一段弧;

(4) $\oint_L \dfrac{(x+y)\mathrm{d}x - (x-y)\mathrm{d}y}{x^2+y^2}$,其中 L 为圆周 $x^2+y^2=a^2$(按逆时针方向绕行);

(5) $\int_\Gamma x^2\mathrm{d}x + z\mathrm{d}y - y\mathrm{d}z$,其中 Γ 为曲线 $x=k\theta$,$y=a\cos\theta$,$z=a\sin\theta$ 上对应 θ 从 0 到 π 的一段弧;

(6) $\int_\Gamma x\mathrm{d}x + y\mathrm{d}y + (x+y-1)\mathrm{d}z$,其中 Γ 是从点 $(1,1,1)$ 到点 $(2,3,4)$ 的一段直线;

(7) $\oint_\Gamma \mathrm{d}x - \mathrm{d}y + y\mathrm{d}z$,其中 Γ 为有向闭折线 $ABCA$,这里的 A,B,C 依次为点 $(1,0,0),(0,1,0),(0,0,1)$;

(8) $\int_L (x^2-2xy)\mathrm{d}x + (y^2-2xy)\mathrm{d}y$,其中 L 是抛物线 $y=x^2$ 上从点 $(-1,1)$ 到点 $(1,1)$ 的一段弧.

【思路探索】 首先将积分弧段 L 的方程表示为参数方程的形式,并注意弧段的方向,即确定起点及终点对应的参数值,然后利用对坐标的曲线积分的相应公式即可将曲线积分化为定积分进行计算.

解:(1) $\int_L (x^2-y^2)\mathrm{d}x = \int_0^2 (x^2-x^4)\mathrm{d}x = -\dfrac{56}{15}$.

(2) 如图 11-3 所示,L 由 L_1 和 L_2 所组成,其中 L_1 为有向半圆弧:

$\begin{cases} x=a+a\cos t, \\ y=a\sin t, \end{cases}$ t 从 0 变到 π;

L_2 为有向线段 $y=0$,x 从 0 变到 $2a$. 于是

$\oint_L xy\mathrm{d}x = \int_{L_1} xy\mathrm{d}x + \int_{L_2} xy\mathrm{d}x$

$= \int_0^\pi a(1+\cos t)\cdot a\sin t\cdot(-a\sin t)\mathrm{d}t + 0$

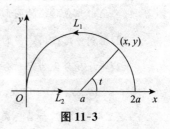

图 11-3

$$= -a^3 \left(\int_0^\pi \sin^2 t \, dt + \int_0^\pi \sin^2 t \cos t \, dt \right) = -a^3 \left(\frac{\pi}{2} + 0 \right) = -\frac{\pi}{2} a^3.$$

(3) $\int_L y \, dx + x \, dy = \int_0^{\frac{\pi}{2}} [R \sin t \cdot (-R \sin t) + R \cos t \cdot R \cos t] dt = R^2 \int_0^{\frac{\pi}{2}} \cos 2t \, dt = 0.$

(4) L 的参数方程为 $x = a \cos t, y = a \sin t, t$ 从 0 变到 2π. 于是

$$原式 = \frac{1}{a^2} \int_0^{2\pi} [a(\cos t + \sin t)(-a \sin t) - a(\cos t - \sin t) \cdot a \cos t] dt$$

$$= \frac{1}{a^2} \int_0^{2\pi} (-a^2) dt = -2\pi.$$

(5) $\int_\Gamma x^2 \, dx + z \, dy - y \, dz = \int_0^\pi [k^2 \theta^2 \cdot k + a \sin \theta \cdot (-a \sin \theta) - a \cos \theta \cdot (a \cos \theta)] d\theta$

$$= \int_0^\pi (k^3 \theta^2 - a^2) d\theta = \frac{1}{3} k^3 \pi^3 - a^2 \pi.$$

(6) 直线 Γ 的参数方程为: $x = 1 + t, y = 1 + 2t, z = 1 + 3t, t$ 从 0 变到 1. 于是

$$原式 = \int_0^1 [(1+t) \times 1 + (1+2t) \times 2 + (1+t+1+2t-1) \times 3] dt = \int_0^1 (6 + 14t) dt = 13.$$

(7) Γ 由有向线段 AB, BC, CA 依次连接而成,其中

AB: $x = 1-t, y = t, z = 0, t$ 从 0 变到 1;

BC: $x = 0, y = 1-t, z = t, t$ 从 0 变到 1;

CA: $x = t, y = 0, z = 1-t, t$ 从 0 变到 1.

$$\int_{AB} dx - dy + y \, dz = \int_0^1 [(-1) - 1 + 0] dt = -2,$$

$$\int_{BC} dx - dy + y \, dz = \int_0^1 [0 - (-1) + (1-t) \cdot 1] dt = \int_0^1 (2-t) dt = \frac{3}{2},$$

$$\int_{CA} dx - dy + y \, dz = \int_0^1 (1 - 0 + 0) dt = 1.$$

因此, $\oint_\Gamma dx - dy + y \, dz = -2 + \frac{3}{2} + 1 = \frac{1}{2}.$

(8) $\int_L (x^2 - 2xy) dx + (y^2 - 2xy) dy = \int_{-1}^1 [(x^2 - 2x \cdot x^2) + (x^4 - 2x \cdot x^2) \cdot 2x] dx$

$$= \int_{-1}^1 (2x^5 - 4x^4 - 2x^3 + x^2) dx$$

$$= 2 \int_0^1 (-4x^4 + x^2) dx = -\frac{14}{15}.$$

【方法点击】 对坐标的曲线积分的计算与对弧长的曲线积分的计算类似,其关键是选取适当的积分曲线的参数方程,将其化为定积分计算. 其计算步骤:

(1) 画出积分路径的图形;

(2) 把积分路径用适当的参数方程写出来: $\begin{cases} x = \varphi(t), \\ y = \psi(t); \end{cases}$

(3) 将原积分化为定积分, 即

$$\int_L P(x, y) dx + Q(x, y) dy = \int_\alpha^\beta \{P[\varphi(t), \psi(t)] \varphi'(t) + Q[\varphi(t), \psi(t)] \psi'(t)\} dt.$$

这里必须注意,与第一类曲线积分不同的是,这里的 α 不一定要小于 β,但是 α 一定要对应于 L 的起点, β 一定要对应于 L 的终点.

对于空间曲线的情形,可用同样的方法进行计算.

4. 计算 $\int_L (x+y)dx+(y-x)dy$,其中 L 是：

(1)抛物线 $y^2=x$ 上从点$(1,1)$到点$(4,2)$的一段弧；
(2)从点$(1,1)$到点$(4,2)$的直线段；
(3)先沿直线从点$(1,1)$到点$(1,2)$,然后再沿直线到点$(4,2)$的折线；
(4)曲线 $x=2t^2+t+1, y=t^2+1$ 上从点$(1,1)$到点$(4,2)$的一段弧.

解:(1)化为对 y 的定积分. $L: x=y^2, y$ 从 1 变到 2,
$$\text{原式}=\int_1^2[(y^2+y)\cdot 2y+(y-y^2)\cdot 1]dy=\int_1^2(2y^3+y^2+y)dy=\frac{34}{3}.$$

(2)L 的方程为 $y-1=\frac{2-1}{4-1}(x-1)$,即 $x=3y-2, y$ 从 1 变到 2,化为对 y 的定积分计算,有
$$\text{原式}=\int_1^2[(3y-2+y)\cdot 3+(y-3y+2)\cdot 1]dy=\int_1^2(10y-4)dy=11.$$

(3)记 L_1 为从点$(1,1)$到点$(1,2)$的有向线段, L_2 为从点$(1,2)$到点$(4,2)$的有向线段. 则 $L_1: x=1, y$ 从 1 变到 2；$L_2: y=2, x$ 从 1 变到 4. 在 L_1 上, $dx=0$；在 L_2 上,$dy=0$. 于是
$$\int_{L_1}(x+y)dx+(y-x)dy=\int_1^2(y-1)dy=\frac{1}{2};$$
$$\int_{L_2}(x+y)dx+(y-x)dy=\int_1^4(x+2)dx=\frac{27}{2},$$
因此,原式 $=\frac{1}{2}+\frac{27}{2}=14.$

(4)由 $\begin{cases}2t^2+t+1=1\\t^2+1=1\end{cases}$ 可得 $t=0$; 由 $\begin{cases}2t^2+t+1=4\\t^2+1=2\end{cases}$ 可得 $t=1$. 因此
$$\text{原式}=\int_0^1[(2t^2+t+1+t^2+1)\cdot(4t+1)+(t^2+1-2t^2-t-1)\cdot 2t]dt$$
$$=\int_0^1(10t^3+5t^2+9t+2)dt=\frac{32}{3}.$$

5. 一力场由沿横轴正方向的常力 F 所构成. 试求当一质量为 m 的质点沿圆周 $x^2+y^2=R^2$ 按逆时针方向移过位于第一象限的那一段弧时场力所做的功.

【思路探索】 此题是变力沿曲线做功问题,是第二类曲线积分中的应用题. 首先要把力 F 正确表达出来,再由对坐标的曲线积分写出变力做功的积分表达式.

解:依题意,$F=(|F|,0), L: x=R\cos t, y=R\sin t, t$ 从 0 变到 $\frac{\pi}{2}$,因此
$$W=\int_L \boldsymbol{F}\cdot d\boldsymbol{r}=\int_L|\boldsymbol{F}|dx+0dy=|\boldsymbol{F}|\int_0^{\frac{\pi}{2}}-R\sin t dt=-|\boldsymbol{F}|R.$$

【方法点击】 解决这一类问题的关键是要把实际问题转化为数学问题,需掌握第二类曲线积分的物理意义.

6. 设 z 轴与重力的方向一致,求质量为 m 的质点从位置(x_1,y_1,z_1)沿直线移到(x_2,y_2,z_2)时重力所做的功.

解:重力 $\boldsymbol{F}=(0,0,mg)$,质点移动的直线路径 L 的方程为
$$\begin{cases}x=x_1+(x_2-x_1)t,\\ y=y_1+(y_2-y_1)t, \quad t \text{ 从 0 变到 1.}\\ z=z_1+(z_2-z_1)t,\end{cases}$$

于是 $W=\int_L \boldsymbol{F}\cdot\mathrm{d}\boldsymbol{r}=\int_L 0\mathrm{d}x+0\mathrm{d}y+mg\mathrm{d}z=\int_0^1 mg(z_2-z_1)\mathrm{d}t=mg(z_2-z_1).$

7. 把对坐标的曲线积分 $\int_L P(x,y)\mathrm{d}x+Q(x,y)\mathrm{d}y$ 化为对弧长的曲线积分，其中 L 为：

(1) 在 xOy 面内沿直线从点 $(0,0)$ 到点 $(1,1)$；

(2) 沿抛物线 $y=x^2$ 从点 $(0,0)$ 到点 $(1,1)$；

(3) 沿上半圆周 $x^2+y^2=2x$ 从点 $(0,0)$ 到点 $(1,1)$.

解：(1) L 为点 $(0,0)$ 到点 $(1,1)$ 的有向线段，其上任一点处的切向量的方向余弦满足 $\cos\alpha=\cos\beta=\cos\dfrac{\pi}{4}=\dfrac{1}{\sqrt{2}}$，于是

$$\int_L P(x,y)\mathrm{d}x+Q(x,y)\mathrm{d}y=\int_L [P(x,y)\cos\alpha+Q(x,y)\cos\beta]\mathrm{d}s$$
$$=\int_L \dfrac{P(x,y)+Q(x,y)}{\sqrt{2}}\mathrm{d}s.$$

(2) L 由如下的参数方程给出：$x=x, y=x^2$，x 从 0 变到 1，故 L 的切向量的方向余弦为

$$\cos\alpha=\dfrac{1}{\sqrt{1+y'^2(x)}}=\dfrac{1}{\sqrt{1+4x^2}},\cos\beta=\dfrac{y'(x)}{\sqrt{1+y'^2(x)}}=\dfrac{2x}{\sqrt{1+4x^2}},$$

于是 $\int_L P(x,y)\mathrm{d}x+Q(x,y)\mathrm{d}y=\int_L \dfrac{P(x,y)+2xQ(x,y)}{\sqrt{1+4x^2}}\mathrm{d}s.$

(3) L 由如下的参数方程给出：$x=x, y=\sqrt{2x-x^2}$，x 从 0 变到 1，故 L 的切向量的方向余弦为

$$\cos\alpha=\dfrac{1}{\sqrt{1+y'^2(x)}}=\dfrac{1}{\sqrt{1+\left(\dfrac{1-x}{\sqrt{2x-x^2}}\right)^2}}=\sqrt{2x-x^2},$$

$$\cos\beta=\dfrac{y'(x)}{\sqrt{1+y'^2(x)}}=\dfrac{1-x}{\sqrt{2x-x^2}}\cdot\sqrt{2x-x^2}=1-x,$$

于是 $\int_L P(x,y)\mathrm{d}x+Q(x,y)\mathrm{d}y=\int_L [\sqrt{2x-x^2}P(x,y)+(1-x)Q(x,y)]\mathrm{d}s.$

8. 设 Γ 为曲线 $x=t, y=t^2, z=t^3$ 上相应于 t 从 0 变到 1 的曲线弧. 把对坐标的曲线积分 $\int_\Gamma P\mathrm{d}x+Q\mathrm{d}y+R\mathrm{d}z$ 化成对弧长的曲线积分.

解：$\dfrac{\mathrm{d}x}{\mathrm{d}t}=1,\dfrac{\mathrm{d}y}{\mathrm{d}t}=2t=2x,\dfrac{\mathrm{d}z}{\mathrm{d}t}=3t^2=3y$，注意到参数 t 由小变到大，因此 Γ 的切向量的方向余弦为

$$\cos\alpha=\dfrac{x'(t)}{\sqrt{x'^2(t)+y'^2(t)+z'^2(t)}}=\dfrac{1}{\sqrt{1+4x^2+9y^2}},$$

$$\cos\beta=\dfrac{y'(t)}{\sqrt{x'^2(t)+y'^2(t)+z'^2(t)}}=\dfrac{2x}{\sqrt{1+4x^2+9y^2}},$$

$$\cos\gamma=\dfrac{z'(t)}{\sqrt{x'^2(t)+y'^2(t)+z'^2(t)}}=\dfrac{3y}{\sqrt{1+4x^2+9y^2}}.$$

从而 $\int_\Gamma P\mathrm{d}x+Q\mathrm{d}y+R\mathrm{d}z=\int_\Gamma \dfrac{P+2xQ+3yR}{\sqrt{1+4x^2+9y^2}}\mathrm{d}s.$

第三节 格林公式及其应用

习题 11-3 超精解（教材 P216～P218）

1. 计算下列曲线积分,并验证格林公式的正确性：

   (1) $\oint_L (2xy-x^2)dx+(x+y^2)dy$,其中 L 是由抛物线 $y=x^2$ 和 $y^2=x$ 所围成的区域的正向边界曲线；

   (2) $\oint_L (x^2-xy^3)dx+(y^2-2xy)dy$,其中 L 是四个顶点分别为 $(0,0),(2,0),(2,2)$ 和 $(0,2)$ 的正方形区域的正向边界.

解：(1) 先按曲线积分的计算公式直接计算. 记 $L_1:y=x^2$,x 从 0 变到 1；$L_2:x=y^2$,y 从 1 变到 0（如图 11-4 所示）. 于是

$$\text{原式} = \int_{L_1}(2xy-x^2)dx+(x+y^2)dy+\int_{L_2}(2xy-x^2)dx+(x+y^2)dy$$

$$= \int_0^1[(2x^3-x^2)+(x+x^4)\cdot 2x]dx+\int_1^0[(2y^3-y^4)\cdot 2y+(y^2+y^2)]dy$$

$$= \int_0^1(2x^5+2x^3+x^2)dx+\int_1^0(-2y^5+4y^4+2y^2)dy=\frac{7}{6}-\frac{17}{15}=\frac{1}{30}.$$

又 $P=2xy-x^2$,$Q=x+y^2$,$\frac{\partial P}{\partial y}=2x$,$\frac{\partial Q}{\partial x}=1$,

$$\iint_D \left(\frac{\partial Q}{\partial x}-\frac{\partial P}{\partial y}\right)dxdy = \iint_D (1-2x)dxdy = \int_0^1(1-2x)dx\int_{x^2}^{\sqrt{x}}dy$$

$$= \int_0^1 (1-2x)(\sqrt{x}-x^2)dx$$

$$= \int_0^1 (x^{\frac{1}{2}}-2x^{\frac{3}{2}}-x^2+2x^3)dx=\frac{1}{30}.$$

可见,$\oint_L Pdx+Qdy = \iint_D \left(\frac{\partial Q}{\partial x}-\frac{\partial P}{\partial y}\right)dxdy$.

(2) 如图 11-5 所示,L 由有向线段 OA,AB,BC 和 CO 组成.

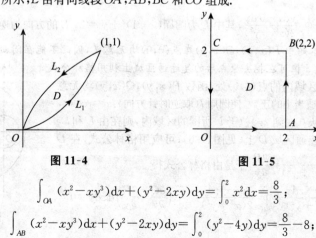

图 11-4   图 11-5

$$\int_{OA}(x^2-xy^3)dx+(y^2-2xy)dy=\int_0^2 x^2 dx=\frac{8}{3};$$

$$\int_{AB}(x^2-xy^3)dx+(y^2-2xy)dy=\int_0^2 (y^2-4y)dy=\frac{8}{3}-8;$$

$$\int_{BC}(x^2-xy^3)dx+(y^2-2xy)dy=\int_2^0(x^2-8x)dx=16-\frac{8}{3};$$
$$\int_{CO}(x^2-xy^3)dx+(y^2-2xy)dy=\int_2^0 y^2 dy=-\frac{8}{3},$$

于是
$$原式=\frac{8}{3}+\left(\frac{8}{3}-8\right)+\left(16-\frac{8}{3}\right)+\left(-\frac{8}{3}\right)=8.$$

又 $\frac{\partial Q}{\partial x}=-2y, \frac{\partial P}{\partial y}=-3xy^2$,
$$\iint_D\left(\frac{\partial Q}{\partial x}-\frac{\partial P}{\partial y}\right)dxdy=\iint_D(-2y+3xy^2)dxdy=\int_0^2 dx\int_0^2(-2y+3xy^2)dy=\int_0^2(8x-4)dx=8,$$

可见 $\oint_L Pdx+Qdy=\iint_D\left(\frac{\partial Q}{\partial x}-\frac{\partial P}{\partial y}\right)dxdy.$

2. 利用曲线积分,求下列曲线所围成的图形的面积:
(1)星形线 $x=a\cos^3 t, y=a\sin^3 t$; 　　(2)椭圆 $9x^2+16y^2=144$; 　　(3)圆 $x^2+y^2=2ax$.

解:(1)正向星形线的参数方程中的参数 t 从 0 变到 2π,因此
$$A=\frac{1}{2}\oint_L xdy-ydx=\frac{1}{2}\int_0^{2\pi}[a\cos^3 t(3a\sin^2 t\cos t)-a\sin^3 t(3a\cos^2 t)(-\sin t)]dt$$
$$=\frac{3a^2}{2}\int_0^{2\pi}(\cos^4 t\sin^2 t+\sin^4 t\cos^2 t)dt=\frac{3a^2}{2}\int_0^{2\pi}\sin^2 t\cos^2 t dt$$
$$=\frac{3a^2}{2}\int_0^{2\pi}\frac{1}{8}(1-\cos 4t)dt=\frac{3}{8}\pi a^2.$$

(2)正向椭圆 $9x^2+16y^2=144$ 的参数方程为 $x=4\cos t, y=3\sin t (t$ 从 0 变到 $2\pi)$,
$$A=\frac{1}{2}\oint_L xdy-ydx=\frac{1}{2}\int_0^{2\pi}[4\cos t\cdot 3\cos t-3\sin t(-4\sin t)]dt=6\int_0^{2\pi}dt=12\pi.$$

(3)正向圆周 $x^2+y^2=2ax$,即 $(x-a)^2+y^2=a^2$ 的参数方程为
$$x=a+a\cos t, y=a\sin t(t \text{ 从 0 变到 } 2\pi),$$
$$A=\frac{1}{2}\oint_L xdy-ydx=\frac{1}{2}\int_0^{2\pi}[(a+a\cos t)a\cos t-a\sin t(-a\sin t)]dt$$
$$=\frac{a^2}{2}\int_0^{2\pi}(1+\cos t)dt=\pi a^2.$$

3. 计算曲线积分 $\oint_L\frac{ydx-xdy}{2(x^2+y^2)}$,其中 L 为圆周 $(x-1)^2+y^2=2$,L 的方向为逆时针方向.

【思路探索】 本题中 $P(x,y),Q(x,y)$ 在点 $(0,0)$ 均无意义,因此不能在闭曲线 L 所围成的圆域上用格林公式. 但可在挖去原点后的复连通区域上利用格林公式.

解:在 L 所围的区域内的点 $(0,0)$ 处,函数 $P(x,y),Q(x,y)$ 均无意义. 现取 r 为适当小的正数,使圆周 l (取逆时针方向): $x=r\cos t$, $y=r\sin t (t$ 从 0 变到 $2\pi)$ 位于 L 所围的区域内,则在由 L 和 l^- 所围成的复连通区域 D 上(见图11-6),可应用格林公式,在 D 上,$\frac{\partial Q}{\partial x}=\frac{x^2-y^2}{2(x^2+y^2)^2}=\frac{\partial P}{\partial y}$,于是由格林公式得
$$\oint_L\frac{ydx-xdy}{2(x^2+y^2)}+\oint_{l^-}\frac{ydx-xdy}{2(x^2+y^2)}=\iint_D\left(\frac{\partial Q}{\partial x}-\frac{\partial P}{\partial y}\right)dxdy=0,$$

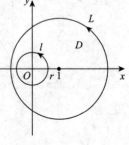

图 11-6

从而

$$\oint_L \frac{y\mathrm{d}x - x\mathrm{d}y}{2(x^2+y^2)} = \oint_l \frac{y\mathrm{d}x - x\mathrm{d}y}{2(x^2+y^2)} = \int_0^{2\pi} \frac{-r^2\sin^2 t - r^2\cos^2 t}{2r^2}\mathrm{d}t = -\frac{1}{2}\int_0^{2\pi}\mathrm{d}t = -\pi.$$

【方法点击】 (1) 在应用格林公式时,首先检验格林公式的条件是否满足,即 $P(x,y)$,$Q(x,y)$ 在由分段光滑的闭曲线 L 所围成的闭区域 D 上具有一阶连续偏导数,当条件不满足时,公式不能用.

(2) 由本题可以看出,当不能直接利用格林公式而要采用"挖洞"的方法来计算曲线积分时,"挖洞"也是有技巧的:它要有利于所作曲线上的积分的计算,并且在作辅助圆 $l:x^2+y^2=r^2$ 时,r 只要能够充分小使其包含在闭曲线 L 内,最终计算结果与 r 的大小无关.

本题也可将曲线积分化为定积分,但相比之下用格林公式要简单得多.

4. 确定正向闭曲线 C,使曲线积分 $\oint_C \left(x+\frac{y^3}{3}\right)\mathrm{d}x + \left(y+x-\frac{2}{3}x^3\right)\mathrm{d}y$ 达到最大值.

解: 记 D 为 C 所围成的平面有界闭区域,C 为 D 的正向边界曲线,则由格林公式

$$\oint_C \left(x+\frac{y^3}{3}\right)\mathrm{d}x + \left(y+x-\frac{2}{3}x^3\right)\mathrm{d}y = \iint_D [(1-2x^2)-y^2]\mathrm{d}x\mathrm{d}y.$$

要使上式右端的二重积分达到最大值,D 应包含所有使被积函数 $1-2x^2-y^2$ 大于零的点,而不包含使被积函数小于零的点. 因此 D 应为由椭圆 $2x^2+y^2=1$ 所围成的闭区域. 这就是说,当 C 为取逆时针方向的椭圆 $2x^2+y^2=1$ 时,所给的曲线积分达到最大值.

5. 设 n 边形的 n 个顶点按逆时针方向依次为 $M_1(x_1,y_1), M_2(x_2,y_2),\cdots,M_n(x_n,y_n)$,试利用曲线积分证明此 n 边形的面积为

$$A = \frac{1}{2}[(x_1y_2 - x_2y_1) + (x_2y_3 - x_3y_2) + \cdots + (x_{n-1}y_n - x_ny_{n-1}) + (x_ny_1 - x_1y_n)].$$

证: n 边形的正向边界 L 由有向线段 $M_1M_2, M_2M_3, \cdots, M_{n-1}M_n, M_nM_1$ 组成.

有向线段 M_1M_2 的参数方程为 $x = x_1 + (x_2-x_1)t, y = y_1 + (y_2-y_1)t$, t 从 0 变到 1,于是

$$\int_{M_1M_2} x\mathrm{d}y - y\mathrm{d}x = \int_0^1 \{[x_1 + (x_2-x_1)t](y_2-y_1) - [y_1+(y_2-y_1)t](x_2-x_1)\}\mathrm{d}t$$

$$= \int_0^1 [x_1(y_2-y_1) - y_1(x_2-x_1)]\mathrm{d}t$$

$$= \int_0^1 (x_1y_2 - x_2y_1)\mathrm{d}t = x_1y_2 - x_2y_1.$$

同理,可求得

$$\int_{M_2M_3} x\mathrm{d}y - y\mathrm{d}x = x_2y_3 - x_3y_2,$$

$$\vdots$$

$$\int_{M_{n-1}M_n} x\mathrm{d}y - y\mathrm{d}x = x_{n-1}y_n - x_ny_{n-1},$$

$$\int_{M_nM_1} x\mathrm{d}y - y\mathrm{d}x = x_ny_1 - x_1y_n.$$

因此 n 边形的面积

$$A = \frac{1}{2}\oint_L x\mathrm{d}y - y\mathrm{d}x = \frac{1}{2}\left(\int_{M_1M_2} + \int_{M_2M_3} + \cdots + \int_{M_{n-1}M_n} + \int_{M_nM_1}\right)x\mathrm{d}y - y\mathrm{d}x$$

$$= \frac{1}{2}[(x_1y_2 - x_2y_1) + (x_2y_3 - x_3y_2) + \cdots + (x_{n-1}y_n - x_ny_{n-1}) + (x_ny_1 - x_1y_n)].$$

6. 证明下列曲线积分在整个 xOy 面内与路径无关,并计算积分值:

(1) $\int_{(1,1)}^{(2,3)} (x+y)dx+(x-y)dy$;

(2) $\int_{(1,2)}^{(3,4)} (6xy^2-y^3)dx+(6x^2y-3xy^2)dy$;

(3) $\int_{(1,0)}^{(2,1)} (2xy-y^4+3)dx+(x^2-4xy^3)dy$.

【思路探索】 利用曲线积分 $\int_L Pdx+Qdy$ 与路径无关的条件: $\dfrac{\partial P}{\partial y}=\dfrac{\partial Q}{\partial x}$,即可得结论.

解:(1)函数 $P=x+y$, $Q=x-y$ 在整个 xOy 面这个单连通区域内,具有一阶连续偏导数,且
$$\frac{\partial Q}{\partial x}=1=\frac{\partial P}{\partial y},$$

故曲线积分在 xOy 面内与路径无关. 取折线积分路径 MRN,其中 M 为 $(1,1)$, R 为 $(2,1)$, N 为 $(2,3)$,则有原式 $=\int_1^2 (x+1)dx+\int_1^3 (2-y)dy=\dfrac{5}{2}+0=\dfrac{5}{2}$.

(2)函数 $P=6xy^2-y^3$, $Q=6x^2y-3xy^2$ 在 xOy 面这个单连通区域内具有一阶连续偏导数,且 $\dfrac{\partial Q}{\partial x}=12xy-3y^2=\dfrac{\partial P}{\partial y}$,故曲线积分在 xOy 面内与路径无关. 取折线积分路径 MRN,其中 M 为 $(1,2)$, R 为 $(3,2)$, N 为 $(3,4)$,则有

原式 $=\int_1^3 (24x-8)dx+\int_2^4 (54y-9y^2)dy=80+156=236$.

(3)函数 $P=2xy-y^4+3$, $Q=x^2-4xy^3$ 在 xOy 面这个单连通区域内具有一阶连续偏导数,且 $\dfrac{\partial Q}{\partial x}=2x-4y^3=\dfrac{\partial P}{\partial y}$,故曲线积分在 xOy 面内与路径无关. 取折线积分路径 MRN,其中 M 为 $(1,0)$, R 为 $(2,0)$, N 为 $(2,1)$,则原式 $=\int_1^2 3dx+\int_0^1 (4-8y^3)dy=3+2=5$.

【方法点击】 当 $\dfrac{\partial P}{\partial y}=\dfrac{\partial Q}{\partial x}$,且区域 G 是单连通域时,曲线积分与路径无关,此时可选一条最简单的路径计算曲线积分. 一般可取平行于 x 轴、y 轴的线段构成的折线来代替原积分路径.

7. 利用格林公式,计算下列曲线积分:

(1) $\oint_L (2x-y+4)dx+(5y+3x-6)dy$,其中 L 为三顶点分别为 $(0,0)$, $(3,0)$ 和 $(3,2)$ 的三角形正向边界;

(2) $\oint_L (x^2y\cos x+2xy\sin x-y^2e^x)dx+(x^2\sin x-2ye^x)dy$,其中 L 为正向星形线 $x^{\frac{2}{3}}+y^{\frac{2}{3}}=a^{\frac{2}{3}}(a>0)$;

(3) $\int_L (2xy^3-y^2\cos x)dx+(1-2y\sin x+3x^2y^2)dy$,其中 L 为在抛物线 $2x=\pi y^2$ 上由点 $(0,0)$ 到 $\left(\dfrac{\pi}{2},1\right)$ 的一段弧;

(4) $\int_L (x^2-y)dx-(x+\sin^2 y)dy$,其中 L 是在圆周 $y=\sqrt{2x-x^2}$ 上由点 $(0,0)$ 到点 $(1,1)$ 的一段弧.

解:(1)设 D 为 L 所围的三角形闭区域,则由格林公式,

$$\oint_L (2x-y+4)dx+(5y+3x-6)dy = \iint_D \left(\frac{\partial Q}{\partial x}-\frac{\partial P}{\partial y}\right)dxdy = \iint_D [3-(-1)]dxdy$$
$$= 4\iint_D dxdy = 4\times 3 = 12.$$

(2) 由于 $\frac{\partial Q}{\partial x}=2x\sin x+x^2\cos x-2ye^x$, $\frac{\partial P}{\partial y}=x^2\cos x+2x\sin x-2ye^x$,

故由格林公式得原式 $=\iint_D \left(\frac{\partial Q}{\partial x}-\frac{\partial P}{\partial y}\right)dxdy = \iint_D 0\cdot dxdy = 0$.

(3) 由于 $P=2xy^3-y^2\cos x$, $Q=1-2y\sin x+3x^2y^2$ 在 xOy 面内具有一阶连续偏导数,且 $\frac{\partial Q}{\partial x}=-2y\cos x+6xy^2=\frac{\partial P}{\partial y}$, 故所给曲线积分与路径无关. 于是将原积分路径 L 改变为折线路径 ORN, 其中 O 为 $(0,0)$, R 为 $\left(\frac{\pi}{2},0\right)$, N 为 $\left(\frac{\pi}{2},1\right)$ (如图 11-7 所示),得

原式 $=\int_0^{\frac{\pi}{2}} 0\cdot dx+\int_0^1 \left(1-2y\sin\frac{\pi}{2}+3\cdot\frac{\pi^2}{4}y^2\right)dy = \int_0^1 \left(1-2y+\frac{3}{4}\pi^2 y^2\right)dy = \frac{\pi^2}{4}$.

(4) **方法一**: 由于 $P=x^2-y$, $Q=-(x+\sin^2 y)$ 在 xOy 面内具有一阶连续偏导数,且 $\frac{\partial Q}{\partial x}=-1=\frac{\partial P}{\partial y}$, 故所给曲线积分与路径无关. 于是将原积分路径 L 改为折线路径 ORN, 其中 O 为 $(0,0)$, R 为 $(1,0)$, N 为 $(1,1)$ (如图 11-8 所示),得

原式 $=\int_0^1 x^2 dx-\int_0^1 (1+\sin^2 y)dy = \frac{1}{3}-1-\int_0^1 \frac{1-\cos 2y}{2}dy$
$=-\frac{2}{3}-\frac{1}{2}+\frac{1}{4}\sin 2 = -\frac{7}{6}+\frac{1}{4}\sin 2.$

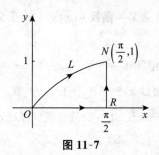

图 11-7

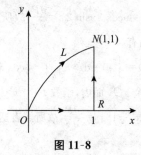

图 11-8

方法二: 令 $C=L+L_1$ 且 $L_1=\overline{NR}+\overline{RO}$, 则由格林公式得
$$\int_C (x^2-y)dx-(x+\sin^2 y)dy = -\iint_D (-1+1)dxdy = 0,$$

从而,得
$$\int_L (x^2-y)dx-(x+\sin^2 y)dy = -\int_{L_1}(x^2-y)dx-(x+\sin^2 y)dy$$
$$=\int_{\overline{OR}+\overline{RN}}(x^2-y)dx-(x+\sin^2 y)dy$$
$$=\int_0^1 x^2 dx-\int_0^1 (1+\sin^2 y)dy = \frac{1}{3}-1-\int_0^1 \frac{1}{2}(1-\cos 2y)dy$$
$$=-\frac{7}{6}+\frac{1}{4}\sin 2.$$

【方法点击】 本题中解法二为间接利用格林公式,因为已知曲线 L 不是封闭曲线. 在格林公式的条件中要求 L 应为封闭曲线,且取正方向. 但若 L 不是闭曲线,则往往可引入辅助线 L_1,使 $L+L_1$ 成为取正向的封闭曲线,进而采用格林公式,然后再减去 L_1 上的曲线积分. 因而 L_1 的选取应尽可能简单,既利于 L_1 与 L 所围成区域计算二重积分,又要利于在 L_1 上计算曲线积分,还要保证 L 与 L_1 所围区域满足格林公式条件.

8. 验证下列 $P(x,y)\mathrm{d}x+Q(x,y)\mathrm{d}y$ 在整个 xOy 平面内是某一函数 $u(x,y)$ 的全微分,并求这样的一个 $u(x,y)$:

(1) $(x+2y)\mathrm{d}x+(2x+y)\mathrm{d}y$;   (2) $2xy\mathrm{d}x+x^2\mathrm{d}y$;
(3) $4\sin x\sin 3y\cos x\mathrm{d}x-3\cos 3y\cos 2x\mathrm{d}y$;
(4) $(3x^2y+8xy^2)\mathrm{d}x+(x^3+8x^2y+12ye^y)\mathrm{d}y$;
(5) $(2x\cos y+y^2\cos x)\mathrm{d}x+(2y\sin x-x^2\sin y)\mathrm{d}y$.

解:(1) 在整个 xOy 面内,函数 $P=x+2y$, $Q=2x+y$ 具有一阶连续偏导数,且 $\frac{\partial Q}{\partial x}=2=\frac{\partial P}{\partial y}$,因此所给表达式是某一函数 $u(x,y)$ 的全微分. 取 $(x_0,y_0)=(0,0)$,则有
$$u(x,y)=\int_0^x x\mathrm{d}x+\int_0^y (2x+y)\mathrm{d}y=\frac{x^2}{2}+2xy+\frac{y^2}{2}.$$

(2) 在整个 xOy 面内,函数 $P=2xy$ 和 $Q=x^2$ 具有一阶连续偏导数,且 $\frac{\partial Q}{\partial x}=2x=\frac{\partial P}{\partial y}$,故所给表达式是某一函数 $u(x,y)$ 的全微分. 取 $(x_0,y_0)=(0,0)$,则有
$$u(x,y)=\int_0^x 2x\cdot 0\mathrm{d}x+\int_0^y x^2\mathrm{d}y=x^2y.$$

(3) 在整个 xOy 面内,函数 $P=4\sin x\sin 3y\cos x$ 和 $Q=-3\cos 3y\cos 2x$ 具有一阶连续偏导数,且 $\frac{\partial Q}{\partial x}=6\cos 3y\sin 2x=\frac{\partial P}{\partial y}$,故所给表达式是某一函数 $u(x,y)$ 的全微分. 取 $(x_0,y_0)=(0,0)$,则有
$$u(x,y)=\int_0^x 0\cdot\mathrm{d}x+\int_0^y (-3\cos 3y\cos 2x)\mathrm{d}y=(-\sin 3y\cos 2x)\Big|_0^y=-\cos 2x\sin 3y.$$

(4) 在整个 xOy 面内,函数 $P=3x^2y+8xy^2$ 和 $Q=x^3+8x^2y+12ye^y$ 具有一阶连续偏导数,且 $\frac{\partial Q}{\partial x}=3x^2+16xy=\frac{\partial P}{\partial y}$,故所给表达式是某一函数 $u(x,y)$ 的全微分. 取 $(x_0,y_0)=(0,0)$,则有
$$u(x,y)=\int_0^x 0\cdot\mathrm{d}x+\int_0^y (x^3+8x^2y+12ye^y)\mathrm{d}y=x^3y+4x^2y^2+12(ye^y-e^y).$$

(5) **方法一**:在整个 xOy 面内,函数 $P=2x\cos y+y^2\cos x$ 和 $Q=2y\sin x-x^2\sin y$ 具有一阶连续偏导数,且 $\frac{\partial Q}{\partial x}=2y\cos x-2x\sin y=\frac{\partial P}{\partial y}$,故所给表达式是某一函数 $u(x,y)$ 的全微分. 取 $(x_0,y_0)=(0,0)$,则有
$$u(x,y)=\int_0^x 2x\mathrm{d}x+\int_0^y (2y\sin x-x^2\sin y)\mathrm{d}y=y^2\sin x+x^2\cos y.$$

【方法点击】 在已经证明了所给表达式 $P(x,y)\mathrm{d}x+Q(x,y)\mathrm{d}y$ 是某一函数 $u(x,y)$ 的全微分后,为了求 $u(x,y)$,除了采用上面题解中的曲线积分方法外,还可用以下两种方法.

方法二:偏积分法. 因函数 $u(x,y)$ 满足 $\frac{\partial u}{\partial x}=P(x,y)=2x\cos y+y^2\cos x$,故

$$u(x,y)=\int(2x\cos y+y^2\cos x)\mathrm{d}x=x^2\cos y+y^2\sin x+\varphi(y),$$

其中 $\varphi(y)$ 是 y 的某个可导函数,由此得 $\dfrac{\partial u}{\partial y}=-x^2\sin y+2y\sin x+\varphi'(y)$.

又 $u(x,y)$ 必须满足 $\dfrac{\partial u}{\partial y}=Q(x,y)=2y\sin x-x^2\sin y$,从而得 $\varphi'(y)=0$,$\varphi(y)=C$ (C 为任意常数). 因此 $u(x,y)=x^2\cos y+y^2\sin x+C$,取 $C=0$,就得到满足要求的一个 $u(x,y)$.

方法三:利用微分运算法则直接凑出 $u(x,y)$.

$$\text{原式}=(2x\cos y\mathrm{d}x-x^2\sin y\mathrm{d}y)+(y^2\cos x\mathrm{d}x+2y\sin x\mathrm{d}y)$$
$$=(\cos y\mathrm{d}x^2+x^2\mathrm{d}\cos y)+(y^2\mathrm{d}\sin x+\sin x\mathrm{d}y^2)$$
$$=\mathrm{d}(x^2\cdot\cos y)+\mathrm{d}(y^2\cdot\sin x)=\mathrm{d}(x^2\cos y+y^2\sin x).$$

因此,可取 $u(x,y)=x^2\cos y+y^2\sin x$.

9. 设有一变力在坐标轴上的投影为 $X=x^2+y^2$,$Y=2xy-8$,这变力确定了一个力场. 证明质点在此场内移动时,场力所做的功与路径无关.

证:场力所做的功 $W=\displaystyle\int_L X\mathrm{d}x+Y\mathrm{d}y=\int_L(x^2+y^2)\mathrm{d}x+(2xy-8)\mathrm{d}y$,

由于 $P=x^2+y^2$ 和 $Q=2xy-8$ 在整个 xOy 面内具有一阶连续偏导数,且 $\dfrac{\partial Q}{\partial x}=2y=\dfrac{\partial P}{\partial y}$,

故曲线积分在 xOy 面内与路径无关,即场力所做的功与路径无关.

*10. 判别下列方程中哪些是全微分方程? 对于全微分方程,求出它的通解.

(1) $(3x^2+6xy^2)\mathrm{d}x+(6x^2y+4y^2)\mathrm{d}y=0$; (2) $(a^2-2xy-y^2)\mathrm{d}x-(x+y)^2\mathrm{d}y=0$;

(3) $\mathrm{e}^y\mathrm{d}x+(x\mathrm{e}^y-2y)\mathrm{d}y=0$; (4) $(x\cos y+\cos x)y'-y\sin x+\sin y=0$;

(5) $(x^2-y)\mathrm{d}x-x\mathrm{d}y=0$; (6) $y(x-2y)\mathrm{d}x-x^2\mathrm{d}y=0$;

(7) $(1+\mathrm{e}^{2\theta})\mathrm{d}y+2\gamma\mathrm{e}^{2\theta}\mathrm{d}\theta=0$; (8) $(x^2+y^2)\mathrm{d}x+xy\mathrm{d}y=0$.

【**思路探索**】 在单连通区域内,若 $P(x,y),Q(x,y)$ 有连续的偏导数,则 $\dfrac{\partial P}{\partial y}=\dfrac{\partial Q}{\partial x}$ 是方程 $P(x,y)\mathrm{d}x+Q(x,y)\mathrm{d}y=0$ 为全微分方程的充要条件. 本题利用这一结论来判断所给方程是否为全微分方程即可.

解:(1) $\dfrac{\partial P}{\partial y}=(3x^2+6xy^2)'_y=12xy$; $\dfrac{\partial Q}{\partial x}=(6x^2y+4y^2)'_x=12xy$,

因 $\dfrac{\partial P}{\partial y}\equiv\dfrac{\partial Q}{\partial x}$,故原方程是全微分方程.

$$u(x,y)=\int_0^x P(x,0)\mathrm{d}x+\int_0^y Q(x,y)\mathrm{d}y=\int_0^x 3x^2\mathrm{d}x+\int_0^y(6x^2y+4y^2)\mathrm{d}y=x^3+3x^2y^2+\frac{4}{3}y^3,$$

故所求通解为 $x^3+3x^2y^2+\dfrac{4}{3}y^3=C$.

(2) $\dfrac{\partial P}{\partial y}=(a^2-2xy-y^2)'_y=-2x-2y$; $\dfrac{\partial Q}{\partial x}=[-(x+y)^2]'_x=-2(x+y)$,

因 $\dfrac{\partial P}{\partial y}\equiv\dfrac{\partial Q}{\partial x}$,故原方程是全微分方程.

$$u(x,y)=\int_0^x P(x,0)\mathrm{d}x+\int_0^y Q(x,y)\mathrm{d}y=\int_0^x a^2\mathrm{d}x-\int_0^y(x+y)^2\mathrm{d}y$$
$$=a^2x-\frac{1}{3}(x+y)^3+\frac{1}{3}x^3=a^2x-x^2y-xy^2-\frac{1}{3}y^3.$$

故所求通解为 $a^2x-x^2y-xy^2-\frac{1}{3}y^3=C.$

(3) $\frac{\partial P}{\partial y}=(e^y)'_y=e^y, \frac{\partial Q}{\partial x}=(xe^y-2y)'_x=e^y$，因 $\frac{\partial P}{\partial y}\equiv\frac{\partial Q}{\partial x}$，故原方程是全微分方程.

下面用凑微分法求通解：

方程左端 $=e^y\mathrm{d}x+(xe^y-2y)\mathrm{d}y=(e^y\mathrm{d}x+xe^y\mathrm{d}y)-2y\mathrm{d}y=\mathrm{d}(xe^y)-\mathrm{d}(y^2)=\mathrm{d}(xe^y-y^2)$，

即原方程为 $\mathrm{d}(xe^y-y^2)=0$，故所求通解为 $xe^y-y^2=C.$

(4) 将原方程改写为 $(\sin y-y\sin x)\mathrm{d}x+(x\cos y+\cos x)\mathrm{d}y=0.$

$$\frac{\partial P}{\partial y}=(\sin y-y\sin x)'_y=\cos y-\sin x, \frac{\partial Q}{\partial x}=(x\cos y+\cos x)'_x=\cos y-\sin x.$$

因 $\frac{\partial P}{\partial y}\equiv\frac{\partial Q}{\partial x}$，故原方程是全微分方程.

$$\begin{aligned}方程的左端&=(\sin y-y\sin x)\mathrm{d}x+(x\cos y+\cos x)\mathrm{d}y\\&=(\sin y\mathrm{d}x+x\cos y\mathrm{d}y)+(-y\sin x\mathrm{d}x+\cos x\mathrm{d}y)\\&=\mathrm{d}(x\sin y)+\mathrm{d}(y\cos x),\end{aligned}$$

即原方程为 $\mathrm{d}(x\sin y+y\cos x)=0$，故所求通解为 $x\sin y+y\cos x=C.$

(5) $\frac{\partial P}{\partial y}=(x^2-y)'_y=-1, \frac{\partial Q}{\partial x}=(-x)'_x=-1$，因 $\frac{\partial P}{\partial y}\equiv\frac{\partial Q}{\partial x}$，故原方程是全微分方程.

方程左端 $=(x^2-y)\mathrm{d}x-x\mathrm{d}y=x^2\mathrm{d}x-(y\mathrm{d}x+x\mathrm{d}y)=\mathrm{d}\left(\frac{x^3}{3}\right)-\mathrm{d}(xy)$，

即原方程为 $\mathrm{d}\left(\frac{x^3}{3}-xy\right)=0$，故所求通解为 $\frac{x^3}{3}-xy=C.$

(6) $\frac{\partial P}{\partial y}=[y(x-2y)]'_y=x-4y, \frac{\partial Q}{\partial x}=(-x^2)'_x=-2x.$ 因 $\frac{\partial P}{\partial y}\not\equiv\frac{\partial Q}{\partial x}$，故原方程不是全微分方程.

(7) $\frac{\partial P}{\partial \theta}=(1+e^{2\theta})'_\theta=2e^{2\theta}, \frac{\partial Q}{\partial \gamma}=(2\gamma e^{2\theta})'_\gamma=2e^{2\theta}$，因 $\frac{\partial P}{\partial \theta}\equiv\frac{\partial Q}{\partial \gamma}$，故原方程是全微分方程.

方程左端 $=(1+e^{2\theta})\mathrm{d}\gamma+2\gamma e^{2\theta}\mathrm{d}\theta=\mathrm{d}\gamma+(e^{2\theta}\mathrm{d}\gamma+2\gamma e^{2\theta}\mathrm{d}\theta)=\mathrm{d}\gamma+\mathrm{d}(\gamma e^{2\theta})$，

即原方程为 $\mathrm{d}(\gamma+\gamma e^{2\theta})=0$，故所求通解 $\gamma+\gamma e^{2\theta}=C.$

(8) $\frac{\partial P}{\partial y}=(x^2+y^2)'_y=2y, \frac{\partial Q}{\partial x}=(xy)'_x=y.$ 因 $\frac{\partial P}{\partial y}\not\equiv\frac{\partial Q}{\partial x}$，故原方程不是全微分方程.

【方法点击】 若微分方程 $P(x,y)\mathrm{d}x+Q(x,y)\mathrm{d}y=0$ 中函数 $P(x,y)$ 与 $Q(x,y)$ 具有一阶连续偏导数且 $\frac{\partial P}{\partial y}=\frac{\partial Q}{\partial x}$，则已知方程为全微分方程，此时必存在函数 $u(x,y)$ 满足 $\mathrm{d}u=P(x,y)\mathrm{d}x+Q(x,y)\mathrm{d}y$，而 $u(x,y)=C$ 就是方程 $P(x,y)\mathrm{d}x+Q(x,y)\mathrm{d}y=0$ 的通解，函数 $u(x,y)$ 可用三种方法求得：其一是曲线积分法；其二是凑微分法；其三是偏积分法.

11. 确定常数 λ，使在右半平面 $x>0$ 内的向量 $\mathbf{A}(x,y)=2xy(x^4+y^2)^\lambda\mathbf{i}-x^2(x^4+y^2)^\lambda\mathbf{j}$ 为某二元函数 $u(x,y)$ 的梯度，并求 $u(x,y).$

解：在单连通域 G 内，若 $P(x,y)$、$Q(x,y)$ 具有一阶连续偏导数，则向量 $\mathbf{A}(x,y)=P(x,y)\mathbf{i}+Q(x,y)\mathbf{j}$ 为某二元函数 $u(x,y)$ 的梯度(此条件相当于 $P(x,y)\mathrm{d}x+Q(x,y)\mathrm{d}y$ 是 $u(x,y)$ 的全微分)的充分必要条件是 $\frac{\partial P}{\partial y}=\frac{\partial Q}{\partial x}$ 在 G 内恒成立.

本题中，$P(x,y)=2xy(x^4+y^2)^\lambda, Q(x,y)=-x^2(x^4+y^2)^\lambda.$

$$\frac{\partial P}{\partial y}=2x(x^4+y^2)^\lambda+2\lambda xy(x^4+y^2)^{\lambda-1}\cdot 2y;$$

$$\frac{\partial Q}{\partial x}=-2x(x^4+y^2)^\lambda-x^2\lambda(x^4+y^2)^{\lambda-1}\cdot 4x^3.$$

由等式 $\frac{\partial Q}{\partial x}=\frac{\partial P}{\partial y}$，得到 $4x(x^4+y^2)^\lambda(1+\lambda)=0$，由于 $4x(x^4+y^2)^\lambda>0$，故 $\lambda=-1$，即

$$A(x,y)=\frac{2xy\boldsymbol{i}-x^2\boldsymbol{j}}{x^4+y^2}.$$

在半平面 $x>0$ 内，取 $(x_0,y_0)=(1,0)$，则得

$$u(x,y)=\int_1^x\frac{2x\cdot 0}{x^4+0^2}dx-\int_0^y\frac{x^2}{x^4+y^2}dy=-\arctan\frac{y}{x^2}.$$

第四节 对面积的曲面积分

习题 11-4 超精解(教材 P222~P223)

1. 设有一分布着质量的曲面 Σ，在点 (x,y,z) 处它的面密度为 $\mu(x,y,z)$，用对面积的曲面积分表示这曲面对于 x 轴的转动惯量.

解：设想将 Σ 分成 n 小块，取出其中任意一块记作 dS(其面积也记作 dS)，(x,y,z) 为 dS 上一点，则 dS 对 x 轴的转动惯量近似等于 $dI_x=(y^2+z^2)\mu(x,y,z)dS$.

以此作为转动惯量元素并积分，即得 Σ 对 x 轴的转动惯量为 $I_x=\iint\limits_\Sigma(y^2+z^2)\mu(x,y,z)dS$.

2. 按对面积的曲面积分的定义证明公式 $\iint\limits_\Sigma f(x,y,z)dS=\iint\limits_{\Sigma_1}f(x,y,z)dS+\iint\limits_{\Sigma_2}f(x,y,z)dS$，其中 Σ 是由 Σ_1 和 Σ_2 组成的.

证：由于 $f(x,y,z)$ 在曲面 Σ 上可积，故不论把 Σ 如何分割，积分和的极限总是不变的. 因此在分割 Σ 时，可以使 Σ_1 和 Σ_2 的公共边界曲线永远作为一条分割线. 这样，$f(x,y,z)$ 在 $\Sigma_1+\Sigma_2$ 上的积分和等于 Σ_1 上的积分和加上 Σ_2 上的积分和，记为

$$\sum_{(\Sigma_1+\Sigma_2)}f(\xi_i,\eta_i,\zeta_i)\Delta S_i=\sum_{(\Sigma_1)}f(\xi_i,\eta_i,\zeta_i)\Delta S_i+\sum_{(\Sigma_2)}f(\xi_i,\eta_i,\zeta_i)\Delta S_i.$$

令 $\lambda=\max\{\Delta S_i \text{ 的直径}\}\to 0$，上式两端同时取极限，即得

$$\iint\limits_{\Sigma_1+\Sigma_2}f(x,y,z)dS=\iint\limits_{\Sigma_1}f(x,y,z)dS+\iint\limits_{\Sigma_2}f(x,y,z)dS.$$

3. 当 Σ 是 xOy 面内的一个闭区域时，曲面积分 $\iint\limits_\Sigma f(x,y,z)dS$ 与二重积分有什么关系？

解：当 Σ 为 xOy 面内的一个闭区域时，Σ 的方程为 $z=0$，因此在 Σ 上取值的 $f(x,y,z)$ 恒为 $f(x,y,0)$，且 $dS=\sqrt{1+\left(\frac{\partial z}{\partial x}\right)^2+\left(\frac{\partial z}{\partial y}\right)^2}dxdy=dxdy$. 又 Σ 在 xOy 面上的投影区域即为 Σ 自身，因此有 $\iint\limits_\Sigma f(x,y,z)dS=\iint\limits_\Sigma f(x,y,0)dxdy$.

4. 计算曲面积分 $\iint\limits_\Sigma f(x,y,z)dS$，其中 Σ 为抛物面 $z=2-(x^2+y^2)$ 在 xOy 面上方的部分，$f(x,y,z)$ 分别如下：

(1) $f(x,y,z)=1$；   (2) $f(x,y,z)=x^2+y^2$；   (3) $f(x,y,z)=3z.$

【思路探索】 先求出曲面 Σ 在 xOy 面上的投影域 D_{xy} 及面积微元 dS 的表达式,再利用公式将对面积的曲面积分转化为在 D_{xy} 上的二重积分,根据二重积分被积函数及积分区域的特点选择合适的坐标系计算出二重积分的值.

解:抛物面 Σ 与 xOy 面的交线为 $x^2+y^2=2$,故 Σ 在 xOy 面上的投影区域 $D_{xy}=\{(x,y)\mid x^2+y^2\leqslant 2\}$. 又 $dS=\sqrt{1+z_x^2+z_y^2}\,dxdy=\sqrt{1+4x^2+4y^2}\,dxdy$. 于是

(1) $\iint\limits_{\Sigma} 1\cdot dS = \iint\limits_{D_{xy}} \sqrt{1+4x^2+4y^2}\,dxdy \xrightarrow{\text{极坐标}} \iint\limits_{D_{xy}} \sqrt{1+4\gamma^2}\,\gamma d\gamma d\theta$

$= \int_0^{2\pi} d\theta \int_0^{\sqrt{2}} \sqrt{1+4\gamma^2}\,\gamma d\gamma = 2\pi\left[\frac{1}{12}(1+4\gamma^2)^{\frac{3}{2}}\right]\Big|_0^{\sqrt{2}} = \frac{13}{3}\pi.$

(2) $\iint\limits_{\Sigma} (x^2+y^2)\,dS = \iint\limits_{D_{xy}} (x^2+y^2)\sqrt{1+4x^2+4y^2}\,dxdy$

$\xrightarrow{\text{极坐标}} \iint\limits_{D_{xy}} \gamma^2\sqrt{1+4\gamma^2}\,\gamma d\gamma d\theta = \int_0^{2\pi} d\theta \int_0^{\sqrt{2}} \gamma^3\sqrt{1+4\gamma^2}\,d\gamma$

$\xrightarrow{\gamma=\frac{1}{2}\tan t} 2\pi\times\frac{1}{16}\int_0^{\arctan 2\sqrt{2}} \sec^3 t\cdot\tan^3 t\,dt$

$=\frac{\pi}{8}\int_0^{\arctan 2\sqrt{2}} \sec^2 t(\sec^2 t-1)\,d\sec t = \frac{\pi}{8}\times\frac{596}{15} = \frac{149}{30}\pi.$

(3) $\iint\limits_{\Sigma} 3z\,dS = 3\iint\limits_{D_{xy}} [2-(x^2+y^2)]\sqrt{1+4x^2+4y^2}\,dxdy$

$\xrightarrow{\text{极坐标}} 3\iint\limits_{D_{xy}} (2-\gamma^2)\sqrt{1+4\gamma^2}\,\gamma d\gamma d\theta = 3\int_0^{2\pi} d\theta \int_0^{\sqrt{2}} (2-\gamma^2)\sqrt{1+4\gamma^2}\,\gamma d\gamma$

$\xrightarrow{\gamma=\frac{1}{2}\tan t} 6\pi\left[\frac{1}{2}\int_0^{\arctan 2\sqrt{2}} \sec^3 t\cdot\tan t\,dt - \frac{1}{16}\int_0^{\arctan 2\sqrt{2}} \sec^3 t\cdot\tan^3 t\,dt\right]$

$= 6\pi\left[\frac{1}{2}\int_0^{\arctan 2\sqrt{2}} \sec^2 t\,d(\sec t) - \frac{1}{16}\int_0^{\arctan 2\sqrt{2}} \sec^2 t(\sec^2 t-1)\,d(\sec t)\right]$

$= 6\pi\left(\frac{13}{3} - \frac{149}{60}\right) = \frac{111}{10}\pi.$

【方法点击】 计算对面积的曲面积分,在选择将曲面向哪个坐标面进行投影时,应该以曲面 Σ 在坐标面上的投影区域最简单为标准,使得代入后的被积函数也尽可能简单,以便易于计算二重积分.

5. 计算 $\iint\limits_{\Sigma}(x^2+y^2)dS$,其中 Σ 是:

(1)锥面 $z=\sqrt{x^2+y^2}$ 及平面 $z=1$ 所围成的区域的整个边界曲面;

(2)锥面 $z^2=3(x^2+y^2)$ 被平面 $z=0$ 和 $z=3$ 所截得的部分.

解:(1)Σ 由 Σ_1 和 Σ_2 组成,其中 Σ_1 为平面 $z=1$ 上被圆周 $x^2+y^2=1$ 所围的部分;Σ_2 为锥面 $z=\sqrt{x^2+y^2}\,(0\leqslant z\leqslant 1)$.

在 Σ_1 上,$dS=dxdy$;在 Σ_2 上,$dS=\sqrt{1+z_x^2+z_y^2}\,dxdy=\sqrt{2}\,dxdy$.

Σ_1 和 Σ_2 在 xOy 面上的投影区域 D_{xy} 均为 $x^2+y^2\leqslant 1$. 因此

$$\iint\limits_{\Sigma}(x^2+y^2)dS = \iint\limits_{\Sigma_1}(x^2+y^2)dS + \iint\limits_{\Sigma_2}(x^2+y^2)dS$$

$$= \iint_{D_{xy}} (x^2+y^2)\mathrm{d}x\mathrm{d}y + \iint_{D_{xy}} (x^2+y^2)\sqrt{2}\mathrm{d}x\mathrm{d}y$$

$$\xrightarrow{\text{极坐标}} \int_0^{2\pi} \mathrm{d}\theta \int_0^1 \gamma^3 \mathrm{d}\gamma + \sqrt{2} \int_0^{2\pi} \mathrm{d}\theta \int_0^1 \gamma^3 \mathrm{d}\gamma$$

$$= \frac{\pi}{2} + \frac{\sqrt{2}}{2}\pi = \frac{1+\sqrt{2}}{2}\pi.$$

(2)由题设,Σ 的方程为 $z = \sqrt{3(x^2+y^2)}$,

$$\mathrm{d}S = \sqrt{1+z_x^2+z_y^2}\mathrm{d}x\mathrm{d}y = \sqrt{1+\frac{9x^2}{3(x^2+y^2)}+\frac{9y^2}{3(x^2+y^2)}}\mathrm{d}x\mathrm{d}y = 2\mathrm{d}x\mathrm{d}y.$$

又由 $z^2 = 3(x^2+y^2)$ 和 $z=3$ 消去 z 得 $x^2+y^2=3$,故 Σ 在 xOy 面上的投影区域 D_{xy} 为 $x^2+y^2 \le 3$. 于是 $\iint_{\Sigma}(x^2+y^2)\mathrm{d}S = \iint_{D_{xy}}(x^2+y^2)\cdot 2\mathrm{d}x\mathrm{d}y \xrightarrow{\text{极坐标}} 2\int_0^{2\pi}\mathrm{d}\theta \int_0^{\sqrt{3}} \gamma^2\cdot\gamma\mathrm{d}\gamma = 9\pi.$

6.计算下列对面积的曲面积分:

(1) $\iint_{\Sigma}\left(z+2x+\frac{4}{3}y\right)\mathrm{d}S$,其中 Σ 为平面 $\frac{x}{2}+\frac{y}{3}+\frac{z}{4}=1$ 在第一卦限中的部分;

(2) $\iint_{\Sigma}(2xy-2x^2-x+z)\mathrm{d}S$,其中 Σ 为平面 $2x+2y+z=6$ 在第一卦限中的部分;

(3) $\iint_{\Sigma}(x+y+z)\mathrm{d}S$,其中 Σ 为球面 $x^2+y^2+z^2=a^2$ 上 $z \ge h (0<h<a)$ 的部分;

(4) $\iint_{\Sigma}(xy+yz+zx)\mathrm{d}S$,其中 Σ 为锥面 $z=\sqrt{x^2+y^2}$ 被柱面 $x^2+y^2=2ax$ 所截得的有限部分.

解:(1)在 Σ 上,$z = 4-2x-\frac{4}{3}y$,Σ 在 xOy 面上的投影区域 D_{xy} 为由 x 轴、y 轴和直线 $\frac{x}{2}+\frac{y}{3}=1$ 所围成的三角形闭区域. 因此

$$\iint_{\Sigma}\left(z+2x+\frac{4}{3}y\right)\mathrm{d}S = \iint_{D_{xy}}\left[\left(4-2x-\frac{4}{3}y\right)+2x+\frac{4}{3}y\right]\sqrt{1+(-2)^2+\left(-\frac{4}{3}\right)^2}\mathrm{d}x\mathrm{d}y$$

$$= \iint_{D_{xy}} 4\times\frac{\sqrt{61}}{3}\mathrm{d}x\mathrm{d}y$$

$$= \frac{4\sqrt{61}}{3}\times\left(\frac{1}{2}\times 2\times 3\right) = 4\sqrt{61}.$$

(2)在 Σ 上,$z=6-2x-2y$,Σ 在 xOy 面上的投影区域为由 x 轴、y 轴和直线 $x+y=3$ 所围成的三角形闭区域. 因此

$$\iint_{\Sigma}(2xy-2x^2-x+z)\mathrm{d}S$$

$$= \iint_{D_{xy}}[2xy-2x^2-x+(6-2x-2y)]\sqrt{1+(-2)^2+(-2)^2}\mathrm{d}x\mathrm{d}y$$

$$= 3\int_0^3 \mathrm{d}x \int_0^{3-x}(6-3x-2x^2+2xy-2y)\mathrm{d}y$$

$$= 3\int_0^3 [(6-3x-2x^2)(3-x)+x(3-x)^2-(3-x)^2]\mathrm{d}x$$

$$= 3\int_0^3 (3x^3-10x^2+9)\mathrm{d}x = -\frac{27}{4}.$$

(3)在 Σ 上,$z=\sqrt{a^2-x^2-y^2}$. Σ 在 xOy 面上的投影区域 $D_{xy}=\{(x,y)|x^2+y^2\leqslant a^2-h^2\}$.
由于积分曲面 Σ 关于 yOz 面和 xOz 面均对称,故有 $\iint_\Sigma x\mathrm{d}S=0,\iint_\Sigma y\mathrm{d}S=0$. 于是

$$\iint_\Sigma(x+y+z)\mathrm{d}S=\iint_\Sigma z\mathrm{d}S=\iint_{D_{xy}}\sqrt{a^2-x^2-y^2}\sqrt{1+\frac{x^2}{a^2-x^2-y^2}+\frac{y^2}{a^2-x^2-y^2}}\mathrm{d}x\mathrm{d}y$$

$$=a\iint_{D_{xy}}\mathrm{d}x\mathrm{d}y=a\pi(a^2-h^2).$$

(4)Σ 如图 11-9 所示,Σ 在 xOy 面上的投影区域 D_{xy} 为圆域 $x^2+y^2\leqslant 2ax$. 由于关于 xOz 面对称,而函数 xy 和 yz 关于 y 均为奇函数,故 $\iint_\Sigma xy\mathrm{d}S=0,\iint_\Sigma yz\mathrm{d}S=0$. 于是

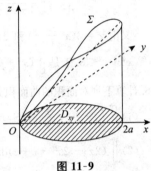

图 11-9

$$\iint_\Sigma(xy+yz+zx)\mathrm{d}S=\iint_\Sigma zx\mathrm{d}S$$

$$=\iint_{D_{xy}} x\sqrt{x^2+y^2}\sqrt{1+\frac{x^2+y^2}{x^2+y^2}}\mathrm{d}x\mathrm{d}y$$

$$=\sqrt{2}\iint_{D_{xy}} x\sqrt{x^2+y^2}\mathrm{d}x\mathrm{d}y$$

$$\xrightarrow{\text{极坐标}}\sqrt{2}\int_{-\frac{\pi}{2}}^{\frac{\pi}{2}}\mathrm{d}\theta\int_0^{2a\cos\theta}\gamma\cos\theta\cdot\gamma\cdot\gamma\mathrm{d}\gamma$$

$$=8\sqrt{2}a^4\int_0^{\frac{\pi}{2}}\cos^5\theta\mathrm{d}\theta=8\sqrt{2}a^4\times\frac{4}{5}\times\frac{2}{3}=\frac{64}{15}\sqrt{2}a^4.$$

【方法点击】 对面积的曲面积分的计算步骤为:

(1)首先根据曲面的形状确定最简单的投影方法,将曲面表示为显函数形式,同时确定相应的坐标面上的投影区域:

投影到 xOy 面,则将曲面表示为 $z=z(x,y)$;

投影到 yOz 面,则将曲面表示为 $x=x(y,z)$;

投影到 xOz 面,则将曲面表示为 $y=y(z,x)$.

(2)根据曲面方程求得相应的面积元素 $\mathrm{d}S$.

(3)将曲面方程的表达式和面积元素 $\mathrm{d}S$ 代入被积表达式,得到相应投影区域上的二重积分.

(4)计算转化后的二重积分.

(5)曲面积分与曲线积分一样,积分区域是由积分变量的等式给出的,所以在计算曲面积分时,要将 Σ 的方程直接代入被积函数的表达式,也要注意利用对称性简化计算.

7. 求抛物面壳 $z=\frac{1}{2}(x^2+y^2)(0\leqslant z\leqslant 1)$ 的质量,此壳的面密度为 $\mu=z$.

解:Σ:$z=\frac{1}{2}(x^2+y^2)(0\leqslant z\leqslant 1)$ 在 xOy 面上的投影区域 $D_{xy}=\{(x,y)|x^2+y^2\leqslant 2\}$,$z'_x=x$,$z'_y=y$ 故 $\mathrm{d}S=\sqrt{1+x^2+y^2}\mathrm{d}x\mathrm{d}y$. 因此

$$M=\iint_\Sigma z\mathrm{d}S=\iint_{D_{xy}}\frac{1}{2}(x^2+y^2)\sqrt{1+x^2+y^2}\mathrm{d}x\mathrm{d}y$$

$$\xrightarrow{\text{极坐标}} \frac{1}{2}\iint_{D_{xy}} \gamma^2 \sqrt{1+\gamma^2} \cdot \gamma \mathrm{d}\gamma \mathrm{d}\theta$$

$$= \frac{1}{2}\int_0^{2\pi} \mathrm{d}\theta \int_0^{\sqrt{2}} \gamma^3 \sqrt{1+\gamma^2} \mathrm{d}\gamma \xrightarrow{t=\gamma^2} \frac{\pi}{2}\int_0^2 t\sqrt{1+t}\,\mathrm{d}t$$

$$\xrightarrow{\text{分部积分法}} \frac{\pi}{2}\left[\frac{2}{3}t(1+t)^{\frac{3}{2}}\Big|_0^2 - \frac{2}{3}\int_0^2 (1+t)^{\frac{3}{2}}\mathrm{d}t\right]$$

$$= \frac{\pi}{2}\left[\frac{4}{3}\cdot 3^{\frac{3}{2}} - \frac{4}{15}(3^{\frac{5}{2}}-1)\right] = \frac{2\pi}{15}(6\sqrt{3}+1).$$

8. 求面密度为 μ_0 的均匀半球壳 $x^2+y^2+z^2=a^2(z\geqslant 0)$ 对于 z 轴的转动惯量.

【思路探索】 本题给定的是一均匀光滑半球壳,面密度为 μ_0,求该球壳对于 z 轴的转动惯量,转化为数学问题,就是一个求解对面积的曲面积分的问题,利用公式进行计算即可.

解: $I_z = \iint_\Sigma (x^2+y^2)\mu_0 \mathrm{d}S = \mu_0 \iint_{x^2+y^2\leqslant a^2} (x^2+y^2)\sqrt{1+\frac{x^2+y^2}{a^2-x^2-y^2}}\mathrm{d}x\mathrm{d}y$

$$= \mu_0 \iint_{x^2+y^2\leqslant a^2} (x^2+y^2)\cdot \frac{a}{\sqrt{a^2-x^2-y^2}}\mathrm{d}x\mathrm{d}y \xrightarrow{\text{极坐标}} \mu_0 \int_0^{2\pi} \mathrm{d}\theta \int_0^a \frac{a\gamma^2}{\sqrt{a^2-\gamma^2}}\cdot \gamma\mathrm{d}\gamma$$

$$\xrightarrow{\gamma=a\sin t} 2\pi a\mu_0 \int_0^{\frac{\pi}{2}} \frac{a^3\sin^3 t}{a\cos t}\cdot a\cos t\,\mathrm{d}t = 2\pi a^4\mu_0 \int_0^{\frac{\pi}{2}} \sin^3 t\,\mathrm{d}t = 2\pi a^4\mu_0 \cdot \frac{2}{3} = \frac{4}{3}\pi a^4\mu_0.$$

【方法点击】 利用曲面积分解决实际问题时,应注意所讨论的问题若与曲面的侧无关,则利用对面积的曲面积分,如求曲面片的质量、质心、转动惯量.

第五节 对坐标的曲面积分

习题 11-5 超精解(教材 P231～P232)

1. 按对坐标的曲面积分的定义证明公式
$$\iint_\Sigma [P_1(x,y,z)\pm P_2(x,y,z)]\mathrm{d}y\mathrm{d}z = \iint_\Sigma P_1(x,y,z)\mathrm{d}y\mathrm{d}z \pm \iint_\Sigma P_2(x,y,z)\mathrm{d}y\mathrm{d}z.$$

证: 把 Σ 任意分成 n 块小曲面 ΔS_i(其面积也记为 ΔS_i),ΔS_i 在 yOz 面上的投影为 $(\Delta S_i)_{yz}$,在 ΔS_i 上任意取定一点 (ξ_i,η_i,ζ_i).设 λ 是各小块曲面的直径最大值,则

$$\iint_\Sigma [P_1(x,y,z)\pm P_2(x,y,z)]\mathrm{d}y\mathrm{d}z = \lim_{\lambda\to 0}\sum_{i=1}^n [P_1(\xi_i,\eta_i,\zeta_i)\pm P_2(\xi_i,\eta_i,\zeta_i)](\Delta S_i)_{yz}$$

$$= \lim_{\lambda\to 0}\sum_{i=1}^n P_1(\xi_i,\eta_i,\zeta_i)(\Delta S_i)_{yz} \pm \lim_{\lambda\to 0}\sum_{i=1}^n P_2(\xi_i,\eta_i,\zeta_i)(\Delta S_i)_{yz}$$

$$= \iint_\Sigma P_1(x,y,z)\mathrm{d}y\mathrm{d}z \pm \iint_\Sigma P_2(x,y,z)\mathrm{d}y\mathrm{d}z.$$

2. 当 Σ 为 xOy 面内的一个闭区域时,曲面积分 $\iint_\Sigma R(x,y,z)\mathrm{d}x\mathrm{d}y$ 与二重积分有什么关系?

解: 此时 Σ 在 xOy 面上的投影区域 D_{xy} 就是 Σ 自身(但不定侧),且在 Σ 上,$z=0$,因此

$$\iint_\Sigma R(x,y,z)\mathrm{d}x\mathrm{d}y = \pm \iint_{D_{xy}} R(x,y,0)\mathrm{d}x\mathrm{d}y,$$

当 Σ 取上侧时为正号,取下侧时为负号.

【方法点击】 二重积分与对坐标的曲面积分之间的异同:首先是二者的积分区域不同. 二重积分的积分区域是某坐标面上的一个有界闭区域,而对坐标的曲面积分的积分区域是空间的一个有界闭曲面;其次是二重积分不考虑积分区域的侧,而对坐标的曲面积分则必须考虑曲面的侧. 两者的相同之处是最终都要化为二次积分进行计算.

3.计算下列对坐标的曲面积分:

(1) $\iint_{\Sigma} x^2 y^2 z \mathrm{d}x\mathrm{d}y$,其中 Σ 是球面 $x^2+y^2+z^2=R^2$ 的下半部分的下侧;

(2) $\iint_{\Sigma} z\mathrm{d}x\mathrm{d}y + x\mathrm{d}y\mathrm{d}z + y\mathrm{d}z\mathrm{d}x$,其中 Σ 是柱面 $x^2+y^2=1$ 被平面 $z=0$ 及 $z=3$ 所截得的在第一卦限内的部分的前侧;

(3) $\iint_{\Sigma} [f(x,y,z)+x]\mathrm{d}y\mathrm{d}z + [2f(x,y,z)+y]\mathrm{d}z\mathrm{d}x + [f(x,y,z)+z]\mathrm{d}x\mathrm{d}y$,其中 $f(x,y,z)$ 为连续函数,Σ 是平面 $x-y+z=1$ 在第四卦限部分的上侧;

(4) $\oiint_{\Sigma} xz\mathrm{d}x\mathrm{d}y + xy\mathrm{d}y\mathrm{d}z + yz\mathrm{d}z\mathrm{d}x$,其中 Σ 是平面 $x=0, y=0, z=0, x+y+z=1$ 所围成的空间区域的整个边界曲面的外侧.

【思路探索】 第(3)小题先求出积分曲面 Σ 上侧法向量的方向余弦,再利用两类曲面积分之间的联系,将已知对坐标的组合曲面积分化为对面积的曲面积分,最后利用曲面积分的性质即可.

解:(1)Σ 在 xOy 面上的投影区域 $D_{xy} = \{(x,y) \mid x^2+y^2 \leqslant R^2\}$,在 Σ 上,$z = -\sqrt{R^2-x^2-y^2}$. 因 Σ 取下侧,故

$$\iint_{\Sigma} x^2 y^2 z \mathrm{d}x\mathrm{d}y = -\iint_{D_{xy}} x^2 y^2 (-\sqrt{R^2-x^2-y^2}) \mathrm{d}x\mathrm{d}y$$

$$\xrightarrow{\text{极坐标}} \iint_{D_{xy}} \gamma^4 \cos^2\theta \sin^2\theta \sqrt{R^2-\gamma^2} \gamma \mathrm{d}\gamma\mathrm{d}\theta$$

$$= \int_0^{2\pi} \frac{1}{4} \sin^2 2\theta \mathrm{d}\theta \cdot \int_0^R \gamma^5 \sqrt{R^2-\gamma^2} \mathrm{d}\gamma$$

$$\xrightarrow{\gamma = R\sin t} \frac{\pi}{4} \int_0^{\frac{\pi}{2}} R^5 \sin^5 t \cdot R\cos t \cdot R\cos t \mathrm{d}t$$

$$= \frac{\pi}{4} R^7 \int_0^{\frac{\pi}{2}} (\sin^5 t - \sin^7 t) \mathrm{d}t$$

$$= \frac{\pi}{4} R^7 \cdot \left(\frac{4}{5} \times \frac{2}{3} - \frac{6}{7} \times \frac{4}{5} \times \frac{2}{3} \right) = \frac{2}{105} \pi R^7.$$

(2)由于柱面 $x^2+y^2=1$ 在 xOy 面上的投影为零,因此 $\iint_{\Sigma} z\mathrm{d}x\mathrm{d}y = 0$. 又如图11-10所示,

$$D_{yz} = \{(y,z) \mid 0 \leqslant y \leqslant 1, 0 \leqslant z \leqslant 3\},$$
$$D_{zx} = \{(x,z) \mid 0 \leqslant z \leqslant 3, 0 \leqslant x \leqslant 1\}.$$

因取前侧,所以

$$\text{原式} = \iint_{\Sigma} x\mathrm{d}y\mathrm{d}z + \iint_{\Sigma} y\mathrm{d}z\mathrm{d}x = \iint_{D_{yz}} \sqrt{1-y^2} \mathrm{d}y\mathrm{d}z + \iint_{D_{zx}} \sqrt{1-x^2} \mathrm{d}z\mathrm{d}x$$

$$= \int_0^3 \mathrm{d}z \int_0^1 \sqrt{1-y^2} \mathrm{d}y + \int_0^3 \mathrm{d}z \int_0^1 \sqrt{1-x^2} \mathrm{d}x$$

$$=2\times 3\left(\frac{y}{2}\sqrt{1-y^2}+\frac{1}{2}\arcsin y\right)\Big|_0^1=\frac{3}{2}\pi.$$

(3)在 Σ 上,$z=1-x+y$. 由于 Σ 取上侧,故 Σ 在任一点处的单位法向量为

$$\boldsymbol{n}=\frac{1}{\sqrt{1+z_x^2+z_y^2}}(-z_x,-z_y,1)=\frac{1}{\sqrt{3}}(1,-1,1).$$

由两类曲面积分之间的联系,可得

$$\text{原式}=\iint_\Sigma[(f+x)\cos\alpha+(2f+y)\cos\beta+(f+z)\cos\gamma]dS$$
$$=\frac{1}{\sqrt{3}}\iint_\Sigma[(f+x)-(2f+y)+(f+z)]dS$$
$$=\frac{1}{\sqrt{3}}\iint_\Sigma(x-y+z)dS=\frac{1}{\sqrt{3}}\iint_\Sigma dS=\frac{1}{\sqrt{3}}\times\frac{\sqrt{3}}{2}=\frac{1}{2}.$$

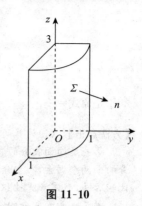

图 11-10

【方法点击】 本题若直接利用对坐标的曲面积分的计算方法将无法得到结果,因为被积函数中含有抽象函数 $f(x,y,z)$;而利用两类曲面积分之间的联系将对坐标的曲面积分转化为对面积的曲面积分后问题就迎向而解了.

(4)在坐标面 $x=0$、$y=0$ 和 $z=0$ 上,积分值均为零,因此只需计算在 $\Sigma':x+y+z=1$(取上侧)上的积分值(如图 11-11 所示). 下面用两种方法计算.

方法一:
$$\iint_{\Sigma'}xz\,dxdy=\iint_{D_{xy}}x(1-x-y)dxdy$$
$$=\int_0^1 x\,dx\int_0^{1-x}(1-x-y)dy=\frac{1}{24},$$

由被积函数和积分曲面关于积分变量的对称性,可得

$$\iint_{\Sigma'}xy\,dydz=\iint_{\Sigma'}yz\,dzdx=\iint_{\Sigma'}xz\,dxdy=\frac{1}{24},$$

因此,$\oiint_{\Sigma'}xz\,dxdy+xy\,dydz+yz\,dzdx=3\times\frac{1}{24}=\frac{1}{8}.$

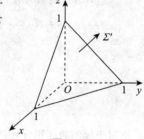

图 11-11

方法二:利用两类曲面积分的联系,$\iint_{\Sigma'}xy\,dydz$ 和 $\iint_{\Sigma'}yz\,dzdx$ 均化为关于坐标 x 和 y 的曲面积分计算. 由于 $\Sigma':x+y+z=1$ 取上侧,故 Σ' 在任一点处的单位法向量

$$\boldsymbol{n}=(\cos\alpha,\cos\beta,\cos\gamma)=\left(\frac{1}{\sqrt{3}},\frac{1}{\sqrt{3}},\frac{1}{\sqrt{3}}\right),$$

于是

$$\iint_{\Sigma'}xy\,dydz=\iint_{\Sigma'}xy\cos\alpha\,dS=\iint_{\Sigma'}xy\frac{\cos\alpha}{\cos\gamma}dxdy=\iint_{\Sigma'}xy\,dxdy,$$
$$\iint_{\Sigma'}yz\,dzdx=\iint_{\Sigma'}yz\cos\beta\,dS=\iint_{\Sigma'}yz\frac{\cos\beta}{\cos\gamma}dxdy=\iint_{\Sigma'}yz\,dxdy.$$

因此,$\iint_{\Sigma'}xz\,dxdy+xy\,dydz+yz\,dzdx=\iint_{\Sigma'}(xz+xy+yz)dxdy$

$$= \iint_{D_{xy}} [x(1-x-y)+xy+y(1-x-y)]dxdy$$

$$= \int_0^1 dx \int_0^{1-x} (-x^2-y^2-xy+x+y)dy = \frac{1}{8}.$$

于是原式$=\frac{1}{8}$.

【方法点击】 (1)计算两类曲面积分时,利用对称性的区别:

第一类曲面积分的积分曲面是无方向的(即不定侧的),它的值只取决于被积函数和积分曲面两个因素,与积分曲面的侧,即曲面在各点处的法向量的指向无关,因此考虑对称性比较容易,只需考虑被积函数和积分曲面的几何形状这两方面的对称性就可以了.

第二类曲面积分的积分曲面是有方向的(即定侧的),因此它的值不仅与被积函数和积分曲面的几何形状有关,还与积分曲面的侧有关,即还与积分曲面在各点处的法向量的指向有关. 因此在考虑积分的对称性时,不仅要考虑被积函数和积分曲面的几何形状这两方面的对称性,还要顾及积分曲面上的对称部分处的法向量的指向情况,这就比较麻烦了,如果不慎会导致计算错误. 因此在计算第二类曲面积分时,要慎用对称性. 一般应在化为二重积分后,再看是否可利用对称性简化二重积分的计算.

(2)计算本题最方便的方法是利用下节的高斯公式:

$$\oiint_{\Sigma} xzdxdy+xydydz+yzdzdx = \iiint_{\Omega}(y+z+x)dv \xrightarrow{对称性} 3\iiint_{\Omega} zdv$$

$$= 3\int_0^1 dx \int_0^{1-x} dy \int_0^{1-x-y} zdz = 3\int_0^1 dx \int_0^{1-x} \frac{(1-x-y)^2}{2}dy$$

$$= 3\int_0^1 \frac{(1-x)^3}{6}dx = 3 \times \frac{1}{24} = \frac{1}{8}.$$

4. 把对坐标的曲面积分$\iint_{\Sigma} P(x,y,z)dydz+Q(x,y,z)dzdx+R(x,y,z)dxdy$化成对面积的曲面积分,其中:

(1)Σ是平面$3x+2y+2\sqrt{3}z=6$在第一卦限的部分的上侧;

(2)Σ是抛物面$z=8-(x^2+y^2)$在xOy面上方的部分的上侧.

解:(1)由于$\Sigma:3x+2y+2\sqrt{3}z=6$取上侧,故$\Sigma$在任一点处的单位法向量为

$$\boldsymbol{n}=(\cos\alpha,\cos\beta,\cos\gamma)=\frac{1}{\sqrt{3^2+2^2+(2\sqrt{3})^2}}(3,2,2\sqrt{3})=\left(\frac{3}{5},\frac{2}{5},\frac{2\sqrt{3}}{5}\right),$$

于是$\iint_{\Sigma} Pdydz+Qdzdx+Rdxdy = \iint_{\Sigma}(P\cos\alpha+Q\cos\beta+R\cos\gamma)dS$

$$= \iint_{\Sigma}\left(\frac{3}{5}P+\frac{2}{5}Q+\frac{2\sqrt{3}}{5}R\right)dS.$$

(2)由于$\Sigma:z=8-(x^2+y^2)$取上侧,故Σ在任一点(x,y,z)处的单位法向量为

$$\boldsymbol{n}=\frac{1}{\sqrt{1+z_x^2+z_y^2}}(-z_x,-z_y,1)=\frac{1}{\sqrt{1+(-2x)^2+(-2y)^2}}(2x,2y,1),$$

于是$\iint_{\Sigma} Pdydz+Qdzdx+Rdxdy = \iint_{\Sigma}(P\cos\alpha+Q\cos\beta+R\cos\gamma)dS$

$$= \iint_\Sigma \frac{2xP+2yQ+R}{\sqrt{1+4x^2+4y^2}}dS.$$

第六节　高斯公式　*通量与散度

习题 11－6 超精解（教材 P239～P240）

1. 利用高斯公式计算曲面积分：

(1) $\oiint_\Sigma x^2 dydz + y^2 dzdx + z^2 dxdy$，其中 Σ 为平面 $x=0, y=0, z=0, x=a, y=a, z=a$ 所围成的立体的表面的外侧；

*(2) $\oiint_\Sigma x^3 dydz + y^3 dzdx + z^3 dxdy$，其中 Σ 为球面 $x^2+y^2+z^2=a^2$ 的外侧；

*(3) $\oiint_\Sigma xz^2 dydz + (x^2y - z^3) dzdx + (2xy + y^2z) dxdy$，其中 Σ 为上半球体 $0 \leqslant z \leqslant \sqrt{a^2-x^2-y^2}$, $x^2+y^2 \leqslant a^2$ 的表面外侧；

(4) $\oiint_\Sigma x dydz + y dzdx + z dxdy$，其中 Σ 是介于 $z=0$ 和 $z=3$ 之间的圆柱体 $x^2+y^2 \leqslant 9$ 的整个表面的外侧；

(5) $\oiint_\Sigma 4xz dydz - y^2 dzdx + yz dxdy$，其中 Σ 是平面 $x=0, y=0, z=0, x=1, y=1, z=1$ 所围成的立方体的全表面的外侧.

【思路探索】　第(1)题首先验证所给题目是否满足高斯公式的条件，若满足条件可将曲面积分直接转化为三重积分进行计算，要注意对三重积分的计算应选择合适的坐标及积分次序.

解：(1) 原式 $= \iiint_\Omega \left(\frac{\partial P}{\partial x} + \frac{\partial Q}{\partial y} + \frac{\partial R}{\partial z}\right) dV = 2\iiint_\Omega (x+y+z) dv \xrightarrow{对称性} 6\iiint_\Omega z dV$

$= 6\int_0^a dx \int_0^a dy \int_0^a z dz = 6 \cdot a \cdot a \cdot \frac{a^2}{2} = 3a^4.$

(2) 原式 $= \iiint_\Omega \left(\frac{\partial P}{\partial x} + \frac{\partial Q}{\partial y} + \frac{\partial R}{\partial z}\right) dV = 3\iiint_\Omega (x^2+y^2+z^2) dV$

$\xrightarrow{球面坐标} 3\int_0^{2\pi} d\theta \int_0^\pi d\varphi \int_0^a r^2 \cdot r^2 \sin\varphi dr = 3 \times 2\pi \times 2 \times \frac{a^5}{5} = \frac{12}{5}\pi a^5.$

(3) 原式 $= \iiint_\Omega \left(\frac{\partial P}{\partial x} + \frac{\partial Q}{\partial y} + \frac{\partial R}{\partial z}\right) dV = \iiint_\Omega (z^2+x^2+y^2) dV$

$\xrightarrow{球面坐标} \int_0^{2\pi} d\theta \int_0^{\frac{\pi}{2}} d\varphi \int_0^a r^2 \cdot r^2 \sin\varphi dr = 2\pi \times 1 \times \frac{a^5}{5} = \frac{2}{5}\pi a^5.$

(4) 原式 $= \iiint_\Omega \left(\frac{\partial P}{\partial x} + \frac{\partial Q}{\partial y} + \frac{\partial R}{\partial z}\right) dV = \iiint_\Omega (1+1+1) dv = 3\iiint_\Omega dV = 3 \times \pi \times 3^2 \times 3 = 81\pi.$

(5) 原式 $= \iiint_\Omega \left(\frac{\partial P}{\partial x} + \frac{\partial Q}{\partial y} + \frac{\partial R}{\partial z}\right) dV = \iiint_\Omega (4z - 2y + y) dV$

$= \int_0^1 dx \int_0^1 dy \int_0^1 (4z - y) dz = \int_0^1 dx \int_0^1 (2-y) dy = \frac{3}{2}.$

【方法点击】 (1)在计算上面的积分 $\iiint\limits_{\Omega}(4z-2y+y)\mathrm{d}V$ 时,如果利用被积函数和积分区域关于积分变量的对称性,可知 $\iiint\limits_{\Omega}z\mathrm{d}v=\iiint\limits_{\Omega}y\mathrm{d}v$,于是

$$\iiint\limits_{\Omega}(4z-2y+y)\mathrm{d}V=\iiint\limits_{\Omega}3z\mathrm{d}V=3\int_0^1\mathrm{d}x\int_0^1\mathrm{d}y\int_0^1z\mathrm{d}z=3\times\frac{1}{2}=\frac{3}{2},$$

从而可简化运算.

(2)在利用高斯公式时应注意以下几点:

①要注意高斯公式应用的条件,$P(x,y,z)$,$Q(x,y,z)$,$R(x,y,z)$在区域 Ω 内要有连续的一阶偏导数,否则高斯公式不能用.

②在高斯公式中,Σ 应为封闭曲面,并取外侧.如果 Σ 不是封闭曲面,有时可引入辅助曲面 Σ_1,使 $\Sigma+\Sigma_1$ 成为取外侧或内侧的封闭曲面,进而采用高斯公式.取内侧时,高斯公式中应加负号.当然辅助曲面 Σ_1 应尽量简单,容易计算其上对坐标的曲面积分,一般情况应尽量选择平行于坐标面的平面.

*2. 求下列向量 A 穿过曲面 Σ 流向指定侧的通量:

(1)$A=yz\boldsymbol{i}+xz\boldsymbol{j}+xy\boldsymbol{k}$, Σ 为圆柱 $x^2+y^2\leqslant a^2(0\leqslant z\leqslant h)$ 的全表面,流向外侧;

(2)$A=(2x-z)\boldsymbol{i}+x^2y\boldsymbol{j}-xz^2\boldsymbol{k}$, Σ 为立方体 $0\leqslant x\leqslant a$, $0\leqslant y\leqslant a$, $0\leqslant z\leqslant a$ 的全表面,流向外侧;

(3)$A=(2x+3z)\boldsymbol{i}-(xz+y)\boldsymbol{j}+(y^2+2z)\boldsymbol{k}$, Σ 是以点 $(3,-1,2)$ 为球心,半径 $R=3$ 的球面,流向外侧.

解:(1)通量 $\Phi=\iint\limits_{\Sigma}\boldsymbol{A}\cdot\mathrm{d}\boldsymbol{S}=\iiint\limits_{\Omega}\mathrm{div}\,\boldsymbol{A}\mathrm{d}V=\iiint\limits_{\Omega}\left(\frac{\partial P}{\partial x}+\frac{\partial Q}{\partial y}+\frac{\partial R}{\partial z}\right)\mathrm{d}V$

$$=\iiint\limits_{\Omega}\left[\frac{\partial(yz)}{\partial x}+\frac{\partial(xz)}{\partial y}+\frac{\partial(xy)}{\partial z}\right]\mathrm{d}V=\iiint\limits_{\Omega}0\mathrm{d}V=0.$$

(2)通量 $\Phi=\iint\limits_{\Sigma}\boldsymbol{A}\cdot\mathrm{d}\boldsymbol{S}=\iiint\limits_{\Omega}\mathrm{div}\,\boldsymbol{A}\mathrm{d}V=\iiint\limits_{\Omega}\left[\frac{\partial(2x-z)}{\partial x}+\frac{\partial(x^2y)}{\partial y}+\frac{\partial(-xz^2)}{\partial z}\right]\mathrm{d}V$

$$=\iiint\limits_{\Omega}(2+x^2-2xz)\mathrm{d}V=2a^3+\int_0^a\mathrm{d}x\int_0^a\mathrm{d}y\int_0^a(x^2-2xz)\mathrm{d}z$$

$$=2a^3-\frac{a^5}{6}=a^3\left(2-\frac{a^2}{6}\right).$$

(3)通量 $\Phi=\iint\limits_{\Sigma}\boldsymbol{A}\cdot\mathrm{d}\boldsymbol{S}=\iiint\limits_{\Omega}\mathrm{div}\,\boldsymbol{A}\mathrm{d}V$

$$=\iiint\limits_{\Omega}\left[\frac{\partial(2x+3z)}{\partial x}+\frac{\partial(-xz-y)}{\partial y}+\frac{\partial(y^2+2z)}{\partial z}\right]\mathrm{d}V$$

$$=\iiint\limits_{\Omega}(2-1+2)\mathrm{d}V=3\iiint\limits_{\Omega}\mathrm{d}V=3\times\frac{4}{3}\pi\times3^3=108\pi.$$

*3. 求下列向量场 A 的散度:

(1)$A=(x^2+yz)\boldsymbol{i}+(y^2+xz)\boldsymbol{j}+(z^2+xy)\boldsymbol{k}$;

(2)$A=e^{xy}\boldsymbol{i}+\cos(xy)\boldsymbol{j}+\cos(xz^2)\boldsymbol{k}$;

(3)$A=y^2\boldsymbol{i}+xy\boldsymbol{j}+xz\boldsymbol{k}$.

解:(1)$P=x^2+yz, Q=y^2+xz, R=z^2+xy$, div$\boldsymbol{A}=\dfrac{\partial P}{\partial x}+\dfrac{\partial Q}{\partial y}+\dfrac{\partial R}{\partial z}=2x+2y+2z$.

(2)$P=\mathrm{e}^{xy}, Q=\cos(xy), R=\cos(xz^2)$,
$$\text{div }\boldsymbol{A}=\dfrac{\partial P}{\partial x}+\dfrac{\partial Q}{\partial y}+\dfrac{\partial R}{\partial z}=y\mathrm{e}^{xy}-x\sin(xy)-2xz\sin(xz^2).$$

(3)$P=y^2, Q=xy, R=xz$, div $\boldsymbol{A}=\dfrac{\partial P}{\partial x}+\dfrac{\partial Q}{\partial y}+\dfrac{\partial R}{\partial z}=0+x+x=2x$.

4. 设 $u(x,y,z)$、$v(x,y,z)$ 是两个定义在闭区域 Ω 上的具有二阶连续偏导数的函数，$\dfrac{\partial u}{\partial n},\dfrac{\partial v}{\partial n}$ 依次表示 $u(x,y,z)$、$v(x,y,z)$ 沿 Σ 的外法线方向的方向导数. 证明
$$\iiint_\Omega (u\Delta v-v\Delta u)\mathrm{d}x\mathrm{d}y\mathrm{d}z=\oiint_\Sigma \left(u\dfrac{\partial v}{\partial n}-v\dfrac{\partial u}{\partial n}\right)\mathrm{d}S,$$

其中，Σ 是空间闭区域 Ω 的整个边界曲面. 这个公式叫做格林第二公式.

证:由教材本节例 3 证明的格林第一公式，知
$$\iiint_\Omega u\Delta v\mathrm{d}x\mathrm{d}y\mathrm{d}z=\oiint_\Sigma u\dfrac{\partial v}{\partial n}\mathrm{d}S-\iiint_\Omega\left(\dfrac{\partial u}{\partial x}\dfrac{\partial v}{\partial x}+\dfrac{\partial u}{\partial y}\dfrac{\partial v}{\partial y}+\dfrac{\partial u}{\partial z}\dfrac{\partial v}{\partial z}\right)\mathrm{d}x\mathrm{d}y\mathrm{d}z.$$

在此公式中将函数 u 和 v 交换位置，得
$$\iiint_\Omega v\Delta u\mathrm{d}x\mathrm{d}y\mathrm{d}z=\oiint_\Sigma v\dfrac{\partial u}{\partial n}\mathrm{d}S-\iiint_\Omega\left(\dfrac{\partial u}{\partial x}\dfrac{\partial v}{\partial x}+\dfrac{\partial u}{\partial y}\dfrac{\partial v}{\partial y}+\dfrac{\partial u}{\partial z}\dfrac{\partial v}{\partial z}\right)\mathrm{d}x\mathrm{d}y\mathrm{d}z.$$

将上面两个式子相减即得 $\iiint_\Omega (u\Delta v-v\Delta u)\mathrm{d}x\mathrm{d}y\mathrm{d}z=\oiint_\Sigma\left(u\dfrac{\partial v}{\partial n}-v\dfrac{\partial u}{\partial n}\right)\mathrm{d}S.$

*5. 利用高斯公式推证阿基米德原理:浸没在液体中的物体所受液体的压力的合力(即浮力)的方向铅直向上、其大小等于这物体所排开的液体的重力.

证:取液面为 xOy 面，z 轴铅直向上. 设物体的密度为 ρ. 在物体表面 Σ 上取面积元素 $\mathrm{d}S$, $M(x,y,z)$ 为 $\mathrm{d}S$ 上的一点$(z\leqslant 0)$, Σ 在点 M 处的外法线向量的方向余弦为 $\cos\alpha,\cos\beta,\cos\gamma$, 则 $\mathrm{d}S$ 所受液体的压力在 x 轴、y 轴、z 轴上的分量分别为
$$\rho z\cos\alpha\mathrm{d}S, \rho z\cos\beta\mathrm{d}S, \rho z\cos\gamma\mathrm{d}S.$$

Σ 所受的液体的总压力在各坐标轴上的分量等于上列各分量元素在 Σ 上的积分. 由高斯公式可算得

$$F_x=\oiint_\Sigma \rho z\cos\alpha\mathrm{d}S=\iiint_\Omega \dfrac{\partial(\rho z)}{\partial x}\mathrm{d}v=\iiint_\Omega 0\mathrm{d}v=0;$$

$$F_y=\oiint_\Sigma \rho z\cos\beta\mathrm{d}S=\iiint_\Omega \dfrac{\partial(\rho z)}{\partial y}\mathrm{d}v=\iiint_\Omega 0\mathrm{d}v=0;$$

$$F_z=\oiint_\Sigma \rho z\cos\gamma\mathrm{d}S=\iiint_\Omega \dfrac{\partial(\rho z)}{\partial z}\mathrm{d}v=\iiint_\Omega \rho\mathrm{d}v=\rho V;$$

其中，V 为 Ω 的体积，故合力 $\boldsymbol{F}=\rho V\boldsymbol{k}$, 此力的方向铅直向上，大小等于被物体排开的液体的重力.

第七节 斯托克斯公式 *环流量与旋度

习题 11-7 超精解（教材 P248～P249）

1. 试对曲面 $\Sigma: z = x^2 + y^2$, $x^2 + y^2 \leqslant 1$, $P = y^2$, $Q = x$, $R = z^2$ 验证斯托克斯公式.

解：按右手法则，Σ 取上侧，Σ 的边界 Γ 为圆周 $x^2 + y^2 = 1$，$z = 1$，从 z 轴正向看去，取逆时针方向.

$$\iint_{\Sigma} \begin{vmatrix} \mathrm{d}y\mathrm{d}z & \mathrm{d}z\mathrm{d}x & \mathrm{d}x\mathrm{d}y \\ \dfrac{\partial}{\partial x} & \dfrac{\partial}{\partial y} & \dfrac{\partial}{\partial z} \\ y^2 & x & z^2 \end{vmatrix} = \iint_{\Sigma} (1 - 2y)\mathrm{d}x\mathrm{d}y = \iint_{D_{xy}} (1 - 2y)\mathrm{d}x\mathrm{d}y$$

$$\xlongequal{\text{极坐标}} \int_0^{2\pi} \mathrm{d}\theta \int_0^1 (1 - 2\gamma \sin \theta)\gamma \mathrm{d}\gamma$$

$$= \int_0^{2\pi} \left(\dfrac{\gamma^2}{2} - \dfrac{2}{3}\gamma^3 \sin \theta \right) \bigg|_0^1 \mathrm{d}\theta$$

$$= \int_0^{2\pi} \left(\dfrac{1}{2} - \dfrac{2}{3} \sin \theta \right) \mathrm{d}\theta = \pi;$$

Γ 的参数方程可取为 $x = \cos t$，$y = \sin t$，$z = 1$，t 从 0 变到 2π，故

$$\oint_{\Gamma} P\mathrm{d}x + Q\mathrm{d}y + R\mathrm{d}z = \int_0^{2\pi} (-\sin^3 t + \cos^2 t)\mathrm{d}t = \pi,$$

两者相等，斯托克斯公式得到验证.

*2. 利用斯托克斯公式，计算下列曲线积分：

(1) $\oint_{\Gamma} y\mathrm{d}x + z\mathrm{d}y + x\mathrm{d}z$，其中 Γ 为圆周 $x^2 + y^2 + z^2 = a^2$，$x + y + z = 0$，若从 x 轴的正向看去，这圆周是取逆时针方向；

(2) $\oint_{\Gamma} (y - z)\mathrm{d}x + (z - x)\mathrm{d}y + (x - y)\mathrm{d}z$，其中 Γ 为椭圆 $x^2 + y^2 = a^2$，$\dfrac{x}{a} + \dfrac{z}{b} = 1$ $(a > 0, b > 0)$，若从 x 轴正向看去，这椭圆是取逆时针方向；

(3) $\oint_{\Gamma} 3y\mathrm{d}x - xz\mathrm{d}y + yz^2\mathrm{d}z$，其中 Γ 是圆周 $x^2 + y^2 = 2z$，$z = 2$，若从 z 轴正向看去，这圆周是取逆时针方向；

(4) $\oint_{\Gamma} 2y\mathrm{d}x + 3x\mathrm{d}y - z^2\mathrm{d}z$，其中 Γ 是圆周 $x^2 + y^2 + z^2 = 9$，$z = 0$，若从 z 轴正向看去，这圆周是取逆时针方向.

解：(1) 取 Σ 为平面 $x + y + z = 0$ 的上侧被 Γ 所围成的部分，则 Σ 的面积为 πa^2，Σ 的单位法向量为 $\boldsymbol{n} = (\cos \alpha, \cos \beta, \cos \gamma) = \left(\dfrac{1}{\sqrt{3}}, \dfrac{1}{\sqrt{3}}, \dfrac{1}{\sqrt{3}} \right)$（如图 11-12 所示）. 由斯托克斯公式，

$$\oint_{\Gamma} y\mathrm{d}x + z\mathrm{d}y + x\mathrm{d}z = \iint_{\Sigma} \begin{vmatrix} \dfrac{1}{\sqrt{3}} & \dfrac{1}{\sqrt{3}} & \dfrac{1}{\sqrt{3}} \\ \dfrac{\partial}{\partial x} & \dfrac{\partial}{\partial y} & \dfrac{\partial}{\partial z} \\ y & z & x \end{vmatrix} \mathrm{d}S = \iint_{\Sigma} \left(-\dfrac{1}{\sqrt{3}} - \dfrac{1}{\sqrt{3}} - \dfrac{1}{\sqrt{3}} \right) \mathrm{d}S$$

$$= -\dfrac{3}{\sqrt{3}} \iint_{\Sigma} \mathrm{d}S = -\sqrt{3}\pi a^2.$$

(2)如图 11-13 所示,取 Σ 为平面 $\dfrac{x}{a}+\dfrac{z}{b}=1$ 的上侧被 Γ 所围成的部分,Σ 的单位法向量为 $\boldsymbol{n}=(\cos\alpha,\cos\beta,\cos\gamma)=\left(\dfrac{b}{\sqrt{a^2+b^2}},0,\dfrac{a}{\sqrt{a^2+b^2}}\right)$. 由斯托克斯公式

$$\oint_\Gamma (y-z)\mathrm{d}x+(z-x)\mathrm{d}y+(x-y)\mathrm{d}z = \iint_\Sigma \begin{vmatrix} \dfrac{b}{\sqrt{a^2+b^2}} & 0 & \dfrac{a}{\sqrt{a^2+b^2}} \\ \dfrac{\partial}{\partial x} & \dfrac{\partial}{\partial y} & \dfrac{\partial}{\partial z} \\ y-z & z-x & x-y \end{vmatrix} \mathrm{d}S$$

$$= \dfrac{-2(a+b)}{\sqrt{a^2+b^2}} \iint_\Sigma \mathrm{d}S, \qquad (*)$$

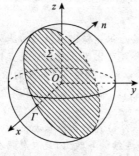

图 11-12

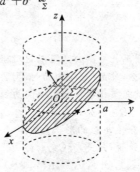

图 11-13

现用两种方法来求 $\iint_\Sigma \mathrm{d}S$.

方法一:由于 $\iint_\Sigma \mathrm{d}S=\Sigma$ 的面积 A,而 $A\cdot\cos\gamma = A\cdot\dfrac{a}{\sqrt{a^2+b^2}}=\Sigma$,在 xOy 面上的投影区域的面积 $=\pi a^2$,故 $\iint_\Sigma \mathrm{d}S = \pi a^2\Big/\dfrac{a}{\sqrt{a^2+b^2}} = \pi a\sqrt{a^2+b^2}$.

方法二:用曲面积分计算法.

由于在 Σ 上,$z=b-\dfrac{b}{a}x$,$\mathrm{d}S=\sqrt{1+z_x^2+z_y^2}\mathrm{d}x\mathrm{d}y=\sqrt{1+\left(\dfrac{b}{a}\right)^2}\mathrm{d}x\mathrm{d}y=\dfrac{\sqrt{a^2+b^2}}{a}\mathrm{d}x\mathrm{d}y$,又 $D_{xy}=\{(x,y)\mid x^2+y^2\leqslant a^2\}$,故

$$\iint_\Sigma \mathrm{d}S = \iint_{D_{xy}} \dfrac{\sqrt{a^2+b^2}}{a}\mathrm{d}x\mathrm{d}y = \dfrac{\sqrt{a^2+b^2}}{a}\cdot\pi a^2 = \pi a\sqrt{a^2+b^2}.$$

将所求得的 $\iint_\Sigma \mathrm{d}S$ 代入($*$),得原式 $=\dfrac{-2(a+b)}{\sqrt{a^2+b^2}}\cdot\pi a\sqrt{a^2+b^2}=-2\pi a(a+b)$.

(3)取 Σ 为平面 $z=2$ 的上侧被 Γ 所围成的部分,则 Σ 的单位法向量为 $\boldsymbol{n}=(0,0,1)$,Σ 在 xOy 面上的投影区域 D_{xy} 为 $x^2+y^2\leqslant 4$. 于是由斯托克斯公式,得

$$\oint_\Gamma 3y\mathrm{d}x-xz\mathrm{d}y+yz^2\mathrm{d}z = \iint_\Sigma \begin{vmatrix} 0 & 0 & 1 \\ \dfrac{\partial}{\partial x} & \dfrac{\partial}{\partial y} & \dfrac{\partial}{\partial z} \\ 3y & -xz & yz^2 \end{vmatrix} \mathrm{d}S = -\iint_\Sigma (z+3)\mathrm{d}S$$

$$= -\iint_{D_{xy}}(2+3)\mathrm{d}x\mathrm{d}y = -5\times\pi\times 2^2 = -20\pi.$$

(4) Γ 即为 xOy 面上的圆周 $x^2+y^2=9$, 取 Σ 为圆域 $x^2+y^2\leqslant 9$ 的上侧, 则由斯托克斯公式

$$\oint_\Gamma 2y\mathrm{d}x+3x\mathrm{d}y-z^2\mathrm{d}z = \iint_\Sigma \begin{vmatrix} \mathrm{d}y\mathrm{d}z & \mathrm{d}z\mathrm{d}x & \mathrm{d}x\mathrm{d}y \\ \dfrac{\partial}{\partial x} & \dfrac{\partial}{\partial y} & \dfrac{\partial}{\partial z} \\ 2y & 3x & -z^2 \end{vmatrix} = \iint_\Sigma \mathrm{d}x\mathrm{d}y = \iint_{D_{xy}}\mathrm{d}x\mathrm{d}y = 9\pi.$$

【方法点击】 应用斯托克斯公式时应注意以下几点:

(1) 为了便于记忆, 利用行列式记号可以把斯托克斯公式写成

$$\iint_\Sigma \begin{vmatrix} \mathrm{d}y\mathrm{d}z & \mathrm{d}z\mathrm{d}x & \mathrm{d}x\mathrm{d}y \\ \dfrac{\partial}{\partial x} & \dfrac{\partial}{\partial y} & \dfrac{\partial}{\partial z} \\ P & Q & R \end{vmatrix} = \oint_\Gamma P\mathrm{d}x+Q\mathrm{d}y+R\mathrm{d}z.$$

(2) 利用斯托克斯公式可以把对坐标空间曲线的积分转化为以此曲线为边界的空间曲面的曲面积分, 然后 (应将曲面封闭) 再利用高斯公式可化为三重积分或直接化为二重积分计算, 其关键是要根据给出的空间曲线适当地选择以此曲线为边界的曲面.

(3) 在斯托克斯公式中, 如果 $P(x,y,z),Q(x,y,z),R(x,y,z)$ 具有二阶连续偏导数, 那么公式的积分值与 Σ 的形状无关.

这也就是说, 凡是斯托克斯公式化出的曲面积分均具有与形状无关的性质. 当然, 其条件为 $P(x,y,z),Q(x,y,z),R(x,y,z)$ 应具有二阶连续偏导数. 因此在利用公式时可选取几何形状比较规则的曲面, 一般可选择空间平面的部分或球面, 等等. 而且应使曲面的侧面和曲线的方向符合右手规则.

*3. 求下列向量场 $\boldsymbol{A}$ 的旋度:

(1) $\boldsymbol{A}=(2z-3y)\boldsymbol{i}+(3x-z)\boldsymbol{j}+(y-2x)\boldsymbol{k}$;

(2) $\boldsymbol{A}=(z+\sin y)\boldsymbol{i}-(z-x\cos y)\boldsymbol{j}$;

(3) $\boldsymbol{A}=x^2\sin y\boldsymbol{i}+y^2\sin(xz)\boldsymbol{j}+xy\sin(\cos z)\boldsymbol{k}$.

解:(1) $\mathrm{rot}\,\boldsymbol{A} = \begin{vmatrix} \boldsymbol{i} & \boldsymbol{j} & \boldsymbol{k} \\ \dfrac{\partial}{\partial x} & \dfrac{\partial}{\partial y} & \dfrac{\partial}{\partial z} \\ 2z-3y & 3x-z & y-2x \end{vmatrix} = 2\boldsymbol{i}+4\boldsymbol{j}+6\boldsymbol{k}.$

(2) $\mathrm{rot}\,\boldsymbol{A} = \begin{vmatrix} \boldsymbol{i} & \boldsymbol{j} & \boldsymbol{k} \\ \dfrac{\partial}{\partial x} & \dfrac{\partial}{\partial y} & \dfrac{\partial}{\partial z} \\ z+\sin y & -(z-x\cos y) & 0 \end{vmatrix} = \boldsymbol{i}+\boldsymbol{j}+(\cos y-\cos y)\boldsymbol{k} = \boldsymbol{i}+\boldsymbol{j}.$

(3) $\mathrm{rot}\,\boldsymbol{A} = \begin{vmatrix} \boldsymbol{i} & \boldsymbol{j} & \boldsymbol{k} \\ \dfrac{\partial}{\partial x} & \dfrac{\partial}{\partial y} & \dfrac{\partial}{\partial z} \\ x^2\sin y & y^2\sin(xz) & xy\sin(\cos z) \end{vmatrix}$

$= [x\sin(\cos z)-xy^2\cos(xz)]\boldsymbol{i}-y\sin(\cos z)\boldsymbol{j}+[y^2z\cos(xz)-x^2\cos y]\boldsymbol{k}.$

*4. 利用斯托克斯公式把曲面积分 $\iint_\Sigma \mathrm{rot}\,\boldsymbol{A}\cdot\boldsymbol{n}\mathrm{d}S$ 化为曲线积分, 并计算积分值, 其中 $\boldsymbol{A},\Sigma$ 及 $\boldsymbol{n}$ 分别如下:

(1)$A = y^2 i + xy j + xz k$，Σ 为上半球面 $z = \sqrt{1-x^2-y^2}$ 的上侧，n 是 Σ 的单位法向量；

(2)$A = (y-z)i + yz j - xz k$，Σ 为立方体 $\{(x,y,z) \mid 0 \leqslant x \leqslant 2, 0 \leqslant y \leqslant 2, 0 \leqslant z \leqslant 2\}$ 的表面外侧去掉 xOy 面上的那个底面，n 是 Σ 的单位法向量．

解：(1)Σ 的正向边界曲线 Γ 为 xOy 面上的圆周 $x^2+y^2=1$，从 z 轴正向看去 Γ 取逆时针方向，Γ 的参数方程为 $x=\cos t, y=\sin t, z=0, t$ 从 0 变到 2π．由斯托克斯公式得，

$$\iint_\Sigma \text{rot } A \cdot n \, dS = \oint_\Gamma P dx + Q dy + R dz = \oint_\Gamma y^2 dx + xy dy + xz dz$$

$$= \int_0^{2\pi} [\sin^2 t \cdot (-\sin t) + \cos t \cdot \sin t \cdot \cos t] dt$$

$$= \int_0^{2\pi} (1 - 2\cos^2 t) d\cos t = 0.$$

(2)Σ 的边界曲线 Γ 为 xOy 面上由直线 $x=0, y=0, x=2, y=2$ 所围成的正方形的边界，从 z 轴正向看去取逆时针方向．由斯托克斯公式，

$$\iint_\Sigma \text{rot } A \cdot n \, dS = \oint_\Gamma P dx + Q dy + R dz = \oint_\Gamma (y-z) dx + yz dy - xz dz \quad (代入 z=0)$$

$$= \oint_\Gamma y dx = \int_2^0 2 dx = -4.$$

*5. 求下列向量场 A 沿闭曲线 Γ（从 z 轴正向看 Γ 依逆时针方向）的环流量：

(1)$A = -yi + xj + ck$（c 为常量），Γ 为圆周 $x^2+y^2=1, z=0$；

(2)$A = (x-z)i + (x^3+yz)j - 3xy^2 k$，其中 Γ 为圆周 $z = 2 - \sqrt{x^2+y^2}, z=0$．

解：(1)Γ 的参数方程为 $x=\cos t, y=\sin t, z=0, t$ 从 0 变到 2π，于是所求环流量为

$$\oint_\Gamma A \cdot \tau \, dS = \oint_\Gamma P dx + Q dy + R dz = \oint_\Gamma -y dx + x dy + c dz$$

$$= \int_0^{2\pi} [(-\sin t)(-\sin t) + \cos t(\cos t)] dt = \int_0^{2\pi} dt = 2\pi.$$

(2)Γ 是 xOy 面上的圆周 $x^2+y^2=4$（从 z 轴正向看 Γ 依逆时针方向），它的参数方程为 $x=2\cos t, y=2\sin t, z=0, t$ 从 0 变到 2π，于是所求的环流量为

$$\oint_\Gamma A \cdot \tau \, dS = \oint_\Gamma P dx + Q dy + R dz$$

$$= \oint_\Gamma (x-z) dx + (x^3+yz) dy - 3xy^2 dz \quad (代入 z=0)$$

$$= \oint_\Gamma x dx + x^3 dy = \int_0^{2\pi} [2\cos t \cdot (-2\sin t) + 8\cos^3 t \cdot 2\cos t] dt$$

$$= -4 \int_0^{2\pi} \sin t \cos t \, dt + 16 \int_0^{2\pi} \cos^4 t \, dt = 0 + 64 \int_0^{\frac{\pi}{2}} \cos^4 t \, dt$$

$$= 64 \times \frac{3}{4} \times \frac{1}{2} \times \frac{\pi}{2} = 12\pi.$$

【方法点击】 $\int_0^{2\pi} \cos^4 t \, dt \xrightarrow{\text{周期性}} 2\int_0^\pi \cos^4 t \, dt = 2 \left(\int_0^{\frac{\pi}{2}} \cos^4 t \, dt + \int_{\frac{\pi}{2}}^\pi \cos^4 t \, dt \right)$，

由于 $\int_{\frac{\pi}{2}}^\pi \cos^4 t \, dt \xrightarrow{u = \pi - t} -\int_{\frac{\pi}{2}}^0 \cos^4 u \, du = \int_0^{\frac{\pi}{2}} \cos^4 u \, du$，故得 $\int_0^{2\pi} \cos^4 t \, dt = 4 \int_0^{\frac{\pi}{2}} \cos^4 t \, dt$．

*6. 证明 $\text{rot}(a+b) = \text{rot } a + \text{rot } b$．

证：设 $a = a_x i + a_y j + a_z k$, $b = b_x i + b_y j + b_z k$，其中 $a_x, a_y, a_z; b_x, b_y, b_z$ 均为 x, y, z 的函数，则

$$\begin{aligned}
&\text{rot}(a+b)\\
&=\text{rot}[(a_x+b_x)i+(a_y+b_y)j+(a_z+b_z)k]\\
&=\left[\frac{\partial(a_z+b_z)}{\partial y}-\frac{\partial(a_y+b_y)}{\partial z}\right]i+\left[\frac{\partial(a_x+b_x)}{\partial z}-\frac{\partial(a_z+b_z)}{\partial x}\right]j+\left[\frac{\partial(a_y+b_y)}{\partial x}-\frac{\partial(a_x+b_x)}{\partial y}\right]k\\
&=\left[\left(\frac{\partial a_z}{\partial y}-\frac{\partial a_y}{\partial z}\right)i+\left(\frac{\partial a_x}{\partial z}-\frac{\partial a_z}{\partial x}\right)j+\left(\frac{\partial a_y}{\partial x}-\frac{\partial a_x}{\partial y}\right)k\right]+\\
&\quad\left[\left(\frac{\partial b_z}{\partial y}-\frac{\partial b_y}{\partial z}\right)i+\left(\frac{\partial b_x}{\partial z}-\frac{\partial b_z}{\partial x}\right)j+\left(\frac{\partial b_y}{\partial x}-\frac{\partial b_x}{\partial y}\right)k\right]\\
&=\text{rot}\,a+\text{rot}\,b.
\end{aligned}$$

*7. 设 $u=u(x,y,z)$ 具有二阶连续偏导数，求 $\text{rot}(\text{grad}\,u)$.

解：$\text{grad}\,u=\frac{\partial u}{\partial x}i+\frac{\partial u}{\partial y}j+\frac{\partial u}{\partial z}k$,

$$\text{rot}(\text{grad}\,u)=\begin{vmatrix}i&j&k\\\frac{\partial}{\partial x}&\frac{\partial}{\partial y}&\frac{\partial}{\partial z}\\\frac{\partial u}{\partial x}&\frac{\partial u}{\partial y}&\frac{\partial u}{\partial z}\end{vmatrix}=\left(\frac{\partial^2 u}{\partial z\partial y}-\frac{\partial^2 u}{\partial y\partial z}\right)i+\left(\frac{\partial^2 u}{\partial x\partial z}-\frac{\partial^2 u}{\partial z\partial x}\right)j+\left(\frac{\partial^2 u}{\partial y\partial x}-\frac{\partial^2 u}{\partial x\partial y}\right)k$$

（由于各二阶偏导数连续）
$=0i+0j+0k=\mathbf{0}$.

总习题十一超精解（教材 P249～P250）

1. 填空

(1) 第二类曲线积分 $\oint_\Gamma P\mathrm{d}x+Q\mathrm{d}y+R\mathrm{d}z$ 化成第一类曲线积分是_____，其中 α,β,γ 为有向曲线弧 Γ 在点 (x,y,z) 处的_____方向角；

(2) 第二类曲面积分 $\iint_\Sigma P\mathrm{d}y\mathrm{d}z+Q\mathrm{d}z\mathrm{d}x+R\mathrm{d}x\mathrm{d}y$ 化成第一类曲面积分是_____，其中 α,β,γ 为有向曲面 Σ 在点 (x,y,z) 处的_____的方向角.

解：(1) 由教材本章第二节的公式(3)，可知第一个空格应填：$\int_\Gamma(P\cos\alpha+Q\cos\beta+R\cos\gamma)\mathrm{d}S$；第二个空格应填：切向量.

(2) 由教材本章第五节的公式(9)，可知第一个空格应填：$\iint_\Sigma(P\cos\alpha+Q\cos\beta+R\cos\gamma)\mathrm{d}S$；

第一个空格应填：法向量.

2. 选择下述题中给出的四个结论中一个正确的结论：

设曲面 Σ 是上半球面：$x^2+y^2+z^2=R^2(z\geq 0)$，曲面 Σ_1 是曲面 Σ 在第一卦限中的部分，则有_____.

(A) $\iint_\Sigma x\mathrm{d}S=4\iint_{\Sigma_1}x\mathrm{d}S$ \qquad (B) $\iint_\Sigma y\mathrm{d}S=4\iint_{\Sigma_1}x\mathrm{d}S$

(C) $\iint_\Sigma z\mathrm{d}S=4\iint_{\Sigma_1}x\mathrm{d}S$ \qquad (D) $\iint_\Sigma xyz\mathrm{d}S=4\iint_{\Sigma_1}xyz\mathrm{d}S$

解：先说明(A)选项不对. 由于 Σ 关于 yOz 面对称，被积函数 x 关于 x 是奇函数，所以 $\iint_\Sigma x\mathrm{d}S=0$. 但

在 Σ_1 上,被积函数 x 连续且大于零,所以 $\iint_{\Sigma_1} x\mathrm{d}S>0$. 因此 $\iint_{\Sigma} x\mathrm{d}S\neq 4\iint_{\Sigma_1} x\mathrm{d}S$. 类似可说明(B)和(D)选项不对.

再说明(C)选项正确. 由于 Σ 关于 yOz 面和 zOx 面均对称,被积函数 z 关于 x 和 y 均为偶函数,故 $\iint_{\Sigma} z\mathrm{d}S=4\iint_{\Sigma_1} z\mathrm{d}S$;而在 Σ_1 上,字母 x,y,z 是对称的,故 $\iint_{\Sigma_1} z\mathrm{d}S=\iint_{\Sigma_1} x\mathrm{d}S$,因此有

$$\iint_{\Sigma} z\mathrm{d}S=4\iint_{\Sigma_1} x\mathrm{d}S.$$

【方法点击】 关于积分对称性问题,对面积的曲面积分与定积分、二重积分、三重积分,第一类曲线积分类似,需要考虑被积函数的奇偶性与积分区域的对称性两方面的因素.

3. 计算下列曲线积分:

(1) $\oint_L \sqrt{x^2+y^2}\mathrm{d}s$,其中 L 为圆周 $x^2+y^2=ax$;

(2) $\int_\Gamma z\mathrm{d}s$,其中 Γ 为曲线 $x=t\cos t$,$y=t\sin t$,$z=t (0\leqslant t\leqslant t_0)$;

(3) $\int_L (2a-y)\mathrm{d}x+x\mathrm{d}y$,其中 L 为摆线 $x=a(t-\sin t)$,$y=a(1-\cos t)$ 上对应 t 从 0 到 2π 的一段弧;

(4) $\int_\Gamma (y^2-z^2)\mathrm{d}x+2yz\mathrm{d}y-x^2\mathrm{d}z$,其中 Γ 是曲线 $x=t$,$y=t^2$,$z=t^3$ 上由 $t_1=0$ 到 $t_2=1$ 的一段弧;

(5) $\int_L (\mathrm{e}^x\sin y-2y)\mathrm{d}x+(\mathrm{e}^x\cos y-2)\mathrm{d}y$,其中 L 为上半圆周 $(x-a)^2+y^2=a^2$,$y\geqslant 0$,沿逆时针方向;

(6) $\oint_\Gamma xyz\mathrm{d}z$,其中 Γ 是用平面 $y=z$ 截球面 $x^2+y^2+z^2=1$ 所得的截痕,从 z 轴的正向看去,沿逆时针方向.

【思路探索】 第(5)题若直接将对坐标的曲线积分化为定积分进行计算,比较困难;因此可以考虑利用格林公式. 但是本题中积分曲线 L 不是封闭曲线,为此添加线段 $\overline{OA}$,使 $L+\overline{OA}$ 成为取正向的闭曲线,从而可利用格林公式. 最终将在 L 上的第二类曲线积分转化为在由 $L+\overline{OA}$ 所围闭区域上的二重积分及在 $\overline{OA}$ 上易于计算的第二类曲线积分.

解:(1)**方法一**:L 的方程即为 $\left(x-\dfrac{a}{2}\right)^2+y^2=\dfrac{a^2}{4}$,故可取 L 的参数方程为 $x=\dfrac{a}{2}+\dfrac{a}{2}\cos t$,$y=\dfrac{a}{2}\sin t$,$0\leqslant t\leqslant 2\pi$. 于是

$$\oint_L \sqrt{x^2+y^2}\mathrm{d}s=\int_0^{2\pi} \dfrac{\sqrt{2}a}{2}\sqrt{1+\cos t}\cdot\sqrt{\left(-\dfrac{a}{2}\sin t\right)^2+\left(\dfrac{a}{2}\cos t\right)^2}\mathrm{d}t$$

$$=\dfrac{\sqrt{2}a^2}{4}\int_0^{2\pi} \sqrt{1+\cos t}\,\mathrm{d}t=\dfrac{\sqrt{2}a^2}{4}\cdot\sqrt{2}\int_0^{2\pi}\left|\cos\dfrac{t}{2}\right|\mathrm{d}t$$

$$=2a^2\int_0^\pi \cos\dfrac{t}{2}\mathrm{d}\dfrac{t}{2}=2a^2.$$

方法二:L 的极坐标方程为 $r=a\cos\theta\left(-\dfrac{\pi}{2}\leqslant\theta\leqslant\dfrac{\pi}{2}\right)$,$\mathrm{d}s=\sqrt{r^2+r'^2}\mathrm{d}\theta=a\mathrm{d}\theta$,

因此 $\oint_L \sqrt{x^2+y^2}\,\mathrm{d}s = \int_{-\frac{\pi}{2}}^{\frac{\pi}{2}} a\cos\theta \cdot a\,\mathrm{d}\theta = 2a^2.$

(2) $\int_\Gamma z\,\mathrm{d}s = \int_0^{t_0} t\sqrt{(\cos t - t\sin t)^2 + (\sin t + t\cos t)^2 + 1}\,\mathrm{d}t$

$= \int_0^{t_0} t\sqrt{2+t^2}\,\mathrm{d}t = \frac{1}{2}\int_0^{t_0} \sqrt{2+t^2}\,\mathrm{d}(2+t^2)$

$= \frac{1}{3}(2+t^2)^{\frac{3}{2}}\Big|_0^{t_0} = \frac{1}{3}\big[(2+t_0^2)^{\frac{3}{2}} - 2\sqrt{2}\big].$

(3) $\int_L (2a-y)\,\mathrm{d}x + x\,\mathrm{d}y = \int_0^{2\pi} [(2a-a+a\cos t)\cdot a(1-\cos t) + a(t-\sin t)\cdot a\sin t]\,\mathrm{d}t$

$= a^2\int_0^{2\pi} t\sin t\,\mathrm{d}t = a^2(-t\cos t)\Big|_0^{2\pi} + a^2\int_0^{2\pi}\cos t\,\mathrm{d}t$

$= -2\pi a^2 + 0 = -2\pi a^2.$

(4) $\int_L (y^2-z^2)\,\mathrm{d}x + 2yz\,\mathrm{d}y - x^2\,\mathrm{d}z = \int_0^1 [(t^4-t^6)\cdot 1 + 2t^2\cdot t^3\cdot 2t - t^2\cdot 3t^2]\,\mathrm{d}t$

$= \int_0^1 (3t^6 - 2t^4)\,\mathrm{d}t = \frac{1}{35}.$

(5) 如图 11-14 所示，添加有向线段 $OA: y=0, x$ 从 0 变到 $2a$，则在 L 与 OA 所围成的闭区域 D 上应用格林公式可得

$\int_{L+\overline{OA}} (e^x\sin y - 2y)\,\mathrm{d}x + (e^x\cos y - 2)\,\mathrm{d}y$

$= \iint_D \left(\frac{\partial Q}{\partial x} - \frac{\partial P}{\partial y}\right)\mathrm{d}x\mathrm{d}y$

$= \iint_D (e^x\cos y - e^x\cos y + 2)\,\mathrm{d}x\mathrm{d}y$

$= 2\iint_D \mathrm{d}x\mathrm{d}y = \pi a^2,$

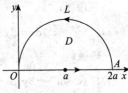

图 11-14

于是

$\int_L (e^x\sin y - 2y)\,\mathrm{d}x + (e^x\cos y - 2)\,\mathrm{d}y = \pi a^2 - \int_{\overline{OA}} (e^x\sin y - 2y)\,\mathrm{d}x + (e^x\cos y - 2)\,\mathrm{d}y$

$= \pi a^2 - \int_0^{2a} (e^x\sin 0 - 2\times 0)\,\mathrm{d}x = \pi a^2.$

【方法点击】 本题通过添加辅助路径并利用格林公式，将难以直接计算的曲线积分化为一个易于计算的二重积分和另一个易于计算的曲线积分之差，从而方便地求得结果. 这是格林公式的用处之一，值得注意.

(6) 由 Γ 的一般方程 $\begin{cases} y=z, \\ x^2+y^2+z^2=1 \end{cases}$ 可得 $x^2+2y^2=1$. 从而可令 $x=\cos t, y=\frac{\sin t}{\sqrt{2}}, z=\frac{\sin t}{\sqrt{2}}$，$t$ 从 0 变到 2π. 于是

$\oint_\Gamma xyz\,\mathrm{d}z = \int_0^{2\pi} \cos t\left(\frac{\sin t}{\sqrt{2}}\right)^2 \cdot \frac{\cos t}{\sqrt{2}}\,\mathrm{d}t = \frac{1}{2\sqrt{2}}\int_0^{2\pi} \sin^2 t\cos^2 t\,\mathrm{d}t$

$= \frac{1}{8\sqrt{2}}\int_0^{2\pi} \sin^2(2t)\,\mathrm{d}t = \frac{1}{8\sqrt{2}}\int_0^{2\pi} \frac{1-\cos 4t}{2}\,\mathrm{d}t = \frac{\pi}{8\sqrt{2}} = \frac{\sqrt{2}\pi}{16}.$

第十一章 曲线积分与曲面积分

4. 计算下列曲面积分：

(1) $\iint\limits_{\Sigma} \dfrac{\mathrm{d}S}{x^2+y^2+z^2}$，其中 Σ 是介于平面 $z=0$ 及 $z=H$ 之间的圆柱面 $x^2+y^2=R^2$；

(2) $\iint\limits_{\Sigma} (y^2-z)\mathrm{d}y\mathrm{d}z+(z^2-x)\mathrm{d}z\mathrm{d}x+(x^2-y)\mathrm{d}x\mathrm{d}y$，其中 Σ 为锥面 $z=\sqrt{x^2+y^2}$ $(0\leqslant z\leqslant h)$ 的外侧；

(3) $\iint\limits_{\Sigma} x\mathrm{d}y\mathrm{d}z+y\mathrm{d}z\mathrm{d}x+z\mathrm{d}x\mathrm{d}y$，其中 Σ 为半球面 $z=\sqrt{R^2-x^2-y^2}$ 的上侧；

(4) $\iint\limits_{\Sigma} xyz\mathrm{d}x\mathrm{d}y$，其中 Σ 为球面 $x^2+y^2+z^2=1$ $(x\geqslant 0, y\geqslant 0)$ 的外侧。

【思路探索】 由于第(2)题中积分曲面不是封闭曲面，因此不能直接利用高斯公式，故添加有向曲面 Σ_1 后再利用高斯公式即可。

解： (1) 将 Σ 分成 Σ_1 和 Σ_2 两片，Σ_1 为 $y=\sqrt{R^2-x^2}$，Σ_2 为 $y=-\sqrt{R^2-x^2}$，Σ_1 和 Σ_2 在 zOx 面上的投影区域均为 $D_{zx}=\{(z,x)\mid 0\leqslant z\leqslant H, -R\leqslant x\leqslant R\}$.

$$\iint\limits_{\Sigma_1} \dfrac{\mathrm{d}S}{x^2+y^2+z^2} = \iint\limits_{D_{zx}} \dfrac{1}{R^2+z^2}\sqrt{1+\dfrac{(-x)^2}{R^2-x^2}}\mathrm{d}x\mathrm{d}z$$

$$= \int_0^H \dfrac{1}{R^2+z^2}\mathrm{d}z \cdot \int_{-R}^{R} \dfrac{R}{\sqrt{R^2-x^2}}\mathrm{d}x$$

$$= \left(\dfrac{1}{R}\arctan\dfrac{z}{R}\right)\bigg|_0^H \cdot \left(R\arcsin\dfrac{x}{R}\right)\bigg|_{-R}^{R} = \pi\arctan\dfrac{H}{R}.$$

由于被积函数关于 y 是偶函数，积分曲面 Σ_1 和 Σ_2 关于 zOx 面对称，故

$$\iint\limits_{\Sigma_2} \dfrac{\mathrm{d}S}{x^2+y^2+z^2} = \iint\limits_{\Sigma_1} \dfrac{\mathrm{d}S}{x^2+y^2+z^2} = \pi\arctan\dfrac{H}{R}.$$

由此，得 $\iint\limits_{\Sigma} \dfrac{\mathrm{d}S}{x^2+y^2+z^2} = 2\pi\arctan\dfrac{H}{R}$.

(2) 添加辅助曲面 $\Sigma_1=\{(x,y,z)\mid z=h, x^2+y^2\leqslant h^2\}$，取上侧，则在由 Σ 和 Σ_1 所包围的空间闭区域 Ω 上应用高斯公式得

$$\iint\limits_{\Sigma+\Sigma_1} (y^2-z)\mathrm{d}y\mathrm{d}z+(z^2-x)\mathrm{d}z\mathrm{d}x+(x^2-y)\mathrm{d}x\mathrm{d}y$$

$$= \iiint\limits_{\Omega} \left[\dfrac{\partial(y^2-z)}{\partial x}+\dfrac{\partial(z^2-x)}{\partial y}+\dfrac{\partial(x^2-y)}{\partial z}\right]\mathrm{d}v = \iiint\limits_{\Omega} 0\cdot \mathrm{d}v = 0,$$

于是，原式 $= -\iint\limits_{\Sigma_1}(y^2-z)\mathrm{d}y\mathrm{d}z+(z^2-x)\mathrm{d}z\mathrm{d}x+(x^2-y)\mathrm{d}x\mathrm{d}y$

$$= -\iint\limits_{\Sigma_1}(x^2-y)\mathrm{d}x\mathrm{d}y = -\iint\limits_{D_{xy}}(x^2-y)\mathrm{d}x\mathrm{d}y,$$

其中 $D_{xy}=\{(x,y)\mid x^2+y^2\leqslant h^2\}$.

在计算 $\iint\limits_{D_{xy}}(x^2-y)\mathrm{d}x\mathrm{d}y$ 时，由对称性易知 $\iint\limits_{D_{xy}} y\mathrm{d}x\mathrm{d}y=0$，又 $\iint\limits_{D_{xy}} x^2\mathrm{d}x\mathrm{d}y = \iint\limits_{D_{xy}} y^2\mathrm{d}x\mathrm{d}y$，故

$$\iint\limits_{D_{xy}}(x^2-y)\mathrm{d}x\mathrm{d}y = \dfrac{1}{2}\iint\limits_{D_{xy}}(x^2+y^2)\mathrm{d}x\mathrm{d}y \xlongequal{\text{极坐标}} \dfrac{1}{2}\int_0^{2\pi}\mathrm{d}\theta\int_0^h r^2\cdot r\mathrm{d}r = \dfrac{\pi}{4}h^4.$$

从而，原式 $= -\dfrac{\pi}{4}h^4$.

【方法点击】 本题若用第二类曲面积分的计算公式直接计算，则运算将十分繁复。现在通过添加辅助曲面并利用高斯公式，就将原积分化为辅助曲面上的一个容易计算的曲面积分，从而达到了化繁为简、化难为易的目的。这种做法与前面第 3(5) 题利用格林公式化简曲线积分的做法是类似的，请读者注意比较，并思考这样的问题：要使这种做法可行，所给的曲线积分（曲面积分）应具备什么条件？

(3) 添加辅助曲面 $\Sigma_1 = \{(x,y,z) \mid z=0, x^2+y^2 \leqslant R^2\}$，取下侧，则在由 Σ 和 Σ_1 所围成的空间闭区域 Ω 上应用高斯公式得

$$\iint\limits_{\Sigma+\Sigma_1} x\,dydz + y\,dzdx + z\,dxdy = \iiint\limits_{\Omega}\left(\dfrac{\partial x}{\partial x} + \dfrac{\partial y}{\partial y} + \dfrac{\partial z}{\partial z}\right)dv = 3\iiint\limits_{\Omega} dv = 3 \times \dfrac{2\pi R^3}{3} = 2\pi R^3,$$

于是，原式 $= 2\pi R^3 - \iint\limits_{\Sigma_1} x\,dydz + y\,dzdx + z\,dxdy = 2\pi R^3 - 0 = 2\pi R^3$.

(4) **方法一**：将 Σ 分成 Σ_1 和 Σ_2 两片，其中

$\Sigma_1: z = \sqrt{1-x^2-y^2} \ (x \geqslant 0, y \geqslant 0)$，取上侧；

$\Sigma_2: z = -\sqrt{1-x^2-y^2} \ (x \geqslant 0, y \geqslant 0)$，取下侧.

Σ_1 和 Σ_2 在 xOy 面上的投影区域均为

$D_{xy} = \{(x,y) \mid x^2+y^2 \leqslant 1, x \geqslant 0, y \geqslant 0\}$（见图 11-15）.

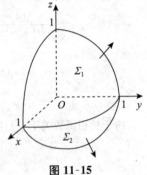

图 11-15

于是，$\iint\limits_{\Sigma_1} xyz\,dxdy = \iint\limits_{D_{xy}} xy\sqrt{1-x^2-y^2}\,dxdy$

$\xrightarrow{\text{极坐标}} \int_0^{\frac{\pi}{2}} \sin\theta\cos\theta\,d\theta \cdot \int_0^1 r^2\sqrt{1-r^2}\,rdr$

$\xrightarrow{r=\sin t} \dfrac{1}{2}\int_0^{\frac{\pi}{2}} \sin^3 t \cdot \cos^2 t\,dt$

$= \dfrac{1}{2}\int_0^{\frac{\pi}{2}}(\sin^3 t - \sin^5 t)dt = \dfrac{1}{2}\left(\dfrac{2}{3} - \dfrac{4}{5} \times \dfrac{2}{3}\right) = \dfrac{1}{15}$;

$\iint\limits_{\Sigma_2} xyz\,dxdy = -\iint\limits_{D_{xy}} xy(-\sqrt{1-x^2-y^2})dxdy = \iint\limits_{D_{xy}} xy\sqrt{1-x^2-y^2}\,dxdy = \dfrac{1}{15}$,

因而 $\iint\limits_{\Sigma} xyz\,dxdy = \dfrac{1}{15} + \dfrac{1}{15} = \dfrac{2}{15}$.

方法二：应用高斯公式计算.

添加辅助曲面 $\Sigma_3: x=0$（取后侧）；$\Sigma_4: y=0$（取左侧），则有 $\iint\limits_{\Sigma_3} xyz\,dxdy = \iint\limits_{\Sigma_4} xyz\,dxdy = 0$.

在由 Σ, Σ_3 和 Σ_4 所围成的空间闭区域 Ω 上应用高斯公式，得

$$\iint\limits_{\Sigma} xyz\,dxdy = \iint\limits_{\Sigma+\Sigma_3+\Sigma_4} xyz\,dxdy = \iiint\limits_{\Omega} \dfrac{\partial(xyz)}{\partial z}\,dv = \iiint\limits_{\Omega} xy\,dv$$

$$= \iint\limits_{D_{xy}} xy\,dxdy \int_{-\sqrt{1-x^2-y^2}}^{\sqrt{1-x^2-y^2}} dz = 2\iint\limits_{D_{xy}} xy\sqrt{1-x^2-y^2}\,dxdy = \dfrac{2}{15}.$$

5. 证明: $\dfrac{x\mathrm{d}x+y\mathrm{d}y}{x^2+y^2}$ 在整个 xOy 平面除去 y 的负半轴及原点的区域 G 内是某个二元函数的全微分, 并求出一个这样的二元函数.

证: G 为平面单连通域, 在 G 内 $P=\dfrac{x}{x^2+y^2}, Q=\dfrac{y}{x^2+y^2}$ 具有一阶连续偏导数, 且

$$\dfrac{\partial Q}{\partial x}=\dfrac{\partial}{\partial x}\left(\dfrac{y}{x^2+y^2}\right)=\dfrac{-2xy}{(x^2+y^2)^2}=\dfrac{\partial}{\partial y}\left(\dfrac{x}{x^2+y^2}\right)=\dfrac{\partial P}{\partial y},$$

故 $\dfrac{x\mathrm{d}x+y\mathrm{d}y}{x^2+y^2}$ 在 G 内是某个二元函数 $u(x,y)$ 的全微分.

取折线路径 $(0,1)\to(x,1)\to(x,y)$ (见图 11-16), 若 $u(0,1)=0$, 则

$$u(x,y)=\int_0^x \dfrac{x\mathrm{d}x}{x^2+1}+\int_1^y \dfrac{y\mathrm{d}y}{x^2+y^2}$$
$$=\dfrac{1}{2}\ln(1+x^2)+\dfrac{1}{2}\left[\ln(x^2+y^2)\right]\Big|_1^y$$
$$=\dfrac{1}{2}\ln(x^2+y^2).$$

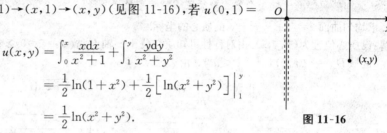

图 11-16

6. 设在半平面 $x>0$ 内有力 $\boldsymbol{F}=-\dfrac{k}{r^3}(x\boldsymbol{i}+y\boldsymbol{j})$ 构成力场, 其中 k 为常数, $r=\sqrt{x^2+y^2}$. 证明在此力场中场力所做的功与所取的路径无关.

证: 半平面 $x>0$ 是单连通域, 在此区域内, $P=-\dfrac{kx}{r^3}, Q=-\dfrac{ky}{r^3}$ 具有一阶连续偏导数, 且

$$\dfrac{\partial Q}{\partial x}=\dfrac{3kxy}{r^5}=\dfrac{\partial P}{\partial y},$$

故在此区域内, 场力 $\boldsymbol{F}$ 沿曲线 L 所做的功, 即 $\int_L \boldsymbol{F}\cdot\mathrm{d}\boldsymbol{r}=-k\int_L\dfrac{x\mathrm{d}x+y\mathrm{d}y}{r^3}$ 与路径无关.

7. 设函数 $f(x)$ 在 $(-\infty,+\infty)$ 内具有一阶连续导数, L 是上半平面 $(y>0)$ 内的有向分段光滑曲线, 其起点为 (a,b), 终点为 (c,d). 记 $I=\int_L \dfrac{1}{y}[1+y^2f(xy)]\mathrm{d}x+\dfrac{x}{y^2}[y^2f(xy)-1]\mathrm{d}y.$

(1) 证明曲线积分 I 与路径无关;

(2) 当 $ab=cd$ 时, 求 I 的值.

证: (1) 因为 $\dfrac{\partial}{\partial y}\left\{\dfrac{1}{y}[1+y^2f(xy)]\right\}=f(xy)-\dfrac{1}{y^2}+xyf'(xy)=\dfrac{\partial}{\partial x}\left\{\dfrac{x}{y^2}[y^2f(xy)-1]\right\}$ 在上半平面这个单连通域内处处成立, 所以在上半平面内曲线积分与路径 L 无关.

解: (2) 由于 I 与路径无关, 故可取积分路径 L 为由点 (a,b) 到点 (c,b) 再到点 (c,d) 的有向折线, 从而得

$$I=\int_a^c \dfrac{1}{b}[1+b^2f(bx)]\mathrm{d}x+\int_b^d \dfrac{c}{y^2}[y^2f(cy)-1]\mathrm{d}y$$
$$=\dfrac{c-a}{b}+\int_a^c bf(bx)\mathrm{d}x+\int_b^d cf(cy)\mathrm{d}y+\dfrac{c}{d}-\dfrac{c}{b}$$
$$=\dfrac{c}{d}-\dfrac{a}{b}+\int_{ab}^{bc} f(t)\mathrm{d}t+\int_{bc}^{cd} f(t)\mathrm{d}t=\dfrac{c}{d}-\dfrac{a}{b}+\int_{ab}^{cd} f(t)\mathrm{d}t,$$

当 $ab=cd$ 时, $\int_{ab}^{cd} f(t)\mathrm{d}t=0$ 由此得 $I=\dfrac{c}{d}-\dfrac{a}{b}.$

【方法点击】 当 $\dfrac{\partial Q}{\partial x}=\dfrac{\partial P}{\partial y}$,且区域单连通时,曲线积分与路径无关,因而可找一条最简单的路径计算曲线积分,一般可取平行于 x 轴、y 轴的折线. 如果曲线本身是封闭的,则可找另一条更简单的封闭同向曲线,只要两条封闭曲线不相交,且在它们之间的区域内满足 $\dfrac{\partial Q}{\partial x}=\dfrac{\partial P}{\partial y}$,则两条曲线上的积分值相等,因此可利用被积函数的性质找一条易于计算其上积分的封闭曲线. 当 P,Q 及它们的偏导数在某点不连续时,常用此方法挖去这一点. 另外如果被积函数能凑成某二元函数的全微分,则此曲线积分与路径无关,且有类似于定积分中的牛顿—莱布尼茨公式,即曲线积分结果为原函数在两个端点函数值之差.

8. 求均匀曲面 $z=\sqrt{a^2-x^2-y^2}$ 的质心的坐标.

解:设质心位置为 $(\bar{x},\bar{y},\bar{z})$. 由对称性可知质心位于 z 轴上,故 $\bar{x}=\bar{y}=0$. Σ 在 xOy 面上的投影区域 $D_{xy}=\{(x,y)\,|\,x^2+y^2\leqslant a^2\}$. 由于

$$\iint\limits_{\Sigma} z\,\mathrm{d}S = \iint\limits_{D_{xy}} \sqrt{a^2-x^2-y^2}\cdot\sqrt{1+z_x^2+z_y^2}\,\mathrm{d}x\mathrm{d}y$$

$$= \iint\limits_{D_{xy}} \sqrt{a^2-x^2-y^2}\cdot\sqrt{1+\dfrac{x^2+y^2}{a^2-x^2-y^2}}\,\mathrm{d}x\mathrm{d}y$$

$$= a\iint\limits_{D_{xy}}\mathrm{d}x\mathrm{d}y = a\cdot\pi a^2 = \pi a^3,$$

又 Σ 的面积 $A=2\pi a^2$,故 $\bar{z}=\dfrac{\iint\limits_{\Sigma} z\,\mathrm{d}S}{A}=\dfrac{\pi a^3}{2\pi a^2}=\dfrac{a}{2}$,所求的质心为 $\left(0,0,\dfrac{a}{2}\right)$.

9. 设 $u(x,y)$、$v(x,y)$ 在闭区域 D 上都具有二阶连续偏导数,分段光滑的曲线 L 为 D 的正向边界曲线. 证明:

(1) $\iint\limits_{D} v\Delta u\,\mathrm{d}x\mathrm{d}y = -\iint\limits_{D}(\mathbf{grad}\,u\cdot\mathbf{grad}\,v)\,\mathrm{d}x\mathrm{d}y + \int_{L} v\dfrac{\partial u}{\partial n}\,\mathrm{d}s$;

(2) $\iint\limits_{D}(u\Delta v-v\Delta u)\,\mathrm{d}x\mathrm{d}y = \int_{L}\left(u\dfrac{\partial v}{\partial n}-v\dfrac{\partial u}{\partial n}\right)\mathrm{d}s$,

其中 $\dfrac{\partial u}{\partial n},\dfrac{\partial v}{\partial n}$ 分别是 u、v 沿 L 的外法线向量 $\boldsymbol{n}$ 的方向导数,符号 $\Delta=\dfrac{\partial^2}{\partial x^2}+\dfrac{\partial^2}{\partial y^2}$ 称二维拉普拉斯算子.

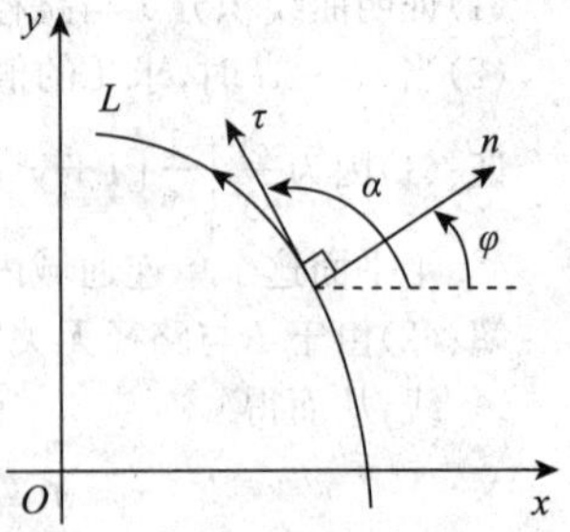

证:(1) 如图 11-17 所示,$\boldsymbol{n}$ 为有向曲线 L 的外法线向量,$\boldsymbol{\tau}$ 为 L 的切线向量. 设 x 轴到 $\boldsymbol{n}$ 和 $\boldsymbol{\tau}$ 的转角分别为 φ 和 α,则 $\alpha=\varphi+\dfrac{\pi}{2}$,且 $\boldsymbol{n}$ 的方向余弦为 $\cos\varphi,\sin\varphi$;$\boldsymbol{\tau}$ 的方向余弦为 $\cos\alpha,\sin\alpha$. 于是

图 11-17

$$\oint_{L} v\dfrac{\partial u}{\partial n}\,\mathrm{d}s = \oint_{L} v(u_x\cos\varphi+u_y\sin\varphi)\,\mathrm{d}s$$

$$= \oint_{L} v(u_x\sin\alpha-u_y\cos\alpha)\,\mathrm{d}s \ (\cos\alpha\,\mathrm{d}s=\mathrm{d}x,\ \sin\alpha\,\mathrm{d}s=\mathrm{d}y)$$

$$= \oint_{L} vu_x\,\mathrm{d}y-vu_y\,\mathrm{d}x \xrightarrow{\text{格林公式}} \iint\limits_{D}\left[\dfrac{\partial(vu_x)}{\partial x}-\dfrac{\partial(-vu_y)}{\partial y}\right]\mathrm{d}x\mathrm{d}y$$

$$= \iint_D [(u_x v_x + v u_{xx}) + (u_y v_y + v u_{yy})] dxdy$$

$$= \iint_D v(u_{xx} + u_{yy}) dxdy + \iint_D (u_x v_x + u_y v_y) dxdy$$

$$= \iint_D v \Delta u \, dxdy + \iint_D (\operatorname{grad} u \cdot \operatorname{grad} v) dxdy,$$

把上式右端第二个积分移到左端即得所要证明的等式.

(2)在(1)证得的等式中交换 u,v 的位置,可得

$$\iint_D u \Delta v \, dxdy = -\iint_D (\operatorname{grad} v \cdot \operatorname{grad} u) dxdy + \int_L u \frac{\partial v}{\partial n} ds,$$

在此式的两端分别减去(1)式中等式的两端,即得所需证明的等式.

*10. 求向量 $A = xi + yj + zk$ 通过闭区域 $\Omega = \{(x,y,z) \mid 0 \leqslant x \leqslant 1, 0 \leqslant y \leqslant 1, 0 \leqslant z \leqslant 1\}$ 的边界曲面流向外侧的通量.

解:通量 $\Phi = \iint_\Sigma A \cdot n \, dS = \iint_\Sigma x \, dydz + y \, dzdx + z \, dxdy \xrightarrow{\text{高斯公式}} \iiint_\Omega \left(\frac{\partial x}{\partial x} + \frac{\partial y}{\partial y} + \frac{\partial z}{\partial z}\right) dv$

$$= \iiint_\Omega (1+1+1) dv = 3 \iiint_\Omega dv = 3 \times 1 = 3.$$

11. 求力 $F = yi + zj + xk$ 沿有向闭曲线 Γ 所做的功,其中 Γ 为平面 $x+y+z=1$ 被三个坐标面所截成的三角形的整个边界,从 z 轴正向看去,沿顺时针方向.

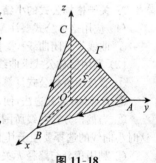

图 11-18

解:$W = \oint_\Gamma F \cdot dr = \oint_\Gamma y \, dx + z \, dy + x \, dz.$

下面用两种方法来计算上面这个积分.

方法一:化为定积分直接计算.如图 11-18 所示,Γ 由 AB,BC,CA 三条有向线段组成,

$AB: z=0, x=t, y=1-t, t$ 从 0 变到 1;
$BC: y=0, x=t, z=1-t, t$ 从 1 变到 0;
$CA: x=0, y=t, z=1-t, t$ 从 0 变到 1.

于是

$$\int_{AB} y \, dx + z \, dy + x \, dz = \int_{AB} y \, dx = \int_0^1 (1-t) dt = \frac{1}{2};$$

$$\int_{BC} y \, dx + z \, dy + x \, dz = \int_{BC} x \, dz = \int_1^0 t \cdot (-1) dt = \frac{1}{2};$$

$$\int_{CA} y \, dx + z \, dy + x \, dz = \int_{CA} z \, dy = \int_0^1 (1-t) dt = \frac{1}{2}.$$

因此,$W = \oint_\Gamma y \, dx + z \, dy + x \, dz = \int_{AB} + \int_{BC} + \int_{CA} = \frac{3}{2}.$

***方法二**:利用斯托克斯公式计算.取 Σ 为平面 $x+y+z=1$ 的下侧被 Γ 所围的部分,则 Σ 在任一点处的单位法向量为 $n = (\cos\alpha, \cos\beta, \cos\gamma) = \left(-\frac{1}{\sqrt{3}}, -\frac{1}{\sqrt{3}}, -\frac{1}{\sqrt{3}}\right),$

由斯托克斯公式,得

$$\oint_\Gamma y\mathrm{d}x+z\mathrm{d}y+x\mathrm{d}z=\iint_\Sigma\begin{vmatrix}-\dfrac{1}{\sqrt{3}}&-\dfrac{1}{\sqrt{3}}&-\dfrac{1}{\sqrt{3}}\\\dfrac{\partial}{\partial x}&\dfrac{\partial}{\partial y}&\dfrac{\partial}{\partial z}\\y&z&x\end{vmatrix}\mathrm{d}S=\iint_\Sigma\left(\dfrac{1}{\sqrt{3}}+\dfrac{1}{\sqrt{3}}+\dfrac{1}{\sqrt{3}}\right)\mathrm{d}S$$

$$=\sqrt{3}\iint_\Sigma \mathrm{d}S=\sqrt{3}\times\dfrac{\sqrt{3}}{2}=\dfrac{3}{2}.$$

本章小结

1. 关于曲线积分的小结.

(1) 在本章中学习了两种类型的曲线积分的概念、性质及计算方法以及它们之间的联系. 需要注意的是:尽管这两种类型的曲线积分都是用参数化的方法转化为定积分加以计算,但是积分的上、下限的确定有差别. 计算对弧长的曲线积分时,下限始终小于上限,而计算对坐标的曲线积分时,下限对应于始点参数,上限对应于终点参数.

(2) 对弧长的曲线积分(也称第一型曲线积分)的对称性与重积分的对称性相似,但对坐标的曲线积分的对称性却与之有较大的差别.

2. 关于格林公式的小结.

(1) 应用格林公式要注意三个条件:

① 曲线须是闭曲线;② 积分曲线的正向;③ 偏导数的连续性.

(2) 利用格林公式求曲线积分有以下几种方法:

① 直接用格林公式计算;

② L 非闭,用补边法,使 $L+L_1$ 闭合,再利用格林公式计算;

③ 当被积分在曲线所围区域中有奇点时,用"挖洞"法将奇点挖掉,再利用格林公式计算,这时小曲线的选择要便于其上的线积分的计算;

④ 利用积分与路径无关的条件可采用换路法选择简单路径计算曲线积分.

(3) 计算对坐标的曲线积分(也称第二型曲线积分)的解题程序总结如下:

① 对于 $I=\int_L P\mathrm{d}x+Q\mathrm{d}y$.

a. 若 $\dfrac{\partial P}{\partial y}\equiv\dfrac{\partial Q}{\partial x}$,则观察 L 是否封闭.

若 L 非封闭,则 $I=\int_{x_0}^{x}P(x,y_0)\mathrm{d}x+\int_{y_0}^{y}Q(x_0,y)\mathrm{d}y$;

若 L 闭合,则 $I=\oint_L P\mathrm{d}x+Q\mathrm{d}y=0.$

b. 若 $\dfrac{\partial P}{\partial y}\not\equiv\dfrac{\partial Q}{\partial x}$,也观察 L 是否封闭.

若 L 闭合,则 $I=\iint_D\left(\dfrac{\partial Q}{\partial x}-\dfrac{\partial P}{\partial y}\right)\mathrm{d}x\mathrm{d}y$(格林公式);

若 L 不闭合,但 $L+L_1$ 闭合,则 $I=\iint_D\left(\dfrac{\partial Q}{\partial x}-\dfrac{\partial P}{\partial y}\right)\mathrm{d}x\mathrm{d}y-\int_{L_1}P\mathrm{d}x+Q\mathrm{d}y.$

若 L 的参数方程为 $\begin{cases}x=\varphi(t),\\y=\psi(t),\end{cases}$ 则 $I=\int_\alpha^\beta\{P[\varphi(t),\psi(t)]\varphi'(t)+Q[\varphi(t),\psi(t)]\psi'(t)\}\mathrm{d}t.$

② 对于 $I = \int_L P\mathrm{d}x + Q\mathrm{d}y + R\mathrm{d}z$，若 L 的参数方程为 $\begin{cases} x = x(t), \\ y = y(t), \\ z = z(t), \end{cases}$

其中，α,β 分别为 L 的起点和终点的参数值，则

$$I = \int_\alpha^\beta \{P[x(t),y(t),z(t)]x'(t) + Q[x(t),y(t),z(t)]y'(t) + R[x(t),y(t),z(t)]z'(t)\}\mathrm{d}t.$$

若 L 闭合，且 P,Q,R 有连续一阶偏导数，则有斯托克斯公式

$$I = \iint_\Sigma \begin{vmatrix} \mathrm{d}y\mathrm{d}z & \mathrm{d}z\mathrm{d}x & \mathrm{d}x\mathrm{d}y \\ \dfrac{\partial}{\partial x} & \dfrac{\partial}{\partial y} & \dfrac{\partial}{\partial z} \\ P & Q & R \end{vmatrix}.$$

3. 关于曲面积分的小结.

(1) 在本章中学习了两类曲面积分的概念、性质及计算方法，它们的计算方法都是往坐标面投影，转化成二重积分计算．但要注意，在把坐标的曲面积分转化成二重积分时，要根据曲面的侧的不同选择，在二重积分前加正、负号．

(2) 利用两类曲面积分的转化，可以把对坐标的曲面积分转化为对面积的曲面积分计算，这也是常用的一种方法．

(3) 对面积的曲面积分(也称第一型曲面积分)，对坐标的曲面积分(也称第二型曲面积分)的计算中，均可运用对称性简化计算，对面积的曲面积分与重积分具有相似的对称性，但对坐标的曲面积分的对称性与重积分的对称性有较大差别．

4. 关于高斯公式的小结.

(1) 利用高斯公式应满足的条件：

① Σ 为封闭曲面．

② Σ 的取向是闭曲面的外侧．

③ 偏导数的连续性．

(2) 利用高斯公式计算对坐标的曲面积分时常用以下几种方法：

① 直接利用．

② 若 Σ 不封闭，可加一个辅助曲面 Σ_1 使 $\Sigma + \Sigma_1$ 成为封闭曲面后，再用高斯公式计算．

③ 若被积表达式中的函数在封闭曲面围成的区域内有奇点，可用小曲面挖掉奇点，再利用高斯公式，注意小曲面的选取，要易于其上的曲面积分的计算，同时也要注意曲面侧的选取．

(3) 计算曲面积分 $I = \iint_\Sigma P\mathrm{d}y\mathrm{d}z + Q\mathrm{d}z\mathrm{d}x + R\mathrm{d}x\mathrm{d}y$ 的解题程序如下：

① 若 $\dfrac{\partial P}{\partial x} + \dfrac{\partial Q}{\partial y} + \dfrac{\partial R}{\partial z} \equiv 0$，且 Σ 封闭，则由高斯公式可得 $I = 0$．

② 若 $\dfrac{\partial P}{\partial x} + \dfrac{\partial Q}{\partial y} + \dfrac{\partial R}{\partial z} \not\equiv 0$，则若 Σ 封闭，由高斯公式 $I = \iiint_\Omega \left(\dfrac{\partial P}{\partial x} + \dfrac{\partial Q}{\partial y} + \dfrac{\partial R}{\partial z}\right)\mathrm{d}V$；

若 Σ 不封闭，但 $\Sigma + \Sigma_1$ 封闭，则

$$I = \iiint_\Omega \left(\dfrac{\partial P}{\partial x} + \dfrac{\partial Q}{\partial y} + \dfrac{\partial R}{\partial z}\right)\mathrm{d}V - \iint_{\Sigma_1}(P\mathrm{d}y\mathrm{d}z + Q\mathrm{d}z\mathrm{d}x + R\mathrm{d}x\mathrm{d}y).$$

第十二章 无穷级数

本章内容概览

无穷级数是高等数学的重要组成部分,在研究函数的性质、求解微分方程以及数值计算等方面都有着重要应用.

本章知识图解

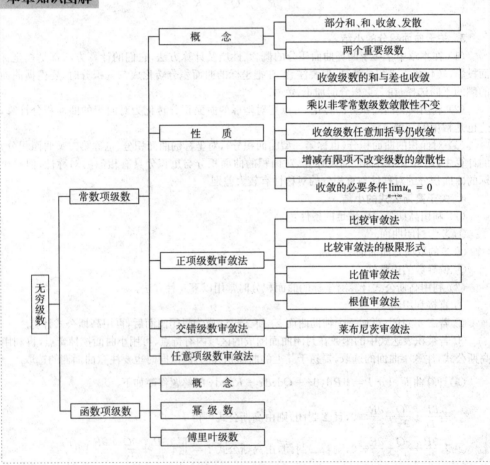

第一节　常数项级数的概念和性质

习题 12-1 超精解（教材 P258）

1. 写出下列级数的前五项：

(1) $\sum_{n=1}^{\infty} \dfrac{1+n}{1+n^2}$;　　　　　(2) $\sum_{n=1}^{\infty} \dfrac{1\times 3\times \cdots \times (2n-1)}{2\times 4\times \cdots \times 2n}$;

(3) $\sum_{n=1}^{\infty} \dfrac{(-1)^{n-1}}{5^n}$;　　　　(4) $\sum_{n=1}^{\infty} \dfrac{n!}{n^n}$.

解：(1) $\sum_{n=1}^{\infty} \dfrac{1+n}{1+n^2} = \dfrac{1+1}{1+1^2} + \dfrac{1+2}{1+2^2} + \dfrac{1+3}{1+3^2} + \dfrac{1+4}{1+4^2} + \dfrac{1+5}{1+5^2} + \cdots$.

(2) $\sum_{n=1}^{\infty} \dfrac{1\times 3\times \cdots \times (2n-1)}{2\times 4\times \cdots \times 2n} = \dfrac{1}{2} + \dfrac{1\times 3}{2\times 4} + \dfrac{1\times 3\times 5}{2\times 4\times 6} + \dfrac{1\times 3\times 5\times 7}{2\times 4\times 6\times 8} + \dfrac{1\times 3\times 5\times 7\times 9}{2\times 4\times 6\times 8\times 10} + \cdots$.

(3) $\sum_{n=1}^{\infty} \dfrac{(-1)^{n-1}}{5^n} = \dfrac{1}{5} - \dfrac{1}{5^2} + \dfrac{1}{5^3} - \dfrac{1}{5^4} + \dfrac{1}{5^5} - \cdots$.

(4) $\sum_{n=1}^{\infty} \dfrac{n!}{n^n} = \dfrac{1!}{1^1} + \dfrac{2!}{2^2} + \dfrac{3!}{3^3} + \dfrac{4!}{4^4} + \dfrac{5!}{5^5} + \cdots$.

2. 根据级数收敛与发散的定义判定下列级数的收敛性：

(1) $\sum_{n=1}^{\infty} (\sqrt{n+1} - \sqrt{n})$;

(2) $\dfrac{1}{1\times 3} + \dfrac{1}{3\times 5} + \dfrac{1}{5\times 7} + \cdots + \dfrac{1}{(2n-1)(2n+1)} + \cdots$;

(3) $\sin \dfrac{\pi}{6} + \sin \dfrac{2\pi}{6} + \cdots + \sin \dfrac{n\pi}{6} + \cdots$;

(4) $\sum_{n=1}^{\infty} \ln(1+\dfrac{1}{n})$.

解：(1) 因为 $S_n = (\sqrt{2}-\sqrt{1}) + (\sqrt{3}-\sqrt{2}) + (\sqrt{4}-\sqrt{3}) + \cdots + (\sqrt{n+1}-\sqrt{n})$
$= \sqrt{n+1} - 1 \to +\infty \quad (n\to\infty)$,

故级数发散.

(2) $S_n = \dfrac{1}{1\times 3} + \dfrac{1}{3\times 5} + \cdots + \dfrac{1}{(2n-1)(2n+1)}$

$= \dfrac{1}{2}\left[\left(\dfrac{1}{1}-\dfrac{1}{3}\right) + \left(\dfrac{1}{3}-\dfrac{1}{5}\right) + \left(\dfrac{1}{5}-\dfrac{1}{7}\right) + \cdots + \left(\dfrac{1}{2n-1}-\dfrac{1}{2n+1}\right)\right]$

$= \dfrac{1}{2}\left(1-\dfrac{1}{2n+1}\right) \to \dfrac{1}{2} \quad (n\to\infty)$,

故级数收敛.

(3) $S_n = \sin \dfrac{\pi}{6} + \sin \dfrac{2\pi}{6} + \sin \dfrac{3\pi}{6} + \cdots + \sin \dfrac{n\pi}{6}$

$= \dfrac{1}{2\sin \dfrac{\pi}{12}}\left(2\sin \dfrac{\pi}{12}\sin \dfrac{\pi}{6} + 2\sin \dfrac{\pi}{12}\sin \dfrac{2\pi}{6} + 2\sin \dfrac{\pi}{12}\sin \dfrac{3\pi}{6} + \cdots + 2\sin \dfrac{\pi}{12}\sin \dfrac{n\pi}{6}\right)$

$= \dfrac{1}{2\sin \dfrac{\pi}{12}}\left[\left(\cos \dfrac{\pi}{12} - \cos \dfrac{3\pi}{12}\right) + \left(\cos \dfrac{3\pi}{12} - \cos \dfrac{5\pi}{12}\right) + \right.$

$$\left(\cos\frac{5\pi}{12}-\cos\frac{7\pi}{12}\right)+\cdots+\left(\cos\frac{2n-1}{12}\pi-\cos\frac{2n+1}{12}\pi\right)\right]$$

$$=\frac{1}{2\sin\frac{\pi}{12}}\left(\cos\frac{\pi}{12}-\cos\frac{2n+1}{12}\pi\right).$$

由于 $\lim\limits_{n\to\infty}\cos\frac{2n+1}{12}\pi$ 不存在,所以 $\lim\limits_{n\to\infty}S_n$ 不存在.

(4) $S_n=\ln 2+\ln\frac{3}{2}+\ln\frac{4}{3}+\cdots+\ln\frac{n+1}{n}=\ln(n+1)$,因 $\lim\limits_{n\to\infty}S_n=\infty$,故级数发散.

【方法点击】 在利用定义判断数项级数 $\sum\limits_{n=1}^{\infty}u_n$ 是否收敛时,必须求级数的前 n 项和 S_n,而在求 S_n 时通常将一般项 u_n 拆成两项之差,因此从前 n 项和 S_n 中消去中间若干项,仅剩首尾(或有限的)项,然后再对 S_n 取极限,如本题中(1)、(2)两个小题.上述方法称为拆项法.

3. 判定下列级数的收敛性:

(1) $-\frac{8}{9}+\frac{8^2}{9^2}-\frac{8^3}{9^3}+\cdots+(-1)^n\frac{8^n}{9^n}+\cdots$;   (2) $\frac{1}{3}+\frac{1}{6}+\frac{1}{9}+\cdots+\frac{1}{3n}+\cdots$;

(3) $\frac{1}{3}+\frac{1}{\sqrt{3}}+\frac{1}{\sqrt[3]{3}}+\cdots+\frac{1}{\sqrt[n]{3}}+\cdots$;   (4) $\frac{3}{2}+\frac{3^2}{2^2}+\frac{3^3}{2^3}+\cdots+\frac{3^n}{2^n}+\cdots$;

(5) $\left(\frac{1}{2}+\frac{1}{3}\right)+\left(\frac{1}{2^2}+\frac{1}{3^2}\right)+\left(\frac{1}{2^3}+\frac{1}{3^3}\right)+\cdots+\left(\frac{1}{2^n}+\frac{1}{3^n}\right)+\cdots$.

解:(1)原级数为等比级数,公比 $q=-\frac{8}{9}$,由于 $|q|=\frac{8}{9}<1$,故原级数收敛.

(2)原级数发散,否则 $\sum\limits_{n=1}^{\infty}\frac{1}{n}=3\left(\frac{1}{3}+\frac{1}{6}+\frac{1}{9}+\cdots\right)$ 收敛,矛盾.

(3)该级数的一般项 $u_n=\frac{1}{\sqrt[n]{3}}=3^{-\frac{1}{n}}\to 1\neq 0(n\to\infty)$,故由级数收敛的必要条件可知,级数发散.

【方法点击】 级数收敛的必要条件:通项 $u_n\to 0$.其逆否命题很重要,判别一个级数收敛与否,往往第一步考虑通项是否趋于 0,若 $u_n\not\to 0$,则级数发散;若 $u_n\to 0$,并不能判定级数收敛,需用其他判别法来判定级数是否收敛.

(4)该级数为等比级数,公比 $q=\frac{3}{2}>1$,故该级数发散.

(5)设 $S=\frac{1}{2}+\frac{1}{2^2}+\frac{1}{2^3}+\cdots,\sigma=\frac{1}{3}+\frac{1}{3^2}+\frac{1}{3^3}+\cdots$,因为 S 为公比为 $q=\frac{1}{2}$ 的等比级数,σ 为公比 $q=\frac{1}{3}$ 的等比级数,故 S,σ 均为收敛级数,则 $S+\sigma$ 也为收敛级数,即原级数收敛.

*4. 利用柯西审敛原理判定下列级数的收敛性:

(1) $\sum\limits_{n=1}^{\infty}\frac{(-1)^{n+1}}{n}$;   (2) $1+\frac{1}{2}-\frac{1}{3}+\frac{1}{4}+\frac{1}{5}-\frac{1}{6}+\cdots$;

(3) $\sum\limits_{n=1}^{\infty}\frac{\sin nx}{2^n}$;   (4) $\sum\limits_{n=0}^{\infty}\left(\frac{1}{3n+1}+\frac{1}{3n+2}-\frac{1}{3n+3}\right)$.

解:(1)若 p 为偶数:

$$|u_{n+1}+u_{n+2}+\cdots+u_{n+p}|=\left|\frac{(-1)^{n+2}}{n+1}+\frac{(-1)^{n+3}}{n+2}+\cdots+\frac{(-1)^{n+p+1}}{n+p}\right|$$

$$= \left|\frac{1}{n+1} - \frac{1}{n+2} + \frac{1}{n+3} + \cdots - \frac{1}{n+p}\right|$$

$$= \left|\frac{1}{n+1} - \left(\frac{1}{n+2} - \frac{1}{n+3}\right) - \cdots - \frac{1}{n+p}\right| < \frac{1}{n+1};$$

若 p 为奇数:

$$|u_{n+1} + u_{n+2} + \cdots + u_{n+p}| = \left|\frac{(-1)^{n+2}}{n+1} + \cdots + \frac{(-1)^{n+p+1}}{n+p}\right|$$

$$= \left|\frac{1}{n+1} - \frac{1}{n+2} + \frac{1}{n+3} + \cdots + \frac{1}{n+p}\right|$$

$$= \left|\frac{1}{n+1} - \left(\frac{1}{n+2} - \frac{1}{n+3}\right) - \cdots - \left(\frac{1}{n+p-1} - \frac{1}{n+p}\right)\right| < \frac{1}{n+1};$$

所以对于任意给定的正数 ε, 取 $N \geqslant \frac{1}{\varepsilon}$, 则当 $n > N$ 时, 对任何正数 p 都有

$$|u_{n+1} + u_{n+2} + \cdots + u_{n+p}| < \varepsilon$$

成立. 由柯西原理知, 级数 $\sum_{n=1}^{\infty} \frac{(-1)^{n+1}}{n}$ 收敛.

(2) 取 $p = 3n$,

$$|S_{n+p} - S_n| = \left|\frac{1}{n+1} + \left(\frac{1}{n+2} - \frac{1}{n+3}\right) + \frac{1}{n+4} + \left(\frac{1}{n+5} - \frac{1}{n+6}\right) + \cdots + \frac{1}{4n-2} + \left(\frac{1}{4n-1} - \frac{1}{4n}\right)\right|$$

$$> \left|\frac{1}{n+1} + \frac{1}{n+4} + \cdots + \frac{1}{4n-2}\right| > \frac{1}{4n} + \frac{1}{4n} + \cdots + \frac{1}{4n} = \frac{1}{4}.$$

从而对于 $\varepsilon_0 = \frac{1}{4}$, 任意 $n \in \mathbf{N}$, 存在 $p = 3n$, 使得 $|S_{n+p} - S_n| \geqslant \varepsilon_0$, 故由柯西收敛原理, 级数发散.

【方法点击】 由柯西收敛原理知, 级数 $\sum_{n=1}^{\infty} u_n$ 发散的充要条件是: 对某个正数 ε_0, 不论 N 取什么正整数, 至少有一个 $n(n > N)$ 且至少有一个 $p \in \mathbf{Z}^+$, 使得 $|S_{n+p} - S_n| \geqslant \varepsilon$ 成立.

(3) 对于任何自然数 p,

$$|u_{n+1} + u_{n+2} + \cdots + u_{n+p}| = \left|\frac{\sin(n+1)x}{2^{n+1}} + \frac{\sin(n+2)x}{2^{n+2}} + \cdots + \frac{\sin(n+p)x}{2^{n+p}}\right|$$

$$\leqslant \frac{1}{2^{n+1}} + \frac{1}{2^{n+2}} + \cdots + \frac{1}{2^{n+p}} = \frac{\frac{1}{2^{n+1}}\left(1 - \frac{1}{2^p}\right)}{1 - \frac{1}{2}} < \frac{1}{2^n},$$

故对于任意给定的正数 ε, 取 $N \geqslant \left[\log_2 \frac{1}{\varepsilon}\right] + 1$, 则当 $n > N$ 时, 对任何自然数 p, 都有 $|u_{n+1} + u_{n+2} + \cdots + u_{n+p}| < \varepsilon$ 成立.

由柯西收敛原理知, 级数收敛.

(4) 取 $p = n$, 则

$$|S_{n+p} - S_n| = \left|\left[\frac{1}{3(n+1)+1} + \frac{1}{3(n+1)+2} - \frac{1}{3(n+1)+3}\right] + \cdots + \left(\frac{1}{3 \times 2n+1} + \frac{1}{3 \times 2n+2} - \frac{1}{3 \times 2n+3}\right)\right|$$

$$\geqslant \frac{1}{3(n+1)+1} + \cdots + \frac{1}{3 \times 2n+1} \geqslant \frac{n}{6(n+1)} > \frac{1}{12}.$$

从而取 $\varepsilon_0=\frac{1}{12}$,则对任意的 $n\in\mathbf{N}$,都存在 $p=n$,使得 $|S_{n+p}-S_n|>\varepsilon_0$,由柯西原理知,原级数发散.

第二节　常数项级数的审敛法

习题 12-2 超精解(教材 P271~P272)

1. 用比较审敛法或极限形式的比较审敛法判定下列级数的收敛性:

(1) $1+\frac{1}{3}+\frac{1}{5}+\cdots+\frac{1}{2n-1}+\cdots$;

(2) $1+\frac{1+2}{1+2^2}+\frac{1+3}{1+3^2}+\cdots+\frac{1+n}{1+n^2}+\cdots$;

(3) $\frac{1}{2\times 5}+\frac{1}{3\times 6}+\cdots+\frac{1}{(n+1)(n+4)}+\cdots$;

(4) $\sin\frac{\pi}{2}+\sin\frac{\pi}{2^2}+\sin\frac{\pi}{2^3}+\cdots+\sin\frac{\pi}{2^n}+\cdots$;

(5) $\sum_{n=1}^{\infty}\frac{1}{1+a^n}$ $(a>0)$.

解:(1)由于 $\lim\limits_{n\to\infty}\frac{\frac{1}{2n-1}}{\frac{1}{n}}=\frac{1}{2}$,而级数 $\sum_{n=1}^{\infty}\frac{1}{n}$ 发散,故该级数发散.

(2)由于 $u_n=\frac{1+n}{1+n^2}>\frac{1+n}{n+n^2}=\frac{1}{n}$,而级数 $\sum_{n=1}^{\infty}\frac{1}{n}$ 发散,故级数 $\sum_{n=1}^{\infty}u_n$ 发散.

(3)由于 $\lim\limits_{n\to\infty}\frac{\frac{1}{(n+1)(n+4)}}{\frac{1}{n^2}}=\lim\limits_{n\to\infty}\frac{n^2}{n^2+5n+4}=1$,而级数 $\sum_{n=1}^{\infty}\frac{1}{n^2}$ 收敛,故原级数收敛.

(4)由于 $\lim\limits_{n\to\infty}\frac{\sin\frac{\pi}{2^n}}{\frac{1}{2^n}}=\lim\limits_{n\to\infty}\pi\cdot\frac{\sin\frac{\pi}{2^n}}{\frac{\pi}{2^n}}=\pi$,且级数 $\sum_{n=1}^{\infty}\frac{1}{2^n}$ 收敛,故原级数收敛.

(5)①当 $a>1$ 时,$u_n=\frac{1}{1+a^n}<\frac{1}{a^n}$,而 $\sum_{n=1}^{\infty}\frac{1}{a^n}$ 收敛,故 $\sum_{n=1}^{\infty}u_n$ 也收敛.

②当 $0<a\leqslant 1$ 时,$\lim\limits_{n\to\infty}u_n=\lim\limits_{n\to\infty}\frac{1}{1+a^n}=\begin{cases}\frac{1}{2},&a=1,\\1,&0<a<1.\end{cases}$

但不论 $a=1$ 或 $0<a<1$,$\lim\limits_{n\to\infty}u_n\neq 0$,故 $\sum_{n=1}^{\infty}u_n$ 发散.

2. 用比值审敛法判定下列级数的收敛性:

(1) $\frac{3}{1\times 2}+\frac{3^2}{2\times 2^2}+\frac{3^3}{3\times 2^3}+\cdots+\frac{3^n}{n\times 2^n}+\cdots$;　　(2) $\sum_{n=1}^{\infty}\frac{n^2}{3^n}$;

(3) $\sum_{n=1}^{\infty}\frac{2^n\cdot n!}{n^n}$;　　(4) $\sum_{n=1}^{\infty}n\tan\frac{\pi}{2^{n+1}}$.

解：(1)由于 $\lim\limits_{n\to\infty}\dfrac{u_{n+1}}{u_n}=\lim\limits_{n\to\infty}\dfrac{3^{n+1}}{(n+1)2^{n+1}}\cdot\dfrac{n\cdot 2^n}{3^n}=\lim\limits_{n\to\infty}\dfrac{3}{2}\dfrac{n}{n+1}=\dfrac{3}{2}>1$，故原级数发散.

(2)由于 $\lim\limits_{n\to\infty}\dfrac{u_{n+1}}{u_n}=\lim\limits_{n\to\infty}\dfrac{(n+1)^2}{3^{n+1}}\bigg/\dfrac{n^2}{3^n}=\lim\limits_{n\to\infty}\dfrac{1}{3}\left(\dfrac{n+1}{n}\right)^2=\dfrac{1}{3}<1$，故原级数收敛.

(3)由于 $\lim\limits_{n\to\infty}\dfrac{u_{n+1}}{u_n}=\lim\limits_{n\to\infty}\dfrac{2^{n+1}\cdot(n+1)!}{(n+1)^{n+1}}\bigg/\dfrac{2^n\cdot n!}{n^n}=\lim\limits_{n\to\infty}2\left(\dfrac{n}{n+1}\right)^n=2\lim\limits_{n\to\infty}\dfrac{1}{\left(1+\dfrac{1}{n}\right)^n}=\dfrac{2}{\mathrm{e}}<1$，

故级数收敛.

(4)由于 $\lim\limits_{n\to\infty}\dfrac{u_{n+1}}{u_n}=\lim\limits_{n\to\infty}(n+1)\tan\dfrac{\pi}{2^{n+2}}\bigg/n\tan\dfrac{\pi}{2^{n+1}}=\lim\limits_{n\to\infty}\dfrac{n+1}{n}\cdot\dfrac{\tan\dfrac{\pi}{2^{n+2}}}{\tan\dfrac{\pi}{2^{n+1}}}$

$\xrightarrow{\text{等价无穷小}}\lim\limits_{n\to\infty}\dfrac{n+1}{n}\cdot\dfrac{\pi/2^{n+2}}{\pi/2^{n+1}}=\dfrac{1}{2}<1$，

故级数收敛.

*3.用根值审敛法判定下列级数的收敛性：

(1) $\sum\limits_{n=1}^{\infty}\left(\dfrac{n}{2n+1}\right)^n$；　　(2) $\sum\limits_{n=1}^{\infty}\dfrac{1}{[\ln(n+1)]^n}$；　　(3) $\sum\limits_{n=1}^{\infty}\left(\dfrac{n}{3n-1}\right)^{2n-1}$；

(4) $\sum\limits_{n=1}^{\infty}\left(\dfrac{b}{a_n}\right)^n$，其中 $a_n\to a\;(n\to\infty)$，a_n,b,a 均为正数.

解：(1)由于 $\lim\limits_{n\to\infty}\sqrt[n]{u_n}=\lim\limits_{n\to\infty}\dfrac{n}{2n+1}=\dfrac{1}{2}<1$，故级数收敛.

(2)由于 $\lim\limits_{n\to\infty}\sqrt[n]{u_n}=\lim\limits_{n\to\infty}\dfrac{1}{\ln(n+1)}=0<1$，故级数收敛.

(3)由于 $\lim\limits_{n\to\infty}\sqrt[n]{u_n}=\lim\limits_{n\to\infty}\left(\dfrac{n}{3n-1}\right)^{\frac{2n-1}{n}}=\lim\limits_{n\to\infty}\left(\dfrac{n}{3n-1}\right)^{2-\frac{1}{n}}$

$=\exp\left\{\lim\limits_{n\to\infty}\left(2-\dfrac{1}{n}\right)\cdot\ln\left(\dfrac{n}{3n-1}\right)\right\}=\mathrm{e}^{2\ln\frac{1}{3}}=\dfrac{1}{9}<1$，

故级数收敛.

(4)由于 $\lim\limits_{n\to\infty}\sqrt[n]{u_n}=\lim\limits_{n\to\infty}\dfrac{b}{a_n}=\dfrac{b}{a}$，当 $b<a$ 时，$\dfrac{b}{a}<1$，级数收敛；当 $b>a$ 时，$\dfrac{b}{a}>1$，级数发散；当 $b=a$ 时，$\dfrac{b}{a}=1$，级数收敛性不能肯定.

> **【方法点击】** 判定正项级数 $\sum\limits_{n=1}^{\infty}u_n$ 敛散性的一般步骤是：首先研究 u_n 是否趋于 0，若 $u_n\not\to 0$，则级数发散；若 $u_n\to 0$，则用比值法或根值法来判别敛散性，如果仍然无法判定，则用比较法或定义求 $\lim S_n$.因此，在各种判别法中，较难掌握的是比较判别法.

4.判定下列级数的收敛性：

(1) $\dfrac{3}{4}+2\left(\dfrac{3}{4}\right)^2+3\left(\dfrac{3}{4}\right)^3+\cdots+n\left(\dfrac{3}{4}\right)^n+\cdots$；　(2) $\dfrac{1^4}{1!}+\dfrac{2^4}{2!}+\dfrac{3^4}{3!}+\cdots+\dfrac{n^4}{n!}+\cdots$；

(3) $\sum\limits_{n=1}^{\infty}\dfrac{n+1}{n(n+2)}$；　　　　　　　　　(4) $\sum\limits_{n=1}^{\infty}2^n\sin\dfrac{\pi}{3^n}$；

(5) $\sqrt{2}+\sqrt{\dfrac{3}{2}}+\cdots+\sqrt{\dfrac{n+1}{n}}+\cdots$；

(6) $\dfrac{1}{a+b}+\dfrac{1}{2a+b}+\cdots+\dfrac{1}{na+b}+\cdots$ $(a>0,b>0)$.

解:(1) $u_n=n\left(\dfrac{3}{4}\right)^n$,而 $\lim\limits_{n\to\infty}\dfrac{u_{n+1}}{u_n}=\lim\limits_{n\to\infty}(n+1)\left(\dfrac{3}{4}\right)^{n+1}\Big/n\left(\dfrac{3}{4}\right)^n=\lim\limits_{n\to\infty}\dfrac{n+1}{n}\cdot\dfrac{3}{4}=\dfrac{3}{4}<1$.

故级数 $\sum\limits_{n=1}^{\infty}u_n$ 收敛.

(2) $u_n=\dfrac{n^4}{n!}$,而 $\lim\limits_{n\to\infty}\dfrac{u_{n+1}}{u_n}=\lim\limits_{n\to\infty}\dfrac{(n+1)^4}{(n+1)!}\Big/\dfrac{n^4}{n!}=\lim\limits_{n\to\infty}\left(\dfrac{n+1}{n}\right)^4\cdot\dfrac{1}{n+1}=0<1$,
故该级数收敛.

(3) 由于 $\lim\limits_{n\to\infty}\dfrac{u_n}{\frac{1}{n}}=\lim\limits_{n\to\infty}\dfrac{n+1}{n(n+2)}\Big/\dfrac{1}{n}=\lim\limits_{n\to\infty}\dfrac{n+1}{n+2}=1$,而 $\sum\limits_{n=1}^{\infty}\dfrac{1}{n}$ 发散,故 $\sum\limits_{n=1}^{\infty}\dfrac{n+1}{n(n+2)}$ 发散.

(4) 由于 $\lim\limits_{n\to\infty}\dfrac{u_{n+1}}{u_n}=\lim\limits_{n\to\infty}2^{n+1}\sin\dfrac{\pi}{3^{n+1}}\Big/\left(2^n\sin\dfrac{\pi}{3^n}\right)\xrightarrow{\text{等价无穷小}}\lim\limits_{n\to\infty}2^{n+1}\dfrac{\pi}{3^{n+1}}\Big/\left(2^n\dfrac{\pi}{3^n}\right)=\dfrac{2}{3}<1$,
故级数收敛.

(5) 由于 $\lim\limits_{n\to\infty}u_n=\lim\limits_{n\to\infty}\left(\dfrac{n+1}{n}\right)^{\frac{1}{2}}=1\neq 0$,故级数发散.

(6) 由于 $\lim\limits_{n\to\infty}\dfrac{u_n}{\frac{1}{n}}=\dfrac{1}{a}\neq 0$,而级数 $\sum\limits_{n=1}^{\infty}\dfrac{1}{n}$ 发散,从而级数 $\sum\limits_{n=1}^{\infty}u_n$ 发散.

5. 判定下列级数是否收敛?如果是收敛的,是绝对收敛还是条件收敛?

(1) $1-\dfrac{1}{\sqrt{2}}+\dfrac{1}{\sqrt{3}}-\dfrac{1}{\sqrt{4}}+\cdots$;   (2) $\sum\limits_{n=1}^{\infty}(-1)^{n-1}\dfrac{n}{3^{n-1}}$;

(3) $\dfrac{1}{3}\cdot\dfrac{1}{2}-\dfrac{1}{3}\cdot\dfrac{1}{2^2}+\dfrac{1}{3}\cdot\dfrac{1}{2^3}-\dfrac{1}{3}\cdot\dfrac{1}{2^4}+\cdots$;   (4) $\dfrac{1}{\ln 2}-\dfrac{1}{\ln 3}+\dfrac{1}{\ln 4}-\dfrac{1}{\ln 5}+\cdots$;

(5) $\sum\limits_{n=1}^{\infty}(-1)^{n+1}\dfrac{2^{n^2}}{n!}$.

解:(1) $u_n=(-1)^{n-1}\dfrac{1}{n^{\frac{1}{2}}}$,显然 $\sum\limits_{n=1}^{\infty}u_n$ 为交错级数,且 $|u_n|\geqslant|u_{n+1}|$,$\lim\limits_{n\to\infty}|u_n|=0$,故该级数收敛.

又 $\sum\limits_{n=1}^{\infty}|u_n|=\sum\limits_{n=1}^{\infty}\dfrac{1}{n^{\frac{1}{2}}}$ 是 $p<1$ 的 p 级数,故 $\sum\limits_{n=1}^{\infty}|u_n|$ 发散.即原级数是条件收敛.

(2) $\lim\limits_{n\to\infty}\left|\dfrac{u_{n+1}}{u_n}\right|=\lim\limits_{n\to\infty}\dfrac{n+1}{3^n}\dfrac{3^{n-1}}{n}=\lim\limits_{n\to\infty}\dfrac{1}{3}\cdot\dfrac{n+1}{n}=\dfrac{1}{3}<1$,故 $\sum\limits_{n=1}^{\infty}|u_n|$ 收敛,从而原级数绝对收敛.

(3) $u_n=(-1)^{n-1}\dfrac{1}{3\times 2^n}$,而 $\sum\limits_{n=1}^{\infty}|u_n|=\sum\limits_{n=1}^{\infty}\dfrac{1}{3\times 2^n}=\dfrac{1}{3}\sum\limits_{n=1}^{\infty}\dfrac{1}{2^n}$ 是收敛的,故原级数绝对收敛.

(4) $u_n=(-1)^{n-1}\dfrac{1}{\ln(n+1)}$,$\sum\limits_{n=1}^{\infty}u_n$ 是一交错级数,又 $|u_n|=\dfrac{1}{\ln(n+1)}\to 0\ (n\to\infty)$,

且 $|u_n|>|u_{n+1}|$,由莱布尼茨定理知,原级数收敛.但 $|u_n|\geqslant\dfrac{1}{n+1}$,$\sum\limits_{n=1}^{\infty}|u_n|$ 发散,故原级数条件收敛.

【方法点击】 判定一个交错级数是绝对收敛、条件收敛还是发散，首先判别 $\sum_{n=1}^{\infty}|a_n|$ 是否收敛，若收敛，则原级数绝对收敛(其判别法为正项级数的各种审敛法). 若 $\sum_{n=1}^{\infty}|a_n|$ 发散，则进一步根据莱布尼茨判别法判定 $\sum_{n=1}^{\infty}a_n$ 是否收敛，若是，则 $\sum_{n=1}^{\infty}a_n$ 条件收敛；若否，则 $\sum_{n=1}^{\infty}a_n$ 发散.

(5) $\lim\limits_{n\to\infty}|u_n|=\lim\limits_{n\to\infty}\dfrac{2^{n^2}}{n!}=\lim\limits_{n\to\infty}\dfrac{2^n\times 2^n\times 2^n\times\cdots\times 2^n}{n\cdot(n-1)\cdot(n-2)\cdots 1}=\infty$，故 $\lim\limits_{n\to\infty}u_n=\infty$，故原级数发散.

第三节 幂级数

习题 12－3 超精解(教材 P281)

1.求下列幂级数的收敛区间：

(1) $x+2x^2+3x^3+\cdots+nx^n+\cdots$；

(2) $1-x+\dfrac{x^2}{2^2}+\cdots+(-1)^n\dfrac{x^n}{n^2}+\cdots$；

(3) $\dfrac{x}{2}+\dfrac{x^2}{2\times 4}+\dfrac{x^3}{2\times 4\times 6}+\cdots+\dfrac{x^n}{2\times 4\times\cdots\times 2n}+\cdots$；

(4) $\dfrac{x}{1\times 3}+\dfrac{x^2}{2\times 3^2}+\dfrac{x^3}{3\times 3^3}+\cdots+\dfrac{x^n}{n\times 3^n}+\cdots$；

(5) $\dfrac{2}{2}x+\dfrac{2^2}{5}x^2+\dfrac{2^3}{10}x^3+\cdots+\dfrac{2^n}{n^2+1}x^n+\cdots$；

(6) $\sum_{n=1}^{\infty}(-1)^n\dfrac{x^{2n+1}}{2n+1}$；

(7) $\sum_{n=1}^{\infty}\dfrac{2n-1}{2^n}x^{2n-2}$；

(8) $\sum_{n=1}^{\infty}\dfrac{(x-5)^n}{\sqrt{n}}$.

解：(1) $\lim\limits_{n\to\infty}\left|\dfrac{a_{n+1}}{a_n}\right|=\lim\limits_{n\to\infty}\left|\dfrac{n+1}{n}\right|=1$. 故收敛半径 $R=1$，故收敛区间为 $(-1,1)$.

(2) $\lim\limits_{n\to\infty}\left|\dfrac{a_{n+1}}{a_n}\right|=\lim\limits_{n\to\infty}\dfrac{\frac{1}{(n+1)^2}}{\frac{1}{n^2}}=\lim\limits_{n\to\infty}\dfrac{n^2}{(n+1)^2}=1$，故收敛半径 $R=1$，故收敛区间为 $(-1,1)$.

(3) $\lim\limits_{n\to\infty}\left|\dfrac{a_{n+1}}{a_n}\right|=\lim\limits_{n\to\infty}\dfrac{2^n\cdot n!}{2^{n+1}\cdot(n+1)!}=\lim\limits_{n\to\infty}\dfrac{1}{2(n+1)}=0$，

故收敛半径 $R=\infty$，收敛区间为 $(-\infty,+\infty)$.

(4) $\lim\limits_{n\to\infty}\left|\dfrac{a_{n+1}}{a_n}\right|=\lim\limits_{n\to\infty}\left|\dfrac{n\cdot 3^n}{(n+1)3^{n+1}}\right|=\dfrac{1}{3}$，故收敛半径 $R=3$，故收敛区间为 $(-3,3)$.

(5) $\lim\limits_{n\to\infty}\left|\dfrac{a_{n+1}}{a_n}\right|=\lim\limits_{n\to\infty}\left|\dfrac{2^{n+1}}{(n+1)^2+1}\cdot\dfrac{n^2+1}{2^n}\right|=2$，故收敛半径 $R=\dfrac{1}{2}$，

故收敛区间为 $\left(-\dfrac{1}{2},\dfrac{1}{2}\right)$.

(6) $\lim\limits_{n\to\infty}\left|\dfrac{u_{n+1}}{u_n}\right|=\lim\limits_{n\to\infty}\left|\dfrac{x^{2n+3}}{2n+3}\cdot\dfrac{2n+1}{x^{2n+1}}\right|=|x^2|$，

故当 $|x^2|<1$，即 $|x|<1$ 时，级数绝对收敛；当 $|x^2|>1$，即 $|x|>1$ 时，级数发散，从而原级数的收敛半径 $R=1$，故收敛区间为 $(-1,1)$.

【方法点击】 本题是缺(偶次幂)项的级数,对于这类级数在求收敛半径 R 时不能直接利用求 R 的公式,而应将幂级数的一般项 $(-1)^n \dfrac{x^{2n+1}}{2n+1}$ 视为数项级数的一般项 u_n,并用比值法判断级数 $\sum\limits_{n=0}^{\infty}|u_n|$ 在 x 满足什么条件时收敛,由此便可得到所求的收敛半径及收敛区间. 对于缺少奇次幂项的级数可用类似的方法.

(7) 由于 $\lim\limits_{n\to\infty}\left|\dfrac{u_{n+1}}{u_n}\right| = \lim\limits_{n\to\infty}\left|\dfrac{1}{2}\cdot\dfrac{2n+1}{2n-1}\cdot x^2\right| = \dfrac{1}{2}|x|^2$,故当 $\dfrac{1}{2}|x|^2 < 1$,即 $|x| < \sqrt{2}$ 时,级数收敛;当 $|x| > \sqrt{2}$ 时,级数发散,从而 $R = \sqrt{2}$. 故收敛区间为 $(-\sqrt{2}, \sqrt{2})$.

(8) $\lim\limits_{n\to\infty}\left|\dfrac{a_{n+1}}{a_n}\right| = \lim\limits_{n\to\infty}\dfrac{\sqrt{n}}{\sqrt{n+1}} = 1$,故 $R = 1$. 即 $-1 < x-5 < 1$ 时,级数收敛;$|x-5| > 1$ 时,级数发散. 故收敛区间为 $(4, 6)$.

2. 利用逐项求导或逐项积分,求下列级数的和函数.

(1) $\sum\limits_{n=1}^{\infty} nx^{n-1}$;   (2) $\sum\limits_{n=1}^{\infty} \dfrac{x^{4n+1}}{4n+1}$;

(3) $x + \dfrac{x^3}{3} + \dfrac{x^5}{5} + \cdots + \dfrac{x^{2n-1}}{2n-1} + \cdots$;   (4) $\sum\limits_{n=1}^{\infty} (n+2)x^{n+3}$.

解: (1) 由于 $\displaystyle\int_0^x \sum_{n=1}^{\infty} nt^{n-1} dt = \sum_{n=1}^{\infty}\int_0^x nt^{n-1} dt = \sum_{n=1}^{\infty} x^n = \dfrac{x}{1-x}$,

故有 $\sum\limits_{n=1}^{\infty} nx^{n-1} = \left(\dfrac{x}{1-x}\right)' = \dfrac{1}{(1-x)^2}$ $(-1 < x < 1)$.

(2) 由于 $\left(\sum\limits_{n=1}^{\infty} \dfrac{x^{4n+1}}{4n+1}\right)' = \sum\limits_{n=1}^{\infty}\left(\dfrac{x^{4n+1}}{4n+1}\right)' = \sum\limits_{n=1}^{\infty} x^{4n} = \dfrac{x^4}{1-x^4}$,故有

$$\sum_{n=1}^{\infty} \dfrac{x^{4n+1}}{4n+1} = \int_0^x \dfrac{t^4}{1-t^4} dt = \int_0^x \left[-1 + \dfrac{1}{2}\left(\dfrac{1}{1+t^2}\right) + \dfrac{1}{2}\left(\dfrac{1}{1-t^2}\right)\right] dt$$
$$= \dfrac{1}{4}\ln\dfrac{1+x}{1-x} + \dfrac{1}{2}\arctan x - x \quad (-1 < x < 1).$$

(3) 由于 $\left(\sum\limits_{n=1}^{\infty}\dfrac{x^{2n-1}}{2n-1}\right)' = \sum\limits_{n=1}^{\infty}\left(\dfrac{x^{2n-1}}{2n-1}\right)' = \sum\limits_{n=1}^{\infty} x^{2n-2} = \dfrac{1}{1-x^2}$,故

$$\sum_{n=1}^{\infty}\dfrac{x^{2n-1}}{2n-1} = \int_0^x \dfrac{1}{1-t^2} dt = \dfrac{1}{2}\ln\dfrac{1+x}{1-x} \quad (-1 < x < 1).$$

(4) 由于 $\sum\limits_{n=1}^{\infty}(n+2)x^{n+3} = x^2 \sum\limits_{n=1}^{\infty}(n+2)x^{n+1}$,

且 $\displaystyle\int_0^x \sum_{n=1}^{\infty}(n+2)t^{n+1} dt = \sum_{n=1}^{\infty}\int_0^x (n+2)t^{n+1} dt = \sum_{n=1}^{\infty} x^{n+2} = \dfrac{x^3}{1-x}$.

故有 $\sum\limits_{n=1}^{\infty}(n+2)x^{n+3} = x^2 \cdot \left(\dfrac{x^3}{1-x}\right)' = \dfrac{3x^4 - 2x^5}{(1-x)^2}$ $(-1 < x < 1)$.

【方法点击】 求幂级数的和函数的程序如下:

(1) 求出给定级数的收敛域;

(2) 通过逐项积分或逐项求导将给定的幂级数化为常见的幂级数的形式,从而得到新级数的和函数;

(3) 对得到的和函数作相反的分析运算,便得原幂级数的和函数.

第四节 函数展开成幂级数

习题 12－4 超精解（教材 P289～P290）

1. 求函数 $f(x)=\cos x$ 的泰勒级数，并验证它在整个数轴上收敛于这函数.

解：$f^{(n)}(x)=\cos\left(x+n\cdot\dfrac{\pi}{2}\right)\quad(n=1,2,\cdots)$，

$f^{(n)}(x_0)=\cos\left(x_0+n\cdot\dfrac{\pi}{2}\right)\quad(n=1,2,\cdots)$，

从而 $f(x)$ 在 x_0 处的泰勒级数为

$$\cos x_0+\cos\left(x_0+\dfrac{\pi}{2}\right)(x-x_0)+\dfrac{\cos(x_0+\pi)}{2!}(x-x_0)^2+\cdots+\dfrac{\cos\left(x_0+\dfrac{n\pi}{2}\right)}{n!}(x-x_0)^n+\cdots.$$

$f(x)=S_n(x)+R_n(x)$，其中 $S_n(x)$ 为泰勒级数的 n 项部分和，$R_n(x)$ 为余项，

$$|R_n(x)|=\left|\dfrac{\cos\left[x_0+\theta(x-x_0)+\dfrac{n+1}{2}\pi\right]}{(n+1)!}(x-x_0)^{n+1}\right|\leqslant\dfrac{|x-x_0|^{n+1}}{(n+1)!}\quad(0\leqslant\theta\leqslant1),$$

由于对任意 $x\in(-\infty,+\infty)$，$\sum\limits_{n=1}^{\infty}\dfrac{|x-x_0|^{n+1}}{(n+1)!}$ 收敛，

故由级数收敛的必要条件知 $\lim\limits_{n\to\infty}\dfrac{|x-x_0|^{n+1}}{(n+1)!}=0$，从而 $\lim\limits_{n\to\infty}|R_n(x)|=0$，因此

$$\cos x=\cos x_0+\cos\left(x_0+\dfrac{\pi}{2}\right)(x-x_0)+\cdots+\dfrac{\cos\left(x_0+\dfrac{n\pi}{2}\right)}{n!}(x-x_0)^n+\cdots,x\in(-\infty,+\infty).$$

> **【方法点击】** 将函数 $f(x)$ 展开成 x（或 $x-x_0$）的幂级数的一般步骤：
> (1) 求 $f(x)$ 的各阶导数 $f^{(k)}(0)$ 或 $f^{(k)}(x_0)(k=1,2,\cdots)$；
> (2) 写出幂级数 $\sum\limits_{n=0}^{\infty}\dfrac{f^{(n)}(0)}{n!}x^n$ 或 $\sum\limits_{n=0}^{\infty}\dfrac{f^{(n)}(x_0)}{n!}(x-x_0)^n$，并求出收敛半径 R；
> (3) 考查泰勒公式中的余项 $R_n(x)$ 的极限是否为零，拉格朗日余项表示
> $$R_n(x)=\dfrac{f^{(n+1)}(\xi)}{(n+1)!}x^{n+1}\text{ 或 }R_n(x)=\dfrac{f^{(n+1)}(\xi)}{(n+1)!}(x-x_0)^{n+1},$$
> ξ 介于 0 与 x 之间或 ξ 介于 x 与 x_0 之间.

2. 将下列函数展开成 x 的幂级数，并求展开式成立的区间：

(1) $\operatorname{sh} x=\dfrac{\mathrm{e}^x-\mathrm{e}^{-x}}{2}$；　　(2) $\ln(a+x)\,(a>0)$；　　(3) a^x；

(4) $\sin^2 x$；　　(5) $(1+x)\ln(1+x)$；　　(6) $\dfrac{x}{\sqrt{1+x^2}}$.

解：(1) 由于 $\mathrm{e}^x=\sum\limits_{n=0}^{\infty}\dfrac{x^n}{n!},x\in(-\infty,+\infty)$，所以 $\mathrm{e}^{-x}=\sum\limits_{n=0}^{\infty}(-1)^n\dfrac{x^n}{n!},x\in(-\infty,+\infty)$，

故 $\operatorname{sh} x=\dfrac{1}{2}\left[\sum\limits_{n=0}^{\infty}\dfrac{x^n}{n!}-\sum\limits_{n=0}^{\infty}(-1)^n\dfrac{x^n}{n!}\right]=\dfrac{1}{2}\sum\limits_{n=0}^{\infty}\dfrac{x^n}{n!}[1-(-1)^n]$

$=\sum\limits_{n=1}^{\infty}\dfrac{x^{2n-1}}{(2n-1)!},x\in(-\infty,+\infty).$

(2) $\ln(a+x) = \ln a + \int_0^x \frac{1}{a+t}dt = \ln a + \int_0^x \frac{1}{1+\frac{t}{a}}d\frac{t}{a}$

$= \ln a + \int_0^x \left[\sum_{n=1}^{\infty}(-1)^{n-1}\left(\frac{t}{a}\right)^{n-1}\right]d\left(\frac{t}{a}\right)$

$= \ln a + \sum_{n=1}^{\infty}\frac{(-1)^{n-1}}{n}\left(\frac{x}{a}\right)^n, x\in(-a,a]$.

(因为在 $x=a$ 处,展开式收敛且 $\ln(a+x)$ 连续;在 $x=-a$ 处,展开式发散,故展开式成立区间为 $(-a,a]$).

(3) 因为 $e^x = \sum_{n=0}^{\infty}\frac{x^n}{n!}, x\in(-\infty,+\infty)$,故 $a^x = e^{x\ln a} = \sum_{n=0}^{\infty}\frac{(\ln a)^n}{n!}x^n, x\in(-\infty,+\infty)$.

(4) $\sin^2 x = \frac{1-\cos 2x}{2} = \frac{1}{2} - \frac{1}{2}\cos 2x$,而 $\cos x = \sum_{n=0}^{\infty}(-1)^n\frac{x^{2n}}{(2n)!}, x\in(-\infty,+\infty)$,

故 $\sin^2 x = \frac{1}{2} - \frac{1}{2}\sum_{n=0}^{\infty}(-1)^n\frac{2^{2n}x^{2n}}{(2n)!} = \sum_{n=1}^{\infty}(-1)^{n-1}\frac{2^{2n-1}x^{2n}}{(2n)!}, x\in(-\infty,+\infty)$.

(5) 由于 $\ln(1+x) = \sum_{n=1}^{\infty}\frac{(-1)^{n-1}}{n}x^n, x\in(-1,1]$,

故 $(1+x)\ln(x+1) = \ln(x+1) + x\ln(x+1) = \sum_{n=1}^{\infty}\frac{(-1)^{n-1}}{n}x^n + \sum_{n=1}^{\infty}\frac{(-1)^{n-1}}{n}x^{n+1}$

$= x + \sum_{n=2}^{\infty}\frac{(-1)^{n-1}}{n}x^n - \sum_{n=2}^{\infty}\frac{(-1)^{n-1}}{n-1}x^n$

$= x + \sum_{n=2}^{\infty}\frac{(-1)^n}{n(n-1)}x^n, x\in(-1,1]$.

(6) 由于 $\frac{1}{(1+x^2)^{\frac{1}{2}}} = 1 + \sum_{n=1}^{\infty}(-1)^n\frac{(2n-1)!!}{(2n)!!}x^{2n}(-1<x\leqslant 1)$,故

$\frac{x}{(1+x^2)^{\frac{1}{2}}} = x + \sum_{n=1}^{\infty}(-1)^n\frac{(2n-1)!!}{(2n)!!}x^{2n+1}(-1<x\leqslant 1)$.

3. 将下列函数展开成 $(x-1)$ 的幂级数,并求展开式成立的区间:

(1) $\sqrt{x^3}$;　　　　　　　(2) $\lg x$.

解:(1) **方法一**:直接展开法.

令 $f(x) = \sqrt{x^3} = x^{\frac{3}{2}}$,则

$f'(x) = \frac{3}{2}x^{\frac{1}{2}}$,　　　　　　$f'(1) = \frac{3}{2}$,

$f''(x) = \frac{3}{2}\times\frac{1}{2}x^{-\frac{1}{2}}$,　　　　$f''(1) = \frac{(-1)^2}{2^2}\times 3$,

$f'''(x) = (-1)^3\frac{3}{2^3}x^{-\frac{3}{2}}$,　　$f^{(4)}(x) = (-1)^4\frac{3}{2^4}(1\times 3)x^{-\frac{5}{2}}$,

……

当 $n\geqslant 3$ 时,有 $f^{(n)}(x) = (-1)^n\frac{3}{2^n}[1\times 3\times\cdots\times(2n-5)]x^{-\frac{2n-3}{2}}$,

则 $f^{(n)}(1) = (-1)^n\frac{3}{2^n}[1\times 3\times\cdots\times(2n-5)] = (-1)^n\frac{3}{2^n}\frac{(2n-4)!}{(2n-4)!!}$

$= (-1)^n\frac{3}{2^n}\frac{(2n-4)!}{2^{n-2}(n-2)!} = (-1)^n\frac{3(2n-4)!}{2^{2n-2}(n-2)!}$　$(n\geqslant 2)$,

故 $\sqrt{x^3}=f(1)+f'(1)(x-1)+\sum_{n=2}^{\infty}\frac{f^{(n)}(1)}{n!}(x-1)^n$

$=1+\frac{3}{2}(x-1)+\sum_{n=2}^{\infty}(-1)^n\frac{3(2n-4)!}{2^{2n-2}(n-2)!\ n!}(x-1)^n$

$=1+\frac{3}{2}(x-1)+\sum_{n=0}^{\infty}(-1)^n\frac{3(2n)!}{2^{2n+2}n!\ (n+2)!}(x-1)^{n+2}, x\in[0,2].$

方法二：间接展开法.

$\sqrt{x^3}=x\sqrt{x}=[1+(x-1)]\cdot[1+(x-1)]^{\frac{1}{2}}$

$=[1+(x-1)]\left\{[1+\frac{1}{2}(x-1)]+\sum_{n=2}^{\infty}(-1)^{n-1}\frac{(2n-3)!!}{(2n)!!}(x-1)^n\right\}$

$=1+\frac{3}{2}(x-1)+\frac{3}{8}(x-1)^2+\sum_{n=2}^{\infty}\left[(-1)^{n-1}\frac{(2n-3)!!}{(2n)!!}+(-1)^n\frac{(2n-1)!!}{(2n+2)!!}\right](x-1)^{n+1}$

$=1+\frac{3}{2}(x-1)+\frac{3}{8}(x-1)^2+\sum_{n=2}^{\infty}(-1)^{n+1}\frac{(2n-3)!!\cdot 3}{(2n+2)!!}(x-1)^{n+1}$

$=1+\frac{3}{2}(x-1)+\frac{3}{8}(x-1)^2+\sum_{n=2}^{\infty}(-1)^{n+1}\frac{(2n-2)!\cdot 3}{(2n+2)!!\cdot(2n-2)!!}(x-1)^{n+1}$

$=1+\frac{3}{2}(x-1)+\frac{3}{8}(x-1)^2+\sum_{n=2}^{\infty}(-1)^{n+1}\frac{(2n-2)!\cdot 3}{2^{2n}\cdot(n+1)!\ (n-1)!}(x-1)^{n+1}$

$=1+\frac{3}{2}(x-1)+\sum_{n=0}^{\infty}(-1)^n\frac{(2n)!\cdot 3}{2^{2n+2}\cdot(n+2)!\cdot n!}(x-1)^{n+2}, x\in[0,2].$

(2)间接展开法

$\lg x=\frac{1}{\ln 10}\ln[1+(x-1)]=\frac{1}{\ln 10}\sum_{n=1}^{\infty}(-1)^{n-1}\frac{1}{n}(x-1)^n,$

展开式成立区间为 $x-1\in(-1,1]$，即 $x\in(0,2]$.

> 【**方法点击**】 函数幂级数展开式的形式是唯一的. 由于展开式的唯一性，函数 $f(x)$ 的幂级数展开可选简单的方法. 一般利用已知展开式，用间接展开的方式来求展开式，这样做既避免了计算 $f(x)$ 的各阶导数，又回避了验证 $R_n(x)$ 时趋于零的过程，而且还容易求出收敛区间，因此应熟记常用的幂级数展开式. 但应注意，求出函数的展开式后，一定要说明相应的展开区间.

4. 将函数 $f(x)=\cos x$ 展开成 $(x+\frac{\pi}{3})$ 的幂级数.

解：$\cos x=\cos\left[\left(x+\frac{\pi}{3}\right)-\frac{\pi}{3}\right]=\frac{1}{2}\cos\left(x+\frac{\pi}{3}\right)+\frac{\sqrt{3}}{2}\sin\left(x+\frac{\pi}{3}\right)$

$=\frac{1}{2}\sum_{n=0}^{\infty}(-1)^n\left[\frac{1}{(2n)!}\left(x+\frac{\pi}{3}\right)^{2n}+\frac{\sqrt{3}}{(2n+1)!}\left(x+\frac{\pi}{3}\right)^{2n+1}\right], x\in(-\infty,+\infty).$

5. 将函数 $f(x)=\frac{1}{x}$ 展开成 $(x-3)$ 的幂级数.

解：$\frac{1}{x}=\frac{1}{3+(x-3)}=\frac{1}{3}\cdot\frac{1}{1+\frac{x-3}{3}}=\frac{1}{3}\sum_{n=0}^{\infty}(-1)^n\left(\frac{x-3}{3}\right)^n=\sum_{n=0}^{\infty}\frac{(-1)^n}{3^{n+1}}(x-3)^n,$

$\left|\frac{x-3}{3}\right|<1$，即 $x\in(0,6).$

6. 将函数 $f(x)=\frac{1}{x^2+3x+2}$ 展开成 $(x+4)$ 的幂级数.

解：$\dfrac{1}{x^2+3x+2} = \dfrac{1}{(x+1)(x+2)} = \dfrac{1}{1+x} - \dfrac{1}{2+x} = \dfrac{1}{-3+(x+4)} - \dfrac{1}{-2+(x+4)}$

$= -\dfrac{1}{3}\dfrac{1}{1-\frac{x+4}{3}} + \dfrac{1}{2}\dfrac{1}{1-\frac{x+4}{2}} = \sum_{n=0}^{\infty}\left(\dfrac{1}{2^{n+1}} - \dfrac{1}{3^{n+1}}\right)(x+4)^n$,

由 $\left|\dfrac{x+4}{3}\right|<1$，$\left|\dfrac{x+4}{2}\right|<1$，得展开式成立的区间为 $x\in(-6,-2)$.

第五节　函数的幂级数展开式的应用

习题 12-5 超精解（教材 P298～P299）

1. 利用函数的幂级数展开式求下列各数的近似值：

(1) $\ln 3$（误差不超过 0.000 1）；　　(2) $\sqrt{e}$（误差不超过 0.001）；

(3) $\sqrt[9]{522}$（误差不超过 0.000 01）；　　(4) $\cos 2°$（误差不超过 0.000 1）.

解：(1) 由 $\ln\dfrac{1+x}{1-x} = 2\sum_{n=1}^{\infty}\dfrac{x^{2n-1}}{2n-1}$ ($|x|<1$)，而 $3 = \dfrac{1+\frac{1}{2}}{1-\frac{1}{2}}$，故 $\ln 3 = 2\sum_{n=1}^{\infty}\dfrac{1}{2n-1}\left(\dfrac{1}{2}\right)^{2n-1}$.

$|r_n| = 2\sum_{k=n+1}^{\infty}\dfrac{1}{2k-1}\left(\dfrac{1}{2}\right)^{2k-1} < \dfrac{2}{2n+1}\dfrac{\left(\frac{1}{2}\right)^{2n+1}}{1-\frac{1}{4}} = \dfrac{1}{3(2n+1)}\left(\dfrac{1}{2}\right)^{2n-2}$,

计算得 $|r_5| < \dfrac{1}{3\times 11}\dfrac{1}{2^8} \approx 0.000\,12$，$|r_6| < \dfrac{1}{3\times 13}\dfrac{1}{2^{10}} \approx 0.000\,03$,

取 $n=6$ 得 $\ln 3 \approx 2\sum_{n=1}^{6}\dfrac{1}{2n-1}\left(\dfrac{1}{2}\right)^{2n-1} \approx 1.098\,6$.

(2) 由 $e^x = \sum_{n=0}^{\infty}\dfrac{x^n}{n!}$，令 $x=\dfrac{1}{2}$ 得 $e^{\frac{1}{2}} = \sum_{n=0}^{\infty}\dfrac{1}{n!}\left(\dfrac{1}{2}\right)^n$,

$|r_n| = \sum_{k=n+1}^{\infty}\dfrac{1}{k!}\left(\dfrac{1}{2}\right)^k < \dfrac{1}{(n+1)!}\left(\dfrac{1}{2}\right)^{n+1}\sum_{k=0}^{\infty}\left(\dfrac{1}{2}\right)^k = \dfrac{1}{(n+1)!}\dfrac{1}{2^n}$,

计算后得，$r_4 < \dfrac{1}{5!\times 2^4} \approx 0.000\,5$，取 $n=4$ 得 $\sqrt{e} \approx \sum_{n=0}^{4}\dfrac{1}{n!}\dfrac{1}{2^n} \approx 1.648$.

(3) $\sqrt[9]{522} = \sqrt[9]{2^9+10} = 2\left(1+\dfrac{10}{2^9}\right)^{\frac{1}{9}}$.

由 $(1+x)^{\frac{1}{9}} = 1 + \dfrac{1}{9}x + \dfrac{\frac{1}{9}\left(\frac{1}{9}-1\right)}{2!}x^2 + \cdots + \dfrac{\frac{1}{9}\left(\frac{1}{9}-1\right)\cdots\left(\frac{1}{9}-n+1\right)}{n!}x^n + \cdots$ ($|x|<1$)，得

$\sqrt[9]{522} = 2\left[1 + \dfrac{1}{9}\times\dfrac{10}{2^9} + \dfrac{\frac{1}{9}\left(\frac{1}{9}-1\right)}{2!}\left(\dfrac{10}{2^9}\right)^2 + \cdots + \dfrac{\frac{1}{9}\left(\frac{1}{9}-1\right)\cdots\left(\frac{1}{9}-n+1\right)}{n!}\left(\dfrac{10}{2^9}\right)^n + \cdots\right]$

$= 2\left(1 + \dfrac{1}{9}\times\dfrac{10}{2^9} - \dfrac{\frac{1}{9}\times\frac{8}{9}}{2!}\times\dfrac{10^2}{2^{18}} + \cdots\right)$,

而 $\dfrac{1}{9}\times\dfrac{10}{2^9} \approx 0.002\,170$，　$\dfrac{\frac{1}{9}\times\frac{8}{9}}{2!}\times\dfrac{10^2}{2^{18}} \approx 0.000\,019$,

故 $\sqrt[9]{522}\approx 2(1+0.002\,170-0.000\,019)\approx 2.004\,30$.

(4) 由 $\cos x=\sum\limits_{n=0}^{\infty}(-1)^n\dfrac{x^{2n}}{(2n)!}$，知 $\cos 2°=\cos\dfrac{\pi}{90}=\sum\limits_{n=0}^{\infty}(-1)^n\dfrac{\left(\dfrac{\pi}{90}\right)^{2n}}{(2n)!}$，

而 $\dfrac{1}{2!}\left(\dfrac{\pi}{90}\right)^2\approx 6\times 10^{-4}$，$\dfrac{1}{4!}\left(\dfrac{\pi}{90}\right)^4\approx 10^{-8}$，故 $\cos 2°\approx 1-\dfrac{1}{2!}\left(\dfrac{\pi}{90}\right)^2\approx 0.999\,4$.

【方法点击】 利用函数 $f(x)$ 的幂级数展开式求具体函数值 $f(x_0)$ 的近似值的步骤：

(1)将函数 $f(x)$ 展开成幂级数，即 $f(x)=\sum\limits_{n=0}^{\infty}a_n x^n$，$x\in I$.

(2)取 $x_0\in I$，根据精度要求，用数项级数 $\sum\limits_{n=0}^{\infty}a_n x_0^n$ 的前 n 项近似表示 $f(x_0)$，并使余项 r_n 小于所要求的误差，即 $f(x)\approx a_0+a_1 x_0+\cdots+a_{n-1}x_0^{n-1}$.

2.利用被积函数的幂级数展开式求下列定积分的近似值：

(1) $\int_0^{0.5}\dfrac{1}{1+x^4}dx$（误差不超过 0.000 1）； (2) $\int_0^{0.5}\dfrac{\arctan x}{x}dx$（误差不超过 0.001）.

解：(1) 由 $\int_0^x\dfrac{1}{1+t^4}dt=\sum\limits_{n=0}^{\infty}\dfrac{(-1)^n}{4n+1}x^{4n+1}(|x|<1)$，得 $\int_0^{0.5}\dfrac{1}{1+x^4}dx=\sum\limits_{n=0}^{\infty}\dfrac{(-1)^n}{4n+1}\left(\dfrac{1}{2}\right)^{4n+1}$，

计算得 $\dfrac{1}{5}\times\dfrac{1}{2^5}\approx 0.006\,25$，$\dfrac{1}{9}\times\dfrac{1}{2^9}\approx 0.000\,28$，$\dfrac{1}{13}\times\dfrac{1}{2^{13}}\approx 0.000\,009$，从而

$$\int_0^{0.5}\dfrac{1}{1+x^4}dx\approx\dfrac{1}{2}-0.006\,25+0.000\,28\approx 0.494\,0.$$

(2) 由 $\int_0^x\dfrac{\arctan t}{t}dt=\int_0^x\sum\limits_{n=0}^{\infty}\dfrac{(-1)^n t^{2n}}{2n+1}dt=\sum\limits_{n=0}^{\infty}\dfrac{(-1)^n}{(2n+1)^2}x^{2n+1}$，得

$$\int_0^{0.5}\dfrac{\arctan x}{x}dx=\sum\limits_{n=0}^{\infty}\dfrac{(-1)^n}{(2n+1)^2}\left(\dfrac{1}{2}\right)^{2n+1},$$

计算得 $\dfrac{1}{9}\times\dfrac{1}{2^3}\approx 0.013\,9$，$\dfrac{1}{25}\times\dfrac{1}{2^5}\approx 0.001\,3$，$\dfrac{1}{49}\times\dfrac{1}{2^7}\approx 0.000\,2$，从而

$$\int_0^{0.5}\dfrac{\arctan x}{x}dx\approx\dfrac{1}{2}-0.013\,9+0.001\,3\approx 0.487.$$

【方法点击】 利用幂级数不仅可以计算一些函数值的近似值，而且还可计算一些定积分的近似值.具体方法是先将被积函数在积分区间上展开成幂级数，再对幂级数逐项进行积分，用积分后的级数即可算出定积分的近似值.

3.试用幂级数求下列各微分方程的解：

(1) $y'-xy-x=1$； (2) $y''+xy'+y=0$； (3) $(1-x)y'=x^2-y$.

解：(1)设方程的解为 $y=a_0+a_1 x+a_2 x^2+\cdots+a_n x^n+\cdots$（$a_0$ 为任意常数），代入方程，则有如下竖式（注意对齐同次幂项）：

$y'=a_1+2a_2 x+3a_3 x^2+\cdots+(n+1)a_{n+1}x^n+\cdots$，

$-xy=-a_0 x-a_1 x^2-\cdots-a_{n-1}x^n-\cdots$，

$-x=-x$，

$1=a_1+(2a_2-a_0-1)x+(3a_3-a_1)x^2+\cdots+[(n+1)a_{n+1}-a_{n-1}]x^n+\cdots$，

比较系数可得

$a_1=1$， $a_2=\dfrac{a_0+1}{2}$，

$$a_3=\frac{1}{3}, \qquad a_4=\frac{a_2}{4}=\frac{a_0+1}{2\times 4},$$

$$a_5=\frac{a_3}{5}=\frac{1}{3\times 5}, \qquad a_6=\frac{a_4}{6}=\frac{a_0+1}{2\times 4\times 6},$$

$$\vdots \qquad\qquad\qquad \vdots$$

$$a_{2n-1}=\frac{1}{3\times 5\times\cdots\times(2n-1)},\quad a_{2n}=\frac{a_0+1}{2\times 4\times 6\times\cdots\times 2n}=\frac{a_0+1}{2^n\cdot n!}.$$

不难求出 $\sum_{n=1}^{\infty}a_{2n-1}x^{2n-1}$ 与 $\sum_{n=0}^{\infty}a_{2n}x^{2n}$ 的收敛域都是 $(-\infty,+\infty)$,故

$$y=\sum_{n=0}^{\infty}a_nx^n=\sum_{n=1}^{\infty}a_{2n-1}x^{2n-1}+\sum_{n=0}^{\infty}a_{2n}x^{2n}$$

$$=\sum_{n=1}^{\infty}\frac{x^{2n-1}}{3\times 5\times\cdots\times(2n-1)}+(a_0+1)\sum_{n=0}^{\infty}\frac{x^{2n}}{n!\,2^n}-1$$

$$=\sum_{n=1}^{\infty}\frac{x^{2n-1}}{3\times 5\times\cdots\times(2n-1)}+(a_0+1)\sum_{n=0}^{\infty}\frac{1}{n!}\left(\frac{x^2}{2}\right)^n-1.$$

由于 $\sum_{n=0}^{\infty}\frac{1}{n!}\left(\frac{x^2}{2}\right)^n=e^{\frac{x^2}{2}}$,记 $a_0+1=C$,$1\times 3\times 5\times\cdots\times(2n-1)=(2n-1)!!$,

则 $y=Ce^{\frac{x^2}{2}}+\sum_{n=1}^{\infty}\frac{1}{(2n-1)!!}x^{2n-1}-1,x\in(-\infty,+\infty)$.

(2) 设 $y=\sum_{n=0}^{\infty}a_nx^n$ 是方程的解,其中 a_0,a_1 是任意常数,则

$$y'=\sum_{n=1}^{\infty}na_nx^{n-1},\ y''=\sum_{n=2}^{\infty}n(n-1)a_nx^{n-2}=\sum_{n=0}^{\infty}(n+2)(n+1)a_{n+2}x^n,$$

代入方程 $y''+xy'+y=0$,得 $\sum_{n=0}^{\infty}[(n+2)(n+1)a_{n+2}+na_n+a_n]x^n=0$.

故必有 $(n+2)(n+1)a_{n+2}+(n+1)a_n=0$,即 $a_{n+2}=-\frac{a_n}{n+2}\quad(n=0,1,2,\cdots)$.

可见,当 $n=2(k-1)$ 时,$a_{2k}=\left(-\frac{1}{2k}\right)a_{2k-2}=\left(-\frac{1}{2k}\right)\left(-\frac{1}{2k-2}\right)\cdots\left(-\frac{1}{2}\right)a_0=\frac{a_0(-1)^k}{2^k\cdot k!}$.

当 $n=2k-1$ 时,$a_{2k+1}=\left(-\frac{1}{2k+1}\right)a_{2k-1}=\left(-\frac{1}{2k+1}\right)\left(-\frac{1}{2k-1}\right)\cdots\left(-\frac{1}{3}\right)a_1=\frac{a_1(-1)^k}{(2k+1)!!}$.

由于 $\sum_{n=0}^{\infty}a_{2n}x^{2n}$ 与 $\sum_{n=0}^{\infty}a_{2n+1}x^{2n+1}$ 的收敛域均为 $(-\infty,+\infty)$,故

$$y=\sum_{n=0}^{\infty}a_nx^n=\sum_{n=0}^{\infty}a_{2n}x^{2n}+\sum_{n=0}^{\infty}a_{2n+1}x^{2n+1}=\sum_{n=0}^{\infty}\frac{a_0(-1)^n}{n!\,2^n}x^{2n}+\sum_{n=0}^{\infty}\frac{a_1(-1)^n}{(2n+1)!!}x^{2n+1},$$

即 $y=a_0e^{-\frac{x^2}{2}}+a_1\sum_{n=0}^{\infty}\frac{(-1)^n}{(2n+1)!!}x^{2n+1},x\in(-\infty,+\infty)$.

(3) 设 $y=\sum_{n=0}^{\infty}a_nx^n$ 是方程的解,代入方程,得 $(1-x)\sum_{n=1}^{\infty}na_nx^{n-1}=x^2-\sum_{n=0}^{\infty}a_nx^n$,

有 $\sum_{n=1}^{\infty}na_nx^{n-1}-\sum_{n=1}^{\infty}na_nx^n+\sum_{n=0}^{\infty}a_nx^n=x^2$,

将上式左边第一个级数写成 $\sum_{n=1}^{\infty}na_nx^{n-1}=\sum_{n=0}^{\infty}(n+1)a_{n+1}x^n$,则有

$$\sum_{n=0}^{\infty}[(n+1)a_{n+1}+(1-n)a_n]x^n=x^2.$$

比较系数,得 $a_1+a_0=0, 2a_2=0, 3a_3-a_2=1, (n+1)a_{n+1}+(1-n)a_n=0\ (n\geqslant 3)$.

即 $a_1=-a_0, a_2=0, a_3=\dfrac{1}{3}, a_{n+1}=\dfrac{n-1}{n+1}a_n(n\geqslant 3)$,或写成

$$a_n=\dfrac{n-2}{n}a_{n-1}=\dfrac{n-2}{n}\times\dfrac{n-3}{n-1}\times\dfrac{n-4}{n-2}\times\cdots\times\dfrac{2}{4}\times\dfrac{1}{3}=\dfrac{2}{n(n-1)}(n\geqslant 4).$$

于是 $y=a_0-a_0x+\dfrac{1}{3}x^3+\dfrac{1}{6}x^4+\dfrac{1}{10}x^5+\cdots+\dfrac{2}{n(n-1)}x^n+\cdots.$

4. 试用幂级数求下列方程满足所给初始条件的特解:

(1) $y'=y^2+x^3, y\big|_{x=0}=\dfrac{1}{2}$; (2) $(1-x)y'+y=1+x, y\big|_{x=0}=0$.

解:(1) 设 $y=\sum\limits_{n=0}^{\infty}a_nx^n$ 为该方程的解,由于 $y\big|_{x=0}=\dfrac{1}{2}$,所以 $a_0=\dfrac{1}{2}, y=\dfrac{1}{2}+\sum\limits_{n=1}^{\infty}a_nx^n.$

代入方程,得 $\sum\limits_{n=1}^{\infty}na_nx^{n-1}=\left(\dfrac{1}{2}+\sum\limits_{n=1}^{\infty}a_nx^n\right)^2+x^3.$ 由于

$$\left(\dfrac{1}{2}+\sum\limits_{n=1}^{\infty}a_nx^n\right)^2=\dfrac{1}{4}+\sum\limits_{n=1}^{\infty}a_nx^n+\left(\sum\limits_{n=1}^{\infty}a_nx^n\right)^2$$

$$=\dfrac{1}{4}+\sum\limits_{n=1}^{\infty}a_nx^n+a_1^2x^2+2a_1a_2x^3+(a_2^2+2a_1a_3)x^4+\cdots,$$

所以上式为 $\sum\limits_{n=1}^{\infty}na_nx^{n-1}=\dfrac{1}{4}+\sum\limits_{n=1}^{\infty}a_nx^n+a_1^2x^2+(1+2a_1a_2)x^3+(a_2^2+2a_1a_3)x^4+\cdots,$

比较系数,得

$$a_1=\dfrac{1}{4},\ 2a_2=a_1,\ 3a_3=a_2+a_1^2,\ 4a_4=a_3+1+2a_1a_2,\ 5a_5=a_4+a_2^2+2a_1a_3,\cdots,$$

计算得 $a_1=\dfrac{1}{4}, a_2=\dfrac{1}{8}, a_3=\dfrac{1}{16}, a_4=\dfrac{9}{32},\cdots$,故

$$y=\dfrac{1}{2}+\dfrac{1}{4}x+\dfrac{1}{8}x^2+\dfrac{1}{16}x^3+\dfrac{9}{32}x^4+\cdots.$$

(2) 设该方程的解为 $y=\sum\limits_{n=0}^{\infty}a_nx^n$,由于 $y\big|_{x=0}=0$,所以 $a_0=0, y=\sum\limits_{n=1}^{\infty}a_nx^n.$

代入方程,得 $(1-x)\sum\limits_{n=1}^{\infty}na_nx^{n-1}+\sum\limits_{n=1}^{\infty}a_nx^n=1+x,$

即 $a_1+\sum\limits_{n=1}^{\infty}[(n+1)a_{n+1}+(1-n)a_n]x^n=1+x.$ 比较系数,得 $a_1=1, 2a_2=1.$

当 $n\geqslant 2$ 时, $(n+1)a_{n+1}+(1-n)a_n=0$,即 $a_1=1, a_2=\dfrac{1}{2}$;

当 $n\geqslant 3$ 时, $a_n=\dfrac{n-2}{n}a_{n-1}=\dfrac{n-2}{n}\cdot\dfrac{n-3}{n-1}a_{n-2}$

$$=\dfrac{n-2}{n}\cdot\dfrac{n-3}{n-1}\cdot\dfrac{n-4}{n-2}\cdot\dfrac{n-5}{n-3}\cdot\cdots\cdot\dfrac{1}{3}a_2=\dfrac{1}{n(n-1)}.$$

所以 $y=x+\dfrac{1}{1\times 2}x^2+\dfrac{1}{2\times 3}x^3+\cdots+\dfrac{1}{(n-1)n}x^n+\cdots.$

【方法点击】 求一阶微分方程：$\dfrac{dy}{dx}=f(x,y)$， ①

满足初始条件 $y|_{x=x_0}=y_0$ 的幂级数形式特解的方法为：

设 $y=y_0+a_1(x-x_0)+a_2(x-x_0)^2+\cdots+a_n(x-x_0)^n+\cdots$， ②

为方程①的解，把②式代入①式，对比等式两端$(x-x_0)$同次幂的系数，就可求出 $a_1,a_2,a_3,\cdots,a_n,\cdots$，从而知用②式表示的函数 $y(x)$ 就是满足条件的特解．

5. 验证函数 $y(x)=1+\dfrac{x^3}{3!}+\dfrac{x^6}{6!}+\cdots+\dfrac{x^{3n}}{(3n)!}+\cdots(-\infty<x<+\infty)$ 满足微分方程 $y''+y'+y=e^x$，

并利用此结果求幂级数 $\sum\limits_{n=0}^{\infty}\dfrac{x^{3n}}{(3n)!}$ 的和函数．

解：（1）因为 $y(x)=1+\dfrac{x^3}{3!}+\dfrac{x^6}{6!}+\cdots+\dfrac{x^{3n}}{(3n)!}+\cdots$，$y'(x)=\dfrac{x^2}{2!}+\dfrac{x^5}{5!}+\cdots+\dfrac{x^{3n-1}}{(3n-1)!}+\cdots$，

$$y''(x)=x+\dfrac{x^4}{4!}+\cdots+\dfrac{x^{3n-2}}{(3n-2)!}+\cdots,$$

以上三式相加得 $y''(x)+y'(x)+y(x)=\sum\limits_{n=0}^{\infty}\dfrac{x^n}{n!}=e^x$，

所以函数 $y(x)$ 满足微分方程 $y''+y'+y=e^x$．

(2) $y''+y'+y=e^x$ 对应的齐次方程 $y''+y'+y=0$ 的特征方程为 $r^2+r+1=0$，特征根为

$r_{1,2}=-\dfrac{1}{2}\pm\dfrac{\sqrt{3}}{2}i$，因此齐次方程的通解为 $Y=e^{-\frac{x}{2}}\left(C_1\cos\dfrac{\sqrt{3}}{2}x+C_2\sin\dfrac{\sqrt{3}}{2}x\right)$．

设非齐次微分方程的特解为 $y^*=Ae^x$，代入方程 $y''+y'+y=e^x$，得 $A=\dfrac{1}{3}$，故有 $y^*=\dfrac{1}{3}e^x$，所以

非齐次微分方程的通解为 $y=Y+y^*=e^{-\frac{x}{2}}\left(C_1\cos\dfrac{\sqrt{3}}{2}x+C_2\sin\dfrac{\sqrt{3}}{2}x\right)+\dfrac{1}{3}e^x$．

由(1)知 $y(x)$ 满足：$y(0)=1$，$y'(0)=0$，由此求得 $C_1=\dfrac{2}{3}$，$C_2=0$．所以所求幂级数的和函数

为 $y(x)=\dfrac{2}{3}e^{-\frac{x}{2}}\cos\dfrac{\sqrt{3}}{2}x+\dfrac{1}{3}e^x(-\infty<x<+\infty)$．

6. 利用欧拉公式将函数 $e^x\cos x$ 展开成 x 的幂级数．

解：$e^x\cos x=e^x\cdot\text{Re}(e^{ix})=\text{Re}(e^{(1+i)x})=\text{Re}\left[e^{\sqrt{2}\left(\cos\frac{\pi}{4}+i\sin\frac{\pi}{4}\right)x}\right]$，又

$$e^{\sqrt{2}\left(\cos\frac{\pi}{4}+i\sin\frac{\pi}{4}\right)x}=\sum_{n=0}^{\infty}\dfrac{\left[\sqrt{2}\left(\cos\frac{\pi}{4}+i\sin\frac{\pi}{4}\right)x\right]^n}{n!}=\sum_{n=0}^{\infty}\dfrac{2^{\frac{n}{2}}}{n!}x^n\left(\cos\dfrac{n\pi}{4}+i\sin\dfrac{n\pi}{4}\right),$$

故 $e^x\cos x=\sum\limits_{n=0}^{\infty}2^{\frac{n}{2}}\cos\dfrac{n\pi}{4}\cdot\dfrac{x^n}{n!}$，$x\in(-\infty,+\infty)$．

*第六节　函数项级数的一致收敛性及一致收敛级数的基本性质

习题 12-6 超精解（教材 P301）

1. 已知函数序列 $S_n(x)=\sin\dfrac{x}{n}$ $(n=1,2,3,\cdots)$ 在 $(-\infty,+\infty)$ 上收敛于 0，

(1) 问 $N(\varepsilon,x)$ 取多大，能使当 $n>N$ 时，$S_n(x)$ 与其极限之差的绝对值小于正数 ε；

(2) 证明 $S_n(x)$ 在任一有限区间 $[a,b]$ 上一致收敛.

解：(1) 由于 $|S_n(x)-0|=\left|\sin\dfrac{x}{n}\right|\leqslant\dfrac{|x|}{n}$，因此对于正数 ε，取 $N(\varepsilon,x)\geqslant\dfrac{|x|}{\varepsilon}$，则当 $n>N$ 时，有

$$|S_n(x)-0|\leqslant\dfrac{|x|}{n}<\varepsilon.$$

(2) 记 $M=\max\{|a|,|b|\}$，则 $\forall x\in[a,b],|x|\leqslant M$，于是 $|S_n(x)-0|\leqslant\dfrac{|x|}{n}\leqslant\dfrac{M}{n}$. 故 $\forall\varepsilon>0$，取 $N=\left[\dfrac{M}{\varepsilon}\right]+1$，当 $n>N$ 时，对一切 $x\in[a,b]$，都有 $|S_n(x)-0|\leqslant\dfrac{|x|}{n}<\dfrac{M}{N}<\varepsilon$，即 $S_n(x)$ 在 $[a,b]$ 上一致收敛于 0.

2. 已知级数 $x^2+\dfrac{x^2}{1+x^2}+\dfrac{x^2}{(1+x^2)^2}+\cdots$ 在 $(-\infty,+\infty)$ 上收敛.

(1) 求出该级数的和；

(2) 问 $N(\varepsilon,x)$ 取多大，能使当 $n>N$ 时，级数的余项 r_n 的绝对值小于正数 ε；

(3) 分别讨论级数在区间 $[0,1]$，$\left[\dfrac{1}{2},1\right]$ 上的一致收敛性.

解：(1) 设级数的和函数为 $S(x)$，当 $x=0$ 时，$S(0)=0$；当 $x\neq 0$ 时，级数是公比为 $\dfrac{1}{1+x^2}$ 的等比级数，且 $\dfrac{1}{1+x^2}<1$，故 $S(x)=\dfrac{x^2}{1-\dfrac{1}{1+x^2}}=1+x^2$. 于是 $S(x)=\begin{cases}1+x^2, & x\neq 0,\\ 0, & x=0.\end{cases}$

(2) $r_n(x)=\dfrac{x^2}{(1+x^2)^n}+\dfrac{x^2}{(1+x^2)^{n+1}}+\dfrac{x^2}{(1+x^2)^{n+2}}+\cdots$

$=\dfrac{x^2}{(1+x^2)^n}\left[1+\dfrac{1}{1+x^2}+\dfrac{1}{(1+x^2)^2}+\cdots\right]$,

当 $x=0$ 时，$r_n(x)=0$，$\forall\varepsilon>0$，取 $N=1$，则当 $n>N$ 时，有 $|r_n(x)|<\varepsilon$；

当 $x\neq 0$ 时，$r_n(x)=\dfrac{x^2}{(1+x^2)^n}\cdot\dfrac{1}{1-\dfrac{1}{1+x^2}}=\dfrac{1}{(1+x^2)^{n-1}}$，$\forall\varepsilon>0(<1)$.

取 $N=\left[\dfrac{\ln\dfrac{1}{\varepsilon}}{\ln(1+x^2)}\right]+1$，则当 $n>N$ 时，$|r_n(x)|=\dfrac{1}{(1+x^2)^{n-1}}<\varepsilon$.

(3) 级数通项 $u_n(x)=\dfrac{x^2}{(1+x^2)^n}(n=0,1,2,\cdots)$ 在区间 $[0,1]$ 上是连续的，若 $\sum\limits_{n=0}^{\infty}u_n(x)$ 在 $[0,1]$ 上一致收敛，则由定理1知，其和函数 $S(x)$ 在 $[0,1]$ 上连续，而 $S(x)$ 在 $[0,1]$ 有间断点 $x=0$，由此推知级数在 $[0,1]$ 上不一致收敛.

在区间 $\left[\dfrac{1}{2},1\right]$ 上，因为 $|r_n(x)|=\dfrac{1}{(1+x^2)^{n-1}}\leqslant\dfrac{1}{\left[1+\left(\dfrac{1}{2}\right)^2\right]^{n-1}}=\left(\dfrac{4}{5}\right)^{n-1}$,

所以任意 $\varepsilon>0$，取 $N=[\log_{\frac{4}{5}}\varepsilon]+1$，当 $n>N$ 时，对一切 $x\in\left[\dfrac{1}{2},1\right]$，有

$$|r_n(x)|\leqslant\left(\dfrac{4}{5}\right)^{n-1}<\varepsilon,$$

即级数在 $\left[\dfrac{1}{2},1\right]$ 上一致收敛.

3. 按定义讨论下列级数在所给区间上的一致收敛性:

(1) $\sum\limits_{n=1}^{\infty}(-1)^{n-1}\dfrac{x^2}{(1+x^2)^n}, -\infty<x<+\infty$;   (2) $\sum\limits_{n=0}^{\infty}(1-x)x^n, 0<x<1$.

解: (1) 级数是交错的, 且满足莱布尼茨定理的条件, 对任意 $x\in(-\infty,+\infty)$,
$$|r_n(x)|\leqslant \dfrac{x^2}{(1+x^2)^{n+1}}\leqslant \dfrac{x^2}{(1+x^2)^n}=\dfrac{x^2}{1+nx^2+\cdots+x^{2n}}<\dfrac{1}{n},$$

故取任意 $\varepsilon>0$, 取 $N=\left[\dfrac{1}{\varepsilon}\right]$, 当 $n>N$ 时, 对一切 $x\in(-\infty,+\infty)$, 有 $|r_n(x)|<\varepsilon$, 即级数在 $(-\infty,+\infty)$ 上一致收敛.

(2) $\sum\limits_{n=0}^{\infty}(1-x)x^n=\sum\limits_{n=0}^{\infty}(x^n-x^{n+1})$, 其部分和函数
$$S_n(x)=(1-x)+(x-x^2)+\cdots+(x^n-x^{n+1})=1-x^{n+1},$$

因此, 和函数为 $S(x)=\lim\limits_{n\to\infty}S_n(x)=\lim\limits_{n\to\infty}(1-x^{n+1})=1, x\in(0,1)$.

且 $|r_n(x)|=|S_n(x)-S(x)|=x^{n+1}, x\in(0,1)$.

取一数列 $x_n=\left(\dfrac{1}{3}\right)^{\frac{1}{n+1}}(n=1,2,\cdots), x_n\in(0,1)$. 取 $\varepsilon_0=\dfrac{1}{4}$, 则不论 n 多么大, 总有 $x_n\in(0,1)$, 使得 $|r_n(x_n)|=\left[\left(\dfrac{1}{3}\right)^{\frac{1}{n+1}}\right]^{n+1}=\dfrac{1}{3}>\dfrac{1}{4}=\varepsilon_0$. 因此, 该级数在开区间 $(0,1)$ 内不一致收敛.

4. 利用魏尔斯特拉斯判别法证明下列级数在所给区间上的一致收敛性:

(1) $\sum\limits_{n=1}^{\infty}\dfrac{\cos nx}{2^n}, -\infty<x<+\infty$;   (2) $\sum\limits_{n=1}^{\infty}\dfrac{\sin nx}{\sqrt[3]{n^4+x^4}}, -\infty<x<+\infty$;

(3) $\sum\limits_{n=1}^{\infty}x^2 e^{-nx}, 0\leqslant x<+\infty$;   (4) $\sum\limits_{n=1}^{\infty}\dfrac{e^{-nx}}{n!}, |x|<10$;

(5) $\sum\limits_{n=1}^{\infty}\dfrac{(-1)^n(1-e^{-nx})}{n^2+x^2}, 0\leqslant x<+\infty$.

证: (1) 对任意的 $x\in(-\infty,+\infty)$, 因为 $|\cos x|\leqslant 1$, 所以 $\left|\dfrac{\cos nx}{2^n}\right|\leqslant \dfrac{1}{2^n}$, 而级数 $\sum\limits_{n=1}^{\infty}\dfrac{1}{2^n}$ 收敛, 从而原级数在 $(-\infty,+\infty)$ 上一致收敛.

(2) 对任意的 $x\in(-\infty,+\infty)$, 因为 $|\sin nx|\leqslant 1$, 所以 $\left|\dfrac{\sin nx}{\sqrt[3]{n^4+x^4}}\right|\leqslant \dfrac{1}{\sqrt[3]{n^4+x^4}}\leqslant \dfrac{1}{n^{\frac{4}{3}}}$, 而级数 $\sum\limits_{n=1}^{\infty}\dfrac{1}{n^{\frac{4}{3}}}$ 收敛, 从而原级数在 $(-\infty,+\infty)$ 上一致收敛.

(3) $\sum\limits_{n=1}^{\infty}x^2 e^{-nx}=\sum\limits_{n=1}^{\infty}\dfrac{x^2}{e^{nx}}$, 当 $x\in[0,+\infty)$ 时,
$$e^{nx}=1+nx+\dfrac{1}{2!}(nx)^2+\dfrac{1}{3!}(nx)^3+\cdots>\dfrac{1}{2!}(nx)^2=\dfrac{n^2x^2}{2},$$

所以 $\left|\dfrac{x^2}{e^{nx}}\right|\leqslant \dfrac{2}{n^2}$, 而级数 $\sum\limits_{n=1}^{\infty}\dfrac{2}{n^2}$ 收敛, 故原级数在 $[0,+\infty)$ 上一致收敛.

(4) 对任意的 $x\in(-10,10)$, $\left|\dfrac{e^{-nx}}{n!}\right|<\dfrac{(e^{10})^n}{n!}$, 而 $\sum\limits_{n=1}^{\infty}\dfrac{(e^{10})^n}{n!}$ 收敛, 故原级数在 $(-10,10)$ 上一致收敛.

(5) 对任意的 $x\in[0,+\infty)$，由于 $0<e^{-nx}\leqslant 1$，故 $\left|\dfrac{(-1)^n(1-e^{-nx})}{n^2+x^2}\right|=\dfrac{1-e^{-nx}}{n^2+x^2}<\dfrac{1}{n^2}$，

而级数 $\sum\limits_{n=1}^{\infty}\dfrac{1}{n^2}$ 收敛，从而原级数在 $[0,+\infty)$ 上一致收敛.

【方法点击】利用魏尔斯特拉斯判别法判断函数项级数 $\sum\limits_{n=1}^{\infty}u_n(x)$ 在区间 I 上一致收敛的关键是要找到收敛的正项级数 $\sum\limits_{n=1}^{\infty}M_n$，使得对于区间 I 上任一 x 有 $|u_n(x)|\leqslant M_n(n=1,2,\cdots)$ 成立.

第七节 傅里叶级数

习题 12－7 超精解(教材 P320～P321)

1. 下列周期函数 $f(x)$ 的周期为 2π，试将 $f(x)$ 展开成傅里叶级数，如果 $f(x)$ 在 $[-\pi,\pi)$ 上的表达式为：

(1) $f(x)=3x^2+1$ $(-\pi\leqslant x<\pi)$； (2) $f(x)=e^{2x}(-\pi\leqslant x<\pi)$；

(3) $f(x)=\begin{cases}bx, & -\pi\leqslant x<0,\\ ax, & 0\leqslant x<\pi\end{cases}$ $(a,b$ 为常数，且 $a>b>0)$.

解：(1) $a_0=\dfrac{1}{\pi}\int_{-\pi}^{\pi}(3x^2+1)dx=\dfrac{1}{\pi}(x^3+x)\Big|_{-\pi}^{\pi}=2(\pi^2+1)$，

$b_n=0(n=1,2,\cdots)$，

$a_n=\dfrac{1}{\pi}\int_{-\pi}^{\pi}(3x^2+1)\cos nx\,dx=\dfrac{2}{\pi}\int_0^{\pi}(3x^2+1)\cos nx\,dx=12\dfrac{(-1)^n}{n^2}(n=1,2,\cdots)$，

故 $f(x)=\pi^2+1+12\sum\limits_{n=1}^{\infty}\dfrac{(-1)^n}{n^2}\cos nx$，$x\in(-\infty,+\infty)$.

(2) $a_0=\dfrac{1}{\pi}\int_{-\pi}^{\pi}e^{2x}dx=\dfrac{1}{2\pi}e^{2x}\Big|_{-\pi}^{\pi}=\dfrac{1}{2\pi}(e^{2\pi}-e^{-2\pi})$；

$a_n=\dfrac{1}{\pi}\int_{-\pi}^{\pi}e^{2x}\cos nx\,dx=\dfrac{e^{2\pi}-e^{-2\pi}}{\pi}\cdot\dfrac{2(-1)^n}{n^2+4}(n=1,2,\cdots)$；

$b_n=\dfrac{1}{\pi}\int_{-\pi}^{\pi}e^{2x}\sin nx\,dx=\dfrac{e^{2\pi}-e^{-2\pi}}{\pi}\cdot\dfrac{-n(-1)^n}{n^2+4}(n=1,2,\cdots)$.

故 $f(x)=\dfrac{e^{2\pi}-e^{-2\pi}}{\pi}\left[\dfrac{1}{4}+\sum\limits_{n=1}^{\infty}\dfrac{(-1)^n}{n^2+4}(2\cos nx-n\sin nx)\right]$

$(x\neq(2n+1)\pi,\ n=0,\pm 1,\pm 2,\cdots)$.

(3) $a_0=\dfrac{1}{\pi}\int_{-\pi}^{\pi}f(x)dx=\dfrac{1}{\pi}\int_{-\pi}^{0}bx\,dx+\dfrac{1}{\pi}\int_{0}^{\pi}ax\,dx=\dfrac{b}{\pi}\dfrac{x^2}{2}\Big|_{-\pi}^{0}+\dfrac{a}{\pi}\dfrac{x^2}{2}\Big|_{0}^{\pi}=\dfrac{\pi}{2}(a-b)$；

$a_n=\dfrac{1}{\pi}\int_{-\pi}^{0}bx\cos nx\,dx+\dfrac{1}{\pi}\int_{0}^{\pi}ax\cos nx\,dx=\dfrac{1}{n^2\pi}\left(bx\cos nx\Big|_{-\pi}^{0}+ax\cos nx\Big|_{0}^{\pi}\right)$

$=\dfrac{1-(-1)^n}{n^2\pi}(b-a)(n=1,2,\cdots)$；

$b_n=\dfrac{1}{\pi}\int_{-\pi}^{0}bx\sin nx\,dx+\dfrac{1}{\pi}\int_{0}^{\pi}ax\sin nx\,dx=\dfrac{(-1)^{n-1}(a+b)}{n}(n=1,2,\cdots)$.

故 $f(x)=\dfrac{a-b}{4}\pi+\sum\limits_{n=1}^{\infty}\left\{\dfrac{[1-(-1)^n](b-a)}{n^2\pi}\cos nx+\dfrac{(-1)^{n-1}(a+b)}{n}\sin nx\right\}$

$(x \neq (2n+1)\pi, n=0, \pm 1, \cdots)$.

【方法点击】 周期函数 $f(x)$ 展开成傅里叶级数的步骤：

(1) 画出 $f(x)$ 的草图，由图形写出收敛域，可判断出函数的奇偶性，可减少求系数的工作量，并决定使用何公式；

(2) 验证函数是否满足收敛定理条件，讨论展开后的级数在间断点、端点的和；

(3) 计算傅里叶系数；

(4) 写出傅里叶级数，决定收敛区间，注明它在何处收敛于 $f(x)$.

2. 将下列函数 $f(x)$ 展开成傅里叶级数：

(1) $f(x) = 2\sin\dfrac{x}{3}$ $(-\pi \leqslant x \leqslant \pi)$；   (2) $f(x) = \begin{cases} e^x, & -\pi \leqslant x < 0, \\ 1, & 0 \leqslant x \leqslant \pi. \end{cases}$

解：(1) 设 $F(x)$ 为 $f(x)$ 周期拓广而得到的新函数，$F(x)$ 在 $(-\pi,\pi)$ 中连续，$x = \pm\pi$ 是 $F(x)$ 的间断点，且 $[F(-\pi-0)+F(-\pi+0)]/2 \neq f(-\pi)$，$[F(\pi-0)+F(\pi+0)]/2 \neq f(\pi)$.

故在 $(-\pi,\pi)$ 中，$F(x)$ 的傅里叶级数收敛于 $f(x)$，在 $x = \pm\pi$，$F(x)$ 的傅里叶级数不收敛于 $f(x)$，计算傅氏系数如下：

因为 $2\sin\dfrac{x}{3}$ $(-\pi < x < \pi)$ 是奇函数，所以 $a_n = 0$ $(n=0,1,2,\cdots)$；

$$b_n = \frac{2}{\pi}\int_0^\pi 2\sin\frac{x}{3}\sin nx\,dx = \frac{2}{\pi}\int_0^\pi \left[\cos\left(\frac{1}{3}-n\right)x - \cos\left(\frac{1}{3}+n\right)x\right]dx$$

$$= \frac{2}{\pi}\left[\frac{\sin\left(n-\frac{1}{3}\right)\pi}{n-\frac{1}{3}} - \frac{\sin\left(n+\frac{1}{3}\right)\pi}{n+\frac{1}{3}}\right]$$

$$= \frac{6}{\pi}\left(\frac{-\cos n\pi \cdot \frac{\sqrt{3}}{2}}{3n-1} - \frac{\cos n\pi \cdot \frac{\sqrt{3}}{2}}{3n+1}\right) = (-1)^{n+1}\frac{18\sqrt{3}}{\pi} \cdot \frac{n}{9n^2-1}\;(n=0,1,2,\cdots).$$

因此 $f(x) = \dfrac{18\sqrt{3}}{\pi}\sum_{n=1}^\infty (-1)^{n+1}\dfrac{n\sin nx}{9n^2-1}$ $(-\pi < x < \pi)$.

(2) 将 $f(x)$ 拓广为周期函数 $F(x)$，在 $(-\pi,\pi)$ 中，$F(x)$ 连续，$x = \pm\pi$ 是 $F(x)$ 的间断点，且
$[F(-\pi-0)+F(-\pi+0)]/2 \neq f(-\pi)$，$[F(\pi-0)+F(\pi+0)]/2 \neq f(\pi)$.

故 $F(x)$ 的傅里叶级数在 $(-\pi,\pi)$ 中收敛于 $f(x)$，而在 $x = \pm\pi$ 处，不收敛于 $f(x)$，计算傅氏系数如下：

$a_0 = \dfrac{1}{\pi}\left(\int_{-\pi}^0 e^x\,dx + \int_0^\pi 1 \cdot dx\right) = \dfrac{1+\pi-e^{-\pi}}{\pi}$,

$a_n = \dfrac{1}{\pi}\left(\int_{-\pi}^0 e^x\cos nx\,dx + \int_0^\pi \cos nx\,dx\right) = \dfrac{1-(-1)^n e^{-\pi}}{\pi(1+n^2)}$ $(n=1,2,\cdots)$,

$b_n = \dfrac{1}{\pi}\left(\int_{-\pi}^0 e^x\sin nx\,dx + \int_0^\pi \sin nx\,dx\right) = \dfrac{1}{\pi}\left\{\dfrac{-n[1-(-1)^n e^{-\pi}]}{1+n^2} + \dfrac{1-(-1)^n}{n}\right\}$

$(n=1,2,\cdots)$,

因此

$$f(x) = \frac{1+\pi-e^{-\pi}}{2\pi} + \frac{1}{\pi}\sum_{n=1}^\infty \left[\frac{1-(-1)^n e^{-\pi}}{1+n^2}\right]\cos nx +$$

$$\frac{1}{\pi}\sum_{n=1}^\infty \left[\frac{-n+(-1)^n ne^{-\pi}}{1+n^2} + \frac{1-(-1)^n}{n}\right]\sin nx\;(-\pi < x < \pi).$$

3. 将函数 $f(x)=\cos\dfrac{x}{2}$ $(-\pi\leqslant x\leqslant\pi)$ 展开成傅里叶级数.

解：由于 $f(x)$ 为偶函数，故 $b_n=0, (n=1,2,\cdots)$；且 $a_0=\dfrac{2}{\pi}\int_0^{\pi}\cos\dfrac{x}{2}\mathrm{d}x=\dfrac{4}{\pi}$；

$$a_n=\dfrac{2}{\pi}\int_0^{\pi}\cos\dfrac{x}{2}\cdot\cos nx\mathrm{d}x=\dfrac{1}{\pi}\int_0^{\pi}\left[\cos\left(n-\dfrac{1}{2}\right)x+\cos\left(n+\dfrac{1}{2}\right)x\right]\mathrm{d}x$$

$$=\dfrac{1}{\pi}\left[\dfrac{1}{n-\dfrac{1}{2}}\sin\left(n-\dfrac{1}{2}\right)x\bigg|_0^{\pi}+\dfrac{1}{n+\dfrac{1}{2}}\sin\left(n+\dfrac{1}{2}\right)x\bigg|_0^{\pi}\right]$$

$$=\dfrac{2}{\pi}\left[\dfrac{(-1)^{n+1}}{2n-1}+\dfrac{(-1)^n}{2n+1}\right]=-\dfrac{4}{\pi}\dfrac{(-1)^n}{4n^2-1}(n=1,2,\cdots).$$

故 $\cos\dfrac{x}{2}=\dfrac{2}{\pi}+\dfrac{4}{\pi}\sum\limits_{n=1}^{\infty}\dfrac{(-1)^{n-1}}{4n^2-1}\cos nx, x\in[-\pi,\pi]$.

4. 设 $f(x)$ 是周期为 2π 的周期函数，它在 $[-\pi,\pi)$ 上的表达式为

$$f(x)=\begin{cases}-\dfrac{\pi}{2}, & -\pi\leqslant x<-\dfrac{\pi}{2},\\ x, & -\dfrac{\pi}{2}\leqslant x<\dfrac{\pi}{2},\\ \dfrac{\pi}{2}, & \dfrac{\pi}{2}\leqslant x<\pi,\end{cases}$$

将 $f(x)$ 展开成傅里叶级数.

解：由于 $f(x)$ 为奇函数，故 $a_n=0\ (n=0,1,2,\cdots)$；

$$b_n=\dfrac{2}{\pi}\int_0^{\pi}f(x)\sin nx\mathrm{d}x=\dfrac{2}{\pi}\left(\int_0^{\frac{\pi}{2}}x\sin nx\mathrm{d}x+\int_{\frac{\pi}{2}}^{\pi}\dfrac{\pi}{2}\sin nx\mathrm{d}x\right)$$

$$=\dfrac{2}{\pi}\left(-\dfrac{x}{n}\cos nx+\dfrac{1}{n^2}\sin nx\right)\bigg|_0^{\frac{\pi}{2}}+2\left(\dfrac{-1}{2n}\cos nx\right)\bigg|_{\frac{\pi}{2}}^{\pi}$$

$$=-\dfrac{1}{n}(-1)^n+\dfrac{2}{n^2\pi}\sin\dfrac{n\pi}{2}\ \ (n=1,2,\cdots),$$

又 $f(x)$ 的间断点为 $x=(2n+1)\pi, n=0,\pm 1,\pm 2,\cdots$，

所以 $f(x)=\sum\limits_{n=1}^{\infty}\left[\dfrac{(-1)^{n+1}}{n}+\dfrac{2}{n^2\pi}\sin\dfrac{n\pi}{2}\right]\sin nx(x\neq(2n+1)\pi, n=0,\pm 1,\pm 2,\cdots)$.

5. 将函数 $f(x)=\dfrac{\pi-x}{2}$ $(0\leqslant x\leqslant\pi)$ 展开成正弦级数.

解：对 $f(x)$ 先作奇延拓到 $[-\pi,\pi]$ 上，再周期延拓到整个实数轴上. 则

$$b_n=\dfrac{2}{\pi}\int_0^{\pi}\dfrac{\pi-x}{2}\sin nx\mathrm{d}x=\dfrac{2}{\pi}\left(\dfrac{\pi}{2}\int_0^{\pi}\sin nx\mathrm{d}x-\dfrac{1}{2}\int_0^{\pi}x\sin nx\mathrm{d}x\right)$$

$$=-\dfrac{1}{n}\cos nx\bigg|_0^{\pi}+\dfrac{1}{\pi}\left(\dfrac{1}{n}x\cos nx-\dfrac{1}{n^2}\sin nx\right)\bigg|_0^{\pi}=\dfrac{1}{n}(n=1,2,\cdots).$$

又因延拓后函数在 $x=0$ 间断，在 $0<x\leqslant\pi$ 连续，故 $\dfrac{\pi-x}{2}=\sum\limits_{n=1}^{\infty}\dfrac{1}{n}\sin nx, x\in[0,\pi]$.

在 $x=0$ 处，右边级数收敛于 $\dfrac{1}{2}[f(0+0)+f(0-0)]=0$.

【方法点击】 遇到此种在周期$[0,l]$上定义的非周期函数,并要求它在$[0,l]$上展成正(余)弦级数,一般过程如下:

(1)补充函数在$[-l,0]$上的定义,使其在整个$[-l,l]$上为奇(偶)函数,即
$$g(x)=\begin{cases}f(x), & 0\leqslant x\leqslant l,\\ -f(-x), & -l\leqslant x<0,\end{cases}\text{或}\;g(x)=\begin{cases}f(x), & 0\leqslant x\leqslant l,\\ f(-x), & -l\leqslant x<0.\end{cases}$$

(2)将$g(x)$以$2l$为周期延拓到$(-\infty,+\infty)$上,称为$f(x)$的奇(偶)延拓.

(3)将$g(x)$展成正(余)弦级数,并讨论级数在$[-l,l]$上的收敛性(当$l\neq\pi$时,级数展开法见下一节.)

(4)在区间$[0,l]$上,除间断点外,$f(x)=g(x),x\in[0,l]$为连续点.

除以上的奇(偶)延拓法外,可以根据需要,在周期上作任意延拓,即对定义在$[0,l]$上的$f(x)$,可在左半区间$[-l,0]$上补充任意定义,得新的函数$f_1(x),x\in[-l,l]$,其中$f_1(x)=f(x),x\in[0,l]$.再将$f_1(x)$以$2l$为周期延拓到整个数轴上,得到周期函数$g(x)$.

应当指出,用不同的延拓方法可得到不同形式的傅里叶级数.

6. 将函数$f(x)=2x^2(0\leqslant x\leqslant\pi)$分别展开成正弦级数和余弦级数.

解:(1)正弦级数:

对$f(x)$作奇延拓,得$F(x)=\begin{cases}2x^2, & x\in(0,\pi],\\ 0, & x=0,\\ -2x^2, & x\in(-\pi,0).\end{cases}$

再周期延拓$F(x)$到$(-\infty,+\infty)$,易见$x=\pi$是$F(x)$的一个间断点.

$F(x)$的傅氏系数为$a_n=0\;\;(n=0,1,2,\cdots)$;

$$b_n=\frac{2}{\pi}\int_0^\pi F(x)\sin nx\mathrm{d}x=\frac{2}{\pi}\int_0^\pi f(x)\sin nx\mathrm{d}x=\frac{2}{\pi}\int_0^\pi 2x^2\sin nx\mathrm{d}x$$
$$=\frac{4}{\pi}\left(\frac{-x^2}{n}\cos nx+\frac{2x}{n^2}\sin nx+\frac{2}{n^3}\cos nx\right)\Big|_0^\pi$$
$$=\frac{4}{\pi}\left[\left(\frac{2}{n^3}-\frac{\pi^2}{n}\right)(-1)^n-\frac{2}{n^3}\right]\;\;(n=1,2,3,\cdots),$$

由于在$x=\pi$处,$f(\pi)=2\pi^2\neq\dfrac{F(\pi-0)+F(\pi+0)}{2}$,故

$$f(x)=\frac{4}{\pi}\sum_{n=1}^\infty\left[(-1)^n\left(\frac{2}{n^3}-\frac{\pi^2}{n}\right)-\frac{2}{n^3}\right]\sin nx(0\leqslant x<\pi).$$

(2)余弦级数:

对$f(x)$进行偶延拓,得$F(x)=2x^2,x\in(-\pi,\pi)$;再周期延拓$F(x)$到$(-\infty,+\infty)$,则$F(x)$在$(-\infty,+\infty)$内处处连续,且$F(x)\equiv f(x),x\in[0,\pi]$.

其傅氏系数如下:

$$a_0=\frac{2}{\pi}\int_0^\pi 2x^2\mathrm{d}x=\frac{4}{3}\pi^2;$$
$$a_n=\frac{2}{\pi}\int_0^\pi 2x^2\cos nx\mathrm{d}x=\frac{4}{\pi}\int_0^\pi x^2\cos nx\mathrm{d}x=(-1)^n\frac{8}{n^2}\;\;(n=1,2,\cdots);$$
$$b_n=0\;(n=1,2,\cdots).$$

从而,$f(x)=\dfrac{2}{3}\pi^2+8\displaystyle\sum_{n=1}^\infty\dfrac{(-1)^n}{n^2}\cos nx(0\leqslant x\leqslant\pi).$

7. 设周期函数$f(x)$的周期为2π.证明:

(1)如果 $f(x-\pi)=-f(x)$,则 $f(x)$ 的傅里叶系数 $a_0=0, a_{2k}=0, b_{2k}=0\ (k=1,2,\cdots)$;

(2)如果 $f(x-\pi)=f(x)$,则 $f(x)$ 的傅里叶系数 $a_{2k+1}=0, b_{2k+1}=0\ (k=0,1,2,\cdots)$.

证:(1) $a_0 = \dfrac{1}{\pi}\left[\int_{-\pi}^{0} f(x)\mathrm{d}x + \int_{0}^{\pi} f(x)\mathrm{d}x\right] = \dfrac{1}{\pi}\left\{\int_{-\pi}^{0} f(x)\mathrm{d}x + \int_{0}^{\pi}[-f(x-\pi)]\mathrm{d}x\right\}$,

在上式第二个积分中令 $x-\pi=u$,则 $a_0 = \dfrac{1}{\pi}\left[\int_{-\pi}^{0} f(x)\mathrm{d}x - \int_{-\pi}^{0} f(u)\mathrm{d}u\right] = 0$.

同理,可得

$$a_n = \dfrac{1}{\pi}\left[\int_{-\pi}^{0} f(x)\cos nx\,\mathrm{d}x + \int_{0}^{\pi} f(x)\cos nx\,\mathrm{d}x\right]$$

$$= \dfrac{1}{\pi}\left[\int_{-\pi}^{0} f(x)\cos nx\,\mathrm{d}x + \int_{0}^{\pi}[-f(x-\pi)]\cos nx\,\mathrm{d}x\right]$$

$$= \dfrac{1}{\pi}\left[\int_{-\pi}^{0} f(x)\cos nx\,\mathrm{d}x - \int_{-\pi}^{0} f(u)\cos(n\pi+nu)\,\mathrm{d}u\right],$$

$$b_n = \dfrac{1}{\pi}\left[\int_{-\pi}^{0} f(x)\sin nx\,\mathrm{d}x - \int_{-\pi}^{0} f(u)\sin(n\pi+nu)\,\mathrm{d}u\right].$$

当 $n=2k\ (k\in\mathbf{N}^*)$ 时,$\cos(n\pi+nu)=\cos nu$,$\sin(n\pi+nu)=\sin nu$,

于是,有 $a_{2k} = \dfrac{1}{\pi}\left[\int_{-\pi}^{0} f(x)\cos 2kx\,\mathrm{d}x - \int_{-\pi}^{0} f(u)\cos 2ku\,\mathrm{d}u\right] = 0$,

$$b_{2k}=0\ (k\in\mathbf{N}^*).$$

(2)与(1)的做法类似,有

$$a_n = \dfrac{1}{\pi}\left[\int_{-\pi}^{0} f(x)\cos nx\,\mathrm{d}x + \int_{-\pi}^{0} f(u)\cos(n\pi+nu)\,\mathrm{d}u\right],$$

$$b_n = \dfrac{1}{\pi}\left[\int_{-\pi}^{0} f(x)\sin nx\,\mathrm{d}x + \int_{-\pi}^{0} f(u)\sin(n\pi+nu)\,\mathrm{d}u\right].$$

当 $n=2k+1\ (k\in\mathbf{N})$ 时,$\cos(n\pi+nu)=-\cos nu$,$\sin(n\pi+nu)=-\sin nu$,故有

$$a_{2k+1}=0, b_{2k+1}=0\ (k\in\mathbf{N}).$$

第八节 一般周期函数的傅里叶级数

习题 12-8 超精解(教材 P327)

1.将下列各周期函数展开成傅里叶级数(下面给出函数在一个周期内的表达式):

(1) $f(x)=1-x^2\ (-\dfrac{1}{2}\leqslant x<\dfrac{1}{2})$;

(2) $f(x)=\begin{cases}x, & -1\leqslant x<0,\\ 1, & 0\leqslant x<\dfrac{1}{2},\\ -1, & \dfrac{1}{2}\leqslant x<1;\end{cases}$
(3) $f(x)=\begin{cases}2x+1, & -3\leqslant x<0,\\ 1, & 0\leqslant x<3.\end{cases}$

解:(1)因为 $f(x)=1-x^2$ 为偶函数,所以 $b_n=0\ (n=1,2,\cdots)$,而

$$a_0 = \dfrac{2}{\frac{1}{2}}\int_{0}^{\frac{1}{2}}(1-x^2)\mathrm{d}x = 4\int_{0}^{\frac{1}{2}}(1-x^2)\mathrm{d}x = \dfrac{11}{6},$$

$$a_n = \dfrac{2}{\frac{1}{2}}\int_{0}^{\frac{1}{2}}(1-x^2)\cos\dfrac{n\pi x}{\frac{1}{2}}\mathrm{d}x = 4\int_{0}^{\frac{1}{2}}(1-x^2)\cos(2n\pi x)\mathrm{d}x$$

$$=4\left[\frac{1-x^2}{2n\pi}\sin(2n\pi x)-\frac{2x}{4n^2\pi^2}\cos(2n\pi x)+\frac{2}{8n^3\pi^3}\sin(2n\pi x)\right]\Big|_0^{\frac{1}{2}}$$

$$=\frac{(-1)^{n+1}}{n^2\pi^2} \quad (n=1,2,\cdots),$$

由于 $f(x)$ 在 $(-\infty,+\infty)$ 内连续，所以

$$f(x)=\frac{11}{12}+\frac{1}{\pi^2}\sum_{n=1}^{\infty}\frac{(-1)^{n+1}}{n^2}\cos(2n\pi x), \quad x\in(-\infty,+\infty).$$

(2) $a_0=\int_{-1}^{1}f(x)\mathrm{d}x=\int_{-1}^{0}x\mathrm{d}x+\int_{0}^{\frac{1}{2}}\mathrm{d}x-\int_{\frac{1}{2}}^{1}\mathrm{d}x=-\frac{1}{2},$

$$a_n=\int_{-1}^{1}f(x)\cos n\pi x\mathrm{d}x=\int_{-1}^{0}x\cos n\pi x\mathrm{d}x+\int_{0}^{\frac{1}{2}}\cos n\pi x\mathrm{d}x-\int_{\frac{1}{2}}^{1}\cos n\pi x\mathrm{d}x$$

$$=\left(\frac{x}{n\pi}\sin n\pi x+\frac{1}{n^2\pi^2}\cos n\pi x\right)\Big|_{-1}^{0}+\left(\frac{1}{n\pi}\sin n\pi x\right)\Big|_{0}^{\frac{1}{2}}-\left(\frac{1}{n\pi}\sin n\pi x\right)\Big|_{\frac{1}{2}}^{1}$$

$$=\frac{1}{n^2\pi^2}[1-(-1)^n]+\frac{2}{n\pi}\sin\frac{n\pi}{2} \quad (n=1,2,\cdots),$$

$$b_n=\int_{-1}^{1}f(x)\sin n\pi x\mathrm{d}x=\int_{-1}^{0}x\sin n\pi x\mathrm{d}x+\int_{0}^{\frac{1}{2}}\sin n\pi x\mathrm{d}x-\int_{\frac{1}{2}}^{1}\sin n\pi x\mathrm{d}x$$

$$=-\frac{2}{n\pi}\cos\frac{n\pi}{2}+\frac{1}{n\pi} \quad (n=1,2,\cdots).$$

而在 $(-\infty,+\infty)$ 上，$f(x)$ 的间断点为 $x=2k, 2k+\frac{1}{2}, k=0,\pm 1,\pm 2,\cdots$，故

$$f(x)=-\frac{1}{4}+\sum_{n=1}^{\infty}\left\{\left[\frac{1-(-1)^n}{n^2\pi^2}+\frac{2\sin\frac{n\pi}{2}}{n\pi}\right]\cos n\pi x+\frac{1-2\cos\frac{n\pi}{2}}{n\pi}\sin n\pi x\right\}$$

$(x\neq 2k, x\neq 2k+\frac{1}{2}, k=0,\pm 1,\pm 2,\cdots).$

(3) $a_0=\frac{1}{3}\int_{-3}^{3}f(x)\mathrm{d}x=\frac{1}{3}\left[\int_{-3}^{0}(2x+1)\mathrm{d}x+\int_{0}^{3}\mathrm{d}x\right]=-1,$

$$a_n=\frac{1}{3}\int_{-3}^{3}f(x)\cos\frac{n\pi x}{3}\mathrm{d}x=\frac{1}{3}\int_{-3}^{0}(2x+1)\cos\frac{n\pi x}{3}\mathrm{d}x+\frac{1}{3}\int_{0}^{3}\cos\frac{n\pi x}{3}\mathrm{d}x$$

$$=\frac{6}{n^2\pi^2}[1-(-1)^n] \quad (n=1,2,\cdots),$$

$$b_n=\frac{1}{3}\int_{-3}^{3}f(x)\sin\frac{n\pi x}{3}\mathrm{d}x=\frac{1}{3}\int_{-3}^{0}(2x+1)\sin\frac{n\pi x}{3}\mathrm{d}x+\frac{1}{3}\int_{0}^{3}\sin\frac{n\pi x}{3}\mathrm{d}x$$

$$=\frac{6}{n\pi}(-1)^{n+1} \quad (n=1,2,\cdots),$$

而在 $(-\infty,+\infty)$ 上 $f(x)$ 的间断点为 $x=3(2k+1), k=0,\pm 1,\pm 2,\cdots$，故

$$f(x)=-\frac{1}{2}+\sum_{n=1}^{\infty}\left\{\frac{6}{n^2\pi^2}[1-(-1)^n]\cos\frac{n\pi x}{3}+(-1)^{n+1}\frac{6}{n\pi}\sin\frac{n\pi x}{3}\right\}$$

$(x\neq 3(2k+1), k=0,\pm 1,\pm 2,\cdots).$

2. 将下列函数分别展开成正弦级数和余弦级数：

(1) $f(x)=\begin{cases}x, & 0\leqslant x<\dfrac{l}{2},\\ l-x, & \dfrac{l}{2}\leqslant x<l;\end{cases}$ (2) $f(x)=x^2 (0\leqslant x\leqslant 2).$

解:(1)正弦级数:

将 $f(x)$ 奇延拓到 $(-l,l]$ 上,得 $F(x)$,则 $F(x) \equiv f(x), x \in [0,l]$,

再周期延拓 $F(x)$ 到 $(-\infty,+\infty)$ 上,则 $F(x)$ 是一以 $2l$ 为周期的连续函数.

其傅氏系数如下:

$$a_n = 0 (n=0,1,2,\cdots),$$

$$b_n = \frac{2}{l}\left[\int_0^{\frac{l}{2}} x\sin\frac{n\pi x}{l}dx + \int_{\frac{l}{2}}^l (l-x)\sin\frac{n\pi x}{l}dx\right] = \frac{4l}{n^2\pi^2}\sin\frac{n\pi}{2}$$

$$= \frac{4l}{(2n-1)^2\pi^2}(-1)^{n-1} (n=1,2,\cdots).$$

故 $f(x) = \frac{4l}{\pi^2}\sum_{n=1}^{\infty}\frac{1}{n^2}\sin\frac{n\pi}{2}\sin\frac{n\pi x}{l} = \frac{4l}{\pi^2}\sum_{k=1}^{\infty}\frac{(-1)^{k-1}}{(2k-1)^2}\sin\frac{(2k-1)\pi x}{l}, x \in [0,l].$

余弦级数:

将 $f(x)$ 偶延拓到 $(-l,l]$ 上是 $F(x)$,则 $F(x) \equiv f(x),\quad x \in [0,l].$

再周期延拓 $F(x)$ 到 $(-\infty,+\infty)$ 上,则 $F(x)$ 是一以 $2l$ 为周期的连续函数.

其傅氏系数如下:

$$a_0 = \frac{2}{l}\left[\int_0^{\frac{l}{2}} xdx + \int_{\frac{l}{2}}^l (l-x)dx\right] = \frac{l}{2},$$

$$a_n = \frac{2}{l}\left[\int_0^{\frac{l}{2}} x\cos\frac{n\pi x}{l}dx + \int_{\frac{l}{2}}^l (l-x)\cos\frac{n\pi x}{l}dx\right]$$

$$= \frac{2}{l}\left[\frac{2l^2}{n^2\pi^2}\cos\frac{n\pi}{2} - \frac{l^2}{n^2\pi^2} - \frac{l^2}{n^2\pi^2}(-1)^n\right] (n=1,2,\cdots),$$

$$b_n = 0 (n=1,2,\cdots),$$

因此, $$f(x) = \frac{l}{4} + \frac{2l}{\pi^2}\sum_{n=1}^{\infty}\frac{1}{n^2}\left[2\cos\frac{n\pi}{2} - 1 - (-1)^n\right]\cos\frac{n\pi x}{l}$$

$$= \frac{l}{4} - \frac{2l}{\pi^2}\sum_{k=1}^{\infty}\frac{1}{(2k-1)^2}\cos\frac{2(2k-1)\pi x}{l}, x \in [0,l].$$

(2)正弦级数:

将 $f(x)$ 奇延拓到 $[-2,2]$ 上得函数 $F(x)$,则 $F(x) \equiv f(x), x \in [0,2]$;再周期延拓 $F(x)$ 到 $(-\infty,+\infty)$ 上,则 $F(x)$ 是一以 4 为周期的连续函数,其傅氏系数如下:

$$a_n = 0 \quad (n=0,1,2,\cdots),$$

$$b_n = \frac{2}{2}\int_0^2 x^2\sin\frac{n\pi x}{2}dx = \left(\frac{-2}{n\pi}x^2\cos\frac{n\pi x}{2}\right)\Big|_0^2 + \frac{4}{n\pi}\int_0^2 x\cos\frac{n\pi x}{2}dx$$

$$= (-1)^{n+1}\frac{8}{n\pi} + \frac{8}{(n\pi)^2}\left(x\sin\frac{n\pi x}{2}\right)\Big|_0^2 - \frac{8}{(n\pi)^2}\int_0^2 \sin\frac{n\pi x}{2}dx$$

$$= (-1)^{n+1}\frac{8}{n\pi} + \frac{16}{(n\pi)^3}\left(\cos\frac{n\pi x}{2}\right)\Big|_0^2 = (-1)^{n+1}\frac{8}{n\pi} + \frac{16}{(n\pi)^3}[(-1)^n - 1],$$

因而, $$f(x) = \sum_{n=1}^{\infty}\left\{(-1)^{n+1}\frac{8}{n\pi} + \frac{16}{(n\pi)^3}[(-1)^n - 1]\right\}\sin\frac{n\pi x}{2}$$

$$= \frac{8}{\pi}\sum_{n=1}^{\infty}\left\{\frac{(-1)^{n+1}}{n} + \frac{2}{n^3\pi^2}[(-1)^n - 1]\right\}\sin\frac{n\pi x}{2}, x \in [0,2].$$

余弦级数:

将 $f(x)$ 偶延拓到 $(-2,2)$ 上得函数 $F(x)$,则 $F(x) \equiv f(x), x \in [0,2]$;再周期延拓$F(x)$ 到 $(-\infty,+\infty)$ 上,则 $F(x)$ 是一以 4 为周期的连续函数.其傅氏系数如下:

$$a_0 = \frac{2}{2}\int_0^2 x^2 dx = \left(\frac{x^3}{3}\right)\Big|_0^2 = \frac{8}{3},$$

$$a_n = \frac{2}{2}\int_0^2 x^2 \cos\frac{n\pi x}{2} dx = \frac{2}{n\pi}\left(x^2\sin\frac{n\pi x}{2}\Big|_0^2 - \int_0^2 2x\sin\frac{n\pi x}{2} dx\right)$$

$$= \frac{8}{(n\pi)^2}\left(x\cos\frac{n\pi x}{2}\Big|_0^2 - \int_0^2 \cos\frac{n\pi x}{2} dx\right)$$

$$= \frac{8}{(n\pi)^2}\left[2(-1)^n - \frac{2}{n\pi}\sin\frac{n\pi x}{2}\Big|_0^2\right] = (-1)^n\frac{16}{(n\pi)^2} \ (n=1,2,\cdots),$$

$$b_n = 0 (n=1,2,3,\cdots),$$

故 $f(x) = \frac{4}{3} + \sum_{n=1}^{\infty}(-1)^n\frac{16}{(n\pi)^2}\cos\frac{n\pi x}{2} = \frac{4}{3} + \frac{16}{\pi^2}\sum_{n=1}^{\infty}\frac{(-1)^n}{n^2}\cos\frac{n\pi x}{2}, x \in [0,2].$

【方法点击】 将函数 $f(x)$ 展开为傅立叶级数具体分为三步：

(1)延拓为周期函数(这部分可省略);

(2)计算傅立叶系数 a_n, b_n;

(3)证明收敛情况并写出和函数.

*3. 设 $f(x)$ 是周期为 2 的周期函数，它在 $[-1,1)$ 上的表达式为 $f(x) = e^{-x}$. 试将 $f(x)$ 展开成复数形式的傅里叶级数.

解: $c_n = \frac{1}{2}\int_{-1}^{1} e^{-x} e^{-in\pi x} dx = \frac{1}{2}\int_{-1}^{1} e^{-(1+in\pi)x} dx = \frac{1}{2}\cdot\frac{1}{-(1+in\pi)} e^{-(1+in\pi)x}\Big|_{-1}^{1}$

$$= -\frac{1}{2}\cdot\frac{1-in\pi}{-(1+in\pi)}\cdot(e^{-1}\cos n\pi - e\cos n\pi) = (-1)^n\frac{1-in\pi}{1+n^2\pi^2}\text{sh}\,1,$$

因而 $f(x) = \sum_{n=-\infty}^{\infty}(-1)^n\frac{1-in\pi}{1+n^2\pi^2}\text{sh}\,1 \cdot e^{in\pi x} \ (x \neq 2k+1, k=0,\pm1,\pm2,\cdots).$

*4. 设 $u(t)$ 是周期为 T 的周期函数. 已知它的傅里叶级数的复数形式为

$$u(t) = \frac{h\tau}{T} + \frac{h}{\pi}\sum_{\substack{n=-\infty\\n\neq 0}}^{\infty}\frac{1}{n}\sin\frac{n\pi\tau}{T}e^{i\frac{2n\pi t}{T}} \ (-\infty < t < +\infty),$$

试写出 $u(t)$ 的傅里叶级数的实数形式(即三角形式).

解: $u(t) = \frac{h\tau}{T} + \frac{h}{\pi}\sum_{\substack{n=-\infty\\n\neq 0}}^{\infty}\frac{1}{n}\sin\frac{n\pi\tau}{T}e^{i\frac{2n\pi t}{T}}$

$$= \frac{h\tau}{T} + \frac{h}{\pi}\left(\sum_{n=1}^{\infty}\frac{1}{n}\sin\frac{n\pi\tau}{T}e^{i\frac{2n\pi t}{T}} + \sum_{n=-\infty}^{-1}\frac{1}{n}\sin\frac{n\pi\tau}{T}\cdot e^{i\frac{2n\pi t}{T}}\right)$$

$$= \frac{h\tau}{T} + \frac{h}{\pi}\left[\sum_{n=1}^{\infty}\frac{1}{n}\sin\frac{n\pi\tau}{T}\cdot e^{i\frac{2n\pi t}{T}} + \sum_{n=1}^{\infty}\left(-\frac{1}{n}\right)\sin\frac{(-n)\pi\tau}{T}e^{i\frac{-2n\pi t}{T}}\right]$$

$$= \frac{h\tau}{T} + \frac{h}{\pi}\left(\sum_{n=1}^{\infty}\frac{1}{n}\sin\frac{n\pi\tau}{T}\cdot e^{i\frac{2n\pi t}{T}} + \sum_{n=1}^{\infty}\frac{1}{n}\sin\frac{n\pi\tau}{T}\cdot e^{i\frac{-2n\pi t}{T}}\right)$$

$$= \frac{h\tau}{T} + \frac{h}{\pi}\sum_{n=1}^{\infty}\frac{1}{n}\sin\frac{n\pi\tau}{T}(e^{i\frac{2n\pi t}{T}} + e^{i\frac{-2n\pi t}{T}})$$

$$= \frac{h\tau}{T} + \frac{h}{\pi}\sum_{n=1}^{\infty}\frac{1}{n}\sin\frac{n\pi\tau}{T}2\cos\frac{2n\pi t}{T} = \frac{h\tau}{T} + \frac{2h}{\pi}\sum_{n=1}^{\infty}\frac{1}{n}\sin\frac{n\pi\tau}{T}\cos\frac{2n\pi t}{T},$$

$t \in (-\infty, +\infty).$

此即所求 $u(t)$ 的傅里叶级数的实数形式.

总习题十二超精解(教材 P327~P329)

1. 填空:

(1) 对级数 $\sum_{n=1}^{\infty} u_n$, $\lim\limits_{n\to\infty} u_n = 0$ 是它收敛的_____条件,不是它收敛的_____条件.

(2) 部分和数列 $\{S_n\}$ 有界是正项级数 $\sum_{n=1}^{\infty} u_n$ 收敛的_____条件.

(3) 若级数 $\sum_{n=1}^{\infty} u_n$ 绝对收敛,则级数 $\sum_{n=1}^{\infty} u_n$ 必定_____;若级数 $\sum_{n=1}^{\infty} u_n$ 条件收敛,则级数 $\sum_{n=1}^{\infty} |u_n|$ 必定_____.

解: (1) 必要 充分 (2) 充要 (3) 收敛 发散

2. 下题中给出了四个结果,从中选出一个正确的结果.

设 $f(x)$ 是以 2π 为周期的周期函数,它在 $[-\pi, \pi)$ 上的表达式为 $|x|$,则 $f(x)$ 的傅里叶级数为( ).

(A) $\dfrac{2}{\pi} - \dfrac{4}{\pi}\left[\cos x + \dfrac{1}{3^2}\cos 3x + \dfrac{1}{5^2}\cos 5x + \cdots + \dfrac{1}{(2n-1)^2}\cos(2n-1)x + \cdots\right]$

(B) $\dfrac{2}{\pi}\left[\dfrac{1}{2^2}\sin 2x + \dfrac{1}{4^2}\sin 4x + \dfrac{1}{6^2}\sin 6x + \cdots + \dfrac{1}{(2n)^2}\sin 2nx + \cdots\right]$

(C) $\dfrac{4}{\pi}\left[\cos x + \dfrac{1}{3^2}\cos 3x + \dfrac{1}{5^2}\cos 5x + \cdots + \dfrac{1}{(2n-1)^2}\cos(2n-1)x + \cdots\right]$

(D) $\dfrac{1}{\pi}\left[\dfrac{1}{2^2}\cos 2x + \dfrac{1}{4^2}\cos 4x + \dfrac{1}{6^2}\cos 6x + \cdots + \dfrac{1}{(2n)^2}\cos 2nx + \cdots\right]$

解: 偶函数 $f(x)$ 的傅里叶级数是余弦级数,故排除(B)选项.

又因为 $a_0 = \dfrac{2}{\pi}\int_0^\pi f(x)\mathrm{d}x = \dfrac{2}{\pi}\int_0^\pi x\mathrm{d}x = \pi \neq 0$,所以排除(C)与(D)选项,从而选(A).

3. 判定下列级数的收敛性:

(1) $\sum_{n=1}^{\infty} \dfrac{1}{n\sqrt[n]{n}}$;

(2) $\sum_{n=1}^{\infty} \dfrac{(n!)^2}{2n^2}$;

(3) $\sum_{n=1}^{\infty} \dfrac{n\cos^2\dfrac{n\pi}{3}}{2^n}$;

(4) $\sum_{n=2}^{\infty} \dfrac{1}{\ln^{10} n}$;

(5) $\sum_{n=1}^{\infty} \dfrac{a^n}{n^s}$ ($a>0, s>0$).

解: (1) 由 $\lim\limits_{n\to\infty} nu_n = \lim\limits_{n\to\infty} \dfrac{1}{\sqrt[n]{n}} = 1$ 得级数发散.

(2) $\lim\limits_{n\to\infty} \dfrac{u_{n+1}}{u_n} = \lim\limits_{n\to\infty} \dfrac{[(n+1)!]^2}{2(n+1)^2} \cdot \dfrac{2n^2}{(n!)^2} = \lim\limits_{n\to\infty} n^2 = +\infty$.

由比较审敛法知级数发散.

(3) 由比较审敛法知级数 $\sum_{n=1}^{\infty} \dfrac{n}{2^n}$ 收敛,而 $\dfrac{n\cos^2\dfrac{n\pi}{3}}{2^n} \leqslant \dfrac{n}{2^n}$,故级数收敛.

(4) 由 $\lim\limits_{n\to\infty} nu_n = \lim\limits_{n\to\infty} \dfrac{n}{\ln^{10} n} = \lim\limits_{n\to\infty} \left(\dfrac{n^{\frac{1}{10}}}{\ln n}\right)^{10} = +\infty$,

由比较审敛法的极限形式可知级数 $\sum_{n=1}^{\infty} \dfrac{1}{\ln^{10} n}$ 发散.

(5) $\lim_{n\to\infty}\sqrt[n]{u_n}=\lim_{n\to\infty}\dfrac{a}{\sqrt[n]{n^s}}=a.$

当 $a<1$ 时,级数收敛,当 $a>1$ 时,级数发散.

当 $a=1$ 时,级数为 $\sum_{n=1}^{\infty}\dfrac{1}{n^s}$,当 $s>1$ 时,级数收敛,当 $s\leqslant 1$ 时,级数发散.

【方法点击】 正项级数的判别程序:

$$\sum_{n=1}^{\infty}u_n \to \boxed{\lim_{n\to\infty}u_n\text{是否趋于}0} \xrightarrow{\text{趋于}0} \boxed{\begin{array}{c}\text{比较判别法}\\ \text{比值法}\\ \text{根值法}\end{array}} \to \boxed{\begin{array}{c}\text{比较法的}\\ \text{极限形式}\end{array}} \to \boxed{\begin{array}{c}\text{比较法的}\\ \text{一般形式}\end{array}}$$

不趋于 0: $\sum_{n=1}^{\infty}u_n$ 发散; $p>1$: $\sum_{n=1}^{\infty}u_n$ 发散, $p<1$: $\sum_{n=1}^{\infty}u_n$ 收敛.

4. 设正项级数 $\sum_{n=1}^{\infty}u_n$ 和 $\sum_{n=1}^{\infty}v_n$ 都收敛,证明级数 $\sum_{n=1}^{\infty}(u_n+v_n)^2$ 也收敛.

证:因 $\sum_{n=1}^{\infty}u_n$,$\sum_{n=1}^{\infty}v_n$ 都收敛,故 $u_n\to 0$,$v_n\to 0$ $(n\to\infty)$,所以,$\lim_{n\to\infty}\dfrac{u_n^2}{u_n}=\lim_{n\to\infty}u_n=0$,$\lim_{n\to\infty}\dfrac{v_n^2}{v_n}=0$.

由比较判别法知 $\sum_{n=1}^{\infty}u_n^2$,$\sum_{n=1}^{\infty}v_n^2$ 也都收敛,又由 $u_nv_n\leqslant\dfrac{1}{2}(u_n^2+v_n^2)$,则 $\sum_{n=1}^{\infty}u_nv_n$ 也收敛,

从而 $\sum_{n=1}^{\infty}(u_n+v_n)^2=\sum_{n=1}^{\infty}(u_n^2+2u_nv_n+v_n^2)$ 也收敛.

5. 设级数 $\sum_{n=1}^{\infty}u_n$ 收敛,且 $\lim_{n\to\infty}\dfrac{v_n}{u_n}=1$.问级数 $\sum_{n=1}^{\infty}v_n$ 是否也收敛?试说明理由.

解:不一定,当两级数是非正项级数时,命题不一定正确.

如 $\sum_{n=1}^{\infty}u_n=\sum_{n=1}^{\infty}(-1)^n\dfrac{1}{\sqrt{n}}$,$\sum_{n=1}^{\infty}v_n=\sum_{n=1}^{\infty}\left[(-1)^n\dfrac{1}{\sqrt{n}}+\dfrac{1}{n}\right]$ 时,满足条件.

但 $\sum_{n=1}^{\infty}u_n$ 收敛,$\sum_{n=1}^{\infty}v_n$ 发散.

6. 讨论下列级数的绝对收敛性与条件收敛性:

(1) $\sum_{n=1}^{\infty}(-1)^n\dfrac{1}{n^p}$;   (2) $\sum_{n=1}^{\infty}(-1)^{n+1}\dfrac{\sin\dfrac{\pi}{n+1}}{\pi^{n+1}}$;

(3) $\sum_{n=1}^{\infty}(-1)^n\ln\dfrac{n+1}{n}$;   (4) $\sum_{n=1}^{\infty}(-1)^n\dfrac{(n+1)!}{n^{n+1}}$.

解:(1) $u_n=(-1)^n\dfrac{1}{n^p}$,$\sum_{n=1}^{\infty}|u_n|=\sum_{n=1}^{\infty}\dfrac{1}{n^p}$,这是 p 级数.

当 $p>1$ 时级数 $\sum_{n=1}^{\infty}|u_n|$ 收敛,当 $p\leqslant 1$ 时级数 $\sum_{n=1}^{\infty}|u_n|$ 发散,因而当 $p>1$ 时,级数 $\sum_{n=1}^{\infty}(-1)^n\dfrac{1}{n^p}$ 绝对收敛.

当 $0<p\leqslant 1$ 时,级数 $\sum_{n=1}^{\infty}(-1)^n\dfrac{1}{n^p}$ 是交错级数,且满足莱布尼茨定理的条件,因而收敛,这时是条件收敛.

当 $p \leqslant 0$ 时,由于 $\lim\limits_{n\to\infty}(-1)^n \dfrac{1}{n^p} \neq 0$,所以级数发散.

综上所述,当 $p>1$ 时级数 $\sum\limits_{n=1}^{\infty}(-1)^n \dfrac{1}{n^p}$ 绝对收敛,当 $0<p \leqslant 1$ 时条件收敛,当 $p \leqslant 0$ 时发散.

(2) $u_n = (-1)^{n+1} \dfrac{\sin\dfrac{\pi}{n+1}}{\pi^{n+1}}$,$|u_n| \leqslant \dfrac{1}{\pi^{n+1}} = \left(\dfrac{1}{\pi}\right)^{n+1}$.

由于级数 $\sum\limits_{n=1}^{\infty} \left(\dfrac{1}{\pi}\right)^{n+1}$ 收敛,故由比较判别法知,级数 $\sum\limits_{n=1}^{\infty}|u_n|$ 收敛,从而原级数绝对收敛.

(3) $u_n = (-1)^n \ln\dfrac{n+1}{n}$,因为 $\lim\limits_{n\to\infty} \dfrac{|u_n|}{\dfrac{1}{n}} = \lim\limits_{n\to\infty} n\ln\dfrac{n+1}{n} = \lim\limits_{n\to\infty} \ln\left(1+\dfrac{1}{n}\right)^n = \ln e = 1$,

又级数 $\sum\limits_{n=1}^{\infty} \dfrac{1}{n}$ 发散,故由比较审敛法知级数 $\sum\limits_{n=1}^{\infty}|u_n|$ 发散.

另一方面,由于级数 $\sum\limits_{n=1}^{\infty}(-1)^n \ln\dfrac{n+1}{n}$ 是交错级数,且满足莱布尼茨定理的条件,所以该级数收敛,因此原级数条件收敛.

(4) $u_n = (-1)^n \dfrac{(n+1)!}{n^n}$,

$$\lim_{n\to\infty}\dfrac{|u_{n+1}|}{|u_n|} = \lim_{n\to\infty}\dfrac{(n+2)!}{(n+1)^{n+1}} \bigg/ \dfrac{(n+1)!}{n^n} = \lim_{n\to\infty}(n+2) \cdot \dfrac{n^n}{(n+1)^{n+1}}$$
$$= \lim_{n\to\infty} \dfrac{(n+2)}{(n+1)} \dfrac{1}{\left(1+\dfrac{1}{n}\right)^n} = \dfrac{1}{e} < 1,$$

故由比值审敛法知级数 $\sum\limits_{n=1}^{\infty}|u_n|$ 收敛,即原级数绝对收敛.

【方法点击】 判定交错级数敛散性的一般步骤是:先判定 $\lim\limits_{n\to\infty}u_n$ 是否趋于 0,若不趋于 0,则发散;若趋于 0,则判别 $\sum\limits_{n=1}^{\infty}|u_n|$ 是否收敛.若收敛,则原级数绝对收敛;若发散,利用莱布尼茨判别法判定级数 $\sum\limits_{n=1}^{\infty}u_n$ 是否条件收敛,或用定义求 $\lim\limits_{n\to\infty}S_n$.但若是用正项级数的比(根)值法来判出 $\sum\limits_{n=1}^{\infty}|u_n|$ 发散,则可断定原级数 $\sum\limits_{n=1}^{\infty}u_n$ 也发散,不会条件收敛.

7. 求下列极限:

(1) $\lim\limits_{n\to\infty}\dfrac{1}{n}\sum\limits_{k=1}^{n}\dfrac{1}{3^k}\left(1+\dfrac{1}{k}\right)^{k^2}$; (2) $\lim\limits_{n\to\infty}\left[2^{\frac{1}{3}} \times 4^{\frac{1}{9}} \times 8^{\frac{1}{27}} \times \cdots \times (2^n)^{\frac{1}{3^n}}\right]$.

解:(1) 由根值法知级数 $\sum\limits_{n=1}^{\infty}\dfrac{1}{3^n}\left(1+\dfrac{1}{n}\right)^{n^2}$ 收敛,故 $\lim\limits_{n\to\infty}\dfrac{1}{n}\sum\limits_{k=1}^{n}\dfrac{1}{3^k}\left(1+\dfrac{1}{k}\right)^{k^2} = 0$.

(2) $\lim\limits_{n\to\infty}\left[2^{\frac{1}{3}} \times 4^{\frac{1}{9}} \times \cdots \times (2^n)^{\frac{1}{3^n}}\right] = \lim\limits_{n\to\infty} 2^{\frac{1}{3}+\frac{2}{9}+\cdots+\frac{n}{3^n}}$.

考查幂级数 $S(x) = 1+2x+3x^2+\cdots+nx^{n-1}+\cdots$,则

$$\int_0^x S(t)dt = x+x^2+\cdots+x^n+\cdots = \dfrac{x}{1-x} \quad (|x|<1),$$

故 $S(x) = \left(\dfrac{x}{1-x}\right)' = \dfrac{1}{(1-x)^2}$,$S\left(\dfrac{1}{3}\right) = \dfrac{9}{4}$,得

$$\lim_{n\to\infty} 2^{\frac{1}{3}+\frac{2}{3^2}+\cdots+\frac{n}{3^n}} = 2^{\lim_{n\to\infty}\left(\frac{1}{3}+\frac{2}{3^2}+\cdots+\frac{n}{3^n}\right)} = 2^{\frac{1}{3}\lim_{n\to\infty}\left(1+\frac{2}{3}+\cdots+\frac{n}{3^{n-1}}\right)}$$

$$= 2^{\frac{1}{3}S\left(\frac{1}{3}\right)} = 2^{\frac{3}{4}} = \sqrt[4]{8}.$$

8. 求下列幂级数的收敛区间：

(1) $\sum_{n=1}^{\infty} \frac{3^n+5^n}{n} x^n$; (2) $\sum_{n=1}^{\infty} \left(1+\frac{1}{n}\right)^{n^2} x^n$; (3) $\sum_{n=1}^{\infty} n(x+1)^n$; (4) $\sum_{n=1}^{\infty} \frac{n}{2^n} x^{2n}$.

解：(1) $u_n = \frac{3^n+5^n}{n} x^n$, $a_n = \frac{3^n+5^n}{n}$,

$$\lim_{n\to\infty}\left|\frac{a_{n+1}}{a_n}\right| = \lim_{n\to\infty} \frac{3^{n+1}+5^{n+1}}{n+1} \bigg/ \frac{3^n+5^n}{n} = \lim_{n\to\infty} \frac{n}{n+1} \cdot \frac{3^{n+1}+5^{n+1}}{3^n+5^n} = \lim_{n\to\infty} \frac{3\left(\frac{3}{5}\right)^n+5}{\left(\frac{3}{5}\right)^n+1} = 5.$$

所以收敛半径为 $R=\frac{1}{5}$. 级数的收敛区间为 $\left(-\frac{1}{5}, \frac{1}{5}\right)$.

(2) $u_n = \left(1+\frac{1}{n}\right)^{n^2} x^n$, $\lim_{n\to\infty} \sqrt[n]{|u_n|} = \lim_{n\to\infty} \left(1+\frac{1}{n}\right)^n |x| = e|x|$,

由根值审敛法知, 当 $e|x|<1$, 即 $|x|<\frac{1}{e}$ 时, 幂级数收敛.

当 $e|x|>1$ 时, 即 $|x|>\frac{1}{e}$ 幂级数发散, 故 $R=\frac{1}{e}$. 因此原级数的收敛区间为 $\left(-\frac{1}{e}, \frac{1}{e}\right)$.

(3) $u_n = n(x+1)^n$, $\lim_{n\to\infty} \frac{|u_{n+1}|}{|u_n|} = \lim_{n\to\infty}\left|\frac{(n+1)(x+1)^{n+1}}{n(x+1)^n}\right| = \lim_{n\to\infty} \frac{n+1}{n}|x+1| = |x+1|$,

故由比较审敛法知, 当 $|x+1|<1$ 时幂级数绝对收敛; 而当 $|x+1|>1$ 时幂级数发散.
故 $R=1$. 因而收敛区间为 $(-2, 0)$.

(4) $u_n = \frac{n}{2^n} x^{2n}$, $\lim_{n\to\infty} \sqrt[n]{|u_n|} = \lim_{n\to\infty} \frac{\sqrt[n]{n}}{2} x^2 = \frac{x^2}{2}$.

由根值审敛法知, 当 $\frac{x^2}{2}<1$, 即 $|x|<\sqrt{2}$ 时, 幂级数绝对收敛, 当 $\frac{x^2}{2}>1$, 即 $|x|>\sqrt{2}$ 时, 幂级数发散.

故 $R=\sqrt{2}$. 因此该幂级数的收敛区间为 $(-\sqrt{2}, \sqrt{2})$.

9. 求下列幂级数的和函数：

(1) $\sum_{n=1}^{\infty} \frac{2n-1}{2^n} x^{2(n-1)}$; *(2) $\sum_{n=1}^{\infty} \frac{(-1)^{n-1}}{2n-1} x^{2n-1}$;

(3) $\sum_{n=1}^{\infty} n(x-1)^n$; *(4) $\sum_{n=1}^{\infty} \frac{x^n}{n(n+1)}$.

解：(1) 令和函数为 $S(x)$, 即

$$S(x) = \sum_{n=1}^{\infty} \frac{2n-1}{2^n} x^{2(n-1)} = \frac{1}{2} \sum_{n=1}^{\infty} (2n-1) \left(\frac{x}{\sqrt{2}}\right)^{2n-2} = \frac{\sqrt{2}}{2} \sum_{n=1}^{\infty} \left[\left(\frac{x}{\sqrt{2}}\right)^{2n-1}\right]'$$

$$= \frac{\sqrt{2}}{2} \left[\sum_{n=1}^{\infty} \left(\frac{x}{\sqrt{2}}\right)^{2n-1}\right]' = \frac{\sqrt{2}}{2} \left\{\frac{\sqrt{2}}{x} \sum_{n=1}^{\infty} \left[\left(\frac{x}{\sqrt{2}}\right)^2\right]^n\right\}' = \frac{\sqrt{2}}{2} \left[\frac{\sqrt{2}}{x} \cdot \frac{\left(\frac{x}{\sqrt{2}}\right)^2}{1-\left(\frac{x}{\sqrt{2}}\right)^2}\right]'$$

$$= \left(\frac{x}{2-x^2}\right)' = \frac{2+x^2}{(2-x^2)^2} \quad (-\sqrt{2}<x<\sqrt{2} \text{ 且 } x\neq 0),$$

又 $S(0)=\dfrac{1}{2}$，则 $\sum\limits_{n=1}^{\infty}\dfrac{2n-1}{2^n}x^{2(n-1)}=\dfrac{2+x^2}{(2-x^2)^2}$，$x\in(-\sqrt{2},\sqrt{2})$.

(2) 设和函数为 $S(x)$，则 $S(x)=\sum\limits_{n=1}^{\infty}\dfrac{(-1)^{n-1}}{2n-1}x^{2n-1}$， $S(0)=0$，

逐项求导，得 $S'(x)=\sum\limits_{n=1}^{\infty}(-1)^{n-1}x^{2n-2}=\sum\limits_{n=1}^{\infty}(-x^2)^{n-1}=\dfrac{1}{1+x^2}$ $(-1<x<1)$，

积分得 $S(x)-S(0)=\int_0^x\dfrac{1}{1+t^2}\mathrm{d}t=\arctan x$，即 $S(x)=\arctan x$，$x\in(-1,1)$.

(3) $S(x)=\sum\limits_{n=1}^{\infty}n(x-1)^n=(x-1)\sum\limits_{n=1}^{\infty}n(x-1)^{n-1}$

$=(x-1)\sum\limits_{n=1}^{\infty}[(x-1)^n]'=(x-1)\left[\sum\limits_{n=1}^{\infty}(x-1)^n\right]'$

$=(x-1)\left[\dfrac{x-1}{1-(x-1)}\right]'$ $(|x-1|<1)=\dfrac{x-1}{(2-x)^2}$，$x\in(0,2)$.

(4) $S(x)=\sum\limits_{n=1}^{\infty}\dfrac{x^n}{n(n+1)}=\sum\limits_{n=1}^{\infty}\left(\dfrac{1}{n}-\dfrac{1}{n+1}\right)x^n=\sum\limits_{n=1}^{\infty}\dfrac{1}{n}x^n-\sum\limits_{n=1}^{\infty}\dfrac{1}{n+1}x^n$

$=\sum\limits_{n=1}^{\infty}\int_0^x t^{n-1}\mathrm{d}t-\dfrac{1}{x}\sum\limits_{n=1}^{\infty}\dfrac{1}{n+1}x^{n+1}$ $(x\neq 0)$

$=\int_0^x\left(\sum\limits_{n=1}^{\infty}t^{n-1}\right)\mathrm{d}t-\dfrac{1}{x}\sum\limits_{n=1}^{\infty}\int_0^x t^n\mathrm{d}t$ $(x\neq 0)$

$=\int_0^x\dfrac{1}{1-t}\mathrm{d}t-\dfrac{1}{x}\int_0^x\sum\limits_{n=1}^{\infty}t^n\mathrm{d}t$ $(x\in[-1,1)$，且 $x\neq 0)$

$=\int_0^x\dfrac{\mathrm{d}t}{1-t}-\dfrac{1}{x}\int_0^x\dfrac{t}{1-t}\mathrm{d}t$ $(x\in[-1,0)\cup(0,1))$

$=-\ln(1-x)-\dfrac{1}{x}[-x-\ln(1-x)]$ $(x\in[-1,0)\cup(0,1))$

$=1+\dfrac{1-x}{x}\ln(1-x)$ $(x\in[-1,0)\cup(0,1))$，

又显然，$S(0)=0$，因此

$$S(x)=\begin{cases}1+\dfrac{1-x}{x}\ln(1-x), & x\in[-1,0)\cup(0,1),\\ 0, & x=0,\\ 1, & x=1.\end{cases}$$

10. 求下列数项级数的和：

(1) $\sum\limits_{n=1}^{\infty}\dfrac{n^2}{n!}$； (2) $\sum\limits_{n=0}^{\infty}(-1)^n\dfrac{n+1}{(2n+1)!}$.

解： (1) $\sum\limits_{n=1}^{\infty}\dfrac{n^2}{n!}=\sum\limits_{n=1}^{\infty}\dfrac{n(n-1)+n}{n!}=\sum\limits_{n=1}^{\infty}\dfrac{n(n-1)}{n!}+\sum\limits_{n=1}^{\infty}\dfrac{n}{n!}$.

因为 $\mathrm{e}^x=\sum\limits_{n=0}^{\infty}\dfrac{x^n}{n!}$，故两边求导得 $\mathrm{e}^x=\sum\limits_{n=1}^{\infty}\dfrac{n}{n!}x^{n-1}$，$\mathrm{e}^x=\sum\limits_{n=2}^{\infty}\dfrac{n(n-1)x^{n-2}}{n!}$，

令 $x=1$，得 $\mathrm{e}=\sum\limits_{n=1}^{\infty}\dfrac{n}{n!}$，$\mathrm{e}=\sum\limits_{n=1}^{\infty}\dfrac{n(n-1)}{n!}$，从而 $\sum\limits_{n=1}^{\infty}\dfrac{n^2}{n!}=2\mathrm{e}$.

【方法点击】 本题也可通过先求幂级数 $\sum\limits_{n=1}^{\infty}\dfrac{n^2}{n!}x^{n-1}$ 的和函数 $S(x)$，再求出 $S(1)$，从而得到所求的数项级数的和.

(2) $\sum_{n=0}^{\infty}(-1)^n\frac{n+1}{(2n+1)!}=\frac{1}{2}\sum_{n=0}^{\infty}(-1)^n\frac{2n+2}{(2n+1)!}$

$=\frac{1}{2}\left[\sum_{n=0}^{\infty}(-1)^n\frac{2n+1}{(2n+1)!}+\sum_{n=0}^{\infty}(-1)^n\frac{1}{(2n+1)!}\right]$

$=\frac{1}{2}\left[\sum_{n=0}^{\infty}(-1)^n\frac{1}{(2n)!}+\sum_{n=0}^{\infty}(-1)^n\frac{1}{(2n+1)!}\right]$

因为 $\sin x=\sum_{n=0}^{\infty}(-1)^n\frac{x^{2n+1}}{(2n+1)!}$,$\cos x=\sum_{n=0}^{\infty}(-1)^n\frac{x^{2n}}{(2n)!}$,

故令 $x=1$ 得 $\sum_{n=0}^{\infty}(-1)^n\frac{1}{(2n+1)!}=\sin 1$,$\sum_{n=0}^{\infty}(-1)^n\frac{1}{(2n)!}=\cos 1$,

因此 $\sum_{n=0}^{\infty}(-1)^n\frac{n+1}{(2n+1)!}=\frac{1}{2}(\cos 1+\sin 1)$.

11. 将下列函数展开成 x 的幂级数：

(1) $\ln(x+\sqrt{x^2+1})$; (2) $\frac{1}{(2-x)^2}$.

【思路探索】 将函数展开成幂级数有直接展开法和间接展开法，本题利用间接展开法及幂级数在收敛域内可逐项积分的性质即可。

解：(1) $\ln(x+\sqrt{x^2+1})=\int_0^x\frac{1}{\sqrt{1+t^2}}dt=\int_0^x(1+t^2)^{-\frac{1}{2}}dt=\int_0^x\left[1+\sum_{n=1}^{\infty}(-1)^n\frac{(2n-1)!!}{(2n)!!}t^{2n}\right]dt$

$=x+\sum_{n=1}^{\infty}(-1)^n\frac{(2n-1)!!}{(2n)!!}\frac{1}{2n+1}x^{2n+1}$,

端点 $x=\pm 1$ 处收敛，$\ln(x+\sqrt{1+x^2})$ 在 $x=\pm 1$ 处有定义且连续，故展开式成立区间为 $x\in[-1,1]$.

(2) $\frac{1}{2-x}=\frac{1}{2}\frac{1}{1-\frac{x}{2}}=\frac{1}{2}\sum_{n=0}^{\infty}\left(\frac{x}{2}\right)^n$,

$\frac{1}{(2-x)^2}=\left(\frac{1}{2-x}\right)'=\left[\frac{1}{2}\sum_{n=0}^{\infty}\left(\frac{x}{2}\right)^n\right]'=\frac{1}{2}\sum_{n=1}^{\infty}n\left(\frac{x}{2}\right)^{n-1}\frac{1}{2}=\sum_{n=1}^{\infty}\frac{n}{2^{n+1}}x^{n-1}$.

故 $\frac{1}{(2-x)^2}=\sum_{n=1}^{\infty}\frac{n}{2^{n+1}}x^{n-1}$,$x\in(-2,2)$.

【方法点击】 间接展开法就是利用已知的函数展开式，经过适当的四则运算、复合步骤以及逐项微分、逐项积分等运算把已知函数展为幂级数，因此应熟记常用函数的展开式。

12. 设 $f(x)$ 是周期为 2π 的函数，它在 $[-\pi,\pi)$ 上的表达式为 $f(x)=\begin{cases}0, & x\in[-\pi,0),\\ e^x, & x\in[0,\pi).\end{cases}$

将 $f(x)$ 展开成傅里叶级数。

解：$a_0=\frac{1}{\pi}\int_{-\pi}^{\pi}f(x)dx=\frac{1}{\pi}\int_0^{\pi}e^x dx=\frac{e^{\pi}-1}{\pi}$,

$a_n=\frac{1}{\pi}\int_{-\pi}^{\pi}f(x)\cos nx\,dx=\frac{1}{\pi}\int_0^{\pi}e^x\cos nx\,dx=\frac{1}{\pi}\left(e^x\cos nx\Big|_0^{\pi}+n\int_0^{\pi}e^x\sin nx\,dx\right)$

$=\frac{(-1)^n e^{\pi}-1}{\pi}+\frac{n}{\pi}\left[(e^x\sin nx)\Big|_0^{\pi}-n\int_0^{\pi}e^x\cos nx\,dx\right]$

$$=\frac{(-1)^n e^\pi - 1}{\pi} - \frac{n^2}{\pi}\int_0^\pi e^x \cos nx dx = \frac{(-1)^n e^\pi - 1}{\pi} - n^2 a_n,$$

即 $a_n = \frac{(-1)^n e^\pi - 1}{(n^2+1)\pi}$ $(n \geq 1)$,

$$b_n = \frac{1}{\pi}\int_{-\pi}^\pi f(x)\sin nx dx = \frac{1}{\pi}\int_0^\pi e^x \sin nx dx = \frac{1}{\pi}\left(e^x \sin nx \Big|_0^\pi - n\int_0^\pi e^x \cos nx dx\right)$$

$$= (-n)\frac{1}{\pi}\int_0^\pi e^x \cos nx dx = -na_n (n \geq 1),$$

因此 $f(x)$ 的傅里叶级数展开式为 $f(x) = \frac{e^\pi - 1}{2\pi} + \sum_{n=1}^\infty \frac{(-1)^n e^\pi - 1}{(n^2+1)\pi}(\cos nx - n\sin nx)$

$(-\infty < x < +\infty$ 且 $x \neq n\pi, n = 0, \pm 1, \pm 2, \cdots)$.

13. 将函数 $f(x) = \begin{cases} 1, & 0 \leq x \leq h, \\ 0, & h < x \leq \pi \end{cases}$ 分别展开成正弦级数和余弦级数.

解: (1) 将 $f(x)$ 进行奇延拓到 $[-\pi, \pi]$ 上, 再作周期延拓到整个数轴上.

$$a_n = 0, \quad n = 0, 1, 2, \cdots,$$

$$b_n = \frac{2}{\pi}\int_0^\pi f(x)\sin nx dx = \frac{2}{\pi}\int_0^h \sin nx dx = -\frac{2}{n\pi}\cos nx \Big|_0^h = \frac{2}{n\pi}(1 - \cos nh),$$

$x = h$ 处为间断点, 故有 $f(x) = \frac{2}{\pi}\sum_{n=1}^\infty \frac{1 - \cos nh}{n}\sin nx, x \in [0, h) \cup (h, \pi]$.

(2) 将 $f(x)$ 进行偶延拓到 $[-\pi, \pi]$ 上, 再作周期延拓到整个数轴上.

$$b_n = 0, n = 1, 2, \cdots,$$

$$a_n = \frac{2}{\pi}\int_0^h \cos nx dx = \frac{2}{\pi} \cdot \frac{1}{n}\sin nx \Big|_0^h = \frac{2}{n\pi}\sin nh, \quad n = 1, 2, \cdots,$$

$$a_0 = \frac{2}{\pi}\int_0^h dx = \frac{2h}{\pi},$$

故 $f(x)$ 的余弦级数为 $f(x) = \frac{h}{\pi} + \frac{2}{\pi}\sum_{n=1}^\infty \frac{\sin nh}{n}\cos nx, \quad x \in [0, h) \cup (h, \pi]$.

本章小结

1. 常数项级数.

(1) 有关定义: 包括级数、部分和、交错级数、正项级数、一般项级数、收敛、发散、条件收敛、绝对收敛等.

(2) 性质:

① 有限项的改变不影响敛散性.

② 收敛级数的项任意加括号后所成的级数仍收敛, 且和不变.

③ 收敛级数的和级数、差级数收敛.

④ 收敛的必要条件 $\lim\limits_{n\to\infty} u_n = 0$.

(3) 收敛判别法:

① 正项级数可用部分和法、比较判别法、比值判别法、根值判别法等.

② 交错级数可用莱布尼茨判别法.

③ 一般项级数可用柯西准则.

2. 函数级数与幂级数.

(1) 有关定义: 包括函数项级数、收敛域、和函数、收敛区间、一致收敛等.

(2) 判别法则可用柯西准则，$M-$判别法. 一致收敛性的判定可用根值法、比值法.
(3) 泰勒级数展开的条件、步骤.

3. 傅里叶级数.
(1) 定义：包括傅里叶系数、傅里叶级数.
(2) 收敛定理：狄利克雷定理.
(3) 傅里叶展开：在对称区间$[-l, l]$上展开；在$[0, l]$上展开；奇偶函数展开等.